U0919232

内部使用

交通部

《交通部行政史》编委会

人民交通出版社

内容提要

《交通部行政史》在全面梳理新中国成立后交通部58年行政史实的基础上，分四篇九章，记录了交通部在各个历史时期的行政职能与机构编制、交通运输管理体制、公路交通行政、水路交通行政、综合交通行政的发展演变过程和重要历史事件。在交通事业站在新的历史起点的今天，回首过去，希望能为当前和未来交通运输事业的发展提供借鉴。

图书在版编目（CIP）数据

交通部行政史/《交通部行政史》编委会编．—北京：人民交通出版社，2008.5
ISBN 978-7-114-06911-6

I.交… II.交… III.交通运输业-国家机构-行政管理-历史-中国 IV.F512.9

中国版本图书馆CIP数据核字(2007)第176020号

书　　名：交通部行政史
著 作 者：《交通部行政史》编委会
责任编辑：黄兴娜
出版发行：人民交通出版社
地　　址：(100011)北京市朝阳区安定门外外馆斜街3号
网　　址：http://www.ccpress.com.cn
销售电话：(010)85285838，85285995
印　　刷：北京市密东印刷有限公司
开　　本：787×960　1/16
印　　张：58.75
字　　数：721千
彩　　插：5
版　　次：2008年5月第1版
印　　次：2008年5月第1次印刷
书　　号：ISBN 978-7-114-06911-6
印　　数：0001-5000册
定　　价：96.00元

◇ 1956 年 4 月 24 日，毛泽东主席和中共中央政治局委员出席全国交通先进生产者代表会议。

◇ 1958 年 3 月 9 日，毛泽东主席乘坐“江峡轮”。

◇ 1986 年 9 月 22 日，邓小平视察天津新建的中环线八里台立交桥。

◇ 2000年10月24日，江泽民总书记为润扬长江公路大桥奠基揭牌。

◇ 2003年5月23日，胡锦涛总书记看望交通留验站职工，表示：你们辛苦了，你们责任重大，一定要构筑一条防控非典的坚固防线。

历任部长任职时间

章伯钧（1949.10～1958.2）

王首道（1958.2～1964.7）

孙大光（1964.7～1967.5）

杨　杰（1970.6～1975.1）

叶　飞（1975.1～1979.2）

曾　生（1979.2～1981.2）

彭德清（1981.2～1982.4）

李　清（1982.4～1984.6）

钱永昌（1984.6～1991.3）

黄镇东（1991.3～2002.10）

张春贤（2002.10～2005.12）

李盛霖（2005.12～　　　）

序

在全国交通系统深入学习贯彻党的十七大精神，积极推进交通事业又好又快发展的重要历史时刻，经过有关方面的共同努力，《交通部行政史》和大家见面了。

交通是国民经济基础性、先导性产业，对于经济社会发展具有重要作用。建国58年来，在党中央、国务院和各级党委、政府的正确领导下，在社会各界的大力支持下，全国公路、水路交通发生了翻天覆地的变化，实现了历史性突破和跨越式发展，在国家综合运输体系中的作用越来越重要、越来越突出。

与此同时，58年来，交通部行政工作按照党中央、国务院的要求，适应形势发展需要，与时俱进，改革创新，在社会主义革命和社会主义建设的各个历史时期，引领和推动交通事业取得了举世瞩目的成就，并且在丰富的实践中积累了宝贵的经验。改革开放以来，交通部提出了搞活建设环境、放开运输市场、实现政企分开、实行简政放权、创办经济特区、加强行业管理等一系列行政思想并采取了一系列政策措施，极大地解放和发展了交通生产力，有力地保护和激发了广大人民群众和社会各界兴办交通的积极性，使交通事业始终充满生机与活力。进入新世纪新阶段，特别是党的十六大以来，在邓小平理论和"三个代表"重要思想指导下，交通部认真贯彻落实科学发展观，提出了在全面协调可持续的基础上实现新的跨越式发展、稳中求进、好中求快、又好又快、"三个服务"等新的发展理念，并据此作出了一系列重大决策，出台了一系列政策法规，提出了一系列有效措施，不断推进交通由传统产业向现代产业发展。

《交通部行政史》以文字形式记录了建国以来交通部在行政管理方面的重要法规、重要政策措施、重要事件和重大变化，以史为主，史论结合，探索交通发展规律。

读《交通部行政史》，启示我们尊重历史、铭记历史。

新中国的交通行政工作，围绕党和国家在不同历史时期的中心任务，结合交通实际组织开展。前辈们不仅为我们留下了丰富的理念、思路、经验、法规、政策、措施，而且他们的政治智慧、战略思维、组织纪律、工作作风、领导艺术、工作方法更加难能可贵。交通人艰苦奋斗、自强不息、顽强拼搏、无私奉献的精神贯穿于交通事业改革与发展的全过程。各个时期涌现出来的先进集体和模范人物，集中体现了交通改革与发展的时代风采。一部史书，记载了千百万交通人艰苦奋斗的光辉历程；一部史书，展示了无数交通前辈顽强拼搏的精神风貌。借这本书出版的机会，我向一代又一代交通人致以崇高的敬意！

读《交通部行政史》，启示我们与时俱进、开拓创新。

交通行政工作的历史，就是不断探求和解决交通现代化和交通行政现代化之间关系问题的历史进程；就是不断实现交通行政现代化来适应和促进交通现代化的历史进程；就是不断通过理念创新、科技创新、体制机制创新和政策创新来推进交通发展的历史进程。在新的历史时期，交通部党组提出：交通工作要服务国民经济和社会发展全局，服务社会主义新农村建设，服务人民群众安全便捷出行。这就是交通现代化和交通行政现代化新的历史定位。它既是对交通事业过去发展一脉相承的历史延续，也是对交通事业未来发展与时俱进的历史选择。

读《交通部行政史》，启示我们以人为本、执政为民。

我们要牢记党中央关于“发展为了人民、发展依靠人民、发展成果由人民共享”的要求，在交通行政的全部工作中，始终以人民群众利益至上为最高准则，始终把认真解决人民群众最关心、最直接、最现实的利益问题作为工作的出发点和落脚点，为人民群众提供更多更好的公共产品。积极推进政务公开，充分尊重人民群众的知情权。深化交通行政体制改革，加强宏观管理，突出服务职能，提高行政效率，降低行政成本，方便人民群众办事。

读《交通部行政史》，启示我们改进作风、清正廉洁。

交通行政工作要自觉遵循党的群众路线这一根本工作路线，坚持从群众中来，到群众中去，坚持察实情、讲实话、办实事、求实效，以富有成效的工作不断满足人民群众日益增长的交通需求。按照中央要求，从严治政，加强各级交通行政机关党风廉政建设。始终牢记并践行社会主义荣辱观，恪尽职守，廉洁奉公，以优良的行政作为办好人民的交通事业。

党的十七大作出了坚定不移地走中国特色社会主义伟大道路、为争取全面建设小康社会新胜利而奋斗的战略部署。抚今追昔，我们已经站在新的历史起点上；展望未来，中国交通事业发展任重而道远。在党中央、国务院领导下，我们要认真贯彻党的十七大精神，深入贯彻落实科学发展观，努力建设服务型政府交通部门，不断提高“三个服务”的能力和水平，加快发展现代交通业，为全面建设小康社会提供交通保障，在交通事业发展的历史长河中继续谱写新的篇章！

交通部部长：李盛霖

二○○八年三月十七日

《交通部行政史》编委会成员

主　任： 黄先耀

副主任： 杨　咏　徐世强　陈毕伍　田西京

委　员： 丘建华　郭洪太　高　波　付国民

陈贻安　李舜萱　黄志平　吕　军

袁　林　朱玲妹　贺忠良　张洪涛

张　莹　薛超敏　张京甫　程华超

郑国旺　黄兴娜

主　编： 陈毕伍

副主编： 郭洪太　高　波　陈贻安　李舜萱

《交通部行政史》编写说明

《交通部行政史》作为交通文化建设的一项重要工程，旨在记录交通部行政工作的历史过程，探索交通事业走向现代化的基本趋势。2005年，经时任部长张春贤同志批准，由副部长黄先耀同志主持、数十人参加编写工作，先后召开座谈会十余次，对全书的体例、大纲及一系列重要问题进行了反复研究。

本书由绪论及正文构成。绪论为全书的分析总结，重点是通过对交通部行政工作的历史分析与逻辑分析，总结交通部行政的历史特征及发展的基本趋势。正文共分四篇九章，其中各个历史时段的划分，遵循史学界对中国当代史通行的分期。相应各篇分别写明交通部在各个历史时期的行政职能与机构编制、公路交通行政、水路交通行政和综合交通行政。综合交通行政包括交通部管理本部机关、直属系统情况以及交通财务与审计、交通科技教育、交通外事、交通公安等方面的工作。编写工作力求突出交通事业发展各个时期出台的重要法规、重大决策、重大事件和重要变化，同时兼顾史书的系统性和连贯性。

为了既能很好地体现交通部行政历史发展的连续性，又能兼顾交通部行政历史活动的完整性，全书在内容安排上以篇、章、节及节下标题形式，记述交通部行政的历史全貌和行政行为。篇、章按时间的先后顺序安排，各篇、章之间在时间上紧密衔接。节及节下标题按行政职能类别分类，记述行政历史事件和活动，集中各类交通行政在该历史时段的基本状况及主要行政行为。各节、节下标题之间在时间上没有严格的承接关系，涉及的交通行政事件和活动的发生时间不分先后，但明确交待各事件和活动所发生的时间。文中所用文字和语法在不产生歧义的前提下，尽量采用了史料当时的用法。

本书的编写坚持史论结合、以史为主的指导思想。全书的主体结构坚持以时间为经，以交通部行政工作中的重要法规、重要政策措施、重要事件和重大变化等史实为纬，遵循经纬结合的编写原则。全书力求准确、客观地反映交通部行政工作的历史面貌，突出交通行政演变的脉络和基本趋势。

本书编写工作于2006年3月正式启动，历时1年9个月。主编：陈毕伍，副主编：郭洪太、高波、陈贻安、李舜萱。具体编写分工如下：绪论、第六章、第九章：李舜萱；第一章：陈贻安；第二章：袁林；第三章：朱玲妹；第四章：黄志平；第五章：贺忠良；第七章：张莹；第八章：张洪涛。统稿：陈毕伍、陈贻安；审稿：王展意、林祖乙。为保证史实准确、真实，编写人员查阅了交通部上万卷档案，并参考了大量的其他史料。

交通部党组成员、国家保密局以及部内各司局对本书编写工作提出了不少宝贵意见，在此表示衷心的感谢。

撰写《交通部行政史》是一项规模较大的系统工程，也是一门严谨的科学。要写好、写深、写得生动，必须具有扎实的写作功底、严密的逻辑思维和较高的语言造诣。这些，都有待我们继续努力。由于时间紧迫、水平有限，书中内容疏漏之处在所难免。切望有关行政领导与专家不吝赐教，以便本书在修订时得以改进。

《交通部行政史》编委会

2008年2月29日

目　录

第二篇 1966~1980年的交通部行政

第三篇　1981～2000年的交通部行政

第四篇　21 世纪的交通部行政

绪　论

交通部是全国公路、水路交通的行业管理部门，主要负责制定公路、水路交通行业发展战略、规划、中长期计划、方针政策和法规并监督实施；组织实施国家重点公路、水路交通工程建设；组织公路、水路交通设施的建设、养护及规费稽征；实施公路、水路运输行业管理；监管汽车维修市场、汽车驾驶员培训工作；承担水上交通安全监管和救助打捞工作。

1949 年 10 月 1 日，毛泽东主席在天安门城楼宣布中华人民共和国中央人民政府成立。从那时起，共和国历经风雨，在艰难困苦中崛起，一步步走向繁荣富强。新中国的交通部行政史是新中国历史的一个缩影。1949 年 10 月 19 日，中央人民政府委员会第三次会议正式任命章伯钧为交通部部长，10 月 31 日，毛泽东主席颁发交通部一枚铜质印章，11 月 1 日，交通部正式开始办公。公路、水路的恢复与建设工作，便在全国蓬勃开展。

58 年来，在党中央、国务院领导下，交通部的行政机构履行各个历史时期的行政职能，带领全国交通系统广大干部职工艰苦奋斗，改革创新，使公路水路交通全面紧张的状况得到明显缓解，公路水路交通在综合运输体系中的地位和作用不断提升，公路、水路交通为促进经济和社会发展，巩固国防，提高人民群众生活水平和生活质量作出了突出贡献。

总结历史，以文献的形式使之流传后世、启迪来者，是人类文化发展的重要形式。以史为鉴，对照现实，把握未来，也是中国文化的优良传统。记录和整理新中国交通部行政的历程，是交通文化建设的重要组成部分，也是交通行业落实科学发展观的一项基础性工作。本书史实的时间跨度从 1949 年 10 月中华人民共和国成立至 2007 年 10 月中国共产党第十七次全国代表大会召开。编写者试图尽可能把交通部行政58年的概貌和重大历史事件客观地展现出来。在交通事业站在新的历史起点的今天,回首以往,希望能为当前和未来的交通部行政工作提供借鉴。

本书把交通部58年行政历程划分为8个历史时期,每个时期各有特色,各具风采。

一、国民经济恢复时期(1949~1952年)

新中国成立后,国民经济从战乱中得到恢复,中国人民取得抗美援朝战争胜利,国家开始走向新的历史发展阶段。这一时期,交通部在组织恢复和发展交通运输的同时,初创了新中国交通部行政组织机构、交通运输管理体制和交通运输管理的基本制度,初步适应了国民经济恢复时期对交通运输的需要。

1949年,交通部在北京召开全国首届航务、公路会议,提出并初步议定交通部机构设置、交通部直属公路水路运输系统组建方案、交通部职能、全国交通管理体制、新中国发展交通运输的方针与政策和1950年交通工作方针、任务、计划与相关措施等重要事项。

1950年,明确了交通部行政总的职能和具体职能、交通部内设机构的职责,初步形成了交通部历史上第一个比较健全的组织机构。交通部总的行政职能是:受政务院领导及政务院财政经济委员会指导,主管国家航务公路行政事务。1952年底,交通部机构设置基本确定,形成了较为完整的中央级组织机构。

开始创立交通运输的计划经济管理体制,形成政事企合一,中央集权,直接管理庞大的交通直属系统的行政格局。

开始组织交通基础设施建设。实施中央财政投资并由交通部领导的公路建设计划,修复、改建和新建了一批干线公路。在公路建设过程中,制定和实施相应的建设和养护管理制度。1951年,政务院发布《关于1951年民工整修公路的暂行规定》,确立民工建勤修路制度。

实施水运建设各项措施，疏浚各主要港湾及内河航道，改善各重要港口，恢复和建设助航设备及灯塔标志。完成了国民经济恢复时期最大的航务工程塘沽新港一期工程的建设任务。

开拓新中国的公路运输事业，强调国营运输企业是整个交通运输业的骨干和领导力量，组建政企合一的中国汽车运输总公司，推动全国各地组建和规范国营公路运输公司。发挥民间运输的作用，扶助和规范私营汽车运输的发展；恢复和初步发展航运事业；开始普遍推行航运计划运输；成立中波海运公司，开始新中国的现代远洋运输。初步建立全国交通监理制度、水上交通安全监督和海事处理基本制度。

二、社会主义改造时期(1953～1957年)

我国实施国民经济第一个五年计划，对私有生产资料进行社会主义改造，确立计划经济体制。这一时期，交通部完成对私营公路运输业和航运业的社会主义改造，建立起高度集中的交通运输计划经济体制；平稳地调整、健全交通行政机构，明确中央和地方对交通分工管理的权限；稳步推进交通基础设施建设与养护、交通运输和交通支持保障等各方面工作。提前完成了第一个五年计划。这一时期，是建国后到改革开放前交通部行政也是交通事业唯一一个稳定发展的完整的五年计划期。

为了更好地行使法定职能，根据中央决定和形势发展需要，交通部对部机关和直属系统适时进行调整；明确地方交通职能，划分中央与地方管理交通事业企业的权限。1953年开始，交通部逐步调整完善全国交通行政的组织系统，奠定了交通部在全国范围内有效地行使各项职能的组织基础。

公路建设仍以完成国防公路修建工程为首要任务。1957年，具有重大政治和经济意义的康藏和青藏公路正式通车。颁发了《简易公路设计准则》(草案)和大车道、驮道标准，在全国范围内掀起了第一个建设县乡公路的高潮。颁布一系列公路技术标准与管理规范，加强公路建设养护质量管理。完成内河干线的恢复整修工作，并有重点地进行新建，逐渐增强海上与内河运输能力。1956年底，完成“一五”时期国内最大的水运基建项目湛江港一期建港工程。

稳步推进交通运输生产和交通工业发展。公路运输方面，推动全国汽车运输企业实行双班运输、拖挂运输和总成互换修理法三大改革；统一全国运价；规范运输生产经营活动。水路运输方面，海上与长江航运事业由交通部统一经营管理；在全国内河普遍推广一列式拖驳运输方法；进一步推动水陆联合运输。修造船工业贯彻“以修为主、以造为辅”方针。1954年，我国自行研制的大型客轮“民众号”首次航行在长江上。

1956年，交通部完成对私营公路运输业和航运业的社会主义改造。确立了以公有制为主导、高度集中的交通运输计划经济管理体制，对公路水路运输实行严格的“三统”①政策。

1956年4月24日，毛泽东主席亲切接见了出席全国交通先进生产者代表会议的全体代表，极大地鼓舞了交通系统的全体干部职工。

三、大跃进和国民经济调整时期(1958~1965年)

国民经济从“跃进”转入理性整顿，在整顿中回归正常、平稳。1958年，开始实行第二个五年计划，同时在全国掀起了国民经济“大跃进”运动。交通部大力推进“水陆空运大跃进②”。“大跃进”运动遭到严重挫折后，1960年底至1961年初，党中央对国民经济提出了“调整、巩固、充实、提高”的八字方针，由此开始直到1965年，贯彻“八字”方针成为交通部行政的中心工作。

1958年5月，交通部提出“全党全民办交通”的总方针和“水陆空运大跃进”的总任务。在地方交通建设中，实行依靠地方党委、依靠群

---

①统一货源、统一运价、统一调度。

②1958年2月~1962年4月，民用航空归口交通部管理。

众、普及与提高相结合以普及为主的“地、群、普”方针。

为适应国民经济“大跃进”的需要，根据中央将中央各部门直属的企事业机构大规模下放给地方的指示精神，1958年分两批下放交通部直属企事业单位。1959年底开始，根据中央指示重建直属系统，开始收回企事业单位的管理权，逐步恢复到原有状况。其间，交通部机构变动频繁，到1965年方趋于稳定。

在建设干线公路的同时，大力推进县乡公路建设。1958～1960年，全国掀起了第二次县乡公路建设高潮，1960年的公路通车里程比1957年翻了一番。但由于突出强调普及，忽视工程质量，致使很多公路不符合标准，无法通行汽车，造成不少损失和浪费。“大跃进”期间，以前逐步建立并一直沿用的管理制度多被废止，造成基本建设管理混乱。1961年开始重新制订有关基本建设管理的规章制度，并采取一系列措施，加强基本建设管理，确保施工安全和工程质量。同时，强调公路养护工作，要求以养好现有公路为主，有重点地改善路况，巩固提高道路质量。1962年，进一步强调公路应实行“统一领导，分级管理”的原则。根据中共中央、国务院《关于加强公路养护和管理工作的指示》，颁布《公路养护和管理工作的若干规定（试行草案）》（简称《养路40条》）。到1965年末，公路养护和路政工作恢复到了1957年的水平。

采取一系列措施，适应货运量急剧增长对交通运输的需求。如，组织群众性短途运输，开展“车吨月产万吨公里”运动，组织“一条龙”运输大协作，推动汽车货运支农转轨，推行路、港、航大协作，加速物资周转；整顿短途运价，加强公路运输及运输企业的规范化管理，整顿并加强对民间运输业管理；发展远洋运输，1961年，悬挂我国国旗的远洋船直接参加接侨，是我国远洋运输事业发展的一个里程碑。

开始重视交通发展规划。制定了“六横四纵”全国河运网干线布局规划、港口初步发展规划、远洋运输规划、交通科技十年发展规划（1963～1972年）、全国交通院校布局和专业设置规划草案等一系列交通发展规划。

在“大跃进”过程中，为迅速提高运力，交通部提出深入开展交通运输业技术革命的决策。尽管这个决策带有很深的时代烙印，但依靠科技发展交通运输的思想却是符合客观要求的。

四、“文化大革命”时期(1966～1975 年)

社会动荡，各级党政组织遭到冲击，国民经济秩序受到严重破坏。交通部行政工作在动荡中艰难曲折地运行。

1966 年上半年，交通部行政工作仍然能比较正常地进行，下半年开始，“文化大革命”的冲击和干扰日趋严重。1966 年末至 1967 年 5 月，交通部行政工作基本瘫痪。1967 年 5 月底，中央决定对交通部实行军事管制。12 月下旬，中央又决定对长江航运系统实行军事管制。1970 年 6 月铁道、交通、邮电(邮政部分)三部合并①。1975 年 1 月，四届人大第一次会议决定将交通部和铁道部分开设置。恢复交通部建制、明确了主要职能。

交通部在“文化大革命”时期，面临重重困难，仍然努力有所作为。制定了“三五”、“四五”交通发展计划。建成北京—原平等一批国防公路，县乡公路建设也有较大发展。1975 年重新修订“养路 40 条”。提出“1976～1985”公路交通发展规划设想。1972 年，我国恢复在联合国合法地位，对外贸易规模迅速扩大，海上运输量的迅猛增长，全国普遍出现港口严重压船现象。1973 年，交通部根据中央“三年改变港口面貌”的要求，加大对港口的建设力度，形成建港高潮。交通部开始利用银行贷款购船，加强远洋运输船队建设，远洋船队逐步壮大。

五、共和国历史性转变时期(1976～1980 年)

“文化大革命”结束，党的十一届三中全会召开，正本清源、拨乱反

①其中邮政总局于 1973 年 3 月邮电部恢复建制时重归邮电部。

正，改革开放开始起步，中国社会发生了根本性转变。交通部执行中央“调整、改革、整顿、提高”的八字方针，既注重恢复和整顿被“文革”破坏的交通经济秩序，又适应改革开放的要求，调整发展思路，开始交通运输经济体制改革，谋划未来交通运输事业发展。

开展企业整顿，扩大企业自主权，开始改革交通运输管理体制。在办公厅设法律处，使交通法规建设开始走上恢复和发展的道路。

制定《1976 年至 1985 年公路交通发展规划》，提出《关于实现交通运输现代化的汇报提纲》和《交通运输十年规划纲要设想(1981 ~ 1990)》。研究确定国道公路网布局，形成《国家干线公路网线路名称及主要控制点方案》。酝酿高速公路建设，提出高速公路建设设想目标。重新修订《养路 40 条》。1979 年，国家计委、交通部、财政部、中国人民银行联合发布《关于公路养路费征收和使用的规定》。

整顿公路运输市场，对多余车辆进行封存，并调整运价；加强客运管理，大力开展公路客运支农工作；开拓内陆集装箱运输；开展沿海港口疏运工作；开辟中国国际集装箱运输航线；发展水路客运；恢复台湾海峡通航；组建交通部公路交通工业公司，加快发展公路交通工业。

制定《1978 年至 1985 年交通科技发展规划纲要》，恢复交通科研机构，恢复和重建交通院校。

六、改革开放初期(1981 ~ 1990 年)

党和政府已经把工作重点转移到经济建设上来，交通部开始全面启动交通运输体制改革，以改革促发展，为交通事业的发展奠定基础。

这一时期，交通在国民经济和社会发展中的地位不断提升，交通作为国民经济先行产业应优先发展的地位得到确认。为了加快交通运输发展，1982 年，交通部提出要努力把交通运输搞活、搞通、搞上去。1983 年 9 月 2 日《中华人民共和国海上交通安全法》颁布。

1982 年和 1988 年进行了两次大的机构改革。1982 年的机构改革主要目的是精简机构，提高工作效率，改变干部队伍老化状况。

1988年的机构改革着重大力推进职能转变,从直接管理为主转变为间接管理为主,强化宏观管理职能,淡化微观管理职能。两次改革都重新规定了交通部的职能。

全面启动交通运输管理体制改革。改革的三条主线是:引入市场机制,放开搞活交通运输;政企分开、简政放权;转变职能,加强行业宏观行政管理。

在"各部门、各行业、各地区一起干,国营、集体、个体一起上"的放宽搞活方针指引下,坚持以公有制为主体,积极发展多种所有制的运输力量,调动各方面的积极性,发展交通运输事业。打破"三统",扩大企业自主权,全面推行企业承包经营责任制,增强企业活力。打破条块分割,提出"有河大家行船,有路大家走车"。

实行转变职能、政企分开、企业下放,改革港口管理体制。全部下放直属工业企业,大部分事业单位实行企业化管理,15个直属沿海港口中的14个、直属的长江干线26个重点港口全部下放当地政府,实行"双重领导,地方为主"的港口管理体制。逐步建立健全五级交通行政管理机构。

制定一系列发展交通运输的重大方针政策,如振兴航运、港口建设、加快公路建设等方面的方针政策,争取到提高养路费标准、征收车辆购置附加费和贷款修路、征收过路过桥费还贷三项国家政策支持,使公路建设有了稳定的资金来源。加强交通规划工作,划定国家干线公路网,1989年2月27日在全国交通工作会议上正式提出交通发展"三主一支持①"的总体设想。

对建国以来的交通运输法规进行全面清理,推动制定基本法律规章。以《中华人民共和国公路管理条例》及其实施细则、《车辆购置附加费征收办法》等为主线,初步确定公路建设、养护、路政管理等法律关系;以《公路运输管理暂行条例》等为主线,初步确定公路客货运输、

①三主:公路主骨架、水运主通道、港站主枢纽;一支持:交通支持保障系统。

市场管理、运政管理等法律关系。以《水路运输管理条例》及其实施细则等为主线,初步确定内河、沿海与远洋运输、港口生产、市场管理及经济纠纷处理等法律关系;以《航道管理条例》等为主线,初步确定有关港口、航道建设养护等法律关系。以《海上交通安全法》(建国后交通领域的第一部法律)、《内河交通安全管理条例》等为主线,初步确定了有关船舶,船员管理、救捞、防污管理及事故处理等方面的法律关系。基本建立起交通法规体系框架,为依法管理交通提供了依据。

公路建设实行普及与提高相结合、以提高为主,新建与改建相结合、以新建为主的方针。修建国家和省级干线公路断头路,"以工代赈"修建县社公路,扶持贫困地区交通建设。启动高速公路建设。我国第一条高速公路——沪嘉高速公路(全长 18 公里),1988 年在上海建成,从此拉开了我国高速公路建设发展的帷幕。提出建养并重的方针,在抓好新建公路的同时加强养护工作,实施 GBM① 工程。开征港口建设费,多方集资建设和养护水运基础设施。在工程建设中,实行招标投标和工程监理制度,降低工程造价,提高施工质量。

发展多种运输方式,提高运力水平。建设以港口为中心,以铁路、公路和水路集疏运相配套的水上运输网,提高远洋运输和近海运输的能力;调整运输结构,推行公铁分流,发挥公路运输优势;内河运输进一步发展干支直达、江海直达运输,减少中转、倒载环节,提高运输效率。

对海上安全监督管理体制进行改革,组建 14 个海上安全监督局。对长江水系港航监督业务分工进行调整。

明确"科教兴交"的指导思想,积极组织实施交通科技进步"通达计划"。基本形成具有较高研制开发能力、层次结构比较合理、专业门类比较齐全的交通科研体系。扩大交通教育办学规模,加强师资队伍建设,改善办学条件,突出交通教育特色,对专业和层次结构进行调

①具有中国特色的公路标准化和美化建设工程的简称。

整，强化培养过程中的实践环节；发展多种形式的交通成人教育，提高职工队伍素质。

精神文明和物质文明一起抓。加强职工队伍建设，开展“两学一树[①]”活动，纠正行业不正之风，营造交通改革和建设的良好环境。

七、初步建立社会主义市场经济体制时期(1991~2000年)

新一轮改革启动，国民经济转入加速发展的时期。交通部按照建立社会主义市场经济体制目标的要求，进一步全面深化交通运输管理体制改革，培育交通运输市场，抓住机遇，加快交通基础设施建设的步伐，交通事业实现跨越式发展。1997年7月3日《中华人民共和国公路法》颁布。

1993年和1998年进行了两次大的机构改革。目标都是进一步转变政府职能，建立适应社会主义市场经济体制的行政体制。这两次机构改革都重新确定了交通部职能。

1998年，根据党的十五大提出的新“三步走[②]”战略，明确社会主义初级阶段公路、水路交通发展实现现代化的三个阶段目标，为以后制定和实施公路水路交通发展战略奠定了基础。

颁布《交通法规制定程序规定》，加强交通法制工作的科学化、规范化；颁布《超限运输车辆行驶公路管理规定》、《中华人民共和国水上安全监督行政处罚规定》、《道路运输行政处罚规定》等一系列部门规章，加强依法行政。

以转换经营机制为重点，加大政企分开的力度，进一步扩大交通企业的经营自主权。引导企业以资产为纽带实行兼并和资产重组，组建企业集团，建立现代企业制度。1993年~1997年间，陆续组建中

①两学：岗位学雷锋、学严力宾；一树：行业树新风。

②第一个十年实现国民生产总值比2000年翻一番，使全国人民的小康生活更加宽裕，形成完善的社会主义市场经济体制；再经过十年的努力，到建党一百年时，使国民经济更加发展，各项制度更加完善；到下个世纪中叶建国一百年时，基本实现现代化，建成富强民主文明的社会主义国家。

远、长航、中海、中港和路桥五大企业集团。

加快交通基础设施建设。发布并实施“三主一支持”长远发展规划。开始实施农村公路“通达工程”。从1998年开始,认真贯彻中央扩大内需的方针和实施积极的财政政策,把握历史机遇,加快以公路为重点的交通基础设施建设,实现跨越式发展。

努力完善交通支持保障系统。沿海港口和重要水域基本实现航标成链的目标。我国全球海上遇险和安全系统投入运行。交通专用卫星长途通信网建成并实现全国联网。进行海事管理体制改革,成立中华人民共和国海事局,设置直属海事机构。制定救捞系统“九五”计划和“二〇一〇”长远规划。

深化交通科技、教育管理体制改革,实施“科教兴交”战略。

广泛深入地开展“两学一树”、“三学一创①”活动。以“为人民服务、树行业新风”为主题,加大行业示范窗口工作力度。开展“三讲②”教育。认真开展治理公路、水路“三乱③”的行业纠风工作。

八、国民经济“十五”时期(2001～2005年)

我国社会主义市场经济体制逐步确立,国民经济保持快速发展。交通运输发展进入重要战略机遇期。这一时期,交通部坚持以人为本、全面协调可持续的科学发展观,科学化、法制化和现代化水平有很大提高,继续推进交通基础设施的跨越式发展和交通事业的持续全面健康发展。2003年6月28日《中华人民共和国港口法》颁布。

制定《国家高速公路网规划》、《农村公路建设规划》等一批国家级规划、西部地区、东北等老工业基地、中部地区和长江三角洲、珠江三角洲等多项区域交通发展规划和专项规划,扩大规划的覆盖面,增强了交通发展的前瞻性、科学性和有序性。

---

①三学:个人学包起帆,集体学“华铜海”轮,单位学青岛港;一创:创建文明行业。

②讲学习、讲政治、讲正气。

③乱设站卡、乱罚款、乱收费的行为。

贯彻实施《中华人民共和国港口法》、《中华人民共和国道路运输条例》、《中华人民共和国收费公路管理条例》、《中华人民共和国国际海运条例》等法律法规。制定和修订54件部颁规章,精简48%的行政审批项目,清理废止247件部颁规章。

继续推进交通基础设施建设实现跨越式发展。"两纵两横三个重要路段①"全部建成。把农村公路建设摆在重中之重的位置,启动新中国成立以来规模最大的农村公路建设工程。建成和开工建设润扬长江大桥等一批具有世界先进水平的特大公路桥梁。相继开工和投产一批大型集装箱、原油、矿石、煤炭泊位,沿海港口群泊位向大型化、专业化方向发展。

全面完成水上安全监督管理体制改革,建立14个部直属海事局和27个省级地方海事局。完成救捞体制改革,实行救助打捞分开。进一步深化改革港口管理体制,中央直属和双重管理的38个港口下放所在城市政府管理。颁布实施《农村公路管理养护体制改革方案》,实行以县为主的农村公路养护管理体制。

加强运输市场管理,开展低质量船舶、水上运输超载、渡口渡船安全管理等专项整治,推行京杭运河船型标准化,加强道路危险化学品运输专项整治。进一步规范交通建设市场管理。与七部委联合开展治理车辆超限超载工作。

进一步提高海事监管和搜救能力。制定国家海上搜救应急预案。加强重点水域、重点船舶、重点时段的安全监管和基础性建设。在长江部分航段和成山头、珠江口实施船舶航行定线制。初步建立海陆空搜救网络,实施动态值班待命救助制度。

推动科技创新。建立西部交通科技基金。在工程测量与设计、公

---

①两纵:同江—三亚线;北京—珠海线。两横:连云港—霍尔果斯线;上海—成都线。三个重要路段:北京—沈阳线,是丹东—拉萨国道主干线中交通流量最大的一部分,长约700公里,规划目标全部为高速公路;北京—上海线,是由北京—福州主干线上的北京—泰安段、同江—三亚主干线上的淮阴—上海段以及泰安—淮阴主干线连接组成,长约1 350公里;西南地区公路出海通道,该线走向是重庆—贵阳—南宁—北部湾地区,长约1 270公里。

路综合管理、集装箱码头管理、船舶助航导航等领域广泛应用先进的信息技术。

加强国际交流与合作。签订一批多边或双边运输协定,不断扩大交流;完成中老缅泰四国上湄公河航道改造工程;鼓励和支持交通企业“走出去”开拓市场;增加利用外资数量,“十五”期间利用世行和亚行贷款46亿美元。

广泛深入开展行业文明创建活动。涌现出当代产业工人的杰出代表许振超等一批全国重大先进典型。开展以“热爱祖国、睦邻友好、科学航海”为主题的郑和下西洋600周年纪念活动,设立“航海日”。不断加强党风、行风建设。深入开展保持共产党员先进性教育活动,增强广大党员干部立党为公、执政为民意识。建立健全具有交通特色的教育、制度、监督并重的惩治和预防腐败体系。把基础设施建设领域作为廉政工作重点,狠抓关键环节的监督制约。加强交通内部审计和财务管理,规范建设资金管理使用。治理公路“三乱”,全国绝大部分公路基本实现无“三乱”。加强政务公开,提高交通部门政务工作透明度。

本书还对“十一五”前两年的交通部行政工作进行了概括。“十一五”是全面建设小康社会、构建社会主义和谐社会、推进社会主义现代化建设的关键时期。“十一五”前两年,交通部站在新的历史起点上,全面落实科学发展观,转变发展观念,创新发展模式,增强发展动力,提高发展质量,增强交通事业发展的全面性、协调性和可持续性;开始推进现代交通业发展,提出和践行“三个服务①”新理念,建设创新型行业,坚持理念创新、科技创新、体制机制创新和政策创新,促进交通事业又好又快发展,为构建社会主义和谐社会,全面推进小康社

①交通发展要服务于经济社会发展全局,服务于社会主义新农村建设,服务于人民群众安全便捷出行。

会建设发挥更大的作用。

58 年交通部行政实践启示我们，紧紧跟随党中央、国务院的战略部署和要求谋划全局和重点，紧紧抓住发展这一主题研究战略和规划，紧紧围绕以民为本制定方针和政策，是交通行政决策保持正确方向的重要基石。

58 年的交通部行政实践启示我们，公路水路交通从小到大、从少到多、从弱到强，战胜一个个艰难险阻，跨过一道道沟沟坎坎，取得一项项重大成就，靠的就是在科学理论指导下，与时俱进、符合时代要求的行政决策。

58 年的交通部行政实践，体现了交通部党组物质文明、精神文明一起抓的指导思想，凝聚了数千万交通人的智慧和力量，结出了世人瞩目的累累硕果，形成了独具特色的交通文化。展望未来，我们坚定地相信，交通事业的明天一定会更加辉煌、更加灿烂、更加美好！

第一篇
1949～1965年的交通部行政

第一章　国民经济恢复时期的交通部行政

（1949～1952 年）

从 1949 年 10 月 1 日中华人民共和国中央人民政府成立到 1952 年底，是祖国大陆统一，国民经济从战乱中得到恢复，中国人民取得抗美援朝战争胜利，国家开始走向新的发展阶段的历史时期。史称国民经济恢复时期。在这一时期组建的交通部，在党中央、政务院领导下，依据《中华人民共和国中央人民政府组织法》（以下简称《中央人民政府组织法》）规定的职能，围绕支援战争、恢复国民经济的中心任务，以旧中国残破、简陋的交通设施为起点，通过全新的行政体制和一系列行政行为，组织交通战线广大干部职工初步建立起新中国的公路水路运输系统，使中国的运输生产力得到恢复和初步发展，为以后交通事业的进一步发展奠定了基础。

第一节　交通部机构设置与职能

在中央人民政府成立过程中，交通部作为中央人民政府政务院主管全国公路、水路交通事业的职能部门同时组建，并依据《中央人民政府组织法》第十八条规定，积极开展行政工作。

一、交通部组建过程

1949 年 9 月 27 日，中国人民政治协商会议第一届全体会议通过的《中央人民政府组织法》第十八条规定，中央人民政府政务院下设包括交通部在内的 30 个部（会、院、署、行），主持各部门的国家行政工作。此前，为解决政务院工作人员来源问题，中央决定以原华北人民政府①的有关人员作为中央人民政府政务院的班底。由此，交通部组建过程中的具体事宜在1949年10月1日之前即已由原华北人民政府交通部工作人员承办。

1949年10月1日，毛泽东主席在天安门城楼上宣布中华人民共和国中央人民政府成立。1949年10月19日，中央人民政府委员会第三次会议正式任命章伯钧为交通部部长，李运昌、季方为交通部副部长。毛泽东主席于10月31日颁发交通部铜质印章一枚（参见图1-1-1和图1-1-2）。交通部于1949年11月1日开始办公后立即着手两项重要工作：一是调整临时办公机构；二是召开专业工作会议。

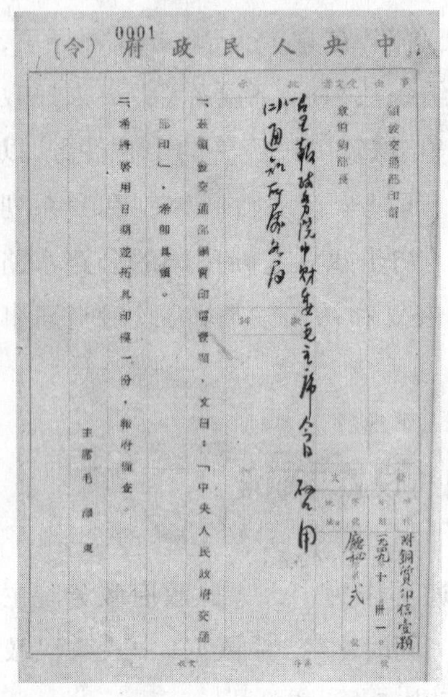
0001
中央人民政府（令）
颁发交通部印信
章伯钧部长
一、兹颁发交通部铜质印信壹颗，文曰：「中央人民政府交通部印」，希即具领。
二、希将启用日期连同具印模一份，报府备查。
主席毛泽东

图1-1-1　中央人民政府（令）影印件

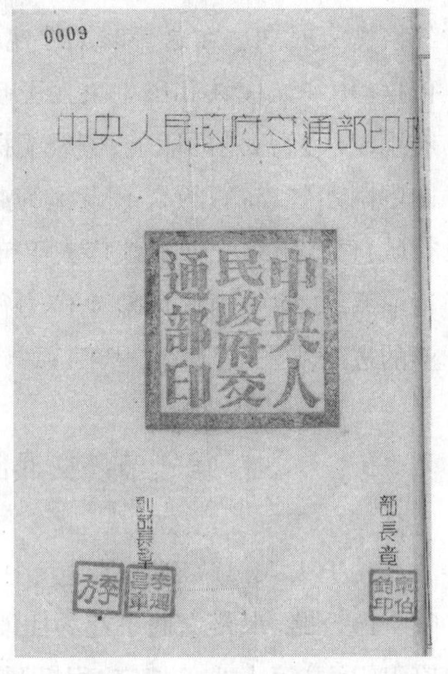

图1-1-2　中央人民政府交通部印影印件

（一）调整临时办公机构

交通部临时办公机构最初以已撤销的原华北人民政府交通部为班底组成。原华北人民政府交通部的组织机构与人员编制情况

①原华北人民政府是在原晋察冀和晋冀鲁豫两边区政府的基础上于1948年9月26日正式成立，1949年10月31日撤销，历时1年零1个月。

见表1-1-1。

原华北人民政府交通部的组织机构与

人员编制基本情况(1949 年 9 月)　　表 1-1-1

<table>
<tr><th colspan="3">项目 人数 单位</th><th>编制人数</th><th>现有人数</th><th>编余</th><th>缺额</th><th>备　注</th><th>说　明</th></tr>
<tr><td rowspan="7">部内机构</td><td colspan="2">部长办公室</td><td>2</td><td>1</td><td></td><td>1</td><td></td><td rowspan="14">内河航务管理局现有 535 人中,工人 357 名,职员 178 人,故尚缺 24 人</td></tr>
<tr><td colspan="2">秘书室</td><td>76</td><td>66</td><td></td><td>10</td><td>秘书室现有人数内,有 9 人为合作社人员</td></tr>
<tr><td colspan="2">人事处</td><td>41</td><td>28</td><td></td><td>13</td><td></td></tr>
<tr><td colspan="2">业务处</td><td>34</td><td>28</td><td></td><td>6</td><td></td></tr>
<tr><td colspan="2">工务处</td><td>74</td><td>46</td><td></td><td>28</td><td></td></tr>
<tr><td colspan="2">会计处</td><td>31</td><td>21</td><td></td><td>10</td><td></td></tr>
<tr><td colspan="2">小计</td><td>258</td><td>190</td><td></td><td>68</td><td></td></tr>
<tr><td rowspan="7">所辖各单位</td><td colspan="2">公路总局</td><td>3 338</td><td>3 338</td><td></td><td></td><td></td></tr>
<tr><td colspan="2">邮政总局</td><td>7 801</td><td>7 826</td><td>25</td><td></td><td></td></tr>
<tr><td rowspan="5">航务局</td><td>航务局秘书处</td><td>202</td><td>178</td><td></td><td>24</td><td></td></tr>
<tr><td>招商局</td><td>1 037</td><td>1 144</td><td>107</td><td></td><td></td></tr>
<tr><td>新港工程局</td><td>2 069</td><td>2 027</td><td></td><td>42</td><td></td></tr>
<tr><td>航政局</td><td>68</td><td>55</td><td></td><td>13</td><td></td></tr>
<tr><td>小计</td><td>3 376</td><td>3 404</td><td>107</td><td>79</td><td></td></tr>
<tr><td colspan="3">总计</td><td>14 773</td><td>14 758</td><td>132</td><td>147</td><td></td></tr>
<tr><td colspan="3">备注</td><td colspan="6"></td></tr>
</table>

注:档案原表名称为《交通部内及所属各单位编制的现有人数比较表》。该表注明 1949 年 9 月 9 日编列,内容包括交通部所辖邮政总局机构及人员编制数。

在上述班底的基础上,经政务院财经委员会①审核批准,交通部作

①政务院财经委员会习惯也称为“中财委”。

出《关于建立与调整本部组织机构的决定》,临时设置一厅二司三处一局如下:

(1)办公厅——以原华北交通部秘书室为基础建立;

(2)计划司——以原业务处为基础建立;

(3)人事司——以原人事处为基础建立;

(4)劳动工资处——以原人事处福利科及行政科工资组为基础建立;

(5)财务处——以原会计处为基础建立;

(6)供应处——重新配备干部;

(7)航务总局——以原工务处为基础建立。

该决定特别强调:"以上机构限 2 月 25 日①前调整完备由人事处会同有关部门执行之"。此外,还同时任命独立设置处室以及厅、司、局内设处室的负责人,并要求对原华北人民政府交通部的人员重新作出安排;规制了交通部组建后开始办公的临时性组织机构,其持续时间不超过 1950 年 8 月。

(二)召开全国首届航务、公路会议,研究行政方针、体制、任务等重要问题

交通部开始办公后的另一项重要工作是奉政务院财经委员会指示②于 11 月 19 日在北京召开全国首届航务、公路会议③。会议首先总结与交流了各解放区航务、公路工作的经验,随后提出并初步议定了下列重要事项:

(1)交通部机构设置;

(2)交通部直属公路水路运输系统组建方案;

---

①指 1950 年 2 月 25 日。

②这是新中国成立初期财政经济工作中的一件大事。

③新中国成立初期,陈云领导的中财委策划并指导召开了各种专业会议,全国首届航务、公路会议是其中之一。各种专业会议研究了新中国经济工作的战略布局,确定了新中国经济恢复与发展的蓝图,并将《中国人民政治协商会议共同纲领》在财政经济工作方面规定的各项方针政策具体化。

(3)交通部职能;

(4)全国交通管理体制;

(5)新中国发展交通运输的方针与政策;

(6)1950年交通工作方针、任务、计划与相关措施。

会议期间,中央人民政府副主席朱德、政务院副总理陈云到会并讲话。中央领导号召各方面相互学习、克服困难、通力合作、恢复运输、支援战争,迎接交通建设的伟大任务。最后,李运昌副部长对会议主要议题作了总结。整个会议历时40天,于12月28日结束。会后,周恩来总理听取了交通部领导关于会议情况的汇报。周恩来总理在指示中强调了今后交通事业在国家建设中的重要地位和变农业国为工业国的杠杆作用。朱德副主席在指示中强调,必须在党的领导下,团结群众与技术专家。

根据中共中央指示精神和《中国人民政治协商会议共同纲领》规定的原则,会议议定新中国成立初期交通工作的基本任务是:"迅速恢复并逐步增建公路,疏浚河流,推广水运,有计划有步骤地建造各种交通工具和创办民用航空";议定促进运输事业的方针是:"在'公私兼顾、劳资两利'的原则下,求得交通运输事业之迅速恢复与发展。国营运输企业为整个交通运输事业之骨干和领导力量。在国营企业领导下,提倡民间运输合作,鼓励私人投资,并在可能与必要条件下,鼓励私人企业向国家资本主义方向发展。例如与国家合营以便分工合作,发展中国之水陆运输"。会议强调国家领导交通运输工作的主要原则是:"组织运输发展经济,其次才是赢利";交通企业要"在科学管理基础上,采取低利润政策",要"改善管理,除却积弊,建立运输负责制";"公私合营企业(如招商局及运输公司)要实行工人参加管理的制度,建立在厂长或经理领导下的工厂或运输管理委员会";"私人企业为实现劳资两利应当与工会代表订立集体合同;公私企业都应尽可能地办好工人福利事业"。

新组建的交通部行政工作的开端是召开全国首届航务、公路会议。会议议定了交通部行政的一系列重大问题，初步勾画出新中国交通系统与交通管理体制的蓝图，为今后工作奠定了重要基础。会议中的部分议题成为政务院1950年初发布的《关于1950年航务、公路工作的决定》的主要内容。而执行政务院的决定和贯彻会议精神成为交通部行政的纲领与中心任务。

二、交通部机构设置与人员编制(1950年9月～1952年底)

(一)交通部组建初期拟设组织机构

在全国首届航务、公路会议上，交通部提出的拟设组织机构见图1-1-3。

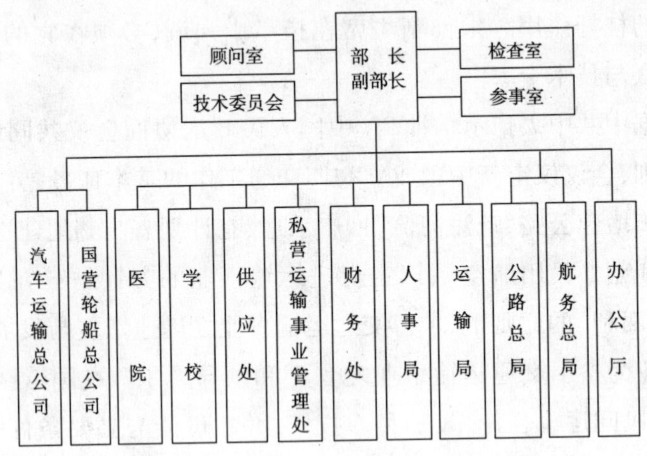

图1-1-3　1949年末交通部拟设组织机构

图1-1-3所示拟设方案在1950年基本得以实现。

(二)1950年交通部机构设置与人员编制

1.1950年机构设置情况

到1950年9月，初步形成交通部历史上第一个比较健全的组织机构。图1-1-4是交通部档案馆所保存的交通部1950年9月试行机构设置情况。

除图1-1-4所列部机关内设机构外，1950年的交通部还设有直属

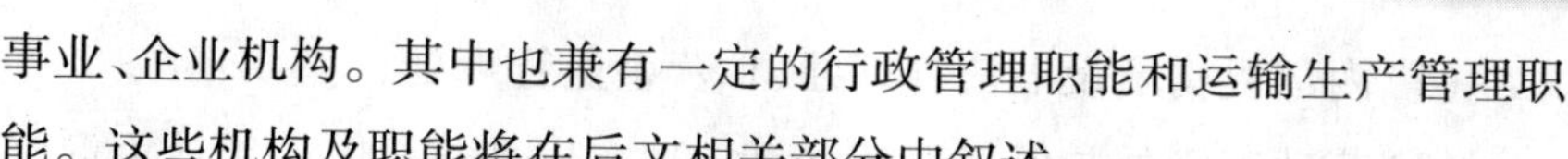

事业、企业机构。其中也兼有一定的行政管理职能和运输生产管理职能。这些机构及职能将在后文相关部分中叙述。

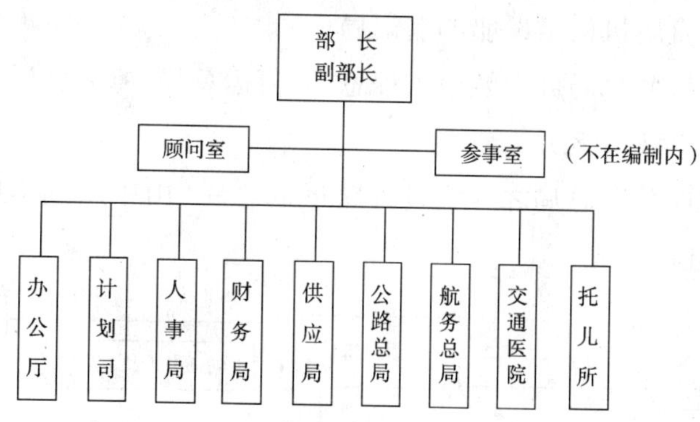

图1-1-4　交通部机构设置(1950年9月)

注:图1-1-4在档案中的原名为《中央人民政府交通部试行编制表》,并注明时间为“1950.9”。

2.1950年交通部人员编制情况

1950年9月交通部试行编制表所注明的人员配置情况见表1-1-2。

交通部人员配置情况(1950年9月)　　表1-1-2

部领导或机构	部长	副部长	办公厅	计划司	人事司	财务司	供应司	公路总局	航务总局	交通医院	托儿所	勤警	合计
人员编制数	1	2	104	45	51	68	52	330	189	21	14	60	937
勤杂人员数										6	2		8
总计													945

注:交通部档案馆1950年第26号档案《交通部试行编制表》还载明:交通部人员配置共945人,按政务院指示减去80人,编制数为865人。

(三)1951年交通部机构及人员编制调整

根据交通事业发展,到1951年,交通部内设和下设机构有所变动和增加,见图1-1-5。

从图1-1-5以及其他档案材料可以看出:1951年交通部机构与1950年初设机构相比出现下列变动:

(1)内部机构增设电信管理处、私营企业管理处;

(2)劳动工资处与保卫处从人事司独立出来直接向部领导负责;

(3)部直属机构增设船舶登记局;

(4)原航务总局分为航道工程总局、河运总局、海运总局3个相互独立机构(1951年8月);

(5)在原公路总局之外增设公路运输总局(由中国汽车运输总公司总部改组)。

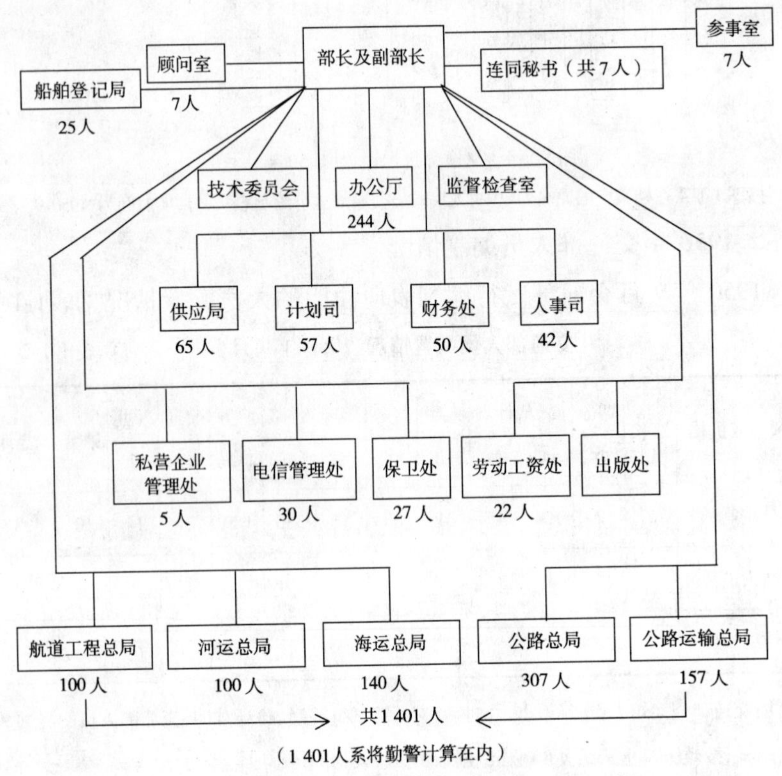

图1-1-5　交通部组织系统(1951年11月)

注:档案中原图注:技术委员会、监督检查室、出版处现暂不设立。

(四)1952年交通部增加领导人及机构设置情况

1. 1952年交通部增加领导人一名

1952年4月,中共中央和政务院任命王首道为交通部副部长兼党

组书记,协助章伯钧主持全面工作。

2. 1952年底交通部机构设置情况

图1-1-5所列1951年交通部机构到1952年底略有变动,具体见图1-1-6。

图1-1-6所列机构与1951年的相比,区别在于下列各项:

(1)劳动工资处改为劳动工资司;

(2)撤销其他直接向部长或副部长负责的独立处室,合并到有关司局;

(3)人事司下属的教育处分离出来成为直接对部领导负责的内设司局。

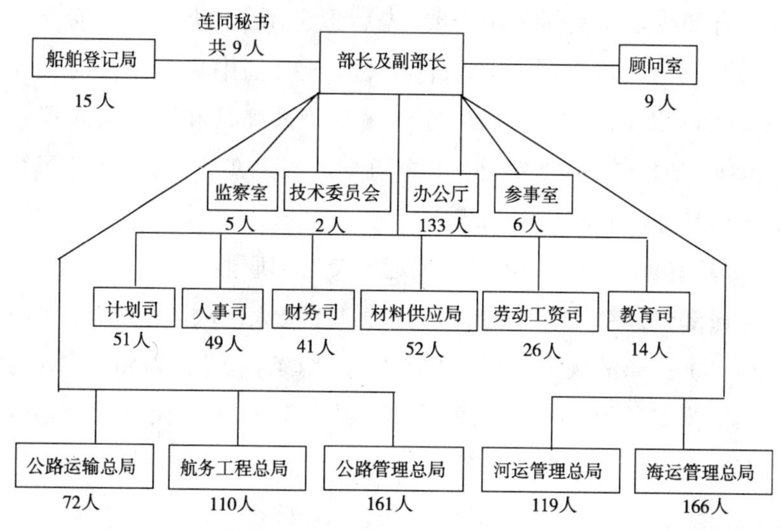

图1-1-6 中央人民政府交通部组织系统(1952年11月)

从1949年10月到1952年底,交通部机构几经变动后基本固定下来。3年间人员略有增加,这与交通事业发展以及交通管理体制逐步确立有关。

三、交通部行政职能

交通部行政职能是指交通部依法管理全国公路、水路交通事业所应当具有和实际具有的职责与作用,它在根本上是由交通运输生产力发展状况和发展要求所决定的。新中国成立初期,交通部的行政工作主要是围绕继续支援解放战争、恢复国民经济和抗美援朝的中心任务,尽快接受官僚垄断资本的各类交通企业和运输工具,组建并管理新的公路水路交通运输系统,恢复和发展运输生产,推动并有序规范一系列相应活动。同时,交通部作为中央人民政府政务院的一个职能部门,其职能也是由新中国创建之初确定的国家政治、经济和行政体制决定的,并由《中央人民政府组织法》作出原则规定。

(一)交通部文件对交通部行政职能的规定

在1950年至1952年之间,交通部依据《中央人民政府组织法》、政务院有关决定及实际工作需要,先后拟定了《中央人民政府交通部试行组织条例》(以下简称《试行组织条例》)、《中央人民政府交通部组织条例》(以下简称《组织条例》)、《中华人民共和国中央人民政府交通部组织通则》(以下简称《组织通则》)3个文件,均对交通部行政职能作出具体、明确、详尽的规定。

1.1950年《试行组织条例》规定的交通部职能

交通部组建初期,即组织人员依据《中央人民政府组织法》第十八条及第二十一条的规定,制定了《试行组织条例》,于1950年10月定稿。其中第二条规定交通部总的行政职能是:中央人民政府交通部受政务院领导及政务院财政经济委员会指导,主管国家航务公路行政事务;第三条规定交通部行政具体职能,原文如下:

"(1)关于全国原有航务公路之计划恢复事宜;

(2)关于全国新建航务公路之计划修建事宜;

(3)关于全国航务公路之管理事宜;

(4)关于全国航务公路交通机关与企业之技术指导、奖进、提高事宜;

(5)关于全国航运、公路运输之管理、计划、组织与改进事宜;

(6)关于全国交通工具之制造、修配、改良、材料供应事宜;

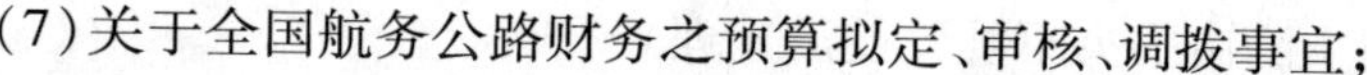

(7)关于全国航务公路财务之预算拟定、审核、调拨事宜;

(8)关于全国航务公路及企业部门财产之管理、保护事宜;

(9)关于私营运输业及交通团体之管理事宜;

(10)关于交通人才干部训练培养事宜。"

《试行组织条例》除了明确规定交通部职能外,还对交通部内设各机构的职能和责任作出具体明确规定。

2. 1951年《组织条例》的有关规定

在1950年《试行组织条例》的基础上,1951年交通部拟定了新的文本,全称为《中央人民政府交通部组织条例》。与1950年的《试行组织条例》相比明显区别:一是规定了主要直辖机构的职责,二是具体规定了由交通部行使航空运输行政职能。

3. 有关航空运输行政职能及管理机构的规定

早在1949年全国首届航务、公路会议上,根据《中国人民政治协商会议共同纲领》有关条文规定,李运昌副部长的总结报告中即已提出交通部创办民用航空的任务。1951年《组织条例》第二条明确规定交通部在行使全国水路公路交通行政职能的同时,也行使民用航空管理职能,并在第七条第五款中设定航空总局执掌下列事项:①航线规划和机场修建管理;②具体执行航空国策及指导飞机监理、登记、检查与经营;③助航及地上设备管理和飞机修配;④技术人员考核发证;⑤审定油料机件;⑥核定、审议费率;⑦其他有关民用航空事项。

《组织条例》第七条第六款规定设置航空总公司执掌下列事项:①全国国营民用航空业务的经营领导;②空运网规划、飞机调配、班机增减、客货运调度与统计;③安全设备机件检查与飞机修配;④拟定运输章则并检查其执行;⑤收支盈亏审核及资金调拨、运用和资产登记;⑥运输成本核算及运价拟定;⑦气象管理、传播及空中联络;⑧燃料供应考核;⑨其他有关营运事项。

虽然交通部于1951年拟定的上述文件对航空运输行政职能及管理机构有明确规定,但另有其他历史资料表明,国民经济恢复时期的民用航空实际由中央军委民航局管理。

4. 1952 年《组织通则》的有关规定

交通部于 1952 年制定了《中华人民共和国中央人民政府交通部组织通则》,内容分为总则、交通部的任务与权利、交通部的组织机构、交通部定员和预算共 4 个部分。其中关于交通部职能的规定与此前的《试行组织条例》和《组织条例》大体相同。主要变化如下:①有关内容明确强调对直属系统中企业生产经营活动的管理与监督(由专业管理局负责);②在部内机构设置私营企业管理司并明确其职能(1952 年机构设置表中并无该司,私营企业管理职能在实际上仍由航运总局与公路运输局分别负责)。

(二)交通部行政职能的具体内容和历史特征

综合以上文件所规定的内容和其他史料,当时交通部行使的职能及其历史特征可以归结如下:

1. 交通部行政职能的具体内容

交通部行政职能总体上分为公路交通行政和水路交通行政两类,此外还包括涉及公路和水路两个方面的综合行政。

(1)公路交通行政实际上已开始分解为公路建设、养护行政以及公路运输和道路交通安全行政 4 项具体职能。

(2)水路交通行政当时包括 3 个方面,即:航务工程(含港口建设、航道疏浚、打捞沉船、助航设备安装、水运船舶修造工业等)管理,即水路交通基础设施建设与养护行政;航务管理(含港务管理),即水路运输行政与港口行政;水上交通安全监督(含船舶登记、丈量、航政、海事处理等)。

(3)综合行政在当时包括交通科技、教育、外事管理以及交通部机关管理与领导直属系统等具体职能。

2. 交通部行政职能的历史特征

(1)开始形成政事企三合一的行政格局。

(2)在主管全国公路、水路交通事务的同时,直接组织和管理规模较大的直属航务系统。当时重要的海港、河港、海运以及长江等内河航运均由交通部通过专业局直接管理,中型以上海船、内河轮船均纳入交通部直接领导下的航运企业(私人所有的中型以上轮船逐步通过公私合营纳入国营企业)。

(3)既管理近代交通运输方式,也管理当时存在的大量传统运输方式,如民间帆船、人力车、畜力车运输以及人力搬运装卸(当时文件称"落后运输工具")。

第二节 初创管理体制

在中华人民共和国中央人民政府成立并迅速建立全国行政管理体制的同时,根据中央决定,交通部与各大行政区政府(军政委员会)及中央直属的华北五省、直辖市政府于1950年初步建立起全国公路水路交通管理体制。与此同时,交通部组建起直属交通运输系统。

一、初创新中国交通管理体制

本书所称"交通管理体制"是指公路、水路交通管理体制。水路交通管理最初习惯称为"航务管理"。

(一)创立新中国交通管理体制的历史背景和特征

交通管理体制是交通管理机构设置、管理职责划分以及相关制度的统称。其中包括规范管理活动的基本制度。本节简要介绍新中国最初建立的全国交通管理体制的核心内容(详细内容可参阅后续两节)。

构建新中国交通管理体制是对全国交通事业行使国家主权的重要保证,是废除国民党政府旧法统和建立、巩固新政权的必要环节,也是开创和发展新中国交通事业的重要前提。国家的交通管理体制从属于国家的国体与政体,同时,作为适应近现代交通发展需要的管理范式,各国在一定时期内的交通管理体制也有共性和连续性。中国自晚清政府邮传部开始,到北洋政府交通部和南京国民政府交通部,都在逐步引进新式交通工具的同时,逐步引进西方工业国家的交通管理模式。新中国最初建立交通管理体制时,必然要对民国时期的交通管理制度进行清理和甄别,吸收其中反映近现代交通发展需要的共性方面,如航政管理制度、道路交通安全管理制度、船舶登记与船员考核制度以及其他各种港务管理制度。新中国建立交通管理体制有两个显著特征:一是突出为人民谋利益的根本宗旨和适应国家总体形势需要;二是维护国家主权完整。其中第二个特点最为直接、明显。自鸦片战争以来,帝国主义列强首先通过 1842 年的《南京条约》强迫中国开放通商口岸,进而控制海关,攫取航权。以后的北洋政府和南京国民政府在上海等地设置航政管理机构。抗日战争胜利后,中国收归航权的努力有一定的成效,但直到新中国成立,才彻底废除了不平等条约,最后通过创建全国交通管理体制,得以全面、彻底地行使交通主权。

(二)初创新中国交通行政体制

根据交通部档案馆所存资料,1950 年全国交通行政管理体制构架见图 1-1-7。

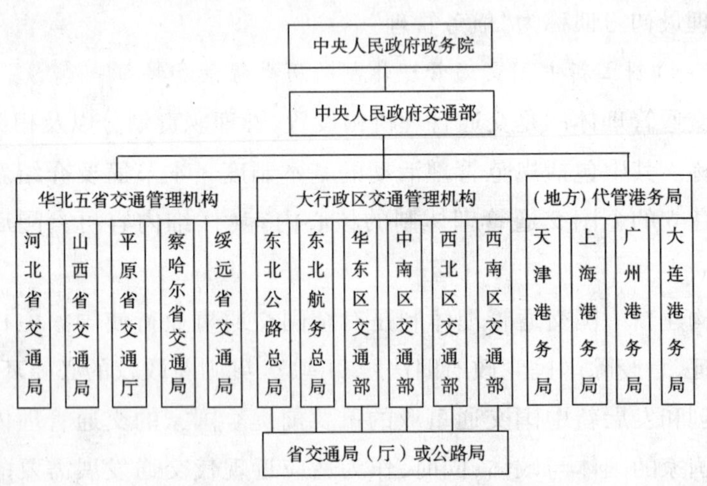

图 1-1-7　全国交通行政管理体制构架(1950 年)

(三)初创新中国航务管理体制

根据政务院1950年2月21日发布的《关于1950年航务、公路工作的决定》,交通部确立全国航务管理体制如下:

(1)在交通部下设航务总局及国营轮船总公司,领导航务建设、航务管理与航运工作。

(2)在沿海主要港口及长江设置航务局:①天津区航务局,下设烟台、威海、秦皇岛、青岛、连云港等航务分局(或办事处);②营口区航务局,下设大连、安东等航务分局;③上海区航务局,下设宁波、福州、厦门等航务分局;④广州区航务局,下设汕头、海口、榆林港、广州湾等航务分局;⑤长江航务局,下设汉口、南京、重庆、芜湖、九江、沙市等航务分局。

以上各航务局在交通部航务总局直接领导下工作,但根据具体情况与领导上的方便,由交通部暂行委托各大行政区或省、市代管。广州区航务局暂托广东省人民政府代管;宁波航务分局暂托浙江省人民政府代管;福州、厦门航务分局暂托福建省人民政府代管;营口区航务局暂托东北人民政府代管。

(3)国营轮船总公司(将旧招商局业务归并)设于上海,统一掌管国营轮船运输业务。

(4)内河航运管理:①跨越两大行政区以上的内河航运,由交通部航务总局直接管理;②跨越两省以上的内河航运,由大行政区交通部设立内河航运局(如松花江、珠江、运河)直接管理,并接受所经各省交通厅的指导;③一省之内的航运,由省交通厅管理。但与跨越两省以上内河相通且能通行轮船的,按实际情形,由大行政区交通部或中央交通部航务总局直接管理。

(四)初步统一港务、港监管理体制

1. 成立港务局,初步统一港务、航道及港监管理

1950年7月26日,政务院财经委员会发布《关于统一航务港务管理的指示》,主要内容如下:

(1)成立大连、天津、青岛、上海、广州5个区港务局及其分局或办事处。区港务局为中央人民政府所属机构,其中大连、天津、上海、广州4个区港务局暂托当地人民政府代管。

(2)港务局根据中央人民政府交通部颁发的规章统一管理航道、码头、仓库、引水工作和人员、规费征收、船舶登记与检查、轮船业登记、船舶进出口审批以及气象水文观测资料收集与发布、海事处理、船员考核等各项工作。

(3)港口货物出入口检查及有关关税征收、港内外治安、港口防疫等工作分别由海关、水上公安、卫生部门负责。各有关部门在港口成立联合检查处,由港务局局长统一领导。港务局应与海军、海关、公安、卫生等部门加强联系,协调各项工作。

2. 接手灯塔浮标、航道疏浚等管理工作

中国原有的灯塔浮标、航道疏浚等管理工作与海关权紧密相连。旧中国的海关权自屈辱的《南京条约》签订以后,逐步为帝国主义所控制,直到新中国成立之前,全国海关最高管理机关及各地海关的主要职位均由外国人担任。帝国主义列强还将许多与海关无关但却关系我国主权和安全的事项,如海岸巡卫、海港河道灯塔浮标管理、航道疏浚都纳入海关管理范围。随着解放战争的胜利推进,人民军队所到之处将所有海关予以收回。1949年10月25日,中央人民政府决定设立海关总署,统一管理全国海关。1950年1月27日,中央人民政府政务院第17次政务会议通过《关于关税政策和海关工作的决定》。其中重要内容之一是决定将管理"海港、河道、灯塔、浮标、气象报导等助航设备的职责,连同其工作人员、物资、器材,全部移交中央人民政府交通部或省市港务局"。1950年11月16日,海关总署按照政务院上述决定,将海关管理的航标移交交通部航务总局,其中港口航标移交各港港务局,长江航标移交长江航务管理局,从此结束了长达80多年由海关管理航标的历史。交通部航务总局为接管航标成立了海务处,在沿海组建青岛、上海、厦门、广州4个区海务办事处;长江中游、上游和下游航标分别由长江航务管理局江务处、重庆和南京分局江务科管理，并建立分级管理体制。由此，海上航标与内河航标分开管理。

(五)初创新中国公路管理体制

根据1950年3月12日公布的《中央人民政府政务院关于1950年航务、公路工作的决定》，交通部初步确定全国公路管理体制如下：

(1)在交通部下设公路总局领导公路建设、管理工作，并拟定各种法规、管理制度、工程标准、建路养路办法，统一施行。国道由交通部公路总局直接管理，经费由中央财政列支。公路总局内设公路养护处分工管理全国公路养护事宜，并按专线设立若干国道养护管理机构，如(北)京塘(沽)国道公路管理段等，进行专线养护。

(2)大行政区及省级交通机关根据工作需要及干部条件，设立公路局或公路处，办理公路事宜。省道由各大行政区交通部督导各省交通部门管理。

(3)专署、县以下各地方负责完成本地区的公路计划与任务。对于一般公路，发动沿路乡村群众进行养护。

(六)初创新中国公路运输管理体制

1950年，根据政务院决定，交通部设置国营汽车运输总公司(随后定名为"中国汽车运输总公司")，领导直属公司的运输生产，同时具体管理全国公路运输事宜。地方公路运输分别由大行政区(军政委员会)交通部和各省(自治区、直辖市)人民政府交通厅(局、委)或其所属运输公司直接管理。由此初步形成中央、大区、省三级公路运输管理构架。

二、组建交通部直属系统

在开创全国交通管理体制的同时，交通部于1950年初步建立直属系统。

(一)交通部组建直属系统的历史背景

1949年7月至1950年6月，随着人民解放战争的胜利推进，各地军政部门迅速接管了南京国民政府交通部门所属或官僚垄断资本所属航务、公路等管理机构及包括港口、轮船、车辆及修配工厂、仓库物资等相关的各类设施。根据中央决定,其中较大或重要机构与设施逐步移交交通部管理。为执行中央决定,适应形势需要,交通部于1950年在成立公路总局、国营汽车运输总公司以及航务总局、国营轮船总公司的同时着手组建直属的公路水路运输系统。例如原招商局、中国油轮公司、善后救济总署水运大队、台湾航运公司上海分公司、中华拖船驳运公司、行政院物质供应局船舶处、中华水产公司以及营口、秦皇岛、天津、烟台、青岛、连云港、宁波、温州、厦门、汕头、广州、海口等港口由交通部接管,组成直属航务系统。在此基础上,根据恢复交通工作的需要,中央投资购买或建造一批设备,使交通部直属系统的装备条件有所改善。

(二)交通部直属系统的结构与最初规模

在接管原有设备以及新增设备的基础上,至1950年底,交通部具有多级(多层次)结构的直属系统基本建立。其二级结构见图1-1-8。

图1-1-8中的交通部航务总局、公路总局相当于交通部内设机构。根据《中央人民政府政务院关于1950年航务、公路工作的决定》,它们具有独立行使具体管理职能的权力,并直接领导下属机构。例如,1950年航务总局下属的船舶修建厂就有8个。

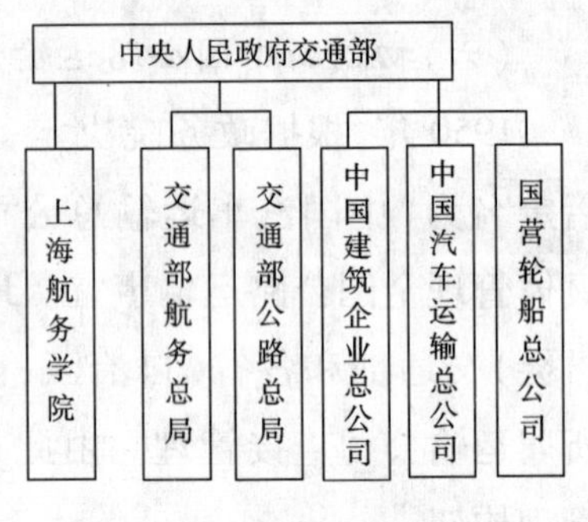

图1-1-8　交通部及直属系统二级结构(1950年)

图1-1-8中的3个总公司是兼有行政管理职能并从事交通建设或从事运输生产的政企合一的组织,分别辖有为数众多的公司、分公司、修配工厂或派出机构,形成多级结构的子系统。例如,中国汽车运输总公司的公司总部内设机构与直属公司见图1-1-9。

图1-1-8和图1-1-9表明,1950年交通部组成的直属系统是一个

多级(或多层次)结构的政、事、企三合一的组织系统。其总体规模与人员编制见表 1-1-3。

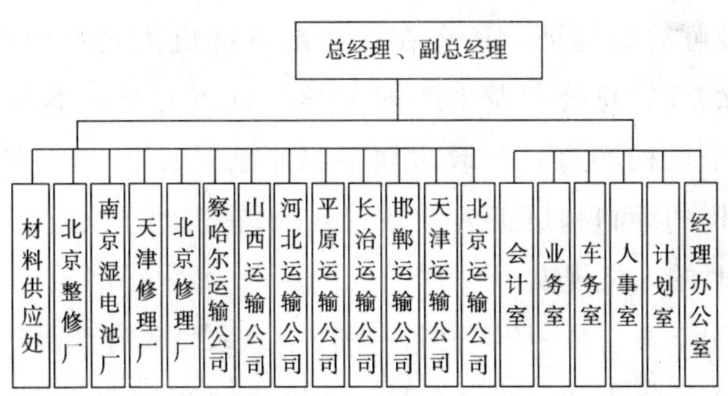

图 1-1-9 中国汽车运输总公司组织系统二级结构(1950 年)

中央人民政府交通部及直属公路、航务部门员工分类统计表(1950 年 12 月) 表 1-1-3

项目 / 人数 / 单位	员工总数	员工总数中的技术人员	员工总数中的行政人员			
			部长级	司(局)长级	处(局)长级	科(课)长级
总计	23 908	2 150	3	28	96	408
中央人民政府交通部	320	16	3	8	10	31
交通部航务总局	112	30		4	7	14
交通部公路总局	269	75		4	10	33
中国汽车运输总公司	5 242	31		3	6	111
中国建筑企业总公司	1 516	310		1	3	12
国营轮船总公司	8 294	1 210		4	19	81
青岛区港务局	2 519	67		1	13	37
长江航务管理局	1 178	49		2	11	36
华北内河航运管理局	917	40			1	16
渤政航运公司	246	37			4	5
新港工程局	1 931	155			2	14
轮总天津分公司	749	42			4	11
轮总天津办事处	4	0			1	1
京塘段测量队工程队	219	25				
上海航务学院	392	63		1	5	6
说明	本表系综合各单位 1950 年 11 月综合统计报告而成					

注:原表包括各类人员的详细统计数字,本书引用时删去部分职工类别及其统计数。

表1-1-3是交通部档案馆1951年12号档案材料中的一部分。该表为统计交通部直属系统员工人数而制,是反映当时交通部直属系统实际情况最可靠的物证。该表在交通部本部机关之外列有14个机构。其中除总局、总公司及上海航务学院直属交通部本部机关领导外,另有8个机构的直接行政隶属关系不能从该表中断定。尽管如此,这些机构的编制和员工人数是单列的,它表明了交通部直属系统在1950年时的人员规模。

除表1-1-3外,同一档案材料中的《中央人民政府交通部所属全国交通部门员工分类统计表》载明:当时全国交通部门员工总数为59 332人。

(三)交通部直属系统的特点

分析表1-1-3的数字以及对照同一档案材料中关于全国交通部门员工人数统计表,可以看出以下特点:

1. 交通部直接领导交通建设和运输生产的任务较重

表1-1-3中3个总公司编制人数合计为15 052人,占交通部本部机关及直属系统员工总数(23 098人)的65%,其中绝大部分人员是直接从事生产或生产管理的人员。这个比例数显示交通部在新中国成立初期直接领导交通建设和运输生产的任务较重。

2. 交通部直属系统中以航务运输机构的规模最大

在表1-1-3中,国营轮船总公司员工总数为8 294人,大于汽车运输总公司与建筑企业总公司员工总数之和(6 758人)。表明当时交通部直接管理和组织航运的任务较重。次年在中国汽车运输总公司下属汽车运输公司下放以后,交通部直接领导、组织和管理航务工作的任务显得更为突出。这一特点在交通部行政史上延续时间很长。

3. 交通部直属系统是全国交通系统的主干力量

当时交通部直属系统员工总数为23 908人,而全国交通部门员工总数为59 332人,两相比较,交通部直属系统员工人数占全国交通系统总人数的40%。除此而外,交通部直属但由地方代管的天津、上海、广州、大连4区港务局人员数目归并在地方而不是交通部直属系统中。由此可见,当时全国公路水路交通运输事权和人员物资设备将近一半集中于中央政府,交通部直属系统成为全国公路水路运输系统的主干力量。

三、交通部直属机构及交通管理体制调整

1950年确定的全国交通管理体制和建立的交通部直属系统只是初步的。随着形势发展及情况变化,在1951年到1952年间进行了调整。1952年底,根据中央改变大行政区机构与任务的决定,又进行了一次较大规模的调整。

(一)航务机构与航运管理体制调整

1. 国营轮船总公司更名及迁移办公地址

1951年2月,交通部直属国营轮船总公司更名为中国人民轮船总公司,并迁至北京与交通部航务总局合署办公,下设上海、天津、青岛、广州、汉口区人民轮船公司。各地区也相继成立地方国营轮船公司及其管理机构。

2. 明确中央直属及地方所属航运企业分类管理

1951年5月4日,政务院发布《关于划分中央与地方财政经济工作管理职权的决定》,交通部奉命实施。规模较大、营运范围较广的航运企业由交通部直属,其余国营航运企业分别由地方各级交通主管部门直接领导。自此,全国航运企业分为中央(交通部)直属和地方(各级交通主管部门)所属的格局更为明显,地方各级交通主管部门管理地方水运企业的职责逐步加强。

3. 设置专业管理局并加强港口与航运生产的统一管理

根据1951年3月20日至4月14日召开的第二届全国航务会议的议定并经政务院同年5月25日第86次政务会议决议批准,交通部于同年8月撤销航务总局及中国人民轮船总公司,分设海运总局、河运总局和航道工程总局。与此同时,根据第二届全国航务会议已经作

出的决定，交通部在沿海分设北洋、华东和华南区海运管理局。此外，除1950年已经设立的长江航务管理局外，另设黑龙江航务管理局和珠江航务管理局，同时撤销东北航务总局（1951年5月8日划归中央交通部领导）。由此，沿海与内河均实行分区统一管理港口和运输生产的体制。

4. 设置船舶登记局及水上安全监督机构

1951年，为初步创立水上安全监督体制，交通部作出下列行政决策并逐步实行：

（1）根据第二届全国航务会议决定，经政务院1951年5月25日第86次会议批准，在交通部内设船舶登记局，负责船舶登记及技术检查事宜。

（2）在交通部海运总局设置海务监督处，各海运企业内设海务监督处（室、科），在沿海港口设置港务监督科、室。

（3）在交通部河运总局设置航行监督处，内河航运企业设置航行监督处（科）或安全科；根据交通部指示和示范，地方交通主管部门逐步采取相应措施，成立相关机构。

以上措施为构建水上交通安全监督系统奠定了初步基础。

5. 成立中国人民打捞公司，统一打捞事业

新中国于1949年开始恢复打捞事业。在此基础上，交通部经政务院批准，于1951年7月25日作出决定："以原华东区人民轮船公司打捞课及新港工程局打捞队和上海公私合营华兴打捞公司为基础，组成全国打捞公司"。1951年8月24日，"中国人民打捞公司"正式成立，由交通部航务工程总局领导。新中国的救助打捞事业开始以初步统一的形式发展。

（二）公路交通管理机构及管理体制调整

1. 公路管理机构及管理体制调整

1950年交通部公路总局设立的若干国道养护机构设置不久后，大多于1951年下放到大区公路局或省交通厅。根据交通部指示，从

1951到1952年,全国除西藏外,大部分省(区、市)交通厅(局、委)成立了公路局(处),局下有的按线路设养路段,有的按专区设养路总段(段),对省管养的干线和部分重要支线进行养护与管理。部分专区和县在交通局(科)下也开始相继设立公路养护管理机构和专人。此外,根据政务院决定,当时还实行专业道班和群众分工养护公路的体制。

2. 公路运输管理机构及管理体制调整

1951年8月,交通部决定将中国汽车运输总公司改设为公路运输管理总局,原总公司直属的运输公司划归华北区运输公司管理。公路运输管理总局作为交通部的职能部门,主管全国公路运输事宜。至此,交通部对全国公路运输事业的行政管理主要是制定方针政策、统筹规划、技术指导、组织协作和经验交流。直接性行政管理以及直接指挥运输生产的工作由地方各级交通主管部门负责。

3. 调整中国建筑企业总公司所属机械总队

1952年10月11日,政务院财经委员会指示交通部将中国建筑企业总公司机械总队一分为三,分别由中央交通部、中央水利部和中央建筑工程部领导,交通部奉命实施。

(三)执行中央人民政府行政决策,改变各大区交通管理机构

1952年11月15日中央人民政府委员会第19次会议通过《中央人民政府关于改变大行政区人民政府(军政委员会)机构与任务的决定》,要求改组工作最迟应在1952年底完成。交通部按照决定,经与各大区人民政府(军政委员会)会商,作出新的规定,内容涉及交通管理体制变更如下。

(1)大区设公路管理局;东北、华东、中南并设内河航务局。机构按精简原则,实行两级制。(各大区交通部撤销后)干部调整处理原则是:其中大部分人员充实基建单位,负责建立运河、淮河、珠江航务局新机构;另一部分人员上调中央。

(2)公路管理局:首要任务是搞好工程,其次是国道干线的养护工作,编制一般规定为60~120人,下设设计公司及工程总队(西南设工

程公司）。在组成编制与人员配备上应贯彻“基建工作第一”的精神，尽量精简行政机构，充实勘测、设计、施工等单位；经费按企业费开支。公路管理局由中央人民政府交通部公路总局领导，政治工作与业务的监督指导归大区，它与省公路管理局是技术业务上的指导关系。

（3）内河航务局：主要任务是行政管理并经营航运业务，航道的调查及小埠的工程修建等；华东、中南设内河航务局，东北航务局则改为松花江航运管理局，下设分局兼管黑龙江，编制一般规定为80～120人。华东下设淮河、运河两航务局，中南下设珠江航务局，其他内河管理工作则全部移交省级机构负责；经费按企业费开支。内河航务局由中央人民政府交通部航务总局领导，政治工作与业务的监督指导归大区。它与省级管理机构是技术业务上的指导关系。

（4）汽车运输方面：西南、西北设中央运输总局的派出机构即运输分局，经费由中央行政费内开支。与省运输局是业务上的监督指导关系。编制上一般规定为56人。其余各大区的汽车运输划归省（市）领导经营。

（5）联运方面：一般联运公司移交省管，华东联运公司交上海市管。人员一部分调中央，一部分转移到交通部门的基建单位，其余大部分由省及上海市重新安排。

（6）交通专科学校应一律划归中央（交通部）领导，并受该区公路管理局的监督指导。

（7）华东交通部出版处全部移交中央（交通部），航道工程方面的技术人员，除留必要者外，移交中央航道工程总局。轮船公司只经营淮河和运河，其他河流经营则交各省。

（8）大区供应处应分设于公路局与内河航务局内，西北的汽车材料人员移交运输分局。

这次调整的特点是，大行政区直属的交通部撤销，改设公路局和内河航运局，规模减小，且直属中央交通部专业管理总局领导，交通事权进一步集中到中央。

全国交通管理体制在1950年初步创立，形成中央、大区及省(区、市)三级管理架构。以后在两年时间内又有调整。到1952年底，大行政区交通管理权限基本集中于中央交通部。与此同时，地、县级交通管理部门也在逐步建立中。

某些更具体的管理体制，将在以下公路、水路交通行政各节中分别叙述。

第三节　开展公路交通行政

中国在20世纪初开始进口汽车和修筑公路，1918年开始创办汽车运输公司，但公路交通发展极其缓慢，从1937到1945年又遭到日本侵华战争的严重破坏。1949年，在国民党政府败退台湾时，中国的公路、桥梁等交通基础设施再一次遭到不同程度的破坏。随着人民解放军的胜利前进，各地方新成立的军管会、军政委员会迅速接管前国民政府公路管理机构，组织力量抢修并恢复原有的道路。至解放战争结束，被破坏的道路逐步恢复通车。交通部成立后，除组织力量支援部队修路外，在迅速组建全国公路管理系统和新的公路建养体制的同时，逐步开展公路交通行政。1949年末，全国能勉强通车的公路只有8万公里，缺桥少涵，路况极差；民用汽车5.1万辆，大部分破旧不堪；公路货运量563万吨，客运量1 800万人次，有1/3的县不通公路；公路交通工业及其支持系统更是一片空白。此外，农业时代传统运输方式在社会经济生活中仍然占有重要地位。这是交通部开始行使公路交通行政职能，发展新中国公路交通的最初条件。

一、公路建设行政

(一)制定、实施公路建设计划

1. 执行《中央人民政府政务院关于1950年航务、公路工作的决定》

1950年开始实施6条线路的修建计划：①西安—兰州—塔城线；

②兰州—华家岭—双石铺—成都线;③成都—泸州—曲靖—昆明—畹町线;④武昌—衡阳—贵阳—曲靖线;⑤武昌—南昌—闽侯—厦门线;⑥北京—天津—塘沽线。

以上线路共长 10 121 公里。各线修整工作均由交通部分线作出工程计划及财务计划,报请政务院财政经济委员会批准施工。其中与 1950 年计划修建的铁路路基重复可资利用的,与铁道部协同办理。

2. 1951 年决定实施的公路建设计划

交通部在《1950 年工作总结与 1951 年方针任务》的报告中提出:1951 年新修西南区与华东区 6 条路线,共长 1 365 公里;改善华北、中南、华东、西北 4 区线路,共长3 770公里;勘测设计将来准备修建的线路,共长 11 422 公里。

3. 1952 年决定实施的公路建设计划

交通部在《1951 年工作总结及 1952 年工作计划要点》中决定:“1952 年的公路修建,以入藏等公路与无铁路水路可通之工矿或较大桥梁为主”。1952 年 7 月 29 日,政务院发布《关于修筑华南国防公路的决定》,计划新建、修复、改建海南岛地区公路 10 条,共计 2 417 公里(1954 年全部建成通车)。

以上是由政务院或交通部在国民经济恢复时间决定修建,由中央财政投资并由交通部领导实施的公路建设计划。此外,根据中央规定,各大区及省决定修建并由大区或省投资的省道建设计划一般均需报交通部。核定地方公路部门的公路修建方案是当时交通部在公路建设管理方面的一种具体行政行为。

新中国成立初期还有一些重要公路抢修、建设计划的制定与实施,如修建以福州为中心的 12 条华东支前公路,修建康藏公路以及东北公路总局组成 3 个筑路大队进入朝鲜等行政决策,分别由政务院、中央军委和东北人民政府直接作出,并由军队和地方交通部门实施。但华东支前公路以及康藏公路建设工程在开工之后逐步转入交通部行政管辖范围。

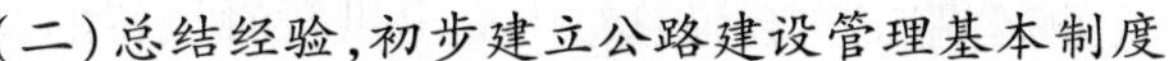

(二)总结经验,初步建立公路建设管理基本制度

新中国成立初期,由于经验不足、人才缺乏、工程设备及技术条件落后,全国公路建设工作也出现一些问题。交通部从1950年到1952年每年都要总结经验,分析存在的问题,并制定措施在下一年度工作中予以纠正。在各类行政措施中,最重要的是制定和实施相应的管理规范与技术规范等公路建设管理的基本制度,并加强督促检查。特别是在交通部开始行政之初,就考虑制定规范以预防某些问题的出现。

1. 开展公路修建工作的规范管理,颁发管理规则

1950年,交通部为加强对全国公路的恢复、整修及支前公路修建的管理,公布了《处理公路工事暂行规则》,共10章40条,内容含总则、年度计划及年度概算、年度实施计划及年度预算、设计图表及施工预算、工程施工及报告、工程结束及工程决算、年度工程总结及年度决算、工程报告及表报、附图及附件。交通部要求中央财政预算拨款的公路建设工程,包括新建、改善、恢复及抢修等均按《处理公路工事暂行规则》办理,并强调工程计划及概算必须根据实地勘测、调查及设计结果编制。

1951年,政务院财经委员会针对全国各地基本建设出现的问题,于6月19日发出《关于严格检查基本建设的通知》。交通部于8月11日相应发布《关于对本年公路基本建设工程组织检查》的指示,要求各大区交通部、公路管理局领导遵照政务院财经委员会通知精神对所辖公路基建工程组织一次深入检查,并将检查结果上报。同年9月8日,交通部还召开了公路基本建设工作检查会议。经这次检查,盲目施工和不重视设计的状态有了很大的好转。1951年下半年,政务院财经委员会正式颁发《基本建设工作程序暂行办法》,1951年底交通部据此制定《基本建设公路工程竣工验收办法》,规定了验收分初验、复验的程序及验收重点、注意事项等。

2. 初步制定和实施公路修建工程的技术规范

中华人民共和国建立之初,为满足各地抢修恢复公路的需要,交

通部在全国首届航务、公路工作会议总结中提出供暂时执行的有关路基宽度、线路弯道半径、桥涵载重、桥涵宽度、最大纵坡、标志号及公路留地等技术标准的极限指标。《中央人民政府政务院关于1950年航务、公路工作的决定》对于制定公路工程标准的要求以及审批权限作出明确规定。

1951年9月1日,交通部颁布《公路工程设计准则(草案)》,内容包括道路设计和桥涵设计两篇,将公路划分为5个等级。各个等级的公路都规定了相应的设计行车速度,以及按不同设计速度要求的路线、路基和路面标准。桥涵设计按公路等级规定了4个等级的汽车车辆荷载标准。《公路工程设计准则(草案)》是交通部组织制定和颁发的第一个适用于全国公路建设的技术规范,在新中国成立初期公路修建工程中发挥了重要作用。此外,1952年2月12日交通部还颁发了《公路工程技术安全暂行规定》。

3. 颁发《公路留地办法》

1950年9月9日,政务院财经委员会与交通部联合颁发《公路留地办法》,规定:①新建公路用地专案备核;②原有国道、省道应留土地,除路基宽度及两侧边沟外,每侧保留1米,作为养路取土使用。如果为提高标准,改建公路,可按照新建工程办法专案办理。

以上政务院财经委员会及中央交通部颁发的《处理公路工事暂行规则》、《基本建设公路工程竣工验收办法》和《公路留地办法》等管理规范构成新中国公路建设管理的基本制度。

(三)确立民工建勤修路的基本制度

新中国成立初期,在中国经济十分落后、公路建设专业队伍以及机械设备严重不足的历史条件下,中央决定采取民工建勤修路的办法。《中央人民政府政务院关于1950年航务、公路工作的决定》对此有所规定。1951年5月31日,政务院专门发布《关于1951年民工整修公路的暂行规定》,要点是:民工的发动、组织、领导等工作由专署及县、区、村各级人民政府负责,工程技术指导由各级交通部门负责;规定民工出勤标准以及民工修筑公路的主要工作,包括土方工程及简易石方工程、桥涵工程及其构造物的普通工作、排水防水的普通工作、路面材料采运工作等;规定交通主管部门在民工开工前应作好详细计划安排并提交当地人民政府组织实施。

民工建勤制度在新中国成立初期恢复被破坏的干线公路和县乡公路建设中发挥了很大作用,而且在新中国历史上延续了较长一段时期。

二、公路养护行政与路政管理

交通部于1950年初创全国公路养护体制,1951年将公路总局下设的几个养护国道的专门机构予以撤销并下放之后,干线公路的具体养护管理工作统归省交通厅(或公路局)负责。交通部行使公路养护行政职能的主要方式和主要内容是调查了解情况,组织制定和颁发管理规范与技术规范,督导各地公路部门的工作。

(一)建立新中国公路养护与路政管理基本制度

1.制定和颁发《养护公路暂行办法》

1950年7月8日,交通部颁发《养护公路暂行办法》,规定了公路养护的3种具体办法,即:高级路面及主要交通路线实行固定道班制养护;人烟稀少或边远特殊地区的重要线路实行流动道班制养护;交通量较小的一般线路采用半脱离生产的代表工养护或发动群众养护。此外,《养护公路暂行办法》还提出公路路政管理的4款具体规定:明确禁止有损或破坏公路的各种行为;明确禁止妨碍交通和卫生的各种行为;设置特殊情况下公路通行的行政许可事项。

按中国关于立法制度的现行规定,《养护公路暂行办法》相当于交通部发布的第一部关于公路养护与公路路政的部门规章。该办法对于新中国成立初期全国公路养护与路政管理工作起到重要的规制作用。

1951年5月,交通部发布《关于道群分工、共养公路的指示》,确立道班养路与群众养路相结合的养护体制。

2. 制定和颁发《公路养路费征收办法(草案)》

在颁发《养护公路暂行办法》的同月,交通部根据政务院规定的"以路养路,用路者养路"原则,另行颁发《公路养路费征收办法(草案)》,共14条。费额规定汽车以大小型分别收费,除军车、人力车及特种车外,所有车辆一律征收。军车参加营运时,也照章征收;公用车减半。营运汽车最高收费额不超过运费的6%。这是新中国颁发的第一部关于征收养路费的强制性规范。各地根据交通部的规定,针对本地区具体情况,相应制订了征收养路费的具体标准和实施办法。使征收养路费的工作具有更强的操作性。

3. 颁发其他管理规范和指令性技术规范

国民经济恢复时期,交通部在公路养护与路政管理方面还颁发了其他一系列管理规范和指令性技术文件,如《雨季养护公路暂行实施办法》、《公路养护须知》、《关于动员民工进行冬季养护道路的指示》、《公路护路工作暂行规定》、《民工修养公路暂行规定》和《公路行道树栽植试行办法》等,以推动和规范全国的公路养护工作。这一系列部颁文件构成全国公路养护的基本制度,对于新中国的公路养护事业起到重要的推动作用和规范作用。其中《公路行道树栽植试行办法》也是新中国开展交通生态环境建设的第一个文件。

(二)召开第一届全国养路会议

1951年12月14~24日,交通部在北京召开首届全国养路会议。会上各地代表交流了公路养护工作经验及存在的问题。会议总结报告在充分肯定两年来公路养护工作取得成就的基础上,分析了实际工作中产生的各种问题,并提出改进工作的具体措施和全国养路增产节约指标。

1. 全国养路会议提出改进养路工作6项措施

(1)强调依靠地方、依靠群众与学习苏联先进经验相结合;

(2)建立与健全养路基层组织;

(3)实行计划养路,确定养路经费,统收统支;

(4)建立计划表报及检查制度;

(5)确定养路范围,提高养路技术;

(6)运用民工建勤,加强养路工作的力量。

2. 养路会议提出1952年养路任务4项目标

(1)完成1952年全国养路增产节约指标;

(2)在要求行车安全条件下,争取平均提高行车速度5公里/小时;

(3)推行养路负责制,做好1万公里示范养路;

(4)普遍建立10万公里通车路段的基层养护组织。

会议总结报告经修改后于1952年由交通部新任副部长王首道审核并嘱令印发。

全国第一届养路会议对于改善新中国成立初期的公路养护与路政管理起了重要作用。

三、道路运输行政

(一)组建和规范国营运输公司,开拓新中国的公路运输事业

1. 组建并规范国营运输公司

为支援战争,恢复经济,促进物资交流,交通部在首届全国航务公路会议上提出:"1950年内,各大行政区、各省应尽可能建立运输公司。车辆来源除接收以外,应吸收军队及党政后方机关多余汽车及大车,在各级公路局或交通厅直接领导下,达到企业经营、合理使用"的目标。会议还强调国营运输企业为整个交通运输业的骨干和领导力量。于是,推动全国各地组建国营公路运输公司成为新中国成立初期交通部开展公路运输行政的重要内容之一。交通部首先于1950年4月5日成立国营汽车运输总公司,随之各大行政区、省交通部门也组建规模大小不等的直属运输公司。至1950年底,有大行政区属运输公司4个及分公司26个,还有省属运输公司28个及运输(转运)分公

司95个。此后又经过两年努力，到1952年底，全国各省（区、市）（除西藏自治区外）普遍建立起国营运输企业，运输站点增加到1 854个。交通部鉴于公路运输单位多、分布广、名称不一，遂于1952年7月19日通知各大行政区，明确规定："各省汽车运输企业一律定为国营企业；运输企业主要由省经营，大区统一领导，并一律贯彻执行交通部所订规章制度以及各种定额，发挥潜在力量，提高运输效率；各省（市）运输公司定名为'国营××运输公司'。例如'国营陕西省运输公司'、'国营北京市运输公司'等"。这一规定使各级公路运输组织机构得到调整、充实和规范，分工明确。运输企业的管理工作开始步入正轨。

2. 组织和推动旧废汽车整修工作

《中央人民政府政务院关于1950年航务、公路工作的决定》要求"把原有运输工具、工厂加以组织修整，提高运输生产力"。1950年3月，政务院财经委员会决定设立全国旧废汽车整修委员会，领导全国旧废汽车整修工作，具体工作由交通部负责组织与管理。交通部在开展公路运输行政的各项工作中，不断加强对废旧汽车整修工作的具体领导，总结经验，调配力量，使全国旧废汽车整修工作得以顺利进行，并取得明显成效。据统计，在1950年到1954年内，共修复汽车5 000余辆，为基础薄弱的国营汽车运输企业增添了新的运输能力。同时，整修旧废汽车工作推动了汽车维修和配件制造厂点的恢复与发展。

3. 适应形势需要，支持加入粮食大调运及支援抗美援朝战争

根据中央领导指示，组建和规范国营运输公司的目的在于发挥公路运输的作用，以便支援战争，促进物资交流，适应国民经济恢复工作的需要。1950年开始，全国出现大规模粮食调运工作。交通部门积极组织公路运输，在粮食转运过程发挥衔接作用。交通部汽车运输总公司属下的各分公司成为其中的骨干，在组织完成大调运中发挥了重要作用。

1950年，当朝鲜战争爆发，中国人民志愿军赴朝抗美时，交通部经中央同意，派出中国汽车运输总公司副总经理张振宇带领的抗美援朝

运输大队,迅即奔赴朝鲜战场,与志愿军战地运输部队一道,组成“打不断、炸不烂”的钢铁运输线,为挫败美军对志愿军后勤补给线的“绞杀战”阴谋发挥了重要作用。

4. 开始探索运输企业管理的有效模式

提高道路运输企业的效率,尽量发挥道路运输工具的作用,是新中国成立初期开展公路运输行政的具体内容。交通部在调查研究和总结各地经验的基础上,努力探索道路运输企业管理的有效方式。其中比较重要的有下列几项:

(1)推行车务负责制。1950年6月,交通部国营汽车运输总公司在北京召开车务会议,总结推广车务负责制,对汽车运输的车务、机务、保修、驾驶等工作的管理以及定额指标提出了原则要求。各地公路运输部门在推行车务负责制的过程中针对各地实际情况加以具体化,从而提高了国营运输企业的管理水平。

(2)试行成本管理。1950年7月,交通部国营汽车运输总公司召开会议,重新制订了《汽车运输成本计算和账务处理办法》,决定自当年10月起,要求全国各地国营运输企业因地制宜,参照执行。这一决定对国营运输企业控制运输成本起到了积极的作用。

(3)整顿运价,制订价规。新中国成立初期,公路运输运价和计价单位比较混乱。交通部在全国首届航务公路会议上提出加强科学管理,实行低运价的基本政策。各地交通部门纷纷制订相应措施,作出地区性规定,要求利润不超过15%或10%。至1951年,全国国营运输企业运价走向规范,从1951年到1952年,公路运价逐步走低。

(4)推动《安全、四定①、车吨月产两千吨公里》运动。《安全、四定、车吨月产两千吨公里》由地方运输部门发起,交通部及时总结,加以推广,产生良好效果。此举引起中央重视,发电相关部门,予以肯定(详见本节后文)。

---

①贯彻燃润料消耗、轮胎消耗、修理工料、修理里程四项定额。

（二）作出行政决策，发挥民间运输的作用

民间运输是指私人拥有的汽车和传统运输工具参加营业性公路运输。1950年初，在全国5万余辆民用汽车中，私营运输业有汽车1.7万余辆，传统运输工具如人力、畜力车等，是遍布中、小城市以及广大农村的主要运输工具。充分发挥民间运输的作用是当时客观形势的需要，也是公路运输行政的一项重要任务。

1. 贯彻中央精神，扶助和规范私营汽车运输的发展

交通部在全国首届航务公路会议上提出："在国营运输企业领导下，提倡民间运输合作，鼓励私人投资"，以补充新中国的公路运输事业。1951年2月，第二届全国公路会议再次强调：对私营汽车运输业要进一步调整关系，加强管理，本着"团结扶持的精神，在货源材料方面，予私营运输业以适当照顾。公私运价应求一致，避免盲目竞争，发挥私人运输业的合理经营，并改进其不合理的经营，以期共同发展"。

1952年8月，交通部召开的全国公路运输会议对管理私营汽车运输业的措施进行了更具体的阐明。各地公路运输部门在贯彻上述方针政策过程中，从多方面帮助、扶持私营汽车运输业合理经营，积极支持他们试办联运，组织联营，使之走上正常发展的轨道。新中国成立初期的私人汽车运输企业在国家政策指引和交通部行政措施的规范下，发挥了一定作用。

2. 大力组织民间运输，促进城乡物资交流

在第二届全国公路会议关于运输工作的要求中，首先强调组织群众运输是1951年的中心工作。报告分析当时全国拥有的机械动力运输工具与中国传统的畜力、人力运输工具之间的数量比例，指明传统运输工具大大超过近代运输工具的客观事实。因此，特别强调应重视民间运输以及面向农村的运输组织与管理工作。各地交通主管部门认真贯彻中央和交通部的行政决策，大力组织民间运输。在国民经济恢复时期，由各种各样的民间运输工具组成的庞大群众运输队伍，对沟通城乡交流，促进社会经济繁荣发挥了重要作用。据统计，从1949

年到1952年，在公路运输部门完成的货运量中，民间运输工具运输量占80%以上。

3. 推进搬运行业的民主改革与生产改革

搬运包括装卸和城市短途货运，是公路运输业的一个分支行业，也是中国农业社会的一个传统行业。交通部关于组织和促进民间运输的一系列行政决策也推广到搬运业。为推进搬运行业民主改革，1950年1月28日至2月6日，中国搬运工会召开第一次代表大会，朱德副主席到会作了重要讲话(参见图1-1-10)。会议提出废除搬运行业中封建把持制度的建议。1950年3月24日，中央人民政府政务院第25次会议通过了《关于废除各地搬运事业中封建把持制度暂行处理办法》，交通部以及各相关部门认真贯彻政务院指示，推动、支持搬运行业的民主改革，新创搬运业务机构，改进生产管理，改进收益分配，有力地改善和促进了搬运业的发展。

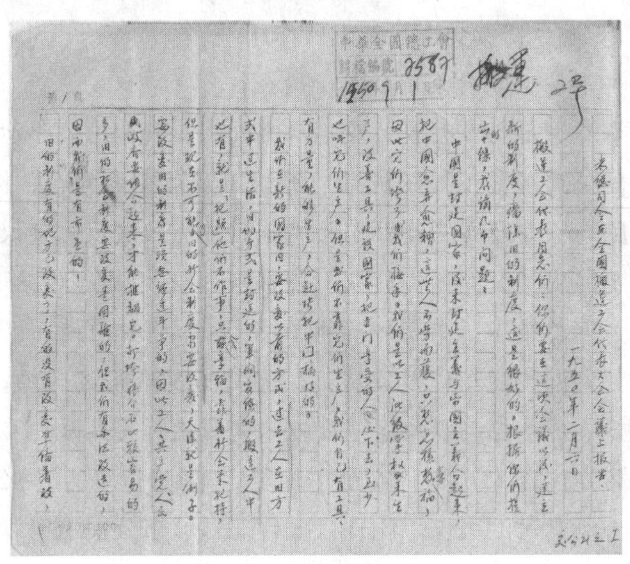
中华全国总工会
朱总司令在全国搬运工会代表大会会议上报告
一九五0年二月六日

图1-1-10　朱德总司令在全国搬运工会代表大会会议上的报告记录稿影印件

(三)贯彻中央领导指示，组织和推动联运业务开展

在全国首届航务公路会议上，朱德副主席号召各地公路运输部门

成立转运(联运)公司,迅速把广大农村的农副土特产品运出来,把农民需要的农业生产资料和日用品及时运进去。会后,交通部有关机构即着手推动联运公司的创办。1951 年,在第二届全国公路会议的部长报告中,对“建立联运公司开展联运业务”作了具体阐述。报告在分析建立联运公司开展联运业务的必要性之后,详细说明联运公司业务的性质、内容及其在中国社会传统运输与现代运输并存,小生产方式普遍存在条件下的沟通联结作用;强调联运业务要有重点、有步骤地推进与发展,由点到线,由线到面,构成中国广大的联运网。报告还要求各级交通部门“应把扶植联运机构作为自己的任务”。

1952 年,交通部在北京召开的全国公路运输会议上,再次对联运工作进行了新的阐述,并报告中央得到肯定的批复。

根据中央指示,由于交通部行政决策的作用以及各级地方政府、地方交通部门的共同努力,国民经济恢复时期的联运事业有了一定规模的发展,对城乡物资交流起到重要作用。

(四)中共中央批转全国公路运输会议各项决议

1952 年 8 月底至 9 月初，交通部在北京召开全国公路运输会议，总结了全国公路运输工作的成绩、经验以及存在的问题，提出改善和促进公路运输业发展的各种相关措施，并作出决议。会议结束后，交通部党组写出“公路运输会议专题报告”。在专题报告第一部分即汽车运输方面总结了国营运输企业在民主改革、推行负责制、改装瓦斯车、整修旧废汽车以及完成运输量等方面取得的成绩，同时也汇报了安全、成本控制以及运输计划未完成指标等实际存在的问题。对此，报告作出深入开展“安全、四定、车吨月产两千吨公里”的爱国增产节约运动的决议。此外，报告还对城市公交汽车管理权限，贸易部自置汽车不得经营公路运输业务，机关生产车辆应交汽车运输专业机构接管等问题提出明确建议。专题报告第二部分总结了一年多来的成绩和存在的问题，并提出改善联运业务的一系列组织措施与方案。

专题报告于1952年9月13日定稿即呈送毛泽东主席并中央(抄致中财委党组、中央人民政府党组)。

1952年10月19日,中央发出给各地指示电,批准交通部公路运输会议的各项决议。主要内容如下:

(一)中央批准中央交通部公路运输会议的各项决议,认为这些决议是可行的。特别在国营汽车运输企业中,抓住第四季度旺季,开展[安全、四定(贯彻燃润料消耗、轮胎消耗、修理工料、修理里程四项定额)、车吨月产两千吨公里]运动,并在运动中大力推广先进经验,是很好的。请各有关部门帮助其实现。

(二)会议规定今后联运工作的重点是面向农村,组织与改良落后运输工具,把农村的土特产运输出来,为近代化运输工具集中货源,同时加强城市工作,把工业品运到乡村,代替货主办理运输过程中的各种手续,并结合工商管理部门,领导与改造私人运输行业。在组织群众运输时,要走向合作化方向,都是正确的。

中央指示电发出后,交通部推动的"安全、四定、车吨月产两千吨公里"运动得到各地重视、支持。该项运动对于提高公路运输效率,加强道路运输安全发挥了重要作用。

(五)开展公路交通安全行政,初步建立规章制度

根据政务院决定,新中国成立初期的公路交通安全行政主要由交通部门负责。

1.贯彻政务院决定,组建各级交通监理机构

《中央人民政府政务院关于1950年航务、公路工作的决定》明确规定,对公私车辆要进行登记、审查,对汽车驾驶人员要进行考试、核发牌照,加强安全检查,维护交通秩序,保证交通安全。同时还对车辆管理作了明确分工:①"中央及大行政区之直属市的车辆管理:行驶市内者,由市政府办理,长途汽车,由公路机关办理";②"省及其所属市之车辆管理,由省公路机关办理";③"军事机关的车辆管理,由后勤部门办理"。

为贯彻政务院决定,开展公路交通安全行政,交通部公路局充实

加强了监理机构。在交通部领导下,各大行政区公路管理局逐步设置监理科,负责全区公路交通安全行政工作的监督指导;各省(区、市)交通厅(局、委)设监理科,管理全省监理业务;在车辆集中的城市设监理所,直接受省监理科领导,办理检验汽车、考核驾驶员、核发牌照、开展安全宣传教育等具体工作。此外,主要公路起点和终点也设有监理站,直接受省监理科领导,并受监理所指导,具体办理监理业务。到1952年底,全国公路交通监理体系初步形成。

2. 初步建立全国交通监理制度

交通部在组建之初,即组织人员在清理前国民政府交通管理制度的基础上,重新制订了《汽车管理暂行办法》,内容包括总则、车辆管理、驾驶人管理、行车管理、附则,共计5章42条。经政务院1950年3月20政秘字421号文批复照准,于1950年4月11日颁发实施。该办法的实施是新中国公路安全行政管理工作的起步。1950年7月15日,交通部又颁发了《汽车管理暂行办法实施细则》,对车辆管理、驾驶员管理、行车管理的各项规定更为详尽、具体。以车辆牌照为例,分别对牌照所用质料、颜色、分区号码等均分类作出明确规定。

随着新中国外交工作的开展,经政务院财经委员会批准,交通部于1951年5月12日颁发《驻华各级外交官请领汽车驾驶执照办法》。随之,公安部于1951年5月13日也颁发了《城市陆上交通管理暂行规则》。至此,全国公路交通安全管理制度轮廓初现。

第四节　开展水路交通行政

新成立的交通部在组建直属航务系统和开创全国航务管理体制的同时,根据《中央人民政府政务院关于1950年航务、公路工作的决定》,迅即开展新中国的水路交通行政工作。

中国具有发展水运交通的悠久历史和优越的自然条件,有总长43万公里的河流,长达1.8万公里的海岸线和1.4万公里的岛岸线。清末洋务运动以后,中国逐步引进西方新式水运工具开始近代水运交通发展。但发展极其缓慢,从1937年到1945年又遭受日本侵华战争的严重破坏。1945年抗日战争胜利后,中国水运事业曾一度复苏。截至1948年10月,在航政机构登记的较大型轮船公司有116家,注册船舶3 830艘,47.87万总吨。天津新港的船闸续建、防波堤修复和航道疏浚工程,青岛港第5、6号码头修复工程,也都取得不同程度的效果。但是,到1949年,随着国民党军队节节败退,亟待修复的港口、航道和船厂等基础设施又遭破坏,70%以上的轮船被挟持到台湾或就地炸沉,一些民间航运企业的运输船舶被迫滞留海外。大陆解放时,人民解放军接管的全部江海轮船只有原来的10%,技术状况很差;沿海港口泊位只有233个,其中深水泊位只有61个;沿海港口吞吐量仅660万吨,其中外贸吞吐量110余万吨。港口设施处于极端落后的状态,航道失修失养,淤积严重,内河航运奄奄一息。简陋破败的木帆船运输仍然是社会经济生活中的主要水运方式。这是交通部开始行使水路交通行政职能和发展新中国水运事业所面临的最初状况。

一、实施航务工程建设,为恢复、发展航运事业奠定基础条件

(一)执行政务院行政决策,领导航务工程建设与助航设备安装

1.1950年,交通部领导和组织实施政务院决定的各项任务

(1)疏浚各主要港湾及内河航道,改善各重要港口。根据政务院指示,疏浚工作所需挖泥船只,除由交通部呈请中央批准购造一艘外,统一计划使用各地当时所有挖泥船等各类工具。经过努力,沿海各重要港口如营口、天津、青岛、上海、福州等港的条件得到改善。在内河方面,组织疏浚长江的东流浅滩、洞庭湖、松江的三姓浅滩及湘江的营田沙滩等航道。对运河、淮河、苏州河之淤塞部分也组织了必要的疏导工程。此外,还督导地方根据需要与可能,适时并有重点地发动群众修整其他内河航道。

(2)推动助航设备及灯塔标志的恢复和建设工作。具体组织渤海湾各港埠及长江航线的助航设备和曹妃甸、成山头、猴矶岛三处灯塔及长江航线灯标的恢复,并改善灯塔标志管理制度。

(3)推动各港加强原有码头仓库管理,管理工作以保养修整为主。

(4)继续进行塘沽新港工程建设,该项工程在1950年主要以补齐南北两个防波堤、横堤以西之堤身,填筑拦泥墙坝以后地带,疏浚其他附属工程等。

2. 继续推进各项必要的航务工程建设

在1951年至1952年间,交通部除根据中央决定加强塘沽新港工程建设的领导外,继续推进各项必要的航务工程建设。如核准并督促长江航务部门在"长江上游宜渝段分段设置灯标,延长了船舶冬季航行时间,开历史上的禁例,减低了航运成本";核准和督导有关部门改进其他航道与港埠。至1952年底,青岛、上海、黄埔和秀英等港口以及主要内河航道也都进行了适当的修复或扩建,航行与港口生产条件得到改善。此外,交通部还应西北人民与少数民族之邀,组织查勘黄河739公里航道,并进行了部分测量工作。

(二)执行政务院《关于成立塘沽建港委员会的决定》,加快塘沽新港建设

政务院于1951年8月24日第99次会议通过并于8月25日发布《关于成立塘沽建港委员会的决定》,要点是:

(1)《塘沽建港委员会》直属中央人民政府交通部领导。

(2)《塘沽建港委员会》职责为确定修建方针,指导重大技术,调集干部和船只,解决材料、工具等困难,争取于1952年冬季使万吨轮船能够驶入新港停泊装卸。

(3)宣布《塘沽建港委员会》的组成人员及主任委员(章伯钧)、副主任委员、新港工程局领导成员名单。

(4)中央水利部所属海河工程处"兼顾塘沽新建港工程"。

根据上述决定,交通部增配干部、技术人员与各种设备,督促工程

施工,在地方政府配合下抓紧解决困难,加快工程进度。1952 年 10 月 7 日第一期工程完工,并实施后续工程。

塘沽新港工程建设是国民经济恢复时期所进行的最大一项航务工程。

(三)初步建立打捞事业基本管理制度

新中国成立之初,航运工作一方面缺乏船只,另一方面是沿海、沿江的许多港口和航道被大量沉船所阻塞,严重碍航。据测量得知:在上海港吴淞至龙华 83 公里长的黄浦江就有 30 多艘沉船沉驳;而沉没于长江的船只多达 360 艘。加上其他沿海港口、内河的沉船沉驳的数量总计达数千艘①。打捞沉船沉驳是当时恢复航运的重要前提之一。

新中国开始的打捞事业,先由地方军政部门直接组织。《中央人民政府政务院关于 1950 年航务、公路工作的决定》发布以后,打捞事业逐步归口交通部航务总局管理,1951 年 8 月开始改由交通部新设立的航务工程总局接管。为恢复和发展航运,交通部在总结打捞事业恢复与初步发展所取得经验的基础上,除成立中国人民打捞公司外,还于 1952 年 7 月 23 日发布关于《统一打捞沉船沉物清理航道办法的决定》,主要内容是分析已经取得的成绩和存在的问题,并作出以下 5 条规定:

(1)各地沉船(重大沉没物资)产权如尚有未确定的,由各地航港单位(无港务局者由航务局主管)通告限期在 1952 年底以前办完产权登记及解决产权事项。

(2)凡私人沉船沉物在规定期限内无力或不拟打捞放弃产权的,及敌伪企业机构沉船沉物,均应确定为国家所有,各地航港单位应负责看管,不使遭受损毁。

(3)凡沉船沉物产权已确定为国家所有者,今后均由中国人民打

①参见中国当代救助打捞史第 24 页。

捞公司本着清除航道障碍,增加航运吨位的精神,统一提出勘测打捞清理计划,进行打捞施工。

(4)捞起的各项沉物,中国人民打捞公司必须据实呈报不得任意损毁动用,沉船有修复使用价值者,则根据类型由本部拨交使用单位接管及主持基本修理工作。

(5)今后航运企业单位如遇有沉船沉物事故,必须及时委托中国人民打捞公司提前打捞,以防淤沉破毁阻碍航道。私人沉船沉物如由私营打捞公司承办时,航港主管单位亦须规定期限,监督其工程计划及施工以防止单纯打捞物资,破毁船只妨害航道的偏向。

成立中国人民打捞公司以及发布《统一打捞沉船沉物清理航道办法的决定》,对于规范新中国开始起步的打捞业具有重要作用。从1949年开始的打捞工程,在短短几年里就清除打捞沉船沉驳3 100余艘,为恢复被战争破坏的航运事业作出了贡献。

(四)恢复和促进水运工业发展

在交通部组建初期,水运工业主要是修造运输船舶,由交通部专业局管理。

1950年,根据中央决定,各地区人民政府将军事接管的修造船企业依照"各按系统,自上而上,原封不动,先接后分"的原则,分为3个系统:由当时的重工业部船舶工业局领导的"以军品为主、兼顾民船"的船舶工业系统;由交通部航务总局领导的为水运服务的水运工业系统;由水产部门领导的渔船修理和制造工业系统。当时,军事接管和征购外商的修造船厂经过合并与调整,其中规模较大的,成为交通部所属国营修船厂,余下的由地方交通部门直接管理。1950年,交通部按照《中央人民政府政务院关于1950年航务、公路工作的决定》的要求,对所属8个修造船厂内部管理制度进行清理、规范,并督导地方交通部门对修船厂进行规范。

1951年9月,交通部召开第一次全国机务会议,确定"机务工作为运输服务的方针",建立了船舶定期检查和计划修造制度,把水运工业生产与航运管理密切联系起来。1952年6月14日,交通部颁布《船舶修理标准暂行规定》,为全国水运船舶修理的各项技术要求以及多方面关系作出明确规范。该暂行规定为生产计划管理奠定了基础,初步实现了统一管理、统一标准、统一价格,既促进了国营企业的管理整顿和生产恢复,又加速了私营企业走上国家资本主义轨道。1952年9月1日,公私合营民生轮船股份有限公司所属长江沿岸的修船厂同时实行公私合营,设于重庆的民生机器厂改为公私合营民生船厂,遂成为长江航运的大型骨干船厂。经过近3年努力,交通部所属的修造船厂由1950年的8家增加到1952年的11家,生产有了迅速发展(见表1-1-4)。同时,各地区的修船厂的生产也得到恢复和改进。

1950～1952年交通部所属修造船厂生产概况① 表1-1-4

项目/年份	工厂数	工业总产值(万元)	修船		造船			全员劳动生产率(元/人·年)	年均职工数(人)
			艘	万元	艘	吨	千瓦		
1950	8	1 095	515	896	4	—	664	2 194	5 092
1951	8	1 377	652	1 048	5	—	887	2 823	4 977
1952	11	2 311	317	1 553	23	5 000	1 058	2 796	8 433

注:产值按当年价格计算。

修造船工业的恢复、清理与规范,对当时基础薄弱的中国航运业起到一定的促进作用。

二、迅速恢复航运事业,开始推行计划运输

国民经济恢复时期的航运,主要由交通部和地方交通部门直接领导的国营运输企业、部分私营企业以及遍布江河湖泊的木帆船承担。国营运输企业中包含有少量公私合营的成分。交通部成立后的水路运输行政任务首先是组建直属国营航运企业,迅速恢复航线,逐步统一全国航运管理制度,继而规范私营航运,制定政策,发挥木帆船在促

①本表引自《当代中国的水运事业》,中国社会科学出版社。

进物资交流方面的作用。

（一）推动航运事业的恢复与初步发展，逐步实行计划运输

1. 1950年恢复航运工作

交通部根据政务院决定，在初步确定航务体制的同时，即刻着手恢复和开通航线的工作。

1950年3月，交通部在天津召开北洋航务会议（又称北洋航线会议），统一了北洋沿海运输，决定恢复渤海湾海域10条定期班轮航线。在公私兼顾、内外交流、发展运输的原则下，交通部还组织了不少挂方便旗的私营船只，共同担任近海及远洋大宗货物的运输任务，开辟了秦皇岛至日本煤运航线等。1950年5月以后，东北、华北至华东的海上货运航线全部恢复。从香港北归的15家私营航运企业的21艘大型海轮，成为北洋航线的主力。根据交通部的总结报告，到1950年底，除恢复和开辟沿海运输航线外，还恢复和开辟了长江、松花江、桂穗、邕穗各线班轮。全年组织公私货运量312万吨，货运周转量19.23亿吨公里。除北洋外，华南争取港澳归国大小船舶共562艘。全国航运价格经调整，比1949年有相当幅度的降低。东北在苏联专家帮助下，已开始实行计划运输。1950年，交通部还根据政务院财经委员会指示，克服各种困难，专门组织川粮大调运工作，对稳定全国粮价和经济形势起了一定作用。

2. 制订1951年航运工作方针，推行计划运输

1951年，交通部确立"河海运输工作的总方针是：配合国防，继续支援战争，促进城乡内外物资交流"；"大力开展内河运输，组织和利用木帆船，整理并逐步发展国有船舶，学习苏联经验，改善经营管理，重点推行经济核算制，减低成本，提高运输效率，团结并管理私营航业，利用外轮，掌握货源，提高运输量。改进港湾管理工作，简化手续，统一港规，降低费率，快装快卸，为运输服务"。在确立1951年航运工作方针的前提下，交通部开始普遍推行计划运输，提出1951年国有船舶全年江海货运量为297.58万吨、货运周转量为14.19亿吨公里。到

1951年底,沿海货运量完成计划的120.2%;长江国营企业货运量完成计划的87.27%。在航线方面,全国除厦门、福州一线外,沿海已全部通航;内河航线继续增加。全国水运价格比1950年进一步降低。

3.1952年继续推进计划运输

交通部在《1951年工作总结及1952年工作计划要点》中提出1952年航运计划,要求国营航运企业各项任务比1951年实际完成的货运量进一步提高。例如:长江及沿海货运量分别比1951年的实际增加34.56%和44.3%。此外,客运量计划指标根据不同航线有增有减。1952年,全国交通系统实际完成的水路运输总量有进一步增长,航线进一步延展。除恢复和增加航线、推行计划运输等行政工作外,交通部在推进联合运输、加强企业管理、提高运输质量等方面都有所指示并督导实施,改善了全国水路运输状况。

(二)组建中波海运公司

1951年6月15日,中国和波兰两国政府本着互利合作的原则,组建了中波轮船股份有限公司,时称"中波海运公司"。股东为中国交通部与波兰航务部,公司股金双方各半。公司最高管理机构为股东会议,每年举行一次,由中波两国股东轮流召集,股东一方如有要求,可举行临时会议。股东会议的职权是决定公司章程修改与增补提案,决定管理委员会的待遇,批准公司决算,分配盈余或弥补上年度亏损数额,决定公司继续成立或解散,处理管理委员会不能解决的问题。中波海运公司在天津成立时,设航运、财务、行政、人事4个处,有工作人员21人。公司最初共有远洋运输船舶10艘,10万载重吨,直接航线长达12 500海里,主要从事货运。中波海运公司中方负责人由交通部呈请政务院任命。公司关于《1952年度工作总结报告》载明:公司从成立到1952年底,包括波兰远洋公司及中方租船与代理船共44艘114个航次,总货运量87.6万吨,货运周转量82.76亿吨海里。

中波海运公司的成立是交通部执行政务院行政决策的一项重要行动。公司运作促进了新中国对外贸易的发展,也是新中国现代远洋运输发展的开始。

（三）对私营轮船公司的管理

1. 明确对私营轮船公司的具体政策，采取区别对待的措施

交通部早在全国首届航务公路会议上根据党中央精神确定了对私营运输业的基本政策。随后在《1950年对私营航业争取、扶持、管理工作总结》中分析大陆解放后全国私营航运业发生困难的历史原因，说明当时所做的下列主要工作：

（1）争取留港和海外船只北归。其中包括争取最大私营船公司——中兴轮船公司所有的5艘轮船回归，以及争取卢作孚先生回国继续主持民生公司业务。所有北归轮船对国家运输起了相当大的作用。

（2）有重点地对有发展前途的私营轮船公司给予贷款扶持。全国对轮船业的贷款（老币）达395.38亿元，港币354.4万元。除贷款外，对三北公司、大达大通等公司给予大力支持。包括协助整顿机构，成立私营长江合营公司，以及在燃料、代垫款项、不收代理费等具体操作方面给予很大帮助，并团结它们与国营企业共同对外商开展竞争。

（3）拟订《轮船业管理暂行规则》呈政务院审核公布，以保护正当航业的权利。

（4）总结该项工作的经验与教训。

2. 进一步加强对私营航业的管理

交通部在1951年召开的第二届全国航务工作会议总结报告中强调：要“加强对私营轮船业的管理与领导，帮助其改善经营管理，以充分发挥运输能力，为国家运输服务”，具体要求“私营轮船按期填送运输、财务、人事各项表报，分送该管航运局及港务局；各海运局私营船舶运输科设置私营船舶调度人员，对其船舶运输加以组织和指导”。上述规定以及随后作出的有关指示使航务部门对私营航业的管理有了进一步加强和改善。1952年4月，交通部提出《关于处理私营轮船业的初步意见》，着重分析私船在不利于国家方面存在的问题以及公

方所应采取的措施。显示出对私营轮船公司要着重进行改造的方针开始实施。

3. 与民生实业公司公私合营

1950年8月10日,交通部部长章伯钧与民生实业公司总经理卢作孚签署《民生实业公司公私合营协议》,内容共7条。该协议就清查股权、清理资产、筹措债款、整顿业务、精简机构、节约开支等各个方面作出了规定。同时确定了民生公司公私合营的过渡办法。由于民生实业公司的股权组成及人员构成复杂,有部分官僚资本和豪门私人资本,清理整顿和改组工作时间较长,加上资金缺乏等问题,完成公私合营的运作延续到1952年。是年9月1日,政务院正式批准民生实业公司实行公私合营,随之获货款支持。

(四)发挥水上传统运输工具的作用,召开全国第一次民船工作会议

交通部组建初期的水路交通行政工作职能主要放在恢复和促进水上近代运输生产方面,但很快便开始重视穿梭于全国大小河流、湖泊之上的木帆船运输,即中国传统的水上运输方式。

1951年第二届全国航务工作会议决议强调要“组织内河木帆船运输,必须肃清木帆船运输中的封建把头制度,取缔黄牛船行,而代之以木帆船合作社及木帆船运输公司”。并要求在当年“制发木帆船运输合作社或运输公司组织规程”。

中共中央从政治角度考虑,注意到管理民船工作的重要性,并于1951年10月20日以及1952年5月7日先后两次向各中央局、分局、省(自治区、直辖市)党委发出指示,要求调查了解各地民船情况,推进民船民主改革。中央指示同时抄送交通部。交通部根据此前工作所掌握的情况以及中央两次指示精神,于1952年12月2日在北京召开全国第一次民船工作会议。会议总结的统计资料表明:当时全国内河共有干支流562条,长约9万公里,通木帆船的航道近8万公里,约占全长的90%(当时通轮船的航道仅2万公里)。除渔船驳船新船外,

全国民船约有40万只、453万载重吨,船民约有400万人。船只吨位超过其他各种运输工具之上。

会议总结报告认为:“当前民船工作主要是加强组织管理,维持现有载重吨位,发挥潜在能力,并尽可能提高周转率,面向支流小河发展,经营短途运输,完成城乡交流的任务。”为此,总结报告强调交通行政工作的首要一环是推进民船民主改革,并拟采取诸项政策,其中包括:①坚决保护真正船民(包括船主),其中有轻微劣迹者,应与反革命分子、封建把头严加区别,特别是有技术的船老大和领航人员,有污点或错误的,处理从宽;②确定打击对象以坚决反抗新政权者及把头、走私贩毒的主犯为限。

总结报告由部党组书记王首道于1952年12月26日签发呈送毛泽东主席与周恩来总理。1952年12月30日,中央给各地发出“指示电”,主要内容如下:

王首道同志并中财委、各中央局、分局并转各省、市、区党委:

12月26日报告悉。全国民船工作会议关于民船民主改革工作的各项规定,都是正确的。兹转发各中央局、分局及各省市区党委,望即依照执行。

第一次民船工作会议精神的实施,对提高民船运输的效率,促进城乡物资交流起到一定作用。在重视近现代运输方式的同时,也重视中国传统的水运方式,是由当时中国国情所决定的实事求是的行政方针。

三、开展水上交通安全行政,建立水上安全监督基本制度

为开展水上安全行政,交通部从建立各级水上安全监督机构和执行《中央人民政府政务院关于1950年航务、公路工作的决定》中有关安全问题的指示作为切入点,随之开始进行相关规章制度建设。

(一)执行和落实政务院有关规定

从1950年开始,交通部在安全管理方面开始执行政务院的下列

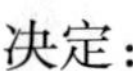

决定：

(1)统一全国的航务管理制度。整顿和建立各港埠各航线上的管理规章,如船舶进出口的统一管理,船舶进口及停泊码头的统一指定等。

(2)简化内河航行检查手续,在重要的停泊站上,实行联合检查。

(3)制定船舶检丈标准,以保证航行安全。公私营航业添造或添购新船时,须经各地航务机关审查批准。二百吨以上者,须经航务总局批准。

(4)改善引水制度。在条件具备时,对于外轮及一定吨位的船只进出口,实行强迫引水制度,并准备在适当时机取消外国引水人员及自由引水制。

(二)*初步建立水上交通安全和海事处理的暂行规章制度*

为落实政务院关于"统一全国航务管理制度"的行政决策,便于开展水上交通安全行政工作,1950年至1952年间,由政务院直接颁发或由交通部制订并经政务院核准后颁发了一些基本规章制度,主要有以下方面。

(1)1950年11月27日政务院颁布《进出口船舶船员旅客行李检查暂行通则》,规定港务局、海关、边防公安机关、卫生检疫机关各按其主管的业务范围,对进出口船舶施行检查,并规定船舶进出口的许可由港务局统一办理。港务局负责主持、定期召集联合检查会议。

(2)1950年12月,政务院发布指示令,规定"非运输部门自有公务船舶如有参加航运必要,必须依照航务规定办理检丈登记"。

(3)经政务院财经委员会核准,交通部于1950年12月29日颁发《公务船舶管理暂行办法》,规定各级人民政府(军事部门、公安机关除外)所用公务船舶均应向所在地船舶主管机关申请检查或丈量。合格者核发证书,方准航行或使用。

(4)1951年9月1日,交通部颁布《核发船舶国籍证书暂行章程》,共26条。

(5)颁发《船舶登记暂行章程》。交通部于1950年12月24日制

订《船舶登记暂行章程》。经批准后，于 1951 年 11 月 28 日公布。《船舶登记暂行章程》共 7 章 70 条，对船舶登记的各种相关问题进行了详细规定。

(6) 制订、颁发《海事处理暂行办法》和《海事处理委员会暂行章程》。早在 1950 年 3 月 17 日，交通部已组织人员初步制订出《海事处理暂行办法(草案)》。1952 年 3 月 27 日经政务院批准，交通部正式颁发《海事处理暂行办法》和《海事处理委员会暂行章程》。《海事处理暂行办法》共 18 条，首先将“海事”的类别区分为 12 种，进而对海事报告、海事处理办法和程序等各有关问题进行了详尽、具体的规定。《海事处理委员会暂行章程》共 9 条，对海事处理委员会的设置、组织、职权、处理海事的步骤等作出明确规定。

(7) 1952 年 5 月 20 日，交通部公布《本国轮船进出口管理暂行办法》和《外籍轮船进出口管理暂行办法》。

(8) 1952 年 8 月 1 日，交通部颁发《交通安全运动推行办法》，其中包括推行水上交通安全运动的各种具体措施。

(9) 1952 年 10 月，政务院批准《日本船只航行我国办法》。

上述有关文件、规定及各种办法的制订与颁发，构成新中国最初保障水上交通安全监督和海事处理的基本制度，为规范水上交通安全行政和水上交通安全生产起到重要作用。其贯彻实施为以后相关法制建设积累了经验。

第五节 交通综合行政

一、交通部机关及直属系统管理

(一) 明确部内主要机构的职能

1.《交通部试行组织条例》对内设主要机构的职能规定

1950 年 10 月定稿的《中央人民政府交通部试行组织条例》对交

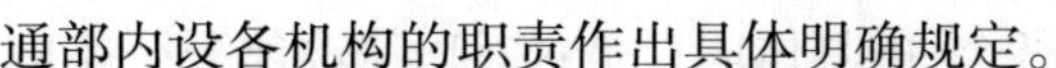

通部内设各机构的职责作出具体明确规定。

第六条规定办公厅的具体职能是:负责处理日常行政事务及联系各机构工作;统一对外接洽;负责文件的收发、选拟、审核、缮校、印刷;管理印信、电报、电讯、机要文件;组织编纂、翻译、报导;负责会议准备与会议记录;督促决议、命令、制度的执行;负责职工卫生、勤杂人员的教育管理;选拟、研究与处理综合性报告以及办理不属于其他部门的事项。

第七条规定计划司的具体职责是:审议航务、公路的修复和发展计划;拟订运力布局方案和改进布局办法;拟订运输工具生产计划;测算并审查运输企业成本;编制航务公路财产技术经济履历书;检查、监督航务公路部门建设、运输等计划的执行情况;搜集与整理航务公路部门的统计资料;汇总航务、公路、产业及其他部门的工作统计报告;制订统一的交通统计办法和制度。

第九条规定财务司的具体职责是:编订预决算,审核并保证财政收支计划完成;拟订会计制度;推行经济核算制;负责国库领款缴解及对部外财务往来的清理与结算;调拨、筹划航务公路资金。

第十条规定人事司的具体职责是:登记、审查、考核、任免全国航务公路干部;拟订全国航务公路各级机构编制,统计工作人数;评定工作人员薪金;拟订航务公路干部及工作人员培养教育计划;拟订劳动纪律及奖惩规则并监督实行。

第十三条规定供应处[1]的具体职责是:编制航务公路各种大宗主要修建材料的采购计划;了解各部门材料供应办法并注意加以改进;分配并统筹调拨材料;编制材料目录,拟订消耗标准;负责职工生活必需品的供应以及生产、制造、加工生活必需品等小型工厂的经营。

---

①根据交通部档案馆1950年26号档案中的《试行编制表1950.9》所列,不是“供应处”,而是“供应司”。

第十四条规定劳动工资处①的具体职责是:拟订、修改航务公路职工工资制度、职工待遇制度及福利事项;拟订劳动技术标准、劳动时间、航务公路劳动法规。

2. 对主要直属机构的职能规定

(1)1951 年《中央人民政府交通部组织条例》明确规定了同年 8 月以前主要直辖机构的职责,即第六条第一、二、三、四款分别详细规定了公路总局、汽车总公司、航务总局、轮船总公司的具体职责。中国建筑企业总公司的职责由该公司自行拟订后呈送交通部审核。

(2)对 1951 年 8 月以后主要直属机构职能的规定。第二届全国航务工作会议《关于几项重要问题的决定》对将要设置的 4 个专业局的职责预先作出了规定。具体是：海运管理总局管理海上船舶运输与海港工作，组织领导私航与外轮及有关修船厂等工作，以完成海上运输；河运管理总局管理内河船舶运输及码头仓库，领导私营航业和木帆船及河道管理工作；航道工程总局负责重大港务基本建设工程、海务江务打捞工程及航道疏浚等工作，统一调度全国打捞和疏浚船舶工具；船舶登记局负责船舶登记及技术检查事宜。各专业局正式成立后均依据上述规定拟订出详细组织章程呈送交通部本部机关审核。

(二)明确干部管理权限及干部任免程序

交通部于 1952 年底拟订了《中央人民政府交通部任免工作人员暂行办法(草案)》,共 9 章 21 条,分别对干部任命权限、手续、程序以及免职、撤职、调遣、升职降职作出明确规定。其中规定:司局级干部或相当于司局级的干部由交通部呈请中央人民政府政务院任免或批准任免;处、科级干部由交通部任免或批准任免。该草案是当时交通部关于干部任免工作实际运作情况的归纳、总结和明确。

①根据交通部档案馆 1950 年 26 号档案中的《试行编制表 1950. 9》所列,劳动工资处为人事司内设处室。

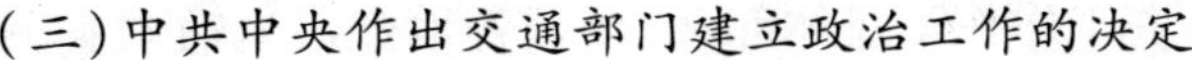

(三)中共中央作出交通部门建立政治工作的决定

1952年,中共中央作出交通部门建立政治工作的决定,主要内容如下:

(1)交通运输行业的特点及加强政治工作的重要意义。

(2)政治工作机构是党的工作机关,直接管理本企业中党的政治工作与组织工作,统一对工会、青年团组织的领导,并对企业行政实行党的保证监督。

(3)根据工作需要与可能,确定首先建立政治工作机构或设政治工作人员的单位。如:在中央人民政府交通部设政治部,在海上内河各国营运输区局设政治部(处),其分支机构酌情设政治处或政治工作室(科),各海上船舶及拖驳船队设政治委员,各内河大、中型轮船及拖驳船队设政治协理员或政治指导员等。

(4)各级政治干部的配备,责成各级党委在重质不重量的原则下统一调配。除一般干部由各部门中选择条件适当者抽调外,所需骨干由当地党委逐步调配,但主要干部一般应为专职。

(5)在各交通运输企业中,实行一长制领导,同时建立该企业党的委员会(有的企业为党组者可以改组)。为统一领导所在地直属单位中党的政治工作与组织工作,政治机关内可按需要设立直属政治工作机构。

(6)为了保证党的方针政策的正确贯彻,端正企业经营管理思想以及保证完成交通运输任务,交通部门中的政治工作应特别强调深入基层单位活动,实行具体领导,这是政治工作能否发生巨大作用的关键。

(7)各级政治机构及政治工作人员列入行政编制内,经费由行政费、事业费中开支并计入企业成本。

二、交通财务、科技、教育、外事行政

(一)交通财务行政

1951年,开展了新中国历史上第一次清理财产、核定资金工作。

交通部对清产核资工作作了具体部署,全国各地交通运输企业主管部门和企业成立了清产核资机构,把清产核资工作列为1951年最重要工作之一。通过全面进行清产核资工作,全国交通运输企业基本查清了企业家底,核定了企业资金,建立了财产物资和资金管理制度。1952年,制定并颁发了《中央人民政府交通部统一财务会计制度》。

(二)交通科技行政

1. 设置专门机构,领导科技工作

1950年《中央人民政府交通部试行组织条例》规定设立技术委员会,并在第十六条中明确技术委员会的具体职责是:对航务公路建设计划和技术问题提出审核意见与建议;审查及解决工程机械、水电设备所发生的问题;审查或拟订港埠、桥梁、灯塔的工程标准;拟订航务、公路、车船、工厂及一切设备的技术安全保障制度或章程;研究、制造、加强企业的技术设备;研究国内外交通运输技术。

2. 强调学习苏联管理经验与公路航务科技

新中国成立初期,同全国一样,交通部在行政管理与科学技术方面强调向苏联学习,主要体现在以下两个方面。

(1)在各次会议上,交通部领导都强调学习苏联经验的重要性。例如,在1952年6月20日政务院第141次政务会议上,交通部部长章伯钧报告《中央人民政府交通部1951年工作总结及1952年工作计划要点》,其中在检讨1951年工作的相关问题时提到:“在学习苏联方面有了一些收获,但认真贯彻还必须进行不断的各方面的斗争。如广东筑路采用了苏联标准,但施工方法仍用旧的一套,浪费材料和工时”。又如,第二届全国航务工作会议闭幕词(1951年4月14日下午)共有6项内容,其中第6项题为“学习苏联经验,肃清崇美思想”,强调“要研究苏联水上运输管理办法和经验”,“学习应该是参照苏联经验,结合中国实际情况,创造出新的东西”。

(2)聘用苏联技术专家,充分发挥他们的作用。1949年11月,交通部聘用苏联专家阿连达耶夫担任交通部公路、桥梁首席顾问。

之后聘用的还有聂格达耶夫、别列包罗多夫、毕秋金、谢尔杰耶夫、谢尔达耶娃、吉莫费耶夫等专家。航务工程方面也聘有赫量士车夫、苏曼诺夫等计划及内河工程专家。一般是以让他们在有关工程技术以及专业管理方面发挥作用，传授苏联的相关技术和经验，包括在全国交通工作会议上作报告等方式，实现当时中国交通科学技术进步。

强调学习苏联经验,学习苏联交通科学技术是当时的形势和中央政策所决定的,是当时交通科技行政的重要内容。

(三)交通教育行政

交通部从组建初期开始,鉴于交通专门人才紧缺,因而持续不断地加紧交通专门人才培养工作,开展教育行政,主要有以下方面。

1. 设置行使交通教育行政职能的专门机构

1950年,交通部在人事司内设有教育处(包括学校、职工教育两科),1952年底,人事司教育处改设为教育司,进一步加强教育行政管理工作。

2. 接管并拓展交通专科学校(学院)

(1)1950年3月31日,交通部接管国立吴淞商船专科学校。同年9月8日,交通部决定并经政务院财经委员会和教育部同意,吴淞商船专科学校与上海交通大学航业管理系合并,成立“上海航务学院”。

(2)1951年1月31日,交通部接管中南交通学院。

(3)1951年9月18日,武汉交通学院正式定名“中央人民政府交通部武汉交通学院”。

(4)1951年12月19日,政务院财经委员会批复:东北航海学院“经东北人民政府同意,自1952年改由交通部直接领导”。

(5)1952年8月,中央教育部、交通部根据政务院关于高等院校院系调整精神,决定合并上海航务学院与东北航海学院。

(6)1952年底,根据中央人民政府委员会关于改变大区政府任务的决定,交通部将大行政区交通部直属的交通专科学校全部改由中央交通部直接领导。

3. 成立干部学校,开办或委托举办各类培训班、专修科

从新中国成立至1952年末，中央交通部决定采取大力兴办速成训练班，成立干部学校和创办新学校等多头并举的行政措施。1951年4月7日，交通部干部学校正式成立，章伯钧部长兼任校长。直接举办或督导、支持地方交通部门分别举办了东北、华东、西北、西康、川南、川西、贵州、浙江共8个交通干部训练班；改建和新建了西北、东北、成都、西南交通学校，湖南、贵州、南充、昆明、福州交通技术学校，杭州土木工程学校和东北河运学校共11所交通学校。此外，交通部还委托其他学校如天津南开大学举办自动车专修科，代培专门人才等。

为配合交通科技、教育发展,交通部于1952年底在接管华东交通部所属出版机构的基础上,成立直属的人民交通出版社。

(四) 交通外事行政

1952年以前,交通部尚未设立负责外事工作的专门机构,但《中央人民政府交通部试行组织条例》明确规定办公厅办理不属于其他部门的事项。

交通部组建初期重要的外事行政有以下两项:

1. 签订中苏边境河流航行与建设协定,成立中苏国境河流航行联合委员会

中苏两国有3 800公里的水域边界,能通航的中苏界河主要包括"两江、两河、一湖①"共计3 579公里,含大小近2 500个岛屿,需两国协调的事务很多。绵长的中苏界河上设置的航标不仅起引导船舶安全航行的作用,而且对明晰中苏水上边界,判定交通工具和人员是否越境等边防和涉外管理工作具有十分重要的意义;界河的航行秩序管理更是边界管理的重要内容。为此,中苏两国政府非常重视界河的航

①即黑龙江、乌苏里江、额尔古纳河、松阿察河及兴凯湖。

行和航道工作。1951年1月,中华人民共和国中央人民政府交通部和苏维埃社会主义共和国联盟政府内河航务部缔结《关于黑龙江、乌苏里江、额尔古纳河、松阿察河及兴凯湖之国境河流航行及建设协定》(以下简称《航行协定》)。根据《航行协定》,两国自1951年10月组建中苏航联委(1992年更名为中俄航联委),双方相应地设立了常设办事机构。中苏航联委中方办公室最初设在交通部黑龙江航运管理局。中苏国境河流航行联合委员会是新中国与外国最早建立的国际双边组织之一。

2. 关于我国"永灏号"油轮事件

1951年4月7日,英国政府无理劫夺了我国在香港的"永灏号"油轮,对中华人民共和国公开发起挑衅。"永灏号"油轮载重1.5万吨,是当时中国最大的油轮之一,原属国营上海中国油轮公司,1948年7月交托香港英商黄埔船厂修理。1950年4月1日,该轮全体船员宣告起义,6月29日,中央人民政府交通部中国油轮公司予以接收。1951年3月,台湾国民党当局勾结香港英商黄埔船厂,向香港法院提出"永灏号"油轮的产权问题,妄图劫夺该轮。3月14日,交通部部长章伯钧就此事发表声明,指出中央人民政府对这一劫夺阴谋正予以严重注意。4月7日,香港英国当局竟妄称为了"公众利益"宣布将该油轮加以"征用"。4月12日,英国水警以武力强行登占该轮,胁迫中国船员离船,将该轮驶离香港,交给英国海军。4月19日,中央人民政府外交部副部长章汉夫发表声明,向英国政府提出抗议,指出英国政府应对这一挑衅行动承担一切后果。

随着中华人民共和国中央人民政府的成立,交通部在依法开展行政工作的3年多时间内,初步创立了全国公路、水路交通管理体制;建立起新中国的公路、水路运输系统;制订出与当时客观形势相适应的基本制度,使交通管理工作和交通经济运行进入新的历史轨道。在党中央、政务院领导下,交通部组织交通系统职工并依靠地方政府和人民群众的支持，迅速恢复了被战争破坏的公路、水路运输，使新中国的交通事业有了初步发展。从1949年至1952年底，全国公路总里程由8.7万公里增加到12.67万公里；内河通航里程从7.86万公里增加到9.50万公里；3年中开通沿海航线36条，总长1万余海里。全国民用汽车达到6.63万辆，公路运输部门的营运客货汽车达到2.75万辆，另有18万多辆畜力车和10万多辆货运人力车。水运工业也有了恢复和发展。这些成就为继续支援战争，巩固国防，促进物资交流，安定人民生活，彻底消除匪患，恢复国民经济作出了重要贡献。

第二章　社会主义改造时期的交通部行政

(1953 ~ 1957 年)

1953 年至 1957 年,是我国实施国民经济第一个五年计划,对私有生产资料进行社会主义改造,确立计划经济体制的时期,史称社会主义改造时期,亦称"一五"时期。五年期间,交通部根据中共中央提出的中心任务和制定的各项方针政策,对全国公路、水路交通实施行政管理,交通事业发展进入了一个新的阶段。

第一节　确定"一五"时期的交通工作方针任务

为贯彻国家过渡时期的总路线和五年计划任务,交通部总结了过去 4 年交通发展情况,根据存在问题以及国家经济发展对交通的要求,拟定了今后一个时期交通发展的方针任务,并向中央作了汇报。根据中央指示,1953 年交通部召开了全国交通会议,就相关问题进行了研究。会后,交通部将几个重要文件上报中央,得到中央批复及进一步指示。

一、交通部党组向中央汇报交通工作

1953 年 7 月 27 日,中央政治局会议听取了交通部王首道副部长就《交通部党组关于目前交通工作的主要问题与今后方针任务向中央的报告》及其他相关文件所作的汇报。

部党组的报告首先肯定过去 4 年交通工作"基本上完成了经济恢复与民主改革工作,并开始了局部新建设,初步地适应了国民经济恢复时期需要"。随后,分别按国营运输生产、基本建设、地方交通工作、私营运输业、保安管理共 5 个方面分析交通工作存在的问题并提出今

后的方针任务。

（一）国营运输生产方面

1. 存在的问题

对主要物资流向的规律性及其特点未很好掌握；各方面工作不协调，未形成整体的合理运输；运输费用高是当时最突出的问题，航运因运输费用高，没有充分发挥水路运输成本低的优点；运输质量差，表现在运输不及时和货损率高；运力不足，不能和日益增长的客观要求相适应。

2. 方针任务

加强经济调查，掌握运输设备的真实情况；实行计划管理；推行先进经验；加强港湾工作；加强成本管理和财务监督工作。

（二）基本建设方面

1. 存在的问题

对基本情况缺乏调查研究；忽视测设工作和测设力量不足是基本建设中最突出的问题；施工混乱和无人负责现象相当严重。

2. 方针任务

报告认为："基本建设在今后一个时期内，为了适应国防需要，仍以完成国防公路工程为首要任务。在运输方面，以内河航运建设为重点，发展浅水拖驳运输，完成内河干线的整修工作，并有重点地进行新建，逐渐增强海上与内河的航运工程设备，加强地方道路和工矿线路修建工程的技术指导。"为此需采取下列措施：重视调查研究，掌握可靠资料，以避免基本建设中的盲目性；严格遵照基本建设程序；加强技术指导，提高设计质量；推行计划管理，建立责任制；继续充实设计机构，专职设计机构尚未建立的单位应迅速建立。

（三）地方交通工作

三年来地方交通事业在当地党委、政府的直接领导下，获得了一些成绩。但由于缺乏方针政策的领导，经营管理落后混乱，中央与地方分工不够明确，以及缺少县以下基层交通行政机构，使地方交通事

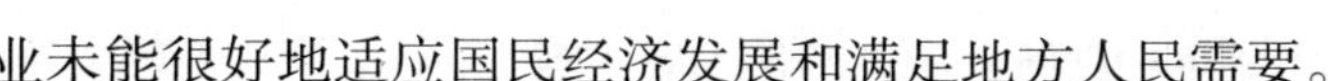

业未能很好地适应国民经济发展和满足地方人民需要。

1. 存在问题

一切货运均由联运部门承揽承运，造成了运价高，运输秩序混乱，公私兼顾的政策得不到落实，放松对国营汽车运输业的管理等问题；公路养护工作缺乏计划、没有技术指导，养护重点不突出；内河航道与港口码头管理不善，设备简陋，破损严重；忽视民间各种运输工具在运输中的作用。

2. 方针任务

报告认为："今后地方交通工作的方针应是在国家统一计划下，结合当地实际情况，根据需要，对现有运输事业有步骤有计划地加以整顿、改造与利用，加强业务技术指导，改进企业经营与行政管理，发挥现有设备能力，并重点地、逐步地发展近代运输工具；对现有公路与航道加强管理养护，逐步改善公路质量和内河航道港口设备，重点疏浚内河航道，修建适合于当地运输工具通行的简易标准道路和当地人民迫切需要的大路、桥、渡等，以适应日益增长的经济建设和广大人民生活的需要。"为此，报告提出关于地方交通工作须解决下列问题：

(1)加强对地方交通工作的领导。划分中央与地方交通事业的管理范围，明确地方交通工作的任务和职责，调整和健全交通系统组织机构。逐步加强地方交通事业的计划性，一方面将其纳入国家整个交通事业计划之内；另一方面亦须适应地方需要，依靠地方民力、财力，就地取材，因地制宜地解决问题。

(2)加强公路管理和养护工作；加强内河航道、港口码头的管理和保养工作；有计划地修建适合当地运输工具通行的简易标准道路以及桥梁、渡船，特别是在有重要经济意义的地区、少数民族区、老革命根据地和土特产区等，要加强公路建设。

(3)改进地方国营汽车、轮船运输企业的经营管理。

(4)加强对个体民营木帆船和兽力车运输的领导与管理。

(5)整顿和改进城市搬运工作。

(四)私营运输方面

1. 存在问题

关于私营运输,报告认为其存在的问题是“轮船和汽车运输业中私营占相当大比重。但长期以来,对私营运输业缺乏领导与管理”。

2. 方针任务

必须加强对私营运输业的领导与管理。在国营经济领导下,充分利用和发挥其运输工具与设备能力,贯彻公私兼顾政策,根据其船舶车辆性能,适当地调配营运线路和分配运输任务,积极协助其改进经营管理,加强船舶车辆的保养修理工作,并逐步实行统一计划、统一货源和统一运价,以实现对私营运输业的社会主义改造,使其有步骤、有区别地走上国家资本主义和国家计划的轨道。由于私营轮船业与汽车业情况不同,所以具体方针上有以下区别:

(1)对于水运，要针对海上和主要内河私营轮船业，采取积极的、有步骤、有准备、有区别地贯彻公私合营的方针。首先对其整顿改革，分别予以不同处理：自愿联合管理者组织联合管理处；自愿公私合营者在条件具备的情况下，实行公私合营；自愿单独经营者，予以指导和扶助；少数因负债超过资产，确难继续维持者准其破产。

(2)对于公路运输,鉴于私营汽车业大多为自有车辆自己驾驶的独立经营者,营业车辆比重超过国营的1倍以上。必须重视并团结为数尚多的私营汽车运力,在其自愿原则下,采取编队编组的管理方法,以利于运输上的调度。同时鉴于运输事业的服务性质,私人经营有一定困难,且其车辆多残破,势必逐渐减少,因此除应发挥其运力外,应逐步增加国营汽车运力。

(五)保安管理方面

1. 存在问题

“在运输、基建和交通管理工作中,贯彻安全生产统一的方针不够”。“在工作制度和劳动安全设备上,缺乏严格的安全操作规程与检查制度,未能根据业务发展和特殊地区的不同情况,采取必要的安全卫生措施以及深入广泛的宣传教育,以致造成许多可以预防或避免的事故和损失。”

2. 方针任务

“今后必须坚决贯彻安全生产统一的方针,加强海务、港务监督和公路监理工作;增添保安设备,改进技术措施,制定安全操作规程;改善工地特别是边疆地区的物资供应与医疗卫生设备;进行安全生产教育。在问题严重的单位,要发动群众进行保安大检查,揭发问题并研究改进办法。”

中央政治局会议认为交通部党组向中央的报告和请示文件中提出的关于交通工作的基本方针是正确的,要求王首道同志负责征询各大区在京同志的意见,并提交全国交通会议讨论、修改,然后报中央批准下达。

二、1953年交通部召开全国交通会议

1953年8月21日,交通部根据部党组“关于目前交通工作的主要问题与今后方针任务向中央的报告”,以及7月27日中央政治局会议审议的意见和批示的精神,在北京召开了全国交通会议,历时15天,于9月4日结束。参加会议的有各大区财委代表(西北地区未到),内蒙古交通部副部长,各大区公路、内河局长,各省交通厅(局)长,专业局长、经理(西藏自治区除外),中央各有关部委及交通部各单位负责同志等,共245人。会议分析了当时交通工作的基本情况;讨论了未来交通工作方针任务、地方交通工作的方针、工作范围和组织领导等主要问题。会议报告有:《三年来交通工作基本情况与今后交通建设发展的方向》(章伯钧部长);《目前交通工作的主要问题与今后发展任务》(王首道副部长);《关于公路管理和养护工作》(季方副部长);《关于地方交通工作》(张策副部长)。

会议进行了分组讨论，并就当时急需解决的几个重要专业问题进行了具体研究，取得了一致意见。会议期间，邓小平副总理对交通工作的成绩与缺点、交通工作任务以及当时交通工作中的几个主要问题作了明确指示。他着重指出如何在国家总方针任务下进行交通工作，加强工作中的思想性、政策性，充分发挥现有设备的潜在能力等。与会同志认为这是“思想上的基本建设”。会议由王首道副部长作总结报告。

三、中央对交通工作的指示

1953 年 11 月 27 日,《中共中央关于批转中央人民政府交通部党组五个文件的指示》发布,主要内容如下:

(一)1953 年 7 月 27 日,中央政治局会议听取了中央人民政府交通部副部长王首道同志关于目前交通工作的主要问题与今后方针任务的报告和对所提请示的文件的说明,认为交通部党组向中央的报告和请示文件中提出的关于交通工作的基本方针是正确的。中央兹批准交通部党组向中央所提出的下列文件:

1. 中央人民政府交通部党组关于目前交通工作的主要问题与今后方针任务向中央的报告;

2. 中央人民政府政务院关于加强地方交通工作的指示;

3. 中央人民政府交通部关于航务工作的指示;

4. 中央人民政府交通部关于公路工作的指示;

5. 中央人民政府交通部党组关于 1953 年全国交通工作会议总结报告。

(二)随着国民经济的发展,交通运输任务必将日趋繁重,第一个五年计划建设时期内,国家需要集中主要力量发展重工业,对交通部门运输企业的基本建设投资不可能太多。因此,交通部门的工作,在一定时期内,应着重地充分地利用和发挥现有一切运输工具与设备的潜在能力,加强经营管理,努力增加运输数量,提高运输质量,降低运输成本，加速船舶、车辆周转，为国家提供量大、质好、价廉、迅速安全的运输力。

(三)对沿海与重要内河私人资本主义的轮船业，应采取积极的、有计划、有步骤、有区别的公私合营的方针。

(四)地方国营运输业和分布在全国各角落的个体民营的木帆船、兽力车等各种民间运输工具，对运输粮食、活跃初级市场、供应农村工业用品等方面，起着重大的作用。决不能忽视这些运输工具在目前阶段中所起的作用。地方交通工作划归地方党委、政府直接领导与管理后，各级党委、政府应采取具体步骤，加强对地方交通工作的领导，充实地方交通部门的领导骨干，以改进地方交通工作。

(五)交通部门的工作人员，常同苏联和人民民主国家发生工作关系，必须向这些工作人员经常地深入地进行国际主义的思想教育。

(六)中央交通部在上述报告请示中提到的与其他部门有关的各项具体问题，由该部与有关部门进行协商，分别具体解决之。

随着上述中共中央文件的下达，经中共中央批准的《中央人民政府政务院关于加强地方交通工作的指示》下达到地方各级政府，《中央人民政府交通部关于航务工作的指示》及《中央人民政府交通部关于公路工作的指示》下达到各级交通主管部门。

在中央指示下达后，全国交通部门按照新的方针任务开展工作。

第二节　调整机构、健全交通管理体制

在国民经济恢复时期，交通部组建了较为完整的中央级组织机构，地方交通管理机构也开始初步设立。社会主义改造时期，为了更好地行使法定职能，根据中央决定和形势发展需要，交通部对部机构和直属系统适时进行了调整，并不断推动地方交通管理机构的健全和地方交通行政工作的开展。

一、交通部机构及直属系统调整

(一)交通部机构调整

1. 1953～1956 年交通部机构调整

1952 年交通部机构改革后,基本延续下来,至 1956 年 6 月之前,根据工作需要,对少数职能部门进行了调整,具体情况如下:

(1)1954 年 3 月,顾问室改为交通部专家工作室。

(2)1954 年 6 月 25 日,成立政治部(1957 年 10 月撤销)。

(3)1954 年 8 月,公路运输局与公路总局合并为交通部公路总局。

(4)1954 年 10 月,成立地方交通司(1955 年 5 月 18 日撤销)。

(5)1955 年 3 月,成立航运规划委员会。

(6)1955 年 11 月,成立工厂管理局。

经过上述变动,到 1956 年 6 月,部内设机构共有 24 个,在编人员 1 786 人。详见表 1-2-1。

交通部机构与人员编制情况(1956 年 8 月之前)　　表 1-2-1

部　门	人　数	部　门	人　数
部长室	17	劳动工资司	44
办公厅	355	基本建设司	8
参事室	10	技术司	2
专家室	15	海运管理总局	169
技术委员会	7	河运管理总局	188
政治部	42	航务工程总局	100
党委会	14	公路总局	395
人事司	57	工厂管理局	49
计划司	51	材料供应局	56
教育司	46	船舶登记局	20
业务司	26	远洋运输处	35
财务司	44	船舶设计科	36
合计:1 786 人			

注:1. 此表摘自 1956 年 6 月 30 日交通部填报的《中央各机关编制员额统计表》;

2. 原表注:国家交通监察局 47 人未列入总数。

2. 交通部全名变更

1954年9月20日,第一次全国人民代表大会通过《中华人民共和国国务院组织法》,将政务院改为国务院;原中央人民政府交通部改为中华人民共和国交通部,作为国务院组成部门,继续行使原有职责。

国务院于1955年2月23日发出(55)国密常字第39号公函,颁发交通部圆形铜质印章一颗,名称为"中华人民共和国交通部"。交通部于同年2月25日开始启用新印章,随后颁发了部直属机构新印章。

3. 精简机构

1956年8月,交通部根据中央关于精简机构原则和紧缩编制精神以及交通运输业发展需要,经与国务院编制工资委员会反复讨论研究,在周恩来总理批准的1 500人的编制范围内对机构进行了调整。1956年8月11日,交通部发布《关于机构改组的通知》,对部原有机构进行改组。改组后的机构与人员编制情况见表1-2-2。

交通部机构与人员编制情况(1956年8月10日)　　表1-2-2

部　门	人　数	部　门	人　数
部长办公室	24	机务局	17
办公厅	278	技术局	26
参事室	9	基本建设局	26
法律室	8	电讯局	46
专家工作室	15	材料供应局	50
技术委员会	3	船舶登记局	24
政治部	49	商务局	31
党委办公室	18	海河运输局	87
劳动工资局	37	港航监督局	22
计划统计局	64	航务工程局	89
教育局	30	航道管理局	48
财务会计局	50	船厂管理局	49
干部局	34	公路总局	384
合计:1 518人			

注:1. 此表摘自1956年12月31日交通部干部局填报的《中央机关编制员额统计表》;

2. 原表注:国家交通监察局48人未列入总数。

《关于机构改组的通知》明确规定表 1-2-2 中的公路总局领导各直属工程的设计施工与国道管理工作，并指导地方道路修建和运输业务；航务工程局、航道管理局和船厂管理局为部属专业性质的二级机构；其他各局、室、会和办公厅均属部职能部门。

同时，交通部在此次机构改组过程中设立水运科学研究院、公路科学研究院、水运设计院、公路设计院等事业机构；设立企业性质的人民交通出版社，负责交通业务、技术书刊出版工作。

（二）交通部领导

1. 部领导变动

1954 年 3 月 25 日，朱理治副部长到任。7 月 9 日，潘琪副部长到任。10 月 25 日，王首道副部长离职到国务院第六办公室工作。11 月 13 日，张策副部长离职到国务院工作。

1955 年 1 月 7 日，马辉之副部长到任。3 月 12 日，季方副部长离职到江苏人民委员会工作。

1957 年 2 月，国务院任命孔祥祯为交通部副部长。

2. 部领导分工

（1）交通部确定领导分工。1955 年 3 月 31 日，交通部向部属各单位下发《通知本部部长分工》，对交通部领导的工作作了分工，具体如下：

章伯钧部长领导全面工作，并重点掌管办公厅、参事室、技术委员会及内河航运管理局。

李运昌副部长协助部长领导全面工作，并重点掌管计划司、人事司、专家工作室。

朱理治副部长掌管业务司、财务司、材料供应局、船舶登记局、海运管理总局。

马辉之副部长掌管政治部、监察局、劳动工资司。

潘琪副部长掌管地方交通管理局、公路工程总局。

孙大光部长助理管基本建设司、技术司、航务工程总局等方面工

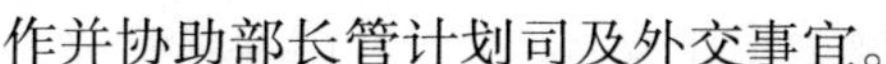

作并协助部长管计划司及外交事宜。

谢邦治部长助理管教育司、人民交通出版社、社会主义改造等方面工作,并协助部长管内河航运管理局。

(2)交通部调整领导分工。1956年8月,交通部机构调整后,部领导分工相应作出调整。10月26日,交通部发布《关于部长、副部长和部长助理分工的通知》,具体如下:

章伯钧部长:总管全面工作,并直接管科学研究及技术委员会工作;

李运昌副部长:协助部长管理全面工作,并负责管计划统计局、财务会计局、基本建设局、航务工程局、航道管理局、技术局、监察局和水运设计院共8个单位。

下列同志协助李运昌副部长分管以下工作:

孙大光部长助理管航道管理局和技术局;

葛琛部长助理管基本建设局、水运设计院和航务工程局;

靖任秋部长助理管社会主义改造工作以及水运科学研究院筹备处工作。

朱理治副部长管海河运输局、商务局、港航监督局、船舶登记局、机务局、船厂管理局、材料供应局和电讯局共8个单位。

下列同志协助朱理治副部长分管以下工作:

赵立德部长助理管机务局、船厂管理局和材料供应局;

于眉部长助理管商务局和海河运输局。

马辉之副部长管办公厅、干部局、教育局、劳动工资局、专家工作室、法律室、参事室和人民交通出版社共8个单位。

冯于九部长助理协助管专家工作室、法律室、参事室、人民交通出版社和办公厅工作。

潘琪副部长管公路总局、公路勘察设计院、公路科学研究院筹备处和地方公路交通与社会主义改造工作。

穰明德部长助理协助管公路系统工作。

政治部王赤军主任掌管全面政治工作。

以上分工，于同年10月26日起实行。

(三)部直属系统调整

1.水运系统直属单位调整

(1)航务工程方面。1953年1月，经交通部批准，交通部航道工程总局改为"交通部航务工程总局"，下属筑港工程公司、设计公司、疏浚公司、打捞公司，初步形成了全国水运工程系统。8月，筑港工程公司和设计公司改为局建制，成为事业单位。1953年5月，交通部将天津新港工程局改组为交通部航务工程总局筑港工程公司，8月，又改称筑港工程局，下设旅大、新港、上海、海南、北京共5个工程队和青岛区、广州区、长江区3个工程处。

1955年5月，为集中力量建设湛江港和裕溪口码头，交通部撤销航务工程总局筑港工程局，组建交通部航务工程总局第一工程局。

(2)组建水运设计院。1953年，在航务工程总局设计局、内河规划委员会和河运总局设计科的基础上成立了交通部水运设计院，下设规划、港工、船舶分院和勘察总队。

(3)珠江航运管理机构变更。1953年，交通部成立珠江航运管理局，以中南内河航运管理局为基础(除部分人员划归中南交通局外)，并将广东、广西两省(区)航运管理机构与之合并改组成立，统一经营管理珠江及其分支河流的航运工作。

1957年2月26日，根据中央体制会议精神，国务院决定将珠江航运交由广东、广西两省(区)直接管理。交通部据此发出具体指示，要求珠江航运管理局与两省(区)就具体问题讨论、协商，形成协议草案。5月8日，交通部召集三方代表在广东召开交接会议，最终在船舶、航线、基建、财务、航道、生产计划、人员划分等方面达成一致意见，签订《关于珠江航运分管交接协议书》。5月30日，交通部发布《关于宣布撤销珠江航运管理局的通知》，规定："自即日起，原珠江航运管理局撤销，有关航运事宜，根据《关于珠江航运分管交接协议书》规定，分别由广东、广西两省(自治区)办理。”

(4)其他调整。1956年8月1日,公私合营民生轮船公司重庆船舶修造厂划归交通部工厂管理局领导。

(5)确定直属水运机构。1956年8月10日,交通部新组织机构运行后,由部直接领导的11个水运管理机构与科研单位如下:长江航运管理局,珠江航运管理局,黑龙江航运管理局,广州区航运管理局(原华南区海运管理局),上海区航运管理局(原华东区海运管理局);青岛港务管理局,天津港务管理局,秦皇岛港务管理局,大连港务管理局;水运科学研究院筹备处,水运设计院。

2. 公路运输系统直属单位调整

1954年8月,交通部公路运输局与公路总局合并为交通部公路总局(1955年12月,公路总局改为公路工程总局)。10月25日,交通部在北京成立公路总局设计局。此外,交通部另在大区公路设计公司基础上设立5个公路设计分局,分设在重庆、武汉、上海、沈阳、西安(公路设计局与分局于1956年分别改为公路勘察设计院与设计分院)。并在武汉、成都、重庆、上海、沈阳、西安、昆明成立7个直属公路工程局。这些施工、设计单位主要承担中央财政投资的干线公路勘察、设计和施工任务。

(四)规范直属机构名称

1955年3月16日,交通部发布《关于部属各级机构名称的规定》,要求部属各单位据此更换原机构名称。

1. 海运系统

海运管理总局称为:“交通部海运管理总局”;各区港务管理局称为:“××区港务管理局”;各区港务管理局所属分局称为:“××区港务管理局××分局”,所属之办事处称为:“××区港务管理局××办事处”。各海运管理局称为:“××海运管理局”;各海运管理局所属之办事处称为:“××海运管理局××办事处”。各船舶修造厂称为:“海运管理总局××船舶修造厂”,船舶修理厂则称为:“海运管理总局××船舶修理厂”。

2. 河运系统

内河航运管理局称为:“交通部内河航运管理总局”;长江航运管理局称为:“长江航运管理局”;长江航运管理局所属之分局、港务局、船厂及航道工程区分别称为:“长江航运管理局××分局”、“长江航运管理局××港务局”、“长江航务管理局第×船舶修理厂”、航道工程区称为:“长江航运管理局××航道工程区”;珠江航运管理局称为:“珠江航运管理局”;东北内河航运管理局改称为:“黑龙江航运管理局”。东北内河航运管理局所属之港务局、办事处、船厂分别称为:“黑龙江航运管理局××港务局”、“黑龙江航运管理局××办事处”、“黑龙江航运管理局××船舶修造厂”。

3. 航务工程系统

航务工程总局称为:“交通部航务工程总局”;航务工程总局所属工程局、设计局、公司、工程处、工程队分别称为:“航务工程总局第×工程局”、“航务工程总局设计局”、“航务工程总局××公司”、“航务工程总局××区工程处”、“航务工程总局××工程队”。

4. 公路系统

公路总局称为:“交通部公路总局”;公路总局所属之设计局、工程局分别称为:“公路总局设计局”、“公路总局第×工程局”;公路总局设计局所属分局称为:“公路总局设计局第一分局”。

5. 其他机构

①北京干部学校称为:“交通部北京干部学校”。②材料供应局所属办事处称为:“交通部材料供应局××办事处”。③航运规划委员会称为:“交通部内河航运规划委员会”。

上述规定中未涉及的单位仍沿用原名称。

二、健全地方交通行政机构,明确地方交通职能

新中国成立之初,部分城市、专区、县尚未设置交通行政机构,省

级机构因人少事多,难以适应地方交通工作进一步发展的需要。交通部虽已开始推动地方交通管理机构设置,但直到1953年初,地方交通管理机构仍处于不健全状态。同时,中央交通部对地方交通情况及特点无法全面了解,以至很难确定方针政策,中央与地方的管理分工不明确。此外,建国后几年,各地区因忙于社会改革等中心工作,对交通工作考虑不够。因此,在中央建立了较为完备的交通管理机构后,地方交通管理机构建设和职能确定必须提上议事日程。

(一)政务院《关于加强地方交通工作的指示》

1953年11月27日,中央人民政府政务院发出《关于加强地方交通工作的指示》,主要内容如下:

随着国家有计划的经济建设的开展,工农业生产的发展和城乡物资交流的扩大,交通运输工作的作用亦愈益重大。一方面,我国近代交通事业的基础还很薄弱,现有的火车、轮船等运输工具,还不能适应国民经济日益增长的运输需要。而另一方面,在地方交通事业中,却又蕴藏着很大的潜在力量,如果善于发掘、运用,不仅会大大地增强现有的运输力,并将促进农村经济、文化生活水平的提高。因此,今后应在国家经济建设的总方针和国家统一的计划下,结合当地具体情况,进一步地加强地方交通工作,改进地方国营运输企业的经营管理,整顿和改造私营运输业,加强对民间各种运输工具的领导,以充分发挥现有运输工具与设备的潜在力量。并依靠地方民力、财力,就地取材,加强现有公路、驿道、航道、港口的养护,修建当地人民迫切需要的简易道路、桥梁、渡口,疏浚必要的航道,重点添建港口设备和逐步地重点地发展近代运输工具,以适应日益增长的经济建设和广大人民生活的需要。

1. 地方交通工作管理范围

(1)汽车运输及其附属企业,均划归地方国营,由省(直辖市)负责经营(某些较大的汽车配件工厂,非一省力量所能经营且已交中央交通部经营者除外);

(2)地方公路、大车道、乡村道路的养护修建,地方交通公益事业的保护维修;已修成的国防公路及经济干线的养护管理;公路养路费的征收和使用;

(3)沿海短程航线,在一省内的内河航线,或虽流经两省以上而航运不发达的内河航线,均由省(直辖市)经营管理;内河航道的疏浚养护,内河港埠码头、沿海小港,均由省(直辖市)经营管理(已确定由中央交通部直接经营管理者除外);

(4)城市搬运工作,和城市公共交通运输事业的经营管理;

(5)根据国家政策,组织与管理省(直辖市)所属区域范围内的私营运输业和地方公私合营运输企业;

(6)根据当地运输的需要,有计划、有领导地组织民间各种运输工具;

(7)其他有关中央(或大行政区)交给办理的交通运输事项。

2.地方交通事业的经费和计划程序问题

地方交通事业的收入,一律归地方财政收入;地方交通建设的投资,亦由地方财政解决。但大行政区财政经济委员会应加以监督,并加以必要的调剂。

3.地方交通工作的领导关系和组织机构

确定地方交通工作由各级地方人民政府直接领导;但中央交通部应在有关方针、政策方面予以指导,在业务技术上予以帮助,并组织交流经验。

今后地方各级人民政府应适当地加强对交通部门工作的领导,发挥地方和群众的积极性和创造性来进行地方交通建设事业。各地方交通部门必须经常地向各该级人民政府汇报工作,反映情况,请求指示,特别是有关政策性、群众性、地区性的问题,更应及时请示报告。

为加强和改进地方交通工作,并根据精简的原则,须相应地适当调整和充实地方交通的组织机构。确定各大区行政委员会下设交通局,负责指导各省(市)交通工作,原公路管理局与中南、华东的内河航

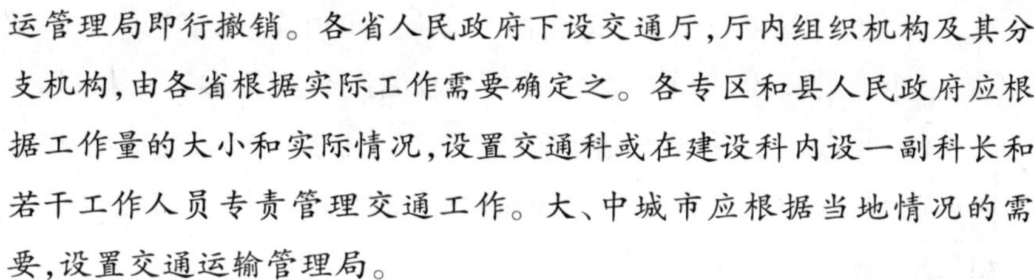

运管理局即行撤销。各省人民政府下设交通厅,厅内组织机构及其分支机构,由各省根据实际工作需要确定之。各专区和县人民政府应根据工作量的大小和实际情况,设置交通科或在建设科内设一副科长和若干工作人员专责管理交通工作。大、中城市应根据当地情况的需要,设置交通运输管理局。

各地方交通组织机构的行政编制人员,应列入各地方人民政府行政编制内,企业或事业单位编制人员经费,仍从企业或事业费中开支。

(二)交通部调整地方交通组织机构

1953年,根据政务院《关于加强地方交通工作的指示》精神,交通部发布《关于调整和充实地方交通组织机构的规定》,主要内容如下:

1. 建立大区交通行政机构,统一名称

各大区行政委员会下设交通局,负责指导各省(市)交通工作,原公路管理局与中南、华东内河航运管理局撤销。各大区行政委员会交通局,除华北交通局由华北行政委员会调集干部增援外,其他各大区以中央交通部当时在各大区所设置的公路管理局为基础改组成立。交通局负责指导各省(市)交通工作,并接受中央交通部指导。编制名额以各大区公路管理局原编制人数为基本控制数字,各大区编制名额为:东北120名、华东120名、中南20名、西南20名、西北100名、华北40名。大区行政委员会交通局名称统一为:"××行政委员会交通局"。

2. 健全省级交通行政机构,统一名称

各省人民政府下设交通厅。交通厅按以下两种类型区分组织机构及行政编制,各省根据实际业务需要与精简原则,自行确定。第一种类型,如湖南、江西、广东、四川等省航务、公路均较发达,交通厅下可分设公路、运输、内河航运管理等专业局(沿海省份内河航运管理机构统一经营管理沿海短航运输,称航运管理局),不另设专业公司,其行政编制名额最多不得超过120人,一般以100人为限。第二种类型,如辽东、山西、陕西、甘肃、新疆、广西、贵州、云南等省(区)公路比重较大，交通厅下可设公路、运输两专业局，厅内设航运管理处或科（有自营企业的省份或设专业局），其行政编制名额最多不得超过80人。其他如绥远、宁夏、青海、西康等省（区），由交通厅直接掌握各项交通运输业务，不另设专业局，根据业务需要可另设公司，其行政编制名额最多不得超过50人。

省交通厅名称统一为："××省人民政府交通厅"。省专业局称为："××省人民政府交通厅公路局"、"××省人民政府交通厅内河航运管理局"（沿海省份称为"××省人民政府交通厅航运管理局"）、"××省人民政府交通厅运输局（设公司者称'××省运输公司'）"。

内蒙古自治区人民政府交通部直接掌握本区各项交通运输业务，不另设专业局。其名称为："内蒙古自治区人民政府交通部"。

各省汽车监理机构，省和省级以上人员列入行政编制，其所属监理所（站）原则上由监理规费中开支，不足时暂由养路费补贴。搬运工作方针、政策与管理均划归当地人民政府负责，在交通厅或运输专业机构内设置专管机构。

3. 健全省级以下地方交通行政机构，统一名称

中央、大行政区直属市及大的省属市，根据需要，设置市人民政府交通运输管理局（厅），掌管市内公共汽车，运输汽车、搬运公司、驳船、轮渡、木帆船等。关于郊区公路管理与养护，与市建设局或工务局具体划分。各城市交通运输管理局名称统一为："××市人民政府交通运输管理局"。

各专署和县人民政府设置交通科或在建设科内设一副科长和若干工作人员专责管理交通工作。各专、县人民政府交通科名称统一为："××省人民政府××区专员公署交通科"、"××县人民政府交通科"。

（三）交通部《关于公路及运输工作中央与地方分工的补充决定》

根据1953年11月27日政务院《关于加强地方交通工作的指示》精神，以及大区交通局撤销后具体交通工作需要，交通部认为关于公

路及运输工作上中央与地方的分工,有必要作进一步的明确和补充,1954年7月,交通部发布《关于公路及运输工作中央与地方分工的补充决定》,具体如下:

1. 公路基本建设方面

(1)中央投资的基本建设工程,由中央直接管理。

(2)中央直属的测设与施工机构,均由中央统一领导。

(3)公路建设的长远计划由中央统一编制,各地年度计划的副本须送中央备案。

(4)地方投资的公路基建工程,由地方负责领导与管理,中央负责指导并提供必要帮助(如解决地方不能解决的技术等问题),但必须遵照中央规定的各种标准设计和施工。限额以上的工程设计文件必须报中央审批。地方须向中央报送施工、计划执行情况、竣工等报告和月、季、年度工作总结及各种专题总结报告等有关资料。

2. 公路养护方面

(1)确定由中央直接管理的国道养护业务,由中央设专管机构管理,有关省份协助。除中央直接管理的业务外,其他业务归地方负责。

(2)全国公路养护的长远计划,由中央统一编制,各地公路养护的年度计划,由省财委批准后报中央备案。计划表式、计划方法由中央统一规定。

(3)养路工作程序、规范、章则、制度等需要全国一致的,均由中央统一规定和颁发。

(4)地方养护工作季度、年度、计划的执行情况,季度、年度工作总结及重要专题报告,均应随时报送中央。

(5)中央负责必要的技术指导和重要经验交流。

(6)关于养路经费,地方应根据中央1953年颁布的《公路养路费征收暂行办法》征收养路费,在自给自足原则下,由中央监督使用,并作必要调剂。

3. 公路运输方面

地方运输企业的经营管理，主要由地方负责，下列工作由中央直接指导、统一规定，或报中央备案：

(1) 主要方针及政策，如地方国营企业经营方针，对私营运输业进行社会主义改造的具体政策，城市交通及搬运工作方针与政策等规定。

(2) 需要统一的章则制度，如客货运输规章，汽车运输成本计算规程，统计等制定。

(3) 需要统一的技术规范、操作规程及技术经济定额、人员定额。

(4) 远景计划编制，地方运输企业年度计划须送中央备案。

(5) 主要跨省干线上运输力和运输关系的组织与调整。

(6) 各地大型修理厂设计资料审核。

(7) 私营运输企业在社会主义改造过程中进行公私合营、组织运输合作社，均须报中央备案。

(8) 技术指导和重要经验交流。

为使上述工作顺利进行，各地月、季、年度计划执行情况、工作总结和各种专题报告，均须按期报送中央。

4. 汽车监理工作

各省应根据中央1950年颁布的《汽车管理暂行办法》及实施细则，办理汽车管理业务。有关检考技术工作，中央负责指导。汽车检验、登记、监理制度、表格与驾驶员考验、审验的各项手续费，由中央统一规定，其他方面归地方负责。

5. 其他

公路基建、养护、运输方面中高级技术人员，由中央统一培养。初级技术人员与技术工人，由地方负责培养，中央可供给有关教材。

(四)1955年全国地方交通会议对地方交通机构的进一步规定

1955年，我国广大农村合作化运动的蓬勃开展以及私营工商业快速改造,给地方交通工作提出了艰巨任务。为适应形势需要,1955年12月,交通部在北京召开了全国地方交通工作会议,会议讨论了一系列问题。其中关于地方交通机构建设和职责的要求如下:

(1)全国各县应普遍设立交通科,编制为3～7人,主要任务是:负责制定交通规划,组织民工建勤、地方道路的修建养护与技术指导,中小河流的疏浚管理,当地运输市场的组织管理和社会主义改造等工作。

(2)区设专职交通助理,乡设交通委员会,执行与县交通科相同的任务。

(3)大中城市设交通运输管理局和道路工程局(处),有航运业务的市可设航运管理局,统一归市人民委员会领导;小城市亦应设立交通科。

(4)省交通厅内增设地方道路及社会主义改造等机构,并加强道路测设机构(设计院)。内河多的省增设航道管理机构。

除以上内容外,会议还确定了其他地方交通工作方针、任务和规划。

(五)1956年国务院《关于调整地方交通机构的通知》

1956年5月,为了调整中央与地方之间"条条"与"块块"关系,国务院在《关于调整地方交通机构的通知》中指出:目前,各省交通厅下除设有各职能科、室外,一般还设有航运、公路运输、公路工程等专业局,致使机构重叠,力量分散,办事迟缓,工作效率不高,应对各级交通机构进行调整。文件关于调整的原则规定如下:

凡人口在3 000万以上,通车里程在3年内可能达到1万公里以上的省,设置公路厅或公路运输管理局,管理全省的道路工程和公路运输;在水运发达的省份,如江苏、浙江、湖南、江西、湖北、四川等省设航运厅;水运不发达的省份,如西北的陕西、甘肃、青海等省不单独设立航运机构,保持综合性交通厅(局),只设1个处或科专管航运业务。简化专区一级的机构。已设有交通机构的专区,不再扩大和增设人员，未设交通管理机构的专区应停止设置交通机构。县普遍设置交通科，并充实办事人员。大中城市应根据需要设置交通管理局。

根据该通知精神，各省（区、市）本着精简原则，对各级交通机构进行了调整，在原交通厅的基础上，分别设立了公路、航运专业机构。

地方交通管理机构的初步健全，使全国交通行政的组织系统得以真正确立，从而加强了交通部在全国范围内有效行使各项职能的组织基础；同时，国务院和交通部对中央与地方交通职权进行了初步划分。至此，新中国的交通管理体制较为完善地建立起来。

三、中央与地方对交通事业企业分工管理

1956年10月30日，中共中央、国务院发出《国务院关于改进国家行政体制的决议（草案）》，要求按照"统一领导、分级管理、因地制宜、因事制宜"方针，贯彻以中央为主、地方为辅，或以地方为主、中央为辅的双重领导的管理方法，明确分工，切实加强对事业企业领导。据此，交通部制定《交通部关于中央与地方分工管理交通事业企业体制方案》，自1957年9月12日起实施。该方案主要内容如下：

（一）公路事业企业管理分工

1. 公路基本建设方面

交通部直属7个施工局。鉴于在第二个五年计划期间，地方公路投资将大为增加的趋势，为加强地方测试施工力量，交通部将逐步把公路基本建设队伍下放给各省，同时保留必要测试机构和施工队伍，以适应以后对边疆地区国防公路和重要经济干线公路修建的需要。中央投资的国防公路和重要经济干线由交通部修建，地方协助；地方道路由省修建，交通部协助；遇有重大紧急任务，交通部有权调集各省公路修建队伍；交通部保留的施工局和设计院，应当协助地方开展公路建设。

2. 公路养护方面

交通部负责制定养路技术标准，并在技术上支援地方。诸如公路

养护管理、公路绿化工作、公路养护费用征收及使用，均由地方负责；养路费收入和支出列入地方财政。

3. 公路运输管理方面

汽车运输及其附属企业经营管理，骡马大车及其他民间运输工具组织管理，以及社会主义改造工作，均由地方负责。

(二)水运企业事业管理分工

1. 海运企业事业管理分工

(1)凡属国际性的远洋运输和沿海远程运输，以及与此有密切关系的较大港口，千吨级以上海轮及部分千吨级以下特种海轮及其附属事业企业，均由交通部统一管理，地方协助；主要为地方经济服务的港口，属于省境沿海和岛屿间的短途运输及千吨级以下的一般海轮及附属事业企业，划归地方经营管理；沿海木帆船的组织管理，以及社会主义改造工作，均由地方负责。

(2)上海至浙、闽沿海的南洋航线运输，以及在此航线内行驶的机动船舶、客货轮一并下放给上海市华东五省市经济协作委员会经营管理。

(3)时由交通部管理的6个中小港和1个修船厂下放。宁波港、温州港下放给浙江省；威海港、龙口港以及青岛修船厂下放给山东省；营口港、安东港下放给辽宁省。另外，福州、厦门两港仍由福建省管理；1956年接管的广东沿海小港交由广东省管理。至此，交通部直接管理的海运企业有：大连、秦皇岛、天津、青岛(包括烟台)、上海(包括连云港)、广州(包括黄埔、湛江、海口、八所、汕头)等港口以及上海区和广州区海运局。

2. 内河航运企业管理分工

交通部直接管理主要河流的干线运输及为干线服务的主要港口，并负责对主要运河开发勘察和总体规划，规定各省内河统一的主要规章制度，制定技术政策，组织交流经营管理的经验；在运价政策、国际运输方面加强指导；在技术上支援地方。主要河流在省境以内的短航区间运输及为支流服务的小港和短航小船，均由各省管理。具体如下：

(1)长江航运管理。交通部长江航运管理局主要经营大宗货物与旅客运输，直接管理长江干线重庆、万县、宜昌、汉口、黄石、九江、安庆(包括大通)、芜湖、南京、镇江共十大港口；其他事宜交给地方经营管理。

(2)珠江航运管理。根据国务院 1957 年 2 月 6 日决定，交通部将珠江航运交给广东、广西两省(区)分管。

(3)黑龙江航运管理。鉴于地方上存在一些困难，仍由交通部管理。

(4)黄河航运管理。由交通部会同有关部门统一规划，黄河中游部分仍归内蒙古和甘肃两省(区)管理。

(5)南运河及北运河航运管理。南运河仍由江苏、浙江两省分管。北运河管理，根据国务院 1957 年 2 月批示，分别交由河北、山东、河南三省管理。

交通部实施上述方案，一方面使地方有更多的自主权，以充分发挥地方积极性，也使下放的交通企事业增强地方适应性，更好地为地方经济发展服务；另一方面使交通部减少了日常具体事务工作，可集中精力管理大型直属企业，加强对全国公路与水运事业企业的指导和整体规划。此工作延续至 1958 年。

第三节　公路交通行政

“一五”时期，交通部在对私营公路运输业进行社会主义改造的同时，公路交通行政主要开展了下列工作：

一是根据国家国防需要和地方工农业生产发展需求，进行大规模公路建设，制定公路建设标准，提高公路质量，基本满足了国家工农业发展需要；二是对既有公路进行维护、养护，制定公路养护工作规范、标准；三是加强交通运输工具管理，制定相应公路运输规范，并逐步建立了统一、集中的道路运输计划经济体制。

一、公路建设行政

(一)确定“一五”时期公路建设方针任务

1953年8月召开的全国交通工作会议确定公路建设重点是：“为了适应国防需要，仍以完成国防公路修建工程为首要任务，其次是经济干线，然后是地方道路。同时，加强地方道路和工矿线路修建工程的技术指导。”基于这一方针，具体要求如下：

1. 有计划、有重点、有标准地进行建设

公路修建计划须通盘考虑，排列重点顺序。在全国范围内，首先适应国防需要，修建国防公路，特别是边防海防线路；其次是重点发展经济干线；再者是地方交通线路。各地公路管理部门须根据此方针，认真研究客观情况和主观的设计与施工能力，制订计划。根据部制订的公路设计准则，各地根据具体情况，采用不同标准。

2. 注意选线、定线工作，改进设计质量

首先，在选线时，必须详细勘查，反复比较，精确选择。其次，测量定线时，必须认真研究，慎重确定；并报领导机关审核，以保证设计质量；设计时须重视地质钻探、水文调查等基础资料，尤其应注意桥位、桥长、桥型选择，力求经济合理。再次，必须大力推行标准设计，逐步改变设计人力不足现象，保证勘测设计工作正确、到位。为完成任务，必须加强勘测设计力量。

3. 加强施工领导，实行计划管理，建立责任制

在较先进的基建单位，制订作业计划，推广先进经验，制订平均先进定额；一般基建单位则要求做到有具体的施工计划；属于抢修性质的，也应加强管理。根据各工区具体情况，逐步建立行政责任制、施工责任制、供应责任制、安全责任制与技术监理制。同时必须适当紧缩领导机关，充实与加强工区现场施工机构。在施工中，领导必须到工

地及时检查,解决关键问题。

4.注意技术管理工作

首先,必须加强技术领导,掀起学习苏联先进技术的热潮,坚决执行既定的技术文件,如公路桥涵标准图,公路路线标准图等。其次,教育工人学习技术,改善操作方法,以提高其技术水平。再次,提倡和学习使用机械筑路。

公路修建除因军事急需,经特别批准采用临时抢修通车或分段测设、分段批准施工的变动办法外,所有基建工程均须遵照基建程序。

5.加强财务工作

建立并加强成本核算,合理使用资金,以克服工程中浪费与资金积压现象。

(二)公路建设管理

1.组织干线与国防公路建设

"一五"期间,交通部根据国防和工农业生产发展需要进行了大规模公路建设。例如,1953年交通基本建设投资主要用于国防公路,建设规模大,任务艰巨。全年对公路计划投资相当于过去3年公路投资总和的70%,基本建设是1952年的2倍以上,而且重点工程和大部分测设路线都位于康藏、青藏、海南、云南等边疆海防地区。"一五"期间,已开工的公路干线迅速建成通车,并继续修建了沈(阳)丹(东)公路、通(远堡)庄(河)公路、潍(坊)荣(成)公路、新藏公路等干线。1954年,具有重大政治和经济意义的康藏和青藏公路初步建成通车,1957年正式通车。为保证工程质量,交通部对各重点工程单位,如康藏公路、青藏公路、昆洛公路、海南公路加强了施工管理。尤其是康藏公路,通过领导动员、整顿组织、开展劳动竞赛等有力措施,克服了施工上诸多困难。在东北地区初步实行了计划管理,建立责任制度,使工程进度大大加快。此外,"一五"期间,为了满足开发矿山、水利、工农业生产基地需要,还修建了许多重要经济干线,服务于当地经济建设。

2. 领导全国县、乡公路建设

1953年中央人民政府政务院《关于加强地方交通工作的指示》以及1955年12月交通部在全国地方交通会议上提出的《关于地方交通工作》报告，对加强地方交通工作都作了明确指示，要求依靠地方人力、财力，加强现有道路养护，并修建当地急需的简易公路、桥梁、渡口。此举对各地县乡公路建设起到了很大的促进作用，使地方公路获得了新的发展。

1955年12月，为解决全国农业合作化高潮所带来的运力紧张、地方交通矛盾突出的问题，交通部召开全国地方交通会议。结合全国农业发展纲要提出的建设地方道路网要求，交通部指示各地公路交通部门积极修建地方道路网，为国民经济发展提供量大、质好、快速、价廉的运输力。同时制订"依靠群众、就地取材、因地制宜、经济适用"方针，计划在其后两年内修建地方公路15万公里。之后，交通部颁发了《简易公路设计准则》。

根据1955年全国地方交通会议精神，1956年4月21日，交通部发布了《中华人民共和国交通部关于加速地方交通建设的指示(修正草案)》和《中华人民共和国交通部关于地方道路标准暂行规定(修正草案)》，内容包括简易公路修建标准、大车路修建标准和驮运路修建标准。地方政府积极配合，培训了一批初级技术员。自此，在全国范围内掀起了一个建设县乡公路的高潮。

据统计，从1955年到1957年的两年内新建公路约10万公里，使全国不通公路的县从1955年的336个缩减为1957年的151个，初步改善了部分山区交通面貌，促进了农业生产发展。

3. 制订公路技术标准与管理规范，加强质量管理

(1)修订《公路工程设计准则草案》。随着中国公路建设发展，从实践中累积的经验日益丰富。交通部在总结经验的基础上，对1951年颁布的《公路工程设计准则草案》进行了修订。1954年9月1日，交通部颁发《公路工程设计准则(修订)》，将公路分为六级，增加了低

标准的六级路，并逐步扩大其使用范围；根据当地实际状况对个别指标可作有依据的调整；关于工矿企业、农业的专用公路，可依据具体情况，参照此准则作适当调整。1956 年 6 月，根据增产节约、反对浪费的精神，交通部对 1954 年颁布的《公路工程设计准则（修订）》又一次进行修订。其中，扩大了各级公路所能适应的交通量，降低了六级公路个别指标，并扩大六级公路使用范围；为节约公路建设资金，特别强调就地取材原则；规定各级公路在不同路段内，如因交通量或地形相差甚大时，除了可以降低公路等级外，在工程特别艰巨路段，还可以降低设计车速。同时，为适应农业合作化需要，交通部颁发《简易公路设计准则（草案）》。简易公路技术指标低于六级公路，可以通行农业机械、畜力车和少量汽车，适应当时交通量不大的山区及县乡道路需要。

（2）制订《公路技术管理暂行办法》。1955 年 3 月，为进一步加强公路技术管理工作，交通部公路总局颁发《公路技术管理暂行办法（草案）》。该办法将施工过程分为 3 个阶段，即施工准备阶段、执行实施阶段和结束阶段，以保证施工质量。

（3）制订《基本建设工程技术监理工作暂行办法（草案）》。为加强公路施工质量，1955 年 3 月，交通部公路总局颁发《基本建设工程技术监理工作暂行办法（草案）》。随后加以修订，颁发《公路基本建设施工技术监理办法草案》。

（4）其他工程管理规范。1956 年 3 月，交通部公路工程总局通知试行《公路基本建设工程交工和验收动用暂行办法》。1956 年 5 月，交通部公路总局发布《汽车驾驶员、助手，养路工人、测设工人、土建工人、修理及筑路机械工人等技术标准》。1957 年 1 月，交通部颁发《公路工程概算指标（草案）》。

在加强公路质量管理的同时，在公路工程具体施工管理方面，还制订了一系列规章制度。交通部公路总局在 1956 年先后颁布了《公路建筑安装工程包工补充规定》、《公路工程安全技术劳动保护措施计划暂行规定》、《公路工程安全教育工作暂行规定》、《公路基本建设工程发包单位与承包单位财务结算实施细则》和《公路基本建设工程设计和预算文件审核批准程序暂行办法》等文件。这些标准和规范在“一五”时期的公路建设中发挥了重要作用,使公路建设各个环节有了可遵循标准,公路基建质量随之逐步提高。当时修建的诸多技术复杂的公路、桥梁工程,质量上基本能达到使用要求。截至1957年,公路通车里程达到25.46万公里,实现了“一五”计划的既定目标。

二、公路养护行政

(一)国务院颁发《关于改进民工建勤养护公路和修建地方道路的指示》

为合理使用民力,1955年11月,国务院对在公路养护实践中一直沿用的《关于1951年民工整修公路的暂行规定》进行修订,重新颁发了《关于改进民工建勤养护公路和修建地方道路的指示》,主要内容有:

(1)规定每年每个劳动力的义务建勤,由过去10个工作日改为至多不超过5个工作日,车、船等运输工具及兽力的义务建勤为每年2个工作日,所需工具由民工自带。

(2)凡有劳动能力的年满18～45岁男性公民和年满18～40岁女性公民都有建勤义务。因病不能劳动者,或是妇女怀孕者,在动员民工建勤时应予免除。

(3)动员范围,由于各地居民密度与地方条件不同,原则上以在道路两侧15公里内为限,由各省根据实际情况具体确定。

(4)农业生产合作社以社为单位,指派一定人力和运输工具,代表全社完成规定的建勤工日和车工日。

交通部要求各级地方交通部门积极贯彻执行国务院指示,并根据“爱惜民力不误农时”的原则,有计划地动员民力,建设地方道路和疏浚中小河流。各省根据国务院指示相应地修订了实施细则,改进了民工建养公路办法,使专业队伍和群众力量密切结合,加快了公路建设速度。

"一五"时期，广大农民群众对公路养护和地方道路修建作出的贡献很大。据不完全统计，共动员民工约1.53亿工日，车辆28万工日，牲畜917万头。1957年，几乎近一半公路靠民工养护，地方道路则主要依靠民工修建。

（二）制订、实施"一五"时期公路养护方针

1953年发布的《中央人民政府交通部关于公路工作的指示》，对公路养护工作的方针与任务作出明确指示。

1. 实行有计划、有标准、有重点的养护公路政策

首先，进行路况调查与技术鉴定，以便摸清情况。其次，准备资料，适当划分国道省道，避免平均使用力量。应对国防与经济干线加强管理养护。省级公路机构领导重点应放在养护管理方面。

2. 加强养路组织，并与民工建勤相结合

根据公路具体情况，在国防与经济主要干线上采取道班养护制，逐渐提高质量，保证晴雨畅通；次要干线采取道班与群众相结合的养护制度，经常维修，保持一定标准；普通线路利用农闲，组织民工建勤定期整修，要求在一般情况下能维持通车。在养路工作中，必须加强技术领导，改进民工建勤办法，合理使用民工。

3. 养路费征收与使用问题

征收养路费应根据简便易行和负担合理原则，采取按月征收、适当减免、保证收入的办法。养路费征收，以省为单位按照中央发布的《公路养路费征收暂行办法》负责征收、管理与使用。必须做到"专款专用"和重点使用。少数边疆国防公路则由国家予以补助。

（三）公路养护管理

1. 继续制订公路养护规范和技术标准

（1）为改进公路养护工作，建立和健全公路养护制度与养护技术政策，交通部修订或重新制订了公路养护规范和技术标准。

1953年9月25日，交通部修订了原有的《公路养护暂行办法》（1950年），重新颁发《公路养护工作暂行办法》。该办法分总则、路线

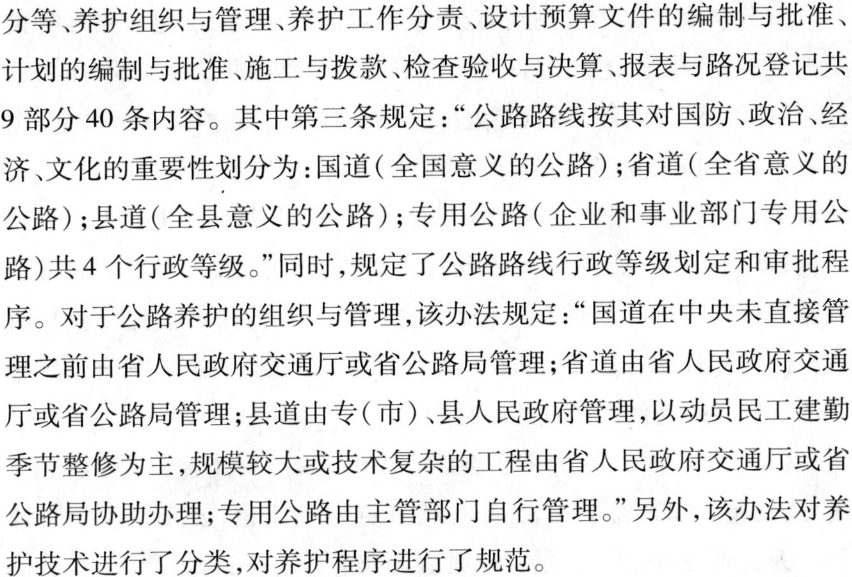

分等、养护组织与管理、养护工作分责、设计预算文件的编制与批准、计划的编制与批准、施工与拨款、检查验收与决算、报表与路况登记共9部分40条内容。其中第三条规定:“公路路线按其对国防、政治、经济、文化的重要性划分为:国道(全国意义的公路);省道(全省意义的公路);县道(全县意义的公路);专用公路(企业和事业部门专用公路)共4个行政等级。”同时,规定了公路路线行政等级划定和审批程序。对于公路养护的组织与管理,该办法规定:“国道在中央未直接管理之前由省人民政府交通厅或省公路局管理;省道由省人民政府交通厅或省公路局管理;县道由专(市)、县人民政府管理,以动员民工建勤季节整修为主,规模较大或技术复杂的工程由省人民政府交通厅或省公路局协助办理;专用公路由主管部门自行管理。”另外,该办法对养护技术进行了分类,对养护程序进行了规范。

(2)交通部颁布了公路养护工作的标准及养护技术规范。1954年3月,交通部颁发《公路养路工作一般标准试行草案》。1955年9月19日,发布《中华人民共和国公路养护修理技术规范草案中公路养护修理的分类》。11月15日,交通部发布《中华人民共和国公路养护修理技术规范(草案)》,内容共分10章,对路基、路面、桥涵、隧道、渡口与浮桥、公路防洪、防水、防雪和防沙、沿线设施、公路绿化及技术管理等技术工作作出了规定。1956年4月,交通部公路总局制订《现有公路划分行政等级暂行规定》和《公路护路工作暂行规定》。

(3)推行公路绿化。为加强公路绿化管理,提高树木成活率,1956年3月,交通部颁布《公路绿化暂行办法》,对路树栽植和养护作了详细规定,如规定公路绿化由交通部门负责规划和掌握,由公路沿线农业生产合作社包栽、包养、包活,所需苗木由农业生产合作社准备或洽商林业部门供应等。该办法丰富了公路绿化管理工作的内容。

2. 召开全国公路养护会议

(1)1954年全国公路养护会议。1954年7月,交通部在北京召开第二次全国公路养护会议,研究和贯彻计划养路,讨论有关养路技术指导及分期改善逐步提高现有公路质量问题。会议确定公路养护的主要任务是:集中力量,设置专业道班养好重点国防公路、经济干线公路;对能够通车而暂时运量不大的线路,应由地方群众加强养护,争取以各种方式扩大养路里程。会议要求:加强养路计划性,确定养护技术政策,对既有公路要分期改善,逐步提高质量;加强与充实各级养路机构;贯彻依靠群众、依靠地方养好公路的方针。会后,各地公路部门根据会议精神进一步健全了公路养护管理制度,充实了各级养护机构。同年9月23日,交通部在总结会议精神基础上发布《现有公路分期改善逐步提高使用质量的原则》。

(2)1956年全国公路养护会议。1956年,中国社会主义建设进入高潮,交通需求日益增加,公路运输任务空前繁重,公路里程急剧增长。为适应交通运输发展需要,加强公路养护工作,1956年8月,交通部在北京召开全国第三次养路工作会议。会议检查了1954年之后的公路养护工作,指出存在的主要问题,针对当时公路运输空前紧张的状况,提出路面养护修理应列为当时养路中心工作。会议讨论了1956年到1967年公路养护修理工作的初步规划(草案),提出了公路养护修理工作的奋斗目标。会上还介绍推荐了浙江省公路养护经验,会后组织与会代表到浙江省现场参观。

交通部在会上对公路养护工作提出总体要求:“依靠地方,依靠群众,就地取材,以养好路面为中心,加强全面养护,重点修理,分期改善,逐步提高,以适应运输发展需要。”会议提出公路养护工作的具体任务是:“继续改善土路,石料路面加铺级配磨耗层和保护层,在交通繁重路段铺装石料路面和次高级路面;改善急弯、陡坡和狭路;加固桥涵,改进渡口设备和管理;增设交通标志和安全设备;加强绿化工作,提高成活率和保存率;并大力推行改良工具,改进劳动组织,加强计划管理、技术管理和财务管理,以提高劳动生产率,降低养路费用。”各地公路养护部门认真贯彻会议精神,加快了利用当地沙石材料在土路上铺筑中、低级路面步伐。同时,根据1956年初交通部公路总局发布

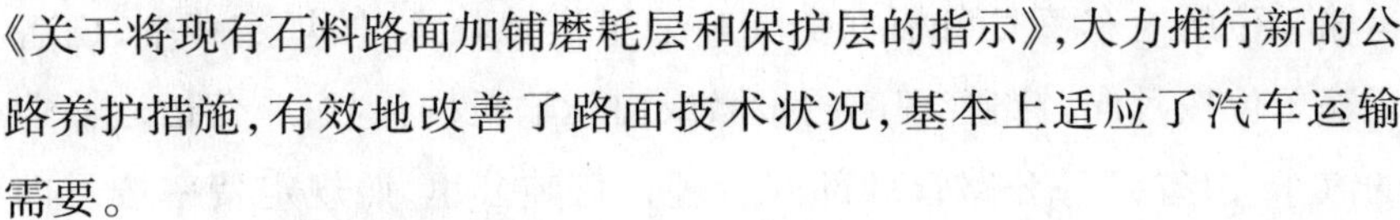

《关于将现有石料路面加铺磨耗层和保护层的指示》，大力推行新的公路养护措施，有效地改善了路面技术状况，基本上适应了汽车运输需要。

3. 加强养路费征收与使用管理

为保障公路养护有长期、可靠的资金来源，以及保证养路费合理使用，“一五”期间，交通部根据形势发展需要，加强了养路费征收和使用的行政管理工作。主要措施是：①修订养路费征收办法，颁布经费使用规定；②变更交通部监管方式；③通过专项会议改进工作。

(1)1953年，修订并颁布了新的《公路养路费征收暂行办法》，颁布了《关于使用养路经费的暂行规定》。新的《公路养路费征收暂行办法》与1950年的《养护公路暂行办法》相比，不同之处主要有：将缴费计量单位由米斤/月改为元/月；养路费按月征收，养路费限额以不超过运费的6%为原则，根据公路路况不同，最高不超过8%；汽车货车以车辆吨位、行驶里程与养路费率相乘计算；客车每10座折合1吨。养路费征收凭证及免征凭证式样由交通部统一规定，各省(区、市)照式制用。

《关于使用养路经费的暂行规定》确定养路费的使用原则是：“以路养路、修养结合、专款专用、统收统支”。并规定了养路费使用范围，如养路工程费、养路事业费和其他费等，此外还规定养路工程费占总支出的80%。

(2)养路费征收与使用的监管方式变更。1955年9月，交通部、财政部联合发文规定，自1956年1月起，公路养路费收入与支出由交通部平衡计划，财政部颁发控制指标，纳入地方财政管理。

1956年7月26日，交通部、财政部联合发文规定，自1957年1月1日起，各省(区)养路费收支由省(区)自行平衡，中央不发指标。

(3)1956年8月，第三次全国公路养路会议对养路费征收和使用进一步作出规定。

关于养路费征收，会议指出，要改进养路费征收办法。对于营业运输单位的汽车每月可根据实际吨公里运费收入,按规定费率,由各运输单位按月向公路管理部门报缴或由运输机构代收;非营运运输业的汽车,由省(区)公路管理部门合理估订吨公里,照规定费率按月向公路管理部门缴纳,或由运输机构代收;兽力车按月按套(或吨)计算纳费;农业生产合作社自用车辆,若参加营业运输,即应照章纳费。各省(区)应根据简化手续、便利运输的精神,参照上述原则,结合本省(区)实际情况,改订征收实施细则。

关于养路费使用,会议指出,养路费应力求做到合理使用。“首先应保证养路经费必须用在养路工作上,严厉杜绝其他不属于养路方面的开支。”对于养路经费的使用分配,会议指出:“首先是国道和运输繁忙的省道,其次是一般省道,再次是适当的补助必须补助的县道。”同时,为保持路况良好,应先满足小修保养工作所需资金。

4. 加强路政管理,颁布《公路渡口管理暂行办法》

“一五”期间,交通部对公路路政工作十分重视,其中特别突出的是加强公路渡口管理,确保安全渡运。1955 年 11 月,交通部颁布《公路渡口管理暂行办法》,共 25 条,对渡口等级、设备、组织管理以及车辆过渡顺序等作了原则规定。其中,规定公路渡口等级分为甲、乙、丙、丁四等。

关于公路渡口日常管理,该办法规定“甲、乙等渡口由各省(区)交通厅或公路管理局设置渡口管理所负责管理渡运,其编制与经费视各地情况由省(区)交通厅分等核定。丙等渡口由省(区)交通厅或公路管理局所属养路段设置渡工班负责管理渡运,其编制与经费由养路段报由省(区)交通厅核定。丁等渡口由当地人民委员会组织群众管理。”

各省根据该办法制订了实施细则,使公路渡口管理工作步入正轨。

在路政管理方面,除颁发此办法外,1956 年 4 月,交通部会同邮电部、电力工业部联合发出《关于处理电线与行道树相互妨碍的通知》,

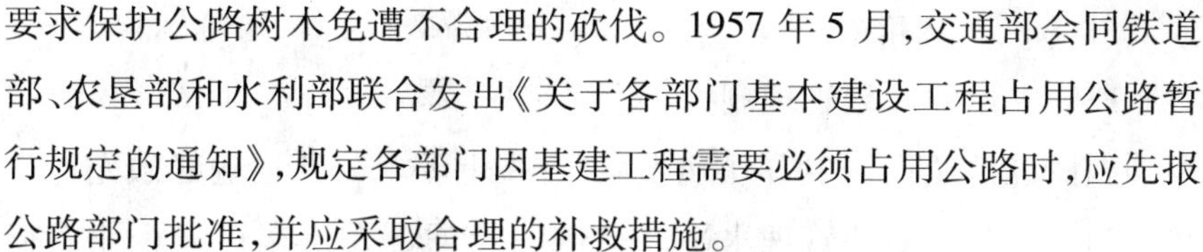

要求保护公路树木免遭不合理的砍伐。1957年5月,交通部会同铁道部、农垦部和水利部联合发出《关于各部门基本建设工程占用公路暂行规定的通知》,规定各部门因基建工程需要必须占用公路时,应先报公路部门批准,并应采取合理的补救措施。

“一五”期间,交通部通过召开全国性会议使各级交通部门提高了对公路养护工作的重视程度,初步扭转了普遍存在的“重修轻养”观念,公路养护工作取得了显著成绩。

三、公路运输行政

(一)制订、实施“一五”时期公路运输方针

1953年发布的《中央人民政府交通部关于公路工作的指示》提出了公路运输工作方针:“今后公路运输应在各地人民政府统一计划和领导下,改进经营管理,发挥潜在力量,逐步增建国营汽车,并加强其设备与技术基础,根据国家政策加强对各种工具的组织与领导,保证完成和超额完成运输任务,积累经验,培养干部,为将来进一步发展准备条件。”为此,须做好下列工作:

(1)有计划、有步骤地改进国营汽车经营管理。建立与加强计划管理,将各个环节的工作在统一计划下加以协调。各基层单位应根据国家计划,制订切实可行的作业计划,建立联系合同。在企业中建立强有力的业务调度机构,推行“循环调度法”,改进班车调度,加强站务及现场调度工作,改善客车设备,建设必要的候车室。继续全面地推广“安全、四定、车吨月产两千吨公里”运动。

(2)以省、市为单位,在省、市委、财委领导下,各地公路运输部门,应主动地争取逐步建立计划运输制度,以便了解货源情况,更好地组织与调度车辆,减少运力浪费。

交通部计划1957年完成公路(汽车)货运量6 749万吨,货物周转量3 211百万吨公里;客运量(汽车)11 415万人,客运周转量5 732百万人公里。

(二)汽车运输管理

1. 建立运输计划管理制度

国民经济全面恢复和快速发展,客观上要求公路运输必须先行一步。为了提高运输业管理水平,1953 年,交通部在汽车运输企业实行计划管理,并以其为中心,带动其他各项工作,确保国家运输任务顺利完成。推行计划管理,首先是建立托运计划制度,要求物资部门先期申报托运计划,经过落实、平衡,然后安排运力。其次是在企业内部所有环节都实行作业计划,以此来指导和协调生产活动。1954 年 4 月,交通部在北京召开全国汽车运输暨技术会议,强调汽车运输要加强计划管理,按作业计划进行均衡运输。

2. 推动汽车运输企业三大改革

随着经济快速发展,客货运量迅猛增加,汽车运输任务日益繁重。1956 年,为提高运输效率,交通部在全国汽车运输企业推动三大改革:实行双班运输、拖挂运输和总成互换修理法,取代传统的单班运输、就车修理和单车运输,以充分挖掘汽车运输潜力。各地汽车运输企业结合自身条件积极实施三大改革,提高了运输效率,有效地缓解了当时运输紧张状况。

3. 统一全国运价

1956 年之前,汽车运价由地方自行规定,由此造成制度分歧,运价不一。尤其是跨省路线一路多价,计算复杂;当时认为运价普遍偏高,影响城乡物资交流。为此,交通部于 1955 年 12 月召开全国地方交通会议,作出关于统一全国汽车运价的决定。1956 年 3 月,交通部在全国公路运输会议上进一步要求各地公路运输部门"贯彻执行统一运价的各项决定"。1956 年 9 月,交通部颁发《汽车运价计算暂行办法》、《公路运输暂行货物分等表》和《关于统一全国汽车运价的意见》,使全国汽车运价有了比较完善、详细的规则。各省公路交通部门据此制订了实施细则,对降低汽车运价起到了积极作用。1956 年,全国平均货物运价比 1955 年的降低了 17.95%。

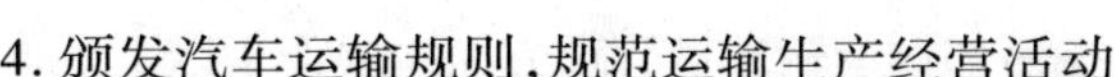

4. 颁发汽车运输规则,规范运输生产经营活动

1954年3月,交通部颁布《公路汽车货物运输规则》和《公路汽车旅客运输规则》。《公路汽车旅客运输规则》对售票与乘车、保障旅客安全措施、改班与退票、包车运输等环节都作了具体规定,并要求所有经营旅客运输的国营、地方国营、公私合营以及组织起来的私营汽车户,都必须遵守。4月,交通部发布了《汽车运输成本计算规程》。1957年5月,会同邮电部联合颁发《公路汽车运送邮件原则规定》。1957年7月,颁发《修订公路汽车旅客遗失行李、包裹最高赔偿标准的通知》。这些文件对规范公路运输经营活动发挥了重要作用。

5. 在公路运输企业实行经济核算制

为改进汽车运输企业的内部管理,1956年5月,交通部公路总局颁发《公路运输企业经济核算制试行条例》、《公路运输企业车队经济核算试行办法》、《公路运输企业单车经济核算试行办法》和《修理厂、保养场、班组经济核算试行办法》。

6. 召开全国交通公路运输会议

1956年3月,交通部召开全国交通公路运输会议。根据反对右倾保守思想,加速地方交通建设的方针,会议对全国公路运输中迫切需要解决的一些问题进行了讨论。主要内容有:评估以后运输形势;全面掌握运输市场、加强组织运输工作;继续加强对私营运输业的社会主义改造工作;加强城市运输工作;贯彻执行统一运价的各项决定;加强劳动工资工作;全面提高国营运输企业的经营管理水平;健全组织,改进领导等。

(三)运输车辆管理

20世纪50年代初期,国产汽车工业尚未建立,进口汽车数量极其有限,开展公路运输的主要交通工具——汽车,还是旧中国遗留下来的破旧品。要发展汽车运输,就必须想方设法改善其技术状况,尽量延长其使用寿命,提高效率。于是,汽车保养和维修成为交通部门一项非常重要的工作。同时,还要积极发挥其他运输工具作用,并进行相应技术改良。“一五”期间,交通部在运输车辆管理方面主要作了以下工作。

1. 召开专门会议,制订《汽车运输企业技术标准与技术经济定额》

1954 年 4 月,交通部在北京召开全国汽车运输暨技术会议,总结了 1952 年 9 月以来全国国营汽车运输企业开展的“安全、四定、车吨月产两千吨公里”运动经验。会议认为,该运动突破了定额标准,降低了成本和运价,提高了汽车运输效率。汽车平均运价与 1951 年的相比,客运降低 23%,货运降低 24%。各地联运工作已逐渐收缩或转移运输部门接办,克服了过去盲目发展的倾向。会议还讨论、修订、通过了新的《汽车运输企业技术标准与技术经济定额》(简称“红皮书”)。1954 年 9 月,交通部发出通知,要求在全国汽车运输企业中予以实施。“红皮书”建立了以计划预防保修制度为主的标准、定额、规范,初步奠定了我国汽车运输技术管理基础,提高了职工技术和管理水平,使我国汽车运输管理工作有了明显进步,并产生了深远影响。

2. 召开专门会议,加强车辆维修业管理

1954 年 12 月,交通部在北京召开全国汽车修理厂厂长会议,讨论了加强车辆维修业管理的相关问题。会后,汽车修理企业根据会议精神认真检查了“资本主义”经营思想,改进了劳动组织,建立了若干管理制度。1957 年 2 月,为提高保修工作经营管理水平,满足日益增长的汽车运输需要,交通部在北京召开全国汽车保养修理工作会议。公路总局在会上作了关于《大力开展汽车保修工作的增产节约运动》的总结报告。会议制订了《如何编制保修规划》方案,通过了《汽车保修规划参考标准》和《实行总成互换法修车的方案》等规范性文件。

3. 改良人力车、畜力车,提高运输效率

“一五”时期,全国公路运输工具除汽车外,还有大量人力车和畜力车,后者在数量上占绝对优势,且完成的货运量和货物周转量远远超过汽车运输,对活跃城乡物资交流起着极其重要的作用。但是它们也存在着一些明显的缺点,例如运输效率低,成本高,占用劳力多等。为此,中共八大对中国民间运输发展提出要求:充分利用和适当发展

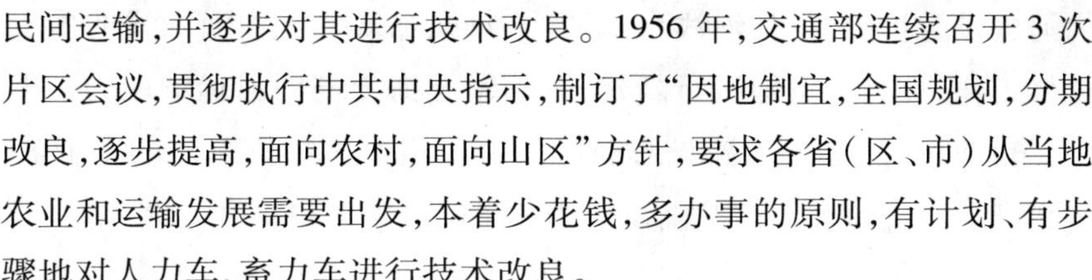

民间运输，并逐步对其进行技术改良。1956 年，交通部连续召开 3 次片区会议，贯彻执行中共中央指示，制订了“因地制宜，全国规划，分期改良，逐步提高，面向农村，面向山区”方针，要求各省(区、市)从当地农业和运输发展需要出发，本着少花钱，多办事的原则，有计划、有步骤地对人力车、畜力车进行技术改良。

(四)运输安全管理

1953 年，交通部颁发《交通安全运动推行办法》，规定成立中央、大区、省(市)交通安全委员会，统一领导交通监理工作。各地据此相继成立了交通安全委员会，以协调和解决交通管理上的矛盾，并研究和监督交通管理状况。

在汽车管理方面，1953 年 6 月，根据经济发展需要，交通部修订并公布《汽车管理暂行办法》和《汽车管理暂行办法实施细则》。9 月，交通部颁发《国营公路运输企业汽车及工厂机器工具报废暂行办法》。

1956 年 1 月，中国公路运输工会号召在全国公路汽车运输系统开展“安全、节约、10 万公里无大修”运动。

“一五”期间，交通部在继续开展“安全、四定、车吨月产两千吨公里”运动和“安全、节约、十万公里无大修”劳动竞赛中，号召广泛开展安全教育，认真推广安全驾驶经验，使重大交通事故有所遏制。

第四节　水路交通行政

“一五”时期，对于水路运输，交通部一方面对私营航运业进行了社会主义改造；另一方面根据当时具体情况和特点，对航运业管理体制进行了调整和改革，建立并加强了以计划生产管理为中心的“集中统一、分级管理、政企合一”的计划经济管理体制。

一、水运基础设施建设

(一)确定“一五”时期水运建设方针

1953 年全国交通工作会议提出水运建设工作方针是：基建方面以

内河建设为重点，以发展浅水拖驳为方向，彻底完成内河干线的恢复整修工作，并有重点地进行新建，逐渐增强海上与内河运输能力。但“一五”期间，国家水运建设方面的投资仅占全国投资总额的2.1%，绝大部分用于重点水运基础设施建设与扩建项目和航道整治。

（二）推进水运工程建设

1. 建设湛江港

为适应对外贸易、国内物资交流和巩固国防需要，中央决定在广东省湛江市建设一个新商港。1955年7月4日，国务院全体会议第十四次会议讨论了章伯钧部长所作《交通部关于建设湛江港的报告》，通过了《中华人民共和国国务院关于建设湛江港的决定》。湛江商港的建设工程分三期完成，一期工程计划于1957年完成。成立以交通部为主的湛江商港建设委员会。其中交通部负责湛江商港的总体规划及码头、航道、仓库、货场、道路等设计与施工。1956年底，一期建港工程基本竣工。12月19日，交通部发布命令，湛江港自1956年12月25日起正式开港。这是“一五”时期国内最大的水运基建项目。

2. 其他水运工程建设

1955年实施裕溪口扩建工程。“一五”期间，还扩建了连云港；改建了青岛港码头；进行了长江全线调度电话建设；整治了川江主要险滩，增设了夜航灯标，使川江能够分段夜航，加速了船舶周转；1957年天津港开始二期建设等。这些工程项目对水路交通事业发展起了很大的促进作用，为水上运输任务顺利完成提供了有力保障。

二、航道行政

（一）确定航道工作方针

1953年《中央人民政府交通部关于航务工作的指示》对“一五”时期航道工作方针任务作了明确指示：“航道工作是发展内河航运事业的重要环节之一。航道工作应以保证航道的必要深度、通航无阻和加速船舶航行为目标。首先，明确各地内河航运管理机构为内河航道的主管部门,负责航道养护、整修及助航设备的建设,凡属在河道两侧及水面上下进行建筑或其他用途,均应保证航道通航。其次,重点进行航道疏浚与整修工作,逐步建立航标和进行航标改革,在有条件的地区开辟新航线。再次,对各地主要内河进行调查研究,以求逐渐掌握航道的实际情况和水情变化规律,为今后内河航运建设做准备。为进行上述工作,各地内河航运管理局内应建立专管航道的机构,调配必要的航道技术干部,根据需要与可能,建造一定数量的航道整治工具,以及在地方财政项目内,列入必要的内河事业费用。”

(二)组建航道管理机构,加强航运管理工作

1956年,交通部成立航道管理局,作为部职能局处理有关航道业务。其主要业务是掌握各直属航道部门年度计划编制与审核,主要技术设计审定,并对计划执行进行监督检查,帮助解决业务及技术困难;此外,还对全国各省航道工作进行技术指导和帮助;制订全国航道技术规范及管理制度。之后,交通部批准成立长江、珠江、黑龙江、上海、天津航道管理局,负责各江及沿海港湾航道工作。

为统一管理沿海航道业务,交通部于1956年底撤销疏浚公司,以疏浚公司天津、上海两疏浚队及天津、上海两港务局航道科及管理航标人员组成天津、上海两个航道管理局,两者均为企业单位。上海航道管理局由上海海运局领导,其管区范围包括上海海运局所领导各港及上海港港区范围内的黄浦江及苏州河航道。天津航道局由部直接领导,其管理范围包括天津港、大连港、秦皇岛港和青岛港及各港所属的小港。大连港、秦皇岛港和青岛港均设航道科,在业务及技术上属天津航道局领导,行政上属各港务局领导。广州海运局成立航道管理处,由广州海运局领导。

1956年9月,交通部组织航道工作座谈会。会议介绍了航道工作具体情况及存在的问题和原因,制订了航道工作任务:“充分利用天然河流的通航条件,加强现有通航及海上进港航道的维修管理,安设航标,进行疏浚清石,增加航道水深,并逐步进行技术改造,以挖掘现有

航道最大潜力,从而保证航行安全,提高船舶周转率;结合水运发展需要,开辟新航道,以延长通航里程”。座谈会还对今后航道工作提出了一些具体的指导性意见。

(三)航标管理

1. 沿海航标移交海军司令部

建国初期,我国沿海呈现复杂的军事斗争态势。为适应当时复杂形势和国家发展海上运输需要,政务院遵照周恩来总理1953年4月28日批示,决定“交通部所管沿海航标及管理航标的海务机构移交海军司令部”。交通部和海军就航标交接工作达成协议,并经政务院同意,凡属沿海航标及其管理之机构、工厂、土地、房屋、仓库、车辆、船只及人员和物资等,全部由海军接管。

2. 颁发《内河航标规范》,统一内河航标

根据政务院指示,交通部负责内河航标管理。内河航标由交通系统各级航运部门管理。1953年3月,交通部发布《内河航标规范(草案)》,并于1955年4月正式颁发《内河航标规范》,统一内河航标种类、式样和规格等。“一五”期间,交通部恢复了长江航标,实现川江夜航;恢复黑龙江的航标,进行了珠江航标建设,继而统一了全国内河航标制度。

(四)打捞救助管理

1953年1月,交通部将中国人民打捞公司改为航务工程总局打捞公司。1956年,打捞公司改为打捞局,成为事业单位。“一五”期间,在航道、港口共打捞沉船194艘,既实现了迅速通航,也为水运提供了紧缺船舶。根据发展需要,1957年2月,海军司令部、交通部和水产部联合发布《关于海上救助的决定》,将沉船打捞范围延伸到了海上,增加了海难救助任务。

为保证航行安全,加强沉船打捞和管理工作,1957年交通部制订《中华人民共和国打捞沉船管理办法》,9月7日经国务院常务会议批准。该办法首先规定了打捞范围:“除军事舰艇和木帆船外,在中华人

民共和国领海和内河的沉船,包括沉船本体、船上器物以及货物都适用本办法。”其次,确定了打捞沉船原则:①妨碍船舶航行、航道整治或者工程建筑的沉船;②有修复使用价值的沉船;③虽无修复使用价值而有拆卸利用价值的沉船。再次,规定了打捞沉船的程序。

三、港口行政

(一)交通部对港口工作规定

1953年《中央人民政府交通部关于航务工作的指示》对港口管理工作作出明确规定,要求“加强港湾工作,统一港务管理规章”。具体如下:

(1)须弄清各个主要港口吞吐量,以便确定各港设备和工人数额;

(2)港口装卸工人必须实行专业化和固定管理,改善劳动组织;逐渐增加机械化装卸设备,提高装卸效率和质量;

(3)与托运部门建立密切联系,组织、掌握货源,以保证各港口吞吐任务尽可能正常;

(4)简化手续,为货主解决困难,办理水陆联运,加强中转装卸,更好地为客货运输服务。

(二)政务院颁布《中华人民共和国海港管理暂行条例(修正草案)》

1954年1月23日,政务院公布实施《中华人民共和国海港管理暂行条例(修正草案)》,共4章25条,内容包括:总则;港区之划定;港务局之职权;附则。其中总则规定:

(1)中华人民共和国沿海各港口,由中央人民政府交通部根据贸易、运输需要,并就其吞吐任务、设备能力,分别设置港务管理局、分局、办事处(统一简称港务局),港务局之设置与撤销,由中央人民政府交通部报请中央人民政府政务院核准公布。

(2)港务局应遵照本条例之规定负责执行海港行政管理工作与业务事项,并为企业经济核算单位。

(3)港务局直属中央人民政府交通部海运管理局管辖,在行政、业务、技术、财务上均受其统一领导,并受当地人民政府监督与指导。

(三)交通部加强港口管理制度建设

港口是水陆运输的枢纽,是客货集散地,同时,海港又是国家门户。交通部为加强海港管理,除了在机构上进行调整外,还制订了一系列规章制度,以规范港口管理。

1953年,交通部颁布的港口管理规章主要有:《交通部所属海港货物限时提运办法》、《关于沿海货物运输船港交接责任暂行办法》、《港湾、船舶运输调度章则》、《各海港办理海路货物中转工作暂行办法》和《海港引水暂行规则》等。同年,交通部批准《青岛港港章草案》和《大连港港章》。

(四)港航机构调整

1. 调整海运管理机构

新中国成立以来,海上运输由于缺乏港航统一领导和科学分工,组织机构重叠,人事臃肿,业务手续繁杂,制度不健全,造成了经营管理不协调与人力物力的浪费。交通部在1952年10月的海运专业会议上对此进行了研究,提出调整方案,要求各局精简紧缩机构,加强生产业务部门工作。

1953年4月16日,中央人民政府政务院财政经济委员会作出《关于结束天津、上海、广州、大连、青岛区港务局由各所在地市人民政府代管的决定》,宣布"兹决定自1953年5月1日起,结束天津、上海、广州、大连青岛区港务局由各所在地市人民政府的代管关系;并自同日起,均由中央人民政府交通部海运管理总局按照该部之法令、规章、制度和办法进行直接管辖领导。"

1953年4月30日,在要求各局认真贯彻1952年海运专业会议精神的基础上,交通部根据政务院的决定颁发《关于调整海运系统的组织机构和领导关系的指示》,实行港、航分立的管理体制,确定交通部直接管辖沿海和长江、珠江、黑龙江的主要港口,其他港口均由地方政府交通部门管理。具体指示如下：

(1)部所属之海运管理总局为专业机构,代表部领导海运系统的一切生产单位和辅助生产单位,以后上述单位的报告请示均直接呈送海运管理总局,部有关各种指示亦将经由该局下达,如遇重大问题,可由该局转报部解决,各单位不再与部发生直接行文关系。

(2)大连、青岛、天津、广州、上海五港结束地方代管后,均由海运总局直接领导,但同时应接受地方市政府在政治上的领导和业务上的监督指导。为便利对中型港管理,决定仍实行分区领导,即:大连区局直辖安东、营口两港,青岛区局直辖烟台、龙口、威海三港,天津区局直辖塘沽办事处、秦皇岛分局,上海区局直辖连云港、宁波、温州三港,广州区局直辖汕头、湛江、海口、榆林等港。今后各港名称均改为“中央人民政府交通部××区港务管理局”,分局、办事处改为“××区港务管理局××分局”或“办事处”,其余各地之自然港、渔港应由各省交通厅或航务局管理。

(3)华东、北洋两海运区局合并后改称为“中央人民政府交通部上海海运管理局”,办公地点设在上海,主要统一经营管理长江口以北各航线。华南区海运局改为“中央人民政府交通部广州海运管理局”,办公地点设在广州,经营管理华南各航线,原由海运局所办理之收发货物、代理业务全部移交港务局办理,海运局在各港之分支机构亦合并于港务局统一领导。自1953年5月1日起,华东、北洋两海运局应登报宣布撤销。

(4)为便于实行船舶计划修理,上海、新港船舶修造厂由海运管理总局直接领导,定名为“中央人民政府交通部海运管理总局××船舶修造厂”。

(5)福建省沿海福州、涵江、厦门等港,在台湾未解放前决定由福建省交通厅经营管理。

(6)中波海运公司,今后除经营政策方针由中波管理委员会掌握外,其日常具体业务工作决定交由海运管理总局领导。

(7)为加强今后海运系统的政治工作,决定在海运管理总局设立海运政治部,上海、广州两海运局及五大港局均设立政治处,其基层生产单位设立政工人员,船厂设常委办公室,不另设政治部门,以保证海运生产工作顺利开展。

(8)海运系统组织机构经过以上调整后,各区局与船舶修造厂的印鉴统由本部颁发,各区局分支机构印鉴由本部规定格式后由区局制发。

至此,沿海五大港口结束了地方代管的历史。海上与长江航运事业由中央交通部统一经营管理。

2. 调整秦皇岛港隶属关系

1954年,根据秦皇岛港业务发展需要,交通部报请国务院批准,撤销该局与天津港务管理局的领导关系,改为部海运管理总局领导,将原交通部天津区港务管理局所属秦皇岛分局改名为"中央人民政府交通部秦皇岛港务管理局"。

(五)理顺海运管理局与港务管理局关系

1954年4月16日,交通部批准海运管理总局发布《中央人民政府交通部海运管理总局海运管理局、港务管理局相互关系、责任、规章》,共9章,内容包括:总则;海运管理局与港务管理局的计划工作;船舶与海港的关系;海运管理局与港务管理局对船舶的责任;海运管理局与港务管理局供应燃料的分工;港务管理局、海运管理局、船舶对于装卸船所负之义务;海运管理局、港务管理局、船舶相互责任罚金规定;理赔及退费;清算等具体规定。文件明确了海运管理局与港务管理局在海上客货运输与船舶服务方面的相互关系、责任及结算办法。

(六)颁发海港管理相关规定

1954年,根据政务院《中华人民共和国海港管理暂行条例(修正草案)》相关规定,交通部颁发《海港区域码头、浮筒、仓库、堆场管理暂行规定》、《中央人民政府交通部海运管理总局所属海港作业区修补沿海运输货物破损包装暂行办法》和《沿海运输货物衡量工作暂行办法》。11月25日,交通部颁发《中华人民共和国交通部海港港务管理局组织章程》。1954年底,交通部颁发《海港船舶昼夜装卸标准及停泊时间计算办法》,自1955年1月1日起在大连、秦皇岛、天津、青岛、烟台、上海、连云港、广州、汕头、湛江、海口共11个港口实行。

1955年,交通部在港口推行定额定员管理,颁发了《交通部港湾装卸定额及工资制度管理暂行规定》和《中华人民共和国交通部海港装卸作业区组织定员试行办法》。10月,交通部海运总局发布《港口装卸机构统一名称及编号暂行办法》。

与此同时,交通部在全国推行港口装卸技术操作程序和技术操作图,在各港口添设小型装卸机械,以取代繁重的体力劳动,提高工作效率。改善锚地工作,实行昼夜不间断装卸;对主要港口、码头实行统一管理,固定装卸工人,推行作业计划。

1956年12月,交通部批准湛江港务管理局试行《湛江港口管理暂行条例》,并发布《湛江港开港公告》,宣布凡吃水8.6公尺的万吨级巨型轮船可借潮进出港口,湛江港正式开港。

四、水路运输行政

(一)海上运输行政

“一五”期间,关于海上运输,交通部除了在管理体制上进行理顺、规范以外,主要加强了外轮代理方面行政管理。调整了外轮代理机构,同时健全其业务规章制度。

1. 成立外轮代理机构

1953年1月,交通部根据中央人民政府财政经济委员会指示,首先将各对外开放港口中独立经营的外轮代理机构归并统一,进而成立各港务局领导的外轮代理分公司,并在交通部海运管理总局内设立远洋运输科(对外称中国外轮代理总公司)。1956年,中国外轮代理总公司完善建制,成为主管海洋运输代理业务的全国性机构。“一五”期间，原各私营船舶代理行经改造归并到各地外轮代理机构，各资本主义国家开设的洋行或船务公司因业务萧条而倒闭或由中国政府折价购买。1957 年 5 月，大连外轮代理分公司接管了苏联来华船舶的代理业务。同年，根据形势发展需要，将外轮理货业务从各港装卸作业中独立，在外轮代理公司设立理货科，对外则使用外轮代理理货公司名义。

2. 完善外轮代理规章制度

1953 年，中国外轮代理总公司（即交通部海运管理总局远洋运输科）颁发《中国外轮代理公司业务暂行办法》，统一业务单证格式，使公司业务与港口、船舶运输单位生产业务密切联系，以保证运输生产有计划地进行。1955 年，中国外轮代理总公司正式颁发《中国外轮代理公司业务章程》。

1956 年 2 月，交通部、外贸部联合发布《关于统一租船、定舱的联合指示》。规定中国进出口货物实行计划管理、统一定舱。翌年 8 月，交通部、对外贸易部又联合发布《修改各港口出口班轮定舱工作的指示》。之后，根据这一指示，中国对外贸易运输公司、中国外轮代理总公司为保证外运公司期租船在港口揽货配舱工作顺利进行，避免造成空仓等损失，联合发文《关于中国对外贸易运输公司期租船在港口揽货配载工作的暂行办法》。

3. 推广先进经验

在海上开展评选先进航次运动，并推广拖驳、拖排等先进经验。1953 年苏联专家将海上拖排法引入我国，此方法的推广大大提高了运量，降低了成本，并可以节省大量船舶吨位运输其他货物。

（二）内河航运管理

1. 确定内河航运方针任务

在内河运输方面，1953 年颁发的《中央人民政府交通部关于航务工作的指示》指出：要“改进国营航运企业的经营管理，提高效率，降低成本，简化手续，更好地为客货运输服务。”为此，航运部门要做到：①

必须建立和加强计划管理。②建立和健全强有力的调度机构，必须使船舶调度机构成为水路运输的司令部，保证船舶按月、按旬均衡地进行生产，严格、正确地执行船舶运行图表，使之成为水路运输必须遵行的定则。③建立和加强责任制。包括调度责任制、安全责任制、技术责任制、检修责任制、供应责任制、理货责任制。在各基层生产单位，强调个人专责制，即行政负责制。这是建立计划管理的3个重要环节，此外，运输企业还要加强技术管理，以巩固和提高运输企业物质基础。

交通部制订"一五"时期内河运输具体任务是：1957年全国内河货运量达到3 686万吨，货运周转量达到15 292百万吨公里；全国内河客运量达到5 604万人，客运周转量达到3 408百万人公里。

2. 批准颁发相关运输规则和章程

为加强内河运输管理，交通部批准颁发了相应章程和规则。如：1953年9月，交通部河运总局公布施行《长江航行暂行章程》和《长江轮船拖带暂行规则》；10月，发布《内河运输船舶及五组织通则》；1954年3月，发布《内河船舶燃料消耗定额计算暂行办法》和《关于保证安全生产完成和超额完成全年运输任务的指示》；1955年3月，发布《长江港口管理暂行规则》。此外，1956年，交通部决定长江全线实行集中统一领导、分段、分级管理体制。

3. 推广一列式拖驳运输法

1953年1月，交通部指示在全国内河普遍推广一列式拖驳运输方法。该法首先在黑龙江航运管理局推广应用；1955年，长江航运也正式实施这个方法。一列式拖驳运输方法要求运输船队依照运行图表有计划地营运。这是水路运输在营运组织上的一次重大变革，使传统的单船货运方式演变成拖驳船队货运方式，一大批浅水拖船应运而生。内河推行此方法后，货运量大大增加，运输效率显著提高，为降低运价创造了条件。"一五"期间，水运费率一降再降，一百余种货物运价经调整后平均降低了30%以上，同时由于管理水平提高和运用先进技术，交通部水运企业经济效益有了明显提高。

4. 召开全国航运会议

1956 年 1 月,交通部在北京召开全国航运会议,总结 1955 年水运工作;研究航运系统的全面规划,讨论并确定了关于提前完成五年计划的措施,其中包括内河运输计划提前完成措施的具体方案。此外,还讨论了"二五"计划期间全国内河客货运输计划、内河基本建设计划、内河港埠建设计划等。

(三)通讯管理

1. 接管全国各江、海岸无线电台

1953 年 4 月,经政务院财政经济委员会批准,交通部和邮电部发布联合通令,将邮电部所属全国各江、海岸无线电台合并,统一名称为"交通部航务无线电台",交由交通部统一管理。同时发布《关于江海岸电台统一由交通部管理之办法》、《邮电部江海岸无线电台移交交通部统一管理之实施办法》、《交通部航务无线电台委托邮电部维护设备暂行办法》、《交通部航务无线电台与邮电部邮电局(电信局)处理公众船舶电报营业暂行办法》和《江海岸电台移接双方组织系统一览表》。9 月,交通部、邮电部联合发布《关于江、海岸电台统一由交通部管理的指示》。自此,交通部航务无线电台成为陆地对江、海船舶公众通讯的唯一机构。1954 年,为使水上通讯更紧密地为水运生产服务,交通部将水上运输与水上通讯管理合二为一。

2. 召开全国航务电讯会议,制订航务通讯管理规范

"一五"期间,交通部接收了航务无线电台管理职能后,开始对水上航务通讯进行系统规划与管理,制订并发布了一系列规章制度。

1954 年 11 月,交通部在北京召开全国第三次航务电讯会议,讨论航务通讯规划制度及船舶电台设置标准。1955 年 1 月,交通部发布《中华人民共和国交通部航务无线电台通讯业务管理暂行规则》,共 9 章 91 条,内容包括:总则;电路;呼号、频率;航行安全通讯;特种业务,包括气象报告、报时讯号、水位报告、疫情报告;船舶电报与陆地电报;通报制度;保密规定;附则。此后,于 4 月发布《关于调整海洋区航务

电台通讯业务决定的通知》和《交通部海洋通讯联络网》;1956 年 1 月,发布《关于在海洋区船舶保密电台内实行岸台固定频率工作办法的通知》,6 月和 7 月,分别发布了《关于我航务无线电电台对外籍船舶电台通讯联络的规定》和《关于航务电台及船舶电台办理公众船舶无线电报的通知》。1956 年 11 月,交通部在北京召开全国航务电讯会议,讨论航务通讯规章制度及船舶电台设置标准。会议制订了一系列规章制度:《交通部航务无线电台通讯业务管理规则(草案)》、《船舶无线电台设置管理暂行办法(草案)》、《交通部海洋通讯联络纲(草案)》、《交通部航务无线电台工务报告表填报制度的规定(草案)》和《交通部所辖船舶无线电台工务报告表填报制度的规定(草案)》。

1957 年 7 月,交通部颁发《交通部船舶无线电台申请设置暂行办法》。

(四)推进水路、水陆联合运输

"一五"期间,根据经济发展需要,交通部进一步推进了水路、水陆联合运输。

1954 年 2 月 25 日,交通部颁布《中央人民政府交通部江海联运试行办法》,共 9 章 28 条,内容包括:总则;运输范围;运输计划;江海直达运输通讯联络;装卸及交接手续;燃物料供应;航行与事故处理依据;计费办法;附则。4 月 1 日起试行。根据该办法,沿海、长江或地方内河等区段的货物运输分别实行一票到底的统一规定,大大提高了运输效率。

1954 年,交通部、铁道部、粮食部联合制订《粮食水陆联运实行办法》,内容包括:总则;联运计划、换装工作及相互责任;货物的承运与交接程序;运杂费的核收;货物损害处理与赔偿共 6 个部分,覆盖了粮食运输的各个环节。

1955 年,交通部进一步统一了有关运输管理制度,调整长江干流与各省支流关系。并于 9 月,发布《长江干流与沿岸各省统一运输计划办法》。当年,成功实施了川江粮食水陆联运与江海联运,以及东北木材水陆联运,并总结经验逐步扩大联运物资品种及河系与港口。此后,交通部进一步开展了长江与地方内河联运工作,并计划从江河联运扩大到江河海联运。

五、船舶管理及水上安全监督

"一五"期间,交通部在轮船管理、船员管理与培养方面采取了一系列措施,制订了相关规章。同时,为保证积极、高效地完成水上运输任务,加强了水上运输安全管理。

(一)船舶管理

1. 国内船舶管理

为使船舶标志统一,便于管理,1955 年 1 月,交通部发布《关于统一规定船舶(国营、公私合营)专用旗和烟囱标志及船员帽徽的通知》。

为加强船舶检验工作,1956 年 8 月,交通部正式成立船舶登记局,统一管理全国各主要港口的船舶检验部门,并进行技术业务领导。

为加强技术管理,交通部制订了一系列船舶检查、维修、保养制度。1953 年 5 月,交通部海运总局公布《交通部海运总局船舶起重装卸设备检查试验试行办法》,同年,交通部颁发《船舶检查丈量费率标准》。

为提高水上客货运输质量,1953 年 4 月,交通部公布《海上轮船旅客及行李包裹运送试行规则》;1954 年,交通部海运总局对其进行修正并重新公布。

1954 年,交通部颁布的船舶管理规则主要有:《关于长江区船舶申请检验暂行规则》、《船队工程师(船队轮机长)工作职掌》、《船舶保养检修分工明细表》、《船舶预防检查暂行办法》、《船舶监督检查暂行办法》、《船舶装运汽油暂行规则》、《沿海货运营业事故调查处理试行办法》、《轮船装运武器弹药暂行规则》、《海上轮船乘客定额试行规则》和《船舶装运危险品暂行规定及其附表》等。

1955年6月，交通部颁发《中华人民共和国交通部航务系统安全技术劳动保护措施计划暂行规定》和《对拖驳运输货物海事损害赔偿责任的规定》。

2. 外籍船舶管理

关于外籍船舶管理，交通部根据形势发展，对原有的规章制度进行了修订和补充。1953年4月，交通部对1951年9月1日以交海(51)字127号命令公布的《核发船舶国籍证书暂行章程》和1951年11月28日以交海(51)字360号命令公布的《船舶登记暂行章程》予以修改补充，并登报公布。之后，交通部进一步制订并颁布外籍船舶管理原则和方法，主要有：

1954年4月，交通部海运总局制订《西德籍船只航行我国管理办法》。

1955年5月11日，交通部、对外贸易部、卫生部、公安军司令部联合颁布外轮到达港口联合检查工作实施办法，即《联合检查进行程序与注意事项》、《联合检查机关工作人员登船纪律》、《船员登陆管理暂行办法》、《签发登轮许可证暂行办法》和《船舶在港内禁用物品的查封办法》。8月，交通部、劳动部、外交部、海员工会发布《外轮在我国港口发生船员病死伤残和涉及我方员工伤亡事故处理原则》。

1957年3月12日，交通部颁发《中华人民共和国对外籍船舶进出港口管理办法》和《对航行我国的日本籍船舶的几项规定》，同时废止1952年10月12日政务院批准的《日本船舶航行我国管理办法》。11月5日，对外贸易部、卫生部、交通部、解放军总参谋部联合颁发修正的联合检查工作5个实施办法，即《联合检查注意程序与注意事项》、《联合检查机关工作人员登船纪律》、《船员登陆管理办法》、《关于申请签发登轮证及有关事项的规定》和《外国籍船舶在港内禁用物品查封办法》。同时，废止1955年5月11日四部委联合颁发的有关办法。

3. 船员管理

为保证水上运输安全，交通部在加强船舶管理的同时，也加强了船员管理，颁布了船员管理规则，建立了船员考试制度，制订了船员劳动保护措施。

1953年，交通部颁布关于船员管理、休假、考试、职务的规范、办法，主要有：《公务轮船船员管理暂行规则》、《中央人民政府交通部船员公休假试行办法》、《海上轮船船员检定考试暂行办法》、《出海小轮船船员检定考试暂行办法》、《船舶无线电报务员证书考试暂行办法》、《内河轮船船员检定考试暂行办法》、《小型轮船船员检定考试暂行办法》和《内河船舶船员职务规则》。

1954年4月，交通部修正原颁布的《船员公休假暂行办法》。1955年8月，交通部发布《关于优先录用归国船员并量才录用失业船员的指示》，12月发布《关于在航运系统普遍签订劳保协议书的指示》。1956年9月，交通部航务工程局颁发《交通部航务工程局工程船舶船员奖惩暂行办法》。1957年6月，交通部颁发《航运系统职工工作时间和休息时间暂行规定的通知》。

（二）水上安全监督

1. 成立安全生产委员会，开展安全生产检查

为加强水上安全生产管理，促使相关部门对安全生产高度重视，1954年3月，交通部成立安全生产委员会，张策副部长为主任委员，谢中峰、于眉为副主任委员。4月，交通部安全生产委员会组成海运、河运两检查组分别赴上海、汉口检查。之后，交通部发布《关于安全生产问题的指示》。10月15日，交通部安全生产委员会撤销。此后有关安全生产工作由各专业总局负责。

2. 安全监督与航政管理

1953年4月，交通部内河总局发布《关于建立和健全内河航行监督组织及工作制度的指示》。1953年《中央人民政府交通部关于航务工作的指示》要求："加强航务行政管理。首先应适当健全技术监督和海务、港务监督组织，提高监督人员的政治业务水平。在安全大检查运动的基础上，进一步提高群众对安全航行的认识，尽力保证安全生

产，预防一切可能发生的航行事故。”1953年，颁布《中央人民政府交通部海运管理总局海务港务监督工作章程（草案）》。

1955年，交通部在全国航运会议上进一步强调，航运部门要“认真贯彻‘安全生产统一’方针，防止海损事故，推行船长一长制及安全生产责任制，加强劳动纪律，认真贯彻执行船员职务规则及技术操作规程。建立和健全船舶技术监督检查制度，尤应重视客货轮的监督检查。”要认真“贯彻雾中航行规则”；“定期进行救生、防火演习”；会议还强调应根据具体情况“增添助航仪器，增设航道标志，并经常检查航道标志，保持良好的状态。对航道上的障碍应及时清除，航标设置或操作上的差错，应立即加以纠正。”要健全“航道部门与调度部门的联系制度，保证航行安全。对海损事故必须严肃处理，以教育广大职工。”

3. 规范船舶遇险通讯规范

为加强应急情况处理，1953年9月，交通部公布《船舶遇险通讯须知》和《船舶遇险通讯业务处理规定》。1956年5月，交通部发布《关于实施〈中华人民共和国交通部船舶遇险通讯暂行规定〉的通知》，自8月1日起实施，取代1953年颁发的《船舶遇险通讯须知》。

六、水运工业管理

（一）交通部主持召开全国航务机务会议

“一五”期间，国家集中力量发展重工业，无力大量投资于交通建设事业。但为完成日益增多的水运任务，必须充分利用现有水上运输设备，充分发挥已有设备潜在能力。在运量不断增大，船舶少而破的情况下，对船舶的技术管理以及修理提出了更高要求。为引起交通系统相关部门对此高度重视，1953年12月，交通部主持召开航务机务会议，部长章伯钧和副部长张策作重要报告。根据1953年全国交通会议精神，会议提出了船舶机务工作方针任务，即“必须不断地提高和改进我们的机务管理水平与修船企业状况，加强领导。建立船员平时的养护责任制度,加强船员自修,实行计划养护、计划修理,保证船舶技术状态的良好与航行的安全迅速和延长船舶寿命。同时大力改进船厂工作,降低修船成本,缩短修船期限,提高修船质量,提高船舶营运率,以完成和超额完成国家水上运输计划,为国家提供量大、质好、价廉的运输力,为国家的社会主义工业化而奋斗。”

会议要求,“一五”期间,整个修造船工业贯彻“以修为主、以造为辅”方针,在民主改革和生产资料所有制改造基础上,建立和健全以计划管理为中心的各项生产和技术管理制度,密切船厂与航运部门联系,克服生产计划性差,修船周期长、质量差、工料消耗多、成本高等弊病;同时也有重点地新建、扩建和改造急需船厂。

(二)制定修船规范,加强质量管理

制定修船规范是交通部在“一五”期间为贯彻“以修为主、以造为辅”方针的具体措施。在此期间,交通部为加强修船、造船管理,出台了相关标准、规范及规章制度,加强了计划管理。

1953 年 1 月,交通部发布《船舶修船条例试行草案》,经过实践总结和修改,1954 年正式颁布《修船条例》,该条例界定了交通系统航运部门、船舶检查部门和修造船厂之间有关船舶修理的职责、业务范围以及相互关系。为加强修船工作中生产管理与监督,保证修船质量,降低修船成本发挥了作用。之后,交通部又颁发了《关于修船企业中生产工长职掌》,实行单船修理主管工程师制。

为进一步提高修船质量,1955 年 2 月 22 日,交通部颁布《船舶定厂保修暂行办法》,将船舶的计划修理任务固定在指定船厂,并为船舶规范化管理提供了依据,不仅提高了修船造船质量,缩短了修船时间,降低了修船费用,更为我国水上运输进一步发展打下了初步基础。

(三)制定造船规范,开始新船建造

交通部在加强修复破旧船只管理同时,不断充实修造船厂生产能力,开始新船设计制造。1954 年 1 月,交通部发布《关于船舶建造及专业分工的指示》。之后,又发布了《船舶工厂组织定员试行办法》及《各船厂划分类型一览表》。

"一五"期间,我国已经能够自行设计、制造适合航行内河与沿海的大型轮船。1954年,我国自行研制的大客轮"民众号"首次航行在长江上。1955年,海面上出现了我国自行研制的沿海客货轮"民主十号"。

"一五"期间,虽然国家在水运建设方面投资少,但是由于交通部贯彻"以修为主、以造为辅"方针,采取了一系列积极措施,使整体修船能力基本适应了我国航运发展需求,造船业也取得了不小成绩。1957年,交通部直属修造船厂达14家,修船654艘,造船101艘。

第五节 私营运输业社会主义改造

1953～1956年,在中共中央制定的国家过渡时期总路线指引下,交通部根据中央批示,对交通系统私营运输业采取"积极地、有步骤、有准备、有区别地走上公私合营道路"方针进行社会主义改造。

一、积极贯彻中央精神,推进私营运输业的社会主义改造

(一)召开会议,明确私营运输业改造方针

1954年5月,交通部召开全国交通工作会议,要求根据国家过渡时期总路线的精神,对资本主义运输业和个体运输业有计划地进行社会主义改造。1955年5月,交通部发布《对合营运输企业章程的两项规定》。

1955年12月,交通部召开全国地方交通会议,批判了右倾保守思想,要求加速对私营运输业的社会主义改造。要求各省交通厅增设专门负责私营运输业社会主义改造机构,以加强对改造工作领导,并及时总结经验和处理存在问题。会议进一步明确了私营运输业改造方针,即对轮船、汽车全行业实行定息合营,并入国营。会议对私营运输

业的社会主义改造工作提出了具体目标，即私营汽车、轮船及其修理业于1956年全部完成全行业合营；兽力车、木帆船和各种人力车、驮运业于1956年基本上完成合作化。

在对私营运输业改造过程中，鉴于各地普遍没有统一的公私合营息率，只由少数地方根据企业合营前的营收情况提出1～6厘的初步意见，交通部根据交通运输业流动性大的特点，提出了运输业在全国范围内基本上采取统一息率，规定轮船、木帆船为5厘，汽车、兽力车为4厘。

（二）积极贯彻国务院文件精神

自1955年全国地方交通会议后，各地交通部门展开了对私营运输业社会主义改造准备工作。自1956年1月开始，随着全国农业合作化和资本主义工商业社会主义改造高潮到来，私营运输业改造也进入了高潮。

1956年3月，交通部转发国务院（1956年2月8日经国务院全体会议第24次会议通过）关于公私合营的一系列文件，即《国务院关于在公私合营企业中推行定息办法的决定》、《国务院关于私营企业实行公私合营的时候对财产清理估价几项主要问题的规定》和《国务院关于目前私营工商业和手工业的社会主义改造中若干事项的决定》。

关于私营运输业社会主义改造工作中的人员安排、业务改组、对资方人员团结教育、职工和私方人员工资福利及运输合作社组织形式和收益分配原则等诸多问题处理，都积极地按照国务院在1956年6月至8月发出的一系列文件贯彻执行。这些文件依次为，陈云副总理在第一届全国人民代表大会第三次会议上的报告《关于私营工商业的社会主义改造问题》，国务院先后发出的《关于处理私营企业改为国营企业以后遗留问题的若干规定》、《关于对私营工商业、手工业、私营运输业社会主义改造中若干问题的指示》以及补充指示和《处理各地服务性质私营运输行业的意见》。

对私营运输业进行社会主义改造过程中，对于如何具体贯彻中共

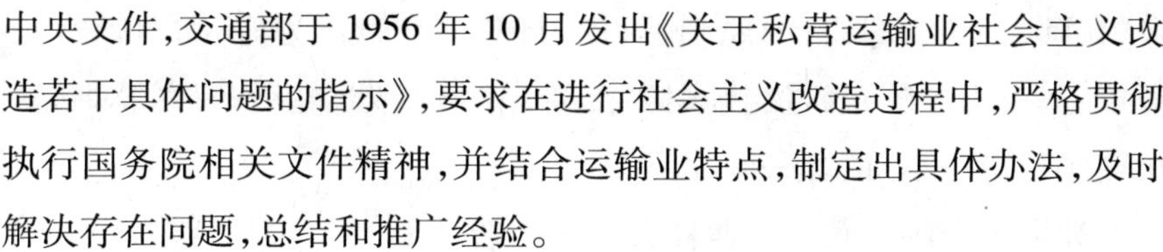

中央文件,交通部于1956年10月发出《关于私营运输业社会主义改造若干具体问题的指示》,要求在进行社会主义改造过程中,严格贯彻执行国务院相关文件精神,并结合运输业特点,制定出具体办法,及时解决存在问题,总结和推广经验。

私营运输业生产资料所有制的巨大改变使社会主义经济在整个运输业中占据了绝对优势,使运输业能够在新的经济基础上求得更大发展。

二、私营公路运输业社会主义改造

(一)私营公路的社会主义改造

私营公路都是抗日战争前由私营汽车运输公司修建,其中一部分在战争期间被破坏,没有修复。新中国成立以后,私营公路共有24条,总计6 658.7公里。其中一部分是官僚资本,一部分是华侨投资。交通部门对其进行了接管或由合营汽车运输公司管理保养。截至1955年底,交通部门接管了6 357.25公里,合营公司养护的有239.37公里。在1955年12月召开的全国地方交通会议上,交通部决定,私人公路由国家交通机构接管养护,并吸收录用原有人员,路权暂不处理。

(二)私营汽车运输业社会主义改造

1.确定私营汽车运输业改造方针

1953年《中央人民政府交通部关于公路工作的指示》中对私营汽车业明确了工作方针,即:“各地交通行政及公路运输部门,应本着国营领导私营及公私兼顾原则,加强对私人汽车业的领导。私营企业组织的联营社,凡服从政府法令又受车户拥护的,可以协助;其内部问题较多,又有多数车户要求退社的联营社,则应分别加以整顿和取消。在车户自愿原则下,国营运输部门可以采取编队、编组方法加以组织,将其运力纳入国家计划,帮助他们改进经营管理及解决一些必要与可能解决的困难,但要防止单纯救济补贴。对较大的私营汽车运输企业,在国家需要和其自愿原则下可实行公私合营。为避免盲目竞争,可按省、市为单位,经过当地财委批准,由交通或运输行政部门对私营车辆实行统一运价、统一调度。”

2. 推进全国私营汽车业社会主义改造

根据交通部指示,结合当时国营营运工具少而私营营运工具多的状况,以及运输业特点,各地交通部门采取了与国营合并的方法,对私营汽车进行编组编队。在对它们实行统一分配货源、统一运价、统一调度的“三统”办法管理基础上逐步对其进行改造,此举取得了很大成绩。一方面,它限制了私营运输业的资本主义自发势力泛滥,取缔了中间剥削及其他违法乱纪行为,稳定了运输市场,保证了国营运输企业领导地位;另一方面,将营运工具纳入计划管理,提高了整体运输效率,降低了运输成本和运价。

1955 年召开的全国地方交通工作会议作出《中华人民共和国交通部关于资本主义运输业及个体运输业社会主义改造的指示(修正草案)》,要求各地全面规划,加强领导,加快改造速度,对私营汽车运输业实行定息合营,对原来一些实行“四马分肥”的合营企业也要通过协商转为定息合营。截至 1955 年底,成立了 40 个公私合营公司,并对个体汽车进行了合作化改造试点。各地在批准业主要求合营的申请后,进行资产核资,一般都由业主自报自评,进展很快,许多职工白天生产,晚上协助和监督资本家进行清核工作,做到了生产合营两不误。还有不少个体户和资本家将账外资产投入企业。对于原有人员,采取全部包下来的办法,继续留在合营企业工作。对于欠债问题则灵活处理,根据中央政策,通过减免的办法,使这些企业也全部进入合营。

公私合营后,职工积极性提高了,生产效率也随之上升。1956 年,全国 1 万余辆的私营汽车已全部实行定息合营。合营后货运汽车车吨年产量提高了 46%,客运汽车车吨年产量提高了 69%。以四川省为例,全省私营汽车有 1 100 辆,1956 年春季公私合营后,车吨月产量达到 2 300 吨公里,比以前提高了 50%。职工工资待遇也比以前大幅度提高。私营汽车运输业原工资制度非常混乱、复杂,大多是提成制,还有的是固定工资加提成。公私合营后,实行提成制公司的职工收入大大增加,甚至比国营职工高出许多。根据各地实际情况,交通部决定原实行固定工资制度的公司,维持不变,实行提成制的公司要逐步改为计件工资制。

(三)私营汽车修理业社会主义改造

1955年以前,私营汽车修理业一般都未归口管理。只有少数地方在当地工业及手工业部门领导下,组织了公司合营修理厂及合作社。1955年4月,明确归口交通部门后,部分省市交通部门进行了公私合营工作。1955年底召开的全国地方交通会议要求汽车修理业随汽车运输业一起改造,实行定息合营,并入国营或单独成立公私合营修理厂,要求1956年完成汽车修理业社会主义改造。1956年,由交通部门改造的2 480个私营修理业全部实行了定息合营。

在具体改造过程中,针对汽车修理业欠债较多的情况,在处理时按照中央指示“宽”和“了”精神尽量减少破产户,资本家对此很满意。私营汽车修理业经过社会主义改造后,职工情绪高涨,生产效率提高。例如四川内江汽车修理业合营后,将生产任务进行调剂,改变了过去生产上忙闲不均和生产经常中断的现象,较之合营前营业额提高近30%,而返工率降低了60%。随着汽车修理业公私合营顺利完成,交通部要求合营后的汽车修理业继续进行企业和人员改造;教育并发动职工积极参加社会主义竞赛,学习先进经验,健全各项生产管理制度,使他们的生产效率逐步达到国营企业水平。根据具体情况,逐步迁厂并厂,有计划地进行生产安排,并适当做好地区调剂工作。

(四)其他陆上个体运输社会主义改造

关于私营兽力车,1953年《中央人民政府交通部关于公路工作的指示》中明确指出:“根据运输需要,按照自愿互利原则及采用编队编组方法,组织兽力车运输。在管理方面,在必须和可能的情况下,逐步地统一、降低运价,有计划地分配货载,加强技术与安全教育,并帮助其改善经营,尽量发挥运输效能。”

各地交通部门根据指示,一般对兽力车组织编队,实行“三统”,有一些兽力车组织了互助组和合作社。但是改造进度较慢,有的地方长期停留在试点阶段。

人力车种类很多,城市中从事货运的人力车大部分由搬运公司加以组织,实行“三统”。从事客运的人力车,如三轮车、黄包车、自行车等,主要由公安部门从维持交通秩序的角度进行管理。

在1955年底召开的全国地方交通会议上,交通部对民间运输车辆改造提出明确方针:专业兽力车组织运输合作社;各种人力车组织运输合作社或采用一步登天的办法,固定为国家工人。在改造进度上,要求兽力车、驮畜运输于1956年80%组成合作社,1957年上半年完成;人力车于1956年50%纳入合作社,1957年全部完成。在具体组织方面,交通部要求各地认真贯彻“全面规划,加强领导”的方针,积极组织各种人力车、畜力车、驮畜运输合作社。各地交通部门积极响应,训练了一批干部,培养了一批积极分子,按地区、线路开展建社工作。此次会议后,民间车辆运输业的社会主义改造也进入了高潮。

在建社过程中,大体经过了3个步骤:①大力宣传社会主义改造政策和合作化优越性,打动群众入社;②进行车况评价和劳动力评分;③制订运输合作社社章和各种制度。在改造过程中,个体车户积极性很高,各地交通部门积极组织建社工作。在方法上提出“生产建社两不误”口号,建社工作迅速展开。

人力车相对兽力车改造进度较慢。对人力车中的黄包车和载客自行车,采取先予组织管理,然后逐步淘汰方式。对其他人力车改造主要有3种方式:①人力三轮客车可组织运输合作社加强教育。在营业上仍保持其机动灵活、送客上门特点。车辆自有收入自得,向社缴纳一定管理费、公积金、修理费,实行统一修车,提高修车质量,并实行必要福利,进行互助,克服困难。②人力货车也可以组织运输合作社,方法参照兽力车。③已由搬运公司组织起来的一部分人力车(手推车、排子车等)既做短途运输又做车船装卸工作,可固定在港口、码头、车站、物资及搬运部门,作为国家工人。原来没有搬运机构、人数较少的小城市,可组织装卸服务社或合作社。

1956年,兽力车共组织了1 901个运输合作社,241个合作小组,共有147 825辆车,占专业车总数的80%;人力车实行合作经营,共有93 076辆车,占专业车总数的48%。截至1956年底,私营兽力车、驮畜运输基本上实现了合作化,各种人力车于1957年全部纳入运输合作社。合作经营以后,由于生产关系改变,社员积极性大大提高,车辆生产效率随之提高;90%以上的社员收入增加了。

三、对私营航运业社会主义改造

(一)对私营航运企业社会主义改造

1. 制定私营航运业改造方针

1953年召开的全国交通会议对私营航运业提出了改造方针,即"针对海上与主要内河私营轮船业,采取积极的,有步骤、有准备、有区别地实行公私合营的方针。"

2. 推进全国私营航运业社会主义改造

在内河方面,1952年民生公司公私合营后,经过整顿改造,运输效率提高,船舶吨位、生产量以及盈余逐年增加,转亏为盈,职工福利也有一定程度提高,表现出了公私合营优越性。民生公司公私合营的成功,为其他私营运输业走向公私合营开辟了道路。

之后,各地私营轮船公司逐渐走上了公私合营道路。1954年,长江所有私营轮船业45户分别在上海、重庆两地成立了全行业合营的轮船公司。珠江在1954年和1955年分别成立了7个合营公司。地方内河,例如湖南、江西、浙江、福建等省在两年内基本完成了对私营轮船的公私合营工作。截至1955年底,内河有366户较大的企业全部合营。在沿海方面,1953年沿海轮船合营两户,1954年发展到7户,其余的在1955年全部合营。

1955 年 12 月底，交通部召开的全国地方交通会议对全国航运企业社会主义改造提出具体任务，要求沿海及内河私营轮船运输、轮船修理、打捞业、码头仓库等于 1956 年内全部完成全行业合营。对资本主义轮船运输业实行定资定息全行业合营。原来按“四马分肥”原则实行合营者也转为定息。定资定息后，对私营轮船运输业职工及资方人员采取妥善安排的办法，发挥其积极性。定资定息的合营企业，由国营轮船运输企业直接领导并统一经营。

截至 1956 年，基本完成了对私营轮船业的全行业合营工作。

（二）制定方针政策，推进民间木帆船运输业社会主义改造

建国初期，木帆船运输量占当时内河货运总量 74%，吨公里数占将近一半，是我国经济建设中一支非常强大的群众运输力量，在城乡物资交流中发挥着重要作用。中国进行工业建设初期，国家无力投资于造船，因此，充分发挥民间交通运输工具作用，对其加强管理是当时交通部门的一项重要工作。1953 年 2 月，国务院民船工作委员会发布《船民协会组织通则》。3 月，交通部发布《试行民船联合运输社暂行组织通则》。

1953 年 4 月，交通部在天津召开了全国民船工作第二次会议，主要是检查各地民船民主改革准备情况，总结试点经验，讨论与民改有关的航管改进问题。12 月，交通部在北京召开了全国第三次民船工作会议。随后，交通部发布《关于加强木帆船运输的组织管理工作的意见（草案）》。

对私营木帆船，各地交通部门根据 1953 年《中央人民政府交通部关于航务工作的指示》精神，一般进行组织编队，实行“三统”，并对大型木帆船实行轮木结合，也有一些木帆船组织了互助组和合作社，但是改造进度较慢，有的地方长期停留在试点阶段。

1955 年底召开的全国地方交通会议对个体船舶运输进一步明确了改造方针，即资本主义的和适合轮船拖带的个体经济的木帆船，实行定值定息。沿海及内河专营运输的木帆船要完成合作化，并在船民自愿条件下，组织高级形式合作社。已合营者应采取定资定息进一步

改造。对于组织木帆船合作社，沿海要达到木帆船总数70%，内河要达到木帆船总数80%，使全部私营行业及绝大多数木帆船运输纳入国家计划轨道。不适合拖带的木帆船，可实行定资定息办法将其转为国营，船民、船工转为国营工人。在改造进度上，要求木帆船1956年80%组成合作社，1957年上半年完成。此次会议后，民间船舶运输业的社会主义改造进入了高潮。

木帆船改造工作，随着全国农业合作化高潮的到来而加快。1956年春季，全国已有70%的木帆船加入合作化或合营。

四、召开会议，总结经验教训

1957年8月，交通部召开全国车船运输合作化及搬运工作座谈会，总结、交流先进经验，并研究运输业社会主义改造过程中，搬运工作改造中出现的新情况以及兽力车、木帆船合作化进程中出现的一系列问题等。潘琪副部长在会上作了报告。经过讨论和研究，对一些重大问题基本上达成了共识。

(一)搬运方面

在搬运方面，提出了进一步改进工作的方针：

(1)根据需要逐步将部分装卸工人继续固定在车站、码头和业务正常的物资部门。

(2)人数较少，业务不正常，搬运工作量将来不会有很大发展的小城镇，可以在工人和农业社的协议下将搬运业务并入农业社作为副业。

(3)对于现有国营搬运公司应加强领导，实行民主管理，积极改进经营，主动解决存在的内部矛盾。

(4)对其余的装卸工人和城市人力车货运业应加强组织管理。按照互助合作原则，组成各种形式的群众劳动组织；国家“三统”管理下实行集体经营，自负盈亏。

(5)对散车、散工应协同有关部门加强管理，采取有效措施，限制其盲目发展。

(二)车、船运输合作社方面

针对车、船运输合作社存在的一些问题,提出了处理原则。

1. 关于社员多余生产资料处理问题

会议对社员多余生产资料处理问题提出了3个原则:①社员入社一般应缴纳一定数额股金,车、船户社员以工具价款抵缴,多余部分分期偿还。②对少数资本主义车船户的工具价款,可采取定息办法进行处理。③入社股金额多少和偿还期限长短,应以不影响社生产、社员收入、工具维修和适当扩大再生产为原则。

2. 关于整社问题

针对运输合作社中存在的一些问题,如资本主义倾向较为突出、制度不健全、劳动报酬分配不合理、干部作风不民主、铺张浪费等,需要进行整顿,以巩固和提高合作社的成绩。为此,会议提出了一些要求:①加强思想政治工作,对社员进行社会主义教育,整顿队伍,贯彻阶级路线;②建立和健全必要的生产和财务管理制度;③改进劳动报酬办法;④坚决贯彻民主办社方针;⑤认真贯彻勤俭办社方针。

另外,会议还就地方运输如何贯彻"三统"政策问题进行了探讨和经验交流。

第六节　交通综合行政

"一五"期间,交通部除了在其主要业务——公路与水路实施行政管理外,在干部、科技、教育、中外交通交流与合作方面也作了大量工作。

一、交通部机关及直属系统管理

(一)发布《中央人民政府交通部干部管理暂行规定》

1953年11月,中共中央《关于加强干部管理工作的决定》要求改变干部管理办法，逐步建立在党中央与各级党委统一领导下，在中央及各级党委组织部统一管理下的分部分级管理体制。根据中央决定，1954年1月，交通部发布《中央人民政府交通部干部管理暂行规定》，主要内容如下：

1. 干部管理权限

（1）中央直接管理的干部：中央交通部部长、副部长，办公厅正副主任，各司正副司长、各专业总局正副局长，直属处正副处长、监察室、参事室、政治部、技术委员会正副主任、大连海运学院、武汉河运学院正副院长。

（2）中央管理及部协助管理的干部：①大连、天津、青岛、上海、广州等区港务局正副局长，上海、广州海运管理局正副局长，上海船舶修造厂厂长。②长江航运管理局正副局长、政治部主任、水上公安局长，东北内河航运管理局正副局长。③筑港工程局、设计局局长、打捞公司、疏浚公司经理。④西南工程局正副局长、政治部主任，华南公路修建工程指挥部正副指挥、政治部主任。⑤部参事室参事，各省交通厅厅长，中央直辖市交通局局长，各大行政区交通局正副局长。

（3）部管理的干部：①部厅、司、局属下正副主任、正副处长、正副科长、政治部各部正副部长、专门委员、专员、相当于处科长级的干部（如监察室监察员、研究室研究员等）。②各区港务局、区海运管理局之政治处正副主任、海港监督室主任、公安处处长，上海船舶修造厂副厂长，新港船舶修造厂正副厂长、营口、秦皇岛、烟台、宁波、连云港、海口、湛江、汕头等分局局长，大连海运办事处主任。③长江航运管理局之室主任、处长，一、二等港港长、政治部副主任，水上公安局副局长、处长，东北内河航运管理局佳木斯、辽河等分局局长。④航务工程局直属各工程处处长，设计局、筑港工程局副局长，打捞公司、疏浚公司副经理。⑤华南公路修建工程指挥部各部正副部长、处长、室主任，上海、天津疏浚队队长，各工程局正副局长，第一、二、三施工局正副局长，康定国道管理局局长，设计公司正副经理，运输公司经理，工程总队队长，材料供应处处长，政治部副主任。⑥京津运输局正副局长，汽车整修处处长，北京翻胎厂、济南、长沙、汉口汽车零件制配厂厂长。⑦材料供应处上海、天津办事处主任。⑧北京干部学校、中国海员学校、哈尔滨河运学校、长江航务学校正副校长。⑨二级二等以上工程师。其他干部与职员由各专业总局管理。

2. 关于干部交叉管理

大连海运学院、武汉河运学院正副教务长、正副总务长、政治辅导室正副主任，北京干部学校、南京海员学校、长江航务学校、哈尔滨河运学校正副校长由中央高等教育部与部交叉管理。长江水上公安局正副局长由部与中央公安部交叉管理。

3. 干部管理职责

(1)对属于本单位管理的干部，应负责进行了解、鉴定、审查其各方面情况，并有权进行调配、任免、奖惩及核定其工资，于一定时期内向上级报告或备案。

(2)对属于本单位管理的干部，应负责进行教育并管理、挑选、培养预备干部，采取各种方法提高干部及预备干部政治与业务素质。

(3)为便利与加强干部管理，本单位得依据上级指示签请行政首长颁发有关干部管理规章、指示或命令。

(二)交通部干部任免管理

1954年，根据中央《关于加强干部管理工作的决定》精神，交通部发布《中央人民政府交通部干部任免规定》，其中除强调："本部各级干部任免权限和范围，悉依据《中央人民政府交通部干部管理暂行规定》办理"外，还有下列内容。

1. 关于具体呈报程序规定

(1)属于中央管理的干部(包括部协助管理者在内)，除交通部部长、副部长由中央直接任免外，余均由部提请中央人事部转呈政务院任免。

(2)属于部管理的干部,凡部厅、司、局、处、室属各级干部由部人事司转呈部长任免。此外由各专业总局提请人事司转呈部长任免。

(3)属于各专业总局管理的干部,由各直属一级机构报请各该总局,由局长任免,并报部备案。

2. 关于各级技术人员任免

除总工程司由部任免外,其他二级二等以上公司,暂由各总局自行任免并报部备案。但如大批调动或调往外部工作时,应先报部批准。

3. 关于学院(校)干部任免

大连海运学院、武汉河运学院正副院长,由部提请中央人民政府高等教育部转呈中央人民政府委员会任免。大连海运学院、武汉河运学院正副教务长、正副总务长、政治辅导室正副主任,由各学院报经部审核同意后转中央人民政府高等教育部任免。北京干部学校、南京海员学校、长江航务学校、哈尔滨河运学校正副校长由部转中央人民政府高等教育部任免。东北交通学校、南京交通学校,西安公路学校、重庆公路学校,杭州土木工程学校正副校长由所属大区行政委员会任免,并报部及中央高等教育部备案。

(三)部机关领导制度

1955年3月24日,交通部第十次部务会议通过《交通部有关领导制度暂行规定》,其中对公文、电报的签发问题;会议制度;部务会议与部长办公会议的组成;报告制度等作了具体规定。

二、交通财务行政

(1)交通部陆续制定了《汽车运输成本计算规程》、《海上运输业务成本计算规程》、《内河运输及装卸业务成本计算规程》、《海港业务成本计算规程》和《修造船企业成本计算规程》等,规定自1953年1月1日起实行。

(2)根据计划经济体制的要求,1955年12月,交通部颁发了《国营交通运输企业基本业务统一账户计划》(即会计科目)和《国营交通运输企业基本业务统一会计报表格式和说明》,自1956年1月1日起实行。这是交通部首次修订部颁的统一会计制度。

(3)1955年12月,交通部颁发了《国营交通运输企业基本业务统一会计报表格式和说明》,包括会计报表一般规定、会计报表种类、会计报表格式、会计报表格式说明四部分。

(4)1953年,交通部公路总局制定颁发了《养路业务统一会计科目》;1956年,交通部结合1955年颁发的《公路养路费收支管理的规定》,并参考苏联《公路会计》一书的内容,制定颁发了《公路养护修理会计制度》。

三、交通科技行政

(一)成立科研机构

针对基建中普遍存在设计薄弱、设计落后于施工且影响计划完成等现象,1953年5月,交通部出台《中央交通部技术委员会组织条例草案》,并于1954年4月重新成立技术委员会。1954年12月,交通部发布《有关生产发明、技术改造及合理化建议奖励实施办法》。1956年,中共中央发出"向科学进军"伟大号召,同年,交通部成立技术局,主管交通科学研究工作,统一领导部属各专业科研单位。技术局首先着手建立科学研究机构,7月,成立了交通部水运科学研究院筹备处。

(二)充分发挥专家作用,组织交通职工学习

1. 制定规章制度,发挥专家作用

"一五"期间,与其他部门经济建设一样,交通方面基础建设也大多依靠苏联专家帮助。为有效地发挥苏联专家作用,交通部于1953年6月1日颁发《对于顾问同志工作联系上的几项规定》,由交通系统相关各单位贯彻执行。9月,政务院颁发《中共中央关于加强发挥苏联专家作用的几项规定》。据此,交通部作出具体指示,要求各聘有专家的专业总局配备专职人员负责专家工作;对专家每个季度工作要进

行及时总结,并作出下个季度计划;对专家的每一项建议,应在1周内给予答复;各单位每季度应制订出业务学习计划,围绕中心工作,请专家作报告等。为加强指示的执行力度,交通部号召各级领导干部在工作中应亲自领导和组织专家工作,各有关总局应总结专家几年来重要建议执行情况并报部。

2. 中方向苏联专家学习

苏联专家援助中国期间,交通部号召交通技术人员积极地向苏联专家学习。实践中,主要采取了以下几种形式:①集中提出问题请苏联专家作报告;②组织技术人员与专家座谈;③专家到现场进行实际指导等。事实证明,这对于提高干部的技术水平有很大的帮助。

四、交通教育行政

国民经济的发展进入有计划建设时期,需要大量德才兼备的技术干部和管理干部。但"一五"时期技术人员和干部极度缺乏,培养技术人员和管理干部的任务十分紧迫。

交通部面临同样情况。1953年,交通部仅拥有高等学院2所,9个专业,学生1 470人,教师127人;专科学校1所,学生1 008人,教师62人(此处指的是华东交通专科学校,当时正在调整);中等技术(专业)学校9所,20个专业,学生1 647人,教师206人。交通部采取各种措施,使交通教育事业逐步进入有计划发展的轨道。

(一)召开交通系统首次教育工作会议

"一五"计划初期,为缓解当时技术和干部紧缺局面,交通部开办了船舶机务、港工、劳动工资等短训班,培训干部182人。为解决交通系统中高级技术干部的迫切需要,建国后各地曾兴办了一批交通类学校,但因仓促上马,出现了一系列问题,如科系庞杂、学制混乱,学生参差不齐,缺少教师,教学质量低下,学生毕业后不能胜任工作等。为此,交通部于1953年8月11日在北京召开了全系统第一次教育工作会议。就教育工作中存在的突出问题进行了讨论,提出了以后工作方针和努力方向。

(二)调整院系,重组教育资源

1952 年,政务院决定对全国高等院校进行调整。根据 1952 年下半年的决定,1953 年,交通部将直属上海航务学院迁址大连,与东北航海学院合并成立大连海运学院。9 月,教育部经政务院批准,又将福建航海专科学校并入大连海运学院。同时,交通部将各院内学科性质相距较远的系科调出去,如将原武汉交通学院的造船、公路工程、桥梁等系科停办或与其他院校合并,使原来为培养公路、航运、造船多样性的院校调整为培养内河航运人才的专门学院。交通部对教育的发展采取"整顿巩固,重点发展,提高质量,稳步前进"的方针,计划在两年内将交通院校调整完毕。同时对教学目标、教学计划以及教材、师资、设备等问题的解决进行了具体指导。

(三)调整管理体制,加快交通中等教育发展

1. 调整交通中等专业学校管理体制,规范校名

自 1954 年始,交通部对学校管理体制进行了调整,将部分中等专业学校改归部直属领导。之后按照中央高等教育部要求,交通部将所属 7 个中等专业学校进行了调整,并进行专业设置及教学计划改革,后报请高等教育部颁发校章。

1955 年 4 月,交通部根据高等教育部颁发的《中等专业学校改定校名的规定》决定:杭州土木工程学校改名为交通部杭州航务工程学校;长江航务学校改名为交通部武汉河运学校;哈尔滨河运学校改名为交通部哈尔滨河运学校;西安公路学校改名为交通部西安汽车机械学校;重庆公路学校改名为交通部重庆公路工程学校;南京交通学校改名为交通部南京公路工程学校;东北交通学校改名为交通部沈阳公路工程学校。7 月,根据教育部批复,将杭州航务工程学校与南京公路工程学校合并为南京航务工程学校。

2. 加快交通中等教育的发展

1956 年 3 月,根据教育部批复,交通部接办四川省成都交通学校

和内蒙古自治区交通学校(后来分别改名为交通部成都公路工程学校和交通部呼和浩特公路工程学校),并新建石家庄公路工程学校、南昌公路工程学校、济南汽车机械学校、长沙航务工程学校、重庆航务工程学校、大连海运学校(后来将原属海运总局的大连港口机械学校并入,成为其中一个专业)。加上交通部原有6所中等专业学校:交通部沈阳公路工程学校、交通部重庆公路工程学校、交通部西安汽车机械学校、交通部武汉河运学校、交通部哈尔滨河运学校、交通部南京航务工程学校。至此,交通部拥有中等专业学校14所。

1956年12月,为加强对学校教育工作领导,密切教学与生产联系,交通部发布《中华人民共和国交通部关于改变本部公路系统各学校管理分工的通知》。通知决定:"部属水运、航务工程各院校的管理工作仍由本部教育局办理;公路系统各院校交由公路总局领导管理","各公路学校的校名不变"。

(四)部分学校管理权下放

1957年,交通部拥有中级公路学校8所,水运及航务工程学校6所,以及集美水产航海学校。根据国务院《关于改进国家行政体制的决议(草案)》精神,交通部将石家庄公路工程学校、呼和浩特公路工程学校、南昌公路工程学校、成都公路工程学校分别下放给河北、内蒙古、江西、四川省(区)管理。下放以后,计划财务体制属于地方;学校教学方针、专业教学计划、教材、专业设置、招生计划、毕业生分配等仍由交通部负责。

五、交通外事行政

"一五"时期,交通部对外主要是在水运方面同苏联、波兰、捷克、越南等国家开展合作。

(一)与苏联的合作

(1)两国界河航运管理合作。除1951年中苏签订《航行协定》确定的合作范围以外,双方的合作又有新的扩展。

(2)苏联为我国培养验船技术人员。1954 年 7 月,政务院财经委员会批复交通部,同意委托苏联船舶登记局驻大连验船处为我国培训验船师。1955 ~ 1960 年培训三期验船师,共 43 人。

(3)1954 年以交通部王首道副部长率领的航运代表团赴苏联参观和考察海河港口、企业单位。

(二)与其他几个国家的合作

中国与波兰在交通方面合作的中波海运公司继续经营,稳步发展。此外,1953 年 6 月,我国与捷克签订"中捷发展航运议定书",同捷克建立了委托购买并经营远洋船舶的关系。1956 年 12 月 20 日,我国航运代表团团长李清与越南民主共和国代表团团长李文森在越南民主共和国首都河内签订《中华人民共和国政府和越南民主共和国政府关于两国间海上运输的协定》。1956 年 12 月,交通部发布《关于执行中国、朝鲜、苏联三国海上救护协定中有关无线电通讯的办法》及《中国、朝鲜、苏联关于在救护海上遇难的人命和救助海上遇难船舶及飞机方面进行合作的协定》。

六、交通公安保卫行政

"一五"期间,水路交通承担着繁重的军需民用的运输任务。受到国民党残余势力的骚扰破坏,航运安全形势十分严峻,交通部对此十分重视。这一时期,也是交通保卫工作的初建时期。

(一)作出加强交通保卫工作的决定

1950 年后,根据中央人民政府政务院发布的《关于在国家财政经济部门中建立保卫工作的决定》要求,长江、东北内河和上海、天津、广州等航运单位、大的港口相继建立了内部保卫组织,长江航务管理局建立了公安处,但由于这些机构尚处于初建时期,机构尚不健全,工作也不系统,人力不足,交通保卫工作仍然十分薄弱。为迅速改变这一局面,交通部会同公安部于 1953 年 11 月 6 日联合发出了《关于在交通系统内建立与加强保卫工作的决定》,明确了交通保卫工作的主要

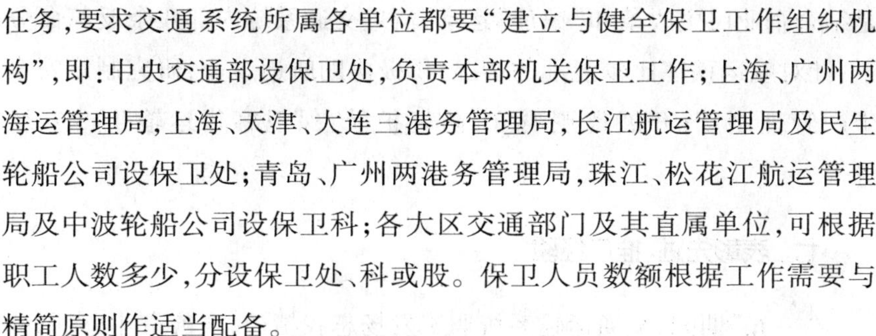

任务,要求交通系统所属各单位都要“建立与健全保卫工作组织机构”,即:中央交通部设保卫处,负责本部机关保卫工作;上海、广州两海运管理局,上海、天津、大连三港务管理局,长江航运管理局及民生轮船公司设保卫处;青岛、广州两港务管理局,珠江、松花江航运管理局及中波轮船公司设保卫科;各大区交通部门及其直属单位,可根据职工人数多少,分设保卫处、科或股。保卫人员数额根据工作需要与精简原则作适当配备。

(二)陆续组建保卫组织并开展工作

1954年1月,在征求交通部党组意见的基础上,公安部明确了交通保卫工作的组织机构、职权范围和领导分工。主要内容是:

(1)属于中央交通部直接领导的五港、两个海运管理局、三个内河航务局等单位之保卫组织,已有的予以加强;没有的应予建立。广州海运管理局、港务局(两单位合并为一),上海海运管理局,上海、天津、大连三区港务局等单位均设保卫处。青岛港务局设保卫科。长江、珠江两航务局、民生公司设保卫处。松花江航务局设保卫科。属于各地交通厅领导的内河、公路部门,应按照中央人民政府交通部、公安部关于在交通系统内建立与加强保卫工作的决定执行。

(2)交通系统的保卫组织,为交通部门的组成部分,并列入该单位的编制。在政策方针上应受该单位党、政领导的监督和检查。在保卫业务领导上,依据目前情况,交通部直接领导海运、港务、内河等单位的保卫业务,可由所在地公安机关领导;属地方管理的内河、公路运输和建设等保卫工作,则通由地方公安机关领导。

(3)交通系统保卫组织的编制,按照交通部关于建立保卫组织的决定执行,其缺少干部由所在地公安机关负责配备有一定能力并能胜任的处、科、股级的干部骨干,一般干部则由该部门自行配备。为使组织迅速建立,交通部机关保卫处所需的主要干部由中央公安部统一配备。

1954年后,交通系统保卫组织陆续建立起来并开展了工作,重点是结合企业民主改革和“镇反”运动，清理交通系统内部残余反革命分子；针对航运秩序比较混乱的情况，积极协助航运企业，研究制定安全生产管理制度；开展巡逻看守、防奸护航、保卫客货运输生产安全等等。

七、表彰先进、推广经验

“一五”期间，交通运输系统职工发扬忘我精神，艰苦奋斗，克服种种困难，为全面恢复国民经济和社会主义建设作出了积极贡献。

（一）召开全国公路劳动模范代表大会

1955 年 6 月，交通部和中国公路运输工会召开全国公路劳动模范代表大会，表彰了 13 个先进单位和 81 名劳动模范。

（二）召开全国交通系统先进工作者代表会议

1956 年 4 月，交通部召开全国交通系统先进工作者代表会议，章伯钧部长在报告中指出，此次会议，是交通部成立以来历次会议中群众性最大、代表性最广的一次大会。会议邀请了苏联海员代表团、苏联公路代表团和波兰海员代表团参加。与会代表交流了各地先进实践经验；交通部表扬和奖励了先进工作者，号召“交通运输部门的全体职工开展学习先进生产者活动，为实现社会主义建设的宏伟计划，为提早并超额完成第一个五年计划而努力。”会后，毛泽东主席接见全体代表，这极大地鼓舞了交通系统的职工和干部继续努力，为国家建设作出更大贡献。

“一五”期间，交通部推动了地方交通行政机构的建设，改进了交通管理体制，使之成为一个较为完整的组织系统；完成了私营运输业的社会主义改造；建立了统一、集中的交通运输计划经济体制。在交通基础薄弱、国家投资有限的情况下，以养护为主，进行重点建设，挖掘潜力，为国家大规模经济建设提供了量大、质好的运输力，并提前完成了交通“一五”计划各项指标。截至 1957 年，全国公路通车里程达到25.4万公里,使原来没有通公路的185个县通了汽车;全国交通部门所属运输企业的营运车辆达4.4万辆,完成客、货运量和周转量比1950年分别增加9.4倍、2.2倍和5.9倍、4.1倍。“一五”期间,全国公路修建里程总计达15.28万公里,其中新建8.3万公里。全国内河通航里程达到14.41万公里,运输船舶数量共增加1 480艘。这些成就为交通进一步发展奠定了比较坚实的基础。

第三章 “大跃进”和国民经济调整时期的交通部行政

(1958～1965年)

1958年,中国社会掀起国民经济“大跃进”运动。为贯彻中共中央和国务院指示,适应形势需要,交通部提出“全党全民办交通”的总方针,并采取多种措施推动“水陆空运大跃进”。在国民经济“大跃进”遭到严重挫折之后,1960年底至1961年初,党中央对国民经济确定了“调整、巩固、充实、提高”的八字方针,由此开始直到1965年,贯彻“八字”方针成为交通部行政的中心工作。在国民经济形势逐步好转的同时,交通事业也逐步回归正常、平稳的发展轨道。

第一节 交通运输发展方针与管理体制的变更

一、国家民用航空管理体制变更

(一)1958年中央决定民用航空归口交通部管理

国务院1958年2月28日通知交通部:经研究决定,中国民用航空局自1958年2月27日起正式划归交通部领导。全国人民代表大会常务委员会于3月19日第九十五次会议批准国务院将中国民用航空局改为交通部的部属局。4月21日,交通部发出通知明确交通部与空军司令部对民航工作的领导分工。鉴于民航工作的高度技术性以及与国防建设的密切联系,经请示国务院总理同意,对民航局的日常领导仍以空军为主,即按照1955年3月5日国务院国发寅35号电报的指示:有关民航的一切技术、飞行、机务、通讯、人事管理、政治工作等主要由空军司令部领导;有关民航的计划、基本建设、企业经营管理、对外关系等方针政策问题,则由交通部负责。这份文件确定了交通部最初开始履行航空运输管理职能的特殊行政方式。

(二)1962年中国民用航空局改为国务院直属局

1962年4月28日全国人大常委会发出通知:1962年4月13日第二届全国人民代表大会常务委员会第五十三次会议批准国务院将交通部所属中国民用航空局改为国务院直属局,并改名为中国民用航空总局。自此,交通部行使民用航空行政职能的历史告一段落,前后共计4年2个月,初步积累了统一管理水陆空运输的行政经验。

二、制定和实施“全党全民办交通”的方针

在国民经济“大跃进”时期,交通部提出“全党全民办交通”的总方针。贯彻执行新的交通工作方针和力图完成“水陆空运大跃进”的总任务,成为这一时期交通部行政工作的纲领。

(一)确定“全党全民办交通”的总方针

1.提出“全党全民办交通”的总方针

继国民经济发展的第一个五年计划顺利完成之后,从1958年开始,全国执行国民经济发展的第二个五年计划。国民经济各个领域掀起了“以钢为纲”的“大跃进”运动。为适应工农业大跃进的新形势,1958年4月交通部在湖北武汉召开地方交通工作座谈会,中共中央交通工作部[①]部长曾山同志指出:“如果我们交通事业的发展不来一个大跃进,必然会因交通工作的落后而形成社会主义经济的‘狭窄地带’,阻碍和限制生产的发展,那么我们是难以推脱责任的。我们对今后加速发展水运、公路和民间运输事业是负有特别重要而光荣的责任的。”会上,国务院交通部部长王首道针对新时期的交通工作方针作了发言。他指出:交通运输事业,也存在两种不同的方针和路线:一种是强

① 当时有两个交通部机构:一个是中共中央交通工作部,另一个是国务院交通部。

调行政管理与规章制度,强调专业化,强调集中统一和独家经营。在交通建设上强调近代化、高标准,强调政府投资建设,忽视利用当地人力、物力,忽视群众的积极性和创造性。这样就要组织广大的工程队伍,增加各种非生产性的工程管理费用,并形成群众依靠政府出钱修路的倾向。另一种是"全党全民办交通"、"依靠群众勤俭办交通"。实行政治与业务相结合,行政领导和民主管理相结合,强调为工、农业生产服务,为人民的需要服务。在地方交通建设中实行"地、群、普"的路线,即依靠地方党委,依靠群众,普及与提高相结合以普及为主的方针。我们必须自觉地采用后一种交通建设路线。

1958 年 5 月,中国共产党八届二次会议正式通过了"鼓足干劲,力争上游,多快好省地建设社会主义"的总路线。在总路线鼓舞下,1958 年 5 月 13 日,交通部党组以《全党全民办交通,水陆空运大跃进》为题,向中共中央政治局报告了交通运输发展设想和"二五"时期的生产建设计划。该报告认为,交通运输必须与工农业同时跃进。为了在 15 年内赶上英国,必须贯彻"依靠地方、依靠群众、普及为主"的建设方针,在工作安排上必须"中央和地方相结合,以地方为主;普及与提高相结合,以普及为主;大中小相结合,以发展中小为主"。使水、陆、空各种运输方式综合发展,使交通运输同农村、水利得到综合利用,并以尽快的速度建成我国以现代交通工具为主的四通八达的运输网,更好地为工农业生产、广大人民生活和国防建设服务。报告还相应提出了交通运输"大跃进"的指标。于是,在举国上下热情澎湃的氛围中,"全党全民办交通"的总方针和"水陆空运大跃进"的总任务正式提出并经中央认可。

2. 中共中央对交通工作方针的进一步肯定

在 1958 年召开全国地方交通工作座谈会的基础上,交通部党组于 6 月 28 日向党中央呈送《关于交通工作会议情况和今后方针的报告》。中共中央于 7 月 12 日正式批转各省(区、市)党委并强调:"为适应目前工农业生产大跃进发展的需要,尽速解决我国广大地区,特别是广大农村、山区交通不便的问题,积极建设全国交通运输网,充分运用群众路线,综合发展各种运输能力,采取全党全民办交通的方针是正确的"。同时,中央还要求在今冬明春广泛开展一个大修公路、开辟航道、增建车船,对民间运输工具进行技术革新的交通建设运动,以适应工农业大跃进的新形势。于是"全党全民办交通"方针经中央批准并转发全国贯彻实施。

从1958年至1960年大跃进期间,贯彻"全党全民办交通"方针并推进"水陆空运大跃进",成为交通行政的总目标和总任务。

(二)确定1958年交通工作重点,制订第二个五年计划

1.确定1958年交通工作重点

1958年4月9日,交通部在《1957年度计划执行情况和1958年度工作部署》中提出1958年的工作重点:

(1)加强长远规划与技术改造和基本制度建设,编制第二个五年计划方案。

(2)改进直属水运企业的各项工作,提高质量,降低成本,组织江海直达运输和水陆联运,消灭重大事故,改进现行的理货制度,开展远洋运输和黑龙江国际航运,争取开辟东南亚航线。

(3)加强对地方交通工作的领导,分片召开有关地方交通工作会议,结合整风,整顿运输合作社,大量开发支流小河运输,修建地方道路,改进地方交通的经营管理,充分利用民间运输工具积极推进技术改良。

2.制订并报送《1959年计划安排的意见和第二个五年计划纲要草案》

国家计划决定在1959年分配给交通部系统的基本建设投资为12亿元,占国家总投资480亿元的2.5%。交通部考虑这一分配方案使交通运输难以适应工农业全面大跃进的巨大需求,于1958年7月31日向国家计委报送《1959年计划安排的意见和第二个五年计划纲要草案》(以下简称《草案》),《草案》对"二五"时期交通建设发展目标

及所需投资等提出意见。

(1)公路运输的目标。基本做到乡乡社社通汽车,特别注意西南、西北地区公路建设,使民间车辆运输机械化,消灭肩挑与人背的古老运输方式。到1962年全国公路通车里程达到130万～150万公里。其中约有40%的公路可晴雨通车;营运汽车保有量为34万～45万辆,并大力推行汽车拖带挂车。

(2)水运计划和任务。开发南北大运河、松辽、汉黄(引汉水到黄河)、沙沙(长江沙市到沙洋)、江淮(长江到淮河)等运河及面向农村山区的支流小河,建成四通八达的水运网,使大半个中国互通轮驳。同时大力加强港口的技术改造和发展远洋运输,并积极实现木帆船机动化与小机动船的综合利用。5年内全国航道增加8.4万～9.5万公里,其中通轮驳船4.5万～5.5万公里。增加轮驳船671万～774万吨,拖轮105万～122万匹马力。其中远洋船增加40万～50万吨;沿海船增加97万～108万吨,内河船增加534万～616万吨。至1962年末全国航道总里程23万～24万公里。港口的重件与大宗货物实行机械装卸,并在中、小港口普遍装备轻便简易的装卸工具,使人力与机械相结合。

(3)民用航空发展的任务和目标。扩大国内航空网,增辟国际航线,发展专业航空。努力革新技术,国内航线除继续开辟联结大城市的干线以外,着重发展以省会为中心的地方航线,使干线与地方航线相结合,客货运输与专业航空相结合,并发展与苏联、朝鲜及东南亚友邻国家的空运。5年内全国新增飞机1 363～1 513架,其中属于地方航线的1 116～1 245架。到1962年全国民用飞机总数达1 476～1 625架。

为完成上述任务,达到相应的目标,《草案》估算需投资245亿～299亿元。其中公路运输投资125亿～156亿元,水运投资96亿～116亿元,民航投资18亿～21.5亿元。在全部投资中,地方为186亿～230亿元,占76%左右。这个计划草案是交通部提出的"水陆空运大跃进”总任务的具体化，带有“大跃进”时期高指标的特征，但也蕴涵有促使中国交通走向现代化的战略意图。

(三)交通部直属企事业单位下放

为准备和适应国民经济“大跃进”的需要，中共中央、国务院采取的重要措施之一是决定扩大地方事权，将中央各部门直属的企事业机构大规模下放给地方。根据中央指示精神，交通部自1957年底开始，在1958年间两度下放直属企事业单位，下放规模大、延续时间长，成为1958年交通部行政工作的重要内容之一。

1. 交通部关于下放直属机构的情况报告

早在1957年11月18日，国务院颁布《关于改进工业管理体制的规定》，指出为了适当扩大地方政府在工业管理方面的权限和企业主管人员对企业内部的管理权限，应当把目前由中央直接管理的一部分工业下放给省(区、市)领导，作为地方企业。为此，交通部根据情况作出逐步下放直属企事业单位的具体安排。至1958年4月8日，交通部向国务院呈送《关于公路和水运事业企业下放各省(区、市)的情况报告》，反映交通系统下放的情况。

(1)公路方面。下放的公路修建年施工能力共约3 600万元，占交通部公路修建施工能力的42%，其中包括公路工程处10个，工程队3个；下放的公路测量队14个，占部属公路测设能力的40%。

(2)水运方面。下放船舶924艘，载重65 745吨位，除珠江全部航线均交给地方外，其他航区的短程航线亦随同下放。另外下放给地方管理的还有：沿海港口6个、长江小港3个、修船厂3个、挖泥船4艘。

2. 实施新的下放工作计划

在交通部按原定方案组织下放工作时，中共中央、国务院于1958年4月11日发出《关于工业企业下放的四项决定》新指示，要求国务院各主管工业部门，除一些主要的、特殊的以及“试验田”性质的企业仍归中央继续管理外，其余企业原则上一律下放，归地方管理。中央各主管部门在企业下放后,应以三、四分力量负责全国规划和直属大型企业管理,同时加强科学研究工作;以六、七分力量从供给技术资料,指导技术设计,培养技术人员,交流先进经验,进行全面规划等方面帮助地方办好企业。

根据中央决定,交通部党组提出进一步下放直属企事业单位的新方案,并于1958年6月10日向中央呈送报告,主要内容是:①公路设计施工方面除保留一小部分骨干技术力量外,其余全部下放给地方管理,当年原定公路建设任务亦随同下放;②民用航空实行双重领导和部分下放地方;③水运企业方面除长江及沿海干线运输外其余各项已决定下放;④现有4个航务工程局(处)经适当分散后下放给地方;⑤交通中等专业学校保留4所,下放11所。

1958年6月17日中共中央发文批转同意上述报告,并要求6月25日前交接完毕。随后,交通部按计划予以落实。

1958年8月,交通部就水运下放工作作出初步总结。除长江干线的船舶、长江口以北沿海大港运输船舶以及上海海运局(包括上海船厂)仍实行以中央为主、地方为辅的双重领导外,其余全部下放地方,整个下放工作从1958年6月21日开始,到8月初基本告一段落。下放单位共44个,其中中央直属11个、分支机构33处。下放大小船舶共2 711艘、涉及职工总数111 768人。

1958年的下放工作,是大跃进时期从贯彻中央指示出发,为动员全党全民大办交通,推动群众性交通建设热潮而采取的一项重要行政措施。

(四)深入开展交通运输技术革命

1958年工农业生产大跃进,很快暴露出交通运输能力与工农业生产不相适应的矛盾,运输要求急剧增长而运力严重不足,且难以迅速增加,在全国劳动力紧张的情况下,交通运输却占用大量的劳动力。为了迅速提高运力,解决供需矛盾,交通部作出深入开展交通运输业技术革命运动的决策。

1958年4月全国地方交通工作武汉座谈会上,王首道部长提出交通技术革命的任务及发展煤气代燃车、推广拖挂运输、采用城市三轮货车、电汽万能装卸等具体技术革新目标。

为推动交通运输技术革命的开展,推广先进技术,交通部召开了一系列会议。1958年9月在保定召开全国搬运装卸技术革新现场会;1959年4月在广州召开全国汽车运输先进技术交流会等。1959年的全国交通工作会议则把深入开展交通运输技术革命作为重要议题,并提出交通运输技术革命的中心任务,包括积极发展各种运输工具,提高运输能力;积极建设各种运输网,改造并装备大小港站,提高通行能力;变肩挑背负的运输方式为车船运输,变单车单船运输为成列拖带与顶推运输等。

为了把交通运输技术革命的号召变为具体行动,交通部专门制订了《1959年交通运输科学技术发展纲要》和《1961年～1962年交通科学技术发展纲要(草案)》,分别就公路交通、水路交通、航空运输技术革新项目、进度等作出安排,有计划地推动交通技术革命的深入开展。开展交通运输技术革命是大跃进和国民经济调整时期的一项重要措施和任务。

(五)推进交通工业发展

1.大办交通工业,促进水陆空大跃进

为满足“大跃进”期间产生的巨大运输需求,交通部贯彻“全党全民办交通”方针,全国交通运输迅速发展,而当时机械工业部门的生产能力无法满足交通运输业对运输工具和配件的巨大需要。为解决汽车配件不足的问题,1960年交通部先后两次向国家计委、经委建议改革汽车配件生产与分配的管理体制,建议方案得到国家计委、经委支持。1960年4月,中共中央批准国家计委的报告,确定交通部应成为半机械工业部,各省、市交通厅也要相应的成为半机械工业部门,各级交通部门必须大搞多种经营,大搞综合利用,大办交通事业。特别要大张旗鼓、高速度地发展为运输生产和交通建设所需要的原材料工

业。同年,国家计划经济委员会作出从1961年1月1日起,汽车配件生产分配任务由交通部统一安排的决定。

为贯彻中央精神,完成工作任务,1960年交通部分别召开华北协作区、华东协作区、东北三省交通工作座谈会,对大办交通工业的目的、任务和方针等进行了研究讨论。

华北协作区座谈会提出大办交通工业的目的是为了保证运输工具经常保持良好的技术状况,并不断改善交通条件,扩大运输能力,更好地为生产服务。任务是:①扩大维修能力,建立并加强修配网,保证车、船和各种机械设备的及时检修;②建立制造工业,制造车船设备和配件,以及装卸、建港、筑路等机具,逐步发展为半机械部门;③建立原材料工业,以弥补国家对原材料供应的不足,保证修理和制造工业的需要。另外,东北三省交通工作座谈会讨论并通过了“本业为主,多种经营;发挥特长,综合利用;自力更生,协作互助;就地取材,小土为主”的交通工业发展方针。

1960~1963年,大办交通工业成为交通工作的重要内容,交通部积极采取措施,制订交通工业发展规划,认真组织机车配件的生产和分配,同时做好汽车修理、载重车与挂车的分配等项工作。至1963年7月,国务院决定从1964年起,汽车配件生产由交通部移交一机部汽车工业公司管理,1964年9月交通部进行了移交。

2. 提出《关于交通系统机械工业企业概况及今后3年发展设想的报告》

交通部根据国家计委要求,于1960年2月向国家计委提出《关于交通系统机械工业企业概况及今后三年发展设想的报告》(以下简称《报告》)。《报告》反映了1959年交通系统工业生产能力的落后状况,以及今后3年交通工业发展的初步设想。

(1)交通系统工业生产能力的落后状况。首先,1959年交通部直属及省、市交通厅(局)直属的独立核算的交通工业企业共有132个。其中,汽车修配厂49个、船舶修造厂57个、筑路机械厂12个、汽车轮胎翻修厂8个、飞机修理厂1个、电讯器材厂1个、人力畜力车制造厂1个、装卸机械修造厂3个。这些企业在1959年内除承担了运输部门部分船舶、汽车、飞机、装卸机械的配件制造和大、中、小修理任务外,还制造了挂车6 650多辆、各种机床800多台、载客汽车130余辆、各种电动机240台、大小船只1 000余艘。其次,《报告》强调,上述交通工业企业生产设备简陋,特别是民用航空修理工业的基础更差,大批配件均需向国外订货。交通工业已经成为制约交通运输事业发展的瓶颈。

(2)今后3年(1960~1962年)交通工业发展的初步设想。交通系统的工业生产能力在3年内除基本解决船舶、车辆、飞机修理和各种配件的制造任务外,还要担负本部门沿海、内河5 000吨以下民用船舶的制造和挂车、装卸机械、筑路机械等的制造任务。达到这一目标,3年内除对上述工业企业进行必要的改建外,尚需新建、扩建修造船厂36个、装卸机械厂11个、汽车修配厂31个、筑路机械厂10个、飞机修理厂4个、电讯器材厂1个,共需基本建设投资8.5亿元左右。《报告》强调,这一规模的实现即可为我国交通工业打下初步基础,进而为第三个五年计划交通工业发展提供必要的条件。《报告》反映了交通部希望迅速改变交通工业落后面貌的行政意图。

交通部在加强交通工业管理,促进交通工业发展方面所采取的上述措施,其中包括提出发展交通工业的设想方案、建议等,在大跃进时代不可能产生预想的结果。但在一定程度上缓解了交通工业产品及配件供应极度紧张的局面。

三、执行“调整、巩固、充实、提高”的八字方针

1958年全国各行各业出现以大炼钢铁为中心的“大跃进”运动,虽然取得某些成就,但是打乱了正常的经济秩序。国民经济各项比例关系严重失调,基本建设战线拉得太长,全国职工人数从2 450万人增加到4 532万人,几乎增长近1倍。1959年的继续跃进进一步加剧了

经济领域的各种矛盾。1960 年，国家财政出现近 20 亿元赤字，农副产品的产量大幅度下降，乃至全国面临大范围饥荒。“大跃进”运动实际上遭到严重挫折，不仅“大跃进”不可能，而且在事实上出现“倒退”。“水陆空运大跃进”的任务也无法实现。为此，中央于 1960 年底开始对国民经济实行整顿，1961 年 1 月 14 日至 18 日举行的中共八届九中全会正式确定对国民经济采取“调整、巩固、充实、提高”的八字方针。从 1961 年底开始直到 1965 年，贯彻执行“八字”方针成为交通部行政纲领。“全党全民办交通”的总方针不再提及，“水陆空运大跃进”的任务被调整后的任务所取代。

(一) 总结“大跃进”的经验教训，安排调整时期的工作任务

1. 对“水陆空运大跃进”的总结

1961 年 2 月，交通部召开全国交通工作会议，王首道部长在《我国交通运输事业 3 年大跃进的基本总结和 1961 年的方针任务》报告中，分析了 3 年大跃进所取得的成绩和存在的问题。报告首先肯定 1960 年的交通运输事业仍然是一个持续大跃进的局面。在这一年内，新增公路 4 万公里，其中有路面的公路 1.1 万公里，对原有公路改建铺筑路面 1 万公里；新增航道 7 000 公里，其中通轮船的 2 000 多公里；新增民用航空线 1 700 公里。此外，交通工业和交通学校建设等方面也取得显著成就。

随后，报告进一步指出大跃进中暴露出来的一些矛盾和问题。如现有的运输能力还不能满足工农业生产发展的需要，在运输安排上，常常顾此失彼，安排了工业物品运输却挤掉了农业物资的运输；安排了重点物资的运输挤掉了一般物资的运输；安排了货运，挤掉了客运等等。另外，运输秩序不正常，许多运输环节存在严重不协调的现象。有些地方还出现了运输黑市，特别是短途运输、厂矿搬运装卸等方面最为薄弱和紧张。报告还指出了交通部在指导思想上存在的片面性，存在对农民的平调思想，挫伤了农民的积极性，不利于交通事业的健康发展等问题。

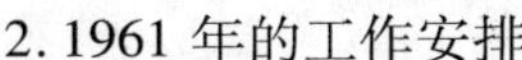

2. 1961年的工作安排

1961年,是开始对国民经济进行调整的时期。当年2月,王首道部长在工作报告中对交通部1961年工作作出安排。

报告强调,必须贯彻大力支援农业的方针;必须不断加强保养维修工作,恢复运输工具和设备的正常技术状况;必须合理地解决交通管理体制问题,健全运输指挥系统;必须缩短交通建设战线,学会集中力量打歼灭战;必须确保安全,提高质量,改进运输秩序;必须提高经营管理水平,建立起一套新型的企业管理制度;继续组织利用机关、企业汽车完成运输任务;必须把技术革新和技术革命运动当作一项长期的战略任务。

3. 1962年的工作安排

交通部党组确定1962年的工作要点是以加强保养维修和整顿生产秩序为中心的调整工作,主要是:①整顿直属单位,包括试行“工业企业七十条”、清仓核资、加强财务监督、整顿制度、压缩资金、精简职工、调整院校专业;②加强和整顿短途运输;③抓好安全质量;④做好缩短基建战线的工作。

以上对1961年与1962年的工作安排在实践中基本得到落实。对此,在交通部1963年10月29日《关于进一步加强调整工作 制订调整规划的指示》中作出说明:1961年以来,全国交通部门以加强保养维修和整顿生产秩序为中心进行了一系列的调整工作。主要是:加强车船保养维修能力,充实配件制造能力;根据“工业企业七十条”,对企业进行初步整顿和清产核资,加强技术管理和经济核算,恢复和建立一些必要的规章制度;改进车船的管理体制;调整民间运输业的所有制;恢复和充实专业道班和群众养路队伍;初步进行简化车型、机型工作;与此同时,还认真贯彻中央精兵简政的决定,大力精简多余人员。

在国民经济调整期间,交通部根据中央指示和实际工作需要,进行了两项重要工作,即收回下放的单位和精简机构人员。

(二)执行中央决定,收回重要企事业单位

中央整顿国民经济的重要措施之一是决定中央各部门收回业已下放的大型企业。1961 年 1 月中共中央明确指示,要把经济管理大权集中到中央、中央局和省(区、市)三级,实行集中领导,分级管理的体制。这一措施特别适应当时改进全国交通运输管理状况的需要。交通部是最早向中央反映企业下放造成诸多问题和最早收回企事业机构的部委之一。

1. 交通部关于收回交通企业的建议

1958 年下半年,交通部即开始反映交通企事业机构下放带来的问题。如 1959 年 9 月 11 日交通部党组提出《关于改进水运干线港口管理体制的意见》指出:航线分工不合理;小港处于无主管状况,形成下放的大港管小港的局面;港口建设资金不能满足运输需求,港口业务制度混乱;船厂改变性质;下放船员造成地方工资福利制度混乱等。此后,交通部在 1959 ~ 1961 年内,多次向国务院领导反映下放造成的困难并建议收回企事业机构。1959 年 7 月 16 日,交通部党组向国务院提出《关于调整船厂、航道疏浚体制的意见》,说明船厂下放同运输、航道疏浚之间的失调问题,建议收回新河、新港两个船厂以及天津航道局和河北航务工程局;1959 年 9 月 11 日,交通部党组向国务院提出《关于改进水运干线港口管理体制的意见》,说明水运干线港口下放后给水上运输建设和管理工作带来不少困难,造成工作上的混乱被动局面,建议将长江干线重点港口及沿海干线及大连等 7 个港口收归交通部直接领导;1961 年 10 月 19 日,交通部党组向薄一波副总理并国家经委、计委党组提出收回部分企业调整管理体制的意见;1961 年 12 月 16 日,交通部党组向国家计委、经委党组进一步提出收回 39 个企业的补充意见等等。此外,交通部还从其他途径反映下放后产生的问题以及收回的建议。

2. 中央决定逐步收回交通企事业单位

从 1959 年底开始,中央及国家计委、经委发出多个文件,批准交通部收回交通企事业单位的建议，并要求贯彻实施。

(1)1959年12月8日，国家经委《转发国家经委郭洪涛、张国坚副主任关于改进港口船厂等管理体制意见的报告》，说明交通部提出的改进港口、船厂等管理体制问题已经周恩来总理、李富春、薄一波副总理批准，决定实施变更：①关于10个港口地方党的工作和政治思想领导、人事行政以及日常作业调度等等工作由地方负责，但各港长远规划、计划安排、组织区域间协作和综合运输、基本建设和属于国家统一分配物资的供应，以及全国性的规章制度与港口费率的制定等工作由交通部负责；②将河北省航务工程局、天津航道局划归交通部领导。

(2)1961年1月15日中央发出《关于改变部分交通运输企业事业单位领导体制的通知》，决定将为全国服务的交通运输企业、事业单位改为以交通部管理为主的双重领导体制，并要求具体交接工作于8月底前完成。

(3)1961年2月7日，中央发出《将大连等十个港口划归交通部管理的通知》，决定将大连、秦皇岛、天津、烟台、青岛、连云港、上海、黄埔、湛江、八所共10个港口划归交通部管理，要求2月15日前交接完毕。

交通部收回企事业单位的建议得到中央批准后，很快进行重建直属系统的工作。经过一系列工作，交通部逐步恢复直属系统的原有规模。

(三)压缩基本建设项目，精简机构与人员，推进运输业支农转轨

1. 压缩交通基建项目，缩短基本建设战线

大量压缩基建项目是中央调整国民经济的另一项重要措施。1961年6月22日国家计委《关于重新调整基本建设项目的通知》指出，根据中央工作会议精神，决定按农、轻、重的发展方向，有计划、有步骤地缩短重工业战线，拉长农业、手工业和可能的轻工业战线。应当立即下决心压缩一批建设项目，保证一批真正急需的项目特别是收尾工程建成投产。今年的基本建设投资必须由原来安排的129亿元压缩到77亿元左右。为贯彻中央指示，1961年9月2日

交通部下达1961年基本建设调整计划的通知，对交通部直属系统的基建项目压缩工作进行了安排，并下达文件督促实施。

2. 1960年交通部及直属系统的人员精简

为扭转形势恶化,中央调整国民经济的另一重要措施是精简机构,压缩城镇人口,减少由国家支付工资的职工队伍,以支援和加强农业生产。在中央发出相关指示后,中央组织部于1960年10月29日又发出《关于贯彻压缩职工加强农业生产的指示的通知》,强调还必须大力从县以上的企业、事业、机关、团体由国家开支工资的职工中,进一步压缩一批劳动力充实农业战线。文件还要求各地、各部门提出精简职工的计划指标。1962年2月14日和5月27日,中共中央、国务院相继发出《进一步精简职工和减少城镇人口的指示》,因而精简机构、压缩职工人数成为交通部在1960~1963年间的一项重要工作。

为贯彻中央指示,交通部于1960年7月15日开始提出紧缩机构和精简人员的初步意见,并于10月4日正式向中央工业交通精简办公室、国务院编制委员会、中共中央交通工作部提交《关于紧缩机构精简人员的报告》。随后,交通部又于11月22日再次向国家编委会报告落实方案,计划将交通部及在京直属单位原有人数3 805人精简1 351人。其中包括行政机关精简307人,事业单位精简792人,企业单位精简245人,附属机构精简7人。在上述计划方案中,交通部机关从1 481人精简为1 174人,并进行机构调整。

部属在京单位的机构精简方案具体是:水运规划设计院、船舶设计院、水运科学研究所、公路设计院、公路科学研究所5个单位调整合并为3个单位,即:交通工程设计院、交通工业设计院、交通科学研究院。原公路总局公路工程局、水运工程建设局徐州工程局分别改称“交通部公路工程局”、“交通部航务工程局”。与此同时,交通部对在京单位职工人数也适当进行了精简。

3. 1961~1962年交通部直属系统的人员精简

继1960年精简职工队伍之后,交通部根据中央关于继续精简人

员的指标,于1961年6月24日提出直属单位精简人员支援农业的初步计划,进而制订出3年之间准备实施的两个精简方案:第一方案计划精简数为19 241人,占全部人员的10.8%;第二方案为16 120人,占全部人员的9.1%。具体压缩数字是:基本建设企业减少30.9%或23.6%;高等学校减少17.3%;工业企业减少9.2%或7.6%;港口企业减少9.1%或7.6%;运输企业减少4.6%或4%;民用航空系统按9.6%或8%缩减。此外,方案还确定:1961年完成精简计划指标的50%;1962年完成精简计划指标的35%;1963年完成剩余的15%。上述计划方案经过讨论和动员后,交通部于1961年7月12日下达直属单位执行。根据中共中央、国务院发出的《进一步精简职工和减少城镇人口的指示》,交通部对原定的1962年的精简方案作出修改,增加压缩指标。在1962年12月14日交通部党组提出的《关于交通部直属单位精简职工的初步总结和1963年职工人数计划的初步安排》中可以看出:交通部两年来共计精简职工87 345人,同期增加37 454人,共计净减49 891人,大大超出1961年确定的精简方案提出的数字。

4. 推动运输业支农转轨

1960年,交通部即开始执行中央关于加强农业工作的指示精神,促进交通运输面向农业的转变。到1962年,交通部专门召开全国地方交通支援农业会议,进一步确定交通运输支援农业的方针,充分讨论和研究交通运输加强为农业服务的各项具体政策、任务、措施。会议还检查了各地对中央、国务院发出的3个关于交通工作的指示的执行情况。会后,全国交通部门逐步实现了支农转轨的预定任务。

(四)继续贯彻“调整、巩固、充实、提高”的方针,编制“三五”计划

1. 确定3年调整任务

根据中央指示精神,交通部继续贯彻“八字”方针,加大调整力度,并于1963年10月29日发出《关于进一步加强调整工作制订调整规划的指示》,说明1963～1965年是今后发展中的一个过渡阶段,在3年中要继续全面贯彻“调整、巩固、充实、提高”的方针,必须继续重视

和搞好填平补齐、成龙配套、设备更新、专业协作的工作,为第三个五年计划打下良好的基础。调整的基本任务是:①加强维修保养。②有计划地进行设备更新,充实客运能力,尽可能的减少代客车。简化车型、机型。③配件生产和其他修造工业企业争取完成本行业的产品方向、专业化生产和协作等方面的调整工作。修理工业企业做到全面实行定厂修理、定点保养。④加强勘测设计施工力量,做到基本适应两年调整任务和"三五"基建准备工作的需要,并能承担一定的国防、援外工程。⑤整顿职工队伍,健全领导核心。⑥加强企业管理,贯彻党委领导下的局(厂)长负责制,建立以总工程师为首的技术责任制、以总会计师为首的经济责任制。整顿健全技术、计划、劳动、物资、财务等各项规章制度。加强经济核算,实行定额管理,加速资金周转,不断降低成本,提高劳动生产率,不断提高生产质量,消灭企业亏损和产品亏损现象。各单位的技术经济指标应达到1957年水平;已达到的,应力争赶上先进水平。

2. 确定2年调整任务

1964年3月,交通部下发《关于交通工作1964年至1965年的调整意见(草案)》,提出今后继续调整交通管理体制,在水运方面按水系或航区成立托拉斯,抓好长江航运托拉斯的试点和北方海运管理局的建立等工作。1964年4月,交通部在全国交通会议上提出,交通系统要认真贯彻全国工业交通工作会议和全国工业交通政治工作会议精神,以毛泽东思想为武器,抓紧政治工作部署,学习大庆的先进经验,搞好交通工作。

3. 确定1965年交通工作要点

1965年3月15日,交通部确定当年交通工作要点是:①加强支援"三线"的交通建设;②继续开展技术革命;③进行企业管理革命,改革不合理的劳动组织,精简多余人员;建立、健全岗位责任制;④试办托拉斯。

4. 编制交通发展第三个五年计划

根据中央指示,1963年交通部即着手进行交通事业发展第三个五年计划的编制工作。经过两年努力,1965年8月14日,交通部向中央报送《第三个五年(1966至1970)交通运输、工业生产、基本建设计划建议(草案)的报告》。主要精神是:交通部门“三五”的主要任务是以备战为中心,集中全力确保国防备战、“三线”建设、援越援外运输,使交通运输尽快地适应准备打仗,加速后方建设和反帝反修斗争的需要,并相应安排工农业生产、人民日常生活物资的运输。“三五”计划草案还对运输生产计划、交通工业生产、基本建设计划作出具体安排。

第二节 交通部机构调整

在1958~1964年间,随着国民经济从“大跃进”转入调整,以及交通部直属企事业单位的下放与回收,交通部机构变动频繁,到1965年才趋于稳定。

一、1958年交通部机构调整

(一)1958年2~4月交通部机构调整

1.1958年2~4月交通部本部机构调整

1958年1月17日,交通部向国务院提交《请审批交通部组织机构编制方案的报告》,说明交通部机构在1956年调整后存在诸多问题,并根据中央关于精简机构、紧缩人员的指示精神,拟在1956年机构设置的基础上再次进行调整,调整方案呈送审批。1958年3月31日国务院批复,同意交通部设置办公厅、劳动工资局、计划财务局、材料供应局、地方航运局、技术局、人事教育局、公路总局、海河总局、航务工程总局、参事室共11个厅局室,编制共860人。将船舶登记局改为事业单位。随之,交通部根据国务院批复组成新的部机构(参见图1-3-1)。此次机构主要变化是:①简化职能机构,将原有24个职能局室合并为7个;②保留公路总局,新设海河总局和航务工程总局,领导公路、水运、航务工程等业务系统的事业企业单位,公路总局及海河总局的局长分别由副部长兼任，航务工程总局局长由部长助理兼任；③调整后机构编制为 860 人，比 1956 年 6 月的 1 786 人减少 926 人。

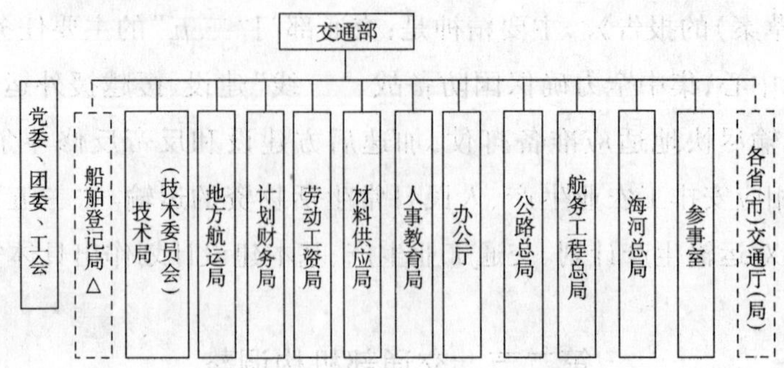

图 1-3-1　交通部组织机构设置（1958 年 2 月）

注：图中画△者为事企单位。

2. 交通部内设主要机构对直属单位的管理分工

交通部在 1958 年 2 ~4 月确定部内机构的同时，还确定内设主要机构对直属企事业单位的管理分工，具体如下：公路总局负责管理各直属公路工程局、公路设计院、公路科研所；海河总局负责管理长江航运管理局、黑龙江航运管理局、广州海运局、上海海运局、各直属港务局、各直属船舶修造厂、北洋沿海航道局；航务工程总局负责管理各航务工程施工局（处）、打捞工程局、水运设计院、南运河建设局。此外，交通高等、中等专业学校以及干部学校归口人事教育局管理，人民交通出版社归口办公厅管理。

1958 年王首道被任命为交通部部长。

（二）1958 年 8 ~10 月交通部机构调整

根据中央指示，以及大跃进形势发展和直属企事业单位下放后的工作需要，交通部于 1958 年 8 月再次提出部机构调整方案。10 月 16 日国务院批复：同意设置办公厅、海河总局、公路总局、中国民用航空局、计划统计局、财务材料局、技术局、人事局、参事室共 9 个单位，编制共 890 人（参见图 1-3-2）。随之，交通部按上述批复组成新的机构，其主要变化是：①仍按不同专业实行总局制，但鉴于航务工程的设计施工力量下放，新机构撤销了航务工程总局，另增设中国民用航空局，即成立水、陆、空3个总局（海河总局、公路总局、中国民用航空局）。②职能部门进行相应调整，撤销航务工程总局后，其工作并入海河总局，地方航运局也同时合并于海河总局。国际业务局直接由部长或副部长领导。③编制共890人。

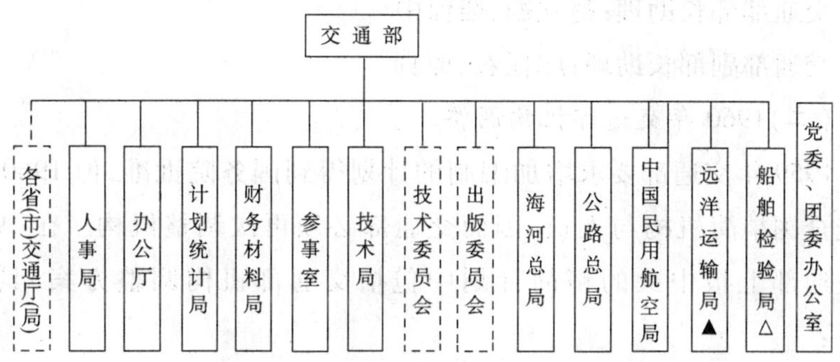

图1-3-2　交通部组织机构设置(1958年10月)

注:图中画▲者为企业单位,画△者为事业单位。

另外，1958年7月5日国务院第七十八次全体会议通过孙大光任交通部副部长。

二、1959～1960年交通部机构调整

（一）1959年交通部机构调整

1. 1959年交通部机构调整情况

1958年交通部下放部分直属企事业单位后，由于仍然管理部分直属单位，同时强化对全国交通系统的管理，工作量不但未减反而增加。此外，1959年已开始收回部分下放的企事业管理权，进一步增加了机关工作量。为此，交通部报告国务院并经1959年8月14日批准，机关编制总数为1 017人，比1958年编制881人（原数为890人，其中海河总局电信处编制9人按事业费开支）增加136人。内设机构包括办公厅等10个单位，与1958年10月确定的机构相比，除增加政策研究室外，基本未动。另外，根据工作需要，建立了海河总局电讯处、民航局

气象室和民航局通讯枢纽，均列为总局直属事业单位。

2.1959 年交通部领导人员情况

据 1959 年人事局部领导干部花名册记载，当时部级领导为：

交通部部长：王首道

交通部副部长：孔祥祯、马辉之、潘琪、孙大光

交通部部长助理：赵立德、柴保中

交通部副部长助理：邝任农、谭真

（二）1960 年交通部机构调整

1959 年交通部要求增加编制的计划得到国务院批准，但 1960 年恰逢全国精简机构与人员，因而交通部必须再次调整机构。在 1960 年交通部上报中央的精简计划中包括交通部机构调整方案，具体如下：

（1）撤销海河总局、公路总局，其业务分别合并，成立专业局或者并入有关的职能局。

（2）撤销劳动工资局，其业务并入人事局。

（3）新设运输总局、基本建设总局、交通工业局和安全监督局 4 个专业机构。运输总局掌管水上和公路运输工作；基本建设总局掌管航务、公路基本建设工作；交通工业局掌管船舶、汽车配件、机械制造等工作；安全监督局掌管车船安全生产和船舶检验工作，与原船舶检验局合署办公，对外仍保留船舶检验局的名称。

（4）保留原有的远洋运输局、计划统计局、财务材料局、技术局、人事局、参事室和办公厅等单位。

（5）中国民用航空局，改称“交通部民用航空总局”（对国外行文仍用原名），为部属一级管理全国民用航空事业的综合性总局，负责经营管理运输航空和专业航空，直接领导地区民用航空管理局的工作。

（6）编制方面，据 1960 年 11 月 22 日交通部向国家编委会汇报落实方案记载：交通部机关实有人数 1 481 人、1960 年编制数为 1 174 人，拟减 307 人，精简 20.72%（参见表 1-3-1）。

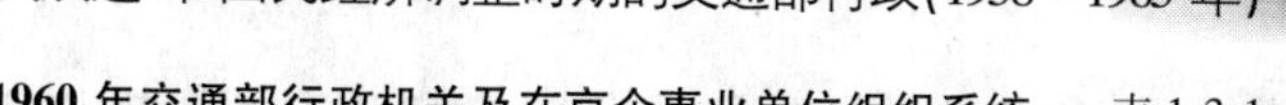

1960年交通部行政机关及在京企事业单位组织系统　表1-3-1

单　位	现在实有人数	拟现有人数	拟变动数	变化百分比	说　　明
部长、秘书	15	15			
党团办公室	14	14			
办公厅	223	181	-42	-18.8	包括党组办公室,交通工作编辑室和人民经济生活办公室
计划统计局	87	79	-8	-9.1	
人事局	60	57	-3	-2.00	
财务材料局	48	62	+14	+29.1	
技术局	26	34	+8	+30.36	
海河总局	275		-275		撤销单位
公路总局	168		-168		撤销单位原有人数中包括援外办公室23人
民航总局	444	358	-86	-19.3	
运输总局		143	+143		新建
交通工业局		65	+65		新建
基建总局		79	+79		新建,编制中包括援外办公室10人
安全监督局	29	35	+6	+20.6	新建,与船舶检验局合署办公。船舶检验局现为行政单位
参事室	11	11			
其他人员	81	41	-40	-49.3	包括安全人员、长期病号、长期学习人员等

三、1963~1964年交通部机构调整

(一)1963年交通部机构调整

1960年交通部在全国机构与人员精简的大背景下确立的部机构,很快不能适应工作需要,特别不能适应回收企事业单位的需要。另外,汽车配件产、供、销统一归交通部管理,人、财、物权力进一步集中,交通部急需组织直属车队和加强对公路与民间运输业的领导。交通

部党组于1962年12月5日向中央提出《关于机构编制的请示》。1963年1月9日王首道部长直接向国务院分管领导反映调整部机构的意见。随后，国务院批复同意交通部调整机构的方案。1963年4月1日，交通部发出《关于本部机关调整后的机构编制的通知》。

本次机构编制的调整主要变化是：①按专业恢复设置全能型的公路总局和水运总局；②由于汽车配件、旧车更新和客、挂车制造的工作量大，单独成立汽车修配局（汽车经常性维修工作，仍由公路总局负责）；③单独成立航务工程局；④成立民间运输局；⑤单独设置劳动工资司，人事局归政治部领导（对外保留人事局名义）；⑥将安全监督职能仍划回各总局，安全监督局改称船舶检验局（船舶检验局改为事业单位）；⑦为了综合平衡水、陆总局之间的业务工作，在部领导下设置生产办公室，负责进行和经委对口的各项工作；⑧此次实际增加的编制为99人，共计852人[①]。

各机构性质为：水运，公路，航务工程，汽车修配为全能型业务局；民间运输为专业局；办公厅、计划、技术、人事、教育、劳动工资、财务、材料、生产办公室等为职能型机构；船舶检验局改为事业单位。航务工程局“负责航务工程的设计、施工任务，和水运总局属于甲、乙方关系”。

（二）1964年交通部机构调整

1. 1964年交通部机构调整情况

1964年3月9日交通部党组向中央提交《关于成立公路工程总局、航务工程总公司和调整部内机构编制的报告》，说明交通部当时共有直属企业、事业单位140个，其中由部直接领导的一级单位有71个。为了做好各方面的管理与领导工作，因而建议成立企业性质的公路工程总局、航务工程总公司并调整部内机构编制，但未获批准。随后交通部重新提出调整部内行政机构编制的申请，1964年7月29日

①内容源于1962年12月5日交通部党组提出《关于机构编制的请示》，报告显示内容已经薄一波副总理批准。

国务院批复同意。主要内容如下：

1964年7月29日国务院对交通部重新提交的机构编制批复如后：根据国家编制委员会1964年7月27日的审查报告，同意你部设立办公厅、政策研究室、参事室、计划统计司、财务会计司、劳动工资司、技术司、基本建设司、教育局、材料供应局、民间运输局、机要电讯局、水运局、公路运输局、公路工程管理局，港务监督局16个行政职能单位，行政编制873人（包括中央监察委员会派驻交通部监察组13人）。附属机构编制：幼儿园80人，农副业生产基地14人。

与1963年的机构设置相比，其主要变化为：①取消公路总局、增设公路运输局（归口管理汽车运输，配件生产供应等工作）和公路工程管理局（归口管理汽车运输，配件生产供应等工作）；②取消航务工程管理局，增设基本建设司；③取消电讯局，增设机要电讯局；④取消生产办公室，增设政策研究室；⑤增设港务监督局；⑥交通部行政编制为873人，比1963年的852人增加21人。

交通部根据国务院的批复确定新的机构编制后，直到1965年底，无明显变动。

2. 1964年交通部领导人员情况

王首道任交通部部长。3月11日，中共中央发文同意交通部计划统计局局长肖民、技术局局长葛琛、政治部副主任朱田顺、运输总局副局长陶琦四同志任交通部副部长，免去他们的原任职务。

第三节　公路交通行政

一、公路建设行政

（一）贯彻“全党全民办交通”方针，推动群众性筑路高潮

1. 召开地方交通工作会议，推动地方修建公路的热潮

交通部在向党中央呈送“全党全民办交通，水陆空运大跃进”报告

前后，两次召开地方交通工作会议，沟通认识，调动地方修建公路的积极性。1958 年 4 月，在武汉召开的地方交通工作会议上，王首道部长对确立“全党全民办交通”方针的必要性及重要意义进行了阐述，强调“依靠地方党委，依靠群众，普及与提高相结合，以普及为主”的公路建设方针就是贯彻社会主义建设总路线。1958 年 5 月在北京召开的地方交通工作会议上，交通部提出第二个五年计划期间公路事业跃进的总目标是：县城要建有公路，乡社之间通大车，车辆逐步机械化，消灭肩扛与人背的原始状况。1958 年南北两次地方交通工作会议的根本目的在于推动“全党全民办交通”方针的贯彻实施，鼓动公路建设大跃进，以弥补国家投资的不足。

2. 下放公路测设施工队伍，适应地方建设公路的需要

1958 年以前，交通部公路总局有 7 个直属公路工程局，约有职工 7 万多人。1958 年下半年，除因援外需要留下 443 人外，其余全部下放到省（区、市）。另有交通部公路勘察设计院的 5 个分院全部下放。与此同时，省（区、市）的公路施工力量和测设队伍也层层下放。下放工作虽然是执行中央决定，但同时也是为调动地方积极性，推动群众大规模修建公路的需要。

3. 组织制订公路网建设规划，满足群众性筑路运动的需要

1960 年 1 月，交通部召开公路网规划座谈会，强调过去公路网规划工作的质量与速度不能满足当时群众筑路运动的需要，要求加快地方公路网规划工作。3 月 7 日，交通部颁发了省（区）公路网规划文件的参考提纲和对规划工作的详细要求。4 月 29 日，交通部公路总局又发出《请加紧进行公路网规划工作的函》，进一步督导地方交通部门加紧路网规划。

4. 群众性筑路高潮的兴起

1958 ~ 1960 年的三年“大跃进”时期，在交通部“全党全民办交通”方针指引下，全国各地兴起群众筑路运动的热潮。继 1958 年春天在农业“大跃进”中出现以农田水利建设为主的交通建设高潮之后，下

半年随着“以钢为纲”全面跃进而掀起的更大规模的群众筑路高潮，盛况空前。以福建省为例，1958年福建省首先在农业“大跃进”中广修田间道路，继而在大炼钢铁的过程中为“钢帅”开路，再掀筑路高潮。前后投放劳动力达2 200万工日，每天上场民工有10万人以上，到处是几千人的大兵团日夜作战，声势浩大。一年之内共建成公路2 961.3公里，以县城为中心的公路网逐渐增多。1959年，再次掀起大战一冬春的修路热潮，共修建了1 969.6公里公路。1960年春，组织群众划段包干，龙岩专区民工上场最高峰时达14万人，占农村人口的19.4%。全省共有69万名民工参加修路，这一年共完成2 315.7公里公路。3年累计修建公路近7 000公里。当时，动辄发动数十万民工搞大兵团夜以继日连续作战的现象，在全国甚为普遍。据统计，广东、河南、山东、云南、甘肃、辽宁、河北、湖南等20多个省(区、市)的公路建设都出现了前所未有的大发展。3年“大跃进”期间，全国共修公路总计26.48万公里，使我国1960年的公路通车里程比1957年翻了一番。全国不通公路的县在1957年为151个，到1960年减少至20个。

(二)重建公路建设队伍和公路建设管理的基本制度

1.总结公路建设中的经验教训

1958～1960年的群众性筑路高潮取得很大成绩，但问题不少。1961年交通部对三年“大跃进”总结经验教训时指出：“‘地、群、普’交通建设方针，对促进我国交通面貌的改变和运输事业的发展起了积极作用。但是我们在指导思想上有片面性，在安排运输任务上常常忽视支援农业这一主要方面；特别是我们对农民有平调思想，总想要农民出钱、出力、出料、出工具来大办交通运输，总希望多抽农村劳动力和运输工具来搞短途运输，因而在贯彻这个方针的过程中，产生了副作用，助长了基层干部对农民的共产风，过多地占用了耕地和农村的劳动力”。“由于片面强调依靠地方，也助长了体制下放过多的偏向；由于突出强调普及，在基本建设中也产生了忽视质量的偏向，造成了不少损失和浪费”。这个总结，与此前交通部党组呈送中共中央的工作报告中对“直、专、高[①]”的批判和否定相比较，是思想认识的一大进步。各地在“大跃进”期间过多地抽调农村劳动力参加修路，严重损害了群众利益，挫伤了群众积极性；由于没有认真地抓工程质量，以致很多公路不合标准，造成浪费；由于忽视了干线公路建设和专业队伍下放过多，使国防、边防公路得不到及时修建，造成严重后果。总结这些经验教训为交通部在下一步公路建设行政工作中贯彻中央的“调整、巩固、充实、提高”八字方针奠定了思想基础。

2. 重建交通部直属公路建设系统

为贯彻中央“八字”方针并依据以往工作的经验教训，交通部调整公路建设管理工作的重要措施之一是注重专业队伍建设，恢复直属的公路建设系统。早在1961年，交通部即在西安建立了筑路机械厂，并直接领导。同年交通部指示科学研究院与4所大学合作，分别在上海、长沙、西安等地成立了公路工程研究机构。1963年，交通部向国务院呈送的《关于调整公路测设施工力量的管理体制的请示》得到肯定批复，开始回收部分专业队伍。到1963年底，从10余个省(区)收回职工8 642人，其中干部1 790人，各种机械和仪器设备1 100台，充实了第一公路工程局，成立了第二、三、四公路工程局和第一、二公路勘察设计院，并初步建立了基地和多级机构。与此同时，各省交通厅先后收回下放的公路测设施工队伍，恢复省直属公路建设机构。自此，全国公路由于“大跃进”运动和体制变更而被拆散的专业队伍逐步得到恢复。

3. 重建公路建设管理的基本制度

交通部调整公路建设工作的另一重要行政措施是重建公路建设管理的基本制度。从1958年开始，由于管理体制变动和直属企业下放，加上群众筑路运动的新形势，以前逐步建立并一直沿用的管理制度无形中被废止，造成基本建设管理混乱。针对公路建设中出现的问

①直属、专业、高标准。

题,交通部于1961年开始重新制订有关基本建设管理的规章制度,其中包括《交通基本建设工程验收试行办法》和《交通基本建设工程施工技术管理试行办法》。这两个文件的颁发试行再次确立了公路建设工程管理的竣工验收制度和施工技术管理制度。1962年交通部又转发国务院关于加强基本建设管理的3个文件:《关于编制和审批基本建设设计任务书的规定(草案)》、《关于加强基本建设计划管理的几项规定(草案)》和《关于基本建设设计文件编制和审批办法的几项规定(草案)》。1963年,交通部发出通知,对国家计委等部委颁布的《关于建立基本建设计划执行情况报告制度》、《关于制止违法出包基本建设工程的几项规定》等文件的贯彻执行提出具体要求。1964年9月25日,交通部制定《关于编报和审批基本建设设计任务书的规定》,重申各单位必须严格执行1962年5月国务院颁发的关于基本建设的3个文件,并对实施中发生的编制项目、审批权限等问题作出进一步规定。以上规定、办法下达后,除国防公路建设情况特殊外,各省(区、市)一般都能遵照执行。例如江苏省的徐州—连云港公路、沭阳—陈家港公路、西藏的中尼公路等开始遵照基本建设管理的有关办法执行。恢复公路建设管理的基本制度开始取得成效。

(三)加强基本建设管理,确保施工安全和工程质量

为加强工程施工过程中的安全管理,减少伤亡事故和经济损失,交通部在原有《公路工程技术安全暂行规则》的基础上,于1963年6月27日再次发出《关于加强基本建设管理确保施工安全和工程质量的指示》,要求必须认真树立安全、质量第一的思想,提高设计质量,加强基本建设管理,确保施工安全和工程质量。同时还提出“四防”、“七查”、“五立”,把好“三道关”,做到“三加强”等具体要求。

四防:即①防洪、防台;②防火;③防中毒;④防病患。

七查:即①查工程是否符合国家及交通部及各有关部门颁发的法律与规章制度。②查施工前是否已编好施工设计,是否对保证安全、质量方面提出切实有效的技术组织措施和操作规程。③查施工技术

人员和工人是否熟悉设计图纸、领会设计意图、工程意义、施工方法、质量标准、安全措施及有关问题。④查施工机具、设备、工程船舶等技术状态是否良好。在施工机具、设备的搬运和工程船舶的调迁及拖带方面有否采取相应的安全措施。⑤查建筑材料是否具有合格证件或符合质量要求。⑥查施工工程是否按照设计文件及施工规范施工。⑦查现有工作中的漏洞是否及时采取措施和对已发生过的重大安全事故是否深入细致进行了分析研究。

五立:即①建立施工管理工作制度和技术责任制;②建立保证安全、保证质量的汇报和工程监理制度;③建立施工日记;④建立技术档案;⑤建立施工机具、设备等预防检查保养制度。

三道关:即①开工关:工程开工前必须落实投资项目、材料设备、设计文件和施工力量;②质量关:对工程质量必须经常监督检查,建设单位应定期听取汇报,发生问题应及时制止或主动与施工、设计单位研究采取措施;③验收关:隐蔽工程及竣工工程必须严格按验收规定办事,对未完工程和未经验收工程,不得擅自动用。

三加强:即①加强基建管理机构;②加强施工现场监督管理,做好质量检查和验收工作;③加强与设计、施工单位的联系,既要搞好关系,相互协作配合,又要坚持原则,按规定办事。

(四)加强干线公路、国防公路建设及援外工程

1958~1961年期间,由于交通管理体制变更及其他原因,全国只有部分省(区)修建过少数干线公路。1962年由于台湾海峡局势的变化以及1964年美国发动侵越战争,中央提出战备工作以及“大、小三线”建设任务。由此,组织干线公路、国防公路建设以及支援“大、小三线”建设成为交通部公路建设行政的一项重要工作。

1. 组织、督导重要路段公路建设

战备问题提出后,交通部组织或督导重要干线公路建设。1965年5月交通部报送《1966年西南地区重点工程基本建设计划初步草案》,计划1966年投资4 400万元,建设两条公路、三座大桥等。

以上公路建设均具有重要政治、经济意义，且推动了我国公路工程技术进步。

2. 贯彻国务院行政决策，组织2.6万人工役制公路修建队伍

1965年，鉴于国防公路建设任务紧迫，4月27日，国务院发出《关于组织两万六千人工役制公路修建队伍支援国防公路建设的通知》。为贯彻国务院行政决策，交通部于5月13日作出具体安排，从河北、河南、山东三省征集2.6万人，组成工役制公路修建队伍，支援云南省的国防公路建设。

3. 组织援外工程建设

1958～1965年间，交通部还根据条约实施了大量的援外工程建设，帮助兄弟国家建设公路、桥梁等交通基础设施，包括援助越南成套施工设备，援助也门公路建设，援助蒙古公路建设等。此外，还有中国建设的中尼公路，即中国与尼泊尔之间的国际干线公路，全长488.87公里(1965年7月通车)。

二、公路养护行政与路政管理

(一)公路养护事业发展的形势转变

1. 公路养护事业面临的困境

自新中国成立开始，公路养护体制逐步确立，公路养护事业逐步发展。在交通部领导下，地方各级交通机构具体负责国、省、县、乡道路的养护工作。1958年，在交通事权和企事业机构层层下放的体制变动中，全国绝大部分省(区)将省养干线公路(含部分重要支线)养护机构下放专区(市)、县以后，给养护工作带来很大困难。首先，养护队伍和力量遭到严重削弱。养护机构下放以后，有的被拆散，技术人员调往水利等其他部门，有的并入施工单位。再加上经济困难期间，部分养路职工擅自离开岗位另谋生路，使养护队伍缩小。同时，全国的群众养护里程由1957年的13万公里减少到1962年的4万公里，全国的养路技术人员也从1957年的4 397人减少到1960年的3 690人。

其次，规章制度废弛，工作陷入混乱。大部分省（区）在下放时，由于时间仓促，权、责、利划分不清，导致下放后块块割据，机构裁并，人员调离，养路经费开支失控，甚至被挪用开矿、修水库等，致使正常的养护工作难以保证，全国公路技术状况严重下降。

2. 加强公路养护工作的领导

为克服全国公路养护工作面临的困难，1960 年 2 月 29 日至 3 月 9 日，交通部在北京召开全国公路养护工作会议，总结了以往工作经验，根据新的形势制定了公路养护工作的具体方针，提出 1960 年主要项目指标和措施。此外，会议经讨论初步制定以后三年发展的规划提纲（草案），并且确定在全国公路养护战线开展一个“以养好路面为纲”的“六化”红旗竞赛（“六化”包括：路面平实整洁化、公路晴雨通车化、路线适应列车化、桥渡安全畅通化、操作机械化或半机械化和道路园林化）。这次会议成为推动全国养护工作形势好转的一个开端。但由于诸多原因，当时的公路养护状况还没有出现根本好转。1961 年 2 月，交通部在北京召开全国交通工作会议，讨论贯彻中共中央提出的“八字”方针，调整投资方向。其中重要内容之一是决定把资金集中到现有公路的养护改善方面。同年 3 月 24 日，交通部在广东省台山县召开全国公路养护经验交流现场会议，王首道部长在会上强调 1961 年的公路养护工作要以养好现有公路为主，把公路养护工作放在首位，全面安排好干支线的养护，有重点地改善路况，巩固提高道路质量，以适应运输生产需要，大力支援农业等。会后各地公路部门开始调整和加强了公路养护工作，部分省区还收回了下放的养护机构和人员。但进展仍然不快，从公路的实际情况来看，距离 1957 年的水平还有很大差距。其原因是多方面的，一方面由于纠正“大跃进”中具有极端片面性的行为有一个思想认识过程和行动过程，另一方面当时国民经济还处于困难时期，首先要解决吃饭问题。因此，全国公路养护事业的形势虽然开始好转，但全面恢复尚待时日。

（二）贯彻中央《关于加强公路养护和管理工作的指示》

1962 年 6 月，中共中央、国务院发布《关于加强公路养护和管理工

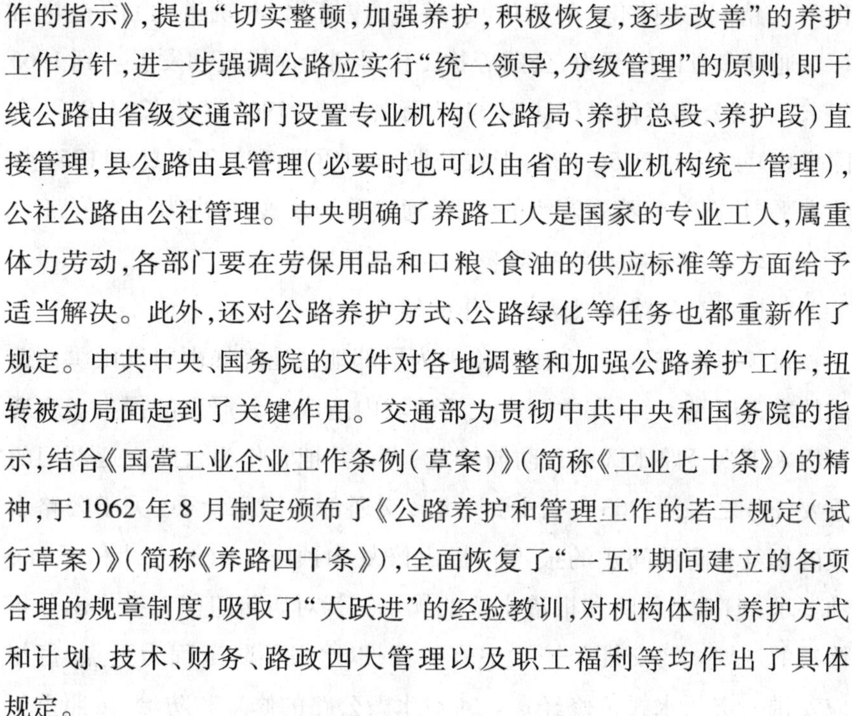

作的指示》,提出“切实整顿,加强养护,积极恢复,逐步改善”的养护工作方针,进一步强调公路应实行“统一领导,分级管理”的原则,即干线公路由省级交通部门设置专业机构(公路局、养护总段、养护段)直接管理,县公路由县管理(必要时也可以由省的专业机构统一管理),公社公路由公社管理。中央明确了养路工人是国家的专业工人,属重体力劳动,各部门要在劳保用品和口粮、食油的供应标准等方面给予适当解决。此外,还对公路养护方式、公路绿化等任务也都重新作了规定。中共中央、国务院的文件对各地调整和加强公路养护工作,扭转被动局面起到了关键作用。交通部为贯彻中共中央和国务院的指示,结合《国营工业企业工作条例(草案)》(简称《工业七十条》)的精神,于 1962 年 8 月制定颁布了《公路养护和管理工作的若干规定(试行草案)》(简称《养路四十条》),全面恢复了“一五”期间建立的各项合理的规章制度,吸取了“大跃进”的经验教训,对机构体制、养护方式和计划、技术、财务、路政四大管理以及职工福利等均作出了具体规定。

以上指示和规定实施后,有力地推动了调整工作的进行。到 1962 年末,全国大部分省(区)收回了过去下放过多的养路机构、人员等,并进行了充实和加强。全国养路职工总人数(包括技术人员)有了较大幅度增长,各项规章制度也得到恢复。1963 年,交通部在业已恢复的公路工程管理局内设立养护处,从组织上加强公路管理。向国务院呈报了《关于在现有公路上加铺沥青磨耗层问题的请示》和《关于改建公路和农村道路上的木桥的请示》,均获国务院批准,并转发各省(区、市)组织实施。为了全面贯彻中共中央和国务院的指示及《养路四十条》精神,交通部还于 1963 年 3 月26 ~25 日在广西桂林召开了全国公路养护工作会议,强调对现有公路必须进一步贯彻“切实整顿,加强养护,积极恢复,逐步改善”的方针,把养路工作转移到以农业为基础的轨道上来,贯彻平战结合,适应国防战备的需要。以养好路面为中心,巩固和提高好路率,增强公路通过能力和抗灾能力,并提出“一网五化”(公路网,边路化、车子化、索道化、梭槽化、木轨道化)的奋斗目标。通过多方面的努力,公路养护工作得到全面恢复和发展。到1965年末,全国公路养护里程达到34.7万公里,比1962年增长24.9%。全国平均好路率达到56.5%,干线公路养护质量已完全恢复到1957年的水平,并有部分不列等级的线路,通过养护改善,提高为等级公路。

(三)加强公路水毁防治和公路绿化管理

1.加强对公路水毁防治工作的领导

每年汛期或雨季,全国公路因为局部地区连降暴雨引发山洪而造成的灾害屡见不鲜,在中国广大的地域内造成十分严重的损失。交通部历来重视公路水毁的预防与修复工作,并把它作为公路交通部门的重要任务之一。1963年,国务院批转交通部和国家计委《关于公路水毁的修复和防治问题的报告》,提出修复和预防并重的方针和下列6项要求:①拟定预防和根治水毁的规划。②对历年遗留工程作出分年修复的规划。③安排养护大中修工程,以水毁预防工程为重点,每年应安排一定的水毁抢修经费。④对水毁公路的修复和防治,按照重要经济、国防干线和一般线路的顺序安排;先修复影响通车的路基和桥涵,后修复路面和其他构造物;国家补助的水毁经费实行专款专用。⑤请农业、水利部门加固改善水利工程,加强水土保持,以防止和减少公路水毁的发生。林业部门流放竹木,事先与公路交通部门联系,防止毁坏桥梁。⑥新建、改建公路,应具备良好的排水系统和必要的防护工程,路基高度和边坡设计,按标准规范执行,桥梁建设一般以永久式为主。随着《关于公路水毁的修复和防治问题的报告》转发,当年中央补助地方修复水毁公路的资金高达7 530万元。各地公路部门认真贯彻国务院指示,全国公路水毁防治工作取得了重要进展。

2.加强调查研究,创办水毁防治工程样板

为了加强水毁的防治工作,在交通部公路工程管理局的领导下,交科院于1964年3月会同湖南省公路科研、设计和养护部门,组成公路水毁防治组,采用“以点带面”、“科研与生产相结合”的方针,开展公路水害的调查与研究工作,并把科研成果用于生产实践,创办黔阳、岳阳水毁防治工程的样板工程和路段。经过1966年洪水考验,取得了明显效果,为1967年3月交通部在长沙召开全国公路水毁防治现场经验交流会议奠定了基础。

3. 加强公路绿化工作的领导

1959年,交通部就加强公路绿化工作向全国公路部门发出通知,肯定1958年的成绩,并对以后的绿化工作提出具体要求。通知下达后,各省(区、市)积极行动起来,到1959年末,绿化公路14万公里,约有路树一亿多株。但在国民经济三年困难时期,行道树遭到乱砍滥伐,使公路绿化工作受到很大损失。据统计到1962年末,全国基本绿化里程只剩下9.7万公里,占公路通车总里程的21%;行道树减少了约40%。1962年6月,中共中央、国务院《关于加强公路养护和管理工作的指示》中,除对公路植树的要求和树权及收益分配政策作了更为明确的规定外,还对已有的行道树突出地强调“要妥加保护,严禁任意砍伐”。这些政策的明确和公布,为制止滥砍乱伐,加强绿化管理打下基础。1963年起,随着国民经济开始好转和各项绿化政策的落实,以及各地养路部门、沿线群众对绿化工作有计划地开展,使公路绿化又进入快速发展阶段,绿化里程逐年上升。为了总结交流经验,进一步推动绿化工作,1965年10月20日至29日,交通部和林业部在湖北武汉武昌联合召开了第一次全国公路绿化工作会议。董必武副主席会前听取了汇报,并对会议作出书面指示:“公路绿化不单是经济、技术问题,在政治、国防等方面有重要意义,必须形成制度,作为各级公路交通部门长期的经常性的工作”。他还要求“把植树作为公路建设的组成部分”,“验收公路也要包括植树”等。会议讨论了若干方针和政策问题,提出第三个五年计划期间绿化工作目标与措施。会议还要求认真贯彻“加强领导,依靠群众,狠抓育苗,积极营造,严格管理,保证质量”的方针,从而进一步推动了绿化工作的发展。1965年末,全国公路绿化里程已达19万公里,共有路树1.5亿多株,比1962年增长了近1.5倍。

（四）恢复路政管理工作

早在1958年1月，交通部和水利部针对1957年冬季在兴修水利中出现损坏公路工程设施，影响运输安全等问题，联合发布了《关于开展农田水利建设中注意保护公路的通知》，要求各地加强公路设施的保护，强调“由于因增添设备或加固工程所需费用，列入农田水利计划内，或由使用单位承担”，并规定了保护公路不受损害的多项措施。但是，由于各省（区、市）公路管理事权下放，公路路政管理受到很大的削弱。而各地在大规模兴修农田水利中，损坏、挖断公路，断绝交通事件不断发生，严重影响运输生产和行车安全。在人多地少的地区，扩大耕地的行为甚至危及路基边坡和路肩；公路行道树被盗伐、剥皮以致枯死；桥梁栏杆和标志牌失窃事件经常发生。1961年以后，随着调整方针的全面贯彻和1962年中共中央、国务院《关于加强公路养护和管理工作的指示》的实施，公路路政管理工作逐渐恢复。

中共中央、国务院《关于加强公路养护和管理工作的指示》特别强调：“公路及其附属设备，包括两旁已划定的用地，都是国家财产，任何人不得任意侵占或破坏”；“对于拆毁公路桥涵、标志等行为，应坚决制止，并根据情节轻重认真处理”；“各地林业、水利等部门和人民公社，因流放竹木、农田排灌等而对公路发生干扰时，应事先与交通部门联系，共同采取措施，防止损坏公路”。1962年8月交通部颁发的《关于公路养护和管理工作的若干规定（试行草案）》，除重申有关路政管理事项外，针对“大跃进”以来发生的新情况、新问题，作出新的规定。其要点是：公路两旁用地范围有争议时，由交通厅提出用地宽度报省人委核定；公路两侧占地过宽的，可将暂不使用部分经交通主管部门同意后，适当加以利用；大中桥梁和渡口的上下游附近河床上，除非经养路部门同意，否则不准挖取砂、石、土或修水坝；重型车辆超过桥梁载重标准时，必须事先与养路部门联系，采取保证安全的措施后方准通行等。根据上述规定，地方政府及交通部门还制定了路产保护奖惩办法,并为教育群众爱路护路印发、张贴了加强公路管理的布告,召开了不同形式的群众会,进行了广泛的宣传。由于多方面努力,到1965年,路政管理工作基本恢复到1957年的水平。

(五)适时修订公路养护管理基本制度

从1958年到1965年,根据形势发展和新的情况,交通部修订或呈请国务院修订了公路养护管理的一些基本的规章制度。

1. 呈请国务院修订《民工建勤和养护公路的规定》

民工建勤修路的基本制度自1951年国务院确定以来,经过1955年重新修订,到60年代,形势发生变化。1965年4月23日,交通部向国务院提请再次修订颁发《民工建勤修建和养护公路的规定》。新规定要求:①每年每个劳动力的义务建勤,由过去的10个工作日改为至多不超过5个工作日。车、船等运输工具及兽力的义务建勤为每年2个工作日,所需工具由民工自带。②凡有劳动力的年满18～45岁的男性农民,和年满18～40岁的女性农民都有建勤义务。因病不能劳动的或者是妇女怀孕的,在动员民工建勤时应予免除。③动员范围原则上以在道路两侧15公里以内为限,由各省(市)人民委员会根据实际情况具体规定。随着生产力的进步和公路建设、养护专业力量的逐步增强,民工建勤的义务逐步减少。

2. 修订《公路养护管理暂行规定》等文件

1960年4月22日,为适应“大跃进”以来公路运输事业突飞猛进的发展,交通部根据“统一领导,分级管理”原则,对公路养护工作的基本任务、养护工作的分类、路线的分级管养方式以及有关部门之间的关系等,重新作出规定。修订后的《公路养护管理暂行规定》于1960年4月22日公布施行。此前,为合理征收公路养路费,正确使用养路资金,加强养护适应运输的需要,财政部、交通部于1958年8月11日重新制定颁发了《公路养路费征收和使用暂行规定》。此后,交通部会同财政部又于1963年6月24日颁发了《关于公路养路费征收和使用的补充规定》,把费率调整提高到10%,从而使养路费收入恢复了逐步增长的势头,使大多数省(区、市)都能从养路费中安排部分资金用于路面和危桥的改建等。1964 年 6 月 10 日,交通部又会同农业部、财政部发布了《关于对农业拖拉机减免养路费的通知》。

三、公路运输行政

(一)成立各级指挥部,组织群众性短途运输

1958 年,随着工农业生产的"大跃进",货运量急剧增长。中央提出钢铁和粮食产量翻一番,基建投资也增加一倍,给公路运输造成很大压力。交通部曾经根据 25 个省(区、市)和中央有关部门提供的资料估算,仅 1959 年第 4 季度的运输量,大致需要动员农村副业畜力车 171 万辆、人力车 207 万辆、木帆船 6 千万吨位、驮力 91 万头、挑担和放排 280 万人,加上养路、修路等,总共需要 1 000 万人。正是估计到"大跃进"产生的巨大运输需求,1958 年 4 月至 5 月间,交通部在南、北地方交通工作会议上即开始推动地方交通部门组织群众运输运动。为解决运能和运量不相适应的矛盾,中共中央于 1958 年 9 月 23 日发出《加强运输工作的指示》,要求"必须贯彻执行全党全民办交通的方针,党委挂帅,发动群众,千方百计地调动一切积极因素来保证完成运输任务",并强调各级机关、企业、军队、学校等部门的汽车、畜力车、人力车等运输工具参加运输。为解决统一领导问题,中央还要求:"在运输紧张的地区成立运输委员会或运输指挥部","抽调必要的干部组成办公室,负责统一调配各种运输工具和装卸力量,统一组织运输工作"。随后,中央决定成立运输指挥部,由薄一波任总指挥,铁道部部长吕正操、交通部部长王首道任副总指挥。中央运输指挥部着重进行宏观调控,协调运输部门与物资部门的关系,统一指挥全局。办公室设在交通部,日常工作由交通部具体负责办理。1959 年,中共中央、国务院发出《关于开展群众短途运输运动的指示》,要求加强行政管理和统一指挥,贯彻统一领导、分级管理、层层包干的原则,在各地党委统一领导下,建立和健全包括运

输部门参加的运输指挥部。根据这一指示,全国很快成立了省、地、县三级运输指挥部。自1958年9月23日中共中央《加强运输工作的指示》发出后,在全国掀起一场大规模的群众性短途运输热潮。

领导和管理群众性短途运输成为1958年以后一段时期内交通部公路运输行政的中心工作。1959年12月1日至9日,交通部在北京召开全国运输会议,对群众性运输工作进行总结和新的鼓动,使当时的群众性短途运输继续保持高潮。据统计,从1959年9月到1960年1月底,全国平均每天出动1 000多万人,除原有专业车船外,还另外组织了300多万辆民间车辆、100多万头驮畜参加运输。1959年第4季度共完成货运量7亿多吨,1960年1月运量又有大幅度增加,1个月完成3亿多吨,日产量比1959年第4季度高出22.6%。春耕生产开始后,参加短途运输的人数逐渐减少,但1960年上半年,仍平均每天占用680多万人。

(二)开展“车吨月产万吨公里”运动,组织“一条龙”运输大协作

1. 开展“安全、节约、车吨月产万吨公里”运动

面对1958年开始出现的短途运输极度紧张的局面,交通部除依靠党中央组织大规模的群众运输活动以外,另一重要行政措施是充分发掘专业运输企业的潜力。1959年3月,交通部发出关于在汽车运输企业中开展“安全、节约、车吨月产万吨公里”运动的指示,内容主要有4项:①推行双班和多班运输;②开展拖挂运输和汽车列车化;③自制、革新装卸机械;④提倡领导干部现场办公,及时发现和解决运输生产中的问题。各地汽车运输企业围绕“万吨公里”运动,千方百计提高汽车运输效率。

2. 组织“一条龙”运输大协作

“一条龙”运输大协作作为一种新的联运组织形式是全党全民办交通的具体体现。它首创于河北省的昌黎县。中共昌黎县委于1959年2月成立由公路、铁路、工业、粮食、商业、搬运等部门参加的“一条龙”协作办公室(即“六合一”办公室),由县交通运输指挥部具体领

导。实行统一计划、统一调度、统一管理制度、统一竞赛指标、统一检查汇报,使产、运、销紧密配合,减少了车辆窝工浪费现象,提高了运输效率。1959 年 10 月,中央运输指挥部短途运输办公室向全国转发了昌黎县的经验。12 月,中共中央在批转交通部和铁道部党组《关于"一条龙"运输大协作的报告》中指出:"'一条龙'运输大协作的经验,给我们提供了组织联运工作的一种良好形式。建议各地党委进一步加强对铁路和交通部门的领导,使这些经验在全国开花结果,普遍丰收",至此"一条龙"运输大协作很快在全国范围内推广开来,且形式愈来愈多,直到 1964 年,停止推行。

"万吨公里"运动以及"一条龙"运输都是以群众运动形式推进交通经济活动的典型,在当时背景条件下,对缓解运力紧张局面起到积极作用。它反映了中国急切需要发展运输生产力的愿望。但实践证明,它并不是发展运输生产力的有效、可持续的方式。以"万吨公里"运动为例,各地在片面思想主导下,运动中提出的一些浮而不实的口号,助长了浮夸风,造成企业内部比例关系严重失调。如规章制度破而不立,造成消耗无定额、经济无核算、操作无规程的混乱局面。企业管理失控,服务质量下降。从 1958 年开始持续 3 年的时间内,载货汽车的运输产量虽一时促了上去,但车辆技术状况却很快降了下来,单车产量也随之大幅度滑坡。

(三)推动汽车货运支农转轨

根据 1962 年 9 月中共八届十中全会要求各行各业把工作转移到以农业为基础的轨道上的指示,12 月,交通部在北京召开了全国地方交通支援农业会议,对交通工作转向以农业为基础的轨道,提出 4 项要求:①树立以农业为基础的思想,并且在实际工作中体现出来;②运输的组织安排符合农、轻、重的次序,有利于促进农业生产,巩固集体经济和人民公社办副业运输;③各项交通建设有利于支援农业,推进农业的技术改革,尽可能节约民力和土地;④不断改进经营管理,提高劳动生产率和综合生产能力,做到既能为农业提供便利的交通运输条件,又不因发展交通事业而加重农民负担。根据会议精神,各地汽车运输企业除对职工加强支援农业的思想教育外,还采取切实可行的措施,大力开展支农运输工作,使得全国公路运输很快实现了支农转轨的变化。

(四)颁发成本核算规则,整顿运价

1. 统一汽车运输成本核算规定

为了健全国营运输企业的成本管理制度,加强成本计划和成本核算工作,以利增产节约运动的开展,1959 年 12 月交通部首次颁发《汽车运输成本项目和成本计算的统一规定》,对分配生产费用的原则、成本分类、计算单位、时间、方法等作出比较详尽的、可操作的规定。为进一步规范统一汽车运输的成本核算工作,1965 年 12 月 25 日,交通部又颁发了《国营交通运输企业成本核算的若干规定(草案)》,对成本核算对象、计算单位和方法等又作出了规定。其中成本核算的内容分两大类:一是车辆费;二是管理费,至于成本计算单位和方法,则与 1959 年颁发的基本相同。前后颁发的两个规定对全国汽车运输企业加强成本管理起到重要的促进作用。

2. 整顿短途运价

由于各种原因,各地运输企业在 1960 年以后,变相提价者逐步增多,以至短途运价趋于混乱。为了解决全国物价中存在的一系列问题,1961 年 2 月,国务院批转国家计划委员会《关于调整 1961 年若干工业产品出厂价格和继续加强价格管理的报告》,其中要求交通部提出制订短途运价的原则和加强管理的具体措施。12 月,交通部在进行调查研究后,发出《关于当前短途运价存在的问题和加强管理的原则与措施的意见》,要求各地对短途运价采取“管而不死、活而不乱、因地制宜”的方针,在成本核算的基础上,结合国家运价政策制订运价,并特别强调各级业务单位不得自行决定运价。通知发出后,各地开始整顿运价,国营运输企业、集体和个体民间运输业多收或乱收运费的情况有所扭转。但是,许多运输企业执行国家定价发生很多实际困难，以至生存难以维持，问题并未得到真正解决。1962 年 12 月，国家物价委员会在全国物价会议上，对整顿公路运价作了专题讨论，形成《关于整顿短途运输价格讨论纪要》。1963 年 2 月，交通部将纪要转发给各省（区、市）交通部门，要求认真贯彻执行。根据国家物价委员会与交通部的要求，公路运输部门积极采取各种措施，尽量执行国家规定的运价。经过 3 年调整，至 1963 年国家经济形势好转，运输企业基本执行规定运价。此后，鉴于全国运价仍不统一，部分地区继续维持的高运价不利于改善经营管理，全国物价委员会与交通部又于 1965 年 12 月联合发出通知，要求各省(区、市)在两三年内将汽车货物运价降到 0.20 元/吨公里，并对支农物资实行优惠运价，再次强调取消不合理的运费附加，简化计费项目和收费手续。

(五)加强公路运输及运输企业的规范化管理

促使公路运输及国有运输企业走上规范化运行轨道是公路运输行政的一项重要工作。在贯彻中共中央"八字"方针的过程中，交通部逐步加强公路运输及运输企业的规范化管理，主要行政措施除整顿运价以外，还有以下方面。

1. 健全汽车运输工作的相关制度

为防止旅客运输过程中的某些错乱现象，交通部组织专人经过调查研究，制订了《公路汽车旅客行李和包裹运输规则》并于 1962 年 5 月 1 日起施行。随后，为全面规范汽车运输，1963 年 3 月 26 日交通部颁发《汽车运输工作条例(草案)》，对汽车运输的性质和任务、汽车队的组织和运作以及运输企业的计划管理、技术管理、定额管理、车辆调度、安全质量、奖惩办法和生活福利、政治工作等内容作出系统的规定。在此基础上，为整顿和简化公路汽车营运票据和原始凭单，交通部通过试点和总结经验，于 1965 年 12 月 18 日颁发了《公路汽车营运票单统一格式和使用办法》，规定自 1966 年 1 月 1 日起实施。上述关于汽车运输工作制度的各种规定对促进全国各地汽车运输企业的规

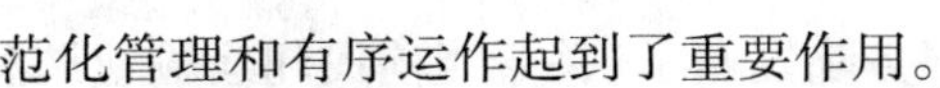

范化管理和有序运作起到了重要作用。

2. 颁发技术管理规范,加强汽车机务管理

汽车机务管理,特别是汽车机务技术管理是运输企业经营管理中的重要组成部分。1961年1月,交通部在全国交通会议上强调必须扭转重造轻修、重使用轻维修的不良倾向,把保养维修工作放在首位,提出“先维修、后制造”的具体方针。此后,交通部于1962年和1963年分别组织有关技术人员,总结以往的经验,吸取“大跃进”中有章不循、保修失调、车况下降的教训,将以前编写的《汽车运输技术规范(初稿)》修改成为《汽车运输企业技术管理制度》和《汽车运用技术规范(试行)》,于1964年1月颁发。与此同时,还将组织编写的《汽车运用技术手册》作为技术参考资料一并印发。《汽车运用技术手册》与1954年制订的汽车运输企业技术管理制度比较,除增加了以管理、使用、保养和维修四大篇章为主的技术管理制度等新内容外,还有以下特点:①明确提出要认真全面贯彻“严格管理、合理使用、强制保养、计划修理”的原则;②明确提出汽车运输企业必须建立和健全技术管理工作的组织与领导体系、技术指挥系统、技术管理职能部门和多级生产技术责任制;③强调“汽车使用”是汽车运输企业贯彻“安全质量第一”方针,维护车况、提高产量、降低消耗、降低成本的关键措施;④强调科学技术以及培养和发展技术队伍,指出技术革新、技术改造方案必须经过科学试验。

以上《汽车运输企业技术管理制度》等文件的颁发及实施,标志着汽车运输企业的技术管理工作进入了一个新的阶段。

(六)整顿民间运输业

1958年以后,农村和城镇举办的众多运输合作社在人民公社化运动中快速过渡为国营企业,但在3年持续“大跃进”中,大批车辆损坏,牲畜非正常死亡增多,以致民间运输业濒临困境。交通部经过调查统计发现,1958年至1961年公路运输部门民间运输工具完成的货运量、货物周转量分别下降39%和40%;货运人力车、畜力车分别下降13%和30%。因此,决定整顿民间运输业,并向中央反映情况和建议。

1962 年 5 月 6 日,中共中央、国务院发布了《关于当前民间运输业调整工作中若干政策问题的指示》,根据中央指示,交通部于 5 月 25 日,颁发了《关于民间运输若干政策问题的规定(试行草案)》,对民间运输业所有制、社员入社财产处理和退赔、收益分配和生活福利、企业经营管理以及组织领导和物资供应等问题,都作了比较详细具体的规定。1962 年 7 月,交通部又颁发了《运输合作社示范章程(试行草案)》,对运输合作社的性质、任务、组织机构及社员的权利和义务、收益分配、生活福利等,进行了明确规范。11 月,财政部、交通部通知各地:为巩固运输合作社的集体经济,在进行投资资金清理与财务核算时,发现其中需由运输合作社倒补给国家而又确有困难无力倒补的,可提出申请,经县财政、交通部门审查,报请省(区、市)政府,根据运输合作社的经济情况可酌情予以减免。

1963 年,交通部成立了民间运输管理局,加强对民间运输业的管理。随即组织人员对北京、上海、广州、西安、沈阳、郑州、昆明等 10 个城市进行调查,统计自发的个体运输户约有 10 万人,全国估算约有 50 万人,与集体运输业的社员人数相等。为解决各地整顿民间运输业所遇到的具体问题,交通部和工商行政管理局联合发出通知,要求各地对自发的个体运输业进行清理整顿,符合条件的保留,不符合条件的淘汰,坚决取缔"黄牛行"、"把头"和从事雇工剥削、投机倒把的个体运输户;制止在职职工、运输合作社社员及其他私自离职人员从事个体运输;对精简压缩回乡和下放农村人员及盲目流入城市人员从事个体运输的,要限期停业。1963 年 9 月,交通部发出《对运输合作社当前存在的几个主要问题的解决意见的通知》,其中一项重要内容是要求各级交通部门所属运输企业在货源分配上适当照顾运输合作社,以保证合作社的收入,从而保障社员的最低生活水平。中央和交通部发出的一系列指示、规定、办法对运输合作社改善经营管理、改进收益分配方法,起了有力的推动作用。

根据中共中央、国务院的指示精神和交通部的具体安排,各级交通主管部门深入细致地作了大量工作。主要有:设立相应的机构或专管人员,以加强管理;调整民间运输业所有制;认真清理平调,做好退赔工作;加强对个体运输户的清理;规范运输合作社的运作;认真执行货源分配的倾斜政策等,使运输合作社逐渐走出困境,恢复元气,发挥了正常作用。到1965年,全国运输合作社的公共积累约4亿元,从1962年开始,平均每年增加1亿元。

(七)筹建直属汽车运输企业及攀枝花地区专业运输公司

1. 筹建直属汽车运输企业

20世纪60年代初,为适应战备和重点物资运输的需要,交通部开始筹建直属汽车运输企业。1962年12月14日,国家计划委员会、国家经济委员会、交通部向国务院提出《关于筹设交通部直属汽车运输企业的报告》,同时附送《关于先在华北、华东、西北试建直属汽车运输企业的方案》。根据国务院1963年1月5日的批示,交通部于1963年内组成5个汽车大队,同时在华北、华东、西北筹建汽车运输局,领导各汽车队。1963年8月,华北局汽车运输局筹备处成立,先在内蒙古呼和浩特设置机构,后迁北京,接受交通部和华北区计划委员会的领导;西北区汽车运输局设在陕西西安,受交通部和西北区计划委员会领导,200辆汽车运达西北,在西安和甘肃兰州分别设置100辆汽车的车队,并于11月起承担国防工业建设急需的运输任务;华东区汽车运输局在华东区经济委员会和上海市、福建省、山东省人民委员会的支持下成立,在短期内分设并完成了1963年的既定工作任务。此后,随着“八字”方针的深入贯彻,重点物资运输趋向缓和,1963年秋,交通部请示国务院后,确定将已组建的各直属运输企业下放给地方管理,但保留产权和集中指挥权。1964年1月正式下达文件,撤销3个大区汽车运输局机构,所属汽车队的人员、设施移交所在地的省(区、市)交通厅,3月间,交接工作全部完毕。

2. 建立攀枝花地区专业汽车运输公司

为支援“大三线”重点工程建设,交通部于1965年2月22日提出

《1965 至 1967 攀枝花地区汽车运输规划意见(初稿)》,对运力需求、运力分布、运输机构规模和人员配备、基本建设等问题作出规划。此外,国家建委建议交通部成立直属汽车运输队伍,国家在两年内拨给交通部 1 500 辆汽车组成直属汽车运输机构,以解决攀枝花工业区的运输任务。交通部直属运输机构由交通部和攀枝花建设指挥部双重领导,其经营管理归建设指挥部。对此,1965 年 10 月交通部就直属运输机构的性质、编制、人员配备和领导关系、各项费用开支等问题召开专门会议进行研究。随后,交通部委托北京、辽宁、山东、安徽、河南五省(市)筹建的 500 辆汽车的直属车队,从 11 月起陆续调往攀枝花工业区承担建设物资的运输任务。

(八)强化交通监理与安全生产管理

1. 调整交通监理机构

“大跃进”期间,运输车辆带病行驶、驾驶人员疲劳开车的现象比较普遍,导致交通秩序混乱,交通事故急剧上升。针对这类情况,1961 年,交通部成立了安全监督局,主管全国水陆交通安全监理工作,原公路总局所属车辆管理科并入安全监督局,成立了公路监理处,负责全国公路交通监理工作。与此同时,各省(区、市)也对监理机构进行了调整,有的在省交通厅(局)内设监理处,使交通监理工作得到加强。

2. 颁布《机动车管理办法》等交通监理法规

为了控制交通事故上升的势头,适应国民经济“大跃进”的需要,同时,鉴于原有的《汽车管理暂行办法》及其实施细则不能适应变化了的形势需要,交通部经调查研究将《汽车管理暂行办法》修改为《机动车管理办法》,报经国务院批准后,于 1960 年 2 月 11 日公布实施。与《汽车管理暂行办法》比较,新规范主要有下列变动:①未制订全国统一的实施细则,授权各省(区、市)自行制订,以适应各地的地区性差异。②扩大监理范围,增添管理拖拉机的内容。同时,对汽车、拖拉机以外的其他机动车驾驶人员,也要进行技术鉴定,核发执照,以便管理。③重新确定机动车号牌数字,由原来的 6 位数改为 7 位数,统一规定各省(区、市)的代号。④取消了驾驶员分级规定。⑤实行实习执照。⑥简化手续,取消了车辆报废检验手续和车辆过户、停驶、复驶登记,驾驶员就业、歇业登记与未使用汽车登记等项目。

除颁发《机动车管理办法》外,1960年7月31日经国务院批准,交通部于8月29日颁布《公路交通规则》,对行人、车辆应遵守的交通规则作了具体明确的规定,并统一了交通标志与交通号志。

1963年,交通部为严格驾驶员考试,在总结各地经验的基础上,依据有关规定制定了《机动车驾驶员考试暂行规定》,于8月颁发实行。

以上加强机构建设与制度建设等重要措施,使全国公路交通安全管理工作和交通秩序有了明显改善。

3. 加强运输生产的安全管理

针对"大跃进"以后交通安全面临的严峻形势,交通部特别加强了运输生产的安全管理工作。1959年1月14日,交通部发出《关于汽车肇事严重应采取措施的通报》,要求汽车运输部门必须坚决贯彻"生产必须安全,安全为了生产"的方针,并提出建立安全检查和通报制度等6项具体措施。1961年3月14日,交通部颁发《旅客携带危险品和遗失物品处理办法》,对旅客携带少量易燃、易爆和有毒物品的种类和限额作出规定。1963年3月26日,交通部颁布《汽车运输安全生产工作试行条例》,对保障运输生产安全的各个环节作出系统的规定。根据交通部的各项指示和规定,各地公路运输部门广泛深入地开展"百日无事故"的安全生产劳动竞赛活动,大张旗鼓地进行安全宣传教育,对防止违章和发生事故,发挥了积极作用。从1963年到1965年,汽车运输的生产事故逐年减少。

四、加强公路运输工业管理

1958年以后,由于运输量剧增,运输工具与机械设备严重缺乏,为适应形势需要,交通部逐步加强了对公路运输工业的管理,以推进公路运输事业发展。

（一）挂车制造工业管理

"大跃进"期间，全国各地交通部门都把汽车运输拖挂化当作弥补运力不足的重要措施，汽车保修企业开始动手制造挂车。1958 年 9 月，交通部在江西南昌召开挂车现场会议，总结交流制造挂车特别是利用竹木材料代替钢材的经验，推动了全国汽车挂车的大规模生产活动，当年挂车产量达到 2.8 万辆，但质量欠佳。1959 年，交通部注意到克服挂车生产中重数量、轻质量的片面性倾向，提出全面贯彻多快好省的方针，强调挂车制造既要求数量，又要求质量。但 1960 年 2 月，因"反右倾"政治气候的影响，在江苏省扬州市召开挂车生产会议，交通部提出《1960 年全国挂车生产计划草案和挂车分配方案》，其中挂车生产任务安排比 1959 年的还增加了 1.8 倍，要求达到平均每车 1.5挂。然而会议对各地生产的挂车总成和部件在优选的基础上作了定型，确定了一些保证质量的技术条件、检验方法、生产工艺、机具设备，为以后挂车正规生产奠定了基础。国民经济进入调整时期后，交通部通过贯彻"先维修、后制造"的方针，大部分保修企业恢复维修，停止制造。同时对已经列为国家机械产品计划的汽车挂车的生产和质量，采取了一系列整顿措施。1962 年，交通部指示交通科学研究院与湖北省交通局，根据 1958 年以来各地常用的 3 吨双轴挂车的结构特点和使用情况，按照标准化、通用化、好用、好造、好修、安全可靠、坚固耐用的要求，设计和试制了 JT 841 型挂车为交通系统 3 吨挂车的基本形式。1964 年 12 月，交通部在辽宁大连召集全国生产挂车的重点厂，对 JT 841 型 3 吨挂车正式通过定型鉴定。由此，汽车挂车生产逐步走上健康发展的轨道，并在保证质量的前提下，对年产量也作了调整。

（二）汽车配件生产与分配管理

20 世纪 50 年代，交通部设有若干直属的专业汽车配件厂，任务一是修车，二是制造配件。鉴于"大跃进"以来运力紧张，运输工具及配件严重不足的局面，交通部在 1960 年 8 月 20 日和 10 月 14 日的两次报告中向国家计委、经委建议:将现行的汽车配件由多个部门安排生产、分配、使用的格局,改变为由交通部统一安排生产和分配供应的一元化管理体制。1960年12月17日,国家计划委员会、国家经济委员会发出《汽车配件由交通部统一安排生产和统一分配供应的通知》,要求从1961年1月1日起,汽车配件由交通部统一安排生产和统一分配供应。今后由交通部归口厂和一机部归口厂所担负的汽车配件生产任务,即由交通部统一计划、统一安排,经过两部协商,并经国家计委、经委同意后,由交通部、一机部分别下达给归口厂。此外,国家计委、经委的通知还决定由一机部将哈尔滨零件一厂、北京市公私合营汽车附件厂、重庆汽车配件厂和自上海拨出一个汽车配件厂划归交通部领导,作为交通部生产汽车配件的骨干厂。随后,商业部、交通部于1961年12月30日发出《关于汽车配件供销业务交接的联合通知》,规定汽车配件的供应销售业务连同原有机构、人员由商业部门移交通部门办理。经两部协商确定交接范围、交接办法和交接时间,规定财会统计应自1961年1月1日为准,最迟应于1961年2月底前交接完毕。

汽车配件生产供应体制调整后,为缓解汽车维修配件缺少的矛盾,交通部重点突出了下列工作:①根据保证重点、缩短战线的原则,合理安排配件生产;②努力扩大交通系统公路运输工业企业汽车配件的生产能力;③抓短线配件品种的技术攻关和新产品试制;④按照“产量高、品种多、材料省、成本低、交货快”的要求,在抓增加产量的同时抓质量的提高;⑤贯彻“加强计划、合理分配、照顾一般、促进运输、促进生产”的原则,安排配件的分配和供应;⑥抓节约使用配件,大力推广旧件修复利用的成功经验,减轻配件供应缺口对车辆维修的压力。

1963年7月,国务院决定汽车配件生产从1964年起,由交通部移交一机部归口管理。1964年9月,交通部将汽车配件的销售业务也移交一机部汽车工业公司管理。

(三)参与国产汽车工业管理

1958年到1965年间,交通部还会同其他部委对国产汽车工业行使行政职能，作了相应的工作，例如制定杂型车更新改造规范。20世纪60年代以前，我国汽车技术状况落后，到60年代初，杂型汽车达8万余辆，必须逐步改造淘汰。为此，国家计委、国家经委、交通部于1962年9月联合发出《关于62种汽车车型以外的杂型车更新、改造的几项规定（草稿）》的通知，提出杂型车更新、改造的措施。并说明杂型车更新、改造工作在国家经委主持下具体由交通部负责。随后三部委又联合颁发《1963年杂型汽车更新的暂行规定》、《杂型汽车更新实施办法》及其补充规定，以推动和规范杂型汽车更新工作。

第四节　水路交通行政

一、制订水运发展规划

（一）确定水运网干线布局

1959年，交通部组织中国科学院及有关大专院校进行全国河运网规划，对全国河运网干线及各地主要航道远景发展提出了初步意见。在此基础上，交通部于11月5日在浙江杭州召开全国河运网规划工作会议，集中讨论了《全国河运网干线布局》，其主要内容有：

全国河运网干线根据水运规划建设方针以及运输和国防需要，在综合水利建设南水北调方案的基础上加以选择，确定为10条，简称为"六横四纵"。"六横"为：黑龙江干流、黄河干流、郑徐海运河、淮海运河、长江干流、珠江干流。"四纵"为：松辽运河、京杭运河、京广运河、郑芜杭运河。除新疆、西藏、青海、贵州、福建以外，其余23个省（区、市），均由这10条干线沟通起来。以前各个水系自成体系、互不连接的局面将得到根本改观。根据交通部的指示和会议精神，各省也拟定了河运网初步规划，如广东省提出以广州为中心，以干粤运河和珠江干流为纲，组成全省"两横五纵"的省区内水运干线网。河北省提出以北京、天津为中心，以京广和京杭两条全国干线为纲，组成全省"六纵四横”的干线网。其他各省均有相应的规划,全国规划通航500吨以上船舶的航道里程总计约有45 000余公里。

全国河运网干线布局是交通部制订的最早的河运网规划之一,为未来的水运网规划打下基础。

为进一步加强规划工作,适应形势发展需要,1964年5月22日,交通部转发水运总局《关于水运规划工作的情况和今后任务的报告》,要求各部门加强水运规划工作、充实规划力量,建立健全规划机构。同时提出今后几年需要完成的12项水运规划任务,包括恢复碍航水利闸坝通航的规划;航道定级规划;黄河、海河、淮河规划;以五亿亩农田为中心的农业地区的水运规划;京杭大运河规划;航道改善提高规划;各省水运工业及港口规划;直属北洋、长江、华南港口及水运规划;长江三峡水利枢纽规划;石油运输规划;长江干支联运综合规划和全国船型机型规划。这表明交通部调整时期对规划工作不仅重视,而且作出了具体安排。

(二)制订港口发展规划

“大跃进”以来水运任务繁重,港口通过能力低、运力不足,货物压船、压港情况严重,必须大力加速港口建设和建立完整的水运工业体系,为此,交通部于1960年4月20日在广东广州召开全国港口、水运工业规划会议,研究讨论《港口初步发展规划》,主要内容包括:

1.明确港口布局原则

港口布局,是根据国民经济发展的远景指标和工、矿、农、林业生产力布局及党和国家交通建设方针、政策,并结合城市建设、国防、外贸的需要,研究确定大、中、小港在全国沿海及内河“六横四纵”十条干线上的合理分布,以指导我国港口建设的战略布局。全国港口布局遵循的原则是:与工农业布局相结合,适应“一条龙”运输需要,达到综合利用各种运输工具的目的;大、中、小港相结合,综合港与专业港同时并举,分布均匀,便利客货集散;充分利用自然条件,满足对外贸易、国防、水产等部门需要。

2. 提出港口建设总方针

港口建设总方针是："从为工农业生产和车船运行的目的出发，贯彻全局观念，发扬共产主义协作精神，实行洋土结合，大中小结合，中央与地方结合，兴建与改建结合，交通部门建港与物资部门建港结合，高速度地建设适合我国国民经济'大跃进'需要的新型港口。"

3. 确定港口发展目标

根据1967年全国水运吞吐量将达45亿吨左右的经济发展需要，港口布局到1967年在我国沿海、内河十大干线及地方内河上，共有四级标准以上的港口约842个。其中在沿海和内河十大干线上，能达四级标准以上的港口约有352个，一等港32个，二等港49个，三、四等港271个，沿海港口50个，十大内河干线港口302个，总吞吐量达14.2亿吨。其他省内干线达四级标准以上的港口491个，总吞吐量约15亿吨左右。至于四级标准以下的港口数量更多，其总吞吐量达15.8亿吨左右。

在全国众多的港口中，将建设9个全国性的枢纽港口，即大连、天津、上海、广州、北京①、郑州、汉口、重庆、沈阳。其中北京、沈阳、郑州3个是新建港，其余6个是在原有基础上加以扩建，这些港口都位于我国政治经济中心和水运干线上，水陆交通汇集，航线四射，腹地范围辽阔，吞吐任务巨大，与许多中小港口互相联结。这些港口的建设完成，将使整个水运事业乃至整个交通事业出现一个崭新的局面。

4. 明晰港口建设类型

港口建设分为3种类型，第一类由中央组织规划和投资，如全国性的枢纽港；第二类是由物资工矿部门负责规划和建设，如为物资部门服务的专业港和专业码头；第三类由地方负责规划建设和投资，除上述两类外都可以属于此类。

---

①北京是京杭、京广运河的起点，也是京广、京津、京包铁路的起点，海轮从天津港经京津运河可以直通北京。因此北京不但是一个河港，而是也是一个海港和水陆联运的港口。

报告还对港口之间的分工、港口小布局、港口与城市建设的配合、港口作业区的划分、发展浮码头、港口机械化发展及选型等问题提出了具体意见。

1960年交通部制订的《港口初步发展规划》是新中国较早的重要的港口规划之一,对港口建设与发展具有重要意义。

二、水运管理体制的局部调整

1958～1964年,水运管理体制变动较大,在1958年大规模下放直属企事业单位之后,1961年又逐步收回。在此过程中,交通部根据实际情况对水运管理体制进行了局部调整。

(一)1960年健全港口管理机构

1958年港口下放后,出现了一些问题,1959年虽然开始提出收回,但在1960年前多数港口仍由地方管理。针对许多港口管理机构不健全,港口使用、管理单位混乱(港务局、航运局、装卸公司、码头管理所、搬运公司和货主专用码头管理等多种方式)的状况,孙大光副部长1960年在广州全国港口、水运工业规划会议上,提出健全港口机构和加强港口管理的意见,并要求:①各省地方航运中、小港口应该由省规定切合生产需要的管理体制,不必强求统一,但要达到统一规划、统一领导的目的;②各省交通厅应当设立港口管理机构,加强对港口的领导;③凡装卸点已经形成,但还没有设立专职港务机构的地方,应根据物资吞吐任务的大小,分别设立港务局、所;④现在分散使用、多头管理的港口应该逐步达到统一;⑤对于大型工矿企业的专用码头及产、运、销可以连成一线的码头,本身具备管理能力的,应该在港务部门统一安排下由业主自行管理;⑥有些港口可以像广东两阳港那样,将海河运输、港口、工厂、木帆船统一,成立政社合一的水上运输人民公社。这次会议对健全港口管理机构起到积极作用。

(二)实行统一领导下的区域管理体制

从1959年开始,特别在1961年以后,交通部收回了大部分下放的水运企事业单位，并面临重新建立管理体制问题。1962年为贯彻中央《国营工业企业工作条例》，整顿企业，交通部制定《水运工作贯彻七十条的补充规定（草案）》，对水运企业实行交通部统一领导下的区域管理制，具体内容如下：

根据统一领导、分级管理原则，中央直属水运干线根据情况划分为北方沿海、南方沿海、长江3个航区，原则上按航区分设管理局，实行交通部统一领导的区域管理制。

航区管理局（以下简称区局）既是联合企业，统一管理航区内的船舶、港口、航道、工厂、航务工程、中专技校等企业事业单位，也是本航区的航运管理机构，负责监督国家有关航运政策、法规在本航区内贯彻执行。航线较长的区局，可以设立分局或办事处，代表区局负责管理所辖区间的航运及与航运有关的企业、事业单位。区局以下的企业、事业单位，也实行分级管理。

港口一般分为局、区、队三级。任务不大或港区比较集中的港口不设作业区，港务局是港口的全面管理机构，作业区是港口的基层管理单位，装卸队是直接组织生产的单位。

航务工程企业分局、处（或队）、工地三级。较大的工队可以分为工段，协助工地组织施工。工程局是独立经营的企业管理单位，工处（或队）是工程局内部的管理单位，工地是直接组织施工的单位。

航道管理原则上由区局负责。长江实行分区管理制，航道区（处）下设段、站，负责本区段主、副航道及港口码头（泊位）、锚地的测量、疏浚和航标设置、管理等工作。但疏浚工程船舶由区局直接管理调度。

（三）调整沿海运输管理体制，成立北方区海运局

在长期的实践过程中，交通部发现直接管理北方沿海各直属水运企业的做法，实际兼任了区局职能，增加了很多繁琐业务，影响到对全国地方交通和直属运输企业的全面领导，弊多利少。故拟在北方沿海成立北方区海运管理局，代表部统一领导该航区的14个直属水运企业、事业单位（包括上海海运局，大连、秦皇岛、天津、烟台、青岛、连云

港、上海港务局,新港、新河、青岛、上海等船厂,天津航道局,上海海运学校等单位)和约7.8万名职工。1963年9月26日,交通部向薄一波副总理提出报告并阐明理由。11月7日,国务院批复同意。1964年7月24日,交通部颁发了《北方区海运管理局组织管理实施方案(草案)》,7月1日,北方区海运管理局正式开始办公。北方区海运管理局是由交通部直接领导的统一管理北方航区部属各港、航、工业和其他企业的联合企业,统一接受国家计划任务,统一进行经济核算。1965年,交通部试办长江航运公司(托拉斯),在明确部与长江航运公司的职权划分的同时,规定北方区海运局可以参照执行。

三、水运基础设施建设管理

(一)港口建设管理

1.制订港口分级试行方案

1960年4月20日,交通部在广州全国港口、水运工业规划会议上,讨论了全国港口分级试行方案。方案提出港口分级的重要意义和具体分级办法。从长远看,将港口划分级别、区别港口大小规模,便于对不同港口提出不同指标要求,便于安排投资及指导港口建设。港口分级一般应考虑港口的经济运输意义和港口技术条件。这次港口分级标准主要依据客货吞吐量,将港口分为4级,方案对货运港分级标准和客运港分级标准用图表进行了说明。

2.召开港口设计施工工作会议

1960年1月3日,交通部在北京召开了港口设计施工工作会议,马辉之副部长和谭真副部长到会并讲话。1959年港口设计施工取得了很大成绩,1960年港口建设继续贯彻“地、群、普”方针,以技术革新、技术革命为中心,持续不断地开展“增产节约红旗竞赛”运动。

1963年,交通部在调整过程中进一步加强航务工程勘察设计和施工工作。2月1日,召开直属航务工程勘察设计和施工工作会议,专题总结加强经济核算、提高劳动生产率、降低工程造价、消灭亏损等问题。为加强长江航务工程和设计力量,同年交通部成立了长江航务工程局。

3. 总结勘察设计经验

根据交通部要求,1963 年,交通部第一航务工程局报送《在勘察设计中贯彻党的方针政策的初步体会》,对 1958 年以来工程建设发挥投资效益中存在的问题和建议总结如下:①在港口、航道的规划、勘察设计和科研工作方面应配备必要的技术力量和领导力量;②对港口、航道的自然条件、技术营运状况、对影响生产力提高的原因应进行充分调查研究,提出切实可行的技术改造措施和远景发展规划。总结提出:①发挥投资效益必须使近期生产需要与远景发展相结合来安排年度投资计划;②勘察设计工作应先行一步;③应及时掌握与吸收国内外的先进成果,成立专门的技术情报部门,建立有关部门和科研机构互换资料和情报关系,在各工程单位、设计机构之间建立技术情报网。

4. 处理和预防质量事故,加强安全管理

本时期交通部落实港口建设计划,积极实施新港一线船闸、上海 1 号船坞工程、天津港一线船闸、京杭运河港口、秦皇岛港扩建工程等港口工程建设。以下两件事故的调查、处理反映了交通部在进行建设的同时,注意总结经验、吸取教训。

(1)马鞍山矿货码头工程质量事故。马鞍山矿货码头工程曾于 1959 年 11 月至 1960 年 3 月打桩过程中,发生了严重的浅层滑坡、偏桩和裂桩质量事故。交通部对此进行了调查研究,并指出其根本原因在于思想认识上的错误和官僚主义作风,只顾进度却忽视了工程质量。交通部要求今后在保证工程质量的前提下,抓紧工程速度;另外,改变设计必须经过慎重研究,按规定手续报批。1960 年 8 月 15 日,马辉之副部长到港视察工作并作了改进工作的指示。

(2)张华滨码头损坏事故。张华滨三、四泊位码头是上海解放后建造的第一座高桩板梁式深水码头,该码头于 1959 年竣工投入生产后,发生了较大沉降,各部分之间的相对差异亦甚为显著,有水平位移发生。鉴于该码头损坏情况较为严重，又是上海港的主要外贸作业区，交通部决定召开技术讨论会，并在谭真副部长指导下组成核心小组。经调查研究，小组认为码头损坏是由于土体变形引起，并进一步提出了码头损坏的发展趋势与加固措施。1964年12月，交通部批复了上海港务局提出的《关于张华滨码头损坏问题技术讨论会的报告》。

为避免交通建设安全质量事故的发生和国家财产受到损失，1963年6月27日，交通部进一步发出《关于加强基本建设管理确保施工安全和工程质量的指示》，要求必须认真树立安全、质量第一的思想，提高设计质量，确保施工安全和工程质量。并提出“四防”、“七查”、“五立”，把好“三道关”，做到“三加强”具体要求(详见公路交通行政部分)。

(二)制定全国内河通航标准，加强航道建设

1.加强运河工程管理机构，推进大运河建设

1958年，为恢复与发展大运河航运事业，达到综合利用水利资源的目的，交通部、水利部等部门达成《组织大运河建设委员会》协议，“大运河建设委员会”由交通部、水利部及有关省市参加，负责研究运河总体规划和领导运河建设，交通部部长王首道担任主任委员。

为开展运河的规划和建设管理工作，1958年6月1日，交通部成立“大运河工程管理局”，同时在各有关省成立“大运河工程指挥部”。“大运河工程管理局”是恢复和修建南北大运河建设工程的专业局，在交通部领导下按“大运河建设委员会”的决定，办理其闭会期间的日常事务，负责指导各有关省大运河工程指挥部的工程技术工作和编制大运河的远景发展规划、年度勘察设计和施工计划；负责大运河沿线港口、航标、修船厂、通讯及其他工程的设计施工；负责研究船型及船队组织，提出船舶设计任务书，及督促检查船舶的设计和建造及筹备大运河的经营管理等项工作。

“大运河建设委员会”与“大运河工程管理局”的设立，反映了“大

跃进”时期对大运河建设及大运河经营管理的重视与加强。

2. 制定《全国内河暂行通航标准(草案)》

为发展航运事业,使各地区、各部门按照统一标准建设航道、船闸和桥梁,确保航道能够互相沟通,交通部组织起草了《全国内河暂行通航标准(草案)》(全称《全国天然、渠化河流及人工运河通航试行标准(草案)》),作为国家通航标准①。

1959 年 11 月,交通部在浙江杭州召开全国河运网规划工作会议,会议研究讨论并通过了上述标准,各省(区、市)交通部门开始参照实行。1960 年 4 月,交通部呈报国务院审批。1961 年 1 月,国家计委、科委、基本建设委员会提出审核报告,认为:“目前颁发一个全国统一的内河暂行通航标准,可以使各地区航道联结起来,便于组织直达运输,提高运输效率,使水利、电力、公路方面建设的船闸、铁路、桥梁与水运建设互相协调,也有助于船舶定型,组织成批生产,加速造船工业发展等。标准考虑了全国各主要河流的规划要求,进行了技术经济分析,选择较为经济合理的方案,我们认为这个标准是符合我国实际情况的,在当前条件下可视为较好的方案。”1961 年 3 ~ 5 月,水电部、农业部、铁道部、林业部、海军司令部分别提出意见。1963 年,国家计划委员会向水利、电力、林业、农业、邮电、建筑工程部等部门转发《全国内河通航试行标准的通知》,要求参照试行。

《全国内河暂行通航标准(草案)》是交通部制定的最早的内河通航国家暂行标准,使各部门、各地区的航道、船闸、桥梁等建设有了统一规则,为航道互相沟通形成四通八达的河运网提供了有利条件。

3. 湖南省中小型渠化工程总结

“大跃进”和国民经济调整时期,交通部落实航道建设计划,实施

①该标准适用于行驶内河船舶的天然河流、渠化河流和人工河流,但不包括通海轮的航道和长江干流宜宾至海口段及六级以下的航道,其标准另行规定。

了嘉陵江南渝段等一系列航道整治工程建设项目,在吸取教训的同时不断总结和推广航道建设经验,其中湖南省中小型渠化工程最具典型。

湖南省水源丰富,省内中小河纵横交错,与主干支流相结合,形成了四通八达的天然水道网,湖南省十分重视航道开发与整治,大力发展水运。1960年全省通航总里程达到17 098公里,水运量达61.8%,木帆船吨位占90%以上。3年来由省、县各级交通主管部门主办的中小型渠化工程水利枢纽共有60座,都已全部或局部投入生产,对改善航道、提高通行能力起到良好作用。应交通部基建总局要求,1962年1月10日,湖南省交通厅着手1958～1961年中小型渠化工程总结。交通部派出10人工作组前来帮助指导,总结报告以省级交通部门主办的渠化工程通航枢纽为重点,共分7部分,介绍了中小型渠化基本情况,并全面系统总结了方针政策和技术方面的经验、教训及其效益和存在的主要问题及解决措施。

(三)重视与加强航道管理和养护工作

1.航道情况调查

为了解和掌握航道养护状况,交通部进行了必要的调查研究。1962年赵昌祺、封林同志提出《关于江苏航道情况的调查报告》,反映水利闸坝等造成碍航、断航的严重情况:航道段标失修失养严重、桥多净空不足,航行困难、船闸维修管理质量差,船舶通过能力低、苏北大运河淤积严重,有些地区的堤岸也有崩溃和被破坏现象、县级养护组织被撤销,使县级航道处于无人管理及经费、材料不足等。另外,考虑到海河自1958年以来淤积严重,交通部于1963年6月派出调查组进行调查研究,并于1963年9月完成《海河淤积意见的调查报告》,提出综合治理海河淤积的具体措施。这些调查为交通部加强航道管理提供了良好条件。

2.贯彻国务院关于加强航道工作的指示

在深入调查的基础上,1963年8月,交通部向国务院提出《关于加强航道管理和养护工作的报告》,根据交通部的反映和建议,国务院于1964年3月3日发出《关于加强航道管理和养护工作的指示》,要求各地必须认真做好航道的管理和养护工作,并强调发展水运事业是综合利用水利资源的一个重要方面,各地区、各部门在开发和利用水利资源时,必须统筹兼顾,全面规划;在通航河流上,修建永久性的拦河闸坝,其工程设计、施工方案应征得交通部门同意;对全国已经修建的闸坝,凡妨碍航行的,应力争在10年左右的时间内,分期分批采取措施,恢复航行;沿海商港和内河航道,以及航道上的助航、导航设施,或驳运设施等,均由交通部门负责统一管理和养护;航道应根据水系通航情况,实行分级管理,具体办法由交通部规定。各级交通部门应根据需要,本着精简的原则,设置航道管理机构或专职人员,管理航道工作。

该指示还要求航道的养护经费应有固定来源,并规定交通部直接管理的内河航道和省管理的国境河流航道,由事业费拨款;省(区、市)交通部门直接管理的内河航道原来由事业费开支的,仍由事业费拨款,已征收航道养护费的,可以继续征收,尚未固定经费来源的,可暂时采取征收航道养护费的办法解决;专署和县管理的内河航道,一律征收航道养护费,如有不足,地方财政酌予补助。航道养护费的征收对象、费率和管理使用等具体办法,由交通部和财政部共同决定。船闸和绞滩的管理、养护经费,除长江绞滩继续由事业费开支,其余均向使用设备的船舶,排筏收费,并实行专款专用。沿海商港航道的养护经费,由交通部会同财政部另行研究解决。

1964年4月7日,交通部转发国务院通知,要求各省(区、市)交通部门和部直属航运部门一方面加强航道管理机构和养护力量,建立健全管理组织,充实养护力量;同时与有关部门联系,将闸坝断航补建通航设施列入两年调整或“三五”计划;并及时会同省财政部门统一研究解决航道养护经费问题。

为进一步贯彻国务院指示,交通部于1964年12月15~22日在湖北武汉召开全国地方航道会议,交流各地贯彻国务院指示的经验,讨论研究航道闸坝碍航的解决方案等。会议情况上报国务院,并由国务院转发全国。

(四)修订航标规范,改革海区水上标志

1. 修改《内河航标规范》,颁发《内河航标管理暂行办法》

1958年,交通部根据4年来的实施情况,对1955年颁布的《内河航标规范》重新进行了修订,12月3日由海河总局颁发施行。内容包括总则、航标、航标的配布、附则4章,适用于我国各天然河流航道。关于湖泊、水库、运河、船闸的航标设置另行规定。在此基础上,交通部于1962年8月21日颁发《内河航标管理暂行办法》,内容包括总则、航标设置、航标基层管理组织、航标的维护管理、船艇、工具和设备、计划统计和定额管理、安全生产和附则共8章。交通部内河航运管理总局于1953年颁布的《内河航运航标工作人员职掌及工作制度(草案)》即予废除。

2. 1961年海区水上助航标志改革试点

海区水上助航标志的布设特点在于直接标示出海区危险区域和危险物以及水道的安全界限,准确地指出船舶安全和经济的航路与航向,避免海损事故发生,对保证军事活动、缩短航程、提高船舶周转率和促进国内外航运贸易等具有重要意义。由于我国沿海水道和航道的水上助航标志存在缺陷,已不适应国际贸易和海上运输发展需要,交通部联合其他部委对海区水上助航标志进行改革。1961年2月2日,交通部印发《上海港海区水上助航标志制度的改革试点工作总结》,并对海区水上助航标志制度改革提出意见。3月,交通部、水产部、海军航海保证部联合召开海区水上助航标志制度改革会议,研究并准备实施改革方案。4月,交通部运输总局对海区水上助航标志制度改革工作作出部署。

《内河航标规范》和《内河航标管理暂行办法》的修订及海区水上助航标志改革为水上运输提供了安全保障。

四、水路运输行政

(一)适应大跃进发展需要,迅速提高运输能力

大力发展民间运输、大搞技术革新与技术革命、大力推行路港航协作、大破大立,整顿规章制度,是大跃进时期水路运输行政的重要特点。

1. 确定水路运输跃进的计划与措施

1959年是我国工农业生产全面跃进的一年,中央八届六中全会颁布了钢、煤、粮、棉四大指标,工业化和农林牧副渔各业全面发展,水运工作已面临更紧张的运输形势。为贯彻全党全民办交通和“地、群、普”的交通建设方针,交通部批转海河总局《1959年水运工作纲要》,确定了1959年水运计划。

1959年计划水运货运量4.92亿吨,较1958年的增长87%,周转量为736亿吨公里,较1958年的增长62%。加强基本建设工作,搞好经营管理,为实现“港口通过能力加一番,船舶运输能力增一半,通航里程延长五万公里”的目标而奋斗。

1960年,交通部进一步批准海河总局制定的《1960年水运工作纲要》,继续贯彻“全党全民办交通”方针,在1958年和1959年“大跃进”的基础上,实现“提前三年完成第二个五年计划主要指标”的目标。

2. 大搞技术革新与技术革命,扩大水路运输能力

“大跃进”时期在供需矛盾极度紧张、且运力难以迅速增加的特殊条件下,依靠技术革新和技术革命,挖掘运输潜力,成为领导者的必然选择。从中央到交通部都坚持开展交通运输技术革新与技术革命运动的方针,这也是完成“大跃进”运输任务的重要措施之一。

“大跃进”时期,水路交通技术革新的主要内容有:研究木帆船运输的技术改造、船队顶推拖带技术、燃料节约措施如柴油掺水技术等;有计划地实现港站装卸机械化;大力发展“一网五化”。调整时期交通部结合调整工作任务,对交通技术革新的发展也作出具体安排。

通过技术革新在短期内迅速提高了劳动生产率，部分解决了“大跃进”时期运力严重不足的矛盾，在一定程度上保证了工农业的运输需要。但是，由于顶推等技术的使用超出了机器的承受能力，从长远看也产生了水运设备遭到严重破坏的负作用。

3. 大破大立，整顿规章制度

在整风运动中，为使规章制度适应“大跃进”的发展需要，交通部本着大破大立的精神，对旧的规章制度进行了全面审查，提出凡不利于生产发展、妨碍工农团结、妨碍职工内部团结的、片面、保守、限制过死、妨碍职工积极性和创造性发挥的规章制度，都必须进行整顿。1958年7月24日，海河总局发出《废除107项规章制度及整顿规章制度的通知》，除了一部分必须保留和需修改、补充外，将水运方面107个规章制度，宣布自当日起予以废除。

强调思想上大破大立、破除限制和制约、整顿规章制度，是“大跃进”时期的重要特点之一。一日之间，水上运输资产、决算、安全操作、引水、港务监督、船员考试、安全航行、驾驶台规则、外轮管理、海损事故处理、修船奖惩制度等107项水上运输、安全、生产活动的规章制度化为乌有，对水运事业的健康发展带来比较严重的后果。

之后，为消除迅速扩大的水运事故，交通部重新陆续修订并公布了部分港航安全监督规范，至1959年7月24日，交通部海河总局根据各地需要对历年颁发的规章制度重新进行了审查和整理，将其中一些比较重要的规章制度选编为《港航监督规章制度》，作为内部文件重新公布实行。

(二)推行路、港、航大协作，加速物资周转

提高运输效率，需要产、运、销及使用部门密切配合，在运输过程中使路、港、航多种运输方式互相配合与协作是物资周转的必要条件，为此交通部采取一系列措施推行路、港、航大协作，推动联合运输发展。

1958年4月，地方交通工作武汉座谈会提出树立社会主义的整体

观念，加强内外协作，发展全国性的水陆联运，加快物资周转的协作思想。为此交通部采取各种措施积极提倡、推动协作运动在水运系统各部门之间、公路和水路交通系统之间及水运系统与铁路等其他系统之间的广泛开展。

为使北洋沿海及长江沿线与全国各铁路车站全面开展水路联运，铁道部、交通部于1958年8月5日在青岛召开《水陆联运规则》说明会议，提出要破除本位主义，树立集体主义，树立社会主义社会互相协作思想。并对几年来没有解决的带有普遍性的运输平衡、换装交接等重大问题，提出了适当解决办法。

1958年9月，交通部、铁道部为简化运输手续，节省物资流转费用，全面施行《水路联运货物规则（草案）》，规则对联运范围、计划编制、运输条件、换装作业、货物交接责任和赔偿诉讼以及铁路、水路和托运单位的权利义务与相互间的责任等作出具体规范。

1959年，两部继续在河北秦皇岛召开路港协作现场会议，推广秦皇岛等部门水路换装等经验。会后组成秦皇岛路港协作"一条龙"经验宣传团奔赴各地宣传和交流。1960年，两部就路港协作进行了3次竞赛评比和通报，以推广车船衔接、改进车站技术作业等方面的先进典型和经验。

为加速车、船、货物周转，简化手续，两部在1960～1963年间还联合颁布施行了《水路合理分工办法及1960年流向》、《路港协作纲要（草案）》和《铁路、水路、货物联运费用清算办法》等其他规则，继续推动大协作的深入开展。

（三）贯彻"调整、巩固、充实、提高"方针

1961年，王首道部长在全国交通工作会议报告中提出调整方针，交通工作重点发生重要转变，从快速发展工业转移到为农业服务，从快速发展交通基本建设转移到压缩基本建设战线和加强维修保养等方面。交通运输从大跃进开始步入了调整阶段。随着国民经济的逐步恢复，调整工作一直持续到1965年。在5年的调整过程中，交通部

在不同时期安排了不同的工作任务。

1. 明确水运调整的任务与措施

1962 年,交通部向国家经委提交《关于水运调整工作的汇报提纲》,谈到水运调整所面临的问题及调整任务。1961 年,国民经济进行了全面调整,工农业生产指标下降,基本建设大量压缩,水运任务也随之大幅度下降。1962 年,水运货运量为 20 549 万吨,货运周转量为 32 939 亿吨公里,分别比 1961 年的下降 20% 和 25% ,货运吨数相当于 1958 年的水平,吨公里数相当于 1957 年的水平。但由于货源和流向的变化,运输设备技术状况不良、不配套和管理不善等原因,在某些航线和局部地区,特别是短途运输和港口装卸,仍然存在不平衡、不适应的情况。具体表现在:①木帆船保有量下降,货运量 1961 年比 1960 年下降 46% ,1962 年又比 1961 年计划下降 21% ;②设备技术状况与需要不适应;③个别设备不配套影响到整体设备能力的发挥;④一些企业出现亏损和资金紧张。

为此,交通部提出调整意见:贯彻中央大力恢复农业、稳定市场、争取财政经济状况基本好转的指示,在今后三、五年内必须以恢复运输能力为主,分年还账,逐步填平补齐,并取得局部发展。1962 年的调整任务是:执行中央调整工业精简人员方针,通过清产核资“五定”、“五保”,对水运企业实行关停并转,大力精简人员。做好设备的维修保养,维持简单再生产。在管理方面做好体制调整、设备能力调整、运输组织调整与加强企业管理。在维修方面,调整船舶修理能力,解决原材料和配件,简化改造机型,做好直属船舶、港口设备和航道等的维修工作。

2. 加强水运企业之间的协作与平衡

调整时期继续强调水运企业之间的协作与平衡。1962 年交通部制定了《水运工作贯彻七十条的补充规定(草案)》,对水运企业之间的相互关系作出说明并提出明确要求。规定水运船舶、港口、船舶修造厂、航道、航务工程等各个环节,都必须以运输为中心来组织本单位的工作。各个环节特别是船舶之间、港口之间、船舶与工厂之间,航务工程的建设、设计、施工单位之间,必须正确处理相互关系,主动配合对方工作。所有协作关系,均应逐级纳入计划安排,并由上级主管部门进行平衡,已有规章制度的按规章制度执行;无规章制度的,由协作双方签订临时协议。在基本建设方面,也应从计划安排上加以平衡,企业不仅应做好年度计划的综合平衡,更要做好月度、旬度、航次、单船、昼夜等作业计划的平衡。必须建立强有力的调度系统,保证作业计划的正确贯彻执行,加强对水上运输生产过程的统一指挥,所有船舶运输和在港车船的装卸任务,都要纳入统一的作业计划。通过加强水运企业之间的协作与平衡,提高运输生产效率,缓和运输紧张状况。

3. 整顿、改善直属水运企业经营管理

1963 年 1 月 5 日,交通部在北京召开直属水运企业局厂长会议,孙大光副部长在《厉行增产节约,改进企业管理,坚决把水运工作转到以农业为基础的轨道上来》的报告中,提出 1963 年的调整方针和任务:即贯彻以农业为基础,以工业为主导的发展国民经济总方针,继续进行调整工作,深入落实《国营工业企业工作条例(草案)》,推行经济核算,加强技术管理,继续抓紧保养维修,缩短运期,降低货物流转费用,确保安全,提高质量,降低成本,提高劳动生产率,深入开展增产节约劳动竞赛,完成国家计划。

为进一步改进企业经营管理,1963 年 9 月,交通部召开直属水运企业生产业务会议,于眉副部长作《为全面改进水运企业的经营管理而奋斗》的报告,对生产中存在的浪费现象以及企业亏损、制度不健全、事故隐患多、运期长、质量差、费用高等问题进行了分析,并要求企业全面开展经济核算,建立健全经济责任制,确保安全生产,缩短运期,提高货运质量,继续恢复和提高设备技术状况,做好填平补齐等项工作。

1963 年 10 月 29 日,交通部发出进一步加强调整工作的指示,指出在国民经济开始出现全面好转的形势下,今后 3 年(1963 ~ 1965

年)要继续贯彻调整方针,做好填平补齐、成龙配套、设备更新、专业协作等项工作。还要继续整顿企业,提高管理水平,并要求领导干部学会管理企业。

4. 调整工作取得初步成效

到1964年底,轮船吨位比1957年增长141.9%,驳船吨位比1957年增长37%;货运量比1957年增长18.6%,货运周转量比1957年增长36.1%。这说明调整工作不仅恢复了交通运输能力,而且与1957年相比有所增长。

(四)设立长江航运公司,试办托拉斯

1964年8月17日,中共中央和国务院批转国家经委党组《关于试办工业、交通托拉斯的意见报告》,开始尝试用经济管理方式经营企业,试办托拉斯。1964年,由中央各部试办的第一批工业、交通托拉斯共有12个,其中全国性的9个、地区性的3个,包括交通部所属长江航运公司。

1964年7月17日,交通部党组向国家经委和总理报送《长江航运公司(托拉斯)实施方案的报告》,提出试办长江航运公司的理由和具体方案。长江干线长达2500公里,跨越三大区、六省一市,干支贯通,构成了一个完整的水系。但是,长江航运的管理制度和经营办法在一定程度上以行政区划分割了完整水系,以行政手段代替了经济管理,所以有必要成立托拉斯性质的长江航运公司,采用经济方法统一管理长江干线航运,使企业经营与行政管理分开。原来由长江航运管理局兼办的港务监督和船舶检验等航政管理工作,同企业分开,单独设立机构,由交通部直接管理。长江航运公司隶属于交通部,是社会主义全民所有制的经济组织,是在国家统一计划下的独立经济核算单位和计划单位,负责管理长江干线(重庆—上海)运输部门所属的全部轮、驳船客货运输,管理直接为长江干线航运服务的大小港点、修造船厂、港机厂以及科学研究、规划设计、学校等部门的生产和业务。国家经委批准交通部的方案并指示立即试办。

1965 年 10 月，中共长江航运公司委员会上报《调整长航托拉斯体制机构的请示》，交通部批复同意。调整后的长江航运公司组织系统见图 1-3-3。

为明确部和公司之间的职权划分，1965 年 12 月 31 日交通部颁发《部和长江航运公司职权划分的规定》，确定交通部主要以战略指挥为主，重点掌握方针政策，制订统一的规章制度，负责全面的综合平衡，安排重点建设投资，组织力量打全局性的歼灭战，编制年度计划和长远规划，处理中央和各部之间、中央和地方之间的关系及涉外方面的重大问题。而长江航运公司所属港、航企、事业单位的日常生产、业务工作，均由公司统一领导、统一核算。因此，公司在遵循中央和交通部规定的原则下，有权在其所属企业之间，统一调剂、使用人力、物力和财力；有权制定、修改和审批公司管辖范围内的各种必要的规章制度；有权因时、因地采取有效的生产技术组织措施。规定同时还提出北方区海运管理局、广州海运管理局、远洋运输局可以参照此规定执行。

（五）加强商务管理，建立商务监督制度

1. 调整运价

鉴于交通部直属水运企业客运票价一向偏低，客轮成本高，客运收支不平衡，亏损多的状况，适当提高运价，对发展客运和逐渐改善客轮设备是有利的。经请示国务院批准，交通部于 1958 年 1 月 30 日发出《调整长江干线与沿海客运票价》的通知，适当提高客运票价以维持运行。

1959 年 5 月 6 日，国务院批准《长江货运运价调整方案》，降低远程航线运价，提高短途航线运价，并将上、中、下游三段价格加以统一，同时照顾到地方船舶成本。1960 年 12 月，交通部修订、颁布《水运货物运价计算规则》和《水运货物运价分级表》，新规则统一、简化运费计算；取消制约性的罚款制度，以对等原则照顾货主方面的利益；避免规定过死过严，束缚基层单位的积极性；继续保持现行运价水平不变。

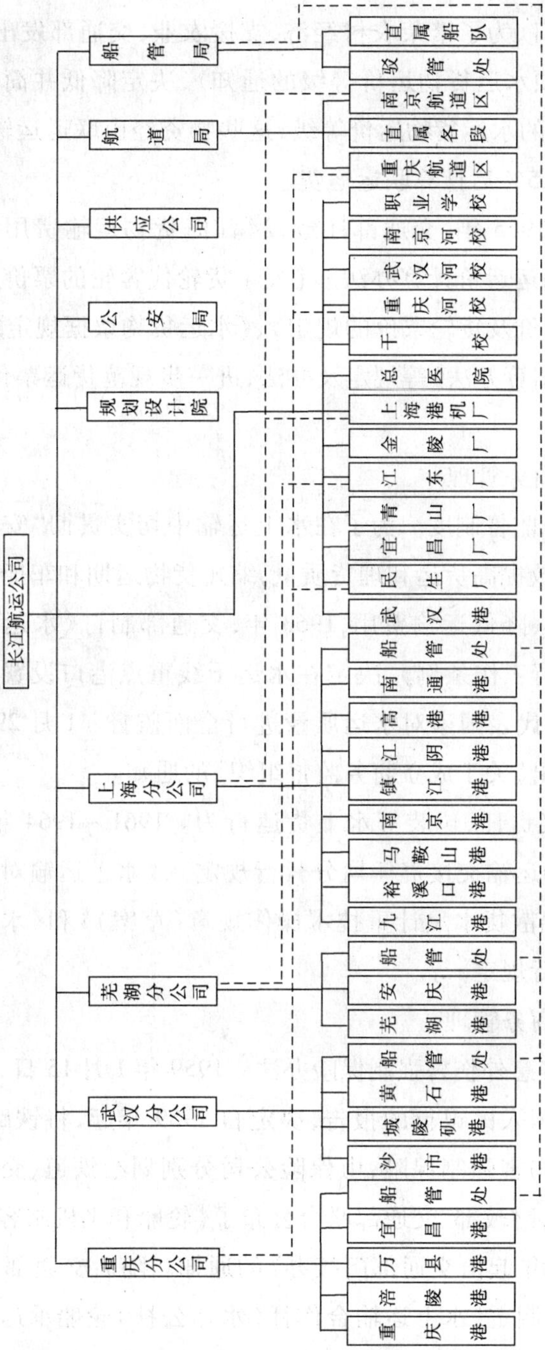

长江航运公司

- 船管局
  - 直属船队
  - 驳管处
- 航道局
  - 南京航道区
  - 直属各段
  - 重庆航道区
- 供应公司
- 公安局
- 规划设计院
- 职业学校
- 南京河校
- 武汉河校
- 重庆河校
- 干校
- 总医院
- 上海港机厂
- 金陵厂
- 江东厂
- 青山厂
- 宜昌厂
- 民生厂
- 武汉港
- 上海分公司
  - 船管处
  - 南通港
  - 高港港
  - 江阴港
  - 镇江港
  - 南京港
  - 马鞍山港
  - 裕溪口港
  - 九江港
- 芜湖分公司
  - 船管处
  - 安庆港
  - 芜湖港
- 武汉分公司
  - 船管处
  - 黄石港
  - 城陵矶港
  - 沙市港
- 重庆分公司
  - 船管处
  - 宜昌港
  - 万县港
  - 涪陵港
  - 重庆港

图 1-3-3 长江航运公司体制机构设置(1965年)

1964 年 12 月 31 日,为了繁荣农村经济,支援农业,交通部发出《关于降低与简化十六项水运货物运价等级的通知》,决定降低并简化油性种子等 16 项物资的水运货物运价等级,这些物资经由联运运输时,可按新定等级优惠 15% 后计算联运运费。

此外,1958 ~ 1965 年,交通部还颁发《江海货物运输费用结算办法》、《沿海散装油运运价计算办法》、《关于货轮代客轮的票价规定》、《关于取消大舱票价及货轮票价的规定》、《水运货物票据规定》和《江海运输收入港船结算办法》等规定及办法,进一步规范货运票价、结算等行为。

2. 水上货运商务管理

(1)建立商务监督制度。为了在水上运输中切实贯彻"安全质量第一"的方针,有效提高货运和理货质量,缩短货物运期和车船在港时间,加速货运周转、降低运输费用,1963 年,交通部制订《水运干线直属商务监督站试行工作条例》,决定在水运干线重点港口设置交通部直属商务监督站,代表国家对水运质量进行全面监督。1 月 29 日,交通部运输总局发出《关于成立商务监督组织》的通知。

(2)规范交接责任、包装等水上货运行为。1961 ~ 1964 年,交通部颁发《水上货物运输交接责任划分暂行规定》、《水上运输对货物包装的要求》、《海船散货水尺计重技术操作规章(草案)》和《水运干线货物运输标志暂行规定》等。

3. 水上客运商务管理

(1)制定旅客意外伤害强制保险办法。1959 年 1 月 15 日,国务院批转财政部和中国人民银行的报告,决定自 1959 年起,将铁路、轮船和飞机旅客意外伤害强制保险,由保险公司分别划给铁道、交通两部接办。2 月 23 日,财政部、交通部联合公布了《轮船和飞机旅客意外伤害强制保险 1959 年起由交通部门接办》的通知。随后交通部于 1962 年和 1965 年分别制定《水上运输合作社(水运公社)轮船承运旅客一律实行意外伤害强制保险》和《渡船不实行旅客强制保险》及其他管理办法，对轮船旅客意外伤害强制保险作出具体规定。

(2)修订旅客行李包裹等管理办法。1959年和1962年交通部两次修订《中华人民共和国交通部直属企业轮船旅客，行李和包裹运输规则》。1963年3月1日，颁发《交通部轮船行李包裹运输交接责任和事故处理办法》。

五、加强远洋运输管理

(一)制订远洋运输规划及远洋船员发展规划

1.制订远洋运输远景规划

新中国远洋运输事业自1951年通过中外合营的形式发展起来，至1963年已有12年的历史。截至1962年底，共有船舶24艘，24.4万载重吨。为进一步发展远洋运输事业，1963年3月，远洋运输局制订《1963年至1972年远洋运输远景规划》，提出从长远利益出发，建立一支具有一定规模的现代化的远洋船队，大力发展壮大自营船队，调整巩固合营船队，根据形势需要适当发展灰色船队，合理租船和适当利用侨资班轮的远洋运输发展方针。此外，该规划还在基本建设、人员培养等方面提出十年发展蓝图。

2.制订远洋船舶发展规划

1964年12月7日，远洋运输局制订《1964~1966年远洋船舶发展规划》，到1963年底，交通部有远洋船舶27.5艘，284 720载重吨。根据购买及订造船舶情况，预计到1966年底，可达到62.5艘，669 429载重吨。其中，1964年增加9艘，84 008载重吨；1965年增加16艘，178 288载重吨；1966年增加10艘，122 413载重吨。

3.制订100万吨远洋船队船员发展规划

为适应我国远洋运输船队1968年达到100万吨的加速发展需要，1964年，交通部制订了发展100万吨远洋船队船员规划；9月，交通部发出《关于解决发展100万吨远洋船队所需的船员的规划的通知》，对解决所需船员的具体措施、劳动计划和经费等问题提出具体安排(见表1-3-2)。同时要求必须积极组织力量保证完成这项光荣而艰巨的战略任务。

这些远洋运输规划的制定,对远洋运输的中长期发展作出合理安排和设计,为远洋运输的快速发展打下了基础。

(二)加强远洋运输管理机构建设

1. 成立远洋运输局

1958 年 8 月,交通部将水运总局国际业务处改为远洋运输局,对外称为远洋运输总公司,承担远洋运输职责。

2. 成立中国远洋运输公司广州分公司

随着香港招商局等单位业务的逐渐开展,以及中外合营企业机构的增加,为适应工作需要,交通部将远洋运输局驻广州办事处改为"中国远洋运输公司广州分公司",1965 年 10 月 12 日,交通部对"中国远洋运输公司广州分公司"的组织机构及编制定员作出批复,并决定撤销"交通部远洋运输局驻广州办事处"名称,统一使用"中国远洋运输公司广州分公司"名称。

3. 成立中国远洋运输公司上海分公司

为国轮开辟中朝中日航线,承担中朝中日的货运任务,1964 年 2 月 27 日,交通部决定在上海建立"中国远洋运输公司上海分公司",公司成立后暂由上海海运局领导。

(三)拓展远洋运输领域国际合作

1. 继续经营中波海运公司

1951 年 6 月 1 日在天津设立的中波海运公司。至 1959 年底,公司共有货轮 16 艘,16. 6 万载重吨,主要航行于中国至黑海航线。1960 至 1964 年间双方举行了中波海运公司第 5 至 8 次股东会并签署会议议定书,1960 至 1965 年召开中波海运公司管理委员会第 10 至 15 次会议并签署会议议定书,在合作经营中使公司不断发展。

1966～1968 年远洋船员需要和补充规划

表 1-3-2

项目	合计	高级驾驶员						高级轮机员						其他高级船员						驾驶部普通船员				轮机部普通船员					事务部普通船员		
		小计	船长	大副	二副	三副	驾助	小计	轮机长	大管轮	二管轮	三管轮	轮助	小计	政委	报务员	事务员	机要员	电机员	小计	水手长	木匠	一二级水手	小计	正副马达匠	生火加油	电匠	泵浦匠	小计	厨工	服务员
1966～1968 年增船 47 艘需增船员 63 套	2913	315	63	63	63	63	63	570	63	63	63	63	318	442	126	127	63	63	63	761	63	63	635	508	381		127		317	127	190
其中 1. 远洋自行培养解决 30 套	684	183	30	30	30	30	63	438	30	30	30	30	318	63					63												
2. 向沿海、内河抽调 33 套	294																														
其中 向上海轮船公司抽调驾驶 27 套,轮机 22 套	226	108	27	27	27	27		88	22	22	22	22		30		30															
向广州海运局抽调 6 套	48	24	6	6	6	6		24	6	6	6	6																			
向长航局抽调轮机 5 套	20							20	5	5	5	5																			
3. 部队转业军官	126													126	126																
4. 上海海运学院远洋班毕业生	63													63			63														
5. 报请中央机要局培训	63													63				63													
6. 65 年招收大专报务班 67 年结业	60													60		60															
7. 技工学校缩短学习期限解决	300																			150				150							
8. 海军复员士兵	969																			611				358							
9. 社会招生培训	317																												317		
10. 中专无线电毕业生	37													37		37															

注:1. 普通船员未列由沿海及长航局抽调数,请各单位自行考虑能够支援的人数。

2. 分年计划暂按平均数安排。

2. 成立捷克斯洛伐克国际海运公司(简称中捷海运公司)

1958 年 11 月 1 日,交通部提出《中捷航运合作的报告》;25 日,向国务院提交《中、捷两国成立国际海运公司的协定》及《中华人民共和国交通部和捷克共和国外贸部关于共同经营捷克斯洛伐克远洋国际股份有限公司的协议》,并得到批准;1959 年 3 月 9 日,由我国驻该国大使代表我国政府和交通部在布拉格签字生效;4 月 1 日,公司在布拉格正式成立。

协议规定公司受中国交通部和捷克斯洛伐克对外贸易部的委托经营远洋船舶,船舶产权仍属委托一方所有。经营的船舶暂时悬挂捷克国旗,并向捷克机关注册,公司经营的船舶所发生的风险均由委托方承担。双方各指派 2 ~ 3 人组成公司管理委员会,每年在北京和布拉格召开会议。

公司管理委员会于 1959 年 4 月 3 日, 在布拉格召开第一次会议,组成了公司管理委员会, 确定公司组织机构人员定额和 1959 年双方投入公司营运船舶及财务预算。1960 年 3 月 31 日至 1965 年 7 月 9 日, 举行了捷克国际海运管理委员会第 2 ~ 7 次会议, 并签署议定书。

3. 创立中阿轮船股份公司

1961 年 6 月 24 日,交通部、对外贸易部提出《中阿航运合作问题的请示》;12 月 8 日,周恩来总理批示原则同意;26 日,中国和阿尔巴尼亚政府在北京签订合作协定。1962 年 1 月 13 日,签署了《中、阿轮船股份公司的章程》,中、阿轮船股份公司总公司设于阿尔巴尼亚首都地拉那,分公司设于我国广州市。1962 年至 1965 年在地拉那、北京召开公司管委会第 1 ~ 4 次会议并签署议定书。

(四)悬挂中国国旗,发展民族自主远洋运输事业

中华人民共和国成立以来,因受台湾海峡局势的影响,为防止美帝国主义海上破坏,我国远洋船队一直未悬挂我国国旗,但为适应经济发展需要,交通部认为有必要在适宜的时机选择一定船只悬挂我国

国旗,建立自营远洋船队。

1959 年 3 月 31 日,陈毅副总理批准交通部党组报告,同意用悬挂我国国旗的远洋轮船直接参加接侨（华侨）运输。交通部随即派工作组赴印尼雅加达等地考察，认真做好准备。1961 年 4 月 28 日，“光华轮” 接侨客船挂国旗开航；5 月 17 日，交通部祝贺 “光华轮” 胜利返航。

1961 年悬挂我国国旗航行，是中国远洋运输事业的一个创举和里程碑，具有重要历史意义。建立中国自有船队，发展自主远洋运输事业，是交通部作出的重要决策。

(五)抓住时机买船,迅速拓展远洋运输能力

1962 年,资本主义航运市场危机加剧,停航船只增多,船价不断下跌。交通部抓住有利时机,提出《利用资本主义航运市场危机设法购入船舶》的报告,得到周恩来总理批准。

1963 年,我国对外贸易和援外任务增加,必须积极建设我国自有的远洋运输船队,而国际租船市场价格不断上涨,我国外汇紧张。为此,11 月 16 日,交通部向李先念副总理提出《利用香港银行客户存款发展我国远洋航运问题》的请示,拟通过银行贷款自生自养、扩大船队。李先念副总理批示同意。

1965 年 9 月,交通部继续提出《我国租用外轮和世界各国发展远洋船队的情况报告》,说明世界各国发展本国远洋船队的情况及发展我国自有远洋船队的重要意义,并提出利用我国租船付出的外汇买船的设想。彭真委员长批示:“这个问题应该下决心逐步解决了”;周恩来总理批示:“请先念将由中国银行以外币存款给我交通部订购远洋轮船计划的执行情况写一报告送中央”;李先念副总理批示:“购船应当采取积极的态度。”

以上史实反映出交通部对发展我国远洋运输事业所作出的战略决策和为此作出的不懈努力,以及中央领导对发展我国远洋运输事业的重视与支持。

（六）发展国际海运关系，增辟远洋运输航线

1. 建立与发展中外海运关系

1959～1965 年，交通部为我国与德国、加纳、印度、缅甸、锡兰、刚果、朝鲜、柬埔寨建立海上友好关系，签订航海协议作了一系列工作，为发展远洋运输事业创造了良好条件。1959 年 3 月 2 日，提出《关于德意志民主共和国建议同我国缔结航海协定问题的请示》；1961 年 10 月 26 日，报请审批中国和加纳两国政府海运协议；12 月 22 日，提出《关于签订中印（尼）中缅、中锡海运协议问题的请示》；1964 年 3 月 23 日，交通部提出《关于开辟中朝航线与朝方签订企业部门之间的业务联系议定书的请示》；10 月 28 日，交通部和外交部提出《关于签订中柬海运协定的请示》；1965 年 7 月 11 日，交通部和外交部提出《关于与刚果（布）签订海运协定问题的请示》；10 月 1 日，交通部提出《关于签订中刚（布）海运协议的请示》等。

2. 增辟远洋运输航线

1963 年 11 月 12 日，交通部向中央提出《关于开辟中朝、中日远洋运输航线问题》的申请，报告经周恩来总理，李富春、李先念副总理和杨尚昆同志审阅，周恩来总理批示："请交通部负责办理，并告财政、外贸两部"；李富春副总理批示："充分准备，做好适航"。另外，1963 年 8 月 7 日，交通部党组在《检查华南远洋船舶安全情况的报告》中反映了几年间增辟远洋航线的情况。我国远洋运输事业自解放以来从无到有，从合营到自营，逐步发展。特别是从 1961 年 4 月悬挂五星红旗的自营船舶远洋航行之后，在国际上获得良好声誉。近两年来，我国自营船队先后开辟东南亚航线、地中海航线、西欧和西非、北非航线，到达也门、新加坡、叙利亚、摩洛哥、比利时、英国、西德、苏丹、几内亚、波兰、阿尔巴尼亚等 10 多个国家的 29 个港口。

（七）加强外轮管理

1963 年 1 月 1 日，交通部所属中国外轮代理公司成立 10 周年。10 年来，随着国家对外贸易的迅速增长，外轮代理业务也有了很大发

展,中国外轮代理公司先后与34个国家和地区的200多家轮船公司、租船公司等建立了业务关系,在国家航运业上有了比较广泛的联系。每年到港外轮有2 000～3 000艘次,为国家收入外汇约400万美元。交通部在1958～1965年进一步加强了外轮管理,具体内容如下:

1. 1958年外轮代理管理体制调整

1958年交通部国际业务处改组为交通部远洋运输局,在负责远洋运输的同时,领导各港外轮代理工作,对外联系仍以“外轮代理总公司”名义进行。

在1958年交通管理体制下放过程中，交通部于8月4日提出《关于外轮代理公司体制问题的意见》，建议“外轮进出频繁的大连、天津、青岛、上海、汕头、黄浦、湛江7个主要港口的分公司领导体制实行以中央为主的双重领导，其业务、财务、人事工作由总公司直接管理（汕、埔、湛则归广州远洋运输机构领导），各港则加强对日常行政与政治工作的领导。其他各港分公司一律划归各港直接管理，实行以地方为主的领导。有的港口已将分公司改组为局内职能科的，即恢复为一个独立的企业单位”。

2. 召开全国港口外轮工作会议,加强外轮管理

1958年“大跃进”以来,由于国内运力不足,交通部租用了一些外轮担任国内沿海运输任务,外轮进出我国港口的数量有所增加,港口管理下放后,各港对外轮管理手续不尽一致,以至在外轮联检工作中出现了一些新问题。1959年6月30日和1960年9月16日,交通部、公安部、卫生部、对外贸易部联合召开第一、第二次全国对外开放港口外轮联合检查工作会议,研究和解决出现的具体问题,并建立外轮管理工作联合会议制度,以交通部为主,定期或不定期召开会议解决问题。

1964年2月22日～3月10日,在国务院外办、财贸办的领导下,交通部、外贸部、卫生部、全总、公安部等部门联合召开第三次全国港口外轮工作会议,讨论制定了《港口外轮工作条例》,并决定成立全国

港口外轮工作小组,领导与协调全国港口外轮工作。1964 年 12 月 18 日,国务院批转会议报告和条例,在全国贯彻执行。

按照第三次全国港口外轮工作会议成立“全国港口外轮工作小组”的要求,交通部决定由陶琦副部长参加小组工作。1965 年 1 月 22 日,交通部召开了第一次全国港口外轮工作小组会议,领导与协调全国港口外轮工作。

3. 贯彻国务院通知精神,改善外轮及船员管理

为改进港口外轮及船员的管理供应和接待工作,根据外贸部申请,1962 年 5 月 19 日,国务院发出《改善港口对外轮及船员的管理供应和接待工作》的通知;5 月 30 日,交通部予以转发,并进行了检查,认真纠正问题,改善服务。

4. 建立外轮检查、签证制度,修改海港收费规则和费率标准

(1)1958 年,中华人民共和国对外贸易部、卫生部、交通部、解放军总参谋部联合颁发《修订的联合检查工作五个实施办法》,包括《联合检查进行程序与注意事项》、《联合检查机关工作人员登船纪律》、《船员登陆管理办法》、《关于申请签发登陆证及有关事项的规定》和《外国籍船舶在港内禁用物品查封办法》。原办法同时废止。1961 年 10 月 24 日,经国务院批准,卫生部、交通部联合颁发《进出口船舶联合检查通则》。

(2)修改海港收费规则和费率标准。1958 年 9 月,公布《海港收费规则(国外部分)》。1959 年 1 月 21 日,外轮代理总公司修改并颁发《中国外轮代理业务章程》。新章程提高代理费用并改进结算方法。1963 年,经国务院批准,交通部对港口收费规则和费率标准作进一步调整。1965 年 2 月 25 日,为明确收费项目与责任、简化手续,调整代理费不合理规定,远洋运输局又重新进行修订,于 7 月 1 日起实行。另外,1962 年制定《关于外籍船舶在中国港口装卸与延期计费暂行办法》。

(3)制定海事签证管理办法。1962 年 6 月 9 日,交通部发出《外国籍船舶海事签证指示》,规定外国籍船舶在航行中遇到恶劣天气,造

成或估计会造成船货损害时,在到达我国港口之后,需要向我国港务管理机关提出海事声明书,报请签证,本指示供港内掌握试行。

(4)1958年,颁布《外国籍轮船通过琼州海峡遵守事项》。要求外轮通过琼州海峡时必须在48小时前将船名、国籍、总吨位、吃水深度、船身颜色、驾驶台颜色、位置及船身特征、航速、何时何日何地登陆等详细情况电报中国外轮代理公司海口分公司,经批准后由外轮公司通知船方。

5. 加强外轮理货管理

外轮理货工作一直作为运输的一项代理业务,长期以来未建立专门的管理机构和完整的管理制度。1962年,交通部发出《调整外轮理货公司体制的通知》,要求各港成立独立的"外轮理货公司",与港务局分开,直接受交通部水运总局领导,但受条件所限,采取由港务局代部领导的过渡形式。在过渡期间,财务上实行内部经济核算。对国外的业务联系仍通过各港外轮代理公司办理。

1962年1月20日和8月31日,交通部两次作出加强外轮理货工作的指示,要求健全机构,加强领导。1962年初,交通部制定《外轮理货公司业务规章》和《外轮理货公司理货办法》,下发各港试行。

六、水运工业管理

(一)制订水运工业初步发展规划,进行水运工业基础建设

1960年4月20日,交通部在广东广州召开全国港口、水运工业规划会议。会议拟定了水运工业初步发展规划,计划在3年内建设32个限额以上的项目,8年内建设100多个项目,限额以下的项目主要靠各地自行规划和安排。主要建设4类工厂:修造船厂、港口机械制造厂、助航设备厂和为造船造机配套需要的机械制造厂。水运工业初步发展规划是交通部在"大跃进"后期对未来8年水运工业发展远景提出的设想。

在制订水运工业规划的同时,交通部组织制定水运工业建设计

划，推进水运工业基础建设。如，1958年6月，交通部批复上海船厂总体设计任务书；11月，批复上海船厂（二厂）设计任务书；1963年，决定扩建汉口厂和上海厂；1964年，进行文冲厂大坞工程、上海厂一号坞项目和青山、金陵船厂、新港船厂五千吨船台、新河船厂冷作车间、上海河道局高压接力泵工程、民生船厂唐家沱油库迁建等工程的建设。

（二）开展技术革新和技术革命，推动水运机务厂务工作发展

1958、1959两年的"大跃进"虽然取得很大成绩，但现有能力远不能适应日益增长的修造船、港机、配件制造、坞修和木帆船改造等任务的需要，大多数船厂不仅设备简陋、技术力量薄弱，而且还保持着相当数量的手工操作。为推进水运机务厂务工作，1960年3月21日，交通部在江西省召开全国水运机务厂务会议。会议以技术革新和技术革命为中心，总结交流经验，安排1960年机务、厂务工作任务：开展以机械化、半机械化为中心的技术革新和技术革命运动，加速新船、新厂的建设和旧船、老厂的技术改造，并加速木帆船技术改造。在机务方面，实现木帆船机动拖带化、船舶操作机械化，实现燃料节约10%。在工厂方面，革新工艺、革新机具，实现起重运输机械化、半机械化、机械操作自动化、半自动化、代用材料多样化。

另外，为加强船舶机务管理，1961年，交通部颁发《加强船舶机务工作的若干规定》，建立船舶机务管理制度。

（三）建立船舶管理制度，规范船舶修理、封存、报废等行为

1961~1965年，交通部颁发《船舶基本恢复修理计划大中修理管理办法》、《外轮航次修理工作的补充规定》、《船舶预防检修制度（草案）》、《交通部直属修船企业修船质量分级与评定办法》、《修造船企业作业计划工作办法》和《交通部修造船企业估价办法》等修船管理办法，建立与完善修船制度。1961~1965年，交通部颁发实行《封存船舶的管理及保养办法》和《船舶报废规定》等管理办法。1961~1962年，交通部颁发实行《船舶技术状况分类，保养管

理分级办法（草案)》、《专（市）县（社）水运企业船舶技术管理暂行办法》和《交通工业产品技术检验工作制度》等规定与办法。

第五节 民用航空行政

遵照中央指示,交通部于1958～1962年接管中国民用航空局,4年内与空军司令部相互配合,对民航的计划、管理体制、基础建设、企业管理、航空安全、民航科技及外事等方面进行管理,初步实现水、陆、空交通运输的统一,虽然时间不长,但积累了宝贵的经验。

一、民用航空机构建设

(一)批准民用航空组织机构

1. 民用航空局地区分支机构的设立

1958年5月11日,民航局向交通部呈报各地区分支机构的设置报告。经研究,交通部批复同意民航局各分支机构的设置方案,见图1-3-4。

2. 确定民航局机构设置

1958年,交通部根据中央指示,在实施部属机构与事权下放后,重新调整部机关及直属单位机构。其中,关于交通部民航局的机构设置(参见图1-3-5)经与空军司令部协商后,于7月4日确定。

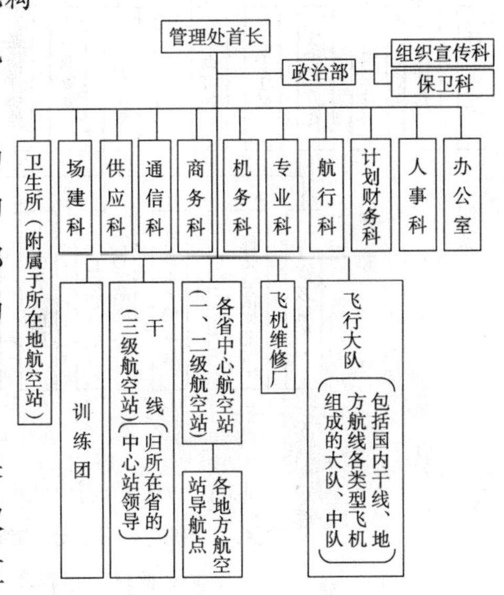

图1-3-4 中国民用航空局分支机构设置方案

注:1. 训练团为事业单位;

2. 飞行大队,飞机维修厂,各级站、点为企业单位;

3. 事、企业单位按任务大小配备人员。

(二)统一地方民用航空机构的名称,将民航局改为民航总局

民用航空管理机构部分下放以后,各省(区、市)购买飞机、建设机场、调配干部、开辟地方航线,积极筹建地方民用航空事业,分别由省人委、交通厅或农林厅领导,各有不同,名称各异,或称××省民用航空管理局(处),或称××省交通厅民用航空管理局(处)。为统一各地民航领导关系和名称,1958 年 12 月 2 日,交通部经研究批准民航局的报告,建议民航机构统称为××省民用航空管理局(处),并统一由省人委或交通厅领导。

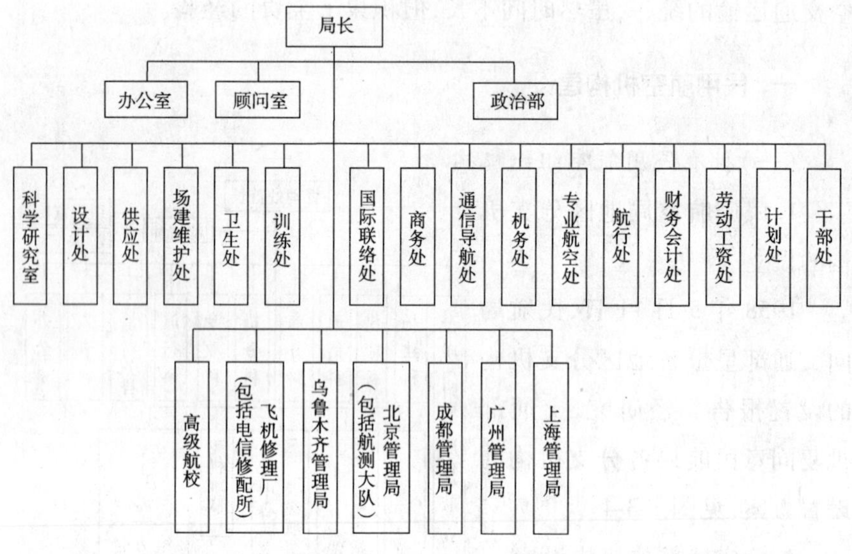

图 1-3-5　1958 年 7 月中国民用航空局组织机构

注:1. 科学研究室、设计处、高级航校为事业单位;

2. 供应处、修理厂、各管理局为企业单位。

1960 年 5 月 24 日,中国民用航空局办公室为避免与各地分支机构(××管理局)混淆,经请示交通部同意,将民航局改为民航总局,对外(国外)行文仍用“中国民用航空局”名称。

二、民航基建管理

(一)扩建上海虹桥国际航线机场

1963年11月2日，国务院发出《关于扩建上海虹桥国际航线机场的通知》，同意交通部提出的扩建虹桥机场为国际航线民用机场的方案，投资由国家计划委员会专案解决，扩建工程由民用航空总局负责。为保证扩建工程的顺利进行，国务院还决定在中共上海市委、市人民委员会的领导下成立机场修建委员会，李干成副市长为主任委员，空军、民用航空总局各派一人为副主任委员，统一领导，分工负责。

(二)扩建广州白云国际航线机场

1963年12月6日,国务院发出《关于扩建广州白云国际航线机构的通知》,批准广州白云机场建设设计任务书,投资由国家计划委员会解决;扩建工程由民航总局总负责。并决定在中共广东省委、省人民委员会领导下,以曾生为主任委员,空军、民用航空总局、广州市人民委员会各派一人为副主任委员,成立机场修建委员会,统一领导,分工负责。

上海虹桥机场与广州白云机场的扩建改善了两地空运条件。

三、调整民航运价,加强民航安全管理

(一)调整民航运价

为适应工农业生产大跃进的发展需要，发挥民用航空的作用，1958年5月25日，交通部邀请财政部、邮电部、经委物价局、计委交通局以及空军司令部共同对民航运价改革方案进行研究。同年6月21日，国务院批复交通部报送的民航运价改革方案，同意国内民航运价总体水平降低40%，各航线的降价幅度由交通部根据具体情况确定并灵活掌握。由此，交通部对民航运价适时作出调整。

（二）加强民航安全管理

1958 年 8 月 20 日，民航局 106 号飞机（革新型）从北京飞往上海，当天 13 时 25 分联络中断，之后在南京西北 60 公里的来安县沙河集坠毁。机上旅客 9 人、空勤组 4 人全部遇难。根据情况判断事故原因是受气候影响。事后，交通部向国务院呈送了《关于民航局 106 号飞机失事的报告》。

为吸取教训，加强航空安全管理，交通部邀请空军司令部和经委、中央气象局、一机部四局等单位有关人员共同研究。之后，交通部提出进一步加强航空安全的措施：①树立飞行安全第一的观念；②严格执行有关飞行安全的各项规定；③改善气象保证工作；④加强与完善导航设备；⑤改进机场净空条件。这些措施提高了航空运输的安全保障水平。

四、民航科技与外事管理

（一）民航科技管理

为提高民用航空科学技术水平，1958 年 12 月 27 日，交通部成立了民用航空科学技术委员会，主要负责研究并提出运输航空及专业航空的技术发展方向、技术政策及技术改造方案；研究和审查民用航空各项重大技术问题；审议航空技术的各项规章草案；审查民用航空科学技术重点研究项目等。该机构的设置对提高中国民航技术水平发挥了积极作用。

（二）参加华沙条约，开展民航外事活动

交通部积极发展对外航空关系。1958 年 6 月 5 日，经全国人民代表大会常务委员会第九十七次会议批准，中国民用航空加入《1929 年统一国际航空运输某些规则的公约》（简称《华沙公约》）。至 1960 年，对外签订的协定、协议、议定书和合同有 24 个，与中朝、中越、中蒙、中缅、中锡、中匈等国家建立民航关系。

第六节 交通综合行政

一、部机关及直属系统管理

(一)制定《交通部及直属单位各级政治机关的设置办法》

为进一步贯彻中央关于在工业交通部门从上到下建立政治机构、加强思想政治工作的指示,根据中共中央《关于在全国工业交通系统建立政治工作机关的决定(草稿)》和中央工业交通政治部《关于工业交通系统各级政治机关的设置和编制的规定(草案)》,结合交通部直属企、事业单位两年多建立政治机构的实际情况,1964年6月10日,交通部政治部制定《交通部及直属单位各级政治机关的设置和编制的试行办法》,其主要内容包括:交通部政治部的机构和编制(交通部政治部设组织部、宣传部、干部部、保卫处和办公室,编制定为61人);部属企、事业单位各级政治机关的设置和编制;部属企事业单位的基层单位政治工作人员的设置;部属企、事业单位政治干部的条件和来源及各级政治机关建立的审批手续等。

(二)贯彻中央指示,彻底清仓核资

清仓核资是国民经济调整时期的重要调整措施之一。由于经济生活中,一方面物资供应不足,另一方面有大量的原料、材料、成品、半成品以及各种消费资料分散在各企业、事业单位和各机关、团体,不仅没有发挥作用,而且占用了大量的流动资金。国务院于1962年2月22日发出《彻底清仓核资、充分发挥物资潜力的指示》。

为贯彻中央指示,交通部发出《关于收购清仓多余物资的几项规定》、《关于切实做好清理和核定流动资金工作》、《关于转发财政部、中国人民银行关于企业处理积压物资有关资金供应问题的几项规定》和《关于清查中对物资的损失在财务处理上几个问题的补充说明》等一系列通知,并转发财政部《对关于国营企业在清仓核资中对物资损

失的财务处理办法的补充说明》和《关于结束清仓核资工作进行全面总结》等指示，认真组织此项工作。

1962 年 4 ~ 8 月，交通部 40 个直属单位进行了一次全面的清仓工作。此次清仓声势浩大。清查一开始，即派出由副部长、局长领导的 4 个工作组分赴各地督战，各单位先后成立了领导小组及办事机构，办公室专职干部共 1 300 多人。清查范围是有物必查、查必彻底，不论库内库外、场内场外、船舶、车间、码头都作了全面反复的清查。许多单位自查、复查、互相检查在五、六次以上。

通过这次清仓，挖掘了物资潜力，弥补了生产中一部分物资供应的缺口。同时也暴露了几年来在物资管理、资金管理和企业管理方面存在的问题。根据这些问题，交通部提出了具体解决意见，建立并加强了必要的企业管理制度。

二、交通财务行政

（一）发布《关于单车核算、单船核算和装卸班组核算若干问题的意见》

1959 年，交通部财务材料局为贯彻“两参一改三结合”的企业管理制度，发布了《关于单车核算、单船核算和装卸班组核算若干问题的意见》，对基层核算的组织形式、核算内容、核算指标、核算方法和核算结果，分别提出了原则性意见。

（二）召开全国交通财务工作会议

1960 年 4 月，交通部财务材料局召开了全国交通财务工作会议，交流和总结财务工作促进生产高速发展和大搞群众性经济核算运动的经验，讨论如何把财务工作推向一个新的阶段，更好地为技术革新和技术革命运动服务等问题，提出将群众经济核算与中心工作密切结合、群众核算与专业核算结合、群众核算与劳动竞赛结合的财务工作方针。

（三）颁发《公路养路费征收和使用暂行规定》

为了使公路养护单位合理征收公路养路费，正确使用养路资金和加强公路养护,保证公路运输通畅,1960年2月,交通部、财政部联合颁发了《公路养路费征收和使用暂行规定》。

(四)开展清产核资工作

1962年,交通部财务材料局组织直属交通运输企业开展了建国后的第二次清产核资工作。

三、交通科技行政

(一)召开全国交通科技会议,明确方针任务

为贯彻全国科技会议精神,1959年12月,交通部在北京召开全国交通科学技术工作会议,提出在科学技术工作中贯彻“地、群、普”的交通建设方针,总结和交流“大跃进”以来开展技术革命与技术革新群众运动的经验,推广技术成就和科学研究成果,安排和协调1960年交通运输科学技术发展计划。会议还明确了1960年交通科学研究的主要任务是:包括迅速武装短途运输队伍,大力发展“一网五化[①]”,研究木帆船运输的技术改造,大办土铁路和轨道运输,有计划地实现港站装卸机械化,研究以固体和气体燃料代液体燃料的同时,加紧研究柴油掺水等节约燃料技术,及汽车列车化和船队顶推拖带运输技术。科技会议的召开,推动了交通科技的发展,对缓解“大跃进”时期运输紧张局面,起到了积极作用。

(二)加强管理与机构建设

1. 重新组建交通部科学技术委员会

为加强对科学技术工作的领导,1959年7月,交通部撤销原“交通部技术委员会”,重新成立科学技术委员会,该委员会既是交通部主管科学技术以及规划工作的行政组织,又是部领导科学技术以及规划工作的办事机构。委员会在总局局长的直接领导下成立水运、公路及民用航空3个分会,分会下分设13个专业组。其中水运分会下设船舶、航道港

①一网:公路网;五化:道路化、车子化、索道化、梭槽化、木轨道化。

工、港口机械装卸、水运经济4个专业组。公路分会下设公路运输经济、桥涵、道路、机料、民间运输5个专业组。民用航空分会下设飞机与发动机、飞行调度与通讯导航、机场建筑、民航业务经济4个专业组。

各专业小组的任务是对科学技术发展及重大科学技术研究项目的远景纲要及年度计划、重大建设项目的规划文件、有重大经济意义的全国性技术标准、重大的发明创造、技术革新和科学研究成果、重大的科学技术等问题负责组织审查，并作出初步结论，之后报分会或委员会核定批准施行。

2. 成立中国航海学会

航海是一门研究船舶驾驶原理和方法、密切联系生产实际的古老学科。为加强我国航海科学学术交流活动，经交通部申请，科学技术协会全国技术委员会同意，1963年8月15日，成立中国航海学会。其航海十年规划等科研工作推动了航海科学事业的发展。

3. 成立交通运输科学技术情报研究所

根据国家情报十年发展规划的要求，1963年12月25日，交通部将交通科学研究院情报室扩建，成立“交通运输科学技术情报研究所”，负责如下工作：①组织、交流交通运输系统的科学技术情报工作；②管理、协调交通运输系统各专业中心站的各种业务工作；③编译、出版交通运输科学技术综合性的刊物，并组织、领导交通运输系统各专业中心站出版各专业性的科技刊物；④为部与国家科委情报局和中国科学技术情报研究所的对口单位；⑤10年内成为交通运输科学技术情报方面的综合、检索中心。

以上3个交通科研管理与研究机构的建立，反映了这一时期交通部对交通科学技术发展规划、航海事业和交通情报信息工作的重视与加强，为交通科学技术的发展提供了良好环境。

（三）制定交通科技十年发展规划（1963～1972年）

在国家科委的组织领导下，交通部参加了国家《1963年至1972年科学技术发展规划（草案）》的编制工作，与国家公路专业组和航海专业组共同负责编制公路和航海两个专业规划(草案)。

在《1963~1972年科学技术发展规划公路专业规划纲要(草案)》中,交通部提出我国公路技术标准应贯彻以农业为基础,为农业、工业和国防服务的原则,及既要符合当前国家经济情况,又要照顾国家经济发展的需要,并保证充足必要的质量标准等项要求。公路规划包括15个中心问题和62个专题。重点项目包括大量改善提高公路路面状况及钢筋混凝土公路桥梁的关键技术等。

在《1963~1972年交通科学技术发展规划总说明》中,交通部提出10年内应对船舶、汽车、公路、水道与港口、装卸与筑路机械、运输经济与组织管理6个专业研究机构的发展全面安排,并集中力量,有重点地培养充实、逐步形成交通科学研究院、上海船舶运输科学研究所、南京水利科学研究所3个研究中心。

根据“跃进轮”的经验教训和聂荣臻副总理及国家科委关于“我国航海方面的科学技术工作必须加强”与“独立编制航海规划”的指示,1963年9月10日,交通部向国家科学技术委员会提出《1963~1972年航海科学技术发展规划(草案)的编制情况》的报告,对我国航海科学技术的基本情况、国外航海科学技术发展趋势、其后发展方向和主要任务、主要措施等作了详细规划。重点项目包括:提高船舶航行技术的研究;船舶导航设备的改进提高和管用养修技术的研究;海事预防、海难救助和打捞技术研究等主要内容。

(四)加强新产品试制研究

1961~1964年,交通部对新产品研究作了大量工作,反映出1958~1965年交通部对新产品试制这一科学研究工作的重视。

1961~1964年,交通部编制、下达新产品试制计划、调整计划、鉴定计划和工作总结。1963年10月,交通部发出《关于加强新产品试制工作领导的意见》。1964年1月,交通部颁发《交通部新产品试制暂行实施办法》,规范新产品试制行为。6月,国家计委、国家经委、国家科委对全国工业新产品展览会中的展品进行了评奖,并在京举行了隆重的授奖仪式,由聂荣臻副总理颁奖。交通系统共有49项工业新产品参加了这次展览,其中16项展品获奖。

（五）参加三峡水利枢纽研究

1964年3月,交通部航务工程管理局向国家科学技术委员会三峡组报送《一九六三年三峡水利枢纽航运方面科研工作简况》,汇报交通部参加三峡水利枢纽科研工作的情况。

交通部长江流域航运规划组是“三峡枢纽的航运规划及施工期货运问题的研究”课题的总负责单位,该科题为《1963年至1972年三峡科学技术发展规划(草案)》中的重要课题之一。课题分5个专题和17个分题。5个专题包括:远景过坝运量、船型船队、木材过坝、通航条件和施工期货运问题。承担研究工作的单位有:交通部长江流域航运规划组、中国科学研究院综合运输科学研究所、上海海运学院、南京水利科学研究所、上海船舶运输科学研究所、林业部中南林业勘察设计院、东北林学院和有关省交通厅等13个单位,1963年课题组明确了研究的范围和要求及研究方法,确定研究单位,下达了科研项目,随后按计划开展研究工作。

（六）制定交通科技保密规定,贯彻奖励条例

根据国家科委关于科学技术保密范围和密级划分的规定,1959年9月30日,交通部发布《科学技术保密范围和密级划分的暂行规定》,对交通部门科学技术保密范围和密级划分作出规定。

1963年11月3日,国务院发布《发明奖励条例》和《技术改进奖励条例》,12月20日,交通部发出《关于贯彻执行“发明奖励条例”和“技术改进奖励条例”的几点补充规定》,要求交通运输部门各级、各单位认真贯彻执行。

四、交通教育行政

（一）召开交通教育工作会议,确定方针任务

确定“勤俭办学”的教育方针,大力发展交通教育。1958年2月

15日,交通部发出“关于认真贯彻勤俭建国、勤俭办学方针的指示”,提出深入整改、加强社会主义思想教育的六项要求。3月26日,交通部于陕西西安召开由交通系统19所院校参加的座谈会,推广西安三勤办学经验,进一步提出继续深入贯彻整风精神,打破保守,反对浪费,促进交通教育工作的“大跃进”等工作方针和任务。

1959年,召开全国交通学校教育工作会议,制定《全国交通院校布局和专业设置的规划(草案)》,使交通院校在1958年“大跃进”的基础上继续发展。

(二)改革交通教育办学模式与管理方式

1. 大连海运学院航海专业试行半军事化管理

为满足我国对外贸易和远洋运输发展对海洋高级船员的特殊要求,1963年,交通部与国防部、政治部、人民解放军海军、教育部等部门协商,经国务院批准,在人民解放军海军的大力帮助下,对大连海运学院海洋船舶驾驶、轮机管理、船舶电气设备3个航海专业实施了半军事化管理,延长学制,实行预科1年,进行航海训练、军事教育和英语学习等多项改革。

2. 试办半工半读技术学校

经国家计委、经委同意,1964年11月18日,交通部发出《关于半工半读试点工作的通知》,决定1965年在西安公路学院中专部,武汉长江航运技工学校,上海海运学校船机制造与修理、船舶制造与修理2个专业及西安公路学院大学部汽车运用与修理专业进行半工半读试点。半工半读学校,是教育与生产劳动高度结合的新型学校,学生一面学习、一面劳动。中等专业学校学生,在操作方面,要达到2、3级工的水平;理论知识要达到全日制中专毕业的水平。高等学校学生,操作方面,要达到3、4级工的水平;理论知识要达到全日制高等学校毕业水平。学生毕业后,既能从事体力劳动;又能从事脑力劳动;既能当工人,又能作技术工作和行政管理工作。

3. 大力发展职工业余教育

在调整方针指导下，直属单位的职工业余教育出现了入学人数多，稳步发展的新形势。1963 年下半年，职工入学人数达 33 000 余人，占青壮年职工的 30.5%。职工业余教育的广泛开展对提高交通系统职工的文化水平发挥了积极作用。

（三）调整交通院校与专业

1. 调整交通院校

“大跃进”时期交通院校、专业有了很大发展，但在交通企、事业单位管理体制下放过程中，有些学校交给了地方管理。调整时期，为适应形势发展需要，交通院校经历了管理体制收回与精简过程，一些学校、专业被收回，大量学校、专业被压缩、合并或停办，具体调整如下：

原有高等学校 2 所（大连海运学院、武汉水运工程学院）；1958 年新建上海海运学院；北京公路学院筹委会与西安汽车机械学校合并组建西安公路学院；各省中等专业学校戴帽子的 7 所（但仅有少量的大专班），共有高等学校 11 所。原有中等专业学校 23 所；1958 年新办的有 8 所；1958 年开始筹建、计划 1959 年招生的 7 所，共计将有中等专业学校 38 所。另外，各省（区、市）领导的其他高等学校 14 所，设有交通专业，如同济大学、华南工学院的公路与桥梁专业，大连工学院、天津大学的水道与港口水工建筑专业等也为交通系统培养人才。1959 年 5 月 22 日，交通部发出通知，正式成立上海海运学院并颁发校印。

1958 年，下放过程中，保留中等专业学校 4 所（大连海运学校、武汉河运学校、南京航务工程学校、西安汽车机械学校），下放 11 所。

1961 年，交通部又陆续收回南京交通专科学校、湖北省交通学校和湖北省港务交通专科学校等学校。

1962 年，精简交通部直属系统技工学校，由年初 16 所撤销 11 所，保留 5 所。交通部部属高等学校裁并 1 所，保留 4 所。中等专业学校裁并 5 所，保留 6 所。

自 1963 年起，交通部又逐渐收回上海海运技工学校、天津港务局技工学校等学校。

另外,北京干部学校(简称:北京干校)也经历了停办和恢复的过程。1961年12月30日为贯彻中央调整和精简方针,交通部发出《关于北京干校停办几个问题的决定》,北京干校列入停办学校行列。1964年随着经济的不断好转以及发展需要,4月28日,中央组织部发文同意恢复开办交通部干部学校。1964年7月27日,交通部发出通知恢复交通部北京干部学校。

2. 调整交通专业

1961~1963年,随着国民经济的调整,交通专业进入了合并、压缩和控制发展速度的调整阶段。1961年,交通部有直属高等学校6所,已设专业37个;直属中等专业学校11所,已设专业16个。3月11日,交通部提出合并分工过细部分专业、停办各校开设的数理化专业及新专业放缓发展速度的调整意见。6月,交通部将大连海运学院船舶制造与修理、船舶内燃机专业,上海海运学院船机制造与修理专业并入武汉水运工程学院;武汉水运工程学院水运经济、港口与工业企业电气化、水道与港口水工建筑专业分别并入上海海运学院、大连海运学院与重庆交通学院。1965年1月30日,交通部发出通知,继续对高等学校专业学制进行调整。

(四)组织修订教学计划和教学大纲,加强教材建设

1963年,根据教育部颁发的《关于制订全日制中等专业学校教学计划的规定(草案)》,交通部发出《修订交通中等专业学校、各专业教学计划补充意见和分工表请各校进行修订教学计划的工作》通知,组织修订教学计划和教学大纲工作。

1963年,交通部发出通知修改高等工业学校教学计划,并召开教学计划修订会议,对“汽车拖拉机运用与修理”专业、“公路与城市道路”专业、“桥梁与隧道”专业、“水道与港口水工建筑”专业、“汽车拖拉机运用与修理”专业的指导性教学计划进行了修订。

1963年12月,交通部组织教材编审小组,制定《教材编审小组暂

行工作办法》,加强教材建设工作,逐步为各门课程选编出优秀的教科书和必要的辅助教材(包括习题集、实验指导书及手册等)及教学参考书,交通部分专业建立经常性的教材编写小组,负责教材编审和建设工作。

五、交通外事行政

(一)编制和执行外事活动计划

1959年,在中央批准的控制数内,外事处制定并执行1959年交通部出国和来华人员计划。

1960年,交通部国际往来活动较多,出国访问共16项52人(包括长期派驻国外人员),另派往越南、蒙古、也门的技术援助人员384人。全年接待来华外宾共25项92人。

1961年,根据中央指示,交通部控制与压缩国际往来活动项目和经费,以保证对社会主义国家、非洲国家和拉丁美洲国家工作的需要;保证出席各种重要国际会议的需要;保证对签订的各种合作协议、协定、计划中有关人员往来项目的执行。

1962年,继续控制来华、出国人数,积极开展对亚、非、拉丁美洲国家的活动。1962年邀请外宾和出国人员,比1961年实际人数压缩1/3。

1963年外事活动计划比1962年增加50%以上,援尼、援缅工程陆续施工,援越、援蒙、援也项目继续进行;对外经济技术合作有所发展;在自营远洋船队方面,继续开辟新的航线;同时积极进行外轮管理和对外宣传等项工作。

(二)加入国际公约,扩大交通对外经济技术合作

1957年12月23日,全国人民代表大会常务委员会第八十八次会议批准承认《1948年海上避碰规则》,由于我国非机动船舶的现有条件还不能执行海上避碰规则的有关规定,故对“属于中华人民共和国的非机动船舶”,作出“不受其约束”的保留。海上机动船舶(包括水

上飞机)都应严格遵守《1948 年海上避碰规则》。1958 年 4 月 3 日,交通部发出《我国接受〈1948 年海上避碰规则〉》的通知。

为保证船舶航行安全,1958 年,交通部和水产部拟定《中华人民共和国非机动船海上安全航行暂行规则》,经国务院批准,于 9 月 1 日由两部正式公布施行。

1958 年 6 月 5 日,全国人民代表大会常务委员会第九十七次会议批准加入《1929 年关于统一国际航空运输某些规则的公约》(简称《华沙公约》)。

1959 ~ 1965 年,交通部继续参加铁路合作组织铁路运输委员会汽车运输和公路专门会议。1959 年 5 月 14 ~ 20 日,交通部派出公路科学研究所参加在布加勒斯特举行的第四届铁路部长会议。

(三)条约编纂和整理

1. 条约整理

1960 年,交通部对参加的条约进行了清理,并向国务院外事办公室报送《交通部关于对外签订的现行协定、协议、议定书和合同等的检查报告》,报告表明,在交通部范围内同外国签订的现行协定、协议、议定书、合同等共 44 个,其中民航方面 20 个、水运方面 19 个、公路方面 5 个。

(1)民航方面。中朝 5 个;中越 2 个;中蒙 3 个;中缅 4 个;中锡 3 个;中匈 2 个;加入国际公约 1 个。另外,我国民航还同一些国家的航空公司签订了 9 个合同或议定书。

(2)水运方面。中朝 3 个;中越 4 个;中波 2 个;中捷 3 个;中苏 5 个。加入了《1930 年国际船舶载重线公约》和《1948 年海上避碰规则》2 个国际公约,合计 19 个协定、协议、议定书、合同和公约。

(3)公路方面。有 5 个由交通部执行的援外项目:援助越南桥工队成套施工设备、援助也门的公路建设、援助蒙古市内道路建设(蒙古国庆工程)、援助蒙古市郊公路建设、援助蒙古钢筋混凝土桥建设。

2. 条约编纂

1961 年 12 月,交通部办公厅外事处编制《交通运输(民航、水运、公路)对外条约目录(1949～1961年)》,目录编制工作根据档案资料提出草稿,然后征求有关单位意见进行补充修正。

(四)制定外事活动暂行规则,总结苏联专家工作

1. 建立制度,规范外事行为

1959年,交通部颁发《交通部关于部内各有关单位在外事工作方面分工的暂行规定》和《交通部关于部内各单位处理涉外事项的暂行规定》等外事规定,对交通部外事活动进行规范。

2. 总结苏联专家工作,礼送苏联专家

1960年,为礼送苏联专家,交通部对专家工作进行了总结。交通部1949～1960年8月先后聘请苏联专家109人,其中:海河系统23人,公路系统8人,民航系统(从1954年起)78人。10年来,苏联专家介绍了苏联先进经验,提出1 812项较重大的建议,作专题报告、讲话、讲课390余次。苏联专家在帮助交通部工作期间,表现了国际主义精神,对我国交通事业的发展起到了促进作用。

1960年,中苏关系恶化,根据国务院外国专家局指示,交通部安全礼貌地送苏联专家回国。

六、交通公安保卫行政

(一)向中央请示加强航运系统公安保卫组织和民警队伍建设问题

由于对敌斗争尖锐复杂,交通部党组、公安部党组于1961年12月14日向小平同志并中央提出《关于加强航运系统的公安保卫组织和民警队伍的请示》。指出,航运秩序混乱,偷拿、盗窃事件不断发生,物资损失严重,根据中央关于加强城市和交通沿线治安管理的指示,急需加强安全保卫工作,增加公安干部。并报请中央“今后企业里公安部门的编制定员拟不受企业成本核算的限制,所需经费由交通部专项开支”。1961年12月22日,中国共产党中央委员会批示同意,1962年2月3日,交通部、公安部党组转发该请示及中央批示并认真执行。

(二)召开交通部直属航运企业公安保卫干部座谈会

为了贯彻中央批准的《交通部、公安部党组关于加强航运系统公安保卫组织和民警队伍的请示》,交通部和公安部于1962年1月3～6日在天津召开了交通部直属航运企业公安保卫干部座谈会。会议着重讨论了3个问题。①关于公安保卫组织、任务与领导关系问题;②航运民警与专职保卫干部的配备问题;③当前必须抓好的重点工作。会后形成了《交通部直属航运企业公安保卫干部座谈会议纪要》,交通部、公安部于1962年2月28日予以批转。1962年3月起,交通部政治部先后批复成立了广州海运局及所属八所、黄埔、湛江三港的保卫处科,同意成立天津港口公安处、青岛港务管理局公安分处、秦皇岛港务管理局公安处和大连港务管理局公安处,增加了上海港务管理局公安处和上海海运管理局公安处的民警编制。并明确,“为便于工作,统一港口民警名称,以后均称为武装民警。”

(三)加强和调整直属企业、事业公安保卫组织体制

1965年,交通部呈请国务院以(65)国编字359号文批准成立保卫局。9月21日,交通部经征得公安部同意,对交通部直属单位公安保卫组织的设置、领导关系、业务分工等问题,提出了方案。主要内容是:①确定交通部保卫局的主要任务。②长江航运公安局组织建制不变。北方区海运管理局、广州海运管理局成立公安局。③交通部远洋运输局成立保卫处。④交通部直属公路工程局、航务工程局保卫处、科的体制不变。并明确,“凡属公安编制人员,均另立编制,一律不再占用和计入企业非生产人员的比例。其所需经费,从1965年1月1日起,由企业成本改列营业外列支”。

1958～1965年,全国交通运输事业经历了曲折变化的过程。1958年开始的“大跃进”带来了挫折,在党中央领导下,经过1961～1965年的努力,国民经济调整任务基本完成,工农业生产和交通建设得到恢复和发展。到1964年底,轮船吨位比1957年增长141.9%,驳船吨位

比1957年增长37%，远洋运力迅速增长，主要设备技术状况显著好转，劳动生产率有所提高，运输全员生产率1964年比1957年提高了3.5%，港口装卸劳动生产率提高67.8%，公路运输同样有所提高。

1965年，是交通战线“抓革命、促生产、保建设”取得显著成绩的一年。交通直属系统及地方交通全民所有制的广大干部职工参加了社会主义教育运动，并掀起了学习毛主席著作的热潮。各地交通部门在加强战备的同时，全面超额完成了运输生产计划。近代工具货运量和货物周转量分别比1964年增加22%和20%。交通基本建设直属单位完成的投资额比1964年增加60%。到1965年，全国公路通车里程已达48万公里，民用载货汽车21万辆；公路客运量61 812万人，水运客运量11 369万人。全国交通战线再现一片繁荣景象。

第二篇

1966～1980年的交通部行政

第四章 “文化大革命”时期的交通部行政

(1966～1975年)

1966～1976年,是我国的一个特殊历史阶段,史称“文化大革命”时期。这一时期的社会动乱使交通行政和交通事业受到严重干扰,交通部机关也历经了军事管制,和铁道部、邮电部合并再分开等多次变动。由于周恩来总理等国家领导人坚持政府工作以及许多干部的努力,尽管困难重重,交通部行政仍然有所作为,特别是在推进国防公路建设和港口建设方面,取得了可喜的成就。

第一节 国民经济调整基本完成和1966年的交通部行政

1966年,是从国民经济调整后重现繁荣到发生“文化大革命”的一年。上半年,交通部行政工作虽然已经受到“左”的思想影响,但尚属正常。下半年,“文化大革命”的冲击和干扰日趋严重,交通部行政工作逐渐陷于停顿。

一、推动交通革命化,制订交通发展“三五”计划

(一)召开交通工作会议,突出政治,推动交通工作革命化

我国的国民经济经过1962～1965年的调整,不仅形势好转而且重现繁荣。到1966年上半年,全国交通战线同样呈现繁荣景象。1966年2月23日,全国交通工作会议和全国交通政治工作会议在京举行。出席全国交通系统学习毛主席著作积极分子代表会议的代表也参加了会议。会议的主要任务是:传达贯彻中央工交会议和中央工交政治工作会议精神,以毛泽东思想为指针,以整风的精神,总结检查1965年的工作,认真解决要不要突出政治,如何突出政治,以及加速实现企业革命化问题。会议的主

要内容为:①继续大抓突出政治;②大抓备战思想和战备工作的落实;③大抓企业革命化。围绕上述中心,认真总结经验,提高思想认识,并初步选出一批典型样板,在此基础上安排1966年工作。

会上,孙大光部长作了题为《高举毛泽东思想伟大红旗,突出政治,全面实现交通工作革命化》的报告,提出1966年交通工作总的要求是:按照全国工交工作会议、全国工交政治工作会议确定的方针,高举毛泽东思想伟大红旗,继续大力突出政治,加强战备,进一步学解放军、学大庆,加速实现交通工作革命化;抓革命促生产,抓备战促生产,全面完成运输生产任务和交通建设计划。1966年的主要工作有:①学习毛主席著作,用毛泽东思想统帅一切。②高举毛泽东思想伟大红旗,认真贯彻"二十三条[①]",把"四清[②]"运动搞好。③开展以"五好"为目标的"比、学、赶、帮、超"运动,实现企业革命化。④深入进行备战教育,积极做好交通备战工作,支持国防、支持越南抗美救国斗争。⑤深入开展技术革新、技术革命,改革运输组织。⑥以支持国家重点建设为中心,集中力量打歼灭战,多快好省地进行交通建设。⑦加强以农业为基础的教育,面向农村,支持农业生产。⑧挖潜力,反浪费,开展增产节约运动,掀起生产高潮。⑨加强党的建设,整顿基层组织,试行亦工亦农、半工半读,培养新生力量。会议研究了交通"三五"计划和1967年计划。

(二)制订交通"三五"计划

全国交通工作会议经过认真讨论,根据"备战、备荒、为人民"的战略方针,决定在"三五"期间的5年时间内,集中力量打好以下3个歼灭战:

1. 建设8万公里公路国道网

"三五"期间内择定重要干线公路8万公里建成国道,达六级以上标准,保证晴雨畅通,其中20%铺筑沥青渣油路面;消灭断头路、危桥险渡和容易水毁塌方路段。所有能够栽树的线路全部绿化起来。

---

①即中共中央《农村社会主义教育运动中目前提出的一些问题》。

②清政治、清经济、清思想、清组织。

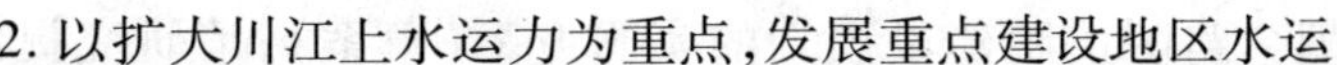

2. 以扩大川江上水运力为重点,发展重点建设地区水运

全国重点建设地区共有河道50多条,长1万多公里,绝大多数处在自然状态。充分开发利用这些河道,对备战和支农都有重要意义。在“三五”期间内首先将川江上水通过能力提高到300万吨,同时积极开发金沙江航道;对清江、渠江、沅江、赣江等几十条河道逐步进行勘测规划,有重点地整治。1966年,集中力量整治川江航道,使其上水运力达到150万吨;同时完成金沙江和清江航道的勘探工作,开通金沙江从宜宾到新市镇的航道。

3. 大力组织“专线、成组、一条龙”运输

在1965年长江组织专线运输的基础上,继续推进“一条龙”运输大协作,继续试行“一次托运、一次收费、一票到底、全程负责”的“三一”运输。把“专线、成组、一条龙”和“三一”运输结合起来,全面改进运输组织工作,形成新的运输方式,并以此带动技术革新、技术革命,挖掘运输潜力,改变运输面貌。

1966年8月6日,交通部印发《交通建设第三个五年计划和1967年计划(草案)》。“三五”计划的方针任务是:高举毛泽东思想伟大红旗,贯彻“备战、备荒、为人民”的战略方针,调动两个积极性,集中力量打好3个歼灭战,多快好省地发展交通事业,以适应备战和工业布局的调整,适应农业机械化和工农业生产建设的发展,适应援外、外贸任务增长和人民生活对交通运输事业的需要。“三五”基本建设投资安排45亿元。“三五”期末(1970年),全国汽车、轮驳船货运量达到8亿吨,平均每年增加19.5%,其中直属水运7 950万吨。江海直属15个港口1970年吞吐量达到1.32亿吨。

二、1966年的交通部行政

(一)公路交通行政

1. 制定全国公路国道网建设规划实施方案,改造干线公路

1966年6月21日,交通部向各省(区、市)交通厅(局)印发《关于

“三五”全国公路国道网建设规划的实施方案(草案),请研究提出意见并积极行动的通知》。为了实现“三五”目标,交通部会同军委交通战备规划小组办公室等有关部门制定了《“三五”全国公路国道网建设规划的实施方案(草案)》和各省(区、市)的分期实施安排意见。

“三五”8 万公里国道网实施方案包括 88 条国防公路和经济干线的建设任务:新建长度 50 公里以内的断头路 33 处共 1 186 公里,不通车地段 29 处共 4 746 公里;改建土路和单车道路基 2 200 公里;新建独立大桥 3 万延米;改建危桥 16 万余延米,改线加宽 23 000 公里;铺筑沥青路面 15 000 公里;以及改善渡口、码头,植树绿化等。

根据交通部通知,从 1966 年起,各地对部分干线公路进行了改线、裁弯、降坡、加宽、提高路基,增建、改建路基防护工程,铺筑渣油路面,整治局部病害,以及把木桥、危桥改造为永久式桥梁等,提高了公路的通行能力。

2. 建设平战结合的野战运输队伍

为了解决西南渡口基地建设物资的运输问题,1966 年 2 月,交通部直属第一汽车运输总公司在四川省渡口市成立。

1966 年 6 月,交通部依靠北京、辽宁、山东、安徽、河南五省(市)交通厅(局)组织建设的 1 500 辆汽车队,开始承担渡口基地的运输任务。此举为中央依靠地方建设直属车队的运作模式积累了经验。9 月 19 日,交通部向国家建委、计委、经委报送《依靠地方建设汽车运输野战军的初步经验》,总结中央和地方共同组织建设汽车运输野战军办法及长处。所谓中央和地方共建,是指对需要的车辆、设备、劳动指标和投资由部负责申请拨给,具体的组织建设由地方办理。车队建成后实行以交通部和省交通厅双重领导,调度权归部,经营管理权归省;遇有全国性的任务和特殊需要由部调动使用,任务完成后返回省市担负地方运输。其优点是:①中央可掌握一支机动灵活的运输力量,保证完成国防战备、重点建设、抢险救灾等任务;②能够做到平战结合,并克服中央与地方的矛盾;③依靠地方,可以上得快、上得好、上得省。

1966年10月18日,交通部《关于建设直属汽车运输野战队伍有关体制和经营管理等方面的意见》下发各省征求意见。12月,交通部委托湖南、江苏、浙江、甘肃四省交通厅,组织交通部汽车运输总公司第六、七、八、九分公司。

3. 建设移动式汽车修理厂

1966年11月28日,交通部向北京、山东、河南省(市)交通厅(局)和第一汽车运输总公司下发《关于请立即进行移动式汽车修理厂建设工作的通知》。根据重点建设和加强战备的需要,交通部曾确定由北京、山东、河南三省(市)交通厅(局)按照代部建设直属车队的方式,分别在1967年6月底之前各建设一座移动式汽车修理厂。此前,交通部已要求辽宁省、安徽省交通厅在1966年底建成两座移动式汽车修理厂,并于9月在安徽组织了两省交通厅和交通部直属第一汽车运输总公司等单位参加的座谈会。

4. 调整汽车货运运价

1966年8月10日,交通部发文各省(区、市)交通厅(局),通报1966年调整汽车货运运价情况。1965年汽车运输工作是建国以来最好的一年。全国平均货运成本每千吨公里为198.42元,比1964年的降低12.52%,比1957年的降低5.56%。全国已有22个省(区、市)低于1957年的成本水平。在成本降低的同时,共有19个省(区)降低了运价,平均降幅7.5%。第四次全国物价会议后,全国物价委员会与交通部于1965年12月联合发出通知,要求各省(区、市)在今后二、三年内将货运价降低到0.2元/吨公里,并对支农物资实行特价,坚决取消不合理的运费附加,简化费目和计费手续。10月,交通部通知各地,从1967年开始,不分山区和平原,汽车货物运价一律降为0.2元/吨公里。

(二)水路交通行政

1. 毛泽东主席批示《关于发展内河运输问题的报告》

1966年1月28日,孙大光部长致函薄一波副总理,建议在全国工交工作会议上印发经毛泽东主席批示的《关于发展内河运输问题的报告》。该报告系孙大光部长于1965年9月主持撰写,由薄一波转呈毛泽东主席。毛泽东主席阅后批给书记处彭真同志:**此件似可印发政治局、书记处及小计委各同志一阅**。报告的主要内容如下:

目前正在编制第三个五年计划。为适应战备需要,不少重要工厂内迁。有必要考虑一下我国今后工业布局与交通建设的关系问题。二战以来,世界各主要国家都在大力发展内河运输。美国二战后新的企业中有96%的炼钢厂、99%的炼铁厂、100%的炼焦厂都分布于内河两岸。西德按产量计算,80%的煤炭、70%的冶金工业设在莱茵河区。这样重视发展内河运输的主要原因是:①铁路、桥梁一旦被炸,运输便会阻塞。要炸断一条天然水道,则不可能。②内河航运成本较低。美国河运成本为铁路的1/4,我国长江中下游河运成本亦低于铁路23%。若进行河运改革,还可大大降低。③沿河建厂对工业用水,排水及改善环境卫生都有好处。建议:①工业布局上,把重要工业尽可能设在能通航的天然河流两岸。②交通布局上,合理考虑铁路、内河的分工。③大力提倡水利综合利用,迫切需要解决拦河坝断航问题。④适当扩大造船及船用主机的制造能力。⑤各省在解决"小三线"交通问题时考虑河运。

2. 推进水上运输与港口生产

1966年2月2日,交通部全国港口外轮工作小组在总结1964年以来工作的基础上,提出1966年的重点工作:①加强对外轮船员的宣传和服务工作;②做好援越抗美运输的组织工作;③进一步改进行政管理工作;④组织好各部门之间的协作配合,加强对外轮装卸运输作业平衡工作的领导;⑤为整顿涉外队伍,做好港口外轮工作,建议各省(区、市)党委尽快安排涉外部门的"四清"运动,把队伍清理整顿好,配齐必要的干部。

4月23日,交通部发出通知,下达1966年直属企业运输、港口生产计划,强调应适应战备、重点建设、外贸援外和支农运输的需要,各企业必须认真贯彻全国交通工作会议和全国交通政治工作会议确定的方针,加强战备,抓好政治思想工作,调动扩大职工群众的积极性;认真贯彻执行“专线、成组、一条龙”运输歼灭战所定的战役计划;大力开展技术革新和技术革命运动,充分挖掘现有设备的潜力;压缩车船在港停留时间,提高运输、装卸效率。交通部的通知还要求江海各港船舶停留时间比 1965 年的压缩 10% 以上,江海船舶单位年产量提高 10%,以保证 1966 年运输、港口生产计划全面超额完成。各航区、各主要港口综合生产能力要达到:长江航运公司 1 600 万吨以上;广州海运局 340 万吨以上。港口吞吐量:大连港 1 100 万吨,秦皇岛港 580 万吨,天津港 650 万吨,青岛港 560 万吨,上海港 3 650 万吨,黄埔港 600 万吨,湛江港 280 万吨,连云港港 300 万吨,八所港 200 万吨,长江进川能力达到 140 万吨。

5 月 24 日,交通部下发《水上货物运输规章试改方案要点》,内容包括 3 个重点改革项目(扩大海江河联运,推行“三一运输负责制”,简化零星货物运输手续)和 14 个一般性改革项目(简化运输手续 5 项,合理计收运输费用 5 项,负责运输、主动理赔 4 项),要求各单位予以重视,把它作为企业革命化的重要内容之一,作为“专线、成组、一条龙”运输歼灭战的重要组成部分,积极试改,总结经验。

8 月 27 日,交通部公布试行《中华人民共和国交通部轮船旅客运输规则(试行)》,进一步规范客运商务活动。规则包括旅客运输,行李、包裹运输,票价、运费和杂费,运输中发生意外的处理等内容。

3. 颁布长江航政管理局实施方案

1966 年 4 月 4 日,经国务院批准,交通部颁布《长江航政管理局实施方案》,主要内容有:①管辖范围:长江干线上自重庆大渡口下至吴淞宝山,并包括长江航运公司经营的几条支线,以及干、支线上的大小港口。②机构设置:长江航政管理局设在武汉;在重庆、芜湖、南京设航政分局;在万县、宜昌、武汉、九江、安庆、马鞍山、镇江、南通设航政管理处;在涪陵、沙市、城陵矶、黄石、裕溪口、江阴、高港设航政管理站。长江航政工作实行统一领导,分段管理的办法。③长江航政管理局的性质和任务:统一管辖长江航运公司经营范围内的长江干、支线航区的航政工作,维护航政秩序;对长江沿岸各省航政工作进行业务指导。

4. 扩大川江综合运输能力,开发金沙江航运

1966 年 4 月 25 日,中共交通部委员会发出通知,为加强对扩大川江综合运输能力歼灭战的组织领导,决定成立“扩大川江综合运输能力指挥部”。挥指部设在重庆,党委受长航党委和重庆市委双重领导。

5 月 16 日,孙大光部长在云南昭通市巧家县听取国家科委、交通部川江、金沙江考察组汇报后强调:开发金沙江有巨大政治、经济、军事意义。金沙江流域面积很大,居住人口 2 000 多万,又是少数民族地区,由于交通还处于比较落后的状态。当前要做的主要工作是:①修公路。先搞三条,老君滩、三滩、牛栏江口。目前主要为航道施工服务,将来是水陆联运物资集散交通线。②马上扩建渡口船厂。由长航民生船厂以老带新,包下来。③摸清中江街到港口的木材运输计划。④老君滩模型试验计划一刻也不能停。⑤做好准备,一旦航道整治好,从下至上进行试航。⑥船员培训现在就抓,要在现场培养。⑦沿线建基地。

6 月 15 日,交通部召开金沙江航道规划工作会议,内容是:①编写金沙江航道规划要点报告。包括主要滩险、峡谷治理方案设计,港口、船厂、升船机规划纲要,施工方法步骤,工程预算等。②研究拟定金沙江全线通航标准。③根据以上两点,提出工程计划任务书。

7 月 23 日,交通部向国家计委报送《整治开发金沙江航运设计任务书》,主要内容为:①整治开发金沙江航运的意义在于支援西南后方建设,为西南工业基地服务;开发金沙江两岸资源,为兄弟民族造福;战时是一条炸不断、打不烂的运输线;金沙江全线通航后,使东西向的水运干线延长了 1 200 余公里。②建设原则一是依靠地方,依靠群众,充分发挥中央和地方两个积极性;二是实行亦工亦农,厂(港)社结合;

三是以老带新;四是充分挖掘潜力,自力更生;五是先通后畅,先达到主要河段粗通,然后进一步争取全线、全年、全天通航的战略目标。③建设规划包括宽40m的航道(第一期水深2m、第二期2.5m),渡口修造船厂和两个船舶修理所,全线50余个港口和装卸点以及283公里简易公路。

整治开发金沙江航运的总投资为11 000万元。1966年安排基建投资200万元,主要由四川省交通厅负责修宜宾至新市镇航道。

5. 中波、中捷合营海运

1966年7月,交通部就中波、中捷两个合营海运公司的工作总结向薄一波副总理并工交党委提交报告。中波海运公司是在1951年为了打破美国的封锁禁运,完成外贸运输任务,由中波双方各半投资、合股组成的。公司的船舶已由原来的10艘、10万载重吨,发展到现在的19艘、22万载重吨。中捷两国的航运合作是从1953年开始的,当时为了增辟中国至黑海航线,由我方投资买船,委托捷方代营。1959年,中捷双方共同组织捷克斯洛伐克国际海运股份公司。该公司我方船队一度发展到7艘、8万载重吨。1965年,因与捷方在公海航行接受美舰停船检查问题上发生分歧,4艘我方船只被抽回自营。两公司成立以来,在打破美国封锁禁运、外贸运输、积累远洋航运经验等方面,发挥了一定作用。

(三)交通综合行政

1. 直属院校教育改革

1966年4月25日,交通部向大连、上海、西安、武汉、重庆5个直属学院,南昌、呼和浩特、长沙、济南、成都、重庆交通学校,南京航务工程学校,大连海运学校8所直属中专学校,下发《直属院校1966年工作要点》。主要内容是:1964年以来,直属院校在部和地方党委领导下,按照毛泽东主席春节谈话精神和刘少奇同志关于两种劳动制度、两种教育制度的指示,开展了一系列工作。开始注意突出政治,学习毛主席著作,宣传毛泽东思想,学习中央和毛主席关于教育工作的指示，初步揭露和批判资产阶级教育思想；深入生产实际，开展调查研究，摸索制定教育改革的初步方案；组织师生参加"四清"运动，组织大批学生参加生产劳动和真刀真枪的毕业设计；通过"三大斗争①"的锻炼，广大师生在德、智、体诸方面都得到提高；在贯彻"少而精"原则，调整教学计划，精简教学内容和课程门类，增加劳动时间，减少教学时数，改进教学方法进行开卷考试等方面，都有很大改进。在西安、长沙2所中专学校的5个专业和西安公路学院大学部的1个专业，进行半工半读试点。1966年直属院校的中心任务是：大力突出政治，大学毛主席著作，狠抓人的思想革命化，狠抓教育改革，做好半工半读试点的巩固提高工作，从各方面批判和摆脱资产阶级教育思想束缚，完全按照毛主席思想办教育。

1966年，主要工作为：①切实贯彻毛主席关于减轻学生课业负担的指示，使学生在德、智、体诸方面都得到生动活泼的主动的发展；②把学生放到"三大斗争"中培养锻炼，使教育与生产劳动相结合；③在调研的基础上，根据交通行业的实际情况和本专业的特点，把培养目标、专业范围和"基本功"进一步弄清，并拟定出新的改革方案。④进行课程改革，贯彻"少而精"原则。⑤抓好学校领导和教师的革命化、劳动化。⑥半工半读学校做好巩固提高工作。⑦学习解放军，继承"抗大"的优良传统，培养和树立"三八作风"，使"三八作风"成为校风。1966年，直属院校要做好3件事：①半军事化管理；②整洁卫生；③反对浪费，厉行节约。

2. 成立西南水运所

1966年4月10日，交通部、水利电力部联合发文，决定自当日起，正式成立水利电力部交通部西南水利水运科学研究所。

3. 废除驾驶员考试办法

1966年9月7日，交通部发文通知废除《机动车驾驶员考试暂行

---

①生产斗争、阶级斗争和科学实验。

办法》和停止执行《机动车管理办法》第三章中有关驾驶员考试的规定,并提出过渡性办法要求各地试行。这个通知受“左”的思想影响比较严重,认为“现行考试办法不突出政治,分数第一,制度卡人,阻碍运输生产的发展”。

第二节 “文化大革命”全面展开和交通部实行军事管制

受“文化大革命”的严重冲击,交通部的行政工作在1966年末至1967年5月基本陷入瘫痪。为了维持全国交通运输的正常运转,1967年5月底,中央决定对交通部实行军事管制。12月下旬,中央又决定对长江航运系统实行军事管制。交通部军管会设有“抓革命”、“促生产”两个领导机构,后者是生产指挥部,行使交通部行政职能。

一、“文化大革命”全面展开,交通部实行军事管制

(一)“文化大革命”全面展开,交通部行政工作逐渐陷入瘫痪

正当我国国民经济调整任务基本完成,交通事业即将进入一个新的发展时期之际,“文化大革命”发生了。1966年5月4日,党中央在北京召开政治局扩大会议。5月16日,会议通过了毛泽东主持起草的《中国共产党中央委员会通知》(时称“五一六”通知),标志“文化大革命”全面展开。8月1日,毛泽东在北京主持召开中共八届十一中全会,8月8日,全会通过了《中共中央关于无产阶级文化大革命的决定》(时称“十六条”)。此后,“文化大革命”运动便如狂风暴雨一般席卷全国。1967年1月,张春桥、王洪文等人首先在上海夺取党政大权,并得到当时中央最高决策人和“中央文化革命小组”的支持。随后,夺权运动迅速波及全国,在短时间内引发了从中央各部门到地方各级党政机关乃至各行各业的全面夺权风暴。夺权者与当权者之间,不同派别的夺权者之间的对立,导致了各地夺权反复进行并频繁发生不同规模的武斗,全国陷入空前混乱。为了保证夺权成果和稳定局势,毛泽

东要求各地"造反派"实行"革命的大联合",夺取政权之后要实现"三结合"。同时要求师生停止大串连、"复课闹革命",并派出人民解放军执行"三支两军"。

自1966年"五一六"通知发出至1967年6月2日实行军事管制,交通部的"文化大革命"大体可以分为3个阶段:自"五一六"通知下发至12月6日以前,是所谓以孙大光为首的"走资派""镇压群众运动",维持以孙大光为首的部党委的"统治"的阶段。自12月6日交通部交通科学研究院等单位"革命造反派"相继冲进交通部大楼213会议室,成立"213"联络站至1967年1月19日夺权,是"革命造反派"的矛头直指"以孙大光为代表"的"资产阶级反动路线",打乱交通部"旧秩序"的阶段。其间"造反派"提出"打倒孙大光,重建交通部"的口号,并数次揪斗孙大光。自1月19日大连海运学院"主义兵"和"213"联络站夺取"交通部领导权","进一步推动了文化大革命",尔后成立"革命委员会",再到6月2日中央对交通部实行军事管制,是第三阶段。这一期间,"文化大革命"造成部机关、直属单位和各地交通战线大动乱,交通部正常行政工作逐渐陷入瘫痪。

(二)中央决定对交通部实行军事管制

1967年5月31日,中共中央、国务院、中央军委、中央文化革命小组发出《关于对交通部实行军事管制的决定》,自即日起对交通部实行军事管制,成立军事管制委员会,任命赵启民为军管会主任,陈湃、蔡润田为副主任。

交通部军事管制委员会先后由赵启民、张瑞基(代)、潘友宏任主任,陈湃、蔡润田、王永年、俞侠、张天赐任副主任。

6月2日,交通部军管会向中央报告:军管会于6月2日上午进驻交通部,召开了部机关全体人员大会,宣布了中央的决定,正式实行军管。下午,军管会即开始工作。6月20日,军管会向中央报告进点初期的工作情况。

(三)军管会成立生产指挥部,部机关改变机构设置

1967年6月24日,交通部军管会宣布《成立生产指挥部的决定》,

主要内容如下：

(1)遵照中央决定,成立“中国人民解放军交通部军事管制委员会生产指挥部”。

(2)生产指挥部隶属军管会直接领导,它是在军事管制期间,对交通部所属生产运输调度业务实施集中指挥的临时性机构,而不是“三结合”的基础。其主要任务是贯彻中央的方针、政策,负责生产运输调度业务的集中指挥,对国家下达的生产计划的完成和超额完成,担负责任。

(3)生产指挥部由军管会有关人员参加,并指定交通部部分革命群众和部、司、局干部组成。由张瑞基为生产指挥部指挥,李立柱为副指挥。生产指挥部下设水运、陆运、综合、行政4个业务口。

(4)生产指挥部对部内各司、局的业务工作实施统一领导,各司、局根据业务分工承办生产指挥部下达的各项任务,生产指挥部对部直属单位在生产运输调度业务上实施集中指挥,并负责在京直属单位行政、业务的统一管理。

交通部先后共有19人参加生产指挥部,其中副部长4人:彭德清、于眉、肖民、葛琛,司局长5人,一般干部10人。生产指挥部成立后,军管会便以生产扩大会议的方式,听取生产指挥部各口的工作和当前运输生产情况汇报,部署各项生产工作。7月15日,交通部军管会召开第3次生产扩大会议,赵启民、张瑞基等23人参加。内容为汇报生产指挥部各口本周工作和当前运输生产情况,并部署几项工作。会议记录了当时运输生产基本情况和存在问题:不少省厅实行了军管,运输秩序逐步好转。目前事故比较多,1～4月汽车肇事死亡人数比1966年同期的增加57%。甘肃、江西、湖南等省部分地区由于武斗,车辆停驶情况不断发生,严重影响生产运输任务。直属水运3个航区7月1～13日,完成运输量101万吨,为月计划的33%。主要港口压船严重,长江的涪陵、马鞍山等港处于停顿状态,九江、安庆等港处于半停顿状态。由于船员不足,长江平均每天停船25艘左右,川江有的维护航标的人员离岗,灯标、航标失去维护,影响航行安全,云阳王沱段夜航已中断。会议确定当前工作部署共 10 项,其中包括报请中央批准长航军管。9 月 2 日,军管会召开第 10 次生产扩大会议,检查 8 月生产情况,了解到重庆、黄埔等 9 个港口仍处于瘫痪状态,大连、天津等 6 个港口仍处于半瘫痪状态。8 月 19 日,军管会向中央报告两个月来的情况:成立了生产指挥部,抓了生产和行政业务。远洋、沿海运输情况尚好,但港口堵塞、压船情况严重,长江航运仍处于半瘫痪状态。

1967 年 11 月 3 日,交通部军管会向交通科学研究院派出军代表 3 人,组成部军管会驻交通科学研究院代表小组。

1967 年 12 月 12 日,交通部军管会发出《关于加强军管会生产指挥部工作的通知》,要求各司局在毛主席"抓革命、促生产"的伟大方针下团结一致,把革命和生产、工作推上一个新的阶段。通知明确军管会生产指挥部各口是指挥部的组成部分,不是一级机构。要求各口应该积极负责,在分工范围内,代表指挥部处理生产业务工作,签发文件。

1968 年 2 月 22 日,交通部军管会报告中央:遵照指示,交通部军管会主任赵启民等 17 人,分别于 16、17 日调出军管会返回海军。军管会工作暂由副主任张瑞基同志负责。

1970 年 1 月 16 日,部军管会通知各有关部门:交通部行政机构在 1970 年以前进行了初步改革,在军管会下设 4 个办事机构:办事组、政工组、运输组和计划基建组。1970 年 1 月 13 日,交通部军管会与铁道部军管会合署办公后,两部办事组已合并。为便于联系工作,决定启用交通部政工组、运输组、计划基建组的印章。原交通部军管会生产指挥部印章停止使用。

交通部军管会 1970 年 5 月 31 日的花名册载明,军管会当时共有 47 人,在部机关 32 人(含直属单位 3 人),在河南漯河"五七"干校 7 人,在湖北阳新"五七"干校 8 人。军管会主任为潘友宏(北海舰队后

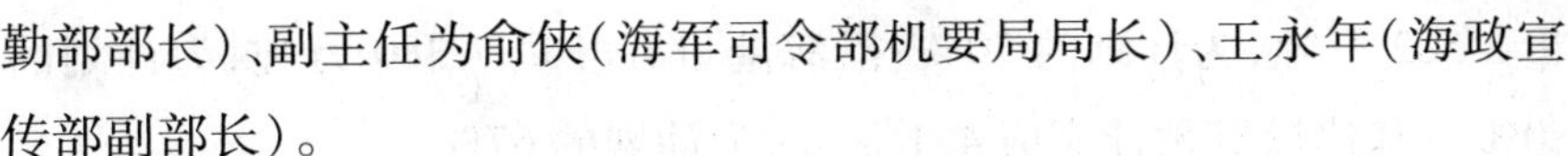

勤部部长)、副主任为俞侠(海军司令部机要局局长)、王永年(海政宣传部副部长)。

二、中央决定对长江航运系统实行军事管制

1967年12月25日，中共中央、国务院、中央军委、中央文革小组发出《关于对长江航运系统实行全线军事管制的决定》，主要内容如下：

(一)任务区分

成都军区、武汉军区、广州军区、福州军区、南京军区分别负责辖区内交通单位的军管工作。

(二)长航实行军管后，除运输计划安排、船舶航行调度指挥仍由交通部军管会通过长江航运公司军管会组织实施外，其他各项工作按统归所在地领导的规定执行。

(三)长航各部门的群众组织不许与以外组织相互冲击、串联，长航系统内的群众组织不参加系统外组织。

三、军事管制时期的交通计划和1970年全国铁路交通工作会议

(一)1968年的交通计划

1967年和1968年，国民经济几乎处于无政府状态，经济管理机构瘫痪或基本瘫痪，经济发展失去控制。1968年国家没有制定出国民经济计划。1967年的工农业生产总产值比1966年的下降10%，为2 306亿元，1968年的比1967年的又下降4.03%，为2 213亿元。1968年的工农业总产值仅为1966年的87.3%。1967年，交通部没有下达交通运输和基本建设计划。1968年的计划虽然在年初提出了草案，但推迟至8月31日以后才陆续下发。1968年初交通部生产指挥部编制的《1968年交通运输和基本建设计划(草案)》如下：

1.1967年预计完成情况

直属水运旅客运输(预计完成，下同)1 871万人，超额35%；货运

量 3 502 万吨，为计划的 70%；沿海港口吞吐量 7 380 万吨，为计划的 80%。基建投资预计完成 4.1 亿元，为计划的 67%。

2. 1968 年计划设想

根据周恩来总理指示，1968 年计划水平应高于 1966 年实际情况。1968 年直属水运货运量计划 4 400 万吨，货运周转量计划 600 亿吨公里，沿海港口吞吐量计划8 600万吨，客运量计划 1 700 万人。1968 年交通建设的指导思想是：集中力量加速国防公路和“大三线”重点交通建设，扩大川江和沿海外贸港口的通过能力，大力发展水运工业，适当发展远洋运输、直属车队、航务公路工程施工力量，相应增加必要的生活设施，在充分挖掘现有运输潜力的基础上，多快好省地完成和超额完成运输生产任务和基建计划。

8 月 31 日，交通部军管会向直属单位下达 1968 年交通基本建设、工业生产计划（草案）。由于 1968 年计划国家尚未下达，印发交通部生产计划（草案）为“先据此安排工作”。1968 年交通部直属单位基本建设投资总计 3.76 亿元，其中国防及“大三线”公路 1.59 亿元。

9 月 14 日，交通部军管会向河北、山西、内蒙、辽宁、吉林、黑龙江、安徽、江西、山东、广东、广西、河南、四川、云南、西藏、陕西、青海、新疆等省（区）印发 1968 年国防公路基本建设计划（草案），要求“先按此安排工作”。1968 年国防公路计划投资总额 1.3 亿元，分配给上述省（区）的各国防公路建设项目使用。

（二）1969 年的交通计划

1969 年 4 月，中共九大召开之后，随着政治局势趋于相对稳定，坚持政府工作的周恩来总理等领导人抓住时机，着手治理受到严重冲击的经济工作。

4 月 15 日，交通部军管会生产指挥部发文各省（区、市），通告部直属单位在各地的 1969 年基本建设计划和运输、工业生产计划（草案），请各地协助安排。1969 年基本建设投资总计 2.2 亿元。工业生产计划所需材料、设备与可供数量有差距。上半年生产计划首先安排已开工项目,新开工项目优先安排三线、川江及重点项目所需产品的制造任务。

(三)1970年全国铁路交通工作会议

1970年4月,交通部军管会和铁道部军管会联合召开全国铁路交通工作会议。5月,交通部军管会向国务院报告铁路交通工作会议的情况(交通部部分):会议传达了周恩来总理在全国计划会议上的指示和计划会议精神,研究、修改了《1970年交通计划和第四个五年设想》,专题座谈了长江干线建设、远洋船队建设和发展交通工业等问题。会议认识到,加速国防公路建设是“要准备打仗”的战略措施,加速长江干线建设、抢建川江重点工程是加快“大三线”建设的重要组成部分,大力发展水运工业特别是修造船工业,是改变当前交通运输处于国民经济薄弱环节的重要措施之一。为力争到1975年在远洋运输方面基本结束主要依靠租用外轮的局面,必须建设远洋船队。必须加强科研设计工作,把交通科学技术赶超世界先进水平作为重要的战略任务来完成。会议指出,为完成和超额完成1970年和第四个五年计划,要大搞增产节约运动,狠挖潜力,开展“比学赶帮”活动,同时抓好思想教育、保证质量、注意安全。

经过铁路交通工作会议讨论,交通部制定了1970年交通工作要点和第四个五年计划设想。“四五”计划设想在1971年再次修订后下发。

6月7日,交通部军管会向中央报告交通部门贯彻铁路交通工作会议情况:5月下旬运量大幅度增长,月计划超额完成。北方沿海、华南沿海和长江船舶运输量下旬比上旬增长了37%,全月完成的吞吐量超计划的9%。天津港、烟台港、青岛港、秦皇岛港、上海港等5月吞吐量超过历史上最高年度平均月产或1969年平均月产。上海海运局、广州海运局、长航公司等都超额完成了5月生产计划。出勤率有显著提高,许多单位已达到90%,劳动纪律有所加强。目前,只有重庆、广州、湛江、连云港地区的一些单位还存在一些问题。如宜昌—重庆段积压驳船50多条,影响进川物资运输。

(四)1970 年的交通计划

1970 年 2 月 12 日,国家计委向交通部军管会发出《关于 1970 年国防公路建设计划的函》,确定当年国防公路建设 89 项 6 500 公里,投资 3.22 亿元,由交通部商总后勤部下达给有关省(区)组织施工。要求在项目安排上把"三北[①]"和战略后方重点建设项目放在首位,同时抓紧续建项目,力争及早建成。河北、山西、内蒙、辽宁、黑龙江、云南、新疆、四川等 23 个省(区)和交通部公路一局有国防公路修建任务。

5 月 4 日,交通部军管会下达 1970 年筑路工业生产计划。5 月 22 日,又下达 1970 年水运工业生产计划。

第三节 军管时期的公路、水路交通行政和综合行政

1967 年 6 月 ~ 1970 年 6 月,是交通部实行军事管制时期。军管时期的交通行政除了上节所述方面,主要有以下一些方面。

一、公路交通行政

(一)国防公路建设

1. 修筑 B—Y 公路

B—Y 公路 1965 年开始施工,根据周恩来总理指示应在 1968 年按标准完成,但至 1967 年 7 月仅基本完成 B—L 段路基工程 250 公里、沥青路面 53 公里。1967 年 1 ~ 9 月,只完成全年计划的 30%,整个工程将推迟到 1969 年才能全部完成。

2. 修筑内蒙、新疆、青海、甘肃、宁夏边防公路

1969 年 5 月 30 日,国务院、中央军委批复北京军区、内蒙古自治区,同意按简易标准维修 H—J 等 2 条边防公路,所需投资 300 万元,

①华北、西北、东北。

由国家拨交通部下达内蒙古自治区。同日,又复函新疆军区、新疆维吾尔自治区,同意按简易路标准修建X—Q等3条边防公路,总投资460万元,当年投资230万元,由国家拨交通部下达新疆维吾尔自治区。11月4日,国务院、中央军委批复兰州军区并青海、甘肃、宁夏,同意E—B公路、J—Y公路等改变走向或延长。

3. 召开黑龙江国防公路基建经验交流现场会

1969年8月,交通部军管会在黑龙江省召开国防公路基建经验交流现场会。参加会议的有国家建委、总参军交部、26个省(区、市)和各大军区有关部门以及交通部直属单位等。1967～1969年,黑龙江省新建、改建国防公路取得很大成绩。现场会重点交流了黑龙江省的经验,参观了正在施工的二(龙山)抚(远)公路。

4. 建议将工役制工人改为基建工程兵

在1965年国务院批准《组建义务工役制公路修建队伍的方案》的基础上,1966年6月8日,国家计委、建委批准继续试行义务工役制,又为B—Y公路工程征招7 400人。这样先后在山东、河南、河北、山西四省共征招义务工役制工人33 400人。应征人员条件参照陆军征兵条件,18～35岁男青壮年,服役2～3年,修国防公路,供给标准低于义务兵。由于制度不完善,待遇低等原因,许多人家庭发生困难,工人有意见,希望改革。1967年3月30日,交通部报告谷牧、李先念副总理,就公路工程系统的工役制工人对现行工役制提出的意见进行汇报,并建议“文革”后期将工役制工人改为基建工程兵。

(二)“小三线”交通建设

1968年3月5日,交通部军管会召开“小三线”交通建设会议,21个省(区、市)交通部门、国家计委、总参谋部、7大军区派人参加。会议总结了1965～1967年“小三线”交通建设工作,讨论了1968年计划和1968～1970年的规划。会议认为,前三年“小三线”交通建设是有成绩的。按前三年规划要求,公路修建里程完成62%,汽车修理厂完成60%,总投资额完成79%,初步打通了一、二线省(区、市)的部分

"小三线"地区的交通,为这些地区国防工业建设和工农业生产提供了有利条件,也相应地活跃了山区政治、经济和文化生活。但是,三年"小三线"建设规划未能如期完成。会议提出,1968 年计划的安排,应首先力争续建项目的完成,然后考虑规划内的省际断头路;原三年规划的建设项目,应在 1968 年大部分完成,1969 年扫尾。今后任务除继续修建一定数量的公路联络线、迂回线、桥梁、渡口外,还应考虑充分利用内河水运,整治航道和修建码头等。"小三线"地区的汽车和船舶维修以及汽车配件的生产问题,也应统筹安排。必须迅速对今后任务进行全面规划。

二、水路交通行政

(一)港口、航道建设

1. 提高上海港口能力

1967 年 6 月 7 日,交通部向国家计委、建委上报《关于迅速提高上海港口能力的紧急报告》。上海港 3 年多来吞吐量每年增加 500 万吨左右,1967 年计划 4 050 万吨,实际要求 4 200 万吨以上,年递增率 14.7%,其中外贸递增 18%。而装卸工人人数至 1967 年 4 月底为 9 934 人,3 年来只递增了 4.2%,装卸机械只递增了 4%。码头、库存场、驳船不增反减,以致大批船舶等待装卸。当年 4 月平均每天在港船舶 181 艘,停工 74 艘。其中外轮平均每天 47 艘,停工 25 艘。外轮在港停泊时间 1963 年4.21 天、1964 年 4.8 天、1965 年 5.4 天、1966 年 6.1 天,当年 4 月高达 8.7 天,造成很大经济损失。为扭转局面,迫切需要把上海港装卸能力从 130 个舱口提高到 170 个舱口。为此需增加工人 3 600 人,各种装卸机械 70 台。1968 年港口能力需增到 200 个舱口(吞吐量估计 4 600 万吨),人力、机械需进一步增加。报告要求增拨设备和批增劳动力指标。

2. 缓解沿海港口紧张局面

为缓解紧张状况, 1968 年 3 月 19 日, 交通部军管会、外贸部向

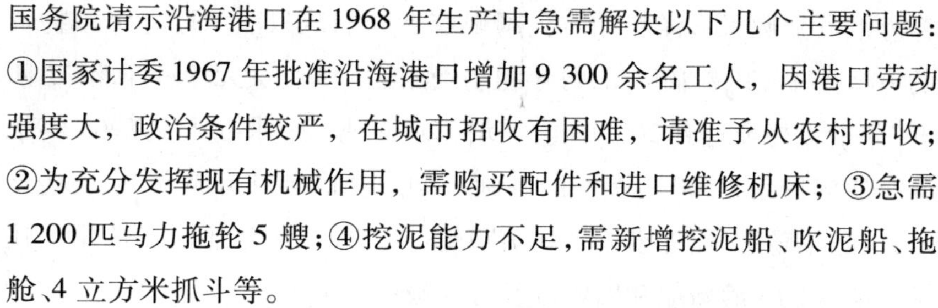

国务院请示沿海港口在1968年生产中急需解决以下几个主要问题：①国家计委1967年批准沿海港口增加9 300余名工人，因港口劳动强度大，政治条件较严，在城市招收有困难，请准予从农村招收；②为充分发挥现有机械作用，需购买配件和进口维修机床；③急需1 200匹马力拖轮5艘；④挖泥能力不足，需新增挖泥船、吹泥船、拖舱、4立方米抓斗等。

3月21日，交通部军管会生产指挥部向广州海运局军管小组下发北海港“三五”规划调整方案的批复：①同意北海港“三五”期间按70万吨吞吐量的规模建设；②同意建设小轮码头方案，以减少过驳作业，加速货物装卸，节约劳动力。总投资360万元以内。

4月22日，国家计委复交通部军管会，同意黄浦江航道新建排泥系统采用泵站及管道输送方式，年排泥能力按450万方设计，并要求排泥系统起点尽可能接近挖泥中心区，终点在长江边滩，吹泥造田。

3. 金沙江金马段航道整治

1968年12月30日，林业部军管会和交通部军管会联合向国家计委、建委军管会上报《关于金沙江(金沙江至马上)水运木材航道整治工程任务报告》，对金马航道的整治开发提出如下意见：①金沙江两岸森林总蓄积量约为1亿立方米，可分虎跳峡上、下游两部分，上游运输困难，下游每年可水运木材约50万～60万立方米。②金马段航道长145公里(马上位于渡口市上游28公里)，整治前仅有少量农副业木船通航。马上下游经渡口至龙街段长约140公里，已于1966年前初步整治，粗通200吨级的拖驳船队。金马段于1966年冬季开工，至1968年共完成排泥能力约20万方。为使渡口地区木材自给自足，便利两岸交通，应进一步安排金马段的整治。整治航道约需投资3 360万元，添建船舶约需投资140万元。

(二)远洋运输船队建设与水运管理

1. 利用银行贷款购船

1970年1月3日，交通部军管会向国务院请示利用我港澳银行吸存外汇资金购买远洋船舶。我国现有远洋船队只能承运进出口物资的10%左右,其余靠租船,每年租船费用达1.3亿美元。远洋船队"四五"末期设想要达到200万吨,需增120万吨。请求准予在1963年批准交通部贷款2 500万美元的基础上,再追加2 400万美元,采用透支形式,随用随取,船舶营运收入用于还贷,至1979年还清。拟用上述透支购、造15艘新船和旧船以及万吨级船坞1个。

2月,周恩来总理在听取全国计划会议汇报后,决定在"四五"期间将中国的远洋运输船队由110万载重吨扩大到400万载重吨,力争在1975年基本改变长期依靠租用大量外国船舶的被动局面。李先念和余秋里两位副总理亲自组织国家计委、交通部、外贸部和中国人民银行实施,计划利用中国银行贷款(相当于每年租用外国轮船的费用),平均每年购买近100万吨船舶(包括国内建造10万吨)。交通部则以营运收入按期偿还本息。这项计划还包括用贷款购买大型船舶主机和造船设备,以支持国内船舶工业的发展。

2. 加强交通部香港远洋运输船队

1970年5月3日,对外贸易部军代表、交通部军管会向国务院请示香港远洋公司交接工作。遵照李先念副总理指示,外贸部香港远洋运输公司将移交交通部,作为交通部在香港的直属企业,继续承担原定运输任务,并与交通部所属的香港益丰、南方公司一样,统一受香港招商局党组领导,对外仍分3个公司经营。由此,交通部在香港的船舶共40艘,53万载重吨。为便于港澳工委对航运工作的领导,拟在香港招商局党组的基础上,成立中共航运党委。

3. 建立天津远洋运输分公司

1970年5月20日,交通部军管会向国务院请示建立天津远洋分公司。到华北港口的远洋船舶日趋增多,由于没有统一的管理机构,其调度指挥、后勤供应、船舶临时修理及船员管理等存在许多问题。因此,决定在天津港建立远洋分公司,统一领导管理和调度指挥来华北港口的远洋船舶。分公司实行地方和交通部双重领导。

三、交通综合行政

(一)部机关及直属单位管理

1. 部机关和在京直属单位干部下放“五七”干校劳动

1969年10月25日,交通部军管会向中央上报干部下放情况:自毛主席发出“广大干部下放劳动”的指示后,部机关和在京科研、设计等直属单位的广大干部热烈响应,要求到生产第一线去,接受贫下中农再教育。从4月上旬开始到10月25日,陆续下放1 929人,占机关和在京单位人数的80%。其中,去敦化“五七”干校1 005人,去阳新“五七”干校924人。交通部机关除业务班子、老弱病残和个别专案组、留守人员之外,已下放757人,占机关总人数的64%。在京直属的1所政治学校,3个科研、设计单位和1个出版社,除52人因老弱病残和留守之外,其余1 172人全部下放到“五七”干校。为了加强“五七”干校的领导,军管会派出两个军管小组31名同志,在两地负责军管工作。学校以原有行政建制为基础组成连、排、班,以连为单位进行斗、批、改和生产劳动。干部下放后,家属大多暂留北京。各单位都设有留守处,负责后勤和家属管理教育工作。对双职工下放后的子女,则统一组织起来,除幼儿园外,对学龄儿童采取集中宿舍,设专人负责的方法。部机关留京工作班子189人,仍按政工、办事、运输、计划基建4个组划分,并临时指定了各级负责人,调整了工作人员,担负起抓革命、促生产、促工作的全部任务。拟在10月底或11月开始整党建党工作。

2. 在京直属单位成立革委会

1968年7月30日,部军管会批准成立交通部公路设计院革委会。随后,人民交通出版社印刷厂、人民交通出版社、中国对外公路工程公司、交通部水运规划设计院、交通部政治学校、交通部交通科学研究院、交通部第一公路工程局等相继成立革委会。

3. 部机关整党

1969年10月29日,交通部军管会就建立交通部机关整党领导小组问题请示中央:“交通部机关在清理阶级队伍和下放干部之后,已经转入整党工作。经党内外反复协商,拟由12人组成整党领导小组,负责对部机关及在京直属单位整党建党工作的全盘领导。建议领导小组由潘友宏任组长,俞侠、梅盛伟为副组长。另吸收3名党外群众代表列席整党领导小组会议”。部机关整党运动于11月3日开始,截至12月17日,已有83%的党员经党内外群众评议,恢复了组织生活。整党工作到12月20日告一段落,转入以战备为中心,搞斗、批、改。两个“五七”干校的整党,从11月中旬全面展开。

(二)北方区海运局停止工作和部直属企、事业单位下放地方管理

1. 北方区海运局停止工作和调整所属单位领导关系

1968年2月10日,交通部军管会通知上海海运局等近20个下属单位,鉴于北方区海运局机关当前实际上已处于瘫痪状态,经研究决定暂作如下安排:①同意北方区海运管理局自文到之日起停止领导工作。区局机关全体职工今后主要集中力量搞“文化大革命”;②原北方区局所属上海地区各单位,除了运输调度,长远规划,年度计划的安排和调整,以及带有全国性和涉外的有关问题暂由交通部直接领导外,其余由上海市领导;③原北方区局所属上海地区以外各单位的工作,也按上述精神办理;④撤销原北方区局所属物资供应公司,各有关单位自己建立物资机构;⑤原北方区局航运公安局停止工作;⑥上海海员医院归上海轮船公司领导。

2. 部直属企、事业单位下放地方管理

1970年2月25日,交通部军管会就部属第三公路工程局分别下放问题行文福建、云南、贵州三省和第三公路工程局:根据周恩来总理在1969年3月全国计划座谈会上对企业体制下放的批示精神,经协商和国务院批准,局机关(包括钻探组、疗养所)和该局一处、二处、三处、修配厂下放给福建省。人员和物资按单位成建制下放,不作调整。局级干部请福建省安排。

5月31日,交通部军管会、广东省革委会联合向国务院请示有关

交通部直属企、事业单位下放广东省管理问题:①广州海运局主要担负华南沿海运输和近海外贸运输任务,有一定的地区性。为便于统一领导,将广州海运局及其在广东地区的所属船舶、港口、航道、修船厂等单位下放给广东省。②第四航务工程局主要承担华南地区(广东、广西)水工建设任务,下放广东省统一管理。以后有关军工和广西的水工建设任务,由交通部下达任务,广东省负责统一安排。③远洋船队担负外贸、援外运输任务,涉外性,政策性强。因此,广州远洋分公司、广州外轮代理公司、中阿分公司、中坦分公司以及香港招商局(包括远洋、益丰、南方3个轮船公司和友联船厂)实行以广东省为主的双重领导。交通部负责远洋船队的建设方针,发展规划;基建投资,统配物资供应,固定资产调拨;生产、财务、劳动力计划指标的制定,调度指挥,货载安排,统一规章制度;国外机构的设置、领导以及委托代理;船队干部、船员跨区调整。6月13日,李先念副总理批示同意。

(三)交通教育行政

1. 高等学校下放

1970年2月14日,交通部军管会、财政部军管会下发大连海运学院等校下放问题的函:遵照中央《关于高等院校下放问题的通知》,交通部所属大连海运学院、上海海运学院、重庆交通学院分别交辽宁省、上海市、四川省领导,1970年预算报省(市)革委会审批,纳入地方预算。同日,又发函将西安公路学院(包括中专部、公路研究所)交陕西省领导。5月9日,将武汉水运工程学院交湖北省领导。

2. 中专学校下放

1969年2月,湖南省交通厅请示交通部军管会,要求将长沙交通学校校址作为筑路机械厂扩建厂址,获准;5月14日,交通部军管会决定将南昌交通学校下放江西省;6月5日,将济南交通学校移交山东省;6月23日,将呼和浩特交通学校下放内蒙古自治区;11月8日,将徐州公路财经学校移交徐州市。1970年3月27日,将大连海运学校交大连港务局领导;4月,将交通部所属、原华南水运公司领导的福建航海学校移交厦门市领导;5 月 25 日,将成都交通学校改为成都汽车保修机械厂,生产汽车保修机具。集美航海学校在 1965 年已由交通部下放广州海运局代管,1967 年 11 月广州海运局报部撤销集美航校,所有校舍、设备、人员移交福建省。

(四)交通外事行政

1. 援外工程

1967 年 1 月 10 日,越南代表在京与我谈判越方使用我国港口转运货物,向我国疏散船舶等问题。此前周恩来总理已批示同意。

1968 年 2 月,交通部副部长彭德清同老挝干部代表团商谈修公路事宜并于 28 日签订会议纪要。根据中央决定,中方帮助老挝修建两条公路。一条自中国云南省磨憨南侧中、老边界,经老挝的波亭至孟塞;另一条自孟塞至孟科。计划于 1970 年 5 月建成,并先按野战标准于 1969 年雨季前建好便道通车。修路由中方派遣 15 000 人组成工程队,成立筑路指挥部,所需物资亦由中方供应。

3 月 22 日,中、越签订修建越南太原—同登公路和平嘉—波马公路的议定书。工程于 1968 年 3 季度开工,力争 1969 年底完工。

4 月 22 日,对外经委下达 1968 年援外成套项目计划。有关交通部的项目有新建 4 项(老挝 1 号公路,2 号公路,尼泊尔加德满都—科达里公路养护,刚果(布)小型木船制造厂);续建 5 项(越南汽车修理厂设备,6508 工程,巴基斯坦昆仑公路,尼泊尔加德满都—荷台达公路,也门萨那—萨达公路)等。

5 月 29 日,交通部军管会生产指挥部请湖南省、江苏省交通厅,黑龙江航运局,上海、青岛、新港船厂,广州海运局和上海船舶设计院在京研究为越南修船、造船问题,与会各单位分别承担了组织修船队或设计、制造船舶的任务。

7 月 16 日,国家计委通知交通部军管会,增加 1968 年基建投资 3 250 万元,用于援越国内项目(公路、港口码头、仓库、修船厂和机动打捞队)。

7月17日,外贸部、交通部军管会通知广东、广西革委会:据协议,1969年我方将在广州造船厂码头交给越南122条各种船舶。现越方委托我方运至广西北海港,再由越方接回。我方同意,运送任务交由华南水运公司负责。

2. 联合海运管委会、董事会会议

1967年4月,阿尔巴尼亚交通部副部长率团来华参加中阿轮船公司管委会第6次会议,周恩来总理接见了代表团全体成员。4月29日,管委会第6次会议议定书签字。

1968年8月10日,前来参加中国—坦桑尼亚联合海运公司第2次董事会的坦方董事长一行3人抵京。8月18日晚,周恩来总理在人民大会堂接见了坦桑尼亚海运代表团。

1970年3月11日,外交部、交通部通知《关于组织中波轮船股份公司协定》经中央批准再续延4年。4月9日,中阿轮船股份公司管理委员会第8次会议议定书在北京签字,就购买“黄埔”轮等问题作出了决定。

3. 国境河流航行合作会议

中苏国境河流航行联合会第14次会议,于1967年7月在哈尔滨举行。1968年12月,中朝航运第8次会议在朝新义州举行,就1969年的航道整治工程达成协议。

中苏国境河流联合委员会第15次会议,于1969年6月在苏联举行,双方就航标配布变动、测量工作、挖泥工作等达成协议。

4. 友好访问

1967年,访问交通部的外宾有澳大利亚、波兰、朝鲜、刚果(布)、赞比亚等国的代表团。交通部港口代表团应阿尔巴尼亚交通部长邀请,于1967年11~12月在阿进行友好访问。1968年1月23日,李富春、李先念副总理接见阿尔巴尼亚交通工作者考察团。

(五)交通公安保卫行政

1967年12月9日,中共中央、国务院、中央军委、中央文革小组作出《关于公安机关实行军事管制的决定》,交通公安保卫系统分别由省市驻军进行军管，交通公安保卫机构负责同志被批斗，大批老公安被调离公安队伍，交通公安保卫工作陷于瘫痪状态。

第四节　铁道、交通、邮电三部合并，成立交通部革命委员会

1970年6月~1975年1月，是铁道、交通、邮电（邮政部分）“三部合并时期”（其中，邮政总局于1973年3月邮电部恢复建制时重归邮电部）。这一时期的交通部行政工作仍受“文化大革命”的干扰，虽然采取了各种加强管理的措施，却未能扭转交通不畅、运力紧张的被动局面。

一、中央关于铁道、交通、邮电（邮政部分）三部合并的决定

中共九大以后，政治局势相对稳定，国民经济得到一定程度的恢复和发展。1969年，全国工农业总产值达到2 613亿元，比1968年的增长23.8%，基本恢复到1966年的水平。1970年，中共中央和国务院又采取了许多有利于生产发展的政策和措施，使1970年的工农业总产值比1969年的又增长了25.7%，基本上完成了“三五”计划原定的主要指标。1971年林彪北逃叛国的“九·一三”事件以后，周恩来总理主持中央日常工作，协助毛泽东主席进一步采取一系列保持国家和社会稳定、恢复和发展生产的措施。

1970年5月，中央认为，国务院各部门“目前建立革命委员会的条件已经成熟。尽快把革命委员会建立起来，有利于组织社会主义建设的新跃进，完成第三个五年计划，准备第四个五年计划，以便更好地完成党的九大提出的各项战斗任务”。

6月5日，铁道部军管会、交通部军管会、邮政总局联合向毛泽东主席、中共中央呈送《关于建立交通部革命委员会的请示报告》①，主

①该报告和其他部委的20个请示报告作为国务院6月7日请示报告的附件由国务院一起报中共中央。

要内容为：铁道、交通、邮电(邮政部分)三部合并建立革命委员会的筹备工作已经就绪。斗、批、改的步伐大大加快。精简了机构，原有69个司局，拟精简合并为15个组(局)，总人数不超过750人。遵照毛泽东主席关于实现军、干、群和老、中、青三结合的指示，三部革命群众充分酝酿，反复协商，提出了建立革命委员会的方案如下：

(一)革委会由37名委员组成。军代表8人(占21.6%)，革命干部代表11人(占29.7%)，革命群众18人(占48.7%)。女同志3名。

(二)革委会设正副主任7人。建议主任由杨杰担任(原铁道部军管会副主任，总参军交部副部长)，副主任由潘友宏、郭鲁、马耀骥、朱春和、韩卫民、俞侠担任。

建议三部合并后定名为“中华人民共和国交通部”。

从原交通部进入革委会的有潘友宏(交通部军管会主任、海军北海舰队后勤部部长)；王永军(交通部军管会副主任，海军政治部宣传部副部长)；俞侠(交通部军管会副主任，海军司令部机要局局长)；马耀骥(交通部副部长)；梅盛伟(政治部主任)等13人。

6月7日，国务院向毛泽东主席、中共中央呈报《关于国务院各部门建立党的核心小组和革命委员会的请示》，主要内容为：经过调出、精简、合并，国务院拟设立23个部、委(包括国防工业6个部)、2个组(文化组、科教组)和1个办公室。除2个组不建立革命委员会和党的核心小组、1个办公室不建立革委会外，现已有21个部委报来了建立党的核心小组和革委会的请示(建立革委会的请示为20个)。经研究，将意见报告如下：

(一)各部、委建立党的核心小组，直属党中央领导。每个小组都要实行军、干、群和老、中、青三结合。各部、委革委会通过党的核心小组实现党的一元化领导。

(二)各部、委革委会中革命群众代表占50%左右。革委会设主任、副主任，不设常委。党的核心小组成员应为革委会主任、副主任和委员，以利一元化领导。

（三）各部、委是党中央直接领导下的工作部门，其大权集中在中央。各部、委革委会对本部门的工作方针、政策、计划有讨论、建议之权，对人事、财务有审查之权，对工作实施有监督之权。各部、委的日常工作，在党的核心小组领导下，由部长、副部长（主任、副主任）负责管理。各部、委对外行文，仍用部、委的名义。

（四）各部委设立必要的层次少、人员精的办事机构。

（五）各部委组成与名称：……建立交通部革命委员会，由铁道部、交通部和邮电部的邮政部分合并组成。交通部原有人数2 413人，暂定编制人数为750人（包括工勤人员，后来实际定员为805人），占原有人数的31%（原有人数包括铁道部、交通部的人数和邮电部邮政部分的人数，也包括工勤人员）。

6月22日，中共中央对国务院6月7日的报告作出批示，主要内容是：

同意国务院1970年6月7日《关于国务院各部门建立党的核心小组和革命委员会的请示》，同意国务院各部门建立党的核心小组和革命委员会的组成、名称和名单的报告。国务院各部、委要正确处理中央和地方的关系。要注意充分发挥地方的积极性和群众的首创精神。各部、委所属各企、事业单位，除极少数一时不宜下放外，一般都应下放。大多数完全下放给地方或厂、矿和建筑基地；少数实行双重领导，其中，多数地方为主，少数中央为主。下放工作在今年内，应逐步地、分期分批地进行完毕。不要什么事情都统得死死的，要坚决反对“条条专政”。各部、委的负责人和工作人员，每年要有三分之一或二分之一的时间在下面，通过抓点取得第一手材料，面上的问题带到点上去研究，把点上的经验拿到面上去推广。典型介绍，要分省分行业。

7月8日，交通部革命委员会举行第一次全体会议，通过决议。9月9日，国务院制发新的“中华人民共和国交通部”印章和套印各一枚，自9月9日起正式启用。

二、交通部革命委员会时期的机构设置和编制

(一)1970 年 7 月部机关机构设置和编制

三部合并后的交通部机关精简为办公室、政工组、行政管理组、铁路运输组、铁路工业组、公路组、水运组、水运工业组、组织计划组、财务组等 16 个部门,暂定编制为 750 人,马耀骥主管公路、水运。部直属一级单位(原交通部部分)共有 59 个。其中航运公司、航运局 6 个,外轮代理公司 6 个,港务局 5 个,汽车运输公司 6 个,船厂 6 个,港口、筑路、汽车保修机械厂 3 个,灯标厂 1 个,公路工程局处 4 个,航道、打捞局 3 个,科研院、所 5 个,交通设计院(室)7 个,航务工程局 3 个,其他 4 个。

(二)1972 年 12 月部机关机构设置和编制调整

1972 年 9 月 4 日,交通部向国务院上报调整交通部机关机构编制的报告,说明根据形势与任务的需要,宜调整机构,增加编制,并提出机构设置和编制的具体方案。12 月 1 日,经国务院批准,交通部下发调整部机关组织机构的通知:

(1)部机关(与原交通部相关部分)设:政治部、办公室、水运局、水运工业局、水运基本建设局、公路局、计划统计局、人事局、财务局、物资局、公安局、外事局、科学技术委员会、安全监察委员会。为办理船舶检验和港务监督等事宜,设立船检港监局,对外仍称“中华人民共和国船舶检验局”和“中华人民共和国港务监督局”。为了加强援外工作的管理,设立援外办公室。

(2)即日起启用新印章。

三部合并后的交通部机关人员编制,1972 年 11 月经部党的核心小组审定行政编制人数为1 100人,另列编制为 222 人,共 1 322 人。其中,与原交通部相关的编制人数情况见表 2-4-1。

(三)1974 年 5 月部机关人员编制

1. 邮政总局从交通部分离出来

1973 年 3 月,邮电部恢复建制,邮政总局重归邮电部。

2. 1974 年 5 月编制人数

1974 年 5 月 23 日，人事局向党的核心小组报交通部机关人员的编制情况：1973 年至 1974 年 4 月，先后经部领导批准增加 168 人，减少 2 人，增减相抵实增 166 人。1974 年 4 月底，实际人员编制数：属于行政编制 1 089 人；另列编制 340 人，共 1 429 人。如加上援外办公室人数，实有人数 1 578 人。4 月末实有人数 1 509 人，机关附属单位（档案馆、展览工作组、幼儿园等）人员 227 人（大部分尚未确定编制人数）。1974 年 5 月与原交通部相关的编制人数详情参见表 2-4-1。

1972 年 11 月和 1974 年 5 月部机关编制情况

（与原交通部相关部分）　　表 2-4-1

单　位	1972 年 11 月核心小组审定人数			1974 年 5 月编制人数		
	小计	行政编制	另列编制	小计	行政编制	另列编制
部领导	20	20		20	20	
政治部	95	95		98	95	3
办公室	191	191		218	191	27
水运局	69	50	19	85	55	30
水运工业局	47	47		73	45	28
水运基本建设局	35	35		35	35	
公路局	40	40		43	43	
计划统计局	80	65	15	90	75	15
人事局	43	43		43	43	
财务局	47	40	7	55	40	15
物资局	32	32		32	32	
外事局	37	27	10	37	27	10
公安局	55	55		73	73	
科学技术委员会	35	35		35	35	
安全监察委员会	15	15		15	15	
船检港监局	30		30	38		38
船舶燃料供应公司	9		9	9		9
物资供应公司	66		66	100		100

3. 交通部兵办升格

1966 年 8 月 851 大队组建，中国人民解放军基建工程兵交通部办公室(简称“交通部兵办”)成立,领导 851 大队,为处级单位。1971 年 5 月 852 大队组建,交通部兵办领导 851、852 大队,升格为局(师)级单位。1974 年 10 月,伍坤山任办公室主任,统一领导 851 大队、852 大队承担国防公路和重要公路干线的修建任务。其中 852 大队原隶属成都军区,自组建以来,由于体制不对口,计划、物资、投资等渠道不畅,1973 年 11 月,国务院、中央军委同意改归国家建委建制,基业务归交通部领导,党、政、后勤供应仍由成都军区代替。

三、贯彻周恩来总理关于发展水运的指示

(一)1971、1972 年全国交通工作会议

1971 年全国交通工作会议于 3 月在北京召开。周恩来总理接见了全体代表。会议提出 1971 年运输生产、基本建设的主要任务(原交通部部分)是:直属水运货运量 0.57 亿吨,地方交通部门汽车、轮驳船货运量 3.7 亿吨。新造钢质轮驳船 17 万吨,水泥运输船 31 万吨。新建、改建国防公路 5 700 公里。为此必须:①提高运输效率;②加强设备维修和制造,提高修造量;③基本建设要集中力量打歼灭战;④搞好安全生产;⑤认真清理仓库;⑥加强企业管理。

1970 年是建国以来交通事故最多的一年。直属航运共发生事故 423 起,沉船 41 艘;汽车事故全国共 56 239 起,死亡 9 262 人。因此,会议特别强调搞好安全生产。1970 年交通运输的效率指标都未达到历史最高水平。

1972 年全国交通工作会议于 3 月在北京举行,会议讨论的主要议题有:

(1)根据国家计划安排,1972 年交通运输、生产、建设的主要任务是:直属水运货运量 6 000 万吨,港口吞吐量 1.5 亿吨,地方交通汽车和轮驳船货运量 4.3 亿吨。新造钢质船 13.6 万吨,水泥船 3 万吨。船舶修理 652 艘。新建改建国防公路 3 000 公里。

(2)大力提高运输工作质量。当前,运输紧张,要大力改进运输组

织工作，切实加强运输基础工作，充分挖掘潜力，节约使用运力，千方百计加速车船周转；要加强装卸搬运工作。

（3）狠抓设备维修，提高产品质量。狠抓船舶的养护和修理，扭转船舶完好率下降的局面是刻不容缓的任务。水运工业必须坚决贯彻“修造并举，以修为主”的方针。在处理修和造的关系时，一定要把保证船舶修理、改进船舶技术状况放在首位。1972 年，船舶营运率，远洋要达到 90%，华南沿海要达到 85%，北方沿海和长江干线要达到 80%。

（4）抓紧收尾配套工作和续建工作，切实搞好安全生产，整顿和加强企业管理。1972 年，要把岗位责任制、考勤制度、技术操作规程、定额管理制度、质量检验制度、设备管理和检修制度、安全生产制度、经济核算制度切实建立健全起来；要减少非生产人员，不要任意抽调生产人员从事非生产工作和非本职工作。

（二）1973 年直属港口工作会议，贯彻中央指示，加快水运发展步伐

1973 年 6 月，交通部直属港口工作会议在北京召开。遵照周恩来总理关于“三年改变港口面貌”和“力争 1975 年基本结束主要依靠外轮的局面”的重要指示，会议在列举 1972 年完成任务的情况后，提出和研究了下列重要问题：

1. 三年奋斗目标

遵照周恩来总理的指示，国务院成立港口建设领导小组和港口建设办公室，决定：1973 ~ 1975 年，在沿海港口开工新建深水泊位 53 个，完工 40 个；对现有码头泊位进行技术改造和设备配套，增开舱口作业线 150 条。同时，在“四五”计划的后三年，增加远洋船舶 250 万载重吨以上，沿海货轮 40 万 ~ 50 万载重吨，长江干线货轮 30 万载重吨；增加沿海客轮 16 艘，长江干线客货轮 47 艘和大马力拖轮 15 艘。经过 3 年努力，在改变水运生产面貌方面，要实现下列目标：①沿海港口吞吐能力，由 1972 年的 1 亿吨提高到 1.7 亿 ~ 1.75 亿吨，相应提高长江港口吞吐能力，基本上消灭压船压货现象。②外轮停港时间，由 1972 年的

7.7天压缩至5.8天,基本达到正常水平。③保证外轮供油、供水,同时为外轮修理和船员生活提供必要的条件。④直属水运货运量,由1972年的6 100万吨提高到8 000万吨。⑤我国远洋船队承担的外贸货运量,占我方派船承运量的比重,由1972年的32%提高到60%～70%。⑥客运条件有较大的改善。

2.加强企业管理

保持港口畅通,保证运输生产的安全和质量,努力提高设备完好率和利用率,大力开展技术革新,积极发展专线、成组运输,整顿和健全企业管理制度。

(三)1974年全国港口建设工作会议,进一步推动港口建设

1974年9月,国务院港口建设领导小组在北京召开全国港口建设工作会议,沿海各省(市)港口建设领导小组(指挥部)、国务院有关部委、海军司令部等参加,粟裕、谷牧副总理在会上讲话。谷牧强调,会议的目的是要进一步贯彻落实周恩来总理关于三年改变港口面貌的指示,把1974年后3个月和1975年的工作安排好,全面实现1973年港口建设工作会议确定的目标。1975年是三年建港的最后一年。届时,不仅要全面完成40个泊位、150条作业线、9个大坞以及鲇鱼湾新油区等主要建设项目,还必须完成一系列配套建设任务,以保证建成的项目能及时投产,形成综合生产能力。会议讨论了港口建设的形势、1975年的港口建设安排和港口建设的发展规划:三年建港任务实现以后,沿海港口的吞吐能力将比1972年末的增加60%～70%,压船压货的现象将有所缓和,港口面貌将有所改变。

四、交通“四五”计划和各年度交通计划

(一)交通“四五”计划设想

1971年4月14日,遵照国务院指示,根据1971年全国计划会议精神,交通部重新修订并下发《1970年交通工作要点和第四个五年计划设想》。“四五”计划设想要点如下:

1."四五"期间的奋斗目标

内河航运重点建设长江干线和"三线"地区的主要河流。长江全线运输能力1975年达到4 200万吨,比1970年的2 000万吨约增长1倍多,进川运输能力将有更大增加。远洋运输船舶1975年达到300万吨左右,比1970年的120万吨增长1.5倍,力争基本上改变主要依靠租用外轮的局面。全国轮驳船、汽车运输量1975年达到7亿吨左右,比1970年的3.5亿吨增长1倍。公路建设逐步形成一个适应战争和经济发展需要的四通八达的公路网,除少数地区外,基本上达到社社通汽车。交通工业做到长江船舶在长江修造,沿海和远洋船舶大部分在国内修造。

2. 大力发展水运,加速长江干线建设

我国必须大力开发内河航运,整治和疏浚航道,提高通航标准,具体如下:

(1)长江是通往"大三线"战备后方的一条主要干线。加速长江建设,充分发挥长江水系的作用,具有重大的战略意义。长江建设必须全面规划,平战结合,分期分批进行。"四五"期间,计划新增船舶100万载重吨,拖轮30万马力,分别增加1.3倍和2.7倍;新建码头泊位40个,主要港口装卸基本实现机械化、半机械化;长江中上游航道标准水深达到3米,实现航标电气化。

(2)加强运输组织工作,推广专线运输和成组运输,提高运输效率。

(3)加紧对现有港口的技术改造,实现机械化、半机械化。加强装卸作业组织,缩短船舶停港时间。

(4)沿海干线主要搞设备配套,充分发挥现有设备能力;改善港口水深条件,扩大通过能力。

3. 加强远洋船队的建设

远洋船舶1970年预计增加14.3万载重吨。"四五"期间,国内制造140万载重吨,进口70万载重吨,1975年拥有量达到300万载重吨左右,能够承担外贸运输量的70%,力争基本上改变主要依靠租用外轮的局面。

4. 加速公路建设,发展汽车运输

(1)“四五”期间,计划新建改建干线公路7万公里,达到晴雨通车,并将危桥改为永久性桥梁,有计划地改渡口为桥梁,以适应战备和经济发展的需要。1972年以前,集中力量建设东北、华北、西北地区的国防公路,使边防前哨与战略后方畅通无阻。同时,积极修建地方公路,建成纵横交错的公路网。“四五”期末,全国公路通车里程达到80万公里。其中干线公路15万公里。黑色路面达到6.5万公里。

(2)汽车运输要充分挖掘潜力,合理使用运力。当前全国民用汽车有43万辆,但完好率只有70%,若提高到85%,就等于增加汽车6万辆。要加强汽车维修保养力量。要大搞拖挂运输,提倡双班运输,发展联合运输。

5. 自力更生,大力发展交通工业

(1)要扩大造船、造机、造车能力。“四五”期间,水运工业建设的重点摆在长江中上游,改变长江船舶在沿海修造的不合理布局。要自己造主机,造设备;要处理好修造关系。要大力发展水泥船。

(2)积极发展汽车、筑路机械和公路装配式钢桥的生产,汽车配件、客车车身和拖挂车的生产,尽可能做到各省(区、市)自给。

6. 努力发展和组织民间运输

全国民间运输专业队约150余万人,有畜力车6.8万辆,货运人力车42万辆,木帆船200多万辆,每年完成的货运量占地方总运量的60%左右。要很好地组织和扶持民间运输,充分发展它的作用。要加强对民间运输合作社的领导,逐步进行技术改造,加强民间运输工具的修造能力。

7. 改革交通管理体制

要改革交通管理体制,坚决打破“条条专政”,实行企业、事业单位下放。

(二)各年度的交通计划

1. 1971年度的交通计划

1971年4月,交通部印发1971年交通运输、基本建设等计划,其中有关水运、公路的主要指标如下：

远洋、沿海、长江干线水运货运量计划 5 700 万吨，比 1970 年的增长 15.4%；沿海主要港口吞吐量计划 9 500 万吨，比 1970 年的增长 1%；长江港口吞吐量计划 4 500 万吨，比 1970 年的增长 16.3%。1971 年国家分配给水运、公路建设投资 7 亿元。国防公路新建、改建 5 780 公里，投资 2.5 亿元；新增港口吞吐能力 965 万吨；新增造船能力 3 万载重吨；修万吨级船舶 20 艘左右。交通工业主要计划指标：建造轮驳船17.1万载重吨，比 1970 年的增加 40%；拖轮 5.57 万马力；挖泥船 1 700立方米；客货轮4 000客位；港航工作船舶 147 艘；水泥船 7 万载重吨，2 820 马力。另有各种施工、养路机械 7 350 余台（套）。

2. 1972 年度的交通计划

1972 年 4 月 21 日，交通部下发 1972 年交通运输、基本建设等计划。其中有关水运、公路部分如下：

水运、公路安排投资 7.3 亿元。国防公路建设项目 57 个，新建、改建 3 000 公里，投资 2 亿元。港口、船厂建设主要是：扩建天津港、秦皇岛港、秦皇岛中转油港、连云港等外贸港口；扩建重庆、枝城、南京中转油港等长江港口以及山海关船厂、川江港机厂等。1972 年的基建投资总额比 1971 年的虽有所减少，但要求全部建成和部分建成的项目多，收尾配套工作量大。

3. 1973 年度的交通计划

1973 年 4 月 15 日，交通部下发 1973 年交通运输、基本建设等计划。其中有关水运、公路部分如下：

（1）港口建设。“四五”后三年，除对现在码头进行配套补强外，计划在主要贸易港口新建 40 几个泊位。1973 年计划新建 7 个泊位，续建两个泊位，其中要求投产 3 个泊位；计划新增港口吞吐能力 1 650 万吨。

（2）水运工业建设。“四五”后三年要集中力量建成 15 个万吨级船坞（6 个干船坞、9 个浮船坞）及相应的修船设施，今年计划施工 9

个,投产2个。1973年计划新增修船能力800万元(产值),造船能力2.7万载重吨。

(3)航道建设与船舶购置。继续整治长江北槽航道,长江干线航道及葛洲坝库区航道,黄浦江排泥管道等工程;船舶购置投资4.7亿元,其中国内造船29.7万载重吨,国外购买运输船14万载重吨。

(4)国防公路建设。投资1.5亿元,主要安排续建和收尾项目。计划新建、改建公路1 505公里。

1973年水运、公路和船舶购置投资共10.2亿元,其中港口航道和水运工业投资4.03亿元,比去年增加近1倍。

4.1974年度的交通计划

1974年4月1日,交通部下发1974年交通运输、基本建设等计划。其中有关水运、公路部分如下:

(1)1974年计划水运货运量2.2亿吨,比1973年的增长8%,其中直属水运7 670万吨,比1973年的增长11%;汽车货运量3.8亿吨,比1973年的增长7%。

(2)1974年钢质船舶制造完工量352艘,16.2万载重吨。试制增产备品配件和短线产品,如工程船、港作船、消防救助船,门座式起重机等。

(3)为了加快交通建设,1974年投资比1973年的有很大增加。建设的重点是:沿海港口建设(为了3年建成40个深水泊位,9个大船坞及相应的供油、供水等设施,1974年投资9亿元,比1973年增加1倍多);三北地区、西南边陲和东南沿海的国防、边防公路建设;车船修理基地的建设。

第五节　三部合并时期的公路交通行政

一、公路建设管理

(一)修建公路跑道

1971年5月,国务院、中央军委下发关于在公路修建飞机跑道问

题的指示:1969 年加强战备工作以来,有的军区修了少量公路跑道,也有的军区提出了修建公路跑道的规划。要依照统一规划、重点修建,充分利用旧机场,搞好维护管理等规定,有计划、有步骤地在国防公路建设中修建飞机跑道。

(二)组织公路建设技术和经验交流

1.组织渣油路面经验交流

1972 年 6 月,国家建委、交通部在河南新乡地区召开全国渣油路面经验交流现场会,交流河南、甘肃、山东、河北、北京等省(市)修建和养护渣油路面的经验。1973 年 11 月,交通部又在湖北省召开会议,进一步总结经验、研究提高油路质量的措施,安排 1974 年油路建设计划。

2.组织双曲拱桥技术交流

交通部于 1972 年 11 月在湖南长沙召开双曲拱桥技术经验交流现场会,又于 1974 年 9 月在江苏无锡召开双曲拱桥设计方法科学研究成果汇总会议,促进双曲拱桥技术的提高。

(三)颁发试行技术标准、规范

1972 年 3 月,交通部颁发试行《公路工程技术标准》,将公路分为四级。一级公路为专供汽车分道快速行驶的高级公路,年平均昼夜交通量为 5 000 辆以上;四级公路为县乡公路,交通量 200 辆以下。1956 年颁发的《公路工程设计准则(修订草案)》和 1967 年公布的《公路桥涵车辆荷载及净空标准暂行规定》被废止。

1973 年 3 ~ 7 月,交通部颁发试行《公路工程概算定额》、《公路工程预算定额》、《公路基本建设工程设计概算、施工预算编制办法》和《公路基本建设工程设计文件编制办法》。1974 年 2 月,交通部公布试行新的《公路桥涵设计规范》。

(四)提出公路交通发展十年设想

1974 年 12 月,交通部公路局提出 1976 ~ 1985 年公路交通发展规划征求意见稿,总的奋斗目标为:①基本建成一个以首都为中心,路面黑色化的 20 万公里干线公路网和以其为骨干、总里程达到 100 万公里的全国公路网。②公路年货运量达到50亿吨,货运周转量1 560亿吨公里。交通部门营运汽车年客运量48亿人次,客运周转量1 800亿人公里;③建成一个检验仪表化、操作机械化、各地区有修理厂、县有保养场的汽车保修网。全国公路工业总产值达到25亿元。

二、公路养护管理

(一)提出川藏、青藏公路病害整治工程计划

为保证川藏公路畅通,加速个别地段病害的整治,1970年2~6月,交通部派出调查组对川藏路主要病害地区进行了调查,并于9月召开座谈会,对调查组的整治方案进行讨论。10月,交通部向西藏交通局、第二公路勘测设计院、第四公路工程局下发《川藏公路札木至林芝段病害整治座谈会纪要》,要求安排落实。

1973年1月5日,交通部向国家计委上报整治青藏、川藏公路的调查报告,说明青藏、川藏公路交通时常阻断,亟待整治。调查报告提出了具体的整治方案,包括技术标准、工程数量以及养护工作。31日,交通部就上述两公路整治方案再次请示国家计委,提出考虑到目前国家的财力、物力和施工队伍的情况,同时彻底整治两条公路有困难,建议先重点整治青藏公路,约需投资1.8亿元;川藏路在加强养护的基础上整治重点病害,建议每年安排投资2 000万元。

(二)加强公路养护管理

1. 召开会议,向中央反映问题和建议

1972年4月,交通部召开地方交通、邮政工作座谈会,形成《关于加强交通安全生产的意见》和《关于加强公路养护管理的意见》,于6月10日上报国务院。其中后一个文件反映,公路养护管理工作仍然是薄弱环节,存在的主要问题是:①公路技术状况不好,全国尚有42%的公路雨天不能通车,危桥还占相当比重。②公路养护管理薄弱,养护工不足,劳动纪律松弛,规章制度不能坚持。③养路费管理不严,有的使用不当。为了把公路管好,文件建议:实行专业队伍与群众养路

相结合；征好、用好养路费；建立健全规章制度，不断提高管理水平；积极发展养护机械。

交通部于1972年10月中旬至年底组织了全国公路路况分片联合大检查，又于1973年1月在江西上饶召开全国公路片区检查汇报座谈会，公路路况有所改观。

2. 发展养路机械

1972年12月，交通部在江苏徐州召开全国公路养护机具选型配套经验交流会，对送展的机具进行精选，选出26项36件，改进后予以推广。

3. 颁发规范

1973年3月5日，交通部颁发试行《渣油路面施工养护技术规范》。

4. 推广合作植树，加强公路绿化

1973年4月，交通部在河南周口地区召开全国公路绿化经验交流现场会议，推广周口地区合作植树、加强公路绿化工作经验。会议认为，建国以来，公路绿化有了较大发展。全国有些公路绿树成荫，乔灌结合，景色宜人；但全国公路绿化工作存在不少问题。因此，为了加快公路绿化速度，提高绿化质量，要切实解决政策问题、管理问题、育苗问题、规划问题。会议还提出"四五"期间或稍长一些时间，规划长江以南公路绿化达100%，黄河以南绿化达80%，三北地区绿化达60%～70%，全国公路绿化里程达50万公里左右，树木存量约5亿～6亿株。

（三）明确公路养护部门的事业单位性质

经与财政部、国家计委劳动局研究，交通部于1974年1月7日批复四川省交通局，明确公路养护部门是事业单位，养路部门的工人、职员退休按事业单位办理。

三、公路运输管理

（一）解决公路运输中的问题

1. 解决公路运输中的问题

1974年12月，交通部在河北石家庄召开地方交通工作片区座谈会,黑龙江、吉林、辽宁、内蒙、山西、河北、天津、北京、陕西、宁夏、青海、甘肃、安徽、河南、山东交通局的主要负责人到会。在座谈会上,上述 15 个省(区、市)的代表反映了地方交通存在的一些问题。主要有:公路运力不足,物资积压严重;货运汽车分配不合理,交通运输发展缓慢;地方交通部门的基建投资少;驾驶员和装卸工人严重不足;公路工业基础薄弱,专用机械设备和汽车配件供应不足,维修能力不足;汽车管理体制存在问题,运输市场混乱等。会议对上述问题的解决提出了具体的意见。

2. 颁发试行运输规则

公安部、交通部于 1972 年 3 月联合下发试行《城市和公路交通运输管理试行规则》,交通部于 12 月颁发试行《公路汽车货物运输规则(试行)》和《公路汽车旅客运输规则(试行)》,坚持交通运输的规范化运作。

(二)加强安全生产和交通安全工作

1972 年 6 月 10 日,交通部向国务院上报《关于加强交通安全生产的意见》,说明 1971 年全国共发生交通事故 96 000 多起,死亡 11 000 余人,比 1970 年有所增加。内河航运、渡口也经常发生撞船、沉船事故。因此建议切实加强党对交通安全工作的领导;充分发动群众,搞好安全生产;认真执行规章制度;加强设备维修,提高产品质量。

1972 年 10 月 4 日,交通部、公安部联合向各省(区、市)发出关于《加强城市、公路交通安全工作的几项措施》,要求认真落实《中共中央关于加强安全工作的通知》,做好下列各项工作:①加强党对交通安全工作的领导;②整顿驾驶员队伍和作风;③发动群众,整顿交通秩序;④加强拖拉机及其驾驶人员的管理;⑤加强公路养护和车辆维修;⑥严格执行规章制度;⑦整顿、健全交通管理机构;⑧抓好技术教育,提高技术水平;⑨对事故要彻查处理;⑩关心群众生活,注意劳逸结合。

1973 年 8 月,交通部在吉林省长春市召开全国公路交通安全工作会议,总结交流吉林、陕西等省和20多个先进单位、个人的安全生产经验。会议认为当前公路交通安全生产必须抓好以下几项工作:①狠抓思想政治教育;②在党委领导下加强交通安全工作;③充分发挥交通安全委员会的作用;④依靠群众,搞好交通安全工作;⑤建立健全交通安全监理机构,加强交通监理队伍建设;⑥加强车辆管理和驾驶人员的教育、培训工作;⑦抓典型、树样板,开展安全生产竞赛活动;⑧加强路政管理,保证安全行车。

1973年12月,国务院批转《交通部关于加强交通运输安全工作报告》,要求各地参照执行交通部的工作报告,认真贯彻执行1970年《中共中央关于加强安全工作的通知》。

为了推动交通监理工作和监理队伍建设,交通部公路局于1974年9月在山西阳泉召开六省(区)监理工作座谈会,总结交流了监理工作队伍自身建设的经验,研究了当前监理工作中存在的问题和今后工作意见。

(三)改进汽车维修工作

1973年5月,交通部公路局在河北唐山组织云南、福建、山东、甘肃、吉林等省的11个单位修订《汽车运用规程》和《汽车修理规程》。1974年11月,交通部在湖南郴州宜章县红岩镇召开全国交通系统汽车保修机具技术革新经验交流会。会议听取了郴州汽车运输公司红岩汽车保养厂、张家口汽车修理厂、天津运输二场等单位的经验介绍,观摩了红岩汽车保养厂的革新机具和汽车三保作业,参观了交通系统汽车保修机具技术革新展览会,交流了汽车保修机具技术发展情况,并就今后加强保修机具科研和技术情报交流交换了意见。

四、公路运输工业管理

(一)召开全国翻胎工作会议

1974年12月,燃化部、交通部、冶金部、农林部在湖北武汉召开全国翻胎工作会议。会议提出,轮胎翻新是延长轮胎使用寿命的一条重要途径。轮胎经过一次翻新,可以达到新胎1/2以上的行使里程,而耗胶量仅为制造一条新胎的1/4～1/3,还可节约大量帘布、钢丝。如果我国目前每年耗用的轮胎有1/2进行翻新,就等于增加100多万条新胎,可节约橡胶2万吨。因此,会议要求:①加强领导,统筹安排,组织好翻胎工作;②加强农用轮胎的翻新;③1980年以前,轮胎翻新率交通部门要达到60%以上;④提高翻胎质量,1975年的目标是一次翻新胎的寿命达到新胎平均寿命的60%;⑤大搞技术革新,总结交流经验。

(二)改装长途客车

1973年9月,交通部在浙江省杭州市召开长途客车改型座谈会,主要任务是审查修改客车设计,对浙江宁波运输公司试制的样车进行路试,座谈改装生产中的有关问题,初步安排1974、1975两年的改装计划。交通系统长途客车改装工作已经搞了10多年,改装能力由1963年的400辆发展到当时的3 000多辆,10年来改装长途客车17 000多辆。

第六节 三部合并时期的水路交通行政

一、推进基础设施建设,加强港口管理

(一)推进港口建设

1.成立港口建设领导小组和建港指挥部

根据交通部建议,1973年5月19日,国务院批复同意成立广东省港口建设领导小组和黄埔港、湛江建港指挥部,以及其领导成员人选。要求抓紧今年建设项目的设计施工,编制“四五”后两年建港规划,做好明年施工准备,为三年改变港口面貌作出更大贡献。其他沿海主要港口及其所在省(市)也都先后成立了港口建设领导小组和建港指挥部(办公室)。

2. 码头、深水泊位和配套设施建设

1974 年 3 月 12 日，交通部报国家计委，因进口化肥逐年减少，将计划修建的上海港散装化肥码头改为杂货码头。8 月 6 日，交通部向国家计委报送《在上海港建设国际客运码头的报告》，9 月 27 日，向大连港发出《尽速编报国际客运站设计文件的通知》。9 月 21 日，国家计委批复交通部，同意在连云港港新建 4 个泊位，在上海港改建 6 个泊位，在黄埔港新建 4 个泊位，在汕头港新建 2 个泊位，在三亚港新建 2 个泊位，以及相应的配套工程。

1974 年 6 月，交通部航务工程局、航道局座谈会在广东省湛江市召开。会议提出，1973 年以来，完成了52 个深水泊位的扩大初步设计，以及供油供水设施、船厂和长江口航道等项目的设计。各航道、航务工程施工单位先后建成了秦皇岛油港东泊位、上海张华浜港及开平港 3 个改建泊位，连云港港码头泊位也将投产。"五五"规划正在抓紧进行。座谈会检查了施工中存在的安全质量问题，要求切实加以改进。

3. 规划海南岛交通建设

1974 年 5 月 22 日，交通部向国家计委报送海南岛交通规划工作意见，内容为海南岛交通情况、两年内海南交通建设的安排和海南交通发展规划 3 个部分。报告提出海南岛海运存在的主要问题是：①客运任务重，客货轮只有 7 艘，而每年进出岛客流 65 万人；②缺少矿砂船，海南年产成品铁矿砂 280 万吨，运出困难；③港口设备少、效率低，港池淤浅，库场能力不足。因此，要求安排投资，改变落后状况。

4. 组织编写、颁发、试行港口建设规范和管理办法

1971 年 12 月 1 日，交通部下发改革和编写水运基本建设标准与技术规范的通知，指出旧的标准、规范内容残缺、保守、落后、繁琐，已不能适应交通运输业迅速发展的需要。因此决定重新编写新的港口设计标准和技术规范，并具体要求一、二、三航务工程局为归口单位，分别承担有关任务。1972 年 5 月，交通部在上海召开会议，对《港口工

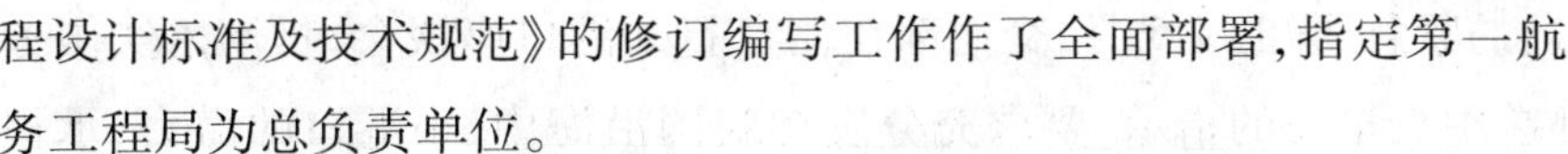

程设计标准及技术规范》的修订编写工作作了全面部署，指定第一航务工程局为总负责单位。

5月10日，交通部颁发试行《水运基本建设设计施工管理办法(草案)》。

(二)改进口岸工作，疏运防堵

1. 贯彻国务院改进口岸工作的指示

1973年2月15日，国务院下发《关于口岸工作的情况和改进意见》，国务院要求努力改进以下工作：①加强口岸工作的统一领导和组织建设。以地方党的领导为主，由所在地的党委对口岸各单位实行一元化领导，指定市委书记或常委负责。地方不能解决的问题，及时报请中央主管部门解决。②认真贯彻执行党的涉外政策。对于现行口岸工作的规章、法令，尽速组织研究、审查和修改。③改进口岸业务工作和服务接待工作。④做好对外宣传工作。⑤充实口岸工作急需的工具设备。⑥国务院责成交通部、外交部、外贸部、外经部、商业部、公安部、卫生部等，在1973年第一季度组织若干联合检查组(以交通部为主，外交、公安部为辅)分赴各口岸，在当地党委领导下，进行工作检查与帮助。6月20日，交通、外交、公安、外贸四部联合向国务院、中央军委汇报口岸工作检查情况，说明各地口岸工作有了一定改进，地方党委的一元化领导有所加强，口岸工作人员的思想政治觉悟不断提高，对外宣传、接待服务、监督检查等工作逐步改进，口岸设备改善也已提到重要议事日程上来。但是，口岸工作仍然处于不适应的状态。当前的任务是继续贯彻国务院的指示，狠抓各项工作的落实，力争用不太长的时间，把各口岸切实建设好。

2. 召开港口座谈会，采取疏运防堵紧急措施

1974年3月26日，交通部联合外贸部向国务院、中央军委呈送《关于扭转当前港口严重压船情况的请示》，说明自1月以来，压港压船现象十分严重，造成重大经济损失，影响对外贸易，并提出改进措施。4月4日，国务院、中央军委发出《关于组织沿海港口突击装卸、疏

运的紧急通知》。5月，交通部在北京召开港口座谈会，贯彻落实国务院、中央军委的指示，要求充分发挥我国沿海中、小港口的潜力，承担一些外贸运输任务。座谈会落实了下半年北海、温州、福州等6个港口所承担的外贸运输任务，并提出了其他改进办法。

8月9日，交通部向国家计委报告，我国外贸海运进出口任务大幅增加，到港船舶不断增多，港口紧张程度加剧。为此，拟采取如下措施：①沿海8个主要外贸港口，在上半年已增开30条舱口作业线的基础上，下半年再增开46条，使各港昼夜每班开工舱口作业线，由6月的354条逐步增加到400条；②充分利用中型港口，如烟台、连云港、温州、福州、厦门、汕头、北海等，每月增加作业外贸船舶10艘左右；③建议外贸部门今后签合同对货物到达港口先与交通部门协调；④增开46条作业线所需设备、人员等，除各港挖掘潜力外，请计委予以调拨，并请计委批准3 500人劳动指标。

8月22日，交通部抓革命、促生产汇报会议在北京召开。国务院副总理余秋里，交通部副部长郭鲁、于眉到会讲话。会议传达讨论了中央、国务院领导对交通工作的批示，检查了当前运输工作中的问题，研究了扭转被动局面的措施，安排了1974年后4个月的任务。中央对交通工作批示是因为1974年前8个月铁路和水运没有完成计划。铁路货运量比1973年同期的下降了5.4%。京广、津浦等主要干线不畅通，运输能力下降。沿海港口压船的情况也很严重。山西的煤大量积压待运；华东电网缺煤减少发电；化肥生产因缺煤、磷矿石运不上去受影响；石油运输跟不上生产发展，有的油田关井压产。对于运输没有搞好，交通部领导认为负有重大责任，抓革命、促生产不力，决心诚恳接受批评，紧急动员起来，奋起直追，不再欠账。

(三)整顿黄埔港

1973年10月7日，遵照总理关于整顿黄埔港工作的指示，由国务院派遣的黄埔港学习组向周恩来总理和李先念副总理呈送《黄埔港有关问题的调查报告》。调查报告指出了黄埔港存在的问题，分析了原因,提出了改进工作的建议。10日,李先念副总理对调查报告作了批示,要求交通部即商计委、公安部解决。据此,交通部、国家计委、外贸部、公安部会同广东省组成工作组,大连等港派人参加,于11月上旬到达黄埔港,进一步调查情况,解决存在问题。经过1个多月的努力,加强了局领导班子,建立了口岸涉外工作小组和生产协作小组,制定了加强企业管理、强化调度指挥系统的措施,出勤率、机械完好率、劳动生产率均有提高。月均吞吐量提高22%。

二、推进长江水系开发,编制“四五”内河航道建设规划

(一)改善长江水系航道

1971年2月4日,交通部批复上海航道局关于改善长江口航道问题的报告。同意整治北槽航道,指示整治工作要在上海市统一领导下,会同港务、航运、科研等有关单位进行,并邀请海军东海舰队参加指导。6月17日,经国务院同意,交通部将金沙江金江桥—龙街段276公里航道交给四川、云南两省养护管理(以格里坪分界)。交接后的养护管理队伍由四川、云南两省组织。

1972年5月16日,交通部颁发《加强沿海和长江干线航道工程管理的几项规定》。

1974年2月23日,交通部向上海市港口建设领导小组函送《长江口科研设计工作会议纪要》。为了落实全国港口建设工作会议对改善长江口航道的要求,交通部于1973年12月在上海召开长江口科研设计工作会议,在听取介绍科研成果和分析长江口发展历史、现状的基础上,对开发北港、南港北槽、南槽航道各个方案的利弊进行比较,讨论了治理长江口航道的方针、原则和科研工作,提出了选槽意见、科研计划和加强组织领导的意见。

(二)制定“四五”内河航道建设规划

1974年8月,交通部提出“四五”内河航道建设的初步意见,要求“四五”期间逐步提高通航标准,改善航行条件,延伸通航里程。计划

整治开发主要内河航道44条,1.4万公里。其中,提高长江干线通航标准2 500公里,开发"大、小三线"的11条河流3 700公里,整治疏浚12条战备航道1 000多公里,其他航道20条6 000多公里。实现这一规划,可以在长江流域和珠江流域初步形成一个联通"三线"战略基地和沿海地区的水运干线网,便于在长江中下游及四川、湖南、湖北"大三线"地区,广西、广东"小三线"地区沿江展开工业布局,同时沟通了沿海主要河流的出海口,便于舰船进出内河和沿海。

三、海上运输管理

(一)推进成组运输与集装箱运输

1.发展成组运输

1971年6月23日,交通部召开北方沿海成组运输座谈会,就4个方面的问题进行了讨论:①建立北方沿海成组运输领导小组,任务是制定航区成组运输发展规划,全面安排成组工具的使用、调配,推动各港(航)单位开展成组运输工作等;②成组工具的管理、使用、维修、保养和制造;③成组工具普查;④船舶定线问题。11月18日,交通部转发《北方沿海成组运输管理办法》。1972年8月14日,交通部在天津港召开成组运输会议,北方沿海、长江、华南沿海及有关省市参加。主要内容为研究成组运输的组织领导,交流各航区(港)对成组工具的管理、制造和维修以及港航互相配合开展成组运输的经验等。会议统计,目前成组工具已有50余万件,专业队伍1 000余人,运输量达到130多万吨。成组运输不仅可提高装卸效率,而且减轻劳动强度,节省劳动力,保证安全和质量。1973年1月10日,交通部通知成立"北方沿海成组运输领导小组及办公室"。领导小组由交通部水运局派人担任组长,办公室设在上海港务局。8月29日,交通部又通知成立"华南沿海成组运输领导小组及办公室",领导小组由广州海运局派员担任组长,办公室设在广州海运局。11月20日,北方沿海成组运输工作会议在上海召开,讨论了管理体制及当前存在的几个问题。据会议统

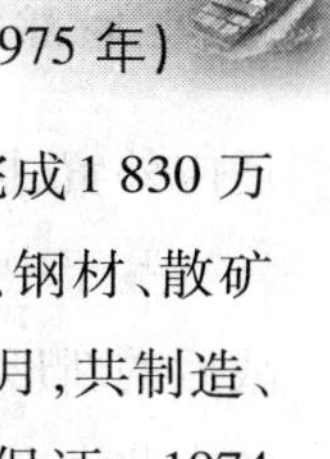

计,1973年全海区成组运输完成113万吨,港内成组装卸完成1 830万吨;全海区现有7条主要成组运输线,对生铁、元木、包货、钢材、散矿以及小五金、日用百货等都实行了成组运输;1972年1～8月,共制造、投产新成组工具19 793件,为发展成组运输提供了物质保证。1974年11月,交通部在北京召开成组运输工作会议,指出目前港际间已成组的吨数只占可成组的1/4,每年在300万吨左右,还有3/4没有成组,发展任务依然很重。会议对港、航的成组运输考核指标,以及加强成组工具的管理,改革北方沿海和华南沿海成组运输管理体制等问题进行了讨论,提出了解决办法。

2. 开展集装箱运输

1972年12月15日,交通部水运局发出通知,决定在上海、大连间开办集装箱运输,实施《申连线集装箱运输试行办法》。1974年1月,交通部和外贸部在天津联合举行国际海上集装箱运输工作座谈会,总结交流上海、天津两港对日本横滨、神户开展小型集装箱试运的经验,认为集装箱运输提高了港口装卸效率,加速了船舶周转,减轻了工人劳动强度,保证了货运质量,是我国国际航运事业的方向。会议对集装箱运输实施步骤、组织机构、机械设备、劳动力、仓库场地、集装箱维修、货运组织、规章制度和收费办法等问题进行了讨论。3月12日,交通部、外贸部颁发实施《海关进出口集装箱及所装货物监管试行办法》。9月29日,外贸部向国家计委提出关于筹建集装箱运输中转站的建议。12月17日,交通部和外贸部在天津塘沽联合召开中日航线集装箱运输工作座谈会。与会者认为,集装箱运输是运输事业的一种革新,必须坚定不移地继续搞下去。会议讨论了工作方针,加速中日航线集装箱周转,提高现有集装箱的载重量(从5吨/箱提高到6吨/箱),分工与收费,运量规划等问题。

(二)开辟新航线

1970年9月8日,交通部召开南北海上通航座谈会。会议认为远洋船舶南北航线试航成功,粉碎了美蒋的封锁,对发展我国远洋船队,适应外贸、援外运输需要等具有重大意义。

鉴于中日邦交正常化、国轮将开辟至日本冲绳的航线以及印支停战后的新形势,交通部于1974年5月21日向国务院请示修改远洋船舶南北海上航线。提出的从北方各港南下新航线均系国际航线,可缩短航程2~3天,并可根据气象等情况进行选择。经国务院批准,11月2日上午,"祁门"轮从青岛按新航线南下试航新加坡。

1971年6月23日,交通部下达"红旗"轮首航智利开辟南美航线的任务。"红旗"轮于7月16日从大连港出发,10月31日返回青岛,胜利完成首航,获得该航线的重要资料。

(三)"风庆"轮事件

为了加速发展我国远洋运输事业,早在1964年,周恩来总理就作出造船和买船同时并进的决定,并得到毛泽东主席的同意。1970年,周恩来总理又指示,力争在几年内基本结束依靠租用外轮的局面,把立足点放在国内造船上。在国内造船一时还不能适应需要时,适当买一些船舶,把远洋运输主动权掌握在我们的手上。这是发展我国远洋运输事业的重要方针。

1974年10月4日,经毛泽东主席提议,邓小平同志任国务院第一副总理。10月17日,江青等人在中央政治局会议上提出所谓"'风庆'轮事件"问题,要邓小平同志立即表态。"风庆"轮是我国自行设计制造,全部用国产设备装备起来的万吨级远洋货轮。1974年5月4日从上海出航罗马尼亚,国庆节前返回上海港。这本来是我国造船工业取得重要进步的好事,江青等人却借此诬陷交通部,说国产万吨级轮早该远航,就因为交通部"奉行'造船不如买船,买船不如租船'的洋奴哲学,推行一条卖国主义路线",致使万吨级轮没有及时远航,进而指责国务院,影射攻击周恩来总理,大闹政治局。邓小平同志在政治局会议上坚决顶住了围攻,江青等人利用"'风庆'轮事件"企图打击周恩来总理等国家领导人的阴谋活动,并未占到上风。

同时,交通部派驻在"风庆"轮上担任领导工作的一名干部,由于在远航中拒绝把进口船舶作为“崇洋媚外”、“卖国主义”的行为加以批判,并对江青等人及其在上海的亲信表示不满,在船到上海后,被扣留并遭批斗。交通部被责令对其“严加处理”。

(四)加强中远租船和交通部香港轮船公司的管理

1. 加强中远租船管理

为了加强中国远洋运输公司广州分公司租船(简称“中远租船”)的管理工作,交通部于1971年2月23日在北京召开了有中远上海、广州分公司,租船组,大连、天津、秦皇岛、青岛、连云港等港口和上海、广州外轮代理公司参加的座谈会。会议认为,交通部在中远广州分公司成立租船组统一管理租船船队是必要的,建议在目前情况下,租船在各港的现场管理工作由所在港的外轮代理公司负责,各外代公司既是外轮代理部门,又是“中远租船”的代表机构。3月29日,交通部转发座谈会纪要,要求贯彻执行。

1973年4月14日,交通部为进一步加强对“中远租船”的管理,决定中远总公司设立租船处(对外称租船部),撤销中远广州分公司的租船组。沿海主要港口的外轮代理分公司,以“租船代表”身份管理到港的“中远租船”。

2. 加强香港轮船公司工作

1971年7月3日,交通部向国务院报告我在香港航运工作情况,说明外贸部在香港的船舶于1970年5月交由交通部统一管理后交通部主要抓了以下工作:①成立香港航运党委,在港澳工委直接领导下对香港各航运单位实行领导;②交通部先后派出干部多名,支港充实航运单位力量;③自1970年下半年以来,共抽调13艘较好船舶回国。1971年7月香港3个轮船公司还有船舶44艘,48.6万载重吨。

(五)恢复外轮理货,提高运输质量

1. 恢复外轮理货

1971年9月24日,交通部下发限期恢复外轮理货公司和加强外轮理货工作的通知,说明港口的外轮理货是一项涉外性很强的生产业务,但近几年来许多港口重视不够,领导不力,理货机构不健全,制度松弛,差错事故多,影响不好。因此交通部的通知重申:①凡未恢复外轮理货公司的港口要迅速恢复,已恢复的要充实力量,健全制度,提高工作质量;②加强理货人员的思想教育,提高责任感;③在理货工作中要贯彻"专业和群众相结合,以专业为主"的原则;④加强请示报告制度,重大问题要请示口岸领导小组。1972 年 1 月,交通部在广州黄埔召开外轮理货工作座谈会,研究李先念副总理"废除的制度凡是合理的要立即恢复,如理货限期恢复"批示的落实情况和有关问题,讨论业务章程与理货规划,总结交流各地的经验。6 月 16 日,交通部颁发试行《中国外轮理货公司业务章程》和《外轮理货工作规则》。这些措施使外轮理货工作得以加强。

2. 召开客运宣传工作会议,改进客运服务工作

1973 年 8 月中旬,交通部召开有铁路局、海运局、港务局、长江航运总公司客运部门、宣传部门负责人和部分车、船、港、站的代表参加的客运宣传工作会议,总结、交流客运服务工作和宣传工作经验,讨论研究改进服务工作和宣传工作。梅盛伟同志作了题为《鼓足干劲,力争上游,积极做好客运宣传工作和服务工作》的总结讲话。1974 年 3 月 27 日,交通部公布试行《中华人民共和国交通部水路旅客运输规则》和《中华人民共和国交通部水路旅客运输管理规程》。

3. 颁发水路货物运输规则,提高货运质量

水路货物运输过去没有一套完整的规章制度,只执行单行的规则、办法。1971 年 12 月 10 日,交通部颁发试行《水路货物运输规则》;15 ~ 27 日,又颁布《船舶进出港口管理办法》、《海损事故调查和处理规则》和《中国远洋运输船舶调度规程》。1972 年 10 月 18 日,交通部颁布试行《交通部直属水运企业货运质量标准及统计考核办法》和《交通部直属港口装卸货物质量检验办法》。1973 年 11 月,交通部通知各海运局、港务局,要求切实改进水上货运质量;9 月下旬,交通部水运局会同商业部综合局在上海召开清理"文化大革命"以来水上货运

事故积案座谈会。根据会议核实的情况,从1972年青岛货运质量会议以来,水上货运质量已有所改进,但问题仍然很多。会议要求加强企业管理,提高运输质量,防止货运事故。

四、水上交通安全行政及船检、救捞管理

(一)召开航政工作座谈会与加强长江航政工作

1. 召开航政工作座谈会

为落实《中共中央关于加强安全生产的通知》,认真做好航政工作,交通部于1971年7月21日在北京召开航政工作座谈会。会议认为,党的九大以来,航政部门(航政、港监、船检)的工作取得了很大成绩,但还存在一些问题。主要是水上交通管理秩序比较混乱,事故多、性质严重;在涉外工作中存在大国沙文主义;船舶检验工作尚未很好开展起来,船舶规范落后等。经过会议讨论,进一步明确了航政工作中船舶管理,船员管理,港口、航道、海区管理,船舶检验等诸方面的工作任务和工作范围。会议提出了当前必须切实抓好的几项工作:①做好涉外工作,对于外国籍船舶要加强管理和检验。②加强港口、航道、大桥秩序管理。③做好船舶登记、签证和船员考核工作,加强船舶进出口管理。④加强船舶检验工作。⑤抓好规章制度改革。9月13日,交通部转发航政工作座谈会纪要,要求研究落实,充分发挥航政、港监、船检部门在办理涉外事宜,开展人民外交活动,维护水上秩序,保障安全生产和提高船舶修造质量等方面的作用。

2. 加强长江航政工作

1974年2月8日,交通部下发加强长江航政局工作的通知。在长江航运公司的领导下,长江航政管理局在整顿和维护长江安全秩序等方面取得了很大成绩。但是目前存在上下领导关系不清和职责分工不明以及各级领导力量薄弱等问题。为进一步加强长江航政工作,通知明确长江航政管理局、分局、处、站的体制编制和航政业务工作,应仍按国务院批复同意成立长江航政管理局时的规定办理。长江航政

管理局由交通部直接领导,统一管理长江干线以及长江航运公司经营的几条支线的航政工作;为对出口船用产品检验方便,仍保留“中华人民共和国船舶检验局长江区办事处”的名义;各航政分局、处、站航政业务由长江航政管理局统一领导;长江航政管理局为事业单位。

(二)加强船舶检验工作,颁发条例、规范

1. 改进外轮检验工作

1972 年以来,远洋船舶和外轮的检验工作大量增加。我国已同阿尔巴尼亚、朝鲜、罗马尼亚、南斯拉夫等 6 个国家签订了船舶技术检验的合作协议或建立了合作关系。1973 年 3 月,我国参加“政府间海事协商组织”,10 月,接受《1960 年国际海上人命安全公约》和《1966 年国际船舶载重线公约》。10 月中旬,交通部在天津召开了外轮检验工作会议,讨论《外轮检验办法》和《履行两公约的暂行规定》,研究各港外轮检验工作中的问题。会议提出加强外轮检验工作意见如下:①认真贯彻党的涉外政策;②加强外轮检验工作的领导;③加强验船队伍的建设;④健全和统一规章制度;⑤加强船舶安全技术的研究试验工作;⑥购置必要的检验工具设备。11 月,为贯彻会议精神,交通部下发改进外轮检验工作的通知。

2. 颁发《船舶检验工作条例》及各种规范

1971 年 12 月 17 日,船舶检验局颁发试行《船舶检验工作条例》,规范船舶检验工作。1973 年 12 月 10 日,船舶检验局颁布《外轮检验办法》。1974 年 11 月 22 日,船舶检验局公布实施海船救生设备、海船稳性、海船抗沉性、海船无线电设备、海船信号设备、海船起货设备、海船载重线、海船航行设备共 8 种规范。

(三)加强救助打捞工作

国务院、中央军委《成立海上安全指挥部的通知》要求交通部应尽速建立和健全沿海救助打捞组织,充实必要的大马力救助拖轮和快速救助艇,配好紧急通讯联络设备。遵照这一指示,交通部与有关单位进行了研究,认为目前全国海上救助打捞力量极为薄弱,只有上海海难救助打捞局和广州航道局的一个打捞队,执行海上救助任务的船舶也只有小马力拖轮7艘,抗风能力差,在海上六级风以上的情况下,很难执行海上救生和抢救万吨级海船的任务。因此,必须下决心加强海上救助工作,力争在1980年以前,全国建成一个初具规模的海上救助网。计划1974年建立烟台海难救助打捞局、在广州航道局打捞队基础上建立广州海难救助打捞局(加上原来的上海海难救助打捞局共3个),在3个打捞局下设9个救助站,并补充一批救捞船舶和设备。1974年3月12日,交通部向国家计委上报《关于建立和健全海上救助打捞工作的请示》。5月25日,国家计委下发建立和健全海上救助打捞工作的通知,同意交通部提出的建立、健全上海、广州、烟台救捞局和9个救助站、2个修船厂以及配备各种救助打捞船舶、设置超短波无线电台等设施的意见,要求抓紧规划和安排建设,争取在3~5年内把我国海上救助打捞工作逐步建立和健全起来。

(四)海上安全指挥部

1973年12月28日,国务院、中央军委批准,由交通部牵头成立海上安全指挥部。海上安全指挥部下设立办公室,办公室设在交通部,负责办理指挥部日常工作。海上安全指挥部主要职能是负责统一部署和指挥海上船舶防抗台风、防止船舶污染海域以及海难救助工作。

五、加快发展水运工业

(一)明确发展方针,安排发展计划

1972年12月25日,交通部在北京召开水运工业会议。余秋里、粟裕副总理到会讲话。会议对1973年的生产和基本建设作出了安排,明确发展水运工业要贯彻“修造并举、以修为主”的方针。交通部直属船舶从1950年的不足30万载重吨,发展至1972年的6 139万载重吨。其中有184艘214万载重吨远洋船舶,航行于64个国家和地区的200个港口。直属水运工业职工已达3.8万人,年产值2.3亿元。从主要搞修船发展到开始造船、造港机,并试生产了一部分船用主机和配套产品。但水运工业仍不能适应我国水运事业发展的需要。修船、港机制造能力只能满足需求的一半,造船年总装能力只有10万载重吨,造主机不足3万马力。国务院领导要求在今后三、五年内,把水运工业较快地搞上去。会议安排1973年主要指标如下:工业生产总产值比1972年的增长55%;修船比1972年的增长8%;造船与1972年的相当;港机台数与产值分别比1972年的增长58%和30%;船用配件比1972年的增长34%。会议认为,基本建设要针对当前水运工业的薄弱环节,根据修造并举,以修为主的方针和设计、施工、材料、设备的实际情况,区别轻重缓急,确定建设重点,合理安排施工,集中力量打歼灭战。会议要求抓紧对加快发展水运工业进行全面规划。

1973年9月6日,交通部在北京召开修造船计划会议,内容为检查水运工业会议精神贯彻执行情况,安排、平衡1974年和1975年修造船计划和配件、配套件生产计划,座谈简化船型、机型。粟裕副总理到会讲话,他指出:"发展水运工业要贯彻执行'修造并举、以修为主'的方针。造船要大、中、小结合,以中、小为主,从小到大。总装、主机、配套和配件,要有计划按比例的发展。要切实把修船问题解决好。我国拥有的远洋船越来越多,当前80%要到香港和国外修理。要使远洋船的修理立足国内。1974年2月,遵照李先念副总理的指示,成立了造船统筹办公室。统筹工作正在抓部分船舶的'三定①'。'三定'可以提高效率,使我国船舶工业摆脱目前基本上还是单船、单机生产和小量生产的落后状态。"

1974年3月18日,交通部直属运输船舶"五五"发展规划工作座谈会在北京召开。会议交流了船舶规划的经验,提出了编制"五五"直属运输船舶规划的意见。会议认为,规划应从实际出发,既要满足水运事业的需要,又要便于船舶实行"三定三化②",加速我国船舶工业

---

①定型、定点、定批量

②生产定型、定点、定批量,配套件标准化、系列化、通用化。

的发展。编制规划应有全局观点,要注意各个部门、环节之间的衔接配合、照顾干支、江海之间的关系。会议还对规划内容、组织分工等进行了研究。

(二)加强船舶设计、定型和标准化工作

1972年5月29日,交通部在北京召开船舶设计工作会议。会议根据我国国民经济“四五”计划纲要的要求,研究确定了《“四五”期内船舶设计任务分配方案》,讨论制定了《船舶设计工作的若干规定(试行草案)》。

1973年2月26日,交通部在江苏南京召开长江油运船舶定型会议,对3 000吨原油驳、1 000吨成品油驳和2 600吨推轮的设计提出了定型意见。8月25日,交通部、六机部在河北省保定市召开八型民用船舶选型、定型、生产定点和组织批量生产会议。

为了加强船舶标准化工作,经国务院批准,六机部、交通部、农林部、海军后勤部、第七研究院联合于1973年9月17日在北京召开船舶标准化工作会议,粟裕副总理到会讲话。会议主要解决了以下问题:①认识到标准化工作是我国的一项重要的经济技术政策;②建立健全船舶标准化的组织机构;③通过《船舶标准化技术标准暂行管理办法》,讨论《民用船舶定型工作的若干规定》;④讨论船舶标准项目三年规划以及船型、机型的选型、定型和系列化工作。这是新中国成立以来船舶标准化工作的一次规模空前的盛会。

1973年5月11日,交通部直属水运船舶热工节约经验交流会在江苏南通港举行。会议交流了12家船舶和单位节约燃料的经验,讨论了加强热工节约工作和完成国家下达给交通部直属企业1974年节约渣油6万吨、柴油6万吨任务的措施。7月27日,交通部水运工业局通知成立船用柴油机生产协作组,上海、东海、新港、东风、青山、江东、渡口、哈尔滨船厂,上海船研所,长航科研所,大连海运学院,武汉水运工程学院参加。决定协作组定期开会汇报本单位造机情况,交流生产经验,共同攻克技术难关,组织配套件的生产协作。

1973 年 12 月 13 日，交通部全国地方内河船型机型简型选型经验交流会在湖南省常德市举行。会议指出，内河船舶船型繁多，船机缺乏，系列、型号复杂。据八省一市的不完全统计，仅运输轮驳船型即达 975 种类型，这种状况给批量造船和船舶的使用维修带来很大困难。会议详细研究了各地方部门的《船型机型简型选型》表，对报来的 16 个系列的船型、机型作了分析比较，提出了定型意见。

（三）大力发展水泥船

经国务院批准，国家建委、交通部于 1970 年 10 月 29 日在江苏无锡召开水泥船会议，讨论 1971 年计划和"四五"规划，形成《大力发展水泥船的报告》。会议拟定 1971 年建造水泥船 66 万载重吨，15 万马力。

1972 年 11 月 1 日，交通部在广东汕头召开建造水泥船工艺经验交流会，对水泥船的设计原则和质量标准进行了讨论。1973 年 2 月 26 日，交通部印发《钢丝网水泥船建造工艺》技术指导资料，要求各地参照执行。

（四）确保外轮修理

国家计委 1972 年 6 月 2 日《关于加强外轮修理和物料供应工作的通知》下达后，外轮修理工作有所加强，在缩短修期、提高质量方面有一定改进。但重视不够、拒修或推诿等情况仍存在，致使有的外轮不能及时起航离港。1973 年 7 月 21 日，交通部下发确保外轮修理的通知，要求交通部红星、新港、文冲船厂，河北省秦皇岛船厂，广东省湛江航运局船厂等承担外轮修理的单位，立即建立专门负责外轮修理的领导班子，并在原有外轮修理力量的基础上，充实人员，组织外轮航修工段或车间，专门完成经常性的航修任务，努力做到快修船，修好船。烟台、连云港应立即组织一些外轮航修的专业队伍。其他对外开放港口都应抓紧建立外轮航修站。1974 年 3 月 10 日，交通部下发外轮航修站建设问题的通知，要求加快航修站建设，力争在今、明两年内解决外轮到港的航修问题。

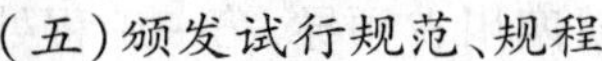

(五)颁发试行规范、规程

1972年8月30日,交通部、六机部在北京召开《钢质海船建造规范》审查会议。1973年5月23日,船舶检验局公布试行《钢质海船建造规范》;12月20日,船舶检验局公布实施《长江水系小型钢船建造规范》及《长江水系营运小船检验规程》。1974年3月1日,船舶检验局公布施行《内河小型钢丝网水泥船建造规范》。

第七节 三部合并时期的交通综合行政

一、直属企、事业单位调整与下放

(一)调整、下放公路直属单位

1. 第四公路工程局一处改编为基建工程兵852大队

交通部所属第四公路工程局第一工程处(职工1 000人)自1965年开始在川藏公路施工,由于条件恶劣,每年完成的工作量很少,且不少人有高山反应症,已不适宜在高原施工。经与国家建委、军委总后研究,1970年12月,交通部建议以该处为基础,改编为基建工程兵大队。12月31日,国务院、中央军委批复:①同意整编为基建工程兵,编制为4 000人左右,番号为中国人民解放军基本建设工程兵第852大队,承担川藏公路整治工程;②整编工作由成都军区领导,交通部协助;③整编后的852大队,由成都军区领导;④四公局一处符合参军条件的职工,编入852大队,其余人员由四川省安置。整编工作从1971年1月开始,1971年补充义务兵2 000人。

2. 合并、下放设计院、公路工程局和运输公司

1970年12月14日,交通部决定将第一公路勘察设计院与第二公路工程局合并,合并后称为第二公路工程局。同日,公路设计院与第一公路工程局合并,合并后称第一公路工程局。两设计院原承担的任务暂不变,经费仍从事业费开支,由部拨款。1971年2月3日,交通部下发通知

将第四公路工程局机关和第五工程处下放四川省领导,第一工程处整编为基建工程兵852部队,工程局所属新津筑路机械厂由852大队领导。4月12日,交通部将部属西安筑路机械厂下放陕西省管理,实行双重领导,生产建设、发展规划、产品计划和分配由交通部归口平衡。同日,交通部又将部属第六、七、八、九汽车运输分公司分别下放湖南、江苏、浙江、甘肃省管理。20日,交通部将部属中南公路工程处(不含郴州筑路机械厂)下放广东省管理。11月,交通部直属第一汽车运输总公司从四川成都迁回北京,改组为交通部汽车运输总公司。1974年9月,交通部决定在武汉、天津成立大型车队,实行汽车运输总公司和地方双重领导,业务以总公司领导为主。

(二)调整、下放水运直属单位,筹建船舶配件厂

1. 调整下放港务局、设计院和航务工程局

1970年10月19日,交通部将北海港务局下放给广西壮族自治区管理。北海港务局原属广州海运局,因广州海运局及其在广东地区所属单位已下放给广东省,根据国务院业务组批示精神,决定将北海港务局下放广西壮族自治区。12月1日,交通部将裕溪口港务局建制合并到芜湖港务局,并与马鞍山港务局一起归芜湖分公司领导;原长航上海分公司领导的马鞍山港务局也划归长航芜湖分公司领导。

1971年4月21日,交通部下发通知:①水运规划设计院迁至武汉与第二水运工程设计院合并,划归第二航务工程局领导,改称为交通部第二航务工程局设计研究院。②二航局设计院的任务范围主要是长江干、支流的港口、船厂、航道、通航建筑物及援外工程的勘测、设计以及有关的科学研究工作。5月21日,交通部又决定:①渡口第九指挥部及其所属渡口轮船公司、渡口船厂、渡口汽车运输公司下放四川省管理。渡口船厂仍承担部安排的生产任务。②成都汽车保修机械厂下放四川省管理,实行以地方为主的双重领导。生产建设发展规划,企业产品方向和产品计划、分配由交通部归口平衡。

1973年3月9日,经交通部和广东省商定,报国务院批准,决定将

1970年6月下放到广东省的广东省海运管理局、广东省航务工程局、黄埔港务局、湛江港务管理局、文冲船舶修造厂5个单位的管理体制进行调整，实行交通部和广东省双重领导。计划、生产、基建、业务工作以交通部领导为主，局(厂)级领导干部由交通部主管。调整后各单位名称前冠交通部字样，航务工程局恢复交通部第四航务工程局名称。4月28日，水电部、交通部联合通知，组建“葛洲坝船闸筹备处”，以便及早培训葛洲坝船闸技术管理人员。筹备处由长航公司负责组建，行政、业务、干部管理以长航为主。

2. 重建远洋运输总公司，成立船舶燃料公司和广州救捞局

为集中管理远洋运输工作，1972年2月22日，交通部向国务院请示重新组建中国远洋运输总公司。公司仍设在北京，为部直属企业，同时亦作为中国外轮代理总公司。广州、上海、天津远洋运输分公司和对外开放港口的外轮代理分公司，业务由中远总公司统一领导和管理，干部和船员调动以中远总公司为主。9月25日，交通部下发通知，从1974年10月1日起，恢复远洋运输局。远洋运输局一个机构，三个牌子，即远洋运输局、中国远洋运输总公司、中国外轮代理总公司。远洋运输局具有行政和企业双重性质，既是部机关的一个职能部门，又是部属企业机构，其编制属企业，经费由企业开支。1974年4月1日，交通部成立中国船舶燃料供应公司，并在大连、秦皇岛、天津、青岛、上海、黄埔、湛江等港设立分公司，担负外轮和远洋、沿海船舶的供油任务。7月13日，为了加强华南地区的海上救助打捞工作，交通部决定在广州航道局打捞队的基础上，成立广州海难救助打捞局。救捞局为差额预算事业单位，由广东省、交通部双重领导，业务以交通部为主。

3. 筹建船舶配件厂

1973年8月，商江苏省同意，交通部决定利用江苏省镇江市原汽车修配厂筹建交通部镇江锚链厂。9月18日，交通部通知将新河船舶修造厂的涿县船用配件厂筹建组更改为交通部涿县船舶配件厂筹建处。10月12日，交通部决定成立江阴船舶修理厂筹建处，在江阴港附

近建设远洋船舶修理厂。1974 年 7 月 1 日起,镇江船舶辅机厂的筹建和生产工作,改由交通部直接管理。

二、交通科技、教育行政

(一)加强技术革新工作,制订交通科学实验计划

1970 年 8 月 8 日,交通部发出通知,要求加强技术革新工作和交流技术革新成果,主要内容为:①加强对技术革新工作的组织领导,要有专人负责并定期检查和总结,对取得的成果及时推广;②制订技术革新计划,编制 1971 年科学实验计划;③上报 1966 年以来的技术革新成果。

1971 年 4 月,交通部组织制订 1971 年交通科学实验计划,要求重点安排为国防、军工、"三线"建设服务的项目和交通运输事业发展中迫切需要解决的重大科技项目,大力发展新技术、新工艺、新材料、新设备,大搞群众性的科学实验运动。确定 1971 年交通科学实验计划共 105 项,其中水运有 10 项、公路有 4 项被列为重点项目。

(二)调整院校、科研院所、出版社

1. 调整干校,恢复部分直属院校

1970 年 9 月 22 日,交通部通知撤销政治学校,现有人员由"五七"干校统一安排。1971 年 2 月 15 日,交通部批复同意将上海海运学校交给上海海运局领导,学校全部人员和财产由上海海运局统一安排。19 日,交通部向国务院报告贯彻执行中央、国家机关"五七"干校会议的情况:鉴于组成阳新五七干校的几个原交通部直属单位要撤并、下放,决定撤销这一干校,集中力量办好息县和郾城两个干校。两干校于 1971 年二季度成立革委会,"七一"前召开党员大会成立党委。

1973 年 3 月 8 日,交通部恢复南京远洋海员学校。原南京远洋海员学校在 1970 年停办,改为远洋船舶配件厂。鉴于远洋运输事业迅速发展,急需培训大量船员,决定恢复,学校更名为南京海员学校。同时仍保留远洋船舶配件厂,既办厂,又办校,由中国远洋运输总公司上

海分公司领导。4月20日,交通部批复天津海员学校初步设计。6月8日,交通部发函旅大市:自1973年1月1日起,大连海运学校划归中国远洋运输总公司领导。7月12日,交通部就厦门大学航海系改办集美航海学校事致函国务院科教组、国家计委:国务院科教组1973年2月13日批准厦门大学设置航海系,1973年招生。现因该校开办此系有困难,经与福建省商量,同意恢复集美航海学校,改办中专学校,并商定行政由交通部中国远洋运输总公司领导,于今年在福建、广东两省招生。10月13日,交通部致函重庆市委:交通部第二航务工程局重庆航务工程学校已恢复招生,建议该校党的工作实行双重领导,以重庆市委领导为主。

1973年10月23日,交通部向国务院请示恢复西安公路学院。该院1972年停办,但人员、设备、校舍均保留未动。为适应需要拟恢复,并已征得陕西省同意。1974年6月4日,国务院科教组通知恢复西安公路学院,由陕西省领导,专业归口交通部。师资、经费、校舍、教学设备等由陕西省安排。学院主要面向西北地区,兼顾全国,1974年开始招生。

为贯彻毛泽东“五七指示”,对在职干部进行轮训,经部党的核心小组研究决定,1974年3月14日成立交通部五七干校,地址设在北京大兴县安定。3月15日正式开学。6月29日,交通部批复江阴船舶修理厂筹建处,同意该厂新建江阴船舶修理厂技工学校,为本厂和镇江船舶辅机厂、镇江锚链厂培养技术工人。

2. 调整科研院所和出版社

1971年3月4日,财政部、交通部发函将长沙公路工程研究所下放湖南省管理。7月2日,交通部决定将上海公路工程研究所划归上海同济大学管理。同日,通知撤销交通部上海港口机械设计室,将设计人员全部充实到企业。

1972年1月6日,交通部通知:①自1972年1月1日起,铁道科学研究院和交通科学研究院正式合并,合并后定名为交通部科学研究院。②原交通部交通运输科学技术情报研究所和原铁道部铁道科学技术情报研究所合并,合并后定名为交通部科学技术情报研究所,隶属交通部科学研究院。

1972 年 2 月 1 日,交通部通知人民铁道出版社和人民交通出版社合并,合并后定名为人民交通出版社。

为适应港口建设和加强水运工程科学研究工作的需要,1974 年 9 月 18 日,交通部决定将西南水利水运科学研究所迁往天津,与天津市港务管理局所属回淤研究站合并组成交通部天津水运工程科学研究所。主要任务是:研究港口和航道的淤积规律,减淤措施;港口、航道工程的勘测研究和设计;通航建筑物、港工结构的研究和设计;港口水域污染防治、水工机械的试验研究等。

三、交通外事行政

(一)组织与实施援外工程

1970 年 8 月 27 日,国务院委托福建省承担援助南也门的阿伊尼—木卡拉公路筹建任务,对外由交通部作为承建部,5 年内完成。1971 年 2 月 17 日,对外经济联络部下达 1971 年援外成套项目计划。其中,交通部承建的项目(公路、水运部分)有:越南公路桥用钢梁,南也门金吉巴尔大桥,南巴门阿依尼—木卡拉公路,老挝孟赛—孟科公路,老挝孟赛—孟洪公路,尼泊尔加德满都—博克拉公路,尼泊尔加德满都—巴格达浦公路等。根据交通部报外经部的函,1972 年交通部援外成套项目(公路、水运部分)有:越南红河大桥,越池港;毛里塔尼亚努瓦克肖物港;老挝孟港—北本公路,孟赛—孟科公路,孟赛—孟洪公路,孟赛—波亭北侧中老边界公路;尼泊尔加德满都—科达里公路水毁修复工程;民主也门阿伊尼—马哈菲德公路;阿拉伯也门萨那—候司公路;苏丹瓦德迈尼—哈贾公路;赞比亚卢萨—卡公路马公路;索马里贝莱特温—布劳公路;刚果小型木船制造厂;赤道几内亚恩昆—蒙戈英公路等。

1973年7月12日,交通部公路援外工作会议在北京举行。交通部郭鲁副部长和外经部李克副部长到会讲话。会议传达了1973年全国援外工作会议精神,总结交流了公路援外工作经验,研究了进一步做好公路援外工作问题。1973年,交通部承担公路援外项目29个,包括17个国家的新建改建公路21条,总长4 091公里,新建独立大桥5座,总长1 418延米。

(二)举行国境河流航行合作会议

1970年1月22日,中朝鸭绿江、图们江(豆满江)航运合作委员会第10次会议在北朝鲜首都平壤举行。会议讨论了双方的1970年度工作总结和1971年度工作计划,并就航标设置分工、航道疏浚等问题达成协议。7月10日,中苏国境河流航行联合委员会第16次会议在我国黑河港举行。会议讨论的议题有关于维护双方船舶在黑龙江和乌苏里江正常航行与航行安全问题,航道工作计划等。

1971年5月19日,国家计委向辽宁省革委会发出《疏浚鸭绿江口老西航道问题的通知》,说明交通部、外交部《疏浚鸭绿江口老西航道问题的请示》已于1970年10月经中央领导同志批示同意,清淤疏浚工程列入1971年基本建设计划,所需投资300万元,由财政部增拨。12月6日,中苏国境河流航行联合委员会第17次例会在苏联举行。

(三)举行联合海运公司会议

1970年6月26日,中波海运公司第10次股东会议在北京举行。7月3日,议定书签字,李先念副总理接见了波兰航运代表团。会议确定中波海运公司协定的有效期再延长4年。1971年4月26日,中波海运公司管委会第21次例会在上海举行,讨论运价、购置新船等问题,5月16日,签订议定书。6月29日,李先念副总理会见前来参加中波海运公司成立20周年庆祝活动的波兰航运代表团。1972年4月18日,中波海运公司第22次管委会例会在波兰格丁尼亚召开,中心内容为运价问题,波方在会议中表示要与我方长期合作。1973年4月10日,中波海运公司第23届管委会在上海举行,会议着重讨论了运价问题。

1970 年 7 月 4 日,中坦联合海运公司第 4 届董事会议在北京举行。会议期间李先念副总理会见了坦桑尼亚代表团。1971 年 8 月 13 日,中坦联合海运公司董事会第 5 次例会在坦桑尼亚达累斯萨拉姆市举行,24 日,签订议定书。会议讨论了利润、折旧的处理,购置新船等问题。

1972 年 1 月 20 日,国务院批准建立中、斯两国联合海运航线。4 月,两国在科伦坡签订《中斯联合海运航线协议》。9 月,斯里兰卡航运代表团访华,马耀骥副部长等陪同到广州参加"韩江"轮交接仪式。两国各有两条船参与联合海运航线上的航运。

1972 年 4 月,中阿轮船股份公司管委会第 9 次会议议定书在地拉那签订。这次会议恰值公司成立 10 周年,应阿方邀请,交通部于眉副部长率中国交通部航运代表团,参加了 10 周年庆祝活动。

(四)参加政府间海事协商组织

1972 年 8 月 2 日,外交部、交通部向国务院请示参加政府间海事协商组织,该组织第 28 届理事会于 1972 年 5 月 23 日通过决议,承认我国政府"是有权在政府间海事协商组织中代表中国的唯一政府"。政府间海事协商组织成立于 1958 年,于 1959 年成为联合国的专门机构,总部设在伦敦,是联合国在解决海上安全和发展海运技术方面的一个咨询与顾问性质的机构。国务院同意我国参加上述组织,9 月,邀请秘书长戈德来访进行会谈。10 月 31 日,外交部、交通部请示国务院"接受政府间海事协商组织公约"事宜,经同意后由姬鹏飞外长致函联合国秘书长瓦尔德海姆确认参加。

政府间海事协商组织第八届全体大会于 1973 年 11 月 13 日在伦敦召开,我国派代表团出席。会议主要讨论改选组织机构,建立海上环境保护委员会,审议新的修改公约的程序等。1973 年 11 月,联合国班轮公会行动守则会议在日内瓦召开,我国派代表出席。班轮公会是由不同国家的航运公司分别按航线、地区组成的航运组织,全世界约有300多个。“班轮公会行动守则”是1972年4月“七十七”国集团提出的文件,其目的是要求建立比较公平合理的航运关系。我国没有参加班轮公会。

1974年2月,我国派代表出席在伦敦召开的政府间海事协商组织(海协)专门工作会议。10月,1974年国际海上人命安全会议在伦敦召开,我国派代表团出席并在开幕式上发言。会议通过了较为有利于第三世界国家的《1974年国际海上人命安全公约》文本。

(五)签订海难救助、海运、船检协定

1971年7月,中朝两国《关于海难救助合作的协定》在北京签订。9月,国务院、中央军委下发执行中朝海难救助合作的协定的通知,明确协定中所称海难救助机构,由交通部门现有各救助打捞局(站、队)、港务局兼,海军与水产部门予以协助;联络电台由青岛港海岸电台担任。10月,我船舶检验合作代表团在平壤与朝鲜代表团进行会谈,经协商,签订了《关于船舶技术检验及船级规定工作中相互合作协定》。

1972年6月29日,外交部、外贸部、交通部联合上报国务院:我国与法国、意大利就签订政府间海运协定事进行了商谈,达成一致。12月20日,外交部、交通部报告国务院:我国与罗马尼亚就海运协议内容已取得一致。

1973年7月2日,交通部根据国务院已批准的《关于中日海运协定谈判的请示》中有关建立中日旅客班轮航线的意见,商定大连、天津、上海为开办中日国际旅客班轮航线的港口。9月27日,中国和南斯拉夫《关于船舶技术检验合作的协议》在北京签订,10月4日,船检局下发《关于执行中南验船合作协议的通知》。

1974年6~10月,交通部报告国务院:中扎海运协定已于4月10日在扎伊尔金沙萨签订;中保海运协定已于6月4日在保加利亚索非亚签订;中挪(威)海运协定已于8月2日在北京正式签订;中丹(麦)海运协定已于10月21日在北京正式签订。11月21日,中、法在巴黎签订《中华人民共和国船舶检验局和法国巴黎国际船级社关于船舶技术检验合作的协议》。

四、交通公安行政

1971年开始，是交通保卫工作的恢复、调整时期。

(一)成立交通部公安领导机构

1971年7月6日，针对铁道、交通、邮政三部合并后，未建立相应的公安保卫机构，公安部交通保卫局(即十局)又已撤销，存在"下边有腿，上边无头"的现象，交通部、公安部联合向周恩来总理、李先念、纪登奎同志和国务院报送了《关于建立交通部公安局的请示》。建议交通部设立公安局，在交通部和公安部党的核心小组领导下，负责铁道、水运(长航、海运、远洋船舶及沿海主要港口)的公安保卫工作。国务院以(71)国发60号文件同意了这个请示，并强调："做好交通系统的公安保卫工作，是一项经常性的重要事情，望你们加强领导"。

(二)召开全国交通公安保卫工作会议

1972年5月8~24日，交通部在北京召开了全国交通公安保卫工作会议。会议学习了毛泽东主席对肃反工作的一系列指示和周恩来总理在第十五次全国公安会议上的讲话，检查了第十五次公安会议贯彻情况，交流了经验，讨论研究了加强交通公安保卫工作的问题。

(三)加强沿海对外开放港口消防工作

为了适应交通运输的发展，1973年2月7日交通部会同公安部印发了《关于加强沿海对外开放港口消防工作的通知》，要求各港口公安保卫部门组建专门消防队伍，加强水上和港区消防管理。公安消防民警的来源，由各港务局统一列编劳动计划指标解决。同时，逐步加强水陆消防设施、海上消防基地和消防船只建设。按照通知要求，沿海14个开放港口陆续建立了公安消防队，水上消防力量逐步发展壮大。

五、交通统计、财会、通讯、环保及其他行政

(一)改进交通统计、财会工作

为贯彻全国统计工作会议精神，加强交通统计工作，交通部于

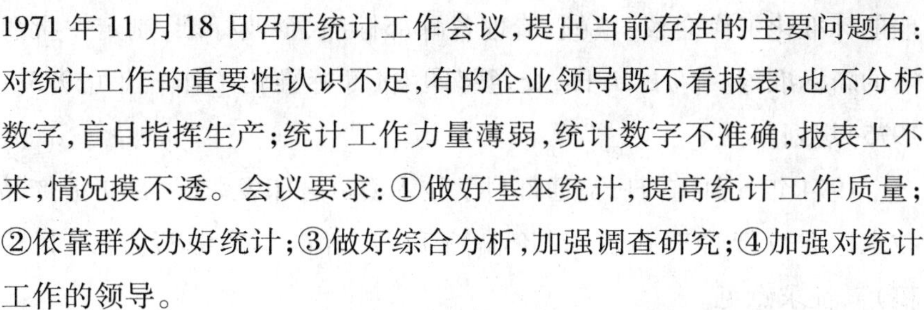

1971年11月18日召开统计工作会议,提出当前存在的主要问题有:对统计工作的重要性认识不足,有的企业领导既不看报表,也不分析数字,盲目指挥生产;统计工作力量薄弱,统计数字不准确,报表上不来,情况摸不透。会议要求:①做好基本统计,提高统计工作质量;②依靠群众办好统计;③做好综合分析,加强调查研究;④加强对统计工作的领导。

1972年3月8日,交通部通知直属港口试行《港口统计指标及计算方法规定》,地方港口可参照。17日,交通部印发《关于交通企业实行经济核算制的意见》、《关于加强劳动力管理的意见》和《关于加强物资管理工作的意见》3个文件,要求结合各单位实际情况,研究执行。12月18日,交通部向直属水运和汽车运输企业印发试行《交通运输企业会计科目》、《海河运输企业成本核算办法》、《海港企业成本核算办法》、《海港港务管理收支办法》、《汽车运输企业成本核算办法》、《水运企业会计报表格式》和《水运企业财务成本计划表格》7项财务制度,要求企业加强对财会工作的领导,健全财会机构、充实财会人员,加强财会人员业务培训,认真执行财会制度,研究解决财会工作中的问题。

(二)通讯导航管理及标准化工作

1. 通讯导航管理

1970年6月25日,交通航运系统“四五”期间水运通讯导航设备规划座谈会在上海召开。会议认为,我国水运通讯导航设备一旧、二杂、三缺。海船导航设备性能差,故障多。会议拟定了船舶通讯导航设备的装备标准和装备系列,并建议在上海、武汉、广州新建通讯导航设备厂。

2. 标准化工作

1973年3月24日,交通部通知实施《1973年标准化工作要点》,规定部标准计量研究所为归口管理单位。要求年内各局、厂建立标准化管理机构或配备专职人员,并编制三年标准化工作规划;召开全国船舶标准化工作会议；整顿、清理各种部标准、企业标准，制定一批急需的新标准等。7月11日，交通部印发《部标准化工作三年(1973～1975)规划》。

1974年6月13日，交通部科学技术委员会印发《交通部工业产品技术标准暂行管理办法(讨论稿)》和《部标准草案编写方法(讨论稿)》，征求意见。

(三)交通环境保护行政

1. 加强港区水域油污染防治工作

1972年10月13日，交通部下发防止港区污染的通知。为迅速解决压舱水污染港区问题，决定：①大连港油区扩建要包括石油污染海水的处理设施；②上海海运局、上海船舶运输研究所等单位组成科研小组，研究试制在船上安装处理压舱水的油水分离器；③大连港务局负责拟订防止港区污染的规章制度。

2. 加强交通环境保护领导工作

1973年8月5日，我国召开了第一次全国环境保护会议。会议之后，交通部立即设立了环境保护专职管理机构——交通部环境保护办公室，主管全国交通行业的环保工作。1975年，交通部根据工作需要，成立了环境保护领导小组，作为行业环境保护的最高领导机构。

3. 进一步加强交通环境保护工作

1974年1月30日，国务院转发交通部《中华人民共和国防止沿海水域污染暂行规定》，要求试行。这是一项防止沿海水域污染，保证港口和海上交通安全，保护水产资源，维护国家主权的重要措施。该规定包括：禁止在中华人民共和国沿海水域任意排放油类或油性混合物，以及其他有害的污染物质和废弃物的规定；对船舶及沿海工矿企业排放油类或油性混合物以及其他有害物质的规定；处以罚款和监禁的规定等。交通部起草的暂行规定曾两次邀请总参谋部、海军司令部、外交部、农林部、国家海洋局等部门讨论修改，并在全国环境保护会议上进行专题讨论。12月15日，国务院环境保护领导小组印发《环境保护规划要点和主要措施》、《国务院环境保护机构及有关部门的环境保护职责范围和工作要点》两个文件,其中列出的交通部的环境保护工作要点(水运、公路部分)是:①加强对港口环境的管理,防止港口的污染。1978年前,在大连、秦皇岛、天津、青岛、上海、连云港、湛江、黄埔8个港口,分别建立起含油污水的处理设施,相应地配备垃圾、污油、污水回收船,浮油清扫船和围油拦油装置;对外开放的18个港口,要求建造一批监视、巡逻船舶;积极协助六机部研制船用油水分离器,并逐步在现有大型船舶、油轮上安装。1980年前,部属的海港码头和船舶的排污要达到国家规定标准。②注意消除汽车排气对城市的污染。协同有关部门加强运输管理,制定汽车排放有害气体的标准。1985年前,要求大、中城市的汽车排气达到国家规定标准。③部直属的工厂、事业单位的“三废[①]”治理,要按国家和所在省(区、市)的规定和要求,积极开展综合利用,改革工艺、消除污染。④采取积极措施,防止食品及与食品有关的物资在运输过程中受到污染和发生霉变。⑤加强科研和监测工作。1985年前,要健全和加强各级监测机构,建立起交通系统的监测网。

(四)交通设计革命和清产核资、增产节约工作

1. 交通设计革命

1971年4月,交通部印发进一步开展设计革命的几点意见:①交通基本建设项目的设计要贯彻独立自主、自力更生、艰苦奋斗、勤俭建国方针,就地取材,因材设计,节约代用;②要节约用地,尽可能少占用农田,因地制宜,不影响灌溉;③必须认真考虑“三废”的综合利用和处理;④要精打细算,千方百计降低工程造价;⑤实行“三结合”现场设计,广泛开展技术革新,积极采用先进技术。3月29日,国家建委在北京召开全国设计革命会议。会议提出狠批“大、洋、全”,多搞“小、土、群”,改革设计体制和规章制度,坚持“三结合”现场设计。1972年2月11日,交通部向国家建委报告1971年开展设计革命的情况。

---

①废气、废水、废渣。

2. 开展清产核资、增产节约工作

1971 年 4 月，交通部下发开展清产核资工作的意见，要求清产核资做到查清家底，合理核资，抓紧处理，健全制度。清产核资的重点是物资和机器设备，以及机车、车辆、船舶、汽车、施工机具等主要生产工具，港站装卸设备，在运物资、半成品、产品、在建工程、房产、仪器、工具备品等也要清查。同月，又下发继续深入开展增产节约运动的意见，要求努力增加生产，厉行节约。运输部门要继续开展运输高产运动和联合运输，加速车船周转；基建部门要集中力量打歼灭战，确保重点工程建成一项，投产一项；工业企业要努力降低原材料的消耗，提高产量，保证质量。

第八节　交通部恢复建制和 1975 年的交通部行政

一、交通部恢复建制

（一）交通部与铁道部分开设置

1974 年，徐州、南京、南昌等铁路局的运输长期堵塞，阻碍津浦、京广、陇海、浙赣 4 条铁路和其他干线的畅通，“铁路成了薄弱环节”，严重影响国民经济计划的完成。水路运输的压港压船现象也十分严重。为了整顿、加强运输工作，1975 年 1 月，四届人大第一次会议决定将交通部和铁道部分开设置，各自恢复建制。

1975 年 1 月 20 日，万里、叶飞、杨杰联合上报《关于铁道、交通两部分开有关问题的报告》，提出铁道、交通两部分别成立临时领导小组，主持工作。交通部临时领导小组由叶飞、于眉、马耀骥、陶琦、梅盛伟组成，叶飞任组长，于眉任副组长。分部时，各专业局的干部原则上不动，综合部门的干部原则上各回原部。国务院副总理邓小平、华国锋等批示同意。

2 月 1 日，交通部明确了分部后建立的办公室、计划统计局、物资局、科学技术委员会、援外办公室、财务局、专案办公室、人事局、公安局、安全委员会、政治部的临时领导小组组长或临时负责人。各专业局的工作仍由原有领导干部负责。

(二)恢复建制后部机关的机构设置与编制

交通部恢复建制后，由叶飞任部长、于眉、马耀骥、陶琦等任副部长。10月，中央又任命曾生、彭德清、潘琪为交通部副部长。

1975年1月31日，国家基本建设委员会下发《关于基本建设工程兵各部办公室编制的通知》，要求设立中国人民解放军基本建设工程兵交通部办公室，编制12人。

据1975年8月15日资料统计，恢复建制后交通部机关设有司、局、室、政治部14个单位，574人。其中：部长办公室5人，政治部62人，办公室105人，人事局21人，科技委11人，计划统计局36人，物资局35人，财务局24人，水基局50人，水运局89人，公路局49人，水运工业局59人，安监委6人，公安局19人，调查研究室3人。机关附属单位99人。另外还有船检港监局13人，援外办公室56人(另有附属单位104人)，远洋运输总公司236人，临时机构及其他人员92人。

(三)恢复建制后的职能规定

交通、铁道两部分别设置后，交通部的主要职能如下：

(1)根据国民经济和社会发展需求，拟定公路、水路交通运输行业的发展战略、方针政策。

(2)根据国家的统筹安排，拟定公路、水路交通运输行业的发展计划、中长期计划并监督实施。

(3)对国家重点物资运输和紧急客货运输进行调控；组织实施国家重点公路、水路交通建设。

(4)协调交通运输行业内多种所有制运输企业的关系，发展合理运输。

(5)组织公路及其设施的建设、维护、规费稽征。

(6)组织水运基础设施的建设、维护、规费稽征；负责水上交通安全监督、船舶及海上设施检验和防止船舶污染、航海保障、救助打捞、通讯导航工作;实施船舶代理、外轮理货、航道疏浚、港口及港航设施使用岸线布局的行业管理。

(7)负责公路、水路交通企业的行业管理。

(8)制定交通运输行业科技、技术标准和规范;负责部属院校的领导工作。

(9)负责政府间交通运输行业的涉外工作;管理公路、水路交通与国际组织的有关事宜,开展国际交通经济技术合作与交流。

(10)拟定有关交通法规,并监督实施。

二、1975 年的公路交通行政

(一)公路建设与养护管理

1975 年 5 月 12 日,交通部在北京召开研究改善京津公路座谈会。会议确定改善和提高京津公路的原则是:在充分发挥现有公路作用的前提下,根据各路段交通量大小、线路状况等具体情况,因地制宜地逐段确定经济、适用的方案。原则上仍按平原区二级公路标准进行改善,有条件的路段也可高于二级公路标准。

7 月 8 日,交通部颁布试行《公路双曲拱桥设计施工技术规范》。9 月 25 日,颁发《公路养护管理暂行规定》。新规定明确公路的养护管理贯彻统一领导、分级管理的原则,养路专业机构实行省(区、市)和所在地交通部门的双重领导,其业务、财政以省级领导为主。公路养护任务按工作性质分为 3 类:小修保养、大中修工程、改建工程。

10 月 15 日,交通部在广东肇庆、佛山召开全国渣油路面经验交流会议。会议交流了油路修建和养护的经验,检查了油路“四五”计划的完成情况,制订了油路建设“五五”规划,并初步安排了 1976 年油路建设计划。预计到 1975 年底,全国油路总里程可达 9 万公里,比 1965 年的增长 15 倍,基本完成“四五”计划。会议提出在“五五”期间修建油路 7.5 万 ~9 万公里,到 1980 年全国干、支线油路里程达到 16.5 万 ~

18万公里,基本建成以北京为中心的路面黑色化的主要干支线公路网。省、地、县之间干线,省际间主要干线连接线和大部分县与县之间的公路,也基本达到路面黑色化。

1975年,全国公路通车里程总计78.4万公里,其中干线公路23万公里。有路面里程总计55万公里,其中高级次高级路面9.2万公里。尚有不通公路的县5个。全国公路养护里程总计58.6万公里,绿化里程23.4万公里。

(二)公路运输管理

为了规范跨省公路客货营运管理,1975年9月23日,交通部重新颁发《关于跨省公路客货营运分工的规定》,要求跨省货运以专责营运为原则,跨省客运以共同营运为原则,并规定了跨省路线的运费、机构等问题。1975年,全国公路部门共计完成客运量10.1亿人次,货运量7.3亿吨,货物周转量202.7亿吨公里。

12月23日,交通部、公安部联合发出《关于加强对机动车驾驶员管理教育的通知》,要求:①加强对交通安全工作的领导;②加强政治思想教育,整顿驾驶员队伍;③加强组织纪律性教育,严格执行规章制度;④加强驾驶员技术业务教育和考核;⑤关心群众生活,注意劳逸结合。

三、1975年的水路交通行政

(一)加快港口建设,编制“五五”规划

在1975年2月21日国务院港口建设领导小组会议上,谷牧副总理传达了周恩来总理、李先念副总理对港口建设的重要指示。周恩来总理指示至1980年要建泊位250～300个;李先念副总理强调港口建设就要像现在这样继续抓下去,不要松劲。谷牧副总理指出,建设300个泊位是我国国民经济发展第一步宏图的一项内容。我国海岸线长,1980年以前建300个深水泊位是完全需要的。否则港口的面貌就得不到根本的改善,就不能适应国民经济的发展。要坚决贯彻执行周恩来总理的指示,高标准、严要求地完成任务。

6月,“五五”港口建设规划会议召开。会议提出,“五五”港口建设规划的编制和实施,要认真落实周恩来总理关于1980年深水泊位要建250~300个的指示,合理规划,精心设计,精心施工,艰苦奋斗,勤俭建港,使港口建设全面实现多快好省。会议讨论和研究了港口建设规模、港口布局和建设重点、中小港口建设、船坞建设、配套5个方面的问题,并对降低工程造价、水工队伍建设等提出了意见。

6月28日,国务院港口建设领导小组召开扩大会议,听取关于“五五”规划情况汇报。谷牧副总理在讲话时强调:要注意搞好配套工程和收尾工程。不能光抢建泊位,要抓紧配套,尽快形成完整的能力。会议同意港口建设规划会议提出的“五五”港口建设规划,并就改善港口建设的布局、港口建设贯彻“大、中、小”相结合方针等问题提出了原则意见。会议决定:1975年建港投资预计超额的2亿元,除由交通部内部调剂外,下半年拟请国家计委追加1.5亿元;1976年建港计划按9亿元安排,在执行中争取超额。

针对建港工程造价偏高的问题,7月7日,交通部在河北秦皇岛召开水运工程设计施工会议,集中讨论在保证建港速度和质量的同时,努力降低工程造价的问题。会议拟定了降低港口建设工程造价的若干措施,主要是:牢固树立勤俭建港的思想;积极慎重地搞好规划选址工作;严格按照基建程序办事;严格控制港口、船厂的建设标准;深入开展设计革命;搞好施工管理;加强经济核算,建立健全概算、预算、决算制度;积极试行大包干办法等。

为了规范水工建设,1975年3月25日,交通部颁发《水运建筑工程概算定额(水工工程部分)》内部试用稿。10月10日,又颁布试行《疏浚工程施工技术规程(草案)》。12月9日,交通部决定试行《航务工程船舶机械艘(台)班费用定额计费办法及计算依据》。

到1975年底,1973年确定的“四五”后三年港口建设投资23亿元,新建万吨级以上深水泊位51个(建成40个),新建容量为34.4万立方米的供油设施,增开舱口作业线150条,新建万吨级以上修船大坞15个(建成9个)的目标已经基本完成。各建设项目全部投产后,我国沿海主要港口货物吞吐能力将比1972年的增加50%,比1965年的增加1倍以上。

(二)长江水系开发与管理

1.编制长江水系开发计划

对于长江水系的开发建设,1975年国务院批转交通部《关于调整长江航运管理体制的报告》时明确指出:“长江是我国内陆最大的水上运输动脉,现在开发利用还很不够,亟须对长江整个水系的开发利用进行全面规划,以便有计划、有步骤地疏浚和整治航道,修建港站、船舶、闸坝,在通航、发电、灌溉等方面充分发挥长江水系的作用。”根据国务院文件精神,交通、水电两部于1975年6月在北京召开长江水系航运规划工作会议。会议研究制定了《关于编制长江水系航运开发利用建设规划的意见》,提出规划的目标是用10年左右的时间,通过对长江干流及重要支流的综合开发整治与建设,把长江水系建成一个联系淮河、沟通钱塘江,连接战略大后方的干支直达的水运交通网。为加强长江水系航运规划工作的组织领导,会议决定由交通部、水电部,四川、云南、贵州、湖南、湖北、江西、安徽、江苏、浙江省,上海市,以及长江航运公司和长江流域规划办公室等单位组成长江水系航运规划小组,负责领导长江水系的航运规划工作。

1975年7月末,长江水系航运规划小组扩大会议在江西召开。会议制订了关于开发建设长江水系航运规划初步方案,提出到1985年把长江水系建设成为沟通城乡、干支直达、江海互通、水陆联运、四通八达的水运网,货运量由目前的1.9亿吨提高到5亿吨左右,到20世纪末赶上和超过世界同类型河流航运的先进水平。“五五”期间,重点整治疏浚干、支航道和初步建成以造机配套为中心的水运工业协作网,同时建造一批专用运输船舶,改建和扩建一批码头泊位。规划制订了航道建设、船舶运输、水运工业、港口建设等方面的具体目标。会议还建议把长江水系航运规划小组改为长江水系航运规划建设小组。

各省市和长江航运管理局成立建设指挥部,负责组织实施。

2. 恢复长江航运管理局

1975 年 7 月 7 日,交通部下发长江航运公司体制调整的批复:同意长江航运公司从 9 月 1 日起恢复为长江航运管理局;同时将长江航运公司重庆、上海分公司改为长江航运管理局重庆、上海分局;撤销武汉分公司和长江航运公司船舶管理部,成立长江航运管理局武汉分局;撤销长江航运公司上海分公司芜湖办事处,成立长江航运管理局芜湖分局;成立长江航运管理局南京分局,专管油运;成立长江航运管理局工业局,加强对全线修造船舶、港口机械的领导。长江航运公司所属各港务局均改为港务管理局,武汉、南京港务管理局由长江航运管理局直接领导,其余港口分别划归各有关分局领导。

(三)水路运输管理

1. 提高货运质量,减少货运事故

1975 年 1 月 15 日,交通部在辽宁大连召开直属水运企业货运质量会议,提出"在两年左右时间内,使水上货运质量面貌来一个根本改变",并具体作了提高货运质量工作的部署。陶琦副部长作了题为《坚持党的基本路线,认真落实〈鞍钢宪法〉,为多快好省地完成运输任务而奋斗》的讲话。但是,大连货运质量会议精神在不少单位并未得到认真贯彻落实。据直属水运企业统计,1975 年 1 ~ 8 月共发生重大货运事故 21 起,较 1974 年同期的 23 起案数虽略有减少,但损失远远超过 1974 年的。货损率、货差率也较 1974 年同期的有所增加。2 月,广东省农资公司反映黄埔港管理不善、装卸质量低、损失化肥严重。经交通部派人调查,证实港口确在货运质量方面存在问题。3 月 31 日,中远租船"新凯"轮(索马里籍)在上海港卸货时起火,全部损失约 181 万元。这是建国以来水运业一次最严重的货运事故。为切实提高货运质量,11 月 2 日,交通部下发"新凯"轮火灾事故和当前水上货运质量情况的通报,要求水运部门抓住重大货运事故和违章作业、有章不循两个突出问题,认真贯彻"安全质量第一"的方针,力争从根本上改变水上货运质量的面貌。

4月下旬,交通部在上海召开直属港航油运安全生产会议,讨论加强安全生产的措施,包括认真执行安全生产规章制度,加强技术业务教育,加强设备养护维修,加强消防工作,防止水域污染,加强港口航道管理等。

2.整顿直属水运企业客运秩序

针对直属水路客运工作存在的管理薄弱、客运服务质量不高、客票发售管理混乱、船员捎买带风严重、旅客随身携带行李物品超重、旅客乘船严重超载等问题，1975年7月，交通部在北京召开会议，讨论和部署客运秩序的顿整工作。叶飞部长、于眉副部长分别接见会议代表并讲了话。8月8日，交通部通知，决定从9月1日起整顿直属水路客运秩序：加强售票管理，严格检、查、收票制度；加强对旅客随身携带品的限量管理；坚决刹住捎、买、带风；搞好治安管理工作；改善服务态度，提高服务质量；整顿运输组织，保证客船安全正点运行。

3.开展北美航线集装箱运输

1975年2月27日,交通部下发开展北美航线集装箱运输的通知。我国对北美航线的进出口货运未采用集装箱运输,由日本班轮公司的船只使用集装箱经日本或香港中转运送,装卸费用贵,运送时间长,货物易短损。经外贸部、交通部商定,在集装箱码头未建成和我国的集装箱运输船只未投入运营以前,对北美航线尽量利用现有班轮开展集装箱运输。

4.成立大连、青岛远洋运输分公司

大连、青岛两港外贸运输任务不断增长,停泊船舶日益增多。为加强船队建设和运输管理,交通部于1975年5月20日向国务院请示在旅大、青岛市分别成立中国远洋运输总公司大连、青岛分公司,统一管理两地的外轮代理、物资供应以及海运学校和船员基地等远洋公司所属单位。

5. 颁发试行运价、收费规则和收入管理办法

1975 年 10 月 8 日,交通部颁发《水运企业收入管理办法》,计有收入管理体制、范围、资金管理、票据管理、责任与核算、收入检查等 40 条,自 1976 年 1 月 1 日起试行。10 月 22 日,交通部下发试行新的《直属水运企业货物运价规则》及《港口费收规则》。

(四)水上安全和救捞工作

据不完全统计,1975 年各省(区、市)共发生海损事故 3 147 件,死亡 658 人,沉没大、小船舶 857 艘,与 1974 年的相比均有增加。广东省"八四海事",一次沉没 2 艘客轮,死亡 400 多人,是全国解放以来最大的海损事故。为加强水上安全和救捞工作,2 月 25 日,交通部在北京召开海难救助打捞工作座谈会,认真学习党中央、国务院关于建立和健全海难救助打捞工作的批示,研究和明确海难救助打捞工作的职责任务、方针政策以及 1975 年的工作部署。8 月 11 日,又在烟台召开救助打捞系统基本建设工作座谈会,检查救捞系统基本建设情况,交流经验,研究解决存在的问题,调整 1975 年的基建项目,提出 1976 年基建项目安排的意见,研究讨论如何在 1980 年前建成初具规模的海上救助网。经国家计委批准,交通部在烟台成立"烟台海难救助打捞局",承担辽宁、河北、山东、天津沿海水域救助打捞任务,将上海打捞局所属的负责北方海区救捞任务的烟台、天津救助站成建制划归烟台救捞局。

6 月 5 日,交通部下发通知,决定在长江航政管理局建立救助打捞队伍,逐步承担长江干线的水上救生、救火、救船,打捞沉船、沉物和清除油污等任务。

(五)发展水运工业

1975 年 8 月 10 日,交通部在广东广州召开直属水运船舶机务工作经验交流会,提出各港航企业到 1980 年要建立起厂、站(点)、船相结合的船舶保养维修体系。具体奋斗目标是:长江航运局要做到"江船江修",各分局都要建立中、小型船舶的保养维修体系;上海和广州海运局要做到大部分船舶的修理由本局承担;沿海各大、中港口,都要

做到“港船港修”。

四、1975年的交通综合行政

(一)交通外事行政

1. 援外工程

1975年公路、水工援外主要项目有:伊拉克公路桥;索马里贝布公路;尼泊尔环行公路;苏丹瓦格公路;赤道几内亚恩蒙公路;也门阿哈公路;卢旺达基鲁公路;南也门马木公路;塞拉利昂公路桥;埃塞俄比亚沃瓦公路;马耳他干船坞;圭亚那筑路机械:毛里塔尼亚港口;布隆迪布尼公路;马尔加什木马公路;赞比亚塞散公路;老挝孟琅公路;乍得公路桥;刚果木船厂等。6月14日,交通部向福建省发出《关于商请继续筹建援民主也门谢哈尔至赛候特公路项目的函》,称:福建省筹建的援民主也门阿伊尼—木卡拉公路,预计将于1977年上半年竣工。现援建该国谢哈尔—赛候特的公路项目已确定,仍请福建省筹建施工。福建省复函同意。9月8日,外经部、交通部、外交部向国务院上报《关于承担修复我援南也门公路水毁路段工程的请示》,我方已建成移交也方使用的阿伊尼—马哈菲德公路部分路段被洪水冲毁，修复工程需外汇人民币200余万元。南也门政府因其技术和经济困难，要求我国帮助修复。国务院领导批示同意修复工程在我经援贷款项下作为一个新项目予以承担。10月23日，交通部印发援几内亚浮船坞制造等问题的通知：我国援助几内亚渔业项目，外经部已于1975年7月28日正式下达，确定农林部为承建部，交通部为协作部。该项目中修理渔船用的浮船坞，其制造、发运、安装及教会几方使用等均由交通部负责。经中、老两国政府协议，我国援助老挝建设的班纳巴—琅勃拉邦公路由交通部承担勘测、钻探、设计工作以及施工时的技术指导。

2. 国际合作

1975年1月,中国政府与瑞典签订海运协定。2月15日,国务院批示同意与罗马尼亚谈判签订海运协定，协定以《中国丹麦海运协定》中的业务条款作为我国提交罗方草案的基本内容；1976年4月，罗马尼亚运输邮电代表团来京进行友好访问，期间与交通部正式签订中罗海运协定。2月25日，国务院批示同意与比利时谈判签订海运协定，并邀请比利时派代表团来北京商谈条文。3月6日，比利时驻华使馆提出，卢森堡想在比卢经济同盟的基础上参加中比海运协定，并建议将协定名称改为"中华人民共和国和比利时-卢森堡经济同盟海运协定"；3月17日，邓小平副总理批示同意；4月20日，协定正式签订。8月14日，中国政府与荷兰政府在北京正式签订中荷海运协定。8月24日，西德政府海运代表团来京进行中、西德海运协定谈判，10月31日，协定正式签订。9月28日，中法海运协定在北京正式签字。

（二）物资管理

1975年11月3日，交通部物资工作会议在北京召开。叶飞部长、陶琦副部长、国家物资总局李开信局长到会并讲话。会议传达了国务院领导对物资工作的指示和全国物资会议精神，研究了物资定点供应、定额管理、统计核销、清仓利库、改章建制等问题，讨论和修改了《交通部物资管理办法》、《交通部关于整顿加强物资管理的意见》和《交通部物资管理处工作条例》等文件，提出了关于整顿和加强物资管理的几点意见。12月24日，交通部颁发试行《交通部各地物资管理处工作条例》。条例规定物资管理处为部派驻各地区的物资供应管理机构，代表部在管区内行使物资管理职权。

（三）交通公安行政

1. 明确交通公安保卫工作领导关系

交通、铁道两部分开后，原交通部公安局根据两部领导的指示，分为交通部公安局和铁道部公安局。交通部公安局于1975年1月27日开始办公。为了搞好交通公安保卫工作，交通部会同公安部于1975年11月15日对交通公安保卫工作的领导关系作如下规定：①交通部公安局由交通部、公安部共同领导，党政工作以交通部领导为主，公安保卫业务工作以公安部领导为主。②交通部直属长江航运局、各海运局、港务局公安局(处),各海难救助打捞局、航道局、航务工程局、中远分公司保卫处(科),受所在单位党委直接领导。公安保卫业务工作,同时受交通部公安局和所在省(区、市)公安局领导。③交通部直属公路工程局、工厂和各省(区、市)交通局、航运局的保卫部门,受所在单位党委直接领导,有关保卫业务工作,同时受省(区、市)公安局领导。交通部公安局要了解情况,指导工作。④长江航运公安局,执行地区级公安局的逮捕、拘留权限。长江航运公安局所属分局,上海、广州海运局、各直属(一级)港务公安局(处),执行县级公安局拘留权限。

2. 认真贯彻全国铁路治安工作会议精神

1975年9月10日,交通部根据国务院作出的“公安、铁道两部报告的精神也适应于交通航运部门”的指示,转发了《公安部、铁道部关于全国铁路治安工作会议的情况报告》,要求交通航运部门的各级党委必须切实抓好会议贯彻落实工作。

第五章　共和国历史性转变时期的交通部行政

(1976～1980 年)

1976～1980 年是中国社会发生历史性转变的时期。这一时期,国民经济经历了徘徊、恢复、调整、拨乱反正和改革开放起步等过程。与此同时,交通部认真贯彻落实党中央、国务院的指示,恢复和发展公路、水路交通事业,使交通行业朝着改革开放的道路迈进。

第一节　确定交通发展目标和任务

一、确定交通发展的目标和任务

(一)召开全国交通工作会议,确定交通发展的目标和任务

1976～1980 年,交通部先后于 1977 年、1978 年和 1980 年召开了 3 次全国交通工作会议,贯彻落实党中央和国务院关于发展交通运输的方针、政策,部署全国交通工作。

1. 1977 年全国交通工作会议

1977 年 3 月 21 日～4 月 2 日,交通部在北京召开了"文化大革命"10 年动乱后的第一次全国交通工作会议。交通部部长叶飞在会上作主题报告。会议认真落实党中央和国务院关于发展交通运输的战略决策和措施,研究和部署了 1977 年全国交通工作。会议要求加快工业学大庆的步伐,整顿企业,掀起生产建设新高潮。会议提出的奋斗目标是:大搞增产节约,大挖潜力,实现长江运量翻番;远洋基本结束租用外轮的局面;彻底解决港口压船、压车、压货现象;地方交通实现机械化;大打车船设备维修翻身仗;大搞技术革新、技术革命,普

及推广科研成果,搞好安全生产,消除重大安全事故;确保提前完成交通计划。1977年水运、公路运输要完成货运量7.7亿吨,直属港口吞吐量2亿吨,新建县社公路4万公里,铺筑渣油路面1.4万公里,港口配套建成投产12个深水泊位,造船40万载重吨,远洋和沿海船舶达到800万载重吨,援外任务共49项。各交通企业的经济技术指标,凡没有达到本企业历史最高水平的,要在一、二年内达到;已经达到的,要在一、二年内达到本行业最高水平。

2.1978年全国交通工作会议

1978年初,全国人大五届一次会议通过的国务院《政府工作报告》对交通运输发展提出了3个方面的要求:①公路、内河和远洋运输都要有较大的发展;②要建立起一个适应工农业生产发展需要的交通运输网;③交通运输大量高速化。

为贯彻国务院对交通运输发展的要求,1978年5月24~31日,交通部在北京召开了全国交通工作会议,主要议题有:①贯彻执行《中共中央关于加快工业发展若干问题的决定》(简称《工业三十条》),落实企业整顿工作;②研究实现交通运输现代化的规划和措施,讨论交通部草拟的《关于实现交通运输现代化的汇报提纲》。

5月24日,国务院副总理王震、康世恩代表国务院接见了全国交通战线学大庆会议和全国交通工作会议的代表。叶飞部长作会议总结讲话。会议确定要做好以下4项工作:

(1)整顿运输市场,加强交通管理,整治交通秩序,保证交通安全。

(2)抓好整顿工作,关键是整顿好领导班子。要坚持老、中、青三结合的原则,把思想好、干劲大、作风正派、有实践经验的优秀干部选拔到领导岗位上来;要大力加强思想政治工作,抓好队伍建设。深入开展对新宪法和新时期总任务的宣传教育工作,广泛宣传、深入学习、认真贯彻《工业三十条》。要针对交通运输工作的特点,把政治工作做到生产中去,落实到生产业务上,保证安全、优质、低耗、高产。严格执行岗位责任制和各项规章制度，树立“三老四严①”的作风；加强对职工技术业务教育，广泛开展岗位练兵，不断提高职工的技术业务水平。要把整顿工作同学大庆紧密结合起来，以大庆为榜样把企业整顿好。

(3)大搞挖潜、革新、改造，努力超额完成1978年国家计划任务。水运确保完成1.2亿万吨，港口吞吐量确保超额完成2.4万吨，造船要确保完成30万吨，基本建设要集中精力打歼灭战。

(4)加强对地方交通运输工作的领导。要认真帮助地方制定交通发展规划，及时支持和帮助解决地方交通中的问题。部党组决定，由周惠、潘琪、郭建3位副部长分管地方交通工作。部内各局既管直属单位，又管地方交通；树立全国交通一盘棋思想，各种运输方式和能力统筹兼顾，全面管好。

3.1980年全国交通工作会议

1979年4月5~28日，中共中央召开工作会议讨论经济问题，决定对国民经济实行“调整、改革、整顿、提高”的八字方针；并通过了调整后的1979年国民经济计划的安排(草案)和《中共中央关于调整国民经济的决定》。

1979年5月，国务院下达1979年国民经济计划。提出今后三年经济工作的主要任务，就是要进行国民经济的调整，把严重失调的比例关系基本上改变过来。同时，着手经济体制改革，继续进行企业整顿，并且以极大的努力，提高经济管理水平和科学技术水平。要求经济战线实现3个转变：①从上到下都要把主要注意力转到生产斗争和技术革命上来；②从那种不计经济效果、不讲工作效率的落后的管理制度和管理方法，转到按经济规律办事的科学管理的轨道上来；③从那种闭关自守或半闭关自守状态，转为积极地引进国外先进技术，利用国外资金，大胆地进入国际市场。

①对待革命事业，要当老实人，说老实话，办老实事；对待工作，要有严格的要求，严密的组织，严肃的态度，严明的纪律。

为贯彻落实党中央、国务院一系列方针、政策，研究新形势下的交通工作，特别是交通运输的长远规划设想，1980年4月5～15日，交通部在北京召开了全国交通工作会议。这次会议是党的十一届三中全会后的第一次全国性的交通工作会议。彭德清副部长在会上作了题为《继续贯彻"调整、改革、整顿、提高"的方针，为实现交通运输现代化而奋斗》的工作报告。这次会议认真总结了1978年和1979年的交通工作；讨论和落实了1980年交通工作的主要任务和措施；研究提出了交通运输发展规划和《交通运输十年规划纲要设想(1981～1990)》。

为贯彻落实国务院要求"公路、水运和远洋运输要有较快的发展，要建立一个适应工农业生产发展的交通运输网"的精神，交通部在《交通运输十年规划纲要设想(1981～1990)》中，明确了交通运输十年发展的总体目标是：要在三年调整的基础上，加强以运输为中心的3个系统(海洋运输系统、公路运输系统、内河运输系统)的建设，使其形成完整的、相互衔接配套的运输能力，以达到基本适应国民经济发展的要求。十年建设的重点是：①相应增加车、船运输能力。10年内需增加运输船舶1 450万载重吨，新增货运汽车25万辆，客车达到10万辆。②集中力量把港口建设搞上去。新建深水泊位170个，到1990年达到250～300个。③加强内河航运建设。④加快公路建设步伐。到1990年基本建成以一、二级公路为骨干的10万公里国家干线公路网。⑤调整、改组交通工业，提高车、船修造能力。⑥加强教育、科研工作。

此外，交通部还通过部务会、电话会议、生产调度会和公路、水运等专业工作会议履行行政职能。

(二)制订20世纪末实现交通运输现代化规划

1.制订20世纪末交通规划

"四人帮"粉碎后，为使公路、水运交通适应国民经济发展和广大人民群众出行的要求，交通部开始研究和制订交通运输现代化规划。

1978 年 1 月，交通部向国务院报送了《关于加速发展我国水运和交通的意见》。3 月，全国人大五届一次会议以后，交通部根据国务院制定的《1976 年到 1985 年发展国民经济十年规划纲要（草案）》精神，草拟了《关于实现交通运输现代化的汇报提纲》，并经 5 月全国交通工作会议讨论修订，6 月正式上报了国务院。该汇报提纲提出了交通运输到 2000 年的规划设想，主要包括以下 4 个方面：

（1）从"水"字上大做文章，建成一个江、河、湖、海四通八达的水运网。有步骤、分阶段地整治长江、珠江、淮河等水系，建设京杭、湘桂、干粤、郑淮、江淮、两沙、辽河等运河。到 2000 年末，建成一个以长江水系为中心，沟通各大水系、五湖四海的水运网。通航轮驳船的航道达到 7 万公里，其中通航千吨级船舶的航道 1 万公里。

（2）大力发展海洋运输。海洋运输船舶发展到 4 000 万载重吨，进入世界前列；沿海深水泊位达到 800 ~ 1 000 个。

（3）建成以高速公路和国防、经济干线为骨架的现代化公路网。全国公路里程达到 200 万 ~ 250 万公里，其中渣油、沥青、混凝土路面 80 万 ~ 100 万公里。

（4）加速技术改造，发展先进的运输方式。实现件杂运输集装化、大宗散货运输散装化，内河运输分节顶推化，装卸机械化、自动化，调度指挥、通讯导航电子化，使整个交通运输实现大量高速化、现代化。

2. 确定 1978 ~ 1985 年交通运输奋斗目标和建设任务

为落实 20 世纪末交通运输现代化规划，交通部在 1978 年 6 月上报国务院的《关于实现交通运输现代化的汇报提纲》中明确提出了 1978 ~ 1985 年交通运输奋斗目标和基本建设任务。主要包括：

（1）从 1978 年开始，汽车、轮驳船货运量年均增长 9.4%，1980 年达到 10.4 亿吨；1985 年达到 16.8 亿吨。直属水运货运量年均增长 11.9%，1980 年达到 1.5 亿吨；1985 年达到 2.5 亿吨，力争达到 3 亿吨。客运量 1980 年达到 16.4 亿人次，1985 年达到 22 亿人次，年均增长 5.4%。

(2)8年内,计划新增运输船舶2 600万载重吨,其中,海洋船舶1 600万载重吨,长江、内河船1 000万载重吨。新增客轮23万客位,改变客船超载、货舱装客状况,并适应旅游事业的发展。同时,相应增加港作船、工程船、挖泥船、救助打捞船等各种辅助配套船舶。新增客货营运汽车37万辆,其中货运汽车30万辆,客运汽车7万辆,并大力发展拖挂运输。到1985年,海洋船舶达到2 500万载重吨,长江、内河船舶达到1 400万载重吨,沿海、内河客船达到70万客位。交通系统货运汽车达到44万辆,客运汽车达到10万辆。

(3)重点抓好以下6项建设:①内河航运。重点建设长江、淮河、京杭运河、金沙江和珠江航道。新增通航千吨级船舶的航道3 000公里,通航300～500吨级船舶的航道2 000公里。"五五"后三年,主要建设长江的两头;淮河的淮申线;京杭运河的扬州—徐州段;金沙江的两头;以及珠江的南宁—平果段。"六五"期间,除继续建设长江、淮河、京杭运河、金沙江和珠江5条航道外,开工建设平陆运河和两沙运河,并做好干粤运河、湘桂运河的规划、勘测、设计,结合水利建设,增建船闸,改善通航条件。②在整治内河航道的同时,加强内河港口的建设。长江港口重点扩建武汉港,开辟北湖新港区,建设成为内河现代化港口的样板。③沿海港口。"五五"后三年,建成深水泊位50个,新增吞吐能力7 400万吨。1980年深水泊位180个,吞吐能力2.2亿吨。"六五"期间,再建成深水泊位120个,达到300个,吞吐能力达到3亿吨。8年中,重点建设上海、天津、黄埔、秦皇岛和连云港五大港口,共建深水泊位100个,使五大港口的吞吐能力达到海港总能力的57%;此外,继续建设青岛、宁波、厦门、马尾、湛江、防城、南通、镇江、南京等港,在营口、大连建设新港区,并配合宝山钢铁基地建设,在北仑山建设矿石中转码头;共建深水泊位69个。④公路建设。8年内新建公路35万公里("五五"后三年新建10万公里),其中县社公路30万公里,国防、经济干线和省际断头路2万公里,边防公路7 000公里,通往工业基地和国营农场的公路2万公里,独立大桥83座。对已有公路进行技术改造,铺筑沥青、渣油路面18万公里。到1985年公路里程达到120万公里,形成一个以20万公里干线公路为骨架的四通八达的公路网,实现县县、社社和85%的大队通公路。"五五"后三年开始修建京、津、塘高速公路,力争"六五"期间建成。⑤大力提高船舶和交通专用设备的修造能力。引进造船、造机新技术、新设备,改造上海船厂、建设山海关船厂、镇江船用柴油机厂等,1980年达到年造钢质船50万载重吨,水泥船30万载重吨;1985年达到年造钢质船100万载重吨,水泥船50万载重吨。提高交通专用的筑路、养路、筑港机械、挂车、集装箱、装卸、保修机械、航标器材、救助设备、通讯导航设备等的修造能力,到1985年专业队伍的筑路养路筑港等主要工序机械化水平达到80%以上,装卸保修机械化水平达到60%以上。⑥逐步建设现代化的调度指挥系统、通讯导航系统、救助打捞和拖航设备、消防设备、科研教育、环境保护防污染工程等,使水运、公路交通协调发展。

3.研究制订20世纪末实现交通运输现代化规划的措施

为贯彻落实20世纪末实现交通运输现代化规划,交通部研究制订了以下10项措施:

(1)大力进行企业整顿,充分发挥交通运输企业的潜力。从1978年起,集中全力,大抓企业整顿,分期分批整顿好企业。1978年主要抓好部属重点企业的整顿,特别是整顿港口管理,通过整顿,加强港口工作的集中统一领导,促进企业8项经济技术指标达到历史最高水平。对1954年1月23日公布的《中华人民共和国海港管理暂行条例》进行修订,并重新颁布实施。依靠挖潜、革新、改造,充分发挥运输企业潜力,提高运输生产能力。通过挖潜,使船舶运输、港口生产、造船能力分别提高25%、12%和17%。

(2)集中力量打好基本建设歼灭战。从1978年开始,压缩基本建设战线,降低工程造价,3年内基本不开新项目,严格按基建程序办事,做到规划一个建成一个。内河航运建设,8年内集中力量建设淮河、金沙江、长江和珠江。

(3)大力改组和加强交通工业。把已有的大而全、小而全的工厂,按专业化协作的原则进行改组,实现“三定三化[①]”,充分利用基础条件,把交通系统的部属企业、地方企业以及集体企业组织起来,实行统一规划,分工协作,进行专业化生产。在水运工业方面,逐步在武汉、南京、重庆、广州、天津、上海等地建立水运工业公司,把交通部门的船舶修理、建造和港口装卸机械及其专用设备的制造进行统一管理和安排。

(4)向国家建议对整个交通运输进行统一规划、综合利用。①对铁路、公路和水运要进行统一规划,充分发挥各自的优势。②在工业布局上,尽可能把一些工矿企业建在水边,充分利用水运量大价低的优势。③对水利资源的开发,要实行水利、发电、航运、养殖、工业和生活用水等的综合利用。建议成立水利开发建设领导小组,加强各水系江海河流的治理,统一规划,统一建设,综合利用。

(5)充分调动中央和地方两个积极性,调动一切积极因素。在航道建设上,统一规划,统一标准,分级管理。航道分为三级:①国家航道,如长江、珠江、淮河、京杭运河等可建成通航1 000吨以上船舶的骨干河流,由国家统一管理;②省级航道,如长江水系的重要支流及其水系,可建成通航300~500吨船舶的航道,由省(区、市)为主,统一管理;③除上述河流外,作为三级航道,分别由县社在统一标准下自行安排。

(6)继续利用香港中国银行的游资贷款买船,发展海洋运输和内河运输。

(7)继续实行以路养路,以港养港的政策。

(8)建议国家提高公路运输部门营运汽车分配比重。从1978年的17%增加到30%以上。

(9)加强科研教育,加速实现交通运输现代化建设。在1978~1985年的8年内交通科研的主要目标是:攻克现代化港口建设技术,新型专用船舶修造技术,航海技术,运输指挥调度管理自动化技术,电

①工厂定点、定产品方向、定生产规模,产品标准化、系列化、通用化。

子计算机技术,集装、散装、滚装和分节顶推运输技术,深海打捞技术,高速公路建设技术和大型高速车辆技术九大技术关。同时,在1980年前完成北京电子计算机所和上海、广州、武汉、重庆4个计算机站建设;在1985年前逐步建设打捞、通讯、防污染、公路运输机械化、船舶动力、船舶安全、港口装卸机械等专业研究所。

(10)积极落实按劳分配经济政策。从1978年7月1日起,在沿海港口装卸工人中,实行计件工资制。在沿海和远洋船舶上,恢复船员职务工资制。从1978年10月1日起,对远洋船员配发制服。

二、交通部机构设置及人员编制

(一)1976~1978年交通部机构变动情况

这一期间,交通部对部机关的职能部门进行了数次调整,基本情况如下:

1. 交通部兵办再次升格

1976年,中国人民解放军基本建设工程兵交通部队扩编为一个支队:第十二支队,两个直属独立大队:851大队、852大队,均为正师级单位;同时,交通部办公室也扩编为军级单位。该办公室主要负责交通部所属基本建设工程兵的日常工作,列入基本建设工程兵的编制;在接受交通部领导的同时,在业务上接受解放军基建工程兵办公室的领导。

2. 成立通讯导航局

为加强通讯导航工作,1976年5月29日,交通部成立了通讯导航局。该局的主要职能是负责通讯导航的规划、建设和业务技术管理工作。原水运局通讯组同时撤销。部直属通讯站的业务改由通讯导航局归口管理。该局下设业务组、技术组和国际报话资费结算组,编制为25人。

3. 1976~1978年部内机构设置及变动情况

1976~1977年,交通部设有政治部、办公厅、人事局、科学技术委员会、计划统计局、安全监督委员会、物资局、财务局、公路局、水运工业局、水运基本建设局、水运局、外事局、公安局、船检港监局、援外办公室、基建工程兵交通部办公室、通讯导航局共18个部门。

1978年3月29日,交通部对部分内设机构进行了调整,强化了部分内设机构的职能。①将原水运局一分为二,分别成立港口局、水运局。港口局主要分管港机、燃油供应、理货等业务;水运局主要分管调度、商务(运价、货运、客运)、船技、地方航运等业务,直属海运和长航运输业务归口水运局;原水运局国际航运组划归外事局。②成立打捞局,恢复船舶检验局;撤销船检港监局,将其所属的环境保护办公室由办公厅代管,港监组划归港口局,海协公约组划归外事局。③将原人事局一分为二,分别成立教育局和人事局。④将水运基本建设局一分为二,分别成立航道局和基建局。之后,将办公厅的部分职能分离出来,成立行管局。

至1978年底,交通部内设机构为23个,即:政治部、办公厅、行管局、人事局、教育局、科学技术委员会、计划统计局、安全监督委员会、物资局、财务局、公路局、水运工业局、基本建设局、航道局、水运局、港口局、外事局、公安局、援外办公室、基建工程兵交通部办公室、通讯导航局、船舶检验局、打捞局。

(二)1979年交通部机构设置和人员编制情况

1. 机构设置和人员编制情况

1979年3月16日,交通部根据党的十一届三中全会精神,决定对部机关机构设置及编制进行调整,具体方案是:①部机关行政编制设政治部、纪律检查委员会和14个厅、局,编制控制在800人以内。企业单位7个局、公司,编制人数570人内。②撤销港口管理局,并入水运局(不包括港监部分);科学技术委员会改为科技局,但仍保留科学技术委员会的名称。③成立安全监督局。负责原安全监察委员会、港监和环保办的工作及汽车监理、劳动保护工作,并保留安全监察委员会和港务监督局的名称。④成立纪律检查委员会。⑤为加强对引进国外先进技术和设备的组织领导工作，成立引进先进技术领导小组，下设引进办公室（设在计划统计局），负责日常工作；为加强设计审查工作，设立设计审查委员会，日常工作由基本建设局负责。⑥为加强修造船工业的组织管理，将工业局改为全能局，也叫工业公司，属企业编制。⑦远洋运输局、救助打捞局、物资供应局分别称公司，和船舶检验局都属企业编制。⑧战备工作由计划统计局战备处负责，对外称战备办公室。1979 年 3 月交通部机关机构设置及编制见表 2-5-1。

交通部机构设置及编制（1979 年 3 月） 表 2-5-1

名称		编制人数	备注
行政机构及编制	部领导	15	
	顾问室	5	
	政治部	75	
	纪律检查委员会	10	
	办公厅	75	
	行政管理局	110	
	外事局	30	
	计划统计局	50	包括引进办公室
	人事局	32	
	财务局	32	
	教育局	28	
	通讯导航局	28	
	公安局	35	
	水运局	76	
	安全监督局	35	
	基本建设局	65	
	公路局	65	
	科学技术局	28	
	合计	794	
企业单位及编制	远洋运输局（公司）	300	
	工业局（公司）	90	
	救助打捞局（公司）	40	
	船舶检验局	30	
	物资供应局（公司）	90	
	中国船舶燃料供应公司	14	均属于水运局建制
	中国外轮理货公司	5	
	合计	569	

2. 向国务院申报拟设机构和编制情况

1979年6月5日,为适应工作重点的转移,加强交通运输工作的领导,改进机关工作作风,提高工作效率,以适应交通运输现代化新形势发展的需要,交通部本着精兵简政的原则,向国务院提交了机构设置和编制调整方案。拟定部机关行政机构设政治部、纪律检查委员会和15个部门,编制800人内。即:部长15人(包括3名顾问)、政治部75人、办公厅75人、计划统计局(含引进办公室)50人、人事局(含外派船员办公室)37人、财务局32人、外事局30人、教育局26人、科学技术局(又称科学技术委员会)28人、公安局32人、安全局(又称安全监察委员会)25人、港务监督局(对外称中华人民共和国港务监督局)18人、水运局80人、基本建设局65人、公路局62人、通讯导航局25人、行政管理局110人、顾问室5人。为加强纪律检查工作,在部党组领导下,设立了纪律检查委员会,编制10人。

企业单位设7个局、公司,编制559人。即:远洋运输局(又称中国远洋运输总公司、中国外轮代理公司)300人;工业局(又称中国水运工业局)80人;救助打捞局(又称中国海难救助打捞公司、中国拖轮公司)40人;船舶检验局(对外称中华人民共和国船舶检验局)30人;物资局(又称物资供应公司,含交通部船舶配件公司)90人;属于水运局建制的中国船舶燃料供应公司和中国外轮理货公司19人。

环境保护工作由安全监督局负责,保留环境保护办公室的名称。

3. 机构设置和人员编制调整情况

1979年10月11日,为适应交通工作需要,交通部决定在国务院未正式批准1979年6月5日向国务院申报的机构设置和编制方案前,对部机关机构和编制进行了部分调整,并下发了《关于部机关机构编制的通知》。决定:①部机关行政机构设政治部、纪律检查委员会和15个部门,编制800人内;从1979年10月1日起执行,至国务院批复止。②企业机构设7个局(公司),编制574人。1979年10月交通部机关机构编制见表2-5-2。

交通部机关机构编制（1979年10月） 表2-5-2

	单　位	编制人数	备　注
行政机构及编制	部领导	15	
	顾问室	5	
	政治部	75	
	办公厅	80	包括部长秘书、环境保护办公室
	行政管理局	110	
	外事局	30	
	计划统计局	50	包括设备引进办公室
	人事局	37	包括外派船员办公室
	财务局	32	
	教育局	26	
	通讯导航局	25	
	公安局	32	
	水运局	80	
	港务监督局	18	对外称中华人民共和国港务监督局
	基本建设局	65	
	公路局	65	
	科学技术局	28	
	安全局	8	
	纪律检查委员会	10	
	合计	791	
企业单位及编制	远洋运输局	300	
	工业局	80	
	救助打捞局	40	
	船舶检验局	45	
	物资局	90	
	中国船舶燃料供应公司	14	属于水运局建制
	中国外轮理货公司	5	
	合计	574	

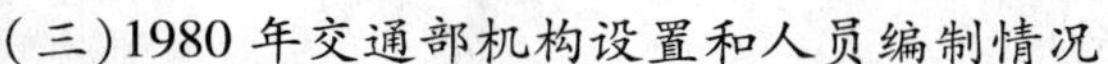

(三)1980年交通部机构设置和人员编制情况

1980年2月4日，国务院对交通部机构编制方案进行了批复，同意交通部设立办公厅、计划统计局、财务局、基本建设局、外事局、人事局、教育局、科学技术局、公安局、水运局、公路局、安全局、港务监督局(对外称中华人民共和国港务监督局)、通讯导航局、行政管理局，行政编制人数为800人。保留工业局、物资局名称。国务院批复交通部的机构和编制，与交通部1979年10月设置的基本没有出入。

三、交通部领导职务调整

(一)部领导职务变动情况

1977年10月，周惠、郭建任交通部副部长。

1978年5月，曾直任交通部副部长。

9月，王西萍、贺崇陞、程望任交通部副部长。

11月，周惠副部长调离交通部。

1979年2月，曾生任交通部部长、党组书记；彭德清任交通部第一副部长、党组第二书记；同时免去叶飞的交通部部长职务。

同年6月，汪少川任交通部副部长兼政治部主任；李清任交通部副部长、党组成员兼远洋局局长；李维中任交通部副部长兼上海港务管理局局长、党委书记；林岑任交通部党组成员兼计划统计局局长；彭德任交通部顾问。

同年12月，马耀骥副部长调离交通部。

1980年2月，于眉、朱田顺副部长调离交通部。

(二)1980年底交通部领导情况

至1980年12月底，交通部部长、副部长分别为：

部长(党组书记)：曾生。

第一副部长(党组第二书记)：彭德清。

副部长(党组副书记)：郭建。

副部长(党组成员)：潘琪、陶琦、曾直、汪少川、王西萍、贺崇陞、李清、程望、李维中、林岑。

第二节 公路交通行政

一、制订和实施公路交通发展规划

(一)制订公路交通发展规划

根据党的"鼓足干劲,力争上游,多快好省地建设社会主义"的总路线和"以农业为基础,工业为主导"发展国民经济的总方针,以及国家计委《关于编制十年规划的通知》精神,交通部从1974年初开始着手1976~1985年公路交通发展规划的制订工作,并先后多次征求国务院有关部门和各省(区、市)交通部门的意见;1976年初,完成了《1976年至1985年公路交通发展规划》制订工作。该规划提出了1976~1985年公路交通发展和建设的主要方针、总目标和任务。

1. 1976~1985年公路交通发展和建设的主要方针和原则

(1)坚持自力更生,艰苦奋斗,土洋并举,平战结合的方针。实行建设与养护提高相结合;专业队伍和发动群众,民工建勤相结合;国家投资与地方自筹资金,民办公助相结合;充分发挥两个积极性,在中央的统一计划下,更多地发挥地方的积极性;因地制宜,就地取材,分期建设,逐步提高,调动各方面的积极因素。

(2)加强经营管理,充分挖掘企业内部潜力,改善服务态度,提高服务质量,安全、高产、优质、低耗地全面完成运输任务。

(3)实行普及和提高并举的方针,积极发展各省(区、市)公路网和干线公路网。普及的重点是山区县社公路、通往边防哨站公路和断头线、联络线和通行农业机械的社队道路。在公路已经形成网的省(区、市)以提高为主,提高的重点是改建与国防和经济需要不相适应的干线公路。

(4)贯彻"以修为主,修(理)制(造)并举,统一规划,分工协作"的

方针，逐步使公路工业形成较强的修制能力。

2. 1976～1985年公路交通发展和建设总目标

(1)基本建成一个以首都北京为中心、路面黑色化的20万公里的干线公路网，和以它为骨干，总里程达到100万公里的全国公路网。

(2)到1985年末，形成以汽车运输为主体、交通部门营运汽车为骨干、民间运输相配合的公路年货运量达到50亿吨的能力，公路货物周转量达到1 560亿吨公里。

(3)建成一个检验仪表化、操作机械化、各个地区有修理厂、县有保养场的汽车保修网和能够基本上解决专用机械设备的公路工业。

3. 1976～1985年公路交通发展和建设的任务

(1)公路建设。全国公路网1980年达到90万公里，1985年达到100万公里；干线公路1980年达到17.3万公里，1985年达到20万公里。改建青藏、川藏、北京—沈阳(南线)、北京—西安4条干线4 800公里，标准为二、三级公路；在“三北”、西南和沿海等地区，新建改建国防干线、经济干线、断头线和主要联络线4.38万公里；改建干线公路上的主要渡口为永久式大桥91座，5.5万延米；修建北京—塘沽、上海—杭州、沈阳—大连、北京—秦皇岛4条高速公路约1 000公里；改善提高省会至专区的干线公路和对外开放的城镇与名胜古迹、机场，重要火车站、港口及重点工农业基地至干线公路的连接线5 500公里(不低于三级标准)，并加铺沥青、渣油路面。

(2)公路养护里程达到总里程的85%，好路率达到80%；全国公路绿化里程达到65万～70万公里。

(3)公路运输。公路货运量增长速度为10.9%，客运量增长17%。全国民用汽车保有量达到220万辆，交通部门营运汽车保有量达到60万辆。

(4)公路工业。全国公路工业产值达到25亿元，工业总产值增长10%。

(二)开展公路普查

党的十一届三中全会以后，公路建设有了一定的发展，为摸清我国公路现状,1979 年 6 月,交通部作出了开展全国公路普查的决定,并从 10 月中旬开始,组织各省(区、市)交通部门对全国公路开展了普查。1980 年 11 月 8 日,交通部公布了成果数据(截至 1979 年底):

1. 公路等级状况

全国公路里程为 875 794 公里,其中:基本上达到部颁《公路工程技术标准》的等级路 506 444 公里,占总里程的 57.83%;等外路 369 350公里,占总里程的 42.17%。

其中等级路中:一级路 188 公里,占总里程的 0.02%;二级路 11 579公里,占总里程的 1.32%;三级路 106 167 公里,占总里程的 12.13%;四级路 388 510 公里,占总里程的 44.36%。

2. 全国公路里程中按整条路线划分状况

一类路线(一条线路中等级路段占 70% 以上)478 431 公里,占总里程的54.63%;二类路线(一条线路中等级路段占 70% 以下)88 764 公里,占总里程的10.13%;三类路线(一条线路不够等级)308 599 公里,占总里程的 35.24%。

3. 路面技术状况

高级、次高级路面(包括水泥混凝土路面、沥青混凝土路面、厂拌黑色碎石路面、整齐块石或条石路面、沥青贯入式碎(砾)石路面、路拌沥青级配砾石路面、沥青表面处治、半整齐块石路面)150 763 公里,占总里程的 17.21%;中级路面(包括碎石或砾石路面、碎砖、礓石路面,石灰、沥青、水泥加固土路面,石灰多合土路面,不整齐块石路面,其他粒料路面)241 358 公里,占总里程的 27.56%;低级路面(包括粒料加固土路面和以各种当地材料加固或改善土路面)483 673 公里,占总里程的 55.23%。

(三)研究国道公路网布局

党的十一届三中全会以后,为适应新时期建设的需要,交通部在 1979 年公路普查的基础上,开始研究国道公路网的布局问题。1980 年 1 月 10 ~15 日,交通部公路局召开了全国国道公路网规划座谈会,在1979年4月编印的《1981～1990年国道公路网规划初步方案》的基础上,研究确定国道公路网布局,形成了《国家干线公路网线路名称及主要控制点方案》。

二、公路建设行政

(一)制定措施,实施公路交通发展规划

1976～1980年,为落实《1976年至1985年公路交通发展规划》,交通部制定了7项措施:①认真落实党的政策,调动一切积极因素;②切实加强党对公路交通的领导,正确处理公路交通的地方性和全局性、分散性和集中性的关系,充分调动中央和地方两个积极性;③深入开展"工业学大庆"的群众运动和增产节约运动,充分发挥现有企业和设施的生产潜力,提高劳动生产率;④认真贯彻集中力量打歼灭战的原则,集中人力、物力、财力,有计划、按轻重缓急、有步骤分期实施;⑤加强规划、测设、科研及科技情报工作,采用推广新技术;⑥加强技术干部和技术工人的培养;⑦充实公路交通队伍。

(二)研究和酝酿高速公路建设

1. 组织公路交通调查研究

进入20世纪70年代,随着车辆的增长,我国主要干线公路上交通拥挤堵塞日益严重,车辆行驶速度只有经济时速的一半,交通事故急剧增加。为此,交通部开始汇集和研究世界各国解决这一问题的资料,并对我国部分主要干线公路(如京、津、塘地区,东北地区,长江三角洲地区)的交通状况进行分析研究。

2. 研究提出高速公路建设设想目标

"文化大革命"结束后,交通部在调查研究的基础上,开始酝酿在交通流量大的长江三角洲、珠江三角洲和京津地区修建高速公路。1977年7月,在全国公路基本建设会上,交通部提出了新建高速、快速公路,以利开展集装箱运输的初步规划;同年,交通部又提出要修建京津塘高速公路,并力争3年内建成通车,要通过修建这条高速公路积

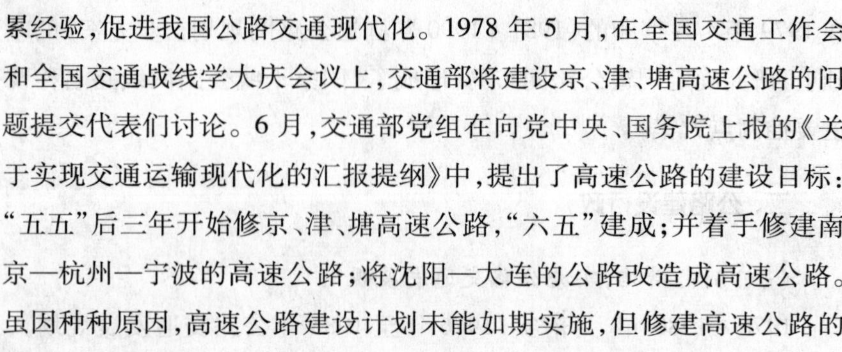

累经验,促进我国公路交通现代化。1978 年 5 月,在全国交通工作会和全国交通战线学大庆会议上,交通部将建设京、津、塘高速公路的问题提交代表们讨论。6 月,交通部党组在向党中央、国务院上报的《关于实现交通运输现代化的汇报提纲》中,提出了高速公路的建设目标:"五五"后三年开始修京、津、塘高速公路,"六五"建成;并着手修建南京—杭州—宁波的高速公路;将沈阳—大连的公路改造成高速公路。虽因种种原因,高速公路建设计划未能如期实施,但修建高速公路的准备工作开始列入交通工作的议事日程。

(三)加强技术管理,颁发技术规范

"文化大革命"结束后,特别是党的十一届三中全会以后,交通部注意加强公路建设中的技术管理,制定和颁发公路建设技术规范。1976～1980 年,先后制定和颁发了《石灰土路面施工技术规范(试行)》、《公路工程抗震设计规范》、《厂矿道路设计规范(试行)》、《公路预应力混凝土桥梁设计规范(试行)》和《公路工程竣工验收办法(试行)》等规范。此外,在公路建设和石油或天然气管道敷设中,为处理好公路与石油管道和天然气管道的相互关系,交通部会同石油部于 1978 年 5 月 23 日发布和实施了《关于处理石油管道和天然气管道与公路相互关系的若干规定(试行)》。

三、公路养护行政

(一)推进公路管理与公路养护体制改革

1975 年 1 月,交通部、铁道部重新分设后,交通部保留了部公路局的建制,负责"文化大革命"前的公路运输局、公路工程管理局和民间运输局的业务。党的十一届三中全会以后至 1980 年,交通部在保留部公路局建制的基础上,调整和充实了公路局的职能。之后,各地公路交通部门也调整了管理体制,各省(区)重新恢复了公路局、总段(分局)和段的三级养路机构;3 个直辖市分别在交通局或市政工程局下设公路管理处(局),处以下按县(区)设公路管理(分局)所,实行统

一领导,分级管理。

1979年7月11日,交通部转发了贵州省批转省交通局《关于调整公路管理体制的报告》。明确规定:①干线公路由省设专业机构养护管理。县社公路仍由地、州(市)、县交通局领导;县公路由县交通局组织群养,公社公路由公社组织自养。专用公路由使用单位自养。②对公路养护总段、养护段,实行省交通局与地、州(市)双重领导,以省交通局为主的管理体制。计划、财务、人事、业务、技术、物资,由省交通局管理。党的工作和思想政治工作,以地、州(市)为主管理。③公路养护经费计划,严格执行"以路养路"、"专款专用"的原则,由省交通局下达。④养护专业机构负责对县社公路养护工作进行技术指导。

(二)组建四省(区)边防公路机械化养路队

为贯彻落实谷牧副总理关于加强边防公路养护的批示精神,交通部于1979年2月15～20日召开了黑龙江、内蒙古、新疆、西藏四省(区)边防公路机械化养路座谈会,研究确定了边防公路的养护范围和组建边防公路机械化养护队等问题。根据会议要求,会后组建了边防公路机械化养护队10个。即:黑龙江3个、内蒙古2个、新疆3个、西藏2个。养护队原则上由省(区)交通局直接领导和管理,养路机械、车辆的购置费和边防公路正常养护经费从各省(区)养路费内支付。

(三)规范公路养护费的征收与使用

1975年,交通部重新修订了《养路40条》,提出"全国养护,加强管理,统一规划,积极改善"的方针,要求做到路基稳定,路面平整,水沟畅通,桥涵完好,标志和路标齐全。1976～1980年,为全面落实《养路40条》,并针对当时养路费征收、管理和作用上存在的问题(使用范围控制不严,任意挪用),交通部等有关部委决定对公路养路费征收工作进行整顿。1978年8月,国家计委、交通部、财政部向国务院呈报并经国务院批准了《关于整顿公路养路费征收标准的报告》。

1979年9月15～22日,交通部在辽宁省旅大市召开了全国公路养路费使用管理工作座谈会。会上研究和分析了公路养路费使用和管理中存在的主要问题,对国家计委、交通部、财政部、中国人民银行提出的《关于公路养路费征收和使用的规定》进行了讨论,并对养路费使用和管理提出了一系列改进意见和具体措施。会议提出了以下4项措施:①加强征费工作,做到应征不漏;②坚持“以路养路、专款专用”的原则;③改革体制、合理安排;④加强经济核算,统一全国养路会计制度。会议强调公路养护工作应坚决贯彻“全面养护,加强管理,统一规划,积极改善”的方针,在安排投资上,要坚持“保证重点,照顾一般”的原则,先干线后支线,先运输繁忙路线,后一般线路。

1979年9月24日,国家计委、交通部、财政部、中国人民银行联合发布《关于公路养路费征收和使用的规定》,从1980年1月1日起施行。该规定明确了:①公路养路费的征收工作,由各省(区)交通局(厅)和直辖市公路主管部门(以下简称省交通局)指定所属单位设置机构及人员或委托有关单位负责办理,并由省交通局统一管理;②实行“以路养路,专款专用”的原则;③养路费的分配使用,应贯彻“全面养护,加强管理,统一规划,积极改善”的方针,首先保证干线公路的需要,适当安排一般公路的必要支出;④尽先安排公路小修保养、大中修工程及水毁修复工程,在保证路况良好的前提下,适当安排改造现有公路的支出;⑤养路工程费应占总支出的80%左右,各项支出均须按计划和规定使用。

(四)开展公路养护质量检查与评比工作

党的十一届三中全会以后,为加强公路养护工作,交通部开展了公路养护质量检查和评比工作,并于1979年5月23日,颁发了《公路养护质量检查评定暂行办法》。该办法把每公里公路的路面、路基、构造物、标志、绿化5项按百分制分项评分,规定了各项所占的比重和优、良、次,差4个等级的分数范围,作为考核各级养路部门工作成绩的主要指标和实行奖惩的主要依据。该办法颁发后,全国各级公路部门和广大养路职工积极贯彻执行,促进了公路的全面养护工作,使全国公路养护质量普遍提高。到1980年末，全国平均好路率达到49.54%，其中干线公路为57.2%，比1979年分别提高4.46%和6.05%。

四、公路运输行政

(一)开展全面质量管理，调整和改革公路运输管理体制

1. 开展全面质量管理

我国自1978年开始引入全面质量管理。1979年8月24～31日，原国家经委在北京召开了全国第一次QC小组代表会议，从此QC小组这项群众性的质量管理活动在工业企业中开展起来，并由机械行业迅速拓展到各行业。1980年3月，原国家经委颁发了《工业企业全面质量管理暂行办法》，明确了全面质量管理在企业中的地位、作用和推进办法，其中对QC小组活动提出了基本要求。为了让企业员工了解全面质量管理的思想、方法，中国质量协会、中国科学技术协会、中央电视台联合主办了6次《全面质量管理讲座》。之后，全国各地开展了大规模的教育培训工作。

交通部从1978年开始推行全面质量管理。1978年9月，全国工交战线开展第一次“质量月”活动。在这次活动中，交通部组织京、津、沪3个直辖市公路运输部门，开展了声势浩大的“安全优质百日赛”活动，并在此基础上，进一步发动全国公路运输部门开展安全优质竞赛活动。1979年7月20日，交通部在上海召开水运企业货运质量座谈会，进一步提出在全国交通系统推行全面质量管理。

2. 调整和改革公路运输管理体制

1979年7月29日，交通部在综合各省(区、市)汽车运输企业管理体制改革经验的基础上，印发了《关于汽车运输汽车管理体制的意见》。明确了:①各省要对汽车运输汽车管理体制进行改革，改变目前多家经营，多头领导，互争业务，相向空驶，动力严重浪费，服务质量不高的现状。②汽车运输企业机构设置:省(区、市)设汽车运输公司，统

一领导和经营全省国营汽车运输企业业务。地区(或经济区)设汽车运输公司,县设汽车运输分公司(或场、队)。现有地县国营汽车运输企业及所属维修厂(场)和汽车站等收归省(区、市)交通部门集中领导,统一经营。③企业的经济核算。原则上以省公司为独立核算单位,地区公司为内部核算单位,县分公司为考核指标单位。④地县汽车运输公司(队、场、站)划归省公司统一领导后,应首先满足当地运输需要。企业利润可按企业合并时核定的资金比例,由省交通、财政两局(厅)商研,经省批准后,给地、县部分留成。⑤各国营汽车运输公司企业的人、财、物由省汽车运输公司统管。⑥为保证完成战略、救灾和重点工程紧急运输任务,各省(区、市)汽车运输公司,应建立平战结合的战备汽车团。⑦为加强车辆的维修和现有车辆的技术改造,应在调整、改革汽车运输企业管理体制的同时,将地、县所属汽车维修企业一并划归省(区、市)交通部门统一领导,以便进行全面规划,合理布局,统筹安排。⑧要加强客运工作的领导,有条件的省(区、市)可考虑成立客运公司,统一经营全省(区、市)的汽车客运业务;客货混合的汽车运输公司,也要有专门机构或专职人员管理客运工作。这个意见的出台,逐步解决了汽车运输公司多头领导、多家经营、互争货源、互抢线路的问题。

1980 年 6 月 26 日,交通部决定,自 1980 年 6 月 1 日起将交通部汽车运输总公司所属在北京、辽宁、山东、安徽、河南的第一、二、三、四、五汽车分公司全部财产移交给各有关省(区、市)交通厅(局)代管(产权和调度权仍属交通部)。各分公司实行独立核算,自负盈亏。

(二)加强客运管理,开展公路客运支农工作

1. 加强客运管理

“文化大革命”结束后,随着党的各项政策,特别是农村政策的逐步落实,农业生产的发展和城乡交流的活跃,全国汽车客运大幅度增长。为加强客运管理工作,交通部于 1977 年和 1980 年先后召开了全国公路客运工作会议和全国公路汽车客运工作经验交流会议,部署和

落实公路客运工作。同时,完善客运管理制度。

1977年6月18～25日,交通部在江苏苏州召开了全国公路客运工作会议。会上,交通部要求各地交通部门:①要提高发展客运重要性的认识,转变“重货轻客”的思想,更好地为发展农业生产和城乡交流服务;②要从经营思想、管理体制、服务质量、运力配置、站点建设、人员培训等方面加强汽车客运工作的领导。会后,全国各地交通部门按照交通部的要求,增开干线和农村短途班车、增加客运服务项目,组织开展公路、水路和铁路联合运输,开展乘务、站务和驾驶工作竞赛活动,提高服务质量,使汽车客运工作发生了可喜的变化。

为加强客运管理,1980年5月,交通部颁布《全国汽车客运管理暂行规定》。

为总结交通客运工作经验,进一步促进客运事业的迅速发展,更好地满足城乡人民生活的需要,1980年10月30日～11月6日,交通部在湖南省长沙市召开了全国公路汽车客运工作经验交流会。会上,学习贯彻了国务院《关于开展和保护社会主义竞争的暂行规定》,交流了客运工作经验,讨论了公路汽车客运面临的新形势和新任务,讨论并修改了《公路汽车旅客运输规则》,研究了公路客运企业如何发挥优势、开展竞争、促进联合等问题;提出要采取措施改善经营管理,改革客运体制。会上,提出了以下6项措施:

(1)要进一步克服“重货轻客”的思想,加强对客运工作的领导,设立客运管理机构。各汽车运输企业,凡是有经营客运业务的,要逐步与货运分开,设立客运职能机构,配备专职干部,专门研究解决汽车客运工作存在的问题,搞好客运管理工作。

(2)要加强全面质量管理,建立健全以岗位责任制为中心,以加强基础工作、基层记录、基本功为内容的各项管理制度,改善客运服务工作。

(3)要加强技术业务培训工作。要采取各种形式,抓好驾驶员、站乘人员的培训。

(4)要千方百计增加客车,解决运力不足的问题。①广辟财源,自筹资金,同时,要争取国家投资、财政借款、银行贷款,筹措客车购置资金。②要压缩客车停厂保修时间,想方设法增加客运班车。同时,要不断改进车型,采用大吨位的柴油客车。③要切实收好、管好、用好养路费,修好路,养好路,为客运工作提供良好的行车条件。④加强站点建设,努力缩短站距;改建不适应的车站,建立候车亭、棚。为加快客运站建设,推动车站建设的标准化和规范化,1980 年交通部制定和发布了《省、地、县公路车站标准设计方案》。

(5)积极开展公路汽车客运学术讨论和科研活动,提高科学管理水平。各级公路学会要拟定专题,对公路汽车客运的发展方向、方针、政策,体制改革、合理运输、联合运输以及旅客心理、职工行为、站务作业、考核指标、质量管理、调度通讯,车辆性能、公路适应状况等进行研究。

(6)认真抓好旅客运输安全,牢固树立安全、质量第一的思想。为确保旅客的运输安全,1980 年 11 月,交通部颁布实施《公路汽车旅客运输规则》。

2. 开展公路客运支农工作

1976～1980 年,交通部为贯彻国务院关于把交通运输工作转移到“以农业为基础”的要求,组织开展了公路客运支农工作,并采取以下措施加强农村客运工作,促进农村客运的发展:①开展社会主义劳动竞赛,改进服务质量;②大力发展农村公共汽车或农村短途班车;③增加农村客运服务项目,实行客车夜宿农村“早进城,晚归乡”,解决农民当天返回的问题。④客运线路向农村、山区不断延伸,方便群众;⑤不断总结、交流和推广客运支农经验。这一期间,交通部先后召开了 3 次全国公路客运支农经验交流会议,推广交流公路客运支农经验。

1977 年 6 月 17～23 日,交通部召开了部分省汽车客运支农经验交流会议,总结交流汽车客运支农服务和管理工作。

1978 年 8 月,交通部召开全国公路客运支农经验交流会,号召“面向农村、车头向下”。会后,各地公路交通部门按照交通部的要求,把建设以省会(自治区首府)、地市(州)所在地和县城为中心的三级客运网,作为发展客运事业的一项长远措施,逐级制定发展规划,保证干线,加强支线,把重点放在以县城为中心、干支线相连、沟通城乡的农村客运网上,让客运班车能够开到边远山寨、乡镇厂矿和边防哨所。

1980年6月,交通部再次召开全国公路客运支农经验交流会,进一步加快农村客运的发展。到1980年底,全国民用客车达到37万辆。

(三)开拓内陆集装箱运输

随着海运国际集装箱运输和国内铁路集装箱运输的发展,我国公路集装箱运输逐渐兴起。1977年,为疏港需要,交通部在天津塘沽口岸组建了第一支专业集装箱运输车队,并通过技术改造,建成了国内第一座集装箱公路中转站。1978年7月,国家经委召开全国集装箱运输会议,决定开展从铁路站点到货主仓库之间开展集装箱运输,由地方交通部门承担。为贯彻执行国家经委的决定,1978年11月14日,交通部在北京召开京、津、冀交通部门公路联运会议,研究组建集装箱运输公司。会后报经国务院批准,在北京成立中国集装箱运输公司。12月12日,交通部发出《关于开发内陆集装箱运输的通知》,要求各省(区、市)交通部门全面规划,密切协作,积极创造条件,开展铁路—公路集装箱运输。1979年1月,国家经委、国家计委明确了“进口集装箱的拆箱工作由交通部负责,出口物资集装箱工作由外贸部负责”。之后,各地公路运输部门按照交通部的要求,纷纷开展集装箱运输。1980年7月,交通部根据北京市、天津市、河北省交通局、交通部汽车运输总公司、中国外轮代理总公司的联合报告,批准在北京联合成立京津冀集装箱运输公司。

1980年7月22～25日,交通部公路局在安徽省蚌埠市召开“公路集装箱运输经验交流座谈会”。会上,进一步明确了公路集装箱运输的主要任务:①配合铁路部门完成车站与货主厂、库间的接取送达任务;②配合水运部门完成港口与货主厂、库间或港口与车站间的接取送达或转运任务;③开展公路本身的直达“门到门”运输任务。研究和确定了公路集装箱运输的经营管理方针:“发挥自身优势;统一领导,分头经营,走联合道路;薄利多运,讲求实效”;同时,讨论了发展规划。会议强调要加强集装箱运输的组织领导,实行专业化管理;逐步建立和统一业务规章制度(包括统一费率、统一货运规则、统一运输、装卸规程);搞好技术装备选型配套;加强协作。

到1980年底,已有黑龙江、吉林、辽宁、河北、天津、北京、山东、江苏、上海、安徽、浙江、河南、湖北共13个省(市)开办了铁路、公路集装箱“门到门”运输,全国公路、铁路集装箱通用办理站有150余个,其中50%以上开展了集装箱运输业务。1980年,公路运输部门营运汽车整箱疏运量为6 866标准箱,占港口吞吐量64 305标准箱的10.7%。

(四)整顿公路运输市场,调整运价

1. 整顿公路运输市场

1978~1980年,全国民用汽车平均每年净增约20万辆。但由于国民经济处于调整时期,基本建设战线缩短,货运量大的重工业和大型农田水利建设项目减少,公路货运量随之有所减少,一时出现了车多货少现象,加上大量机关企业自备汽车和农村拖拉机进入运输市场,随处乱设站点,随意自定运价,相互争货源、争路线,造成能源和运力浪费。为整顿运输秩序,减少浪费,1979年7月,交通部向国务院报送了《关于统一组织管理机关企事业单位汽车的情况报告》,并经国务院7月16日批准下发执行。之后,各地按照运力情况,对多余车辆进行了封存。

2. 提出汽车运价调整和改革意见

1966年前后调整的汽车运价,一直沿用到80年代初期,1979年以后,随着改革开放的深入,原定运价规则已不能适应汽车运输事业的发展需要。为此,从1979年下半年开始,交通部开始酝酿汽车运价的改革和调整问题。1980年10月,交通部会同国家经委综合运输研究所在四川省乐山市召开了全国汽车运输和铁路短途运输运价政策问题学术座谈会,研究运价问题。座谈会提出了改革汽车运价的几点意见。12月,交通部公路局在浙江省杭州市召开的汽车运价座谈会上提出了《关于汽车运价调整改革的意见》。

(五)强化汽车运输技术管理工作,建立汽车检测站

1. 继续推行汽车保修机械化、检验仪表化

为进一步提高汽车保修质量，减少车辆停驶待修时间，推动汽车保修机械化、检验仪表化工作的开展，继1974年11月交通部在湖南郴州汽车运输公司红岩汽车保养场召开全国公路运输系统保修机具技术革命经验交流会后，1977年12月10～18日，交通部在河北张家口召开了制定“汽车保修两化（保修机械化、检验仪表化）方案”会议，推广张家口修理厂实现保修机械化、检验仪表化的经验。1978年2月，交通部印发了《实现汽车保修机械化、检验仪表化方案》。之后，各汽车维修和保养场按照交通部汽车保修两化方案的要求，完善汽车保修机具和检验仪表，提高汽车保修质量。

2. 健全技术管理法规

1976～1980年,为更好地为汽车运输事业服务,交通部十分重视汽车维修技术管理工作,始终强调从加强管理和提高技术入手,加强汽车运输机务工作,在搞好汽车运用与维修上下功夫,不断完善技术管理法规。

(1)重新修订技术管理制度。1980年3月20日,交通部重新制定并颁布了《汽车运输企业和修理企业技术管理制度(试行)》,并自1980年7月1日起实施。

这次修订的汽车运输企业和修理企业技术管理制度,分总则、管理、使用、保养、修理5个部分,共100条。其中,将“例行保养”从保养篇内划出,纳入使用篇,并向汽车运输企业和驾驶人员提出了具体要求,指出汽车管理、使用的重要性;强调加强科学技术工作是迅速改变交通运输

落后面貌的一项重要措施,明确提出企业办科研,加强科技情报工作和职工培训工作;突出了实行全面质量管理,是提高运输质量和修理的关键。此外,还提出了汽车修理要按专业化生产的原则,设置客、货车,专用车和柴油车的修理厂,汽车大修必须由专业的汽车修理厂执行。车辆技术管理制度的改进,对公路运输部门汽车运输企业加强技术管理、提高保修质量、降低运输成本,起到了非常重要的作用。

(2)颁布《汽车修理技术标准》和技术规范。1973 年,交通部曾按地区组织各省(区、市)有关技术人员,参照过去制定的《红皮书》①中有关汽车修理的技术标准进行整理、补充,于 1974 年 7 月修订成为《汽车修理技术标准(修改稿)》。但由于当时尚处于"文化大革命"后期,汽车修理技术标准虽然经过多次修改,一直未能正式颁布施行。为使该技术标准更加完善,交通部先后组织 60 多个汽车运输和修理企业的3 000多辆汽车总成进行验证。1978 年 3 月 30 日,正式形成交通部颁布施行标准《汽车修理技术标准》,自 1981 年 10 月起实施。这次修订的《汽车修理技术标准》,主要考虑汽车大修是恢复性修理,要求大修后的汽车基本达到新车水平。结合当时国产汽车状况,技术标准只适用于解放牌 CA—IOB 型,跃进牌 NJ130 型,黄河牌 JN150 型和 JN151 型载重汽车及其同类型和变型车辆;挂车修理标准只适用交通牌 JT841、JT842 型挂车。《汽车修理技术标准》颁布实施后,各汽车修理企业在汽车修理中,一方面,按照交通部的标准和规定要求,积极组织验证,同时,改进工艺,研制和新增必要的工装和检测仪具,严格实行"三检②"制度,确保修理质量。另一方面,想方设法降低修理成本。

为配合技术标准的贯彻执行,1978 年 5 月,交通部在广东佛山召开全国公路客车生产技术经济交流会议,制定了有关技术标准和《长途客车系列型谱》。1980 年 2 月 4 日,交通部颁发《中华人民共和国机

①1951 年 11 月交通部在北京召开第一届全国汽车运输技术会议,制订了《汽车运输企业暂行标准与定额》(简称《红皮书》),1952 年 5 月正式颁布实施。

②自检、互检、专检。

动车制动检验规范(试行)》。

3. 推广使用节能新技术

随着交通工业的发展,节能工作列入交通部的议事日程。1976年12月,交通部在山西省大同市召开全国公路运输部门汽车节油经验交流会。为加强节能工作的领导,1980年1月28日,交通部成立了能源管理领导小组,办公室设在物资局。2月27日,召开第一次领导小组会议,研究和落实节能工作。

1980年9月,交通部会同国家经委、商业部在辽宁省沈阳市联合召开全国封车节油现场会议。10月,中国公路学会汽车运输学会在昆明召开了"提高汽车发动机压缩比和节油学术会议",研究解决解放牌汽车技术改造和有关节油的技术问题。

4. 建立汽车检测站

随着全国民用汽车保有量的急剧增加和《汽车修理技术标准》的贯彻,汽车保有能力和技术水平低同各地对汽车保修质量要求高的矛盾进一步扩大。加之日本、美国和西欧等国家汽车检测技术和设备已广泛用于生产,各省(市)也先后引进了一些日本、丹麦、瑞典、意大利等国家的汽车检测设备,如汽车发动机测功机、底盘综合试验台、车轮平衡仪、五轮仪等。这些都属单机引进,虽然对汽车保修质量的提高和环境、安全的控制以及汽车检测技术的改善起到了一定作用,但如何发展成为汽车综合检测线以掌握运行车辆的技术状况,促进保修质量、节约油耗、控制安全行车和环境污染等,仍有一定距离。为此,1980年,交通部制订了建设汽车检测站的发展规划,要求到1985年各省(区、市)至少要建成一个综合性的汽车检测站,以推动中国汽车检测工作。同年,交通部开始有计划地在全国道路运输业筹建汽车检测站,当时以汽车安全性能检测和废气分析为主。

(六)组织抗震救灾运输

1. 组织唐山地区抗震救灾运输

1976年7月28日,河北省唐山、丰南一带发生强烈地震。唐山、天津地区公路桥梁破坏极其严重。灾情发生后,交通部立即成立了由主要领导同志参加的抗震指挥机构,迅速派出工作组参与河北省抗震救灾指挥部的领导工作;组织人力、物力,抗灾救灾。先后组织40多批共200余人的工作组,分赴灾区现场,调查灾情,研究抢修方案,组织抢修施工。部公路局成立了抗灾物资组,调集抗震救灾物资。同时,组织交通部汽车运输总公司、交通部公路工程一局三处等单位进行救灾运输工作。抗震救灾期间,交通部先后组织公路、桥梁抢修队伍3 000余人,调集工程汽车和施工设备210余台、运输汽车200辆、钢桥450吨、木材925立方米。同时给河北省、天津市调拨客货汽车137辆,各种施工机具26台。经过交通战线广大职工的日夜奋战,京、津、唐地区受地震破坏的干线公路和桥梁得到全面修复,保证了救灾物资的运输。9月1日,中共中央、国务院、中央军委召开了唐山地震抗震救灾先进集体和先进个人代表会议,交通系统24名先进集体和先进个人代表出席大会,得到中共中央、国务院、中央军委的表彰。

1976年11月10日和11月28日~12月2日,交通部相继召开了生产办公会议和抗震救灾工作会议,传达国家建委召开的唐山地区抗震救灾经验交流总结会议精神,交流防震抗震工作经验,研究了贯彻落实具体措施:①组织部内有关司局和科研设计部门深入地震灾区现场调查研究,总结经验教训。②加强抗震科研设计和桥梁加固工作,落实所需材料和资金。③加强公路交通管理,改善大中城市进出口通道,提高通过能力。④加强对防震抗震工作的领导,充实防震抗震办事机构。

2. 组织锡林郭勒盟地区救灾运输

1977年11月,连续不断的特大风雪席卷内蒙古锡林郭勒盟,造成地面积雪1米深、草地被覆盖、580万头牛羊缺乏饲料;近13万牧民没有柴烧,有的断炊;锡林郭勒盟公路交通中断,全长1 000多公里的四级公路约有500公里严重积雪。灾情发生后,交通部立即组织了交通部汽车运输总公司所属的云南大型车队和辽宁、河北两省汽车运输公司会同北京、沈阳军区运输车队投入救灾物资的抢运工作。经过1个多月的艰苦努力,先后抢运粮食、饲料、煤炭、石油等救灾物资4.7万吨,避免了灾情的进一步恶化,有力地支援了广大牧民渡过难关。

五、加强交通监理工作

(一)进一步明确交通监理工作任务

1978年11月14日,交通部颁发《交通监理工作任务和职责(试行)》和《交通监理人员守则(试行)》,进一步明确了交通监理机关的性质、交通监理工作任务、交通监理机构的设置和各级交通监理机构的职责分工。

1. 交通监理机关的性质和交通监理工作任务

《交通监理工作任务和职责(试行)》规定:交通监理机关是代表国家负责贯彻执行交通法规的监督管理机关。其基本任务是:维护交通秩序、纠正违章、指挥交通、宣传安全、处理交通事故;对机动车及其驾驶员施行技术检验、考核、发放牌证和对机动车的制造、改装、改造、保修质量以及路政管理等施行监督,以保障交通安全,为运输生产服务。

2. 交通监理机构的设置和分工

《交通监理工作任务和职责(试行)》规定:在省(区、市)设监理处,地(市、盟、州)设监理所,县(市、旗)设监理站。也可不受行政区域限制,派设监理所、站和交通检查站。交通监理处是省(区、市)交通局主管全省交通监理工作的职能部门。交通监理所是本地区交通监理工作的执行机关。对监理所实行省、地双重领导,人事、财务、业务归省交通局负责,党团工作和政治思想教育以及交通安全工作以地区交通局为主。交通监理站是基层管理单位。由监理所和县交通局实行双重领导,人事、财务和业务由监理所负责,党团工作、政治思想教育以及交通安全工作以县交通局为主。对交通监理处(所、站)分别规定16～17项职责。

(二)交通监理人员统一着装,持证执法

1979年,交通部决定从1月起,全国公路交通监理人员统一着装,

佩带统一的帽徽和臂章,持用统一的《中华人民共和国交通监理证》。

(三)修订交通监理规章

1980 年 9 月 20 ~26 日,交通部在黑龙江省哈尔滨市召开了全国交通监理工作会议,研究和制订做好交通安全工作,降低交通事故具体措施,修订了《交通监理工作条例》和《交通事故处理规定》,并颁布实施。

六、发展公路交通工业

1976 ~1980 年,公路交通工业的主要产品有:公路客车、汽车挂车、汽车配件、车辆以及筑路、养路、汽车保修和装卸机械。另外,公路交通工业还包括汽车轮胎翻修业、交通工程产品、公路机电产品等。截至 1978 年 7 月底,交通部直属的一级公路工业企业有 3 个,其中筑路机械厂 2 个,汽车保修厂 1 个,工业总产值 2 500 余万元。

(一)召开公路交通工业会议

粉碎"四人帮"以后,特别是党的十一届三中全会后,交通部按照党中央、国务院的要求,进一步加强公路交通工业的领导,加快发展。先后于 1978 年、1979 年和 1980 年召开了 3 次全国公路交通工业会议,落实国务院有关要求。

1978 年 8 月,交通部在河北石家庄召开全国公路交通工业会议,总结 28 年来公路交通工业发展正反两方面的经验,讨论并研究了公路交通工业发展规划和客挂车产品归口管理等问题。会后,交通部向国务院提出建议将挂车、汽车保修机械、筑路、养路机械等产品制造,由交通部归口统一管理,统一规划,统一组织生产和统一分配,所需的统配物资由交通部向国家计委统一申请和分配。10 月,国家计委决定,将汽车挂车的生产和分配从 1979 年起由交通部统一归口,以后继续明确除汽车配件外的其他产品也由交通部归口管理。从此,公路交通工业除承担公路运输车辆的维修外,还为公路运输提供所需要的客车、汽车挂车、汽车保修机械、装卸机械和维修配件等产品,产品的产、供、销渠道也逐步理顺。

继1978年8月石家庄会议之后,交通部又于1979年9月和1980年8月20～27日,在福建厦门、山西太原召开了全国公路交通工业会议,进一步总结30年来公路交通工业正反两个方面经验,讨论《1981～1990年公路交通工业十年发展规划》;交流如何"发挥优势、保护竞争、推动联合",加快经济管理体制改革,全面扩大企业自主权,提高产品质量等方面的经验;部署1981年各项工作和任务。同时,对公路交通工业的发展提出了具体措施:①制订公路交通工业发展规划;②按照"发展优势,保护竞争,推动联合"的方针,从实际出发,在所有制、隶属关系和财政上缴渠道均不变的原则下,打破行业、地区和所有制界限,在自愿互利、兼顾各方面经济利益的基础上,积极组织各种形式的经济联合体。各省(区、市)交通部门可成立公路交通工业修造公司。③发挥交通部门汽车配件公司的作用,为公路现代化服务。④改善企业经营管理,加强经济核算,做好企业内部的调整改革工作。

(二)组建交通部公路交通工业公司

1980年6月24日,交通部决定成立交通部公路交通工业公司,统一管理部属公路交通工业,并对各省(区、市)公路交通工业及部归口管理的产品进行统筹规划、计划安排和产品分配销售工作。明确公司为部属一级企业单位,业务归口部公路局管理,实行独立经济核算,经费由提取的管理费中开支。编制定为50人,按20人组建筹备处,从1981年1月1日起正式开展工作。

第三节　水路交通行政

一、调整水运交通管理体制

(一)调整部内水运管理机构和职能

1976年至1978年3月底,交通部主管水运交通的职能部门是水

运局。此后至1980年底,交通部对部内水运交通管理机构和职能作了以下3次调整:

(1)1978年3月29日,交通部决定将原水运局一分为二,分别成立港口局、水运局。港口局的职能为分管港机、燃油供应、理货等业务;水运局的职能为分管调度、商务(运价、货运、客运)、船舶技术、地方航运等业务,直属海运和长航运输业务归口水运局。原水运局国际航运组划归外事局。船检港监局所属港监组划归港口局。水运基本建设局一分为二,分别成立航道局和基本建设局。水运局和港口局从1978年4月1日开始按新的建制办公。

(2)1979年3月16日,交通部对水运交通的体制进行了调整,撤销港口管理局,将港口管理局的职能(不包括港监部分)并入水运局;成立水上安全监督局,有关港监、环保工作由安全监督局负责。

(3)1979年10月11日,交通部除保留水运局、安全监督局两个职能部门外,还设立了港务监督局(对外称中华人民共和国港务监督局),履行港口监督的职能。

(二)理顺港口建设和水上港航单位管理体制

1976~1980年,交通部进一步明确了对港口建设指挥部、地方沿海和内河航运及港航单位的管理。1979年2月25日,交通部、国家建委作出了“港口建设指挥部实行中央、地方双重领导,以交通部为主的领导体制”的决定,明确了各港口建港指挥部的劳动计划,自1979年起由交通部直接管理。8月16日,交通部向国务院请示并经批准,交通部在广东省的直属港航厂各企业(如广州远洋公司、广州海运局),继续由交通部管理;地方沿海和内河航运,仍由广东省管理。

(三)成立港务监督和船舶检验职能部门

1980年1月5日,交通部决定,将长江航政局设在长江各港的管理部门,统一为“中华人民共和国××港务监督”和“中华人民共和国船舶检验局××办事处”,对航行国际航线的船舶进行监督和检验。

二、推进水运基础设施建设

(一)加快港口基础设施建设

根据国务院和国务院有关领导关于加快港口建设的指示精神,交通部在"五五"期间的主要工作是:①抓紧组织完成"四五"后期港口建设的收尾工作。1976年2月,交通部在下达《1976年基本建设计划(草案)》中,重点安排了"四五"后三年沿海港口、船坞的配套收尾工程,黄埔、湛江、上海、连云港、青岛、天津、秦皇岛、大连8个港口列入了1976年国家重点建设项目,加大投资力度。5月,交通部水运局下达通知,要求抓紧完成大连、天津、青岛、上海、黄埔港务局150条作业线计划,实现"三年改变港口面貌"目标①。②继续加强对上海、天津、大连、营口、秦皇岛、烟台、青岛、镇海、连云港、镇江、南通、汕头、厦门、黄埔、湛江、防城港和海南三亚、洋浦、八所等港口建设,增建新的码头泊位。③对港口进行技术改造。

为提高港口的综合通过能力,交通部加大了港口配套设施建设,特别是注意提高港口的供油供水能力。1977年11月5～21日,交通部专门召开港口供油供水工作会议,贯彻中央领导同志对港口供油供水的重要批示,推进港口供油供水设施基本建设,进一步搞好港口供油供水工作。

1979年和1980年,尽管是国民经济调整时期,但交通部在贯彻国民经济调整方针的同时,一方面抓建设项目的清理工作,调整投资比例;另一方面抓水路交通的薄弱环节,重点解决扩大港口通过能力和改造长江航运,特别是重点安排沿海主要港口的投资和建设。这两年,沿海港口投资共6.3亿元。

1976～1980年,交通部通过新建、改建和挖(潜)、革(新)、改

①增开150条作业线,是"三年改变港口面貌"的重要措施之一。

(造),使全国主要港口的生产能力有新的提高。到1980年底,全国主要港口海轮泊位共286个,综合通过能力21 722万吨,其中,深水泊位143个,综合通过能力5 132万吨。

(二)继续对长江干线航运进行技术改造

"五五"计划期间,为提高长江航道的通行能力,交通部加强了长江水系航运建设,特别是加大了长江航道的整治力度,在"四五"期间投入长江干线航运技术改造资金8 812万元的基础上,继续投资6亿元,建设武汉、芜湖、九江、南京等港口码头泊位,技术改造工程于1980年完成,长江干线运输能力由2 650万吨提高到5 300万吨。

(三)开展内河航道普查工作

党的十一届三中全会以后,为摸清我国内河航道的现状,并为编制交通建设规划、改进内河航道管理工作提供准确可靠的资料,1979年6月,交通部作出了开展全国内河航道普查工作的决定,并从10月中旬开始,组织各省(区、市)交通部门对全国内河航道开展了普查。经过一年多的普查工作,取得了比较好的效果。1980年11月8日,交通部公布了成果数据。

截至1979年底,全国内河航道通航里程为17 801公里①,在通航河流上兴建的水利闸坝共27 796座,其中,碍航闸坝1 334座。

(四)航标建设和管理

"文化大革命"结束后,为了改善原有干线航标,交通部对原有灯塔陆续进行了灯器换装或改建。1978年,新建了大沽灯塔以取代大沽灯船,它的建成标志着中国航标建设技术达到新的水平。之后,在1980年又建立了北礁灯塔。

1980年4月24日,国务院、中央军委批准,将由海军管理的海上干线公用航标,移交交通部管理。

①比1978年减少2.8万多公里,主要是由于地方和水利部门多年在通航河流上兴建水利闸坝造成断航,使通航里程减少。

三、水路运输行政

(一)开展沿海港口疏运工作

为贯彻国务院领导对港口疏运工作的指示精神,解决港口压船、压车、压货的问题,1977年6月10～19日,国家计委、国家建委、外贸部、交通部、铁道部召开了全国沿海港口疏运工作会议,研究具体解决措施。29日,交通部又召开了交通港航系统负责人座谈会议,落实疏港会议精神,提出具体措施。之后至1980年,交通部在解决港口疏运方面采取一系列措施:①成立港口管理局,对港口各方面的工作实行集中管理。②抓好沿海港口的配套设施建设,特别是港口供油供水设施基本建设。③积极组织开展江海直达运输。1976年,远洋船进江试航成功,1977年9月正式开航。④扩大远洋运输货运班轮,做到定港、定船、定时。⑤开放长江港口,增开沿海港口。1980年,经国务院批准开放了10个港口。

(二)开展国际班轮航线和国际集装箱运输

1973年9月,中国和日本商定在天津、上海与神户、横滨之间开展10吨型集装箱货运,拉开了中国大陆国际集装箱货运的帷幕。1976年,中国集装箱运输量约7 000标准箱。1977年9月,交通部召开会议专门研究开展国际集装箱运输问题,并印发《关于开展国际集装箱运输会议纪要》,决定在天津、上海与日本神户、大阪、横滨港之间组织国轮国际集装箱运输。1977年11月,交通部汽车运输总公司利用天津大型车队原有基地,成立"交通部天津国际集装箱中转站",并做好车辆调配、道路修整及拆箱等准备工作,于12月10日第一次办理由日本进口中转到北京的国际集装箱"门到门"运输业务。1978年9月,中国远洋运输总公司开辟了中国第一条国际集装箱运输航线——上海—澳大利亚东岸航线。与此同时,我国港口的集装箱码头建设也开始启动。1980年,天津新港建成第一座集装箱码头,不久又建成中转站。到1980年底,已开通国际班轮航线15条;对日本和朝鲜实行了包航线运输，对澳洲、东南亚、波斯湾、西北欧、地中海、美洲及东西非等航线，具备包运条件。对香港的运输，除上海、天津、大连、青岛、广州、厦门、汕头等大港口开通了货运班轮外，上海、广州、厦门还开通了到香港的客运班轮。国际集装箱运输业务逐步得到发展，1980 年，上海、天津、青岛、黄埔、大连 5 个海港开辟了国际集装箱运输业务，吞吐量共 64 305 标准箱；开往澳大利亚的集装箱运输已取得良好的营运效果。

(三)发展水路客运

1976 年 10 月“文化大革命”结束后，交通部针对水上客运工作存在的问题，提出了发展水路客运的一系列措施。

1976 年 12 月 22 日，交通部在上海召开了全国水路客运工作会议，沿海、长江港航单位和 14 个省(区、市)共 37 个单位的 130 多名代表参加了会议。这次会议是建国以来客运工作会议最大的一次会议。会议总结和交流了客运工作经验，提出了克服困难建造万吨客轮、恢复航线、提高运力、整顿水上客运秩序等发展水路客运的具体措施。

1979 年 3 月 7 日，为贯彻落实同年 2 月 5 日李先念副总理在国家经委、计委《关于改进外贸海运分工的报告》上的重要批示精神，交通部召开了全国水上客运会议，分析水上客运工作的主要矛盾，重点研究水上客运发展问题，制定了三年调整时期和 1985 年前加速水上客运工作发展的具体措施。

根据 1979 年 3 月全国水上客运会议精神，1979 年 5 月 19 日，交通部向国务院呈报了《关于加速建设和发展水上客运工作的报告》，提出了进一步加速水上客运工作建设和发展的 6 项措施：①提高认识，加强领导。建立、健全和充实加强客运管理机构，切实加强对客运工作的领导。②加速建造客船，迅速增加运力。三年内重点为渤海湾安排建造客船 20 条；1985 年前为上海海运局建造客船 29 条，为广州海运局建造客船 17 条，为长江航运局建造客船 66 条，共建造客船 132 条，分别列入三年调整计划和 1985 年前的造船计划，作为重点安排，保证按期投产。③建设上海港十六铺客运站，并在年内动工；对已批准建设的武汉、南京、宜昌和汕头等客运站，抓紧组织设计。对其他中小港口客运站建设，给予优先安排。④地方所需增建的客船，由有关省(区、市)交通(航运)局提出计划，报省(区、市)计委，同时报交通部，请国家计委给予支持。广州、长沙和淮安港客运站的建设，请有关省列入1979年和1980年计划。⑤健全旅行服务机构，搞好食品和其他必需品的加工供应，保证国内外旅客生活品供应。⑥继续开展社会主义劳动竞赛，不断提高服务质量。在全国水运部门开展船站服务质量流动红旗竞赛，在客运部门开展评选优秀服务员活动。

(四)组建大连远洋运输公司

1979年9月12日，交通部决定，将大连海运管理局属于远洋部分的船舶划出，组建大连远洋运输公司，由中国远洋运输总公司领导，其沿海运输部分仍由上海海运管理局管理。新的管理体制从1980年1月1日起实行。

(五)发展多种经济成分，实行多元化经营

改革开放以后，交通部认真贯彻党中央提出的“对内搞活、对外开放”的方针政策，在水运行业，打破传统的计划运输体制，制定了鼓励竞争，允许国营、集体、个人一起上，各地区、各单位和各部门一起经营的新的运输经济政策，使水运交通行业形成了多种经济成分并存和多种经营方式并存的格局。1980年，交通部批准中国远洋运输总公司与江苏、河北等省合资建立地方远洋运输公司。此外，各航运企业也纷纷以不同方式联合经营专业公司。

(六)开展水上货运质量管理和检查、评比工作

1976年“文化大革命”结束后，为解决港口生产中存在的压车、压船、压货、堵塞问题，交通部开始着手加强港口的货运管理，特别是货运的质量检查工作。1977年6月22日，交通部召开了直属水运企业货运质量现场会，制定了《港口货运质量标准及检验评比办法》，决定在三年内，使水上货运质量工作实现4项奋斗目标：①港口货运质量

合格率要达到90%以上;②消灭重大货运事故;③减少一般货运事故:货损率和货差率首先达到本企业历史最高水平,然后进一步超过全线历史最高水平;④赔偿金额比例不超过部颁指标(0.05%)。并提出了8项具体措施:①加强对货运质量工作的领导,牢固树立“质量第一”的思想;②加强货运质量检查,抓典型,树样板,总结推广;③建立和健全货运规章制度;④大力进行技术培训,练好基本功,发挥老工人传帮带作用;⑤开展技术革新和技术革命,组织设备维修大会战,充实护货设备;⑥改革装卸工艺,攻克舱内作业难关;⑦大力解决理货计数问题;⑧主动会同有关部门,改进货物包装,做好运输标志,为提高货运质量创造条件。

为贯彻落实1977年6月交通部召开的直属水运企业货运质量现场会精神,1977年7月,交通部在全国水运企业开展了一次全面的货运质量大检查。1978年2月23~28日,交通部又会同国家计量局召开了外贸港口计量工作会议,进一步落实港口计量工作。为加强直属港口货运的质量检查工作,交通部在1978年3月1~10日召开的全国港口工作会议上,研究制定了《直属港口货运质量检查站(组)试行条例》,并决定在直属港口建立货运质量检查站(组),明确了货运质量检查站(组)的组织领导、主要任务和职责。各港口货运质量检查站(组)成立后,检查站(组)既可代表企业对本企业的货运质量进行全面的监督检查,同时,又可根据交通部的授权,代表交通部进行专项检查。

四、水上安全监督和管理

(一)健全水上安全监督机构

为加强水上交通安全监督工作,1966年和1981年,交通部分别在长江干线和广东省成立了航政管理局。1970年,交通部设置了安全监察委员会。1974年,由国务院、中央军委有关部门共同组成全国海上安全指挥部,沿海各省(区、市)也由军区和有关部门组成当地海上安全指挥部。1979年11月23日,交通部在原安全监察委员会的基础上成立了交通安全委员会。该委员会与省(区、市)交通安全委员互通情况,协作配合,共同做好全国交通安全工作。

1979年3月16日,交通部设立了水上安全监督局,负责港航监督和车船监理。在此基础上,10月11日,交通部又增设了港务监督局,负责港航监督;并在沿海各主要港口设有港务监督。长江设长江航政管理局,下设6个分局、19个处。黑龙江设黑龙江港航监督局,下设5个分局、1个监督所和26个监督站。各省(区、市)都在交通厅或航运局设置港航监督处(室)或车船监理处,在主要港口设置港航监督或车船监理。

(二)落实航务(海务)监督部门职责,建立航务(海务)监督证制度

为进一步做好航务(海务)监督工作,确保安全生产,交通部于1979年12月制定并实施了《交通部直属水运企、事业单位航务(海务)监督部门职责》,明确了航务(海务)监督部门的主要任务、职责和各级航务(海务)监督人员的权力。同时建立了交通部直属水运企、事业航务(海务)监督证制度,下发了《关于建立交通部直属水运企、事业航务(海务)监督证的规定》,并从1980年4月1日施行。

(三)发展船舶检验业

1. 恢复、调整和充实船检机构

1973年,交通部调整机构,恢复船检港监局,负责船检、港监、救捞3方面工作,对外仍使用中华人民共和国船舶检验局名称。这以后至1978年3月,船舶检验的相关工作由船检港监局负责。1978年4月,交通部撤销船检港监局,恢复船舶检验局,船检局内设综合处、船检处、规范处。1980年5月,船检局内增设产品处,以加强船用产品的检验工作。

1977年,船检局广州办事处下辖湛江、海口、汕头验船组。1980年,广州办事处成为独立核算单位,由广州海运局代管,编制

176 人，下设船舶检验科研试验站。

1978 年 4 月，船检局上海办事处经过整顿，恢复中华人民共和国船舶检验局上海办事处原名。上海办事处设立“科研试验站”，专门从事船检科研测试工作。

1979 年 10 月，船检局大连办事处列为大连港务局管理的直属局，对内称港务局船检处；对外称中华人民共和国船舶检验局大连办事处。

此外，秦皇岛、青岛、南京、芜湖、宜昌等船检机构都恢复船检局办事处的名称。

2. 健全船检规章和规范

1977 年公布实施《1977 年海船入级规则》和《1977 年船舶吨位丈量规范》；1978 年，颁布实施《长江水系钢船建造规范》、《1978 年钢质挖泥船建造规范》和《1978 年船舶吨位丈量规范》。

3. 发展国际间船检合作

1977 年 4 月 20 日，在汉堡签订《中华人民共和国船舶检验局与德意志劳埃德船级社关于船舶技术合作的协议》。

（四）建立海上救助打捞体系

为适应海上救捞工作的需要，交通部按照国务院、中央军委批准的《关于加强和统一使用海上专业救助力量的请示》，于 1978 年 4 月在交通部内设立职能部门——海上救助打捞局，并在烟台、上海、广东建立 3 个海上救助打捞局。在北起秦皇岛、南至海南省三亚的沿海地区，设立了秦皇岛、天津、烟台、荣成、连云港、上海、鸭窝沙、沥港、温州、厦门、汕头、桂山、蛇口、广州、湛江、北海、三亚共 17 个救助站（点），在我国形成了海上救助打捞体系和海上救助网络。交通部所属海上救助打捞队伍，是我国唯一的海上民用专业救捞力量，其主要职责是在我国沿海以及能够达到的其他海域内进行海上搜寻救生、船舶财产救助、抢险打捞、海上部分消防、消除船舶溢油污染和其他海上安全保障工作。

为适应救捞事业的发展,1978年,交通部成立了上海救捞科学研究所。

五、恢复台湾海峡正常通航,建立蛇口工业区

(一)恢复台湾海峡正常通航

1979年,为促进两岸经济的发展,交通部通过新华社发表谈话,宣布大陆所有对外港口都欢迎台湾船舶来靠泊作业,并希望与台湾有关方面进行协商。6月11日,广州海运局万吨级货船“红旗121号”从珠江口出发,穿过台湾海峡驶抵上海,率先完成了商船通过台湾海峡的试航任务,使中断了30年之久的台湾海峡恢复商船正常通航。22日,交通部召开了“恢复台湾海峡正常通航会议”,会后颁发了《交通部关于我商船通行台湾海峡的暂行规定》。到1979年底,通过台湾海峡的船舶有500余艘次,节约运力1 682万吨,节约燃油2.54万吨,在政治上和经济上都具有重大意义。

(二)建立蛇口工业区

1978年,交通部向国务院提出以企业集资的办法,由香港招商局在广东省深圳创办全国第一个对外开放的工业区——蛇口工业区。蛇口工业区经国务院1979年1月31日批准,7月正式动工兴建。

六、水运工业管理

1976～1980年,水运工业企业的主要产品有:船舶修造、船舶配件、港口机械、航标等。这一期间,水运工业有了一定的发展。到1978年7月,交通部直属的一级水运工业企业有22个,其中,修造船厂12个、船舶配件厂8个、港机厂1个、航标厂1个。这一时期,交通部对直属水运工业的管理,转向对企业进行行政管理、计划监督和咨询服务。

(一)整顿水运工业企业

1976年“文化大革命”结束后,水运工业的生产和建设仍存在许

多问题,管理体制也存在不少弊端。1979 年,国家对国民经济实行"八字"方针,提出了旨在提高经济效益的一系列政策措施。根据"八字"方针,交通部对水运企业进行了整顿。先后组织大连、广东两个工作队,对南北沿海各港区、远洋船队进行了整顿,并把船厂和工程局作为整顿的重点。具体是:①对在建工程项目进行清理整顿;②对工厂企业进行清产核资,采取措施改善管理,提高经济效益;③将上海船厂的张家港分厂并入澄西船厂,广州远洋运输公司兴建的南海船厂并入文冲船厂。

(二)调整管理职能

随着管理体制的调整和改革,1980 年 2 月,交通部撤销了主管水运工业的工业局,但保留了工业局的名称。交通部和地方交通主管部门转向对企业进行行政管理、计划监督和咨询服务,各企业在保证完成国家下达的生产计划的前提下,积极开展多种经营。

第四节　交通综合行政

一、开展企业整顿,扩大企业自主权

(一)贯彻执行《工业 30 条》,落实企业整顿工作

1978 年 4 月 20 日,《中共中央关于加快工业发展若干问题的决定(草案)》(简称《工业 30 条》)颁发。为贯彻执行《工业 30 条》,交通部在 1978 年 5 月 24 ~ 31 日召开的全国交通工作会议上进行了部署。党的十一届三中全会后,交通部按照国民经济"调整、改革、整顿、提高"八字方针,进一步开展了公路交通企业的整顿工作。1978 年 6 月中旬,交通部由一名副部长带队,组织一批干部到长航局和上海港,会同地方党委一起对这两单位进行整顿工作。1979 年,部机关继续抽调干部,在副部长的带领下,组成工作组,直接抓了大连和广州地区直属企业的整顿工作。整顿的重点和要求是:①整顿企业领导班子,解决企

业领导班子中“软、懒、散”的问题。②在企业中,实行党委领导下的厂长分工负责制和职工代表大会制;建立总工程师、总会计师责任制;建立和健全各级干部、工人和技术人员岗位责任制;加强企业的计划管理、生产管理、技术管理、设备管理、物资管理、劳动管理和财务管理。③在整顿的基础上,对企业实行“五定①”,并颁发了定员标准。1979年1月,交通部颁发了《汽车运输企业定员标准》和《公路养护定员标准》。1980年8月21日,交通部印发并试行《交通部工程船舶定员标准》。

(二)扩大企业经营管理自主权

国务院决定从1979年起,着手经济管理体制改革,并提出了以下原则:①在整个国民经济中要以计划经济为主,同时,充分重视市场调节的辅助作用;②要扩大企业自主权,并把经营好坏同职工的物质利益挂起钩来;③要按照统一领导、分级管理原则,明确中央和地方的管理权限;④要精简行政机构,更好地运用经济手段来管理经济。改革的着眼点主要是:扩大企业权力、实行严格的经济核算和经济责任制,明确划分中央和省(区、市)职权,建立新的奖惩制度等。1979年7月,国务院颁布了《关于扩大国营工业企业经营管理自主权的若干规定》,并下发了关于扩大国营工业企业经营管理自主权、国营企业实行利润留成、开征国营工业固定资产税、提高国营工业企业固定资产折旧率和改进折旧率使用办法、国营工业企业实行流动资金金额信贷5个方面的文件,要求各地各部门选择少数企业试点。1980年9月2日,国务院批准国家经委《关于扩大企业自主权试点工作情况和今后意见的报告》,决定从1981年起扩大企业自主权的工作,在国营工业企业全面推开,使企业在人财物、产供销等方面拥有更多的自主权。

根据国务院颁布的《关于扩大国营工业企业经营管理自主权的若干规定》和有关文件要求,交通部从1979年底和1980年初开始了扩

①定产、定员、定资、定消耗、定协作关系。

大交通企业自主权的有关工作。1979 年 12 月,交通部、财政部联合作出了《国营交通运输企业试行企业基金的决定》。1980 年 3 月,交通部对扩大交通企业自主权试点工作进行了部署,强调要在整顿企业的基础上,通过扩大交通企业自主权试点工作,进一步提高企业的管理水平和技术水平。1980 年 8 月 20 日,交通部决定,各航务工程、航道、救捞局,公路工程局,各大、中型港口、工厂和各科研院所以及部机关各生产技术局设立总工程师职务;并根据工作需要设立副总工程师职务,协助总工程师工作。各航运单位设立总船长、总轮机长职务;必要时可设立副总船长、副总轮机长。大、中型企事业单位设立总会计师职务。"四总①"是同级行政领导班子成员,享受副职待遇。明确了"四总"职责和权限。1980 年 10 月 9 ~ 14 日,交通部召开了公路直属企业扩大自主权和公路直属勘察设计单位实行企业化座谈会,研究拟订了《交通部直属公路工程局关于扩大企业经营自主权的试行方案》和《交通部公路直属勘察设计单位实行企业化的试行方案》,并经部批准于 12 月 3 日印发各有关单位,同时,决定于 1981 年在第一公路工程局全面试行。

《交通部直属公路工程局关于扩大企业经营自主权的试行方案》明确规定了部直属公路工程局的任务,公路工程局及其所属的公路施工单位(处、厂)的经营范围和在计划管理、财务管理、物资管理和劳动工资管理方面的权限以及核算体制。工程局为独立经济核算的部属一级企业,对部统负盈亏;处(包括修理厂、汽车队、房建队、机械站)为内部独立核算单位,全面成本核算,自负盈亏;处(厂)所属队(车间)为内部核算单位。

《交通部公路直属勘察设计单位实行企业化的试行方案》明确规定了公路直属勘察设计单位实行企业化,由事业体制转变为企业体制;实行党委领导下的院长负责制,建立健全以院长为首的生产行政

①总工程师、总船长、总轮机长、总会计师。

指挥系统,并根据公路测设部门特点设立相应的机构;实行院、队(室)二级核算体制。并对公路直属勘察设计单位实行企业化,规定了在计划管理、财务管理、物资管理和人事管理方面的权限。

(三)组织交通工业开展学大庆活动

在粉碎"四人帮"之后的经济调整时期,交通部组织交通工业开展了一系列学大庆活动,并将工业学大庆活动与交通系统的思想政治工作紧密结合。在1977年3月21日~4月2日召开的全国交通工作会议上,交通部对部直属企业学大庆工作进行了部署,并提出要加快工业学大庆的步伐。1977年4月20日~5月13日全国工业学大庆会议后,交通部又根据会议精神,制定了《关于交通战线普及大庆式企业的初步规划》。1977年11月1~6日,交通部工业学大庆办公室在山东省烟台市召开部直属33个港、航、厂、基本建设和打捞企业工业学大庆座谈会,介绍和交流了烟台港务局工业学大庆经验,同时对1977年建成大庆式企业的15个单位进行了初步检查。1978年4月30日,交通部工业学大庆办公室印发了《关于普及大庆式企业的规划范围和验收、命名若干具体问题的暂行规定》和《一九七八年全国交通战线建设大庆式企业规划》。1978年5月18~24日,交通部在黑龙江大庆召开了全国交通战线学大庆会议,表彰了一大批学大庆的先进单位和劳动模范,总结和交流工业学大庆、普及大庆式企业经验,制定了措施,组织开展了社会主义劳动竞赛活动。同时,围绕生产建设,表彰了一批大庆式企业、先进客运航线和一批劳动模范。1979年2月18日,交通部和湖北省在武汉隆重举行命名大会,授予长江航运管理局"大庆式企业"光荣称号。25日,交通部和天津市在天津召开大会,命名交通部天津港务局为"大庆式局",授予"大庆式局"锦旗。

二、交通环境保护行政

(一)制定直属企业环境保护纲要

为做好企业的环境保护工作,治理"三废"污染,1979年3月,交通部向国务院环境保护办公室报送《1979～1985 年交通部直属企业环境保护纲要》。提出“五年内控制，十年内基本解决环境污染”的总目标；要求交通部直属企业到 1985 年“三废”排放都要达到国家规定的标准。

（二）开展水上污染治理和环境保护工作

1976～1980 年，交通部按照国家对环境工作的总要求，认真开展水上污染治理和环境保护工作。先后在大连、秦皇岛、青岛、湛江港建设了环境保护监测站；在大连、秦皇岛、青岛港建成了 5 个油污水处理场；在大连、湛江、南京港建立油轮洗仓站。改建、新建船舶机舱水回收处理船（驳）3 艘；新增浮油回收船 8 艘，围油栏3 000米，围油栏代用工作船（艇）7 条；新建垃圾回收船 20 艘。

（三）颁布实施环境保护规章

1979 年，交通部着手起草《中华人民共和国防止水域污染条例》。为贯彻执行环境保护法，监督检查“三废”排放，防治环境污染，1980 年 6 月 7 日，交通部发布并实施了《交通部环境监测工作条例（试行）》。明确规定了环境监测站的任务、监测项目，监测站的设置（可根据任务和布点设一、二、三级监测站）和各类监测人员的配备及职责与分工。

三、公路水路交通法制建设

（一）设立专门机构负责法规建设管理工作

1978 年 12 月 18 日，党的十一届三中全会的召开，结束了 20 年来法制建设徘徊不前的状态，公路、水路交通法制工作走上了恢复和发展的轨道。1979 年，交通部在办公厅设置了法律处，负责交通法制建设的管理和协调工作。从此，交通部法规建设有了专门的管理机构。此外，交通部还组建了全国水上运输检察院筹备组和水上运输高级法院筹备组。

（二）制定和颁布公路水路交通行政规章

1976～1980 年，交通部先后修订、颁布实施了《关于公路养路费征收和使用的规定》、《全国汽车客运管理暂行规定》、《交通监理工作条例》、《交通事故处理规定》、《水路、公路运输货物包装基本要求》、《公路汽车旅客运输规则》、《船舶水文、气象辅助测报暂行规定》、《渔轮水文气象辅助测报暂行规定》、《关于外轮使用甚高频无线电话暂行办法》、《中华人民共和国交通部沿海港口信号规定》、《交通部运输船舶在北方沿海定线分道航行办法》、《沿海无线电航行警告和航行通告的播发办法》、《关于对在我沿海进行石油勘探的外国籍工程船舶、船员及随船人员的管理办法》、《中华人民共和国对外国籍船舶管理规则》、《中华人民共和国对外国籍船舶航政管理规定》、《中华人民共和国交通部关于港口监督外轮管理若干问题的内部暂行规定》、《中华人民共和国沿海港口航政管理规定(草案)》、《直属港口货运质量检查站(组)试行条例》、《交通部环境监测工作条例(试行)》、《交通部水运、工程船舶封存管理办法》、《交通部水运、工程船舶预防检修制度》、《水运调度通讯规程(试行)》和《工程船机管理办法》等规章。

(三)起草海上交通安全法

党的十一届三中全会以后,随着国民经济的发展,港口建设、航海贸易、资源开发、科学研究、救助打捞等发展迅速,在我国海域航行、停泊、作业的中外各类船舶迅速增长,客观上迫切需要制定一部海上交通安全法。遵照胡耀邦总书记、赵紫阳总理、万里副总理的批示和国务院的指示,自1980年9月起,交通部会同总参谋部、海军、全国海上安全指挥部、石油部、国家水产总局等单位开始共同起草《中华人民共和国海上交通安全法》(简称《海上交通安全法》)。

四、交通科技、教育行政

1977年冬到1978年春,全国高等学校恢复招生考试制度。1978年3月18日,中共中央、国务院召开全国科学大会。邓小平副总理在大会上指出:"科学技术是生产力,这是马克思主义历来的观点"。根据这一思想,党和政府开始扭转对待知识分子政策上的偏差,使教育科技和文化工作走上正轨。1978 年,国家科委制订了《1978 ~ 1985 年科技发展八年规划》。

(一)恢复和发展交通科技事业

1. 组织召开全国交通系统科技大会,落实国家科技发展规划

1978 年 3 月 18 ~ 31 日，中共中央、国务院在北京隆重召开了全国科技大会。交通行业 70 项水运科学技术成果、65 项公路交通科技成果在会上获奖。为贯彻落实全国科技大会精神，1978 年 3 月，交通部在天津召开了全国交通系统科技大会。在这次大会上，表彰了 13 项重大科技成果，授予 209 个先进集体和 265 名先进个人光荣称号。制订了《1978 年至 1985 年交通科技发展规划纲要》，明确提出了交通科技 16 项任务。其中公路科技项目 4 项、水运科技项目 12 项，主要包括港口工程、港口装卸工艺和机械、航道工程、船舶运输、航海、通讯导航、海上救助打捞、船舶和修造船工艺、电子计算机的应用、环境保护、标准计量和情报等。

2. 恢复交通科研机构

1978 年 3 月全国科技大会以后,交通系统一批科研机构重新恢复。1978 年 8 月,交通部决定将由交通部科学研究院代管的情报所由交通部直接领导。

(二)恢复和发展交通教育事业

“十年动乱”结束后,交通部组织进行了交通教育拨乱反正,并从 1977 年全国高等学校招生考试制度改革后,开始恢复和重建交通院校。

1978 年秋,交通部教育局在山东烟台召开了全国交通系统中专学校工作会议,这次会议是建国后 30 年来召开的第一次全国交通中专学校工作会议,也是“文革”后的第一次全国性会议。会上,与会人员面对“百废待兴”的交通中专教育,共商重整恢复大计,就亟待解决的校舍、教材、师资等问题达成了广泛共识,拟定了一系列协作工作计划。这为尽快拨乱反正、重整旗鼓、恢复办学、培训中等专业人才奠定

了良好的基础。

1978年10月28日，经国务院批准，重庆交通学院、长沙交通学院相继恢复和创建；同年，南京航务工程学校、武汉河运学校、集美航海学校改为专科学校；内蒙古交通学校改为交通部直属学校，恢复交通部呼和浩特交通学校校名；西安公路学院中专部恢复为陕西省交通学校校名；同时，明确了青岛港湾学校、广东水运工业学校、广州航务工程学校、上海水运工业学校、南京河运学校5所学校为部属中专学校。

至1978年12月底，全国交通中专学校为42所，开设24个专业，130个专业点，在校生1.2万人。从1980年起，集美航海专科学校改由交通部直接管理。至1980年底，交通部部属普通高等院校共有10所，其中大学本科院校7所，专科院校3所；交通中专学校由42所增至46所（部属学校17所，地方学校29所），在校生16 957人。

五、交通外事行政

(一)对外援建公路运作方式变更

1956年,我国开始以经援的方式,对外承担公路交通项目。1976年前,大部分援外项目都是采取无偿、赠送、长期无息贷款和低息贷款等方式运作。1976年至80年代初,有的技术合作项目改由受援国自费,由我国派技术人员,仅收取少额生活津贴费或技术服务费。同时,为了进一步发挥受援国的积极性,减少我国大量提供一般商品的困难,有少数援建项目的当地费用改由受援国全部或部分提供。

(二)与国际组织的合作

自1971年联合国第26届大会通过决议，恢复中华人民共和国在联合国的合法席位以后，联合国各专门机构及其他一些政府和非政府性国际组织相继通过决议，承认中华人民共和国政府是代表中国的唯一合法政府，我国与国际组织的多边合作逐步加强。至1980

年底，经国务院批准，交通部代表我国参加的国际组织有：国际海事组织、国际航道测量组织、国际海事卫星组织等。此外，交通部还参与联合国开发计划署、联合国亚洲及太平洋经济社会委员会航运交通委员会等国际组织的活动。

从1978年11月1日起，我国正式接受联合国开发计划署的援助，交通部于1979年开始接受援助。交通部自1979年起参加亚太经社理事会活动。自1979年我国加入国际航道测量组织后，我国航道测量部门采取该组织统一的航道测量方法，统一海图和航海文件。我国1979年参加了国际海事卫星组织。

(三)组织国际交通工程承包

1979年2月，为适应我国政治经济发展的需要，为国家筹集资金，促进祖国的社会主义现代化建设事业，经国务院批准，交通部组建了中国公路桥梁工程公司，对外开展公路、桥梁工程的承包业务。该公司与交通部援外办为同一机构，两块牌子，交通部援外办公室主任兼任总经理。1980年8月1日，中国公路桥梁工程公司与交通部援外办公室分离，独立组建。中国公路桥梁工程公司成立后，积极开展国际工程承包。1979年3月，进入也门共和国开展承包业务。5月，承担了北也门哈贾市区道路测设合同项目，合同总金额为6.5万美元。11月20日，与萨那市政部签署关于实施哈贾市街道工程的合同项目，合同总金额为144万美元。1980年5月，积极参与伊拉克摩苏尔四桥工程投标并中标，工程合同额为3 179万美元。

1980年，经国务院批准，交通部成立中国港湾建设(集团)公司。中港集团除承建我国沿海和长江沿岸大中型港口、泊位外，还开展国际工程承包工作。

(四)对外开放长江港口

1980年2月14日，国务院批准，同意国家经委、交通部、外贸部、公安部、卫生部、农业部《关于开办长江对外贸易运输港口的报告》。该报告提出：1980年3月开办江苏张家港、南通、南京三港；1980年4

月开办安徽芜湖、江西九江、湖北武汉、湖南城陵矶、四川重庆五港。同时积极创造条件,对外轮开放张家港、南通、南京三港。

1980年4月17日,经国务院批准,中国长江沿岸的张家港、南通、芜湖、九江、武汉、城陵矶、重庆七港为对外贸易运输港口。

(五)开放边境公路口岸

改革开放以后,我国与周边国家的边境贸易日趋频繁,边境口岸逐渐开放。1978年,开放了临江、南坪、三合、开山屯、拱北、友谊关、水口、东兴、畹町、瑞丽、樟木、普兰、吉隆、红其拉甫、霍尔果斯、吐尔尕特共16个公路口岸,为改革开放和边境地区的经济发展创造条件。

六、交通公安行政

(一)规范直属交通公安机关机构设置和民警队伍管理

针对"文革"后交通公安机关组织不健全、领导关系不明确、指挥不统一的情况,1978年5月25日,交通部发出了《关于直属交通公安机关机构设置和加强民警队伍管理的通知》,规定长航公安局为三级制,即公安局、公安分局、公安派出所。港公安局和海运公安局一般为两级制,公安局直接领导派出所、乘警队、刑警队、消防队;偏远较大的独立作业区也可设公安分局(下面不再设派出所)。大型客轮设乘务民警小队,开放港口设公安消防队。民警队伍是一支武装性质的国家专政力量,应集中统一管理。所有民警的提升、调动、任免、奖惩,统由公安局负责。

(二)加强直属港航公安队伍建设

随着交通航运事业的发展,新的机构不断增加,加上港口大型油库和海岸电台由军队移交直属港航公安部门守护,各港航公安局陆续增加了一些新民警。交通部于1979年5月14日对新民警的招收、工资待遇、定级和着装问题进行了规范,并要求组织对新民警进行为期半年的政治、业务、军事、政策、纪律和警容风纪等基础知识学习和训练。8月,交通部根据中央组织部、公安部等部门有关通知,决定直属港航公安部门的刑事民警、派出所民警、乘务民警改为干部。11月20日,为了保证

《刑法》、《刑诉法》的顺利实施，交通部根据中共中央(1979)64号文件和中央组织部(79)组通字44号文件精神，决定从各港航单位二、三线干部、工人中选调1 000人，充实港航公安干警队伍。并再次明确，“凡属公安编制人员，均另立编制，一律不再占用和计入企业非生产人员的比例。其所需经费，由企业成本改列营业外列支”。这部分人员，其企业不计算劳动生产率，从1980年1月起，由交通部统一考核。

(三)明确直属交通公安机关相关执法权限和执法关系

1979年9月22日，交通部、公安部联合发出通知，授予交通部直属交通公安机关治安管理处罚的行政拘留权。1980年7月22日，交通部会同最高人民法院、最高人民检察院和公安部，决定在水上运输法院和水上运输检察院未正式成立之前，凡是县级以上交通公安机关有关案件的批捕、起诉、审判，由所在地区的法院、检察院直接受理。

(四)整顿直属港航治安秩序

1979年11月，中央召开了全国城市治安会议，交通部认真贯彻这次会议精神，先后两次部署交通公安机关开展治安整治工作，港航治安秩序明显好转。11月15日，交通部批转部公安局《关于港航单位整顿治安的情况及今冬明春整顿港航治安工作意见的报告》。

(五)加强直属港航消防工作

1.召开直属港航消防工作会议

1976年上半年，直属港航单位火灾严重，上海、大连、青岛、湛江港务局和远洋总公司火灾大幅度上升。交通部在组织开展火灾原因调查、严肃处理火灾事故责任人的同时，多次发出通报，要求交通航运部门认真贯彻中央、国务院关于安全防火工作的一系列指示，扎扎实实做好消防安全工作。1976年12月3~10日，交通部在上海召开了直属港航消防工作会议。彭德清副部长到会并讲话，会议对港航消防工作提出要求。一是各级交通公安保卫部门一定要把消防工作抓紧抓好，下属单位较多的公安局、处，可设立消防专门机构。二是加强重点部位的安全防火，保证安全。三是认真总结、处理火灾事故。四是认

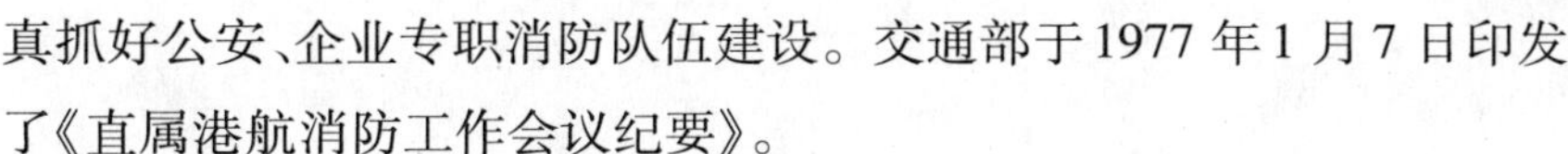

真抓好公安、企业专职消防队伍建设。交通部于1977年1月7日印发了《直属港航消防工作会议纪要》。

2. 颁布《船舶安全防火暂行规定》

1978年4月14日,交通部在上海召开了“团结”轮火灾事故现场会,叶飞、彭德清同志出席会议并讲话。会议要求认真吸取“团结”轮火灾事故教训,开展船舶消防安全检查,加强船舶消防安全工作。22日,根据这次会议精神,交通部颁布了《船舶安全防火暂行规定》,明确提出船舶实行防火责任制,即“防火灭火工作,由船长、政委负责,具体工作按船员职责分工进行”,船舶防火工作的方针是“以防为主,以消为辅”。

3. 对航行国际航线船舶实行消防收费

1978年9月25日,交通部根据中华人民共和国《消防监督条例》,试行了《中华人民共和国交通部对外轮消防费暂行规定》,规定对被救火和被监督、守护的外轮、中外合营公司所属船舶和由外国保险公司承保、分保火险的中国船舶进行消防收费。1979年5月18日,交通部对该规定进行了修订,公布了《航行国际航线船舶消防费收规定》,并明确,对航行国际航线的船舶消防监督工作,由各海港消防队实施。

4. 加强港口水上消防工作

1979年4月21日,交通部印发了《关于加强水上消防队伍管理的通知》,要求各港务局新配置的专用消防船,属于公安业务船,均由该港公安消防队统一管理使用,不得闲置和用于非消防作业;公安部门管理的消防船,船上工作人员属公安消防编制,一律着消防民警服装;专用消防船的干警,应享受与港作船船员同样的福利待遇,在参加灭火战斗任务和执行对危险品船舶监护期间,还应参照有关劳保规定,给予适当生活补贴;各港机务部门应把专用消防船纳入修船计划,并优先安排维修,保证机件供应。

第三篇
1981～2000年的交通部行政

第六章　改革开放初期的交通部行政

(1981～1990年)

20世纪80年代,党和政府已经把工作重点转移到经济建设上来,坚持对内搞活经济、对外开放的方针,不断推进经济体制改革。10年间,交通在国民经济和社会发展中的重要性日益突出。交通部认真执行中央决策,实施放开搞活的方针,开始转变职能,加强行业宏观管理,推进交通基础设施建设,不断探索交通改革与发展的新道路,努力提高交通运输能力。交通事业发展进入新的历史阶段。

第一节　改革交通运输管理体制

一、改革交通运输管理体制,把交通运输搞活、搞通、搞上去

(一)适应国民经济和社会发展需要,努力把交通运输搞活、搞通、搞上去

1978年,中共十一届三中全会确定了改革开放的方针,把党和政府的工作重点转移到经济建设上来。交通在国民经济和社会发展中的地位不断得到提升。1981年11月30日和12月1日,国务院总理赵紫阳在五届人大四次会议政府工作报告《当前的经济形势和今后经济建设的方针》中指出,能源、交通是当前经济发展中的薄弱环节。能源和交通的建设要结合起来进行,交通还应该先走一步。1982年9月1日,胡耀邦总书记在党的十二次全国代表大会报告《全面开创社会主义现代化建设的新局面》中,第一次把交通提高到了经济发展战略重点的地位。1986年4月,六届人大四次会议通过

的《中华人民共和国国民经济和社会发展第七个五年计划》所确定的调整产业结构的方向和原则之一,是把交通运输和通信的发展放到优先地位。1989年3月20日,国务院总理李鹏在七届人大二次会议上所作政府工作报告《坚决贯彻治理整顿和深化改革的方针》中指出,交通运输的紧张状况,已经成为当前我国经济和社会生活中的突出问题,必须把发展交通运输放在更为重要的地位。

20世纪80年代初,交通运输仍然是国民经济中突出的薄弱环节。随着“对外开放、对内搞活”和“调整、改革、整顿、提高”八字方针的深入贯彻,经济政策进一步放宽,工农业生产有了很大发展,商品经济空前活跃,整个国民经济发生了深刻的变化。反映在交通运输上,外贸运量急剧增长,货源结构发生了很大变化,百杂货和短途运输运量显著增加,客运量大幅度上升,各行各业对交通运输提出了许多新的要求,交通运输更加显得很不适应。在基础设施方面,港口泊位少,疏运能力不足,通信导航、船舶维修等设施不配套,内河没有得到充分开发利用;公路的里程少,标准低、路况差、断头路多、通过能力不足;客货营运汽车数量少、车型老、车况差。在管理体制和管理方法方面,还没有完全突破老框框、老办法,影响了运输能力、运输效率、管理水平、经济效益的提高。在这种形势下,为了加快交通运输发展,1982年,交通部提出,要以积极的态度,加强学习,提高政策理论水平,加深对党的十一届三中全会以来路线、方针、政策的理解,认真调查研究,找出新办法,打开新局面,在计划经济指导下,努力把交通运输搞活、搞通、搞上去。

(二)围绕三条主线,改革交通运输管理体制

要加快交通运输发展,必须改革缺乏活力和经济效益低的原有交通运输管理体制。

十一届三中全会以前,我国交通运输事业同整个国民经济一样,长期受“左”的思想影响,管理体制存在着很多弊端,主要表现在:计划经济一统天下,所有制形式单一,条块分割,政企职责不分,以政代企,企业成了政府部门的附属物。水运主要是实行集中统一管理(交通部

直接管理100多个企事业单位),公路主要是地方管理。各级政府交通部门直接管理直属企业的具体生产事务,既影响了企业的自主经营,也削弱了政府交通部门的行政管理职能。交通运输管理体制虽有过多次改革,但只是局限于权力的上收和下放,一直在集权和分权上兜圈子,并未触及交通经济管理的实质问题,结果是一收就死,一放就乱。条块分割和落后的公路水路基础设施使我国的交通运输不能做到货畅其流,统得过死使交通运输缺乏活力和效率,必须通过改革管理体制,调动各方面的积极性,把交通运输搞通搞活,才能真正把交通运输搞上去,满足发展经济和提高人民生活水平的需要。

20世纪80年代,交通运输管理体制改革有3条主线:引入市场机制,放开搞活交通运输;政企分开、简政放权;转变职能,加强行业宏观行政管理。这三者之间的关系是:要想真正把交通运输搞上去,必须放宽搞活;放宽搞活必然要求转变职能,加强行业宏观管理,使交通运输做到活而不乱;要转变职能,加强行业宏观管理,必须改革原有的计划体制下交通运输的管理模式,政企分开、简政放权。

二、引入市场机制,放开搞活交通运输

(一)开放交通运输市场

1. 打破所有制单一、封闭的运输经济格局

1956年,我国完成了对农业、手工业和资本主义工商业的社会主义改造,使社会主义公有制成为唯一的经济基础,建立了高度集中的计划经济体制。这种经济体制的弊端主要在于"权力过分集中",损害了地方政府、生产单位和劳动者个人的积极性,造成经济活动效率低下。在交通运输行业,取消了个体运输,并急于把集体运输企业过渡到全民所有,不断压缩集体运输企业的生存空间,使我国的交通运输失去了活力。改革开放后,交通部打破单一所有制限制,开放交通运输市场。提出要从我国交通运输事业多层次、多形式、多渠道的特点出发,放宽政策,搞活交通。在运输生产方面,

开始允许机关企业和个体运输工具参加营运性运输。1983 年,进一步放宽政策,允许私人购买汽车从事运输,大力扶植发展个体和集体运输,提倡多家经营,鼓励竞争。1985 年,提出运输方面,放手让大家搞。在交通基础设施建设方面,调动社会各方面的积极性,共同兴办,实行"谁建、谁用、谁受益"的政策,充分利用国内外多方面的资金,形成了多元化的投资新格局。全国交通运输行业呈现出"多家经营、鼓励竞争"和"各地区、各部门、各企业一起干;国营、集体、个人一起干"的新局面。

2. 打破条块分割,"有河大家走船,有路大家走车"

在 1983 年全国交通工作会议上,李清部长明确提出,任何通航河流和公路都不要人为割据、一家把持或受行政区域限制。有河大家走船,有路大家行车,做到干支相联,干支直达。要坚决破除对车船运输搞地区封锁,制止控制货源,到处设卡,乱收手续费、管理费等做法,允许跨省运输,实行多家经营。在实践中,交通部门改变各省(区、市)省际间运输按行政区划管理的办法,根据货流需要,进行了省际间的直达运输,提高了运输效率和效益。全国各省(区、市)以多种形式积极开展联合运输和联合经营,使交通运输有了大发展。

(二)扩大企业自主权,增强运输企业活力

1. 打破"三统①"

改革开放前,交通运输业基本上全部实行计划管理。运输管理部门掌握主要货源和运价,实行"三统"。指令性计划统得过宽、过多、过死。运输行政部门直接指挥企业的生产活动,企业没有经营自主权,没有积极性。

随着利改税制度的完善,为了进一步调动企业的积极性,把经济搞活,提高企业素质,提高经济效益,1984 年 5 月 10 日,国务院发布《关于进一步扩大国营企业自主权的暂行规定》,对扩大企业在生产经

①统一货源、统一调度、统一运价。

营计划、产品销售、产品价格、物资选购、资金使用、资产处置、机构设置、人事劳动管理、工资奖金、联合经营10个方面的自主权作出规定。6月15日,交通部转发国务院的规定,结合交通企业的情况,对有关问题作出具体规定。

随着改革不断深入,按照企业的不同层次,交通部下放了部分企业建设项目的审批权,贷款船舶建造的审批权,固定资产管理权(包括对车船实行正常报废、出租和转让),企业自留资金(包括生产发展基金、职工福利基金和职工奖励基金)使用权,贷款使用、赔偿权,指令性计划外物资管理权,各种劳动形式组织管理权。1987年,指令性运输计划由过去的17项缩减为2项(重点物资、外贸物资),其余15项改为指导性计划,不同程度地扩大了企业的经营自主权。

2. 推行承包经营责任制

1987年3月27～31日,交通部召开全国交通厅局长会议,部署深化企业改革,搞活交通企业工作。要求在交通系统积极推行两个层次(主管部门对企业,企业内部)的承包经营责任制。5月7～10日,交通部在北京召开搞活大中型企业座谈会,提出大中型施工、运输、港口三类企业实行承包经营责任制的初步方案,安排直属港航基建企业推行承包经营责任制。7月27～30日,又在陕西西安召开搞活交通企业研讨会。会议探讨了推行两个层次的承包经营责任制的原则和方式,交流了各种形式的承包经营责任制的经验,并就如何搞活企业,发挥企业内部机制的作用等问题进行理论探讨。钱永昌部长强调,要积极推行两个层次的经营责任制,搞活交通运输企业。

3. 推行厂长(经理)负责制

1984年下半年,在部分交通企业实行了厂长负责制试点,由于条件不成熟,出现了一些波折。1986年9月和11月,中共中央、国务院颁发《全民所有制工业企业三个条例》和《认真贯彻执行全民所有制工业企业三个条例的补充通知》后,交通部党组发出关于《认真贯彻全民所有制工业企业三个条例的通知》,积极推行厂长负责制。1987年

2 月 24 日，交通部发出《关于加快全民所有制交通企业领导体制改革，全面推行厂长（经理）负责制工作的通知》，对有关工作进行了具体部署。1987 年 12 月 24 日，交通部向直属企业发出《全面推行和完善厂长（经理）负责制工作的通知》，认为，各直属单位全面推行厂长（经理）负责制的条件已经成熟，要求尚未实行厂长（经理）负责制的部直属企业全部推行厂长（局长、经理）负责制；实行企业化管理的事业单位，全部实行行政首长负责制；拥有船舶的单位，在企业实行经理（局长）负责制的基础上，逐步实行船长负责制。1988 年，全交通系统约有 90% 以上的全民所有制交通企业实行了厂长（经理）负责制。其中，列入改革计划的交通部直属的 46 个单位，在 1988 年 10 月中旬前全部实行厂长（经理）负责制和厂长（经理）任期目标责任制，达到了中央提出的 1988 年底全民所有制企业全部实行厂长负责制的目标。交通部直属航运企业的 1 286 艘船舶中，有 1 113 艘实行了船长负责制，占船舶总数的 86.5%。

三、探索交通运输管理体制改革的方向和内容

（一）交通运输管理体制改革的初步设想方案

1981 年 7 月 6 ~ 14 日，交通部召开直属企事业单位领导干部会议。会议认为，交通运输管理体制的问题主要是交通部对行政管理工作抓得不够，尤其对立法工作抓得不够，对地方交通管理抓得也不够。根据国外的经验和我国的实践，初步提出两个方案：第一，既管行政，也管骨干企业，即苏联、西德、法国、加拿大等国的办法。第二，只管行政。基本上是美、日的办法。会议倾向第一个方案。

交通部提出，交通经济管理体制改革，对政企合一的单位来说，核心是逐步实现政企分开，使企业真正成为独立的经济实体。交通部的直属企、事业单位，一部分具有政企合一的性质，如港口、长航，管理体制改革必须围绕政企分开的要求进行；一部分纯粹是企业单位，主要任务是扩大企业的自主权，加强内部经营管理，在分配制度上，要解决

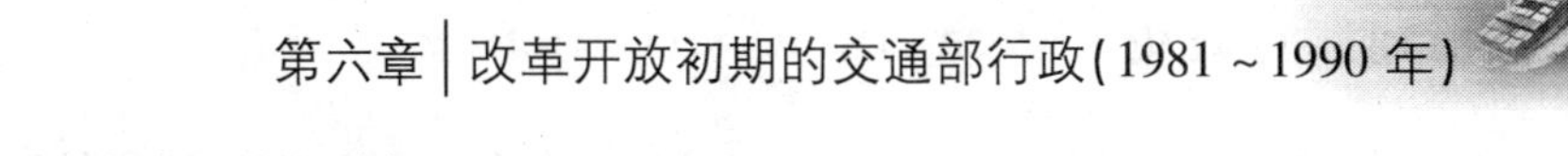

吃"大锅饭"的问题。

交通部机关是国务院的行政管理部门,它的主要任务应该是行使政府职能,通过加强交通立法,制定交通规划,提出交通运输的发展方向、方针和政策,统一实施海运、河运、远洋航运的行政管理和路政管理,制定水、陆交通技术规范、技术政策,组织实施海港、内河及路桥大型工程建设工作,统一交通运输对外政策等。同时,要管好一些大型的、跨地区的骨干企业。因此,部机关也有政、企分开的问题。在内部要有明确分工,一部分专管政,加强行政管理;一部分专管企,加强对所属企业单位的领导。政的方面一定要加强集中统一管理,不能政出多门;对企业,要扩大企业的自主权,要有利于把经济搞活。

(二)改变重企轻政的片面管理方式

李清部长在1983年全国交通工作会议上指出,部内各厅局要抓真正属于行政方面的工作;交通部门的管理方式,存在着偏重管直属、当直属船队长、直属公司经理的思想。对研究全面性的运输政策,制定长远规划,进行计划管理,发挥技术作用,推广先进经验以及制定法规等行政管理工作重视不够。总之,在管理上政企不分,重企轻政。中央领导同志一再指示我们要管理整个交通运输,不能只管直属单位。我们对此领会不深,改革不够,从而影响交通事业全面发展。我们必须从管理全国、全省的交通运输出发,针对存在的问题进行改革。这种改革不容易,但非改不可。

(三)实施"转、分、放"和"两个转变"

1984年,交通部进一步端正业务工作的指导思想,提出以"转、分、放"①和"实现两个转变"②为主要内容的改革设想。这个设想得到

①"转"是指交通部和各级交通部门要从生产业务型转到行政管理型,真正发挥政府职能部门的作用;"分"是指要坚决实行政企分开,简政放权;"放",一是把应该下放的企业放到中心城市,二是放权给企业,使企业有更多的活力,真正能成为按经济办法、经济规律办事的经济实体。

②从主要抓直属企业,转变到面向整个交通运输行业,加强行业管理和指导;从直接抓企业的具体生产经营活动,转变到抓好行政管理。

了中央、国务院的肯定。各省(区、市)交通部门,普遍结合各地情况,研究制定了实现“两个转变”的方案;有些开始对厅、局行政领导机构进行调整,通过调整初步实现政企职责分开,使企业与行政脱钩;不同程度地给企业下放了一些权力,增强了企业的活力;有些省(区、市)交通部门,在放权的基础上,开始将一些企业下放到中心城市。交通部先后在沿海港口和长江进行管理体制改革的试点。各级政府交通部门,开始扭转当“车队长”、“船队长”的局面,把更多的精力转向抓行业管理。

(四)明确交通部门行业管理的职能

在1985年的全国交通工作会议上,交通部提出,要加强各级政府交通部门的行政职能,逐步实现全行业管理。交通部和各省(区、市)交通厅(局),原则上不再直接经营管理企业。

根据“转、分、放”和“实现两个转变”的改革设想,交通部提出,行业管理的职能大体上可归纳为3个方面:

1. 从宏观经济方面加强对交通运输的管理和指导

制定全国和地区的交通运输发展规划;调整和协调交通运输内部的结构、布局和企业之间的关系;部署和实施交通运输重点工程的建设;下达和监督完成国家有关交通运输的指令性计划;组织实施交通运输重大科研攻关、技术开发、成果推广和技术改造项目等。

2. 实施交通运输的行政管理

制定和监督执行交通运输的法规和各项方针政策;对路政、航政、路监、港监、船舶检验、水上救助、航行水域的环境保护实施统一的行政管理;制定运输价格政策,管好运输市场等。

3. 为各种运输力量做好服务工作

汇集和交流运输经济信息;搞好交通运输全行业的统计和分析;组织交流先进经验;大力进行智力开发,搞好各种形式的职工培训;组织和指导引进外资和先进技术等。

为了更好地发挥政府部门的职能作用,交通部要求必须加强各级交通部门行政领导系统的建设,进一步健全中央,省(区、市),市(地),县,区(乡)5级交通部门行政领导机构。对有些在改革中把政府交通部门撤销了的地区,要求纠正这种情况。交通部和各省(区、市)交通厅(局、委)要逐步强化5个管理系统,即:交通运输的规划建设系统;法规、政策的研究、制定和监督系统;交通运输的安全保障系统;交通运输的科研和人才开发系统;交通运输的信息和统计系统。

到1987年,全国5级交通行政管理机构已基本健全。在部、省(区、市)和中心城市3级机构,相应强化了5个管理系统。

(五)提出实现行业管理的目标

1986年全国交通工作会议提出,实现行业管理的目标,主要是3项内容:①各级交通部门,要从原来主要抓直属企业,转到面向全行业,从事商品流通领域的公路、水路客货运输以及公路、水路交通运输服务和配套的企事业单位,不论隶属关系和经济形式如何,都要作为行业经济的一个组成部分,一视同仁地实施行业管理。②通过方针政策的指导、行业经济的规划建设和运用经济杠杆的调节作用,协调各部门、各地区、各种运输方式、各运输企业的关系,对运输经济从宏观进行控制,争取交通行业的最佳经济效益和社会效益。③加强行政管理,通过立法和各种必要的行政手段,以做好各项服务工作,为交通行业的发展提供良好的环境,确保交通运输的安全和秩序。为了实现这个任务,要认真抓好“一个为主、三种手段、五个方面”。一个为主,就是企业的管理逐步由直接控制为主转向间接控制为主,要着重在从宏观上加强经济活动的间接控制方面下功夫。实现宏观控制应主要运用好三种手段:一是经济手段,二是法律手段,三是行政手段。为了加强行业管理,实施宏观控制,各级政府交通部门,必须要在方针政策、统筹规划、组织协调、综合平衡和监督服务五个方面更好地发挥政府职能部门作用。

(六)确定“七五”期间和近期交通运输管理体制改革任务

1986年全国交通工作会议明确“七五”期间,交通运输体制改革要着重抓好5件大事:进一步实现政企职责分开,简政放权;搞活交通运输的大中型企业;做好行业管理的基础工作:要加强立法和方针政策的研究制定;调整、充实行政领导机构,提高行政部门人员的素质。

1987年提出的《交通运输管理体制改革情况和近期改革方案》指出:必须根据交通运输的特点,认真研究改革过程中的新情况、新问题、新经验,以开拓的精神,不断将改革引向深入。交通运输管理体制改革的任务,一是要继续抓好政企职责分开,政府部门对企业的具体生产经营管理要逐步淡化,按照"一个为主、三种手段、五个方面"的要求,在继续执行放宽搞活的同时,加强行业管理和宏观控制;二是要切实扩大企业的自主权,增强企业活力,使企业真正具有自主经营、自我发展的条件。

四、政企分开,简政放权,加强行业宏观管理

(一)政企分开,简政放权

1. 下放港口

1984～1989年交通部逐步将15个直属沿海港口中的14个、直属的长江干线26个重点港口全部下放到当地政府,实行"双重领导,地方为主"的港口管理体制。在沿海港口下放的同时,将各港港监从港务局划出分别组建海上安全监督局,行使国家海上安全监督管理职能,实行以交通部为主、港口所在城市为辅的双重领导体制,加强海上安全工作的统一领导。对各水系港航监督业务分工进行调整。

长江航运实行港航分管,组建长江航务管理局和成立长江轮船公司。

2. 全部下放直属工业企业

1986年12月26日,交通部向国务院办公厅上报《关于我部部属企业下放问题的报告》,报告部属7个工业企业下放的初步意见。

1987年,成都汽车保修机械厂,新津、郴州、西安筑路机械厂下放给所在中心城市归口管理。上海航标厂,上海、广州港机厂也下放完

毕。下放后,这些工厂生产方向不变,产品的标准、规格、质量的确定及产品许可证的颁发,仍由交通部负责。

3. 事业单位实行企业化管理

1987年,交通部第一、第二公路工程局,第一、二、三、四航务工程局,天津、上海、广州航道局,分别改为公司,实行企业化管理。

4. 改革物资供应管理体制

1989年1月,根据物资部、交通部签订的《关于交通部物资供销机构交接问题的协议》,交通部物资计划工作由交通部计划司负责,交通部物资供应机构改为"中国交通物资总公司",实行物资部与交通部双重领导,以物资部为主的管理体制。

5. 缩减指令性计划,扩大企业自主权

(详见本节前面的相关内容)。

6. 改革交通部行政机构体制

1982年和1988年,交通部进行了两次大的机构改革。特别是1988年的改革,为实现政企分开、简政放权、转变职能、加强行业管理创造了条件。

(二)适应新情况,加强行业宏观管理

放开搞活交通运输市场,使运输生产能力得到快速发展、供求关系发生了积极变化。但同时,也出现了不少新情况和新问题。主要表现在:运力盲目增长、一些运输业主经营行为不规范,"宰"客、甩客、倒客及价格欺诈等坑害旅客、货主的问题时有发生;地区封锁、地方保护和市场分割现象依然存在;安全生产形势不容乐观等。面对放开搞活后运输市场出现的混乱现象,交通部提出,要加强管理,搞活交通运输与加强管理同步而行,做到"活而不乱,管而不死"。

1982年全国交通工作会议指出,搞活交通运输的目的,是为了货畅其流。越是搞活交通运输,越是要发挥各级交通部门的政府职能的作用,切实加强对交通运输的行政管理,认真做好联合、协调、监督、管理工作,纠正封锁割据、浪费能源和运力等现象,组织好合理运输,保证运输畅通,更好地为发展经济和满足人民生活需要服务。1983 年全国交通工作会议要求,必须把放宽搞活和加强管理统一起来,没有必要的组织管理,实际上不可能做到真正符合国家利益的放宽搞活。1985 年全国交通工作会议指出,在继续放宽搞活的同时,必须进一步加强宏观调控和行业管理,使运输市场活而不乱,管而不死,各种运输力量,在合理分工和平等条件下竞争,各得其所,协调发展。1986 年全国交通工作会议确定,继续放宽搞活的同时,加强交通运输行业管理,改善宏观调控,是"七五"期间交通部门经济体制改革的重点。1987 年全国交通系统厅局长会议指出,全国交通运输放宽搞活的局面已初步形成。在继续放宽搞活的同时,必须进一步加强行业管理和宏观控制。

10 年间,交通部制定了发展交通运输的一系列方针政策,加强了交通法制建设、交通运输的规划和计划工作、培育和规范运输市场,初步建立起运输市场新秩序。

五、制订实施发展交通运输的一系列方针、政策和措施

(一)"努力把交通运输搞活、搞通、搞上去"的 7 项政策措施

1982 年 2 月 22 日 ~3 月 2 日,交通部在北京召开了全国交通工作会议,着重讨论新形势下加速交通运输发展的方针政策问题,提出了 7 项加速交通运输发展的政策措施:

(1)调动各方面的积极性,振兴我国的水运事业。

(2)动员各方面的力量,加强公路建设。

(3)加强公路运输的组织和管理。

(4)努力办好水陆客运,提高服务质量。

(5)加强对集体所有制企业的领导,积极扶持集体所有制运输企业。

(6)大力发展对外业务,为国家争取更多外汇收入。

(7)加强交通运输的行政管理。

（二）开创交通运输工作新局面的3个重点

1982年，党的十二大把交通运输作为"四个现代化"建设的战略重点之一。1983年全国交通工作会议提出，打开交通运输工作新局面，必须抓好3个重点：①大打港口翻身仗；②提高水运的比重，发挥水运在国民经济中的作用；③进一步发挥公路运输的作用。抓好这3个重点关系到整个交通事业发展的前途；关系到能否打开新局面；更关系到交通能否更好地为"四化"建设服务。

（三）落实中央书记处149次会议精神

1984年8月6日上午，中央书记处由胡耀邦总书记主持，举行第149次会议。中央书记处和国务院联合听取交通部党组关于整党端正业务指导思想的情况和对交通运输战线整改设想等的汇报。中央和国务院领导同志认为，交通部党组提出的改革设想是正确的，并就开创交通运输事业的新局面，改革交通运输管理体制，实行政企分开，简政放权，使各级交通部门真正成为行使政府职权的机构等，作了重要指示：

(1)树立全心全意为人民服务的思想。

(2)改革管理体制，实行政企分开，简政放权，使各级交通部门真正成为行使国家或政府职权的机构。为此要逐步实现两个转变：①从主要抓直属企业，转变到面向整个交通运输行业，从宏观方面统筹安排交通运输事业，加强对整个交通运输行业的管理和指导。②从直接抓企业和生产事务，转变到抓好行政管理。对于纯属企业性质的单位，要逐步下放给中心城市，扩大企业权力，使企业有更多的活力，真正成为经济实体。

(3)从我国交通运输事业多层次、多形式、多渠道的特点出发，放宽政策，搞活运输。要实行多家经营，鼓励竞争，鼓励各部门、各行业、各地区一起干，国营、集体、个人以及各种运输工具一起上，调动各方面的积极性，百车竞发，百舸争流。同时，要打破部门所有制和地区所有制造成的人为分割，开展各地区之间、各种运输形式之间的联营、联运。要鼓励个体运输,发展新型运输联合体。

(4)调动各方面的积极性,加快交通基础设施建设的步伐。

(5)进一步实行开放政策,放手引进先进技术,大胆利用外资。

(6)加强交通运输队伍的建设,提高队伍素质,调整好各级领导班子,做好第三梯队的选拔和培养工作。

(7)改进领导方法。

1985年3月25～31日,交通部在北京召开全国交通工作会议,围绕落实中央的要求,确定进一步改革交通运输体制和加速交通事业发展的措施:

(1)实现全行业管理,加强各级政府交通部门的行政职能。

(2)坚持放宽搞活的方针,进一步调动各方面力量,共同发展交通运输事业,真正做到各部门、各行业、各地区一起干;国营、集体、个人以及各种运输工具一起上。

(3)充分发挥国营运输企业的骨干作用和集体运输企业的辅助作用,扩大企业权力,把企业搞活。

(4)加强行政管理,政的管理要集中统一。

会议确定了加速交通基础设施建设的方针政策:今后各级交通部门,除了加强行政管理外,主要任务要侧重于搞交通基础设施的建设,即"修路、建桥、筑港、治河"。

(1)逐步改变运输结构,努力提高公路和水运在5种运输方式中的比重。

(2)公路建设实行普及和提高相结合,以提高为主的方针。

(3)内河航运建设实行大力扶持、积极发展的政策。

(4)港口建设实行大中小并举的方针,在加强骨干港口建设的同时,注意发挥中小港口的作用;实行中央与地方并举的方针,鼓励地方集资建港,充分发挥中央与地方两个积极性;实行新建泊位与过驳方式并举的方针,加强过驳设施的建设;实行分期投产的原则,努力提高经济效益。

(5)大力建设南北海运通道,充分发挥南北海运优势。

(6)坚决贯彻以现有企业的技术改造和改建扩建为主的方针,充分挖掘潜力。

(7)坚持对外开放,积极引进、利用外资和先进技术,加快交通运输技术进步的步伐。

(四)确定"七五"期间经济体制改革的重点和主要措施

随着交通运输的放宽搞活,出现了一些新情况和新问题:①随着企业的下放,一些跨省、跨地区的运输又出现了新的地区分割。②由于立法不健全,行政管理又不够集中统一,管理工作跟不上,造成运输市场比较混乱,一些地方运力不平衡的矛盾十分突出。尤其是随着大量个体车船进入运输市场,由于驾驶人员素质较差,部分车船老旧、性能不良,交通事故出现上升趋势。③企业竞争局面虽已形成,但竞争在不平等条件基础上进行,不能真正反映经营管理水平和体现实际劳动成果与按劳分配原则。运价、税收、信贷等各项经济杠杆未能发挥应有作用。交通部门专业运输企业困难较大,留利水平普遍下降。④基础工作薄弱,预见性不足。全行业交通统计网络尚未形成,机构不完整,现代化设施缺乏,基础数据不全。⑤压船压港问题严重,表明交通运输管理缺乏预见性,宏观控制能力不足。

根据上述新情况、新问题,1986年,交通部确定了经济体制改革的重点和主要措施。

1."七五"期间,交通部门经济体制改革的重点

在继续放宽搞活的同时,加强交通运输行业管理,改善宏观控制。按照"一个为主、三种手段、五个方面"的要求,逐步实现行业管理。政府交通部门,要由以往直接管理直属企业的具体生产经营活动,逐步转向以间接宏观控制为主。强化经济、法律、行政手段。加强对运价、税收、信贷、折旧、分配等经济杠杆问题的研究;抓紧一批交通基本法规如海商法、公路法、港口法、航道条例、公路运输法和航运法的制定工作;同时考虑采用必要的行政手段。更好地发挥交通部门的政府职

能作用，抓好方针政策、统筹规划、组织协调、综合平衡和监督服务5个方面的工作。

2. 为实现上述奋斗目标和各项任务，采取9项措施

①坚持指导改革放在首位；②搞活大中型交通运输企业；③加强规划工作，调整交通运输结构和布局；④抓好基础设施建设；⑤继续进行企业整顿，挖掘企业内部潜力；⑥积极发展交通运输的横向联系；⑦坚决贯彻“安全质量第一”和“预防为主、综合治理”的方针；⑧加强科学技术和人才开发工作；⑨坚持两个文明建设一起抓。

（五）振兴航运事业的10项任务

1981年11月26日～12月4日，交通部召开直属单位计划工作会议，着重研究讨论振兴航运事业，更好地为“四化”建设服务问题。彭德清部长在会上提出振兴航运事业的10项任务：

（1）加速沿海和远洋船队的发展。

（2）积极开发利用内河航运，充分发挥水运的优越性。

（3）全面规划，大力加速港口建设。港口建设要做到全面规划，实行大、中、小结合。

（4）把水上运输放宽搞活，调动各方面的积极性。

（5）大力开展对外经营业务，进一步扩大在国际市场的竞争能力。

（6）抓好为航运服务的各种配套设施的建设。

（7）大力发展集装箱运输。

（8）调整远洋运输运价，提高远洋运输的竞争能力。

（9）加强科研教育工作，更好地为交通运输现代化服务。

（10）加强对交通运输的行政管理。

（六）召开沿海开放城市港口发展座谈会，明确港口建设的7条方针政策

在“对外开放，对内搞活”方针的指导下，我国的经济形势发生了极为深刻的变化，国民经济持续、稳定、协调发展，人民生活不断改善。

1984年,党中央和国务院决定,进一步扩大开放范围,由4个经济特区扩大到14个沿海港口城市,这是我国实行对外开放的又一重大步骤。港口建设与沿海城市进一步开放的关系十分密切。我国外贸物资90%以上通过港口进出。随着沿海城市进一步实行对外开放,对港口的发展提出了新的更高的要求。

1985年底,我国沿海主要港口的码头泊位500多个,其中深水泊位200个左右。港口落后面貌还没有得到根本改观,不能适应国民经济和对外贸易发展的需要。1985年6月6～9日,交通部在福建省厦门市召开沿海开放城市港口发展座谈会。钱永昌部长到会并讲话,明确港口建设的7条方针政策:

(1)中央和地方并举。

(2)新建和改造并举。

(3)大中小并举。

(4)多种集疏运方式并举。

(5)多种资金来源并举。

(6)部属和社会施工力量并举,实行公开招标。

(7)分期建设、分期投产、分期受益。

(七)发展内河航运的政策措施

我国河流众多,水资源丰富,具有发展内河航运的优越条件。内河通航里程解放初期为7万公里,20世纪50年代末发展到17万多公里,以后因筑坝未考虑建过船设施等原因,通航里程减少很多。内河货物周转量占各种运输方式的比重,也由最高时的13.4%(1957年)下降到了7%(1979年)。改革开放后,内河航运逐步扭转了多年来运量不断下降的局面,1985年,通航里程为10.9万公里,居世界第2位,内河货物周转量占各种运输方式的比重也升到了7.6%。但是,内河航运发展缓慢,其运量大、成本低、能耗少的优势未能发挥,远不能适应国民经济发展的需要。

1986年6月3日,交通部上报了《关于发展内河航运的请示》。

“宋平、吕东主任并报李鹏副总理：

我国内河航运当前在发展中遇到不少困难，主要是企业收入低，成本大幅上升，亏损面扩大到40%以上，特别是目前又加上燃油缺乏，大量船舶被迫停航，影响到许多地区的物资运输和企业安定。航道、港口基础设施差、技术落后，缺乏必要的建设资金，无法同其他运输方式配合协调发展，使我国大好的水运资源不能充分利用，亟须解决。为此，我部曾于1983年和1985年先后给中央、国务院写了报告，但由于种种原因，一直未得到解决。最近看到宋平同志于3月28日在国家经委编印的‘经济动态’28期《内河航运处境困难需要扶持》上批示‘发展水运请即研究并提出切实措施，不能长期停在口头上、纸面上，情况永无改变’后，我们又准备了一份《关于发展内河航运的请示报告》，现送请审阅，恳切地期望得到领导上的支持，使内河航运的问题逐步得到解决。妥否，请批示！”

在这份《关于发展内河航运的请示》中，交通部报告了内河航运的概况及问题，分析了产生问题的原因，提出了“七五”期间发展内河航运的目标、拟采取的措施和需请国家解决的问题。

1986年12月31日，国务院办公厅发出了《关于采取措施发展内河航运的通知》，要求采取5项措施和扶持政策，加快发展内河航运：

(1)进一步打破部门、地区界限，给航运企业更多的自主权，增强其活力和动力。

(2)增加船舶航运用油。

(3)在税收等方面给予适当优惠。

(4)在计划安排上，尽可能多挤出一些资金用于加快发展内河建设。

(5)在生产力布局和安排工农业建设计划上，要更多地考虑我国内河航运的优势。要切实搞好水资源综合利用，有计划、有步骤地解决好碍航闸坝的复航问题。

1987年1月22日，交通部转发《国务院办公厅关于采取措施发展

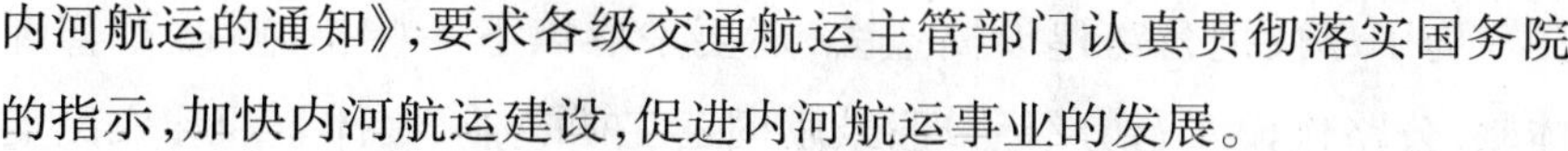

内河航运的通知》,要求各级交通航运主管部门认真贯彻落实国务院的指示,加快内河航运建设,促进内河航运事业的发展。

(八)报送《关于加快公路建设的报告》,公路建设资金获得国家3项政策支持

20世纪80年代初,我国公路交通的情况是:①公路里程少;②标准低、路况差;③断头路、"卡脖子"路段多;④多数汽车性能落后,耗油量大。由于公路路况差,汽车平均行驶速度只有20公里/小时左右,几乎是两辆汽车顶一辆用。汽车运输每百吨公里的油耗约比公路运输发达国家高出1倍,增加了运输成本,削弱了汽车运输的竞争能力,制约了汽车运输的发展。1983年,全国汽车承担的货物周转量,仅占各种运输方式货物周转量总数的7.7%,大批本应由公路承担的短途物资运输转到铁路上,从而加剧了铁路运输的紧张,致使商品流通不畅,广大人民群众出行困难,给国民经济和人民生活造成严重影响。加快公路建设,尽快改善公路交通的落后状况已是刻不容缓。

1984年11月30日,交通部向国务院报送《关于加快公路建设的报告》,提出了发展公路的资金来源和措施:必须调动各方面的积极性,广筹资金。同时,建议国家在财力可能的情况下,给干线公路安排一定数量的投资。具体办法是:县乡公路建设继续实行"民办公助、民工建勤"的方针,以民办为主,公助为辅,对贫困地区的县乡公路,还可利用国家库存的实物,采取以工代赈的办法修建;适当提高养路费征收标准。调整养路费的征收范围,建议从1985年开始,部队的客货营业性运输车辆(不含武器装备的专用车)和党政机关汽车一律按规定标准交养路费;建议将国家从养路费中集资的能源交通资金用于公路建设和改造;各省(区、市)在地方投资及自筹资金中适当安排公路建设资金;积极利用国内外的低息贷款发展公路;高速公路,特大桥梁及长隧道的建设,除国家给予补助外,积极利用国内外贷款,建成后采取收过路费和过桥费的办法偿还;征收车辆购置税;国家给公路建设安排一定投资。

为了尽快把公路建设搞上去，还要采取以下一些措施：改革管理体制，公路建设实行分级管理；鼓励国营工矿企业、集体企业和农民集资修路，积极争取外商投资修路修桥，改进施工管理，使有限的资金发挥更大的效益；加强养路费的征收与管理；积极引进国外先进技术，以提高公路工程质量和投资效率；通过多种渠道，抓紧人才培养。

1984 年 12 月 25 日，赵紫阳总理主持召开国务院第 54 次常务会议，听取了交通部钱永昌部长关于加快公路建设问题的汇报。会议确定，公路建设要以经济发达地区为重点，实行从大小经济中心向外辐射、从沿海向内地辐射的方针，并扩大公路建设资金来源。会议作出提高养路费标准；征收车辆购置附加费；集资或贷款修建高速公路和主要交通建筑物如桥梁、隧道等，车辆通过时允许收过路费和过桥费等重要决定。至此，公路建设有了长期稳定的资金来源。

六、加强交通法制工作

（一）对建国以来颁布的法规进行清理

建国后，交通部草拟经国务院（政务院）批准颁布的法规、部自己颁布的规章或与有关部委联合颁布的规章数量很多。20 世纪 80 年代初，交通部开始对这些法规、规章进行清理。

1984 年 3 月 10 日，交通部召开清理、制定交通法规的专门会议。会议汇报了 1983 年交通部法规的制定、上报、颁布和对建国以来颁布的法规清理工作的情况，提出了 1984 年制定上报法规及继续进行清理法规工作的任务和具体要求。然后，就贯彻国务院办公厅转发的国务院经济法规研究中心关于对国务院系统过去颁发的法规、规章进行清理的通知及 1984 年交通部要完成的法规的制定、报批任务进行了讨论。会议决定：成立交通部清理法规领导小组，负责法规清理的审定工作。法规清理的具体任务按各局现有分工，分片包干，按期完成。由各局参加清理法规领导小组的局领导同志负责抓好这项工作。建国以来交通部颁布的或起草由国务院颁布的技术性规范，由科技局负

责按国办发(83)号文件要求组织力量进行清理。

根据国务院办公厅的通知精神,从1983年11月开始,交通部对建国以来交通部起草经全国人大常委会、国务院(政务院)批准颁布的,部自己或与有关部委联合颁布的法规、规章计967件(不包括技术性规范)全部进行了清理。经逐件审查,确定继续有效的505件,占总数的52.2%;应废止的429件,占44.4%;待定的33件,占3.4%。由于领导重视,各有关厅局积极配合,1984年8月底,清理工作全部完成。

(二)基本搭起交通法规体系的框架

在20世纪80年代的改革过程中,交通部积极推进有关法规的立、改、废工作,把在实践中行之有效的政策措施及时上升为法律规章,巩固改革成果,保障和促进运输经济的发展,着重抓了基本的法律规章的制定。1983年9月2日,全国人大常委会发布了我国第一部交通法律——《中华人民共和国海上交通安全法》(以下简称《海上交通安全法》)。10年间国务院发布和由国务院批准交通部发布的行政法规、交通部发布和交通部与有关部委联合发布的管理规章达300多件(不包括技术性规范)。

在公路方面,以《中华人民共和国公路管理条例》及其实施细则等为主线,初步确定了公路建设、养护、路政管理等法律关系;以《公路运输管理暂行条例》和《公路货物运输合同实施细则》等为主线,初步确定了公路客货运输、市场管理、运政管理等法律关系。在水运方面,以《水路运输管理条例》及其实施细则等为主线,初步确定了内河、沿海远洋运输;港口生产、市场管理及经济纠纷处理等法律关系;以《航道管理条例》、《车辆购置附加费征收办法》、《公路运价管理暂行规定》、《港口建设费征收办法》和《中外合资建设港口码头优惠待遇的暂行规定》等为主线,初步确定了有关港口、航道建设养护等法律关系。在安全监督管理方面,以《海上交通安全法》和《内河交通安全管理条例》等为主线,初步确定了有关船舶,船员管理、救捞、防污管理及事故处理等方面的法律关系。与主要法规相配套,还制定了一批关于交通运输计划、财务、物资、能源、企业管理等方面的管理规章。使长期以来交通法规不完善,在许多方面无法可依的局面有了较大改变。

(三)完成《海上交通安全法》起草工作,报审《中华人民共和国公路法》

1.《海上交通安全法》起草工作完成,经人大审议、通过并颁发

1980年,交通部会同有关部门开始共同起草《海上交通安全法》,以后经过16次修改,并经国务院于1981年11月、1982年10月和1983年1月3次开会审议。1983年9月2日,六届人大常委会第二次会议通过了《海上交通安全法》,自1984年1月1日起实施。《海上交通安全法》共12章53条,确立了船舶检验和登记,船舶、设施上的人员,航行、停泊和作业,安全保障,危险货物运输,海难救助,打捞清除,交通事故的调查处理,法律责任等方面的一系列重要法律制度。授权中华人民共和国港务监督机构对沿海水域的交通安全的指挥管理职责。《海上交通安全法》是我国交通领域第一部法律,它的公布和实施,是我国交通法制建设的一个重要里程碑,有力地推动了海上交通安全管理工作,有利于解决政出多门,改善海上交通秩序,保障安全,促进海上运输和海洋资源的开发利用。

2.报送《中华人民共和国公路法》草稿

根据五届人大二次会议关于加强社会主义法制建设的精神,交通部于1979年11月组织起草公路法。经与各省交通部门反复研究,多次修改,拟就《中华人民共和国公路法(征求意见稿)》。1981年11月,完成《中华人民共和国公路法(送审稿)》。1982年4月27日,交通部向国务院上报了《关于请求颁发〈中华人民共和国公路法〉的报告》。1986年,作较大修改后,再次报送国务院审查。

(四)召开全国交通系统政策研究和法制工作会议

1989年8月29日~9月1日,交通部在山西太原召开全国交通系统政策研究和法制工作会议。这是交通系统政策研究和法制工作方面的第一次会议,主要任务是总结改革开放10年来交通系统政策研究和

法制工作的情况和经验,商讨进一步加强政策研究和法制工作的措施。会议分析了存在的问题,提出了关于进一步加强政策研究和法制工作的4点意见:①重视政策法规工作,并把这项工作摆到应有的位置;②逐步建立健全工作体系;③统筹安排、突出重点;④努力提高队伍素质和工作水平。王展意副部长在会上讲话指出,交通系统政策研究和法制工作必须从中国的国情出发,为发展交通运输、适应社会需要服务;政策研究和法制建设要围绕交通行业的中心任务开展工作。

七、加强交通运输的规划和计划工作,提出"三主一支持"设想

(一)加强交通运输的规划和计划工作

1981年,划定国家干线公路网。1982年,提出交通运输发展规划和"六五"计划"三、三、三、十"总设想:用10年稍多一点时间,远洋船队发展到三千万吨,沿海港口的深水泊位达到三百个,交通部门营运的客货汽车达到三十万辆,建设十万公里干线公路网。1986年2月19~25日召开的全国交通工作会议对交通运输第七个五年计划作出总体安排。7月8日,交通部下达《交通运输第七个五年计划》,包括:"七五"期间的运输生产、交通建设大中型及重点项目、水运船舶发展、工程标准规范制订(修订)、工程建设概预算定额制订(修订)等内容。1987年2月,交通部制定了《2000年水运、公路交通科技、经济和社会发展规划大纲》。1988年,提出《交通运输为适应沿海地区经济发展战略的初步设想》,提出沿海地区交通建设要以港口为中心,形成与海洋运输船队相配套的对外运输扇面和与各种疏港运输线路相配套的港口与经济腹地相连接的对内运输扇面。1990年6月2日,交通部向国家计委报送《公路、水运交通"七五"计划执行情况概要、"八五"计划要点和"九五"规划的设想》。

(二)提出"三主一支持"设想

1989年全国交通工作会议提出建设公路主骨架、水运主通道、港站主枢纽的规划设想。1990年全国交通工作会议提出对我国水路、公

路建设长远规划“三主一支持”的基本设想。即:根据以建立综合运输体系为主轴的交通业的指导思想,按照“统筹规划、条块结合、分层负责、联合建网”的方针,从“八五”开始,用30年左右的时间,建设公路主骨架、水运主通道、港站主枢纽和交通支持保障系统。李鹏总理在《致全国交通工作会议的一封信》中明确肯定了交通部提出的“三主一支持”长远设想。

1990年1月15日,交通部向国务院报送备案《公路、水运交通产业政策实施办法(试行)》。此实施办法对公路、水运交通运输生产,基本建设和技术改造方面的几个重点问题提出了发展序列、保障政策和实施措施。

八、培育和规范运输市场,初步建立运输市场新秩序

(一)大力扶植发展交通运输集体企业

20世纪80年代初,我国有集体所有制运输企业近1万个,职工204万人,拥有各种车辆40余万辆,运输船舶300余万载重吨,年运量约6亿吨,占地方交通总运量的50%以上,是专业运输的一支重要力量。在活跃城乡经济、沟通物资交流、满足人民生活需要、积累资金、安排劳动就业等方面发挥了很大作用。但是,多年来由于“左”的影响和工作中的缺点错误,不少企业已濒临危境。

交通部在1962年曾颁发《关于民间运输业若干政策问题的规定(试行)》草案,时过20年,原规定内容已不尽适用。1982年1月21日,交通部向国务院报送《关于集体所有制运输企业当前存在的问题和改进意见的报告》。1983年4月14日,国务院颁发《关于城镇集体所有制经济若干政策问题的决定》。12月,交通部拟定了《关于集体所有制交通运输企业若干政策问题的规定(试行)》,从集体所有制交通运输企业的经营管理、物资供应、收益分配和工资福利、技术改造和人才培养、加强领导和管理几个方面作出了规定;1984年2月21日,颁发全国试行。

(二)发展个体运输

十一届三中全会后,随着农村经济体制改革的深入,农村经济发展迅速。国有交通运输部门的运力远不能满足农村商品经济发展的需要,农民乘车难、运货难的问题十分突出。一部分农民自发地搞起了营业性运输,并要求政府允许他们经营运输业,批准他们自购车、船和拖拉机,供给油料,承认他们营运的合法性。党中央和国务院对农民办运输的积极性与正当要求,给予了充分的肯定、热情的支持和鼓励。从1983年起,连续几年中共中央发出的一号文件、1984年2月27日《国务院关于农民个人或联户购置机动车船和拖拉机经营运输业的若干规定》、1984年7月19日《国务院关于积极发展农村交通运输的通知》,都对农民个人或联户从事交通运输作出了一系列明确的规定,以大力发展农村水陆交通运输。

为贯彻落实中共中央和国务院关于发展个体运输的指示精神,1984年2月22日、6月9日和7月10日,交通部相继发出了关于认真贯彻中央一号文件,加强公路运输的通知和补充通知、积极扶植农村水运专业户的通知。要求各级公路运输部门既要抓好国营运输,又要关心和扶持集体和个体运输业的发展,充分调动各方面办运输的积极性。要鼓励、支持县、乡和广大农民集资修建、改造县、乡公路,兴办客运站和零担货站,在规划设计施工等方面要积极给予技术指导。继续鼓励农民个人或联户购置船舶或承包农用船舶经营运输业。提倡水运专业户与水陆运输企业或专业户实行各种形式的合作、联运、联营和合营;提倡产、运、销结合,活跃运输市场。交通部门的港口、码头、装卸、修理、船闸、绞滩和通信等设施,要为水运专业户开放,并和国营、集体企业一视同仁。支持乡、镇企业和广大农民集资修建乡镇港口、码头,提倡在港口、码头、客运站等公共场所开设饭店、商店、旅店、茶室、物资代存仓库等;支持农民集资治理山区支流小河、建设小水电站,以电养航,以电治河,疏浚整治航道,"谁兴建,谁经营,谁受益",交通部门要在设计、施工方面积极给予指导,以取得更好的经济效益。

（三）治理整顿道路、水路运输市场

1. 颁布《关于治理整顿道路、水路运输市场的决定》

改革开放以来，交通运输的局面发生了深刻的变化，单一的公有制经济结构已经改变，多家经营、相互竞争的运输格局已经形成，有力地促进了运输市场的繁荣和发育。但是，也出现了运输市场比较混乱的问题。主要是：运输市场缺乏平等的竞争条件，竞争机制难以发挥，各种运输力量不能形成各自优势；运输结构不合理，实载率低，运输经济效益差；管理体制上政出多门，管理多头，缺乏统一协调的有效管理，致使宏观调控不力；不少地区出现了抬价杀价、偷漏税费、垄断货源、居间盘剥等不法行为，行业不正之风仍较严重。这些情况不仅对交通运输，而且对国民经济的健康发展和人民生活都带来了不良影响。

根据中央十三届三中全会提出的治理经济环境、整顿经济秩序、全面深化改革的方针和要求，为建立一个开放的、有秩序的运输市场，1989 年 2 月 25 日，交通部颁布实施《关于治理整顿道路、水路运输市场的决定》，对道路、水路运输市场进行整顿和治理。

2. 贯彻《关于治理整顿道路、水路运输市场的决定》

1989 年 5 月 2 日，交通部发出《关于贯彻〈关于治理整顿道路、水路运输市场的决定〉的通知》，对治理整顿道路、水路运输市场的指导思想、当前整顿重点和工作步骤作了规定。通知指出，要通过整顿和加强管理，创造良好的运输环境和秩序，逐步形成"国家调节市场，市场引导企业"的运输市场机制，保证改革顺利进行，促进道路、水路运输市场健康、协调地发展。1989 年和 1990 年的整顿重点是：严格审查经营资格；认真端正经营行为；切实整顿运输秩序。工作步骤是学习宣传；调查摸底；由点到面；组织检查。

3. 确定运输市场治理整顿的几项工作

1989 年 10 月 13 ~ 17 日，交通部在江苏苏州召开全国道路、水路运输市场治理整顿工作会议，确定对运输市场通过治理整顿要达到的基本目标：①有完善的运输市场行为规则，消除无证照经营现象，经营

行为秩序化、规范化,努力创造一个平等竞争的经营环境。②有健全的运输管理体制和市场监督管理体系,可适时对运输市场动态作出灵活反应并作出处理。③有对运输市场宏观调控的能力,能够将计划经济和市场调节有机结合起来,努力做到运力运量的大体平衡,并留有一定的余地。④有合理的运力结构和发展速度,以公有制为主体,多种运输经济成分协调发展,使国营运输企业的骨干作用、集体运输企业的辅助作用、个体运输企业的补充作用得到充分体现,满足旅客和货主对运输的需要。

提出"三个阶段、三年时间"的设想:1989年内要全面完成宣传舆论,调查摸底等整治的前期工作,并转入对运输经营者的经营资格审验和经营行为的整顿;1990年在继续搞好经营资格审验和经营行为整顿的基础上,逐步建立进出市场和平等竞争的规范,扭转运输市场的混乱状况,运输质量有明显提高;1991年要建立起良好的市场秩序,在增强计划指导的前提下,更好地发挥市场调节的积极作用,初步建立有效的调控和监督体系,形成一个平等竞争的经营环境,巩固和发展清理整顿的成果。

根据运输市场整治工作的进展情况,会议要求后一段时期要着重抓好几个方面的工作:①提高认识,加强领导。②突出重点,全面整顿。对运输生产经营者要切实进行全面的清理审验;加强监督、检查和管理;整顿客运秩序,提高服务质量;解决货运运输效率和效益不高,以及不正当交易的问题;车、船维修行业,要区别情况,分别对待;搞好道路搬运市场队伍的治理整顿,取缔欺行霸市的"货霸";认真抓好运输港、站、车、船的治安管理工作,维护好运输治安秩序。③搞好统筹规划,加强宏观调控。④依法治运,加快法规建设。⑤理顺关系,完善运输管理体制。⑥严格要求,切实加强交通部门运管、航管的机构建设和队伍建设。

4. 召开全国道路、水路运输市场治理整顿工作经验交流会

1990年10月7日,交通部在吉林省长春市召开全国道路、水路运

输市场治理整顿工作经验交流会议。这是全国道路、水路运输市场治理整顿的又一次阶段性的重要会议。会议的目的是总结和交流苏州会议以来的经验,对下一步工作提出具体要求。

会议认为:①基本完成对运输经营者的清理和经营资格的审验,无证经营基本得到制止。②初步整顿经营行为,运输市场秩序好转。③在整顿中注意经济环境的治理,并已初见成效。

会议对完成三个阶段任务的时间进行了调整,把第二阶段的工作延长到1991年6月底,力争在1992年内基本完成运输市场治理整顿工作,一些深层次问题留待以后继续解决,并再次明确运输市场治理整顿的基本目标是:①公有制运输的主导作用和个体运输的补充作用基本能够得到体现,各种运输力量,有一个比较合理的分工,各得其所,各尽其能,各展其长。②车、船技术结构和运力的布局比较合理,道路、水路运输的服务领域不断扩大,运输能力不断提高,基本适应运输需求。③有较为完备的市场规则和较为完善的经营行为规范,基本做到公开、公平交易,合法、平等竞争,市场秩序井然,运输质量有显著提高,服务态度有明显好转。④运输市场按照指令性计划、指导性计划和市场调节运输有机结合的机制运行,计划运输,特别是指导性计划运输部分,能够比较自觉地运用价值规律;市场调节部分,也能纳入宏观计划的调控之中。⑤逐步建立起经济、法律、行政手段综合运用的调控与监督体系,政府交通部门能够对交通运输行业的发展进行有效的调节和控制,对运输市场动态作出灵活反应和处理。⑥运输生产力得到进一步的解放,销路和效益有较大程度的提高,行业的发展方向、发展规模和发展速度,与国民经济的发展基本相适应,使道路、水路运输能够更好地为国民经济的持续、稳定、协调发展服务。

会议对进一步深入治理整顿运输市场提出以下要求:①坚定不移地搞好经营行为的整顿。②切实搞好运力总量控制,积极优化运输结构。③积极探索、逐步建立交通运输经济的计划经济与市场调节相结合的运行机制。④努力增强宏观调控手段与能力。⑤不断完善与健

全市场监督体系。

第二节　职能与机构

一、20 世纪 80 年代交通部的两次机构改革

(一)1982 年的交通部机构改革

1. 交通部机构体制简况

新中国成立后,交通部机构体制在不断变化。这种变化主要反映在两个方面:一是随着国民经济形势的发展变化和全国行政区划的变更相应带来的变化,即对直属企业管理下放或收回。但总的来说,交通水运事业主要是实行集中统一管理。公路交通主要是地方管理。二是部内机构的变化,主要是司局的扩并,编制人数的增减。部机关的编制,大体从 1952 年就初步定型,到 1982 年初,内部机构变化不大。1952 年设海运、河运、公路、航务管理局 4 个总局,一直到 1964 年初,生产业务始终实行总局制。部机关编制人数维持在 800 ~ 1 500 人左右。1952 年编制人数最少,674 人;1953 年编制人数最多,1 833 人。1951 ~ 1958 年,编制人数大体在 1 500 人左右。1962 年精简下放,编制为 772 人。1964 年,国务院批准编制 873 人。

1982 年初,交通部机构体制存在的主要问题:①交通部机关政企不分,行政、企业、事业三位一体。既是国家行政机关,又是生产企业部。部内业务局也是政企合一的。如远洋局、物资局、工业局、救捞局既是企业编制,又是行政职能局。水运调度、燃料供应既是企业编制,又行使行政职能,水运局主要精力是抓生产调度。基本建设局、公路局要用很大精力抓工程企业和直属汽车运输、公路工业企业的经营管理,影响了交通行政管理。②部内各单位职责不清,相互扯皮,降低效率。部对下属企业抓得具体,管得死,束缚了企业的主动性和积极性。③部机关机构庞大,人浮于事,又缺乏年轻骨干,局以上干部老化,处级干部也有不少年岁过大，需要调整、精干。

2. 机构改革过程

(1)坚决拥护中央的重大决策。1982 年初，中共中央下发邓小平同志关于精简机构的重要讲话，部党组成员立即进行传阅和学习。1982 年 1 月 31 日，彭德清部长又向党组传达了赵紫阳总理在国务院常务会议上的讲话。党组同志一致表示拥护，认为精简机构已经成为一件刻不容缓的大事，一定要按照中央、国务院的部署认真抓好这件大事。

(2)制订改革方案，分步骤进行改革。交通部机关从 1981 年 11 月底开始酝酿机构改革。1982 年 3 月 25 日，交通部向国家编制委员会上报了《关于交通部的主要任务和职责范围的报告》。

部机关对新的行政机构设置和编制方案进行了多次讨论，提出了多种方案。新、老党组综合了各方面的意见，根据中央和国务院关于改革国家机关机构体制的指示精神，根据当前交通运输情况及今后发展的需要，吸取 30 多年来部机构设置变更的经验，提出部机关新的行政机构设置和编制方案，并向国务院和中央书记处作了汇报。

1982 年 7 月 28 日，《国务院关于交通部机构编制的复函》同意，交通部由原有 21 个厅局撤并为 16 个，另设 1 个政治部、1 个纪检组，编制定员 800 人。另设援外办公室和船舶检验局 2 个事业单位。

1982 年 8 月 20 日，交通部发出《关于交通部机关机构设置和职责分工的通知》。从 1982 年 9 月 1 日起，新机构开始运行。1982 年 11 月 13 日，钱永昌副部长召集部内有关单位和在京企事业单位的负责同志开会，代表党组布置部内和在京企事业单位机构改革工作。根据中央和国务院指示精神，党组决定对部内和在京企事业单位的机构改革要抓紧进行，争取 1982 年底基本完成。1983 年 1 月 24 日，交通部发出《关于在京企事业机构设置的通知》，确定了在京交通企事业机构的设置。

(二)1988 年的交通部机构改革

1988 年 4 月，七届人大通过了《国务院机构改革方案》。作为国

家机关机构改革工作的试点单位,交通部随即展开改革开放后的第二次机构改革。改革大体分为3个阶段。

1.前两个阶段的主要工作

(1)组织学习。领会中央精神,增强改革意识,明确改革的目标、方针和重点。

(2)进行职位调查和分析。在国务院体制改革办公室的指导下,采取领导、群众与专门工作班子相结合的方法,对部的职能进行了层层分解。将管理职能划分为政、事、企3个方面,明确保留或加强的职能,转移或淡化的职能。将职能分解细化到每个工作岗位,明确每个岗位"做什么"、"怎么做"和"谁来做"。使"三定①"工作建立在更科学的基础上。

(3)提出"三定"方案。在全面分析交通运输管理体制现状的基础上,召开各种层次的会议,广泛听取意见,经过反复研究论证和十多次修改,拟定了交通部机构改革的"三定"方案。包括"三定"的基本原则;交通部的基本职能;调整现有企事业单位的管理体制;部的机构设置及主要职责4个部分。7月16日,国家机构编制委员会审议并原则批准《交通部"三定"方案》;7月23日,批准交通部"三定"方案,"可作为'初步设计'进行实施"。

(4)进行人事调整、安排。7月下旬开始,进行干部配备、安排工作。党组作出《关于交通部机构改革中干部配备安排若干问题的决定》,提出并实行坚持"四化"标准;民主推荐、双向选择;实行试用制度;执行回避制度;做好离退休人员的安排5项原则。第二阶段结束时,各厅、司、局及处室领导干部的配备和机关工作人员的调整、安排基本完成,为新机构投入正常运转打下了基础。

12月6日,交通部召开"交通部新机构运行大会"。这是交通部新老机构正式交替的一个标志,表明部机关新机构的组建任务已经完

①定职能、定机构、定编制。

成并正式运行。归纳起来,这次改革的主要特点和遵循的7条基本原则是:①以转变职能为核心,加强宏观控制和行业管理,主要抓好统筹规划、政策法规、经济调节、监督服务;②淡化对企业直接控制的职能,强化对行业间接调控的功能;③有利于优化运输结构,发展综合运输体系和充分发挥公路、水路运输优越性;④进一步下放权力和搞活交通运输企业,理顺运输、基建、工业、科研、教育、通信等企事业管理体制,对关系国计民生的重点运输仍保持必要的直接控制;⑤精简机构,减少层次,划清权限,明确职责,减少业务交叉,从而使运输协调,效率提高;⑥机构改革与整个交通运输体制改革相结合,保持改革的连续性,使交通经济体制改革不断深化;⑦改革必须促进运输安全和生产建设的发展。这次机构改革对交通运输的发展有重大的推动和深远的影响。

2. 新机构运行后继续搞好内部运行机制的完善工作

主要是抓紧做好准备工作,迎接国务院机构改革办公室召开的相关会议,研究协调解决交通部与其他部之间有关业务交叉的问题;对部机关各厅司局和处室的职责抓紧征求意见,充实完善,并在1989年4月底颁布施行;坚决贯彻执行《交通部工作规则》;编制交通部机构改革文件汇编;继续做好机构改革中部机关干部的安置工作;继续进行已确定的部属企、事业单位管理体制改革的各项工作,并在1989年上半年完成改革任务;1989年4月完成老干部局、机关事务局组建工作;抓紧对机关干部进行培训,提高全体干部的政策水平和管理水平;进一步明确部长、副部长,司局长、副司局长,处长、副处长的职权,做到各负其责、各司其职,明确分工,提高工作效率。

二、交通部的职能

(一)1982年机构改革确定的交通部的主要任务和职责

1983年3月,国务院办公厅印发《国务院各部门的主要任务和职责》,明确了交通部的主要任务和主要职责:

1. 主要任务

统一领导和归口管理全国水路、公路交通的行政、运输生产和建设工作,统筹规划和加速发展全国水路、公路交通,适应国民经济发展需要,为社会主义现代化建设和人民生活服务。

2. 主要职责

(1)贯彻执行党和国家的方针政策,研究制订全国水路、公路交通的具体方针、政策和行政法规,并组织实施。

(2)根据国民经济发展需要,提出全国水路、公路交通的发展方向。在国家统一计划下,统筹安排水路、公路交通的发展规模、速度和比例,制订水路(包括航运水资源的利用和开发)、公路(包括国防、边防公路)交通长远建设规划和年度计划,经批准后组织实施。

(3)负责全国水路、公路交通的行政管理。统一领导全国沿海、内河的商港、综合性港口和通航水域航政管理工作,包括对中外船舶的监督检查、船舶检验、船用产品检验、水上交通安全秩序、水运环境保护、海事处理、商船船员考试发证和船舶引航等;负责外轮代理、船舶保险理赔和商务海事处理工作,维护国家航运权益;负责全国[不含各省(区、市)人民政府驻地城市、对外开放的旅游城市和由公安部门管理的其他城市]公路交通管理工作,包括公路机动车辆的技术检验鉴定和核发牌照,机动车驾驶员的考核、发证和技术监督,公路交通秩序的维护及事故处理;统一管理航道及水上设施;负责检查和处理水路、公路有碍行车行船和危及安全的各种障碍;配合国家环境保护部门,对船舶和车辆排污、排气、噪声等交通公害进行监督和管理;负责水上船舶安全指挥和救助打捞。

(4)领导和归口管理远洋、沿海、内河和港口运输生产。会同有关部门组织外贸运输和平衡内贸、外贸货源,配合物价部门制定内贸、外贸运价,负责对外租船和安排班轮,合理安排港口能力,按时按质按时地完成外贸物资的运输和国内客货运输任务。在国家处于战争状态或遇有其他紧急情况时,负责组织领导水路、公路战备运输和紧急运输。

(5)统一负责组织直属水路、公路企业、事业的经济核算、财务管理、外汇管理、物价管理和制定全国水路、公路企业、事业的会计制度,保证完成财政任务。根据直属水路、公路运输生产和建设需要,统一计划、申请分配、订购和管理国家计划分配的物资。

(6)负责直属水路、公路交通职工的思想政治工作;负责工人和干部培训,选拔、任命和管理部属单位领导干部,搞好各级领导班子和职工队伍的建设;负责统一管理直属水路、公路交通的劳动管理、劳动工资、劳动保护、职工奖惩和职工生活福利等工作。

(7)负责水路、公路交通运输生产和建设的公安保卫工作,调查掌握敌情动态,防范和打击各种破坏活动,保证客货运输生产安全。负责中央首长和外宾乘坐专船的安全保卫工作。负责领导和管理直属港航单位的安全消防工作和外国船舶的消防监督工作。

(8)根据水路、公路交通发展的需要,研究确定科技、教育发展方向,负责审编重点科研、教育规划和年度计划。负责组织科研攻关和审查鉴定科研成果,并归口管理水路、公路运输质量、标准和技术革新、新技术推广工作。负责部属高等、中等院校和技工学校的管理工作,培养水路、公路交通业务技术人才;负责职工的培训教育工作,提高职工的业务技术和文化水平。负责交通档案业务管理工作。

(9)负责水路、公路交通的涉外工作,对外谈判、签订协议、协定,归口管理政府间的水路、公路的合作与合营工作,引进有关水路、公路交通方面的先进技术和设备;负责承建国家对外经援任务中的公路、桥梁、港口、船坞等工程任务,并组织实施。

(10)指导和协调平衡各省(区、市)水路、公路交通运输、重点建设和航道、公路的养护工作,并组织总结交流经验。

(二)1988 年机构改革确定的交通部的基本职责

1988 年 7 月 23 日,国家机构编制委员会批准交通部机构改革的"三定"方案,确定了交通部的基本职责。

交通部是国务院对全国水路、公路交通实行组织领导和宏观调

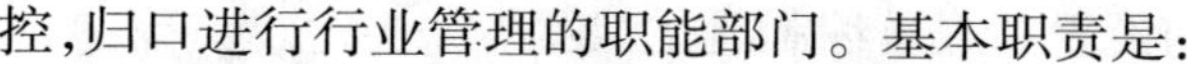
控,归口进行行业管理的职能部门。基本职责是:

(1)根据国民经济和社会发展需求,拟订全国水路、公路交通运输行业发展战略和方针、政策。

(2)根据国家的统筹安排,组织编制全国水路、公路交通运输行业发展规划,制订年度运输和建设计划并监督实施,确保完成国家指令性运输计划和紧急物资的运输。

(3)拟订有关交通法规,并监督执行。

(4)围绕建设与发展综合运输体系,优化运输结构,协调行业内外和多种所有制运输企业的关系,推进横向联合,发展合理运输。

(5)深化交通运输经济体制改革,指导企业改善经营机制;指导交通行业的精神文明。

(6)领导全国水上港航监督、船舶及水上设施检验、海难救助、航道与公路的养护及管理工作。

(7)制订交通运输行业科技、教育发展规划;负责部属院校和科研单位的领导工作。

(8)按干部管理权限,管理部机关干部和部管单位的主要领导干部。

(9)负责政府间有关交通运输方面的涉外工作;开展国际经济技术的交流合作。

(10)为全行业提供信息服务。

(11)会同国家科委等部门制定有关交通运输的技术政策;拟订技术规范、标准,组织技术开发,促进技术进步。

(12)协同国务院有关部门提出有关交通运输方面的价格、税收、信贷、物资、劳动工资和外汇等经济政策。

三、部内和直属单位的机构设置调整

(一)1982年机构改革部内和直属单位机构设置的调整

1.对交通部机关机构设置的调整

交通部根据精兵简政,加快干部队伍年轻化,提高工作效能的目标,按照职能调整机构设置和人员编制。

(1)水运机构变动较大。将水运、远洋(行政部分)、通信导航、港务监督、安全、工业局和基本建设局的航道部分合并,分别组建海洋运输管理局、内河运输管理局、生产调度局和水上安全监督局。①海洋运输管理局,主要是由原水运局的海运部分和远洋局的行政部分合并组成。负责管理沿海运输、远洋运输和港口工作,对海上航运事业实行集中统一管理,统一对外,加强港航协调动作。远洋、沿海港航企业,上海、广州港机厂,燃料供应,外轮理货由海运局对口负责。②为加强内河航运管理,决定将水运局管的内河部分的工作划出,充实必要的业务技术力量和管理人员,组建内河运输管理局,以加强内河的开发利用和航运、港口的行政管理工作。长江航运局和各省(区、市)内河航运、港口管理工作,由内河局对口负责。③生产调度局,主要是为了加强远洋、海运、河运在联合运输中的综合平衡工作,协调解决运输生产中的重大问题,对口经委交通组、企业管理局,协助部领导和有关局研究解决企业管理的重要问题。并负责企业整顿的组织领导、完善经济责任制、挖掘企业潜力、设备维修和质量管理的归口工作。生产调度局有类似生产办公室的作用。④水上安全监督局,由原港务监督局、安全局、交通部环境保护办公室及原救捞局、全国海上安全指挥部的救助指挥和基本建设局的航标部分等合并组建。负责水运安全、港务监督、环保、航标、船舶监督、救助指挥和安全综合工作。原救捞局拟改为救捞公司,由水上安全监督局对口负责。救助船舶由救捞公司管理。

(2)外事工作也作了较大调整。将外事局的对外业务,包括对外谈判、签订有关业务协定、开展国际航运、公路业务及各公司的对外生产业务,分别交由各业务局和公司负责。参加国际组织的外事业务工作也分别交由有关局负责。有的国际组织(如国际海协)拟由海洋局牵头,有关局指定专人参加,组成专门小组,共同研究做好这方面工作。另在办公厅设外事处,协助部领导处理外事管理归口工作和礼宾活动。

改革前,交通部机关行政机构编制为21个局,其中远洋、工业、救捞、物资4个局,既为行政局,又兼为企业局,政企合一。改革后,撤并调整了外事、安全、通信导航、远洋、水运、工业、救捞7个局及进出口办公室。新设海洋运输管理局、内河运输管理局和生产调度局,共16个厅局。改革后行政机构减少了24%。另外,根据中央和国务院指示精神,设立老干部局,列为事业编制。政治部和纪检组除人员精简调整外,机构不变。改革后,交通部机关下设办公厅、海洋运输管理局、内河运输管理局、生产调度局(后于1987年8月14日更名为企业管理局,编制及主要职责均不变)、水上安全监督局、公路局、基本建设局、计划统计局、财务会计局、劳动工资局、教育局、科学技术局、公安局、物资局、机关事务局、老干部局18个机构,见图3-6-1。

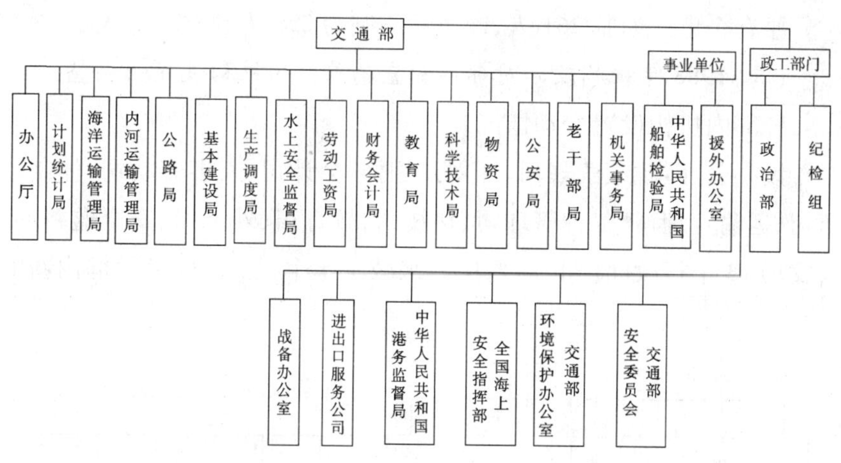

图3-6-1　交通部机关机构设置(1982年改革后)

2. 对交通部直属企事业单位机构设置的调整

1983年1月24日,交通部发出《关于在京企事业机构设置的通知》,在京企事业机构设置如下:

(1)保留的单位。局级事业单位:船舶检验局、援外办公室、水运规划设计院、公路规划设计院、水运科学研究所、公路科学研究所、科学技术情报研究所、标准计量研究所、人民交通出版社、干部进修学院。局级企业单位:中国远洋运输总公司、中国公路桥梁工程公司、中国港湾工程公司、中国海难救助打捞总公司(附:中国拖轮公司、中国海洋工程服务有限公司)、汽车运输总公司。处级事业单位:计算机应用所、人民警察学校、交通医院筹备处、通信站、展览工作组、招待所(附属机关事务局)。处级企业单位:交通印刷厂(附属出版社)、房建大队。科级事业单位:幼儿园(附属机关事务局)。科级企业单位:房修队(附属机关事务局)、中国外轮理货公司北京理货部(附属理货公司)。

(2)调整的单位。公路交通工业公司并入公路局工业处,保留公司牌子,该处增加必要的企业编制;进出口业务统由计划局归口,保留中国交通进出口服务公司的牌子和印章,在计划局设立相应的工作机构,增加少量企业编制。进出口日常业务工作,由计划局会同有关部门办理。

(3)成立交通部标准计量委员会,办事机构由标准计量研究所兼。

原有企事业编制261人,改革后编制为225人,减少36人。

(二)1988年机构改革对部内和直属单位的机构设置的调整

1.部内机构设置变动情况

设办公厅、政策法规司、计划司、财务会计司、人事劳动司、体制改革司、运输管理司、工程管理司、科技司、教育司、外事司、安全监督局、公安局13个行政厅(司、局),比原来减少5个,见图3-6-2。部内新的

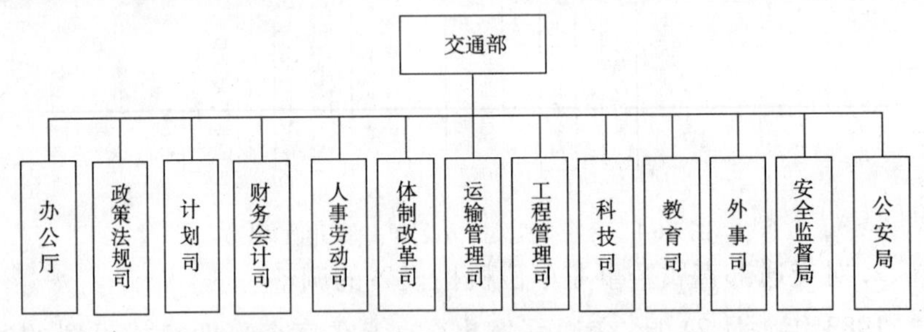

图3-6-2　交通部机关机构设置(1988年改革后)

机构设置与原来的相比,最突出的变化是撤销了海洋运输管理、内河运输管理、公路、基本建设4个专业局,强化了政策法规、规划、计划、经济调节、体制改革、监督服务和运输、工程管理等综合部门。本次国家机

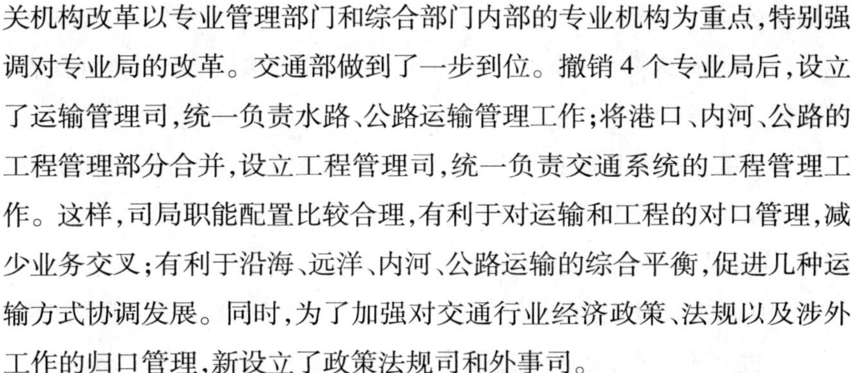

关机构改革以专业管理部门和综合部门内部的专业机构为重点,特别强调对专业局的改革。交通部做到了一步到位。撤销4个专业局后,设立了运输管理司,统一负责水路、公路运输管理工作;将港口、内河、公路的工程管理部分合并,设立工程管理司,统一负责交通系统的工程管理工作。这样,司局职能配置比较合理,有利于对运输和工程的对口管理,减少业务交叉;有利于沿海、远洋、内河、公路运输的综合平衡,促进几种运输方式协调发展。同时,为了加强对交通行业经济政策、法规以及涉外工作的归口管理,新设立了政策法规司和外事司。

2. 调整部机关内的企业、事业工作和直属企事业单位管理体制

逐步理顺政府部门与企事业的关系,是政府机构改革的近期目标,是本次机构改革的重要内容。交通部直接管理着100多个企事业单位,牵制了大量精力,影响了宏观管理。本次改革,将机关内的企业、事业编制和工作,一律分离出去;对直接管理的企事业单位,则区别不同情况,或者下放,或者归并,或者按内在的经济技术联系,组建在国内外市场上有竞争能力的企业集团。

(1)组建中国公路建设总公司。将中国公路桥梁工作公司、2个公路工程局(公司)、2个公路工程勘察设计院、3个筑路机械厂并入。

(2)组建中国港湾建设总公司。将中国港湾工程公司、4个航务工程局、3个航道局、4个航务勘察设计院、2个港机厂、1个航标厂并入。

(3)海洋局通信处划出,与北京船舶通信导航公司、直属通信站合并,组成中国交通通信中心,作为部属事业单位,按企业化管理,并负责部无线电管理委员会的日常工作。对外保留北京船舶通信导航公司名义。

(4)原计划统计局的部分统计业务划出,归并到计算机应用研究所,组成中国交通信息中心,作为部属事业单位,按企业化管理。

(5)部机关有关水上货运、调度部门划出,成立中国水上货运中心,作为部属事业单位,按企业化管理。

(6)部直属的科研所(院)划归交通部科学研究院领导。

(7)中国公路车辆机械公司和成都汽车保修机械厂并入中国汽车

运输总公司。

(8)上海、天津、广州、武汉、大连、青岛海事法院,分别交所在省、市高级法院管理。

(9)部直属的上海港湾学校、广州海运学校、呼和浩特交通学校、大连公安学校和人民警察学校5所中等专业学校,分别划归有关大专院校、企业或地方交通部门管理。

(10)撤销部机关事务局,按国务院统一规定组建新的机关服务机构。

通过上述调整,交通部直接管理的企事业单位减少了1/3。

(三)1981~1990年部内和直属单位机构设置调整

1. 部内机构设置调整

(1)调整交通安全委员会成员及职责。1983年12月13日,交通部对交通安全委员会作了调整和充实。李清部长兼主任,钱永昌副部长任副主任。交通安全委员会统管全国交通(公路、水运)安全工作,包括行车、行船安全,职工劳动安全,劳动保护,防火防盗等安全工作。委员会与省(区、市)交通安全委员互通交通安全情况,联系工作,协作配合,共同搞好交通安全工作。

(2)设立体制改革办公室。1983年8月,设立交通部体制改革办公室(常设机构),负责规划安排和综合归口我部经济体制改革和部机关及在京单位机构改革工作。编制暂定6人。体制改革办公室建制在办公厅。部属单位的经济体制改革工作,由各业务局分别负责组织实施。

(3)设立审计局。1984年4月29日,国务院同意交通部设立审计局,机关行政编制在现有800人基础上增加15人,共815人。1984年6月15日,交通部下发《关于设立交通部审计局及部属单位设立审计机构的通知》,决定在部机关和直属单位设立审计机构或配备专职审计人员。

1988年5月19日,国务院批准审计署在41个部委设立派驻机构。此后,交通部审计局改为审计署驻交通部审计局,实行由审计署和交通部双重领导、审计业务以审计署为主的管理体制。

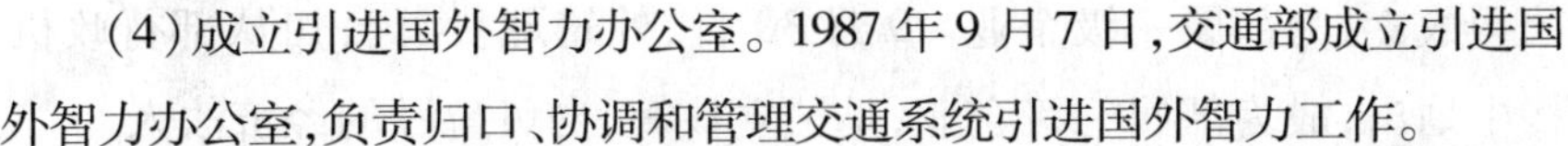

(4)成立引进国外智力办公室。1987年9月7日,交通部成立引进国外智力办公室,负责归口、协调和管理交通系统引进国外智力工作。

(5)设立监察局。1988年5月19日,国务院批准监察部在交通部设立监察局。该局受监察部和交通部双重领导,监察业务以监察部领导为主。

(6)设立的其他机构。1989年5月29日,经国家机构编制委员会批准,成立交通科技发展基金会。1990年11月24日,组成新的对台领导小组并设立交通部台湾事务办公室。

(7)撤销交通部物资局。1990年11月16日,交通部根据国务院批准的《关于深化物资体制改革的方案》精神,决定从即日起撤销交通部物资局。

2.直属单位的机构设置调整

(1)成立新的直属单位。1981年3月18日,成立交通部人民警察学校,为县团级单位。3月26日,国务院批准交通部成立中国海洋工程服务公司,为部属一级企业单位。

1984年3月1日,部援外办公室和公路桥梁工程公司合并,组建中国公路桥梁工程公司,为部属一级企业。6月21日,经国务院批准,中国海员对外技术服务公司成立。该公司为部属一级企业(局级),负责组织开展外派海员技术服务工作和提供港口装卸劳务等业务。

1984年11月7日正式成立中国交通报社。

1986年1月1日,经国务院批准,中国船级社正式成立。该社承办船舶和海上设施的入级检验业务和有关的公证检验业务。31日,撤销原公路交通工业公司,在原来的客挂车联营公司的基础上,组建北京公路客车挂车联营公司。

1986年4月～1988年10月,成立了14个海上安全监督局,是部属一级行政单位,代表国家对所辖海区和港口的交通安全实行统一监督管理,对外仍保留中华人民共和国港务监督的名称。

1987年7月14日,经交通部、国家经委批准,中国公路车辆机械公司成立,为部属一级企业。9月30日,外轮理货总公司从部行政机构中划出,成为部属一级企业,是独立核算,自负盈亏的经济法人。

1989年7月18日,国务院、中央军委批准,在交通部建立"中国海上搜救中心",同时撤销原海上安全指挥部。中国海上搜救中心负责全国海上搜救工作的统一组织和协调,日常工作由交通部安全监督局承担。明确了国务院有关部门和军队有关部门要配合中国海上搜救中心做好海上搜救工作。1990年6月22日,成立中国海上搜救中心。

(2)原有直属单位的调整。1981年3月19日,交通部科学研究院的体制机构进行调整,该院的水运、公路两所分开,成立交通部水运科学研究所和交通部公路科学研究所,均为局级单位。保留交通部科学研究院名称,交通部科学研究院重庆分院改名为交通部重庆公路科学研究所,由部领导,为局级单位。4月15日,国务院批准交通部设立进出口办公室。6月,标准计量研究所、电子计算所、科技情报研究所3所直属交通部。6月23日,国务院批准交通部建立交通部干部学校。11月30日,船检局大连、天津、青岛、上海、广州、长江区、南京、芜湖、宜昌、重庆办事处及在部直属港口的验船组(科),从部直属港务局、航政局内划分出来。由船检局直接领导,均为部属二级企业,县团级单位。

1984年1月1日,汕头、八所、海口、三亚港从广州海运局划出,汕头港由部直接领导,为部属一级单位,县(团)级;成立海南港务管理局,为部属一级单位,副厅(局)级,八所、海口、三亚港划归海南港务管理局领导。1月,第一、二、三、四航务工程勘察设计院从各航务工程局划出,作为部属一级事业单位(副局级),归部直接领导,挂靠基本建设局。

1986年1月11日,中国交通进出口服务公司从部机关划出,实行独立经营,成为权、责、利统一的经济实体,对外业务接受对外经济贸易部的管理。2月28日,经国家经委批准,交通部、国家建材局联合发出《关于改变红旗船舶配件厂隶属关系的通知》,交通部红旗船舶配件

厂划归中国新型建筑材料公司。

1987年6月25日,撤销中国海难救助打捞总公司和海上拖航公司,恢复交通部海上救助打捞局,为部属一级事业单位。交通部烟台、上海、广州海难救助打捞局的名称,分别改为交通部烟台、上海、广州海上救助打捞局,继续按照事业单位、企业管理模式运行。8月8日,中国海洋工程服务有限公司从部海上救助打捞局划出,成为部属一级企业。

1990年8月,为进一步完善交通部生产管理体制,强化行政生产调度职能,把水运生产管理与运输组织工作有机地结合起来,交通部决定将中国水上货运中心纳入运输管理司,实行行政管理,列为事业编制,名称改为"运输管理司水运总调度室"(副局级),由运输管理司司长领导。"中国水上货运中心"的名称仍保留,但不再单独行使原有的职能。

(3)基建工程兵交通部队直接由交通部领导。1983年10月29日,交通部、基建工程兵在北京召开了基建工程兵交通部队改变领导关系交接会议。根据国务院、中央军委的规定,11月1日,基建工程兵交通部队与兵种脱钩,直接由交通部领导。

四、人员编制安排及变动情况

(一)1982年改革前后人员编制变动情况

交通部机关机构改革前,交通部机关编制932人。改革后行政编制800(干部740人,工勤人员60人),减少132人,减少了14.16%。机构调整后,原有60多名直属企业编制从事行政工作的人员,随业务纳入行政编制。部正副部长由12名减少到5名,平均年龄由65岁下降到54岁,具有大专文化程度的由原来的50%上升到80%。行政厅局的正副局长(主任)由原来的80名减少到41名,平均年龄由59岁下降到53岁,具有大专程度的由原来的25%上升到44%。

(二)1988年改革对部内和直属单位人员编制的调整

国务院机构改革办公室正式批准交通部机关行政编制675人,附属行政编制75人,总编制750人。领导干部职数,部级1正4副,司局级总数不超过39人(不含机关党委、老干部局与监察、审计部门的派出机构)。新的机构实行部长、局长负责制。机关干部逐步实行公务员制度。

在人事安排过程中,交通部提出并实行5条原则:①坚持干部"四化"方针和德才兼备的标准,严格掌握选拔配备干部的条件。对提拔到司局、处室领导岗位任职的,一般按能够稳定5年以上来掌握,要求具有大专以上文化程度或相当学历,并注意在专业方面合理搭配。②坚持"公开、民主、平等、择优"原则,采取民主推荐,双向选择的方法,以增强透明度。③实行试用期制度。凡是新担任司局、处室领导职务的,均试用1年。④实行回避制度。凡是有近亲属关系的干部不得在限定的范围内任职。⑤对长期病休、离职学习,已到离、退休年龄的干部给予妥善安排。经过调整,一批中青年干部走上了司局、处室领导岗位。干部队伍的专业搭配比原来更为合理,人员结构有了一定改善。

1989年初,各厅司局人员编制已基本确定。3月13日,国务院机构改革办公室主持召开"交通部机构改革职位分析论证会",肯定了交通部机构改革"三定"方案和职位分析工作。

(三)20世纪80年代交通部领导变动情况

1981年2月,彭德清任交通部部长。

1982年4月,李清任交通部部长,钱永昌任常务副部长,子刚、王展意任副部长,潘琪、陶琦任顾问。5月,郑光迪(女)任交通部副部长。

1984年3月,刘昌任交通部纪检组组长。6月,钱永昌任交通部部长,李清不再担任交通部部长职务。

1985年6月,林祖乙、黄镇东任交通部副部长。

1988年4月,钱永昌任交通部部长。王展意、郑光迪(女)、林祖乙任交通部副部长。

第三节 公路交通行政

一、公路规划行政

(一)划定、完善国家干线公路网,提出国道主干线构想

1.颁发《国家干线公路网》

1981年6月,交通部向国务院呈报了《关于划定国家干线公路网的报告》。国务院同意后,11月,由国家计委、国家经委和交通部联合发出《关于划定国家干线公路网的通知》并附发了《国家干线公路网(试行方案)路线布局图》。

通知划定的国道网主要由以下线路组成:

(1)由北京通向并连接各省(区、市)的政治经济中心和50万人口以上城市的干线公路。

(2)通向各大港口、铁路干线枢纽、重要工农业生产基地的干线公路。

(3)连接各大军区之间和具有重要国防意义的干线公路。

(4)连接省际之间和省内个别地区的重要干线公路。

国道网由70条线路组成(后调整为68条),长10.92万公里(后减为10.62万公里)。在布局上采取放射与网络相结合,用三位数编号,其首位是布局的分类号。

第一类,为首都放射线11条,外加一条北京外环线,共12条,长2.35万公里,以北京为起点,首位数为“1”,由正北按顺时针方向编号为101至112,其中112为北京外环线;

第二类,为由北向南的纵线28条,长3.78万公里,首位数编号为“2”,自东向西排列,编号为201至228,其中228在台湾省;

第三类,为自东向西的横线30条,长4.79万公里,首位数编号为“3”,从北往南排列,编号为301至330。

国道占全国公路总里程不到1/8，却担负着全国约1/3的交通量和1/3以上的公路运输量，是全国公路网的骨架，具有重要的政治、经济、军事意义。

2. 提出国道主干线构想

“七五”期末，交通部对干线公路网规划试行方案进行了完善，提出国道主干线的想法，即以国道网中的贯通首都、直辖市、自治区首府和省会或人口大于100万的特大城市及部分人口大于50万的大城市的干线为基础，建立以高速公路为主的国道主干线，其总体布局为“五纵七横”，计12条线路，总长约3.5万公里。

（二）提出关于国家干线公路网建设的实施意见

1982年4月1日，交通部印发《关于国家干线公路网建设的实施意见》，要求：在国民经济调整时期，公路建设工作应本着量力而行，实事求是，尊重科学，讲求实效的精神，实行全面规划，加强养护，积极改善，重点发展，科学管理，保障畅通的方针，并把国道网的建设放在优先地位。“六五”期间国道建设应以改善提高技术状况和通行能力为主，在全面加强养护的基础上，①集中力量在全国建设几条国民经济和国防战略上带有全局性的，技术标准较高的东西、南北大动脉；②接通重要的不通路段，大力改建危桥、险路，重点地改渡为桥；③提高大城市出入口、港站运输卡脖子路段的通行能力；④改善穿越农村集市贸易路段的行车条件；⑤增加高级、次高级路面里程。

（1）重点提高几条重要国道等级，使首都通往主要大城市、港口的路线基本接通，并达到较高标准。①北京—武汉—广州—深圳（107），大部改建为二级路，山区路段改为三级路，大城市出入口改建为一级路。基本消灭渡口。②北京—天津—塘沽线（103），改建为一级路。③北京—山海关—沈阳—长春—哈尔滨线（102），大部改建为二级路，修建滦河、松花江两座大桥，接通断头路。④北京—济南—南京—杭州—福州线（104），大部分改建为二级路，山区可为三级路，全部铺上高级、次高级路面。⑤连云港—郑州—西安—兰州—西宁线，大部分

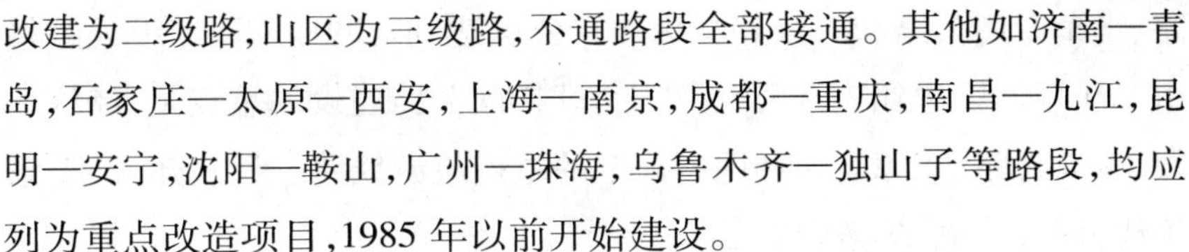

改建为二级路,山区为三级路,不通路段全部接通。其他如济南—青岛,石家庄—太原—西安,上海—南京,成都—重庆,南昌—九江,昆明—安宁,沈阳—鞍山,广州—珠海,乌鲁木齐—独山子等路段,均应列为重点改造项目,1985年以前开始建设。

(2)接通沿海及长江、黄河中下游地区、重要国道不通路段约1 300公里。近两年内,首先将50公里以内不同路段接通。

(3)新建独立大桥8 000延米(重点桥梁有:郑州黄河大桥、滦河大桥、松花江大桥、飞云江大桥、中宁黄河桥、梧州西江桥等),消灭危桥1万延米。

(4)新建与改建油路1万公里。

(三)"六五"公路建设计划

1982年5月3日,交通部向国家计委报送《"六五"交通运输基本建设计划和"七五"规划要点(草案)》,公路建设计划重点建设青藏公路和天山公路,开工建设京塘公路。1982年建成河北宜安—沙洛公路和山东济南黄河大桥、湖北沙洋大桥等工程。开工建设河北沙城—东回舍公路和哈尔滨松花江大桥。1985年改建完成青藏公路斜水河—拉萨段,建成新疆天山公路。1982年12月10日,五届人大五次会议通过"六五"计划,其中公路建设的任务是集中力量新建和改建7条干线公路,其中有:加强西南、西北地区干线公路网的青藏公路,新疆天山公路和甘肃兰州—陕西宜川公路;沟通河北与内蒙古东部的平泉—双井子公路;连接苏北与皖东地区的泗县—浦口公路等。继续实行民工建勤和民办公助的办法,积极修建县、社公路,改善农村交通条件。公路汽车计划货运量6.5亿吨,比1980年的增长20.8%,平均每年增长3.8%。

(四)交通运输"七五"计划对公路建设的安排

1986年2月27日,交通部关于《交通运输第七个五年计划的总体安排》指出,到1990年末,我国公路总里程将由1985年的94万公里达到100万公里;等级公路将由60万公里达到68万公里,其中高速公路、汽车专用公路和一级路将由 400 公里达到1 200公里，二级公路将由 1.9 万公里达到 3 万公里。“七五”期间公路建设的重点是：经济干线、疏港公路、能源运输和国家确定的重点旅游线路。计划建设 42 条干线公路，建成 27 条。

二、公路建设行政

（一）贯彻国务院《关于限期修通国家和省级干线公路断头路的通知》

1. 下发贯彻国务院《关于限期修通国家和省级干线公路断头路的通知》

1981 年 11 月 17 日，胡耀邦总书记在与国家计委、经委、建委、交通部、铁道部领导座谈时指出：对公路建设，第一，要把断头路好好解决；第二，修国防公路要慎重；第三，把路养好。1982 年 4 月 7 日，国务院发出《关于限期修通国家和省级干线公路断头路的通知》，要求国家干线公路中的断头路，除边疆人口稀少地区及路段过长、工程特别艰巨的以外，一般应在 3 ~ 5 年内修通。确定，将国家干线公路上不超过 50 公里的断头路，共计 24 段，约长 514 公里，作为第一批，限期由所在省（区、市）人民政府在 2 ~ 3 年内修通。50 公里以上的断头路由交通部商各省（区、市）制定规划，分期分批修通。省级干线的主要断头路由各省（区、市）制定规划，分轻重缓急，在 1990 年以前修通，其中跨出省界的路段，由相邻两省协商规划，由交通部负责进行协调和督促。修通断头路的技术标准，国家干线公路不得低于三级，省级干线公路不得低于四级。所需劳动力和沙石等地方材料的运输，根据国家有关民工建勤的规定，由地方政府动员当地民工、民车解决，但应支付一定的生活补贴。技术指导与组织施工由地方交通部门负责。所需资金和材料由省（区、市）安排解决。

2. 召开修通干线公路（包括国道和省道）断头路工作会议

1982 年 6 月 8 ~ 14 日，交通部在北京召开修通干线公路断头路规

划会议。王展意、郑光迪副部长出席并主持了会议。李清部长在会上讲话。

各地代表汇报了第一批修通断头路任务的落实情况和第二批修通断头路项目的规划安排。代表们反映,有的地区对接通干线公路断头路的重要意义还认识不足,重视不够,缺乏有力的措施。同时,也存在一些实际问题,需要认真研究解决。如,建设用地问题;建设资金和材料问题;路用沥青供应问题。

会议要求各省(区、市)公路主管部门,切实做好建设干线公路断头路和独立大桥的前期工作,搞好实施规划和项目的勘测设计,列入省(区、市)的基本建设计划,落实建设资金和材料。沥青供应比较紧张,在交通量不大的路段可先铺筑碎石路面;交通量大,又有水泥的地方,可发展水泥混凝土路面。依靠地方,依靠群众,民工建勤,民办公助,自力更生修建公路。公路建设用地,请当地人民政府根据中央有关征用建设用地的规定,结合当地的具体情况,合理解决。那些行动比较迟缓的地方,要加快步伐把国、省道干线公路的断头路建设任务安排好。

(二)加速县社公路建设

1. 召开全国县社公路建设现场会

1981年8月,胡耀邦总书记视察晋东南地区,指出:“我们有些县委的同志就不懂这个道理,搞交通就是为了发展经济……晋东南修公路是最好的出路,这是你们的优势……你们地委要把这个问题抓得紧紧的”。

1982年10月25日～11月1日,交通部在山西晋东南地区召开全国县社公路建设现场会,进一步学习胡耀邦总书记的指示,参观公路建设现场,听取经验介绍,讨论县社公路建设的任务、地位和作用,以及县社公路建设的方针政策和基本措施。

会议认真总结了晋东南地区一年来的经验,一致认为,要加快县社公路建设步伐,必须抓好如下几个方面的工作:①加强对县社公路建设的领导；②认真执行民工建勤、民办公助的政策；③依靠地方，依靠群众，坚持自力更生；④搞好建设规划，注意经济效益；⑤重视科学技术管理和人才培养。

2."以工代赈"修建公路，扶持贫困地区交通建设

1984年11月，中共中央和国务院决定，从1984年冬开始，3年内动用折合人民币28亿元的库存100亿斤粮、200万担棉、5亿米布，用"以工代赈"的方式兴建道路和水利工程，主要用于补助县乡公路建设，帮助群众脱贫致富。计划1985~1987年新建公路、机耕道和驿道6.9万公里(其中公路3万多公里)，工程项目涉及880个县的6 000多个乡。1984年12月1日，交通部在四川省眉山县召开全国公路交通发展座谈会。会议交流了贯彻中央关于加快公路建设指示的情况；学习和推广四川省，特别是眉山县依靠地方、依靠群众改造公路的经验；研究进一步加快公路交通发展的措施。1985年1月，交通部下发通知，要求各有关省(区、市)交通厅组织精干力量，认真加强管理，制定出切实可行的项目规划和实施办法，使贫困地区的公路建设有一个新的突破。

1986年8月，交通部在调查中发现，总的来看，各地"以工代赈"修建公路的进度很快，经济效益和社会效益显著。但也存在一些实际问题，主要是配套资金不足。各级政府和群众希望国家1987年适当增加粮、棉、布指标，以便完成收尾配套工程；"七五"后两年继续动用部分库存粮、棉、布或其他库存物资，采取"以工代赈"方式修建贫困地区公路。建议免收贫困地区能源交通重点建设基金，或将征收的能源交通重点建设基金全部返还，作为公路建设的配套投资。希望国家帮助解决平价钢材供应、炸药资金补助及实物兑现问题，以加速贫困地区公路建设和发展。

1986年7月8日，交通部召开加强老、少、边贫困地区交通建设会议，总结"六五"扶持贫困地区交通建设情况，提出"七五"期间扶持贫困地区交通建设和为贫困地区培养交通专门人才的安排，确定"调查

摸底,选择重点,配套扶助,单项定案,现场拍板”的指导思想,落实资金来源。1986年10月18～22日,为进一步贯彻落实中央的扶贫政策,总结动用粮、棉、布“以工代赈”修建公路及内河航运工程的经验,研究解决贫困地区交通问题的措施,交通部在四川宜宾珙县召开经验交流会。王展意副部长作了《认真搞好贫困地区公路、内河建设,为脱贫致富作贡献》的讲话。1987年9月,国务院决定动用库存低档工业品,采取“以工代赈”的方式,分别在四川省、江西省和宁夏回族自治区的贫困地区进行试点修建道路、帮助群众脱贫致富。用于修建公路的中低档工业品共折合人民币1 945万元。

1987年6月,交通部考察组实地考察沂蒙山、大别山贫困地区扶贫公路建设情况。了解到,山东、河南和安徽省交通部门根据中央关于帮助贫困地区尽快改变面貌的指示精神,在省委、省政府统一领导下,积极采取措施,扶持贫困地区的公路交通建设,为活跃经济、改善人民生活,创造了条件。但沂蒙山、大别山贫困地区扶贫公路建设发展不平衡。为进一步搞好这两个贫困地区的公路建设,交通部决定,“七五”期间,补助沂蒙山区扶贫公路建设资金300万元,修建3条公路,共172公里;补助大别山区扶贫公路建设资金728万元,修建13条公路,共245公里;修建桥梁22座,共1 425延米。

(三)制订湘南、赣南和粤北地区公路建设方案

湘南、赣南和粤北三角区域(包括湖南的零陵、衡阳、郴州,江西的吉安、赣州、瑞金,广东的韶关、惠阳、梅县),面积约21万平方公里,人口约4 000万,工农业总产值约190亿元,是一个矿产资源及农副土特产品十分丰富,有待进一步开发的地区。

据不完全统计,湘南每年有250多万吨物资运销广东及港澳,运进物资100多万吨。赣南每年运往广东、港澳的农副土特产品的产值超过5 500多万元。粤北年货运量达2 000多万吨,大部分也需要南运广州、汕头及港澳。但这个区域交通不便,铁路只有湖南衡阳到广州的一条单线,运输通过能力受坪石口的限制,每年有近1 000万吨的

物资不能通过。江西与广东之间没有铁路,三省之间也没有水运直通。因此,修建几条干线公路,把三省联结起来,在政治和经济上都有重要意义。

1983年2月中旬,胡耀邦总书记在湖南长沙就开发湘南、赣南和粤北地区,发展公路建设的问题作了重要讲话,提出在这个三角区域修建宽公路。3月,在全国交通工作会议期间,交通部要求三省交通部门提出方案。4月中旬,国家计委、交通部派调查组召集三省计划、交通部门负责人及有关人员在江西赣州座谈,提出了湘南、赣南、粤北的公路建设方案。

改造线路不但要解决湘南、赣南和粤北三角区域的出口交通问题,并按远景交通量及地形分段采用不同的公路等级和技术标准,分期修建;还要充分考虑为铁路分流,与水运衔接配合。根据三省交通现状及工农业发展的需要,结合投资可能,提出的初步规划设想包括:第一期工程(1984~1986年),改造干线公路2条,全长1 121公里,估算投资3.15亿元。第二期工程,再改造公路3条,并适当延伸第一期改造的公路。在第一期工程完成前一年再作具体安排。同时,三省采取民办公助的办法,在1986年内把这个区域公社(乡)所在地的公路修通。实现以上规划,将构成铁路、水运与公路的联运布局,发挥各种运输方式的优势,组织合理运输。

(四)启动高速公路建设

高速公路兴起于20世纪30年代,是一种安全、快速、通过能力大的新型交通基础设施。交通部从70年代初开始作修建高速公路的前期准备,包括高速公路的技术资料翻译、科学考察、可行性研究以及测设工作。1981年5月12日,交通部制订的《公路工程技术标准》中,列入了高速公路的技术标准。改革开放初期,随着我国国民经济的快速发展,公路客货运输量急剧增加,公路交通长期滞后的后果充分暴露出来。主要干线公路交通拥挤、行车缓慢、事故频繁。从"六五"开始,公路交通部门重点对干线公路进行加宽改造。尽管有些路段加宽到

15米甚至20米以上,但收效甚微。根据发达国家的实践经验,建设高速公路是解决主要干线公路交通紧张状况的有效途径。这一时期,社会各界对修建高速公路问题非常关注,对“中国要不要修建高速公路”的问题认识并不统一。“六五”期间,交通部开始考虑建设高速公路,并统一领导有关省市的交通部门开始修建高速公路的前期准备工作。

1984年12月21日,上海—嘉定高速公路开工;1988年10月31日,建成通车,见图3-6-3。时任上海市委书记江泽民、交通部副部长王展意参加剪彩仪式。这是中国大陆第一条高速公路。南起上海市区的祁连山路,北迄嘉定南门,全长20.5公里。总投资1.5亿元。路面上下行各设两个车道,设计时速120公里/小时,是一条全立交、全封闭,设施齐全,供汽车专用的具有当时我国一流水平的高速公路。沪嘉高速公路是上海在改革开放以后为加速国民经济发展,逐步改善上海原有道路设施和布局不尽合理状况而建设的,对上海地区的经济发展和带动相邻省份的经济发展发挥了积极作用。

图3-6-3　第一条高速公路——沪嘉高速公路

1985年3月21日,李鹏副总理在天津召集会议,研究京津塘高速公路建设问题。1987年12月10日,京津塘高速公路正式开工建设,全长142.69公里,是我国第一个利用国际银行贷款并通过国际招标方式进行建设的公路项目。

1989年7月18～20日,全国高等级公路建设现场会在辽宁沈阳召开,这是专题研究高等级公路建设的第一次会议。会议提出了建设高等级公路的10条政策措施:①规划和建设要分层负责;②长远规划可分阶段实施;③多渠道筹资;④采取优惠政策;⑤动员社会力量;⑥合理选线;⑦建好一条管好一条;⑧坚持收好各项规费,为新线建设积累资金;⑨改变资金补助办法;⑩加强规划和前期工作。钱永昌部长作了报告,辽宁省介绍了沈大高速公路的建设经验。沈大高速公路1984年6月开工,1990年9月1日通车,见图3-6-4;全长375公里,是国家"七五"重点建设项目;连接沈阳、辽阳、鞍山、营口、大连5个城市,是我国当时规模最大、标准最高的公路建设项目,全部由我国自行设计、自行施工,开创了我国建设长距离高速公路的先河,为90年代大规模的高速公路建设积累了经验。国务委员秦基伟、邹家华等为沈大高速公路通车剪彩。邹家华国务委员指出:"高速公路不是要不要发展的问题,而是必须发展"。"这样的结论是明确的,这已经不是理论问题"。从此,结束了关于"中国要不要修建高速公路"的争论,促进了中国高速公路的快速发展。

图3-6-4　沈大高速公路通车典礼

(五)公路工程建设管理

1. 建立公路工程建设监理制度

建立公路工程建设监理制度是我国公路工程建设项目管理体制

上的一项重大改革。交通部作为国家推行建设监理制度的首批试点单位,积极推行公路工程建设监理制度,并于1985年7月制定了《公路工程监理暂行办法》。

2. 实行招标与承包制度,提高投资效益

1985年,各地交通部门在公路建设上,开始推行招标投标制和各种形式的承包责任制,公路工程设计和施工单位逐步向专业化、企业化、社会化发展。有些地方把部分公路修建任务包给地,市、县政府,实行投资包干,交通部门负责技术指导。这样做,减少了投资费用,缩短了工期,保证了质量,提高了投资效益。

3. 发布新的《公路工程技术标准》等一系列公路建设标准和管理办法、规范

1981年5月22日,交通部颁发《公路工程技术标准》。在原来4个等级的基础上,增加高速公路,成为5个等级。1988年12月3日,交通部发布修订的《公路工程技术标准》,自1989年5月1日起施行。另外,还颁发了《公路工程基本建设管理办法》、《公路路线设计规范》、《公路工程水质分析操作规程》和《公路水泥混凝土路面设计规范》等。

(六)公路建设投融资

1. 改革公路建设投融资体制

提倡"多方集资"建设公路、桥梁及隧道等基础设施,实行"谁建、谁用、谁受益"的原则和中央与地方并举的方针。国防边防公路主要由国家投资建设,经济干线由国家和地方共同投资建设,省道与县乡公路主要由地方集资建设,国家予以适当补助。其中,县乡道路主要利用农村剩余劳力,在技术人员指导下,按"民办公助,民工建勤"的方针建设。同时,利用国家拨的粮食、棉花、棉布作为代用资金,"以工代赈",加快老革命根据地、边远山区、少数民族地区、贫困地区和沿海岛屿的公路建设。改善这些地区的交通条件,促进经济和文化的发展。

2. 增收养路费

1963年后，养路费成为公路建设资金的主要来源之一。1982年，国务院决定以养路费征收额的10%上缴中央作为能源交通建设基金，1983年又增为15%。交通部门的养路费收入大为减少，可用于公路建设的比重也随之下降。为了增加养路费收入，采取了对个人机动车开征养路费，提高养路费率等措施。

(1)对个人机动车辆征收养路费。1983年5月21日，交通部和财政部联合发出《关于个人机动车辆征收公路养路费的通知》，规定对个人或联户通过购买、转让、转借、赠送、承包等各种方式所得到的汽车和拖拉机，可按照《关于公路养路费征收和使用的规定》征收养路费。1984年6月8日，交通部、财政部联合发出《关于对农民个人、联户机动车辆征收公路养路费的通知》，对农民个人或联户拥有的拖拉机在征收养路费时给予照顾的规定。

(2)提高养路费标准。1985年以后，适当提高了养路费标准。增收部分在公路建设方面，主要用于公路的加宽、铺筑沥青和渣油路，接通断头路，改渡为桥等改建工程。

3. 开征车辆购置附加费

1984年12月25日，国务院第54次常务会议作出了提高养路费标准，征收车辆购置附加费等重要决定。1985年4月2日，国务院发布了《车辆购置附加费征收办法》，决定对所有购置车辆的单位和个人，包括国家机关和军队，一律征收车辆购置附加费，作为公路建设专用资金的一项来源，由交通部按照国家有关规定统一安排使用。1985年4月6日，交通部、财政部和中国工商银行联合颁发《车辆购置附加费征收办法实施细则》，进一步明确征收的标准、范围和方法，自5月1日起实行。

4. 国家专项拨款，以工代赈

(有关内容参见公路建设行政部分)。

5. 贷款修路，征收过路、过桥费还贷

1988年1月5日，交通部、财政部、国家物价局联合颁布《贷款修建高等级公路和大型公路桥梁、隧道收取车辆通行费规定》,自1988年2月1日起执行。

6. 利用外资

主要是利用世界银行贷款修建国道断头路、农村公路和高速公路。京津塘高速公路、成都—重庆高等级公路 、南昌—九江公路、济南—青岛公路等都利用了世行的贷款。1984年,世界粮食计划署给山西省新建、改建9条山区乡村道路提供无偿粮油援助,这是交通部接受世界粮食计划署粮油援助的第一个项目。

三、公路养护行政与路政管理

(一)召开全国公路养护、管理工作会议

1. 平凉会议

为总结交流公路养护经验,研究路政管理、道班建设和推行经济责任制等方面的问题,进一步把养护工作搞好,1982年6月下旬,交通部在甘肃平凉地区召开全国公路养护工作会议。王展意副部长主持这次会议。会议期间,代表们参观了甘肃省的公路和沿线的先进道班。甘肃、山东、湖北、湖南、辽宁、安徽、福建、四川等省的代表介绍了公路养护、道班建设、路政管理、试行经济责任制和开展"好路站"、"全优道班"活动等方面的经验。

会议认为,多年来公路养护工作取得了显著成绩:不断增加经常养护的里程,好路率有提高;符合技术等级的公路已增加到53万公里;铺有路面的公路增加到67.6万公里,公路桥梁达到13.3万座、379万多延米,其中永久式桥梁的比重提高到95.6%。由于公路技术状况的改善,提高了汽车运输效率,加速了物资周转,方便了群众,降低了运输成本。特别是在发生洪水、地震等严重灾害和对越反击战时,公路养护职工和沿线广大群众积极抢修公路,保证了生产、救灾和国防运输的需要。但是,在公路养护工作中仍然存在不少问题。主要是:公路建设和养护缺乏全面长远规划,建设和改造的重点不突出;全面

养护注意不够;业务技术人员少,管理薄弱;养路材料供应不足;养路工人生活条件差;路政管理不力。

会议认为,今后一个时期公路建设的重点,应该转移到对现有公路的养护与改善提高上来。必须千方百计地养好管好公路,积极进行改善提高。到1990年,除边远地区外,国、省干线和主要县公路上基本消灭差等路、无路面的土路以及危桥险渡等,要达到路面平整、排水良好、路容整洁、晴雨畅通;一般县社公路,也要做到及时维护整修,保持顺利通车。为达到上述目标,会议要求全国公路系统广大职工,振奋精神,努力工作,认真抓好养路职工队伍的建设;继续贯彻民工建勤政策;积极推行各种形式的经济责任制;加强科学技术工作,逐步实现养路机械化;切实搞好路政管理,为全面养好管好公路,提高运输经济效益,促进全国交通事业的发展作出新的贡献。

2. 大连会议

随着经济形势发展,各省(区、市)的公路交通发展较快。"要想富、先修路"已成为广大干部群众的共识。但是,一些地方存在着"重建轻养"的问题。有的地方由于计划不周,急于求成,建设改造的摊子铺得过大,以致出现老路疏于保养,新路难以形成的状况。还有些地方的养路费用于基建配套工程偏多,而用于养护工程较少。有的把大量养护力量抽调到重点公路工程工地,削弱了养护管理力量。

1990年6月19~23日,交通部在辽宁大连召开全国公路养护与管理工作会议。这是继1982年召开的养路工作会议以来又一次重要会议。会议总结了几年来公路养护与管理工作,并对"八五"期间公路养护与管理工作方针、政策及具体措施进行了讨论研究。钱永昌部长作了题为《重视和加强公路养护管理工作更好地适应国民经济发展需要》的讲话,提出要制订正确的公路养护与管理工作方针,搞好公路养护与管理工作,大力推行GBM工程,实现标准化管理,进一步加强养路费的征收、使用与管理,进一步完善公路管理体制,逐步强化机械化养路手段,关心养路职工生活,加强职工队伍建设。研究公路养护方

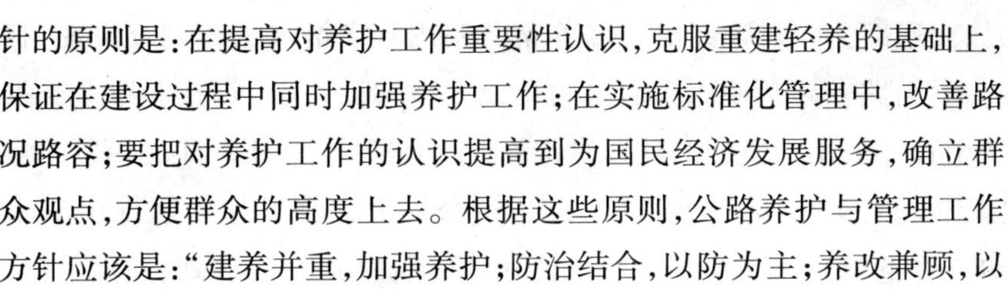

针的原则是:在提高对养护工作重要性认识,克服重建轻养的基础上,保证在建设过程中同时加强养护工作;在实施标准化管理中,改善路况路容;要把对养护工作的认识提高到为国民经济发展服务,确立群众观点,方便群众的高度上去。根据这些原则,公路养护与管理工作方针应该是:“建养并重,加强养护;防治结合,以防为主;养改兼顾,以养促改;标准管理,确保畅通”。

(二)推行公路养护经济责任制

1987年8月11～16日,交通部在吉林长春召开全国公路养护经济责任制经验交流会。会议重点介绍了吉林、山西、广东省和沈阳市各级公路管理部门深化改革,推行经济责任制的做法和经验,研究修改了《交通部推行和完善公路养护经济责任制的若干意见》,并提出公路养护部门加强道班建设、收好管好养路费,加强路政管理等项工作的具体要求。

1987年9月19日,交通部印发《交通部推行和完善公路养护经济责任制的若干意见》,要求在确定公路养护经济责任制形式和内容时,应注意与现实体制、公路养护生产性质和管理工作内容相适应;推行和完善公路养护经济责任制必须扎扎实实做好简政放权、深化改革、加强定额管理、完善岗位责任制、加强经济核算、加强精神文明建设工作。

(三)颁发新的《公路养护技术规范》等标准规范

1985年6月19日,交通部发出通知,批准《公路养护技术规范》为中华人民共和国交通部部颁公开发行的专业标准,自1986年1月1日起执行。1986年4月30日,为了适应公路养护工作的需要,考核养护工人技术水平,以利于执行国家十级技术工人等级标准,交通部颁布了《公路养护工人技术等级标准》。另外,还颁发了《公路养护工程管理办法(试行)》、《公路路线设计规范》、《公路工程水质分析操作规程》和《公路水泥混凝土路面设计规范》等。

(四)加强公路养路费使用管理

为了进一步贯彻国务院1984年第54次常务会议精神,1986年4

月,交通部会同财政部对公路养路费使用管理情况进行调查研究,制定了《公路养路费使用规定》(讨论稿)。1986 年 10 月,在养路费征收使用管理工作座谈会上进行讨论修改。1987 年 2 月 3 日,国家计委、国家经委、交通部、财政部联合发布《公路养路费使用管理规定》,自 1987 年起施行。规定养路费的使用,必须贯彻"全面规划、加强养护、积极改善、重点发展、科学管理、保证畅通"的方针;本着干支公路兼顾,以干线公路为主,养护与改建兼顾,以养护为主,由省级公路管理部门统一管理,统筹安排。各级公路主管部门要按国务院 1986 年《关于加强预算外资金管理的通知》精神,加强对养路费使用的管理,任何人不得挪用、截留、坐支和平调。此管理办法对养路费使用的范围等也作了具体规定。

(五)开始推行 GBM 工程

GBM 工程起源于河北、山东等省,基本内容是在国、省干线公路上推行的"一低三化[①]"。20 世纪 80 年代后期,作为一项提高我国公路建设、养护、管理水平,推进公路现代化的重要措施,在 107 国道率先试行。

1988 年5 月12 日，交通部发出《关于印发和实施107 国道GBM 工程实施标准（试行）的通知》。该国道起于北京，止于广东深圳，是纵贯我国南北六省市的公路交通大动脉，是我国纳入亚洲公路网的第一条国际公路。通知指出，在"七五"后三年，107 国道全线实施公路标准化、美化建设工程。实施 107 国道 GBM 工程建设标准，是提高我国公路建设、养护管理和服务水平，加速公路现代化的重要措施，也是我国公路事业发展到一个新阶段的重要起点和标志。107 国道沿线五省一市各级公路管理部门要充分认识这项工程的重大意义及其艰巨性，将机械手段与养护手段结合起来，合理安排资金，充分发挥公路职工的积极性和创造性，多快好省地实施 GBM

①一低:公路两侧用地低于路面;三化:路肩硬化、养护标准化、公路绿化。

工程。

1989年，交通部开始布置102国道GBM工程，沿线各省、市已制订了实施方案，并开始了试点工作。107国道GBM工程已实现的标准路段达500公里。1989年6月，在河南省新乡市召开了107国道GBM工程现场会，107和102国道沿线以及全国各旅游城市的公路部门参加了现场会。会议对推进107国道的GBM工程建设和各地旅游公路的建设，以及在全国范围内宣传、推广GBM工程起到了重要作用。

（六）贯彻《中华人民共和国公路管理条例》

为加强公路的建设和管理，发挥公路在国民经济、国防和人民生活中的作用，适应社会主义现代化建设的需要，1987年10月13日，国务院发布《中华人民共和国公路管理条例》（以下简称《公路管理条例》），自1988年1月1日起实行。条例分为6章：内容包括总则、公路建设、公路养护、路政管理、法律责任、附则。

《公路管理条例》规定：公路管理工作实行统一领导、分级管理原则。公路建设资金可以采取国家和地方投资、专用单位投资、中外合资、社会集资、贷款、车辆购置附加费和部分养路费的方式筹集。公路建设还可以采取民工建勤、民办公助和“以工代赈”的办法。公路主管部门对利用集资、贷款修建的高速公路、一级公路、二级公路和大型公路桥梁、隧道、轮渡码头，可以向过往车辆收取通行费，用于偿还集资和贷款。公路养护实行专业养护与民工建勤养护相结合的制度。拥有车辆的单位和个人，必须按照国家规定，向公路养护部门缴纳养路费。养路费应当在国家规定的范围内专款专用。公路主管部门负责管理和保护公路、公路用地及公路设施。

1988年6月28日，钱永昌部长签发第1号部令，发布《中华人民共和国公路管理条例实施细则》，自8月1日起施行。根据1号部令的规定，7月30日，交通部发出《关于统一公路征费和路政管理证书、证章等式样的通知》。为加强公路路政管理，保证公路完好畅通，根据

《公路管理条例》及其实施细则,1990 年 9 月 24 日,以交通部令第 24 号发布《公路路政管理规定(试行)》,自 10 月 1 日起施行。此规定适用于国道、省道、县道和乡道的路政管理,共 8 章,内容包括总则、路政管理、路政案件管辖、路政处理程序、路政处罚、期间与送达、强制执行等。

《公路管理条例》发布之前,交通部于 1987 年 5 月 11 日,发布施行了《县乡公路建设和养护管理办法》,规定了县乡公路的建设和养护的计划管理、技术管理和县乡公路养护管理的办法。

(七)召开全国公路路政管理工作座谈会

为总结交流《公路管理条例》及《中华人民共和国公路管理条例实施细则》发布实施以来在依法治路方面的经验,使路政管理进一步纳入法治轨道,适应 1990 年 10 月 1 日正式施行的《中华人民共和国行政诉讼法》的要求,交通部于 1989 年 11 月在重庆召开路政工作座谈会。这是新中国成立后第一次专门就路政管理工作召开的全国性会议。

会议总结了《公路管理条例》发布实施两年来公路路政管理工作的情况。从总体上讲,依法治路有了新的突破,整个路政管理工作正经历着逐步由"人治"转向法治;由单纯路政管理转向保护路产、维护路权、环境监督等多维管理;由季节性管理转向常年性管理;由养路工被动型管理转向专群结合主动型管理。但也存在着不少问题,主要是违章侵占公路、违章建房、吞食路基、挖路引水、盗伐路树、拆毁路标,影响车辆行驶,打骂养路工等损害路产、侵犯路权,影响交通的现象,尚未得到根本扭转和有效制止;公路两侧建筑红线控制和划地留地难度较大,查处案件需要人力、物力不足,难度较大;路政管理体制有的还未理顺,部门之间也存在着不协调;有的路纪风貌较差。此外,装备有待配置、人员素质有待提高、制度有待完善。

会议对路政管理队伍的建设、路政案件的办案程序提出了方案。要求路政管理工作集中抓好几项工作:①进一步深入、广泛宣传《公路管理条例》及其他实施细则，做到家喻户晓，使路政管理防患于未然。②制定和完善路政管理的一系列法规、章程和制度，使路政管理按章执行，实现规范化管理，并尽快把路政工作从行政命令式转移到依法治路上来。③按照“属地查处”的原则，建立健全专职路政管理机构，使之与《行政诉讼法》关于法人代表主体(行政主体)的规定相适应。④加紧对路政人员的法规、技术培训，提高人员素质。

四、道路运输管理

(一)发布、实施《公路运输管理暂行条例》

1982年6月11日，国家经委、交通部颁发、实施《关于改善和加强公路运输管理的暂行规定》。主要内容是：调整公路运输分工，将公路运输车辆划分为营业运输和非营业运输两种；加强公路运输管理；加强公路运输的税利和运价管理；组织汽车运输企业联合经营；实行计划运输，开办联运服务；做好封车节油工作；改善经营管理，提高服务质量。

1986年12月29日，交通部、国家经委印发《公路运输管理暂行条例》，规定：凡从事公路客货运输、搬运装卸、汽车维修、运输服务，均属公路运输行业管理范围。凡从事公路运输的单位和个人，都必须遵守国家有关法律、法令、法规和交通主管部门发布的公路运输规则。公路运输在国家计划指导下，实行各地区、各行业、各部门多家经营的方针。坚持国营、集体、个体各种经济形式协调发展。保护正当竞争。公路运输分为营业性、非营业性两种。营业性运输指为社会提供劳务、发生各种方式费用结算的公路运输；非营业性运输指为本单位生产、生活服务，不发生费用结算的公路运输。各级交通主管部门是各级人民政府主管公路运输的行政管理机关，负责本条例的贯彻实施。条例对开业和停业管理、货物运输管理、旅客运输管理、省际运输管理、搬运装卸业的管理、运输服务业的管理、汽车维修业的管理、运输工具的管理 、价格及单证的管理、公路运输管理费的征收和使用、监督检查和处罚都作了具体规定。

条例发布、实施同时,《关于改善和加强公路运输管理的暂行规定》废止。

根据条例关于公路运输使用统一单证的要求,1987年2月7日,交通部发布实施《公路运输统一单证使用和管理规定》,统一单证包括,公路运输业经营许可证(含副本公路运输营运证)、行车路单、客货运输票证。这些单证由交通部统一制定格式,省(区、市)公路运政管理部门负责印刷、发放和管理。

(二)调整运输结构,公铁分流,发挥公路运输优势

1980年,为发挥各种运输方式的优势,搞好合理分工,国家会同相关主管部门制定了公路、水路分流铁路运量的一些政策和措施,促进了公铁分流,缓解了铁路运输的紧张状况。

1982年12月,国家经委和交通部决定开辟徐州—商丘公路直达客运,以分流铁路短途旅客。1983年3月,国家经委、国家计委、交通部、铁道部联合发出《关于逐步将铁路短途物资改由汽车承运的通知》。1984年1月,国家经委颁发《加强国际集装箱港口疏运工作暂行办法》,要求港口和内地间的整箱运输,路程在200公里左右的,原则上安排汽车运输。

1983年,国家经委、交通部、铁道部在河南郑州联合召开公路、铁路客运分流工作座谈会。会议总结了几年来公铁分流取得的成绩,并提出进一步搞好公铁分流必须抓好几项工作:加强领导;统筹规划,逐步推广;加强运输市场管理,做到活而不乱;搞好精神文明建设,提高服务质量;抓紧解决购车资金和燃料等问题。

1986年2月26日,李鹏副总理在全国铁路工作会议上的讲话指出:“在全国范围建立一个综合的、完整的、合理的运输系统,就不仅仅是铁路,还有公路、海运、内河航运、航空、还有管道运输等”,“各种运输工具要有合理的分工,铁路应该是主要承担比较远距离的运输。公铁分流,公路多承担一些短途运输。中国有很好的水域条件,长江本

身就是一个东西大干流，再加上沿海，还有外海和内海，也是我们开展运输的好条件”。

1986年5月14～16日，国家经委交通局、国家计委交通局、交通部公路局、铁道部运输局在北京共同召开部分重点区段公铁客运分流会议。会议就发展重点区段公铁客运分流问题，交流了经验，研究了有关政策和措施。会议指出，在各地政府和有关部门的重视和支持下，经过公路、铁路运输企业的努力，公铁客运分流取得了很大成绩，线路逐年增加，范围逐步扩大，分流量不断增长。要求推动公铁分流运输企业横向经济联合；解决车辆和配套贷款问题；加快站点建设；加强对公铁分流的组织领导和协调工作；组织公铁分流专题调研，制定发展规划。

1987年3月16日，国家经委、国家计委、交通部、铁道部发出关于进一步加强公铁分流工作的通知，要求坚持公路、铁路合理分工，协调发展，扬长避短，避免盲目竞争；公路运输要在坚持“放宽、搞活”的同时，切实加强宏观控制；加强公路运输组织工作；抓好公铁分流规划；搞好公路运输站点的建设和改造；加强公铁分流工作的领导。

(三)运价及规费管理

1. 调整运价规则和费收规则

(1)改革汽车运价规则。20世纪80年代实行的汽车运价是1966年前后调整的。当时，由于受“左”的影响，不尊重价值规律的作用，过分缩小地区差价，简化计费办法，各省内实行不分货物类别、路面好坏，山区、平原等一个运价，严重影响了汽车运输事业的正常发展。为了加速我国汽车运输事业的发展，交通部从1980年开始，着手汽车运价规则的调整改革工作。1984年2月6日，经国家物价局审查同意，颁发《汽车运价规则》，5月1日开始在全国施行。

这次运价规则的改革，本着价格基本上要和价值相适应的原则，废除无差别运价和不合理的计费办法，实行按不同运输条件计价的差别运价，适当改变汽车运输企业之间苦乐不均现象和“挑肥拣瘦”倾向，以利于汽车运输事业正常发展，同时也使国民经济各部门的汽车运输费用负担趋向合理。《汽车运价规则》是结束“一刀切”运价的转折点。

(2)发布《公路汽车货运站费收规则》。公路汽车货运站是汽车货物运输的集散枢纽，是办理货物运输业务，进行货物装卸、中转、仓储保管的营业处所和作业场所。为了适应我国汽车货物运输的发展，建立健全汽车货运站费收计算办法，完善汽车运价体系，加强运价管理，有利于货运站对社会开放，有偿服务，交通部制定了《公路汽车货运站费收规则》，经国家物价局审定同意，于1987年10月23日发布，自1988年1月1日起在全国施行。

(3)发布《国际集装箱汽车运输费收规则》和《国内集装箱汽车运输费收规则》。为适应我国集装箱汽车运输发展的需要，加强集装箱运价管理，根据国家经委、国家计委1983年2月24日《关于发展我国集装箱运输若干问题的规定》，交通部组织力量，调查全国各地集装箱汽车运输费收、成本、利润情况以及运价存在问题，对计费原则和方法进行研究，制定了《国际集装箱汽车运输费收规则》和《国内集装箱汽车运输费收规则》。经国家物价局审定同意，于1987年9月9日发布，1988年1月1日起在全国施行。

2. 调整运价

(1)调整部分山区和支线汽车运价。交通部和国家物价局1987年2月15日联合发出《关于调整部分山区和支线汽车运价意见的通知》。1984年全国《汽车运价规则》颁发后，各省(区、市)对汽车运价结构进行了调整和改革，但由于当时很多省(区、市)未单独制定山区、支线运价，而山区、支线运输成本一般高于干线30%以上，经营山区、支线汽车运输多数发生亏损，迫使经营者争干线弃山区、支线，导致干线上运力相对过剩，而山区、支线汽车运力严重不足，给群众乘车和物资运输造成困难。为了促进山区、农村经济发展，改变客货运力不足的情况，通知要求，对经营亏损的部分山区、支线汽车客货运价，在调

查研究的基础上,作一次适当调整,使运输企业或个体运输业者经营山区、支线客货运输,能做到保本、保税并略有盈利。调价执行时间由各省根据情况,选择适当时机。

(2)整顿公路汽车货物运价。改革开放以来,各地公路汽车货物运输,由于受燃油、车辆、轮胎、原材料及配件价格上涨的影响,运价普遍自行上浮或变相涨价,造成公路汽车货物运价管理严重失控。为了整顿运输秩序,控制运价继续上涨,根据国务院1990年第17号文件和全国物价工作会议精神,1990年6月7日,交通部和国家物价局联合发出《关于整顿公路汽车货物运价的通知》,决定对全国公路汽车货物运价进行全面整顿。这次整顿汽车货物运价的基本原则是:本着运价逐步与运输价值相适应,在降低现行实际运价水平的前提下,把不合理的过高的运价降下来。整顿货物运价以基本运价为基准,按交通部颁发的《汽车运价规则》规定的不同运输条件价目确定运价率。运价调整后,要加强运价管理,对于违反规定多收费、乱加价和抬价、杀价的行为,要严肃处理。整顿公路汽车货物运价的具体时间,由各省(区、市)在1990年2、3季度内自行选择适当时机,分散出台。1990年7月,交通部在黑龙江省哈尔滨市召开全国汽车货物运价整顿会议,交流情况和经验,进一步提高对治理整顿汽车货物运价的认识,明确下一步的工作重点和应采取的措施。这次运价整顿是理顺运价的新的转折点,是使各项价目的比价逐步趋向合理化的起点和转折。

(3)提高公路汽车客运票价。1989年初,国务院决定适当提高铁路、水运、民航和公路汽车客运票价。为了保证铁路、水运和民航提价方案的顺利实施,国务院确定1989年9月5日出台铁路、水运和民航提价方案时,不同时出台公路汽车客票提价方案。根据铁路等客票提价后市场比较平稳的情况,国务院批准,公路汽车客票的提价方案在1989年4季度内,由各省(区、市)人民政府自行选择适当时机,分散出台,陆续实施。11月4日,国家物价局和交通部发出《关于提高公路汽车客运票价的通知》,出台了公路汽车客票提价方案。

3. 发布《公路运输管理费征收和使用规定》

经国务院批准，国家经委、交通部于1983年7月21日颁发了《关于改进公路运输管理的通知》，规定凡从事营业运输的单位和个人，按运输营业额缴纳不超过1%的运输管理费。尔后，各省（区、市）大都自行制定了有关规定，对合理征收和使用公路运输管理费起到了重要作用。但由于解释不一，有的地区收费超过标准，甚至发生不符合规定开支的现象。

为加强公路运输管理费征收和使用的管理，交通部、财政部于1986年9月10日联合发布了《公路运输管理费征收和使用规定》，对运管费的征收、使用、管理等事项作出规定，各地以前所发的规定与本规定不符的，按本规定办理。此规定自1986年10月1日起实施。

（四）推动汽车运输企业联合经营

1. 合资组建交通部南、北方两个集装箱运输公司

1981年4月16日和6月20日，交通部分别批复同意合资筹建交通部南方集装箱运输公司和交通部北方集装箱运输公司。南方集装箱运输公司由交通部汽车运输总公司、广东省汽车运输公司、交通部黄埔港务管理局、中国外轮代理公司广州分公司4个单位在广州合资筹建，承担华南地区国际集装箱向内陆延伸的运输任务。北方集装箱运输公司由交通部汽车运输总公司、辽宁省汽车运输公司、交通部大连港务管理局、中国外轮代理公司大连分公司4个单位在沈阳合资筹建，承担东北地区经由大连港进出口的国际集装箱的内陆汽车运输任务以及其他有关任务。两个合营公司均系县团级企业，隶属关系明确为：受交通部领导，党的关系在地方，业务工作由交通部委托交通部汽车运输总公司和所在省交通厅（局）领导。

2. 召开汽车运输企业联合经营试点经验交流座谈会

1981年8月5～10日，国家经委和交通部在北京召开汽车运输企业联合经营试点经验交流座谈会。会议总结了四川、江苏、黑龙江三省进行汽车运输企业联合经营试点工作的主要经验：坚持自愿互利、

平等协商的原则;从实际出发,选择有利的联合形式;健全组织机构,配备强有力的领导班子;在联合中不断提高经营管理水平。会议指出,经过试点,三省的经验和方法较好地解决了汽车运输中存在的争货源、抢线路、占地盘的矛盾,减少了车辆相向空驶,节约了运力和能源,促进了生产,方便了货主。会议还对进一步组织汽车运输企业实行联合试点提出意见:建议各地人民政府和有关部门加强领导,采取积极稳妥、逐步发展的方针,制订出试点规划。在步骤上,一般可先在省、地、县交通部门专业汽车运输企业进行联合试点,取得经验后,再逐步推广到其他部门的汽车运输企业,组织跨行业联合。这次会上各省介绍的经验,各有所长,可供参考。各地在推广经验时不要搞一刀切,要结合本地实际情况进行。

3. 公铁分流促进公路客运横向联合

公铁分流的开展,推进了企业之间、地区之间、省际之间公路客运的横向联合。1984年组建苏豫皖徐商公铁客运联合公司,之后,又组建了“苏沪杭”、“宁合杭”和“京沪线山东段”等公铁分流联营公司。

(五)推动汽车零担货物运输

1984年6月,交通部在江苏南京召开全国汽车零担货运经验交流会议,要求各地区和运输企业之间加强横向联系,大力发展汽车零担货物运输,以适应城乡商品生产发展的需要。会后,汽车零担货运发展十分迅速。1986年12月10~14日,交通部在福建厦门召开全国汽车零担货物运输工作会议。王展意副部长在会上作了题为《发挥优势,促进联合,把汽车零担运输推向新阶段》的讲话。与会代表认真讨论总结几年来全国汽车零担货运工作,交流了经验,分析了汽车零担运输面临的新形势和应当采取的对策。会议还讨论了《全国汽车零担货物运输“七五”发展计划(草案)》,以及《汽车零担物运输管理办法》等6个规章制度。与会代表一致认为,本次会议是继1984年南京会议之后的又一次重要会议,对今后汽车零担货运工作的进一步发展,必将起到积极的促进作用。

会后,交通部陆续发布了《公路汽车零担货物运输统计指标及计算方法的规定》、《汽车零担货物运输管理办法》和《汽车零担货运站站务管理办法》等。

(六)汽车危险货物运输管理

随着工农业生产的发展和新科技的广泛应用,汽车危险货物运输量日益增长,从事危险货物运输的车辆越来越多。为加强汽车危险货物运输管理、规范经营和业务活动,保障安全运输,交通部于1988年3月21日制定发布了《汽车危险货物运输规则》(以下简称《危规》)。它是中国汽车运输第一部独立的《危规》,对促进汽车危险货物运输的发展,提高运输、装卸技术水平起着重要作用。

在实施《危规》过程中,交通部门基本完成《汽车危险货物品名表》、《汽车危险货物运输装卸规程》和《汽车危险货物管理规定》等规定的起草工作;组织编写了《可按普通货物运输的常运危险品目录》、《化学危险品英汉对照手册》和《危险货物运输、储存技术指导》等专著;开展了技术业务培训,从1988年10月起,先后举办3期汽车危险货物运输、储存业务知识培训班,培训900余人次;开发推广了汽车危险货物运输车辆必用的“危险品黑边黄色磁吸式顶灯”新标志。

经交通部批准,全国汽车危险货物运输联合会1987年成立。该会是聚集全国从事危险货物运输、储存和管理专家最多的一个跨行业、跨地区的社团组织。该会在研究解决汽车危险货物运输和技术业务问题,协调会员之间关系,加强产、运、销之间的横向联系,开展咨询服务,加强组织管理等方面作了大量工作,发挥了行业纽带和桥梁作用。

(七)发展公路货运服务业

公路货运服务业包括货运代理、货运配载、货物联运、货物包装、仓储理货、存车服务等服务种类。随着公路货运市场的进一步开放,各类货运配载信息服务业正在全国兴起,并逐步形成了区域性的网络。为推动这一事业的健康发展,1989年2月5日,交通部发出《关于

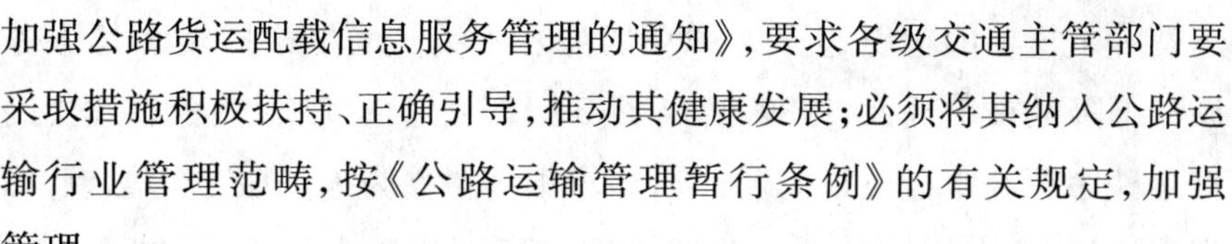

加强公路货运配载信息服务管理的通知》，要求各级交通主管部门要采取措施积极扶持、正确引导，推动其健康发展；必须将其纳入公路运输行业管理范畴，按《公路运输管理暂行条例》的有关规定，加强管理。

1989年11月20日，交通部发出《关于组建上海、南京道路货运(配载)中心问题的复函》，希望通过两个中心的组建工作，为建立和完善全国道路货运网络系统提供有益的经验，使公路货运服务业成为合理、高效的货运组织，发挥更大的作用。1990年，两个中心相继成立，并很快进入正常业务经营轨道，标志着公路货运服务业的发展进入了一个新的起点。组建后的上海公路货运配载中心与外省68家企业建立了业务联系，完善了内部101个直属营业站和全市1 015个服务点的业务网。

公路货运服务业的兴起，在稳定运输市场秩序、方便货主，提高办事效率、完备运输功能，促进专业协作、促进城乡经济活跃、加强行业管理、增强多种运输方式之间的衔接等方面发挥了积极作用，是一项利国利民的新兴事业。截至1990年底，公路货物运输服务企业已发展到2万余家，职工近30万人。

(八)公路客运管理

1. 发布一系列客运管理规章

1982年1月17日，交通部颁发《公路客运职工守则》、《公路客运汽车驾驶员守则》、《公路汽车客运站(乘)务员守则》及《先进客运汽车站(队)标准》,《先进客车驾驶员标准》和《先进客运站(乘)务员标准》。1983年1月28日，交通部颁发《公路汽车站务管理办法(试行)》。1988年1月26日，交通部重新修订发布《汽车旅客运输规则》，自8月1日起施行。

2. 整顿公路客运秩序，提高服务质量

一个时期以来，公路客运服务质量有所下降，一些客车和客运站的秩序比较混乱，客运人员服务态度不好，部分驾乘人员侵吞票款和运费等。这些问题引起广大群众的强烈不满。为尽快扭转客运服务质量下降的被动局面,1989 年 11 月 30 日,交通部发出《关于整顿公路客运秩序提高服务质量的通知》,要求牢固树立为人民服务的思想,加强组织领导,根据国务院对公路汽车客运调价的有关指示,结合贯彻全国道路水路市场整顿治理工作会议精神,对公路客运秩序进行整顿,加强对公路客运的管理。通知对改善服务态度,提高服务质量;强化客运管理、维护运输秩序;加强监督检查,打击违法行为;开展劳动竞赛,不断改进工作提出了具体要求。

3. 召开全国公路旅客运输工作会议

1990 年 11 月 15 ~20 日,全国公路旅客运输工作会议在河南郑州召开。会议围绕中央关于治理整顿、深化改革的方针,总结交流经验,表彰文明站队和先进个人,提出今后公路客运工作的方针、目标和任务。林祖乙副部长作了题为《总结经验,发扬成绩,努力促进公路客运稳步协调地发展》的报告。

会议指出:10 年来,我国公路旅客运输工作经历了一系列重大改革,是中国公路旅客运输发展史上成绩最为显著的 10 年。1989 年,全国拥有各种民用营运客车 30 多万辆,与 1979 年的相比,增长了近 10 倍。其中,交通部门专业运输企业营运客车为 10.49 万辆,与 1979 年的相比,增长了 2.95 倍;个体运输户营运客车从无到有,已发展到 20.28万辆。车型结构和技术状况也逐步改善,舒适程度有了提高。1989 年,全国公路客运量达到 64.45 亿人,旅客周转量达到 2 662 亿人公里,分别比 1979 年的增长 3.61 倍和 4.41 倍。年均递增 12.37% 和 14.45%。公路客运量和旅客周转量分别占全社会旅客运输总量的 81.4% 和 43.8%。由于农村经济的日益发展,客运服务的重点已不仅仅是城镇旅客。1989 年,农村公路客运量已占公路客运总量的 54.59%。夜宿农村的客车占总客运运力的 25% 以上。全国开行的5.2 万多条客运班线中,农村班线占 62.14%。全国开行的 21 万多个客运班次中,农村班次占 44.8%。截至 1989 年底,全国已有 87.3% 的乡镇

通了客运班车。

公路客运基础设施明显改善,截至1989年底,全国公路总里程达到101.4万公里,除1个边境县、5.5%的乡、25%的村以外,其余的县、乡、村都通了公路。全国已拥有汽车站、停靠点16万多个。其中,设在县城及县以上城市的车站2 190个,乡镇汽车站17 691个,停靠点14.68万个。过去那种“冬靠墙根雪中站,夏立树下雨中淋”的景象已基本得到改变。

各级交通主管部门在地方政府的领导和支持下,加强行业管理,特别是自1989年5月2日交通部《关于治理整顿道路、水路运输市场的决定》发布以后,对经营者进行了初步的清理整顿,加强资格审查,严格线路审批,实行“三定[①]”管理。对社会、个体经营的客车,一方面动员专业运输企业车站面向所有经营者开放,另一方面建立一批社会公用型汽车站。一批城镇还因地制宜组建了不少临时客运服务站,扭转了过去那种沿街停靠、到处招揽旅客的混乱局面,初步实现了“车进站,人归点”,客运市场秩序大为改观。

会议强调要努力抓好以下7项工作:①治理整顿,强化行业管理;②积极扶持国营大中型运输企业,促进市场的稳定协调发展;③加速车站建设,搞好车站管理;④坚持车头向下,进一步发展农村客运;⑤进一步搞好公铁客运分流,促进公路客运的发展;⑥改进服务工作,提高服务质量;⑦加强廉政建设,纠正行业不正之风。

(九)出租汽车、旅游汽车客运管理

为加强对出租汽车、旅游汽车客运管理,保障经营者和乘客的合法权益,维护正常的运输秩序,促进出租汽车、旅游汽车客运事业的发展,1989年12月28日,交通部印发《出租汽车旅游汽车客运管理规定》,内容包括:总则,开业与停业,车辆管理,客运管理,站点管理,监督检查与处罚,附则。

---

①定线路、定班次、定时间。

（十）发布《道路运输违章处罚规定（试行）》

1990年9月24日，交通部令第24号发布《道路运输违章处罚规定（试行）》，10月1日起施行。规定了对违反经营管理行为；违反客货运输管理行为；违反搬运装卸、运输服务管理行为；违反汽车维修、车辆技术和车辆综合性能检测管理；违反价格和票据管理的违反道路运输业管理费征收管理行为的处罚以及处罚运用、处罚管辖和执行。

（十一）公路运输质量管理

1. 印发、实施《汽车货物运输质量管理办法（试行）》

1983年2月25日，交通部印发《汽车货物运输质量管理办法（试行）》，规定汽车货物质量管理的任务是：通过建立健全以岗位责任制为中心的各项质量管理制度和保证体系，搞好全面质量管理和责任运输，提高经济效益。全体汽车货运职工要严格遵守《公路货运职工守则》，以自已良好的工作质量来保证运输质量，维护企业信誉。此试行办法对汽车货物运输质量管理的组织领导、业务受理、车辆调度、现场管理、运行管理、货物装卸、货物交接、事故处理、考核评比都作了规定。

1983年5月26日，为了正确贯彻执行《汽车货物运输质量管理办法（试行）》，交通部又印发了《关于汽车货物运输质量指标统计和考核的具体规定（试行）》，对货物运输质量指标统计的考核标准和统计口径作出具体规定。

2. 开展全国公路运输质量大检查

1985年9月17日，为贯彻8月在甘肃兰州召开的全国交通运输质量工作会议精神，交通部发出《关于开展全国公路运输质量大检查的通知》，决定10月开始在全国范围内对公路运输开展一次质量大检查。通过大检查，了解到全国公路运输质量的基本情况。几年来，各地交通运输部门，在提高运输服务质量，开展全面质量管理和QC小组活动方面，作了大量工作，运输服务质量管理工作有明显进步。但还存在不少问题，主要是野蛮装卸；较普遍存在严重违反运输纪律的情况,如:驾乘人员相互勾结私收票款,搞地下运输,索取小费、刁难货主、语言不文明,甚至粗暴待客,以及车容、车貌不好,脱班严重等。同时,行车安全不好,伤亡事故常有发生;全面质量管理活动发展不平衡。大检查总结指出,公路运输质量工作要贯彻兰州会议提出的各项目标和要求,坚决刹住野蛮装卸、粗暴待客的歪风,进一步增强质量意识,积极推广全面质量管理,开创优质运输的新局面。建议将运输质量大检查经常化、制度化,每年举行一次。

(十二)加强汽车运输业车辆技术管理

1987年底,除西藏外,全国各省(区、市)都已建有公路运输汽车综合性能检测站,初步形成了全国性的监测网,对保证公路运输车辆的完好技术状况,降低油耗,提高运输效率和行车安全等发挥了重要作用,经济效益,特别是社会效益明显。为充分发挥汽车检测站在公路运输和维护行业中的作用,加强对检测站的管理,1987年12月11日,交通部印发了《公路运输汽车综合性能检测站管理暂行办法》。对检查站的主管部门、职责、必须具备的基本条件、业务管理等进行了规定。

为加强汽车运输业运输车辆(汽车和挂车)的技术管理,保持运输车辆技术状况良好,保证安全生产,充分发挥运输车辆的效能和降低运行消耗,1990年3月7日,交通部1990年第13号令发布《汽车运输业车辆技术管理规定》,对车辆技术管理职责,车辆管理,车辆使用,车辆检测诊断与维修,车辆改装、改造、更新与报废,奖励与处罚等都作了具体规定。

(十三)加强公路运输企业安全工作

1986年后,随着道路交通管理体制的改革和新职工的不断增加,使公路运输安全工作出现了许多新情况和新问题。主要是:管理不严、纪律松弛、偏重效益、忽视安全。致使公路交通责任事故时有发生,有些后果非常严重。1988年4月28日,交通部印发《关于加强公路运输企业安全工作的意见》,对加强安全工作提出如下意见:认真开展安全教育活动;强化安全管理工作;进一步健全安全规章制度;认真开展安全大检查;切实加强车辆机务管理;严格遵守操作规程;积极组织安全竞赛;努力提高职工素质;切实关心职工生活;及时交流安全信息。

五、公路交通监理和公路安全管理

(一)贯彻国务院《关于加强路政管理保障公路安全畅通的通知》

1983年7月9日,国务院下发《关于加强路政管理保障公路安全畅通的通知》。1983年10月下旬,交通部召开全国交通安全会议,进一步作出部署,要求各省(区、市)交通部门,结合本地区实际情况,制订实施细则,建立健全路政管理机构,在1984年内,将主要干线公路的路权收回,清除路障,健全标志,改善路况,消灭在公路上打场晒粮、挖沟引水等现象,努力保障公路运输的安全畅通。

(二)贯彻落实《国务院关于立即制止在公路上乱设卡、滥罚款、滥收费的通知》

1985年7月5日,国务院向各地、各部门发出《关于立即制止在公路上乱设卡、滥罚款、滥收费的通知》。通知规定:①设立统一的公路联合检查站;②检查车辆时要由身穿警服或交通监理服装的人员执行,并出示省厅二级单位发的证件;③严格执行罚款规定;④加强对检查人员的思想和政策教育,不断提高他们的素质;⑤不准超越范围征收过路费、过桥费。

经检查,到7月底,大部分地区已经减少合并了公路上的检查站。滥罚款、滥收费的情况已基本得到纠正。但有些地区对贯彻国务院通知还缺乏具体措施。8月2日,交通部发出通知要求:各级公路交通部门要制定贯彻落实的具体措施;凡尚未设立统一的联合检查站的地区,要尽快提出本省(区、市)设立检查站的方案,经批准后实施;参加联合检查站的交通部门检查人员,均着交通监理服装,持有路政管理证和公路运输管理证;对公路上滥罚款、滥收费的问题进行检查清理,制定统一的、合理的罚款标准,规定罚款的最低和最高限额,印制统一的罚款收据,并建立严格的收发、保管和使用制度;需要征收过路费、过桥费的公路、桥梁和隧道,由各省(区、市)交通厅(局)提出意见,经批准后公布实行;检查人员要不断提高政策水平,熟悉有关法规,讲文明,有礼貌。不准违反国家政策。如有趁机敲诈勒索和贪污、受贿者,一经查明,必须严肃处理。

(三)吸取"临潼事件"教训,整顿监理队伍作风,努力提高服务质量

1986年5月3日,钱永昌部长就人民日报批评陕西省临潼、长安两县某些监理人员滥用职权的"路霸"事件,向新闻界发表谈话,要求各地交通部门吸取"临潼事件"教训,整顿纪律,改进管理,树立良好的职业道德,提高服务质量。要以查处这个典型事件为突破口,联系实际,举一反三,坚决纠正交通行业不正之风。

"临潼事件"对各地交通部门震动很大,在交通监理部门中引起强烈反响。普遍认为,报纸批评某些监理人员滥用职权的"路霸"作风,是给全体监理工作人员敲了一次警钟。虽然绝大多数监理人员努力工作,文明服务,但也确有少数人表现不好,影响很坏,实须整顿。各地交通部门要以临潼事件为镜子,及时召开会议,贯彻钱永昌部长讲话精神,组织人员登门听取意见,结合本地实际情况进行对照检查,并针对存在的问题,提出限期改正的措施。

(四)召开全国公路交通安全工作会议

公路交通运输放宽政策以后,由于管理工作跟不上,出现政出多门、管理混乱、交通事故上升等情况。1985年11月,交通部在河北任丘召开全国公路交通安全工作会议,草拟了《交通部关于加强公路交通安全工作若干问题的意见》和《交通部关于加强交通监理队伍自身建设的决定》,进一步加强公路交通安全管理工作。

(五)贯彻国务院改革道路交通安全管理体制的通知

1983年2月20日,国务院发布《关于公安与交通部门交通管理工

作分工问题的通知》,规定105个城市的交通管理工作由公安部门负责,其余所有城市、县镇公路的交通管理工作均由交通部门负责,自6月1日起实行。1986年10月7日,国务院发出通知,决定改革我国道路交通安全管理体制,由公安机关对城乡道路交通安全负责统一管理,通知规定,交通部现有的交通监理机构,成建制地划归公安部;地方各级交通监理机构,包括人员、编制、房产场地、设施、装备等(不含养路费征收人员及其设备),成建制地划归地方各级公安部门。28日,钱永昌部长在全国道路交通管理体制改革电话会议上指出,完全拥护国务院的决定,希望交通部门各级干部认真学习,正确理解,坚决贯彻。要做到交接和当前安全管理工作两不误。希望交通监理人员再接再厉,为交通安全管理工作作出新的贡献。

第四节 水路交通行政

一、水运规划行政

(一)1981年关于我国水运事业的规划设想

1981年3~4月,万里副总理带领国务院工作组视察沿海港口、水运和铁路工作。根据万里同志的指示,交通部在7月6~14日召开的直属企事业领导干部会议,提出"六五"计划和10年设想的建议,主要是:远洋船队"六五"期间,发展到1 500万吨,10年内发展到3 000万吨;港口建设,"六五"期间,沿海港口万吨级以上深水泊位达到200个,1990年达到300个;内河航道,近期内主要是长江干线重点航道的疏浚、港口的改建,西江广州—贵县段建设和京杭运河济宁—扬州段的扩建等。长远的设想是,逐步对几大水系进行开发利用,建立起内河航运网。与此同时,要继续发展与水运相配套的各项建设,抓好修船工业,加强通信导航和海上安全救助,健全海上航行警告系统,搞好各航行警告台的建设,大力培训船员,以适应水运事业的发展,使我们国家在一定时间内,发展成为水运大国。

(二)制订“六五”直属水运客货运输发展计划和水运“七五”发展目标

1. 制订“六五”直属水运客货运输计划

1982年4月,交通部编制了“六五”直属水运客货运输和船舶发展计划。确定1985年客运量计划为3 900万人次,货运量为1.7亿吨,后3年平均每年分别增长2.2%和5.9%。1985年末,运输船舶保有量计划达到16.6万客位,1 700万载重吨,39.5万马力。4年内共需购置船舶5.3万客位,577.6万载重吨,5.6万马力。关于买造船的安排,“六五”后4年共需运输船舶购置费23.3亿元人民币和16.8亿美元。

2. 制订水运“七五”发展目标

“六五”结束时,包括内河航运、海洋运输和港口装卸以及与其相适应的水上安全、环保和运输管理系统的中国水路运输,已基本形成一个独立的、完整的运输体系。但是,随着商品经济的发展,水上运输能力严重不足,成为国民经济发展的薄弱环节。主要表现在:水路运输能力不足,设施落后;运输结构不合理,水上运输优势未能充分发挥。为此,确定“七五”发展目标是:在沿海港口建成深水泊位100个,中级泊位20个。到1990年,沿海港口泊位达到510多个,其中深水泊位297个。港口吞吐能力从1985年的3.1亿吨提高到5亿吨。内河航运建设以三江两河(长江、西江、黑龙江、京杭运河、淮河)为重点,相应地改善主要支流的通航条件,有计划地解决碍航闸坝,改善航道1万公里,使通航千吨级以上驳船队的航道达到7 000公里,逐步提高内河航运的比重。5年内,增加远洋运输船舶313万载重吨,沿海运输船舶180万载重吨,长江、黑龙江干线运输船舶109万吨,沿海干线客船8万客位,地方内河船舶270万载重吨。到1990年,交通部门货运量达到18.2亿吨,其中公路12亿吨,直属水运2.2亿吨,地方水运4亿吨。

（三）制订《交通部水运基建科技发展大纲（1986～2000年）》

为了搞好交通部水运基建2000年科技发展规划工作，从1986年7月开始，对1984年编制的《交通部基建局科技发展大纲》进行修改，并先后3次征求有关设计、施工及建设单位意见。1987年4月28日，交通部印发《交通部水运基建科技发展大纲》（1986～2000年）。要求根据“七五”期间水运基本建设计划的主要特点，除了要加强工程规划的可行性研究工作外，还要贯彻落实勘察，设计，港口工程施工，航道疏浚工程，航机，科技、情报，人才培训与智力引进这6个方面的要求。

（四）确定港口建设规划和布局

1986年，交通部组织了一次全国港口普查。调查显示，1985年底，全国有年吞吐量1万吨以上的港口1 947个，其中，内河港口1 752个，沿海港口195个。

交通部根据实际情况，首先在沿海港口的布局上，提出“两个大、中、小并举”的方针。内容包括：既要有重点地建设一批大港口，担负起集疏运的枢纽作用，也要建设一批适应对外开放需要和为大港分流、为地区经济发展服务的中、小港口。在一个港口内，既要建设深水泊位，也要建设中、小泊位；既要建设专业化泊位，也要建设多用通用泊位；既要建设货运泊位，也要建设客运泊位。借以达到大、中、小相结合的要求，以发挥港口的总体功能。

沿海港口发展大体按6个地区安排建设一系列新的港口或泊位。在东北沿海从鸭绿江口到山海关东的2 178公里的海岸线上，除大连港和营口港外，开辟大连港大窑湾新港区、营口港鲅鱼圈新港区、丹东港和锦州港，同时建设庄河等小港。在华北沿海，从山海关东至漳卫新河口的620公里海岸线上，除秦皇岛港和天津港外，开辟唐山地区的王滩新港和在黄骅地区建设小船泊位。在山东沿海，从漳卫新河口至绣针河口的3 024公里海岸线上，除青岛港和烟台港外，相应建设石臼港、龙口、威海、岚山等中、小港口。在苏、沪、浙沿海，从绣针河口至虎头鼻3 461公里海岸线和4 100多公里的岛岸线上，除上海、连云港、宁波3港外，相应建设南通、张家港、温州和舟山新港等港口。在福建沿海，从虎头鼻至宫口港西的3 324公里的海岸线和2 100多公里的岛岸线上，除福州港和厦门港外，开辟湄州湾和泉州新港。在粤桂沿海，从宫口港西至北仑河口5 792公里海岸线和4 600多公里岛岸线上，除黄埔、湛江两港外，开辟和建设黄埔港新沙港区、汕头、洋浦、深圳大鹏湾、防城、北海、珠海、海口、三亚等港口。上述区域的港口建设，都按大、中、小并举的方针，适当分散建设，以满足多方面的需要。

(五)成立长江水系航运规划领导小组，负责长江流域航运规划

国家计委1983年《关于长江流域综合利用规划要点修订补充任务书的批复》，确定由交通部负责长江流域航运规划。开展长江流域的航运规划，对于振兴内河航运事业，促进国民经济发展具有重大意义。鉴于这项工作地域广、内容多、协调工作量大，时间要求急的状况，为了有利于开展工作，确保完成任务，1984年交通部发出通知，决定成立“长江水系航运规划领导小组”，负责领导这项工作。领导小组下设“长江水系航运规划办公室”，办公地点设在湖北省武汉市。长江流域航运规划由长江水系航运办公室组织水系内十省二市交通厅(局)共同进行编制。1984年3月10～14日在湖北武汉武昌召开长江水系航运规划领导小组第一次会议，成立了长江水系航运规划领导小组和长江水系航运规划办公室，讨论、协调和部署了长江水系航运规划工作。

二、水运建设行政

(一)协调解决内河碍航闸坝的复航问题

据1979年统计，全国内河共有碍航闸坝1 334座。为了解决复航问题，交通、水电两部于1983年成立了关于综合利用水资源、解决碍航闸坝协调小组。1985年1月，两部又在江苏南京联合召开了经验交流会。由江苏省介绍了该省“动脉(交通)、命脉(水利)一起抓，综合

利用水资源”的经验。会议决定:凡有碍航闸坝的省(区、市)都要成立由水电、交通两厅(局)组成的协调小组,逐步解决本地区碍航闸坝的复航问题,并防止产生新的碍航闸坝。会议还决定,1985 年内先限期解决湖南澧水等 7 条河流的复航问题;并对复航资金等问题作出规定。1986 年,进行了碍航闸坝普查,作了复航规划,认定近期内有复航经济价值的约 150 座。“七五”期间安排建设和做好前期工作的约 50 座。交通部决定每年拿出一定的资金支持这项工作。

(二)研究三峡水利枢纽通航问题

1. 成立三峡水利枢纽通航领导小组

1983 年 5 月,国家计委主持召开《长江三峡水利枢纽工程可行性研究报告》审查会议后,三峡工程由论证阶段转入建设时期。为适应形势,有计划地配合工程建设进程,及时研究通航问题,交通部于 1984 年 2 月 5 ~6 日在北京召开三峡水利枢纽通航问题工作会议。4 月 5 日,交通部发出《关于三峡枢纽通航问题的通知》,同意工作会议的建议,决定成立三峡水利枢纽通航领导小组。领导小组负责组织研究三峡水利枢纽通航问题,对设计提出审查意见,并组织安排协调部属单位有关这方面的工作。领导小组下设办公室,负责办理领导小组的日常工作和对部内部外、上下联系事宜。交通部要求长航局也成立相应的工作班子,配合有关省、市航运部门进行有关三峡枢纽通航方面的工作。要求各有关单位对三峡枢纽通航的工作必须加强领导,采取措施具体落实,既要抓近期工作,也要做好远期安排。按三峡工程建设进程,及时提出有关调查研究报告,供中央决策参考,力争得到合理解决,使三峡水利枢纽充分发挥水力资源综合利用的社会经济效益。

2. 部党组召开研究三峡水利枢纽通航的专门会议

1986 年 11 月 23 ~24 日上午,交通部党组召开第 24 次扩大会议,钱永昌部长、王展意、郑光迪、林祖乙副部长出席会议。与会同志本着决策民主化、科学化,实事求是和对历史负责的精神,对三峡水利枢纽在航运上可能造成的利弊，作了比较深入的研究，各抒己见。经过一天半的讨论，对一些重要问题基本达成共识，并就如何进一步搞好这项工作作出了决定。

为综合利用水资源，使川江航运保持通畅，体现水资源综合利用、综合得益的精神，建议国家采取"以江养江，自我发展，良性循环，各方得益"的原则，用三峡大坝电站发电收入的一部分，确定一个比例进行干支流分期梯级开发，既有利于防洪、发电，又可保证航运畅通。

会议决定将三峡水利枢纽通航领导小组改名为三峡航运工程领导小组，由郑光迪副部长担任组长。下设办公室(局级)，原事业编制10人，现改为20人。该小组不在部的行政编制之内，但在部的直接领导下进行工作。

(三)征收港口建设费，多方集资建设和养护水运基础设施

1. 沿海港口建设

(1)征收港口建设费。遵照中央财经领导小组1985年2月8日会议决定，交通部、国家计委和财政部就征收港口建设费问题进行了研究。1985年10月22日，国务院批准发布《港口建设费征收办法》，对进出大连、营口、秦皇岛、天津、烟台、青岛、石臼、连云港、上海、宁波、温州、厦门、汕头、广州等26个港口的货物，征收港口建设费。港口建设费按统一规定的征收标准执行。收入列为交通部专户，作为国家建设港口资金的一项来源。资金的使用，由交通部按照国家有关规定统一安排。28日，交通部颁发《港口建设费征收办法施行细则》。1986年7月2日，交通部印发《港口建设费使用规定》，对港口建设费使用的范围、使用程序和安排建设项目应遵循的原则作了规定，于1986年1月1日起实行。

(2)利用外资。1983年，秦皇岛、连云港等港口首先利用能源港优势，向日本政府海外基金办理我国首批日元贷款。1985年，天津、上海、广州港为投资建设集装箱码头，向世界银行借了第一期世行贷款。1988～1989年，大连、宁波、厦门等港也向世界银行借款建设集装箱码

头。为了扩大对外经济合作和技术交流，加快港口码头建设，1985年9月30日，国务院发布《关于中外合资建设港口码头优惠待遇的暂行规定》，自当日起施行。

(3)召开开发建设连云港港口座谈会，开辟港口集资新途径。1985年10月19~22日，交通部和江苏省政府在江苏省连云港市联合召开陇海铁路沿线各省(区)集资开发建设连云港座谈会。河南、甘肃、陕西、安徽、青海、新疆六省(区)代表参加了会议。会上制定了《关于筹集资金加快连云港港口建设试行办法》，初步达成在"七五"期间由六省(区)集资在连云港建设8个万吨级泊位的协议并成立集资建港的协调小组。这次会议为港口建设开辟了新的集资道路。1986年7月7日，交通部印发《关于内地省(区、市)在沿海集资建设港口码头的试行办法》。

(4)沿海港口基础设施建设豁免"拨改贷"投资本息。1985年8月23日，国务院第81次常务会议决定，"港口建设除油码头外，水下基础设施部分原则上由国家投资建设，免还本息；地面设施(主要是港口作业机械、车船、仓库、堆房)所需的资金，由港务局和经营单位自筹，需要银行贷款的，经有关部门批准，可予贴息，并由交通部商有关部门拟定实施办法"。据此，1986年5月3日，交通部经征得国家计委、财政部、建设银行总行同意，发出《关于沿海港口基础设施建设豁免"拨改贷"投资本息范围的通知》，规定准予豁免"拨改贷"投资本息的沿海港口建设基础设施的具体内容。

2. 内河基础设施建设

内河港口和航道建设由国家、地方和企业、个人投资。内河航道的建设国家集中财力进行航道重点工程建设，先后批准和投资兴建了几项大中型内河航道整治工程，主要有：京杭运河徐扬段续建工程、西江航道建设工程、两淮煤炭水运建设工程、松花江三姓浅滩整治和佳木斯—同江段整治工程、汉水及信江航运建设工程等项目。为了发挥中央和地方两个积极性，自1983年开始，国家每年在计划内拨出一定数额的资金，专用于补助地方内河航道建设项目。国家还动用粮、棉、布，“以工代赈”，帮助贫困地区修建码头和整治航道。

1980年，国家对基本建设投资体制进行改革，将交通部直属企事业单位船舶购置投资，由国家财政拨款改为银行贷款。1983年，又扩大到地方航运部门，其船舶购置投资也实行银行贷款。

1986年3月29日，为加强长江干线航道的建设和养护，保证航道畅通和船舶航行安全，进一步发挥长江航运在国民经济中的作用，经财政部同意，长江干线船舶自1986年1月1日起，开始征收航道养护费。航道养护费按航运企业营运收入的3%计征，专款专用。1987年2月6日，经国务院批准，交通部、财政部发布《长江干线航道养护费征收办法》，自3月1日起施行。此办法规定凡在宜宾—浏河口长江干线航道上航行的国营、集体专业水运企业船舶，企业事业单位、军政机关船舶，个体船民(联户)的船舶，均应缴纳长江干线航道养护费；并规定了征收标准。

(四)贯彻执行《中华人民共和国航道管理条例》

1.发出关于《贯彻执行〈中华人民共和国航道管理条例〉的通知》

为加强航道管理，改善通航条件，保证航道畅通和航行安全，充分发挥水上交通在国民经济和国防建设中的作用，1987年8月22日，国务院公布了《中华人民共和国航道管理条例》。该条例是国家管理沿海、内河航道的重要法规和基本依据。它的公布和实施，对保护和开发利用航道，保障航道畅通和航行安全，贯彻水资源统筹兼顾、综合利用的方针，促进水运事业的发展具有重大意义。

为确保条例的贯彻实施，交通部于1987年9月18日发出《关于贯彻执行〈中华人民共和国航道管理条例〉的通知》，要求各有关单位做好以下工作：

(1)立即将国务院的通知和条例转发给各交通管理部门及所属航道、航政、港口等有关单位，组织干部认真学习，并结合本地区、本单位的实际情况和存在的问题，制定切实可行的贯彻措施。

(2)各级交通管理部门设置的航道管理机构,是对航道及航道设施实行统一管理的主管部门,更应组织全体职工结合本职业务学好条例,做到熟练掌握,正确运用。

(3)条例的实施,关系到各行各业。各单位务必在各级人民政府的领导下,与有关部门协作配合,保障条例的贯彻执行。

(4)各单位接到本通知后,要大力开展对条例的宣传工作。充分运用报刊、电台等各种手段,向社会广泛、深入地进行宣传,以取得沿河、沿海有关单位和广大群众的理解与支持。

2. 发布《船闸管理办法》

为加强对船闸的管理和养护,确保船闸安全、畅通,充分发挥船闸的作用,更好地为过闸船舶和水运事业服务,根据《中华人民共和国航道管理条例》和国务院其他有关规定,交通部制定了《船闸管理办法》,1989 年 8 月 3 日交通部令 1989 年第 5 号发布,自 1989 年 10 月 1 日起施行。《船闸管理办法》规定:各级船闸主管部门对管辖范围内的船闸实行统一管理,船闸管理必须确立为航运服务的宗旨,做到科学管理、合理使用、定期保养、计划修理,保证设备正常运转,充分发挥船闸的通过能力,为过往船舶提供安全、及时、方便的运行条件,并对船闸管理、船闸运用、船闸保养与修理、安全生产、过闸费的征收和使用、奖励与惩罚等作了具体规定。

(五)水运工程建设管理

1. 水运工程施工招投标管理

1984 年 6 月,全国基本建设管理体制改革会议作出大力推行建设工程招标承包制的决定。7 月,交通部也作出相应决定,要求大中型港口建设项目,除个别经部批准不适应招标的以外,一律实行公开招标,小型项目有条件的也要实行招标。1985 年,交通部决定对基建项目全面实行工程招标。

为加强水运工程施工招标投标管理,合理安排建设工期,确保工程质量,降低工程造价,提高经济效益,保护公平竞争,1990 年 3 月 7

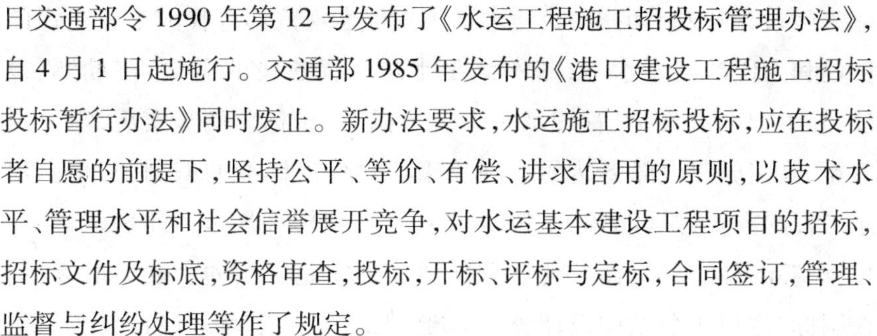

日交通部令 1990 年第 12 号发布了《水运工程施工招投标管理办法》，自 4 月 1 日起施行。交通部 1985 年发布的《港口建设工程施工招标投标暂行办法》同时废止。新办法要求，水运施工招标投标，应在投标者自愿的前提下，坚持公平、等价、有偿、讲求信用的原则，以技术水平、管理水平和社会信誉展开竞争，对水运基本建设工程项目的招标，招标文件及标底，资格审查，投标，开标、评标与定标，合同签订，管理、监督与纠纷处理等作了规定。

2. 加强内河航运工程合资项目建设管理

为加强内河航运工程合资项目建设的管理，1990 年 7 月 9 日，交通部印发了《内河航运工程合资项目建设管理办法(试行)》，把内河航运工程合资项目按计划任务书批准的部门和资金来源划分为两类，规定了内河航运工程合资项目建设的程序，并对初步设计阶段、施工图设计阶段及实施阶段的管理、竣工验收等事项作了详细规定。

3. 印发《水运工程标准规范十年规划和五年计划》

我国的水运工程建设规范从无到有，由少到多，由借用到自编，到 1990 年初，已颁布执行的规范共 26 本(其中港工 19 本，航道 4 本，修造船 1 本，通用 2 本)，已批准正在印刷的 4 本(航道 2 本，港工 2 本)，编好待批的 1 本(内河通航标准)，正编制的 4 本(港工 2 本，航道 2 本)。这些标准规范在水运工程建设中起到了至关重要的作用，使设计和施工有章可循；党的建设方针政策得以具体化；保障了工程质量，使其经济合理，安全适用；通过规范的编制，培养了一批政策性强、业务水平高、工作能力强的从事标准规范工作的骨干分子，积累了较丰富的资料和经验，为今后规范工作奠定了坚实的基础。但规范工作还存在一些问题，主要是：数量上不能满足要求，覆盖面不够，也不平衡，港强航弱；质量上亟待提高，大多数规范是 70 年代编制的，已不适应形势要求，必须进行较大修改。

1990 年 4 月 20 日，交通部发出《关于印发〈水运工程标准规范十年规划设想和五年计划〉的通知》，提出了水运工程建设标准规范的目标:“经过十年左右的努力,使水运工程标准规范具有我国工程建设的特色和当代的先进水平,基本满足水运工程建设的需要,使勘测、设计、施工、验收、维护、管理基本有章可循”。目标分两步实现,第一个五年,除完成建设部下达的宏观决策项目建设标准的编制外,根据水运工程的需要,拟订1990~1994年水运工程标准规范工作建议计划;根据实际可能,组织补充港口和航道工程实施阶段的主要标准规范。在国标“港口工程结构设计统一标准”批准颁发后,修订港口工程结构设计规范。第二个五年,继续完成建设部下达的宏观决策项目建设标准,按体系表补齐水运工程建设实施阶段的标准规范,全面实现十年目标。

三、水运体制改革

(一)改革沿海港口管理体制

交通部直接管理的港口是国家的骨干港口,共15个。十一届三中全会以前,沿海港口实行以交通部领导为主的管理体制。1981年开始,对港口管理体制逐步进行了改革。

1. 大连港港口体制改革试点

(1)大连港港口体制的历史沿革。大连港始建于1899年。1945年以前日本侵占时期,港口设置的机构先后是:满铁大连埠头局,主要负责港口航政、港政、码头库场和港区铁路设施的管理;满铁大连福昌华工公司,负责货物装卸和劳动力管理;关东州大连警察局水上警察署,负责海上和港口的治安、消防。1945年,苏联代管大连港;1949年,建立大连港务管理局,既负责港口行政管理,又经营装卸业务,形成了政企合一的体制。1951年1月,我国正式接管大连港,基本上沿用苏联代管期间的港口体制。1954年1月23日,政务院颁发《中华人民共和国海港管理暂行条例》,明确规定港务局“负责执行海港行政管理工作与业务事项,并为企业经济核算单位”。

政企合一的港口体制起过积极作用,但从整个国民经济的发展趋

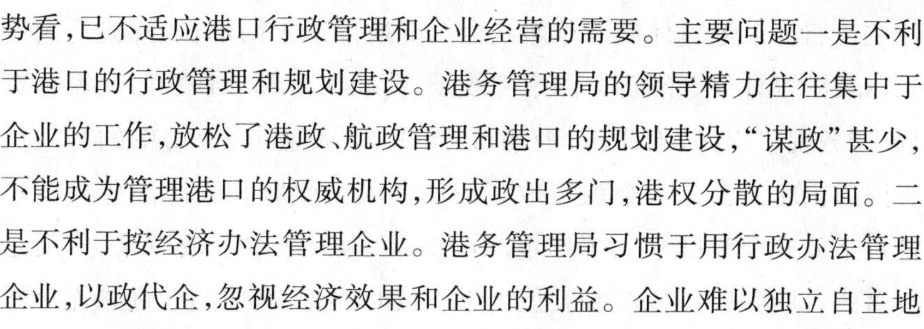

势看,已不适应港口行政管理和企业经营的需要。主要问题一是不利于港口的行政管理和规划建设。港务管理局的领导精力往往集中于企业的工作,放松了港政、航政管理和港口的规划建设,“谋政”甚少,不能成为管理港口的权威机构,形成政出多门,港权分散的局面。二是不利于按经济办法管理企业。港务管理局习惯于用行政办法管理企业,以政代企,忽视经济效果和企业的利益。企业难以独立自主地进行经营管理,企业和职工的积极性受到限制。

(2)大连港港口体制改革试行方案。1981年12月21日,国务院原则同意交通部和辽宁省人民政府商定的《大连港口体制改革试行方案》,从1982年1月起试行。1982年1月6日,交通部转发《国务院关于大连港口体制改革试行方案的批复》。从1982年1月起,大连港实行政企分开,将大连港务管理局一分为二,分别成立大连港口管理局和大连港装卸联合公司,均为交通部直属一级单位。大连港口管理局是代表国家的行政机关,主要负责港口行政管理和规划建设工作,并按照国家的要求,在宏观经济上协调、指导港区企业;大连港装卸联合公司,是企业联合组织,从事以装卸、仓储业务为主的港口运输生产经营活动,实行独立核算、自负盈亏。这样更有利于加强港口的管理和装卸工作,有利于发挥企业积极性。大连港口管理局由交通部和大连市人民政府双重领导,以交通部领导为主。

2. 沿海港口完成“双重领导、以地方领导为主”的港口管理体制改革

1984年开始,交通部根据党中央和国务院的决定,对我国沿海港口的管理体制进行改革,在管理上实行“双重领导,地方为主”。沿海港口改革从1984年天津港试点开始到1988年底,分4批完成。

(1)天津港实行“双重领导、以地方领导为主”的港口管理体制改革试点。1984年6月,经国务院批准,交通部采取“先扩权,后下放”的原则,在天津港实行“双重领导、以地方领导为主”的管理体制改革试点。1985年3月18～20日,遵照赵紫阳总理指示,李鹏副总理在天

津主持召开了港口体制改革座谈会。交通部钱永昌部长、郑光迪副部长以及国家计委、经贸部、国家体改委、劳动人事部、财政部、国家物资局、国务院口岸办、天津市、上海市、广东省、大连市、青岛市的有关负责同志出席了会议。会议听取了天津市人民政府和天津港务局关于港口下放9个月以来的工作情况汇报;认为天津港下放以来,成绩是显著的,试点基本是成功的,但由于下放时间短,有些问题尚未充分暴露,需要不断地创造和总结经验,才能逐步摸索出一条中国式的港口体制改革的道路。会议总结以下几条经验:①港口实行"双重领导,以地方为主"的管理体制,进一步调动了两个积极性,特别是地方的积极性。②天津港管理体制改革,不是简单的由条条到块块的权力转移,而是下放与改革结合,重点在于扩大企业的自主权。③由于扩大了自主权,港务局积极采取技术改造措施,更新机械设备,引进高效率的装卸机械,加强现代化管理,提高了效率。④利用扩权后的活力,基层企业实行了各种形式的经济承包责任制,进一步调动了职工的生产积极性。⑤港口建设与天津市发展规划和经济技术开发区的建设结合更加密切,有利于促进城市经济的发展。⑥成立了中央有关部门和兄弟省、市参加的港口咨询委员会,定期征求内地有关省、市对港口的生产、建设、管理、规划等工作的意见,保证了腹地各省、市进出口运输任务的完成。

鉴于天津港管理体制下放的试点是成功的,方向是对的,会议对交通部直属港口的管理体制改革,提出了以下几点设想:①交通部直属的港口,原则上都要下放到港口所在城市,实行"双重领导,地方为主"。必要时,交通部可保留一、二个专业性港口。港口下放后,交通部与中央有关部门主要管3个方面的工作,一是港口发展规划、年度吞吐计划和限额以上基建项目的审批;二是搞好港口运输的"两级平衡,集中管理"和调度指挥;三是统一制定港口建设和管理的方针政策、法规、制度。交通部对港口的工作有监督权、检查权,在必要时对财务开支和建设项目可行使否决权。②在下放步骤上,既要积极,又要稳妥,采取分批分期下放的办法,争取在二、三年内完成。③在财务管理制度上实行“以港养港”的办法。④关于“配套”下放问题,鉴于外代、外运的体制国务院已有规定,除天津以外的其他港口暂不“配套”下放,可以与港监和燃料供应公司管理体制改革一起研究后再定。⑤物资供应问题。生产维修用料,仍按核定基数提交交通部划转下放到市供应。基建、技改用料,在国家计划体制规定的范围和渠道内解决。凡经国家计委、交通部审批下达的国家重点建设项目,其用料戴帽下达。⑥港口体制下放后,要逐步实行政企职责分开,先放权后简政。⑦天津港要进一步搞好管理体制下放的试点工作。

会后,中央、国务院以国阅(85)29号批准转发了《港口体制改革座谈会纪要》。

(2)下放大连、上海两港。遵照李鹏副总理的指示和《港口体制改革座谈会纪要》精神,交通部于1985年7月底分派工作组去大连、上海两市,就大连、上海两港管理体制改革问题,与两港进行讨论,与两市人民政府进行协商。1986年1月,经交通部同有关部委协商,大连、上海两港在李鹏副总理的主持下,确定了以收抵支、财务包干的办法增加港口自我改造能力,增加港口活力;确定非贸易外汇留成等具体规定和办法。对港口有关部门的管理体制也作了原则规定。根据省、市要求,计划、物资体制暂以部为主管理。

1986年2月16~18日,李鹏副总理在辽宁大连主持召开了国务院口岸领导小组会议,讨论进一步贯彻落实天津港口管理体制改革座谈会的精神,确定大连港下放的有关问题。4月22日,国务院办公厅转发了《关于大连港管理体制改革问题的会议纪要》。24日,交通部和大连市人民政府协商,就国务院纪要规定以外的大连港管理体制有关问题拟定了协议。25~29日,在大连市由国务院口岸领导小组副组长赵维臣主持,国务院口岸办、财政部、辽宁省人民政府参加,交通部与大连市办理大连港管理体制改革的交接工作。经过5天的紧张努力,双方就交接的有关问题取得了一致意见,撰写了《大连港管理体制改革交接议定书》及劳动工资和人事、财务、生产业务、公安管理、计划和技改、物资管理6个方面的交接纪录。29日，在大连市举行交接签字仪式，交通部副部长林祖乙和大连市人民政府副市长宫明程签署了《关于大连港管理体制改革交接工作议定书》，并召开交接工作大会。同时宣布成立大连港务局和大连海上安全监督局。

《关于大连港管理体制改革交接工作议定书》议定：将原大连港装卸联合公司，中国外轮理货公司大连分公司，大连港口局建港指挥部、公安局、港口岸线管理、引航、港口陆域管理以及外事等工作和部门合并组成大连港务局，实行大连市和交通部双重领导，以大连市为主的管理体制。同时，将大连港口局的港务监督及所属有关单位，改设为大连海上安全监督局，直属交通部。大连港管理体制改变后，大连市要进一步搞好港口的改革，加速港口的开发建设，努力为国家特别是东北地区的经济建设和对外经济贸易事业服务。交通部对大连港务局实行行业管理，对生产和建设及各项工作，要继续给予积极的领导和帮助。并请国务院有关部门进一步加强对大连港管理体制改革和各方面工作给予支持和帮助。

1986年1月4~6日，为进一步贯彻落实天津港口管理体制改革座谈会精神，李鹏副总理在上海主持召开了上海港下放问题的会议。1986年1月29日，国务院办公厅转发《关于上海港下放问题的会议纪要》，要求上海市人民政府，国务院各部委、各直属机构遵照执行。遵照会议纪要精神，1986年5月5~8日，在国务院口岸领导小组副组长赵维臣主持下，交通部与上海市人民政府在上海市办理了上海港管理体制改革的交接手续。8日，交通部部长钱永昌和上海市市长江泽民在交接签字仪式上分别代表交通部和上海市人民政府签署了《上海港管理体制改革交接议定书》，并举行了交接大会，宣布上海港务局和交通部上海海上安全监督局成立。

至此，上海、大连两港管理体制改革的交接工作顺利完成。两港均从1986年1月1日起实行“双重领导、以地方领导为主”的港口管

理体制。

(3)第三、第四批港口下放。1986年12月,李鹏副总理在山东青岛主持召开了青岛、黄埔、连云港、烟台、南通五港体制改革会议。五港和所在省、市领导参加了会议。考虑到1987年秦皇岛、营口、石臼、宁波、湛江、海南七港在管理体制上要加快改革步伐,因此,邀请了这7个港口所在省、市的领导和港口的同志参加会议。为了使大家对港口体制改革的意义和作用有更深的了解,还请了天津、上海、大连3个港务局的局长到会介绍经验。国家计委、经委、体改委、财政部、劳动人事部、建设银行总行、国务院口岸办等有关部委的领导同志也出席了会议。会议总结了天津、上海、大连港下放的经验,重点研究解决5个港口管理体制改革中基建计划体制、物资管理体制问题和几个具体问题,如国家让利、外汇指标、外汇下达渠道、自筹规模、贷款的豁免和还贷、实行吨货工资含量包干问题以及除计划单列的青岛、广州两市外,给予连云港、烟台、南通三市政府审批港口的计划项目、财务、外汇管理以及局级干部任免等权限问题。确定了加快改革步伐和一些重要的方针、政策、做法。

李鹏副总理在会议讲话中强调,天津模式是1984年产生的。当时算账的结果是,天津港的基本建设规模与其每年的利润基本相当,所以定了“以港养港”。当时国家的外汇情况比较好,所以对天津港下放的条件比较优惠。1986年,上海港、大连港下放,则是按照“七五”计划为基数确定的,按照所实现的利润,实行多退少补。

1987年1～3月,办理了第三批包括黄埔、烟台、青岛、连云港、南通5港的交接手续。9月18日,广州、黄埔两港合并,组建了新的广州港务管理局。10月10日,12月6日、8日和9日办理了第四批宁波、汕头、海南和湛江港的交接手续。1988年1月16日和2月4日最后办完石臼和营口两港交接手续。黄埔、烟台、青岛、连云港、南通、宁波、湛江、汕头八港从1987年1月1日起,海南、石臼和营口三港自1988年1月1日起,实行“双重领导、以地方领导为主”的港口管理体制。至此,除秦皇岛外①的沿海14个港口体制全部调整完毕。上述各港口在将港务监督划出改称港务局的同时,为了加强航政、港监的统一领导,行使国家海上安全监督管理职能,都组建了海上安全监督局,实行以交通部为主、港口所在城市为辅的双重领导体制。这次港口管理体制改革工作紧紧围绕调动两个积极性、给港口放权、搞活港口、发展生产力这一主要目的,进行得比较顺利、稳妥、细致。

3. 深化沿海港口管理体制改革

为了更好地总结经验、深化改革,1989年全国交通工作会议之后,交通部开始组织调查研究港口管理体制改革问题。1990年3~4月,郑光迪副部长率调查组再次组织深入调研。部党组召开扩大会议,听取了调查组的汇报,分析研究了沿海港口体制改革以来的情况、经验、问题和“八五”期间深化改革的措施。

沿海港口管理体制改革,使沿海港口的发展有了一个良好的开端。但仍存在一些问题,主要是:港口生产能力的增加赶不上实际吞吐量的增加;港口建设资金不足,下放协议中一些条款不落实;财务体制不顺,上级部门对港口财务监督管理削弱;局部管理体制不顺;港务局行使政府管理港口的行政职责不明确,工作中产生的矛盾较多等等。1990年7月11日,交通部向国务院上报《关于沿海港口管理体制改革的调查和深化改革的措施的报告》,提出“八五”期间深化沿海港口体制改革的若干建议:要在治理整顿的基础上,继续深化沿海港口的管理体制改革,逐步理顺各方面的关系,不断完善港口管理体制。深化改革要做到“三继续”,即:继续实行双重领导,以地方为主的管理体制;继续实行有效的宏观调控和放宽搞活相结合的方针;继续实行以港养港,建设发展港口的基本财务制度。坚持“三有利”,即:有利于加强国家对港口建设规划、宏观调度及规章制度的集中统一管理,保证国家指令性计划和重点物资的运输;有利于发挥港口的功能,为港

①按国务院领导同志指示,因煤炭运输关系全局,故秦皇岛港体制不变,由交通部直接管理。

口城市和经济腹地建设提供及时有效的运输服务;有利于港口自身的生产和建设,更好地适应国民经济稳定、持续、协调发展和对外开放的需要。为此,要继续对沿海港口建设实行优惠政策;加强国家和地方政府对港口工作的宏观管理;解决个别港口的体制不顺问题;将主要港口理货分公司从港务局划出,实行"双重领导,以总公司为主"的管理体制;改变天津外轮代理公司的管理体制,实行中国外轮代理总公司领导为主的管理体制。天津外轮代理公司的利润仍可划出部分留港务局作为养港资金;草拟沿海双重领导港口的暂行管理办法,加快《港口法》的制定工作。

(二)改革内河航运管理体制

1.探讨改革内河航运管理体制

(1)长江水系航运体制改革调研。1980年6月,国务院领导同志在听取交通、邮电十年规划汇报时指出,要重视长江水系航运的开发利用;要改革长江航运管理体制。根据这一指示精神,从1980年8月开始,国家经委、交通部会同沿江六省一市(四川、湖北、湖南、江西、安徽、江苏省,上海市)组成体改调查研究组,进行了2个多月的调查研究,共召开58个座谈会,参观9个港口,写出了调查报告。主要观点包括:①长江水系有大小通航河流700余条,航运条件十分优越,是我国最大的天然水运网。建国后,经过31年的建设,长江航运有了很大发展,作为长江航运的骨干企业——长江航运管理局,1980年已经拥有180万吨船舶、29亿元固定资产,年货运量达到4 800万吨,年客运量达到2 800万人次,较好地完成了各项重点物资的运输任务。长江流域各省的水运事业也获得不同程度的发展,保证了各省工农业生产和物资交流的需要。但是,长江航运体制,从中央直属航运企业到省、市、地、县航运企业都存在着以政代企、政企不分的现象,管理混乱,政出多门,限制了直达运输,增加了货物的中转倒载,这对进一步发挥水运优势和发展长江航运有一定影响。积极改革长江水系航运体制十分必要。②长江水系航运体制的改革,涉及面广、问题复杂,要积极、稳妥,搞准、搞稳、搞顺。当前国民经济以调整为中心,改革要服从调整,不影响安定团结,不影响运输生产。长江水系航运体制改革的目的,是调动各个航运企业的积极性。要照顾各方面的利益。长江干线运输不能伤筋动骨,不能影响中央财政收入。③改革要从两个方面考虑:一是该集中统一的必须集中统一。长江的航政、航道、港口、运输市场的管理和规章、法令必须集中统一,干支航运的发展建设必须统一规划。二是干支运输体制的改革,必须着眼于搞通、搞活、搞上去。各航运企业的船只在确保安全的前提下,既可以航行于支流,也可以航行于干流。要积极鼓励组织直达运输。发展干支直达运输的焦点在港口。港口要考虑政企分开。④在不影响长航局运输生产和财政收入的前提下,要扶植地方航运的发展。把必要的小港站、码头、支流航线,协商调整给省航企业。要充分发挥各航运部门和货主建设码头和经营码头的积极性,凡是目前由长航局管的货主码头,货主要求自己经营的可以移交给货主。⑤充实加强长江航政局。把航政、航道、工程和工业从长航局分离出来,使长航局变为航运公司,只管船舶运输和装卸业务。成立长江水系航运管理委员会,它既是交通部领导的行政机构,又是有各省航运负责人参加的协调机构。

1981 年 3 月 3 日,交通部党组用一天时间听取了贺崇升副部长等同志关于长江水系航运体制改革的调查汇报。部党组基本同意调查报告的观点。认为,长江水系航运体制改革要从小的改革开始,过渡到大的改革,要摸着石头过河。已经成熟的意见可正式作出决定,先下达执行。凡是合法运输企业的船舶,一律可以在长江干支航行;物资部门可以在符合河流建设规范和港口统一规划的范围内,自建自用码头。现有货主码头凡货主愿自己经营者,可以移交给货主;地航局与省航部门协商一致的调整改革措施,不影响大局的即可实行,并报部备案;航政和航道管理必须集中统一,具体体制机构待进一步研究。

党组决定:长江水系航运体制改革工作继续由贺崇升副部长负责抓紧进行,体改调查组要恢复活动,并协同部体制改革办公室,进一步

征求各方面意见,组织机关各有关局座谈讨论,搞出具体方案,由部党组讨论后,向国家经委汇报,再请各省交通厅和经委负责同志来京共同研究定稿,然后报国务院。

(2)召开全国内河航运厅局长座谈会。1982年9月,交通部成立内河运输管理局,以加强对内河运输的领导和管理。根据部党组的决定,1982年11月22日～12月10日,内河局分3片连续召开座谈会,25个省(区、市)和长航局的代表参加了会议,国家体改委、计委、经委、财政部、人民日报、经济日报、工人日报、北京周报和中央人民广播电台也派代表参加。参加会议的还有部内有关部门以及部直属相关科研机构的代表。

第一片会议于11月22～26日召开,云南、贵州、四川、湖北、湖南、安徽、上海、浙江和长航局的代表参加。第二片会议于11月30日～12月3日召开,广东、广西、福建、山东、河南、河北和天津的代表参加。第三片会议于12月7～10日召开,黑龙江、吉林、辽宁、内蒙、陕西、山西、宁夏和甘肃的代表参加。

李清部长到会讲话。钱永昌副部长在每一片会上都作了讲话。根据部党组"弄清情况,找准问题、研究对策、发展河运",以及会后"梳出几条辫子"的指示,每片会议都是先由各省(区、市)代表汇报,然后再集中几个问题深入讨论分析并提出改进措施。

根据座谈会的反映,内河航运事业发展中存在的问题很多,其中之一就是管理体制不合理,政令不统一。航运管理按行政区划,造成干支分割,中转倒载多,运输费用增加,影响货畅其流。政企不分,领导多头,政令不统一。港航不分,港口缺乏统一的行政管理,港政与市政分割,既不利于港口的发展,也有碍于城市的规划建设。管理体制很不适应内河航运的特点,该集中统一管理的航道和航政分散了,该放松的运输和装卸又统的太死了。

会议要求,抓紧做好《长江航运管理体制改革方案》的组织实施和试点准备工作。同时,要调查研究,探讨在航道管理体制、航政管理体制、运输管理体制和港口管理体制 4 个方面进行改革的可行性。

1987 年 7 月,内河运输管理局在江西九江召开了内河航运体制改革研讨会,研究内河体制改革的方向、原则、目标和模式,探讨建立具有中国特色的内河航运管理体制。

2. 改革长江航运管理体制

《交通部直属企事业一九八一年上半年工作小结和下半年工作要点(1981 年 7 月 13 日)》中提到:长江航运跨六省一市,长航与省、市,干线与支线,政与企矛盾很多,关系复杂,航政管理混乱,改革势在必行。长航是一条完整的水运干线,不宜切段分散管理。长航体制改革首先是政企分开问题。政实行全线统一管理;企实行全线统一经营,干支线搞好协作、联合,港口对长航和地方船舶一视同仁。对这个问题要继续调查研究,提出可行的改革方案,进行改革。

1982 年全国交通工作会议,对长江航运管理体制改革提出的主要要求是:①政企要分开,政管理要集中统一,分级管理,对企业要下放权力,实行独立经营;②要实行港航分开,大港口要由交通部统一管理,各个港口要对所有船舶开放,做到一视同仁;③长江的航运、装卸企业要实行多家经营,或组织联合经营,地方船舶可以参加干线运输。

1982 年 5 月 10 日,交通部向国务院报送了《关于长江航运体制的改革方案》。方案指出:长江航运管理体制不合理。①航运管理按行政区划,货物运输直达受到了不应有的限制,运输物资中转倒载多、时间长,增加了货损货差,加大了运输费用,影响了货畅其流,许多应该走水的物资,弃水登陆,长江航运路子越走越窄,优势得不到充分发挥。过去解决这些矛盾总是采取收收放放的行政办法,在集权和分权上兜圈子,问题始终没有解决好。②政令不统一。长江干线上在同一地区有几个航政部门,各定各的规章制度,各有各的管理办法。港口也没有统一的管理机构和统一的港章,规划建设不能统一,水域、岸线不能合理使用。③航运企业的内部管理,权力过分集中,基层企业缺乏必要的自主权,"吃大锅饭",严重影响企业和职工的积极性。

1)改革方案的主要内容

长江航运体制改革,一定要确保水系航运的畅通,促进航运事业的发展,提高经济效益,调动各方面建设和利用长江航运的积极性。改革必须贯彻按经济规律办事的原则,打破行政区划,达到干支畅通,干线直达,江海直达,货畅其流;航运体制必须坚持政企分工,港航分管,统一政令,分级管理,企业的经营管理必须在国家计划指导下,允许多家经营,鼓励各种形式的联合;实行经济责任制,独立核算,自负盈亏。在改革中必须贯彻安定团结的方针,改革要积极,步骤要稳妥。

2)改革长江航运的行政管理体制、运输企业体制和港口体制的措施

(1)关于行政管理体制。组建长江航务管理局,为交通部派出机构,统一负责长江干线的航政、港政、航道整治管理。沿江各省的航务管理机构,业务上受长江航务管理局指导,执行统一的法规、制度和指令。对各省设在长江两岸的航务分支机构,隶属关系不变,实行双重领导;对航行在长江干线的各种船舶实行统一政令、法规,分级分工管理。确保长江航行畅通,秩序井然,人民生命财产安全。长江干线和国家计划开发的重要支流应列为国家航道,由国家统一规划建设。其他支流属省、县航道,由省、县规划建设。

(2)关于运输企业体制。中央和地方所属运输企业都可以在长江及其支流上经营运输业务,实行多家经营。部属长江航运企业,成立长江轮船公司,下设若干轮船分公司,实行独立核算。所有企业都要建立经济责任制,提高经济效益。部属和省、市各轮船公司都必须在国家计划指导下,进行年、季、月度的运输计划平衡,保证完成各自承担的运输任务。大力发展江海直达、干线直达和干支直达,避免不必要的中转倒载。航运企业实行多家经营,鼓励联合,但应有原则分工。长江轮船公司主要承担国家计划的大宗客货运输任务,也可以承担干支和江海直达物资的运输。地方航运企业主要承担省内的客货运输任务,多余运力也可以承担干支、干线和江海直达物资的运输,但必须

统一纳入国家运输计划。根据这一原则，现在部属的长江航运企业经营管理的一些支流航线和运力，可以调整给地方经营，也可与地方航运企业联合经营。企业调整后，有关单位的运输任务和上缴利润均应作相应的调整。

(3)关于港口体制。①政企分工。干线港口的行政管理机构为港口管理局，实行由交通部和所在城市政府双重领导，以部为主。交通部主管：审批港区范围、规划、建设计划，制定港口法令、规章、费率及主要领导干部的任免等。市政当局主管：港区的划定和规划建设，水域防污以及公用码头的管理。重庆、万县、宜昌、枝城、城陵矶、武汉、黄石、九江、安庆、芜湖、南京、镇江、江阴、南通、张家港等重点港口行政管理，实行双重领导以交通部为主。其余港站交给地方或暂由以上重点港口管理。交给地方的港口行政管理，实行地方与长江航务管理局双重领导，以市政当局为主。②关于港口的装卸业务、客货运和为船舶服务的业务，实行多家经营。长江干线 15 个重点港口码头、设备、装卸业务，除给长江轮船公司留下必要的船舶专用码头外，均单独成立装卸服务公司，实行港航分管，由交通部领导。交给地方的港口，同样成立装卸公司，其装卸公司由地方领导。所有这些中央和地方的装卸公司，对到港船舶均必须一视同仁，为各船公司服务。现有的货主专用码头交给货主经营管理，执行交通部颁发的法令、政策和规定。今后各工厂企业、物资部门、轮船公司经港务局批准，均可建立专用码头，成立装卸服务企业。长江干线的各装卸公司，必须执行统一的费规、费率，不经交通部批准，不得擅自修改。③当前长江港口泊位能力严重不足，为鼓励各航运企业、工矿企业和物资部门建设码头的积极性，要本着谁建、谁用、谁管、谁受益的原则办事。港务费应由港务局管理收取，以维护航道和泊位的正常水深。④为了加强港口的建设和经营管理，协调各方面的关系，在较大的港口应设立港口委员会、装卸企业行业协会，协调相互关系，解决管理和经营中的矛盾。

为有利于解决长江水系航运管理方面发生的重大问题，拟设立长

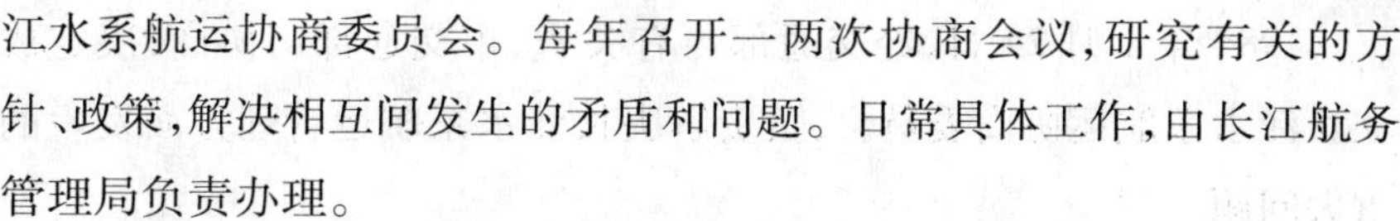

江水系航运协商委员会。每年召开一两次协商会议，研究有关的方针、政策，解决相互间发生的矛盾和问题。日常具体工作，由长江航务管理局负责办理。

1983年3月25日，国务院50号文正式批转长江航运体制改革方案，要求积极进行试点，逐步推开，争取在1984年内完成改革任务。

为抓紧落实，交通部成立了长江航运体制改革领导小组，并于1983年6月15～20日在北京召开了长江航运体制改革工作会议。参加会议的有国家经委，四川、湖南、湖北、江西、安徽、江苏、上海、重庆等省（市）交通、航运部门，长江航运管理局，长江航政局以及部内有关局的领导和同志共计51人。与会同志一致拥护国务院50号文件的决定，着重研究了贯彻实施的有关问题。会议期间，在党组书记李清同志主持下，专门召开党组扩大会议，听取工作汇报并研究有关问题。会议结束时，交通部副部长钱永昌同志代表部党组就长江航运体改工作会议作会议总结。钱永昌副部长在讲话中提到：长江航运管理局是这次改革的重点，经部党组研究，准备分两步走：第一步实行港航分管，组建长江航务管理局和成立长江轮船公司。第二步进行港口政企分开，即港政和装卸业务分开。准备在大连港的政企分开和重庆市的港口管理试点取得经验后再逐步推开。

按照国务院50号文件精神和部党组的部署，长江航运体制改革的第一步是实行港航分管，1983年12月完成组建长江航务管理局和成立长江轮船总公司的工作，两机构从1984年1月1日起分别办公。长江航务管理局是交通部的派出机构，统一负责长江干线的航政、港政、航道整治管理，发展规划，船舶监督检查，船员考试发证，水域防污，船舶海难救助，港航事故处理和运输市场的行政管理工作，协调部门间、企业间的相互关系，并全面领导长江干线14个直属港口和承担长江水系协商委员会的日常工作。长江轮船公司是交通部直属一级独立核算的运输企业，管辖重庆、武汉、芜湖、南京、上海5个轮船公司，7个修造船厂和2个配件厂。

1984年1月24日,经交通部与有关省、市交通部门协商,决定成立长江水系航运协商委员会,负责解决长江水系航运管理方面发生的重大问题。

在港航分管的基础上,航运企业实行多家经营,港口全部对社会开放,并将高港、江阴、城陵矶、监利4个中小港口下放给地方。

1986年,开始实行长江航运体制第二步改革。航务局进一步"从政",与所属港口企业在经济上脱钩,加强行业管理职能,理顺港航关系。1987年8月4日,国家经委与交通部联合上报的《关于长江港口管理体制改革的请示》指出,为了充分发挥港口在城市经济中的枢纽、门户作用,调动各方面的积极性,加快港口建设,发展港口生产,增强港口活力,根据沿海港口下放的经验,建议在国务院批准的《交通部关于长江航运体制改革方案》的基础上,进一步进行港口体制改革,除张家港以外,将重庆、万县、宜昌、枝城、武汉、黄石、九江、安庆、芜湖、南京、镇江等长江干线重点港口全部下放,实行交通部与地方政府双重领导以地方为主的管理体制。

3)港口体制改革原则

(1)长江干线港口按现港务局(含所属站、点)成建制下放,由交通部与省、市政府办理交接。凡是有中心城市依托的港口由省、市政府确定管理部门,但不应下放给航运企业管理。凡国家规定给港口的权利,都放给港口。港口的自有资金主要用于发展生产、技术改造,少部分可用于改善职工福利,不准平调和移作他用。

(2)长江干线港口下放后,要积极创造条件,逐步实行政企职责分开,按照"一城一港"的原则组建港口行政管理机构。港口的装卸、仓储、港作及客货运集散服务等业务,要实行多家经营,为各轮船公司的船舶服务。

(3)各航运企业、厂矿企业和物资部门,可本着"谁建、谁用、谁受益"的原则,在港口行政管理机构统一规划指导下,鼓励集资建设专用码头,成立装卸服务公司,经营船舶装卸业务。现有的货主专用码头,

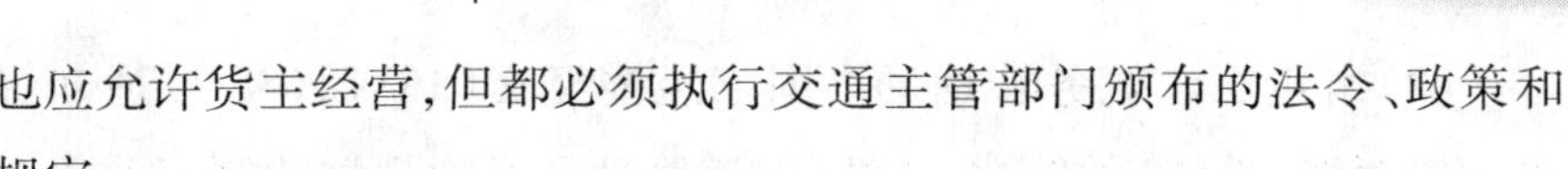

也应允许货主经营,但都必须执行交通主管部门颁布的法令、政策和规定。

(4)港口公安机构和战备设施以及港口机械修配厂、配套厂随港口下放。

(5)属于行业、行政管理范围的长江干线航政、航道、通信不下放,继续由交通部统一管理。少量原属长江轮船总公司的专用泊位、基地仍由长江轮船总公司管理。交通部与地方政府的分工,原则上参照海港的办法办理,并由交通部在长江的派出机构长江航务管理局代交通部执行。建议给下放的港口必要的扶持政策。

港口体制改革要根据中央既积极又稳妥的指示精神,加快工作步伐,和沿江省、市共同努力,争取在一两年内完成。长江干线港口下放后,长江航务管理局作为交通部的派出机构,主要负责长江干线的航政、港政、航道、航运的行政和行业管理,同时对沿江各省的航务管理机构在业务上进行指导,做好长江水系航运的统筹、协调、服务、监督工作。

1987年11月6日,国务院批准了《关于长江港口管理体制改革的请示》。1988年3、4月,南京、镇江、武汉、九江4个港分别下放给所在城市,1989年,交通部直属的长江干线26个重点港口全部下放当地政府。

3. 内河航运管理体制的其他改革

(1)改变黑龙江航运管理局领导体制。黑龙江水系包括黑龙江、松花江、乌苏里江、嫩江和第二松花江等干流,通航里程达5 435公里,其中国境河流有3 600公里。为了充分利用黑龙江水系水运资源,适应流域经济建设,维护祖国航权的需要,经国务院批准,于1983年将原黑龙江省航运管理局收归部直辖领导,成立交通部黑龙江航运管理局,统管黑龙江水系各项航政、行政管理和水上运输组织工作。该局既是交通部和黑龙江省航运行政管理单位,又是部直属航运企业,为政企合一的单位。

(2)组建珠江航务管理局。国家经委经交〔1984〕685号通知提出,将"西江(珠江)的航政、港政、航道管理和发展规划的制定改由交通部统一领导",交通部根据这一要求,为加强全行业的宏观管理,维护运输秩序,提高经济效益,于1986年组建珠江航务管理局。珠江航务管理局是交通部在珠江水系派出的行政管理机构,正厅(局)级行政性事业单位。

(3)改革大运河(苏北段)航运管理体制。1987年11月,经国务院授权国家计委,以计交〔1987〕2075号文批复,同意成立"京杭运河江苏省交通厅航务管理局"。该机构实行交通部和江苏省双重领导,以省为主,统一领导和管理苏北大运河航务工作。

(4)内河航道体制改革。交通航道部门由事业单位改为企业化管理,成为自主经营、独立核算、自负盈亏的经济实体。交通部第一、二、三、四航务工程局,天津、上海、广州航道局,是我国港口、航道建设的骨干队伍。1987年,分别将局改为公司,成为企业。面向交通行业,面向社会,以投标、承包方式,承揽工程项目。4个航务工程公司和3个疏浚工程公司,在自愿互利的基础上,分别与路桥公司和港湾公司实行松散联合,开展国内与国际业务,发展国内与国际两个市场。港口建设指挥部并入所在港务局。改革后港口建设计划一律下达到所在港务局。原3个航道局所属的航标部分,划归港监局管理。

(5)改革重庆水上运输管理体制。1983年5月,交通部原则同意长航重庆地区的水运管理体制,按港航分管、政企分工、专业管理的原则,与重庆市经济体制综合改革同步进行。长江重庆地区的航运机构按港航分管原则,成立重庆港务管理局,实行交通部与重庆市双重领导,以交通部为主的领导体制。重庆港务局由县团级单位改为地师级单位。在国务院批准的长江航运体制改革方案全面实施之前,重庆港暂由交通部直接领导。重庆港的港务行政和航政管理的职责划分,维持现状。

(6)整顿长江港口外轮理货分公司机构体制。为了适应长江港口开展外贸进出口货物运输业务的需要,各港于1980年初成立了中国外轮理货公司各分公司。但是,各港的外轮理货机构仍然很不完善,大部分港口的外轮理货机构设在商务(货运)部门内,无专职经理,无专门管理机构,缺少管理干部,缺少理货人员;有些港口的外轮理货机构是虚设的,仓库与外轮理货合在一起,内、外理人员不分。总之,长江各港口基本上都没有按照交通部(80)交水运字680号《关于解决各港外轮理货分公司体制和人员问题的通知》精神组建外轮理货公司,不适应外轮理货工作的要求,影响到外轮理货业务的开展和外轮理货质量的提高。

1983年6月,为了加强长江港口的外轮理货工作,解决外轮理货分公司存在的机构体制和人员问题,交通部根据长江港口外贸任务大小和均衡情况,决定对长江港口的外轮理货分公司进行调整:①张家港、南通、南京、芜湖、九江、黄石、武汉等港口的外轮理货分公司一定要按照部(80)交水运字680号的通知精神组建。②城陵矶、重庆港口的外轮理货分公司,鉴于港口外贸任务较少、理货任务不均衡,为精简机构,节省人员,可采取一套机构,两块牌子的过渡办法,即将外轮理货分公司调整并入港务局的一个职能科室内,编制包括管理干部和理货组长,对外保留外轮理货分公司名义,理货员由仓库统一管理,外轮理货仍然实行港务局和总公司的双重领导体制,由局领导兼任经理,科长任副经理。③长江港口的外轮理货机构应按照总公司的统一部署进行工作和活动,以保持全国外轮理货公司的一致性,港务局应给予支持。

(三)水运事业单位企业化改革

1. 第一航务工程局改革

1980年8月,交通部决定以所属的第一航务工程局作为第一个扩大企业自主权的试点单位。试点内容主要是扩大利润留成、奖金分红和部分生产经营的权限,在此情况下,下一步围绕提高企业的经营效率,继续扩权工作。在1983年学习首钢经验,推行经济责任制的基础上,从1984年8月开始,扩大工程队一级的经营管理自主权,把所属的5个工程处改为自主经营、独立核算的工程公司。将经营权全部下放到公司,企业活力逐步加强。1987年开始推广内部合同制,在不断完善"百元产值工资含量包干"办法的基础上,逐步建立适合本企业的内部承包经营责任制体系;全面开展经济核算和经济活动分析;职工奖励基金的提取,全部同降低成本利润额挂钩;继续进行设计院的企业化改革,并为实现全局"以设计为龙头"的工作体制创造条件;进一步加强企业的民主管理工作;确立为建设单位服务的思想。

2. 第三航务工程局改革

1984年9月4~8日,在交通部举行的"沪五个直属单位实行改革放宽搞活会议"上决定,第三航务工程局所属各工程处改为独立核算的工程公司。工资分配形式以局为单位,实行百元产值工资含量包干。每百元产值工资含量系数由企业主管部门和同级建设银行核定。在生产业务范围之外开展的多种经营的纯收入,按国家规定纳税后,全部用于职工奖励和福利。

3. 上海海运管理局船舶管理体制改革

1985年8月9日,交通部原则同意上海海运管理局的改革方案,允许其先组建石油运输公司试点,成为实行内部独立核算,自主经营的专业运输公司。在改革过程中可以适当扩大公司的经营管理权力,做到海运管理局与公司职责分工明确合理,提高工作效率,增加经济效益,确保石油运输的安全。在石油运输公司试点的基础上,总结经验,再组建其他专业运输公司。

4. 上海、天津、广州航道局改为施工企业单位

1986年8月27日,交通部将所属的沿海3个实行差额预算的上海、天津、广州航道局改为国营施工企业,成为自负盈亏,自主经营的经济实体。并将原属于各航道局的航标测量处划出。3个航道局主要承担沿海港口和水深维护任务。

(四)中国远洋运输总公司办成独立经营的经济实体

1984年11月3日,国务院发出《关于改革我国国际海洋运输管理

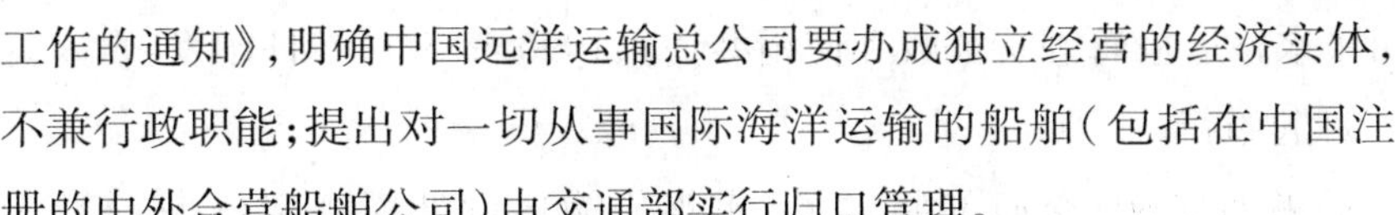

工作的通知》,明确中国远洋运输总公司要办成独立经营的经济实体,不兼行政职能;提出对一切从事国际海洋运输的船舶(包括在中国注册的中外合营船舶公司)由交通部实行归口管理。

四、水路运输管理

(一)贯彻执行《中华人民共和国水路运输管理条例》

为加强水路运输管理,维护运输秩序,提高运输效益,1981年8月,交通部《海河运输法》起草小组起草了《中华人民共和国海河运输法(讨论稿)》。遵照国务院法制局制定的《一九八六年立法计划》的安排,交通部经过一年多的深入调研和广泛征求意见,于1986年9月完成了《水路运输管理条例》(原列名为《海河运输管理条例》)的修改工作;24日,向国务院上报了《关于报送〈水路运输管理条例〉(送审稿)及其说明请予审批的报告》。

1987年5月12日,国务院发布《中华人民共和国水路运输管理条例》,规定:交通部主管全国水路运输事业,各地交通主管部门主管本地区的水路运输事业。水路运输在国家计划指导下,实行地区、行业,部门多家经营的方针,保护正当竞争,制止非法经营。从事水路运输和水路运输服务业务的单位和个人,必须遵守国家有关法律、法规及交通部发布的水路运输规章。未经中华人民共和国交通部准许,外资企业、中外合资经营企业、中外合作经营企业不得经营中华人民共和国沿海、江河、湖泊及其他通航水域的水路运输,并对营运管理和罚则作了具体规定。

根据条例,交通部制定了《中华人民共和国水路运输管理条例实施细则》,1987年9月22日发布,并定于10月1日起和条例同步施行。这是我国沿海、江河、湖泊及其他通航水域中进行水路运输行业管理的两项重要法规和基本依据。

为促进水运事业的协调发展,维护水运市场秩序,保证水路运输行政管理工作的正常进行,根据条例,交通部、财政部发布了全国统一的《水路运输管理费征收和使用办法》,1990 年 3 月 5 日印发,自 4 月 1 日起施行。

根据条例,交通部制定了《水路运输违章处罚规定(试行)》,于 1990 年 9 月 28 日以第 22 号部令予以发布,自 10 月 1 日起施行。内容由总则、处罚种类和运用、违章行为与处罚、处罚决定和执行、附则共 5 章组成。

(二)远洋运输管理

1. 发展国际集装箱运输

(1)加强海上国际集装箱运输管理。在交通部主持下,由上海市交通办、交通部水运科学研究所具体组织实施,50 多个单位参加,在上海港开展枢纽港的国际集装箱运输系统(多式联运)工业性试验(以下简称"工试")。从 1989 年 3 月开工至 1991 年 7 月,在国家计委等有关单位的大力支持下,经过参试单位的专家、学者和广大职工两年多的辛勤努力,高质量地完成了"工试"任务,取得了丰硕成果、很好的社会效益和企业效益。为适应"工试"项目实施的需要,交通部拟定了《海上国际集装箱运输管理办法(试行)》,并于 1990 年 3 月 10 日报请国家计委批转。鉴于当时我国还没有相应统一的国际集装箱运输管理办法,为保证国家重点工业性试验项目顺利组织实施,国家计委同意此试行办法先在"工试"项目建设和试验期间试行。试行办法分为总则、运输条件、集装箱运输交接方式、托运和承运、装箱和拆箱、到达和交付、交接和责任港口集疏运、中转、危险货物和冷藏货物运输、信息和统计、附则,共 12 章 49 条。

为适应国际集装箱运输系统"工试"的组织实施,建立既符合国际惯例又适合我国国情的多式联运体制和正规化的国际集装箱运输管理系统,1990 年 3 月 21 日,交通部、铁道部联合发出《关于发布"工试"国际集装箱多式联运有关办法、规定的通知》,发布了《国际集装箱多式联运管理办法(试行)》、《国际集装箱运输单证管理规定(试行)》和《国际集装箱多式联运国内段费收办法(试行)》,自 4 月 1 日

起在"工试"期间及网络范围内执行。

为进一步促进海上国际集装箱运输业的发展,加强海上国际集装箱运输管理,1990年12月5日,国务院发布《中华人民共和国海上国际集装箱运输管理规定》。该规定明确交通部主管全国海上国际集装箱运输事业,同时,规定设立海上国际集装箱运输企业的必备条件、开业审批程序和办法;从加强运输管理出发,规定集装箱应使用专门的集装箱运输单证,要求有关各方及时相互提供集装箱运输信息;规定集装箱及集装箱货物运输的交接和划分责任的依据;明确违反有关规定时的罚则。这是我国颁发的第一个有关集装箱运输的国家法规,它的实施,对加强我国海上国际集装箱运输的行业管理、搞好宏观控制、调节集装箱运输市场发挥了重要作用。

(2)开展国际集装箱国内中转业务。为巩固提高发展我国国际班轮运输,减少中转,提高我国外贸在国际市场上的竞争能力,节约国家外汇支出,逐步开辟以国内港口为中心、干线和支线相结合的集装箱运输体系,势在必行。为了积极稳妥地做好国际集装箱国内中转工作,交通部决定,先以上海、天津两港作为中转港,组成国内沿海港口之间的集装箱支线与干线运输相结合的集装箱运输系统。同意从1990年1月1日起,由中国远洋运输总公司投入两艘全集装箱船舶,以上海港和天津港为中转港,首先在天津港、上海港、大连港、青岛港之间开展沿海集装箱支线运输业务。将中国远洋运输总公司经营的中国—西北欧、中国—地中海、中国—波斯湾、中国—澳大利亚、中国—东南亚航线上原经国外(包括香港)中转的部分进出口集装箱货物改在国内中转。

(3)加强港口国际集装箱码头管理。为了适应集装箱运输发展的需要,加强港口对国际集装箱码头的专业管理,使之逐步走向正规化,1985年2月25日,交通部发布《港口国际集装箱码头管理暂行规则》,规定了港口集装箱公司的业务范围和工作关系、箱货交接责任、有关业务、运输单证、技术管理、安全管理、费用结算等事项。

2. 加强国际班轮管理

为适应我国发展对外经济的需要，更好地为外贸货物提供运输服务，交通部从1985年开始组织开展国际班轮运输。为使国际班轮运输健康发展，维护我国的班轮信誉，交通部规定，开展班轮运输必须本着“五定”①原则，由港口与船公司签订协议，有具体的保证措施，经交通部批准，才能定为班轮。但一些单位未按交通部要求进行申报，不经批准，不具备班轮条件，就以班轮名义揽货。为此，交通部于1989年3月16日发出《关于加强国际班轮管理的通知》，明确：凡不符合“五定”要求，未经交通部批准，一律不得宣布为班轮；未经批准的班轮，港口一律不准按班轮安排作业，各外轮外理公司、燃料供应公司、外轮理货公司不准提供班轮服务；外国船公司挂靠我港口的班轮，按《从事国际海运船公司的暂行管理办法》第十条规定办理。

为加强国际班轮运输管理，鼓励、促进国际班轮运输的发展，保障供货、运输有计划地进行，交通部制定了《国际班轮运输管理规定》，1990年5月22日经第三次部长办公会通过，6月20日发布，7月1日起施行。

3. 发布、实行《国际船舶代理管理规定》

为加强对国际船舶代理业务的管理，适应国家发展对外经济关系和国际航运事业的需要，1990年3月2日，交通部令1990年第10号发布了《国际船舶代理管理规定》，自4月1日起施行。

（三）水路运输运价管理

1. 调整直属水运企业客运运价

为了扭转铁路、水运、民航客运票价长期偏低、经营亏损的局面，增加交通运输能力，适应国民经济发展的需要，缓解买票难、坐车难的矛盾，国务院1989年8月16日发布《关于做好提高铁路水路航空客运票价工作的通知》，决定提高铁路、水运、航空客运票价。其中：铁路

①定航线、定船舶、定货种、定泊位、定时间。

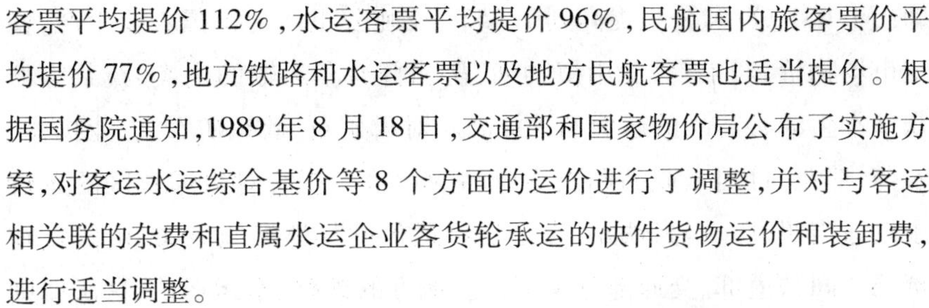

客票平均提价112%,水运客票平均提价96%,民航国内旅客票价平均提价77%,地方铁路和水运客票以及地方民航客票也适当提价。根据国务院通知,1989年8月18日,交通部和国家物价局公布了实施方案,对客运水运综合基价等8个方面的运价进行了调整,并对与客运相关联的杂费和直属水运企业客货轮承运的快件货物运价和装卸费,进行适当调整。

1989年8月22日,交通部发出《关于认真贯彻国务院〈关于做好提高铁路水运航空客运票价工作的通知〉的通知》,要求:充分重视调价工作,切实加强领导;向广大旅客和本单位职工做好宣传解释工作;认真整顿客运秩序,提高服务质量;严格执行物价纪律;港航单位密切配合,共同做好客运调价工作;在调价准备和实施过程中,各港航单位要注意收集动向,有何情况和问题应及时向部汇报。

2. 提高直属水运企业货物运价

为加快铁路、水运建设,逐步扭转铁路、水运制约国内经济发展的局面,1990年2月21日,国务院总理办公会议确定,提高水运货物运价近期出台。28日,国家物价局、交通部联合发出《关于下达提高水运货运价格实施方案的通知》,下达了提高水运货运价格的实施方案,要求各省(区、市)及计划单列市物价局(委员会)、交通厅(局)并人民政府,交通部直属和双重领导的港航单位,抓紧做好方案出台的各项准备工作。

此次提高水运货运价格的实施方案主要包括交通部直属水运货运运价的调整;交通部部管港口各项费率的调整。地方水运货物运价和港口装卸费水平原较交通部直属水运企业高,这次一般不提,但个别地区确需要提高的,由当地省(区、市)物价局核定后报人民政府批准实行。跨省航线的运输,报交通部和国家物价局平衡审定。

1990年3月2日,国务院发出《国务院关于提高铁路和水运货物运价的通知》,决定适当提高铁路和水运货物运输价格。交通部直属沿海、内河(长江、黑龙江)水运货物运价,平均提高0.302分/吨公里,即由1.051分/吨公里提高到1.353分/吨公里。为支援农业生产,稳定市场物价,对粮食、食用植物油、盐和普通车运输的肉类、蔬菜等群众基本生活必需品的运价不予提高。对磷矿石、硫铁矿石、农业机械、农药、棉花、日用工业品和农副产品的运价少提。对边远省区的运价予以适当照顾。提高铁路、水运货物运价的具体实施方案,由国家物价局会同铁道部、交通部分别下达。地方的铁路、水运运价,这次原则上不作调整。铁路、交通部门要加强对本系统职工的教育,牢固树立优质服务和安全第一的思想,保质保量完成国家运输计划。同时,要切实惩处乱收费、乱加价行为。提高铁路、水运货物运价的具体执行日期,由国家物价局会同铁道部、交通部分别另行下达。

1990年3月15日,交通部的提高水运货运价格实施方案开始实施。

(四)发布《水路货物运输合同实施细则》和《中华人民共和国交通部水路货物运输规则》

1986年12月1日,经国务院批准,交通部发布《水路货物运输合同实施细则》。该实施细则从属于《中华人民共和国经济合同法》,全面规定了水路货物运输中,承运人和托运人双方在订立、履行、变更和解除合同时的权利、义务关系以及发生违约时合同双方应负的责任,自1987年7月1日起实行。

根据《中华人民共和国经济合同法》和《水路货物运输合同实施细则》,交通部制订了《中华人民共和国交通部水路货物运输规则》(简称《货规》),1987年5月31日发布,自7月1日起施行,1979年6月25日交通部颁发的《水路货物运输规则》自同日起废止。新颁的《货规》,主要是为了在水路货物运输中,明确承运人与托运人、收货人之间权利、义务和责任界限,保护水路货物运输合同当事人合法权益的基本货运规章,对保证《中华人民共和国经济合同法》、《水路货物运输合同实施细则》的实施,改善水路货物运输管理工作,具有十分重要的意义,是水上货运制度的一次重要改革。

五、水上交通运输安全保障行政

(一)船舶安全监督和管理

1.颁布《船舶装载危险货物监督管理规则》

为加强对船舶装卸和运输危险货物的安全监督管理,防止灾害性事故的发生,保障船舶、港口和人命财产的安全,促进运输生产,1981年10月29日,交通部颁布《船舶装载危险货物监督管理规则》,规定装运危险货物的船舶必须具备的技术条件、装运注意事项和监督管理程序,此规则自1982年1月1日起实施。

2.对航行港澳地区小型船舶进行安全监督

随着我对外贸易的发展,沿海省、市特别是广东、福建、广西三省(区)航行港澳地区的小型船舶数量急剧增加。但是,对这些船舶的安全监督缺乏统一的办法,管理工作比较混乱。船舶、船员在香港水域受到港英海事处的检查,曾发生过许多不必要的麻烦,造成不良的对外影响,经济上也受到不应有的损失。为了更好地贯彻执行中央对外开放,对内搞活经济的政策,充分发挥地方航运的积极性,保障船舶航行安全和维护我国经济利益,交通部于1982年5月29日颁发实施《对航行港澳地区小型船舶安全监督暂行规定》。

3.加强船舶机务管理工作,保障运输安全

1988年全国交通安全工作会后,经过治理整顿和加强管理,机务管理工作取得了一定的成效。但存在问题仍然很突出,主要是:有的单位没有牢固树立“安全第一、预防为主”的思想,存在着重经营、轻管理,重效益、轻安全生产的短期行为。管理不严,规章制度不落实。偏重船舶的建造、购置和修理工作,放松了船舶运行管理、技术管理和对船舶的日常维修保养工作,忽视了对设备的全过程管理。修理费不足,船舶老旧,技术状况下降的问题还没有得到根本解决。

为进一步治理整顿和加强船舶机务管理工作,1990年6月5日,交通部发布《关于加强船舶机务管理工作,保障运输安全的决定》,要求:继续贯彻落实1988年全国交通安全工作会议提出的有关机务管理的4项安全措施,落实1989年交通部机务部门负责人座谈会议提出的做好船舶机务工作的10点意见;进一步完善船舶机务管理的各项规章,整顿船舶机务管理工作秩序;整顿劳动纪律,严格管理,抓好各项安全措施的落实;把船舶机务管理考核,作为企业管理的重要内容;加强机务工作人员和船员的培训和管理;依靠科技进步,实行科学管理;各级船舶机务管理人员要定期深入基层,调查研究,为船舶的安全生产服务;加强党的领导,搞好思想政治工作;处理好管理与服务的关系,寓管理于服务之中。

(二)加强海上运输安全管理

1. 召开海上运输安全工作会议

1982年4月~1984年3月,发生了6起船货全损、死亡人数较多的重大事故;火灾问题也很严重。为了认真总结教训,制定措施,集中研究海上运输安全问题,1984年4月3~7日,交通部在北京召开海上运输安全工作会议。钱永昌副部长到会并讲话。这次会议是交通部1984年在整党期间召开的一次人数较多,意义重大的会议①。会议重点研究了船舶的安全管理、危险货物新品种的安全运输管理、加强监督检查和船员培训问题。

2. 召开贯彻《海上交通安全法》会议

为认真搞好《海上交通安全法》的学习、宣传和贯彻落实,交通部于1983年10月14~18日在北京召开了贯彻《海上交通安全法》会议。李清部长、钱永昌副部长在闭幕会上作了讲话。与会代表对《海上交通安全法》进行了认真的学习和讨论,统一思想,提高认识,交流经验,研究贯彻落实的措施。会议就代表们提出的关于"法的主管机关"、"以渔业为主的渔港"、"沿海港口"、"国家管辖的一切其他海域"、"交通事故"和"海上安全指挥部"的地位6个问题作了进一步明确。会议还对学习、

①当时为了集中精力整党,连常规的全国交通工作会议都是以电话会议方式召开的。

宣传和贯彻落实《海上交通安全法》提出初步意见。

（三）贯彻《内河交通安全管理条例》，加强内河航运安全管理

1. 加强内河航运安全工作

在总结多年来的经验、教训，并广泛征求意见的基础上，1984年6月，交通部在上海市嘉定县召开了全国内河交通安全和保险会议，会议讨论制定了《加强内河航运安全工作若干规定》，并于10月5日发布，自12月1日起施行。该规定要求内河航运企业建立安全工作责任制；建立健全安全大检查、安全活动日和安全办公会议3项安全活动制度；建立严格的科学管理制度，加强对船舶和对船舶装运危险货物（包括石油）的安全管理，加强乡镇客渡船的安全管理，加强对船员的管理和遵章守纪教育；加强船员培训，提高船员素质。它的制定和实施，对扭转内河船舶事故多的被动局面，保证安全生产，实现内河航运事业新发展，起到了积极的作用。

1986年9月，交通部在黑龙江哈尔滨召开了全国内河安全工作会议。会议根据“改革、开放、搞活”的精神和上级有关部门对安全工作的规定和要求，结合内河航运企业安全生产的实际情况，对《加强内河航运安全工作若干规定》进行了讨论和修改补充。11月4日，交通部重新颁发《加强内河航运企业安全工作若干规定》。新规定分为：加强安全工作责任制；坚持、巩固安全活动制度；坚持不懈，严格执行科学管理制度；切实搞好船员培训，提高船员素质4个部分，共有16项具体措施。

2. 贯彻《内河交通安全管理条例》

1987年1月1日，国务院发布《中华人民共和国内河交通安全管理条例》，自当日起执行。自此结束了我国内河交通安全长期以来无法可依的状况。该法规是我国交通法制建设的一个重要组成部分。共有11章58条，除总则外，还规定了船舶、排筏、设施和人员在内河航行、停泊、作业必须具备的技术条件，应当遵守的规定，所应承担的义务和享受的权利，以及违反条例的处罚等。

3. 贯彻实施《内河助航标志》等两项国家标准

《内河航标规范》自 1955 年 4 月由交通部颁布以来，对保障船舶安全航行发挥了积极作用。经过 30 多年的工作实践，原来的航标规范有些已不适应内河航运发展的需要，广大航标工作者和航运人员要求对原有内河航标规范进行修改和补充，进一步充实完善。1982 年开始，交通部组织各有关方面的专家，在大量调查研究的基础上，对原规范进行了修改补充。国家标准局于 1986 年 2 月 17 日颁布了《内河助航标志》(GB 5863—86) 和《内河助航标志的主要外形尺寸》(GB 5864—86) 两项国家标准，自 11 月 1 日起实施。这是我国内河航标史上的一件大事。为认真贯彻实施好这两项标准，交通部 6 月 19 日发出通知，要求各省(区、市)交通厅(局)和部直属有关单位部署安排航道、航运、航政(港航监督)部门切实作好宣传贯彻工作；要求各省(区、市)交通厅(局)和交通部直属有关单位部署所属航道部门，结合各单位实际，积极准备，制定切实可行的贯彻实施计划，在 1987 年底前按新标准完成通海干流航道的航标制式改革工作。

4. 落实珠江水系船舶防范雷雨大风危害的措施

每年 2 ~ 4 月，珠江三角洲地区因冷空气南下，灾害性的雷雨大风频繁，给人民生命财产造成严重危害。"六五"期间，有 3 艘客轮在该地区先后遭遇雷雨大风翻沉，死亡 500 多人。为避免重大恶性事故继续发生，1985 年下半年组织工作组开展调查研究，分析了事故原因，制定了六条措施。1986 年 2 月，交通部在广东广州召开珠江水系船舶落实防范雷雨大风措施紧急会议，总结交流珠江水系船舶防范雷雨大风的经验，提出进一步做好防范工作的要求。

(四) 水上交通安全监督

1. 水上交通安全监督管理体制改革

长期以来，我国的水上安全监督机构隶属于各港务局管理。遵照国务院确定的原则和 1986 年 12 月 6 ~ 8 日在山东青岛召开的港口管理体制改革会议精神，交通部在进行直属港口体制改革的同时，根据海上交通管理和安全监督需要，按照政企分开的原则，将港口安全、秩序的监督和行政管理部分的工作从港务局划出，组建海上安全监督局，以进一步加强海上交通安全管理工作。先后将隶属于沿海各港务局的17个港务监督、15个海上无线电通信机构和3个隶属于航道局的航标测量处划出，组建了大连、营口、天津、秦皇岛、烟台、青岛、南通、连云港、上海、宁波、汕头、广州、湛江和海南14个海上安全监督局，实行交通部与所在城市双重领导、以交通部为主的管理体制。

海上安全监督局(对外仍保留中华人民共和国港务监督局名称)，是我国《海上交通安全法》和《海洋环境保护法》等法规赋予的行政执法机构。作为交通部直属一级行政执法机关，主要担负维护沿海海区和重要港口水上交通安全和防止船舶污染水域的监督管理任务；负责水上交通管理，海上搜寻救助工作；同时作为航海服务保障部门，承担海上公用干线航标建设和维护、海道测量和海上无线电通信等任务。1988年3月26日，交通部在报国务院的《关于海上交通安全监督管理体制改革情况的报告》中指出，近两年的实践表明，国务院关于加强海上安全管理工作的决策是正确的，海监局的机构改革是成功的。

1988年，为了解决长江干线水上安全监督管理政出多门、中央与地方机构职责分工不够明确的问题，交通部与沿江有关各省共同研究，调整了长江水系港航监督业务分工。调整后的业务关系，既体现中央机构对干线水域的统一管理，又充分调动地方管理的积极性，坚持和实现了长江水上安全监督管理工作的“统一政令、分工管理、机构不动、收费不变”的原则，改善了我国内河第一大水系的水上交通安全工作。

2. 召开水上安全监督第一次工作会议

1988年1月14～16日，交通部在广东广州召开了水上安全监督第一次工作会议。会议围绕交通部领导提出的“完善体制机构，理顺内外关系，健全工作制度，提供航海保证，加强监督服务，改善水上秩序，树立监督权威”7个方面，研究了今后一个时期的工作及1988年的工作安排。2月26日，交通部发出通知，要求根据会议要求，以改革的精神,做好水上安全监督工作,开创新局面。要维护好水域交通安全秩序;改进和加强船舶安全监督工作;不断完善法规建设,强化法治管理;从实际出发,加强管理手段的建设。

3. 颁发《关于长江干线港航监督管理若干问题的决定》

改革开放以来,沿江各省港航监督部门和长江航政局,在维护长江港航安全生产秩序,保障运输生产安全,促进长江航运事业的发展方面作出了贡献。但是,长江港航监督管理也确实存在急需改进的一些问题,有些问题甚至比较严重。除了管理体制上存在的问题外,港航监督机构在自身建设和内部管理上存在着缺陷和弊病。具体表现在:机构重叠,名称不统一,各港航监督部门之间分工不明确,政出多门,管理混乱;政令不完善,港航监督法规和内部管理制度不健全;有的领导不力、管理不严,制度和纪律松弛,重经济处罚轻思想教育,行业风气不正;有的港航监督人员素质差、执法水平低,个别单位及少数人指导思想和工作作风不端正,对政令持实用主义态度;港航监督机构经费渠道不畅,多数省经费来源未得到妥善解决等等。

为落实国务院召开的全国交通安全工作会议精神,1988 年 12 月 19 日,交通部颁发了《关于长江干线港航监督管理若干问题的决定》,要求:按照《中华人民共和国内河交通安全管理条例》的规定,从 1989 年 6 月 1 日开始,统一港航监督机构名称;各省港航监督部门和水路运输行政管理部门应分别按照《中华人民共和国内河交通安全管理条例》与《中华人民共和国水路运输管理条例》的规定履行各自的职责;船舶登记、船员考试发证、船舶进出口签证管理、水上交通事故的调查处理、危险货物监督管理、船舶安全检查业务和其他港航监督业务要分工负责;加强法制建设;进一步落实港航监督部门的经费来源;加强港航监督部门内部管理。

(五)下发《深化改革,强化救助职能的十项措施》

海上救助打捞部门是国家公益事业单位,是我国目前唯一的海上专业搜寻救助队伍。其主要职责是担负国家赋予的海上救生和船舶救助、打捞清障、海上消防、清除海上污染以及其他有关的安全保障任务。这些工作不仅是保障我国海上人命、财产的安全,维护国家主权所必需,同时对执行有关国际公约和海运双边协定,履行我国应尽的国际义务,扩大我国对外影响,都具有十分重要的意义。

我国救助打捞队伍是随着海运事业的发展和总结历次海难事故教训中逐步发展壮大的。解放初期只有一支很小的打捞队伍,主要担负港口、航道和战时"阻塞线"的清除打捞任务。1963年,我国第一艘国产万吨轮"跃进"号沉没后,在周恩来总理的亲自关怀下,我国潜水队伍得到了较大的发展。1973年,希腊船"波罗的海克列夫"号在我国福建沿海因强台风遇险,连续发出呼救,终因我国无力派船援救而遇难。周恩来总理和李先念副总理对此作了十分严肃的批评,并责成交通部和有关部门加强救助力量建设。经中央批准,1974年,交通部建立、健全了3个救捞局和10多个救助站,配备了大马力救助拖轮和打捞船,并在主要救助站常年派船值班待命。经逐年充实完善,1988年已拥有各类救捞船舶140余艘,并正在建设海上救捞专用通信网;基本上形成了初具规模的海上搜救体系。

改革开放以来,救捞部门认真贯彻交通部党组确定的"保证救助,广开门路,多种经营"的方针开展工作。为弥补国家事业费不足,在完成海上搜救和紧急抢险任务的前提下,利用救捞间隙,先后开展了海上拖运、海洋工程等多种经营业务。在管理上采取事业单位企业管理和事业费差额预算补贴包干办法,并在各救捞局内部推行各种形式的承包责任制。1987年,救捞和多种经营收入取得了历年来最好的经济效益。但也出现某种程度的"轻救助;重经营"的倾向。国家设立救助打捞部门的根本目的是为了保证海上救助,救捞部门必须牢记这一宗旨,不能偏离这个方向。

1988年3月8日,交通部下发《深化改革,强化救助职能的十项措施》:

(1)对国家投资严格控制,保证用于建造、购置救助打捞消防等装备和设施，不得以救助名义用国家投资建造、购置经营性船舶和设备。

（2）国家每年拨给救捞部门的事业费的分配，必须与沿海救助待命、海上救助活动挂钩。

（3）国家拨给救捞部门的平价燃油，应主要用于保证抢险施救任务，各救捞局对平价燃油的分配要首先保证海上救生、船舶救助和打捞等活动的需要。

（4）将生产发展基金的50%用于改造和补充救捞设备。

（5）各救捞局固定资产的报废，必须按有关规定和审批手续严格执行。变价处理费用要转入更新改造基金，用于救捞设备的更新改造。

（6）对于多种经营业务，实行权力下放，自主经营。但由于海上救助打捞等抢险施救工作与企业经营性质不同，在船舶组织指挥上，必须坚持统一部署，集中指挥，统一协调的原则。绝不能将救助船舶调度指挥权层层下放，各单位更不得各行其事。

（7）必须严格贯彻执行救助船舶调度规程，遵守救助船值班待命制度。

（8）救助和值班待命船舶的船员和救捞工人的奖金应不低于参加经营的一线职工的奖金数。

（9）提高救助队伍素质和救捞技能。

（10）推行局长、船队长、船长负责制。

1986年和1991年，交通部在总结“六五”和“七五”交通运输各项任务时指出：

第六个五年计划的各项任务均提前和超额完成。运输生产方面，1985年，交通部门汽车货运量完成6.51万吨，比1980年增长21%；交通部门轮驳船货运量超过4.8亿吨，比1980年增长23%；沿海主要港口货物吞吐量超过3.5亿万吨，比1985年增长62%；旅客运输发展迅速，交通部门汽车轮驳船客运量完成44.7亿人次，比1985年增长79%。水运船舶和公路运输车辆也有较大发展，“六五”期间部直属企业新增船舶576万吨、8.9万马力，5.5万客位；交通部门新增客车2

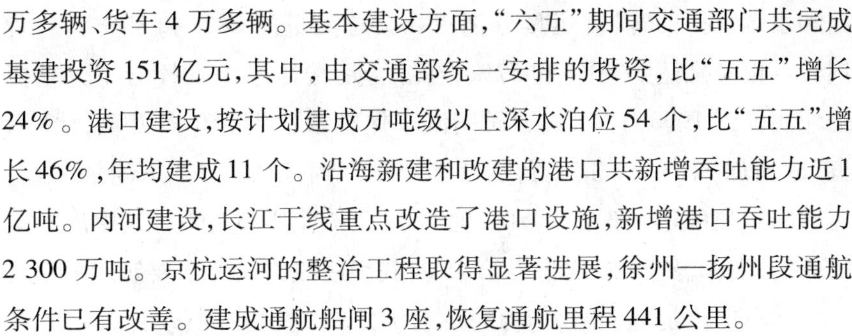

万多辆、货车4万多辆。基本建设方面,“六五”期间交通部门共完成基建投资151亿元,其中,由交通部统一安排的投资,比“五五”增长24%。港口建设,按计划建成万吨级以上深水泊位54个,比“五五”增长46%,年均建成11个。沿海新建和改建的港口共新增吞吐能力近1亿吨。内河建设,长江干线重点改造了港口设施,新增港口吞吐能力2 300万吨。京杭运河的整治工程取得显著进展,徐州—扬州段通航条件已有改善。建成通航船闸3座,恢复通航里程441公里。

“七五”期间,交通基础设施建设成绩突出,是建国40年来发展速度最快,技术构成改善最大的五年。五年中新建公路8万多公里,使我国公路总里程达到102.8万公里,提前两年实现了“七五”计划。公路建设不仅数量增加,而且开始发生质的变化。五年内新增二级以上公路2.4万公里,相当于前35年修建二级以上公路里程的总和。以沈大公路为代表的500多公里高速公路的建成,结束了我国大陆没有高速公路的历史,标志着我国公路事业开始进入重点建设高等级公路的新阶段。五年中新建桥梁2.5万座,比“六五”多60%。一批重要桥梁的设计、施工达到了世界或亚洲先进水平。多年困扰我们的城市出口道路,有了明显的改善。汽车站场建设得到加强。沿海港口,建成深水泊位96个,中级泊位90个,加上过驳措施,新增吞吐能力1.38亿吨,使我国港口能力全面紧张的状况得到了较大程度的缓解。建国后的前23年共建成深水泊位31个;70年代加快建港步伐,建成深水泊位50个;“六五”期间建成深水泊位56个。平均每年建成深水泊位数,由开始的一、二个增加到十来个,到“七五”达到近20个,而且大多是具有先进技术水平的专业化泊位。港口的仓储能力和集疏运条件也有明显改善。内河航运建设,“七五”期间完成投资23亿元,改善航道4 200多公里。内河港口建成码头泊位59个,新增吞吐能力2 200多万吨。国家投资和改善的航道里程,比以往几个五年计划有较大增长。运输生产方面,全社会公路、水路客货运量、周转量都完成了“七五”计划,在综合运输体系中所占的比重进一步提高。“七五”末,公路和水运承担的客、货运量分别占社会总运量的88%和83%，客、货周转量也分别达到50%和57%，在综合运输体系中发挥着十分重要的作用。到1990年底，我国民用汽车保有量达到550多万辆，比"六五"末增加71.3%。其中营运汽车290万辆，比"六五"末增加1倍。运输船舶吨位达到3 750万吨，比"六五"末增加23.6%。其中海洋运输船舶2 000多万吨，居世界第八位，我国已成为世界主要航运国家之一。在车船增加的同时，运力的技术状况和结构也有所改善。

第五节 交通综合行政

一、交通人事、财务行政

(一)人事管理

1.先后对部属单位领导班子作了两次较大的调整

第一次是1979～1983年，主要是按照中央的要求，精心选拔、大胆使用年富力强的优秀干部。认真负责地妥善安排年老体弱的老干部，正确解决不称职干部的调整问题。经过这次调整，基本解决了班子老化、臃肿的问题，60%的老同志退了下来，新提拔的年轻干部约占新班子的一半。但是，各级领导班子中：年龄偏大、文化偏低、专业不配套、结构不合理的状况尚未根本改变。第二次是1983～1985年，按照中央关于机构改革和干部"四化"方针，认真贯彻全国组织工作会议和企业领导班子座谈会精神，交通部党组制定了"交通部机关和直属单位领导班子'四化'建设的八年规划"、"干部培训规划要点"、"关于建立后备干部制度的意见"，以及改革干部管理制度、下放干部管理权限的意见，又一次对各级领导班子进行了较大幅度的调整，使各级领导班子向干部"四化"迈出了重要的一步，基本实现了领导班子建设八年规划的第一步要求。在上述调整的基础上，1986年以后，又继续对大中型企业、高等院校、科研单位和新组建的沿海14个海上安全监督

局、3个中心(货运、通信、信息)、2个总公司(港湾、公路建设)、交科院领导班子进行了考察、调整和组建工作。

2. 改革干部管理体制

(1)建立干部分级管理体制。交通部根据中央关于改革干部管理体制的精神,本着“管少、管好、管活”的原则,把过去管理下两级改为原则上只管下一级主要领导干部。

(2)调整干部人事管理机构。将干部部同组织部合并为政治部组织部。并将人事局改为劳动工资局。1988年,根据国务院政府机构改革的要求,交通部政治部组织部和劳动工资局合并,组建人事劳动司,统一管理部属干部人事和劳动、工资、机构编制、劳动保护、卫生工作。

(3)改革干部任用制度。根据中共中央、国务院关于推行厂长(经理)负责制的要求,重新任命实行厂长(经理)负责制和行政首长负责制单位的行政领导,明确任期,实行领导干部任期目标责任制。废除领导干部职务终身制,实行干部能上能下,妥善安置领导干部离休、退休。改革单一的委任制,在部分企业中公开招聘经营者;公开招聘、录用干部:在专业技术干部中实行专业技术职务聘用制;改革大中专毕业生“统包统配”的分配办法;建立干部任职回避制度;实行干部交流,从而促进干部队伍的健康成长。

(4)建立干部考察评议制度。建立后备干部制度,实行民主推荐,组织考察,党委、行政领导集体讨论确定选拔对象;对现职领导干部,实行民主评议、民主考评;对不胜任的干部进行必要的调整。

这些改革的尝试,增强了干部工作的透明度,推进了干部工作的民主化进程。

3. 干部培训工作

1978年以后,交通部党组认真贯彻中央《关于加强职工教育工作的决定》和《关于中央党政机关干部教育工作的决定》以及中央组织部制定的《全国干部培训规划要点》,制定了交通系统《干部培训规划要点》,强调大规模地、正规化地培训在职干部,并明确了干部培训的目标、内容、重点、措施和要求。按照干部管理权限和分级培训干部的原则,交通部先后创办了北京、武汉两所管理干部学院,充分利用部属几所高等院校开展领导干部和后备干部的培训工作。

4. 要求部属单位建立老干部工作机构

为了适应离休退休老干部日益增多的新情况,做好离休退休老干部的工作,根据中央组织部(82)9 号文件精神,1983 年 5 月 16 日,交通部发出关于部直属单位建立老干部工作机构的通知,要求部属单位必须相应建立老干部工作机构。部属各单位均应设立与本单位职能部门平行的处或科,下设老干部活动站,供老干部开会、阅读文件、过组织生活、文娱等项活动。对目前离休老干部较少的单位,也可在组干科内设专人负责老干部工作。老干部机构必须选配对老干部有感情,热心为老干部服务的同志作为工作人员。根据劳动人事部对老干部机构职责范围的规定,其任务是:宣传贯彻中央有关老干部工作的方针政策,管理老干部的安置、服务工作。

对于在机构改革中已经建立起老干部工作机构的单位,力量不足的要尽快给予充实加强;正在着手建立的要加快步伐,积极筹建,选配好人员;目前尚未建立的,应结合单位的实际情况,认真研究,立即着手组建。

根据交通部的要求,各单位均很快建立了相应机构,配备了专人,并普遍设立了活动站。

(二)财务管理

1. 财务体制改革

1983 ~ 1985 年,为强化税收、严格依法征税、依率计税,交通部对部属企业实行了第一步利改税(税利并存),即企业实现利润按规定税率(通常为 55%)缴纳所得税,税后利润按定额基数加增长率、固定比例、调节税税率 3 种不同形式进行分配,剩余利润全部留给企业。1986 年,交通部对部属企业实行第二步利改税,即由税利并存改为完全以税代利,企业实现的利润,分别以所得税和调节税的形式上交国家财政,剩余部分全部留给企业。自 1987 年起,交通部对部属企业和

双重领导港口分别实行了经营承包责任制和“以收抵支,财务包干”的办法。对部属企业,核定承包上缴利润基数,超承包基数部分实行企业与国家七三分成,完不成承包基数则应由企业的自有资金弥补。对双重领导的港口,核定上缴利润为收入基数,核实投资计划为支出基数,收大于支,定额上交;支大于收,定额补贴,一定几年不变。在利改税的基础上实行的经营承包制度,一方面稳定了国家财政收入,另一方面进一步增强了企业活力。

2. 制定实施《国营交通运输企业会计制度》

1973年交通部制定的《交通运输企业会计科目》和《水运企业会计报表格式》已试行多年,有些规定已与实际情况不相适应。根据财政部(80)财会字第032号文颁发的《国营工业企业会计制度》,结合交通运输企业的具体情况,1981年2月18日,交通部印发并实行《国营交通运输企业会计制度》。

3. 交通系统经济效益与经济活动分析工作

1986年9月4～7日,交通部在黑龙江哈尔滨召开全国交通系统经济效益与经济活动分析工作座谈会,全国26个省(区)交通厅(局)、部属港航企业及有关部门共115人参加了会议。会上,交通部表彰了7个国家级经济效益先进企业和63个经济效益先进企业;总结交流经济效益先进企业的经验;讨论修改了部直属港航企业经济效益先进单位评选办法;拟定了地方交通汽车运输与船舶运输企业经济效益的评比指标和方法。

二、交通审计和监察行政

(一)审计工作

1. 设立审计机构

1982年,五届人大第五次会议通过的《中华人民共和国宪法》,决定在我国建立审计机关,实行审计监督制度。1984年4月29日,国务院同意交通部设立审计局;6月15日,交通部发文成立交通部审计局;

11月,交通部审计局正式开始办公。1988年,根据国务院5月19日批准审计署在有关部委设置派出机构的规定,改为审计署驻交通部审计局。驻部审计局的主要任务是:对交通部直属企、事业单位的财务开支、国家资产及其经济效益,进行审计监督;围绕交通行业管理,对重大的、带倾向性的财务收支和经济效益问题,进行审计调查;对交通部直属企、事业单位和交通行业的内审工作,进行业务指导;办理审计署和交通部领导交办的审计事项。

2. 建立审计规范

10年间,陆续发布《交通系统内部审计工作程序(试行)》、《交通部审计统计定期报表》、《全民所有制交通企业厂长任期终结经济责任审计的暂行规定》、《部属事业单位定期审计制度》、《交通企业财务决算审计暂行规定》和《交通行业内部审计工作暂行规定》等。

3. 形成审计联系协作会制度

自1986年开始,交通部审计局倡议组织了内审工作联系协作会,以"交流、探索、学习、提高"为宗旨,对直属单位按不同行业,对各省(区、市)按大区分别组织起来,已先后召开了港口、运输、施工救捞、院校、科研设计等行业以及地方3个片区的内审工作联系协作会,形成制度,每年召开1次。

(二)行政监察工作

1988年成立的驻部监察局受监察部和交通部双重领导。它既是监察部的派驻机构,也是交通部负责内部行政监察工作的职能部门。监察业务工作以监察部领导为主,日常工作和党政关系都受交通部领导。驻部监察局的监察对象是交通部机关各职能部门及其工作人员和由交通部任命的直属企、事业单位的领导干部。驻部监察局的任务和职责主要有以下几个方面:监督、检查交通部及监察对象贯彻执行国家方针、政策、法律、法规的情况;调查处理监察对象违反政纪的行为,保护监察对象依法行使职权,受理对监察对象的检举、控告以及监察对象不服纪律处分的申诉;调查研究交通部的政纪、政风情况，配合人事劳动司教育监察对象忠于职守、秉公办事、保持廉洁，对他们的模范行为提出表彰和奖励意见；对交通部直属单位监察机构的设立、合并、撤销及主要干部的任免提出意见并对其进行业务指导等。

交通部行政监察工作,紧紧围绕党的“一个中心,两个基本点”的基本路线和“治理经济环境,整顿经济秩序,全面深化改革”的指导方针,着重抓了以反贪污、受贿为重点的反腐败斗争,促进和加强廉政建设。在部直属单位普遍建立了监察机构。

为坚决贯彻党中央、国务院关于保持党政机关为政清廉的指示精神,1988年12月,交通部制定《交通部机关工作人员为政清廉的若干规定》(以下简称《规定》)。自《规定》公布以来,部机关广大干部严格执行,按照《规定》中的十二条要求去做,并得到了各级交通部门的大力支持,使部机关廉政建设取得了较好的效果。1989年8月初,部机关全体干部认真学习了《中共中央、国务院关于近期做几件群众关心的事的决定》(以下简称《决定》),对执行《规定》的情况进行了对照检查,并讨论提出了《关于学习贯彻党中央、国务院〈决定〉精神,认真抓好几项廉政建设的措施》(以下简称《措施》),并向中共中央、国务院上报了《关于学习贯彻党中央、国务院〈决定〉精神,认真抓好几项廉政建设措施的报告》(以下简称《报告》)。

为进一步贯彻党中央、国务院关于为政清廉的决定精神,严格执行《规定》和《措施》,把部机关的廉政建设真正落到实处,1989年8月19日,交通部发出《严格执行〈交通部机关工作人员为政清廉的若干规定〉》的通知,就有关问题重申如下:

(1)把《规定》及《报告》印发全国交通系统,欢迎监督,欢迎举报违反《规定》和《措施》的行为。监察、审计、财务等部门要对机关廉政情况进行检查监督,对违纪者要严肃处理。

(2)出差人员不吃请,接待单位不宴请。凡用公款宴请的要通报批评,对参加吃请的要追还费用开支,情节严重的要按规定处理。

(3)部机关工作人员不得以任何借口接收或授意下级单位馈赠礼品。

三、交通科技、教育行政

(一)交通科技行政

1. 下达《第七个五年交通重点科技项目计划》和《交通部科技进步“通达计划”》

1986年7月7日,交通部下达《第七个五年交通重点科技项目计划》,列出1986~1990年期间的交通重点科技项目,包括“七五”新上项目、“六五”结转项目和“七五”交通标准计划。“七五”新上项目共5个方面,31个项目,184个课题,总经费控制数约1.15亿元。“六五”结转项目共105个课题,总经费1 200万元。1989年6月30日,交通部正式下达《交通部科技进步“通达计划”》(1985~1990年交通重点科技项目执行计划),这是直接为公路、水路交通发展战略目标服务的研究和开发计划,是政府主导型的行业重点科技项目指令性计划。1990年,为了系统解决交通运输中的关键科学技术问题,交通部提出“八五”交通科技进步“通达计划”的设想。

2. 召开交通科技会议

1986年3月10~22日,交通部在北京召开科技攻关工作会议。钱永昌部长到会作了《科技工作要在交通运输四化建设中发挥更大作用》的讲话。会议对3项国家科技攻关项目进行了论证和部署。1989年12月21~23日,交通部在北京召开软科学研究工作座谈会,提出加强软科学研究领导和管理的意见及软科学研究工作的选题指南。1990年9月4~7日,全国交通科技工作会议在山东济南召开。会议总结探讨了改革十年来我国交通科技进步的成果,部署了未来十年的科技发展规划。

3. 发布一系列办法,推动交通科技发展

1986年4月22日,交通部发布《关于推进交通科技体制改革的若干意见》。9月25日,交通部发布《交通部科学技术进步奖励办法》,

对交通科技进步奖励的范围、等级、申请奖励项目的条件和评审标准等均作了明确规定。11月29日,交通部对交通科技管理办法进行重大改革,发布《交通科技发展基金管理办法(试行)》和《交通科技发展重大项目招标办法(试行)》。

(二)交通教育行政

1. 推动交通教育学历教育和职工教育共同发展

1986年1月4～8日,交通部在北京召开部属高校工作会议,制定高等院校"七五"工作纲要。7月30日,交通部下达《交通部普通高等学校函授教育"七五"》规划方案。为适应交通运输建设对高级专门人才的迫切需要,部属高等学校在办好全日制本、专科的同时,必须大力发展函授教育。高等函授教育的发展以专科为主。"七五"期间,高等函授教育的发展指标是:总规模1.2万人。其中,本科2 460人,专科9 080人。1990年本、专科招生2 680人,比1985年的1 750人增长53%;在册函授生占普通高等院校在册学生数的28%左右,比1985年的3 960人增长2倍。"七五"期间函授本、专科毕业生预计达4 890人。8月26～31日,交通部在北京召开全国交通职业技术教育工作会议。会议认为,要把职业技术教育作为振兴交通的一项战略任务抓紧抓好,"七五"期间要培养20万名合格的中等专业人才。

1987年9月17日,交通部发出通知,要求:①各交通管理部门要把搞好交通系统职工教育作为实施行业管理的一项重要工作,制订规划,加强指导,进行监督检查。要把职工教育列入各单位方针目标管理,列入厂长(经理)任期目标,作为考核干部的内容。②坚持改革,把开展岗位培训作为成人教育的重点。③办好各类成人高等和中等专业教育,积极进行教育改革。④加强管理和各项基础建设。⑤各单位要结合本单位实际情况,修订1988～1990年职工教育规划,制订1988年的职工教育实施计划。

2. 召开全国交通教育工作会议

1990年6月18～21日,交通部在大连海运学院召开全国交通教育工作会议,总结交流十一届三中全会以来教育发展和改革的经验;讨论"八五"期间交通教育规划纲要,明确发展任务和方向。钱永昌部长和郑光迪副部长在会上讲话。会议回顾总结了十一届三中全会以来的交通教育。1978 年后,交通教育事业取得了显著成绩,已初步形成一个专业门类比较齐全,层次、结构基本合理,能初步满足交通事业需求的,多层次、多形式的教育体系;深化教育改革取得一定成效;交通普通教育在科研工作方面取得可喜成绩;国际教育交流与合作取得显著成绩。会议要求,坚持党的领导,把坚定正确的政治方向放在教育工作的首位;进一步认识发展交通教育的紧迫性;明确交通教育的任务和方向,深化教育改革,使交通教育更好地为交通事业服务;充分发挥各方面积极性,共同支持办教育。提交会议研究讨论的各级各类"八五"期间交通教育规划纲要(讨论稿)对各级各类交通教育提出了明确的任务和方向。

3. 印发"八五"期间交通教育规划纲要

1990 年 9 月 15 日,交通部印发"八五"期间《交通普通高等教育规划纲要》、《交通职业技术教育规划纲要》和《交通成人教育规划纲要》,在总体上奠定了"八五"期间交通教育发展按照规划目标实施并加强宏观管理的基础。

1992 年 3 月 16 日,交通部印发《交通教育十年规划和"八五"计划纲要》。这项工作是在"中国航海、公路教育发展战略"课题研究的基础上进行的,与 1990 年 9 月 15 日印发的"八五"期间交通教育(普通高等教育、职业技术教育、成人教育)规划纲要相呼应,对"八五"期间乃至 2000 年交通教育事业的发展起到重要的指导和宏观调控作用。

4. 帮助贫困地区培养交通专业人才

1987 年,交通部在调查研究的基础上,确定陕西、甘肃、新疆、宁夏、云南、贵州、四川、江西、福建、河南、广西、山西 12 个省(区)的 205 个贫困县,作为交通教育扶持对象。并召开这些省(区)交通厅教育处长会议,研究扶持的工作方针及具体落实措施。计划"七五"期间部补助投资1 000万元,为这些省区培养本科生205人,专科生410人,中专生和培训班毕业生各1 640人。本科生、专科生、中专生、中专专修班的定向招生计划分别列入部与省属有关院校招生计划。1987年安排补助人才培训投资400万元。

四、治理“三乱”和清理交通行政行为

(一)治理“三乱”

20世纪80年代中期开始,党中央、国务院针对一些地区和部门出现的乱收费、乱罚款和各种摊派(以下简称“三乱”)的情况,多次发布文件严加制止,并成立了全国治理“三乱”领导小组。根据中央要求,交通部成立了治理“三乱”领导小组,下设办公室(在部财务司)。1990年9月,交通部发出《关于贯彻中共中央、国务院〈关于坚决制止乱收费、乱罚款和各种摊派的决定〉的通知》,对交通系统治理“三乱”的范围、重点、步骤、要求及有关政策,作了明确规定。

(二)贯彻《中华人民共和国行政诉讼法》,清理交通行政行为

1990年3月8日,交通部发出《关于贯彻实施〈中华人民共和国行政诉讼法〉的通知》,要求交通系统各单位认真学习和宣传行政诉讼法;抓紧法规的清理和制定工作;对交通行政执法情况进行一次全面检查;尽快建立健全机构,加强对法制工作的领导。

1990年7月24日,交通部发出《关于清理交通行政行为的通知》,规定按行政处罚行为,行政强制措施,确认、授予权力行为,设定义务行为,其他行政行为5类进行清理。要求查清现行的具体行政行为。

五、交通精神文明与行风建设

(一)物质文明和精神文明一起抓,做好改革中的思想政治工作

1. 开展“五讲四美”文明礼貌活动

1981年3月,交通部政治部、中国海员工会和中国公路运输工会

发出通知，号召全国交通战线职工广泛、深入地开展以“五讲四美[①]”为主要内容的文明礼貌活动。通知指出，交通运输行业是社会主义文明风尚的“窗口”。文明礼貌活动与各单位的生产业务和日常工作结合起来，与正在开展的“学雷锋、树新风”活动结合起来，把“文明生产、礼貌待客、方便群众”作为交通职工为人民服务、对人民负责的重要标志和开展劳动竞赛的重要内容。开展“五讲四美”和文明礼貌活动，促进了交通系统的社会主义精神文明建设，收到较好效果。广大职工的主人翁责任感得到加强；车船、码头、车站、线路等交通设施和交通环境脏、乱、差的状况明显改观；对货主负责，为旅客服务，助人为乐、公而忘私的劳动态度得到发扬；涌现一大批杨怀远式的先进模范人物和很多先进集体。1982 年 5 月 25 ~ 30 日，交通部在江西南昌召开全国公路客运部门文明礼貌活动经验交流会，讨论深入持久地开展“五讲四美”活动，人人争做传播社会主义精神文明前哨兵的问题。1984 年 8 月 25 ~ 30 日，交通部在黑龙江省大庆市肇州县召开全国公路客运部门建设文明车站经验交流会，研究如何在公路客运部门把两个文明建设推向新阶段。

2. 做好改革中的思想政治工作

1981 年党的十一届六中全会召开后，交通系统各单位认真学习贯彻，大力加强思想政治工作；努力改善党的领导，树立好的党风；不断加强政工队伍自身的思想建设和组织建设；大力加强各级领导班子建设。10 月，交通部召开思想政治工作座谈会，研究新形势下加强党对思想政治工作的领导，努力建设社会主义精神文明的问题。会议传达了胡耀邦总书记关于汽车驾驶员要做传播社会主义精神文明的前哨兵的重要指示[②]。一个树立社会主义道德风尚，安全优质，经济方便，服务周到，让货主放心，让旅客满意，更好地为人民服务，为社会主义

---

①讲文明、讲礼貌、讲卫生、讲秩序、讲道德，心灵美、语言美、行为美、环境美。

②1981 年 11 月 17 日上午，胡耀邦同志同计委、经委、建委、交通部、铁道部领导同志座谈时的讲话。

“四化”建设服务的热潮在全国交通各条战线迅速兴起。

1982年,党的十二大召开。交通系统各单位认真学习宣传十二大精神,不断加强党的领导和思想政治工作,努力做到物质文明和精神文明一起抓,把生产建设工作和思想政治工作结合起来。

1983年全国交通工作会议提出,各单位要做好改革中的思想政治工作,把职工认识统一到改革的总方针上来;抓好系统教育和日常教育,特别是组织职工学习《邓小平文选》;抓好党员教育,努力实现党风的根本好转;按照德才兼备的原则,调整配备好各级领导班子。

1984年,党的十二届三中全会召开。交通部立即组织学习全会决议,要求各单位以经济建设为中心,坚持实事求是的思想路线,克服脱离实际的倾向,更新观念,围绕经济体制改革,做好宣传发动和思想政治工作。

1986年1月,交通部召开思想政治工作会议,作出《关于加强交通战线思想政治工作的决定》。该决定指出,交通运输是国民经济的先行,是传播社会主义精神文明的前哨阵地。交通行业点多线长、流动分散、面向社会、接触广泛、独立作战、直接涉外,必须加强思想政治工作。要本着“弃左、承优、求实、创新”的原则,改进思想政治工作的方法。6月24~28日,交通部在北京召开全国交通系统“两个文明”建设经验交流会。会议总结交流加强思想政治工作的经验,研究开展创建文明单位活动的措施。会议提出交通行业精神文明建设的目标是:建设“三具有”(具有改变交通运输落后面貌的雄心壮志,具有全心全意为货主、旅客服务的思想具有在精神文明建设中发挥前哨兵作用)的职工队伍。要以安全优质、文明服务作为交通行业基本的职业道德规范,逐步形成全行业良好的职业道德风尚。会议号召全国交通系统大力开展创建文明单位、争做文明职工活动,推动交通体制改革和生产建设事业的健康发展。会议强调了精神文明建设要以抓行风建设为重点。号召职工向以杨怀远、贝汉廷、焦红为代表的先进人物学习;同时,要狠刹行业不正之风。会议表彰了28个先进单位、集体和33

个先进标兵。在这次会议上,中国交通职工思想政治工作研究会正式成立,同时召开第一次政治工作研究会理事会议。

1990 年 1 月,交通部召开思想政治工作会议,总结改革开放以来精神文明建设和思想政治工作的 3 条基本经验:①坚持紧紧围绕交通建设并为这个中心服务的指导方针;②明确了建设"三具有"的职工队伍的工作目标;③按照"承优、创新"的原则,不断探索新时期精神文明建设的新方法、新内容。

3. 学习先进,加强职工队伍建设

为在交通系统加强社会主义精神文明建设,培育"有理想、有道德、有文化、有纪律"的职工队伍,1985 年 10 月,交通部党组邀请杨怀远进京,在人民大会堂举行大型事迹报告会,同时举办杨怀远先进事迹展览会。11 月,国务院决定授予杨怀远同志全国劳动模范荣誉称号。同年,交通部又总结了为发展远洋事业以身殉职的全国劳动模范贝汉廷的先进事迹,交通部政治部作出了学习贝汉廷同志先进事迹的决定。组织了杨怀远、贝汉廷先进事迹报告团,到各省、市巡回报告。人民日报头版刊发了杨怀远事迹报告稿《只求为人民服务到白头》,并配发了评论文章,19 家报纸转载,在全国引起强烈反响。

1990 年,交通部发出《关于开展学雷锋、树新风活动的通知》,向全国交通系统发出了"学雷锋学根本,奉献在岗位"的号召,作出了授予青岛远洋运输公司船员严力宾"雷锋式优秀船员"荣誉称号的决定。江泽民、杨尚昆、李鹏等中央领导同志为严力宾题词,交通部组织"全国交通系统学雷锋、树新风先进事迹报告团",到全国 22 个大中城市巡回报告,收到很好效果。1990 年 11 月,交通部在青岛召开了"全国交通系统学雷锋、树新风经验交流会",一个以岗位学雷锋、学严力宾、行业树新风为主要内容的"两学一树"活动在全国交通系统轰轰烈烈地开展起来。

4. 印发《"七五"期间交通系统加强社会主义精神文明建设的规划》

为贯彻党的十二届六中全会精神,1987 年 4 月 27 日,交通部印发了《"七五"期间交通系统加强社会主义精神文明建设的规划》,明确规定了以建设"三具有[①]"职工队伍为目标;用共同理想团结广大交通干部职工;坚决反对资产阶级自由化;以改革的精神继承优良传统,更新观念;开展全心全意为人民服务教育,树立良好的职业道德风尚,并提出了各个交通子行业的职业道德准则。

(二)纠正行业不正之风

1986年7月24～25日,交通部党组在北京召开全国29个省(区、市)和重庆、武汉等7个计划单列市交通厅、局长会议,传达贯彻中央书记处对交通系统职工队伍建设的指示,研究部署交通运输职工队伍建设工作。会议强调,要在交通系统全行业范围内狠刹带行业特点的不正之风,明确指出要抓好4项工作:①加强宣传教育,要树立一批正面典型,制定一批行业作风的制度和标准,确定一个端正行业作风的奋斗目标;②加强稽查工作,组织人员上车、上船、上站、上路,进行监督检查,并形成制度;③依靠群众力量,加强社会监督;④运用经济手段,严惩不正之风严重而又屡教不改的单位和个人。

1986年8月,交通部派出公路、内河、海洋和港航4个调查组,分赴8个省(市)和12个直属单位调研。调查组认为,交通行业不正之风主要表现在:公路运输部门私拿票款,私收运费;港航单位私拿货物,滥收费,野蛮装卸,粗暴待客;管理监督部门以权谋私。

交通部将加强职业道德建设、纠正行业不正之风作为精神文明建设的重要任务,总结了4条基本经验:①"关键在领导"(党政领导高度重视,党政工团齐抓共管,领导干部和领导机关起表率作用);②"根本在教育"(教育广大党员、干部、职工增强全心全意为人民服务的观念,提高职工队伍的思想道德素质,树立正确的世界观、人生观、价值观);③"重点在管理"(用行政的、经济的、法律的手段来加强管理,把端正

①具有改变交通运输落后面貌雄心壮志;具有全心全意为货主、旅客服务思想;具有能在精神文明建设中发挥"前哨兵"的作用。

行业风气与推行全面质量管理和企业上等级工作紧密结合);④“出路在改革”(通过改革寻求既有利于发展生产力,又有利于端正行业风气、加强精神文明建设的新途径)。各单位坚持“一要坚决,二要持久”的治理方针,取得了纠正行业不正之风的明显成效。主要表现在:公路客运部门驾乘人员私拿票款的比例明显下降;港航单位滥收费用的现象初步得到遏制;交通监督部门和管理人员以权谋私的不正之风明显减少;文明装卸、礼貌待客的风尚逐步形成,运输服务质量有了提高。

1987年7月15~18日,全国交通系统行风建设经验交流会在山东省烟台市召开。钱永昌部长作了《交通系统端正行业风气、加强职业道德建设的形势和任务》的报告。会议表彰了交通系统两个文明建设先进集体和先进个人。8月18日,中共交通部党组颁布《交通行业“窗口”岗位人员职业道德规范(试行)》。明确提出驾驶员、售票员、乘务员、站务员、服务员、调度员、理货员、装卸工、养路工、餐务员以及监督、执法人员等各种职业道德规范。

六、交通安全工作

(一)召开全国交通系统安全生产电话工作会议

1982年5月5日,交通部上海海运局1.5万吨级的油轮“大庆53号”在空船驶往秦皇岛港途中发生爆炸,死亡和失踪20人,直接经济损失1 400多万元。9日,万里副总理批示要求有关部门必须认真检查经验教训,对玩忽职守者要给予处分。10日,赵紫阳总理批示,交通部对事故要切实查清楚,并将处理意见报国务院。6月24日,万里副总理接见交通部党组同志时又对安全质量问题作了指示:“大庆53号”轮事故、天津港从泥里捞出小麦、野蛮装卸等,都是要解决的问题,不要看轻了。29日,胡耀邦总书记在上海港同志反映外贸货物在运输过程中损失严重问题的信上批示:“转交通部、对外经济贸易部党组认真讨论一次这个问题(即所有港口装卸中的问题),要把这些问题当作党的政治思想工作、党的纪律、党风的大事来抓"。

1982年7月，交通部召开全国交通系统安全质量电话会议，会议传达了党中央、国务院领导同志关于安全质量问题的有关指示，总结了事故教训。

1986年5月26日，交通部召开全国交通安全紧急电话会议，要求牢固树立"安全第一"的思想，认真贯彻"安全第一"、"预防为主"的方针；根据新形势下出现的新情况，有针对性地加强安全工作，强化安全措施，同时对现有规章制度和行之有效的措施，要继续贯彻实施；在抓安全工作时，要与纠正、克服行业不正之风结合起来。

1987年6月18日，交通部召开全国交通系统安全生产紧急电话会议，深入贯彻《国务院关于大兴安岭特大森林火灾事故的处理决定》和《国务院关于加强安全生产管理的紧急通知》精神，对交通安全生产工作提出了明确要求。会上宣布了对"德堡"轮1986年6月16日在印度洋上翻沉事故有关责任者的处分决定。23日，交通部党组决定组织5个检查组，分别由钱永昌、王展意、郑光迪、林祖乙、黄镇东同志带队，分赴北方、华东、华南地区、长江沿线和地方交通部门，开展安全大检查。

(二)贯彻全国交通安全工作会议精神

1988年6月4～7日，国务院在京召开全国交通安全工作会议。国务院总理李鹏、国务委员邹家华在会上讲话，明确了整顿交通安全的指导思想和重要措施。会后发布了《关于加强交通运输安全工作的决定》。这次会议提出的总的奋斗目标是："紧急动员起来，加强领导，深化改革，狠抓基础，以对国家和人民高度负责的精神，认真贯彻安全第一，预防为主的方针，建立起科学的管理体系，完善必要的技术设备及监控手段，建设一支思想好，作风硬，基本功扎实，纪律严明的交通运输职工队伍，坚决杜绝重大恶性事故，最大限度地减少一半事故，安全、优质、高效地为社会主义现代化建设服务。"

6月8日，钱永昌部长召集参会人员就结合交通系统的实际情况

回去落实会议精神进行了部署。钱永昌部长强调:“党中央、国务院十分重视,并且由国务院召开全国交通安全工作会议,李鹏总理和邹家华副总理主持会议并讲话,又有国务院、书记处的许多领导出席会议,这还是建国以来第一次,这说明党中央、国务院对交通安全工作的高度重视”。要求加强领导,严格各项管理,整顿秩序,特别是要解决好纪律涣散及违章违纪问题。钱永昌部长指出:“严格管理是最主要最有效的措施”。“严格管理体现在3个方面:一是干部带头、严格要求、严于律己。二是广大职工要自觉地严格要求,也要靠我们督促。三是要有具体标准及要求。”并对贯彻会议精神提出了具体要求:要从本省、本部门、本单位实际出发,研究贯彻落实办法,一是要总结回顾近几年安全工作的经验教训,进行定量、定性分析,找出存在的问题和薄弱环节。二是要加强思想教育,提高认识,真正把安全生产放在第一位。三是从加强基础工作与严格管理入手(包括思想、作风、制度、业务基本功等方面),从整顿基层整顿车船班组生产第一线抓起。以“四查①”为主进一步开展安全检查和整顿。

七、整顿企业、企业升级和推行全面质量管理

(一)整顿企业

交通直属企业从1978年开始企业整顿,经过几年的努力,恢复性的整顿工作取得了很大成绩,交通运输各个企业的生产秩序已趋正常,多数单位的运输生产已经达到或超过历史较高水平。但各个企业之间,情况还很不平衡,个别企业管理上还相当混乱,领导班子不健全,派性问题没有完全解决,劳动纪律松弛,生产效率低,经济效果差,浪费惊人。就是比较好的企业,也需要改善经营管理,实行经济核算,提高经济效果,把企业经营管理水平提高一步。1981年,召开直属企事业领导干部会议期间,11月7日上午,万里同志在国务院第二会议

①查思想、查管理、查纪律、查隐患。

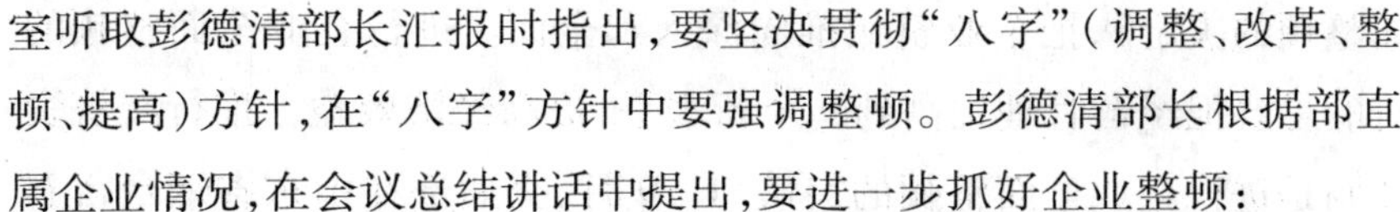

室听取彭德清部长汇报时指出,要坚决贯彻“八字”(调整、改革、整顿、提高)方针,在“八字”方针中要强调整顿。彭德清部长根据部直属企业情况,在会议总结讲话中提出,要进一步抓好企业整顿:

(1)要切实加强领导班子建设。要把企业整顿好,关键是领导班子建设。目前,部属100多个企事业单位中,领导班子不健全的占20%以上。要求下半年,尽力把20%的不健全的班子调整充实起来。在领导班子建设中,一个很突出的任务是把优秀的年轻干部选拔到各级领导岗位上来,逐步实现领导班子的革命化、知识化、专业化、年轻化。

(2)企业整顿的中心任务是提高运输生产效率和效益。万里同志在视察港口期间一再强调各个企业都要把提高效率、效益放在首位。我们的企业整顿一定要围绕这个要求来进行,这是衡量企业整顿好坏最终要的一条标准。

(3)建立和健全企业的经济责任制和工作岗位责任制。企业整顿要真正达到改善经营管理,提高经济效果的目的,必须要建立和健全企业的经济责任制和工作岗位责任制。

(4)加强企业管理的基础工作。在企业整顿中,一定要把企业的基础工作搞好,包括原始记录、统计、计量、检验、图纸、工艺工装、技术标准等。万里副总理在视察港口时,提出要在装卸工人中按平均先进定额搞计件工资,由于缺乏基础工作,平均先进定额无据可查,这是一个很突出的问题。各种责任制的建立,没有完善的基础工作,也将难以进行。

(5)健全领导制度,加强企业民主管理。认真执行党委领导下的厂长负责制、党委领导下的职工代表大会制,实行党委集体领导,职工民主管理,厂长(经理、局长)行政指挥。当前特别要加强厂长(经理)负责制,使他们真正具有行政指挥权,副厂长(副经理)要向厂长负责。党委要加强思想政治工作的领导,但不要过多干预行政事务。

1982年1月,中共中央、国务院作出了《关于国营工业企业进行全面整顿的决定》,把企业整顿推向深入和全面。进行企业全面整顿的目的是要把经营管理提高到一个新水平,提高经济效益。推行经济责任制是进行企业全面整顿的突破口。9 月,交通部在山东省烟台市召开了全国交通系统企业整顿工作会议,结合交通行业的特点,对在全国交通系统开展企业整顿工作进行了部署。1982 年底,交通部颁发全国交通系统企业整顿工作的指导性文件——《交通部企业整顿五项工作验收标准》,按中央、国务院的要求,从整顿建设领导班子,加强对职工的思想政治教育;整顿完善经济责任制,改善企业经营管理;整顿劳动组织,加强劳动纪律,进行全员培训;整顿财经纪律,健全财会制度;整顿生产秩序,改善职工福利 5 个方面衡量交通部各企业的整顿工作,并结合行业特点把 5 项工作分解为 135 条,用千分制加以衡量,提出 5 项工作中凡有 1 项不合格,该企业就不予验收,整顿后必须达到 850 分以上,才能视为整顿合格。1983 年是全国交通系统进行企业整顿的重要一年,交通部把大连港作为整顿、验收的试点。1984 年,全国交通系统的企业整顿工作普遍展开。除西藏自治区外,交通系统列入整顿规划的 607 个县团级以上大中型骨干企业和 50 个部直属一级企业全部开始整顿。1984 年下半年,交通部根据全国交通系统企业整顿的进度和状况,为了确保整顿质量,提出了"加快企业整顿步伐,提高整顿验收质量"的要求。历时 4 年的企业整顿工作,于 1985 年底基本结束。

(二)企业升级

1986 年初,全国工业企业全面整顿工作基本结束。国务院根据企业整顿工作完成的情况和我国工业企业管理工作的现状,发布了《国务院关于加强工业企业管理若干问题的决定》。明确了在"七五"期间,我国工业企业管理的中心工作是"抓管理、上等级,全面提高企业素质",提出了国家特级企业、一级、二级和省(区、市)级企业的水平标准。决定还指出,在主要经济技术指标方面,省级先进企业应达到本地区的先进水平,国家二级企业应达到全国同行业先进水平,国家一级企业应达到70年代末80年代初的国际水平，国家特级企业应具备当代国际先进水平；在企业升级考核指标中，主要突出质量、安全、消耗和效益指标；另外，加强企业管理基础工作和精神文明建设也是企业定、升级的先决条件。

1986年9月，交通部在黑龙江哈尔滨召开了全国交通系统企业管理工作会议。会后，交通部发布了《交通部贯彻〈国务院关于加强工业企业管理若干问题的决定〉做好交通企业上等级工作的意见》的通知，对在"七五"期间交通企业"抓管理、上等级，全面提高企业素质"的工作作了具体部署，还结合本行业的特点，对各等级企业指标制定的原则、企业上等级内部工作的要求和上等级评审的办法作了说明。

1987年9月，交通部在辽宁大连再次召开加强企业管理工作会议，总结交流各地区企业抓管理、上等级、全面提高企业素质的工作经验，部署交通系统企业升级工作。这次会议对下一步企业升级工作作了安排，提出了4项工作任务：①继续完成国家级企业标准制定工作；②抓好企业上等级试点工作；③着手培训一支企业升级的评审队伍；④各级交通主管部门和企业结合标准要求，制定企业升级规划。会后，交通部根据交通行业的特点，按照24个专业，抓紧了国家二级企业试行标准的下达。

经全国加强企业管理指导委员会批准，交通行业国家二级企业评审工作在1988年进行试点。同年该，经交通部批准认定18个企业为国家二级企业。这些单位的共同特点：①企业整顿工作完成较好，企业管理的基础工作比较扎实；②企业整顿工作结束后，加强企业管理基础工作建设没有停步，在三五年内获得了国家级或部级质量管理奖，在其他专业管理方面也都获得了一定的荣誉；③经济效益好，不仅于1988年度在质量、消耗和效益等几项主要指标达到了国家二级企业标准，而且在近几年内大都连续获得了国家经委或交通部授予的"经济效益好"先进单位称号，而且也以其优质服务提供了较好的社会效益。

经过1988年的试点评审，交通部对交通企业上等级的评审办法和各行业等级指标又进行了修订，使之进一步完善，正式发布了交通系统内24个行业国家二级企业标准有关部门对计量、标准、档案、能源、环保、设备管理等方面也都提出了相应的要求。

（三）推行全面质量管理

1. 开展“质量月”活动

1982年7月26日，交通部转发《国务院批转国家经委关于全国第五次“质量月”活动安排意见报告的通知》，部署交通系统的“安全质量月”活动。9月8日，专门召开部务会议，对“安全质量月”活动进一步提出要求：通过“安全质量”月活动，进一步整顿劳动纪律，严禁违章作业，防止重大安全质量事故，把安全质量事故降到最低水平；努力提高运输质量、装卸质量和服务质量。交通部还分别在山西太原和山东青岛召开“安全质量月”活动总结会议和全国汽车货运质量管理经验交流会议，对地方交通部门的“安全质量月”活动，专门作出部署。

2. 召开全国交通运输质量工作会议

1983年3月28日~4月3日，交通部在湖南长沙召开全国交通运输质量工作会议。这次会议主要是传达贯彻中央领导关于交通运输质量问题的批示，制定法规，采取措施，制止粗暴待客，争取在3年内使交通运输质量得到明显改观。会议讨论通过《交通运输企业全面质量管理小组工作条例》、《质量管理小组成果发表办法》、《交通部优质运输奖励暂行办法》和《交通职工职业道德准则》（于11月正式颁发）等文件；表彰了70个获交通部1982年度优质运输奖的先进集体，交流了先进单位质量管理工作的经验。会议提出，自1983年开始，在全国交通运输企业推行全面质量管理。推行全面质量管理要和以承包为中心的各种经济责任制相结合，1983年在10%的单位进行试点，1984和1985两年逐步推广，搞出成效。

3. 召开质量工作会议及成果发布会

1986年7月29日~8月1日，交通部在江西九江召开了交通系统质量工作会议及全国质量管理小组成果发表会。会上评选出94个小组为部级优秀质量管理小组,还推荐11个小组为国家级优秀质量管理小组。10月21日,为了贯彻“质量第一”的方针,积极开展全面质量管理,建立质量保证体系,交通部颁发了《交通运输企业全面质量管理办法》、《交通部优质运输奖励办法》、《交通运输企业质量管理小组条例》和《交通部质量管理奖评审细则》。

4.组织全面质量管理报告会

1983年10月8～25日,交通部组织质量管理宣讲团(中国质量管理协会专家和交通系统质量管理单位代表参加),先后在北京、天津、上海、广州、武汉5个地区,举行了10场报告会,宣讲加强质量管理、提高企业素质的要求和全面质量管理的基本理论和方法,介绍全面质量管理的经验。11月14～21日,交通部在湖南长沙举办领导干部全面质量管理培训班,并继续组织宣讲团进行巡回报告。

八、交通外事行政

(一)国家间交通部门领导人互访

1.外国交通部门领导人访华

1986年1月23～29日,荷兰交通水利大臣斯密特·克鲁斯女士一行访问中国。国家计委甘子玉副主任会见了全体成员,探讨了中荷两国在交通、水利和通信方面进行合作的可能性。钱永昌部长就合资建设和共同经营南通港5个泊位等问题与荷方进行会谈。在京期间,赵紫阳总理会见了代表团全体成员。5月15～23日,民主德国交通部副部长兰特纳来华,与交通部副部长林祖乙就海运合作问题进行了会谈。6月10～13日,联邦德国国务秘书舒尔特一行来华,与交通部副部长林祖乙就内河航运合作问题进行了第二轮会淡,并就1986～1989年度合作计划取得了一致意见。

1988年5月～12月,孟加拉港口、航道部长,北也门公共工程部长,马耳他共和国基础发展部部长,哥伦比亚公共工程部长,英国运输大臣都先后率团访华。10 月 17 ~ 21 日，法国公路、内河代表团一行 10 人访问中国，签署了公路、内河航运合作工作小组第二次会议纪要。

1990 年 5 月 5 ~ 15 日，斐济共和国公共工程部部长托拉先生一行访华，邹家华副总理、钱永昌部长、王展意副部长会见了代表团，并商谈有关合作事宜。8 月 29 日，中华人民共和国政府与塞浦路斯共和国政府在北京签订海运协定，杨尚昆主席和乔治·瓦西利乌总统出席了签字仪式。

2. 交通部领导人出访

1986 年 4 月 13 ~ 25 日，为庆祝中波轮船股份公司成立 35 周年，钱永昌部长对波兰进行了友好访问。22 日，波兰政府副总理费·格维亚兹达接见了钱永昌部长。9 月 14 ~ 22 日，王展意副部长率领公路代表团访问匈牙利和民主德国，考察两国高速公路设施；与匈牙利交通部副部长埃尔文·纳吉博士就公路建设和养护管理的技术交流、公路建设企业之间的合作等问题进行了会谈，并签署了会谈纪要。10 月 5 ~ 10 日，林祖乙副部长一行对古巴交通部进行回访。林祖乙副部长与古巴交通部副部长乌哥·比瓦尔·卡斯蒂略就易货贸易运输、互设航运代表以及加强有关公司之间的交流与合作等问题交换了意见。

1988 年 9 月 1 ~ 21 日，钱永昌部长应邀访问联邦德国、荷兰、法国，顺访了比利时和欧洲共同体委员会。12 月 6 ~ 13 日，王展意副部长率政府代表团对马达加斯加进行了友好访问，参加了中马合营公共工程公司承建的 35 号公路竣工典礼。12 月13 ~ 29 日，钱永昌部长率中国海运代表团，赴美国签署中美海运协定，并就中国交通部和美国运输部的科技合作协议执行情况与美方交换了意见；同时考察了美国水路、公路运输管理、市场调控和交通运输基础设施等情况。

1989 年 12 月，郑光迪副部长应邀访问巴西联邦共和国，代表中国交通部与巴西运输部签署了公路及内河科技合作执行计划。

1990 年 5 月 30 日，钱永昌部长率团出访马耳他和希腊，磋商有关

海运合作事宜。

(二)参加国际机构、国际会议

1983年9月15～17日,联合国亚洲及太平洋地区经济社会委员会与中华人民共和国交通部在北京联合召开农村道路建设、养护座谈会。10月8～15日,国际道路常设委员会第十七届世界道路会议在澳大利亚召开。中国派代表共6人参加了会议。

1985年1月,联合国亚太经社会在泰国曼谷召开亚太地区主之管公路的部长级会议,强调运输和通信在本地区的重要性,并决定开展亚太地区公路运输和通信十年活动。王展意副部长率中国代表团出席了会议。

1986年5月5～15日,应国际劳工组织邀请,由交通部、劳动人事部和中国海员工会组成的中国代表团,出席了在瑞士日内瓦召开的海事技术预备会议。11月11～15日,中日航海学会学术交流会在广西桂林召开。日方有15人参加会议,中方参加的有论文作者及有关专家40人。香港海运学会5名代表以观察员身份参加了会议,会上共宣读论文15篇,演示4个项目。会议期间,中日双方学会领导人就今后加强学术交流问题进行了会谈并达成了协议。

1988年5月31日,中国船级社加入国际船级社协会,成为该协会的正式会员。

1989年10月9～20日,林祖乙副部长率团出席国际海事组织在英国伦敦召开的第16届大会。我国被选为A类理事,成为世界八大航运国家之一。10月31日～11月2日,在葡萄牙里斯本召开的国际海事卫星组织第七次大会上,我国第六次当选为该组织地区理事。

1990年3月26～30日,交通部组团出席国际海事组织召开的审议并通过《修订1974年海上旅客及其行李运输雅典公约的1990年议定书》的外交大会。11月19～30日,交通部组团出席国际海事组织召开的制订《1990年国际油污防备、反应和合作公约》的外交大会。12月17～21日,交通部组团出席联合国亚太经社会航运、港口、通信和旅游委员会第13届会议。

（三）签订合作协议、加入国际公约等

1987年1月20日，中华人民共和国港务监督局与美利坚合众国海岸警备队正式签订《海上搜寻救助合作协议》。9月9日，中国政府和马来西亚政府海运协定在北京签署。国务院副总理田纪云，马来西亚副总理阿卜杜勒·加法尔·巴巴出席了签字仪式。中国交通部部长钱永昌和马来西亚交通部部长林良实分别代表本国政府在协定上签字。

1988年10月20日，交通部副部长林祖乙代表中国政府与民主德国政府代表签署了两国政府间海运合作议定书。

1989年1月24日，交通部林祖乙副部长代表中国政府签署了《中华人民共和国政府和新加坡共和国政府海运协定》。

1990年7月9日，交通部发出通知，1972年《国际海上避碰规则公约》的1989年修正案将于1991年4月19日起生效，中国在该修正案生效之日起予以执行。9月22日，交通部发出通知，根据国际海事组织关于《国际散化规则》和《散化规则》1989年修正案1990年10月13日起生效的通知，中国在修正案生效之日起予以执行。11月7日，交通部发出通知，关于确定北海为《73/78防污公约》附则V《防止船舶垃圾污染规则》的特殊区域的1989年修正案，将于1991年2月18日起生效。我国在修正案生效之日起予以执行。

截至1990年底，中国已同37个国家签订双边“海运协定”，加入30余个与航运有关的公约，参加11个与运输有关的国际组织。

九、交通公安行政

改革开放初期，交通部进一步加强交通公安机关建设，明确交通公安的地位和作用，组织交通公安机关积极开展严打斗争，交通公安工作逐步走向正规。

（一）进一步明确交通公安机关的性质、地位和作用

(1)1982年9月23日，交通部批转部公安局《关于贯彻全国政法

工作会议和全国公安局长会议的意见》,要求各港航单位党委加强对公安工作的领导,重视和抓好公安保卫队伍的整顿和建设,直属港航公安部门的编制,从1983年起由交通部单列编制。鉴于交通航运部门具有统一调度而又流动分散的特点,社会性和涉外性强,治安问题仍比较多的情况,1983年6月16日,交通部会同公安部下发了《关于加强交通航运公安保卫工作的通知》,提出交通航运方面的公安工作,只能加强,不能因为体制改革而有所削弱,更不能撤销。

(2)1985年3月17日,交通部、公安部遵照党中央关于经济体制改革的决定以及加强和改革公安工作的指示精神,发出了在经济体制改革中进一步加强和改进交通港航公安工作的通知,要求:①明确交通航运人民警察是国家警察的组成部分,是一只武装性质的战斗队伍。交通公安机关是国家派驻交通航运和港口的公安机关,列入国家公安机关序列。②港航部门是国家对外开放的门户,治安情况比较复杂,交通港航公安保卫工作,只能加强,不能因为体制改革而有所削弱。交通公安机关不能与武装部门合并,更不能撤销。建立或撤销公安局、公安处,必须征求当地省、市公安厅、局意见,报交通部批准。③交通部公安局要多抓些公路和地方航运的公安保卫工作,要密切注意公路、航运主要干线的治安情况和问题,加强检查指导,依靠各方面力量,切实保障交通运输的安全。④交通公安机关要切实履行消防监督职能,今后凡港口水域和在港口停靠的一切中外民用船只,都应接受交通公安机关的消防监督。对港口水域实施治安管理,及时预防和打击在港区水域发生的违法犯罪活动。⑤根据中央组织部《关于改革干部管理体制若干问题的规定》,按照"下管一级"的原则实施干部管理。

(3)1989年5月12日,交通部会同公安部印发了《港航公安局处长会议纪要》,积极推进港航公安改革,着重解决5个方面的问题:①进一步明确交通公安机关的性质。②积极创造条件,实行公安经费和编制单列。③改善和加强港口公安管理。④改革、加强现行体制下交通公安机关和民警队伍的管理。⑤继续抓好其他各项改革。7月14日，交通部、公安部联合发出《关于进一步加强港口公安管理的通知》，再次明确了港口公安机关的性质、管理体制和干部任免等事项。

（二）根据中央部署开展严打整治斗争

(1)1983年7月22～24日，中央召开全国政法工作会议，传达了中央常委对刑事犯罪分子从重从快从严惩办，抓一大批，从重判刑的重要指示，这是党中央在当时社会治安不正常的情况下采取的非常措施。交通部认真贯彻中央决策，迅速下发了《关于坚决贯彻党中央的指示严厉打击刑事犯罪活动的通知》，要求部直属各港航单位党委，遵照各地党委的统一部署做出执行计划，切实加强对这次行动的领导，动员和组织公安等有关部门，认真搞好打击刑事犯罪的斗争。对要害部门、出海船舶、重点保卫目标，要切实加强安全保卫措施，进一步落实安全保卫责任制，堵塞漏洞，防止发生劫船、纵火、爆炸事故和行凶杀人等报复行为，以保证正常的客货运输和生产建设的安全。交通公安机关1983～1986年开展了以打击反革命、严重刑事犯罪为主，以打击盗窃运输物资和工业建筑材料的重大犯罪团伙、严重犯罪分子为主攻方向，以"反盗窃、打流窜"为重点的严打斗争三大战役。

(2)1990年是治理整顿、深化改革的关键一年。交通港航系统刑事犯罪案件持续上升，杀人、抢劫等严重暴力案件明显增多，"车匪路霸"、"江盗"猖獗，一些水路、公路区段、码头、车站治安秩序欠佳。1990年3月20日，交通部、公安部、铁道部联合召开电话会议，部署在全国重点公路、铁路线和长江航线上开展打击"车匪路霸"、"江盗"的专项斗争。5月16日，交通部发出《关于交通港航系统开展严厉打击严重刑事犯罪行动的通知》，部署交通公安机关的严打斗争。6～7月，在公安部统一组织指挥下，长江航运公安机关与沿江地方公安机关协同作战，在长江全线及中下游"五湖三水"地带开展了"水网行动"。11月6日，交通部又发出《关于继续深入开展"严打"斗争的通知》,进一步部署交通公安机关严打工作,使交通系统严打斗争取得了显著战果。

(三)加强海洋船舶保卫工作

1. 重视海洋船舶保卫

改革开放初期,我国海洋运输不断发展。针对海上发生劫船、爆炸等案件不断增多的治安情况,1982 年 8 月 30 日,交通部下发《关于立即采取有力措施加强出国船舶运输安全保卫工作的指示》,要求尽快配齐、配强船舶保卫干部。至 1984 年增配船舶保卫干部 101 名,基本上保证了船舶安全。

2. 两次召开海洋船舶保卫工作会议

1983 年 11 月 12 日,交通部召开了海洋船舶保卫工作会议,回顾了近年来海洋船舶保卫工作情况,讨论研究了进一步加强海洋船舶安全保卫工作任务和措施。1985 年 12 月 5 日,交通部在山东烟台召开了海洋船舶保卫工作会议,进一步部署海洋船舶保卫工作。会议要求,交通公安机关要坚持开展反腐蚀和法制教育;以预防劫船为重点,进一步落实各项安全保卫措施;加强以调查研究为重点的基础业务建设,提高发现、预防敌人破坏和各种犯罪活动的能力,抓紧配备船舶保卫干部;加强出租、雇佣船员的保卫工作。会后,各港航单位落实各项安全保卫工作措施,对 458 条出国船舶制订或修订应急方案,并坚持演练,各远洋公司加强措施,全年增配船舶保卫干部 69 名。

3. 印发《出国运输船舶安全保卫工作暂行规定》

1987 年 3 月 24 日,交通部印发了《出国运输船舶安全保卫工作暂行规定》,对出国运输船舶安全保卫工作的方针、任务、基本措施、奖惩以及对规定执行的指导、检查作了明确规定。

(四)大力整顿公路、港口治安秩序

1. 整顿公路治安

1980 年以来,一些省(区)公路运输治安秩序比较混乱,严重威胁着人民群众出行和国家财产的安全。交通部十分重视公路交通安全工作,先后5次批转下发有关加强公路交通安全保卫工作的报告、会议纪要和通知。1983年,指示交通部公安局陆续派出工作组进行调查;5月20日,在福建漳州召开全国公路交通保卫工作座谈会,并会同公安部批转《交通部公安局关于加强公路运输公安保卫工作的报告的通知》,对公路治安问题提出了工作意见:一是以汽车客运站为重点,进一步整顿好公路运输的治安秩序。二是要坚决打击在公路运输线上的刑事犯罪活动。三是要维护公路沿线治安,确保行车安全。各省(区)交通、公安部门认真落实两部文件,建立了交通公安机构,在打击刑事犯罪,堵截流窜犯,维护站、车、公路治安秩序,保障安全等方面作了大量工作,取得明显成效。到1983年10月,有10个省(区)交通厅建立了公安局、处;12省(区)建立了公安派出所、值勤室,加上原有的共有446个,公安干警有2 500多名。另有13个省(区)正在协建交通公安机构。已建立交通公安机构的单位,普遍抓了对站、车、公路的治安秩序整顿,查破了大量的刑事、治安案件,打击处理了一批流窜犯、在逃犯和其他违法犯罪分子,使刑事治安案件大幅下降,增强了广大旅客、职工的安全感。到1985年底,已有16个省(区)交通厅建立了公安局、处或科;26个省(区)建立了公安派出所、值勤室,共有900个,公安干警有6 000多名。1986年12月23日,交通部、公安部联合下发《关于进一步做好公路交通公安保卫工作的通知》,明确道路交通管理体制改革不涉及交通公安机构,要求各地进一步贯彻八五年两部批发的《全国公路交通公安保卫工作会议纪要》精神,加强对公路交通公安保卫工作的领导。1985年后,公路治安秩序逐步好转。

2. 整治口岸治安秩序

改革开放后,随着国门打开,经济建设得到了发展,但是也带来了一些新的问题,港口出现了传播卖淫、淫秽物品的现象,这严重败坏了社会风气。1985年12月14日,遵照李鹏副总理的指示和国务院口岸领导小组会议的决定,由交通部、公安部为主,海关总署、国务院口岸办配合,召开了全国整顿沿海口岸治安秩序会议。交通部、公安部联合印发了会议纪要,要求坚决取缔卖淫活动,坚决制止和打击倒卖船票的违法犯罪活动;对违反我国法律、法规的外国人和外轮船员要依法处理;公安机关内部要明确分工,各负其责,做好经常性工作,加强对外轮海员经常涉足的公共场所的管理控制;同时加强内部职工的法制教育,搞好港区治安管理,对沿海口岸治安要实行综合治理,保持良好的治安秩序。各单位认真贯彻会议纪要,普遍建立了由各有关部门参加的联合机构,以严厉打击倒卖船票、卖淫、偷盗外轮财物、传播淫秽物品书刊等港航治安突出问题为重点,对港口治安秩序进行了全面整顿。

3. 发布《港口治安管理规定》

为切实加强港口治安管理,1989年3月4日,交通部会同公安部联合发布了《港口治安管理规定》,对港口治安管理规定的适用范围、监督执行机关、原则、港区治安管理、旅客治安管理、船舶治安管理、奖惩等作了明确规定。

(五)继续加强港航消防工作

1. 召开第二次直属港航消防工作会议

1983年6月13日,交通部召开了交通部第二次直属港航消防工作会议,会议总结了1976年第一次消防工作会议以来的消防工作,分析了火灾形势。1980～1982年,共发生船舶火灾18起,死亡26人,经济损失6 000多万元,比前4年上升了4.4倍。为了做好船舶消防工作,尽快扭转重大火灾不断发生的局面,会议要求:①充分认识在新时期加强消防工作的重要性,交通运输事业越发展,消防工作越要加强。②进一步健全各级安全防火领导机构,落实安全防火责任制。③大力加强对职工的安全教育培训。④集中精力抓好船舶消防工作。⑤制定和完善港航部门的消防法规。⑥进一步加强消防监督工作。⑦继续认真落实火险隐患的整改。⑧加强船舶消防的科研工作。

2. 举办交通公安系统首届水上消防演习

1985年10月22日,经交通部批准,交通公安系统首届水上消防演习在南京八卦洲宝塔水道举行。参加这次演习的有南京、上海港公安局的专用消防艇4艘,其他工作船舶15艘,交通港航公安消防干警和消防科研人员260多名。出席观摩的有交通部领导同志,公安部消防局、中国消防协会、交通部直属港航单位和沿海、沿江省(区)交通、公安消防部门的负责同志,近500人。演习结束后,林祖乙副部长代表交通部作了重要讲话。

3. 召开交通港航公安消防工作座谈会

20世纪80年代后期,交通系统消防工作形势又出现了严峻的局面。港航系统火灾事故没有得到有效控制,重大火灾、爆炸事故时有发生,船舶火灾仍比较突出。1986年,发生船舶火灾26起,经济损失1 700多万元,占港航火灾损失的90%。这些都反映了港航消防工作中存在薄弱环节。1987年8月9日,交通部召开交通港航公安消防工作座谈会,部署今后一个时期的消防工作任务:①充分认识港航消防工作的重要性。②认真贯彻预防为主、防消结合的方针。③健全消防监督机制,充实消防监督力量。④明确消防监督职责范围。⑤全面履行港航消防监督职责。⑥进一步加强水上消防建设。

4. 成立水上消防协会组织

经交通部党组批准,1986年6月4日,交通部水上消防协会在北京正式成立。

5. 加强长江消防设施建设

1990年5月25日,交通部发出《关于建立长江水上公安消防站的通知》,在长江上建立重庆、宜昌、武汉、九江、芜湖、南京等水上消防站。

6. 加强消防法规、规范建设

1985年2月11日,交通部颁布《装卸油品码头防火设计规范(试行)》,对装卸油品码头防火设计的总平面布置、电气、消防、一般规定、消防给水、消防泡沫等进行了规范。1988年3月14日,交通部发布《港口消防站布局与建设标准(试行)》,使港口消防站的设置与建设有所依据,以适应保卫港口和水上设施、船舶及人身财产安全的需要。7月5日,交通部公布《港口消防监督实施办法》,明确了港口消防监督的方针、监督机构、火灾预防、消防组织、火灾扑救、消防监督、奖惩等。

十、加强行业宏观管理的基础工作

(一)统计工作

1983年11月15日,为了贯彻《中共中央、国务院关于国营工业企业进行全面整顿的决定》和全国交通系统企业整顿工作会议精神,进一步搞好计划统计整顿工作,交通部印发了《部属港航企业计划统计工作整顿验收标准细则》。

随着国民经济的调整和改革,对统计资料的要求越来越高。为了改变统计工作落后、不能适应交通运输工作发展的需要的局面,根据国务院批转《国家统计局关于加强和改革统计工作报告》的通知精神,1981年11月24日,交通部结合直属单位的情况,提出了6项贯彻意见:①提高统计数字的准确性;②加强统计分析和监督工作;③改革统计方法制度;④采取多种形式,积极抓好干部培训工作;⑤加强统计组织建设工作;⑥抓好统计干部业务技术职称的评定工作。

1986年9月11日～12月31日,交通部先后为全国29个省(区、市)和7个计划单列市交通厅(局)装配了电子计算机,组织开发了公路、水路运输统计年报处理系统,并投入试运行。1986年统计年报第一次采用了人机并行的方式进行汇总,这是统计工作的一项重要改革。

(二)交通系统通信普查

根据部(86)交函海字147号通知的统一布置,经过各单位半年的共同努力,交通系统专用通信网通信普查工作按要求基本完成了任务。1986年12月16日,通报了普查情况。

交通系统通信普查工作,是按邮电部、国家计委、国家经委、国家统计局(1985)邮联字406号《关于开展全国第一次通信普查的通知》和国家无委(85)无管字第87号《关于无线电频率、台站和设备普查登记问题的通知》要求组织进行的。这次普查工作分3个阶段进行。第一阶段从1985年12月至1986年3月底为准备阶段。其间我部负责普查的有关人员参加了四部门召开的会议,明确了这次普查工作的意义、内容、方法和要求。3月中旬在湖北宜昌召开了交通系统通信普查工作会议。会议结合我部的具体情况,认真讨论了交通系统通信普查方案,并对普查人员进行了培训。会后,许多省(区、市)交通厅(局)和部直属单位都抽调专人,领导挂帅,成立了普查办公室或领导小组,落实责任制,认真收集、核实原始资料。4月至6月底为第二、三阶段,即普查的填表阶段和汇总阶段。大多数单位按照要求,认真填写了普查表格。到7月初,全部普查工作基本完成。

通过这次普查,基本摸清了交通系统专用通信网的基本情况。

另外,1986年进行了全国港口普查;1987年在有关省(市)交通部门和各港务局密切配合下,结合全国港口普查资料,经认真核对研究,查定并颁布了我国沿海主要港口的通过能力,为加强行业管理,强化宏观控制,为沿海港口规划、建设、生产提供了依据。

第七章　初步建立社会主义市场经济体制时期的交通部行政

（1991～2000年）

20世纪90年代，邓小平南巡讲话和中共十四届三中全会指明我国经济体制改革的目标是建立社会主义市场经济体制。邓小平同志还提出"发展才是硬道理"的著名论断。随之，中国开始新一轮改革，国民经济转入加速发展的历史时期。在这一时期，交通部行政的中心任务是按照建立社会主义市场经济体制的目标深化交通改革，推动我国公路、水路交通事业进入快速发展的历史轨道。

第一节　交通部行政职能转变与机构改革

一、1993年交通部行政职能转变与机构改革

1988年政府机构改革后，交通部行政职能开始转变为主要对全国公路和水路交通实施行业管理。1991年，交通部继续按照1988年确定的机构改革模式进行调整。1992年，根据邓小平同志南巡讲话和党的十四大初步确定的改革方向，国务院在机构改革方面的指导思想进一步明晰和深化。

1993年3月22日，第八届全国人民代表大会第一次会议审议通过《关于国务院机构改革方案的决定》，其核心任务是在推进经济体制改革同时，建立起有中国特色的、适应社会主义市场经济体制要求的行政管理体制，改革的重点是继续转变政府职能。据此，交通部研究了新的改革方案，上报国务院。1994年2月25日，经中编办审核，国

务院办公厅发布《关于印发交通部职能配置、内设机构和人员编制方案通知》(即"三定方案")。

(一)职能转变与主要职责

1. 机构改革中交通部转变的职能

根据党中央、国务院的决定,结合行业实际,1993 年交通部转变的职能主要有:

(1)政企职责分开。把按规定属于企业的自主权放给企业,不再干预其生产经营活动。运输企业可根据市场需求,在批准的规模内自行决定运力增减和班期调整。对部属企业下放部分计划、财务、设备、价格和人事劳资等管理职权。

(2)简政放权。减少直属水运计划比重,取消非重点物资运输计划,进一步放开运输价格;下放部分运输线路、运力额度、边境口岸的运输审批权;下放部属事业单位自有资金建设项目审批权;下放出国人员及进出口设备的审批权限,简化手续。

(3)加强宏观调控和行业管理职能。主要包括公路、水路交通建设布局和比例关系,资金投入总量和投向的宏观调控以及调控机制的建立与完善,交通法制建设,全国公路、水路运输市场的培育,部属单位国有资产的监督管理,运政、路政、港政和水上交通安全监督管理,运价、规费管理,信息引导,交通行业精神文明建设。同时,为尽快改变交通滞后状况,还要继续抓好交通科技进步、专门人才培养、国际合作交流和利用外资工作。

2. 机构改革确定的交通部主要职责

经国务院批准的"三定方案"确定交通部主要职责如下:

(1)根据国民经济和社会发展需要,制订全国公路和水路交通行业发展战略、方针、政策和法规,并监督执行。

(2)根据国家的总体布局,组织编制全国公路和水路交通行业发展规划,制订固定资产投资、运输生产、工业、科技、教育中长期计划和年度计划,并监督实施。

(3)负责公路、水路交通的行业管理和运输组织管理,对关系国计民生的重点和紧急物资运输进行必要调控,组织重点交通工程建设的实施。

(4)会同有关部门培育和管理交通运输市场和交通基础设施建设市场,建立完善信息、服务体系,引导交通运输业优化结构、协调发展。

(5)负责全国公路及其设施的建设、养护、管理和规费稽征,负责汽车维修市场、汽车驾驶学校和驾驶员培训工作的行业管理,指导城乡客、货运输的衔接协调工作。

(6)负责全国港航设施的建设、养护、管理和规费稽征,负责水上港航监督、船舶及海上设施检验、通信导航、救助打捞、船舶代理、外轮理货、港口、航道和港航设施建设使用岸线的行业管理。

(7)指导交通行业体制改革和企业管理工作,负责部属单位国有资产的管理和保值增值监督。

(8)指导交通行业精神文明建设和职工队伍建设,组织、指导交通行业人才预测、教育、培训、交流和劳动工资工作,管理部属单位的主要领导干部,管理和指导交通系统的公安工作。

(9)负责多边和双边政府间有关交通方面的涉外工作,负责利用外资、开展国际交通合作与交流,归口管理公路、水路方面与国际组织有关的事宜,维护我国公路和水路运输权益。

(10)制订交通科技政策、技术标准和规范,组织重大科技开发,推动行业科技进步。负责归口的交通工业产品认证和质量监督。

(11)协同或会同有关部门制订投资、价格、税收、信贷、劳动工资、外汇和其他有关交通行业的经济政策。

(12)承办国务院交办的其他事项。

(二)机构设置

1.调整部内机构

(1)按照公路、水路两种运输方式的实际情况和特点分设机构,将原来的运输管理司、工程管理司调整为公路管理司、水运管理司和基建管理司。

(2)将政策法规司和体制改革司调整为体改法规司,同时冠以"精神文明建设办公室"的名称。

(3)撤销机关事务管理局,内部增设机关后勤服务性事业单位"服务中心"。

(4)按照1993年12月16日中编办的批复,中纪委、监察部在交通部派驻纪检组、监察局。

调整后的机构为:办公厅,体改法规司,综合计划司,财务会计司,人事劳动司,公路管理司,水运管理司,基本建设管理司,科学技术司,教育司,外事司,安全监督局,公安局,直属机关党委,离退休干部局,中纪委、监察部派驻交通部纪检组、监察局,审计署派驻交通部审计局共17个司局级机构。

2. 明确新设机构职能

1993年,交通部确定新设机构的主要职责如下:

(1)体改法规司(精神文明建设办公室)。指导交通行业法制工作,负责行业立法的协调事宜,管理交通行政复议工作;指导交通行业体制改革和企业管理,管理部属企业(公司)的审核、审批及节能工作;负责交通行业作风建设、宣传报道和指导交通系统的思想政治工作。

(2)公路管理司。归口管理公路运输、基础设施建设和维护、管理工作。组织制订公路行业的政策、规章、标准、规范和定额;参与制定公路行业规划、中长期计划和年度计划;培育管理公路运输和建设市场,负责大中型和部限额以上公路建设项目设计文件审查并监督协调项目实施,协调和审批国际、跨省线路,拟定、实施国际运输合作协议和运输协定,指导城乡客、货运输的衔接协调工作,负责公路运输价格管理,负责汽车维修市场,汽车驾驶学校和驾驶员培训工作的行业管理。

(3)水运管理司。负责水路运输行业管理和运输组织管理,制定行业管理规章,参与制定水运行业规划、中长期计划和年度计划,负责水路国际国内运输、船舶代理、外轮理货和水运设备等行业管理工作，协调和审批国际、跨省航线，组织实施国家重点、紧急物资的运输，培育管理水运市场，管理水运价格和港口收费，拟定、实施国际运输合作协议和运输协定。

(4)基本建设管理司。负责基本建设综合工作，制定水运基建行业规章、标准、规范、定额，参与制定水运基本建设规划、中长期计划和年度计划，负责大中型和部限额以上水运建设项目设计文件审查并监督协调项目实施，负责港航设施维护管理工作，培育管理水运基本建设市场。

3. 处理职责交叉问题

重点是理顺内外工作关系。主要有：

(1)与公安部在道路交通管理中的有关职责分工。按照交通部负责交通经济、技术管理，公安部负责交通安全管理的原则，进一步划清两部职责，理顺工作关系。具体如下：①关于路检路查和高速公路管理，仍按国办(1992)16号《国务院办公厅关于交通部门在道路上设置检查站及高速公路管理问题的通知》执行。②交通部负责驾驶员培训和驾校行业管理；公安部负责驾驶员考试发证的管理工作。③交通部负责汽车检测站的行业管理；公安部负责车辆安全方面的年审管理工作。④交通部负责汽车维修市场的行业管理；公安部不另行审核指定车辆年审维修定点企业。⑤将现由公安部负责的道路交通标志标线的设置和管理工作，连同交通部原划拨给公安部的专项经费一并划回交通部。⑥交通部负责客运线路和班次的安排，在开设或调整汽车客运线路时应事先通报公安部门。

(2)交通投资公司行使的政府职能(投资计划权和项目初步设计审批权)划归交通部。

(3)中国交通进出口总公司成建制加入招商局集团，为全资子公司。

4. 调整部机关附属单位和非常设机构

(1)取消现有部机关附属单位名称，将部分负有行政管理职能直接为部机关日常工作服务,或提供后勤服务保障的原部机关附属单位调整为部机关直属事业单位,明确管理原则;法律、会计事务所等原部属单位调整明确为部直属事业单位;学会、协会等社团组织在管理上原则与部机关脱钩。

(2)1994年对部非常设机构按以下原则进行调整:①担负行业行政管理职能,较长时间有固定工作任务的,可列为部非常设机构;②国务院或主管部门要求相应对口设置且此次调整时仍保留的,交通部也保留;③对外不履行行政管理职能,承担部内协调工作的,暂时予以保留,工作完成后即予撤销;④对职能已消失或并入有关司局的,以及其工作可通过部长办公会等协调处理的,原非常设机构撤销。调整后,部非常设机构由原来的31个精简保留22个,撤销6个,暂时保留待工作完成后自行撤销的3个。通过调整,交通部加强了对非常设机构的统一归口管理,其设立、变化、撤销等统一由部机构编制管理部门承办,各司局无权单独发文或确定。

5. 调整交通部救捞局

1978~1982年,交通部救捞局为部内职能局。1982年7月,部机构改革时为减少行政人员编制,改为行政性公司(中国海难救助打捞总公司),并同时使用中国救捞总公司、中国拖轮公司和中国海洋工程服务有限公司3个名称,以便开展业务。1987年6月25日,交通部撤销中国海难救助打捞总公司恢复交通部海上救助打捞局,并确定为部属事业单位,同年海洋工程处从部救捞局内划出,单独成立中国海洋工程服务公司且归部救捞局领导,1989年改为归部救捞局代管,1990年又改为业务归部救捞局管理,1992年再次改为按业务系统实施归口管理。

1994年2月28日,为理顺海上救助与经营关系,加速海上救助打捞事业的建设与发展,交通部决定:将中国海洋工程服务有限公司划归交通部海上救助打捞局管理,其机构名称分别为交通部海上救助打捞局(以下简称"部救捞局")和中国海洋工程服务有限公司(以下简

称“海工公司”)。同时明确:

(1)体制调整后,部救捞局仍为部外事业局。海工公司对外仍为部属一级企业,其章程、经营范围、经营方式和行文关系等均保持不变。部属烟台、上海、广州救捞局及香港华德海洋工程有限公司的建制、管理体制等均不变。

(2)部救捞局的主要职责:制定救捞系统发展规划,并组织实施;确定工作方针、规范标准、收费办法等,并监督执行;部署监督救助值班工作,调控安排救捞船舶设备和施工力量;指挥、协调施救工作;办理涉外业务,开展对外技术交流;归口管理并考核其下属各救捞单位工作;组织技术交流,提供信息咨询;加强职工队伍思想政治教育和精神文明建设。

6. 调整交通部三峡办

1994年,交通部调整部机关附属单位时,将三峡办公室调整为部非常设机构。1995年2月21日,交通部印发《关于交通部三峡工程航运领导小组办公室主要职责、机构编制等问题的通知》,将部三峡工程航运领导小组办公室(以下简称“部三峡办”)调整为由部直接管理,并明确其主要职责为:贯彻执行国务院三峡工程建设委员会、部三峡工程航运领导小组的相关决定并组织实施;负责部三峡工程航运领导小组的日常工作;提出三峡工程通航标准、技术要求和措施等建议;负责与三峡工程航运有关的业务和对外协调联系工作;在部三峡工程航运领导小组指挥下,提出并监督执行有关三峡工程航运的科研项目;参与三峡工程航运的相关规划工作;监督检查三峡工程航运的部分建设工作并提出相关建议;收集、整理、出版和归档与部三峡工程航运有关的资料和科研成果;完成部领导交办的其他工作。工作人员实行公务员工资制度。

(三)人员编制

1993年机构改革后,交通部机关行政编制为585名。其中,部长1名,副部长4名;司局级领导职数51名(含部总工程师2名,机关党委专职副书记 2 名、纪委专职书记 1 名）。部领导情况如下：

交通部党组书记、部长：黄镇东；

交通部党组副书记：刘松金；

交通部副部长：刘松金、郑光迪、李居昌、刘锷。

1995 年 3 月，洪善祥同志任副部长；1997 年 4 月，胡希捷同志任副部长。

与 1988 年的相比，1993 年交通部核定的在编人员数量减少 19%，基本达到国务院关于各部委精简 20% 的要求。

二、1998 年交通部行政职能转变与机构改革

1998 年 3 月 10 日，第九届全国人大一次会议审议通过了《关于国务院机构改革方案的决定》，明确改革的目标是：建立办事高效、运转协调、行为规范的政府行政管理体系，完善国家公务员制度，建设高素质专业化行政管理队伍，逐步建立适应社会主义市场经济体制的有中国特色的政府行政体制。据此，交通部职能与机构确定如下：

（一）职能转变与主要职责

1. 机构改革中交通部转变的职能

根据党中央、国务院决定，结合行业实际，1998 年交通部转变的职能主要有：

（1）划出的职能：①将交通部代管的大连等 6 个海事法院纳入国家司法系统。②将出租车管理职能交给地方各城市人民政府，由其自行确定管理部门。

（2）划入的职能：汽车出入境运输由交通部管理。

（3）转变的职能：①除国家重点和大中型交通基础设施建设项目外，交通部不再直接管理项目的立项审查、评估、评优等事项；除国家重大科技项目外，交通部不再直接管理科技项目的成果鉴定、评审、评奖、推广等事项。②交通行业有关培训、企业年度会计报表审计等事务性工作，交有关社会中介机构处理。③交通企业集团二级单位领导

班子调整和企业经营性项目的投资、生产计划、运输班期调整等生产经营权下放企业(国家另有规定的除外)。

2. 机构改革确定的交通部主要职责

1998 年 6 月 18 日,国务院办公厅印发《交通部职能配置、内设机构和人员编制规定》,确定主要职责如下:

(1)拟定公路、水路交通行业的发展战略、方针政策和法规并监督执行。

(2)拟定公路、水路交通行业的发展规划、中长期计划并监督实施;负责交通行业统计和信息引导。

(3)对国家重点物资运输和紧急客货运输进行调控;组织实施国家重点公路、水路交通工程建设。

(4)指导交通行业体制改革;维护公路、水路交通行业的平等竞争秩序;引导交通运输行业优化结构、协调发展。

(5)组织公路及其设施的建设、维护、规费稽征;负责汽车维修市场、汽车驾驶学校和驾驶员培训工作的行业管理。

(6)组织水运基础设施的建设、维护、规费稽征;负责水上交通安全监督、船舶及海上设施检验和防止船舶污染、航海保障、救助打捞、通信导航工作;实施船舶代理、外轮理货、航道疏浚、港口及港航设施建设使用岸线布局的行业管理。

(7)制定交通行业科技政策、技术标准和规范;组织重大科技开发,推动行业技术进步;指导交通行业高等教育和成人教育以及职业技术教育。

(8)负责部机关人事、劳动工资、机构编制工作;按规定管理部直属单位主要领导干部;指导交通行业职工队伍建设。

(9)负责政府间交通行业涉外工作,指导利用外资工作;管理公路、水路交通与国际组织有关事宜,开展国际交通经济技术合作与交流。

(10)管理和指导港口、航运公安工作。

(11)承办国务院交办的其他事项。

(二)机构设置

1. 调整部内机构

部内机构设置与1993年的相比主要发生如下变化:

(1)将水运管理司和基本建设管理司合并,组建水运司,并将部台办成建制划入水运司。

(2)将科学技术司和教育司合并,组建科技教育司。

(3)综合计划司更名为综合规划司。

(4)财务会计司更名为财务司。

(5)公路管理司更名为公路司。

(6)外事司更名为国际合作司。

(7)其他新设司局均在现有司局基础上组建。

同时在现有交通部安全监督局的基础上,组建中华人民共和国海事局,即交通部海事局。

调整后的机构为:办公厅,体改法规司,综合规划司,财务司,人事劳动司,公路司,水运司,科技教育司,国际合作司,公安局,直属机关党委,离退休干部局,中纪委、监察部派驻交通部纪检组、监察局,以及审计署派驻交通部审计局共14个司局级机构。

1998年的机构改革,在界定各司局职责时全部取消了直接干预企业管理的职能,这有助于进一步理顺体制,加强宏观调控和行业管理。

2. 调整部议事协调机构和临时机构

1998年10月16日,交通部决定撤销部清产核资领导小组及办公室、长江口深水航道治理工程建设领导小组办公室和交通行政执法岗位培训工作办公室等7个议事协调机构和临时机构,其未完成的工作按机构改革确定的各司局职能并入有关司局;保留部扶贫工作领导小组及办公室、部精神文明建设办公室、部治理公路"三乱"办公室等46个议事协调机构和临时机构。同时,决定今后交通部机关议事协调机构和临时机构的设立,严格按照《交通部机构编制管理暂行规定》确定的管理部门职责和规定的程序办理,凡常设机构可以承担的任务不再另设临时机构。

3. 处理职责交叉问题

1998年9月3日,根据国内贸易局、交通部联合发布的《关于调整中国交通物资总公司管理体制的通知》,中国交通物资总公司正式从国家国内贸易局、交通部双重领导,以国内贸易局为主的管理体制,调整为由交通部实施单独管理。具体按《国家国内贸易局、交通部关于调整中国交通物资总公司管理体制的协议》执行。随后,交通部研究决定,中国交通物资总公司成建制加入路桥集团,成为其全资子公司。中国交通物资总公司的名称、级别、独立法人地位和作为交通行业物资流通窗口企业的地位均不变,并将按照建立现代企业制度的要求,成为自主经营、自负盈亏的法人实体。

1998年10月19日,经第10次部长办公会议审议,交通部在处理部内职责交叉问题方面决定:

(1)利用外资项目设备招标管理工作由规划司负责,有关司局配合;规划司在办理过程中应会签有关业务司局后报部领导审定。

(2)中外合资经营港口业务问题,企业审批由业务司局负责,会签规划司;港口基建和技改项目按基建程序办理。

(3)部属单位设立公司的审批工作,部属单位设立航运公司及其辅助企业的审批由水运司负责,设立公路运输企业的审批由公路司负责,设立其他企业由体法司负责。各业务司局在办理审批过程中均须会签体法司等有关司局。

(4)沿海航标管理,鉴于该项工作涉及体制问题,暂维持现状,待条件成熟后再行研究。

(5)专项资金稽征管理,由有关业务司局负责规费管理办法制定和具体征管工作,财务司负责规费的财务管理。

(6)资产经营责任制由财务司负责,会签体法司等有关司局。

(7)境外上市公司收购部属单位股权在香港上市[①]的有关工作由财务司负责,会签体法司等有关司局。

(8)公路水毁补助资金由财务司编报预算,各地公路损毁情况由公路司汇总并提出补助资金建议方案,会签财务司后报部领导审定。

4.成立交通部审计办公室

因审计署将原驻部委的审计机构撤销,1998年8月27日,交通部成立审计办公室,以切实履行国务院赋予交通部的管理职能,做好部管干部的离任经济责任审计、部属单位的资产经营责任制审计、交通专项资金审计以及部投资交通建设项目审计等大量内部审计工作,加强交通系统审计干部培训和内部审计理论研究。交通部审计办公室(以下简称部审计办)人员按部机关公务员管理,编制7名,设正、副主任各1名,内设综合处、审计处。其主要职责为:拟定交通系统内部审计规章制度,参与部有关财经规章制定工作;审计或审计调查部属单位及其驻外机构(含港澳地区)的国有资产保值增值、财务收支及经济效益;组织实施对实行资产经营责任制的部属单位资产经营责任审计,以及对部管干部的离任(任期、任期终结)经济责任审计;审计或审计调查交通专项资金的征收、使用及管理情况;审计或审计调查部行业管理中的重大财务收支,以及部投资的交通建设项目;领导部属单位的内部审计工作,并指导交通系统内部审计,管理中交审计师事务所;负责编报交通审计统计报表,组织系统内部审计信息交流。

5.明确航务管理局职责

交通部长江航务管理局、珠江航务管理局、黑龙江航务管理局为交通部派出机构,对所在内河行使航运行政主管部门职责。其中,黑龙江航务管理局在政企分开、减员增效、逐步扭亏的基础上下放地方管理。

(三)人员编制

1998年机构改革后,交通部机关行政编制为300名。其中,部长

---

①红股等。

1名,副部长4名;司局级领导职数37名(含总工程师2名,机关党委专职副书记)。部领导情况如下:

交通部党组书记、部长:黄镇东;

交通部党组副书记:刘松金;

交通部副部长:刘松金、李居昌、洪善祥、胡希捷。

1997年12月,张春贤同志任副部长;2000年4月,翁孟勇同志任副部长。

这次改革在确定司局编制及领导职数时遵循以下原则:①司局编制以原司局编制为基数进行核定,按50%的比例精简。②为加强公路、水路两种运输方式的行业管理,在原有编制精简的基础上适当增加公路司和水运司的编制。③对精简后编制偏少的司局适当增加编制。④合并组建的司局,原两司局进入新司局的人数应分别占两司局原有编制的50%。⑤各司局领导干部职数的配备原则为:编制30名以上的司局配一正三副;编制16～30名的配一正二副;编制16名以下的配一正一副。

根据以上原则,1998年交通部规定各司局编制及领导职数,见表3-7-1。

交通部机关司局编制(1998年) 表3-7-1

序号	司局名称	核定编制数	司局领导职数
1	办公厅	40	1+3
2	体改法规司	24	1+2
3	综合规划司	31	1+3
4	财务司	19	1+2
5	人事劳动司	28	1+2
6	公路司	39	1+3
7	水运司	49	1+4
8	科技教育司	25	1+3
9	国际合作司	12	1+1
10	公安局	15	1+1
11	机关党委	11	1+1
12	部总工	2	2
13	合计	295	13+25

注:1.办公厅编制中含部长秘书6名。

2.水运司领导职数中含对台办主任和上海组合港1名司局级干部。

3.机关党委编制中含直属机关工会1名。

第二节 加快交通改革与发展

一、制定交通规划,明确发展任务

(一)制定"八五"交通发展规划

1991 年 1 月 25 ~ 29 日,根据《中共中央关于制定国民经济和社会发展十年规划和"八五"计划的建议》,交通部在全国交通工作会议上部署了"八五"期间的交通工作。

1."八五"期间交通事业发展的指导思想

"八五"交通工作必须遵循党的"一个中心、两个基本点"的基本路线和十三届七中全会精神:

(1)坚定不移地贯彻改革开放方针。

(2)依靠各地政府,调动各方积极性,加速交通发展。

(3)集中力量,保证重点,正确处理点面关系。

(4)按产业政策要求,调整运输经济结构,进一步抓好支农交通建设。

(5)坚持把科技、教育作为振兴交通的战略重点。

(6)发扬艰苦奋斗精神,努力提高运输经济效益。

(7)坚持贯彻"安全第一",争取安全工作再上一个新台阶。

(8)坚持两个文明一起抓。

2."八五"期间交通事业的发展目标

(1)进一步缓解交通运输的紧张状况,努力提高其为国民经济服务的适应程度。

(2)抓好"三主一支持"建设的起步工作,为实现长远规划打下坚实基础。

(3)根据国家产业政策要求,加速基础设施建设。

(4)继续深化改革,加强行政管理和行业管理。

(5)搞好运输市场治理整顿,使以公有制为主的各种运输力量协调健康发展。

(6)积极探索并逐步形成计划与市场相结合的运输经济运行机制。

(7)以经济效益为中心,完善承包经营责任制,增强大中型交通企业活力。

(8)大力抓好交通教育和科技工作,为运输生产、基本建设和管理提供智力和技术支持。

(9)加强精神文明建设,端正行业风气,提高职工队伍素质,保证各项任务顺利完成。

3.“八五”期间交通建设的主要任务

(1)新增公路6万公里。重点建设国道主干线4 000多公里,其中高速公路500多公里,汽车专用一、二级公路3 600公里;继续改建扩建大中城市出入口公路和过境公路,基本解决拥挤问题;相应发展省干线公路和县乡公路;认真抓好GBM工程;继续加强汽车站场建设,到“八五”末基本完成地市级汽车站的改建。

(2)沿海港口建成泊位180个,其中深水泊位100个,中级泊位80个,新增吞吐能力1.7亿吨。重点加强沿海煤炭、集装箱和陆岛滚装运输系统建设。煤炭运输系统重点增加接卸能力,争取“八五”期间基本满足煤炭运输需要;集装箱运输系统新增吞吐能力1 000万吨;重点解决5 000人以上岛屿交通,力争实现5 000人以上岛屿有一个泊位;加强岛屿间、陆岛间、海湾海峡两岸间客货滚装运输系统建设,进一步完善现有滚装运输航线,开辟新航线。鼓励发展各种专业化运输船队。

(3)内河航运,重点建设长江干线、西江干线、京杭运河、黑龙江等水运主通道的基础设施,改善航道4 000公里,新建泊位60个,新增港口吞吐能力3 500万吨。长江干线重点加强港口和主要客运站建设,长江支流重点搞好汉江、湘江及信江航道建设。

(4)支持系统,基本建成海上救助系统,以及长江口、珠江口、沿海重要水域和港口辖区的安全监督体系和交通管制系统;建成交通专用一级通信网,建设全球海上遇险和安全通信系统,海洋通信技术接近80年代末国际先进水平;进一步完善交通信息系统,实现一、二级信息系统联网。

(5)运输装备建设,重点增加能源运输船、客船、支持系统专用船和专业运输车辆。计划建造运输船舶1 200万吨、13万客位,新增专业运输汽车8万辆。同时大力加强现有车船更新改造,使运输工具同"三主"建设协调发展。交通工业,重点加强修船、筑养路机械和公路客车生产设施建设,提高生产工艺水平和产品质量。

(6)开拓劳务市场,扩大海员外派,建设好一批外派海员培训基地。

(二)完成"三主一支持"长远发展规划

根据20世纪80年代末提出的构想,90年代交通部先后组织有关部门完成了公路主骨架、水运主通道、港站主枢纽和交通支持保障系统的规划。规划内容在"八五"、"九五"交通发展规划中有部分体现。"三主一支持"长远规划的制定,使交通发展有了更明确的目标。

(三)发布《关于深化改革、扩大开放、加快交通发展的若干意见》

1992年,以邓小平南巡讲话的发表和3月中共中央政治局全体会议为标志,我国改革开放和现代化建设进入了一个新的阶段,对交通运输提出了更高更迫切的要求。交通部认真分析全国公路、水路交通运输发展状况,着重研究加快交通基础设施建设和改革开放步伐、改变交通运输滞后局面的规划、措施,于7月提出《关于深化改革、扩大开放、加快交通发展的若干意见》。主要内容如下:

1. 提出交通运输到2000年上新台阶的目标

根据国民生产总值年均增长8% ~9%的发展速度测算,以1990年为基数,预计到2000年全社会公路客运量和旅客周转量分别增长1.77倍和2.09倍;货运量和货物周转量分别增长1.35倍和1.80倍。

全社会水运客运量和旅客周转量分别增长32%和51%；货运量和货物周转量分别增长94%和1.16倍。沿海港口吞吐量增长1.27倍。为适应国民经济和运输需求的增长，汽车专用公路里程需翻两番，达到1.85万公里。连接我国主要经济区域的“两纵两横”4条国道主干线基本以二级以上公路贯通，其他国道主干线及通往重要港口和陆上主要口岸的干线公路混合交通和拥挤状况应有明显改变；沿海港口吞吐能力需翻一番多，使主要货种装、卸、运能力达到平衡；内河基本形成以三级以上航道为骨架的航运网络，干线和主要支流基本实现直达运输；建设与交通运输发展相适应的科技、教育、通信、安全等支持保障系统。

2. 改革公路、水路运输计划体制，充分发挥市场机制作用

地方公路、水路货物运输，以市场调节为主；减少中央直属水运计划运输比重，把按计划运输的物资分为计划和市场调节两个部分；改革运输价格体制，扩大浮动价格和市场调节价格范围；国家规定的运输基本价格，随国家物价指数和汇率变化，每年作相应调整。

3. 根据宏观管住、微观放活原则，改善宏观管理，进一步下放权力

将边境口岸运输审批权、省际地方港口间客货运输航线审批权、新增省际水运运力审批权、航行港澳航线的1 000载重吨以下货船和客船审批权等，均下放给有关省(区、市)交通主管部门。从事国际海运的企业，在批准的规模和经营范围内，可自行决定运力增减，决定卖船、造船和出售自有贷款船舶，或出租自有船舶。

4. 采取更灵活的方式，多方筹集建设资金

支持航道部门结合航道疏浚和公路建设单位结合高等级公路建设，营造土地和进行土地开发；开展公路客运新开线路和新增运力公开招标经营的试点；允许国内货主和航运企业自建自营专用码头或租赁港务局码头，投资开挖专用航道，或与港务局合建公用码头及附属设施；继续支持地方自建码头，支持内陆省市到沿海沿江自建、合建并经营码头。

5. 扩大对外开放领域,拓宽利用外资渠道

采取更优惠的办法,鼓励中外合资建设并经营公用码头泊位;允许中外合资租赁码头;允许外商独资建设货主专用码头和专用航道;允许中外合作经营码头装卸业务;允许外商投资开发经营成片土地时,在地块范围内建设和经营专用港区和码头;鼓励中外合资或外商独资建设公路、独立大桥与隧道。在有利于引进发展资金、先进技术装备和科学经营管理方式条件下,适度发展中外合资公路、水路运输企业。

6. 为进一步扩大开放提供交通运输保障

根据党中央关于开放开发上海浦东、长江沿岸城市、沿边城市和广东20年赶上亚洲四小龙的指示,交通部要与有关省(区、市)共同研究交通运输发展的布局、规划及重点建设项目。

7. 转变政府职能,转换企业经营机制

政府交通主管部门要抓好行业管理。按照国务院《全民所有制工业企业转换经营机制条例》,制定《交通企业转换经营机制实施办法》,明确政府交通主管部门与企业的关系,落实其经营权。推动企业改组和联合,提出组建中国远洋运输集团和中国长江航运集团的方案,积极开展交通股份制企业试点工作,贯彻"一业为主,多种经营"的方针,延伸运输服务,实行多元经营。

8. 加快交通科技、教育体制改革,把交通运输现代化建设的重点转到依靠科技进步和提高劳动者素质的轨道上来

积极推进交通科研单位投入经济建设主战场,逐步形成科研、设计、生产、经营一体化的实体;择优支持部分科研单位发展成为国家工程研究中心和交通行业技术开发中心;抓好交通院校的综合改革,扩大办学自主权;对争取达到国际、国内先进水平的航海、公路等重点学科建设,给予重点支持。

(四)实施"科教兴交"战略

1995年5月6日,中共中央、国务院发布了《关于加速科学技术进

步的决定》,并召开了全国科学技术大会,提出“科教兴国”战略。8月1~4日,交通部在吉林长春召开了全国交通成人与职业技术教育工作会议。11月1~3日,交通部又在北京召开全国交通科学技术大会,提出“为实施‘科教兴交’战略,推动交通事业持续发展”。具体来说,“科教兴交”是指在交通行业全面落实“科学技术是第一生产力”的思想,坚持教育为本,把科技和教育摆在交通发展的重要位置,增强交通行业科技实力和向现实生产力转化的能力,提高交通职工队伍科学文化素质,切实把交通事业发展转移到依靠科技进步和提高劳动者素质的轨道上来。

为实施“科教兴交”战略,交通部编制了《公路、水运交通科技发展“九五”计划和到2010年长期规划》,以及“九五”期间《交通成人教育规划纲要》和《交通职业技术教育规划纲要》,深化科技、教育体制改革,积极推动科学技术向现实生产力转化,保证交通事业快速、健康、持续发展。

(五)制定“九五”交通发展规划

1996年1月23~26日,根据《中共中央关于制定国民经济和社会发展“九五”计划和2010年远景目标的建议》,交通部在1996年全国交通工作会议上明确了“九五”期间发展我国交通事业的指导思想和主要任务。

1.“九五”期间交通工作的指导思想

以邓小平同志建设有中国特色社会主义理论和党的基本路线为指针,继续围绕“抓住机遇、深化改革、扩大开放、促进发展、保持稳定”的工作大局,加大交通改革力度,加快交通运输生产力的发展,实行两个具有全局意义的根本性转变,集中力量办好几件大事,实现两个文明共同进步,为国民经济持续、快速、健康发展和维护社会稳定作出新贡献。

2.“九五”期间交通工作的关键

交通部指出做好“九五”交通工作,关键是实行两个具有全局意义

的根本性转变,一是经济体制从传统计划经济体制向社会主义市场经济体制转变,二是经济增长方式从粗放型向集约型转变。具体来说,对交通行业而言,转变经济体制,就是要按照中央关于建立社会主义市场经济体制的总体部署,理顺管理体制,深化企业改革,培育和发展交通运输市场,建立符合市场经济规律的宏观调控体系,为交通事业的发展奠定经济体制基础;转变经济增长方式,就是要在加快交通发展过程中,着力改变传统增长方式,提高交通运输经济质量,防止和克服重速度轻效益、重建设轻养护、重生产轻安全、重经营轻管理、重创收轻服务、重开源轻节流、重外延轻内涵等倾向,走出一条既有速度又有效益的交通运输发展新路子。

3."九五"期间交通工作的主要任务

交通部指出"九五"交通工作的主要任务是"抓好六件大事,实现六大奋斗目标",具体为:①狠抓"交通基础设施建设工程",使交通运输的紧张状况有明显缓解;②初步建立统一、开放、竞争、有序的交通运输市场,为国民经济提供安全、优质、及时的运输保障;③进一步转换经营机制,使国有大中型交通企业基本建立现代企业制度;④全面实施"科教兴交"战略,抓好"交通人才工程",使交通事业的发展转移到依靠科技进步和提高劳动者素质的轨道上来;⑤加快交通法制建设步伐,理顺行业管理体制;⑥加强思想政治工作,搞好"两班建设[①]",实现"两个提高[②]",使行业精神文明建设达到新水平。

(六)明确实现公路、水路交通现代化的三个阶段

1997年9月,党的十五大第一次提出了到21世纪中叶要实现新"三步走"战略,这是对大"三步走"战略的具体化。据此,交通部在1998年全国交通工作会议上明确了社会主义初级阶段公路、水路交通发展实现现代化的三个阶段。即,要从根本上改变我国交通运输的落

①领导班子建设和基层班组建设。

②提高交通职工队伍的素质,提高交通行业的文明程度。

后状况和被动局面,实现交通运输现代化,是一个渐进的历史过程,大致需要经历三个发展阶段:

第一个阶段,从"瓶颈"制约、全面紧张走向"两个明显①",若能保持"八五"以来的交通发展势头,这个目标到21世纪初可以实现。到那时,在总体上能够达到"两个明显",但局部的制约、紧张状况还会存在。

第二个阶段,从"两个明显"到基本适应,这个目标争取到2020年左右实现。到那时,在总体上交通运输能够适应国民经济和社会发展的需要,但局部还会有不适应的情况。

第三个阶段,从基本适应到基本实现现代化,这个目标要在下世纪中叶即建国100周年的时候达到,这与我国国民经济基本实现现代化是同步的。到那时,我国交通运输的发展水平将进入中等发达国家行列。

以上三个阶段构想,为以后制定和实施公路水路交通发展战略提供了重要基础。

二、深化国有交通企业改革

(一)贯彻十三届七中全会精神,提高企业效益

1. 开展"质量、品种、效益年"活动

1991年2月1日,国务院发布了关于开展"质量、品种、效益年"活动的通知,决定1991年为"质量、品种、效益年"。随后,交通部在行业内开展了以"安全、质量、服务、效益"为主题的"质量、品种、效益年"活动。1991年3月中旬,交通部发出《关于全国交通系统开展"质量、品种、效益年"活动的实施意见》,部署活动的总目标和组织领导等。交通部还建立了联络员会议制度;在大连、天津、上海、杭州等地召开了座谈会等。1992年,交通部继续开展这一活动,并把提高服务质量

①交通运输的紧张状况有明显缓解,对国民经济的制约状况有明显改善。

作为企业工作的重点。

2. 颁布《关于进一步搞活部直属和双重领导大中型交通企业的若干意见》

1991年5月16日,国务院发出《关于进一步增强国营大中型企业活力的通知》。为贯彻通知精神,1991年6月中旬,交通部在河北秦皇岛召开了部属企业工作会议,研究讨论搞活部属及双重领导企业的措施,会后印发《关于进一步搞活部直属和双重领导大中型交通企业的若干意见》;同年,交通部还发布了《进一步搞好地方交通企业的若干意见》,结合交通行业实际情况,指导交通企业深化改革。

3. 成立交通部搞好企业领导小组

1991年9月23~27日,中央工作会议专题研究如何进一步搞好国营大中型企业,提出改善国营大中型企业外部条件的12条措施和企业内部加强管理的8项工作,同时指出整个"八五"时期为集中力量增强大中型企业活力和提高企业效益的时期。会后,交通部成立了以黄镇东部长为组长、各司局主要领导为成员的搞好企业领导小组,负责研究并提出搞好企业的政策、措施和意见,以及检查、督促、落实工作。部搞好企业领导小组确定了"总体规划、分工负责、分类指导、突出重点、兼顾一般"的工作方针。

4. 制定《全民所有制交通企业转换经营机制实施办法》和《认真贯彻执行〈全民所有制工业企业转换经营机制条例〉的意见》

1992年7月23日,国务院发布了《全民所有制工业企业转换经营机制条例》。国家体改委、国务院经贸办在条例颁布后,要求各部根据各自情况抓紧制订实施办法和贯彻意见。1993年1月8日和2月13日,交通部相继颁发了《全民所有制交通企业转换经营机制实施办法》和《关于认真贯彻执行〈全民所有制工业企业转换经营机制条例〉的意见》。前者主要是针对部属和双重领导企业,后者主要是针对地方交通企业。两者的制定和颁布,对增强交通企业活力,提高企业素质和经济效益,加快向新经济体制过渡起了重要作用。

(二)开展股份制试点,组建大型交通企业集团

1.调整企业组织经营结构,抓好组建企业集团工作

(1)组建中远、长航集团。1991年12月14日,《国务院批转国家计委、国家体改委、国务院生产办公室关于选择一批大型企业集团进行试点请示的通知》将交通部直属的中远集团、长航集团列入第一批试点企业集团名单。1992年12月7日,交通部把中国远洋运输总公司、中国长江轮船总公司的组建方案,上报国家计委、国家体改委和国务院经贸办。

1992年12月25日,国家计委、国家体改委、国务院经贸办同意中国远洋运输总公司更名为中国远洋运输(集团)总公司,并以其为核心企业,以其所属的全资子公司和中国外轮代理总公司、中国船舶燃料供应总公司、中国汽车运输总公司等为紧密层企业,组建中国远洋运输集团(简称:中远集团),成为我国最大的国际海洋运输集团。该集团实行以资产为纽带的母子公司管理体制,主要从事远洋运输及船舶代理、货运代理、多式联运、仓储码头、船舶技术、船舶修理和拆解、船舶配件、集装箱修造、船舶及其配件的贸易、船舶燃料进出口、劳务输出、金融保险、中高等专业教育、信息服务、宾馆旅游、商业贸易等多项业务活动。

1992年12月29日,国家计委、国家体改委、国务院经贸办同意以中国长江轮船总公司为核心企业,以其全资和控股的企事业单位、运输企业、工业企业等为紧密层企业,组建中国长江航运集团(简称:长航集团),成为我国最大的内河航运集团。该集团实行以资产为纽带的母子公司管理体制,主要从事长江干线客货运输业务及江海直达运输、沿海近洋运输、海外旅游、集装箱运输、水运工业、进出口贸易、劳务外派、房地产、建筑工程设计、物资供应等多种项目的经营。

1993年1月16日和3月6日,中国远洋运输集团和中国长江航运集团分别正式成立。中国远洋运输集团获准从1994年1月1日起实行国家计划单列。

(2)组建中海、中港和路桥集团。根据中共十四届五中全会提出

的"国家必须重点抓好一批在国民经济中起骨干作用的大型企业和企业集团"的要求,交通部适时将部属企业相对集中,形成以资产为纽带的企业集团,发挥总体优势,参与市场竞争,同时也改变政府对企业经营的直接管理,实现职能转变。1996年,交通部主抓了中国海运集团、中国港湾建设集团、中国公路桥梁建设集团(分别简称:中海、中港和路桥集团)的组建。

1996年10月28日,国家经贸委批准中海、中港和路桥3个集团成立。1997年8月18日,中海集团在上海正式挂牌;11月18日,路桥集团在北京正式挂牌;12月6日,中港集团在北京正式挂牌。其中,中海集团和中港集团被国务院批准列入国家120家企业集团试点单位。

2. 抓好股份制试点,促进企业转换经营机制

1992年,国务院对股份制试点工作作出部署,交通行业属于国家搞股份制试点行业范围。为做好试点工作,交通部成立了股份制企业试点方案审查小组,并明确审批程序。

1992年,交通部批准上海港机厂、上海海运局、上海长江轮船公司、广州海运局海南海盛船务公司、南京长江油运公司、深圳远洋股份公司作为股份制试点单位,海南海盛船务实业有限公司为1993年向社会公开发行股票的试点企业。这些试点企业的完善方案经国家有关部门或地方政府批准后,即正式改制。另外,中国远洋运输(集团)总公司经部批准,与中信公司、中化公司、中粮公司联合发起成立保险股份公司。1994年6月18日,国务院证券委员会批复了关于上海海运(集团)所属上海海兴轮船股份有限公司H股的发行额度,使其成为我国到境外上市的首家交通企业。截至2000年底,以交通为主营业务的上市公司共有45家,其中发行A股的40家,发行B股的8家,发行H股的6家。

(三)坚持"点面结合",推动现代企业制度建立

1. 实行"点面结合",搞好现代企业制度试点

1994年3月2日,为贯彻中央决定,国家经贸委发布了《关于转换

国有企业经营机制建立现代企业制度的若干意见》。转换企业经营机制,落实14项经营自主权,成为交通企业1994年的改革重点。

1995年初,交通部成立了现代企业制度试点领导小组,负责指导交通系统的试点工作,各级交通主管部门和试点企业也成立了相应机构,保证工作顺利进行。同年全国交通工作会议上,交通部印发了《深化交通企业改革,搞好现代企业制度试点》,要求贯彻落实《企业法》、《公司法》、《转机条例》、《监管条例》和中央经济工作会议、全国建立现代企业制度试点工作会议精神,按照社会主义市场经济的客观要求,以建立现代企业制度为基本方向,以转换经营机制为主要内容,以提高经济效益为目标,抓住“政企职责分开,搞好企业内部经营管理,逐步建立社会保障体系”3项工作重点,深化企业改革。

会议提出“点面结合”的工作方针,具体要求做好以下工作。

(1)面上的企业进一步贯彻《转机条例》和《监管条例》,重点是转机制、抓管理,提高质量和效益,认真做到:进一步落实14项经营自主权;组织开展经营战略研究;切实加强内部管理;普遍实行资产经营责任制;大力发展多元经营;深化劳动、人事和分配制度改革;认真抓好结构调整。

(2)选择一批企业进行建立现代企业制度试点,并着重研究:国有资产投资主体的确定;股东多元化的实现途径;科学、规范的公司内部组织管理机构的建立;清产核资的同时核定并增加企业资本金;逐步解除企业历史包袱。

交通部和地方各级交通主管部门按照“产权清晰、权责明确、政企分开、管理科学”,以及“改革、改组、改造和加强管理”的基本要求,选择了一批不同类型且有代表性的企业进行试点。1995年,交通系统共有48家企业列入交通部、省(区、市)计划单列市政府建立现代企业制度试点企业的行列。

2. 建立并推行资产经营责任制

随着我国经济体制改革的不断深化和党的十四届五中全会提出

"两个根本性转变"的要求，传统承包经营责任制已不适应新形势发展的需要，更不适于现代企业制度的建立，为明晰权责，国家开始实行资产经营责任制。资产经营责任制是在核定国有资产基数的基础上，通过与经营责任者（即法定代表人）签订资产经营责任书，将经营管理权在一定期限内完全让渡给经营责任者，使其在对单位经济效益和职工生活负责的同时，实现国有资产保值增值。其核心是确保价值形态的国有资产增值，在搞好企业生产经营的同时，结合资产重组，运用有偿转让、折价参股、资产上市等多种形式，盘活存量资产。

1995年，交通部在全国交通工作会议上提出交通行业国有企业要"普遍实行资产经营责任制"，各类交通企业着手研究以资产经营责任制代替承包经营责任制的实施办法，保证国有资产保值增值。1996年，交通部制定部属企业资产经营责任制的考核指标体系和考核办法，开始着手实施。1998年，交通部在总结秦皇岛港、广州海运（集团）有限公司、第三航务工程局试点工作的基础上，修改完善了《资产经营责任制考核办法》，扩大试点范围，加强经营责任审计和监管力度，大力推行资产经营责任制。

3. 深化国有汽车运输企业改革

国有大中型交通汽车运输企业是国有企业的重要组成部分。为贯彻落实中央关于搞好国有企业的指示精神，建立现代企业制度，交通部于1996年9月在广西玉林召开了全国交通系统汽车运输企业加强管理经验交流会，黄镇东部长和李居昌副部长分别到会作了重要讲话，会议明确了交通汽车运输企业改革、发展的方向、目标、任务和实施步骤等。1997年1月8日，交通部又制定并发布了《关于深化改革加强管理搞好公有制大中型汽车运输企业的若干意见》，提出建议如下：①以建立现代企业制度为目标，深化经营机制改革，加强企业管理；②调整生产经营结构，加快技术进步，实现经济增长方式转变；③加强企业精神文明建设，提高职工队伍素质，健全领导体制；④改善和加强政府主管部门对搞好搞活企业工作的领导和政策扶持，帮助企业扭亏增盈;⑤加强道路运输市场监理,为国有大中型企业的竞争和发展创造良好环境。

(四)实行"抓大放小",确保企业脱困

1. 执行"抓大放小"的工作方针

1997年9月,党的十五大提出"抓大放小"的国企改革战略。同年,交通部在河北南戴河召开了搞好国有大中型企业座谈会,会议提出贯彻十五大精神,实施"抓大放小"以深化国有交通企业改革。

"抓大",是指抓住那些对国家和区域经济发展具有深远影响的企业和企业集团,具体到交通系统,主要是搞好中央和地方的重点企业和企业集团,以及在实施国企战略性改组中,以市场为导向、以资本为纽带、以股份制的形式新组建的跨地区、跨行业、跨所有制的大企业和企业集团。主要做好:①按照"产权清晰、权责明确、政企分开、管理科学"的要求,对国有大中型交通骨干企业实行公司制改革,建立以资产为主要连接纽带的母子公司体制;②按照规模经营、集约经营的要求和市场需求,进行企业内部结构调整,向专业化经营管理方向发展;③积极推动存量国有资产的流动和重组,搞好结构调整,提高质量;④加快大企业、企业集团的技术改造步伐,走依靠科技进步发展企业的道路。

在"抓大"的同时,还要认真做好"放小"。"放小",是指加快放开搞活国有小型企业,从实际出发,采取多种多样的形式进行改革,如实行股份合作制,或职工持股、租赁、承包,或实行产权转让,注意防止国有资产流失。交通部原所属企业一般均为大型企业,着重建立现代企业制度,地方特别是市、县交通部门原所属企业一般为小型企业,即按"放小"的方针执行。

2. 确定国企改革的3年脱困目标

1998年,中央提出要用3年左右的时间,通过改革、改组、改造和加强管理(即"三改一加强"),使大多数国有大中型亏损企业摆脱困境,力争到20世纪末在大多数国有大中型骨干企业中初步建立现代企业制度。同年,交通部按照这一要求对各级交通主管部门搞好国企改革工作提出以下4点要求:①解放思想,转变观念;②加强领导班子建设;③努力为企业办实事;④正确处理改革与稳定的关系,妥善安置下岗职工,在稳定中推进改革。

(五)完成交通部与所办经济实体和直属企业脱钩

1993年10月9日,《中共中央办公厅、国务院办公厅关于转发国家经贸委〈关于党政机关与所办经济实体脱钩的规定〉的通知》发出后,脱钩工作取得了一定成效,但由于种种原因,许多部门与所办经济实体未能实现完全脱钩。1998年11月8日,《中共中央办公厅、国务院办公厅关于中央党政机关与所办经济实体和管理的直属企业脱钩有关问题的通知》下发,要求中央党政机关必须在1998年底以前与所办经济实体和管理的直属企业完全脱钩,不再直接管理企业。

1. 与非金融类企业脱钩

为贯彻通知精神,交通部成立了以主管副部长为组长的脱钩工作领导小组,设立专门办事机构,提出如下分类处理意见:

(1)与非金融类直属企业(不包括部与地方双重领导的37家港口)脱钩的分类处理意见主要分3类:①对大型企业(属于120家试点企业集团和512家国家重点联系企业)交中央管理;②将一些规模不大,但具有行业工作性质、全国性的主管范围企业进入相关集团;③对一些只在本地区发展的企业移交地方管理。

(2)对于部直属和部与地方双重领导的沿海、长江38个港口企业,按通知精神和国务院领导的指示,拟分3类脱钩处理:①沿海的大连、营口、秦皇岛、天津、烟台、青岛、日照、连云港、上海、宁波、汕头、广州、湛江13个港务局和长江的南通、张家港2个港务局交中央管理(其中8家为512户试点企业);②长江的重庆、万县、宜昌、枝城、武汉、九江、铜陵、芜湖、南京和镇江10个港务局与长江航运集团联合组成新的经济实体,一并交由中央管理;③其他较小的港口,建议全部交地方管理。

到1998年底,交通部从行政隶属关系上已同所属企业脱钩,待中央批准处理意见后即着手移交。此外,根据中央关于军队、武警部队和政法机关不再从事经商活动的决定,交通部开展了武警交通部队、港航公安机构经商办企业的清理整顿工作,并与武警总部和国家其他政法部门共同研究、部署脱钩工作。

1999年1月2日,中共中央办公厅批复了交通部的脱钩方案。方案包括脱钩企业31个,总资产达1 727亿元,职工总数32.5万人。至此,交通部与其所办的31个非金融类经济实体正式脱钩。

2. 与金融类企业脱钩

交通部与金融类企业的脱钩工作主要是与招商银行的脱钩。1999年1月2日,中共中央办公厅和国务院办公厅联合下发了《中央党政机关金融类企业脱钩的总体处理意见和具体实施方案》,明确交通部暨招商局与所办、投资和管理的招商银行脱钩后,保留投资关系,而领导干部职务、党的关系等一律移交中央金融工委管理。相关脱钩交接工作于1999年3月底前基本结束。

(六)建立企业联系制度,加强行业管理

为及时了解企业脱钩后的生产经营情况,以便于掌握行业发展趋势和企业经营动态,从而有效指导企业改革,加强行业管理并适时调整发展政策。交通部在水运企业、公路勘察设计施工企业和道路运输企业中逐步建立了联系制度。

1. 建立水运企业联系制度

1999年12月30日,根据政企分开原则并考虑企业脱钩的实际情况,交通部建立了水运企业联系制度。根据选择联系企业的范围和条件,交通部打破行政隶属关系和所有制结构,按经营区域(国际、沿海、内河)、地区(行政区划)选择了大中型航运、船舶代理、港口、施工及勘察设计企业。这次确定联系的有代表性的企业共66家,其中国际航运企业15家,国内航运企业15家,船舶代理企业2家,港口企业27家,施工、勘察设计企业7家。根据企业联系制度的要求,交通部建立了统计报表定期报送制度和重大业务问题或重要情况直接报告制度,定期召开联系企业工作会议,研究、协调解决企业和行业重大问题,指导企业改革、发展和管理工作。在联系企业中,选择样板和典型予以宣传交流;选择试点单位,进行企业深化改革。

2. 颁布《公路勘察设计施工企业联系制度》

2000 年 8 月 3 日，交通部颁布了《公路勘察设计施工企业联系制度》，明确了建立的基本思想、原则和主要内容，以及重点联系企业的基本条件、主要任务和权利等。该制度是为及时了解公路勘察设计、施工企业脱钩后的生产经营和改革发展等情况，更好地贯彻党中央、国务院有关方针政策，为企业发展创造良好环境而制定的。公路勘察设计施工企业联系制度按照“统一领导、分级联系”的原则，旨在建立一个在一定时期内相对固定的动态跟踪系统，使中央、省、地（市）三级交通主管部门重点联系的企业达到全行业企业总量的 30% 以上。

3. 建立道路运输企业联系制度

2000 年,根据部党组“三讲”教育整改工作方案和部领导的要求,交通部建立了道路运输企业联系制度。该制度明确了建立的基本思想、原则和主要内容,以及重点联系企业的基本条件和确定程序,并详细阐述了这类企业的权利和义务。3 月 20 日,交通部发出通知,公布了 88 家重点联系企业名单。其中,有 84 家是从各省(区、市)中推荐的地方企业,有 4 家是中央企业。同时指出,自 2000 年起每 3 年重新核定一次重点联系企业名单,以确保联系企业的行业代表性。

三、调整交通经济结构

科学合理的交通经济结构(包括所有制结构、公路水路交通结构和交通企业组织经营结构),有助于进一步转变交通经济增长方式,提高行业自主创新能力,促进交通事业快速、健康、持续发展。

(一)交通企业组织经营结构调整

20世纪80年代末至90年代初,交通企业普遍规模小,组织结构分散,专业化、社会化水平较低,"大而全,小而全"、"小、散、乱"等直接影响了企业的经营和效益。在1991年9月中共中央召开工作会议专题研究如何搞好国有企业后,交通部及地方交通主管部门认真引导交通企业通过实施股份制、组建企业集团和建立现代企业制度等进行结构调整,以市场为导向正确处理主业发展和多元化经营的关系,大大增强了企业活力。

(二)完善交通行业所有制结构,调整国有经济布局

1. 进一步调整完善所有制结构工作重点

1998年1月15日,全国交通工作会议指出要进一步调整和完善所有制结构,今后应重点抓好以下工作:①全面认识公有制经济的含义,努力探索交通行业公有制经济的多种实现形式;②正确理解国有经济的"主导地位",确立国有经济"有所为、有所不为"的指导思想;③充分认识个体、私营等非公有制经济是交通行业重要组成部分的意义。

2. 交通行业国有经济布局的战略调整

经过研究,交通部在2000年全国交通工作会议上提出对交通行业国有经济布局在结构上进行战略调整。

(1)在国道主干线、水运主通道、港站主枢纽和国际海运等对国民经济和社会发展具有重要影响的运输领域,国有经济要占支配地位,在保持必要数量的同时,更要注意分布的优化和质的提高;在高速公路客运系统和快件货运系统中,充分发挥国有经济的主导作用;对国有交通大中型骨干企业进行战略性改组,通过国有独资企业或国有控股、参股发挥国有经济作用,遵循经济规律,以国有企业为主体,以资本为纽带,通过市场进行改组、改造,组建跨地区经营的现代化运输企业或企业集团,打破地域封闭,实现市场对内开放,并积极发展物流业。

(2)在普通公路和航运支线以及汽车维修、搬运装卸、货运配载、出租客货运等领域,充分发挥非国有经济作用。以“三个有利于①”为标准,继续采取改组、兼并、租赁、承包、股份合作、出售等多种形式改革国有交通中小企业,做到因地制宜,因企制宜,放开搞活。

(三)公路、水路交通结构调整

1. 确定调整公路、水路交通结构的主要任务

1998 年 1 月 15 日,全国交通工作会议确定了公路、水路交通结构调整的主要任务是:①公路建设重点提高技术等级;②港口建设重点解决重复修建问题;③内河建设重点提高航道等级;④地区交通结构着重向中西部地区安排项目;⑤运力结构重点提高车船装备技术水平,更新淘汰老旧车船,加快发展大吨位柴油火车、集装箱车、危险品运输等专用车,以及性能先进的高档大客车。

2. 制定交通运输结构调整方案

1999 年 1 月 18 日,在全国交通工作会议上明确提出下列方案:

(1)公路运输结构调整,主要是加快高速公路快速客运和农村客运的发展,引导运输企业积极发展集装箱、快件、零担和合同运输。以市场需求为导向,积极调整车辆结构,发展适应高速公路和中长途客运的大中型高档客车、卧铺客车,以及适合农村中短途客运的普通中型客车;大力发展适应集装箱、快件、零担货运的重型货车和各种专用货车;同时,加强在用车辆的技术管理,限期淘汰各种老旧车辆。

(2)水路运输结构调整,主要是继续发挥国内航运的大宗货物运输优势。大力发展国内水路集装箱规模运输,加快国内水路件杂货运输集装箱化进程;促进我国集装箱干线运输的发展和集装箱干支线运输网络的完善,扩大多式联运。推动国内水上客运向高速化、旅游化方向发展。鼓励发展液化汽船、化学品船、滚装船、高速客船等船型,

---

①1992 年初,邓小平同志南巡讲话中提出的:是否有利于发展社会主义社会的生产力,是否有利于增强社会主义国家的综合国力,是否有利于提高人民的生活水平。

提高船舶技术水平,逐步淘汰老旧船舶。发展国际航运,引导企业优化船队结构,加快建立全球货运网络和运用计算机管理航运的步伐。

四、加强交通法制建设,完成运输市场整顿任务

(一)交通法制建设走上新台阶

20世纪90年代,国家根据建立社会主义市场经济体制的要求,加快了法制建设,加速推进依法行政。这一时期,国家颁布与交通行政有关的法律、行政法规较多,继1989年《中华人民共和国行政诉讼法》颁布之后,1992年11月,颁布《中华人民共和国海商法》;1996年3月,颁布《中华人民共和国行政处罚法》;1997年7月,颁布《中华人民共和国公路法》。此外,国务院颁布或重新颁布《关于外商参与打捞中国沿海水域沉船沉物管理办法》、《中华人民共和国船舶登记条例》、《中华人民共和国航标条例》和《中华人民共和国水路运输管理条例》等行政法规,对交通依法行政提供了重要的法制保障。为贯彻国家法律、法规,加强交通法制工作的科学化、规范化,进一步规范交通行政行为和行政相对人,交通部于1992年8月6日以38号部令颁布《交通法规制定程序规定》,并制定或重新修订了其他一系列重要部门规章,使90年代的交通法制建设走上了一个新台阶。

(二)贯彻《中华人民共和国公路法》,加强公路建设与养护行政管理力度

1.《中华人民共和国公路法》的主要内容

《中华人民共和国公路法》(简称《公路法》)既为加强公路建设和管理提供了法律依据,又为公民、法人和其他组织投资、经营和使用公路提供了法律保障。它在公路规划、建设、养护、经营、使用和管理等方面确立了一系列重要法律制度,对《公路管理条例》有较大补充和发展,增加了许多新内容,主要是从国家法律上确立了一系列发展公路事业的基本方针和重要原则,并明确各级人民政府在公路建设和管理中的职责,以及各级交通主管部门和公路管理机构建、养、管公路的职责,明确拓展

公路建设资金的多种渠道,完善公路建设和养护制度,强化路政管理力度,以及规范公路监督检查行为。此外,《公路法》增加了公路规划一章,进一步明确了公路规划的原则和程序,理顺了公路规划与其他规划间的关系。同时,对公路的命名和编号也作了规定。

1999 年 10 月 31 日,第九届全国人民代表大会常务委员会第十二次会议通过了《关于修改〈中华人民共和国公路法〉的决定》。随后,对《公路法》进行了第一次修正。

2. 出台《超限运输车辆行驶公路管理规定》

20 世纪 90 年代中期,我国公路运输车辆超限、超载现象普遍存在,导致公路和桥梁严重损坏,1999 年大舜号“11. 24”海难事故也与车辆“三超”有密切关系。为根治这一顽疾,交通部根据《公路法》的有关规定于 2000 年 2 月 13 日以 2 号部令发布了《超限运输车辆行驶公路管理规定》,从 4 月 1 日起在全国范围内开展超限运输车辆行驶公路的专项治理工作。

该规定明确超限运输车辆行驶公路的管理工作实行“统一管理、分级负责、方便运输、保障畅通”原则,并且公路管理机构对批准超限运输车辆行驶公路的,应签发《超限运输车辆通行证》[①]。此外,规定还对超限运输的申请与审批、通行管理和法律责任等进行了明确。它的出台,完善了《公路法》配套法规,为超限运输的治理提供了法律依据,便于各级交通主管部门做到依法行政、依法治路。

3. 出台规范公路建设行为的 3 个部令

2000 年 8 月 28 日,交通部颁布了《公路建设市场准入规定》、《公路建设四项制度实施办法》和《公路建设监督管理办法》3 个部令,从市场管理、建设管理、政府监督方面对公路建设管理行为进行规范,标志着公路建设在规范化、法制化管理上又迈出了重要一步。

《公路建设市场准入规定》是依据《中华人民共和国公路法》、《建设

①通行证的式样由国务院交通主管部门统一制定,省级公路管理机构负责统一印制和管理。

工程质量管理条例》和国家有关法律、法规制定的。它以规范公路建设行为、加强行业管理为出发点，对项目法人的资格审查、对从业单位的资信登记以及对审查、登记的程序和标准作出明确规定；对公路建设项目法人的组织机构、人员配备、管理能力提出要求，对从事设计、施工、监理等公路建设的从业单位资信登记的申报审批程序作出明确规定。

《公路建设四项制度实施办法》是依据《公路法》第23条和《中华人民共和国招标投标法》、《中华人民共和国合同法》和《建设工程质量管理条例》的有关要求制定的。主要目的在于解决公路建设质量管理中存在的职责不清、责任不明、招投标行为不规范、合同执行不严格等问题，对公路建设项目如何实施项目法人负责制、招标投标制、工程监理制和合同管理制提出了具体要求。

《公路建设监督管理办法》是根据《公路法》第20条制定的。它明确了交通主管部门的监督职责和监督内容，规定公路建设实行工程质量举报制度，各级交通主管部门和各建设单位在公路建设活动中接受社会监督；强调基本建设程序各环节的工作质量与审批手续，对建设市场、质量与安全、建设资金的监督管理提出了明确要求，同时对违反规定的单位和个人分别予以处罚。

(三)依法规范交通行政行为

1. 加强交通行政复议管理

为保护公民、法人和其他组织的合法权益，防止和纠正违法或不当的具体行政行为，交通部于1992年8月6日以39号部令颁布《交通行政复议管理规定》，共28条。明确了复议的各级管辖部门，申请复议的时效以及申请程序等内容。1999年4月29日，九届全国人大常委会第九次会议通过《中华人民共和国行政复议法》，据此，交通部于2000年6月27日发布《交通行政复议规定》，前述《交通行政复议管理规定》同时废止。

2. 颁布实施《交通行政执法监督规定》

为加强交通行政执法和行政执法监督，保障法律、法规、规章和规范性文件的正确实施,交通部于1995年3月20日以1号部令颁布了《交通行政执法监督规定》,共4章22条,包括总则、行政执法、行政执法监督和附则等内容。为配合1号令的实施,交通部还制定下发了《交通行政执法检查制度》、《交通行政执法重大行政处罚决定备案审查制度》、《交通规范性文件备案审查制度》、《交通行政赔偿案件备案审查制度》、《法律、法规、规章和规范性文件实施情况年度报告制度》、《交通行政执法错案追究制度》和《交通行政执法年度工作报告制度》7项制度,基本建立健全了开展交通行政执法监督的制度体系。

3. 颁布《交通行政执法证件管理规定》

为统一规范全国交通行政执法证件,促进交通管理部门依法行政,1997年10月16日,交通部发布了《交通行政执法证件管理规定》,规范了全国交通行政执法证件的制式、使用和管理,并明确交通行政执法证件包括《交通行政执法证》和《水上安全监督行政执法证》。

该规定明确省级交通行政主管部门、交通部直属及双重领导行政管理机构是本地区或本部门交通行政执法证件的发证机关,其法制工作部门具体负责证件的颁发和管理。其内容包括交通行政执法10个门类、392个执法岗位对执法人员政治素质、职业道德素质、法律素质、专业技术素质以及能力、资历、身体条件等方面的资质要求,是对交通行政执法队伍进行岗位管理的重要依据。随后,交通部下发了《关于实施〈交通行政执法岗位规范〉的通知》,要求各级交通管理部门要把规范规定的资质条件,作为考核和录用执法人员的依据,严把执法人员准入关。

4. 颁布《中华人民共和国水上安全监督行政处罚规定》

依据国家《行政处罚法》,交通部对原《海上交通监督管理处罚规定》和《内河交通安全管理违章处罚规定》进行了修订,并于1997年11月26日以7号部令颁布《中华人民共和国水上安全监督行政处罚规定》,共7章108条,对行政处罚的内容和执法程序进行统一规范。该规定自1998年10月1日起施行。主要特点是:①既适用海上,也适用内河,改变了过去海上、内河两套处罚规定并行的局面;②行政处罚权限明确,按处罚幅度的轻重分级实施;③按船舶吨位或者主机功率大小的不同,对处以罚款数额给予了不同加倍和折算,体现过罚相当原则;④坚持教育与处罚相结合,体现以“教育为主,处罚为辅”的精神。

5. 颁布《道路运输行政处罚规定》

依据国家《行政处罚法》,交通部于1998年3月4日颁布《道路运输行政处罚规定》,同时废止1990年颁布的《道路运输违章处罚规定(试行)》。《道路运输行政处罚规定》共4章26条,分总则、违法行为与处罚、行政处罚运用与执行、附则。与原《道路运输违章处罚规定(试行)》相比,主要有以下特点:①重新规定了实施行政处罚的主体。《道路运输行政处罚规定》明确:“县级以上人民政府交通行政主管部门负责本规定的实施;县级以上人民政府交通行政主管部门可以委托其所属道路运输管理机构行使本规定的道路运输行政处罚权;地方性法规授权的道路运政机构可在授权范围内行使本规定的处罚权”。②重新规定了道路运输行政处罚的种类。《道路运输行政处罚规定》设定了警告、罚款两种行政处罚种类。有地方性法规的省(区、市)可依法定权限,设定如扣留或吊销车辆道路运输证、扣留或吊销经营许可证、责令停业整顿和取消经营资格等处罚种类。③调整了罚款的幅度。根据道路运输市场中违法行为较为普遍和严重等实情,且行政处罚种类的权限仅有警告和罚款,《道路运输行政处罚规定》在法定范围内,对违法行为的罚款进行了适度提高。④增补了部分内容。为便于道路运政执法、道路运输经营者知法和社会监督,《道路运输行政处罚规定》写入了1990年后出台的道路运输管理规章的有关内容。

6. 印发《加强交通行政执法队伍建设的意见》

全国交通系统有公路路政、道路运政、水路运政、航道行政、水上安全监督、交通规费征稽、港口行政等行政执法门类,30余万交通行政执法人员。为加强法制建设和交通行政执法队伍建设,1999年10月

20 日，交通部印发了《加强交通行政执法队伍建设的意见》。该意见在明确指导思想的基础上，部署了加强交通行政执法队伍建设的工作目标和措施。

（1）工作目标。努力建设一支具有促进交通改革和发展的理想信念，具有服务人民、奉献社会的思想道德，具有依法行政、文明管理的业务技能，具有廉洁、勤政、务实、高效的纪律作风的“四有”交通行政执法队伍，把交通行政执法行业率先建成文明行业。

（2）措施。加强教育，提高队伍整体素质；深化改革，建立市场运行模式；严格管理，强化行政执法监督；树立典型，发挥示范导向作用；依靠群众，开展文明创建活动。

该意见还指出，交通行政执法队伍建设能否搞好，关键在领导，要逐步形成党委统一领导，党政一把手亲自负责，党政工团齐抓共管的领导体制。同时，还要建立并不断完善行之有效的工作机制。

（四）理顺海事法院管理体制，移交司法系统

自 1979 年大连、青岛、天津、上海、武汉、广州 6 个海事法院组建以来，作出了显著成绩。但海事法院继续由交通部门管理已不适应形势需要。为此，交通部从 1989 年起，先后向中央政法委、最高人民法院和中编办多次建议将 6 个海事法院成建制交给最高人民法院管理，尽早纳入国家司法体系。1998 年 7 月 10 日，中共中央办公厅、国务院办公厅批转了《最高人民法院、中央机构编制委员会办公室、交通部关于理顺大连等 6 个海事法院管理体制的意见》，确定将大连等 6 个海事法院纳入国家司法行政体系。1998 年 11 月 24 ~ 26 日，由中编办牵头，在广东广州召开了理顺海事法院管理体制座谈会，拟订了《关于理顺大连等六个海事法院管理体制的若干实施意见》。至 1999 年 6 月 30 日，海事法院交接工作全部完成，实现与交通部完全脱钩，纳入国家司法行政体系。

（五）完成运输市场三年治理整顿任务

1991 年是运输市场治理整顿的第三年，全国各地适时转入经营行

为整顿。交通部为进一步加强组织指导，派出调研组分赴山西、江苏、江西、湖北、湖南等省，了解和研究各地在经营行为整顿中出现的新情况、新问题。9月在湖北宜昌召开了部分省(区、市)交通厅(局)、道路水路运管局(处)和部直属与双重领导港航、运输企事业单位主要负责人参加的座谈会。会议就如何搞好经营行为整顿，善始善终完成运输市场治理整顿各项任务进行具体部署；并对逐步建立交通运输计划经济与市场调节相结合的经济体制和运行机制等深层次问题进行研讨。之后，交通部发出了《关于进一步搞好运输市场治理整顿，善始善终地完成各项整治任务的通知》，要求各地交通部门进一步加强领导，突出重点，抓紧查处大案、要案，整顿与建设结合搞好制度建设，争取在年底前基本结束经营行为整顿，在1992年上半年进行运输市场治理整顿工作的检查、验收和总结；并随文附发了《道路、水路运输市场治理整顿验收标准》。到1991年底，全国大部分地方结束整顿，转入制度建设和检查验收阶段。

第三节 公路交通行政

一、公路交通发展规划

(一)调整国道网规划

随着产业结构和城镇布局的变化，1981年划定的国家干线公路网试行方案需要调整。为此，交通部从1991年起，在深入调查研究并征求多方意见的基础上，对试行方案进行了调整，并于1994年向国务院报备调整方案。

按照“整体不变、局部调整”的原则，调整后的国道网路线由原70条减为68条，总里程由10.92万公里下降至10.62万公里，减少2 950公里。根据交通量小和仅限于一个省内的个别路线应予取消的原则，取消了226(楚雄—墨江)和313(安西—若羌)两条国道；按照适应经济发展、促进对外开放、优化路网布局、提高技术水平以及环境保护等要求,对57个路段的走向进行了局部调整。调整后的国道网占当时全国公路总里程的10.1%,其中北京放射12条2.3万公里,南北线27条3.71万公里,东西横线29条4.62万公里。国道调整后,每万平方公里国土有国道111公里,每万人口有国道0.92公里。

国道网调整方案具有以下优点:①国道网调整方案尽可能将人口密集、产业集中、资源丰富的地区连接起来,路网布局更趋合理,线路走向更加有利于发挥国道的干线作用,促进沿线地区经济发展;②调整方案比试行方案多连通国家一级边境口岸6个,增加了近75%,有利于促进对外陆路运输发展,更加适应对外开放的需要;③国道网调整方案的线路走向与原线路相比,缩短里程约0.3万公里,有利于提高国道网的运输经济效益;④基本解决了试行方案中个别路段走向不明确和省际间的接线存在多种方案的问题;⑤取消了个别作用不明显的路线,保证了国道网总体水平;⑥调整方案尽可能满足环境保护要求,如考虑了城市绕越问题,原则上国道路线由城市区内调整到城市区外,对穿过国家自然保护区或对沿线自然条件产生不利影响的路线,进行了调整,如调整穿过卧龙大熊猫自然保护区的317线。

(二)制定公路主骨架规划

1."五纵七横"国道主干线布局

1992年,交通部在"三主一支持"长远规划构架的基础上编制了国道主干线系统,即"五纵七横"国道主干线布局。其基本内容是:从1991年开始到2020年,用30年左右的时间,建成12条总长约3.5万公里"五纵七横"国道主干线,将全国重要城市、工业中心、交通枢纽、主要陆上口岸,以及将人口在100万以上的所有特大城市和人口在50万以上大城市的93%连接在一起。逐步形成一个与国民经济发展格局相适应、与其他运输方式相协调、主要由高等级公路组成的快速、高效、安全的国道主干线系统。在技术标准上大体以京广线为界,以东地区经济发达、交通量大,以高速公路为主;以西地区交通量较小,以

一、二级公路为主。

其中,"五纵"约为1.559万公里,由5条自北向南纵向高等级公路组成:同江—三亚,北京—福州,北京—珠海,二连浩特—河口,以及重庆—湛江;"七横"总里程约2.03万公里,由7条自东向西横向高等级公路组成:绥芬河—满洲里,丹东—拉萨,青岛—银川,连云港—霍尔果斯,上海—成都,上海—瑞丽,以及衡阳—昆明。

"五纵七横"国道主干线是全国公路网的主骨架,也是国道网的一部分,其贯通和连接的城市总数超过200个,覆盖人口约6亿,占全国总人口的50%左右。建成后,将以占全国2%的公路里程承担占全国20%以上的交通量,在大城市间、省际间、区域间形成400～500公里当日往返、800～1 000公里当日直达的现代化高等级公路网络,带来的直接经济效益达400亿～500亿元,间接经济效益达2 000亿元以上。

2."两纵两横三个重要路段"规划

为贯彻落实党的十四大精神,加快交通运输发展步伐,1993年初交通部制定了交通运输上新台阶的目标,第一次明确提出到2000年前重点完成"两纵两横"4条国道主干线建设任务。1993年6月18日,在山东济南召开的全国公路建设工作会议上,交通部又明确提出2000年前,力争建成"三个重要路段"至此,"两纵两横三个重要路段"作为我国"五纵七横"国道主干线中优先建设的重点工程,在"八五"后三年和"九五"期间开始了大规模的建设。其具体工作部署如下:

(1)建设的基本原则。由于此次涉及的主干线里程长,沿线地形条件和经济社会发展差异较大,因此,应按照"统一规划、分段建设、全线贯通"的原则开展工作,重点加强组织协调,全面规划,以最终形成整体能力。

(2)建设的基本标准。部分交通量不太大的区段利用已有公路,其余路段将按照汽车专用公路标准建设。

(3)建设的资金安排。建设资金主要依靠地方解决,中央资金按有关省市任务大小、进度快慢相应进行安排,鼓励支持先行地区。

(4)建设的前期工作。近期内有关省市公路建设的前期工作以“两纵两横”和“三个重要路段”建设为重点,做到超前2~3年且具有一定项目储备。

“两纵两横三个重要路段”7条干线贯穿23个省(区、市),联结100多个大中城市,全长1.78万公里,占规划的“五纵七横”12条国道主干线总里程的50.8%。按规划目标,到2000年,在“两纵两横”国道主干线上将建成高速公路4 200多公里,其他高等级公路9 000多公里,除个别省际间交通量极少路段外,基本以高速公路和其他高等级标准公路贯通,使行车时速达到60公里以上。

3. 全国公路网规划

1991年,交通部发出《关于编制1991~2020年全国公路网规划的通知》,要求各省(区、市)于1994年底前完成本省(区、市)的公路网30年规划,并组织和指导各省(区、市)进行公路长远发展规划的制定工作,至1996年相继完成。这是新中国成立以来的第一次。根据各省(区、市)统计,预计到2000年、2010年和2020年,我国公路里程将可能分别达到120万、135万和150万公里。公路交通将为我国实现第二步、第三步经济发展战略目标作出更大贡献。

(三)完成公路主枢纽规划

为解决公路运输站场设施落后、功能单一、组织化程度低、信息不灵、联运能力差、运输效率低等问题,交通部根据“三主一支持”长远规划设想,从1990年开始,组织开展了全国公路主枢纽布局规划的编制工作。在深入调查并广泛征求各方意见基础上,经反复研究和分析论证,于1992年完成了《全国公路主枢纽布局规划》的编制。

公路主枢纽是在公路主骨架与水运主通道、铁路和航空干线交汇处的全国综合运输网重要结点上,具有运输组织管理、中转换装、装卸储存、多式联运、通信信息、物流服务和生产生活辅助服务7项基本功能的公路运输站场服务系统。它包括中心站和网络站,在全国道路运输站场枢纽中,层次最高且辐射面最广,起主导作用,与一般道路运输站场枢纽以及遍布全国的客货集散地(站)共同构成全国道路运输服务网络。

1. 公路主枢纽的规划目标

从"八五"开始,用30年左右的时间,逐步形成与我国对外开放、国民经济发展、生产力布局、城市发展格局相适应,与公路主骨架能力相匹配,与其他运输方式相衔接,站场设施配套、装备先进、管理科学、信息灵通、服务优质的公路主枢纽网络及其运输系统。

2. 公路主枢纽的布局

在与公路主骨架布局相匹配的前提下,既考虑我国经济发达地区旺盛的运输需求又兼顾经济欠发达地区的未来开发,通过理论计算分析及反复论证,最后确定了45个公路主枢纽,即:北京、天津、石家庄、唐山、太原、呼和浩特、沈阳、大连、长春、哈尔滨、上海、南京、徐州、连云港、杭州、宁波、温州、合肥、福州、厦门、南昌、济南、青岛、烟台、郑州、武汉、长沙、衡阳、广州、深圳、汕头、湛江、南宁、柳州、海口、成都、重庆、贵阳、昆明、拉萨、西安、兰州、西宁、银川、乌鲁木齐。

上述45个主枢纽,从覆盖面看,包含了全国所有省会城市和80%的100万以上人口的特大城市;从地理分布上看,东部地区占55.6%,中部地区占22.2%,西部地区占22.2%,相邻主枢纽间的平均间距,东部为200～300公里,中部为300～400公里,西部为500公里以上,符合综合运输网、公路网、国道主干线系统东密西疏的特点,也与东、中、西3个地带经济发展水平相适应;从在综合运输体系中的作用看,45个公路主枢纽均位于两种或两种以上运输方式交汇处,其中有24个位于枢纽港所在城市,有28个位于铁路枢纽所在城市,有43个位于航空港所在城市,沿海主要港口、铁路大枢纽和国际空港基本全部包含在内,有利于多种运输方式的有机衔接,有效促进综合运输系统的形成和发展。

3. 公路主枢纽的建设内容

为发挥公路主枢纽的功能和作用,需围绕组织管理、通信信息、生产服务及辅助服务 4 个子系统进行建设。

(1)组织管理系统。该系统是主枢纽有效运转的组织保障,其规划建设应适应社会主义市场经济发展需要,采用合理管理形式、方法、手段和必要协议规定,利用灵通的信息和优质服务,逐步建立科学合理的运行机制。公路主枢纽组织管理贯穿于公路运输服务全过程,包括运输市场管理、组织多式联运、开展运输代理、与其他枢纽的协调配合,以及主枢纽内部站场、车辆、客货流组织管理与调度指挥。

(2)通信信息系统。该系统是公路主枢纽的神经中枢,其建设应能方便、灵活、快速地收集和处理运输活动中发生的大量信息,缩短客货集散时间,提高装卸储存、中转换装效率,提高车辆利用率。主要包括两方面:一是远程通信,包括各公路主枢纽与全国公路主枢纽管理机构、交通主管部门之间、与所在省交通主管部门之间、与其他公路主枢纽之间、与非公路主枢纽之间的通信;二是地区通信,包括各公路主枢纽与当地交通主管部门之间,主枢纽内各中心、站场、受理点、交易市场、服务点之间,主枢纽与运输企业、重点货源客户、港口、铁路车站、空港及其他有关单位的通信。

(3)生产服务系统。该系统是主枢纽的基础,它的建设应满足旅客、货物在到、发、中转等运输生产活动中的各种要求。其建设内容包括客运站场服务系统和货运站场服务系统。

(4)辅助服务系统。该系统是主枢纽优质服务的后勤保障,其建设以方便旅客、货主、车主为原则。包括为生产服务、为工作人员生活服务,为用户服务三方面内容。

(四)颁布《加快西部地区公路交通发展规划纲要》

在西部大开发中,加快交通等基础设施建设,尽快改变交通落后状况,是当务之急和长远大计。2000 年 6 月 20 日,江泽民总书记在西北五省区党建工作和西部开发座谈会上指出:"力争用 5 ~ 10 年时间,使西部地区基础设施和生态环境建设有明显进展。”朱镕基总理在九届全国人大三次会议期间指出，西部大开发第一是基础设施建设，特别强调近期要以公路建设为重点。为落实党中央、国务院的指示，2000年7月21日，交通部在成都市召开了西部开发交通建设工作会议，国家有关部门和西部10个省(区、市)及广西壮族自治区、内蒙古自治区、新疆生产建设兵团交通厅局的负责人参加会议。会后，交通部于8月4日发布《加快西部地区公路交通发展规划纲要》，主要内容如下。

1. 战略目标

用20年左右的时间，使西部地区公路交通面貌发生根本性变化，基本建成布局合理、功能完善的公路运输服务网络，总体上满足社会经济发展的需求。

2. 三个阶段

初步确定西部地区公路建设将按照到2010年实现明显改善，到2020年形成骨架路网，到21世纪中叶建成西部地区现代化公路运输网络这三个阶段来实施，关键是抓好前10年的工作。

3. 建设重点

(1)国道主干线建设，主要是“五纵七横”中8条连通西部地区的国道主干线建设，总长1.26万公里，大部分将以高速公路标准建设。

(2)区域路网改造，包括省际间的公路通道建设，以及省重点国省干线、国边防公路、场站枢纽建设等。根据加快“打通西部地区与中部地区和东部地区、西南地区与西北地区、通江达海、连接周边国家运输通道”的方针，西部地区的干线公路重点规划8条公路，总规模1.54万公里。

(3)乡村公路建设，主要是提高路网密度和通达深度，有条件通公路的乡、行政村，特别是老少边穷地区有条件的乡、行政村实现通公路，建设总规模约15万公里。

以上3个层次的公路建设，用10年时间，建设改造公路总里程达35万公里。

二、公路建设管理

(一)加快高等级公路建设

20 世纪 90 年代,交通部召开了两次重要的全国公路建设会议,即 1993 年的山东会议和 1998 年的福州会议,再加上 1989 年交通部在辽宁沈阳召开的第一次全国高等级公路建设会议,3 次会议在我国高速公路发展史上具有里程碑意义。

1. 山东会议

1993 年 1 月 11 日,交通部在全国交通工作会议上明确了到 2000 年交通运输上新台阶的主要目标。6 月 18 日,为实现公路建设上新台阶的任务,研究加快公路建设的政策措施,交通部在山东济南召开了全国公路建设工作会议,邹家华副总理出席。会议明确到 2000 年全国公路建设的主要目标是:集中力量抓好高等级公路建设,重点完成"两纵两横三个重要路段"的建设任务,形成几条对国民经济和社会发展具有重要战略意义的大通道。山东会议对我国尚处于起步阶段的高速公路建设是一次极大推动,会后在全国掀起了高速公路建设高潮。从 1993 ~ 1997 年底的 5 年中,全国高速公路建设规模扩大,建设速度加快,共建成高速公路 4119 公里,京津塘、济青、京石、首都机场、海南环岛(东线)、太旧、沪宁、昌九等一大批高速公路相继建成通车。

2. 福州会议

1998 年,党中央、国务院为应对东南亚金融危机,作出加快基础设施建设扩大内需的重大决策,决定在 1998 年加快公路建设,全社会公路建设总投资由原计划的1 200亿元增加到 1 600 亿元,下半年又追加到 1 800 亿元。6 月 20 日,为落实中央决定,交通部在福建福州召开全国加快公路建设工作会议,对公路建设作出以下部署。

(1)到 2000 年,高速公路建设的主要目标是:快干 7 条线,建设主骨架,改善公路网,扩大覆盖面,力争全国公路在总量、质量和管理水平上实现新的突破;到 2000 年,“两纵两横三个重要路段”中的“三个重要路段”基本贯通,高速公路超过 8 000 公里;到 2002 年,“两纵两横三个重要路段”基本建成。

(2)1998 年公路建设的主要任务是:重点加快在建项目建设,并力争开工建设一批新项目。在资金投放上,重点公路建设项目 900 亿元,路网改造和主枢纽建设 500 亿元。在项目安排上,从原计划 135 个重点建设项目中,选择有条件加快的项目 101 个,增加贷款 353 亿元;选择“两纵两横三个重要路段”中基本具备开工条件的 14 个项目和“五纵七横”国道主干线中 14 个重要项目作为新开工项目,增加投资 90 亿元。

(3)筹集建设资金的主要措施:①公路客运附加费每人公里增加 1 分钱,客运附加费作为公路建设基金,纳入财政预算管理,全额用于公路建设;②将效益好并由中央投资的收费公路项目进行资产重组,发行股票;③将境内收费公路投资基金作为产业投资基金试点。同时,积极争取地方政府继续对公路建设实施优惠政策,增加地方财政投入,在征地、拆迁、施工、占地、用料等方面为公路建设营造宽松的环境。

这次会议后,交通部又召开了 4 次电话会议和一次座谈会,对出现的新情况新问题及时进行研究,并派出调查组赴全国各地进行督促检查,掀起了高速公路建设的新高潮。1998 年全年,全国公路建设实际完成投资 2 168 亿元,比 1997 年的增长72.6%,创历史最高水平;建成高速公路 1 663 公里,沈阳—四平、厦门—漳州、昌北机场、许昌—漯河、成都—绵阳、海南环岛(西线)、吐鲁番—乌鲁木齐—大黄山等高速公路建成通车,高速公路总里程达到8 733公里;全国路网技术水平有了较大提高,二级以上公路占总里程的比重达到 11.6%。

全国加快公路建设任务的实施,不仅创下了年度建设高速公路的新纪录,而且将高速公路建设计划目标的实现提前了一大步。到 2000 年底,高速公路通车里程已达 1.6 万公里。

(二)加强县乡与扶贫公路建设,发布《关于加快农村公路发展的若干意见》

20世纪90年代,农村经济的快速发展对县乡公路建设提出了更高要求,国家进一步加大了"以工代赈"和交通扶贫工作力度,这是县乡道路建设快速增长的时期。

1.实现县县通公路

1990年第三批"以工代赈"计划实施,国家动用价值15亿元的工业品在中西部地区和东部地区重点进行山、水、田、林、路综合开发,其中共新改建农村公路1.3万公里,桥梁1 000座3.8万延米。1993年9月25日、26日,两辆小汽车先后驶入了中国唯一不通公路的西藏墨脱县城,从而实现了全国县县通公路的目标。

"八五"的五年中,县乡公路新增里程10.98万公里,总里程达到82.1万公里,占公路通车总里程的70.9%,不仅实现县县通公路,而且通公路的乡镇、行政村分别达到98%和80%,对农村经济的发展起到了积极地推动作用。同时,中西部老、少、边、穷地区扶贫公路建设得到加强,建成了一批改善贫困地区生存条件、对发展经济和脱贫致富有重要意义的县乡公路。

2.实施路网改造,加大县乡公路建设投入

1998年的福州会议还提出改造和完善路网的任务,决定对县乡公路和边防公路建设投入200亿元,主要目标是:东部地区重要县道原则上按二级以上标准进行路网改造;中西部地区重要县道按三级以上标准进行路网改造,使现有公路的等级和路面质量跃上一个新台阶。

"九五"期间,新增通公路乡镇600多个、行政村5万多个,到2000年底通乡比重达到98.3%,通村比重达到89.5%,公路密度由每百平方公里12.1公里提高到14.6公里,乡村道路的通达深度进一步提高,路网结构更加完善。

3.发布《关于加快农村公路发展的若干意见》

根据1998年10月14日《中共中央关于农业和农村工作若干重

大问题的决定》,国家发展计划委员会和交通部于2000年8月15日联合发布《关于加快农村公路发展的若干意见》,在明确指导思想与基本原则的前提下,指出规划目标与建设重点如下:

(1)规划目标。①到2005年,使公路建设制约农村经济发展的状况得到初步缓解,基本解决我国广大农村出行难、生产和生活资料调入难、生产产品运出难的问题,为农民脱贫致富创造基本条件。基本实现全国所有可通公路的乡镇和96%以上可通公路的行政村通公路。②到2010年,使农村公路基本适应农村经济发展需要,为现代农业发展和农村全面实现小康提供保障。基本实现全国所有可通公路(或机动车道)的行政村通公路(或机动车道)。东部90%以上的县道达到三级以上公路标准,乡道基本达到四级以上公路标准,乡村公路网络化取得较大进展,公路服务水平明显提高;中西部主要县道达到三级公路标准,部分乡道达到四级公路标准,并重点加强路面、桥涵及防护工程等构造物建设,公路抗灾能力明显提高。③到2020年,使农村公路发展水平能够适应农村经济发展需要。县乡公路总里程有明显增加,初步实现网络化;东部所有县道和中西部90%的县道达到三级以上公路标准,乡道达到四级以上标准,形成等级结构配置合理,桥涵和交通附属设施完善的农村公路网。

(2)建设重点。实施农村公路"通达工程",以西部地区为重点,主要抓好"三路"建设:①农村"出口路"建设,即通往经济中心、交通中心以及连接国省干线公路等对外出口公路的建设;②农村"经济路"建设,即资源开发公路、旅游公路和贫困地区联片开发公路等经济效益好、交通量相对较大的重要公路建设;③"通乡、通村路"建设,即逐步打通具备不同建设条件的乡镇、行政村的公路。当前东部地区重点是技术等级提高和路面改造;西部地区重点是增加通达深度和提高抗灾能力;中部地区重点是技术等级提高与抗灾能力提高协调发展。

国家计委与交通部发布的《关于加快农村公路发展的若干意见》把农村公路建设又推向了一个新的高潮。

4. 实施交通扶贫攻坚计划

1994年,国家制定了"八七扶贫攻坚计划①",扶贫公路建设进入了以落实国家"八七扶贫攻坚计划"为主要任务的新阶段。

交通部决定,根据"八七扶贫攻坚计划"提出的"绝大多数贫困乡镇和有集贸市场、商品生产基地的地方通公路"的要求,通过交通扶贫,到2000年为贫困地区脱贫创造一个基本的、能适应生产生活需要的交通条件。具体目标如下:

(1)力争使每个国家贫困县有一条常年保障通车、符合等级标准、基本适应当地交通量的对外出口或经济干线公路。

(2)到2000年,东、中部地区不通公路的贫困乡基本上修通公路;西部地区国家贫困县每年解决40个左右不通公路的贫困乡,使国家贫困县不通公路的乡的比重下降到1%以下。

(3)对贫困地区脱贫致富有重大作用,并具有可开采条件、能产生较大经济效益、脱贫效果显著的资源开发地、商品集散地,基本上修通公路。

交通扶贫的重点是西南的石山地区、西北的黄土高原地区以及水库移民区、滩区和边远少数民族地区。

为实现交通扶贫工作的奋斗目标,各地交通部门制定了"九五"交通扶贫计划,多渠道筹集扶贫公路建设资金,加快了公路扶贫项目建设进程。

通过加大对扶贫公路建设的投入,条件比较好的贫困地区基本上修通了公路。但到1997年,全国尚有5 800万贫困人口没有脱贫,返贫现象也较严重。这些贫困人口大多分布在环境恶劣、地形地貌复杂的地区,施工难度大,工程造价高,资金缺口达100多亿元。与过去相比,扶贫公路建设进入了"攻坚"阶段。

---

①集中人力、物力、财力,动员社会各界力量,开展大规模扶贫攻坚,力争用7年的时间,到2000年底基本解决当时全国农村8 000万贫困人口的温饱问题。

党中央、国务院对扶贫攻坚任务极为重视，1997年9月再一次召开全国扶贫开发工作会议，作出《党中央、国务院关于尽快解决农村贫困人口温饱问题的决定》。为贯彻落实中央决定精神，交通部于1997年4月24～26日在山西太原召开了第二次全国交通扶贫工作会议，对打好交通扶贫攻坚战进行再动员、再部署。

会议指出今后4年交通扶贫工作的主要任务是：基本完成剩余的贫困县对外出口路或经济干线路，东、中部地区尚余的约200个不通公路的乡镇基本上通公路，西部地区有条件的乡镇基本上通公路，全面实现交通扶贫攻坚目标。确定交通扶贫的重点是中西部地区、贫困县集中连片区和少数民族地区，难点是深山区、石山区、荒漠区、高寒区、黄土高原区和库区、滩区。会议还提出了坚持从实际出发、实事求是、因地制宜开展交通扶贫工作和一手抓干线公路建设、一手抓扶贫公路建设的"两手抓"工作方针。

通过艰苦努力，交通扶贫取得明显效果。全国乡(镇)通公路、行政村通机动车的比例由1994年的96.8%、78.5%分别上升到1998年的98.7%和87.7%，大大改变了贫困地区交通落后面貌，为加快贫困地区脱贫致富奠定了基础。

(三)拓宽公路建设资金来源

1.改进车辆购置附加费的征管

1993年11月22日，国务院批复交通部和财政部联合上报的《关于改变车辆购置附加费征收环节、统一征费标准问题的请示》，同意"将车辆购置附加费由原车辆生产(组装)厂和海关代征改为由车辆落籍地交通征管部门直接向义务缴费人征收"，同时"车辆购置附加费的费率由原国产车10%，进口车15%统一改为10%"。29日，发布《交通部、财政部关于转发国务院办公厅国办厅(1993)35号文件的通知》，明确关于车购费征管的这一改变自1994年1月1日起执行。

1997年12月3日，交通部和财政部根据《中华人民共和国行政处罚法》、《中华人民共和国公路法》等法律和国务院发布的《车辆购置附加费征收办法》，联合发布《关于违反〈车辆购置附加费征收办法〉的处罚规定》，自 1998 年 1 月 1 日起施行，同时废止 1990 年 9 月两部发布的《关于违反〈车辆购置附加费征收办法〉的处罚细则》。

2. 贯彻《中华人民共和国车辆购置税暂行条例》，实施车辆税费改革

2000 年 10 月 22 日，国务院以第 294 号令颁布《中华人民共和国车辆购置税暂行条例》，共 17 条。明确了车辆购置税的征收范围、计税方法、计税依据、减免税情况以及税收征管等内容，自 2001 年 1 月 1 日起施行。同日，国务院还批准财政部、国家计委、国家经贸委、交通部等 12 个部门制定的《交通和车辆税费改革实施方案》，决定自 2001 年 1 月 1 日起，将“车辆购置附加费”改为“车辆购置税”，资金纳入国家财政预算管理。并要求各地区、各有关部门在车辆购置税实施前，继续加强车辆购置附加费的征管。

3. 发行股票

公路建设公司在国内外发行股票建设公路，是公路建设行业推行股份制和融资体制改革的重要举措，意义重大。1996 年 4 月，交通部体改法规司会同部计划、财会、公路司在广东深圳召开公路建设项目公开发行股票研讨会。会议就公路所有权、经营权、经营期限、公路资产的评估方法、折旧方法、收费标准调整原则、税收、土地使用等问题进行了研讨。8 月 15 日，广东省高速公路发展股份有限公司发行的 1.35 亿股境内上市外资股（B 股）成功地在深交所挂牌上市，成为国内第一家公路上市公司，拉开了公路企业上市的序幕。1995 年 9 月，国务院证券委员会正式确定安徽皖通高速公路股份有限公司为海外上市预选企业；1996 年 11 月 13 日，“安徽皖通”正式在香港联交所挂牌上市。

1996 年 10 月 7 日，交通部与国有资产管理局联合发布《关于公路股份有限公司国有股权管理的有关规定的通知》，结合形成公路资产建设资金的来源渠道和我国目前对公路产权管理的现状，对公路股份

有限公司国有股权管理作了具体规定,以确定国有资产的保值和增值。

1998 年,交通部根据中共中央、国务院关于加快交通基础设施建设的指示精神,与中国证监会积极工作和多次协商后,选择华北高速公路股份有限公司、东北高速公路股份有限公司、湖南长永高速公路股份有限公司、广西五洲交通股份有限公司作为第一批使用国家特批指标的公路公司在国内发行 A 种股票。在中国证监会和国务院有关部委的大力支持下,湖南长永高速公路股份有限公司已于 1998 年 11 月 12 日在深圳证券交易所公开发行 A 股 8 000 万股,其他 3 家公司也已获得发行额度。

4. 解决收费公路贷款担保问题

1999 年 4 月 26 日,国务院批复交通部、中国人民银行关于收费公路项目贷款担保问题的请示,明确公路建设项目法人可以收费公路的收费权质押方式向国内银行申请抵押贷款。

(四)加强公路建设市场管理与公路工程建设质量监督

1. 实施项目法人责任制

1992 年,我国部分地区积极探索公路建设管理体制改革,项目业主负责制管理模式随之出现。其中,最有代表性的是首都机场高速公路率先由中国公路桥梁建设总公司与京津塘高速公路公司北京市分公司联合成立"首都机场高速公路发展公司"进行建设。这体现了按社会主义市场经济原则组织建设的特点,虽是试行阶段,但表现出强大的生命力。11 月 9 日,国家计委发布了《关于建设项目实行业主责任制的暂行规定》。按国家计委要求,1993 年对沪宁高速公路、海南省环岛公路东线、西安—宝鸡公路、黄石长江公路大桥等大中型项目进行试点,均取得了良好效果,推动了项目业主责任制在全行业内的实行。

公路建设项目业主责任制是将原来由交通主管部门组建指挥部或领导小组组织建设、建成后交养护部门管理的公路建设管理体制,改为具有项目业主资格的法人机构，全面负责项目的筹划、筹资、建设以及建成后的养护管理、收费、还贷，对项目进行全过程管理的新体制。项目法人作为市场经济的主体，充分利用经济规律办事，使责、权、利有机统一，使企业真正实现自主经营，这是公路建设领域的一项重大改革。

2. 加强交通工程项目执法监察工作

1996年4月9日，国务院批准建设部、监察部等4部委《关于开展建设工程项目执法监察的意见》。为落实国办发12号文件和全国建设工程项目执法监察工作会议精神，黄镇东部长、李居昌副部长作了专门批示："对交通建设市场必须整顿并加强对项目的执法监察，我部可将交通工程项目执法监察工作与整顿公路、水运建设市场一并进行。"随之，交通部制定了《全国交通工程项目执法监察工作实施方案》，按"谁立项、谁负责，分级管理，不重复、不遗漏"的原则明确执法监察的分工，并确定了交通工程项目执法监察工作计划：第一阶段，准备发动与调查摸底阶段（1996年4～8月）；第二阶段，自查、抽查阶段（1996年9～12月）；第三阶段，整改验收阶段（1997年1～6月）。

3. 颁布《公路建设市场管理办法》

自"六五"末以来，随着全国基础设施建设管理体制的改革，公路建设是最早打破地区和部门界限全面开放的行业之一，由于公路建设市场竞争日趋激烈，但配套法规不完善，宏观调控乏力，出现了许多亟待解决的问题。为建立"统一、开放、竞争、有序"的公路建设市场体系，交通部总结"六五"以来公路建设成功管理经验，于1996年7月2日经第十次部务会议通过并颁发了《公路建设市场管理办法》。该办法是根据《中华人民共和国公路管理条例》和国务院有关规定，并结合公路工程建设特点制定的，通过项目报建、资信登记、标书审查和资格预审等制度严格规范业主、承包商和中介机构等市场主体的运作行为。其中，资信登记是在建设行政主管部门资质管理下，针对公路特点进行的资信管理补充和完善，申请登记的有关单位，必须具备国家工商行政主管部门和建设行政主管部门核发的有效证照，登记只是对企业业绩、信誉、从事公路建设的能力及手段等一些专业性资料进行确认，是交通行政主管部门加强行业管理的需要。

该办法是第一部较全面、系统地阐述公路建设管理程序和公路建设有关各方的义务和责任的综合性管理办法，重点突出了政府交通行政主管部门的宏观调控作用和监督管理职能，强化了公路建设市场管理体系，是今后一个时期内全国公路建设管理的重要指导性法规。

4. 加强招投标管理

1987年12月10日，京津塘高速公路首次通过国际招标方式进行建设后，公路建设招投标制度在全国普遍推开。1989年8月26日，交通部以8号部令发布了《公路工程施工招标投标管理办法》，对招标投标制度进行了规范。随着1996年7月11日《公路建设市场管理办法》的颁布，中央和地方投资建的大中型公路项目以及经营企业投资的建设项目，全部实行了招标择优选择施工单位，许多省市对地方项目和路网改造项目也采用了招标方式组织实施。

1997年8月，交通部根据《公路建设市场管理办法》、《公路工程招标投标管理办法》和部有关规定制定并颁布了《公路工程施工招标资格预审办法》和《公路工程施工招标评标办法》。前者对资格预审范围、应遵循的原则、评审机构、资审文件内容、审查的程序和评审报告格式等作了具体规定，办法要求对投标申请人的施工业绩、施工能力、财务状况和信誉等方面进行全面审查并评分，按照资格总分高低，每个合同标段推荐4～8家单位通过资格预审；后者对评标的原则、机构、程序、报告格式等作了明确要求，同时办法规定合同应授予通过符合性审查、商务及技术评审、报价合理、施工技术先进、施工方案可行、重信誉、守合同、能确保工期和质量的投标人，且评标一律采用综合评分办法，对影响工程质量、工期和投资的主要因素逐项评分，推荐综合分最高的投标人中标。它们的出台对整顿公路建设市场，指导、监督公路招标投标工作，具有十分重要的意义。

1998 年 12 月 28 日,交通部发布了《公路工程施工监理招标投标管理办法》,规范施工监理的招投标市场行为,以更好地发挥监理在工程建设中控制工程质量的核心作用。

5. 1998 年全国公路勘察设计与公路工程建设标准化工作会议

1998 年 10 月 14 日,交通部召开了全国公路勘察设计与公路工程建设标准化工作会议,取得如下主要成果:

(1)明确了新形势下公路勘察设计的任务。依靠科技进步,提高勘察设计水平;规范市场行为,通过实施部颁的《公路工程勘察设计市场管理办法》和《公路工程勘察设计市场招标、投标管理办法》,尽快建立"统一、开放、竞争、有序"的公路工程勘察设计市场,规范设计单位和业主行为;完善内部质量管理体系,激励设计人员事业心和创造性;努力提高队伍整体素质;重视公路勘察设计的作用,并为其创造宽松的外部环境;深化勘察设计单位改革,以适应市场经济体制要求。

(2)进一步明确公路工程标准化工作的重点。会议通过了《公路工程标准体系》和《公路工程行业标准管理办法》两个文件;成立了"中国工程建设标准化协会公路工程委员会",并明确其在业务上受中国工程建设标准化协会及交通部领导,主要从组织上改善和促进公路工程标准化工作的措施,使之适应公路建设的快速发展和体制改革。

会议指出标准化工作今后应主要实现:①标准化管理从计划模式向市场模式过渡,变直接为间接,成立"公路工程委员会"是职能转化的第一步;②逐步与国际通行的标准化体制接轨,深入研究公路工程建设标准由强制标准向"技术法规 + 技术标准"转化的实施方案,提高其严肃性和权威性;③不断提高标准的规范水平,缩短更新周期。

6. 总结质量事故教训,加大质量监管力度

1998 年,在加快公路建设过程中,出现了一些质量问题和事故,特别是辽宁沈四公路青洋河大桥和云南昆明—禄劝公路工程质量事故在新闻媒体曝光后,引起国务院领导和社会的广泛关注。为此,交通部向各地发出了《关于对沈四高速公路青洋河大桥质量事故的通报》,

号召全系统职工以此为教训,变压力为动力,采取措施,强化管理,建立有效的质量管理机制,努力提高交通基础设施建设质量。9 月 29 日,针对出现的违反正常建设程序、忽视工程质量问题,国务院办公厅发布了关于加强建设项目管理确保工程建设质量的通知。为贯彻通知精神,交通部于 9 月 19 ~25 日,组织了 5 个专家组对山东等 17 个省(区、市)在建的 24 个重点项目进行了检查。

12 月 10 日,经国务院领导批准,交通部召开了全国公路建设质量工作会议。朱镕基总理、吴邦国副总理作了重要批示,要求交通部深入贯彻《国务院办公厅关于加强建设项目管理确保工程建设质量的通知》和国务院领导对抓好基础设施建设质量的一系列重要指示。会议提出加强公路建设质量工作的 10 项措施:①各级领导干部必须增强质量意识,抓好公路建设质量;②严格基建程序管理,坚持依法建设;③精心设计,加强设计的现场服务;④加强质量自检,提高施工质量水平;⑤完善监理体制,严格工程监理;⑥规范招投标行为,建立公平、公正、公开的公路建设市场秩序;⑦实行动态管理,强化对公路建设市场的监管;⑧建立质量举报和事故报告制度;⑨依靠科技进步,组织科技攻关,提高建设质量;⑩采用经济手段,奖优罚劣。

7. 强化制度,开展“公路建设质量年”活动

1995 年 11 月 15 日,交通部根据《中华人民共和国公路管理条例》和国家计委颁布的《建设项目(工程)竣工验收办法》的有关规定,重新发布《公路工程竣工验收办法》,以加强质量验收管理。根据 1997 年颁布的《公路法》,交通部于 1999 年 2 月 24 日又发布《公路工程质量管理办法》,对公路建设质量及工程质量监督机构的管理进行了全面规定。2 月 13 日,国务院办公厅发布了《关于加强基础设施工程质量管理的通知》,为贯彻通知精神,交通部将 1999 年定为“公路建设质量年”,并制定发布了《公路建设质量年活动实施方案》,该活动坚持搞三年。总的安排是:第一年打基础,见成效;第二年抓巩固,上台阶;第三年再提高,上水平。这一活动掀起了重视并努力提高工程建设质

量的热潮。

三、公路养护与管理

随着公路技术等级的提高和公路通车里程的延伸，公路养护管理工作越来越繁重，要求越来越高，手段也越来越现代化。"八五"期间，公路工作贯彻执行"三十二字"方针，即"全面规划、协调发展、加强养护、积极改善、科学管理、提高质量、依法治路、保障畅通"，到"九五"时期修改为"建养并重，协调发展；深化改革，强化管理；提高质量，保障畅通"的"二十四字"方针。交通部针对一度存在的"重建轻养"倾向，一再要求各地一手抓建设，一手抓养护，树立通过养护保障畅通的思想，正确处理好建设和养护的关系，使建、养、管协调发展。

（一）制定《公路科学养护与规范化管理纲要》（1991～2000年）

20世纪90年代初，我国公路总里程已突破100万公路，数十年实践证明，公路技术状况、使用质量和服务水平的巩固、改善和提高，主要依靠科学养护与规范化管理。为切实把公路纳入科学养护与规范化管理轨道，交通部于1991年3月1日制定了《公路科学养护与规范化管理纲要》（1991～2000年）。主要内容如下：

1. 指导方针与技术政策

贯彻执行公路工作"三十二字"方针；不断改善和发展公路法制建设、GBM工程和路政管理等工作；做好高等级公路养护与管理的前期工作，使两者协调发展；深化公路养护与管理体制改革；正确处理公路建、养、管的关系，做到养护改善与新改建兼顾；增强公路养护与管理工作的搞活意识，进一步推行、完善经济责任制，逐步把公路内部配套改革引向深入；实施GBM工程，彻底根治公路脏、乱、差、费现象；依靠科技进步和挖潜改造，提高公路养护与管理水平；切实抓好高等级公路养护机械化与现代化管理工作；大力加强职工队伍建设等。

2. 科学养护措施

开展全方位、多层次的人员技术培训；研发新技术、新设备，以便正确评价路况,提出科学养护对策;积极实施GBM工程;贯彻执行《公路桥梁养护管理工作制度》,到本世纪末基本消灭国省干线上的危桥,并初步实现通行国际标准集装箱车辆;研究不同适应性的养护用典型沥青路面,且在国省干线路面大中修、改善工程中推行拌合摊铺法;强化预防性养护、周期性养护;认真开展全国性"国际减轻自然灾害十年(1990～1999)"活动;发展公路(特别是高等级公路)的养护机械化;严格养护工程材料和土工试验工作,实施质量控制。

3. 规范化管理措施

认真贯彻执行《公路养护技术规范》;普遍开展TQC活动,建立公路养护工程质量监督体系;严格实施规范化交通安全作业控制,保障养护工程施工安全;建立健全内部管理规章制度;重视加强道班建设;重视完善内部基础设施规范化管理;严格执行《公路养护与管理工作检查办法》,完善各级公路检查制度;建立调查公路交通信息的规范化工作程序;积极开发、应用多层次、多功能公路管理信息系统;逐步建立并完善公路绿化专业技术队伍;加强公路渡口管理;依法治路、强化路政管理;规范公路养路费的征收和使用;在本世纪末初步建立科学的公路养护管理体系等。

(二)探索公路养护体制改革

我国在计划经济体制下形成的养护生产组织方式虽然起到重要作用,但也存在一些弊端,其主要表现是:机构臃肿,管理与生产混为一体,养护技术水平低下,以及"大锅饭"现象严重等。针对这些问题,交通部从20世纪90年代初提出建立适应社会主义市场经济要求的新型养护生产模式。改革的总体思路是:按照生产与管理分离的原则,精简管理机构,建立精干高效的养护管理队伍;在养护生产中引入竞争机制,彻底改变"大锅饭"体制,提高公路养护资金的使用效率和养护质量。根据上述原则,各省(区、市)主要试行了以下改革措施:

1. 加快培育和发展养护工程市场

将公路管理部门所属工程队、运输队、生产厂(站)等与公路管理机构分离，使其成为自主经营、自负盈亏的法人实体，参与市场竞争。对原有道班、工区进行合并、重组，实行企业化管理，逐步推向市场。

2. 改革公路养护投资体制，全面推行定额养护

把“养护经费按人头划拨”的做法，改为根据养护定额和养护工程量来核定所需经费，逐步通过招投标选择养护生产企业。大力推广路面和桥梁管理系统，实现养护投资决策的科学化、合理化。

3. 改革人事用工制度

公路养护生产单位可自主用工，并以合同方式进行统一管理，形成能进能出的择业机制和择优录用的竞争上岗机制。对各级公路管理机构定岗定编，全面推行干部聘任制。通过保险、福利等社会保障体系，对下岗人员进行合理安置。

4. 改革分配制度

公路管理机构采取内部竞标或公开招标方式，选择养护生产单位，并依工程完成情况支付费用。养护生产单位内部分配制度彻底打破平均主义，真正实行“多劳多得，少劳少得”。

5. 完善各项管理制度，提高管理水平

各地结合当地特点，重点建立系统的公路养护工程管理、评级办法和检查制度，如养护工程招投标办法、养护质量检查制度、评价标准等，做到有章可循。

（三）推广实施 GBM 工程

20 世纪 80 年代后期，交通部决定在 107 国道率先实行 GBM 工程，90 年代初正式向全国推广实施。随着 GBM 工程的实施，许多省（区、市）公路局（处）均制定了本地区的评审标准。在此基础上，1991 年 2 月 21 日，交通部正式颁布《国省干线 GBM 工程实施标准》，提出“畅、洁、绿、美”的基本要求，并从路基、路面、桥涵、沿线设施、绿化和管理 6 个方面对 GBM 工程建设标准进行了规范。

1992 年 7 月 7 ~ 10 日，交通部在山东召开了国道干线 GBM 工程实施现场会，表彰了 107 国道 GBM 工程竞赛获奖单位。会议指出，

“实施 GBM 工程的根本目的在于提高公路的通行能力,提高公路的抗灾能力,提高公路的规范化管理水平,突出公路特有的建筑美和景观美。它是今后改善和提高公路建设、养护与管理水平,推进公路现代化的重要措施之一”。同时,明确交通部在 1991 年和 1992 年采取导向性投资补助方式,在 101、105、104、320、312、204 等国道、部分省道及旅游公路上组织实施 GBM 工程。1993 年,交通部公路司按照《GBM 工程检查验收标准》,分别对河南、山东、江苏和四川、贵州、广西等省(区)进行了检查验收,各省实施的 GBM 工程达标率均在 83.5% ~ 100% 之间。到 2000 年底,全国实施 GBM 工程的公路里程已达到 10.8 万公里,占公路总里程的 7.7%。

近 10 年来,GBM 工程的推广实施,使汽车时速比原来提高 30% 以上,公路通行能力增加 25% 以上,同时减少了汽车磨损、油耗,从而大大降低了公路运输成本,美化了公路周边环境。

(四)发布 3 个重要文件,组织全国干线公路大检查

1. 发布 3 个重要文件

1995 年 6 月 21 ~25 日,交通部在安徽合肥召开了全国公路养护管理工作会议,通过《交通部关于全面加强公路养护管理工作的若干意见》、《公路养护标准规范体系》和《公路减灾规划》3 个重要文件。

(1)《交通部关于全面加强公路养护管理工作的若干意见》。内容主要是对“九五”期间公路养护工作进行部署:树立“加强养护管理,保证公路完好畅通”的指导思想;制定“九五”公路工作“二十四字”方针;明确“九五”公路养护管理工作目标和主要任务;提出通过大力发展科技、改革完善公路养护管理运行机制、提高养护职工素质、重视养路费征管,以及加强养护工作领导等措施,提高公路养护工作水平,最大限度地发挥公路在国民经济发展中的作用。

(2)《公路养护标准规范体系》。内容主要是明确公路养护技术标准规范的制定工作,以进一步加快公路养护技术规范体系的建立。

(3)《公路减灾规划》。为减少公路水毁造成的灾害,交通部制定

了此规划,并明确下属目标与措施:①公路减灾规划的目标。到本世纪末,建立起有效防止我国公路水毁的成套技术研究、推广体系;对新建的公路工程项目,设置必要防护工程设施;对现有公路进行针对性的治理,使其抗洪能力提高30%以上,而水毁遗留工程做到修复一处、治理一处,使水毁重复发生率降到20%以下。②减灾对策与措施。认真贯彻"预防为主、防治结合"的方针;加强新改建公路工程的排水系统和防护工程设施配套设计,使其满足相应技术标准要求的设计洪水频率;强化现有公路的水毁防治工作;通过应用科技成果、推广治理经验、重视人才培训等措施,改善公路水毁治理工作。

2. 实施全国干线公路养护与管理工作大检查

为进一步贯彻落实"九五"公路工作"二十四字"方针,交通部于1997年9月8日~11月15日,对全国干线公路养护与管理工作进行了历时68天的检查,涉及30个省(区、市)。检查结果是上海、山东、河北列前3位。

本次检查内容包括国省干线公路的养护计划安排、公路路况、养护质量、收费路桥、GBM工程、文明样板路、公路管理站(道班)、路政管理和治理"三乱"等。实际检查28 684.36公里,约占全国国省干线公路28.8万公里的10%。其中,步行抽查路段229公里,检查了197个公路管理站(道班),94个交通量观测站,92个收费站(点)。各检查组还对各省(区、市)的公路大中修改建工程、水毁工程路段进行了抽查。检查面之广、内容之细超过了以往的历次检查,达到预期目的。1997年底,全国干线公路好路率达71.19%,比1996年的提高了2.6个百分点。在干线公路检查活动的督促下,全国掀起了干线公路的整治高潮。因此,1997年被称为全国"公路养护年"。

(五)加强养路费征管,扭转被动局面

截至2000年底,我国除部分收费公路的养护资金来源于车辆通行费外,其他公路养护资金主要来源于公路养路费、民工建勤和各级财政拨款。其中公路养路费是最主要的资金来源。

1. 重新发布《公路养路费征收管理规定》

1991 年 10 月 15 日,交通部、国家计委、财政部、国家物价局联合制定颁发了《公路养路费征收管理规定》,内容包括:①要求征稽机构及其人员按规定征费,②要求有车单位和个人按规定纳费,明确规定了征缴双方的权利和义务,突出了完整性和法规的严谨性。具体来看,如:调整养路费征免范围;增加省级交通、物价、财政部门可经省级人民政府批准核报征费标准(最高费率不得超过 15%);增加具体处罚章节条款等。同时,进一步明确全国统一使用《中华人民共和国公路养路费》票证,实行一处交费、通行全国的制度。

11 月 11 日,为配合贯彻执行以上规定,交通部和物价局联合制定印发了《公路汽车征费标准计量手册》,统一了全国汽车征费计量标准。交通部根据《公路科学养护与规范化管理纲要》,要求"八五"期间省内养路费征收做到微机联网,对部做到软盘传送报表。

此外,为进一步加强养路费征管,交通部、财政部于 1997 年 12 月 12 日还联合发布《关于印发〈养路费收支预决算编制暂行办法〉的通知》;1999 年 5 月 22 日又联合下发《关于切实做好公路养路费等交通规费征收工作的通知》,对养路费等交通规费征收工作提出具体要求。

2. 扭转养路费征收的被动局面

1998 和 1999 两年间,由于部分车主对国家税费改革的误解,致使养路费征收工作难度加大,一些地方甚至出现暴力抗费的严重事件。为确保公路建设、养护资金及时征收,2000 年 1 月 14 日,国务院转发了交通部、财政部、公安部、国家计委等部门制订的《关于继续做好公路养路费等交通规费征收工作的意见》,明确提出:在交通和车辆税费改革方案正式实施前,各地要严格执行现有相关规定,继续做好养路费等交通规费的征收工作。国务院文件为养路费征收工作提供了强有力支持。各地公路交通部门加大政策宣传和稽查力度,积极追缴拖、欠费款。经过努力,公路养路费征收工作的被动局面得到扭转,养路费征收环境明显改善。

四、道路运输管理

十一届三中全会以来,道路运输业是交通领域开放最早的行业之一。特别是进入20世纪90年代,以道路运输市场、运输车辆维修市场、搬运装卸市场和运输服务市场组成的道路运输市场体系健康发展。政府交通部门对道路运输业的宏观调控逐渐改善,行业管理开始走上法制化、规范化的轨道,道路运输市场已呈现出持续发展和日益繁荣的态势。

(一)整顿道路运输市场秩序

1.整顿道路客运市场秩序

自1991年完成运输市场3年治理整顿任务后,道路客运业有了很大发展,极大地缓解了乘车难问题。但由于新旧体制转换,市场机制不健全,经营行为不规范,造成客运市场秩序比较混乱。为此,交通部于1996年在全国范围内开展了一次道路客运市场秩序的全面整顿活动。

(1)整顿范围:清理无证及超类别经营;制止违法违章经营和不正当竞争;严禁违章超载;整顿客车秩序;严格检查客运车辆技术状况和设施;严肃处理客运经营中的其他各种不规范行为和违纪违章行为。

(2)整建结合的措施:建立并完善宏观调控制度;加强交通运输法制建设;加大运输企业管理力度;实行驾、乘人员考核持证上岗制度;进行服务质量动态监督;加强管理超常班次。

(3)整顿目标:重点治理客运经营和运输秩序,规范市场行为;各地成立专门班子或指定专人负责整顿,制定具体办法并组织实施;各地道路客运市场主管部门积极争取当地政府支持;主抓整顿重点,各个突破,并以调整、规范和提高为主调整运力,一般不审批安排新的班线;整顿工作一抓到底且整建结合,以巩固整顿成果。

(4)整顿时间:1996年6~7月为准备阶段,安排部署工作;1996年8~12月为整顿实施阶段;1997年1~5月为巩固验收阶段。

2. 开展道路运输市场管理年活动

2000 年,按照朱镕基总理提出的“今年是管理年,就是要全面加强管理”的要求,交通部决定在全国开展“道路运输市场管理年”活动,活动的主题是“加强管理、规范行为、健全机制、确保有序”。2 月 13 日,交通部印发了活动方案,明确提出主要工作内容和具体要求,即:通过整顿道路运输市场秩序,打击非法营运和不正当竞争,清理挂靠车辆,制止违章超载,淘汰一批技术性能不合格的营运车辆,使道路运输市场秩序明显好转,服务质量明显提高,促进道路运输持续快速健康发展。

3. 开展清理整顿道路客货运输秩序工作

2000 年 12 月 2 日,国务院办公厅发出《国务院办公厅转发交通部等部门关于清理整顿道路客货运输秩序意见的通知》,确定“通过清理整顿,力争用半年到一年的时间,使道路客货运输秩序基本好转,经营环境有较大改善,政府对市场监管能力明显增强,行业整体形象明显改善,服务质量明显提高,促进道路客货运输行业的健康发展”的基本目标,提出 7 项清理整顿的主要内容及措施:①清理收费项目,减轻经营者负担;②打击非法营运,建立公平竞争的市场秩序;③规范客货运输经营行为,提高道路客货运输服务质量;④加快法制建设,建立统一、科学、高效的道路运输管理体系;⑤停止道路客货运输经营权有偿出让,减轻经营业户负担;⑥贯彻实施道路运输产业政策,加快基础设施建设和行业技术进步;⑦整顿道路交通秩序,打击车匪路霸,确保运输安全。

(二)颁布《关于加快培育和发展道路运输市场的若干意见》

为深入贯彻十四届三中全会通过的《中共中央关于建立社会主义市场经济体制若干问题的决定》,加快建立全国统一、开放、竞争、有序的道路运输市场步伐,促进道路运输业更快更好发展以适应经济建设需要,1995 年 5 月 2 日,交通部制定并发布了《关于加快培育和发展道路运输市场的若干意见》(以下简称《若干意见》),提出如下意见:

1. 目标与实施步骤

（1）目标：到20世纪末，道路运输市场机制和宏观调控体系基本形成，运输能力和运输市场基础设施与运输需求基本适应，运输法规基本健全，市场行为基本规范，经营者基本做到自主经营、平等竞争、协调发展，初步建立起符合社会主义市场经济体制要求的全国统一、开放、竞争、有序的道路运输市场体系。

（2）实施步骤：第一步，用3年时间，出台当前急需的法规和完成配套规章的修订，制订道路运输市场规划，加快基础设施建设，深入开展国有运输企业转换经营机制工作，建成若干个具有一定规模且效益好的区域性运输交易市场；第二步，再用3年时间即到20世纪末，建立健全运输法规和宏观调控体系，进一步规范市场行为和运行机制，全面开展国有运输企业建立现代企业制度工作，达到运输能力和基础设施与运输需求基本适应且结构、布局基本合理的要求，实现培育和发展道路运输市场的目标。

2. 旅客运输市场

以城、乡客运站为依托，形成班车客运为主体、包车客运为辅助、旅游客运为专项、出租汽车客运相衔接，辐射广大城乡、干支线相连、长短途结合、分工合理的多层次客运线路网络，总体上达到人便于行的要求。

3. 货物运输市场

以中心城市和运输主枢纽为龙头，重点港站、商品主要集散地和大型厂矿所在地为依托，各种形式货运站点为载体，连接城镇、辐射乡村，配置相应设施和服务功能，达到相互连通、信息灵敏且工作有效，并在总体上满足货畅其流。

4. 运输车辆维修市场

依托城市且布点合理，以一类企业为骨干、二类企业为基础、三类企业为补充，建立门类全、质量好、方便及时的维修网络，使中心城市具备能完成各种车型的各类维修业务、一般中小城市和县城具备能完成各种国产车型的各类维修业务和主要进口车型的维护、小修业务能力,并在此基础上逐步建立全国车辆维修救援网络。

5. 货物搬运装卸市场

以机械化作业为主、人力作业为辅,能满足货主和运输经营者对货物搬运装卸的要求,质量好、竞争有序;努力消除低水平搬运装卸对运输发展的制约,促进搬运装卸和运输协调发展。

6. 运输服务市场

建立与运输发展相配套、信息灵敏的运输服务网络,促进提高运输效率和效益,满足运输业务和其他有关业务的需要。

7. 道路运输市场经营主体

国有、集体、中外合资(合作)、私营、个体运输业户和各类运输车辆维修业户及运输代理业户是道路运输市场的经营主体,坚持以公有制运输企业为主导、各种经济成分经营者协调发展,且经营主体均可自由进出道路运输市场,并依法从事或停止经营活动。同时,鼓励以干线为依托,以沿线国有运输企业为基础,以产权连接为纽带,在自愿基础上横向联合,组建跨地区、跨省(区、市)经营的大型道路运输或其他形式的集团公司,以提高道路运输业的规模经济效益。

8. 道路运输市场基础设施建设

重点建设道路运输站场设施,并注意与公路主通道和主枢纽规划、建设衔接配套,在交通部统一规划和指导下,调动各方积极性,进行站场建设,以形成辐射城乡、多层次的客货运输站场网络。同时,尽快建立多层次、多渠道的道路运输发展基金,加强道路运输市场基础设施建设和运输装备更新改造。

9. 道路运输市场宏观调控

坚持"先审批、后购置"原则,把好市场准入关,并根据客运、货运、维修、装卸和运输服务市场各自特点以及经济发展、运输需求、运力增长等因素具体确定调控力度,主要调控资金和运力投放、运力和维修网点布局、运力结构优化等,以保持运输能力与运输需要即总供给与总需求相对平衡并适度超前，保证道路运输业持续、稳定、健康发展。同时，加大省际客货运班线审批调控力度，彻底打破地区封锁，并加强运政队伍建设，提高管理和经营水平。

10. 道路运输法制建设

到20世纪末，力争初步形成以《道路运输法》为龙头，一系列法规、规章相配套，作用清楚、层次分明且较为完备的道路运输法规体系，用以规范市场主体、维护市场秩序、加强宏观调控；结合全国普法教育，加强道路运输法规宣传，努力提高执法水平，坚持依法行政，促进道路运输市场健康发展。

11. 道路运输科技进步

各级交通主管部门要投入必要人力和资金，加强对道路运输市场发展模式、管理体制、组织形式、规模效益和新型运输方式及装备等方面研究，积极推广国外先进技术，尽快建立多层次客货运输信息网络和行业管理系统，推动道路运输现代化进程。

1995年7月4～8日，为贯彻落实《若干意见》，交通部在浙江杭州召开了全国培育和发展道路运输市场工作会议，黄镇东部长和李居昌副部长均作了重要讲话。会议为今后培育和发展道路运输市场工作进一步指明了方向，明确了步骤和措施。

(三)制订《“九五”期间培育和发展道路运输市场规划》

1997年1月6日，为实现《若干意见》提出的总目标，交通部制订发布了《“九五”期间培育和发展道路运输市场规划》，主要内容如下。

1. 发展预测与发展目标

“九五”期间预计道路运输将以10%左右的综合速度增长，其占全社会运输量的比重将继续增加，并有质的提高。因此，确定道路运输市场的发展目标：

(1)分层次、有重点地培育和发展道路运输市场。考虑地理位置、经济布局等因素，分层次、有重点地加快道路运输市场培育和发展进程：以45个公路主枢纽所在城市为重点，培育发展区域性道路运输市场;同时,注意搞好地区性和局部性道路运输市场的培育发展工作。

(2)组建干线公路快速客运系统,进一步完善客运网络。利用现代化高新技术和管理手段,逐步建立干线公路快速客运系统,巩固和发展农村客运,同时稳步发展出租汽车客运,以不断提高客运网络覆盖面,实现人便于行。

(3)加强货运组织工作,完善货运网络。改革货运组织管理形式,以货源管理为龙头,放开货物受理市场,加快引导公用型货运站朝多功能、综合性方向发展,逐步形成仓储、加工、包装、分拣、配送一条龙服务的物流业,使货运企业向专业化方向发展。主要做好:完善零担货运网络;引导货运向专业化、专用化方向发展;鼓励货运规模经营;大力调整货运车辆结构。

(4)建立健全汽车维修服务体系。建立人员素质较高、技术素质先进、专业分工明确、维修质量可靠的汽车维修服务体系,根据市场需求,控制总量增长,提高维修质量和从业人员素质,促进行业技术进步,为客货运输发展提供可靠技术保障。

(5)提高装卸机械化程度,促进搬运装卸市场健康发展。搬运装卸是道路运输的一个重要环节,努力提高其机械化程度,搞好作业区合理分工,并提高从业人员素质,对保障运输安全和提高运输效率具有重要作用。

(6)加快运输服务体系建设步伐。运输服务体系是道路运输市场中的经营媒介组织,建立健全与客货运输发展相适应的信息服务体系,并积极发展经营媒介组织,同时利用现代化通信手段将运输信息服务网点建设与公路主枢纽和信息中心联网,可实现信息传递快捷,有助于运输效率的提高。

(7)搞好交通汽车运输企业。

2. 保障措施

(1)多渠道、多层次筹集资金,加大对基础设施建设的投入。

(2)切实加强运输市场宏观调控和运政管理。

(3)加快道路运输法规建设步伐,在出台《中华人民共和国道路运输条例》基础上,抓紧制定《中华人民共和国道路运输法》。

(4)加强运政管理人员和道路运输从业人员队伍建设。

(5)促进道路运输科技进步,提供充足的技术保障。

3. 实施要求

(1)正确处理规划和年度工作计划之间的关系。

(2)准确把握重点,做到以点带面全面实施。

(3)各级领导提高思想认识,重视规划实施。

(四)发布《汽车运价规则》

1998 年 8 月 17 日,交通部、国家发展计划委员会联合发布了新的《汽车运价规则》。该规则是在 1991 年发布的原《汽车运价规则》基础上进行修改的。新规则作了以下修改:

1. 调整适用范围

新规则适用于市场调节价、政府指导价和政府定价,主要加大了市场调节价和政府指导价的范围,比如由市场调节或政府指导价的,经营者可根据市场供需情况,参照新规则的计价原则确定。

2. 改变货运计价方法

主要指:①设立整批、零担货物、集装箱货物基本运价,简化运价计算方法,便于货主、托运人了解;②改变原来只确定一个基本运价的方式,便于计算,易于理解;③取消短途运价加成,改用吨(箱)次费,按货物重量或箱计收,并由各省(区、市)确定标准。

3. 下放价格调控权

新规则给各省级交通、价格管理部门更大的价格调控权,除全国统一规定的费目和部分主要费目差价外,大部分的费目和计价类别的差价由省级交通、价格管理部门依当地情况自行确定。

(五)启动"绿色通道"运输

"绿色通道"是指农民或蔬菜经营者向城市保障及时供应新鲜蔬菜的主要运输干线道路。鲜菜运输是一种时限要求很强的保鲜货物运输。但在运菜过程中遇到公路“三乱”现象，既损害菜农利益，又加重城市居民消费负担，扰乱了市场正常供应，引起国务院领导的关注。1995年5月3日，李岚清副总理主持会议，专门研究北京市“菜篮子”问题，并形成《关于研究北京市“菜篮子”工作的会议纪要》，明确指出各有关部门要加强合作，大力整顿北京市蔬菜的流通秩序，认真解决外地调菜进京公路沿线的“三乱”问题。1996年，交通部按照国务院领导关于保障大中城市和海南蔬菜运输“绿色通道”畅通工作的指示，重点抓了开通海南—北京的绿色通道工作。交通部要求沿线交通部门对运输蔬菜车辆一律不检查、不罚款，发现问题先放行，后处理。11月，交通部、公安部、国务院纠风办联合发出《关于保证海南省蔬菜运输绿色通道畅通的通知》，向沿线省和有关部门分别提出要求。1999年11月，“两部一办”又开通了山东寿光—黑龙江哈尔滨蔬菜运输“绿色通道”，并在哈尔滨召开会议进行专题部署，要求各地各部门采取有效措施确保“绿色通道”畅通。自此，全国的绿色通道已达4条，贯穿南北共18个省，总里程1.1万公里。

(六)推动道路零担货运发展

1. 部署“九五”和2010年道路零担货运工作

1996年8月23日，交通部公路管理司在河北石家庄召开了“全国道路零担货物运输工作会议”。这是继1986年在福建厦门召开全国汽车零担货运工作会议后的一次重要会议，明确了我国“九五”和2010年道路零担货运发展的指导思想和奋斗目标，并部署下一步工作。

(1)2010年远景目标：经过15年的努力，我国道路货物运输业在运输市场培育、运输网建设和管理水平上将迈上一个新台阶，以一个颇为发达的公路运输网络为基础，以迅速发展的公用性运输企业为龙头，以布局合理的公用货运站为结点，以高效运转的货运信息网络为媒体，以现代化管理为手段，以提高运输专业化管理为契机，以实现运输专业化、组织化、高效化、集团化为目的，基本建成通达国内外、辐射城乡、干支相连的道路零担货物运输网络系统,且其经济运距将达200公里,货运量将占零担货运50%以上。

(2)“九五”期间的主要任务:认真贯彻十四届五中全会和八届人大四次会议精神,按照《关于加快培育和发展道路运输市场的若干意见》要求,围绕实现两个根本性转变,继续培育和发展道路零担货运市场,促进道路零担货运量和周转量稳步增长,尽快提高组织管理水平,努力使运输车辆结构、数量和零担货运场站基本适应发展需求,从而基本建立起一个结构合理、功能齐全、适应国民经济发展的道路零担货运体系。主要有:①加快道路货运市场建设;②零担货运车辆结构合理;③零担货运管理手段提高,计算机普及率达90%,逐步采用汽车甩挂运输技术和卫星定位系统新技术;④在国道主干线“两纵两横”和高等级公路上开展零担快件运输业务,组建干线货物快速运送系统;⑤服务质量进一步加强,班线班车正班率趋向100%。

(3)下一步工作安排:①围绕道路运输市场的建立,努力实现两个转变;②发挥道路零担货运优势,带动运输经营方式从松散型向集约型转变;③依靠科技进步,提高人员素质;④发挥行业协会和中介组织的作用;⑤进一步搞活国有专业运输企业,发挥国有运输企业的市场主导作用。

2. 发布《道路零担货物运输管理办法》

随着经济体制改革的不断深入,1987年发布的《汽车零担货物运输管理办法》已不适应零担货运发展的要求。交通部对其进行重新修订,并于1996年12月2日发布《道路零担货物运输管理办法》,主要是调整行业管理部门与经营业户间的关系,明确经营业户的开业经济技术条件、审批程序,对属于货运站经营管理、货物运输规则方面的内容,则改为在《汽车货物运输规则》和《货运站站务管理规程》中予以规范。

新颁布的《道路零担货物运输管理办法》主要有以下特点:①在零担货运经营方式上,明确可采用不同运输形式,并按经营区域和运达速度进行分类，以便于指导管理。②将传统零担货运分为3部分，即零担货物受理、零担货运站经营和零担线路运输，并放开零担货物受理市场和零担货运站，且零担货物由专用车辆运输，同时规定零担货物受理、零担货运站和零担线路运输的具体开业经济技术条件，而且三者之间通过签订合同明确各自责任、权利和义务，采用经济手段解决业务纠纷，有助于进一步规范市场秩序，为强化监督机制提供法规依据。③增加零担快件货运的内容，且对经营业户作出具体要求，有利于托运人实施监督，为提高运输企业信誉提供保障。

(七)发展高速公路快运

高等级公路的不断增多，为发展道路快速运输创造了良好条件，并使之成为道路运输业新的经济增长点。因此，国家开始着手在全国建立高速公路快运系统。

1. 召开全国高速公路快运系统建设座谈会

1997年12月22~24日，交通部在湖北武汉召开了全国高速公路快运系统建设座谈会。会议明确了今后建立快运系统的目标、基本原则和工作重点等。

(1)会议指出建立道路快运系统的指导思想是："抓住机遇，加快发展，改善设施，完善装备，强化管理，优化服务，保障安全，提高效益，人便于行，货畅其流"。发展快运系统的总目标是：以国家干线公路网为载体，公路主枢纽所在城市为依托，公路主枢纽场站为结点，建设具有中国特色的快运系统。重点建设"五纵七横"国道主干线上45个主枢纽间的快运系统。"九五"期间，重点建设"两纵两横"和"三条重要路段"的快运系统。

(2)基本原则：①经营主体坚持以公有制为主，多种经济成分并存；②组建企业集团，实行集约化规模经营，坚持自愿与企业改革、改组、改造和加强管理相结合；③市场培育坚持统一开放，竞争有序；④市场管理坚持法制化、规范化；⑤市场宏观调控坚持总量平衡、资源优化配置;⑥市场建设坚持硬件、软件并举,物质文明和精神文明两手抓且两手都要硬。

(3)工作重点:①转变观念,深化认识,切实推进快运系统建设进程;②完善市场机制,合理调控企业规模、结构、运力和维修网点布局,实现运输能力与运输需求相对平衡并适度超前;③改革经营体制,打破地区分割,实行集约化规模经营;④搞好站场基础设施建设,发挥快运系统服务功能;⑤提高服务质量,改善自身形象,实施品牌战略;⑥客货并举,加快快速货运发展。

1999 年,交通部在全国选择 18 家道路货物运输企业作为汽车快件货运试点,同时要求各省(区、市)根据本地实际情况,做好快件货运发展规划和组织工作。到 2000 年底,汽车快件货运已有了很大发展。

2. 颁布《高速公路旅客运输管理规定》

为加强高速公路客运在运力调控、资质审查、班线审批、运输经营、服务质量等方面的管理,交通部于 1998 年 10 月 21 日以第 8 号令的形式颁发了《高速公路旅客运输管理规定》。全文共 28 条,提出高速公路客运发展以建立快捷、方便、优质、高效的快速客运系统为目标,遵循"合理规划、额度控制、严审资质、购车预审、批量投放、集约经营"的原则,同时对高速公路客运的定义、严审经营资质、审批新增运力应掌握的尺度、高速公路客运业户承担农村客运业务、出租汽车上高速公路运行及经营方式、高速公路客运优质服务和安全运输等问题作了明确规定。

(八)加强汽车维修、租赁和驾驶员培训管理

1. 加强汽车维修行业管理

1)制定《汽车维修行业发展规划》

为推进汽车维修行业发展,指导行业管理部门切实做好宏观调控,1996 年 10 月 7 日,交通部制定并发布了《汽车维修行业发展规划》(1996~2005 年)。规划期分为 1996~2000 年和 2001~2005 年两个时间段,主要内容如下:

(1)指导思想。在社会主义市场经济条件下,充分运用技术、经济、法律和必要的行政手段,加强宏观调控,形成供需协调、平等竞争、服务方便及时、资源配置合理、秩序良好的汽车维修市场。在宏观调控和市场机制作用下,依靠科技进步不断提高管理和技术水平,以市场为导向调整行业结构,使全行业向专业化规范化方向发展,提高维修和服务质量,改善全行业经济和社会效益,为我国交通运输事业发展提供可靠技术保障。

(2)总目标。加速汽车维修市场宏观调控监督系统的形成和功能的完善,促进汽车维修行业由计划经济到市场经济的转轨进程,建立和完善社会主义汽车维修市场。

(3)实施措施。主要有:①加强汽车维修市场总量投入的宏观调控;②加强汽车维修市场质量管理,提高行业服务水平;③完善汽车维修市场运行机制,规范企业经营行为;④提高汽车维修行业人员素质,促进行业技术进步;⑤贯彻执行《汽车运输业车辆技术管理规定》,加强车辆技术管理工作。

2)实施《汽车维修检测设备行业发展规划》

1999 年 12 月 29 日,交通部公路司对中国汽车保修设备行业协会的《汽车维修检测设备行业发展规划》给予了批复,同意实施。该规划包括汽车维修检测设备的行业现状和发展前景、行业规划的指导思想、规划目标,以及实施规划的主要措施。

3)加强汽车维修市场管理

1997 年 11 月 26 日,交通部在北京召开了全国汽车维修管理工作会议。会议确定今后目标并部署下一步工作,以改善和加强汽车维修管理。

(1)工作目标:以法规建设为重点,以市场为导向,调整行业结构,到 21 世纪初,逐步形成以城市为依托,向公路沿线辐射,以一类企业为骨干,二类企业为基础,三类企业为补充的多层次、多形式、门类齐全、遍布城乡、服务方便及时的汽车维修市场格局;同时,依靠科技进步,建立健全维修质量监督体系和平等竞争机制,实现优胜劣汰,使汽车维修行业成为一个与国民经济发展相适应的技术先进、结构优化、专业分工明确、优质方便、秩序良好的汽车维修服务体系。

(2)工作重点:①进一步转变职能,正确处理管理与服务的关系;②坚定科技兴业方向,提高从业人员素质,并大力推广汽车维修的新技术和新设备等;③加大宏观调控力度,搞好总量控制,同时着重调整结构布局和提高素质;④改善维修企业技术装备水平;⑤切实加强汽车维修质量监督和经营行为监管,进一步改善市场经营环境,为企业开展公平竞争创造条件;⑥建立管理信息网络,做好信息和政策引导;⑦加强管理队伍建设,包括组织建设、思想建设、基础建设和提高管理人员素质等。

此外,1997 年 12 月 23 日,财政部、国家计委在《关于公布取消第一批行政事业性收费项目的通知》中规定,停征汽车维修行业管理费,至此汽车维修行业不再属于公路运输管理费的征收范围。交通部对汽车维修行业的行政管理还体现在相继出台的一些规章和技术标准方面,在 90 年代主要有:《汽车维修质量管理办法》、《汽车维修合同实施细则》、《汽车维护工艺规范》、《汽车技术等级评定标准》、《汽车技术等级评定的监测方法》、《汽车修理质量检查评定标准》,以及在《发布国家标准公告》中发布的《汽车维修业开业条件》等。

2. 加强汽车租赁行业管理

汽车租赁业产生于 20 世纪 80 年代初,截至 1998 年底,全国已有租赁汽车企业 500 多家,拥有租赁汽车 1 万多辆。由于汽车租赁业没有行业法规,开展业务依据不规范,特别是对汽车租赁与出租汽车的性质在理解上的巨大偏差造成对其管理滞后,且行业内部和租赁企业之间也缺乏必要沟通与交流,不利于汽车租赁业健康发展。鉴此,交通部、国家计委根据在汲取、借鉴一些地方及国外成功经验基础上于 1998 年 2 月 26 日联合颁发《汽车租赁业管理暂行规定》,共 5 章 27 条,包括总则、开停业管理、租赁活动管理、法律责任等。这是我国汽车租赁业管理中第一个以部令形式颁发的行政规章,也是汽车租赁业纳入交通运输行业法制化管理的重要标志。

3. 加强汽车驾驶员培训行业管理

在1993年机构改革中,国务院明确全国汽车驾驶员培训行业管理由交通部负责,管理的对象主要是驾校。据此,1995年3月27日交通部发布《汽车驾驶员培训行业管理办法》明确各级交通行政主管部门是汽车驾驶员培训行业管理的主管部门。

(1)1995年6月,交通部在海南召开全国汽车驾驶员培训行业管理工作会议,明确汽车驾驶员培训行业管理工作的指导思想、近期目标和工作重点等。

(2)颁布《中华人民共和国机动车驾驶员培训管理规定》。为加强机动车驾驶员培训行业管理,提高培训质量,维护培训业户和学员的合法权益,满足道路运输发展和人民生活水平日益提高的需要,根据职权,交通部于1996年12月23日制定并发布了《中华人民共和国机动车驾驶员培训管理规定》,共8章40条,包括总则、培训业户、学员、教员、教练车、教练场、罚则和附则等内容。

(九)加强道路运输法制建设,坚持依法行政

1. 实行市场准入规范化管理

1992年5月11日,交通部决定启用《中华人民共和国道路运输证》,并从1992年10月1日起执行。此外,交通部在90年代还先后颁发了《汽车维修企业开业条件(试行)》、《汽车专项修理业户开业条件(试行)》、《道路旅客运输业户开业技术经济条件(试行)》、《道路货物运输业户开业技术经济条件(试行)》、《道路运输货物装卸业户开业技术经济条件(试行)》和《道路运输服务业户开业经济技术条件(试行)》等,实施市场准入规范化管理,提高管理透明度。

2. 打破地区封锁,加强省际客运管理

为加强对跨省(区、市)道路旅客运输的管理,交通部于1995年9月6日发布了《省际道路旅客运输管理办法》,共20条。它的颁发有利于打破地区封锁,使省际客运管理更加规范,大大提高了道路旅客

运输的竞争力。

3. 规范汽车客运站管理

为建立正常汽车运输市场秩序，交通部于1995年5月9日以2号部令发布了《汽车客运站管理规定》，共8章35条，包括总则、开业管理、服务管理、运行管理、安全管理、票据营收管理、考核与统计、附则等内容，进一步规范汽车客运站日常运营管理。1996年3月18日，交通部、国家计委联合发布《汽车客运站收费规则》，共4章26条，包括总则、车辆站务收费、旅客站务收费、附则等内容。1997年1～10月，交通部公路管理司在开展全国汽车客运站级别核定和普查工作时，按照《汽车客运站收费规则》规定，对全国汽车客运站费收情况进行清理，严禁超标准、超范围、巧立名目收费。

4. 提高运输质量，加强车辆管理

1998年3月4日，为进一步加强道路运输车辆管理，保持车辆技术状况良好，降低运行消耗，提高运输质量，交通部以2号部令发布了《道路运输车辆维护管理规定》，共6章31条。该规定要求汽车维修企业必须实行出厂合格证制度、质量保证期制度和竣工上线检测制度；鼓励汽车维修企业和综合性能检测站运用汽车不解体检测技术和设备，提高维护质量；突出对强制维护的管理和监督检查，强调管理要以服务为宗旨，坚持教育为主、处罚为辅原则；提出维修质量的具体衡量指标；强调加强从业人员培训，实行持证上岗。

5. 出台《道路旅客运输企业经营资质管理规定(试行)》

2000年4月27日，为尽快改变道路客运经营业户多、小、散、弱的局面，交通部出台了《道路旅客运输企业经营资质管理规定(试行)》，对从事道路客运的企业进行经营资质等级评定，并按资质等级经营相应客运线路，以此推动道路客运的规模经营和规范服务，这是道路客运的一项重大改革。

6. 加强运政队伍建设，提高管理人员素质

为进一步改善道路运输管理工作，交通部于1996年8月6～8日

在湖南长沙召开了全国道路运输管理工作会议。会议强调,各级道路运政管理机构要进一步理顺关系,加强组织建设,按照统一、精简、效能原则,分层次、有重点地把各级运政管理机构建设成为制度健全、结构合理、运转顺畅的工作机构;要搞好各级运政管理机构的定编工作,推行考核录用招聘辞退制度,选配好运政管理机构的领导班子,同时加强经费管理,运管费实行省级统收统支,交通专户储存的办法,并健全严格的财务管理制度;改进工作作风,加强思想建设和业务培训,建立一支思想过硬、作风严谨、纪律严明、业务娴熟的运政队伍。

五、治理公路“三乱”

(一)开展“三位一体”的路检路查工作

1992 年全国交通工作会议上,交通部指出在路检路查方面将按照“联合设站,合署办公,统一标志,各司其责”原则,由路政、运政、稽征部门人员联合进行路检路查,使监督管理、规费征收等项工作融为一体。

在现行公路管理体制不作大变动情况下,“三位一体”的路检路查工作有利于保持工作的连续性和稳定性,把第一线从事监督检查工作的力量集中起来,变“分力”为“合力”;简化监督检查手续,避免重复设站、检查,方便运输经营者;采取切实有效措施,制止公路“三乱”现象。各项规费征收主要抓好源头检查,并坚持以教育为主,不准任意罚款。

(二)加强公路“三乱”治理

1993 年,受地方、部门利益驱动,公路“三乱”现象再次回潮,社会各界反应强烈。党中央、国务院对治理公路“三乱”工作极为重视,特别是 1993 年 8 月把治理公路“三乱”作为反腐败斗争的一项重要内容。10 月,根据中央调查组的意见,交通部担负起治理公路“三乱”的职责。

1. 清理和规范公路收费站点

1994 年 7 月 18 日,交通部会同国家计委、财政部联合颁发了

《关于在公路上设置通行费收费站(点)的规定》,对收费站点的设置原则、条件、标准、布局、审批权限及公开性、透明度等方面提出具体要求。7 月 20 日,国务院专门发出《关于禁止在公路上乱设站卡乱罚款乱收费的通知》,对在公路上设站、收费、罚款、群众监督以及对执法人员的要求等,都作了明确规定。1999 年 1 月 7 日,交通部下发《关于清理整顿公路收费站(点)的通知》,3 月,在吉林长春召开会议作了专题部署,在全国范围内展开了清理整顿公路收费站(点)工作。据统计,全国共撤销、合并收费站(点)271 个。

1999 年 1 月 7 日,交通部制定下发了《公路收费站点清理整顿实施方案(试行)》。各地公路交通部门积极行动,对本辖区内的公路收费站点情况进行调查和摸底工作,并在 7 月底完成了全国收费站点基本资料的汇总工作。9、10 月,根据税费改革部际协调小组的意见,交通部先后 8 次组织有关部委对试行方案进行研究修改,形成了《关于公路和城市道路收费站(点)清理整顿的实施方案》,拟由交通部、建设部、财政部、国家计委共同行文,报国务院转发各地执行。

2. 开展创建"文明样板路"活动

创建文明样板路是在实施 GBM 工程基础上,通过加强公路养护、收费、路政管理等各项工作,杜绝"三乱"现象,最终构成畅通、安全、舒适、优美,路、景、物协调的交通环境,是提高公路服务水平的又一重大工程。交通部决定通过建设一批没有"三乱"现象的样板路,带动全国的治理公路"三乱"工作。

1994 年 4 月,交通部首先在 107 国道①上组织创建"文明样板路"活动,并颁布了《107 国道文明建设样板路实施标准》。11 月 15 ~ 26 日,在沿线各省市人民政府和广大公路职工的共同努力下,经交通部检查组对全线检查验收认定,107 国道文明建设样板路全线达标,平均达标率为 94%。在巩固 107 国道创建成果的基础上,交通部制定了"九五"国道文

①北京—深圳。

明样板路建设规划,将104、102、324、307、319、312、320共7条国道纳入建设规划,每年组织创建一条国道文明样板路。与此同时,各地交通主管部门也纷纷制定本地区文明样板路建设规划。到2000年底,全国已创建文明样板路5.49万公里,占国省干线总里程的15%。

3.启动争创公路基本无“三乱”活动

1999年10月,“两部一办”发布了《关于印发实现所有公路基本无“三乱”考核办法的通知》。2000年9月22日,为进一步确保工作顺利开展,“两部一办”和国家林业局按照全国纠风工作会议要求,发出了《关于印发实现所有公路基本无“三乱”实施方案及量化考核评分标准的通知》,提出用3年时间实现全国所有公路基本无“三乱”,并制定了具体措施和方法。根据文件规定以及各省申请,“两部一办”会同国家林业局、建设部组成联合检查组,先后对吉林、山东、江苏、海南四省进行了检查和考核验收工作,拟向社会公开全国首批实现所有公路基本无“三乱”省份名单,调动了全国治理公路“三乱”的积极性。

第四节 水路交通行政

一、水运基础设施建设与养护管理

(一)制订水运主通道、港口枢纽和支持保障系统规划

1.水运主通道规划

“三主一支持”长远发展规划包括水运主通道规划。水运主通道是水运客货流的密集带,是国家级航道的主干和全国航道网的主要骨架,也是国家综合运输大通道的重要组成部分。

1)水运主通道布局

1995年10月9日,交通部召开了全国内河航运建设工作会议,明确了我国水运主通道的布局目标、原则和内容。

(1)目标。从“八五”开始,用30年左右的时间,重点建设水运主

通道,逐步建成与综合运输网的发展相协调,以深水航道为主体,规模合理,设施配套、装备先进,管理科学、信息灵通、服务优质的水运主通道体系。

(2)原则。①适应外向型经济和沿海、沿江生产力布局要求,充分发挥对内陆地区经济发展的辐射作用;②贯彻综合利用水资源方针,充分发挥航运、水电等效益,统筹兼顾,综合开发;③适应综合运输网发展需要,以宜水则水为原则,与其他运输方式相衔接,促进国家综合运输大通道的形成和发展;④充分发挥水运优势,确保能源、外贸、原材料等重要物资运输要求;⑤有利于国防,适应战备及突发事件要求。

(3)内容。我国水运主通道由沿海主通道和内河主通道组成,按照我国生产力布局和水运资源T形分布的特点,从"八五"开始,重点建设贯通东南沿海经济发达地区的海上运输大通道和主要通航河流的内河航道。全国水运主通道总体布局规划是发展"两纵三横"共5条水运主通道。"两纵"是沿海南北主通道,京航运河淮河主通道;"三横"是长江及其主要支流主通道,西江及其主要支流主通道,黑龙江松花江主通道。这些主通道连接17个省会、中心城市,24个开放城市,以及5个经济特区。

其中,沿海主通道为辽宁丹东—广西防城的南北沿海运输线;内河主通道则是由20条内河航道组成的航道网,约1.5万公里,占全国通航里程的14%,其总体布局规划被称为"一纵三横",见表3-7-2。

2)2000年建设目标

1993年全国交通工作会议确定,到2000年水运主通道建设上新台阶的目标是:内河航运改善航道里程9 000公里,初步形成以三级以上航道(能航行千吨级以上船舶)为骨架,以四、五级航道(能航行三、五百吨级船舶)为基础的航运网络,连通区域省会、主要工矿基地、交通枢纽、主要城镇及发达的工农业经济区域、干线和主要支流基本实现直达运输。

全国内河水运主通道规划目标及实施情况表 表3-7-2

序号	河流名称	河段	总里程（公里）	规划目标		1995年达标里程		2000年达标里程	
				三级	四级	三级	四级	三级	四级
合计			14 675	12 397	2 278	5 178	269	6 387	482
一、长江水系(小计)			6 319	5 320	999	2 957	108	3 293	108
1	长江干线	水富—长江口	2 844	2 844		2 700	[144]	2 813	[31]
2	嘉陵江	广源—重庆	739	94	645		108		108
3	湘江	松柏—城陵矶	495	495		257		439	
4	汉江	安康—汉口	1 003	649	354		[530]		[530]
5	赣江	赣州 湖口	606	606			[251]		[251]
6	信江	贵溪—罐子口	271	271				41	
7	江淮运河	寿县—裕溪口	278	278					
8	两沙运河	沙洋—沙市	83	83					
二、淮河—京杭运河(小计)			2 937	2 438	535	496	161	767	374
9	淮河干流	淮滨—淮安	550	550			[390]		[390]
10	沙颍河	漯河—沫河口	393		393				
11	京杭运河	北京—杭州	1 732	1 732		404	112	586	310
12	长湖申线	小浦—西泖河口	142		142		44	89	
13	苏申外港线	苏州—吴淞口	156	156		92	5	92	64
三、珠江水系(小计)			2 515	1 771	744	729		1 038	
14	西江航运干线	南宁—广州	854	854		545	[159]	854	
15	西江下游	思贤滘—磨刀门 百顷头—虎跳门	184	184		184		184	
16	右江	剥隘—南宁	435	435					
17	北盘江、红水河	百层—石龙三江口	744		744				
18	柳、黔江	柳州—桂平	298	298					
四、黑龙江和松花江水系(小计)			2 868	2 868		996		1 289	
19	松花江	大安—同江	978	978			[978]	293	[685]
20	黑龙江	恩和哈达—伯力	1 890	1 890		996	[894]	996	[894]

注:1. 资料源自:《领导干部交通知识读本》,黄镇东。P303～304。

2. [　　]内数字,为尚未达标的里程,未累加入合计中。

3)"九五"期间建设重点

1995年10月9日,全国内河航运建设工作会议确定:"九五"期间重点建设内河航运基础设施,改善航道里程2 400公里,其中三级航道900公里,四级航道600公里,五级航道900公里;建设内河港口泊位160个,新增吞吐能力4 200万吨。按通航1 000吨级(部分航段通航500吨级)船舶标准,以提高航道等级为重点(长江干线港口、航道并重),集中力量建设"两横一纵两网",形成长江干流、西江干流、京杭运河(济宁—杭州)水运主通道和长江三角洲江南航道网、珠江三角洲航道网基本贯通的格局。

2. 港口枢纽规划

(1)港口主枢纽布局。《全国港口主枢纽总体布局规划》提出在沿海建设布局20个主枢纽港,即:大连、营口、秦皇岛、天津、烟台、青岛、日照、连云港、上海、宁波、温州、福州、厦门、汕头、深圳、广州、珠海、湛江、防城、海口港口;全国内河规划布局23个主枢纽港口,即:宜宾、重庆、宜昌、城陵矶、武汉、九江、芜湖、南京、镇江、南通、襄樊、长沙、南昌、济宁、徐州、无锡、杭州、南宁、贵港、梧州、肇庆、哈尔滨、佳木斯港口。这43个港口主枢纽覆盖了沿海14个开放城市、4个经济特区、海南经济特区的省会以及水运主通道上全部省会城市和大中城市的66%。规划的主枢纽港口需依其发展状况适时调整。

(2)2000年建设目标。沿海港口深水泊位达到650个,吞吐能力翻一番多。以能源、外贸和陆岛运输为重点,加强基础设施建设,增加港口集疏运能力,实现集装箱、煤炭、矿石等主要货种的装、卸、运能力相互平衡,以及粮食、水泥等大宗物资的散装化运输。

(3)"九五"期间建设重点。1996年全国交通工作会议确定:"九五"期间,在沿海港口,重点建设能源、集装箱、主要原材料装卸泊位;以上海为中心,浙江、江苏为两翼,进行港口组合,形成和完善上海国际航运中心;建设部分陆岛运输的客货码头及配套设施,预计新增中级以上泊位200多个,新增吞吐能力3亿吨以上。

3. 水运支持保障系统规划

(1)水运支持保障系统建设目的。水运支持保障系统是指为快速发展和有效发挥水运主通道、港口主枢纽的基础作用,而着力发展的相关和配套服务体系,主要包括船舶、安全监督、通信导航、救助打捞、公安消防、信息服务、交通教育和科技进步等,保证水路运输的畅通、安全和高效。

(2)2000年建设目标。1993年全国交通工作会议指出,到2000年支持保障系统建设要实现:建成以卫星通信为主的全国交通专用长途通信网及海上遇险和安全系统,沿海重要水域建起较完整的水上安全监督系统;沿海及内河建立船舶及水上设施技术检验体系;加快船舶更新,改善运输装备技术结构,发展现代化运输船舶和高速客轮等。

(3)"九五"期间建设重点。1996年全国交通工作会议指出:"九五"期间,支持保障系统重点建设长江口和珠江口、琼州海峡和台湾海峡、老铁山水道和成山头水道(即"两口、两峡、两水道"),以及长江重点桥区的交管系统,建成全球海上遇险和安全系统,建设交通通信信息工程;运输装备重点发展集装箱船、散装船、高速客船、江海直达船和适应江河不同特点的分节驳船队,使船型系统化和标准化,提高技术装备水平。

(二)加强水运基础设施建设与养护资金管理

1. 水运建设投融资管理

(1)国家和地方政府给予优惠政策。1993年7月,国务院批准扩大港口建设费征收范围和标准,新开征航道建设费、水运客货运附加费,以及免交的能源交通重点建设基金和国家预算调节基金等不再返回原资金渠道,由交通部统一安排用于水运基础设施建设;支持沿线省(区、市)以及受益较大的地、市(县)、企业筹集资金,对内河航运进行联合开发建设。在通航河流上,结合航道整治兴建航运梯级,实行航电结合,以发电收入用于航道整治。允许内河港口、航道建设投资者吹填造地,进行土地综合开发,收益用于内河航运建设。允许成立

"内河航运建设开发公司",对内河航运建设项目进行筹资、经营管理、资产管理及负责偿还贷款。支持有信誉、有实力的航运集团发行股票或债券进行融资,用于航运开发建设。

(2)试行资本金制度。根据国务院1996年8月23日发布的《关于固定资产投资项目试行资本金制度的通知》,交通部开始对各种经营性投资项目(包括基本建设、技术改造、房地产开发项目和集体投资项目等)先落实资本金,再进行相关建设。投资项目资本金,是指在项目总投资中由投资者出资的出资额,属于非债务性资金,项目法人不承担这部分资金的任何利息和债务;投资者可按出资比例享有所有者权益,也可转让出资,但不得以任何方式抽回。

2. 整顿改革港口费收

为发挥沿海大港的枢纽作用,提高港口综合竞争能力,按照李岚清副总理"对口岸费收要做调查研究"的指示,交通部于1995年8月组织调查小组进行了专题调查,并结合对日本、韩国港口费收考察的情况,提出我国港口费收整顿改革方案:①加强港口费收的行业管理,建立合理调价制度;②进一步完善港口费收的计费办法,优化费收结构,在基本维持现有总水平的前提下,合理调整费率水平;③简化港口费收项目,提高透明度和水运竞争力。此外,方案还指出交通部将主要从港口费收管理、船舶使费、装卸费和口岸其他部门的费收等方面对现行港口费收进行整顿改革。

3. 发布《内河航道养护费征收和使用办法》

1992年8月4日,交通部、财政部、国家物价局联合发布了《内河航道养护费征收和使用办法》,自9月1日起施行。新办法对1964年发布的《内河航道养护费征收和使用试行办法》进行了修订,内容包括:进一步明确航养费的征收范围;调整了航养费征收标准;规定了航养费由各级交通部门下设的航道管理机构负责征收管理;加强了对航养费的使用管理规定。

为更好地贯彻执行新办法,各省(区、市)可依实际情况制定本地区航养费的征收和使用办法。

4. 发布《关于调整长江干线航道养护费费率的通知》和《关于加强长江干线航道养护费征收工作的通知》

1991年7月6日,交通部、财政部、国家物价局联合发布了《关于调整长江干线航道养护费费率的通知》,将长江干线的航养费率从运费收入的3%提高到6%。随后,交通部又下发了《关于加强长江干线航道养护费征收工作的通知》对征费机构和结算办法作了明确要求。

5. 加强航行国际航线船舶长江航道养护费的征管

1992年9月9日,为保证长江海轮航道的畅通,交通部、国家物价局联合发出了《关于调整航行国际航线船舶长江航道养护费费率的通知》,增加了航养费收入。

1994年,随着国家外汇管理体制变化和汇率并轨,航行国际航线船舶长江航养费按1993年可比口径计算,实际征费水平大幅下降。同时,长江干线中下游开放港口逐渐增加使海轮航道的维护成本和费用加大。为此,交通部与国家计委物价局联合组成调查组对南通、江阴等港口进行实地调查后,于1994年10月1日共同作出调整航行国际航线船舶长江干线航养费费率的决定,并将江阴、高港、铜陵和池州等港口纳入了征收范围。费率调整后,航行国际航线船舶长江航养费的征收标准基本维持了1993年的水平。

1995年12月13日,根据交通部1983年发布的《关于对航行国际航线船舶征收长江航道养护费的通知》和交通部、国家计划委员会于1994年10月1日联合发布的《关于调整航行国际航线船舶长江航道养护费费率的通知》,交通部重新修订并发布了《航行国际航线船舶长江航道养护费征收办法》,进一步规范了航养费的征管,该办法于1996年2月1日正式执行。

6. 修订发布《长江干线航道养护费征收办法实施细则》

根据部"八五"立法计划安排,工程管理司组织对1987年的《长江干线航道养护费征收办法实施细则》进行修订,调整后的《长江干线航道养护费征收办法实施细则》于1993年8月1日发布施行。

（三）完善水运建设管理，出台《水运工程建设市场管理办法》

1. 修订沿海港口水工建筑工程定额

随着沿海港口建设新结构、新材料、新工艺、新船机的使用，特别是新财务制度的执行以及与国际市场的逐步接轨，1987年颁发的《水运工程综合预算定额》和1990年颁发的《水运工程概算预算编制规定》已不适应工作需要。为此，交通部组织水运工程定额站和有关单位，对其进行了全面修订和补充。1994年4月7日，交通部颁发并分别改名为《沿海港口水工建筑工程定额》和《沿海港口建设工程概算预算编制规定》，自1995年6月1日起使用。新定额有如下特点：

（1）适用范围由沿海、内河工程共用改变为分别编制。新的沿海定额适用于沿海港口、受潮汐影响的河口港以及长江干线1 000吨级以上泊位的航务水工建筑工程。其他内河港口则使用1992年部颁的《内河航运建设工程定额》及有关文件。

（2）定额内容有较大变化。主要有：淘汰施工工艺陈旧落后项目；剔除属于船厂水工工程项目，并计划将其另编成册；增补近10年新结构、新材料、新船机、新工艺的有关项目；按"量"、"价"分离原则编制新定额，以便于动态管理；实行"基价"取费制，避免原施工取费大小不一；根据新财务制度并参照国际惯例，修改调整《船舶机械艘（台）班费用定额》。

2. 颁布《交通部港口建设项目（工程）竣工验收办法》

工程竣工验收是全面考核建设成果，检验设计和工程质量的重要环节，对促进建设项目及时投产，发挥投资效益有重要作用。为搞好港口建设项目（工程）竣工验收，根据国家计委1990年《建设项目（工程）竣工验收办法》等有关规定，交通部于1995年2月28日，制定并颁发了《交通部港口建设项目（工程）竣工验收办法》。该办法适用于新建、扩建、改建的大中型港口建设项目和限额以上港口技术改造项目的竣工验收，其他港口建设项目和竣工验收也可参照执行。《交通部大中型航务工程项目竣工验收暂行办法》和《交通部疏浚工程竣工验收暂行办法》自该办法施行之日起废止。

3. 颁布内河建设管理法规性文件

1996年,交通部发布的《内河航运工程竣工验收办法》、《内河航运工程施工图设计文件编制办法》和《内河航运建设土建工程招标文件范本》3项内河建设管理法规性文件,规范了内河建设项目的竣工验收、施工图文件编制及招标文件编制工作,是体现内河航运工程自身特点的管理规定,有助于管理水平的提高。

4. 实施长江中下游界牌河段航道整治工程

1994年11月18日,长江中下游首次大规模的航道整治工程——界牌河段航道整治工程开工。它是一项由交通部、水利部和湖南省、湖北省共同进行的综合治理工程,也是第一次在长江中下游进行联合治水。工程主要包括护岸工程和航道整治两部分,总投资为1.55亿元,其中航道整治工程由交通部投资0.86亿元。2000年4月,该工程通过了竣工验收,且经交通、水利及地方政府各部门组成的验收委员会评定,该工程质量优良。整治后的航道大型船队(万吨级油驳船队)可常年通过,对两岸经济发展起到积极促进作用。

5. 重新认定水运工程施工企业资质

1995年,为整顿水运建设市场秩序,规范市场行为,交通部按新修订的《航务工程施工企业资质等级标准》和《航道工程施工企业资质等级标准》,开始对水运工程施工企业进行资质重新就位工作,并于1996年完成。

6. 颁布《水运工程建设市场管理办法》

20世纪90年代以来,水运工程施工和勘察设计竞争日趋激烈,但市场机制不完善、法规不健全,以及宏观调控不足等原因,致使水运工程建设市场出现不少问题。由此,交通部明确要求加快法制建设以培育和管理水运工程建设市场。1997年2月21日,交通部以1号部令颁布《水运工程建设市场管理办法》,共10章56条,包括总则、管理与职责、项目报建、资信登记、勘察与设计、招标与投标、合同管理、工程实施管理、法律责任、附则等。

7. 抽查水运工程质量

1998 年,交通部对十几个有代表性的水运工程建设项目进行了监督抽查,并于 1999 年 1 月 13 日时发出《关于加强水运工程项目质量管理的通知》,要求重点做好:①提高认识,加强领导,建立和完善质量监督机制;②严格执行基本建设程序,切实履行法定质量责任;③紧密结合工程特点加强勘察设计,完善技术责任制,健全内部质量保证机制;④规范招投标行为,严格资质审查,加强建设市场管理;⑤完善监理制度,严格工程监理;⑥加强现场管理,提高施工质量水平;⑦大力推行新技术,依靠科技进步改善工程质量。

8. 全面启动三峡库区水运淹没复建工程

按照三峡工程进度安排,到 2003 年 6 月,库区蓄水到坝前水位 135 米,届时约有 70% 的水运设施被淹没或受影响。交通部从 1994 年开始着手三峡库区水运设施淹没复建规划准备工作,1997 年和 1998 年完成了对《长江三峡工程库区航运规划报告》和《长江三峡工程库区水运设施淹没复建规划报告》的审查和批复。1999 年 1 月 1 日,由交通部规划研究院牵头,长航局、重庆市交委、湖北省交通厅参加编制的《长江三峡库区水运设施淹没复建规划实施方案》通过了审查。该工程项目总投资27.16亿元,交通部安排资金 10.18 亿元,移民补偿资金 7.09 亿元,其余为各单位自筹。2000 年,三峡库区水运淹没复建工程全面启动。

(四)颁布《中华人民共和国航道管理条例实施细则》

1991 年 8 月 29 日,根据《中华人民共和国航道管理条例》第三十二条和国家有关法律、法规规定,交通部颁布了《中华人民共和国航道管理条例实施细则》,共 7 章 48 条,自 10 月 1 日起施行。它对航道管理机构及其职责、国家航道与地方航道的划分、航道的规划与建设、航道的养护与养护经费以及对违反条例的处罚等都作了具体规定。为航道行政部门进行航道开发、管理、养护等提供了法律依据。

(五)制定《内河航道管理和养护工作纲要(1991~2000年)》(讨论稿)

1992年5月31日~6月4日,交通部在广东广州召开了全国内河航道管理和养护工作会议,讨论了交通部制定的《内河航道管理和养护工作纲要(1991~2000年)》(讨论稿)。纲要确定2000年前航道管理和养护工作的二十四字方针是:“深化改革,依法治航,加强养护,征好规费,科学管理,保障畅通”。同时,明确2000年前航道管理和养护工作的任务为:

(1)加强各水系干线和对地区经济发展有重要作用的航道管理和养护,消除碍航因素,保障畅通,为国内和对外开放提供可靠的运输保证。

(2)提高航道养护质量,在充分利用自然水深的前提下,采用疏浚和其他有效措施,改善通航条件,保证航道尺度达到标准,航标维护正常率达到规定要求。

(3)至2000年航道维护里程提高到6.8万公里,其中千吨级以上航道1万公里,300~500吨级航道2万公里,300吨级以下航道3万公里。对新建航道,按建设标准建一条养护好一条。

(4)航标设标里程提高到4.1万公里,其中电气化航标里程2.7万公里。对通航海轮的主要航道,逐步配备雷达应答器,以适应对外开放需要。

(5)分期分批完成国家和地方干线航道的定级工作。

(6)对过船建筑物的老旧设备逐步进行技术改造与更新,实现自动化控制,保证畅通,提高通过能力。

(7)加强船舶的维护保养,按“三化两定①”标准更新超龄的航道工程、工作船艇,使船舶完好率达到90%。

①三化:系列化、标准化、规范化;两定:定船型、定机型。

(8)提高航道疏浚、整治机械化水平。侧重配备适合中小河流的挖泥船,有计划地更新主要航道的挖泥船,逐步提高航道整治主要施工环节的机械化程度,使施工技术达到比较先进适用的水平。

(9)更新落后的测量仪器,做好引进设备的消化、应用和开发工作,使航道测量达到自动化先进水平。要查核、增补测量标志,逐步实现干线航道测量标志成网,完成主要干线航道图的测绘工作。

(10)逐步形成全国干线航道通信网络,配齐、更新航道站、信号台及船岸间的无线电话和更新站、台间的有线线路及设备,保障航道通信畅通。

(11)坚持"两个文明"一起抓,不断提高航道职工政治、业务素质。逐步在关键的技术和管理岗位实行任职资格证书制度。在职工队伍专业结构中,各类专业技术人员达到20% ~25%;全部工人通过初级技术培训;60%的工人通过中级技术培训。职工文化程度达到初中以上水平。

(六)开展内河航道定级工作

随着国民经济的发展和水利基础设施投资规模的扩大,各地不同程度出现了违章和降低通航标准,或建设拦、临、跨河建筑的现象,尤其是突出的桥航矛盾,危害了水运资源的开发和利用。1990 年 12 月 25 日,中华人民共和国建设部批准了由交通部组织编写的《内河通航标准》,规定内河航道分为Ⅰ~Ⅶ级及等外级。但航道技术等级的评定工作一直未开展,因此主管部门也无法制止新的碍航建筑。

为改变这一局面,1992 年 9 月,交通部在广东广州召开全国内河航道管理和养护工作会议,确定开展航道定级的准备工作。1994 年 11 月,根据《中华人民共和国航道管理条例》及其《实施细则》中关于"航道应划分技术等级"的规定,交通部在江苏苏州召开全国内河航道技术等级评定工作会议。1994 年 12 月 1 日发布《内河航道技术等级评定工作大纲》,明确航道定级的目的、任务和具体要求,提出用 2 ~ 3 年时间基本完成全国内河航道的定级工作。此后,各省(区、市)交通主管部门根据交通部的统一部署开展工作。

1997年下半年至1998年初，由交通部、水利部、电力部（国家电力公司）组成的航道定级评审组先后在吉林、广州、南宁、杭州、重庆、郑州、长沙市召开了7次专家评审会，对各省（区、市）及交通部直属航道管理单位报送的定级资料进行评审，1998年10月，交通部、水利部、国家经贸委（国家电力公司）联合审批了Ⅰ～Ⅳ级航道，并报国务院备案。1999年，各省级人民政府完成了对Ⅴ～Ⅶ级航道审批，并报交通部备案；同时，各省级交通主管部门研究批准了等外级航道。

按照交通部《内河航道技术等级评定工作大纲》规定，Ⅰ～Ⅳ级航道的定级水平年为2030年，其他各等级航道定级水平年为2020年。今后如果无明显变化，这些经批准的航道技术等级将不再改变。黄河、赤水河、长江水富以上段，京杭运河黄河以北段等约5 000公里航道，由于一些不确定因素，本次未定级；今后条件具备时，由各有关交通主管部门仍依据定级大纲规定再进行论证和报批。

经过各级交通主管部门5年多的努力，至1999年年底内河航道评级工作全面完成。经批准的航道技术等级，是今后进行航道建设、管理的主要依据，同时对充分开发利用水运资源具有重要意义。

（七）组织实施第二次全国港口普查

1997年，交通部在1986年第一次全国港口普查后着手实施第二次普查。为开展好第二次全国港口普查，交通部和国家统计局于1996年10月着手准备。1997年4月制定普查方案，并于6月下旬在湖北武汉进行试点。1997年8月4日电话会议后，第二次全国港口普查正式开始。此次普查工作对普查范围、对象、标准、时间、内容和成果均作了明确规定和具体要求。

（八）大力发展西部地区内河航运事业

2000年7月20日，交通部在四川成都召开了西部开发交通建设工作会议，吴邦国副总理在会议上指出，“加强公路建设的同时，有条件的地方，要重视发展航运。我国有很多重要的江河及其支流，如长江、西江等都流经西部地区，一些地区崇山峻岭、沟壑纵横，修建铁路、公路难度大，却有发展航运的有利条件。结合兴修水利，整治航道，发展航运，不仅投资省，见效快，有些还可以借江出海，是改变这些地区交通闭塞状况、加快经济发展和扩大对外开放的重要举措。这应该是西部交通建设中不可忽视的一个方面。"

2000 年 8 月 16 日，交通部召开了西部地区内河航运建设座谈会，明确了加快西部地区内河航运发展的基本思路、原则和目标等。

1. 加快西部地区内河航运发展的基本原则

(1) 继续实施"三主一支持"长远发展规划，坚持"统筹规划，条块结合，分层负责，联合建设"的基本方针，调动各方积极性，加快西部水运基础设施建设。

(2) 贯彻综合开发和利用水资源方针，鼓励水利、水电、航运等联合开发、共同建设，加快渠化西部地区水运主通道。

(3) 坚持"统筹兼顾，着眼未来，立足当前，突出重点"，有计划、分步骤推进。

(4) 坚持以满足西部地区开发需求为基本出发点，正确处理需要与可能的关系，量力而行，注重效益，分类指导。

(5) 坚持"科教兴交"战略，依靠科技进步，走可持续发展道路。

2. 西部地区内河航运发展的总体目标

总体目标是：用 20 年左右的时间，基本建成西部地区通江达海的水运主通道，开发建设主要支流航道，基本形成配套水路运输服务体系，使西部水路交通面貌发生根本性变化，基本适应经济发展需要。到 21 世纪中叶，实现以水运主通道为骨架、干支相通、设备配套、水陆联运、功能完善、优质服务的现代化水路运输体系。

3. 西部地区内河航运建设重点

建设重点是：对外水运主通道、与主通道相连接的重要支流航道和与其他运输方式相比具有运输优势的河流（段）及效益显著的库区水运设施的建设，并推进具有扶贫效益的内河航运发展，与此同时，建设与之相配套的港航设施。

4. 政策措施

(1)认真做好西部地区交通运输规划,加快项目前期工作。

(2)拓宽内河航运建设资金渠道,加大投资力度。

(3)坚持水资源综合利用,探索综合开发新路子。

(4)加强政策引导,争取各级政府支持。

(5)提高科技含量,注重人才培养。

(6)增强历史使命感,坚定发展内河航运的信心。

二、水运管理体制改革

(一)改革港口管理体制

1. 沿海港口投资体制改革

改革开放以来,特别是1984年实行"以港养港、以收抵支"政策后,沿海港口建设得到了加强。但由于我国经济发展持续快速增长,沿海港口吞吐能力仍无法满足需要,且矛盾越来越尖锐。

为适应国民经济和社会发展的需要,解决港口企业困难,并保证"九五"期间沿海港口建设有足够投入,交通部着手实施沿海港口投资体制改革。1995年8月8日,交通部向国务院提交沿海港口投资体制改革建议:

(1)以收抵支建议改为收支两条线,港口企业取得的经营收入,按规定缴纳各种流转税,抵扣各项成本支出后的利润向国家财政缴纳所得税,投资由国家计划安排。

(2)"九五"以前港口水下基础设施投资转为国家资本金。除按《国务院批转国家计委、财政部、国家经贸委关于将部分企业"拨改贷"资金本息余额转为国家资本金意见的通知》规定,将"拨改贷"本息余额转为国家资本金外,建议国家把已投入经营基金、开发银行软贷款、外债风险部分等投资,也转为国家资本金,以减轻港口企业负担。

(3)自"九五"期开始,港口水下基础设施投资改为国家投入,作为国家资本金。港口水下工程、防波堤、锚地、出海航道等公用设施,具有社会公益性质,应由国家预算内非经营性投资安排,并作为国家资本金;装卸机械、库场等上部设施投资由国家提供政策性优惠贷款,经营者负责还本付息。

(4)多方集资建设沿海港口。为发挥各方积极性,多方集资建设港口,建议将新建的大宗散货码头,如煤炭、石油、铁矿石等码头,原则上以货主或货主和航运企业为主集资建设,以减轻国家投资压力。

(5)积极推行港口企业股份制试点。建议对现有大宗散货码头逐步实行股份化,发挥其自我建设发展的积极性。

建议内河港口建设也参照上述办法执行。

2. 明确港口管理体制改革的初步思路

1996 年,国务院审查并批准了交通部提交的《深化水运管理体制改革方案》,方案主要内容如下:

(1)实行政企分开,理顺各方关系。港口按政企分开原则设立行政管理机构,作为当地政府职能部门。其主要职责是:负责当地政府辖区内港口的规划和岸线管理;负责港埠企业、货主码头的归口管理;负责港口规费的征收;负责港口和陆域环保管理等。

将政企合一的港务局,改组为港埠企业,成为自主经营、自负盈亏、自我发展、自我约束的经济实体,依法从事港口装卸、仓储、堆存等经营活动及港口的改造、维护。各港的客货代理、理货、引航等服务机构,从港埠装卸企业中分离,组建独立公司或社团法人,从事经营活动。港口公安也要离企归政。

(2)深化港口财务管理体制和基本建设投资体制改革。改革"以港养港,以收抵支"的财务制度,并与新财税制度接轨。关于改革港口基础设施建设投资体制,以及解决"七五"以来港口建设资金还本付息问题,交通部将会同有关部门研究提出意见报请国务院批准。

(3)明确港口产权,加强国有资产管理。按照国有资产管理局《关于印发国有资产产权界定和产权纠纷处理暂行办法》的规定,部直属和双重领导港口由中央投资形成的资产和实行“以港养港”期间以养港资金形成的资产，属于中央管理，交通部将根据《国有资产监督管理条例》及其实施细则，制定具体监管办法。

3. 进行港口体制改革试点

根据国务院“可以选择一、两个港口进行试点”的指示精神，交通部于1996年正式开始实施改革。改革大致分3个阶段：第一阶段，1996年2、3季度，研究制定《港口体制改革试点方案》，并报国务院审批；第二阶段，1996年4季度至1997年底，按《试点方案》在有关港口进行试点；第三阶段，1998年起，在总结试点基础上完善方案，报请国务院批准后全面实施，并争取在3年内完成。

1996年9月20日，交通部拟定了《港口体制改革试点方案》，明确改革的目标、原则和内容。

(1)目标：按照建立社会主义市场经济体制和实行两个根本性转变的要求，为增强港埠企业活力，进一步解放和发展水运生产力，建立适合我国国情、逐步与国际接轨、能不断促进港口及其腹地对外开放和经济发展的港口管理新体制。

(2)原则：遵循“政企分开，产权明晰，科学管理，理顺关系”的总原则，形成以间接管理为主的宏观调控体系，加强政府对港口的管理；建立现代企业制度，深化国有港埠企业改革；充分发挥市场对资源配置的基础性作用，发展完善航运市场体系；发挥中央和地方对港口建设与管理的积极性，促进港口事业持续、稳定、健康发展。

(3)内容：改革主要涉及港口管理体制、港口财务管理体制、港口资产管理体制、港口投资体制、港口公安体制、港口引航和港口理货体制7个方面。同时，拟在广州、青岛、重庆和南京4个港口中选择沿海和内河各一个港口先行试点。

(二)实施深圳口岸水运管理体制改革试点

随着我国对外开放层次和水平的逐步提高，深圳原有口岸管理体制和模式明显滞后，查验环节多、效率低、检验和收费重复、一水两监并存等一系列问题，限制了口岸作用和能力的发挥，也不利于1997年香港回归祖国的需要；同时，社会各方反应强烈，在国内外也造成了不良影响。深圳口岸管理体制改革迫在眉睫。

1993年初，深圳港务管理局形成了《关于制约港口发展若干问题的调查报告》，由深圳市政府上报国务院。1993年5月14日，李岚清副总理批示国家体改委"组织一个专题改革小组先在深圳调研，先在深圳作改革试点，待改革取得经验后再推广"。1994年初，经国务院同意，深圳港口及口岸管理体制改革小组成立。1995年7月21日，国务院办公厅转发了国家体改委、国家经贸委《深圳口岸管理体制改革试点方案》。29日，"深圳口岸管理体制改革试点工作会议"在深圳召开，李岚清副总理到会作了重要指示。

深圳口岸管理体制改革的目标是：按照发展社会主义市场经济的要求，结合我国国情和国际惯例，建立依法把关、监管有效、方便进出、服务优良、管理科学、收费合理、国际一流的口岸管理体制和政企分开、统一协调、平等竞争、高效运作的港口营运机制，以促进深圳对外开放和经济发展，更好地发挥经济特区作用。整个改革试点工作在1997年香港回归祖国前完成。

改革的内容（交通体制）是：将深圳市港务管理局中的港口管理职能与海上安全监督职能分开，设立完全从属于政府的港务管理局，进入政府序列；深圳海上安全监督局与交通部设立在深圳蛇口的海上安全监督局合并，实行交通部与深圳市人民政府双重领导，以交通部为主的管理体制；一个港口设置一个非营利的事业性引航机构，统一负责引航工作；逐步放开外轮代理、外轮理货等服务市场。

改革试点（交通体制）取得的阶段性成果：按照国务院办公厅《转发国家体改委、国家经贸委关于深圳口岸管理体制改革试点方案的通知》（国改编办〔1995〕42号）确定的原则，在广东省政府配合下，经交通部、深圳市人民政府共同努力，交通体制改革取得了阶段性成果：

（1）由交通部和深圳市政府共同拟定了《深圳水上安全监督管理

体制改革实施方案》和《关于改变深圳市水上安全监督管理体制有关问题的协议》。1996年1月1日，交通部深圳水上安全监督局正式成立。新的水监机构成立后对监管程序进行了改革：①在深圳东部盐田港区率先实行24小时船舶进出口查验制度，除第一次到港船舶外，在船舶文书有效期内，一般不再登轮查验船舶证书和证件及有关设备。②将深圳西部地区的4个港区视作一个口岸，对进出港船舶实施统一管理；国际航行船舶进出西部口岸须办进出口查验手续各一次；对在西部各港间移泊的船舶，港务监督不再办理进出口查验手续；不再收取在西部各港间移泊的港务费。

（2）理顺深圳港口引航管理体制。以深圳市港务管理局引航站为基础，成立深圳港统一的引航机构，名称为"深圳港引航站"。将蛇口南方船舶引航服务公司并入深圳港引航站，同时取消赤湾引航站。具体改革实施方案，由深圳港务局拟定，报交通部和深圳市人民政府批准后执行。

（3）为规范航运服务市场，交通部颁布了《深圳港口引航管理办法》，对引航的管理、申请、实施、罚则等进行规范。同时也颁布了《深圳市外贸船舶代理业规范管理的意见》，原则同意深圳市人民政府拟定的《深圳市国际船舶理货管理办法》，除个别地方作相应修改后，由深圳市人民政府自行发布实施。

（三）改革长江航运管理体制

1996年，国务院批准的《深化水运管理体制改革方案》中明确了深化长江航运管理体制改革的思路：

（1）成立长江航运管理委员会，由交通部牵头，水系各省、直辖市人民政府参加，作为决策、协调机构，统筹决定长江水系航运发展、管理的重大事项。长江航务管理局既作为交通部在长江的派出机构，又是长江航运委员会的日常办事机构，归口管理长江水系航运的日常工作。

（2）改革长江港航公安体制。长江现有的公安队伍是非常必要的。现行港航公安体制应按《国务院批准公安部关于企业事业单位公安机构体制改革意见的通知》(国发〔1994〕19号)要求,理顺体制,实行统一管理。

(3)长江干线主要港口、长江水上安全监督和船舶检验的管理体制改革,借鉴我国沿海模式,并结合长江航运实情进行。

三、水路运输管理

(一)整顿水运市场,加强行业调控

1. 整顿水运市场

(1)完成水运"四证"换发工作。自1987年《中华人民共和国水路运输管理条例》及其实施细则颁布以来,《中华人民共和国交通部水路运输许可证》、《中华人民共和国交通部水路运输服务许可证》、《中华人民共和国船舶营业运输证》和《中华人民共和国水路运输管理检查证》(以下简称"四证"),在国内航运管理中发挥了重要作用。但"四证"的格式和内容不够规范和完善,影响了水运市场发展。

1993年,为规范水运管理,交通部利用全国水运企业和船舶进入全面换证阶段的机会,对"四证"进行了修改和补充,并于1994年初组织全国各省(区、市)交通主管部门及授权的航管部门、部派驻三大水系航运管理机构和部直属水运企业,对老"四证"进行换发。到1994年9月底,全国范围内换发新证工作基本结束,除个别特殊情况船舶外都先后换领了新的《中华人民共和国水路运输许可证》和《中华人民共和国船舶营业运输证》。

(2)整顿长江三峡涉外旅游船市场。1994年5月,国务院领导在考察长江三峡工程时,对涉外旅游航运缺乏统一管理、安全措施不健全、服务质量下降等问题作了重要批示。根据国务院领导指示,经国务院秘书二局协调,交通部代国务院起草文件,重新明确长江涉外旅游运输管理中运政管理、船舶检验、港航监督、治安管理等方面的职责权限,加大统一管理、宏观调控的力度。

1995年2月27日,《国务院办公厅关于进一步加强长江三峡涉外旅游船舶管理问题的通知》。交通部立即召开会议贯彻落实通知精神,部署对长江三峡涉外旅游运输船公司和船舶的清理整顿工作,制定了《长江涉外旅游运输清理整顿方案》,成立了由交通部牵头,公安部、国家旅游局参加的清理整顿工作小组。

4~7月底,工作小组数次赴现场办公,对现有经营长江涉外旅游运输的28家船公司和59艘船舶,逐一进行审查、检验、复核。通过清理整顿,长江涉外旅游运输市场管理有章不循、政令不一等问题基本得到解决;实现了统一标准、统一规范、统一管理;长江涉外旅游运输市场经营秩序混乱的状况得到初步改善。

(3)整顿琼州海峡运输市场。海南建省后,海峡运输由粤、琼两省共同管理。1988年,交通部发布了《关于同意广东、海南两省运输由两省共同审批的批复》,明确两省交通部门按经济对等原则对琼州海峡的运输和运力投放进行共同管理和审批。

1995年,由于琼州海峡运输管理政出多门,市场秩序混乱等情况,经新闻媒体曝光,引起国务院领导的重视。交通部组织工作组,对琼州海峡轮渡问题进行专项调查整顿。经治理整顿,取得初步成效:①各级港航企业制订领导岗位责任制,增强治理整顿的责任感;②加强管理,初步建立各项规章制度;③抓好各种防范和监督措施,建立群众监督机制;④严肃查处顶风作案的人与事,基本刹住两个港区乱收费和收小费的不正之风。

(4)发布《关于进一步加强水运市场管理的通知》。1996年6、7月,交通部向全国各级交通主管部门发出了两次《关于进一步加强水运市场管理的通知》,决定从7月1日起,用1年时间暂停新筹建船公司、新增运力和扩大经营范围的审批工作,并由部水运司牵头,其他有关司局和地方交通部门参加组成联合调查组,分两次对北方、华东、南方3个片共11个省(区、市)进行水运市场调查。这次调查涉及面广且影响大,有利于进一步认识水运市场建立、培育和发展等有关问题,对加强宏观调控和行业管理提供了决策依据。

经交通部再次研究决定:1998 年 7 月 1 日以前,除《关于继续加强我国水运市场管理的通知》中规定的船公司和有助于改善运力结构、确属市场需要的船舶外,继续暂停审批新增运力和新筹建船公司。各级交通主管部门要按照“控制总量、优化调整结构、加强管理、提高效益,促进水运行业健康发展”的方针,继续贯彻交通部《关于进一步加强我国水运市场管理的通知》精神,加强水运市场治理整顿和宏观调控。

(5)加强国际船舶代理市场监管。国际船舶代理业务是外国航商了解我国国际海运和贸易政策以及我国市场发展情况的一个窗口。根据 2000 年全国水运行业管理工作座谈会的精神,国际船舶代理市场管理的重点是:①加强市场监管,采取有效措施进一步规范企业经营行为,提高服务质量和竞争力,维护市场秩序,努力培育和建立竞争有序的国际船舶代理市场;②对未经交通部批准擅自开展业务的企业和年审不合格的企业,应立即停止相关业务,经有关部门核查后提出处理意见上报交通部;③努力提高企业职工的业务和政策水平,加强内部管理,自觉遵守国家法律法规,为国际船舶提供优质服务。

2. 研究水路运力结构的调整

1999 年,按照“转变政府职能,加强行业管理”的精神,开展了一系列水路运力结构调整政策的研究:

(1)改进和完善航运市场准入的审批制度和现有运力额度管理办法,逐步向法律、经济、技术等调控手段方向发展。

(2)制定船型和船龄标准、安全技术规范及其管理办法,研究修订《老旧船舶管理规定》,拟建立并实施船舶强制报废制度。

(3)交通部与国家经贸委、财政部联合制定的《关于加快航运业结构调整的请示》提出多渠道筹集船舶运力调控专项资金,鼓励船东拆解和更新老旧船舶的原则意见。

(4)进行水路运输运力结构调整规划研究,制订水运业中长期调

控目标,研究行业发展的配套政策,借鉴国外成功经验,建立运力调控体系。

(5)开展沿海运力运量平衡方法研究,通过抽样调查,掌握供求状况,为制定政策提供依据。

3. 召开2000年全国水运行业管理工作座谈会

2000年5月6日,交通部召开了全国水运行业管理工作座谈会,取得如下共识:

(1)明确我国水运事业发展的指导思想和总体设想。指导思想是:坚持邓小平理论和党的基本路线,以党的十五大和十五届四中全会精神为指针,加快水运结构调整,积极推进两个根本转变,建立和完善统一开放、竞争有序的水运市场,充分发挥对水运资源的合理开发利用,促进我国水运行业持续快速健康发展。总体设想是:通过20年的努力,建成具有较强国际竞争力的海运商船队,建立与其他运输方式相协调的国内航运系统,形成满足航运需要、结构合理、功能多样的港口体系,基本适应国民经济、对外贸易和国家安全需要。

(2)加强行业管理,促进水运发展。今后应主要采取以下措施:①研究制定水路交通发展战略、发展规划和产业政策;②进一步完善水运法规体系,提高依法行政水平;③加强市场监管,建立和完善水运市场;④加快科技创新步伐,调整优化运输结构;⑤进一步深化水运管理体制改革;⑥进一步扩大对外开放,提高开放质量和水平;⑦加强水上交通安全监管,保障运输生产安全;⑧抓好行业精神文明建设和职工队伍建设。

(二)治理水路"三乱"

治理水路"三乱"是纠正行业不正之风的主要内容,其治理的好坏直接影响到水运行业能否健康发展,每年交通部召开的纪检监察工作会议都反复强调水路"三乱"防治工作的重要性。1996年4月20~22日,交通部向全国交通主管部门下发了《关于开展水上"三乱"防治工作的通知》,要求各部门对本地区水上"三乱"问题进行自查自纠。

1998年1月，中纪委第二次会议作出治理公路“三乱”工作向水路延伸的部署。3月31日和8月17日，交通部先后召开了两次全国交通系统治理公路和水路“三乱”电话会议。根据会议精神，决定将治理水路“三乱”作为交通部纠正行业不正之风工作重点之一。为稳步有效开展工作，交通部制定了治理水路“三乱”的工作计划、目标和措施，并与国务院纠风办公室组成了联合调查小组，重点对江苏、湖南、安徽、广东4省的水路“三乱”及治理情况进行调查。

1999年，为改善水路运输环境，规范各种收费，交通部会同公安部和国务院纠风办于7月12日联合下发了《关于禁止在水路上乱设站乱收费乱罚款的通知》，10月19日，又下发了《关于对水上站点设置及收费情况进行调查的通知》，为治理水路“三乱”提供依据。

2000年4月21日，根据《关于禁止在水路上乱设站乱收费乱罚款的通知》精神，交通部下发了《关于治理水路“三乱”有关问题的通知》，进一步明确水上站点及水上收费的概念、清理范围和治理工作要求。5月中旬在广东广州召开的全国水运行业管理工作座谈会和6月初在河北唐山召开的运力宏观调控工作会上，交通部进一步强调治理水路“三乱”工作的重要性和迫切性。11月，根据该通知和《关于对水上站点设置及收费情况进行调查的通知》精神，交通部又印发了《关于审批水上站点有关意见的函》，明确内河水上站点的设置原则，督促各省尽快审批确认所辖水域的水上站点，并由各省交通主管部门向交通部报备。截至2000年年底，交通部长江航务管理局和直属海事系统水上站点审批工作已经完成，并对外公布。

此外，为提高航道建设与维护管理水平，有效治理水路“三乱”，加强行业精神文明建设，交通部决定自2000年起在全国交通系统开展创建“文明样板航道”活动，提出把江南运河创建成全国第一条文明样板航道。成立了由交通部副部长翁孟勇任组长，水运司、体改法规司、人事劳动司、公安局、纪检监察办、办公厅、海事局7个司局主管领导任成员的交通部创建文明样板航道活动领导小组；各省(区、市)交通厅局也成立了相应领导小组。交通部于2000年7月17日制定的《文明样板航道标准》共有9条，涵盖了治“三乱”、航道尺度标准、航标维护、水上交通安全管理、过船建筑物管理、船艇机具设备及航道管理单位内部管理7个方面。同时，还制定了《文明样板航道评定办法》。

(三)全面开放渤海湾海上客运市场试点，组建上海航运交易所

1. 全面开放渤海湾海上客运市场试点

为适应经济发展需要，促进技术进步和运力结构优化，充分调动社会各方兴办海上客运的积极性，交通部组织了渤海湾海上客运市场开放的试点工作。1990年4月，烟台海运总公司开辟蓬莱—旅顺车客渡航线，打破了渤海湾客运独家经营的局面，随后一些地方企业、中外合资企业相继加入。1993年10月，交通部公布了《全面开放渤海湾海上客运市场方案》，试点工作全面展开。方案主要内容有：①打破航区、条块分工限制，凡符合经营海上旅客运输条件的企业，经批准均可经营渤海湾跨省航线的旅客和客滚运输；②允许和鼓励多家航运企业经营同一条航线，在提高管理水平和服务质量的前提下，公平竞争，优胜劣汰；③积极稳妥地推进运价改革，客运实行中央或地方指导性价格，企业可在规定浮动幅度内自主定价，扩大企业定价权，初步形成市场决定价格的机制；④推动企业转机建制，鼓励横向联合，开展股份制改革，落实经营自主权；⑤鼓励发展新船型，推动运力结构优化和技术进步，满足旅客与车辆不同层次的需要；⑥鼓励发展公水、铁水联运，方便旅客，促进流通。经过改革试点，渤海湾客运船舶由单一普通常规客轮向客滚船、高速船等多种船型发展，整体技术水平大为提高；港航企业市场竞争意识普遍增强，初步形成渤海湾海上客运的市场机制。

2. 组建上海航运交易所

1996年11月8日，我国第一个国家级水运交易市场——上海航运交易所成立。27日，国务院总理李鹏在交通部部长黄镇东和上海市主要领导陪同下考察了上海航交所，国务院副总理吴邦国随同考察。

李鹏总理称赞上海航交所“初具规模，大有希望”，并欣然命笔为航交所题词“规范航运交易，繁荣航运事业”。

上海航运交易所是经国务院批准，由交通部和上海市人民政府共同组建。目的是为规范交易活动，促进我国航运市场发展和发育；配合上海浦东开放开发，把上海建成国际航运中心。它的基本功能是：“规范航运市场交易行为，调节航运市场价格，沟通航运市场信息”。遵循“公开、公平、公正”原则，并以崭新的市场服务和规范管理，为全国航运市场发展和发育发挥示范引导作用。上海航交所中心任务是服务，服务的对象是整个航运市场，包括船公司、货主、代理方等。

1996年10月3日，经国务院批准，交通部以8号令颁布了《上海航运交易所管理规定》。该规定明确上海航交所的功能与职责、组织机构、交易范围、会员权利与义务以及对航交所和会员违规行为的罚则，是政府部门依法对航交所行使管理、航交所依法组织交易活动以及保证会员权利和义务的法规性文件。

(四)出台规范水路旅客和货物运输的相关规章

1. 出台新的《水路旅客运输规则》

1995年12月12日，交通部出台了新修订的《水路旅客运输规则》，自1996年6月1日起施行，同时废止1980年颁布的原《水路旅客运输规则》和《水路旅客运输管理规程》。

新《水路旅客运输规则》明确了市场经济体制下旅客、承运人、港口经营人的经济关系和平等的民事法律关系，规范市场行为，落实企业自主权。其主要内容有：①通过建立运输合同，明确承运人与旅客之间的平等权利和关系；②通过建立港口作业服务合同，明确承运人与港口经营人之间的经济关系和权利、责任；③明确出售船票是承运人的责任和与客运业务代理人之间的委托和被委托关系；④与《海商法》接轨，新规则取消了有违《海商法》的包裹运输内容，明确承运人和港口经营人在责任期间，由于过失或与旅客共同过失应对旅客负赔偿责任。

《水路旅客运输管理规程》原是以行政手段规定的规程,因此在新规则实施后就被废止了。

2. 修订《水路货物运输规则》和《水路货物运输管理规则》

1995年3月15日,交通部修订并发布了新的《水路货物运输规则》和《水路货物运输管理规则》,同时废止了交通部1987年7月1日发布的《水路货物运输规则》和《水路货物运输管理规则》。

随着改革开放不断深入,我国经济体制由计划向市场过渡,以上两个规则中港航企业均是承运人的经济关系,在一些重大问题上与国家已修订出台的《经济合同法》、《全民所有制工业企业转换经营机制条例》和《全民所有制交通企业转换经营机制实施办法》具有一定的不一致或不协调,不利于企业自主权的落实和运输市场的形成与发展,故新的两个规则主要在3个方面作了重大修改:①理顺运输计划与运输合同的关系,明确计划运输和市场运输都必须签订合同;②理顺港埠企业和航运企业关系,明确船公司是承运人,港埠企业是港口经营人;③明确船代、货代的业务范围以及代理自主选择、多家经营的原则。

新的两个规则的颁布实施,对推进合同制运输、规范水运市场主体行为,加强水路运输法制建设,发挥了重要作用。

3. 颁布《水路危险货物运输规则(第一部分)》

1996年12月1日,交通部以10号部令颁布了《水路危险货物运输规则(第一部分　水路包装危险货物运输规则)》(以下简称《水路危规》),自颁布之日起实施。新的《水路危规》是本着既符合我国国情,又与国际惯例接轨这一基本精神制定的。本次修订在立法依据、适用范围、危险货物的分类、编号、包装标志、积载、隔离、储存等方面都作了较大变动,反映了我国多年来在水路危险货物运输方面所取得的经验和国际、国内理论研究的最新成果。《水路危规》的实施对确保船舶运输、码头装卸、库场储存危险货物和人员安全,促进和加强我国水路危险货物运输管理,起了重要作用。

4. 颁布《中华人民共和国水路运输服务业管理规定》

1996 年 6 月 18 日，为规范水路运输服务行为，维护水路运输市场秩序，保障旅客、收货人、承运人及其代理人等的合法权益，促进水运事业发展，交通部以 3 号部令颁布了《中华人民共和国水路运输服务业管理规定》，自 10 月 1 日施行。这是我国第一部关于国内水路运输服务业的规章，在纵向管理方面，它的直接依据是《水路运输管理条例》；在涉及横向经济方面，依据的是《民法通则》和《经济合同法》。同时还与部颁发的调整客货运输横向关系的《水路货物运输规则》和《水路旅客运输规则》相衔接。

为执行好该规定，交通部在山东烟台和天津举办了两期由省航管部门领导和基层航管部门人员参加的辅导班，并下发《关于实施〈中华人民共和国水路运输服务业管理规定〉有关问题的通知》。随着规定的贯彻实施，我国水路运输服务业管理逐步走上规范化、法制化轨道。

1998 年 7 月 30 日，交通部发布了关于修改《中华人民共和国水路运输服务业管理规定》的决定，并从发布之日起实施。

(五)明确香港与内地运输政策

1997 年 7 月 1 日，香港顺利回归祖国。按照《中华人民共和国香港特别行政区基本法》，为保持香港繁荣稳定，维护香港国际航运中心的地位，香港与内地航运的基本政策是：香港与内地航运是特殊管理的国内航线，视同外贸运输进行管理；在香港登记注册的船舶可以经营香港与内地对外开放港口(对外轮开放港口)之间的海上运输；未经中央人民政府批准，香港籍船舶不得从事香港到内地沿海及内河客货运输；未经中央人民政府批准，外国籍船舶不得从事香港到内地的海上客货运输。

四、水上交通安全管理

(一)公布实施《中国水上安全监督工作发展纲要》

1996 年 9 月 20 日，交通部公布《中国水上安全监督发展纲要》，以

指导今后15年水上安全监督工作的建设与发展。该文件有以下特点:

(1)根据社会主义水运市场需求,考虑水上安全监督机构在管理的体制、模式、手段和队伍建设方面存在的差距,在全国交通改革总体原则指导下定位水上安全监督工作,并自始至终以改革为主线。

(2)努力使我国水上安全监督工作赶超世界先进水平,在政府行政管理和社会主义经济建设中发挥更大作用。在深入调查研究我国水上安全监督机构及其工作的基础上,提出15年内建成包括搜救、安全通信和政府验船业务在内的统一的、基本现代化的水上安全监督体系总体战略目标。同时提出2000年近期目标,即初步实现沿海、水网地区和内河干线水域水上安全监督机构的统一管理,加强国家水上安全监督领导机关的统一领导。

(3)该纲要充分考虑水上安全监督业务工作与国际公约、国际航运和国家安全监督工作的接轨,也考虑到我国东西部地区水上安全监督工作发展程度的差异,在对策与措施的具体要求上作了不同规定,有较强操作性。

(4)根据邓小平同志"两手抓、两手都要硬"的思想,纲要用了相当的篇幅提出队伍建设、职业道德建设和树行业新风的要求,体现既注重物质文明建设,又注重精神文明建设。

纲要以改革为契机,总结历史特别是建国以来我国水上安全监督机构工作的成功经验,针对水运市场经济发展进程中遇到的问题,提出总体发展目标,制定有效措施,有力地推动了我国水上安全监督工作的发展。

(二)改革水上交通安全管理体制

1996年,《深化水运管理体制改革方案》已确定水上安全监督体制改革的原则。1998年,交通部机构改革中开始实施水上安全监督体制改革方案。

1. 改革目标

在我国沿海(包括岛屿)海域和港口、对外开放水域及主要跨省(区、市)内河(长江、珠江、黑龙江)干线及港口,合并中央和地方水上安全监督机构,统一政令、统一布局、统一监督管理,实行"一水一监、一港一监",由交通部合并中央与地方水上安全监督机构,成立直属海事局,实行垂直管理。在上述中央管理水域以外的其他水域由地方交通主管部门成立海事机构负责监督,交通部对地方水上安监工作实施行业管理。

2. 成立中华人民共和国海事局

根据1998年国务院批准的交通部"三定方案",中华人民共和国船检局(交通部船舶检验局)与中国船级社实行"局社、政事分开",同中华人民共和国港务监督局(交通部安全监督局)合并组建中华人民共和国海事局(交通部海事局)。中国船级社作为社团组织(事业法人),承担船舶及海上设施的具体检验业务。

1998年10月19日,中编办印发了《关于中华人民共和国海事局(交通部海事局)主要职责和人员编制的批复》,确定交通部海事局主要职责如下:

(1)拟定和组织实施国家水上安全监督管理和防止船舶污染、船舶及海上设施检验、航海保障以及交通行业安全生产的方针、政策、法规和技术规范、标准。

(2)统一管理水上安全和防止船舶污染。监督管理船舶所有人安全生产条件和水运企业安全管理体系;调查、处理水上交通事故、船舶污染事故及水上交通违法案件;归口管理交通行业安全生产工作。

(3)负责船舶、海上设施检验行业管理以及船舶适航和船舶技术管理;管理船舶及海上设施法定检验、发证工作;审定船舶检验机构和验船师资质、审批外国验船组织在华设立代表机构并进行监督管理;负责中国籍船舶登记、发证、检查和进出港(境)签证;负责外国籍船舶入出境及在我国港口、水域的监督管理;负责船舶载运危险货物及其他货物的安全监督。

(4)负责船员、引航员适任资格培训、考试、发证管理。审核和监督管理船员、引航员培训机构资质及其质量体系;海员证件管理工作。

(5)管理通航秩序、通航环境。负责禁航区、航道(路)、交通管制区、港外锚地和安全作业区等水域的划定;负责禁航区、航道(路)、交通管制区、锚地和安全作业区等水域的监督管理,维护水上交通秩序;核定船舶靠泊安全条件;核准与通航安全有关的岸线使用和水上水下施工、作业;管理沉船沉物打捞和碍航物清除;管理和发布全国航行警(通)告,办理国际航行警告系统中国国家协调人的工作;审批外国籍船舶临时进入我国非开放水域;港口对外开放有关审批工作以及中国便利运输委员会日常工作。

(6)航海保障工作。管理沿海航标、无线电导航和水上安全通信;管理海区港口航道测绘并组织编印相关航海图书资料;归口管理交通行业测绘工作;组织、协调和指导水上搜寻救助并负责中国海上搜救中心日常工作。

(7)组织实施国际海事条约;履行"船旗国"及"港口国"监督管理义务,依法维护国家主权;负责有关海事业务国际组织事务和有关国际合作、交流事宜。

(8)组织编制全国海事系统中长期发展规划和有关计划;管理所属单位基本建设、财务、教育、科技、人事、劳动工资、精神文明建设工作;负责船舶港务费、船舶吨税有关管理工作;负责全国海事系统统计和行风建设工作。

(9)承办交通部交办的其他事项。

3. 设置交通部直属海事机构

1999 年 9 月 26 日,交通部和中编办共同拟定了《交通部直属海事机构设置方案》。10 月 27 日,国务院批准并发布了《国务院办公厅关于印发交通部直属海事机构设置方案的通知》,明确交通部在沿海的省(区、市)和主要跨省内河干线及重要港口城市设立直属海事机构,并根

据工作需要设立直属海事机构的分支机构。具体如下:

(1)在中央管理水域①内,根据水上安全监督管理工作的需要和中央与地方水监机构现状,共设置20个交通部直属海事机构,见表3-7-3。直属海事机构名称统一为"中华人民共和国××(地名或河流名)海事局"(以下简称直属局)。直属局的设立与调整由交通部提出意见,经中编办审核并报国务院审批。

交通部直属海事机构序列　表3-7-3

序号	交通部直属海事机构名称	级　别	序号	交通部直属海事机构名称	级　别
1	中华人民共和国上海海事局	正厅级	11	中华人民共和国海南海事局	正厅级
2	中华人民共和国天津海事局	正厅级	12	中华人民共和国长江海事局	正厅级
3	中华人民共和国辽宁海事局	正厅级	13	中华人民共和国黑龙江海事局	副厅级
4	中华人民共和国河北海事局	副厅级	14	中华人民共和国深圳海事局	正厅级
5	中华人民共和国山东海事局	正厅级	15	中华人民共和国营口海事局	副厅级
6	中华人民共和国江苏海事局	正厅级	16	中华人民共和国烟台海事局	副厅级
7	中华人民共和国浙江海事局	正厅级	17	中华人民共和国连云港海事局	副厅级
8	中华人民共和国福建海事局	正厅级	18	中华人民共和国厦门海事局	副厅级
9	中华人民共和国广东海事局	正厅级	19	中华人民共和国汕头海事局	副厅级
10	中华人民共和国广西海事局	正厅级	20	中华人民共和国湛江海事局	副厅级

(2)直属局在有关重要港口设立分支机构,名称统一为"中华人民共和国××(港口名或地名)海事局"(以下简称分支局),其行政级别原则上为正处级。分支局的设立由交通部根据水监体制改革的进展情况,分期分批另行提出方案报中编办审批。

(3)直属局和分支局根据工作需要在有关地域设立派出机构,对所辖区域水上安全实施现场监督和管理,派出机构名称统一为"中华人民共和国××(港口或口岸名)海事处(科)",其行政级别为处(科)级。派出机构的设置由交通部审批,报中编办备案。

同时,为保持对外执法主体的统一性和工作的连续性,水监体制

①指按照《国务院办公厅关于转发交通部水上安全监督管理体制改革实施方案的通知》中所界定的。

改革完成前,各级海事机构仍使用“中华人民共和国港务监督”和“中华人民共和国××船舶检验局”名称,待新机构组建完成并经法律程序对外公告和通知有关国际组织后,再正式以新名称对外执法。

4. 推动地方水监体制改革

1999年,根据《国务院办公厅关于转发交通部水上安全监督管理体制改革实施方案的通知》(国办发〔1999〕54号),交通部会同中编办于6月14日召开全国交通系统电话会议,传达水监体制改革实施方案。会议推动水监体制改革在全国范围内开始实施。

(三)加强小型船舶及乡镇船舶安全管理

1. 开展联合行动,加强小型船舶安全管理

1999年8月17～26日,为遏制小型船舶事故的多发势头,加强安全管理,交通部在全国范围内组织开展了“小型船舶安全管理联合检查行动”(简称“’99联合行动”)。成立了以洪善祥副部长为组长的领导小组,有关省市交通厅(局)也成立了相应领导机构,有力保障了行动的顺利进行。通过“’99联合行动”,消除了部分小型船舶事故隐患。

2. 加强乡镇船舶管理,建立健全安全管理责任制体系

经国务院同意,2000年1月3日,交通部、国家经贸委联合下发《关于进一步加强乡镇船舶交通安全管理责任制的意见》;1月20日,联合下发《关于贯彻实施〈关于进一步加强乡镇船舶交通安全管理责任制的意见〉的通知》,推行以落实县乡政府管理责任为核心的责任制。在航运企业管理上,不断督促建立健全安全管理机制,落实企业法定代表人第一位安全责任;在船舶管理上,实行船长安全管理负责制。

3. 以小型船舶为重点,开展“2000年水上统一执法行动”

2000年8月17～31日,交通部在全国范围内开展了水上交通安全“2000年水上统一执法行动”。这次行动以小型船舶为重点,突出检查乡镇客渡船和危险品船,严厉打击“三无”船舶非法营运、船舶超

载，严厉查处水上交通安全违法行为。这一行动在社会上引起强烈反响，进一步提高了水上交通安全的执法能力，锻炼了执法队伍，集中解决了交通安全工作中的突出问题，促进了水运事业健康有序发展。

(四)吸取“11.24”海难事故教训，强化安全管理

1. 妥善处理“11.24”海难事故

1999年11月24日深夜，山东省航运集团烟大汽车轮渡有限公司所属“大舜”轮，在烟台开往大连途中发生特大海难事故，死亡244人，失踪36人，生还22人。在国务院事故调查处理领导小组指挥下，交通部全力以赴做好“大舜”轮遇难旅客和船员的搜寻打捞工作。对此，江泽民总书记、朱镕基总理，李岚清、吴邦国副总理等均作出重要批示。交通部于11月26日和30日分别召开加强安全生产工作紧急电话会议及加强渤海湾客滚船安全管理现场会议，传达中央领导的指示精神，并部署12月交通安全大检查工作。检查内容包括所有投入营运的客滚船、客(渡)船、危险品运输船及客车、装运危险品车辆和超限运输车辆，特别对渤海湾、琼州海峡、舟山群岛、长江干线及山区公路的客(渡)船(车)进行了重点检查。12月2日，吴邦国副总理主持召开全国安全生产工作紧急电视电话会议后，亲自赶赴现场。

为尽快扭转交通安全的严峻局面，交通部着重作了以下工作：①强化全系统干部职工的安全意识，全面落实各项规章制度，认真贯彻全国安全生产工作紧急电视电话会议精神。②努力确保投入运营的客滚(渡)船以及危险品船处于适航状态。交通部决定，所有客滚船一律由中国船级社检验，近期船检部门要对所有客滚(渡)船进行一次突击检验，经检验不合格的一律不得投入运营。③实行客滚(渡)船、危险品船开航前的船长声明制度。④决定对山东烟大公司进行停业整顿，今后对不重视安全生产的企业决不留情。

2. 开展“水上运输安全管理年活动”

2000年1月24日，针对近期水上交通安全暴露的一系列问题，以及在认真汲取“11.24”特大海难事故深刻教训的基础上，交通部提出

在全国开展“水上运输安全管理年”活动。为保证此项工作顺利开展，先后召开了3次电视电话会议。该活动以建立和落实水运安全管理责任制为目标，采取有力措施，强化水运安全管理。重点解决客船、客渡船、客滚船、危险品运输船的安全运输问题。通过查思想、查纪律、查制度、查隐患、查整改、查落实，全面推进航运企业建立安全管理机制，落实安全生产责任制，实施交通行业安全管理、船舶安全检查、船舶检验责任追究制度，尽快扭转水上运输安全生产的被动局面。

3.开展客滚船运输安全评估

2000年3月3日,交通部发出《关于开展客滚船运输安全评估的通知》,决定对从事省际运输的所有客滚船及其船公司、船员和停靠码头进行全面评估。成立了以交通部海事局、水运司、公安局和中国船级社等有关部门、单位参加的客滚船运输安全评估领导小组,以加强对评估工作的领导和对评估结果进行审批认定。

按照通知要求,大连、烟台、上海、海口等港口由当地海事部门牵头,当地交通主管部门和中国船级社分支机构参加,先后成立了客滚船运输安全评估委员会,并认真开展工作。根据各地反映的问题,交通部客滚船运输安全评估领导小组办公室邀请有关专家研究解决,并于6月27日和28日分别发出《关于开展客滚船运输安全评估的补充通知》和《关于客滚船运输安全评估工作有关事项的通知》。各地评估工作完成后,部客滚船运输安全评估领导小组进行了审查,并下发《关于对客滚船运输安全评估审批的通知》,提出限期整改要求,且对整改情况进行复查,复查结果将于2001年2月底以前报部评估领导小组。

这次客滚船运输安全评估工作提高了客滚船运输公司的安全意识,加强了对公司内部机构、职能和客滚船安全技术状况及船员任职资格以及客滚船码头的管理,对保证客滚船运输安全条件起到了积极地推动作用。

4. 标本兼治,加强水上交通安全工作

2000 年 8 月 16 日,交通部部长办公会议提出,水上交通安全工作要贯彻"标本兼治,远近结合,综合整治"的工作方针,在治本和落实上下功夫。通过 1~2 年的努力,力争使全国水上交通安全形势基本稳定。

(1)治本措施。切实提高交通行业广大干部职工特别是各级领导干部的安全意识,加强交通运输安全生产的宣传;开展水上交通安全整顿活动,并把其作为明、后两年"水上运输安全管理年"活动的核心内容,整顿清理水运企业,严把市场准入关;加强法规建设;实行"分级管理、逐级负责"的水上交通安全责任制;加大反腐力度,加强执法队伍建设;加强交通安全监察工作。

(2)治标措施。继续深入开展安全大检查,在水上交通安全整顿基础上全面推行安全检查责任制;抓好事故苗头处理,在预防上狠下功夫;严肃处理事故责任人,尤其要严肃追究有关领导的管理责任;加快救捞体制改革,实行救、捞分开,增强救助力量。

(五)贯彻实施《中华人民共和国航标条例》

1. 实施《中华人民共和国航标条例》

1995 年 12 月 3 日,国务院以 187 号令颁布了《中华人民共和国航标条例》,共 25 条。这是我国正式颁布的第一部航标法规,适用于在中华人民共和国水域及管辖的其他海域设置的航标,目的是加强航标管理和保护,保证航标处于良好使用状态,保障船舶航行安全。条例明确规定,国务院交通行政主管部门负责管理和保护除军用航标和渔业航标[①]以外的航标。国务院交通行政主管部门设立的流域航道管理机构、海区港务监督机构和县级以上地方人民政府交通行政主管部门,负责管理和保护本辖区内军用航标和渔业航标以外的航标。交通行政主管部门和国务院交通行政主管部门设立的流域航道管理机构、

①军用航标和渔业航标的管理和保护由军队的航标管理机构和渔政渔港监督管理机构分别行使航标管理机关的职权。

海区港务监督机构统称航标管理机关。

12月13日,交通部颁布了《航标动态通报管理办法》,规范了航标动态通报的方法和渠道。

2. 颁布《内河航标管理办法》

1996年5月20日,交通部以2号部令发布了《内河航标管理办法》,主要内容包括修订原则、航标管理机构及职责、专设航标的设置与维护管理和航标保护等,共8章54条,自8月1日起施行。该办法是对1962年8月颁布的《交通部内河航标管理暂行办法》的修订。遵循了国家颁布的《中华人民共和国航标条例》、《中华人民共和国航道管理条例》及其实施细则和国家标准《内河助航标志》、《内河助航标志的主要外形尺寸》等法规、技术标准确定的原则,并与《内河航道维护技术规范》相协调,因此,更侧重于管理行为。它总结30多年内河航标事业发展和新技术在航标领域的应用及推广的实践经验,汲取近年来国家发布的有关航标管理方面的标准、法规,是一部比较完整、系统的规章。它规范了内河航标管理行为,对加强内河航标维护管理,提高维护质量,保障船舶航行安全发挥了重要作用。

(六)改革船检体制,加强船舶管理

1. 船舶检验管理体制改革

改革开放以来,我国一直实行中央和地方船检管理机构并存的体制,其存在的问题主要是:船检机构重叠,造成检验、收费重复;中央与地方船检机构局社合一、政事不分;政令不一,秩序混乱。这不仅给船舶安全埋下了隐患,同时也在国际上造成了不良影响。1996年,《深化水运管理体制改革方案》明确了我国改革船舶检验管理体制的思路,即:政事分开、划清职责,统一政令,理顺关系。

(1)理顺中央与地方船检管理体制。解决同一水域船检机构重复设置、重复检验和重复收费等问题。按照精简、统一、效能原则,根据不同水域特点,中央、地方船检机构实行统一政令,分级管理,划清职责,合理分工。

(2)改革中央船检体制。将中国船级社与国家船检局分开,国家船检局为交通部职能部门且履行行政管理职能,对外保留中华人民共和国船舶检验局。其主要职责是:负责统一编制国家船检行政管理法规,组织制定颁布船舶法定检验的技术规范、规则、标准;组织实施国际海事组织(IMO)有关船舶安全方面的规则和标准;对全国船检工作实施监督检查和行业管理;认定船检服务社团和船检师资质;办理船舶法定检验的授权。

中国船级社是国家的验船机构,是自收自支的社团组织,按市场经济原则和国际通行做法,从事有偿船舶检验、咨询服务业务以及质量认证和实施国际船舶安全准则。中国船级社是部属一级事业单位,服从国家船检局的行业管理。

2. 船舶悬挂国旗管理

1991 年 10 月 10 日,根据《中华人民共和国国旗法》第四条二款“外交部、国务院交通主管部门、中国人民解放军总政治部对各自管辖范围内国旗的升挂和使用,实施监督管理”和第十一条一款“民用船舶和进入中国领水的外国船舶升挂国旗的办法,由国务院交通主管部门规定”,交通部以 32 号令发布了《船舶升挂国旗管理办法》,自 11 月 1 日起施行。该办法的发布结束了我国没有关于船舶悬挂国旗专项规定的历史。

《船舶升挂国期管理办法》明确了将中国国旗作为船旗国国旗悬挂的适用船舶范围、悬挂的时间和具体位置等内容,还规定交通部授权港务监督机构(含港航监督机构),对船舶升挂和使用中华人民共和国国旗实施监督管理。

3. 修订《中华人民共和国外国籍船舶航行长江水域管理规定》

《中华人民共和国外国籍船舶航行长江水域管理规定》是经国务院批准,由交通部于 1983 年 4 月 20 日首次发布的。进入 90 年代后,交通部分别于 1992 年 7 月 25 日和 1997 年 8 月 1 日先后两次进行了修订。它是依据《中华人民共和国对外国籍船舶管理规则》制定的,目的是为维护中华人民共和国主权，保障船舶安全，维持长江水域及其港口秩序。

4. 实施《中华人民共和国船舶和海上设施检验条例》

1993 年 2 月 4 日，为保证船舶、海上设施和船运货物集装箱具备安全航行、安全作业的技术条件，保障人民生命财产的安全和防止水域环境污染，国务院以 109 号令发布了《中华人民共和国船舶和海上设施检验条例》，自发布之日起实施。该条例对适用范围、检验工作的主管机构、实施机构等情况作了明确规定，同时指出军用舰艇、公安船艇和体育运动船艇，以及按船舶登记条例规定不需登记的船舶不适用本条例，内容包括总则、船舶检验、海上设施检验、集装箱检验、检验管理、罚则和附则，共 7 章，34 条。

5. 实施《中华人民共和国船舶登记条例》

1994 年 6 月 2 日，为加强国家对船舶的监督管理，保障船舶登记有关各方的合法权益，国务院以 155 号令发布了《中华人民共和国船舶登记条例》。该条例对适用范围、船舶所有权登记、船舶国籍、船舶抵押权登记、光船租赁登记、船舶标志和公司旗、变更登记和注销登记、法律责任等内容作了详细规定，共 10 章 59 条。

6. 实施《国际航行船舶进出中华人民共和国口岸检查办法》

1995 年 3 月 21 日，为加强对国际航行船舶进出我国口岸的管理，便于船舶进出口岸，提高口岸效能，国务院以 175 号令颁布了《国际航行船舶进出中华人民共和国口岸检查办法》。该办法明确了适用范围、主管部门、办理手续等内容，共 17 条。此办法自发布之日起实施，同时废止 1961 年 10 月 24 日由交通部、对外贸易部、公安部、卫生部发布的《进出口船舶联合检查通则》。

(七)制定救捞规划，实施《关于外商参与打捞中国沿海水域沉船沉物管理办法》

1. 制定救捞系统“九五”计划和“2010”长远规划

海上救助打捞是一项国际性社会公益事业，也是国民经济中必不可少的组成部分。我国是海运大国,但与发达国家相比,在救捞的投资和装备方面还很落后。因此,交通部在"九五"和"2010"年规划中对救捞行业发展在投资上给予了倾斜,以保证救捞与国家整体交通运输协调发展,为我国航运和海洋资源开发提供安全保证,在"2010"年前,我国在援助力量、技术手段、人员素质与管理水平等方面接近国际先进水平。

救捞系统"九五"和"2010"年救捞发展的布局和目标方案:

(1)土建部分。"九五"期间救捞系统基本建设主要是救捞基地、站配套,包括"八五"跨"九五"项目和"九五"新建项目,"九五"期间土建部分共需投资68 840万元。到2010年年前,救捞基地要成为功能齐全、技术先进,可满足救捞要求的陆上保障体系。对于沿海救助站的建设,要形成较完整的海上救助网,与此同时,建设重点救助站,使之具备维修保养救助船等保障系统,并能独立指挥救助遇难船舶。

(2)救助打捞船舶。救捞船舶具有对遇险船舶进行封仓、堵漏、抽水、船底探摸、消防灭火和拖带失控船舶到安全地点的能力。"九五"期间,救捞船舶的发展主要是更新救助拖轮,新增加部分救生直升飞机和快艇。实现在一般气象条件下,救生船3~4小时、直升飞机1小时内,抵达主要港口附近30海里以内的海难事故现场。更新打捞船以及增加部分救助打捞配套的辅助船。到2010年,救助打捞船能及时更新换代,并增加部分消防、防污设备。

(3)教育和人员培训。"九五"期内重点解决:船舶技术干部按船舶1.5:1的比例配齐,对45岁以下船舶驾驶员、轮机员、船长进行英语强化培训,达到中级水平;船舶技术、政工干部的文化程度,达到中专或高中以上学历;40岁职工文化程度达到高中以上学历;潜水员进行新技术新工艺培训,由单一型向多功能型方向转变。加强管理人员培训,使30%管理干部获得专业证书;科技人员再教育达40%;加强技术工人培训,80%的技术工作接受岗位培训,基本形成一支以中级工为主体,高级工占一定比例的技术队伍。到2010年,主要技术干部与船舶数,按2:1的比例配齐;全体职工60%达到大专以上水平,其中船舶技术干部和机关管理干部90%达到大专以上水平。

(4)通信设备发展。通信是海上救捞的耳目,也是搞好海上救捞的首要条件。"九五"期间,在第一期通信工程基础上进行第二期工程,主要实现对船、岸通信设备的配套、完善和更新,并与交通部全国交通通信网联成一体,共需投资4 500万元。到2010年,按国际搜救通信的要求,实现与交通部通信设备同步发展。

此外,长远规划还对救捞装备水平及救捞工业发展提出现代化奋斗目标。

2. 实施《关于外商参与打捞中国沿海水域沉船沉物管理办法》

1992年7月12日,为加强对外商参与打捞中国沿海水域沉船沉物活动的管理,保障有关各方的合法权益,国务院以第102号令发布了《关于外商参与打捞中国沿海水域沉船沉物管理办法》,共23条。该办法适用于外商参与打捞中国沿海水域具有商业价值的沉船沉物活动,其中,香港、澳门、台湾的企业、个人及其他经济组织的相关业务也参照本办法执行,但沉船沉物的所有人自行打捞或者聘请打捞机构打捞其在中国沿海水域的沉船沉物,不适用本办法。

第五节　交通综合行政

一、交通审计行政

(一)成立中国交通审计学会

为有序开展交通审计理论研究与学术交流活动,推进交通审计实践规范发展,经交通部和审计署批准,1991年4月,正式成立中国交通审计学会。中国交通审计学会是研究交通审计科学的群众性组织,是中国内部审计学会的团体会员。其基本任务是:从事交通审计理论研究和学术活动,对交通审计业务进行调查研究,提供审计咨询服务,组织横向联系协作和审计经验、审计信息交流，培训审计人员，编写出版交通审计书刊。

（二）成立中交审计事务所（原北京交通审计事务所）

为适应改革开放和经济发展需要，经交通部和审计署批准，原北京交通审计事务所于 1991 年 4 月成立。该所由审计署管理、挂靠驻交通部审计局，在国家工商行政管理机关登记，具有独立法人资格，依法独立承办审计、咨询、查证等业务，实行有偿服务。1993 年经审计署批准，取得承办中央企业审计查证业务资格。同年更名为“中交审计事务所”。1999 年 8 月，中交审计事务所与挂靠部门脱钩。

（三）建立并完善交通审计制度

1991～2000 年，交通审计制度建设得到不断建立和完善。交通部先后制定了《关于加强交通审计工作的意见》、《加强交通审计工作的几点要求》、《部属企事业单位承包经营责任审计暂行规定》、《交通部部属院校教育经费审计试行办法》、《交通部直属建筑施工企业“百含复合挂钩”审计暂行办法》、《交通行业内部审计工作规定》、《公路养路费审计工作规范》、《交通企业年度会计报表内部审计规定》、《交通建设项目审计实施办法》、《交通企事业单位法定代表人经济责任审计规定》、《交通审计统计报表》等 10 多个审计规章、文件，为各级交通审计机构和审计人员依法履行审计监督职责提供了法律保障。

（四）开展交通审计机构成立 10 周年纪念活动

1994 年是交通审计机构成立 10 周年。为开展好交通审计机构成立 10 周年纪念活动，交通部于 1993 年 9 月 29 日专门发出通知（交审计发〔1993〕1010 号）进行了部署。

1994 年 4 月 22～25 日，纪念交通审计机构成立 10 周年会议在北京召开。审计署吕培俭审计长、刘鹤章副审计长，交通部刘松金副部长、刘鹗副部长出席会议。刘松金副部长、刘鹤章副审计长分别代表部党组和审计署作了重要讲话。会议由刘鹗副部长主持。会议总结了交通审计 10 年取得的成绩，交流了经验，研究提出了今后一段时期交通审计工作的发展思路和工作目标。会议还表彰了29个审计工作先进集体、21个先进个人。纪念活动期间，编辑出版了《中国交通审计十年》和《1990年至1993年交通审计法规汇编》，中国交通报、交通审计杂志专门刊登了纪念文章。

二、交通科技行政

(一)深化交通科技管理体制改革

1. 制定《交通部对加快深化直属科研单位科技体制改革的若干意见》

用高新技术改造传统产业是交通行业面临的一个十分紧迫的任务，交通部直属科研单位在交通行业科技进步中担负着重要使命。因此，1992年6月25日，交通部发布《交通部对加快深化直属科研单位科技体制改革的若干意见》。其中，明确指出根据《中共中央关于传达学习邓小平同志重要谈话的通知》和1992年全国科技工作会议精神，加快深化科技体制改革步伐，继续建立和完善科技与经济有机结合的新体制。按照交通运输事业发展的客观需求，引导直属科研单位合理分流。

该意见指出，在遵循《交通部直属科研单位实行所长负责制的暂行规定》的同时，各上级主管部门要不断完善符合科技发展规律的管理体制，简政放权，充分运用市场机制和经济杠杆的调节作用推动科研单位进入科技市场。

2. 实行"稳住一头，放开一片"的方针

交通部部属科研院所按照"经济建设必须依靠科学技术，科学技术工作必须面向经济建设"的基本方针，逐步进行取消科技事业费、实行院所长负责制、内部承包责任制及建立科技基金等项改革，增强了市场机制在各科研院所工作运行中的作用，促进了科技项目与交通建设的结合。但由于国家总体改革尚有待深化，承包责任制尚不规范，各科研院所不同程度存在追求短期经济效益的倾向，以致研究开发工作日趋小型化、短期化、封闭化，科技力量分散，资源配置不够合理。

1994 年 1 月 18 日,交通部在全国交通工作会议上指出交通科技体制改革要进一步深化,积极促进科技经济一体化,实行“稳住一头,放开一片”的方针。认真贯彻国家科委、国家体改委《适应社会主义市场经济发展、深化科技体制改革实施要点》和国家科委、财政部召开的中央级科研院所财务管理改革经验交流会的精神,在调查研究基础上组织编制了关于交通科研系统结构调整、人才分流、机制转换的设想;组织实施“船舶运输控制系统国家工程研究中心”项目和“交通工程设施”、“港口工艺系统国家工程研究中心”的申报准备工作;编制了部属科研院所跨世纪人才培养规划,启动了青年科技人才培养工作。

3. 稳步推进公路、水运工程和船舶运输 3 个科研中心建立

1995 年,在深化部直属科研单位体制改革的工作中,重点抓了公路、水运工程和船舶运输 3 个行业科研中心建设的调研和论证工作。在征求各有关方面意见的基础上,交通部提出了建设 3 个行业科研中心的初步设想:对公路科研所、重庆公路科研所、水运科研所、南京水利科学研究院、天津水运工程科研所以及上海船研所等部属科研机构,进行优化组合,形成公路、水运工程、船舶运输 3 个科研中心,并争取进入国家重点科研机构序列,作为行业科学研究和技术开发的主力军,主要开展公路、水运交通带有长远性、关键性、全局性和综合性的重大应用研究和技术开发工作,成为科技成果转化和科技人才培养的重要基地。3 个科研中心的建设是“九五”期间交通部交通支持保障系统建设中的重要组成部分。

1997 年,部科技体制改革按照《交通部直属科研院所科技体制改革总体方案》提出的“分流七个所、组建三中心、放开一大片、稳住近千人”的基本思路,坚持“精心组织、慎重操作、分批实施、逐步到位”原则,积极开展“稳住一头、放开一片”工作。作为国家科技体制改革 4 个试点部门之一,交通部分别于 1997 年 3 月、7 月和 10 月组织 3 个科研中心的有关院所召开了改革进展协调会。随后,各中心根据各自特点,按照总体规划要求,制定了切实可行的“实施方案”。到 1997 年年底,3 个科研

中心的建设已基本完成顶层结构设计、组织结构和专业结构调整、运行机制转换和制度创新工作。在3个科研中心建设的同时,科研机构分流调整工作也同步进行:一是加快科研机构向企业或企业化转变的步伐。顺利完成了推进长江航运科研所进入中国长江航运(集团)总公司的工作。二是做好三个科研中心内部分流调整工作。

1999年,根据原国家科委《关于对交通部直属科研机构科技改革总体方案的复函》,交通部印发了《关于建设公路、水运工程和船舶运输三个科学研究中心的通知》。经过近3年的深化科技体制改革试点工作,交通部公路、水运工程和船舶运输科学研究中心先后进行了结构调整、人员分流、机制转换和制度创新工作;重点建设了覆盖交通运输行业的31个主要专业领域和船舶控制系统国家工程研究中心等重点实验室(场),并按时完成了试点建设任务。

为进一步深化部属科研单位体制改革,优化资源配置,交通部于1999年9月对原交通部科学研究院、交通部科学技术信息研究所、交通部标准计量研究所进行了重组,组建成新的"交通部科学研究院"。在验收、重组、建设"一院三中心"的同时,对其他部属院所也进行了调研,从而为第二步院所的转制改革打下了良好基础。

(二)明确公路水运交通行业科技进步的方向和任务

1992年,交通部提出了《关于公路水运交通行业近期技术进步的方向和任务》,该文件以公路、水运交通发展需求为导向,以提高经济、社会效益为中心,坚持"目标明确、重点突出、系统配套、协调发展、着重应用"的原则,力求搞好科技与经济的"结合"和"转化"。确定重点开发有利于调整结构、提高效益的新技术、新产品,强调组织科技攻关、重点技术开发和科技成果的推广应用。并从公路和水运两方面制定了交通行业科技进步的主要任务:

1. 公路

为适应公路路网建设,特别是以高速公路和一、二级汽车专用公路组成的国道主干线系统和公路主枢纽建设的需要,大力发展设计、施工、养护、管理新技术；研制以大型化、专用化、拖挂化为主要技术特点的公路运输装备，加速技术装备更新改造步伐；开发公路运输管理现代化技术，逐步建立安全优质、快速方便的现代化汽车运输系统。

2. 水运

为适应南北沿海运输主通道和长江、珠江干线等内河主通道，以及沿海和内河干线枢纽港建设的要求，发展航道整治和港口建设新技术；建成一支用先进技术装备的国际船队，形成以大吨位经济型船舶为主力的沿海运输船队，配套建设相应支持系统和现代化管理系统，逐步实现货物运输高效化、专业化和旅客运输旅游化（中、长途）、高速化（中、短途），充分发挥水运运能大，成本低的优势。

根据上述要求，交通部提出了“八五”期间公路、水运交通技术开发和推广应用的重大项目；下达了科技进步“通达计划”1992 年度执行计划。作为推进交通全行业科技进步的重大措施，交通部从 1992 年起还组织实施《“八五”交通行业联合科技攻关计划》。

1992 年 11 月 17 ~ 19 日召开了“八五”交通部行业联合科技攻关理事会首次会议。会议组成了由 24 个省（区、市）和部有关司局参加的首届理事会；通过了《“八五”交通部行业联合科技攻关计划暂行管理办法》。

（三）制定《公路、水运交通科技发展“九五”计划和到 2010 年长期规划》

根据国家科委、国家计委的要求，交通部从 1994 年开始，集中力量完成了《公路、水运交通科技发展“九五”计划和到 2010 年长期规划》的编制，于 1995 年 11 月全国交通科学技术大会讨论通过后，正式印发。这一规划体现了贯彻落实 1995 年全国科学技术大会精神，实施“科教兴交”战略，明确了我国“九五”和到 2010 年交通科技发展总体目标、工作重点等。

1. 总体目标

（1）围绕国道主干线、水运主通道、港站主枢纽和支持保障系统的建设,并为提高运输生产效率、效益和安全保障,研究开发和应用先进适用的成套技术,发展和应用面向交通行业的电子信息及通信技术、自动控制技术和新材料技术等,大力发展高速、重载的交通运输装备,使交通全行业的技术水平和技术构成有一个较大幅度提高和新突破,形成快速、经济、便利、安全的水上、公路客货运输体系。

(2)建立适应社会主义市场经济,符合自身规律,科技与交通运输生产建设密切结合的新型交通科技体制。到2000年,科技进步对交通增长的贡献率在现有基础上提高到50%左右,劳动生产率较80年代有较大幅度提高,交通科技的总体水平达到发达国家90年代初水平,到2010年,科技进步贡献率力争再增加10～15个百分点,交通科技的总体水平接近当时的国际水平。

2. 工作重点

(1)抓好科学技术向现实生产力的转化工作。

(2)积极推进国有大中型交通企业技术进步。

(3)积极发展和应用面向交通行业的高新技术。

(4)继续深化科技体制改革。

(四)确定交通技术产业化总目标

为贯彻党中央、国务院关于加强技术创新,发展高科技、实现产业化的决定,交通部在2000年全国交通工作会议上提出了今后一个时期交通技术创新和发展高科技、实现产业化的总体目标:继续深化科技体制改革,建立以企业为主体的交通技术创新体系,逐步形成有利于科技成果转化的体制和机制,以改造和提升公路水路运输业,使科技进步对交通行业的贡献率再提高10%～15%,力争实现跨越式发展。

交通技术产业化的总目标分解如下:

1. 公路科技领域

加快高等级公路建设养护成套技术和大跨径桥梁施工养护技术的研发,提高公路基础设施建设质量和使用性能;结合西部大开发,研究适应西部地质地貌和气候特点的筑路养护技术；开发公路网运营管理技术，完善高速公路交通综合信息服务系统、交通事故预防和紧急救援系统、网络环境下电子收费系统等技术，建立快速高效的公路运输管理系统。

2. 水运科技领域

结合深水枢纽港建设，研发深水筑港技术、内河航道整治与疏浚技术装备、大型高效集装箱和大宗散货装卸机械等。围绕提高水路运输效率和管理水平，加快建设集装箱港口智能管理集成系统、枢纽港集疏运及多式联运系统、船舶运输和港口管理系统、港航电子商务系统等。

3. 支持保障系统

加强交通信息网、交通运输 EDI 信息网、客货运输信息服务网、交通科技信息网、水上安全监督信息网以及救助打捞体系的建设，不断提高和完善支持保障的能力水平，并在环境保护、节约能源等方面取得较大进展。

三、交通教育行政

(一)召开交通教育工作会议

1. 召开全国交通成人与职业技术教育工作会议

1995 年 8 月 1 ~4 日，为贯彻全国教育工作会议精神和中央制定的“科教兴国”战略决策，交通部在吉林长春召开了全国交通成人与职业技术教育工作会议，进一步明确交通成人与职业技术教育在“科教兴国”、“科教兴交”战略方针中的重要地位，研究制定了“九五”期间的规划纲要。黄镇东部长在会上作了题为《树立“科教兴国”的战略思想，大力发展职业技术教育和成人教育，全面提高交通职工队伍素质》的重要讲话。会后，交通部印发的《全国交通成人与职业技术教育工作会议纪要》特别强调要“依靠政策，畅通资金渠道，确保教育投入”，要求“九五”期间交通教育资金投入应高于“八五”期间，并保证资金来源稳定;继续坚持从公路养路费等交通规费中提取1%左右用于交通教育;继续坚持按不低于职工工资总额1.5%的比例提取职工教育经费,不足部分由本单位适当给予补助;按国务院规定,可按科技开发、技术引进、技术改造和产品创优服务等项目资金的1%左右提取交通新技术培训费,列入项目预算。1996年2月16日,交通部下发“九五”期间《交通成人教育规划纲要》和《交通职业技术教育规划纲要》。

2. 召开交通高等教育工作会议

1998年8月28～30日,交通部在辽宁大连召开了交通高等教育工作会议。会上,黄镇东部长做了题为《贯彻落实党的十五大精神,努力推进跨世纪交通高等教育的改革与发展》的重要讲话,交通部副部长张春贤作了总结讲话。会议研究和部署交通高等教育跨世纪改革与发展的目标和任务,面向21世纪继续推进“交通人才工程”的组织实施。

(二)做好“211”工程建设

1994年,大连海运学院更名为大连海事大学;1995年西安公路学院更名为西安公路交通大学。

为落实“科教兴国”战略,国家实施了“面向21世纪,重点建设100所左右的高等院校和一批重点学科”的“211工程”。

1998年,大连海事大学“211工程”建设项目经国家发展计划委员会批准在国家立项,西安公路交通大学“211工程”建设项目在部门立项的基础上也积极争取国家立项。为此,交通部加大了对这两所大学的投入,同时加强这两所大学师资队伍建设和学科建设以及科研工作的指导和检查。抓好“211工程”建设,对提高交通高校办学水平起到了积极示范和促进作用。

(三)实施“交通人才工程”

1996年全国交通工作会议上,交通部决定组织实施“交通人才工程”,“九五”期间的主要目标是:

(1)各级各类专业人才的培养数量基本满足交通发展需要,力争交通院校教育质量和办学效益处于全国行业办学的先进水平,各级各类教育都有一批国内先进水平的示范性学校,在职职工教育综合配套改革有明显进展,初步建立起与社会主义市场经济体制、交通事业发展相适应,面向21世纪的交通教育体系和人才管理机制。

(2)到2000年,基本改变高级专业技术人员年龄老化,中青年骨干人才不足,新一代学术和技术带头人缺乏的状况,交通系统职工队伍中专门人才(即具有中专以上学历,或具有初级以上技术职称者)比例达到20%左右,其中地方交通部门专门人才拥有量占职工总数的19%左右,部属及双重领导单位占30%左右,建立和健全全员岗位培训制度,交通职工队伍中80%以上工人受过技工教育或通过规范化岗位培训。

(3)进一步改善专业技术队伍的学历结构,高、中、初级职务人员的比例关系得到合理调整,高级职务人员的平均年龄下降到50岁以下,并在45岁以下的中青年专业技术人才中选拔培养拔尖人才和学术技术带头人。积极参与国家的“百千万人才工程”,即力争到20世纪末,在交通重点学科领域,培养一些45岁左右,能进入世界交通科技前沿,在国际交通界有较大影响的杰出青年科学家;培养一批45岁以下,具有国内先进水平,在国内交通系统有较大影响,保持学科优势的学术和技术带头人;培养一批30~45岁,在交通领域各学科有一定学术造诣、成绩显著、起骨干或核心作用的学术和技术带头人的后备人选。此外,还要继续发展少数民族和贫困地区交通教育,力争为少数民族、贫困地区培养5万名交通专业技术人才。

(四)加强培训与继续教育管理

“九五”期间,交通部按照《交通行政执法人员三年岗位培训工作规划》和统一部署,重点抓了交通行政执法人员岗位培训工作。截至2000年10月底,全国交通系统参加公路路政、道路运政、水路运政、航道行政、水上安全监督、船舶检验、交通通信、交通卫生行政等门类岗位培训的交通行政执法人员达19.5万人,完成培训计划的101%。11月,交通部组织验收了各省(区、市)交通厅(局)和部属有关单位的交通行政执法人员岗位培训工作。

(五)改革部属高等院校管理体制

1999年年底,国务院决定调整部属院校管理体制和布局结构。除少数部门外,今后国务院部门和单位不再直接管理学校。交通部按照国务院统一部署,推进部属院校管理体制改革。2000年,根据《国务院办公厅转发教育部等部门关于调整国务院部门(单位)所属学校管理体制和布局结构实施意见的通知》要求,交通部完成了部属院校的转制工作。

管理体制调整后,大连海事大学继续由交通部管理;武汉交通科技大学与中汽总公司的武汉汽车工业大学、教育部的武汉工业大学合并成立武汉理工大学,隶属教育部;西安公路交通大学与建设部的西北建筑工程学院、国土资源部的西安工程学院合并成立长安大学,隶属教育部;南京交通高等专科学校并入东南大学,隶属教育部;其余上海海运学院、南通医学院、重庆交通学院、长沙交通学院、济南交通高等专科学校均转归地方管理。

原独立建制的两所管理干部学院:北京交通管理干部学院仍由交通部管理,改为交通部培训中心;武汉交通管理干部学院转归湖北省管理。

四、交通扶贫与救灾

(一)交通扶贫

1.加强定点扶贫工作

交通部在抓好交通扶贫工作的同时,还承担了政府部署的定点扶贫任务。从1987年开始,交通部定点扶持河南洛阳栾川县;1990年,增加扶持云南怒江;1994年,根据中央扶贫开发领导小组部署,定点扶持河南洛阳7个县和云南怒江4个县共11个国家级贫困县。自1994

年以来，交通部机关及在京部属单位先后选派了多批干部赴两地蹲点扶贫，交通部领导先后多次深入两地现场办公，帮助解决实际问题。此外，还投入大量资金帮助两地推广科技扶贫项目、发展种养殖业、培训技术干部、援建希望小学、发动职工捐衣捐款等多种形式开展经常性的扶贫济困。

2. 实施交通科技扶贫

为加快贫困地区脱贫致富步伐，经多次调研，1997 年交通部科技司在部扶贫办公室领导下与洛阳市科委协作共确立了 13 个科技扶贫项目，涉及宜阳县、酒后乡等 13 个贫困市县，10 个乡、3 500 户。项目实施进展顺利，当年共获社会经济效益 600 多万元，使 3 000 多个贫困户脱贫，起到了良好地向科技要效益的示范带动作用。

1998 年交通部投入经费 80 万元，支持河南洛阳和云南怒江落实中共中央制定的富民政策。通过项目实施地区的广大干部、科技人员和群众共同努力，使近万贫困户摆脱了贫困。1999 年投入科技扶贫经费 80 万元，安排项目 37 项，获得直接经济效益达 1 600 多万元。2000 年，再次投入 80 万元，用于支持河南洛阳和云南怒江科技扶贫工作，共确立 23 个科技扶贫项目。科技扶贫使广大乡村干部及群众的科技意识明显提高，加速了科技与经济的紧密结合，涌现了一大批能带动农民致富的科技示范乡、示范村、示范户，取得显著扶贫效果，达到科技扶贫预期目的。

3. 实施交通教育扶贫

“八五”期间，交通部继续对云南、四川、新疆、贵州等 22 个省(区)开展交通教育扶贫工作，为老、少、边、贫地区交通部门培养了大专生 0.13 万人，中专(技校)生 1 万人，培训在职人员 1.97 万人次，并改善了部分老、少、边、贫地区的交通教育办学条件。同时，贯彻落实党中央、国务院关于全国支持西藏方针，交通部决定在呼和浩特交通学校等 3 所中专学校专门为西藏开办路桥、汽运、财会、文秘 4 个专业，共培养 300 多名中专生，在重庆交通学院重点培养 60 名藏族学生。此外,又拨专款帮助西藏交通厅建立教育基地,并开设一所交通电视中专分校。交通智力援藏工作的开展,有力地支持了西藏交通建设。

“九五”期间,交通部扶贫工作领导小组根据《国家八七扶贫攻坚计划》和全国交通扶贫工作会议精神,制定了《“九五”期间交通教育扶贫计划》,对扶贫范围和基本任务作了新的规定,并对扶贫计划的实施及资金的筹措和管理工作提出了要求。这期间,交通部共投入资金0.4亿万元,各省(区、市)交通厅(局)投入配套资金约1.6亿万元。为加强对交通教育扶贫资金的管理,充分发挥资金使用效益,根据《国家扶贫资金管理办法》,交通部制定了《交通教育扶贫资金管理办法》。各省(区、市)交通厅(局)对交通教育扶贫资金实行专款专用。

(二)抗洪救灾

1.1991年抗洪救灾工作

1991年,我国部分地区特别是江淮和太湖流域,发生特大洪涝灾害。截至9月底,全国19个省(区、市)交通部门共出动客货汽车88.58万辆次,客货船舶5.94多万艘次,运送灾民407.4万多人,疏运滞留旅客和抢险人员140.9万多人,运输救灾物资463.2万多吨,运送草(麻)袋1.2324亿多条,保证了灾区人民恢复生产、重建家园工作的顺利进行。

交通部和京、津、冀、鲁、苏、皖六省(市)交通部门在国务院办公厅发出《关于向安徽灾区运送捐赠衣被有关问题的通知》后,从救灾车队的行驶路线到车辆机务保障作了周密安排。沿途共设立服务站244个,出动约3.87万服务人员;抢修疏通道路1 224.1公里,出动劳动力17.2万人日;设立维修站点105个,出动维修流动车362辆日,抽调人员检修各种汽车近2万辆次,抢修汽车1 212辆次。在抢修中出动拖、吊车9辆次,完成修理项目1 412项,无偿提供价值5万余元的各种汽车配件总成和零部件1 303件,保证了车队的顺利通行。

港航骨干企业也全力确保救灾物资运输的及时、畅通和安全。在抗洪救灾进入关键时刻的第三季度，组织各类船舶，突击运送国内外救灾物资48.52万吨，装卸50.96万吨。中国远洋运输（集团）总公司、上海海兴轮船公司、上海锦江轮船公司免费承担了全部国外捐赠物资的海上运输任务，截至9月底，承运了大米5 133吨，药品和医疗器械251立方米，食品2 000箱（听），衣服、毛毯320吨（件），免收海运费18 861美元，支付国外垫付费用6 250.9美元，共2 5111.9美元。南京港务局为紧急疏运滞留民工返乡抗洪，每天发运旅客7 000～8 000人次，超过正常发运数1倍多。

这次抗洪救灾工作有以下特点：①各级领导高度重视，统一指挥调度，抓紧恢复生产、重建家园；②交通部门克服困难，开展自救，恢复救灾运输能力；③国营大中型交通运输企业顾全大局，调集车船运力，积极投入救灾运输；④交通职工队伍整体素质较高，是一支具有高度政治觉悟、纪律严、过得硬的队伍，在抗洪救灾中还涌现出大批先进单位和个人。

2.1998年抗洪救灾工作

1998年夏，长江、松花江、嫩江流域发生了历史上罕见的洪涝灾害，交通基础设施和运输生产受到严重损失和影响。据统计，在洪涝灾害中，全国共有25个省（区）、46条国道、483条省道、2 393条县道遭受不同程度的水毁，水毁国道、省道分别占国道、省道总数的67.8%和28.1%。累计冲毁公路路基2.9万公里、路面4.5万公里、桥梁3 160座、房屋2 899间，公路系统直接经济损失达90亿元。同时，据不完全统计，长江沿线24个港口淹没码头76座，生产作业线12条，堆场17.4万平方米，机械设备694台套，受灾职工779户。因停工装卸自然吨减少401万吨，港口吞吐量减少720万吨，减少旅客吞吐量100万人次。共投入劳动力10万人次，车辆1 112台次，船舶820艘次。水毁损失0.64亿万元，停产损失1.5亿万元，防汛投入0.4亿万元，合计损失约2.6亿万元。同时因受洪水影响，水路客货船舶停航1.9万艘次。长江航运集团洪灾造成的直接经济损失达3.8亿万元。黑龙江航运管理局所属单位洪灾损失 1.054 亿万元。

为更好地组织抗洪救灾工作,交通部迅速成立了防汛领导机构,部领导亲自挂帅并多次到一线慰问职工和部署工作,部防汛办公室昼夜值班。面对长江防汛严峻形势,交通部先后分 3 段对长江 807 公里河段封航。3 个江段分别封航 1 016、964、670 个小时,有利保证了长江堤坝安全和防汛抢险工作顺利进行。为实施封航,长江航运(集团)总公司在禁区内被困客轮 14 条、拖轮 72 条、驳船 468 艘,禁航区外被困驳船 246 艘,总计被困运力占集团运力的 1/3。在禁航期间,交通系统共疏散滞留旅客 122.9 万人。同时,为保证救灾物资和人员的运输畅通,交通部要求各地交通部门对运送抗洪抢险物资和人员的运输车辆通过公路收费站(点)时,一律优先安排,免费通行,以确保及时运输。通过公路收费站的抗洪抢险救灾车辆 9.6 万台次,免收通行费 3 122 万元。

据不完全统计,全国交通系统参加抗洪救灾人数达 89.3 万人。公路方面,共投入救灾运输车辆 67.6 万台次,运送救灾人员 103.9 万人,运送救灾物资 1 153.9 万吨。水路方面,投入救灾运输船舶 3.3 万艘次,运送救灾人员 366.5 万人,运送救灾物资 241.3 万吨;参与堵漏保堤船舶 668 艘次,船舶吨位 14.1 万吨,投入物资 20.7 万吨;提供救生衣 1.9 万件。为迅速修复水毁公路、桥梁和港航设施,确保抗洪抢险运输线路的畅通,交通部及时安排资金 3.7 亿元,用于补助在建工程和水毁公路、港航设施的修复。

五、交通精神文明建设

(一)深入开展“两学一树”活动,提出“两学”新任务

1. 深入开展“两学一树”活动

党的十三届四中全会后,交通部针对“两个文明”建设中“一手硬、一手软”的状况,开展了“两学一树”活动,并把这一活动作为加强职工队伍建设的一项根本措施来抓。这是当时交通系统开展群众性学先进人物教育活动中发动最广泛、影响较深远的一次。

1991 年 10 月 9 日,交通部召开了全国交通系统"两个文明"建设先进单位、先进集体、劳动模范和抗洪救灾先进集体、先进个人表彰大会。会议指出"八五"期间,交通行业精神文明建设要切实做到"两个文明"建设一起抓,重视搞好"两学一树"活动,抓好党风、廉政和职业道德建设,基本刹住几股突出的行业不正之风。

2. 提出"两学"新任务

1993 年 11 月,为贯彻党的十四大和十四届三中全会精神,在建立社会主义市场经济体制的新形势下,交通部在上海召开了全国交通系统精神文明建设经验交流会。会议指出,按照交通部党组决定,交通系统各单位要在继续学习杨怀远"为人民服务到白头"的"小扁担"精神、深入开展"两学一树"活动的同时,迅速开展学习具有鲜明时代精神和民族精神的先进典型活动,明确提出"两学"新任务,以充分发挥先进典型的示范作用。

会议指出,"两学"新任务是指学习"包起帆精神"和"华铜海精神":学习、宣传"包起帆精神",是指学习包起帆在本职岗位上奋发成才,在发展生产中革新创造,在改革大潮里无私奉献的精神,它其实是杨怀远精神在改革开放、现代化建设和建立社会主义市场经济体制新形势下的继承和发扬;学习、宣传"华铜海精神",是指学习"华铜海"轮勇闯新路、改革进取的精神,干字当头、艰苦奋斗的精神,遵纪守法、诚实劳动的精神,领导干部吃苦在前、享受在后的精神。

交通部明确指出,"两学"新任务要在 1993 年冬 ~ 1994 年春集中进行,各地区、各单位结合实际,因地制宜,制定学习实施计划,注意讲求实效。

(二)作出"三学"部署,开展"三学一创"活动

1. 作出"三学"部署

党的十四届五中全会通过的《中共中央关于制定国民经济和社会发展"九五"计划和 2010 年远景目标的建议》指出,为实现"九五"和 2010 年奋斗目标,关键是实行两个具有全局意义的根本性转变,同时

坚持物质文明和精神文明一起抓且两手都要硬。为贯彻十四届五中全会精神,交通部决定在“九五”期间,主要抓好“两大工程①”,搞好“两班建设”,实现“两个提高”。在这一背景下,交通部于1995 年5 月在山东青岛召开的全国交通企业深化改革加强管理现场经验交流会上作出了“三学”。

1995 年 12 月 1 日,交通部在广东广州召开了全国港航单位学习“华铜海”轮的经验交流会。会议明确指出,今后 5 年交通部要把“三学”活动作为加强全国交通行业“两个文明”建设的重要内容和任务,作为抓好“两大工程”、搞好“两班建设”、实现“两个提高”的重要保证。通过“三学”活动,在推进全国交通行业物质文明建设的同时,将精神文明建设落到实处。

2. 开展“三学一创”活动

1996 年 10 月,党的十四届六中全会通过了《中共中央关于加强社会主义精神文明建设若干重要问题的决议》。决议指出:“要以服务人民、奉献社会为宗旨,开展创建文明行业活动。”为贯彻这一精神,交通部于1996 年12 月9 日在江苏南京召开了全国交通系统创建文明行业大会。会议将“三学”延伸为“三学一创”,实现以“三学”为载体,达到“一创”目标。

会议指出,全国交通系统创建文明行业的奋斗目标是:在今后 10 ~15 年内,把交通系统的各个行业建设成为文明行业。“九五”期间是为创建文明行业奠定基础的5 年,重点要在全国交通行业的车、船、港、站、路以及交通行政执法部门广泛开展创建文明行业活动。同时,明确主要采取以下措施:①制定规划或实施意见,明确任务,建立责任制度,解决实际问题;②制定交通系统各个行业的文明创建标准;③推行《交通行业文明公约》;④有计划、有步骤地在交通“窗口”单位推行社会服务承诺制度;⑤选择并公布一批交通行业示范“窗口”;⑥在交

①交通基础设施建设工程和交通人才培养工程。

通“窗口行业”继续开展创建青年文明号和争当青年岗位能手活动;⑦充分发挥社会监督机制的作用;⑧加大对精神文明建设和创建文明行业的投入,依实际情况不断加强宣传文化设施的建设。

随后,交通部制定了《全国交通系统“九五”精神文明建设规划和2010年远景目标》和《全国交通系统创建文明行业实施办法》。1997年3月,在北京召开了全国交通系统示范“窗口”工作会议,进一步明确了示范“窗口”在创建交通文明行业中的意义和作用,并提出了加大示范“窗口”工作力度的6项要求。

1999年10月26~28日,交通部召开了全国交通系统创建文明行业经验交流会,研究确定下一阶段“三学一创”活动的主要任务和工作重点。会议指出,下一阶段创建活动需要突出4个重点:①通过正面灌输、反面教员和自我教育等方式,突出对交通干部职工进行正确的世界观、人生观、价值观教育;②贯彻落实十五届四中全会通过的《中共中央关于国有企业改革和发展若干重大问题的决定》精神,突出把创建活动融会贯穿于国企的改革和发展中;③为实现依法行政、依法治交通,突出在创建活动中抓好交通行政执法队伍建设;④为保护人民群众的切身利益和改变行业形象,突出在创建活动中提高“窗口”单位文明程度并增强其辐射作用。

(三)开展为西藏养护工人送温暖活动

西藏是全国唯一不通铁路、没有水运的自治区,公路运输是其最主要的运输方式。但由于其公路基础薄弱,加上自然条件差,因此公路交通的总体水平远低于其他省(区)。截至1995年初,在全区设养的11 374公里公路上的669座道班房中,有1/3属危房,再加上自治区养路费收入较少且财力有限,道班危房难以及时改造。为贯彻落实1994年7月中央第三次西藏工作座谈会精神,加快西藏养护道班危房的改造,交通部于1995年2月在全国交通系统开展“为西藏公路养护工人送温暖”活动,即用3年时间对西藏自治区公路上的156座道班危房进行改造,每座道班所需的20万元改建费由交通部组织部分省

(区、市)及计划单列市捐资解决。

全国29个省(区、市)及计划单列市的交通系统参加了送温暖活动,共投资3 130万元,交通部专项补助770万元。西藏自治区党委和政府也对这项活动给予了很大支持,决定对“送温暖”活动减免税费,享受自治区成立30周年大庆项目的优惠政策。在各方努力下,原定3年完成的送温暖活动,于1997年2月提前1年圆满完成。两年间共完成投资3 945万元,完成援建道班156座,总面积40 169平方米,以及156座道班房的配套设施。1997年7月14～17日,交通部在西藏召开了送温暖活动的总结验收会,黄镇东部长亲自参加并对科技推广、人才培训等方面进一步对口支援,以及西藏交通发展整体技术水平与科技含量的提高进行了部署。同时要求交通系统广大干部职工继续做好新时期援藏工作,为西藏的繁荣稳定和经济发展作出更大贡献。

六、交通外事行政

(一)公路交通外事行政

1.公路领域外事行政

20世纪90年代,我国公路迅速发展,公路技术领域的交流频繁,其中双边外事行政主要有:

(1)1995年11月20日,交通部与法国公共工程、住房、运输和旅游部签订《关于公路的合作协议》。2000年12月,双方在上海举行了中法公路研讨会。

(2)1996年11月3日,交通部与瑞典运输通信部签订《关于交通科技领域合作的谅解备忘录》。合作领域包括:电子数据交换(EDI)系统在公路、水路交通运输方面的应用;信息技术在公路、水路交通运输方面的应用;高寒地区公路修筑与养护技术。

(3)1997年7月,交通部与韩国建设交通部签订《公路合作协议》,此后相继召开了5次公路技术交流会。

(4)1999年9月14日,交通部与芬兰运输部签订《公路合作协议》。

20世纪90年代,我国在公路领域多边外事合作主要有:

(1)亚洲公路网。是联合国亚洲及太平洋经济和社会理事会(简称:亚太经社会)提出的将亚洲大陆各国主要公路连成网络的构想,1959年启动筹建,宗旨是促进并协调亚洲地区国际公路运输的发展,扩大亚洲各国贸易往来和旅游业发展,从而带动亚洲经济发展,便利区域经济贸易和文化交流。中国于1987年加入,1993年曾以专家身份向亚太经社会提出了3条考虑加入亚洲公路网的路线:北京—二连浩特;上海—乌鲁木齐—红其拉甫;上海—昆明—景洪—打洛。在这3条专家路线的基础上,亚太经合组织于1996年和1997年提请我国考虑7条线路:霍尔果斯—乌鲁木齐,吐尔尕特—喀什,伊尔克什坦—喀什,卡利玛巴德—喀什,海参崴(符拉迪沃斯托克)—莫斯科,汉城—沃罗涅日,上海—乌鲁木齐—霍尔果斯等。

(2)大湄公河次区域合作交通论坛。是由亚洲开发银行倡导的"大湄公河次区域合作部长级会议"框架下的论坛会议。大湄公河次区域合作涉及澜沧江—湄公河流域6国,即中国、老挝、缅甸、泰国、柬埔寨和越南。"交通论坛"涵盖公路、航运、铁路和民航,重点是公路基础设施的投资和建设合作,也涉及运输往来。从1994年以来,在该机制下亚行所选4个公路优先项目共投资6亿多美元,分别是金边—胡志明市公路项目、东西经济走廊项目、清莱—昆明公路改造项目和昆明—河口—海防交通走廊项目。其中后两个项目与我国相关。

(3)亚太地区基础设施发展部长论坛。是由日本建设省1995年发起成立,目的是为亚太地区各国和地区就基础设施发展提供相互交流经验的场所,促进彼此在基础设施发展方面的合作与支持,共同处理有关问题。20世纪90年代末已有成员20个,我国由交通部、建设部、水利部和铁道部参加。

2. 道路运输领域外事行政

(1)政府间汽车运输协定。从1991年起,中国陆续同俄罗斯、蒙古国、哈萨克斯坦、吉尔吉斯斯坦、塔吉克斯坦、巴基斯坦、乌兹别克斯坦、老挝、越南、尼泊尔共10个国家签署了10个政府间双边汽车运输协定和2个政府间多边汽车运输协定,这些协定的签署为出入境汽车运输提供了法律保障。

(2)国际外事行政。中国于1991年加入了亚太经合组织(APEC),它是亚太地区目前最具活力的经济合作论坛性组织,成立于1989年。该组织于1994年的各经济体领导人会议上通过了发达经济体于2010年、发展中经济体于2020年实现贸易投资自由化目标的时间框架。为促进目标的实施,各成员均必须制定实现APEC贸易投资自由化单边行动计划,该计划涉及15个领域,交通运输被列入其中的"服务"领域。各经济体的单边行动计划在各领域分现状、近期目标、中长期目标等,还要定期修订。我国的单边行动计划在"服务领域"的"交通运输部分"(包括公路运输)也说明了现状,并提出了基本与加入WTO的承诺相一致的近期和中远期目标。

(二)水路交通外事行政

1.与外国政府的双边外事行政

我国政府从20世纪50年代起,先后同有关国家在平等互利的基础上谈判和签订通商航海条约或海运协定。到2000年年底,我国政府已和59个国家(含欧盟)谈判并签订了双边海运、河运协定(条约)以及个别多边协定,数量达到91项,其中,国家间4项,政府间62项,部门间12项,其他13项。为我国国际海运业的发展提供了法律保障,维护了海运权益,促进与世界各国在海运领域的合作。

2.与国际组织间的外事行政

1992年经国务院批准,我国以"使用国"身份加入国际搜救卫星组织(COSPAS－SARSAT)。

1984年10月,苏联、美国、加拿大和法国签订了建立国际搜救卫星系统的谅解备忘录,于1985年7月生效。为加强人道主义事业的国际合作和提高全球卫星系统服务水平,该四国又于1988年7月1日在法国巴黎签署了《国际搜救卫星系统计划协定》,确立国际搜救卫星组织的存在。其宗旨是:保证系统的长期运行,为支持搜救作业,将系统遇险警报和测位数据不加歧视的提供给国际社会,通过提供遇险警报和测位数据,支持国际海事组织和国际民航组织在搜救方面的合作,协调各缔约国管理本国系统,明确在管理和协调本国系统工作中,各缔约国与其他主管机关和有关国际机构合作的手段。我国为国际海事组织《1979 年国际海上搜寻救助公约》缔约国,为及时获取遇险信息并做好我国沿海的海上搜救工作,1991 年由交通部负责筹建全球海上遇险与安全系统(GMDSS),其中包括 COSPAS—SARSAT 系统。

七、交通公安行政

国民经济加速发展时期,随着改革开放的发展,交通部进一步重视交通公安工作,加强公路、水路交通安全整治,确保交通安全畅通,为国民经济快速发展,提供保障。

(一)进一步加强交通公安工作和队伍建设

1. 强调交通公安工作只能加强,不能削弱

1991 年 10 月 31 日,中共中央下发关于加强公安工作的决定。交通部认真贯彻,于 1992 年 5 月 15 日下发通知,就加强交通公安工作作出决定:①交通运输是国民经济和社会发展的命脉,港航部门又地处大中城市、交通干线和沿海开放地区,在进一步深化改革、扩大开放、加快经济发展的关键时期,交通公安工作只能加强,不能削弱。②交通公安机关担负着维护社会治安和企业内部安全保卫的双重任务,必须坚定不移地以党的基本路线为指针,围绕维护政治和治安稳定这个中心,充分发挥公安机关的职能作用。③交通公安机关是国家派驻交通航运和港口的公安机关,是国家公安机关的组成部分,必须按革命化、正规化、现代化的目标和公安机关的性质、任务相适应的体制、制度来建设和管理。④按照规定要求抓紧做好实行警衔制的准备工作。⑤公安工作历来是党的一项重要工作,必须把交通公安工作置于党的

绝对领导之下,纳入港航单位党委和行政领导的重要议事日程,切实加强领导。

2. 召开全国交通港航公安工作会议

1994年4月1日,交通部召开全国交通港航公安工作会议,会议传达贯彻了中央政治局常委会重要指示精神、中央政法工作会议和全国公安厅局长、全国交通工作电话会议精神,回顾了过去一年的工作,分析了当时形势,部署了今后的工作。①要全力维护好政治稳定,重视和加强政保工作。②积极开展严厉打击严重刑事犯罪活动,保持港航治安稳定。③进一步改进和加强治安管理,维护港航治安秩序。④狠抓消防工作,保证运输生产安全。⑤继续开展反腐败斗争,加强公安队伍建设,提高干警素质。⑥积极推进公安体制改革。交通部黄镇东部长、刘松金副部长和公安部白景富副部长到会并讲话。

3. 交通公安机关实行警衔制度

1992年10月4日,交通部转发《国务院批转公安部评定授予人民警察警衔实施办法的通知》。12月25日,交通部在北京隆重举行交通公安机关人民警察授衔仪式。1993年10月8日,交通部又转发公安部《关于交通公安机构人民警察评定授予警衔有关事项的通知》,要求按照公安部实施办法,认真做好各项工作,保证评授警衔工作顺利进行。

4. 明确海运公安机构管理体制

1997年10月9日,交通部下发《关于海运公安机构管理体制若干问题的通知》,对有关问题进行了明确:①工作范围。上海、广州、大连海运公安局作为交通部公安局的派出机构,分别负责中国海运(集团)总公司在上海、广州、大连地区单位、船舶的公安保卫工作,并承担上级公安机关交办的有关公安业务工作。②领导关系。上海、广州、大连海运公安局的公安保卫工作由交通部公安局直接领导。党的关系挂靠所在地的海运集团党委。业务工作实行交通部公安局与所在省(市)公安厅(局)双重领导,以交通部公安局领导为主的体制。③干部管理。上海、广州、大连海运公安局副处级以上领导干部的考核，由交通部公安局党组与党的关系所在地的海运集团党委共同进行，交通部公安局党组下文任免。④编制机构管理。海运公安编制实行单列。⑤经费装备管理。各海运公安局的经费渠道不变，公安经费原则上实行单列。海运公安民警享受公安待遇，今后实行公务员工资制度。

5. 交通公安系统实行收支两条线管理

1999 年 12 月 7 日，交通部转发财政部《关于交通公安系统实行收支两条线管理有关问题的通知》，明确交通公安系统行政性收费和罚没收入一律就地上缴中央国库，实行收支两条线，其公安经费纳入国家财政预算。

（二）贯彻中央、国务院《决定》，加强交通治安综合治理

1991 年 4 月 27 日，交通部在山东青岛召开港航系统社会治安综合治理工作会议。会上传达了中共中央、国务院《关于加强社会治安综合治理的决定》，对交通系统社会治安综合治理工作进行了部署。5 月 3 日，交通部发出《关于加强交通系统治安综合治理工作的通知》，成立交通部社会治安综合治理领导小组，黄镇东部长亲自担任组长。1991 年 7 月 18 日，交通部召开部机关及在京单位治安综合治理工作会议，林祖乙副部长到会并讲话。1993 年 8 月 21 日，交通部召开部机关和在京单位综合治理工作会议，黄镇东部长到会并讲话。

（三）开展公路、水上治安整治

1. 开展打击“车匪路霸”专项斗争

20 世纪 90 年代初期，交通运输线上治安问题突出，公路线上“车匪路霸”犯罪活动特别是抢劫犯罪相当严重。为此，交通部、公安部批准交通部公安局与公安部五局于 1991 年 9 月 10 日召开有 11 个重点省（区）参加的会议，部署开展打击“车匪路霸”专项斗争。25 日，交通部、公安部联合发出《关于进一步开展打击公路“车匪路霸”专项斗争的通知》，要求各省（区）交通公安机关与当地公安机关密切配合，协同作战，狠狠打击“车匪路霸”犯罪活动。

2. 组织打击“江盗”专项行动

20 世纪 90 年代中后期,交通水上运输发展迅速,交通港航治安总体平稳。但是,刑事案件仍增多,重、特大案件大幅上升,暴力犯罪、团伙犯罪、运输物资被盗等案件突出。交通部于 1994 年 9 月和 1996 年 4 月两次发出《关于深入开展严打斗争进一步维护好交通港航治安稳定的通知》和《关于交通港航系统开展“严打”斗争的紧急通知》。1994 年 12 月,交通部、公安部在长江联合部署了打击“江盗”专项斗争,沿江六省一市公安机关与长航公安机关联手协作,侦破了一批“江盗”案件。

(四)加强港口道路交通管理

1. 召开全国港口道路交通管理工作座谈会

1991 年 1 月 10 日,交通部召开全国港口道路交通管理工作座谈会。会后交通部会同公安部批转了《全国港口道路交通管理工作座谈会纪要》,明确做好以下工作:充分认识港口道路交通管理的重要性,切实加强对港口交通管理工作的领导;理顺关系,进一步健全港口交通公安管理机构;加强法规建设,严格执法监督;加强港口道路正规化、标准化建设;继续抓好港口道路交通综合治理和港口交通民警队伍建设。各港口公安机关积极努力,开拓进取,使港口道路交通管理工作取得突破性进展。

2. 发布《港口道路交通管理办法》

1996 年 7 月 31 日,交通部发布《港口道路交通管理办法》,该办法包括总则、道路及交通设施、车辆和驾驶员管理、车辆装载和行驶、非机动车和行人、交通管理处罚和交通事故处理等方面。

(五)加强港航消防工作

1. 召开港航公安消防监督工作会议

1992 年 11 月 12 日,交通部召开港航公安消防监督工作会议,会议总结了 1987 年以来的消防工作,提出了改善和加强港航消防监督工作的措施:①要端正指导思想,牢固树立为港航建设发展和运输生产安全服务的思想。②要继续坚持"谁主管,谁负责"的原则,认真落实防火责任制。③要深化消防监督管理,充分发挥公安机关的职能作用。④要加强法规建设,把消防监督工作纳入法制的轨道。⑤要加强消防装备建设,提高预防和扑救火灾的能力。⑥要切实加强政治思想工作,提高消防队伍的政治、业务素质。⑦要重视和支持水上消防协会的建设和工作,发挥协会的积极作用。经过几年的努力,到1997年,全国交通公安机关消防监督能力得到了提高,成功扑救了"大庆256"油船、"长江明珠"号涉外旅游船、"北拖101"等起船舶火灾,初步形成了以长江、黑龙江和沿海航运为主线,以港口为依托,以近2 000名消防战斗员、500名消防监督员为骨干,以专用消防船艇25艘,消防执勤车200余辆为基本装备的水上消防安全体系,在交通运输中发挥着重要的支持保障作用。

2. 加强滚装船运输安全管理

1992年10月9日,交通部下发《关于加强滚装船运输安全管理的通知》,针对滚装船运输安全管理存在的问题,要求:一是港口客运和公安部门要切实履行职责,密切配合,对上船车辆状况、装载货物及夹带燃油等情况应认真进行检查,把不安全隐患消除在上船之前。二是有关部门要高度重视滚装船安全工作,加强对船员的安全教育,增强安全责任心。港务监督部门和船舶检验部门,要把滚装船消防设备的监督、检验作为重点,对不符合安全要求、危及营运安全的问题,要坚决督促整改;并发布《滚装船运输安全管理通告》。2000年3月17日,交通部再次发出《关于加强客滚船消防安全管理的通知》,要求提高认识,加强宣传教育,严格制度严格管理,港航消防部门要依法履行消防监督职能,加强客滚船消防安全管理;并再次发布《客滚装船消防安全管理通告》。

3. 发布一系列消防管理法规

1991年5月25日,交通部、公安部、中国船舶工业总公司联合发布第31号令,公布《船舶修理防火管理规定》。1992年2月27日,交通部发布《港口中转仓库防火管理规定》,对港口中转仓库防火的管理原则、组织管理、建筑管理、储存管理、装卸管理、电器管理、明火管理、消防设施与器材管理、奖惩等进行了规定。3月6日,为使港口总体布局的消防要求、消防站、消防给水、消防车道、火灾报警与消防通信、建设与维护资金等有法可依,交通部发布《港口消防规划建设管理规定》。1995年2月23日,交通部发布《运输船舶消防管理规定》,对运输船舶火灾预防、船舶火灾扑救、奖励与惩罚等作了规定。

4. 落实江泽民总书记重要指示,做好交通消防工作

1998年5月中旬,江泽民总书记针对全国严峻的火灾形势,发出全党同志要敲起警钟的重要指示后,交通部发出《关于认真贯彻落实江泽民总书记重要指示切实做好消防安全工作的紧急通知》,各港航单位迅速部署,进一步落实消防安全责任制和各项消防措施,开展消防宣传教育和消防安全大检查,狠抓重点,全力防范,确保港航消防安全稳定。

(六)加强船舶安全保卫工作

1. 召开出国船舶禁毒工作座谈会

1994年8月25日,交通部召开出国船舶禁毒工作座谈会,会议对1989年以来出国船舶禁毒工作进行回顾,部署下一步出国船舶禁毒工作任务。会后,交通部专门下发了《关于进一步加强禁毒工作的通知》,提出船舶禁毒防毒工作措施,多次对出国船员参与走私贩毒案件及时通报,指导各单位从中吸取教训,并先后派出两个工作组,随船考察禁毒工作,研究禁毒对策,运用多种形式,开展禁毒防毒宣传教育,制定禁毒工作规章制度,狠抓安全防范措施的落实,提高了预防能力,减少了走私贩毒案件的发生,禁毒工作取得了一定成效。

2. 加强长江三峡涉外旅游船管理

1995年2月27日,国务院办公厅发出《关于进一步加强长江三峡涉外旅游船舶管理的通知》,明确了长航公安局对长江涉外旅游船舶的治安管辖权。交通部认真贯彻通知精神,组织长江航运公安机关对

长江涉外旅游船舶的治安管理进行清理整顿,向34艘旅游船派驻了乘警队,给52艘旅游船颁发了治安许可证,使长江涉外旅游船舶的管理走上法制化、规范化的轨道。

3.加强船舶安全保卫规章建设

1992年12月14日,交通部、公安部联合发布第43号令,公布《客船治安管理规定》,对适用范围、实施机关、治安管理、物品管理、违反规定处罚等作了规定。1994年7月19日,交通部印发《出国(境)船舶安全保卫工作规定》的通知。

(七)烟台发生震惊全国的"5.23"事件

1995年5月23日,山东省烟台港公安局客运派出所顾正泽等4名民警在追捕持枪歹徒的战斗中,英勇无畏,壮烈牺牲。24日,交通部洪善祥副部长、公安局张玉胜副局长等飞赴烟台处理善后工作。26日,山东省人民政府批准顾正泽等4名民警为革命烈士。6月7日,"5.23"烈士追悼会在烟台召开,交通部洪善祥副部长作了重要讲话。27日,交通部、公安部、山东省人民政府和烟台市联合召开表彰大会,交通部授予烟台港公安局客运派出所"港航公安英雄派出所"称号,授予顾正泽等4名烈士"港口卫士"称号;公安部给烟台港公安局客运派出所记集体一等功,授予顾正泽同志全国公安一级英模称号,授予王德利、牟彦峰和孙国明同志二级英模称号;烟台市委、市政府授予烟台港公安局客运派出所"港城英雄集体"称号,授予顾正泽等4名烈士"港城卫士"称号。

第四篇
21 世纪的交通部行政

第八章　国民经济"十五"时期的交通部行政

(2001～2005年)

2001～2005年是我国开始实施国民经济第十个五年计划,进入全面建设小康社会的发展阶段。进入新世纪,我国社会主义市场经济体制逐步确立,国民经济保持快速发展,并与国际经济全面接轨。在这一重要战略机遇期,交通部认真贯彻落实党中央、国务院一系列重大战略部署,坚持以人为本、全面协调可持续的科学发展观,不断深化改革,解决交通发展中的各种矛盾,推动交通经济发展方式转变。与此同时,交通部行政现代化水平不断提高。

第一节　明确交通现代化发展目标,稳步推进交通改革发展再上新台阶

一、科学安排各年度交通工作

(一)国务院领导对交通工作的批示

随着交通事业快速改变落后面貌,对国民经济的贡献越来越突出,国务院对交通工作更加关注。"十五"期间,国务院领导每年都对交通工作作出明确指示或批示。

1. 吴邦国副总理对2001年交通工作的批示

2001年1月9～10日,交通部在全国交通厅局长会议上传达吴邦国副总理关于"十五"交通工作的批示如下:希望交通部门在总结"九五"经验的基础上,认真贯彻落实党的十五届四中、五中全会精神和中央的一系列重要部署,再接再厉,乘势前进。要在确保工程质量的前

提下,加强公路国道主干线建设,加强沿海枢纽港口建设和内河航道治理,在实施西部大开发战略中加快交通基础设施建设。进一步加强水上交通安全管理,严防重特大事故的发生,力争水上交通安全形势有明显好转。继续搞好行业文明建设并有所创新和发展,坚持不懈地开展反腐败斗争和治理公路“三乱”,为国民经济和社会发展作出新的贡献。

2. 吴邦国副总理对2002年交通工作的批示

2001年12月18日,交通部在全国交通厅局长会议上传达吴邦国副总理的批示如下:今年以来,交通行业广大干部职工认真贯彻落实党的十五届五中、六中全会精神,抓住机遇,扎实工作,使“十五”交通工作有了一个良好开局。西南公路出海通道全线贯通,上海、广州、宁波、天津、青岛、秦皇岛港货物吞吐量超过亿吨,交通改革、整顿和规范交通市场秩序、安全生产管理、结构调整和创建文明行业等工作也都取得新的成效。希望交通部门继续努力,按照“三个代表”重要思想的要求,认真贯彻落实中央经济工作会议精神,转变作风,狠抓落实,加强交通基础设施建设,确保工程质量。继续抓好整顿和规范交通市场秩序工作,切实加强水上交通安全管理,防止重大事故发生。推进交通行业结构调整,深化交通改革,积极做好我国加入世贸组织后的行业有关工作,不断推进“两个文明”建设,为国民经济发展和对外开放作出新的贡献。

3. 吴邦国副总理对2003年交通工作的批示

2003年1月30日,吴邦国副总理在张春贤部长呈送的全国交通厅局长会议工作报告送审稿上作出批示,主要内容如下:过去5年,是我国公路、水路交通发展速度最快、投资规模最大、技术水平提高最显著的五年,成绩巨大,可喜可贺。党的十六大提出了全面建设小康社会的奋斗目标,对交通运输提出了新的更高的要求,交通工作任重而道远。希望交通行业广大干部职工以“三个代表”重要思想为指导,认真贯彻落实党的十六大精神,把“发展作为党执政兴国的第一要务”的重要思想贯穿于交通各项工作中。要坚定不移地继续实施交通发展长远规划,并根据发展的实际,按照与时俱进的要求,补充完善公路、港口、内河发展规划,加强工程质量,努力提高投资效益。要进一步加强行业管理和市场监管,继续推进交通改革,提高水上安全管理水平和改善搜救打捞能力。要十分注重党风廉政建设和职业道德建设,从源头上预防和治理腐败问题。通过卓有成效的工作,努力实现交通新的更大发展。

4. 温家宝总理考察公路运输时的指示

2004年7月29日,温家宝总理考察公路、铁路运输,视察了京昌高速公路西沙屯收费站,对进一步做好交通运输工作提出7点要求:①加强组织领导,强化运力协调;②实行运力倾斜,确保重点物资运输;③优化运力配置,挖掘运输潜力;④切实严格管理,确保运输安全;⑤加快运力建设,搞好扩能配套;⑥深化运输改革,转变经营机制;⑦规范运输秩序,提高服务水平。

5. 黄菊副总理对2005年交通工作的指示

2004年12月26日,黄菊副总理出席全国交通工作会议,对新一年交通工作提出5点具体要求:①更加重视公路水路运输能力建设,发挥综合运输体系的作用;②努力挖掘运输潜力,缓解交通运输紧张局面;③进一步做好交通安全工作;④加大交通系统和运输企业改革力度;⑤继续大力规范运输秩序。

以上国务院领导对交通工作的批示、讲话和其他指示表明国务院对交通工作的领导进一步加强。

(二)确定“十五”交通工作的奋斗目标和各年度工作重点

1. 国家“十五”计划对交通工作的要求

2001年3月5～15日,第九届全国人民代表大会第四次会议通过的《中华人民共和国国民经济和社会发展第十个五年计划纲要》对交通工作要求如下:①要进一步加强包括农村道路在内的交通基础设施建设,优化结构,调整布局,提高工程质量,拓宽投资渠道,注重投资效益,把基础设施建设提高到一个新水平;②交通建设要统筹规划,合理安排,健全畅通、安全、便捷的现代化综合运输体系;③加强公路国道主干线建设,完善公路网络,逐步提高路网通达深度;④加强城市道路建设、沿海枢纽港口建设和内河航道治理,发展水路运输,建设国际航运中心;⑤要加快西部地区包括交通基础设施在内的建设工程;⑥以重要水陆交通干线地区为重点,积极培育新的经济增长点和经济带。

2. 颁布"十五"交通工作计划

根据《中华人民共和国国民经济和社会发展第十个五年计划纲要》的总体要求及国务院转发的《关于"十五"规划编制方法和程序的若干意见》,交通部于2001年7月6日印发《公路、水路交通"十五"发展计划》,提出交通工作的指导思想是:按照建立社会主义市场经济体制的要求,坚持发展综合运输体系的方向,继续实施"三主一支持"长远发展规划,加强西部地区交通建设,加快结构调整步伐,深化改革,扩大开放,以科技进步为动力,以质量为重点,以效益为中心,以创新促发展,实现公路水路交通可持续发展。交通"十五"计划确定的总目标是:继续加快基础设施建设,为提前十年建成公路国道主干线系统奠定基础,主枢纽港通过能力有较大增长,水运主通道通航条件进一步改善,西部地区交通建设取得明显进展;交通结构调整取得显著成效;消除影响交通运输生产力发展的体制性障碍并取得实质性突破;交通法制建设有新的推进;交通信息化和科技创新能力提高到一个新的水平;行业文明建设得到进一步加强。

3. 安排"十五"时期各年度的工作重点

"十五"期间,交通部根据中央新的指示精神,结合交通实际,在各年度交通厅局长会议上部署当年工作的重点或总体要求。

(1)2001年,交通部确定当年交通工作的重点是加强交通基础设施建设、调整交通运输结构、整顿和规范交通市场秩序、狠抓水上交通安全、加快交通科技创新步伐和加强行业文明建设,并突出强调要整顿和规范交通建设市场和运输市场秩序,继续开展和深化“水上运输安全管理年”活动。

(2)2002年,交通部强调当年要着重抓好以下6个方面的工作,①继续加快交通基础设施建设;②稳步推进交通运输结构调整;③继续整顿和规范市场秩序,切实加强安全管理;④积极推进交通改革和科技创新;⑤抓紧做好加入世贸组织后的相关工作;⑥抓党风、促政风、带行风,促进交通行业“两个文明”建设协调发展。会议突出强调要切实转变作风,深入实际,调查研究,求真务实,把各项工作落到实处。

(3)2003年,交通部部署当年交通工作的主要任务是:以提高质量和效益为中心,抓好基础设施建设;以健全制度和落实责任为途径,加强安全管理;以专项整治为重点,整顿和规范市场秩序;以优化结构为目标,加快运输结构调整;以加强行业管理为目的,坚持依法行政;以创新为突破口,促进科技进步;以深入开展“三学四建一创”活动为载体,推进行业文明建设;以加强领导干部队伍作风建设为根本,搞好党风廉政建设。

(4)2004年,交通部提出当年交通工作的重点是:努力实现调整后的“十五”计划目标和当年的预期目标,启动“十一五”规划编制工作;加强公路交通干线建设;抓紧规划和建设国家高速公路网;加快水运交通建设;改善农村交通条件;提高公路水路交通运输服务能力;积极推进交通各项改革;治理公路超限超载运输;抓紧抓实交通安全管理;继续加强对外合作与交流;推进行业文明建设和廉政建设。

(5)2005年,交通部提出当年重点完成以下8项工作:①高度重视和切实做好运输保障工作;②加大公路交通基础设施建设力度;③进一步推进水运交通基础设施建设;④组织完成“十一五”交通发展规划编制工作;⑤巩固和扩大治理车辆超限超载运输成果;⑥进一步加强交通安全监管和应急救助;⑦推进交通法制建设和改革开放;⑧加强行业文明建设和反腐败工作。

二、不断明晰交通发展的现代化蓝图和战略步骤

（一）印发《公路、水路交通发展的三阶段战略目标》（基础设施部分）

为贯彻落实党中央关于到21世纪中叶我国基本实现现代化的第三步战略目标，使公路、水路交通事业的发展为国家基本实现现代化发挥支撑和先导作用，交通部在长期酝酿和深入研究的基础上，于2001年5月25日印发了《公路、水路交通发展的三阶段战略目标》（基础设施部分），用于指导各级交通主管部门和港航单位编制与实施中长期发展规划。该目标首先判定公路、水路交通全面紧张和“瓶颈”制约状况已得到缓解，但是公路、水路交通基础设施仍然薄弱，发展仍是公路、水路交通的主要任务。然后，提出公路水路交通发展的三个阶段及目标是：第一阶段，到2010年公路、水路交通紧张和制约状况要实现全面改善，东部地区的公路、沿海港口、内河航运基本适应国民经济和社会发展的需要；第二阶段，到2020年基本适应国民经济与社会发展需要，东部地区的公路、沿海港口与内河基本实现现代化；第三阶段，形成高效、经济、快捷、安全的国内运输网络及国际化大通道，与其他运输方式共同构筑完善的综合运输体系，实现客运快速化，货运物流化，运营智能化，安全与环境最优化，使公路、水路交通基本实现现代化，达到中等发达国家水平，为国家基本实现现代化发挥支撑和先导作用。

（二）制定《公路水路交通发展战略》

在确定《公路、水路交通发展的三阶段战略目标》的基础上，交通部继续组织制定了《公路水路交通发展战略》，并于2002年8月1日印发。该战略在评价公路水路交通发展成就和分析当前存在主要问题的基础上，提出交通发展必须适应我国国民经济快速发展及经济结构战略性调整，必须适应加快农村经济发展，实施西部大开发战略的需要，还必须适应综合运输体系建设和现代物流以及经济全球化的

需要。

该战略通过对公路交通和水路交通的定位，提出实施战略的主要方针是：以满足社会经济发展需要、提高人民生活水平为根本目的，以发展先进的公路水路交通生产力为中心任务，以公路水路交通结构调整为主线，以建立现代综合运输体系为方向，以体制创新和科技进步为动力，以可持续发展为基本要求，以运输安全和国防安全为基本出发点。

为顺利实现三阶段战略目标，战略选择“整体协调”推进作为基本战略模式；在水路交通方面分别实施“海运强国战略”和“内河优势战略”，确定“分梯度追赶与择优超越”的具体推进模式。此外还明确了2020年以前公路水路交通发展的战略重点及战略措施。

(三)根据中央部署，制定《全面建设小康社会公路水路交通发展目标》

1.明确全面建设小康社会对交通发展的要求

党的十六大提出在21世纪头20年集中力量全面建设更高水平的小康社会的奋斗目标后，交通部认真学习中央精神，分析全面建设小康社会对公路水路交通提出的要求如下：

(1)公路水路交通要为经济总量翻两番提供强有力支撑。交通必须继续把发展作为第一要务，继续扩大基础设施规模和能力，进一步调整和优化交通结构，大力提高运输效率和效益，适应2020年全国公路水路客货运输量将比2000年增长2倍左右、民用汽车保有量增长6倍以上的需求，实现高效运输。

(2)公路水路交通要为缩小工农差距、城乡差距和地区差距奠定坚实基础，发挥先导作用。按照加快城镇化进程、促进农村经济全面繁荣、实施西部大开发战略的要求，交通要进一步扩大覆盖范围，改善城市间、城乡间的交通条件；加快西部地区公路基础设施建设，加强与东中部地区及与周边国家路网的衔接，改变偏远地区和少数民族地区公路交通条件差、甚至不通公路的状况；充分发挥内河航运通江达海、

“一线串联东中西”的优势，加快西部地区内河航运发展，促进西部地区资源开发和沿江经济带的形成；为实现我国经济由东向西的战略推进提供保障。

(3)公路水路交通要为更加富足的人民生活提供便利和选择。交通必须全力提高运输服务水平，为公众提供公平的、多样化的运输服务，适应人民生活更加富足和品质不断提升的需要，实现安全交通和便利交通。

(4)公路水路交通要为新型工业化作出重要贡献。交通必须紧紧依靠科学技术进步和劳动者素质提高，改善运输增长的质量和效益，实现数字交通，提高运输信息化、智能化服务水平，走可持续发展之路，建设节约型行业，促进人与自然的和谐，实现绿色交通。

2. 制定《全面建设小康社会公路水路交通发展目标》

根据党的十六大关于全面建设小康社会的战略部署，2005 年 2 月 7 日，交通部组织制定了《全面建设小康社会公路水路交通发展目标》的新文本，分为行业版和社会版。行业版主要用于指导行业沿着全面建设小康社会的方向发展，社会版主要用于向社会宣传交通发展目标和方向，以切实体现转变政府职能、服务社会的要求。新文本提出公路水路交通新的跨越式发展总体要求是：树立以人为本、全面协调可持续的科学发展观，建立能力充分、组织协调、运行高效、服务优质、安全环保的公路水路运输系统，与其他运输方式共同构筑布局协调、衔接顺畅、优势互补的现代综合运输体系，为用户提供安全、便捷、经济、可靠的运输服务，实现和谐交通。到 2020 年，实现原定的战略目标，但内容比原来的文本更丰富。

(四)发布《公路水路交通“十一五”发展规划纲要》

根据国家“十一五”发展规划纲要，交通部于 2005 年 1 月 4 日印发《公路水路交通“十一五”发展规划纲要》，提出交通发展必须坚持“以人为本、全面协调、科技先导、法制保障、环保节约”的方针。“十一五”发展的总体目标是：到 2010 年，公路水路基础设施能力明显增加、网络结构明显合理、运行质量明显改观；基本建立符合社会主义市场经济要求的交通运输市场体系，服务能力和质量明显提升；科技创新能力明显增强，劳动者素质明显提高；初步建立起能力充分、组织协调、运行高效、管理上乘、服务优质、安全环保的公路水路运输系统，与其他运输方式共同构筑布局基本协调和顺畅的现代综合运输体系，服务国防安全的能力进一步增强。为实现总体目标，纲要明确了“十一五”交通运输服务、交通设施建设和运输装备发展的重点工作，提出长江三角洲、珠江三角洲和京津冀地区、西部地区、东北老工业基地、泛珠三角地区等重点区域交通发展方向，以及信息化发展的重点工作；强调必须按照完善社会主义市场经济体制的要求，创新规划实施机制，切实转变政府职能，正确履行职责，为规划实施创造良好的体制、政策、市场环境。最后，提出规划实施的具体保障措施：加强交通基础设施国有资产管理，要对高速公路、一般公路和航道养护、沿海港口等多方面的管理体制进行改革，或深化改革，或完善改革；要加强行业管理；完善交通法规体系，依法行政，加强监管；稳定现有投融资政策，拓展资金来源；加强收费公路管理；加快科技创新步伐；加强人才队伍建设，提高人员素质；促进统一交通运输市场形成；实施交通可持续发展战略。

(五)因地制宜，制定区域交通发展规划

1. 制定《振兴东北老工业基地公路水路交通发展规划纲要》

振兴东北等老工业基地是党中央从全面建设小康社会全局着眼作出的一项重大战略决策，加快东北地区公路水路交通发展，是振兴东北老工业基地的先决条件。为此，交通部于2005年3月4日发布《振兴东北老工业基地公路水路交通发展规划纲要》，规划范围包括辽宁、吉林和黑龙江三省全域，规划期为2004～2020年。指导思想是坚持以人为本，贯彻全面、协调、可持续的科学发展观，着眼于东北老工业基地振兴和全面建设小康社会的需要。规划目标是建立布局协调、能力充分、运行高效、服务优质、安全环保的区域一体化公路水路交通体系,以高速公路、主要港口和内河水运主通道为骨干,实现基础设施、运输服务、信息资源、政策法规等各方面的衔接与协调,全面适应东北地区经济和社会发展的需要,为东北老工业基地振兴和全面建设小康社会提供可靠的交通保障。到2010年,公路水路交通适应振兴东北老工业基地的需要;到2020年,公路水路交通适应东北地区全面建设小康社会的需要,辽宁率先基本实现公路水路交通现代化。此规划以公路水路交通基础设施为重点,突出强调空间、时间、功能上的跨省衔接,是指导东北各省制定公路水路交通建设规划及其相关专项规划的指导性文件。

2. 制定《长江三角洲地区现代化公路水路交通规划纲要》

2005年3月4日,交通部发布《长江三角洲地区现代化公路水路交通规划纲要》,规划范围包括上海市、江苏省和浙江省,规划期为2004~2020年。该地区国土面积占全国的2.2%,人口占全国的1/10,但创造了全国近1/4的国内生产总值、1/3以上的外贸进出口总额,具有重要的区位优势。规划以实现交通运输现代化为目标,并确定其现代化的基本标志是拥有当时世界先进水平的交通设施、装备和运输服务体系,主要特征包括:稳定性,总量均衡和结构均衡,智能性,人性化和可持续性。到2020年,总目标是建立能力充分、衔接顺畅、运行高效、服务优质、安全环保的现代运输体系,总体水平力争进入世界先进行列。此规划是长江三角洲地区公路水路交通规划建设的指导性文件。

3. 制定《促进中部地区崛起公路水路交通发展规划纲要》

根据全面建设小康社会的要求和国家关于促进中部地区经济崛起的部署,交通部于2005年12月30日发布《促进中部地区崛起公路水路交通发展规划纲要》,提出加快中部地区公路水路交通发展的方向和重点是:强化通道建设,全力构建高速公路骨架网络;注重路网改善,扶持国道改造升级;加快农村公路发展,重点建设"村村通"工程;加强水运基础设施建设,充分发挥长江黄金水道作用;推进综合运输枢纽建设,重点构建中心城市和港口城市客货运综合运输枢纽。

4. 制定《泛珠江三角洲区域合作公路水路交通基础设施规划纲要》

泛珠江三角洲区域包括广东、福建、江西、湖南、广西、海南、四川、贵州、云南九省。开展泛珠三角区域合作,构筑一个优势互补、资源共享、市场广阔、充满活力的区域经济体系,具有重要的战略意义和现实意义。为配合泛珠江三角洲区域经济提升,交通部于2005年12月30日发布《泛珠江三角洲区域合作公路水路交通基础设施规划纲要》,提出“核心辐射、周边通畅、‘港路’联动、消除障碍、协同推进”的方针,全面推进该区域公路水路交通的建设与发展。规划确定2010年发展目标是:基本形成区域公路水路基础设施网络骨架,公路水路基础设施能力进一步提高,结构更加合理,功能更加完善;公路水路交通基本适应泛珠江三角洲区域合作、珠江三角洲现代化建设的需要。2020年发展目标是:全面建成区域公路水路基础设施网络,区域协调机制高效运转,建立能力充分、衔接顺畅、运行高效、服务优质、安全环保的区域公路水路运输系统,全面适应泛珠江三角洲区域合作及全面建设小康社会的需要。

以上总体规划与区域规划的制定,表明交通部逐步加强了对行业的规划和指导工作,并不断提高科学行政水平。

三、强化调控职能,优化交通结构

(一)制定并实施《公路、水路交通结构调整意见》

为贯彻国务院指示,交通部在深入研究并广泛征求意见的基础上,于2001年4月9日印发《公路、水路交通结构调整意见》,在深入分析公路、水路交通结构存在主要问题的基础上,提出公路、水路交通结构调整的指导思想是:以提高经济效益为中心,以提高行业整体素质、服务水平和竞争能力为目标,在发展中调整,在调整中实现快速发展,坚持结构调整的市场化取向,充分发挥市场机制和政府调控的双重作用。意见在明确调整的目标和重点之后，提出结构调整的主要措施是：制定交通发展战略和行业政策；加快法制化建设；继续加快交通基础设施建设；加强运输市场建设；加大体制改革力度；制定鼓励运力优化的相关政策；加强水上运力调控，推进航运企业改革，提高对外开放质量；加强运输企业资质管理，规范市场经营行为；加大科技投入，依靠科技进步；提高交通从业人员素质，加强交通行业人力资源储备等。

(二)发布《2001～2010 年公路水路交通行业政策及产业发展序列目录》

为指导各级交通行政主管部门加强行业管理，改善宏观调控，调整和优化产业结构，进行资源合理配置，引导公路、水路交通事业健康发展，2001 年 5 月 29 日，交通部制定《2001～2010 年公路水路交通行业政策及产业发展序列目录》，共 4 部分 96 条。《2001～2010 年公路水路交通行业政策》确定的重点如下：①调整交通运输结构，实现运输资源的优化和合理配置，使公路、水路交通的优势得以充分发挥，促进优势互补、便捷高效、协调发展的综合运输体系的建立，加快西部地区交通建设、逐步实现均衡协调发展；②加强行业管理，充分发挥市场在资源配置中的基础性作用和政府的宏观调控作用；③规范运输市场，促进统一开发、竞争有序的运输市场的建立和完善，使运输服务向规范化、优质化方向发展，引导企业拓展现代物流功能，提高市场竞争能力；④鼓励交通科学技术从传统技术向以信息技术为主的高新技术方向发展，提高交通基础设施和运输装备的整体技术水平，促进产业升级；⑤实施由善后提高到以防范为主，保障运输安全，对资源的利用向节约型方向发展，提高资源利用率，环境保护由治理向预防方向发展，减少环境污染；⑥依法治交，提高行业管理水平，规范行业行为，树立行业新风、促进行业精神文明建设。《2001～2010 年公路水路交通产业发展序列目录》对运输生产、基本建设、交通装备、技术进步、技术改造、安全保障、运输节能与环保、交通信息化等领域重点鼓励及限制均作出明确说明。

这是我国政府交通主管部门第一次比较全面和系统地发布公路、水路交通行业政策,是继提出“三主一支持长远规划”和“交通发展三阶段战略目标”之后,我国公路、水路交通发展历程中的又一件大事,对促进我国公路、水路交通持续快速健康发展具有十分重要的意义。公路、水路交通行业政策是加强和改善宏观调控,调整和优化产业结构,提高产业素质,优化资源配置的重要手段,是用法规管理全行业、政策引导全行业、信息服务全行业的重大举措之一。

第二节 健全机构,提高依法行政水平

一、健全机构

交通部行政职能与机构在 1998 年重新调整后,到 2005 年无重大变动,只是根据具体情况略有调整。

(一)交通部机构局部变动

1. 成立中国海上搜救中心

根据党的十六届三中全会提出“建立健全各种预警和应急机制,提高政府应对突发事件和风险的能力”的要求和国务院有关领导批示精神,2004 年 5 月 27 日,交通部向国务院请示,建议将海上应急体系纳入国家应急体系,并将国家海上安全指挥部调整为国家海上安全委员会,作为国务院议事协调机构,成立中国海上搜救中心作为国家海上安全委员会的办事机构,在交通部单设,负责海上应急的日常工作。经批准,中国海上搜救中心于 2005 年 2 月 24 日成立,行政编制 10 名,下设总值班室,中心主任由交通部副部长徐祖远兼任。其职能是:负责组织、协调、指挥重大海上搜救和船舶污染事故应急处置行动,承担海上搜救和船舶污染事故应急反应值班工作;起草海上搜救有关政策法规,制订重大海上搜救和船舶污染事故应急反应预案及有

关规章制度；负责国家海上搜救和船舶污染事故应急反应信息系统建设，协调和指导地方海上搜救和船舶污染事故应急反应信息系统建设；指导地方海上搜救和船舶污染应急反应工作，开展人员培训工作；履行有关国际公约，开展与有关国家和国际组织在海上搜救和船舶污染应急反应方面的交流与合作；承担国务院海上搜救部际联席会议的日常工作。2005 年 12 月 21 日，中国海上搜救中心总值班室成立。

2. 成立西部地区通县公路建设办公室

2002 年 1 月 9 日，交通部决定成立西部地区通县公路建设办公室，具体负责指导西部地区通县公路建设工作，制定西部地区通县公路建设技术政策，协调解决建设过程中有关重大事项等工作。

3. 水运司负责部三峡办日常工作

2004 年 7 月 2 日，根据工作需要，交通部研究决定撤销交通部三峡工程航运领导小组办公室（部三峡办）机构，名称保留，由水运司负责相关工作，同时调整水运司部分处室。

（二）交通部直属机构变动

1. 成立广东海事局

2001 年 3 月 13 日，根据 1990 年《国务院办公厅关于印发交通部直属海事机构设置方案的通知》要求，中华人民共和国广东海事局由原交通部广州海上安全监督局和原广东省港务监督局合并组建而成，隶属于中华人民共和国海事局。同时，撤销原交通部广州海上安全监督局和原广东省港务监督局。

2. 重新确立长江航务管理局的职能及编制

2002 年 1 月 4 日，根据 1998 年《国务院办公厅关于印发交通部职能配置内设机构和人员编制规定的通知》要求，中央机构编制委员会办公室同意交通部长江航务管理局为交通部派出机构，是对长江干线航运行使政府行业管理职能的行政主管机构，明确了长航局的主要职责及人员编制。

2004 年 2 月 16 日，中央机构编制委员会办公室批复成立长江三

峡通航管理局,作为交通部长江航务管理局管理的事业单位,核定事业编制 468 名。

3. 海上救助打捞局更名

2003 年 3 月 28 日,交通部海上救助打捞局更名为交通部救助打捞局,作为救助打捞行业的主管部门,实行局长负责制。同时成立交通部救助打捞局飞行调度中心,对内作为交通部救助打捞局的内设机构管理,对外保留交通部救助打捞局飞行调度中心的名称。此外,交通部烟台海上救助打捞局更名为交通部烟台打捞局、交通部上海海上救助打捞局更名为交通部上海打捞局、交通部广州海上救助打捞局更名为交通部广州打捞局,成立交通部北海救助局、交通部东海救助局、交通部南海救助局,均为交通部所属事业单位。

4. 成立交通专业人员资格评价中心

为完善行业专业人员资格评价和技能鉴定体系,建设一支高素质的交通专业人才队伍,经中央机构编制委员会办公室批准,2005 年 12 月 2 日,交通部成立交通专业人员资格评价中心(交通部职业技能鉴定指导中心),为交通部直属事业单位,编制暂定 12 名。

(三)“十五”期间交通部历任领导

黄镇东同志 2001 ~2002 年 10 月继续担任交通部部长,之后调中共重庆市任市委书记;张春贤同志 2001 ~2002 年 10 月继续担任交通部副部长,2002 年 10 月 ~2005 年 12 月任交通部部长,之后调湖南省任省委书记;李盛霖同志自 2005 年 12 月起任交通部部长。

洪善祥同志 2001 ~2004 年 5 月继续担任交通部副部长,胡希捷同志 2001 ~2004 年 9 月继续担任交通部副部长,翁孟勇同志继续担任交通部副部长,刘锷同志 2001 ~2002 年 2 月继续担任中央纪委驻交通部纪律检查组组长,金道铭同志自 2002 年 2 月 ~2005 年底担任中央纪委驻交通部纪律检查组组长,冯正霖同志自 2003 年 6 月起担任交通部副部长,徐祖远同志自 2004 年 4 月起担任交通部副部长、黄先耀同志自 2004 年 8 月起担任交通部副部长。

二、改革交通行政审批制度，贯彻《行政许可法》

“十五”期间，国务院加快了推进依法行政的步伐，其中，贯彻《中华人民共和国行政许可法》，清理行政审批项目，规范行政许可行为，成为一项特别重要的工作。在国务院领导下，交通部克服困难，为转变行政职能，规范行政许可行为作了大量工作，历时5年，取得重要进展。

（一）清理、消减交通行政审批项目，加强后续监管

2000年5月23日，国务院法制办传达朱镕基总理指示，发出清理行政审批项目的第一个文件，随后国务院又发出多个文件。为贯彻国务院指示，交通部成立行政审批制度改革工作领导小组并设办公室，组织专人对交通行政审批项目进行全面清理。经过多次讨论、协商以及反复研究，根据国务院的4个文件精神，交通部于2004年11月12日公布了国务院批准取消和调整以及依法继续实施的交通部行政许可项目。其中国务院决定取消的交通部行政审批项目37项，国务院为交通部确需保留的行政审批项目设定行政许可的项目6项，国务院对与交通行业相关的确需保留的行政审批项目设定行政许可的项目1项，交通部依法继续实施的行政审批项目39项，国务院决定改变管理方式的交通部行政审批项目5项。

根据国务院关于行政审批改革进程安排，交通部对国务院决定已取消和改变管理方式的行政审批项目中确需通过其他方式实施后续监管的项目，依法规范了相应的后续监管措施，并要求各部门做好由取消审批到转变为其他管理方式的过渡工作，加强具体管理制度的建设。

（二）贯彻《中华人民共和国行政许可法》

1. 认真学习《中华人民共和国行政许可法》

2003年8月27日，中华人民共和国第十届全国人民代表大会常务委员会第四次会议通过《中华人民共和国行政许可法》（以下简称《行政

许可法》),决定自2004年7月1日起施行。行政许可法的基本功能是控制、保障和规范行政许可的设定和实施,而特别是要控制行政许可权的行使,以保障公民、法人和其他组织的合法权益,促进社会的稳定、持续发展,保障公共安全和公共利益。颁发《行政许可法》也是建立社会主义市场经济体制、建设法制政府的特别需要。为贯彻《行政许可法》,提高交通部机关及直属系统有关公务员依法行政的能力,交通部多次组织研讨班,结合交通行业实际,进行专门学习和深入讨论,明确、清晰了各个不同领域的交通行政许可实施过程中的一系列问题,而贯彻《行政许可法》则成为交通部继续进行行政审批制度改革的中心工作。

2. 规范交通行政许可实施程序,加强监督工作

为保证交通行政许可依法实施,维护各方当事人的合法权益,保障和规范交通行政机关依法实施行政管理,根据《行政许可法》,结合交通行业实际,交通部于2004年11月2日发布第10号令《交通行政许可实施程序规定》,对交通行政许可的实施机关、内容、公示方式等实施程序作出明确规定。2004年11月3日,交通部又发布第11号令《交通行政许可监督检查及责任追究规定》,强调各级交通行政机关应当对交通行政许可实施过程进行监督检查,对违法行为依法进行责任追究,坚持有错必纠、违法必究,以保障有关法律、法规和规章的正确实施。

3. 清理和修订交通行政规章

为贯彻《行政许可法》,交通部对已经过时或不符合《行政许可法》精神的部门规章进行了专项清理工作。经统计,截至2003年7月10日,交通部发布的现行有效的政府规章共计348项。2004年6月18日,交通部发布第8号部令《关于废止8件交通规章的决定》,决定废止《公路运输管理暂行条例》、《道路商品汽车发送管理办法(试行)》、《招收培训农村外派船员暂行规定》、《公路建设四项制度实施办法》、《公路建设市场准入规定》、《交通部水运、工程船舶报废管理办法》、《交通部水运、工程船舶封存管理办法》和《利用外资贷款港口项目设备采购实施管理

办法》8 个交通规章。此后，为保持与《行政许可法》一致，交通部又修订和重新颁发了一系列部门规章。

4. 制定《交通部行政许可网上公示系统》

根据《行政许可法》对行政许可事项进行公示的规定，交通部组织专人于 2005 年年底完成《交通部行政许可网上公示系统》，公示出各级交通行政机关实施的行政许可事项的名称、法律法规依据、审批权限、程序以及申请人应当注意的事项等多方面内容。行政相对人可以在该系统查询交通行政许可事项及向各级交通行政机关提出行政许可申请的有关条件以及申报材料目录等规定，亦可通过该系统查询行政许可决定并实施监督；地方交通行政机关可以从该系统摘取相关内容并针对本机关的职责在办公现场进行行政许可事项公示；国家权利机关、监督机关以及其他行政机关、社会团体、公民可以通过该系统对交通部机关行政许可行为实施监督。《公示系统》大大地提高了部机关实施行政许可的透明度。

第三节　公路交通行政

一、加强规划指导职能，改进基础设施建设管理

（一）制定《国家高速公路网规划》、《农村公路建设规划》

为实现《公路、水路交通发展的三阶段战略目标》，实施《公路水路交通发展战略》，交通部在公路交通基础设施方面制定了更具体、更详细的规划。

1. 公布《国家高速公路网规划》

2004 年 12 月 17 日，交通部组织制定的《国家高速公路网规划》经国务院审议通过，2005 年 1 月 13 日，国务院新闻办召开发布会予以公布。张春贤部长在新闻发布会上概要介绍了《国家高速公路网规划》的基本内容。它是中国历史上第一个高速公路骨架布局，同时也是中

国公路网中最高层次的公路通道。它的出台及实施将对中国经济社会发展以及公众生活方式和质量产生深远影响,丰富中国交通运输现代化的战略蓝图,标志中国高速公路发展进入了新的历史阶段。该规划采用放射线与纵横网格相结合的布局方案,形成由中心城市向外放射以及横贯东西、纵贯南北的大通道,见图4-8-1。整个方案由7条首都放射线、9条南北纵向线和18条东西横向线组成,简称为“7918网”,总规模约8.5万公里,其中主线6.8万公里,地区环线、联络线等其他路线约1.7万公里,预计在30年时间内实现。规划充分体现了“以人为本”的宗旨,最大限度地满足人们的出行要求,创造出安全、舒适、便捷的交通条件,使人们直接感受到高速公路系统给生产、生活带来的便利。它将连接全国所有的省会级城市以及城镇人口超过20万以上的大中等城市,覆盖全国10多亿人口;将实现东部地区平均30分钟上高速,中部地区平均1小时上高速,西部地区平均2小时上高速,从而大大提高全社会的机动性;将连接国内主要的AAAA级著名旅游城市,为人们旅游、休闲提供快速通道;重点突出“服务经济”的目的,强化高速公路对于国土开发、区域协调以及社会经济发展的促进作用;加强了长三角、珠三角、环渤海等经济发达地区之间的联系,使大区域间有3条以上高速通道相连,还特别加强了与香港、澳门的衔接,在三大都市圈内部将形成较完善的城际高速公路网,为进一步加快区域经济一体化和大都市圈的形成,加快东部地区率先实现现代化奠定基础;将显著改善和优化西部地区及东北等老工业基地的公路路网结构,提高区域内部及对外运输效率和能力,进一步强化西部地区西陇海兰新线经济带、长江上游经济带、南贵昆经济区之间的快速联系,改善东北地区内部及进出关的交通条件,为“以线串点、以点带面”,加快西部大开发和实现东北等老工业基地的振兴奠定基础;将连接主要的国家一类公路口岸,改善对外联系通道运输条件,更好地服务于外向型经济发展;还特别注重综合运输协调发展,规划路线将连接全国所有重要的交通枢纽城市,包括铁路枢纽50个、航空枢纽67

图 4-8-1 国家高速公路网布局方案

个、公路枢纽140多个和水路枢纽50个,有利于各种运输方式优势互补,形成综合运输大通道和较为完善的集疏运系统;将进一步促进国土资源的集约利用、环境保护和能源节约,有效支撑社会经济的可持续发展。

2. 公布《农村公路建设规划》

经2005年2月2日国务院审议通过后,交通部再次修改,于2005年8月15日正式印发《农村公路建设规划》,提出“政府主导、分层负责,统筹规划、分步实施,因地制宜、分类指导,建养并重、协调发展”的指导方针以及本世纪前20年农村公路建设的总体目标,即:到2010年,具备条件的乡(镇)和建制村通沥青(水泥)路,基本形成较高服务水平的农村公路网络,使农民群众出行更便捷、更安全、更舒适,适应全面建设小康社会的总体要求;到2020年,具备条件的乡(镇)和建制村通沥青(水泥)路,形成以县道为局域骨干、乡村公路为基础的干支相连、布局合理、具有较高服务水平的农村公路网,适应全面建设小康社会的要求。

为确保农村公路建设规划的实施,规划要求进一步明确各级政府职责、权限和义务,分工协调,共同推进农村公路建设。省(区、市)人民政府对农村公路要发挥主导作用,根据国家规划,制订本省(区、市)农村公路建设规划,开展建设项目前期工作,筹措、落实建设资金;因地制宜地制订技术标准;加强对农村公路建设的组织管理;调动各地、市人民政府的积极性,加快建设步伐。对于农村公路建设的资金来源,规划明确指出,要建立国家和省(区、市)级人民政府对农村公路建设较为稳定的投资来源,逐步形成政府为主、农村社区为辅、社会各界共同参与等多渠道的农村公路投资新机制。一是国家每年用于农村公路建设的资金在200亿元以上;二是地方各级人民政府要加大对农村公路建设的财政投入;三是继续利用以工代赈资金和扶贫资金,加大贫困地区农村公路建设的力度。继续争取利用国际金融组织贷款,支持农村公路建设。四是积极探索加大农村公路建设资金投入的有效渠道，统筹考虑干线公路和农村公路的建设资金，推行“以路养路”政策，将建设干线公路缴纳的重点公路工程营业税及收费公路营业税等用于农村公路发展；利用冠名权、绿化权、路边资源开发权等市场化运作方式，鼓励、吸引企业等社会力量投资农村公路；鼓励企业和个人捐赠等。

（二）贯彻国务院指示，改进公路建设管理，依法健全制度

1. 整顿公路建设市场秩序

为贯彻落实国务院召开的全国整顿和规范市场经济秩序工作会议精神，规范公路建设市场行为，2001 年 5 月 21 日，交通部发布《关于整顿和规范公路建设市场秩序的若干意见》，提出整顿公路建设市场秩序的主要目标是：所有大中型公路建设项目必须符合国家基本建设程序规定，实现依法建设；按照国家规定要求招标的项目必须实行招标，杜绝规避招标、假招标和评标过程中的弄虚作假、暗箱操作等行为；加强对工程质量和安全的监督管理，杜绝重大、特大质量和安全事故发生，争取用一年左右的时间，使公路建设市场秩序明显好转。意见强调，到“十五”期末，基本建立统一开放、竞争有序的公路建设市场体系。整顿公路建设市场秩序工作是以贯彻国家《公路法》、《招标投标法》为龙头，以落实《公路建设市场准入规定》、《公路建设四项制度实施办法》、《公路建设监督管理办法》及有关公路建设法规为基点，以开展第三个“公路建设质量年活动”为载体，以加强政府监管为主线，重点治理下列问题：公路建设项目不按基建程序组织建设，规避招标、假招标行为；招标中的行业保护和地方保护；评标过程中的弄虚作假、暗箱操作；建设过程中的转包和非法分包，不按规范施工，偷工减料；现场管理混乱、设计变更不规范、工程质量低劣等。意见的贯彻落实促进了公路建设市场秩序的改善。

2. 修订《公路工程施工招标投标管理办法》

为在公路建设领域贯彻《中华人民共和国招标投标法》，维护公路建设市场秩序，加强公路工程招标投标管理，规范公路工程施工招标

投标程序，提高公路工程施工质量，交通部对《公路工程施工招标投标管理办法》(1989年第8号令)进行了修订，并于2002年6月6日以第2号部令重新发布，决定自7月15日起施行。新办法共6章59条，对招标的范围、原则、对象、方式、公告、文件发售、评标委员会、评标办法以及管理职责等作出明确规定。此外，交通部在2002年还修订了《公路工程国内招标文件范本》和《关于加强国际金融组织公路贷款项目执行管理规定》；编制了《公路工程施工招标评标委员会工作指南》、《公路工程决算编制办法》和《公路机电工程招标文件范本》等规范性文件。同时，加大了执法力度，实现依法建设、依法管理。

3. 贯彻《国务院办公厅关于进一步规范招投标活动若干意见》

2004年11月22日，交通部为贯彻落实《国务院办公厅关于进一步规范招投标活动若干意见》，就进一步加强公路建设项目招投标管理，规范招投标活动提出具体意见，要求各级交通主管部门加快清理有关招投标管理的各类规范性文件，尽快废止或修订与《中华人民共和国招标投标法》、《中华人民共和国行政许可法》等法律法规相抵触的规定和要求，确保招投标制度的统一协调；调整施工招标资格预审办法，保证资格预审工作的公平、公正和准确；评标办法要科学、合理，尽可能减少人为因素影响，要推行合理低价中标，鼓励无标底招标；加强对招标人的管理，严格实行项目法人资格核备制度，招标人应当严格执行国家规定的基本建设程序和招投标管理制度，按照公开、公平、公正的原则，依法组织公路建设项目的招标工作。交通部还要求各省级交通主管部门应当严格执行《公路建设项目评标专家库管理办法(试行)》的规定，严把专家准入关，并加强对评标专家的培训、考核、评价和动态管理，规范专家评标行为；建立公路建设从业单位的信用评价指标体系，加快信用体系的建设；各级交通主管部门要依法履行对招投标活动的监管职责，加强监督检查，查处违法违规行为；对公路工程咨询、招标代理单位的选择要逐步推行招标方式；对公路大修、中修等养护工程要逐步引入竞争机制，通过招标选择养护队伍，以降低养护成本，提高管理效率，进一步推行和完善“专家评标、项目法人定标、政府交通主管部门监督”的评标体系。

4. 修订《公路工程竣(交)工验收办法》

为进一步提高工程质量和建设管理水平，明确质量和管理责任，有效完备基本建设程序，体现务实高效的工作作风，交通部组织有关单位对《公路工程竣(交)工验收办法》进行修订，于2004年3月31日以第3号部令发布，决定自10月1日起正式施行。该办法规定公路工程验收分为交工验收和竣工验收两个阶段，明确了从业单位在交工验收中的责任和交通主管部门竣工验收的管理权限、竣工验收委员会组成原则、工作程序。

5. 修订《公路建设市场管理办法》

根据《中华人民共和国公路法》、《中华人民共和国招标投标法》和《建设工程质量管理条例》，2004年11月22日，交通部发布第14号部令《公路建设市场管理办法》，于2005年3月1日起施行。交通部于1996年7月11日公布的《公路建设市场管理办法》同时废止。首先，新办法提出项目建设管理单位的概念，规定项目法人可委托具备法人资格的项目建设管理单位进行项目管理。这是适应国家投资体制改革和公路建设引入民间资本的需要，也是提高项目管理水平的需要。其次，新办法提出收费公路建设项目法人和项目建设管理单位进入公路建设市场的备案制度；提出新的质量保证体系，即“政府监督、法人管理、社会监理、企业自检”，将原来的三级质量保证体系改为四级，更加强调项目法人在工程质量中应负的管理责任。再次，新办法提出建立公路建设市场信用管理体系，要求政府交通主管部门加强对公路建设从业单位和从业人员市场行为的动态管理，营造一个鼓励诚信、惩戒失信的公路建设市场竞争环境；体现以人为本的理念，要求施工单位和劳务分包人按照合同按时支付劳务工资，落实各项劳动保护措施；体现可持续发展理念，如要求公路建设从业单位和从业人员采取有效措施保护环境和节约用地等。

6. 修订《公路工程质量监督规定》及颁布《公路工程设计变更管理办法》

为加强公路工程质量监督,根据《中华人民共和国公路法》和《建设工程质量管理条例》,交通部于2005年5月8日,发布第4号部令《公路工程质量监督规定》,针对公路建设特点,准确定位政府质量监督职能;明确监督内容和监督事项,落实建设各方质量责任;规定专业质量监督机构标准,保证监督工作质量;适应形势需要,提出政府监督高速公路、一般公路、农村公路的具体形式,从而健全了监督体系,保证政府监督到位。另外交通部依据相关法律、法规,于2005年5月9日,发布第5号部令《公路工程设计变更管理办法》,对变更公路工程设计所涉及的一系列环节进行了严格规定,增强了可操作性。

7. 加强公路勘察设计工作

为提高公路工程勘察设计水平和公路建设投资效益,确保工程质量,根据《中华人民共和国公路法》、《中华人民共和国招标投标法》和国家有关规定,2001年8月21日,交通部发布第6号部令《公路工程勘察设计招标投标管理办法》,决定自2002年1月1日起施行。为总结经验,进一步提高勘察水平,交通部于2004年9月25日召开全国公路勘察设计工作会议,冯正霖副部长作了题为《树立和落实科学发展观 提升设计理念 提高设计水平》的讲话。提出勘察设计工作必须做到“六个坚持,六个树立”,即坚持以人为本,树立安全至上的理念;坚持人与自然相和谐,树立尊重自然、保护环境的理念;坚持可持续发展,树立节约资源的理念;坚持质量第一,树立让公众满意的理念;坚持合理选用技术指标,树立设计创作的理念;坚持系统论的思想,树立全寿命周期成本的理念。

(三)加强农村公路建设管理,落实《农村公路建设规划》

“十五”期间,在全国交通基础基础设施建设速度不断加快的同时,交通部更加关注农村公路建设,多次召开会议,提出各种措施,推进农村交通的发展。在2003年全国交通厅局长会议上,交通部提出

“修好农村路,服务城镇化,让农民兄弟走上油路和水泥路”的目标,引起社会各界的广泛关注。2003 年 5 月 15 日,交通部会同国家发展改革委联合召开全国农村公路建设工作电视电话会议,张春贤部长指出,今后 3 年,县际和农村公路计划建设 17.6 万公里,主要实施“三项工程”:即东部地区通村工程,中部地区通乡工程,西部地区通县工程,分别解决东、中、西部地区乡到村、县到乡以及县际通沥青路或水泥路问题。张春贤部长还特别强调:加强县际和农村公路建设必须依靠地方各级政府,发动群众,因地制宜,就地取材,技术适用,确保质量,建养并重,加快发展。在组织实施过程中,核心是政策,关键在发动,重点是管理,成败在质量,提高靠科技,长效在养护。9 月 19 日,交通部发布《关于进一步加强农村公路建设与管理工作的通知》,就进一步加强农村公路建设与管理工作提出具体要求。

2004 年 7 月 9 日和 12 日,交通部先后发布《农村公路建设质量管理办法》以及《农村公路建设指导意见》、《农村公路技术标准指导意见》。2005 年 5 月 26 日,交通部再次发布《关于 2005 年农村公路建设的实施意见》,要求进一步加大政府投入,落实建设管理责任,充分发挥广大农民群众的积极性,加快农村公路建设步伐。

为加强农村公路改造工程管理,落实《农村公路建设规划》,确保工程质量,按期完成 2006 ~ 2010 年农村公路改造工程的建设任务,保障国家建设资金安全、有效使用,依据《公路法》及国家有关法律、法规,2005 年 9 月 26 日,交通部会同国家发展改革委联合发布《农村公路改造工程管理办法》和《县际及农村公路改造工程实施意见》。

2005 年 10 月 23 日,交通部再次会同国家发展改革委联合召开全国农村公路工作座谈会,交通部冯正霖副部长作了题为《加强农村公路建设　推进管养体制改革　为建设社会主义新农村做出更大贡献》的讲话。就如何贯彻国务院办公厅《关于印发农村公路管理养护体制改革方案的通知》进行交流和讨论,国家发展改革委张晓强副主任在介绍农村公路建设进展情况时指出,“十五”农村公路建设投资力度之大、增长里程之快、经济社会效益之好前所未有,是农民群众得益受惠的民心工程。交通部认真贯彻党中央的指示精神,比较早地主动提出加快县乡公路、农村公路交通基础设施建设,改善农村生产、生活条件,加快推进城镇化,促进区域经济协调发展,为交通从传统产业向现代服务业转变,确立“三个服务①”理念作了很好的铺垫。座谈会进一步推动了各地积极落实改革方案。

(四)加强西部地区通县公路建设

经国务院批准,交通部决定2001年、2002年两年集中力量实施西部地区通县沥青公路建设工程。2001年6月9~12日,朱镕基总理在四川省视察时作出加快建设三州②通县公路的指示。为落实国务院领导对藏区公路建设的指示,交通部于2001年9月22日在四川省甘孜州召开三州通县公路建设现场办公会,解决具体问题。2001年10月25日,投资规模达373亿元的西部地区通县公路建设工程正式启动。工程涉及17个省(区、市)250个县,改建公路里程2.5万公里。为保证工程进度和质量,交通部于2001年11月9日下发《西部地区通县公路建设实施意见》,以指导工作。

为加强西部地区通县公路建设的组织领导,2002年1月9日,交通部成立西部地区通县公路建设办公室,内设监督组和技术组,具体负责指导西部地区通县公路建设工作,制定西部地区通县公路建设技术政策,协调解决建设过程中的重大问题。

2003年,四川省三自治州藏族、彝族、羌族等少数民族称之为“民族地区第二次翻身解放”的通县油路如期完工,计4 326公里。到“十五”末,圆满完成西部地区通县油路建设任务,共计2.6万公里,惠及17个西部和中部省(区、市)、133个地州市、1 100个县市区。西部地

①服务国民经济和社会发展全局,服务社会主义新农村建设,服务人民群众安全便捷出行。

②四川省甘孜藏族自治州、阿坝藏族羌族自治州、凉山彝族自治州。

区基本实现了县县通油路。

（五）加强收费公路管理，贯彻《收费公路管理条例》

1. 开展公路收费站（点）清理整顿工作

自1984年12月国务院第54次常务会议批准实施"贷款修路，收费还贷"政策以来，我国公路交通发展速度快、规模大、成就突出。收费公路政策的实施，对于缓解公路建设资金严重不足的矛盾，改善我国路网结构，提高路网技术水平意义重大。但收费公路的发展存在一些突出问题：规模大、站点多；收费公路等级不合理；收费站点设置不合理；违法设站没有得到有效制止；部分收费路段的收费标准过高；少数地方在转让公路收费权时，不按程序报经主管部门批准，违法转让；不同地区和不同技术标准的收费路之间差异大；收费资金管理、核算、使用等环节监管不到位。为此，2002年4月15日，国务院办公厅发出《关于治理向机动车辆乱收费和整顿道路站点有关问题的通知》；11月5日，国务院减轻企业负担部际联席会议就贯彻上述通知制定具体实施意见；12月5日，又召开电视电话会议，不断加大整顿收费站点的力度。2003年1月，交通部制定出《公路收费站（点）清理整顿指导意见》。

2003年4月15日，交通部召开全国清理整顿公路收费站点工作座谈会，对持续进行的清理整顿工作提出具体要求：①要加强领导，完善制度，落实措施；②要抓住登记、审计、审批、公示等关键环节，分阶段推进清理整顿工作；③要严格政策界限，狠抓工作落实；④要标本兼治，力求从制度创新上解决收费站点问题，尽快实施高速公路联网收费制度，积极实施政府还贷收费公路"统一管理"和"统贷统还"制度，全面实施收费公路总量控制制度。⑤要强化行业管理，做好清理整顿的后续管理工作。

经过一段时间的治理整顿，收费公路问题在一定程度上得到解决。

2. 确定京沈高速公路联网收费示范工程

由于投资主体多元化以及认识水平所限，我国高速公路基本上采取分段建设模式,带有明显的地域性特征,形成分段建设、分割管理的体制和经营机制。随着国道主干线高速公路的逐步贯通,现行管理体制和运行机制的弊端日益显现。尤其是部分路段主线收费站过密,给使用者带来极大不便,也加大了管理成本,直接影响了高速公路网整体效益的发挥,成为社会反映强烈的热点问题。为此,交通部提出高速公路联网收费要求,并在2003年全国交通厅局长工作会议上将京沈高速公路联网收费确定为"四项示范工程"[①]之一。

京沈高速公路是"两纵两横三个重要路段"的重要组成部分,全程658.7公里,却设有6个主线收费站和37个匝道收费站,分别由四省(市)的5个公司管理,跨区域、分段式管理特征明显,而且在机电设施、收费软件、收费方式、收费标准等方面不统一,技术上的共性问题多,因而其试点工作具有普遍意义。

经过沿线四省(市)及交通部公路所的共同努力,2003年9月1日零时,京沈高速公路使用统一的纸质通行券,实现收费系统统一切换;10月1日零时,非接触式IC卡正式投入使用,联网收费系统开始试运行;20日,京沈高速公路联网收费示范工程正式开通运行,京沈、唐山市外环和唐津高速公路河北段共计755公里高速公路全部实现联网收费,示范工程圆满完成,实现了"管理水平的突破、技术手段的创新、行业形象的展示",为在特定体制下解决分段收费难题提供了技术条件。

3.贯彻落实《中华人民共和国收费公路管理条例》

2004年9月13日,国务院发布《中华人民共和国收费公路管理条例》,于11月1日起施行。与有关收费公路管理的原有规定相比,《收费公路管理条例》突出了以下内容:①政府还贷公路可以实行"统一管理、统一贷款、统一还款"(第十一条)。这是为减少收费站点而新增

①京沈高速公路联网收费示范工程,四川省主寺—九寨沟公路改造示范工程,京杭运河船型标准化示范工程,农村客运网络化示范工程。

的一项重要措施，从而有利于对收费公路实行总量控制，从根本上减少收费站点数量，降低管理成本，加强资金监管力度，提高还贷和融资能力。②规定高速公路以及其他封闭式收费公路应当实行计算机联网收费（第十三条），借助信息化技术手段，减少收费站点。③规定收费公路经营者有强制性养护的义务。改变公路经营企业为追求利润最大化，不愿投资进行公路养护的状况。④对公路收费权转让作出限制性规定，有利于消除收费权转让中的诸多弊端。⑤通过法律手段对中西部地区实施政策倾斜。如规定中西部地区收费公路的最长收费期限可比东部地区多5年（第十四条），西部地区可以建设技术等级为二级的收费公路，东部地区二级公路不得收费。

《收费公路管理条例》是我国第一部规范收费公路管理的行政法规，为各级政府及交通主管部门加强收费公路管理，解决人民群众普遍关注的收费站点过多、过密等问题，提供了法律依据。

4. 降低车辆通行费标准

针对各地对多轴大型车辆的收费普遍偏高，导致车辆"大吨小标"和超限超载运输日益严重的状况，经国务院同意，2004年11月11日，交通部和国家发展改革委联合印发《关于降低车辆通行费收费标准的意见》。

为进一步完善车辆通行费计量方式，规范和指导试行计重收费工作，降低合法运输车辆的运输成本，交通部在总结各地试点经验的基础上，组织制定了《关于收费公路试行计重收费指导意见》，于2005年10月26日发布。

二、继续改进公路养护管理

（一）明确"十五"公路养护的目标和任务，制定十年发展纲要

1. 明确"十五"公路养护的目标和任务

"九五"期间，路网技术状况得到进一步提高，公路养护运行机制改革初见成效，根据交通部提出的"管养分离，事企分开"的原则，公路

养护工作初步实现了“三个转变①”。在此基础上,2001年5月28~29日,交通部在江西南昌召开全国公路养护管理工作会议,提出“十五”期间要树立“建设是发展,养护管理也是发展”等新观念,明确公路养护管理的指导方针和任务是建养并重,强化管理,深化改革,调整结构,依靠科技,提高质量,依法治路,保障畅通。会议还确定公路养护管理的总体目标是:公路网总体技术水平显著提高,服务水平明显改善;公路养护技术进步的主导作用显著增强,管理信息化程度与发达国家的差距明显缩小;公路管理法规体系基本健全,公平竞争、规范有序的公路养护工程市场基本建立。

2. 制定《公路养护与管理发展纲要(2001~2010年)》

为切实提高公路养护与管理水平,保证公路网的完好畅通,更好地发挥公路基础设施在国民经济发展中的作用,2001年6月22日,交通部制定并印发了《公路养护与管理发展纲要(2001~2010年)》,提出10年公路养护与管理工作应遵循的主要原则是:①坚持以保障公路完好畅通为基本出发点;②坚持“统一领导、分级管理”,进一步深化公路管理体制改革;③坚持依法治路,推进公路管理工作规范化、法制化;④坚持树立“以人为本”的服务观念,切实加强行业管理,着力引导公路养护工作向专业化、机械化、市场化方向发展,提高养护资金使用效益和公路养护质量;⑤坚持科技兴路,借鉴世界各国养护管理先进技术和现代化管理经验,加强技术创新,提高公路行业的整体技术水平,大力推进公路管理信息化进程;⑥坚持统筹规划,突出重点。积极帮助和扶持西部地区及贫困、边远地区,加强公路养护管理工作,在确保干线公路安全、畅通的基础上,加强县乡公路的养护管理,提高路网整体水平;⑦坚持实施可持续发展战略,合理使用、节约和保护资源。积极推进绿色通道工程建

①养护生产单位由事业型向企业型转变,养护任务由指定养护向合同养护转变,养护形式由分散的小道班向大道班(工区、站)机械化作业转变。

设,强化安全行车保障,加强环境保护;⑧坚持加强精神文明建设,大力弘扬“铺路石”精神,努力造就一支思想作风好,业务技术精,具有良好职业道德和奉献精神的职工队伍。纲要提出要在实现“十五”目标的基础上,到2010年再上一个台阶,提出公路养护与管理工作的各项具体措施是:正确处理公路建设、养护和管理三者的关系,充分认识加强公路养护工作的重要性;加快公路管理体制改革步伐;深化公路养护运行机制改革;完善公路管理法规体系,坚持依法治路,增强公路路政的权威性;合理安排公路养护工程;加强公路养护管理技术研究,大力推广应用新技术、新材料、新工艺;加强县乡公路、国边防公路的养护管理工作,改善行车条件;全面推进公路绿化工作向纵深发展;因地制宜,大力发展第三产业,为公路养护管理行业的深化改革创造条件;切实加强公路渡口管理,严格执行《公路渡口管理规定》,实现所有水域上的公路渡口管理规范、秩序井然、安全渡运;进一步重视和加强公路交通量观测工作;牢固树立环境保护观念,坚持可持续发展;巩固成果,防止反弹,将治理公路“三乱”工作向纵深推进;加强行业精神文明建设,努力造就一支高素质的干部职工队伍。

(二)组织第二次公路普查,加强公路养护信息化、规范化建设

1.组织第二次公路普查,加强公路养护信息化建设

为准确掌握公路信息,交通部会同国家统计局于2000年3月7日联合发出《关于开展第二次全国公路普查工作的通知》,要求2001年开展全国县道以上公路路况普查工作。为做好准备,交通部公路司成立了“全国公路路况普查工作小组”,决定2000年10月23日~12月20日在北京和陕西开展公路路况普查试点工作。2001年3月19~21日,交通部公路司在北京召开了全国公路路况普查工作会议,对《全国公路路况普查实施方案》、《全国公路路况普查具体实施计划》和《第二次全国公路普查—路况普查工作手册》等文件进行了说明。2002年8月30日,交通部在河北秦皇岛召开第二次全国公

路普查总结表彰会,对 137 个第二次全国公路普查先进集体、306 名先进个人进行了表彰,至此第二次全国公路普查圆满结束。第二次全国公路普查工作全面掌握了全国公路交通的基本情况,统一了路线命名和编号;实现了公路属性数据库管理,初步建立了全国县级以上的公路数据库;基本完善了数据采集及代码标准,为不同信息系统的数据交换提供了标准支持;培养和锻炼了一大批懂业务、熟悉计算机的专门技术人才,为下一步开展公路数据库工作奠定了良好的基础。

2. 加强公路养护技术指导及公路养护工程市场管理

为提高公路养护技术和管理水平,从 2001 年起,交通部发布了一系列规范性文件。例如,发布《公路水泥混凝土路面养护技术规范》、《公路沥青路面养护技术规范》、《公路养护工程预算编制导则》、《公路隧道养护规范》、《公路养护安全作业规程》和《公路桥涵养护规程》等行业标准,用于指导公路养护工作的规范化运作。此外,2002 年 12 月 4 日,交通部下发《高速公路养护质量检评方法(试行)》,决定自 2003 年 4 月 1 日起在全国试行。为培育我国公路养护工程市场,规范养护工程施工招标投标活动,2003 年 3 月 21 日,交通部印发《公路养护工程市场准入暂行规定》和《公路养护工程施工招标投标管理暂行规定》。

(三)推进农村公路养护管理体制改革

近年来随着农村公路建设进程不断加快,农村公路里程迅速增加,以致养护需求与养护能力之间的矛盾愈显突出。原有的群众性、非专业养护模式已经不适应新时期农村公路发展的要求。因此,完善现有农村公路管养体制,逐步实现农村公路正常化、规范化养护,已经成为巩固农村公路建设成果,实现交通现代化的迫切要求。2005 年 9 月 29 日,国务院办公厅印发《农村公路管理养护体制改革方案》。这是继《农村公路建设规划》后,国务院作出加强农村公路工作的又一重要举措。改革方案共 5 个部分,主要精神是“落实责任,保障投入,健全机制，平稳推进”十六个字。方案作出下列重要规定：农村公路管理养护的责任主体是县级人民政府；农村公路养护管理资金来源包括全部拖拉机、摩托车养路费、部分汽车养路费以及地方各级人民政府的财政资金；汽车养路费应用于农村公路的养护工程，地方财政资金用于保证农村公路的正常养护；公路养路费总收入用于公路养护的资金比例不低于80%，汽车养路费用于县道、乡道、村道的资金标准分别不低于每年每公里7 000元、3 500元和1 000元。方案中提出要实行管养分离，推进公路养护市场化进程。利用市场机制，合理配置公路养护资源，逐步建立科学、高效、符合社会主义市场经济体制要求的公路养护新机制。方案强调，要逐步推进、分类实施，允许多种方式并举，对一时难以通过市场化运作进行养护作业的，以及简单的日常养护，可由管理单位组织沿线农民或已有的干线公路养护道班进行招标承包养护，不再新设专职养护队伍。

（四）实施公路安全保障工程和危桥改造工程

1. 实施公路安全保障工程

2004年，按照国务院关于“五整顿①”、“三加强②”工作部署，交通部在2004年交通工作会议上提出用3年时间在全国国省干线公路和重要旅游公路上实施以“消除隐患、珍视生命”为主题的公路安全保障工程，并将其确定为全国交通系统2004年重点实施的8件实事之一。保障工程的主要内容是对国省干线公路上的急弯、陡坡、视距不良等路段开展以交通工程措施为主要手段进行综合整治，改善安全防护设施，为行车安全创造条件，预计投资超过50亿人民币。2003年9月，安全保障工程调查工作在全国展开，编制2004~2005年实施计划，成立“公路安全保障工程技术组”，专门负责工程技术研究和技术支持工作，加强技术指导。2004年3月初，交通部制定《公路安全保障工程实

①整顿驾驶员队伍，整顿路面行车秩序，整顿交通运输企业，整顿机动车生产改装企业，整顿危险路段。

②加强责任制，加强宣传教育，加强执法检查。

施方案》,提出实施路段的判定标准和技术规定,确定了实施目标、工作任务、实施步骤以及保证措施。鉴于当时国内对普通公路设置交通安全设施经验不多、技术储备不足的现状,交通部选取了地形、线性较为复杂的210国道陕西安康宁陕县境内的27公里路段作为试验段,提前实施。2004年4月下旬,试验段的实施工作基本完成,为工程全面展开积累了宝贵经验。2004年4月26～27日,交通部在重庆召开公路安全保障工程实施工作座谈会,明确了保障工程更详细的实施内容、工作步骤和技术要求,统一了思想。此后根据国内外相关技术资料和试验段积累的经验,交通部又组织编制了《公路安全保障工程实施技术指南》,进一步加强技术指导。2004年10月底,210国道广西、贵州、重庆、陕西段和109国道北京、河北段的试点工作和实施工作全部完成。

2005年是交通部组织实施“公路安全保障工程”的第二年。按照总体要求,各项工作稳步推进。6月7日,交通部在北京109国道现场召开全国安全保障工程技术交流会,推动了该项工程深入展开。截至年底,全国改造完成行车安全隐患路段6.1万公里(21万处),新增设钢护栏7 106公里、钢筋混凝土墙式护栏6 210公里,完善各类标志近20万块、减速设施1万余处,施划标线6万余公里,整治视距不良路段2.3万处。安保工程实施2年来,完成总投资70亿元,其中中央投资16亿元,占总投资的24%。

2. 实施危桥改造工程

2001年,交通部开始推进危桥改造工程;到2004年,重点从“完善规章制度,健全技术标准,强化监督检查,加大投资力度”等方面入手,全面推进桥梁养护与改造工程。主要措施包括:修订现行的《公路桥梁养护管理工作制度》,建立桥梁检查、评定和养护管理工作的逐级考评体系,明确相关单位的责任和义务,强化各级交通主管部门的监管职责,确保桥梁养护的各项技术政策和管理制度落到实处;制定《桥梁养护质量评定标准》,通过整合现有的科研成果,提出桥梁病害评价的量化指标，提供桥梁缺陷、病害、损伤图例库，统一桥梁检查评判标准，以易于技术人员掌握；加大对重点桥梁的监管力度，建立全国桥梁管理系统；完善相关技术标准和技术指导意见，编写桥梁养护、危桥加固、桥梁检测与评定等方面的手册或指南；继续加大危桥改造工程投资力度。在此基础上，确定如下目标：力争通过3～5年的努力，构建更为成熟的桥梁技术管理体系、行政管理体系、监督检查体系，确保相关政策、制度落到实处，提高中国桥梁养护管理水平，使危桥、险桥持续出现的态势得到有效控制。据统计，5年来，全国投入资金87.4亿元，其中中央投资21.9亿元，改造危桥7 665座（55.3万延米），超额完成“十五”初确定的5 397座（33.6万延米）改造任务。全国桥梁安全形势进一步改观。

三、强化路政管理，从严治理超限超载车辆

（一）重新发布《路政管理规定》

为适应形势发展，根据《中华人民共和国公路法》及其他有关法规，交通部于2003年1月27日重新发布《路政管理规定》，决定自4月1日起施行。新路政规定共10章68条，主要内容为：①明确“统一管理、分级负责、依法行政”的原则；②明确路政管理的执法主体和8项主要职责；③明确路政管理许可的范围、审批程序以及路政案件管辖的权限，管理方与相对方相应的权利与义务；④明确路政处罚、公路赔（补）偿、路政强制措施所适用的条件、范围和实施程序；⑤明确交通主管部门和公路管理机构在路政管理中的监督检查职责；⑥明确路政管理人员、装备的一些具体要求，提出加强路政内务管理的8项制度。与1990年颁布的《公路路政管理规定（试行）》相比，新规定增加了路政管理许可、路政内务管理和监督检查等新内容，呈现两个新特点：一是对路政管理的人员、机构和职责的规定更具体，提出更高的要求。如要求路政管理人员必须实行公开录用、竞争上岗；二是规范和简化了路政处理、处罚程序。首次将路政处罚与公路赔（补）偿实行分离，

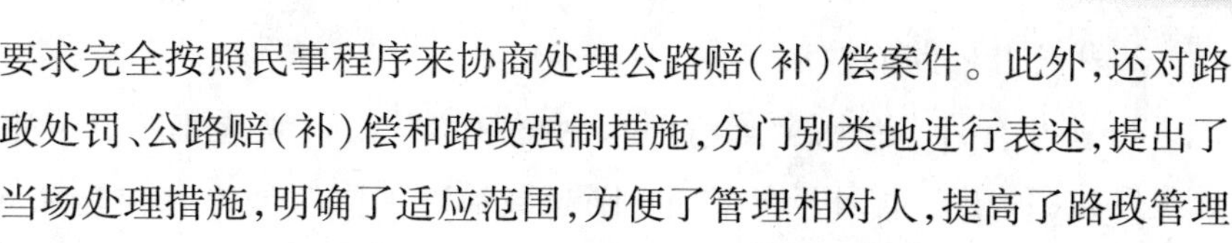

要求完全按照民事程序来协商处理公路赔(补)偿案件。此外,还对路政处罚、公路赔(补)偿和路政强制措施,分门别类地进行表述,提出了当场处理措施,明确了适应范围,方便了管理相对人,提高了路政管理效率,简化了办事程序。

《路政管理规定》的颁布实施,有利于以《公路法》为龙头的公路法规体系的完善,有利于公路保护、公路使用效率与经济效益的提高,有利于促进公路管理水平的提高和执法队伍建设。

(二)从严治理超限超载车辆

由于多种原因,多年来,公路超限超载现象成为顽疾,对公路造成很大损害,也是公路交通安全的一大隐患。交通部虽然一再督导,各地公路管理部门加强治理,但效果不显著。2004年4月30日,根据《中华人民共和国公路法》等相关法律、法规,并经国务院同意,交通部会同国家发展改革委、公安部、质检总局、安全监管总局、工商总局、国务院法制办联合制定《关于在全国开展车辆超限超载治理工作的实施方案》,决定从5月中旬开始,在全国开展声势浩大的货运机动车辆超限超载治理工作。

1.加强组织领导

2004年5月28日,由交通部牵头、其他七部委参加的全国治超工作领导小组成立。组长:交通部部长张春贤;副组长:公安部副部长白景富、国家发展改革委员会副主任欧新黔、交通部副部长冯正霖、国家工商总局副局长刘玉亭。在当年先后召开4次工作会议、3次新闻通气会、2次全国电视电话会议、1次新闻发布会,进行动员部署。各省(区、市)也都成立由主管副省长(主席、市长)牵头、各有关部门参加的领导小组,全面开展治理工作。2005年,全国治超领导小组及办公室先后召开1次领导小组会议、2次办公室会议、1次座谈会、1次新闻通气会,并于6月20日召开了2005年全国治理车辆超限超载工作电视电话会议,张春贤部长作了讲话,进行再动员、再部署。整个工作领导有力,组织严密。

2. 联合开展路面执法工作

2004 年 6 月 18 日，全国治理车辆超限超载工作领导小组办公室首次发布《关于在全国开展车辆超限超载治理工作的公告》，决定从 6 月 20 日起在全国组织开展专项治理工作，并要求通过一年集中治理，使车辆超限超载现象得到有效遏制，通过三年综合治理，从根本上解决车辆超限超载问题。公告发出后，从 6 月 20 日开始，各地交通、公安部门在以 34 万公里国省道干线公路为主的全国公路网上，“统一口径、统一标准、统一行动”，全面开展联合治超工作。到 2005 年底，全国在干线公路共设置超限超载检测站 2 885 个（其中固定检测站 1 637 个，流动站 1 248 个），累计投入执法人员 1 769.8 万人次（其中交通部投入 1 176.8 万人次，公安部门投入 593.0 万人次），累计检查载货车辆 11 939.7 万辆，其中查处超限超载车辆约 1 119.8 万辆，卸载车辆 305.8 万辆，卸载重量累计 1 877.1 万吨。

3. 全面整治“大吨小标”车辆和非法改装企业

整治“大吨小标”车辆是从源头治理超限超载工作的重要环节。为此，国家发展改革委先后 9 次公布了涉及 594 个厂家、9 759 种车型、200 多万辆“大吨小标”车辆的恢复吨位更正表，从而使全国 113 万辆在用“大吨小标”车辆吨位得到了更正和恢复，依法增加运量 236.2 万吨，取缔非法改装企业 368 家。从 2004 年 10 月 1 日起，按照新出台的国家强制性标准《道路车辆外廓尺寸、轴荷及质量限值》，严格规范了车辆生产和改装行为，遏制新车“大吨小标”。

4. 加强市场监测，确保农产品和重点物资运输

为掌握动态，保证重点物资运输，全国治超领导小组办公室向社会公布 5 部投诉咨询电话，实行 24 小时值班制；每周两次对各地的治超情况、运输市场情况、车辆使用情况和公路交通流量等信息进行统计汇总；密切监测全国各地的市场和物价，并专门对全国 20 个重点运输企业和 22 条国道主干线，每天进行动态跟踪和分析，定期编制工作简报和快报。治超办要求各地对运输蔬菜、水果等鲜活农产品的车辆

一律采取不扣车、不卸载、不罚款;并制定运输应急预案,储备 4 万辆应急车辆,及时确保关系国计民生的重要物资运输。

5. 加强监督检查,规范执法行为

为保证整治工作的规范化,交通部和公安部明确了“五不准①”的工作纪律,统一执法标准,规范收费和罚款行为。八部委先后派出 50 多个检查督导组,对全国各省(市)治超工作进行明察暗访和督导,对乱罚款现象进行严肃查处。2004 年,全国共有 100 多名违法乱纪人员被调离执法岗位。

6. 巩固治超成果

2005 年,治超工作全面进入“巩固成果、依法严管、重点突破、有效推进”阶段。年初,根据国务院办公厅颁布的《关于加强车辆超限超载治理工作的通知》,交通部、公安部、国家发展改革委等八部委联合印发《2005 年全国治超工作要点》,强调要坚持贯彻温家宝总理关于“充分认识这项工作的复杂性,坚持综合治理,注重运用法律和经济手段,建立长效、有效的管理体制,以巩固成果”的批示,落实黄菊副总理关于“要巩固和扩大治理车辆超限超载运输工作成果”,“继续加大治理工作力度”的要求,按照“巩固成果、力度不减、突出重点、有效推进”的方针,在确保交通畅通和满足社会运输需求的前提下,提高政府对公路、车辆、运输市场的监管能力和公共服务水平,继续保持和加大工作力度,坚持综合治理,逐步建立长效治理机制,坚定不移地做好全国车辆超限超载治理工作。

在全国各地和有关部门的共同努力下,经过两年多时间,治超工作取得明显成效:2005 年,车辆超限超载比例大幅下降,始终控制在 10% 以内,道路交通安全形势明显好转,全国共发生道路交通安全事故 41.7 万起,下降 11%,死亡 89 749 人,首次回落到 10 万人以下,因

---

①一、没有执法资格的人员,不准上路执法;二、上路执法人员,不准不开收费票据和乱收费、乱罚款;三、车辆没有称重检测的,不准认定超限超载;四、车辆没有卸载、消除违章行为的,不准放行;五、同一违章行为已被处理的,不准重复处罚。

车辆超限超载而造成的道路交通事故明显下降。85%以上的“大吨小标”车辆恢复核定吨位,90%以上的运输业户合法装载运输,市场恶性竞争减少,公路养护压力减轻,路况和交通基础设施的完好率稳中有升;农产品及重要物资运输通畅,公路货运量大幅增加,公路通行效率和运输效益明显提高;资源消耗明显降低;社会反响良好。

四、继续改进道路运输行政

(一)明确“十五”发展目标,制定道路运输业十年发展规划

1. 明确“十五”期间道路运输业发展的总体目标

2001年10月24日,交通部在湖北武汉召开全国道路运输工作会议,胡希捷副部长作了题为《以“三个代表”重要思想为指导 推进道路运输业实现跨越式发展》的讲话。会议分析“十五”期间道路运输工作面临的形势,提出“十五”期间的工作方针与目标是:坚持以发展为主题,立足现实,面向未来,开拓进取,改革创新,进一步提高道路运输业在综合运输体系中的地位和竞争力;坚持以结构调整为主线,发挥市场机制配置资源的基础性作用,实现道路运输的结构优化和产业升级;坚持以培育市场和规范秩序为主要突破口,进一步打破地区封锁,建立全国统一开放、公平竞争、规范有序的道路运输市场体系;坚持以科技进步为主动力,借鉴世界各国的先进技术和管理经验,大力推进道路运输业的信息化进程;坚持以“人便于行、货畅其流”为最终落脚点,不断提高服务质量和管理水平,为国民经济发展提供安全、优质、高效的运输服务。

2. 制定《道路运输业发展规划纲要(2001~2010)》

根据九届全国人大四次会议通过的《中华人民共和国国民经济和社会发展第十个五年计划纲要》,为确定2001~2010年全国道路运输业的发展目标和主要任务,引导道路运输业持续、快速、健康、有序发展,2001年11月29日,交通部印发《道路运输业发展规划纲要(2001~2010)》,提出未来十年道路运输业发展的指导方针是:以人为

本,优质服务;调整结构,加快发展;依法治运,规范市场;依靠科技,安全高效。基本原则是:坚持将满足社会需求作为运输发展的根本出发点;坚持以结构调整为主线;坚持市场开放;坚持依法治运;坚持科技创新;坚持与其他运输方式协调发展;坚持深化体制改革;坚持“两个文明”建设一起抓。继全国道路运输会议提出“十五”期间的目标后,提出“十五”期间的目标是:道路运输全行业集约化、规模化、组织化经营程度显著提高,科技进步主导作用明显增强,道路运输法制化进程取得明显进展,基本建立起公平竞争、规范有序的道路运输市场体系和安全、优质、高效的道路运输服务体系。纲要提出2010年道路运输业发展的总体目标是:运输能力、运输基础设施的有效供给能力明显增加;运输结构基本合理,骨干运输企业主导市场的作用明显增强;行业科技进步、运输信息化建设进一步取得显著成果;运输法规体系基本健全;以“五纵七横”国道主干线为依托的快速客货运系统基本建立,以全国公路网为依托的干支相连、长短配套、遍布城乡的道路运输网络基本完善;道路运输业在综合运输体系中的作用进一步提高,行业发展与国家经济发展和社会进步基本适应。

(二)调整道路运输业结构,批准组建高速公路快运公司

1.调整道路运输业结构

根据《公路、水路交通结构调整意见》,2001年6月7日,交通部制定了《关于道路运输业结构调整的若干意见》,提出结构调整的指导思想是:以改革开放和科技进步为动力,继续推进全行业实现两个根本性转变,提高集约化、规模化经营水平和组织化程度,通过市场机制实现资源的优化配置,充分发挥道路运输的经营优势,切实提高竞争能力和运输效率,实现产业结构优化和产品结构升级。提出结构调整的目标是:到2010年初步形成以安全、优质、高效为特征,有效供给与需求相适应的,与其他运输方式发展相协调的道路运输体系。意见强调结构调整要坚持发展;坚持以市场需求为导向;坚持以公有制为主体、多种所有制经济成分共同发展;坚持以企业为主体;坚持发挥道路运

输优势;坚持因地制宜等一系列原则。

意见规定结构调整的重点内容是:①企业组织结构调整:按照政企分开、规模经营和“抓大放小”的原则,对汽车运输企业进行重组,积极培育并引导组建大公司和企业集团,进一步提高市场集中度,促进道路运输的集约化、规模化经营和规范化服务,彻底扭转道路运输业多、小、散、弱的局面。②运力结构调整:改变运输车辆技术落后、可靠性和舒适性差、运输效率低及运力分布不合理等状况,以促进高效低耗车型的应用发展为目标,按照安全、环保、节能及车辆轴负荷等有关技术要求来进行;同时要根据经济发展的不同情况调整运力布局,以满足不同地区、不同层次对运力供给的实际需求。③经营结构调整:以市场需求为导向,以企业为主体,以加快货运及现代物流、客运和汽车维修发展为重点,不断拓展道路运输新的发展领域和空间,形成若干新的运输经济增长点。④运输组织结构调整:以客货运输企业为主体,以运输站场为基础,以现代信息技术为手段,以提高运输生产效率和企业经济效益为目标,通过对传统的客货运输生产组织进行改革,进一步提高道路运输尤其是货运在几种运输方式中的竞争力,切实加快道路运输现代化进程。

2. 批准成立首家跨省市高速公路快运企业

为推动道路运输业结构调整,2001 年 3 月 21 日,交通部下发《关于同意成立新国线运输有限公司的批复》,同意由北京华通企业经济发展总公司、上海市长途汽车运输公司、深圳中南实业股份有限公司共同出资成立新国线运输有限公司。这是全国首家由交通部批准的跨省市高速公路快运企业。它的组建是以资产为纽带,以市场为导向,强强联合,集中资源和力量,走集约化、规模化经营道路的一次积极探索;也是一次道路运输高起点、高水平服务的有益尝试。交通部批准成立该公司旨在改变我国道路运输经营主体分散、集中化程度低的局面,改变以区域为界限划分运输市场的传统封闭做法,为其他运输企业走经营集约化、管理科学化、生产专业化的道路提供样板。

(三)继续整顿道路运输市场秩序

1.继续开展“道路运输市场管理年”活动

为进一步整顿道路运输市场秩序,规范道路运输经营和管理行为,健全道路运输市场监督,2000年,交通部在全国范围内开展了“道路运输市场管理年”活动。各级交通主管部门认真落实交通部的决定,积极开展工作,经过一年努力,市场秩序有所好转,经营行为有所规范,企业管理有所加强,安全状况有所改善,运政工作有所改进,服务质量有所提高。为巩固和扩大活动的成果,交通部决定2001年在全国范围内开展第二个道路运输市场管理年活动,对活动提出总体要求、活动目标和活动重点及各阶段工作安排。

2.清理整顿道路客货运输秩序

不断整顿和规范市场经济秩序,成为中央政府为建立社会主义市场经济体制而常抓不懈的一项工作。2000年12月2日,国务院办公厅发出《转发交通部等部门关于清理整顿道路客货运输秩序意见的通知》。2001年4月27日,国务院发出《关于整顿和规范市场经济秩序的决定》。为贯彻国务院精神,交通部于2001年5月21日和25日分别印发《全国道路化学危险货物运输专项整治实施方案》和《关于整顿和规范道路运输市场秩序的若干意见》。2001～2003年,各地交通部门及有关部门遵照中央指示,全面展开了“整顿和规范道路运输市场秩序”活动,采取的主要措施是:①严厉打击非法营运,促使道路客货运输秩序好转;②停止客货运输线路有偿使用,促使市场资源配置优化;③清理收费项目,减轻道路客货运输经营者负担;④打破地区封锁和地方保护,建立统一市场;⑤整合道路运输企业,调整运输结构;⑥道路运输安全生产管理进一步得到加强;⑦打击车匪路霸,净化道路客货运输市场环境;⑧加强法制建设,为清理整顿提供保证。

(四)贯彻《中华人民共和国道路运输条例》,依法健全管理制度

1.国务院发布《中华人民共和国道路运输条例》

鉴于道路运输在国民经济发展中的作用日益显著,为规范道路运

输业的发展,促进依法治运,国务院于 2004 年 4 月 14 日经第 48 次常务会议通过,于 4 月 30 日发布《中华人民共和国道路运输条例》,决定自 7 月 1 日起施行。

该条例共 7 章 83 条,确立"管住重点,方便一般,简化手续,提高效率"的总体原则。具有以下特点:①重视道路运输安全生产,设定了一系列加强安全管理的重要制度。从道路运输市场准入、市场经营行为规范、市场退出等环节,全面加强道路运输安全管理。②重视维护和关注群众利益,设定了维护旅客、货主和其他消费者权益的重要制度。条例设立了诚信制度,旅客人身伤亡和行李毁损、灭失赔偿制度,运输旅客或危险货物投保承运人责任险制度,机动车维修质量保证期制度等。③重视推进道路运输全面、协调、可持续发展,并设定了相应的措施。

条例作为中国有关道路运输的第一部行政法规,为依法行政、依法治运,实现道路运输和公路基础建设协调、可持续发展提供了有力的法律保障。

2. 依法完善客运管理,颁布《道路旅客运输及客运站管理规定》

2005 年 7 月 13 日,交通部发布第 10 号部令《道路旅客运输及客运站管理规定》,从道路客运经营许可、客运车辆管理、客运经营管理、客运站经营管理及违反规定所承担的法律责任等方面规范道路客运及客运站经营活动,规定还规范了道路运输管理机构的监督检查行为。共 8 章 99 条,从 8 月 1 日起施行。此前发布的《省际道路旅客运输管理办法》、《高速公路旅客运输管理规定》、《汽车客运站管理规定》、《道路旅客运输企业经营资质管理规定(试行)》和《道路旅客运输业户开业技术经济条件(试行)》同时废止。

3. 依法改进货运管理,颁布《道路货物运输及站场管理规定》

为进一步规范道路货物运输和道路货物运输站(场)经营活动,维护道路货物运输市场秩序,保障道路货物运输安全,保护道路货物运输和道路货物运输站(场)有关各方当事人的合法权益,根据《中华人民共和国道路运输条例》及有关法规,2005年6月16日,交通部发布第6号部令《道路货物运输及站场管理规定》,共8章78条,从8月1日起施行。此前交通部发布的《道路货物运输业开业技术经济条件(试行)》、《道路零担货物运输管理办法》、《道路货物运单使用和管理办法》和《道路货物运输企业经营资质管理规定(试行)》同时废止。该规定从方便、服务于道路运输经营者的角度出发,按照"管放结合"的原则,建立具有优胜劣汰竞争机制的管理制度。内容具有以下主要特点:①降低许可层级;②严格车辆准入管理;③严把安全关,对车辆实行全程监管;④鼓励货运站场建设多元投资。

4. 依法改进机动车维修管理,发布《机动车维修管理规定》

为规范机动车维修经营活动,维护机动车维修市场秩序,保护机动车维修各方当事人的合法权益,保障机动车运行安全,保护环境,节约能源,促进机动车维修业的健康发展,根据《中华人民共和国道路运输条例》及有关法规,2005年6月24日,交通部发布第7号部令《机动车维修管理规定》,共7章57条。从8月1日起施行。1986年12月12日交通部、原国家经委、原国家工商行政管理局联合发布的《汽车维修业管理暂行办法》以及1991年4月10日交通部颁布的《汽车维修质量管理办法》同时废止。该规定以"专业化和网络化"为引导方向,推进机动车维修服务体系建设;以"保护消费者权益"为宗旨,建立质量保证期制度;以"市场引导辅之必要的行政措施"为手段,鼓励机动车维修连锁经营;以"职业资格制度"为载体,加强专业技术人员职业素质建设;以"政府职能转变"为契机,注重改变监管方式。立足于解决行业发展与行业管理的热点、难点问题,注重管理思路创新、管理方式改革和消费者权益保护,主动适应新形势下行业发展的需要,是《中华人民共和国道路运输条例》的重要实施性规章之一,是机动车维修行业法制化进程的重大突破。

5. 履行法定职能,加强驾驶员培训管理

为规范营业性道路运输驾驶员职业培训活动,提高营业性道路运输驾驶员职业素质,加强道路运输安全生产管理,提高道路运输服务质量,2001年10月11日,交通部发布第7号部令《营业性道路运输驾驶员职业培训管理规定》,共5章29条,自2002年7月1日起施行,1999年6月25日交通部发布的《中华人民共和国营业性道路运输机动车准驾证管理规定》同时废止。该规定规范了职业培训与考试、从业资格管理等具体活动。

2005年,依据《中华人民共和国道路运输条例》,交通部决定通过严格准入、市场引导、监督检查、宣传教育等综合手段,进一步加强营运驾驶员从业资格管理。具体措施是:①进一步严格营运驾驶员培训管理工作,研究制定《道路运输驾驶员从业资格培训教学大纲》、《机动车驾驶员培训管理规定》;②严格营运驾驶员从业资格考试制度,对申请从事道路运输营运的从业人员严把准入关;③进一步加强对营运驾驶员从业行为的监督检查;④开展驾驶员素质教育工程;⑤加快推进营运驾驶员管理制度化建设,根据《道路运输条例》规定,制定《机动车驾驶员培训管理规定》。该规定于2005年12月15日经第29次部务会议审议通过。

(五)发展农村客运,开展"绿色通道"建设工作

1. 开展农村客运网络化试点工作

为贯彻中共中央、国务院《关于做好农业和农村工作的意见》,根据交通部党组关于建立和完善农村客运班线网络化"示范工程"的部署,交通部于2003年3月31日印发《关于加快发展农村客运和开展农村客运网络化试点工作的通知》,决定在浙江、广东、河北、河南、江西、内蒙古、贵州7个省15个市(县、区)进行试点,探索发展农村客运的政策措施。为指导试点工作,交通部于2004年4月16日发布《汽车客运站级别划分和建设要求》,于11月12日发布《乡村公路营运客车结构和性能通用要求》,指出指导试点地区农村客运发展的6项政策措施,加强对各试点地区的检查指导,并先后在河北廊坊和河南新乡召开座谈会,组织各试点地区交流经验。各试点地区交通主管部门

按照交通部的统一部署,精心组织,积极探索,大胆创新,作了大量卓有成效的工作,初步实现了农村客运“开得通、留得住、有效益”的目标。试点工作成效明显。

之后,交通部于2005年5月24日在浙江杭州召开全国农村客运网络化试点工作经验推广会,冯正霖副部长作了题为《以人为本 全面构建农村道路客运网络 服务三农 努力促进城乡社会和谐发展》的讲话。会议提出今后一个时期发展农村客运的指导方针是:按照统筹经济社会协调发展的要求,遵循“立足需求,合理布局;政策引导,市场运作;集约经营,规范管理;安全经济,协调发展”的原则,加快农村客运基础设施建设,提高农村客运通达深度,推进城乡客运一体化进程,不断改善运力结构,不断优化服务水平,做到路运并重,协调发展。会议还提出在2010年前,农村客运发展中的站场设施、通达深度、服务水平的具体目标,并要求:牢牢把握发展农村客运的难得机遇,进一步坚定做好农村客运的信心;做好农村客运发展规划,制定切实可行的工作方案;加大资金投入,加快农村客运站点建设;加大政策扶持力度,切实减轻农村客运经营者负担;走资源节约型交通发展之路,提高农村客运发展水平;寓管理于服务之中,为农村客运创造宽松环境;加强农村客运市场监管,保障运输安全。

2. 继续进行“绿色通道”建设

2001年,交通部继续推进“绿色通道”建设。2005年1月13日,交通部、公安部、农业部、国家发展改革委、财政部、国务院纠风办联合制定了《全国高效率鲜活农产品流通“绿色通道”建设实施方案》。2005年4月,交通部、公安部、农业部、商务部、发展改革委、财政部、国务院纠风办七部委联合成立全国鲜活农产品“绿色通道”工作小组,负责全国鲜活农产品流通“绿色通道”建设的组织和协调工作。2005年9月7日,七部委决定将“五纵两横绿色通道”的第四纵“哈尔滨—海口线”作为部级示范通道组织实施,以此带动和促进全国“绿色通道”建设,并通知地方相关部门认真落实。2005年11月1日,全长5 500

公里的“哈尔滨—海口”鲜活农产品流通“绿色通道”按期建成;5 日,全线开通。对全国鲜活农产品流通“绿色通道”网络建设起到示范和推动作用。

(六)加强外商投资道路运输业管理及国际道路运输管理

1. 加强外商投资道路运输业管理,颁发新规章

为促进道路运输业的对外开放和健康发展,规范外商投资道路运输业的审批管理,根据《中华人民共和国中外合资经营企业法》等有关法律、法规,2001 年 11 月 20 日,交通部、对外贸易经济合作部联合发布第 9 号令《外商投资道路运输业管理规定》,自公布之日起实施,1993 年颁布的《中华人民共和国交通部外商投资道路运输业立项审批暂行规定》同时废止。该规定明确了外商投资经营道路运输业的形式、条件和程序,是中国在入世的新形势下,体现入世承诺、规范外商投资道路运输业的新规定。与原暂行规定相比,新规定在内容方面扩大了调整范围,适应了中国加入 WTO 的新形势要求;在审批办法方面减少了审批环节,缩短了审批时间,明确了审批的最长期限,理顺了审批权限。

2002 年 11 月 28 日,交通部下发《关于进一步对外开放道路运输投资领域的通知》,通知自 2002 年 12 月 1 日起,经交通部批准立项,允许外商在道路货物运输、道路货物搬运装卸、道路货物仓储和其他与道路运输相关的辅助性服务及车辆维修等道路运输领域,采用中外合资形式,同中国的公司、企业或其他经济组织共同举办由外商控股经营的中外合资道路运输企业,其中外商投资比例可以达到 75%。此外,交通部文件还对中外合资经营道路运输业的其他方面作出一系列具体的规定。

为了促进香港、澳门与内地建立更紧密的经贸关系,鼓励香港、澳门的服务提供者在内地设立从事道路业务的企业,根据国务院批准的《内地与香港关于建立更紧密经贸关系的安排》和《内地与澳门关于建立更紧密经贸关系的安排》,2003 年 12 月 31 日,交通部、商务部联合发布 2003 年第 12 号令《关于〈外商投资道路运输业管理规定〉的补

充规定》,对《外商投资道路运输业管理规定》作出补充规定,于 2004 年 1 月 1 日起施行。

2. 加强国际道路运输管理

为规范国际道路运输经营活动,维护国际道路运输市场秩序,保护国际道路运输各方当事人的合法权益,促进国际道路运输业的发展,根据《中华人民共和国道路运输条例》和我国政府与有关国家政府签署的汽车运输协定,2005 年 4 月 6 日,交通部发布第 3 号部令《国际道路运输管理规定》,共 7 章 46 条,于 6 月 1 日起施行。内容从经营许可、运营管理、行车许可证管理、监督检查、法律责任等各个环节对国际道路运输经营活动进行规范。交通部于 1995 年 9 月 12 日公布的《中华人民共和国出入境汽车运输管理规定》同时废止。

(七)强化道路运输安全管理

1. 提出"三关一监督"的工作要求

2002 年 7 月 5 日,公安部、交通部和国家安全监督管理局联合召开全国预防道路交通事故工作电视电话会议。公安部副部长杨焕宁,交通部副部长胡希捷以及国务院安全生产委员会办公室副主任、国家安全生产监督管理局副局长闪淳昌讲话。推动各地加强道路交通安全的监管工作。按照国务院确定的交通主管部门在道路运输安全生产管理工作中的职责分工,交通部确立了"抓好源头、抓好预防和搞好事前监督"的安全工作方针,提出"严把三个关口,搞好一个监督"的工作要求,"三个关口"一是把住道路运输市场准入关,切实加强对运输企业的管理;二是把住营运车辆技术状况关,切实加强道路运输车辆技术管理;三是把住营运驾驶员从业资格关,全面实施营运驾驶员从业资格管理制度。"一个监督"是搞好汽车客运站场安全监督,切实加强汽车客运站场的安全管理工作,同时,进一步明确了地方各级交通部门在道路运输安全管理工作中的职责。

2. 开展全国道路化学危险货物运输专项整治活动,修订部门规章

根据国务院安全生产委员会关于化学危险品运输的专项整治由

交通部牵头的职责分工要求，经商国家经贸委、公安部、国家质量监督检验检疫总局、国家安全生产监督管理局同意，2001 年 5 月 21 日，交通部制定《全国道路化学危险货物运输专项整治实施方案》，提出化学危险品运输的专项整治工作重点和主要目标是：以加强剧毒、放射性及易燃、易爆化学危险货物运输和仓储安全管理为重点，实现道路化学危险货物运输企业集约化经营、运输车辆技术条件全部达标、设施设备明显改善、从业人员持证上岗、操作流程符合标准、安全生产制度健全、安全管理措施到位、企业经营和行政执法行为规范的基本目标，坚决遏制重特大事故多发势头，促进道路化学危险货物运输安全形势明显好转，确保运输安全、有序。专项整治活动至 2001 年 9 月底结束。2002 年初，国务院颁布《危险化学品安全管理条例》，明确各部门在道路危险化学品运输安全管理方面的职责分工，首次把危险化学品运输企业、运输工具及从业人员的安全监管职责赋予交通部门。

为加强道路危险货物运输管理，根据《中华人民共和国道路运输条例》和《危险化学品安全管理条例》等有关法规，2005 年 7 月 12 日，交通部发布第 9 号部令《道路危险货物运输管理规定》，共 7 章 59 条，自 8 月 1 日起施行，1993 年发布的《道路危险货物运输管理规定》同时废止。该规定将保障运输安全作为出发点，重点完善各项安全管理制度。具体在以下方面作出明确规定：严格市场准入，严防违规车辆进入危险货物运输市场；建立道路危险货物运输分类管理制度；引入"车辆损害管制"概念；加强非经营性道路危险货物运输管理；对从业人员持证上岗进行统一规定；认真贯彻有关法规，明晰法律责任。

3. 开展专项整治工作，开展"创建平安畅通县区"活动

2004 年 9 月 4 日，根据《国务院关于进一步加强安全生产工作的决定》，按照全国道路交通安全工作部际联席会议精神和《预防道路交通事故"五整顿""三加强"实施意见》，交通部决定开展道路运输企业安全生产专项整治工作。2005 年 8 月 24 日，由公安部、国家发展改革委、建设部、交通部、农业部、国家安全生产监督管理总局联合印发《创

建平安畅通县区总体方案》,提出按照“政府领导,部门协作,社会联动,齐抓共管,综合治理”的总体要求,全面落实预防道路交通事故“五整顿”、“三加强”工作措施,推进道路交通安全工作。经各地交通部门及相关部门的努力,道路运输企业安全生产专项整治工作与“创建平安畅通县区”活动取得明显效果。

第四节 水路交通行政

一、制定战略与规划,加强基础设施建设管理

(一)制定《全国沿海港口发展战略》

为适应21世纪初期国民经济和社会发展的要求以及经济全球化的发展趋势,加快沿海港口建设,交通部组织力量在加强科学研究的基础上,于2001年9月26日印发《全国沿海港口发展战略》,提出沿海港口发展的总体目标是:适应经济全球化发展趋势,满足国家现代化建设的需要,以国际、国内航运市场为导向,建成结构合理、层次分明、功能完善、信息畅通、优质安全、便捷高效、文明环保的现代化港口体系。为实现总体目标,确定21世纪初叶重点实施:港口结构调整战略,优化港口布局战略,拓展港口服务功能战略,港口市场化发展战略,港口可持续发展战略,依靠科技进步、促进港口现代化建设战略等。同时确定采取的战略措施是:深化港口管理体制改革,创新良好的港口发展机制;充分发挥政府的宏观调控职能,为港口企业制造宽松的市场发展环境,提供优质的口岸、商贸等服务;跟踪国内外形势变化,不断进行动态调整。《全国沿海港口发展战略》是未来一定时期沿海港口规划和建设的指导性文件。

(二)转发《长江三角洲、珠江三角洲、渤海湾三区域沿海港口建设规划》

2005年3月1日,交通部转发国家发展改革委印发的《长江三角

洲、珠江三角洲、渤海湾三区域沿海港口建设规划(2004～2010年)》。

《渤海湾地区港口建设规划(2004～2010年)》明确渤海湾区域的港口将重点建设集装箱、进口铁矿石、进口原油和煤炭装船中转运输系统:以大连、天津、青岛港为主,相应发展营口、丹东、锦州、秦皇岛、京唐、黄骅、烟台、日照等港口的集装箱运输系统;由大连、青岛、日照港和京唐港曹妃甸港组成的深水、专业化进口铁矿石中转运输系统;以大连、青岛、天津等港口组成的深水、专业化进口原油中转运输系统;由秦皇岛、天津、黄骅、京唐、青岛、日照港等组成的煤炭装船运输系统。

《长江三角洲地区港口建设规划(2004～2010年)》明确长江三角洲区域的港口将重点建设集装箱、进口铁矿石、进口原油中转运输系统和煤炭卸船运输系统:以上海、宁波港为重点,由苏州港等长江下游沿江地区港口共同组成上海国际航运中心集装箱运输系统;以宁波、舟山为主,相应发展上海、南通、苏州、镇江等港口的进口铁矿石中转运输系统;以宁波、舟山为主,相应发展南京等港口的进口原油中转运输系统;以上海、舟山和电力企业自用码头为主的煤炭卸船中转运输系统。

《珠江三角洲地区港口建设规划(2004～2010年)》明确了珠江三角洲区域的港口将重点建设集装箱、进口原油中转运输系统和煤炭卸船运输系统：以深圳、广州港为主的集装箱运输系统，按照利益共享、风险共担、优势互补、共同发展的原则，在努力巩固和保持香港国际航运中心的采购中心和结算中心地位的同时，充分发挥两地港口的资源优势，相应建设珠海、东莞等港口的集装箱码头，形成各展所长、共同发展的局面，尽可能减少港口资源的浪费；以惠州、深圳、珠海等珠江口外港口的进口原油、成品油、液化天然气接卸码头为主，相应建设珠江口内的广州、东莞等港口的成品油、液化石油气进口油气中转运输系统；以广州和电力企业自用码头为主的煤炭卸船中转运输系统。

（三）制定珠江三角洲、长江三角洲等区域高等级航道网规划

1. 制定《珠江三角洲高等级航道网规划》

为了适应珠江三角洲地区率先基本实现现代化和加快融入“泛珠江三角洲”区域合作与发展的需要，更好地指导珠江三角洲内河航道建设，交通部组织了专项研究工作，于2005年4月发布《珠江三角洲高等级航道网规划（要点）》。规划现状基础年为2003年，水平年为2010年、2020年。确定珠江三角洲高等级航道网的功能定位是珠江三角洲及广东省内河航道体系的核心和骨干，是区域综合运输体系的重要组成部分，是珠江三角洲率先基本实现现代化的重要保障，为内河水运提供安全、畅通、高效的设施保障，为密切粤港澳经贸关系，加强泛珠江三角洲区域经济合作和促进区域经济可持续发展提供有力支撑。布局规划方案的技术路线是通过加密、延伸和提高等综合措施，使珠江三角洲航道网的运输能力与服务水平再上一个台阶，适应区域内外物资江海直达运输、海船进江和主要港口集疏运的发展要求。珠江三角洲高等级航道网规划方案是：以海船进江航道为核心，以三级航道为基础，由16条航道组成的“三纵三横三线”高等级航道网，规划航道总里程939公里。

2. 制定《长江三角洲高等级航道网规划》

为贯彻落实国务院领导指示精神，更好地指导长江三角洲地区内河航运发展与建设，适应区域经济快速发展对内河航运提出的更高要求，交通部在组织专题研究的基础上，于2004年8月发布《长江三角洲高等级航道网规划（要点）》。规划范围为江苏省、浙江省和上海市，规划现状基础年为2002年，水平年为2010年、2020年。规划文件对长江三角洲高等级航道网的功能定位是在区域内河航道体系中起核心和骨干作用，提供运转高效、安全可靠、有竞争力的航运服务，是区域综合交通运输体系的重要组成部分，为区域经济协调、可持续发展和沿江河产业合理布局提供有力支撑。整个布局规划方案是以长江干线和京杭运河为核心，三级航道为主体，四级航道为补充，由23

条航道组成长江三角洲地区“两纵六横”高等级航道网。

（四）整顿和规范水运建设市场秩序，加强建设工程质量管理

1. 贯彻《国务院关于整顿和规范市场经济秩序的决定》

为认真贯彻国务院召开的全国整顿和规范市场经济秩序工作会议精神，执行《国务院关于整顿和规范市场经济秩序的决定》，交通部结合水运建设市场的实际情况，于2001年8月3日发布《关于整顿和规范水运建设市场秩序的若干意见》，决定对全国水运建设市场开展整顿工作，严格基本建设程序，规范招标投标行为，提高工程质量，促进水运建设市场的健康发展。通过整顿，建设市场秩序有明显改进。

2. 开展“内河航运建设工程质量年”活动

2005年4月21日，交通部决定自当年起，开展“进一步提高内河航运建设工程质量年”活动，要求落实质量责任制，提高工程建设质量监督水平；进一步提高项目管理水平，全面提升工程质量；强化设计质量意识，引进竞争机制，提高设计质量；强化施工现场管理，确保施工质量与安全；加大监理力度，切实提高监理工作水平；加强廉政建设，树立交通廉政形象。

3. 颁发规章，对招投标过程及企业资质加强管理

为规范招投标过程，加强相关企业资质管理，提高工程质量，交通部发布一系列相关规章和技术规范。主要有：2002年6月19日发布3号部令《水运工程施工监理招标投标管理办法》，自8月1日起施行；2002年6月26日发布4号部令《水运工程试验检测机构资质管理办法》，自8月1日起施行；2003年5月13日发布第4号部令《水运工程勘察设计招标投标管理办法》，自6月1日起施行；2004年6月22日发布5号部令《公路水运工程监理企业资质管理规定》，自10月1日起施行；2004年10月29日，发布9号部令《水运工程机电设备招标投标管理办法》，自12月1日起施行。此外，还先后组织制定并发布《水下深层水泥搅拌法加固软土地基技术规程》、《水运工程水工建筑物原型观测技术规范》和《水运工程土工合成材料应用技术规范》等技术

规范。

(五)加强港口建设质量管理及生产系统安全管理

1. 加强港口建设和港口生产系统的安全管理

为贯彻“安全第一,预防为主”的方针,依据国家有关法律、法规,2004 年 8 月 20 日,交通部、国家安全监管局联合发布《港口安全评价管理办法》,以促进港口安全评价并规范评价方法。港口安全评价是以实行港口建设项目和港口生产系统的安全为目的,应用安全系统工程原理和方法,对港口建设项目和生产系统中存在的危险、有害因素进行辨识与分析,判断建设项目、生产系统发生安全事故的可能性及其严重程度,为制定港口建设与生产的安全对策措施以及进行安全生产监察提供科学依据。此外,交通部还发布《港口设备安装工程技术规范》、《港口工程质量检验评定标准》、《沿海港口建设工程概算预算编制规定》及《港口工程桩式柔性靠船设施设计与施工技术规程》、《港口设备安装工程质量检验标准》等一系列技术规范和行业标准,以保证港口建设工程质量。

2. 颁布港口工程竣工验收办法规范

为规范港口工程竣工验收,保护人民生命和财产安全,根据《中华人民共和国港口法》及相关法规,2005 年 3 月 21 日,交通部发布 2 号部令《港口工程竣工验收办法》,自 6 月 1 日起施行。

(六)改革长江口航道管理体制,加强内河航道建设及养护管理

1. 改革长江口航道管理体制

为建立长江口航道建设、管理、养护一体化的长效管理机制,有利于长江口深水航道二、三期工程实施,交通部自 2003 年开始进行长江口航道管理体制改革,拟将长江口航道建设有限公司调整转制为长江口航道管理局,负责长江口航道的规划、建设、维护、管理和有关科研工作。2004 年 9 月 10 日,根据交通部、上海市、江苏省人民政府联合向国务院上报的《关于长江口航道建设有限公司调整为交通部长江口航道管理局的请示》精神,确定长江口深水航道治理工程建设管理委

员会组成人员，由交通部副部长翁孟勇任主任委员。经国务院同意，交通部、上海市人民政府、江苏省人民政府于9月24日在上海召开了长江口航道建设有限公司第八次股东会，决定依法解散长江口航道建设有限公司；同意三方股东出资投入长江口航道建设有限公司所形成的资产全部无偿划入交通部长江口航道管理局，长江口航道建设有限公司已签订的所有合同、协议以及债权债务等在公司解散后全部由交通部长江口航道管理局承续并依法履行。11月23日，交通部向中央机构编制委员会办公室报送长江口航道管理局机构编制方案。根据中编办的批复，交通部于2005年5月5日下发通知，确定交通部长江口航道管理局的机构与编制，完成了长江口航道管理体制改革工作。

2. 合力建设长江黄金水道

2005年11月28日，由上海市、湖北省、重庆市和交通部共同发起，沿江上海、江苏、安徽、江西、湖北、湖南、重庆、四川、云南七省二市和交通部及国家有关部委参加的“合力建设黄金水道，促进长江经济发展”座谈会在北京召开，国务院副总理黄菊到会讲话。张春贤部长在讲话中首先说明，自“九五”以来，长江水运发展取得了明显成效，但近期面临航道治理与河势控制、长江大桥通航净空高度、三峡船闸通航能力、船型标准化等关键问题需要协同解决。随后，张春贤部长提出长江水运发展的总体目标是：到2020年，长江水运实现现代化，优势充分体现，黄金水道的作用充分发挥，适应沿江经济社会全面协调和可持续发展的需要。“十一五”期间将全力实施航道治理、港口建设、船型标准化、三峡过坝运输扩能、水运保障、干支联动6项工程。最后建议共同采取以下5项措施：①编制和完善相关规划；②加大长江港航设施建设资金投入力度；③深化改革，加快立法进程；④着力推进长江干线船型标准化；⑤建立长江水运发展协调机制。这次会议对有关各方合力建设长江黄金水道起到重要的促进作用。

3. 加强内河航道养护管理

交通部1992年在广东广州召开了全国内河航道养护管理工作会

议,确立了“深化改革、依法治航、加强养护、征好规费、科学管理、保障畅通”的航道养护管理工作指导方针。10年来,航道技术状况明显改善,通航服务水平和管理养护的科技含量进一步提高,航道管理与保护工作逐步规范化、法制化,航道管理体制和养护机制改革取得积极进展,全国内河航道技术等级评定全面完成,航道规费征收工作保持稳定,创建文明样板航道取得显著成绩。90年代以来,内河航道养护工作取得显著成绩,在此基础上,交通部于2002年9月26日在浙江嘉兴召开全国内河航道养护管理工作会议,研究部署本世纪前十年航道养护管理任务。翁孟勇副部长在会上提出新世纪前十年航道工作的方针是:改革创新、加快发展,建养并重、科技兴航,依法行政、保障畅通。今后航道养护管理工作的重点是要以改革创新为动力,加快航道事业的整体发展步伐,通过切实加强航道养护工作,促进航道服务水平的稳步提高。到2010年,航道养护管理的主要目标是:基本建立高效、协调的航道管理体制,航道养护机制改革工作基本完成;通过加强航道养护与管理,巩固航道建设成果,保障航道畅通,高等级航道的养护及其作用显著增强;基本健全航道法规体系,航道管理与保护工作得到切实加强;航道养护技术水平显著提高;以创建文明样板航道为重点的行业文明建设达到新水平,职工队伍素质明显提高。

二、推进港口管理体制改革,贯彻《港口法》

(一)总结历史经验,判明港口体制存在的问题

根据20世纪90年代的调研和港口管理体制改革试点经验,进入新世纪,交通部开始全面推进改革。为此,首先对历史和现状进行了全面、深入的分析,归纳如下。

新中国成立以后,中国港口进行了多次体制改革,历经“两放、两收”和“双重领导”。“两放”是指1958年大跃进期间和1968年文革动乱期间港口两度下放地方。“两收”,一是指1964年中央强调集中统一,各港口重新上收中央、恢复港航一体、区域管理体制;二是指1973

年周恩来总理发出“三年改变港口面貌”的号召,港口再度收回中央,实行集中统一领导。1984~1988年,为调动地方政府建设和管理港口的积极性,扩大港口经营权,除秦皇岛港外,沿海和长江干线38个港口实行“交通部和地方政府双重领导,以地方政府管理为主”的体制。1994年,海南港下放海南省,由地方政府管理。

原有港口体制主要存在以下问题:①由于80年代港口体制改革不够彻底,未能充分调动地方政府建设和管理港口的积极性。②港务局政企合一,一方面存在大量的企业行为,缺乏行政管理的权威性;另一方面受行政干预太多,难以建立现代企业制度。③港口投资结构和投资主体比较单一,养港资金逐年减少,难以保证港口发展的需要。④港口理货、引航业务与其性质不符,关系不顺,不符合市场法则。这些问题已严重制约港口的进一步发展,亟须深化改革。

进入90年代以来,随着经济全球化进程加快,中国对外经济贸易快速增长,特别是中国加入WTO为港口的发展带来新的机遇,同时也提出了更高的要求。中国港口面临的各种矛盾和困难,根源在于体制瓶颈。因此深化港口体制改革,对充分调动地方政府建设和管理港口的积极性,促进政府部门进一步转变职能、加强港口行业的行政管理;对港口企业按照现代企业制度的要求自主经营、走向市场;对加快结构调整,适应WTO的要求,促进港口事业持续健康发展,具有重要意义。而新一轮港口体制改革,是党中央、国务院为加快中国港口管理体制改革、促进国民经济持续发展作出的一项重要决策。

(二)确定改革的指导思想和主要内容

根据交通部的建议,国务院办公厅于2001年11月23日发出《关于深化中央直属和双重领导港口管理体制改革意见的通知》,决定所有中央直属和双重领导港口全部下放地方管理,同时实行政企分开。其指导思想主要是:按照建立社会主义市场经济体制的要求,进一步调动和发挥各方面建设与管理港口的积极性,充分发挥市场配置资源的基础性作用,促进港口增强综合竞争力,适应我国国民经济和对外贸易发展的

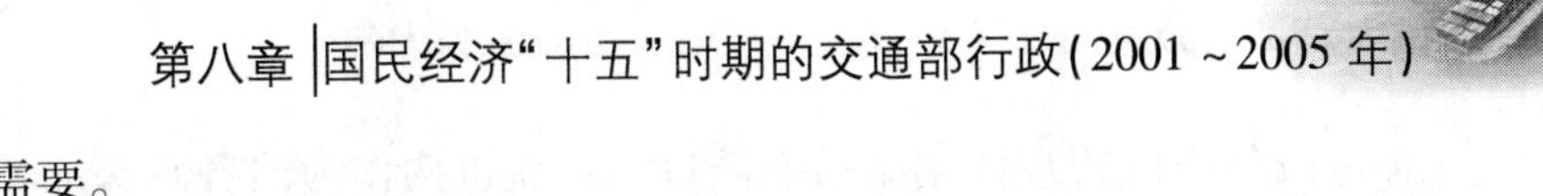

需要。

1. 改革的基本内容

(1)将现由中央管理的秦皇岛港以及中央与地方政府双重领导的港口全部下放地方管理。港口下放后原则上交由港口所在城市人民政府管理;需要由省级人民政府管理的,由省级人民政府按照“一港一政”的原则确定管理形式。港口下放后,实行政企分开,港口企业不再承担行政管理职能,并按照建立现代企业制度的要求,进一步深化企业内部改革,成为自主经营、自负盈亏的法人实体。

(2)改革港口现行的计划、财务管理体制。计划管理由现行中央计划管理改为地方管理;财务管理由“以港养港,以收抵支”改为“收支两条线”,取消港口企业定额上缴、以收抵支的办法,同时按规定征缴港口企业所得税。港口下放时,其财务关系相应划转。港口的资产无偿划转地方管理(交由国家开发投资公司管理的资产除外),债权债务一并随之转移。港口下放后,企业所得税缴入地方财政,所得税指标以零基数划转。对港口企业1998～2000年确因经济效益不佳而欠交中央财政的利润予以豁免;对港口企业1998～2000年已上缴当地财政的所得税,不再上缴中央财政,由当地财政全额返还港口,用于港口基础设施建设;取消秦皇岛市征收的港口建设配套资金。港口下放后,在保证中央必要的港口建设费支出的前提下,适当提高各港港口建设费的留成比例。同时,地方人民政府应多方筹措港口建设资金,制定有利于港口发展的政策,为中国港口发展创造良好条件。

(3)逐步放开理货市场,进一步规范理货业务。为保证理货的公正性,促进理货质量不断提高,港口理货要引入竞争机制,每个港口可先设立两家理货企业。将各港外轮理货公司从港口企业中分离出来,作为独立的企业法人,自主经营。将中国外轮理货总公司向各港外轮理货公司收取管理费的方式改为持有各港外轮理货公司一定的股份,具体比例由交通部组织中国外轮理货总公司与港口企业共同协商确定后,报财政部办理相关的股权确认及产权变更手续。

(4)改革引航管理体制。沿海港口的引航机构作为向各码头靠泊船舶提供引航服务的单位,应从港口企业中分离出来。鉴于目前引航机构与港口企业分离的条件尚未成熟,为平稳过渡,引航机构尚未实行政企分开的港口可暂时维持现状,过渡期为三年,在业务上接受港口管理机构的指导,为全港所有码头提供服务。长江引航机构作为独立向航行在长江的船舶提供引航服务的单位,仍隶属于长江航务管理局。

(5)在港航公安管理体制全面改革之前,港口公安管理暂维持现状,其所需经费仍采取港口企业营业外列支和财政拨付事业费的办法解决。

(6)鉴于长江航运的运作方式及其特点,长江港口企业可按照自愿的原则,与航运企业进行资产重组,组建新的港口运输企业,或采取多种方式联合经营。

2. 改革后港口管理体系的总体框架

(1)政府部门对港口实行分级管理。交通部作为中央政府行业主管部门,对全国港口实行统一行政管理,负责制定全国港口行业的发展规划,按有关规定负责港航设施岸线规划和使用的行业管理,对大中型港口建设项目提出行业审查意见,制定港口行业发展政策和规章,并实施监督。省级人民政府交通主管部门负责本行政区域内港口的行政管理工作。省级或港口所在城市人民政府港口主管部门按照"一港一政"的原则依法对港口实行统一的行政管理。

(2)在统一的行政管理下,形成多元化的投资主体,按照港口规划建设港口。

(3)港口企业作为独立的市场主体,依法从事经营。

3. 改革后港口行政管理机构的职能

港口行政管理是交通行政管理的重要组成部分,改革后港口行政管理机构的职能是:

(1)贯彻执行有关国家法律、法规和规章,制订港章和有关管理

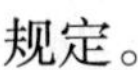

规定。

(2)编制港口总体规划;对港口的岸线、陆域、水域实施统一的行政管理。

(3)负责对港口公用基础设施的建设、维护和管理工作。

(4)对港口建设市场秩序进行监管,对港口建设项目的工程质量实施监督。

(5)对港口经营秩序、安全生产、环境保护等实施监督和管理。

(6)划定港区内危险货物作业泊位、库区的区域范围,并实施监督。

(7)征收和代征国家行政性费收;对企业经营性收费项目和价格,按有关法规的规定实施监督和管理。

(8)负责协调国家重点物资、军事及抢险救灾等物资的运输。

(9)负责港口信息的汇总、统计和管理工作。

(10)负责对港口从业人员的技术、业务培训、考核和发证的管理工作。

(三)港口管理体制改革过程

1. 成立工作组

2002 年 1 月 29 日,交通部会同国务院有关部委组成的工作组以洪善祥副部长为组长,专门负责研究、协调并配合地方人民政府做好港口深化改革工作。

2. 港口下放和政企分开工作

至 2003 年 2 月底,原 38 个中央直属和双重领导港口中,有 11 个港口完成了政企分开工作,9 个港口明确了新的港口管理部门或组成了新的港口企业,还有 18 个港口没有落实。3 月 10 日,交通部下发《关于加快港口政企分开步伐和加强港口行政管理的通知》,进一步推动各地港口的政企分开。截至 2003 年底,秦皇岛、大连等 34 个港口基本实现政企分开,其余港口也明确了改革实施方案。各地新成立的港口行政管理机构迅速开展工作;港口企业剥离行政职能后,按照建立现代企业制度的要求,成为自主经营、自负盈亏的法人实体。2004年,港口下放和政企分开工作已全部完成。

3. 改革港口引航管理体制

根据《关于深化中央直属和双重领导港口管理体制改革意见的通知》精神,交通部2004年全面启动港口引航管理体制改革工作。依据《港口法》和《船舶引航管理规定》,2005年10月24日,交通部发出《关于我国港口引航管理体制改革实施意见的通知》,指出改革的目标是建立一个管理统一,安全引领、公平服务、高效廉洁的港口引航管理体制;要求依据法律法规和我国港口管理体制改革的总体要求,调整和理顺港口引航相关关系,保障船舶和港口安全,满足港口生产需要,促进港口和航运全面协调可持续发展;具体措施是将沿海港口的引航机构从港口企业中分离出来,成立具体独立法人资格的事业单位,隶属于所在地港口行政管理部门,为进出港口船舶提供引航服务。沿海引航机构按照"一个港口一个引航机构"设置,定名为"某某港引航站",各港根据实际需要可在引航站下设若干引航分站。

4. 改革港口理货体制

根据《关于深化中央直属和双重领导港口管理体制改革意见的通知》精神,交通部于2002年开始进行理货体制改革,到2003年9月,大部分双重领导港口外轮理货分公司的改制工作已经基本完成。2004年,主要港口都设立了两家理货企业。截至2005年底,中国外轮理货总公司及大部分在各港的分公司都按照要求进行了改制,第二家全国性理货公司——中联理货有限公司也进入沿海20多个主要港口,只有少数未形成理货竞争局面的港口未完成理货体制改革。

(四)贯彻《中华人民共和国港口法》

为了加强港口管理,维护港口的安全与经营秩序,保护当事人的合法权益,促进港口的建设与发展,2003年6月28日,中华人民共和国发布2003第5号主席令《中华人民共和国港口法》(以下简称《港口法》),对从事港口规划、建设、维护、经营和管理等相关活动进行了规定,共6章61条,从2004年1月1日起施行。

《港口法》的出台,通过法律形式将新的港口管理体制固定下来,明确各级政府交通(港口)行政管理部门的权力和责任。按照《港口法》的要求,中国港口行业管理的新体制逐步建立起来,即:交通部作为中央政府交通行业主管部门,对全国港口实行统一的行政管理,负责制定全国港口行业的发展规划,按有关规定负责港航设施岸线规划和使用的行业管理,对大中型港口建设项目提出行业审查意见,制定港口行业发展政策和法规,并监督实施;省级人民政府交通主管部门负责本行政区港口行业的管理工作;港口所在地人民政府港口主管部门(有的地方单独设置港口管理部门,有的由交通管理部门负责)按照"一港一政"的原则依法对港口实行统一的行政管理。

三、加强水路运输管理

(一)制定内河航运发展战略与规划

1. 制定《全国内河航运发展战略》

为准确把握21世纪初期我国内河航运发展方向,将"三主一支持"形成的战略构想逐步付诸实践,交通部组织有关单位开展了内河航运发展战略研究工作,完成《全国内河航运发展战略》,于2001年9月26日印发,用于指导未来一段时期各地区内河航运规划和建设工作。

2. 制定《西部地区内河航运发展规划纲要》

为贯彻落实国家关于西部大开发的战略决策,明确西部地区内河航运发展思路,2001年2月6日,交通部印发《西部地区内河航运发展规划纲要》,提出加快西部地区内河航运发展的指导思想是:以邓小平同志关于地区经济协调发展"两个大局"的战略思想为指针,按照国家实施西部大开发的统一部署,贯彻江河水资源综合开发利用的方针,坚持以发展综合运输体系为主轴,加快西部地区内河航运开发步伐;实现西部地区内河航运通江达海的目标,推动流域经济的发展。确定总体目标是:用20年左右的时间,基本建成西部地区通江达海的水运主通道,开发建设主要支流航道及港口设施,形成配套的内河航运服务体系,使西部地区内河航运面貌发生根本性变化,基本适应西部地区经济发展的需要。到21世纪中叶,实现以水运主通道为骨架、干支相通、水陆联运、设施配套、功能完善、优质服务的现代化内河航运体系。

(二)加强水路运输行业管理

1. 加快航运业结构调整

根据国务院对交通部、财政部《关于加快航运业结构调整的请示》的批复精神,2001年2月22日,交通部发出关于加快航运业结构调整的指导性文件《关于航运业结构调整的意见》。该文件在明确结构调整的指导思想后,指出航运业结构调整方向是通过10年左右的努力,实现船舶大型化、船队专业化、企业经营集约化、内河船舶标准化,使航运企业科技创新能力、市场竞争能力、抵御风险能力明显增强,走向良性发展的轨道,建立起现代企业制度;调整船队结构,建成与我国贸易结构相适应的国际、国内大型集装箱、原油、液化气、散货船队,船舶平均吨位、船舶技术水平普遍提高,初步实现内河船舶标准化;集装箱运输和集装箱化程度要达到国际先进水平;建成具有较强国际竞争力的海运商船队,建立与其他运输方式发展相协调和衔接的国内航运体系以及较完善的国际、国内多式联运和物流系统,把航运大国建成航运强国,以满足国民经济、对外贸易和国家安全的需要;重点是调整运力结构、运输结构和航运企业结构。

2. 调整国内水路运输管理职责和管理方式

为加强国内水路运输管理,明确责任,理顺关系,2002年4月24日,交通部发出《关于调整国内水路运输管理职责管理方式的通知》,强调调整的目的是解决水路运输管理中存在的管理职责交叉,责任不明晰以及重前期审批,轻后期监管等问题,进一步发挥国内水路运输市场机制对水路运输资源的配置作用,转变政府职能,减少审批环节。

通知明确了职责调整原则及以交通部为主、以地方交通主管部门为主、以交通部派出机构为主管理的事项,即重新明确管理职责分工,分清部、部派出机构与地方交通主管部门的管理职责,同时废止现行的、根据航运市场供求关系制定运力额度计划的管理方式,根据航运经营人资质、管理制度、人员条件、船舶技术状况等技术标准进行准入管理。规定国内水路运输管理职责分工于2002年7月1日起进行调整。

3.整顿航运市场

为了实施航运业结构调整,2000年11月28～30日根据中央经济工作会议和2001年1月9日全国交通厅(局)长会议精神,交通部决定在2001～2002年开展全国航运市场清理整顿,2001年的目标是用1～2年时间,以法律、法规为依据,以经营人是否取得合法经营资格、经营行为是否规范为重点,集中治理业内反映强烈、严重侵害承、托运人利益,扰乱市场秩序,严重影响运输安全的行为,创造统一、开放、竞争、有序的市场环境,使我国水路运输市场秩序和安全状况明显好转。整顿的重点区域是长江川江航段、渤海湾和琼州海峡,重点船舶是客滚船、液化气船和散装化学品船,重点单位是境外航商代表处、国际集装箱货运站和国际船舶代理公司。2002年整顿工作重点是:继续开展2001年确定的川江载货汽车滚装运输市场、长江涉外旅游船运输市场、渤海湾客滚船运输市场、琼州海峡客滚船运输市场4个专项;继续开展并完成2001年确定的水路客运和液货危险品运输市场的规范和整顿;规范和整顿国际海运船舶运输市场、无船承运业务经营秩序、国内旅游船运输和高速客船运输市场以及国内集装箱内支线运输市场。2002年工作目标是:通过规范和整顿,关闭一批不符合国家法规和规章规定的资质条件的公司,淘汰一批不符合国家技术标准要求的落后船舶,为水路运输安全和健康发展提供保障,改善航运市场供求关系,促进航运业结构调整。

4.加强水路煤炭运输工作

随着国民经济快速发展,基本建设规模庞大,主要能源、原材料需求大幅度增长，煤、电、油、运更加紧张。黄菊副总理指示：运输生产要努力做到“四个确保①”。“四个确保”的第一项就是确保关系国计民生的煤炭、原油、铁矿石等国家战略资源的运输。为此，交通部在2004年、2005年先后召开水路煤炭运输专题座谈会，徐祖远副部长提出“平时能适应，关键时能保障”的总体目标，要求加强水路运输工作的领导和组织协调；加快运输保障法规和制度建设；加快基础设施建设，提高运输能力；充分发挥主要港航企业的主力军作用；全力保障煤炭等重点物资的运输；落实安全责任和措施，保持安全形势稳定。

5. 改革船舶购置管理方式

为了保障国有资金有效使用，规范船舶购置招标投标活动，2001年9月12日，交通部决定改革船舶购置管理方式。改革后船舶购置仍实行计划管理；保留新型船舶设计任务书的审批，由部规划部门会同水运管理部门办理；新型船舶的方案设计和技术设计改由长航局、部海事局、部救捞局组织审查和审批；船舶购置招标投标活动应严格按《支持系统船舶购置招标投标管理办法》执行，由水运管理部门监督实施。

（三）开展京杭运河船型标准化示范工程

京杭运河承载中华民族厚重的历史文化，至今依然是我国综合运输体系的重要组成部分。但是，由于航行于运河的船舶标准化程度低，船型杂乱，船舶平均吨位小，使航道和船闸等通航设施的利用率与通过能力不能得到有效发挥，降低了船舶营运效率，而且是运河的主要污染源之一。为解决以上问题，交通部决定实施京杭运河船型标准化示范工程，并列为2003年“四项示范工程”之一。这也是我国内河航运的一次重大结构调整，涉及11万艘船，占全国内河船舶总量的一半，意义十分重大。

---

①确保关系国计民生的煤炭、原油、铁矿石等能源材料的运输，确保外贸进出口货物的运输，确保农用物资和城市居民蔬菜、副食品供应的运输，确保旅客运输和化学危险品运输安全。

2003 年 3 月 17 日,交通部成立京杭运河船型标准化推进工作领导小组并召开第一次会议,明确示范工程的目标和实现目标的分阶段行动计划、保障措施以及船型标准与相关政策。经国务院批准,2003 年 12 月 5 日,交通部,山东、江苏、浙江、河南、安徽、上海省(市)人民政府联合发布《京杭运河船型标准化示范工程行动方案》,提出京杭运河船型标准化示范工程的总体目标、指导原则和工作方针,并对实施范围和实施期间以及行动计划、保障措施提出具体的要求和安排,方案自 2004 年 1 月 1 日起施行。

为加强宣传,启动实施示范工程并动员广大船民参与, 2003 年 12 月 12 日,交通部和江苏、山东、浙江、河南、安徽、上海五省一市人民政府联合在江苏扬州举行“京杭运河船型标准化示范工程现场会暨启动仪式”,翁孟勇副部长到会讲话,标志示范工程正式启动。

为加快京杭运河标准船型的推广,在总结经验的基础上,根据京杭运河及长江三角洲地区的航道条件,结合运河区域内航运管理、船舶检验和船舶建造管理的实际,2005 年 5 月 21 日,交通部发布《关于调整京杭运河船型标准化示范工程标准船型有关政策并公布京杭运河运输船舶标准船型主尺度系列的公告》,对标准船型有关政策进行调整,并同时发布《京杭运河运输船舶标准船型主尺度系列》(2005 年版)。

(四)加强川江和三峡库区航运管理

为保障长江三峡水利枢纽通航安全,防止船舶污染水域,依据《中华人民共和国内河交通安全管理条例》,2003 年 5 月 16 日,交通部发布 2003 年第 6 号令《长江三峡水利枢纽水上交通管制区域通航安全管理办法》,于 6 月 1 日起施行。

为了促进川江和三峡库区船舶技术进步和航运结构调整,保障人命财产安全,保护三峡库区水资源环境,提高三峡永久船闸利用率和通过能力,2003 年 8 月 26 日,交通部发布第 14 号公告《关于川江和三峡库区船舶运输准入管理的公告》,对自 2003 年 10 月 1 日起禁止进入川江和三峡库区航行的非标准船舶作出明确规定并公布首批标准船型。

自2004年7月三峡航运管理职能调整到水运司后，交通部于2005年3月15日又一次召开三峡工程航运领导小组会议，强调目前的工作需要加强对外宣传，引导舆论以及需要加强整个航区的综合治理特别是船闸反恐和消防工作。会议确定2005年要做好6方面工作：①继续做好坝区通航管理工作；②尽快研究和实施翻坝方案，努力提高三峡枢纽的综合通过能力；③按计划完成初期运行期航运调度方案的编制工作；④做好156米蓄水前库尾炸礁工程的实施工作；⑤继续做好航道泥沙原型观测和分析工作，协调实施芦家河河段控导工程；⑥继续做好三峡库区水运设施淹没复建工程收尾工作。

（五）贯彻《国际海运条例》，颁布配套规章

1. 国务院发布《中华人民共和国国际海运条例》

为规范国际海上运输活动，保护公平竞争及各方当事人的合法权益，维护国际海上运输市场秩序，2001年12月11日，国务院发布第335号令《中华人民共和国国际海运条例》（以下简称《国际海运条例》），共7章61条，自2002年1月1日生效。条例的颁布实施，对国际海上运输经营活动以及相关的辅助性经营活动实施监督管理，全面反映了中国加入WTO的海运服务承诺，为维护国际海运市场秩序，保障国际海上运输各方当事人的合法权益，提供了重要的法律保障，促进了海运市场的改革与开放。这是我国第一部关于国际海运管理的行政法规，是促进海运管理依法行政的重要措施。

该条例对现有的国际海运管理模式有较大的调整，交通部对符合条例规定条件的企业，颁发了相应的经营资格证书，使其正常开展业务，尽快适应新的管理制度；对不符合经营资质的企业，严格依照条例的规定进行清理。到2002年底，共有162家中国船公司获得了交通部颁发的《国际船舶运输经营许可证》，120家中外班轮公司取得国际班轮运输经营资格（其中境外公司100家），780家中外企业取得了无

船承运业务经营资格(其中境外企业150家),270家中国企业取得国际船舶代理资格。

无船承运业务管理制度是条例创设的一项新制度,是其实施的重点,也是难点,交通部作了一系列的实施工作:①在招商银行设立保证金专门账户;②确定上海、深圳为重点,启动实施工作,逐步在沿海和内地展开;③召开首批无船承运人的发证仪式并组织宣传报道;④配合国家税务总局和国家外汇局明确无船承运人使用专用发票和开设外汇账户的问题;⑤在交通部网站公布无船承运人名单。到2002年底,国内外主要的无船承运业务经营者(NVOCC)都已向交通部办理了资格登记,这项制度的实施进展顺利、平稳,得到了业界的普遍认可和遵守。

2. 发布《中华人民共和国国际海运条例实施细则》

为贯彻《国际海运条例》,使相关规定便于结合具体情况进行实际操作,2003年1月20日,交通部依据权限发布《中华人民共和国国际海运条例实施细则》(简称《国际海运条例实施细则》),自3月1日起施行。该细则的出台,使中国国际海运市场的管理更加透明、更具可操作性。

3. 发布《外商投资国际海运业管理规定》

为规范外商在中国境内设立企业从事国际海上运输业务以及从事与国际海上运输相关的辅助性经营业务活动,保护各方合法权益,根据《国际海运条例》与其他有关法律、法规,2004年2月25日,交通部、商务部联合发布《外商投资国际海运业管理规定》,作为《国际海运条例》的配套规章,具体明确交通主管部门和外资主管部门的管理职责,包括外商投资6类(国际船舶运输、无船承运、国际船舶代理、国际船舶管理、仓储、集装箱场站)国际海运业务的申办条件、申请手续,以及审批机关应当遵守的程序。其内容均以《国际海运条例》为依据,并与《国际海运条例实施细则》相衔接。它的颁布表明中国政府认真履行加入WTO海运服务承诺,依法行政、依法保护中外投资者合法权益的决心。

2000年1月28日,交通部、外经贸部还联合颁发《外商独资船务公司审批管理暂行办法》。截至2004年底,我国共颁发针对外商投资国际海运业的行政法规1部和行政规章3部。

四、加强水上交通安全监督管理工作

(一)制定《“十五”水上交通安全工作纲要》与《中国海事工作发展纲要》

1. 制定《“十五”水上交通安全工作纲要》

2001年2月,交通部印发《“十五”水上交通安全工作纲要》,提出“十五”期间,按照党中央、国务院对安全生产工作的总体要求,从国情出发,服从“改革、发展、稳定”的大局,处理好“安全”与“发展”的关系,以对人民生命和国家财产高度负责的精神,坚持“安全第一、预防为主”的方针,按照“标本兼治、远近结合、综合治理、狠抓落实”的原则,以“清理整顿和深化管理”为主线,通过全面落实安全生产责任制,完善安全生产管理机制,加强安全生产法制建设、安全生产宣传教育和安全队伍建设,实现水上交通安全形势的稳定。纲要提出工作目标是:适应改革开放和西部大开发的形势,积极支持水上交通运输向集约化方向发展,全面加强水上交通安全管理工作,力争达到“四个明显、一个确保”的目标,即:安全生产意识明显增强,安全规章制度明显完善,安全管理责任明显加强,安全管理水平明显提高,确保水上交通安全形势的稳定,避免特大恶性责任事故的发生。

2. 制定《中国海事工作发展纲要》

21世纪前15年是我国实施第三步发展战略,完善社会主义市场经济体制的重要时期,也是我国海事工作在体制改革基本完成后,巩固成果,夯实基础,深化改革,实现跨越式发展的关键时期,为正确把握海事工作的发展方向,建立与社会主义市场经济相适应的,运作协调,反应迅速,办事高效和适应国际通行规则的海事管理体系,交通部组织编写了《中国海事工作发展纲要》并于2001年12月30日下发。纲要结合中国国情和国际海事发展趋势,围绕加强水上安全管理的中心任务,提出了2005年近期目标和2015年远景目标。

(二)完成水上安全监督管理体制改革

1998年以来,根据国务院办公厅《关于转发交通部水上安全监督管理体制改革实施方案的通知》精神,交通部组织实施了新一轮全国水监体制改革,至2005年6月西藏地方海事局正式挂牌成立,全国水监体制改革工作全面完成。改革的主要内容体现在以下几个方面:

(1)界定中央管理和地方管理水域,确定职责分工,理顺关系。具体明确了沿海(包括岛屿)海域和港口、对外开放水域及主要跨省(区、市)内河(长江、珠江、黑龙江)干线及港口的水上安全监督管理工作由交通部统一领导,中央管理水域以外的内河、湖泊和水库等由各省(区、市)人民政府负责。

(2)进行机构整合。在中央管理水域设置20个交通部直属海事机构;全国31个省(区、市)(不含港澳台地区),有27个省(区、市)设置地方海事机构,广东、海南、广西、黑龙江4个省(区)全部水域由交通部直属海事机构管理,建立了“一水一监,一港一监”的全国水上安全监督管理系统。

(3)完善体制。全国海事机构接受交通部海事局统一业务领导,统一执行国家有关水上安全监督的法律、法规、规章和标准,统一规范全国海事机构名称;划定各级海事机构的业务管理层次和职责权限;统一执法标准、程序和执法人员资格,统一执法监督检查。实现政令、布局、监督管理三统一,完善了水上安全监督管理法规框架体系,坚持依法监督。

这一轮体制改革基本改变了我国水上安全监管多年来一水多监、政出多门、政令不一、交叉管理、执法混乱的局面,形成了港航管理、船岸执法和救助保障的“三位一体”的水上交通监管体系;进一步稳定了水上安全形势;建立了国务院海上搜救部际联席会议制度和国家、省、市三级应急救援体系，进一步完善了水上险情应急机制，水上应急反应能力得到有效提升；加大防治力度，建立了一支船舶防污和油污应急反应专业队伍，建设了油污应急反应基地和船舶污染物接收处理设施，构筑了四级船舶溢油应急反应计划机制，保护水域环境；保障了水运经济的持续发展。水监改革是贯彻落实中央深化行政体制改革要求的重要举措。

（三）实施船舶定线制

船舶定线制是要求船舶按预定航路航行，船舶定线制采用最多的是分道通航制。我国在烟台成山头、长江口、大连大三山实施了船舶定线制，我国的香港也实施了分道通航制。

1. 长江江苏段实施船舶定线制

江苏海事局组建后，交通部党组就开始考虑从根本上解决长江江苏段船舶安全航行的问题，最终确定引入国际上的海上分道通航制理念，在长江江苏段实施船舶定线制。《长江江苏段船舶定线制规定》自2003年7月1日正式生效实施以来，长江江苏段的水上交通安全形势得到明显好转，船舶碰撞事故率大幅下降，航运生产效率大幅度提高。2004年7月9日，交通部在江苏南京召开长江江苏段实施船舶定线制总结表彰会，徐祖远副部长发表讲话，对今后工作提出了树立和落实科学发展观，继续加大宣传力度，全面推进依法行政，加强执法监督，发挥交通行业在服务经济社会发展中的优势和作用，加强软件和硬件配套建设等具体要求。

在2004年初召开的长江三角洲地区交通发展座谈会上，黄菊副总理提出长三角地区要率先实现现代化，交通部通过实施长江江苏段船舶定线制落实中央战略决策，服务地方经济发展，证明我国成功地把先进的海事管理理念从海上延伸到了内河，预示着我国内河特别是长江下游的港口和航运业已经具备较强的竞争力。

2. 珠江口水域实施船舶定线制

交通部对珠江口水域的交通安全管理非常重视，每年都作为水上安全管理的重点工作来抓。2001年,交通部专项部署珠江口通航环境整治工作,开展珠江口水域船舶定线制的研究。2004年2月,交通部海事局与香港海事处在香港共同达成《交通部海事局和香港海事处关于实施〈珠江口水域船舶定线制〉的措施》。珠江口水域船舶定线制和船舶报告制,经交通部批准,于2004年3月1日以中华人民共和国交通部第4号公告正式颁布,同日,香港海事处也对外公告,并于6月1日起正式实施。珠江口水域船舶定线制是由内地与香港共同制定、共同签署、共同实施的一项重要航路改革措施,是第一个同时涉及中央政府与香港特区政府管辖水域的交通管理规定,是交通部贯彻内地与香港更紧密经贸关系安排(CEPA)的具体措施。

(四)开展“水上运输安全管理年”活动,整顿超载船和“三无”船

1.开展“水上运输安全管理年”活动

为加强水上交通安全管理,稳定水上交通安全形势,保障人民群众生命财产安全,1999年底,交通部党组根据全国水上交通安全的严峻形势,提出在全国交通系统自2000年起连续三年开展“水上运输安全管理年”活动。2000年主要是围绕抓宣传发动、抓基础管理展开活动,2001年主要围绕“四客一危①”、“四区一线②”等重点环节全面开展“四项整顿工作③”,把安全管理同市场整顿、结构调整紧密结合起来,标本兼治,互相促进。2002年1月21日,交通部下发通知,提出2002年“水上运输安全管理年”活动方案,活动目标是进一步做到“四个明显④”,并把“一个确保⑤”作为长期的工作方向。

---

①四客:客渡船、客滚船、高速客船和旅游船;一危:危险品运输船。

②四区:渤海湾水域、舟山群岛海域、琼州海峡水域和西南山区的内河水域;一线:长江干线水域。

③川江载货汽车滚装运输市场整顿,长江涉外旅游船运输市场整顿,渤海湾客滚船运输市场整顿,琼州海峡客滚船运输市场整顿。

④安全生产意识明显增强,安全规章制度明显完善,安全管理责任明显加强,安全管理水平明显提高。

⑤确保水上交通安全形势稳定,避免特大恶性责任事故的发生。

2. 整顿超载船和“三无[1]”船

为贯彻《国务院关于进一步加强安全生产工作的决定》，继续稳定水上交通安全形势，规范水运市场秩序，2004 年 3 月 25 日，发布《中华人民共和国交通部关于整顿超载船和“三无”船的通告》，决定从 2004 年 4 月开始，在内河通航水域广泛开展整顿行动，并于 2004 年 4 月 1 日 ~5 月 30 日在长江武汉以下水域及其支流、京杭运河、黄浦江水域开展打击水上运输超载统一执法行动，取得明显成效。为防止船舶超载现象反弹，巩固并进一步深化治理超载已取得的成果，2004 年 6 月 3 日，交通部制定《关于建立反水上运输超载长效管理机制实施意见》；6 月 16 日，发布《中华人民共和国交通部关于建立反水上运输超载长效机制的通告》。

（五）贯彻《中华人民共和国内河交通安全管理条例》，健全制度，规范执法

1. 国务院修订《中华人民共和国内河交通安全管理条例》

为了加强内河交通安全管理，维护内河交通秩序，保障人民群众生命、财产安全，2002 年 6 月 28 日，国务院发布第 355 号令《中华人民共和国内河交通安全管理条例》，自 8 月 1 日起施行。新条例明确了内河交通安全管理职责，特别针对渡口安全管理十分薄弱的现状明确了乡镇政府在乡镇船舶的安全管理方面的责任；明确了各级船检人员的责任，通过考试提高船员素质，对违反条例规定加大了处罚力度。1986 年 12 月 16 日国务院发布的《中华人民共和国内河交通安全管理条例》同时废止。

2. 强化安全管理制度

从 2001 年起，交通部发布一系列部令，其中包括 2001 年 11 月 30 日 10 号部令《船舶引航管理规定》；2002 年 5 月 30 日 1 号部令《海上滚装船舶安全监督管理规定》；2002 年 8 月 26 日 5 号部令《水上交通

[1]无船名船号，无船舶证书，无船籍港。

事故统计办法》;2003年7月10日7号部令《沿海航标管理办法》;2003年8月7日9号部令《港口危险货物管理规定》;2003年12月11日10号部令《中华人民共和国船舶载运危险货物安全监督管理规定》;2004年6月18日7号部令《中华人民共和国船舶最低安全配员规则》,上述部令进一步健全了水上安全生产和安全管理制度,使依法行政的基础更加坚实。

3. 加强船员管理

为提高船员技术素质,完善船员管理制度,2004年6月30日和2005年3月20日,交通部先后发布《中华人民共和国海船船员适任考试、评估和发证规则》和《中华人民共和国内河船舶船员适任考试发证规则》,在总结经验的基础上,对船员适任考试和发证规则进行更明确的规定。

4. 规范海事行政执法行为

为规范海上及内河行政处罚行为,保护当事人的合法权益,根据《中华人民共和国海上交通安全法》、《中华人民共和国海洋环境保护法》、《中华人民共和国行政处罚法》及其他有关法律、法规,2003年7月10日和2004年11月5日,交通部先后发布《中华人民共和国海上海事行政处罚规定》和《中华人民共和国内河海事行政处罚规定》,对海事行政违法行为的认定、证据及行政处罚程序等各个环节作出新的、更为明确的规定。

(六)加强海事管理信息化建设

1. 建设海事卫星通信系统

为充分利用现代技术提高海事监管效率,交通部经过长期筹措,建成了中国第一个具有宽带多媒体功能的海事卫星通信系统,交通部通信中心于2003年10月16日在北京海事卫星地面站举行F标准岸站开通仪式。F标准岸站开通仪式标志着我国移动卫星通信水平迈上了新的台阶,并将为船舶通信现代化、海事遇险安全救助通信实现全程可视以及陆地抢险救灾应急通信提供保障。

2. 实施船舶“一卡通”工程

船舶“一卡通”工程以船舶登记为源头，以“一卡通”为手段，以计算机网络为平台，实现船舶监督管理的全程信息化和智能化，促进海事管理现代化。最终实现船舶“数据统一化、签证电子化、计费自动化、业务协同化、统计智能化、证书管理网络化”，为船员管理、通航管理、搜救指挥、危管防务等业务系统的应用提供统一的数据平台的建设目标。为贯彻交通部海事局全国信息化工作会议精神，大力推进海事管理信息化进程，2004 年 11 月 30 日，海事局决定在长江三角洲地区海事管理机构现场监督管理工作中推广使用船舶 IC 卡。经过近半年来在上海、江苏、浙江海事局的推广实施和应用，长三角船舶一卡通工程软件应用系统已基本成熟，IC 卡管理体系已基本形成，具备了推广实施的条件。据此，交通部海事局决定，自 2005 年 6 月起在全国海事管理系统推广实施，最终建立全国统一的船舶数据库，实现船舶静动合一的管理模式，通过各项海事管理业务的数据整合、发展，最终实现海事管理智能化目标。

五、创立国家海上搜救应急系统

（一）海上救助打捞体制改革

1. 改革背景

根据我国应履行的国际海上救助义务和国家承担的直接以人命救助为目的的救助职责，适应我国海上交通和海洋资源开发、海洋环境保护等事业的发展需要，保障海上安全生产的稳定和改善海上投资环境，在 20 世纪 90 年代改革的基础上，需要对救捞合一管理体制进行深入改革，实行救助与打捞分开管理。2002 年 1 月 23 日，交通部就进一步改革我国海上救助打捞体制向国务院请示。根据国务院批示精神和关于救捞体制改革的安排，2002 年 8 月 14 日，交通部成立救捞体制改革领导小组。2003 年 2 月 28 日，国家计委、国家经贸委、财政部、劳动和社会保障部、中央编制委员会办公室联合制定了《救助打捞体制改革实施方案》。

2. 改革目标

《救助打捞体制改革实施方案》提出救助打捞体制的改革目标是：以加强救助为主要目的，同时兼顾打捞的发展，建立一支政令畅通、行动迅速、装备精良、人员精干、技术过硬、作风顽强的国家专业海上救助队伍。实行全天候海上救助值班待命制度，建立快速应急反应和紧急救助机制，切实履行好国际义务和国家职责；建立一支装备先进、技术精湛、吃苦耐劳、不畏艰险的国家专业海上打捞队伍。承担海上财产救助、沉船沉物打捞、港口及航道清障等抢险救灾职责。改革的原则是：坚持救助与打捞分开；坚持精简、统一、高效；坚持既要有利于救助又要有利于打捞；坚持积极稳妥、稳步推进。

3. 实施改革的具体方案

(1)组建专业海上救助机构。主要职责是贯彻执行国家和交通部有关海上救助工作的方针、政策、法规；负责在我国沿海及相关水域内的国内外船舶、水上设施和在我国沿海水域遇险的国内外航空器及其他的水上人命救助；负责以人命救助为目的的海上消防；承担以人命救助为直接目的的船舶和水上设施及其他财产的救助；承担国家指定的特殊的政治、军事、救灾等抢险救助任务；履行有关国际公约和双边海运协定等国际义务；完成国家交办的其他抢险救助工作任务。将目前交通部烟台、上海、广州海上救助打捞局直接用于海上救助值班和人命救助的资产与人员划分出来，分别组建交通部北海救助局、交通部东海救助局、交通部南海救助局，将现有各救助站更名为救助基地，隶属于各救助局。对我国沿海海域的救助实行分区负责，分别负担我国北部海域及黑龙江干线、东部海域及长江干线和南部海域及珠江口3个救助责任区的救助工作。3个救助局的事业编制3 072名(今后新增设救助基地和船舶、机场、飞机所需的人员编制另行核定)，其中北海救助局940名，东海救助局1 113名，南海救助局1 019名。

(2)组建专业海上打捞机构。主要职责是贯彻执行国家和交通部有关海上打捞工作的方针、政策与法规；承担国家指定的特殊的政治、军事、救灾等抢险打捞任务；履行有关国际公约；沉船沉物打捞，公共水域和航道、港口清障；负责水上非人命救助的船舶、设施和财产的救助；沉船存油和难船溢油的应急清除，防止海洋环境污染；海上应急拖航驳运和海上特殊交通运输；完成国家交办的其他工作任务。从交通部烟台、上海、广州海上救助打捞局划出资产和人员组建救助局后，3个海上救助打捞局更名为：交通部烟台打捞局、交通部上海打捞局、交通部广州打捞局，仍为事业单位，核定编制为4 918名，其中交通部烟台打捞局1 388名，交通部上海打捞局1 906名，交通部广州打捞局1 624名。打捞局事业经费实行自收自支，以经营弥补打捞经费不足，实行以经营养打捞。新组建的救助局和打捞局由交通部救助打捞局实行统一垂直领导。核定交通部救助打捞事业编制54名；组建飞行调度中心，事业编制10名，由交通部救助打捞局领导。

2003年6月28日，交通部北海、东海、南海救助局和交通部烟台、上海、广州打捞局成立大会暨交通部东海救助局、上海打捞局，交通部上海海上救助飞行队揭牌仪式在上海隆重举行，标志着救捞体制改革工作顺利完成，新的救捞体制和立体救助体系正式运行。

2004年1月29日，为加快交通部海空立体救助体系建设，规范各救助飞行队的管理，交通部下发了《关于明确交通部救助飞行队管理有关事宜的通知》，通知明确了各救助飞行队实行由部救捞局和各海区救助局双重领导，以交通部救捞局为主的领导和管理体制，各救助飞行队党的组织关系实行属地化管理。根据通知精神，2004年6月，决定成立交通部北海第一救助飞行队、东海第二救助飞行队、南海第一救助飞行队，同时将原交通部上海海上救助飞行队更名为交通部东海第一救助飞行队。

(二)创新海上搜救体制，建立国家海上搜救应急系统

为加强对中国海上搜救和船舶污染应急反应工作的组织领导，2005年5月，经国务院批准，建立由交通部牵头，公安部、农业部、卫生部、海关总署、民航总局、气象局、海洋局、总参谋部、海军、空军、武警部队组成

的“国家海上搜救部际联席会议制度”,主要职能是:在国务院领导下,负责统筹研究全国海上搜救和船舶污染应急反应工作,提出有关政策建议;探讨解决海上搜救工作和船舶污染处理中的重大问题;组织协调重大海上搜救和船舶污染应急反应行动;指导、监督有关省(区、市)海上搜救应急反应工作;研究确定联席会议成员单位在搜救活动中的职责。中国海上搜救中心为联席会议的办事机构,设在交通部,负责联席会议的日常工作,下设总值班室,中心主任由交通部副部长徐祖远兼任。

2005 年 12 月 7 日,国务委员兼国务院秘书长华建敏在国务院主持召开国家海上搜救部际联席会议第一次会议,确定各成员单位职责,明确工作规则和要求。会议要求继续加强沿海各省(区、市)搜救中心建设,由省级政府领导任主任,业务上接受中国海上搜救中心指导,保持 24 小时值守,随时应对海上紧急情况。国务院副秘书长尤权,交通部、公安部、农业部、解放军总参谋部等联席会议成员单位以及国家发展改革委、财政部、法制办、中编办、国研室等相关单位负责人参加了会议。交通部翁孟勇副部长介绍了“十五”以来海上搜救工作基本情况,成立国家海上搜救部际联席会议的背景、目的和作用,提出了今后工作的重点。徐租远副部长就联席会议各成员单位的职责、工作要求作了说明。

建立国家海上搜救部际联席会议制度,成立中国海上搜救中心,制订《国家海上搜救应急预案》等工作的完成,标志着中国海上搜救应急体系建立,国家海上搜救体制改革基本完成。

(三)建立国家海上搜救应急预案

2004 年 1 月,交通部按照国务院关于召开全国应急体系建立工作的专题会议精神,紧紧围绕海上搜救应急工作的实际,开展海上搜救应急预案的制定工作。《国家海上搜救应急预案》的编定根据国务院印发的《国务院有关部门和单位制定和修订突发公共事件应急预案框架指南》结合我国海上搜救的实际情况和国际惯例,围绕预防预警、险情的分级与上报、突发事件的应急响应 3 条主线明确了海上搜救的工作原则、各相关部门的职责、预防预警机制、突发事件的应急响应、善后处置和应急保障等。2005 年 12 月,《国家海上搜救应急预案》作为国家 25 个专项应急预案由国务院办公厅公布实施。

(四)建立动态待命救助值班制度

救捞体制改革后,国家对专业救助队伍的投入大幅增加。但由于船舶、飞机建造周期较长,救助力量薄弱、装备短缺的状况在短时间内难以得到根本改变。为此,交通部救捞局提出了“关口前移、站点加密、动态待命、随时出击”的动态待命救助值班制度。各救助局所属 41 艘救助船和 8 艘救助艇、各救助飞行队的 8 架直升机和 1 架固定翼飞机全部投入待命工作,待命船舶数量较改革前大幅增加。彻底改变了以往在港内码头待命值班的方法,坚持在港外锚地、航道附近和事故高发海域值班待命,以基地为依托,以待命为前哨,将救助基地、救助直升机和救助船舶有机结合,有效发挥三者之间的联动效应,变远距离待命为近距离待命,变静态待命为动态待命,专业救助力量对于发生在离岸 50 海里内重要干线航道和港口的事故的救助到达时间比改革前平均缩短了 73 分钟,显著提高了近岸和沿海重点水域的救助效率。

(五)加强国家专业救捞队伍建设

交通部救捞系统坚持 20 年的“保证救助、广开门路、多种经营”的工作方针随着救捞体制改革的完成失去了其指导意义。张春贤部长为救捞系统提出了“三精两关键”的总体目标,即“人员精干、装备精良、技术精湛,在关键时刻能起关键作用。”为了实现这一总体目标,救捞系统确立了救捞工作的指导思想,即“加强救助、发展打捞”;同时提出了救捞系统“五个并重”的工作思路,即“坚持救助与打捞并重,不断加强救捞整体实力;实战和训练并重,不断提高救助和抢险能力;救助与宣传并重,不断扩大国家专业队伍影响;管理与发展并重,不断夯实建设和发展基础;稳定与改革并重,不断建设和谐和创新型救捞。”

根据救捞体制改革方案,改革后的各救助局、打捞局由部救捞局实行统一垂直领导和管理,从而确立了新的统一垂直领导和管理体制。为了进一步加强救捞系统的内部管理,以管理促发展,救捞系统自2005年至2007年深入开展了"管理发展年"活动。

(六)开展搜救演习

1.南海联合搜救演习

我国是国际海事组织A类理事国,为切实履行国际公约,承担海上遇险人员救助义务,同时为了检验南海海域海上搜救和溢油反应的组织、协调和指挥能力,交通部于2004年6月26日在海南三亚成功举行了2004年南海联合搜救演习,徐祖远副部长担任演习总指挥。这是对交通部按照国务院要求制订的水上搜救应急预案的一次全面检验,是内地与香港首次联合举行的海上搜救演习,对提高我国在南海海域的搜救能力具有重要意义。

2.东海联合搜救演习

为落实国务院关于加强应对突发事件"一案三制[①]"建设的要求,更好地运用国家海上搜救应急预案指导海上搜救实践,增强我国海上搜寻救助能力,加强与周边国家和地区在海上搜救领域的交流与合作,更好地履行海上人命救助的政府职责和国际义务,同时为了配合郑和下西洋600周年和庆贺我国首届"航海日"等活动的开展,宣传上海国际航运中心、扩大洋山深水港的影响,交通部会同上海市人民政府于2005年7月7日在上海洋山深水港区附近海域举行了"2005年东海联合搜救演习",项目包括人命救助、船舶消防、油污清除和海上保安等。中国海上搜救中心主任、交通部副部长徐祖远和上海海上搜救中心主任、上海市副市长杨雄担任演习总指挥。

3.海上联合搜救演习

2006年6月22日,交通部与辽宁省政府在渤海湾共同举行了"2006年海上联合搜救演习",国务委员、国务院秘书长华建敏亲临演习现场并作重要讲话。交通部部长李盛霖与辽宁省省长张文岳共同担任演习总指挥;交通部副部长、中国海上搜救中心主任徐祖远,辽宁省省委常

①一案:应急预案;三制:体制、机制和法制。

委、大连市市长夏德仁,辽宁省副省长、辽宁省海上搜救中心主任李佳和中国海上搜救中心常务副主任刘功臣共同担任演习副总指挥。这次演习共组织28艘船舶、6架救助飞机、400余人参加了演习,顺利完成了预定演习科目,验证了《国家海上搜救应急预案》的实用性和可操作性,全面提升了我国应急海上突发公共事件的应急处置和协调能力,受到国务院领导的赞誉和社会的广泛好评。

4. 三峡库区水上联合搜救演习

2007年9月22日,交通部与重庆市人民政府在三峡库区万州港水域联合举行了以"关爱生命,珍爱长江,共建平安黄金水道"为主题的三峡库区水上联合搜救演习。交通部部长李盛霖与重庆市市委书记汪洋共同担任演习总指挥;交通部副部长、中国海上搜救中心主任徐祖远、重庆市副市长余远牧和中国海上搜救中心常务副主任刘功臣共同担任演习副总指挥。本次演习是近年来中国海上搜救中心首次在内河水域举办的规模最大、动员搜救力量最多、参加人员和观摩人员最多的一次水上搜救演习,演习共组织调动68艘船舶、1架专业救助直升机,10万余人参与和观摩了演习,顺利完成了人命救助、船舶救援、船舶消防、溢油应急处置、船舶安保演练和山体滑坡应急处置6个科目的演练,对不断完善政府领导、社会参与,统一指挥、分级管理,协同应对、快速反应的水上突发公共事件应急反应机制,保障长江黄金水道持续健康有序发展将起到积极的作用。

第五节　交通综合行政

一、推进交通信息化建设

(一)制定规划,加强领导

1. 编制《公路、水路交通信息化"十五"发展规划》

为落实国务院办公厅对全国政府系统政务信息化建设的要求,加速我国公路、水路交通信息化进程,2001年8月2日,交通部编制了《公路、水路交通信息化“十五”发展规划》,用于指导各单位、各部门“十五”信息化发展规划的编制与实施。该规划在总结和分析我国公路水路交通信息化发展成就以及主要问题的基础上,明确公路水路交通信息化发展的指导思想、总体目标和建设方针;交通信息化发展的主要任务和重点建设领域以及关于促进公路水路交通信息化发展的措施。

2. 召开全国交通信息化工作会议

交通信息化是交通行业迈向现代化和实现交通新的跨越式发展的战略举措。2002年8月15日,交通部在四川成都召开全国交通信息化工作会议,张春贤副部长在会上作了《提高认识 明确目标 突出重点 扎实有效地推进交通信息化》的主题报告。报告总结了“九五”以来交通信息化建设取得的成绩和存在的不足,阐述了推进交通信息化的重大意义,明确了今后几年交通信息化发展的基本方针、指导思想和主要目标,确定了作为交通信息化建设重点的“123重点工程”:抓好电子政务建设;力争智能交通系统(ITS)和物流两个领域的信息化有实质性突破;开发、推广、应用高速公路联网收费、交通基础设施建设质量安全监控和水上运输安全监控、交通公共信息服务3个系统。报告还提出了相应的保障措施。本次会议以及会议所取得的成果,为今后若干年我国交通信息化建设发展指明了方向。

3. 编制《2010年公路水路交通信息化发展思路及2004～2005年规划方案》

为适应交通信息化建设的需要,2004年7月20日,交通部编制了《2010年公路水路交通信息化发展思路及2004～2005年规划方案》,该规划方案明确了到2010年公路水路交通信息化发展的指导思想、目标和发展思路,提出2004～2005年公路水路交通信息化建设重点及规划方案,以及相关措施和建议,以指导各单位信息化规划的编制工作。规划方案明确提出“部级信息资源整合工程”、“省级公路交通信息资源整合工程”、“区域客运综合信息服务系统”和“公众出行交通信息服务系统"4 个示范工程的建设内容并开始实施。

（二）推进交通电子政务建设，提高行业信息化应用水平

1. 实施交通信息化的基础设施建设

2001 年，交通部实施了交通部机关信息化基础设施改造（一期）工程。在内网方面，通过该工程完善了交通部机关内部局域网，更换主要网络设备，提升网络传输速度，划分并管理了虚拟局域网，完善了网络域名和地址管理方式，增加了办公自动化系统服务器，建立了交通部机关办公业务系统。在外网方面，改造了互联网的接入方式，将 512K 的微波线路换成了 2M 的电信专线，对交通部政府网站进行了全新改版。2005 年 6 月，交通部启动交通部信息化建设二期工程。内容主要是加快构建交通政务内网和政务外网，建设交通行业数据交换平台，完善部机关综合信息基础设施，为下一步开发利用交通行业信息资源、推动业务系统的开发应用，提高管理效能、增强服务功能创造良好条件。

2. 制订《中国交通电子政务建设总体方案》

交通电子政务建设是"十五"期间交通信息化建设（简称"金交工程"）的重要组成部分，也是国家信息化建设和电子政务建设的重要组成。交通部根据国家对政府部门信息化及电子政务建设的要求，结合交通行业特点，组织制订了《中国交通电子政务建设总体方案》，于 2003 年 11 月 6 日正式印发。该方案为交通行业各级政府部门构建电子政务系统规划了总体框架，制定了交通电子政务建设总体目标，通过建立数据中心整合交通数据资源、实现数据交换与共享的建设指导意见。交通部在方案的框架下，重点组织制定信息分类与编码及文件格式标准和信息技术应用标准，为新一轮更大规模的交通信息化工作服务。

3. 加强对行业信息化工作的组织与指导

交通部决定：一是继续抓好交通信息化标准建设等基础性工作；二是制定《关于规范长江干线 GPS 船舶应用系统建设管理的指导意见》，为规范其他水域 GPS 应用系统的建设提供有益借鉴；三是组织做好交通部政府网站改版和中央政府网站的内容保障工作。

为落实交通部领导关于加强和改进信息工作的指示，交通部办公厅成立信息处，归口负责交通政务信息工作。2003年6月18日，交通部印发了《当前加强和改进部机关交通政务信息工作的意见》。

二、交通环境保护行政

“十五”期间，随着经济水平提高和交通事业快速发展，交通部进一步加大了交通环境保护管理工作力度。如前所述，除在体制改革、基建管理、科技工作中不断注重环保要求外，还开展了下列重要工作。

(一)在公路建设中实行最严格的耕地保护制度

为认真贯彻国家关于“实行最严格的耕地保护制度”的要求，提高土地利用率，交通部决定在公路建设中实行最严格的耕地保护制度。2004年2月27日，召开公路建设用地座谈会，研究相关措施。4月6日，交通部印发《关于在公路建设中实行最严格的耕地保护制度的若干意见》，强调在公路建设中实行最严格的耕地保护制度的重大意义，要求各级交通主管部门要树立科学的发展观，充分认识耕地保护制度的重要性，加强组织领导，强化监督检查，积极开展加强耕地保护、节约用地的宣传教育活动，增进全行业对国家、土地管理政策和耕地保护政策的了解，把保护耕地变成全体交通建设者的自觉行动，使“十分珍惜、合理利用土地和切实保护耕地”的基本国策在公路建设中得以贯彻落实。提出进一步在公路建设中实行最严格的耕地保护制度的总体要求和具体措施，制订了从项目立项和可行性研究阶段、工程设计阶段、工程实施阶段到项目竣工验收等环节规范用地、科学用地、合理用地和节约用地的具体要求。

(二)发布《交通建设项目环境保护管理办法》等行政规章

1. 重新颁发《交通建设项目环境保护管理办法》

为加强交通建设项目环境保护管理，预防交通建设项目对环境造成不良影响，促进交通事业可持续发展，根据国家有关法律、法规，结合交通建设实际，2003年5月13日，交通部以5号部令发布《交通建设项目环境保护管理办法》。该办法主要是根据国家新颁布的《中华人民共和国环境影响评价法》,对原有管理办法的相关内容进行了修订。

2. 发布《中华人民共和国防治船舶污染内河水域环境管理规定》

为加强对防治船舶污染内河水域环境的监督管理,保护内河水域的环境及资源,促进经济社会可持续发展,根据《中华人民共和国水污染防治法》、《中华人民共和国水污染防治法实施细则》等法律、法规,2005年8月20日,交通部以11号部令发布《中华人民共和国防治船舶污染内河水域环境管理规定》,从运输方面强化内河水环境质量保护。

(三)加强山区公路建设生态保护和水土保持工作

为进一步指导山区公路建设中的生态保护和水土保持工作,促进公路交通事业可持续发展,2005年9月23日,交通部制定《关于进一步加强山区公路建设生态保护和水土保持工作的指导意见》。意见要求各级交通主管部门进一步提高对山区公路建设生态保护和水土保持工作重要性的认识,在山区公路建设中全面落实"安全、环保、舒适、和谐"建设理念,按照"预防为主、保护优先、防治结合、综合治理"原则,牢固树立"不破坏就是最大的保护"思想,坚持最大限度地保护、最低程度地影响、最强力度地恢复,实现公路建设与环境保护并重,公路项目与自然环境和谐。

意见结合山区公路建设特点,对前期工作阶段、工程实施阶段以及养护运营阶段分别提出全面和系统的要求,明确提出相关问题的指导意见。

三、交通审计行政

(一)印发《"十五"交通审计工作意见》

为切实搞好"十五"交通审计工作,使新世纪的交通审计工作开好局、起好步,根据"十五"交通工作的指导思想和奋斗目标,交通部于2001年5月17日印发了《"十五"交通审计工作意见》。该意见明确了"十五"交通审计工作的指导思想、发展目标、重点工作和主要措施,对“十五”交通审计工作的发展发挥了积极的指导作用。

(二)转发《国务院办公厅关于利用计算机信息系统开展审计工作有关问题的通知》

为进一步改进审计技术手段,提高审计工作效率,2001年11月29日,交通部转发了《国务院办公厅关于利用计算机信息系统开展审计工作有关问题的通知》,要求各单位认真贯彻执行并积极配合审计部门开展工作。

(三)修订印发《交通企事业单位领导人员任期经济责任审计规定》

为加强对交通企事业单位领导人员的管理和监督,正确评价领导人员任期经济责任,促进改善经营管理,保障国有资产保值增值,2001年12月25日,交通部根据《中华人民共和国审计法》、《交通行业内部审计工作规定》及有关法律、法规,结合交通工作实际,制定并印发了《交通企事业单位领导人员任期经济责任审计规定》,共六章四十二条,明确了任期经济责任审计的实施范围、审计分工和职权、审计内容、审计程序、审计报告和审计意见书的主要内容等。

(四)修订交通审计统计报表制度

为进一步规范交通审计统计工作,根据《交通行业内部审计工作规定》和交通审计工作的实际情况,2002年9月2日,交通部重新修订了交通审计统计报表制度,自2002年12月1日起执行。

(五)建立交通部经济责任审计工作联席会议制度

为加强对部管干部经济责任审计工作的领导,协调处理经济责任审计工作中的有关事项,交通部于2003年4月,建立了交通部经济责任审计工作联席会议制度。联席会议成员单位包括审计办公室、人事劳动司、驻部纪检组监察局,其他部门根据业务情况不定期参加联席会议。联席会议下设办公室,由审计办公室具体负责日常工作。

(六)召开纪念交通审计20周年暨2004年全国交通审计工作会议

2004年4月29日是交通内审机构成立20周年纪念日。6月10～

11日,纪念交通审计20周年暨2004年全国交通审计工作会议在北京召开。交通部部长张春贤向大会致信祝贺,对交通审计20年来取得的成绩给予充分肯定,并要求依法审计,全面提升交通审计水平。交通部副部长胡希捷、国家审计署副审计长董大胜、中国内部审计协会会长郑力到会并讲话。

会议指出,20年来,交通审计工作紧紧围绕交通中心工作,履行审计监督职责,发挥审计服务职能,初步建立了一套适应交通建设、管理的审计法规和制度。随着交通事业的发展,审计业务领域不断拓宽,建设资金和建设项目审计、经济责任审计、财务收支审计、经济效益审计等不断强化,积极探索管理审计、环境审计,审计出效益、审计防风险、审计强管理、审计促发展已成为各级领导和决策部门的共识,形成了理解审计、支持审计、自觉接受审计、主动要求审计的良好局面。同时,锻炼出了一支政治合格、业务精干的审计队伍,涌现出一批立足本职、爱岗敬业、开拓进取、廉洁奉公的审计工作先进典型,为加快交通建设、维护交通经济秩序、加强单位内部管理、促进反腐倡廉发挥了保障作用。

会议强调,越是发展市场经济,越是加快交通改革与发展,越需要强化审计监督。希望各级交通审计部门树立和落实科学的交通发展观,弘扬求真务实的工作作风,依法审计,不断学习和运用先进的审计理念和方法,全面提升交通审计工作水平,为促进交通事业全面、协调、可持续发展作出新贡献。

会议表彰了河北省交通厅、中远集团等44个交通内部审计工作先进单位和部海事局干部贾琪等82名先进个人。湖北省交通厅等单位和上海市公路管理处干部丁智燕等个人向大会介绍了有关经验。来自全国各省级交通部门的领导和审计工作负责人参加了会议。

(七)修订发布《交通行业内部审计工作规定》

经修订的《交通行业内部审计工作规定》于2004年11月5日第24次部务会议通过,2004年11月19日以第12号交通部令发布,自

2005 年 1 月 1 日起施行。该规定共分七章三十四条。它的修订发布是交通行业法制建设和依法行政的一件大事,是加强内部审计工作的重要举措。它明确了建立健全内部审计制度、设置内部审计机构、配备审计人员的基本原则和要求,规定了内部审计机构的职责、权限,规范了审计工作的程序及奖惩措施。它的实施,将对规范交通行业内部审计行为,促进和加强交通内部审计法制化、规范化和科学化建设起到重要作用。

(八)印发《关于“十一五”交通审计工作的指导意见》

为切实搞好“十一五”交通审计工作,全面提升交通审计工作水平,促进交通审计工作更好地为交通事业发展服务,根据《交通行业内部审计工作规定》,2005 年 11 月 22 日,部印发了《关于“十一五”交通审计工作的指导意见》。该意见明确了“十一五”交通审计工作的指导思想,提出了 2010 年交通审计工作的发展目标以及实现目标的 7 项重点工作和 6 条主要措施。它的制定与实施,将对“十一五”交通审计工作的健康有序发展起到积极的指导作用。

(九)召开 2005 年全国交通审计工作座谈会

2005 年全国交通审计工作座谈会于 9 月 26 ~ 27 日在贵州贵阳举行。交通部副部长黄先耀出席会议并作重要讲话。会议全面总结了“十五”交通审计工作,交流了经验,并就《“十一五”交通审计工作的指导意见(征求意见稿)》、《交通建设项目委托审计管理办法(征求意见稿)》进行了讨论。

会议提出了“三个坚持①、三个服务②、三个负责③”的交通审计工作指导思想,部署了“十一五”交通审计工作重点。

---

①坚持“围绕中心、服务大局”;坚持“全面审计、突出重点”;坚持“人、法、技”建设与审计工作协调发展。

②为改进行业管理、塑造行业良好形象服务;为构建和谐交通、责任交通、节约型交通服务;为促进和保障交通事业健康、快速、协调、全面发展服务。

③对交通事业负责;对党组负责(各单位还要对本单位党组织负责);对被审计单位负责。

四、交通科技、教育行政

(一)制定交通科技发展战略,编制交通科教发展规划

为依靠科技进步提高交通发展质量,把握交通科技发展方向,交通部组织专门力量编制了公路水路交通科技发展战略和中长期科技发展规划。

1. 制定交通科技发展战略

为继续实施“科教兴交”战略,2005 年 1 月 21 日,交通部发布《公路水路交通科技发展战略》,提出战略指导方针是:按照“以人为本、需求引导、综合集成、强化创新、重点突破”的基本方针,推进交通科技发展的战略性调整,提升公路水路交通的总体科技水平,为实现全面建设小康社会公路水路交通发展目标提供强有力的科技支撑。到 2020 年,公路水路交通科技发展将实现以下具体目标:形成比较完善的支撑公路水路交通发展的科技创新体系;交通运输管理技术适应交通现代化的要求,实现一体化、数字化和网络化,在自主创新和技术集成方面有重大突破;交通基础设施建设技术全面发展,养护技术水平有质的飞跃,达到国际先进水平;交通资源利用和环保技术全面提升,成为建设节约型行业和发展绿色交通的可靠保障;交通安全保障技术整体提高,在事故预防、应急反应、救助打捞等方面达到国际水平;交通决策技术水平明显提高,全面实现决策手段的数字化、可视化与科学化;建设一支具有国际竞争力的交通科研队伍,形成比较完整的科研梯队,全面提升交通行业全员技术应用能力。

根据以上战略目标,战略提出今后具有牵动性、前瞻性、关键性的战略重点是以下 6 个方面:①智能化数字交通管理技术,包括智能公路系统、智能航运系统、智能港口系统等;②特殊自然环境下建养技术,包括特殊地质环境下的公路建养技术、跨江跨海通道建设技术、离岸深水港建设技术等;③一体化运输技术,包括现代物流管理技术、大经济区域交通一体化管理技术等;④交通科学决策支持技术,包括交

通电子政务、决策模拟和智能专家咨询系统等;⑤交通安全保障技术,包括防灾抗灾技术、深潜水救助打捞成套技术、超限超载运输治理技术等;⑥绿色交通技术,包括环保新技术、交通建设和养护材料再生技术、新一代运输装备等。战略发布后,交通部要求交通科技管理部门重点抓好科研开发组织和创新能力建设,深化科技体制改革,完善交通科技创新体系;建立科技投入稳定增长机制;实施“人才强交”战略,建设高素质交通科技队伍;加快基础条件建设,增强交通科技创新能力;加大国际合作与交流力度,赶超世界交通科技先进水平。

2. 发布《公路水路交通中长期科技发展规划纲要(2006～2020年)》

2005年9月21日,交通部在《公路水路交通科技发展战略》的基础上编制完成《公路水路交通中长期科技发展规划纲要(2006～2020年)》,明确未来15年公路水路交通科技发展的指导方针、发展目标、重点任务、实施方案和保障措施。

纲要确定的总体目标是:建立适应交通现代化要求和符合交通科技自身发展规律的创新体系,构筑布局合理、资源共享、配置优化的交通科研基地和科技信息共享平台,建设一支高水平的交通科技队伍,形成强大的自主创新能力;紧密结合交通建设和发展的实际,突破一批重大关键技术,强化科技成果的转化和应用,全面提升公路水路交通的科技含量,为交通全面协调可持续发展提供有力保障。

纲要确定公路水路交通科技发展重点任务:一是交通科技创新体系建设;二是交通科技重点领域研发。交通科技创新体系是由各级政府交通管理部门、科研机构、高校、企业和科技中介组织共同组成的、互动的创新有机整体。核心要素是创新主体、创新机制、创新环境和创新人才。在《公路水路交通科技发展战略》确定的6大重点研发领域中,明确了规划期内50个交通科技主要研发方向和200多个研发重点。为确保重点任务的完成,按照整体推进、分步实施、分类指导原则,将交通科技创新体系建设任务分为重点科研实验基地平台、科技信息资源共享平台和优秀科技人才3项建设工程加以实施;将交通科技重点领域研发任务,按基础研究行动计划、重大技术突破计划和应用技术推进计划3类研发计划加以推进。纲要还提出深化交通科技体制改革、确保科技投入稳定增长、完善交通科技人才管理、提高交通科研管理水平、加强国际科技合作等方面的保障措施。

(二)加强西部交通建设科技项目管理

"十五"期间,根据交通部党组"以实用工程为主,以公路、水路交通建设中重点技术问题为主,以长期想解决而现在还没有解决的技术问题为主,以交通运输发展需要的共性技术和基础研究为主"的指导原则,交通部科技教育司及有关司局针对西部公路、水路交通发展中关键技术问题,组织全国交通科技力量开展联合攻关,形成一批适用、先进的成套技术,培养了一大批交通科技创新和管理人才,切实保障了西部交通基础设施建设的质量与进度,有效提高了西部乃至全国交通行业的整体技术水平。

1. 西部交通建设科技项目执行概况

交通部专门设立的西部项目在"十五"期间完成投资15.41亿元,安排研究课题306项,332家单位、1.2万人参与西部项目;研究范围涵盖特殊地区公路修筑技术、道路、桥隧、安全保障、环保、航道整治、通航枢纽、港口建设、运输和标准规范等主要技术领域,有力地支持了西部地区8条国道主干线、8条省际公路通道、9条主要通航河流和6个主要港口等351项重点工程的建设。西部项目的科技投入产出比为1:19.1,产生直接经济效益290多亿元。截至2005年底,128个项目通过鉴定验收,97%的项目达到国际先进或国内领先水平,部分成果达到国际领先水平,近百个项目的成果纳入公路、水路相关工程技术规范;编修国家或行业标准、规程262项;形成设计、施工指南和技术手册133个;提出专利申请37项,获国家专利授权15项;在国内外核心期刊上发表学术论文926篇;培训西部地区交通管理和技术人员超过2万人次,培养研究生1 000余人。

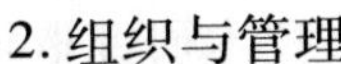

2. 组织与管理

在组织机构方面,交通部成立由主管副部长任组长的领导小组,下设办公室和项目管理中心,负责西部项目的整体组织与管理。在制度建设方面,交通部于2001年4月19日制定《西部交通建设科技项目管理暂行办法》和《西部交通建设科技项目招投标管理暂行办法》,于2003年3月13日与财政部联合下发《西部交通建设科技项目经费管理办法》;西部项目管理中心制定《西部交通建设科技项目实施过程控制程序》、《西部交通建设科技项目评价指标体系》、《项目库管理暂行办法》和《西部交通建设科技项目验收要求》,保证了西部项目管理的制度化、规范化。在立项管理方面,按照部党组“四个为主[①]”的指导原则制定《西部开发“十五”交通科技规划》,确定重点研究领域;采取“自下而上申报、自上而下整合”程序,完善备选项目库,在充分发挥专家集体智慧、群策群力、反复论证的基础上,提出年度项目预算计划建议;经领导小组办公室研究后报西部项目领导小组批准实施,保证立项工作的科学性和严谨性;对部分西部项目引入竞争机制,开拓性地尝试采用招投标方式,择优选择项目承担单位,54个项目采用招标方式确定课题承担单位。在质量控制方面,制定严格的西部项目实施控制制度,对项目可行性研究报告、执行过程、鉴定验收等阶段进行全过程质量控制,特别强化了项目执行情况季度报告制度和专家检查制度,保障了项目研究质量和科研资金的有效使用。

3. 西部项目的进展与突破

特殊地质地区公路修筑技术取得突破性进展;攻克公路隧道建设关键技术难题;桥梁建设与在用桥梁检测加固技术取得显著成效;公路路基、路面修筑技术缩小了与世界先进水平的差距;低交通量公路修筑技术日趋完善;山区航道整治、通航枢纽与港口建设技术难题得

①以实用工程为主,以重点公路、水路交通建设中技术问题为主,以长期想解决而现在还没有解决的技术问题为主,以交通运输发展需要的共性技术和基础研究为主。

到攻克；交通建设生态保护技术初见成效；防灾减灾技术研究取得阶段性进展；公路水路交通安全保障技术正在形成；交通信息化技术研究全面稳步推进。

西部交通建设科技项目的执行使西部交通人才结构趋于合理，整体水平得到加强；带动地方交通科技投入，推动地方交通科技开展；增强行业向心力和凝聚力；促进西部交通发展理念的转变：一是注重生态环境保护、水土保持、生态恢复，开展相关工程技术的研究，促进了对西部地区脆弱、敏感生态环境的保护；二是交通安全专项技术研究成果的应用，保障了生命、财产安全，改善了交通安全状况，体现了"以人为本，安全第一"的交通理念；三是运用新的设计理念和设计方法，通过新材料开发与再生利用技术研究，探索了交通向资源节约型和环境友好型转变的协调可持续发展道路。

（三）做好标准化工作，加快科研基础条件建设，召开交通科技工作会

"十五"期间，完成国家标准立项 4 项，行业标准立项 35 项，报批国家标准 17 项，发布行业标准 35 项，发布行业计量检定规程 15 项，废止行业标准 127 项，对 23 项标准进行了宣传贯彻。完成对交通国家标准和国家标准计划项目的清理工作。组织编写《2005～2007 年资源节约与综合利用标准发展规划（交通运输部分）》、《国家标准化"十一五"规划（公路水路部分）》。

为提升交通科技创新能力，"十五"期间启动以重点实验室建设为切入点的科研实验基地平台建设工作，于 2005 年 7 月 8 日、13 日和 29 日分别组织制定《关于推进交通行业重点实验室建设的实施意见》、《交通行业重点实验室管理办法》和《交通行业重点实验室认定与评估工作实施细则》；组织开展对第一批 16 个部级重点实验室的评估工作。

2005 年 10 月 16～18 日，交通部在吉林长春召开交通科技工作会议，听取《公路水路交通"十一五"科技发展规划（征求意见稿）》和西部交通建设科技项目执行情况介绍；听取有关省区交通厅、科研单位、交通企业关于科技体制改革、科技管理、交通科技与重大工程、发挥科

研主力军作用以及企业科技创新等方面的专题报告;交流了交通科技工作经验;举办西部交通建设科技成果展和交通信息化展览。交通部翁孟勇副部长作了《依靠科技创新 加快科技进步 推进公路水路交通全面协调可持续发展》的报告。会议明确“十一五”期间交通科技工作以科学发展观为指导,充分发挥科技在引领和支撑交通发展中的重要作用,把加强科技创新作为未来交通发展的基本战略,充分利用全社会科技资源,通过全行业的共同努力,大力推动科技进步和科技创新,为交通全面协调可持续发展提供强有力支撑和保障。

(四)进一步加强教育与培训工作

“十五”期间,交通教育与培训工作的目标是以为实现交通全面协调可持续发展提供智力支持和人才保障,不断提高交通行业从业人员素质。

1. 编制《“十一五”交通教育与培训规划》

根据交通发展形势,2006年2月22日,交通部科技教育司组织编制《“十一五”交通教育与培训发展规划》,提出“服务交通、突出重点、协调发展、公益公平”的基本原则,要求充分利用全社会的优质教育与培训资源,努力构建开放的交通人力资源支持保障体系,培养和造就爱岗敬业、积极进取、技能精湛的交通行业从业人员队伍,建设交通行业人力资源支持保障体系,实施管理干部队伍能力建设工程、专业技术人才培养工程、技能型人才培养工程。

2. 交通高等教育管理

交通部决定一如既往继续支持共建高校的发展,引导交通类院校为交通行业服务。2005年6月,交通部与教育部签署共建长安大学的协议;加强大连海事大学的建设力度;积极支持重庆交通学院申报博士学位授予单位和更名为重庆交通大学;组织召开共建高校科研工作座谈会,完成年度11个交通应用基础项目的立项工作和2006年度交通应用基础研究项目申报工作。

3. 交通职业教育管理

“十五”期间,交通部在职业教育方面主要取得以下成就:完成交通职业教育教学指导委员会换届工作，在浙江杭州召开了新一届委员会成立大会，理顺了教学指导委员会工作关系，并明确了近期工作目标和任务；组织交通职业院校围绕交通类专业推进教学改革，开展教学研究、成果交流活动，开展交通职业教育科研项目申报和评审工作，立项77项；加强与教育部合作，协助完成中等职业院校汽车运用与维修专业实训设备配备标准和专业课程改革方案的制定；完成教育部关于行业职业教育发展现状的调研报告和职业教育发展意见建议；组织开展教育部"高职高专交通类专业教学内容与实践教学体系研究"等课题研究工作。交通部积极筹措交通类专业实训基地建设，重点支持部分交通职业院校建设一批交通类专业实训基地，完成7所院校交通类专业职业教育师资培训基地和交通类专业实训基地建设的审查工作。此外，交通部科技教育司组织完成交通远程职业教育学校的组建，8个分校通过审批备案，道路养护专业开始招生。

4. 交通干部培训

"十五"期间干部培训管理工作主要进展如下：交通部科技教育司与驻部纪检监察局联合下发关于加强培训管理的若干意见，进一步规范和指导行业干部培训工作；组织完成部属系统干部培训年度计划；出色完成支持西部地区交通干部培训工作，培训干部1.08万人次；重点组织的"交通部—清华大学高级行政管理人员培训班""中组部地市领导干部培训班"取得较好效果；完成支持西藏远程教育站的建设；支持新疆生产建设兵团远程教育站建设；完成国务院西部地区开发领导小组办公室关于西部地区人才开发情况调研的评估。国务院西部地区开发领导小组办公室充分肯定交通部支持西部干部培训工作。

五、交通扶贫工作

（一）全国扶贫开发工作会议召开，发布《2001～2010年中国农村扶贫开发纲要》

2001年5月24日，党中央、国务院召开了全国扶贫开发工作会议并颁布《2001～2010年中国农村扶贫开发纲要》。2002年4月23日,国务院召开中央和国家机关定点扶贫工作会议,明确了中央国家机关定点扶贫的国家扶贫开发工作重点县,确定交通部继续定点帮扶河南洛阳地区的宜阳、汝阳、栾川、洛宁、嵩县。2002年5月14日,交通部在河南洛阳召开了交通部定点扶贫工作座谈会,交通部部长黄镇东、河南省省长李克强出席会议并作重要讲话。交通部副部长胡希捷、张春贤,纪检组长金道铭,河南省省委常委、洛阳市委书记孙善武,副省长张洪华出席座谈会。总结“八七”扶贫期间交通部定点扶贫工作情况,对交通部及所属单位今后的定点扶贫工作提出了新的要求:进一步搞好贫困地区的公路建设;搞好科技扶贫,继续推进农业和农村经济结构调整,千方百计增加农民收入;利用多种形式开展教育扶贫工作;扶贫要进村、到户,制定好新时期的扶贫规划。这次会议标志着交通部在新世纪定点扶贫工作新的开始。

(二)印发《交通部扶贫工作领导小组办公室职责》

2004年12月6日,交通部根据部扶贫工作领导小组部分成员工作变动的状况,对部领导小组成员进行调整,决定翁孟勇副部长为交通部扶贫工作领导小组组长,黄先耀副部长为副组长,并印发了《交通部扶贫工作领导小组办公室职责》。

(三)召开交通部扶贫工作领导小组(扩大)会议

2005年2月22日,交通部扶贫工作领导小组组长翁孟勇副部长、副组长黄先耀副部长主持召开了扶贫工作领导小组(扩大)会议,传达全国扶贫开发工作会议精神,学习回良玉副总理的讲话。会议的主要任务是:进一步深入贯彻《2001～2010年中国农村扶贫开发纲要》和国务院去年召开的扶贫开发工作会议精神,总结2004年部扶贫开发工作,部署2005年的扶贫开发工作任务,安排第十、十一批挂职干部交接工作。

六、交通精神文明建设

(一)开展“三学四建一创”活动

“十五”期间,交通部发布《全国交通系统创建文明行业实施办法》、《全国交通系统"九五"精神文明建设规划和2010年远景目标》和《交通行业文明公约》等重要文件，要求以"服务人民、奉献社会"为行业宗旨，以建设和谐交通为载体，紧紧围绕"三学四建一创"，大力开展文明行业创建活动。使行业精神文明建设成果不断涌现。2001年10月16日，全国交通系统创建文明行业工作会议在江苏南京召开。黄镇东部长作报告，刘锷组长、胡希捷、张春贤、翁孟勇副部长，江苏省省委副书记、常务副省长梁保华及人事部、中央文明办等有关部门的领导出席会议。在总结"九五"创建活动经验和成绩的基础上，会议提出"十五"期间全国交通行业精神文明建设的主要任务是：增强队伍素质，塑造交通形象，广泛深入地开展"三学四建一创"①活动，会议制定印发《全国交通行业精神文明建设"十五"规划》，明确了全国交通行业精神文明建设的奋斗目标、主要任务和活动载体。大会由翁孟勇副部长主持，江苏省省委副书记、常务副省长梁保华在会上讲话，会上还表彰了先进集体和个人。此次会议拉开了新世纪创建文明交通行业的帷幕。

（二）开展纪念郑和下西洋600周年活动

600年前，中国航海家郑和率领庞大船队，历时28年七下西洋，遍及亚非30多个国家和地区。其时间之早、规模之大、技术之先进、活动范围之广泛，堪称15、16世纪世界大航海时代的先驱，为世界航海事业作出贡献，为中华民族留下宝贵的精神财富。2005年是郑和下西洋600周年，2001年4月，胡锦涛同志主持中央书记处会议，作出关于开展郑和下西洋600周年纪念活动的决定，批准了中宣部提出的《郑和下西洋600周年纪念活动方案》，确定了以"热爱祖国、睦邻友好、科学航海"为主题开展6项纪念活动的内容及方针原则，并决定成立由交通部牵头，中宣部、教育部等部门和单位组成的纪念活动筹备领导

①三学：学习包起帆、青岛港和"华铜海"轮先进典型；四建：建设交通基础设施优质廉政工程、交通行政执法素质形象工程、交通运输通道文明畅通工程和交通运输安全效益工程；一创：创建文明交通行业。

小组,组长由张春贤部长担任。2004年9月24日,李长春同志作出批示,要求“将600周年纪念活动作为一次爱国主义教育的重要活动,组织落实好。”

1. 召开郑和下西洋600周年纪念大会

2005年7月11日,郑和下西洋600周年纪念大会在人民大会堂隆重举行。黄菊、李长春、刘云山、成思危、唐家璇、华建敏、张思卿等党和国家领导人以及领导小组各成员单位和有关专家学者,有关国家驻华使节、国际海事组织代表和海外华侨华人代表、港澳台代表等740余人出席大会。纪念大会由国务委员兼国务院秘书长华建敏主持,中共中央政治局常委、国务院副总理黄菊作重要讲话,高度评价了郑和下西洋的光辉业绩和伟大历史意义,概括了郑和精神,强调开展纪念活动,就是要汲取历史经验,进一步关注航海、关注海洋,大力发展海洋事业,坚定不移地走建设中国特色社会主义道路。交通部部长张春贤、外交部副部长张业遂、江苏省省长梁保华在大会上作了发言。

2. 举办郑和下西洋600周年纪念展览

2005年7月6日～10月7日,在国家博物馆举行郑和下西洋600周年纪念展览——《云帆万里照重洋》,展览再现了郑和航海的历史画面和中华民族睦邻友好的历史传统。

3. 制作《1405——郑和下西洋》电视专题片

由中央电视台、江苏广播电视总台联合制作的电视专题片《1405——郑和下西洋》沿着郑和下西洋的航线进行拍摄,访问了70多位国内外专家,从多层次、多角度、多方位反映了郑和下西洋的伟大壮举和历史贡献。

4. 组织郑和航海暨国际海洋博览会

2005年7月8～14日,郑和航海暨国际海洋博览会在上海展览中心举行,占地20 000平方米的博览会在郑和航海与中外航海史和现代航海事业、海洋事业、造船事业、港口事业5个方面,全面生动地展示了我国辉煌而又曲折的航海发展史及当今航海、海洋、造船、港口事业的发展成就。共有海内外147家企事业单位参展,是我国历史上规模最大的以航海和海洋为主题的综合性博览会。为配合博览会,由交通部、上海市政府在洋山港水域举行了东海联合搜救演习,交通部、国家海洋局同期分别举办了国际海事论坛、中美海洋政策论坛。

5. 组织纪念郑和下西洋600周年航海和海洋知识竞赛、讲座、夏令营活动

该项活动由国家海洋局牵头,会同交通部等部门联合举办,分三年进行。该项活动对象主体突出,集知识性和趣味性于一体,受到广大青少年的热烈欢迎和积极支持。

6. 开展纪念郑和下西洋600周年学术交流活动

该项活动分三年进行,发表了一批具有较大学术价值的论文,反映了目前国内外郑和研究的学术水平。

除了中央确定的上述6项纪念活动,社会各界也开展了一系列的纪念活动,丰富了纪念活动的内容和形式,扩大了纪念活动的覆盖面和影响力,掀起了郑和下西洋历史研究和文化建设热潮。纪念活动不仅对广大人民群众进行了一次生动的爱国主义教育,增强了建设航海强国、海洋强国和造船强国的意识和信心,而且为中外友好交往搭建了一个历史文化平台,进一步增进了海峡两岸的文化交流。国务院批准自2005年起,每年7月11日为"航海日",同时也作为"世界航海日"在我国的实施日期,是此次纪念活动的重要成果。

七、重大事项管理

(一)抗击"非典[1]"

2003年"非典"流行期间,交通部通过扎实有效的工作以及地方各级交通部门的努力,交通行业实现抗击"非典"的预定目标。在抓好

---

①传染性非典型肺炎是一种传染性强的呼吸系统疾病,世界卫生组织将传染性非典型肺炎称为严重急性呼吸综合征(Severe Acute Respiratory Syndromes),简称SARS。

交通行业群防群控的工作中,交通部立足于“早预见、早主动、早部署、早落实”,研究制定多项防控措施,加强对行业防控非典工作的指导、部署和要求。内容主要是:“建立一个体系,制定两个预案,实施五项制度,采取两项专门措施,形成一个联防机制,确保一个目标”。

建立一个体系,是指建立指挥有力、运转协调的组织机构。交通部成立了由部长张春贤任组长的预防控制“非典”工作领导小组,下设办公室。做好“四项工作”,一是防止非典疫情通过公路、水路旅客运输传播和扩散;二是确保防治非典的药品和医疗设备、人民日常生活用品及社会生产物资的运输及时畅通;三是保障交通畅通,社会正常的生产生活秩序不受影响;四是做好各级交通部门自身的防治非典工作,保证交通部机关的各项工作和全国交通防疫工作的正常运转。制订“两个预案”,即客运应急预案和货运应急预案。实行“五项制度”,即旅客登记制度、卫生防疫制度、巡视和测温制度、信息报告制度、进站上下客制度。这是针对交通点多线长面广,防控难度大等特点而研究制定的紧急措施。采取“两项专门措施”,即开展打击“黑车”的专项行动和设置临时交通卫生检疫站加强路检路查工作。建立“一个联防机制”,即加强北京①及周边省(区、市)交通部门和运输企业的配合,形成联防联控的机制。确保一个目标,即切实做到“交通不断、货流不断、人流不断、传染源切断”的“三不断一切断”目标,使交通行业防控“非典”基本实现“零传播”,在京直属单位“非典”实现“零疫情”。

(二)开展保持共产党员先进性教育活动试点工作

开展以学习实践“三个代表”重要思想为主要内容的保持共产党员先进性教育活动,是新时期党的建设的基础工程,对于全面加强党的思想政治建设,提高党员队伍的整体素质,充分发挥广大共产党员的先锋模范作用,团结带领广大人民群众,实现十六大确定的全面建设小康社会的奋斗目标,具有特别重要的意义。交通部被确定为教育

①北京在短时间内是“非典”发病率较高地区。

活动的试点单位，从2003年3月上旬至9月初，开展了以学习实践"三个代表"重要思想为主要内容的保持共产党员先进性教育活动试点工作。整个试点工作分为准备、组织实施和总结3个步骤。其中组织实施又分为：深入思想发动、深入学习阶段（4月10日~5月22日）；党性分析、民主评议阶段（5月22日~7月9日）；深入整改、巩固提高阶段（7月9日~8月底），交通部机关和在京直属单位2 857人参加了教育活动。

按照中央的要求，交通部成立了以党组书记、部长张春贤同志为组长，党组成员、驻部纪检组组长金道铭同志为副组长的试点工作领导小组，在教育活动试点工作中把握主线、把握方向、把握原则、把握重点，多次专题研究和确定试点工作部署、方案和安排，扎扎实实抓了以下7个环节的工作：①充分做好教育活动的准备工作，为教育活动的顺利开展赢得了主动权。②高起点地查找党员队伍中存在的突出问题，为深入剖析和整改提高以及这次教育活动取得实效创造了良好条件。③坚持做好深入细致的思想发动工作，使广大党员思想认识不断提高，参与教育活动的自觉性、主动性、积极性不断增强。④着力抓好党员学习领会"三个代表"重要思想。⑤认真搞好党性分析和民主评议，广泛开展谈心活动，认真搞好个人总结，把好民主评议质量关。⑤扎扎实实抓好整改提高，坚持边学边改，制定切实可行的整改措施，层层落实责任，并由党员领导干部带头落实，作出榜样。⑦总结验收立足于"严"，切实做好总结验收工作。

保持共产党员先进性教育活动取得如下主要成效：

（1）教育活动牢牢把握了学习实践"三个代表"重要思想这条主线，在"三个代表"重要思想入脑入心上取得明显进展。广大党员学习"三个代表"重要思想的内动力进一步增强，加深了对"三个代表"重要思想的领会，并从自觉实践"三个代表"的高度推进各项工作。

（2）教育活动牢牢把握了中央国家机关和窗口行业主管部门的特点，在着力解决保持共产党员先进性的权力观和执政能力两个关键问

题上取得了明显进展。

(3)教育活动牢牢把握了教育活动与交通中心工作的结合,提出了围绕"一个中心",争创"四个一流"的教育活动总体目标:即围绕全面建设小康社会、实现交通新的跨越式发展这个中心开展教育活动,保持共产党员的先进性和纯洁性,发挥基层党组织的战斗堡垒作用,创建一流的队伍、一流的作风、一流的"窗口"、一流的业绩,使交通各项工作取得了明显进展。

(4)教育活动牢牢把握了以党建工作创新为动力,在增强基层党组织的创造力、凝聚力、战斗力上取得了明显进展。

(5)教育活动牢牢把握了中央对试点单位的要求,研究回答了中央提出的6个问题①。

广大党员通过历时半年的教育活动,对"三个代表"重要思想理解更加深刻,更加重视理论学习,进一步增强了学习的自觉性和坚定性;加强了党性锻炼,增强了党性修养,认识了自身不足,明确了努力方向;转变了工作思路,改进了工作作风,工作效率、服务水平有了明显提高;基层党组织建设也上了新台阶,创造力、凝聚力和战斗力进一步增强。

八、交通外事行政

"十五"期间,交通对外合作与交流的领域不断拓宽,外事活动显著增加。

(一)区域交通合作开创新局面,长期稳定的全方位合作格局基本形成

(1)2002年9月20日,中国—东盟交通部长第一次会议在印度尼

---

①保持共产党员先进性教育活动中试点单位回答中央提出的6个问题是:1. 关于党员队伍存在的突出问题及解决办法。2. 关于解决人民群众反映的突出问题,进一步改善党群干群关系和促进各项工作。3. 关于针对不同群体党员的特点,抓好教育活动和明确党员先进性的具体要求。4. 关于准确认定和严肃处置不合格党员。5. 关于通过先进性教育活动促进党的基层组织建设。6. 关于加强组织领导,确保先进性教育活动取得实效,积极探索加强基层党组织建设的长效机制。

西业雅加达召开,黄镇长部长出席了会议,会议决定正式建立中国—东盟交通部长会议机制。2004 年 11 月 27 日,在第三次中国—东盟交通部长会议上,张春贤部长代表中国政府与东盟秘书长王景荣在老挝万象签订了《中国—东盟交通合作谅解备忘录》,为中国与东盟各国建立长期稳定的交通合作关系提供了制度保障。

(2)2002 年 11 月,我国加入《大湄公河次区域便利货物及人员跨境运输协定》。协定 17 个附件和 3 个议定书技术磋商和谈判工作于 2003 年 2 月启动,并于 2005 年 11 月全部完成谈判和定稿工作。

(3)2002 年 11 月 20 日,上海合作组织成员国交通部长第一次会议在吉尔吉斯比什凯克召开,胡希捷副部长出席了会议,会议决定正式建立上海合作组织交通部长会议机制。

(4)2004 年 4 月 26 日,联合国亚太经社会 23 个成员国在上海举行的亚太经社会第 60 届会议上正式签署《亚洲公路网政府间协定》,决定于 2005 年 7 月生效,为以后开展全区域性公路运输合作提供了基础条件。

(5)2004 年 10 月 26 日,第三届国际丝绸之路大会在陕西西安成功举办,包括中国交通部张春贤部长在内,与会的 12 国交通部长共同签署了联合声明。

(6)2005 年 9 月 25 日,第三届欧亚道路运输大会在北京成功召开,张春贤部长、冯正霖副部长出席开幕式并致辞,16 个国家的交通部部长或其代表与会,通过《欧亚交通部长级会议联合声明》、《第三届欧亚道路运输大会北京宣言》,会议推动了区域道路交通运输发展。

(二)双边交通合作与交流蓬勃开展,重要的合作项目取得新的突破

(1)2002 年 12 月 6 日,在比利时布鲁塞尔张春贤部长代表我国政府与欧方代表签订了《中欧海运协定》,标志着中欧海运关系进入了新的发展阶段。

(2)中美海运协定。经国务院批准,张春贤部长代表中国政府与

美国于2003年12月8日在美国华盛顿正式签署《中华人民共和国政府和美利坚合众国政府海运协定》,2004年4月21日起生效。中美双方共同认识到海运关系在本协定中的权利平等和机会公开的重要性,确认其对航运和多式联运服务市场原则的承诺,为促进双边贸易中有效和具有竞争性的航运服务和两国间经济关系的发展,按照平等互利原则,达成协议。

(3)与美国、德国、俄罗斯等国签署多项合作协议,建立了更紧密的合作关系和长期稳定的合作机制,为交通重点领域的交流与合作搭建了平台,交通“走出去”战略初见成效并进一步深化。

(三)多边合作及港澳工作取得新的进展

(1)2005年11月17日,黄先耀副部长出席在英国伦敦召开的国际海事组织第24届大会,代表中国作一般性发言。在大会上,中国连续第九次当选国际海事组织A类理事国。

(2)交通部积极参与国际海事组织、国际劳工组织多项国际条约的起草、制定或修订工作;按时完成了《国际船舶和港口设施保安规则》的履约工作;加强了中国对多边国际组织关于海运重大问题决策的影响力,维护了国家权益,为中国航运业创造了相对稳定、宽松的发展环境。

(3)交通部积极参与《内地与香港关于建立更紧密经贸关系安排》和《内地与澳门关于建立更紧密经贸关系安排》的磋商和落实工作,在原有基础上与港澳签订CEPA补充协议二,在水路和海事方面又作出4项承诺,于2006年1月1日生效。

九、交通公安行政

(一)推进港航公安体制改革

1. 在港口管理体制改革中加强公安工作

随着政府主管部门职能的转变,港口管理体制的理顺,港口公安体制需要明确。2001年11月23日,国务院办公厅下发了《转发交通部等部门关于深化中央直属和双重领导港口管理体制改革意见的通知》,决定于2002年3月底前将由中央管理的秦皇岛港以及中央与地方政府双重领导的港口全部下放地方管理,并对港航公安管理体制作出明确:"在港航公安管理制全面改革之前,港口公安管理暂维持现状,其所需经费仍有港口企业营业外列支和财政拨付事业费的办法解决"。为确保改革中港口公安工作不断不乱,2002年2月8日,交通部、公安部联合下发《关于在港口管理体制改革中加强公安工作的意见》,对港口管理体制改革中的公安工作提出5条意见:①进一步加强对港口公安的管理和指导。根据国务院批准的职能,交通部公安局要继续按照《人民警察法》和公安队伍管理的要求,加强港口公安队伍管理和业务工作。港口公安局领导班子成员和副处级以上(含副处级)领导干部仍由交通部公安局党组和所在单位党委双重管理、共同考核,任免调动由交通部公安局党组为主审批。②切实保证港口公安经费。各港口企业继续负担港口公安经费,坚持从优待警,保证港口公安机关开展工作的需要。③加强港口公安自身建设。港口公安机关实行机构、人员和经费统一领导管理。交通部公安局组织指导港口公安机关科学合理地调整、设置机构,核定人员编制,建立适合港口公安需要的警务机制和队伍建设长效机制。④进一步做好港口公安保卫工作。要明确和突出重点,加强港口水域、陆域及在港船舶治安管理。⑤要认真做好思想政治工作。

2. 建立新型的长江港航公安管理体制

随着长江航运的发展,长江港航公安管理体制、经费保障等方面存在的政企不分、经费不足、警力配置不当的问题日益突出,根据国家有关公安体制改革的总体要求和中央领导的有关批示,2001年10月26日,交通部向国务院报送关于《长江港航公安机关体制改革方案》的请示。2002年1月7日,国务院下发《国务院关于长江港航公安管理体制改革有关问题的批复》(国函〔2002〕1号),原则同意《长江港航公安机关体制改革方案》。明确:长江港航公安机构作为国家治安行政力量和刑事司法力量的重要组成部分,行使跨区域的中央管理水域的公安管理事权。长江航运公安局由交通部公安局领导,其党政关系由交通部委托长江航务管理局管理。长江航运公安局所属公安机构由长江航运公安局统一垂直管理,公安业务工作实行长江航运公安局和所在地公安机关双重领导,以长江航运公安局领导为主。长江港航公安机构为行政机构,公安民警纳入国家行政编制。有关人员按照国家公务员和公安机关人民警察等规定管理。长江港航公安机构所需经费由中央财政负担,列入交通部部门预算。基本建设投资纳入交通部计划渠道解决。2002年,中央机构编制委员会办公室下发《关于批复长江航运公安机构设置和人员编制的通知》,原则同意《长江航运公安机构设置和人员编制方案》。2003年6月17日,交通部下发《关于长江航运公安局主要职责机构设置和人员编制的通知》,规定长江航运公安局为长江航运公安机构的领导机构,副厅(局)级,下设16个公安分局。其中,重庆,四川泸州、万州,湖北宜昌、荆州、武汉,江西九江,安徽芜湖,江苏南京、苏州、南通,上海公安分局为正处级;湖北黄石,湖南岳阳,安徽安庆,江苏镇江公安分局为副处级。保留长江航运人民警察学校为正处级,同时使用交通公安民警培训中心名称。核定长江航运公安机构人员编制2 370名,依照录用干警的条件,在长江航运公安机构现有干警中录用。至2003年底,交通部理顺了长江航运公安的行政经费和基建装备经费渠道,组织2 137名民警参加了公务员录用考试,圆满完成了体制改革任务,建立起面向长江干线水域的新型公安管理体制。

3. 海运和航务公安机关移交地方管理

2005年1月14日,为进一步推进企业分离办社会职能工作,国务院办公厅下发了《国务院办公厅关于第二批中央企业分离办社会职能工作有关问题的通知》,决定从2005年1月1日起,将中国海运(集团)总公司、中国港湾建设(集团)总公司所属的大连、上海、广州海运公安局和天津、武汉、上海、广州航务公安处等7个交通公安机构,一次性全部分离并按属地原则移交所在地(市)或县级人民政府管理。

(二)认真贯彻《中共中央关于进一步加强和改进公安工作的决定》

1. 认真贯彻中共中央精神

2003 年 11 月 18 日,中共中央下发《中共中央关于进一步加强和改进公安工作的决定》。交通部认真贯彻决定精神,于 2004 年 10 月 28 日印发了《关于进一步加强和改进交通公安工作的意见》,就加强和改进交通公安工作提出 7 条意见和 4 个目标。7 条意见是:①充分认识交通公安工作的重要地位和作用。②继续坚持服从服务于港航经济建设的指导思想,明确新形势下交通公安工作的奋斗目标。③努力提升交通公安机关维护港航稳定的能力。④牢固树立执法为民思想。⑤大力推进交通公安队伍正规化建设。⑥逐步建立体现交通公安特点的管理模式和警务机制。⑦全面加强党委对交通公安工作的领导。通过进一步加强和改进交通公安工作,实现 4 个目标是:①港航稳定局面更加巩固,治安体系日臻完善,打击犯罪的水平显著提高,群众安全感普遍增强。②服务思想更加牢固,工作措施更加到位,执法质量明显提高,港航运输安全畅通。③现代警务机制基本建立,公安科技含量明显提高,警务保障更加有力,专业特点鲜明体现。④管理体制进一步理顺,正规化建设全面推进,法制建设显著加强,队伍素质切实提高。

2. 召开全国交通公安工作暨表彰会议

2005 年 3 月 24 日,交通部在北京召开了全国交通公安工作暨表彰会议,张春贤部长、徐祖远副部长及公安部祝春林纪委书记出席会议并讲话。会议回顾总结了 2004 年交通公安工作情况,表彰了 2003 ~ 2004 年度交通公安系统优秀公安局、优秀基层单位和优秀人民警察,深入分析了当时交通公安工作面临的突出矛盾和问题,阐述了在新形势下进一步推动交通公安工作发展的指导思想,部署了今后的工作。

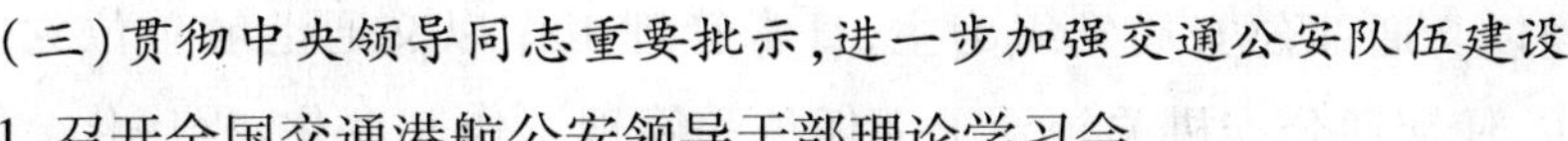

(三)贯彻中央领导同志重要批示,进一步加强交通公安队伍建设

1. 召开全国交通港航公安领导干部理论学习会

为贯彻中央领导同志关于公安执法工作和公安队伍建设的重要批示,2003年7月28日,在北京召开了交通港航公安领导干部理论学习会。交通部党组书记、部长张春贤,党组成员、副部长洪善祥和公安部党委委员祝春林等领导同志出席了会议,张春贤部长和祝春林书记作了重要讲话。会议学习了《"三个代表"重要思想学习纲要》、胡锦涛总书记"七一"重要讲话、中央领导同志的重要批示以及公安部党委理论中心组(扩大)学习会精神,分析了交通港航公安在执法工作和队伍建设上存在的问题,部署了今后一个时期港航公安工作和队伍建设。

2. 规范交通公安队伍管理

2003年8月22日,根据中央领导的有关批示精神,为加强交通港航公安队伍建设,交通部党组下发了《关于加强和改进执法工作进一步加强港航公安队伍建设有关问题的通知》,对港航公安正规化建设、干部管理、教育培训、树立执法为民思想等提出具体要求。为深入贯彻交通部党组的通知和《关于进一步加强和改进交通公安工作的意见》精神,全国交通公安机关抓住制约交通公安队伍正规化建设的突出问题,严格按照"四统一五规范[①]"的要求,本着先易后难的原则,加快推动交通公安正规化建设,取得的主要进展如下:①初步规范组织体制,理顺领导关系。完成了长江航运体制改革,理顺了交通公安机关内设机构、派出机构管理体制,实行统一垂直管理。②进一步规范班子建设,加强干部管理。2004年12月15日,交通部党组制定《交通公安党政领导干部选拔任用工作办法》,规定交通公安党政领导干部实行交通部公安局党组和交通港航所在单位(党组)双重管理,任免调

---

①四统一:统一考录制度,统一训练标准,统一纪律要求,统一外观标识;五规范:规范机构设置,规范职务序列,规范编制管理,规范执法执勤,规范行为举止。

整以交通部公安局党组为主,日常管理工作以交通港航单位党委为主,使交通公安机关领导干部任免和管理工作制度化、程序化。③规范编制管理,对港口、海事公安机关的工作职责、机构设置和人员编制进行全面核定。④规范队伍管理,启动服务型公安机关创建活动,连续3年开展执法质量考评和派出所、看守所等级评定,交通公安机关正规化水平大幅提高。

(四)认真贯彻全国社会治安工作会议精神,开展严打斗争

2001年2月19日,江泽民总书记就社会治安问题发表重要讲话,2001年4月2日,中央召开全国社会治安工作会议,决定在全国范围内开展严打整治斗争。为认真贯彻全国社会治安工作会议精神,2001年4月7日,交通部指示在北京召开全国交通港航公安局长会议,部署从2001年4月至2002年底在全国港航系统开展严厉打击刑事犯罪活动集中整治交通港航治安的斗争。黄镇东部长和胡希捷副部长出席会议并作重要讲话。严打整治斗争将"一个体系[①]"、"两项整治[②]"、"三条战线[③]"、"四项重点[④]"作为港航严打整治斗争的主要任务。交通部公安局先后部署开展了"江海行动"、"打击江盗水匪"、"反偷渡"、"禁毒"、"打击非法出版物"等一系列大规模战役和整治行动,成果十分显著。

(五)组织开展打击"江盗水匪"专项行动

2000年以来,长江水域部分区段"江盗水匪"犯罪活动猖獗,愈演愈烈。2000年12月10日,江泽民总书记、胡锦涛、尉健行、罗干等中央领导同志先后对打击长江"江盗"作出重要批示。为坚决贯彻中央领导的重要批示精神,2000年12月15日和20日,交通部和公安部决定在长江水域重点区段开展为期一年的打击"江盗水匪"专项行动。2000年12月27日,交通部、公安部联合在湖北宜昌召开长江水域重

①建立治安防控体系。

②港区交通,港航消防。

③治爆缉枪,整顿和规范市场秩序,打黑除恶。

④打击盗窃运输物资等多发性侵财犯罪,打击破坏生产运输安全设备犯罪,查缉堵截逃犯和违禁物品,打击暴力犯罪。

点区段打击"江盗水匪"专项行动动员部署会议,洪善祥副部长和公安部党委委员、政治部主任祝春林出席会议并作动员讲话。专项行动由交通部公安局、公安部五局、湖北省公安厅和长航公安局组成领导小组,长江港航公安和沿江有关地市公安联手行动。打击的重点是盗抢船舶、运输物资、船员财务、航标、通讯导航设备的犯罪活动,重点水域是荆沙段、金口段等水域。行动期间,领导小组先后组织开展了3次大规模集中行动,取得显著战果。2002年1月,交通部、公安部在湖北武汉联合召开长江水域重点区段打击"江盗水匪"专项行动总结表彰大会,洪善祥副部长和公安部党委委员、纪委书记祝春林出席会议并讲话,对专项斗争给予高度肯定。

2003年10月17日,针对长江下游"江盗"再次猖獗,罗干同志对"江盗"问题作出重要批示,要求联合行动,专项治理。为贯彻罗干同志批示精神,2003年11月13日,交通部、公安部联合下发《关于组织开展整治长江下游水上治安管理专项行动的通知》,部署开展为期3个月的专项行动,行动以交通部公安局为主,公安部五局、三局配合,重点是侦破"江盗"案件和清理违法民船、整治水上治安秩序。经过整治,长江下游水上治安秩序明显好转,案件上升势头得到有效遏制,群众安全感明显增强。中央政治局委员、书记处书记、国务委员、公安部部长周永康对此作出重要批示,给予表扬和肯定。

(六)加强新时期港口和长江三峡反恐工作

1.制订反恐预案

2001年9月11日,美国纽约、华盛顿遭受大规模恐怖袭击,引起全球震惊。"911"事件发生后,交通部要求交通公安机关高度重视,把维护交通港航政治稳定作为头等大事来抓。并指示交通部、公安局部署港口和航运公安机关开展反恐怖袭击防范工作,建立起有效的紧急应对机制。2003年9月,交通部、公安局结合沿海港口履行《国际船舶和港口设施保安规则》的需要,编制了《交通公安机关处置大规模恐怖袭击事件预案》,并组织全国交通公安机关编制了各港航单位的具体预案。

2. 召开三峡工程安全保卫会议

2004年7月14日,交通部在湖北宜昌召开长江三峡船闸安全保卫会议,决定成立防恐领导小组、完善反恐应急预案。交通公安机关认真贯彻会议精神,将工作重心向三峡坝区转移。

(七)开展"平安港航"建设

1. 实施"平安港航"战略

2005年1月,交通部召开港航公安局长座谈会。会议提出交通公安工作要实施"平安港航"战略。为贯彻这次会议精神,交通部公安局决定重点建设5项机制,推动"平安港航"建设。5项机制是:①建立具有港航特点的维护稳定长效工作机制,及时预防和妥善处置各类群体性事件的发生。②建立主动进攻、预防管控、快速反应的港航治安大防控机制,提高驾驭港航治安大局的能力。③建立严密的重点要害部位和在建重点工程安全保卫机制,防止发生影响安全的事件。④建立适应港航运输的消防安全和道路交通安全工作机制,提高服务交通经济建设的能力。⑤建立综合治理、协调配合、齐抓共管的创建机制,增强港航建设活动的广泛性和影响力,为交通的全面、协调、可持续发展创造安全、畅通的环境。

2. 规范出国船舶安全保卫工作

1998年以来,出国船舶中存在的不稳定和不安全问题日益增多,海盗袭扰、潜船偷渡、走私、贩毒等违法犯罪活动依然突出,为确保出国船舶和海员安全,2002年8月14日,交通部、公安部联合下发《关于进一步加强出国船舶保卫工作的通知》,对出国船舶保卫工作提出4项要求:①进一步明确对出国船舶保卫工作的领导。②进一步加强远洋运输企业保卫机构建设。大型国有远洋运输企业及其子公司要设置直接隶属于公司党政领导的、独立的保卫机构,其中万人以上的国有企业保卫部门至少应配备8~10名保卫人员,其他从事海上国际运输的企业,都要设立专兼职保卫机构和配备专兼职保卫人员,并不得合并或合署办公。③积极有效地开展各项出国船舶保卫工作。④交通公安机关要加强对出国船舶保卫工作的指导。

3.加强水上客运治安工作

2003年11月10日24时50分,由山东烟台开往辽宁大连的烟台渤海轮渡公司“中鲁”号客滚船,载客248名、货车66辆,在离港4海里时巡逻人员在汽车仓发现车号为鲁K25083的解放牌货车后侧,悬挂一个装在饮料瓶内的自制爆炸装置,瓶口插着燃烧的香,巡逻人员立即将其掐灭。经检查,饮料瓶内装有1.25升炸药和两枚雷管,燃香被掐灭时仅剩2厘米。烟台港公安局迅速启动《处置大规模恐怖袭击事件预案》,及时排除了险情。这起案件引起了交通部的高度重视。2004年9月7日,交通部下发了《关于进一步加强全国水上客运治安工作的指导意见》,提出了进一步加强水上客运安全保卫工作的措施,明确规定客运治安工作纳入企业管理之中,客运船舶治安管理、配备治安保卫力量作为运输船舶营运的重要资格条件之一,长江和沿海跨省区运营的客滚船、普通客船、旅游船应统一配备乘警和治安辅助力量。为抓好贯彻落实工作,交通部批准召开了全国水上客运治安工作会议,对进一步加强水上客运治安工作进行了重点部署。2005年10月,交通部公安局在渤海湾开展了为期两个月的客运治安专项行动。

4.严厉打击水运物流犯罪

针对以各种手段侵害物流物资犯罪呈多发趋势,交通部指示交通部公安局部署全国交通公安机关调整打击重点,开展打击物流犯罪专项斗争,加大打击力度,建立长效机制,遏制物流犯罪的高发势头,最大限度地保护交通企业的合法权益和国家重点物资的运输安全。交通公安机关根据相关部署,全力落实“物流案件必破”的工作要求,持续开展打击水运物流领域犯罪专项斗争,侦破了一批特大水运物流犯罪案件,摧毁了一批水运物流犯罪团伙,建立了港航治安防控体系和长效机制,实现了水运物流犯罪案件有所减少,港口、航运治安秩序有明显改善,广大船员职工、船东货主的满意率明显提高的目标。

十、总结"十五"交通发展成就

不断对交通事业发展进行阶段性总结，以利指导未来交通工作，是交通部行政的重要形式和内容之一。

（一）黄菊副总理总结"十五"交通发展的6个特点

黄菊副总理在2006年1月17日召开的全国交通工作会议上指出"十五"期间交通工作6个比较突出的特点是：

（1）高速公路建设不断迈上新台阶，对经济社会发展起到了有力的推动作用。"十五"时期，我国高速公路先后跃上了2万公里、3万公里和4万公里三个大台阶，高速公路里程已稳居世界第二位。"两纵两横三个重要路段"全部建成，全国有19个省（区）高速公路突破1 000公里。高速公路建设的跨越式发展，在改善投资环境，促进资源开发利用，优化产业布局，拉动经济增长，增强国家竞争力，以及保障国防安全等方面，都发挥着越来越重要的作用。同时，"十五"时期我国建成和开工建设了润扬长江大桥、南京长江三桥、苏通长江大桥、上海东海大桥和杭州湾跨海大桥等一批具有世界先进水平的特大公路桥梁，标志着我国进入了世界公路桥梁建设强国行列。

（2）沿海港口适应能力迅速扩大，对我国外向型经济快速发展起到了重要保障作用。"十五"时期，沿海港口建设扭转了长期徘徊不前、港口能力严重不足的被动局面，港口建设步伐明显加快，一批大型集装箱、原油、矿石、煤炭泊位相继开工和投产，沿海港口群泊位向大型化、专业化方向发展，适应能力显著提高。上海国际航运中心洋山深水港区一期工程建成开港，长江口深水航道整治工程实现10米水深。港口货物吞吐量和集装箱吞吐量都居世界第一。沿海港口建设大踏步前进，有力地支撑了外向型经济的快速发展，现在占我国进出口总额86%以上的外贸物资通过海运完成。

（3）重点加强农村公路建设，为促进解决"三农"问题作出了积极贡献。"十五"时期，交通部门积极贯彻落实中央关于重视解决"三

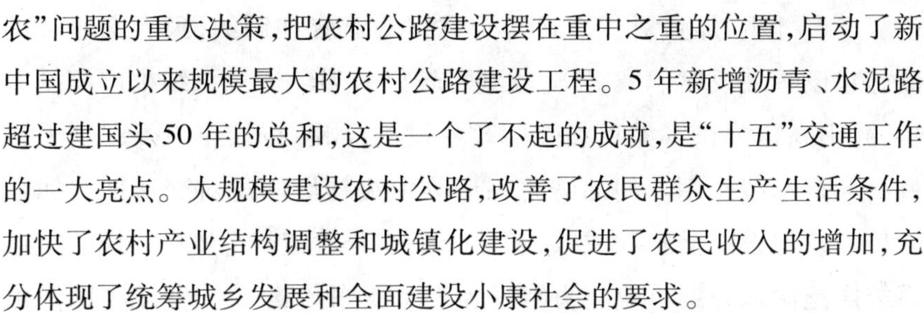

农”问题的重大决策,把农村公路建设摆在重中之重的位置,启动了新中国成立以来规模最大的农村公路建设工程。5年新增沥青、水泥路超过建国头50年的总和,这是一个了不起的成就,是“十五”交通工作的一大亮点。大规模建设农村公路,改善了农民群众生产生活条件,加快了农村产业结构调整和城镇化建设,促进了农民收入的增加,充分体现了统筹城乡发展和全面建设小康社会的要求。

(4)海上安全监管和救助能力显著提高,海上安全形势进一步好转。“十五”时期,海上安全监管和人命救助部门坚持以人为本,加强了重要水域、重要船舶、重要时段的安全监管,健全了海上搜救制度和协调机制,建立了海空立体搜救网络,加强了救助力量建设。过去五年,在船舶进出港数量、港口货物吞吐量成倍增长的情况下,水上交通事故的件数和死亡人数都下降了1/3以上,避免了重大海难事故和环境污染事故,树立了我国的良好形象,也产生了积极的社会反响。

(5)制定了高速公路、农村公路和港口建设的发展规划,增强了交通发展的前瞻性、科学性和有序性。交通规划工作着眼于交通长远发展和可持续发展,科学把握今后一个时期交通发展的阶段性特征,正确认识交通发展面临的突出问题,明确了主要任务,制定出台了一批国家级规划,提高了交通发展规划的层次性、权威性,也扩大了规划的覆盖面。《国家高速公路网规划》、《农村公路建设规划》和《长江三角洲、珠江三角洲、渤海湾三区域沿海港口建设规划》已经国务院批准实施;《全国沿海港口布局规划》、《全国内河航道与港口布局规划》和《国家水上安全和救助及设施建设规划》也已编制完成。同时,还编制完成了长江三角洲、泛珠江三角洲、东北老工业基地、中部地区、京津冀暨环渤海等区域交通发展规划和专项规划。这些规划的制定和出台,对于加快建设现代交通运输体系,更好地支持经济社会发展,必将起到重要的作用。

(6)党风廉政建设和行业文明建设不断加强,为交通改革发展提供了有力的政治保障和精神动力。几年来,交通系统坚持教育、制度、监督三者并重,加强对权力运行全过程的监督和制约,狠抓交通基础设施建设领域反腐倡廉工作,收到了较好效果。通过总结推广润扬大桥、开阳高速公路等工程加强廉政建设的经验,在行业内外起到了很好的典型示范作用。胡锦涛总书记等中央领导同志对交通部门加强党风廉政建设的措施和成效,都给予了充分肯定。"十五"时期,交通系统广泛深入开展行业文明创建活动,涌现出了当代产业工人的杰出代表许振超、模范养路工陈德华、基层交通局长的楷模赵家富、公路局长的楷模曹广辉等一批过得硬、影响大的全国重大先进典型。这些先进模范人物代表了交通广大干部职工队伍的主流,展现了交通战线职工爱岗敬业、艰苦奋斗、无私奉献的精神风貌,也在社会上树立了良好的行业形象。

"十五"时期交通改革发展取得的巨大成就充分说明,交通部门贯彻中央的决策部署是坚决积极的,交通战线的广大干部职工是一支过硬的队伍。中央对交通部门的工作是满意的。黄菊副总理同时希望继续发扬交通行业优良传统和作风,作出更大努力,实现更大发展,为国家现代化建设作出更大贡献。

(二)李盛霖部长总结"十五"交通发展的6个突破和6个重大进展

在2006年全国交通工作会议上,李盛霖部长在总结了2005年交通工作成就之后,进而总结"十五"交通发展成就如下。

1. 概括"十五"交通发展的6个历史性突破

(1)高速公路建设实现历史性突破。5年建成高速公路2.47万公里,是"八五""九五"建成高速公路总和的1.5倍,总里程达4.1万公里。"两纵两横三个重要路段"全部建成,山东、广东两省高速公路突破3 000公里,江苏、河南、河北三省高速公路突破2 000公里,有14个省(区)高速公路突破1 000公里。

(2)农村公路建设实现历史性突破。5年完成农村公路建设投资4 178亿元,是"九五"的3倍。2003年以来,启动新中国成立以来规模最大的农村公路建设,新改建农村沥青(水泥)路30多万公里,农村沥青(水泥)路总里程发展到63万公里,比新中国成立以来53年翻了一番。圆满完成西部地区通县油路建设任务,建成2.6万公里,惠及17个西部和中部省份、133个地州市、1 100个县市区,西部地区基本实现县县通油路。粮食主产区、革命老区、红色旅游公路建设加强。有278个乡镇和3.6万个建制村实现通公路,全国乡镇、建制村通公路率分别达到99.8%和94.5%,10个省实现乡乡通油路,3个省基本实现村村通油路。农村客运同步发展,新建农村等级客运站3 232个,停靠站点10.2万个,新增农村客车1.23万辆,乡镇客车通达率达98%,建制村通车率达81%。

(3)公路桥梁建设实现历史性突破。“十五”期间,建成和开工建设了润扬长江大桥、南京长江三桥、巫山长江大桥、杭州湾跨海大桥、苏通长江大桥、浙江舟山西堠门跨海大桥等一批施工难度大、科技含量高的世界级公路桥梁。目前我国有8座斜拉桥、5座悬索桥、5座拱桥和5座梁桥分别在世界同类型桥梁中,按跨径排序居前10位。我国公路桥梁建设技术水平跻身世界先进行列。

(4)港口建设与发展实现历史性突破。5年相继建成投产集装箱、原油、矿石、煤炭等专业化码头泊位920个,其中万吨级以上泊位188个,新增港口吞吐能力5.4亿吨,分别是“九五”期间的1.3倍、1.7倍和2.1倍。改善内河航道里程4 146公里。截至2005年底,全国港口拥有万吨级以上生产泊位1 030个,内河航道通航里程12.3万公里,其中等级航道6.1万公里。长江口深水航道整治二期工程圆满完成,10米水深延伸至南京。上海国际航运中心洋山深水港一期工程建成开港。珠江口和部分主枢纽港深水航道工程建成投入使用。

“十五”期间,港口货物吞吐量和集装箱吞吐量年均分别增长17.3%和26.4%。2005年港口货物吞吐量、集装箱吞吐量分别是“九五”末的2.2倍和3.2倍。有10个港口进入世界亿吨大港行列,上海港跃居世界第一大港。2005年上海港、深圳港完成集装箱吞吐量

1 800 万和 1 618 万标准箱，分别是“九五”末的 3.2 倍和 4.06 倍，跃居世界第三和第四位。我国港口货物吞吐量连续两年、集装箱吞吐量连续三年稳居世界第一位。长江干线、京杭运河成为世界上运量最大的通航河流和运河。

(5)交通长远发展规划的编制实现历史性突破。“十五”期间，制定出台一批国家级交通长远发展规划。还编制了交通科技、教育、信息化等专项规划。

(6)交通法制建设实现历史性突破。“十五”期间，《中华人民共和国港口法》、《中华人民共和国道路运输条例》、《中华人民共和国收费公路管理条例》和《中华人民共和国国际海运条例》等法律法规先后颁布实施。制定和修订 54 件部颁规章，精简 48% 的行政审批项目，清理废止 247 件部颁规章。各级交通部门的行政审批事项大幅度减少，行政效率提高。

2. 概括“十五”交通发展的 6 个重大进展

(1)公路水路运输保障有重大进展。“十五”期间，公路水路客运量、旅客周转量、货运量和货物周转量年均分别增长 4.6%、6.7%、5.8% 和 13.7%。公路运输承担全社会新增客运量和货运量的 96% 和 59%。在综合运输体系中，公路和水路客运量、旅客周转量、货运量和货物周转量所占比重分别达 93%、54%、84% 和 61%。公路客运量和旅客周转量、公路货运量、水路货物周转量 4 项主要指标均占第一位。

2003 年以来，北方秦皇岛、京唐、天津、黄骅、青岛、日照和连云港七港两年发运煤炭 6.5 亿吨，缓解了煤电油运紧张局面。建成覆盖全国的 2.7 万公里鲜活农产品运输“绿色通道”。公路水路交通在抢险救灾和应对突发事件中发挥重要作用。组织实施国省干线“安保工程”和危桥改造工程，改造安全隐患路段 6.1 万公里、21 万处，改造危桥 7 665 座。与中国气象局联合开通公路交通气象信息服务。

车船运力加快向大型化、专业化方向发展。截至 2005 年底，全国营运汽车发展到 760 万辆，比“九五”末增长 41.8%。中高档客车占全部客车的36%,专用和重型货车数量比五年前翻一番。运输船舶22.1万艘,船舶净载重量和集装箱箱位分别比“九五”末增长84.6%和127.8%,超大型油轮、大型散货船和大型集装箱船拥有量显著增加。

(2)交通运输和建设市场监管有重大进展。与七部委联合开展车辆超限超载治理工作,经过一年半的集中整治,车辆超限超载比例从80%下降到10%左右。加强运输市场管理,开展低质量船舶、水上运输超载、渡口渡船安全管理等专项整治,推行京杭运河船型标准化,加强道路危险化学品运输专项整治。先后制定实施公路、水运建设市场管理规范性文件11个,交通建设市场管理得到进一步规范。

(3)海事监管和搜救能力建设有重大进展。加强海事监管和搜救能力建设,建立海上搜救部际联席会议制度,制定国家海上搜救应急预案。加强重点水域、重点船舶、重点时段的安全监管和基础性建设。在长江部分航段和成山头、珠江口实施船舶航行定线制。初步建立海陆空搜救网络,实施动态值班待命救助制度,加强搜救演练,救助快速反应能力和救助成功率显著提高。成功组织一系列重大海难救助和油污染处置行动,保护了生命和国家财产安全,避免了重大环境污染。“十五”期间船舶进出港数量、港口货物吞吐量成倍增长,水上交通事故件数和死亡人数分别下降32.7%和41.3%。组织、协调重大搜救行动4 200多次,救助遇险人员5万多人,救助成功率94%。

(4)交通改革开放有重大进展。历时7年的水上安全监督管理体制改革全面完成,建立14个部直属海事局和27个省级地方海事局。完成救捞体制改革,实行救助打捞分开。港口管理体制改革进一步深化,中央直属和双重管理的38个港口下放所在城市政府管理。2005年9月29日,颁布实施《农村公路管理养护体制改革方案》,实行以县为主的农村公路养护管理体制,建立稳定的农村公路养护资金渠道。国省干线公路养护机制改革稳步推进。交通科技、教育、勘察设计体制改革以及长江口航道管理体制改革、交通综合行政执法改革、交通企业改制等,都取得了新成效。

外事方面，签订了一批多边或双边运输协定，不断扩大交流；完成中老缅泰四国上湄公河航道改造工程；鼓励和支持交通企业“走出去”开拓市场；“十五”期间利用世行和亚行贷款46亿美元，占同期全国利用总额的43%。

（5）交通科技创新有新进展。积极推进科技创新，特殊地质成套筑路技术、高墩大跨径桥梁和公路长大隧道设计与施工技术、码头建设和航道治理技术等取得重大成果，自主研发了一系列成套技术装备。在工程测量与设计、公路综合管理、集装箱码头管理、船舶助航导航等领域广泛集成应用先进信息技术。组织实施西部科技项目306项，产生直接经济效益290多亿元。加强交通教育和人才培养，全国交通职业技术院校发展到260多所，在校生30余万人。5年引进专门人才100多万人，为交通发展提供了智力支持和人才保障。

（6）行业文明建设和党风廉政建设有新进展。“十五”期间，交通系统先后涌现出陈德华等全国重大先进典型，1 290个先进集体和先进单位，1 147名劳动模范、先进工作者和先进个人受到国家和部的表彰。“振超精神[①]”成为激励交通职工、鼓舞全国人民的时代精神。开展以“热爱祖国、睦邻友好、科学航海”为主题的郑和下西洋600周年纪念活动，设立“航海日”，在国内外产生良好反响。

党风廉政建设进一步加强。深入开展保持共产党员先进性教育活动，增强了广大党员干部立党为公、执政为民意识。建立健全具有交通特色的教育、制度、监督并重的惩治和预防腐败体系。把基础设施建设领域作为廉政工作重点，狠抓关键环节的监督制约。加强交通内部审计和财务管理，规范建设资金管理使用。治理公路“三乱”成效明显，全国绝大部分公路基本实现无“三乱”。加强政务公开，交通部门政务工作透明度进一步提高。

---

①就是爱岗敬业、无私奉献的主人翁精神，就是艰苦奋斗、努力开拓的拼搏精神，就是与时俱进、争创一流的创新精神，就是团结协作、互相关爱的团队精神。

第九章 “十一五”前两年的交通部行政

(2006~2007年)

“十一五”时期,交通行业全面完成了各项任务,实现了我国交通事业发展的历史性跨越,取得了6个历史性突破和6个重大进展。在此基础上,交通事业发展进入了“十一五”新的发展期。

“十一五”是全面建设小康社会、构建社会主义和谐社会、推进社会主义现代化的关键阶段。党的十六届五中全会明确了“十一五”经济社会发展的指导思想、主要目标和工作重点。中央提出,要保持经济平稳较快发展,不断促进城乡区域协调发展,形成东中西优势互补、良性互动的协调发展机制;加快转变经济增长方式,建设资源节约型、环境友好型社会;确立科教兴国和人才强国战略;把加强安全生产工作摆在更加突出的位置,坚决遏制重特大事故频发的势头。

“十一五”前两年(2006年和2007年),交通部站在新的历史起点上,全面落实科学发展观,转变发展观念,创新发展模式,增强发展动力,提高发展质量,不断增强交通运输发展的全面性、协调性和可持续性;加快推进交通由传统产业向现代服务业转型,提出做好“三个服务”,实现交通又好又快发展,为构建社会主义和谐社会,全面促进小康社会建设发挥更大的作用。

第一节 站在新的历史起点上,确定交通发展目标、任务

一、明确“十一五”交通工作的主要目标

(一)中央对“十一五”交通事业发展提出要求

在2006年全国交通工作会议上,黄菊副总理代表党中央、国务院

充分肯定了"十一五"交通发展取得的成绩，对"十一五"交通工作提出了明确要求：

交通部门要认真贯彻党的十六届五中全会和中央经济工作会议精神，全面落实科学发展观，转变发展观念，创新发展模式，提高发展质量，落实"五个统筹①"，不断增强交通运输发展的全面性、协调性和可持续性，确保开局良好，实现"十一五"交通事业发展新的跨越，为全面建设小康社会作出更大的贡献。

(1)坚持走科学的交通发展道路，努力实现交通全面协调可持续发展。建设节约型、集约型、循环经济型行业，调整优化运输结构，加强交通行业自主创新能力建设和人才队伍建设，加快转变交通增长方式，提高交通建设质量和效益；统筹兼顾公路和水路及其他交通方式、农村公路与国省干线公路和高速公路网建设，促进城乡、区域交通协调发展。

(2)继续做好农村公路规划、建设、管护，精心实施好农村公路"五年千亿元建设工程"，逐步实现"村村通"的目标；加快欠发达地区特别是革命老区、民族地区、边疆地区农村公路建设，帮助农民群众加快脱贫致富步伐，为建设社会主义新农村作出积极贡献。

(3)继续加快推进国家高速公路网建设，为经济社会发展提供战略支撑。认真实施国家高速公路网规划，推进国家高速公路网络建设；深化高速公路体制改革，更好地发挥高速公路的整体效益。

(4)加快区域交通一体化步伐，促进区域经济协调发展。继续完善区域交通发展规划，加强区域之间的交通衔接，更好地发挥交通运输的桥梁和纽带作用，促进生产要素合理流动和东中西部地区协调发展。

(5)以长江黄金水道建设为重点，加快内河水运发展。加强全国

①统筹城乡发展，统筹区域发展，统筹经济社会发展，统筹行人与自然和谐发展，统筹国内发展和对外开放。

内河水运规划和发展政策研究,加大对内河水运发展的扶持力度;重点把长江黄金水道建设好,充分利用长江水运资源,促进长江沿江经济和对外贸易的发展。

(6)更加注重水上安全监管和救助,加大安全投入,完善应急预案,提高救助能力,保障人民群众生命财产安全。

(二)明确“十一五”要着力办成6件大事

2006 年 1 月 15 日,2006 年全国交通工作会议在北京召开。会议的主要任务是:贯彻落实党的十六届五中全会、中央经济工作会议、中央农村工作会议精神,按照黄菊副总理重要讲话的要求,回顾总结“十五”交通工作情况和基本经验,研究部署“十一五”交通发展的目标和主要任务,安排 2006 年交通工作。李盛霖部长在会上讲话。

会议明确了“十一五”交通工作的总体要求、主要目标,提出实现发展目标要注意把握好 8 个问题。

1.“十一五”交通工作的总体要求和主要目标

1)总体要求

以邓小平理论和“三个代表”重要思想为指导,以科学发展观统领交通工作全局,不断提高交通发展的全面性、协调性和可持续性,推进交通改革,建设便捷、通畅、高效、安全的公路水路交通运输体系,促进经济社会全面协调可持续发展。

2)主要目标

要着力办成6 件大事:

(1)完成“五年千亿元”任务,推进农村公路“通达”、“通畅”工程,基本实现全国所有具备条件的乡镇、建制村通公路,95% 的乡镇和 80% 的建制村通沥青(水泥)路。

(2)基本形成国家高速公路网骨架,“五纵七横”国道主干线和西部开发省际通道全部建成。

(3)沿海港口新增吞吐能力 80% 以上,适应度接近 1:1。

(4)大力发展内河水运,加快长江黄金水道建设。

(5)基本建立起海陆空搜救体系,重点水域安全监管和救助能力明显提高。

(6)公路水路运输枢纽站场建设取得显著进展。

3)5 个具体目标

(1)公路发展目标。进一步完善公路网络,发挥路网整体效率。全国公路总里程达 230 万公里,5 年增加 38 万公里。高速公路里程达 6.5 万公里,5 年增加 2.4 万公里。继续完善国省干线公路网络,提高技术等级,二级及以上公路里程达 45 万公里,5 年增加 13 万公里。县乡公路达 180 万公里,5 年增加 30 多万公里,新改建农村公路 120 万公里。

区域交通一体化进程明显加快。东部地区基本形成高速公路网,长江三角洲、珠江三角洲和京津冀地区形成较完善的城际高速公路网,基本实现所有乡镇和具备条件的建制村通沥青(水泥)路;中部地区基本建成比较完善的干线公路网络,承东启西、连南接北的高速公路通道基本贯通,基本实现所有乡镇和 80% 以上的建制村通沥青(水泥)路;西部地区公路建设取得突破性进展,实现内引外联、通江达海,90% 以上的乡镇和近 50% 的建制村通沥青(水泥)路。

(2)沿海港口发展目标。建设上海等国际航运中心;进一步完善沿海港口布局,建设集装箱、煤炭、进口油气和铁矿石中转运输系统,扩大港口吞吐能力;改善港口航道条件;港口集疏运体系建设取得明显进展。陆岛交通进一步改善,1 000 人以上岛屿全部建有交通码头,力争 5 000 人以上岛屿基本具备滚装运输条件。

(3)内河水运发展目标。完成长江口深水航道整治三期工程,长江干线航道进入系统治理阶段,航行条件明显改善,黄金水道优势进一步发挥;京杭运河堵航明显缓解;基本建成珠江三角洲高等级航道网;长江三角洲高等级航道网建设全面展开;西江航运干线通过能力明显提高;航电结合、梯级开发建设取得重大进展,湘江、嘉陵江全线渠化,右江梯级渠化全面展开。推进江海联运,内河主要港口基本实现机械化、规模化,部分成为地区性物流中心。内河船型标准化取得突破性进展。

(4)支持保障系统发展目标。水上安全监管和专业救助现代化水平明显提高,监管和救助力量基本覆盖我国管辖水域和搜救责任区,险情预防和监控能力进一步提高。重点水域六级海况下实施有效救助,九级海况下救助力量能够到达指定位置。初步建立适应交通现代化要求、符合交通发展规律的科技创新体系和人力资源支撑体系,建设布局合理、资源共享、配置优化的科研基础设施和共享平台。以信息化带动交通产业升级,着力解决重大关键技术,取得一批拥有自主知识产权和具有世界领先水平的科技成果,提高科技持续创新能力。

(5)行业文明建设目标。深入开展以“学建创”为主要内容的群众性行业文明创建活动,推动交通干部职工学科学理论和先进典型;建负责任的部门和负责任的行业;创一流的队伍、一流的作风、一流的窗口、一流的业绩。交通职工队伍思想政治和文化业务素质明显提高,树立一批具有重大影响的先进典型,建成一批省市县交通部门文明单位,打造一批交通知名服务品牌。

2. 实现发展目标要注意把握好的问题

2006年全国交通工作会议提出实现发展目标要注意把握好8个问题:①正确认识交通发展面临的形势。②坚持以科学发展观统领交通工作全局。③加快农村公路建设。④加强高速公路建设与管理。⑤加快水运发展。⑥建设节约型行业。⑦提高创新能力。⑧加强队伍建设。

二、2006年和2007年交通工作任务

(一)2006年交通工作10大任务

2006年全国交通工作会议指出,2006年是“十一五”的第一年,交通工作要承上启下、与时俱进,坚持以科学发展观为统领,贯彻落实中央经济工作会议精神,组织实施“十一五”公路水路交通发展规划,实

现开好局、起好步。具体要抓好以下10项工作:①建设全国公路运输大通道;②继续加快农村公路建设;③加快沿海港口发展;④积极推进以长江黄金水道为重点的内河水运建设;⑤提高运输服务保障水平;⑥坚持依法治交,加强市场监管;⑦加强安全监管和救助能力建设;⑧依靠科技创新推进节约型行业建设;⑨继续扩大交通对外交流合作;⑩深入开展行业文明建设和党风廉政建设。

(二)2007年交通工作8大任务

2007年全国交通工作会议提出,2007年交通工作的总体要求是:以科学发展观为统领,认真贯彻落实加强和改善宏观调控各项措施,调整结构,转变方式,注重创新,强化管理,努力做好"三个服务",推进交通事业又好又快发展。主要做好8个方面的工作:①坚持质量速度结构效益相协调,加强重点项目建设管理;②坚持建养管运并重,全面加强农村公路建设;③加强运输市场监管,提高运输服务水平;④提高交通安全监管和人命救助能力,完善应急保障机制;⑤深化管理体制和运行机制改革,提高行业管理水平;⑥加强交通法制建设,扩大交通对外交流合作;⑦加快创新型交通行业建设,提高节能降耗水平;⑧加强行业文明建设,继续开展治理商业贿赂工作。

三、召开建设创新型交通行业会议,提出"三个服务"理念

(一)印发《建设创新型交通行业指导意见》

2006年7月18日,交通部印发了《建设创新型交通行业指导意见》。

该指导意见明确提出了建设创新型交通行业"需求引导、科学统筹、重点突破、全面推进"的指导方针,建设创新型交通行业的总体目标是:"到2020年,公路水路交通行业的创新实力显著增强,解决交通发展重大问题的能力显著提高,在交通各个领域的创新工作取得显著进展,使交通行业成为富有创新活力、具有创新动力和拥有创新实力的行业,推进交通又好又快发展,建设一个更安全、更通畅、更便捷、更

经济、更可靠、更和谐的公路水路交通系统。”建设创新型交通行业的战略重点是:“理念创新、科技创新、体制机制创新和政策创新”。

(二)建设创新型交通行业会议的特点

2006年7月21～22日,交通部在北京召开建设创新型交通行业工作会议。李盛霖部长作主题报告。翁孟勇副部长、驻部纪检组金道铭组长、黄先耀副部长及原部领导洪善祥、林祖乙出席了会议。这次会议是全面落实科学发展观、开创交通发展新局面的重要会议。会议有3个明显特点:一是立意高,把创新摆在交通工作更加突出的位置,及时部署全行业的创新工作,走以创新促发展的道路,主题非常鲜明;二是思路新,会议首次明确提出“三个服务①”、“四个理念②”、“四个创新③”的思路;三是内容实,部党组提出的保证“四个重点④”、坚持“两个倾斜⑤”、强化“两个监管⑥”,针对性强,重点明确,措施很实。

(三)对建设创新型交通行业提出要求

李盛霖部长在讲话中指出,要深刻认识建设创新型交通行业的重大意义。创新是我们党长期坚持的治党治国之道;创新是交通实现跨越式发展的基本经验;创新是在新的历史起点上实现交通又快又好发展的战略选择。要求准确把握建设创新型交通行业的深刻内涵;建设创新型交通行业的指导方针;建设创新型交通行业的总体目标和战略重点。要求大家努力解决好交通发展中面临的突出矛盾和主要问题,包括交通发展的资金问题;交通基础设施工程质量和耐久性问题;公路水路管理体制的问题;交通科技创新体系建设问题;走资源节约型、环境友好型发展道路问题;交通运输市场建设问题;交通安全问题;创

①服务经济社会发展大局;服务社会主义新农村建设;服务人民群众安全便捷出行。

②要把“以人为本”、“好中求快”、“协调发展”、“可持续发展”作为交通发展的核心理念。

③理念创新、科技创新、体制机制创新和政策创新。

④纳入国家规划的公路水路重点项目建设;农村公路建设;安全保障工程建设;科技创新项目。

⑤向中西部地区特别是西部地区倾斜;向公益性强的项目倾斜。

⑥资金安全的监管;资金使用效益的监管。

新型人才队伍建设问题。还提出了建设创新型行业的要求:加强组织领导,狠抓工作落实;强化政策支持,加大创新投入;加强协调配合,形成创新合力;发展创新文化,营造创新环境;加强精神文明建设,打造廉政交通。

这次会议统一了认识,明确了目标,开启了思路,坚定了信心。

四、推进交通事业又好又快发展

2006 年 12 月 22 日,在听取交通部一年来工作情况和 2007 年工作安排的汇报后,曾培炎副总理指示:要继续优先发展交通运输业,促进交通运输全面协调可持续发展。

交通运输既是基础设施,又是服务业,是国民经济的先行官,也是人民生活的重要保障。1998 年以来,我国交通设施建设显著加快,公路网和航运体系不断完善,有力地促进了国民经济持续快速健康发展。同时应当看到,一些地方公路拥堵的现象仍比较严重,广大农村和山区道路条件还比较差;港口能力增长滞后于经贸发展,这些问题需引起高度重视。要从全局出发考虑交通问题,增强交通工作的前瞻性、预见性和主动性,积极推进重点工程建设,保持交通平稳较快发展的好势头。

做好明年的交通工作,要以邓小平理论和“三个代表”重要思想为指导,全面落实科学发展观,按照构建社会主义和谐社会的要求,认真贯彻中央经济工作会议精神,加快转变交通增长方式,大力调整交通运输结构,统筹城乡、区域和可持续发展。要优化高速公路、高等级公路、农村公路和水路布局,协调近期、中期和远期建设,突出加强关键部位和薄弱环节,努力实现又好又快地发展。①统筹安排公路建设布局;②抓好农村公路建设;③加快水运发展;④推进节约降耗和环境保护;⑤加强质量和资金监管;⑥做好交通安全监管工作。

要认真研究解决交通发展中的 6 个问题:①高速公路建设。要完善国家高速公路网,修好断头路和区域通道的贯通路段。要把握建设节奏,发挥整体效益,拓宽资金渠道,充分利用社会资金开展公路建设。②收费公路。收费公路要控制范围,规范使用,增加管理的透明度。要严格控制公路服务区建设规模和标准,千方百计节约集约用地。③长江黄金水道建设。继续推进长江口深水航道三期建设。加强干线航道疏浚整治,拓宽黄金水道,发展运输潜力。④三峡船闸通航。当务之急是疏通好积压的船舶。要加强调度管理,适当控制船舶通行数量,加快翻坝公路和升船机建设,推进船型标准化。⑤农村公路建设。各级政府投资都要向农村倾斜,弥补资金缺口。要贯彻量力而行、尽力而为的原则,不增加县乡政府的负债,不加重农民的负担。在资源允许的前提下,可以鼓励农民投工投劳修公路。⑥水上救助设备建设。这是国家公共安全体系的重要组成部分,应以政府投入为主,合理增加投资和运行费用。

2006年12月29日,交通部在北京召开2007年全国交通工作会议。这次会议的主要任务是:贯彻落实党的十六届六中全会和中央经济工作会议精神,总结2006年交通工作,分析交通发展面临的形势,部署2007年工作,做好“三个服务”,推进交通事业又好又快发展,以优异的成绩迎接党的十七大胜利召开。李盛霖部长在会上讲话。会议分析了交通发展面临的机遇和挑战,对做好“三个服务”提出要求。

(一)从“又快又好”转向“又好又快”

在2006年的交通工作会议上,李盛霖部长讲话提出的是交通“又快又好”发展,在2007年的全国交通工作会议上,则变成了“又好又快”。从“又快又好”转向“又好又快”,是国家经济发展思路和理念转变在交通发展方面的具体体现。这种基于交通发展面临的压力和严峻挑战的转变,是交通工作贯彻落实科学发展观的必然要求。

(二)交通发展面临的机遇和挑战

1. 面临的机遇

(1)中央已经把优先发展服务业作为拉动国内消费需求、转变增长方式的重要途径,并把建设社会主义新农村、增加农民收入作为拉动国内消费需求的重要方面。交通作为服务业中优先发展的领域,将在拉动国内消费需求和建设社会主义新农村方面发挥更大的作用。

(2)中央把努力解决城乡发展不协调、地区发展不协调作为加快调整经济结构的重点任务,交通在沟通区域和城乡之间的纽带作用将会更加凸显。

(3)中央把解决民生问题摆在更加突出的位置,解决人民群众出行问题已经成为构建和谐社会的重要组成部分。

(4)发达国家已经把经济发展的重心转向服务业,全球产业结构呈现出由"工业型经济"向"服务型经济"转型的趋势。我们不仅要发展国内便捷的交通服务业,而且要积极发展现代物流业,加快建设连接全球服务系统的运输网络。

2. 面临的挑战

目前交通发展中存在着一些突出的矛盾和问题:交通结构不尽合理,有效供给不足,仍不适应经济社会发展的要求;公路、水路交通与其他运输方式相互衔接不够,运输效率不高,也不适应综合运输体系的要求;交通增长方式还比较粗放,资源消耗多,质量效益有待提高;交通面临的环境压力增大,与环境友好型的发展要求有差距;交通事故仍时有发生,安全形势不容乐观;交通行业管理水平还不高,与以人为本、建设服务型政府的要求有差距。这些突出矛盾和问题使交通发展面临着挑战:

(1)我国的服务业正在由传统产业向现代产业迈进,交通是传统产业,如何向现代服务业转型还没有破题。

(2)资源、环境对交通发展提出的要求越来越高,还没有走出一条资源节约和环境友好的交通发展路子。

(3)建设综合交通运输体系已经成为交通发展的迫切要求,我们还没有探索出积极促进建立完善综合交通运输体系的有效途径。

(4)随着人民生活水平的提高,人们选择交通方式的理念正在发生重大变化,安全、便捷、舒适、高效及个性化需求增强,对交通提出了

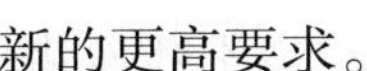

新的更高要求。

(三)如何认识和做好“三个服务”

1.关于对“三个服务”的认识

会议认为,“三个服务”相互联系,相互促进,是一个有机的整体。“三个服务”的提出,既是对多年来交通实践经验的总结,也是对交通发展规律认识的深化,更是对交通工作全面落实科学发展观本质要求的新认识。服务国民经济和社会发展全局,这是交通工作的总任务;服务社会主义新农村建设,这是交通工作的重中之重;服务人民群众安全便捷出行,这是交通工作的根本要求。

强调做好“三个服务”,就是要求交通工作必须服从、服务于经济社会发展全局,从人民群众的根本利益出发,转变发展理念、明确发展内涵,注重依靠科技进步和管理创新促进科学发展,实现交通由外延式的粗放型增长向内涵式的集约型增长转变、由以生产增长为导向的发展向以服务质量为导向的发展转变。这是交通工作贯彻落实科学发展观的本质要求、实现交通又好又快发展的必由之路。

必须深化对交通运输本质属性的认识。服务是交通运输的本质属性。十届全国人大四次会议批准的《国民经济和社会发展第十一个五年规划纲要》,明确把交通运输定位为服务业,并作为服务业中优先发展的领域,这对搞好交通工作,有着重大的现实意义和长远的战略意义。在深化认识交通运输本质属性的基础上,必须站在世界交通发展趋势、发展规律的角度审视中国交通发展水平,站在我国国民经济发展全局的角度审视交通适应能力,站在人民群众对交通需求的角度审视交通服务水平,站在行业以外的角度审视交通存在的问题,进一步强化服务意识,提高服务能力,改进服务水平,努力做好“三个服务”。

2.关于如何做好“三个服务”

会议认为,努力做好“三个服务”,既是交通工作贯彻落实科学发展观的根本要求,也是做好交通工作的时代要求。我们一定要不断增强做好"三个服务"的主动性、积极性和创造性,并在实践中不断深化、丰富和完善,加快推进交通由传统产业向现代服务业转型的进程,为经济社会发展当好先行,提供保障。调整结构,这是做好"三个服务"的重要保障;转变方式,这是做好"三个服务"的有效途径;注重创新,这是做好"三个服务"的内在动力;强化管理,这是做好"三个服务"的坚实基础。

五、推进资源节约型、环境友好型交通发展

(一)制定《建设节约型交通指导意见》

公路水路交通是国民经济和社会发展的基础性产业,为进一步贯彻落实中央关于建设节约型社会的要求,建设节约型交通,实现对资源的少用、用好、循环用,2006 年 4 月,交通部制定了《建设节约型交通指导意见》,提出了建设节约型交通的总体思路、指导原则、战略目标和建设节约型交通的要求与措施。其战略目标是:到"十一五"末期,与 2005 年相比,公路每亿车公里用地面积下降 20%;沿海港口每万吨吞吐量占用码头泊位长度下降 25%;营运车辆、船舶百吨公里能耗下降 20%。

(二)制定《关于交通行业全面贯彻落实〈国务院关于加强节能工作的决定〉的指导意见》

2006 年 8 月 6 日,国务院发布《国务院关于加强节能工作的决定》。为全面贯彻落实决定精神,努力建设资源节约型、环境友好型行业,使交通事业切实转入全面协调可持续发展的轨道,适应构建社会主义和谐社会总要求,结合公路、水路交通发展实际,2006 年 10 月 25 日,交通部下发了《交通行业全面贯彻落实〈国务院关于加强节能工作的决定〉的指导意见》,共 7 个部分,30 条。明确提出了交通行业节能工作的目标是:到"十一五"末期,在交通行业初步建立起与社会主义市场经济体制相适应的节能管理长效机制,形成管理顺畅、机制严密、考核到位的交通节能工作新局面,努力实现交通部《建设节约型交通

指导意见》中指出的各项目标。

(三)开展“资源节约型、环境友好型交通发展模式研究”

为贯彻科学发展观,落实十六届六中全会精神,推进创新型交通行业建设工作,2007年全国交通工作会后,交通部党组提出开展“资源节约型、环境友好型交通发展模式研究”,翁孟勇、黄先耀副部长共同主持研究工作,主要针对交通发展理念、发展战略、行业规划、政策法规、标准规范、科技支撑、政府管理等进行分析和评价,进而提出推动我国资源节约型、环境友好型交通行业新发展的产业政策及相关评价指标体系。

六、开展“交通由传统产业向现代服务业转型”研究

2007年,在交通部党组的直接领导下,在李盛霖部长、翁孟勇副部长的亲自指导下,交通部科技教育司组织交通部科学研究院、交通部规划研究院、交通部公路科学研究院、交通部水运科学研究院4家科研单位,开展了“交通由传统产业向现代服务业转型战略研究”。研究在全面总结交通发展的成功经验,深入分析交通发展面临的新形势和新要求,深刻把握交通发展规律的基础上,提出了交通由传统产业向现代服务业转型、促进现代交通业发展的重大战略,明确了未来交通发展的方向、总体要求和重点任务。在此研究的基础上,2007年12月29日,交通部印发了《关于加快发展现代交通业的若干意见》。

《关于加快发展现代交通业的若干意见》提出了发展现代交通业的指导方针和总体要求,强调发展现代交通业要以邓小平理论和“三个代表”重要思想为指导,全面贯彻落实科学发展观,紧紧围绕做好“三个服务”,统筹交通建设与运输服务协调发展,统筹城乡区域交通协调发展,统筹交通与资源环境协调发展,统筹各种运输方式协调发展,强化理念创新、科技创新、体制机制创新和政策创新,转变交通发展方式,走资源节约、环境友好型交通发展道路,推进公路水路交通科学发展。

七、确定公路水路交通“十一五”发展规划重点，促进区域交通发展

（一）确定公路水路交通“十一五”发展规划重点

2006年9月5日，交通部印发《公路水路交通“十一五”发展规划》。按照规划确定的目标，2010年，全国公路总里程将达到230万公里，其中高速公路6.5万公里、二级以上公路45万公里、县乡公路180万公里。具备通达条件的乡镇和建制村100%通公路，95%的乡镇、80%的建制村通沥青（水泥）路。沿海港口深水泊位1 752个，年总通过能力达到46亿吨，能通行1 000吨及以上船舶的内河三级及以上航道10 600公里。

按照规划，“十一五”公路水路交通发展重点主要有8个方面：

（1）加快交通基础设施建设，主要包括公路、沿海港口和内河水运。

（2）大力促进交通协调发展，促进东北老工业基地、环渤海地区、长江三角洲地区、泛珠江三角洲地区、中部地区和西部地区的区域交通协调发展，促进城乡交通、综合运输的协调发展以及加强农村公路建设、支持红色旅游和少数民族地区公路建设等专项建设。

（3）全面提升公路、水路物流运输效率和服务质量。

（4）努力推进营运车、船的交通运输装备现代化。

（5）加强水上安全和救助系统建设。

（6）加快推进交通信息化建设。

（7）实施“交通科技创新”和“人才强交”战略。

（8）建设节约型交通，提高资源综合利用效率。

规划还提出了6个方面的政策措施：①积极筹措资金；②深化交通改革；③加强法制建设；④规范交通运输市场；⑤加强规划指导；⑥促进交通可持续发展。

（二）发布3项区域性规划纲要（指导意见）

1.《环渤海地区现代化公路水路交通基础设施规划纲要》

为促进区域交通发展，继《长江三角洲地区现代化公路水路交通

规划纲要》、《振兴东北老工业基地公路水路交通发展规划纲要》、《泛珠江三角洲区域合作公路水路交通基础设施规划纲要》和《促进中部地区崛起公路水路交通发展规划纲要》之后,交通部又组织制定了《环渤海地区现代化公路水路交通基础设施规划纲要》,于2006年12月6日正式发布。

该规划纲要提出,环渤海地区公路水路交通基础设施现代化的总体目标是:以高速公路、主要港口、能源运输通道、快速客运体系和集装箱运输系统建设为重点,建立布局合理、能力充足、衔接顺畅、服务高效、安全经济的现代化公路水路交通体系,实现基础设施、运输服务、信息资源、政策法规等各方面的衔接与协调,提供通畅、便捷、安全、经济的运输服务。2020年,公路水路交通适应环渤海地区加快实现现代化的需要,总体发展阶段由目前的“得到缓解”升级到“全面适应”的新阶段,有条件的地区应步入“适度超前”的更高阶段,基本实现交通现代化。

2.《天津北方国际运输中心交通基础设施发展规划指导意见》

2006年5月10日,交通部发布《天津北方国际运输中心交通基础设施发展规划指导意见》。该指导意见以促进滨海新区开放开发和促进我国区域协调发展为宗旨,围绕建设天津北方国际航运中心的目标和天津港发展中面临的主要问题,以公路水路交通基础设施建设为重点,着眼于以港口为龙头整合区域内交通资源,突出强调航运中心与腹地的运输通道布局,提出天津北方国际航运中心港口、对外公路通道、疏港公路等公路水路交通的发展方向和重点。

3.《海峡西岸公路水路交通基础设施发展规划指导意见》

国家“十一五”规划纲要明确提出,要支持海峡西岸和其他台商投资相对集中地区的经济发展。抓住这一重大历史机遇加快发展,对于加速海峡西岸融入全球经济、提升我国东南沿海整体经济实力和国际竞争力、推进两岸关系发展、促进祖国统一都具有十分重要的战略意义。为支持海峡西岸交通的快速协调发展,指导和协调未来海峡西岸公路水路交通建设，交通部组织编制了《海峡西岸公路水路交通基础设施发展规划指导意见》，2006 年 5 月 31 日印发。

八、2008 年交通工作任务

2008 年全国交通工作会议 1 月 5 日在北京召开。会议的主要任务是：认真贯彻党的十七大精神，高举中国特色社会主义伟大旗帜，以邓小平理论和“三个代表”重要思想为指导，深入贯彻落实科学发展观，总结 2007 年和十六大以来的交通工作，分析交通发展面临的形势和任务，按照中央经济工作会议的部署和要求，安排 2008 年的工作。国务院副总理曾培炎发来贺信，李盛霖部长作工作报告，国家发展改革委张茅副主任出席会议并讲话。会议由交通部党组副书记、副部长翁孟勇主持。冯正霖副部长、徐祖远副部长、黄先耀副部长、中纪委驻交通部纪检组杨利民组长出席会议。国家安监总局副局长梁嘉琨，北京市副市长赵凤桐，解放军总后军交部部长赵占平，交通部老领导，中纪委、中组部、中编办、国办、财政部、审计署、国务院参事室、国务院法制办、国家开发银行、中国交通运输协会、中国海员建设工会等有关单位负责同志应邀参加会议。全国交通厅（局、委）主要负责同志，部内各司局、部属各单位、部管主要社团、港口管理局主要负责同志，大型交通企业集团和主要港口企业负责同志及部分市县交通局局长参加了会议。

曾培炎副总理在贺信中指出，交通是国民经济的基础性产业和服务性行业。过去 5 年，各级交通部门认真贯彻落实党中央、国务院决策部署，在交通发展规划、重点项目建设、农村公路、运输服务、安全监管、节能减排等方面做了大量工作，全面完成了各项任务，使我国交通发展又上了一个新台阶。在新的一年，要深入贯彻落实党的十七大精神和科学发展观，按照中央经济工作会议的部署，转变发展方式，推进自主创新，调整交通结构，完善行业管理，建设资源节约型、环境友好型交通体系，努力提高交通公共服务、安全监管与救助的能力和水平，加快发展现代交通运输业，为促进经济社会又好又快发展作出新贡献。

李盛霖部长在会上作了题为《认真贯彻党的十七大精神，不断提高“三个服务”的能力和水平》的工作报告。李部长在报告中总结了2007年和党的十六大以来交通工作取得的成绩和不足。成绩主要体现在8个方面：①长远发展规划编制提高到新的水平；②公路水路重点项目建设取得新的突破；③农村交通发展取得新的成效；④运输服务和市场监管迈上新的台阶；⑤安全监管和人命救助能力得到新的提高；⑥科技创新和节能减排取得新的成果；⑦法制建设和对外交流合作取得新的成绩；⑧行业文明建设和廉政建设取得新的进展。在肯定成绩的同时，要清醒地看到，2007年交通工作会议上提出的新时期新阶段交通发展面临的4个方面的严峻挑战依然存在，6个方面的突出矛盾和问题还没有得到根本性解决，同时，又出现了一些新情况、新问题。概括起来为4个方面：①公路水路交通基础设施建设成效显著，但规模总量仍显不足，交通结构不尽合理；②公路水路交通运输快速发展，但部分领域资源利用效率不高，发展方式比较粗放；③交通行业具备一定的发展实力，但创新能力仍显不足，核心竞争力仍需提升；④行业管理初步适应建立社会主义市场经济体制的要求，但管理能力和服务水平还比较低，体制机制性障碍仍需进一步消除。这些特征表明，交通发展成绩显著，矛盾和问题也很突出，这是社会主义初级阶段基本国情在交通行业的具体体现。

李盛霖部长在报告中指出，党的十六大以来的5年，交通工作最突出的特点就是发展理念更加科学，发展目标更加明确，发展成果更加显著。5年交通实践积累了十分宝贵的经验：①要有科学的指导思想；②要有不竭的发展活力；③要有三个积极性的充分发挥；④要有有效的行业管理；⑤要有坚强的组织保证和精神动力。李部长详细阐述了贯彻落实党的十七大和中央经济工作会议精神、推进交通科学发展面临的形势和任务。他说，当前和今后一个时期，是我国改革发展的关键时期,也是推进交通科学发展的重要战略机遇期。要适应经济社会发展的新需求,适应工业化、信息化、城镇化、市场化、国际化的新变化,适应建设创新型国家的新要求,适应资源节约和环境友好发展的新路子,适应加快发展服务业的新任务,适应发展综合运输体系的新趋势。强调,"三个服务"是对多年来交通实践经验的总结,是对交通发展规律认识的深化,是交通工作贯彻落实科学发展观的本质要求,也是交通工作深入贯彻党的十七大精神、适应新时期新阶段新要求、推进科学发展的出发点和落脚点。推进交通由传统产业向现代服务业转型,实质上就是推进现代交通业的发展。发展现代交通业,要努力做到"三个转变",即交通发展由主要依靠基础设施投资建设拉动向建设、养护、管理和运输服务协调拉动转变;由主要依靠增加物质资源消耗向科技进步、行业创新、从业人员素质提高和资源节约环境友好转变;由主要依靠单一运输方式的发展向综合运输体系发展转变。

李盛霖部长在报告中提出了交通事业发展到2020年、2010年的基本目标。初步考虑,到2020年,交通发展的质量和效率显著提高,运输服务和管理显著改善,行业创新实力显著提升,资源节约、环境保护显著增强,基本建成更安全、更通畅、更便捷、更经济、更可靠、更和谐的交通运输服务体系,交通发展成果倾注民生、惠及城乡、人民共享,适应全面建成小康社会的需要,为本世纪中叶实现交通现代化打下坚实基础。到2010年,基础设施网络化程度、信息化水平和运营管理水平得到提升;运输组织进一步优化,服务质量得到提高,公众交通服务领域得到拓展;资源利用水平明显提高,单位运输能耗和污染物排放量明显下降;安全监管、救助打捞和应急保障能力显著提高;行业创新能力不断增强;基本建立符合社会主义市场经济体制要求的交通管理体制机制,形成比较完善的政策法规体系。完成上述目标任务,要继续加强"四个环节",即调整交通结构,促进结构的优化升级,增强交通运输服务保障的能力;转变发展方式,建设资源节约、环境友好型交通,增强交通可持续发展的能力;推进自主创新,建设创新型行业,增强交通发展的内在动力;完善行业管理,建设服务型政府交通部门,增强交通公共服务的能力。要在基础设施结构调整、运输结构调整、自主创新、节约能源资源和保护生态环境、拓展交通服务领域、行业管理、体制机制改革、建设服务型政府交通部门8个方面下工夫。

李盛霖部长在报告中明确了2008年交通10项重点工作:①抓好运输保障和市场监管,②抓好重点项目建设,③抓好农村交通工作,④抓好交通安全工作,⑤抓好交通科技创新,⑥抓好节能减排工作,⑦抓好交通法制建设和体制改革,⑧抓好交通对外交流合作,⑨抓好行业文明建设,⑩抓好交通廉政建设。

第二节 公路交通行政

一、公路规划行政

(一)公布《国家公路运输枢纽布局规划》

为适应新时期公路交通发展的要求,加快与国家高速公路网相协调,与铁路、港口等其他运输方式紧密衔接、布局合理、运转高效的国家公路运输枢纽的建设,在1992年《全国公路主枢纽布局规划》的基础上,交通部制定了《国家公路运输枢纽布局规划》,2007年8月1日公布。原45个公路主枢纽全部纳入布局规划方案,成为国家公路运输枢纽的重要组成部分。共确定179个国家公路运输枢纽,其中12个为组合枢纽。覆盖60%地级以上城市,遍及84%国家开放口岸,涉及所有沿海主要港口。东部地区61个、中部地区56个、西部地区62个。国家公路运输枢纽布局见图4-9-1。

(二)规范《国家公路运输枢纽总体规划》的编制

根据《国家公路运输枢纽布局规划》要求,国家公路运输枢纽城市的交通主管部门负责组织编制总体规划,确定枢纽城市客、货运输站场的规模、数量与选址布局等。枢纽规划将作为城市总体规划

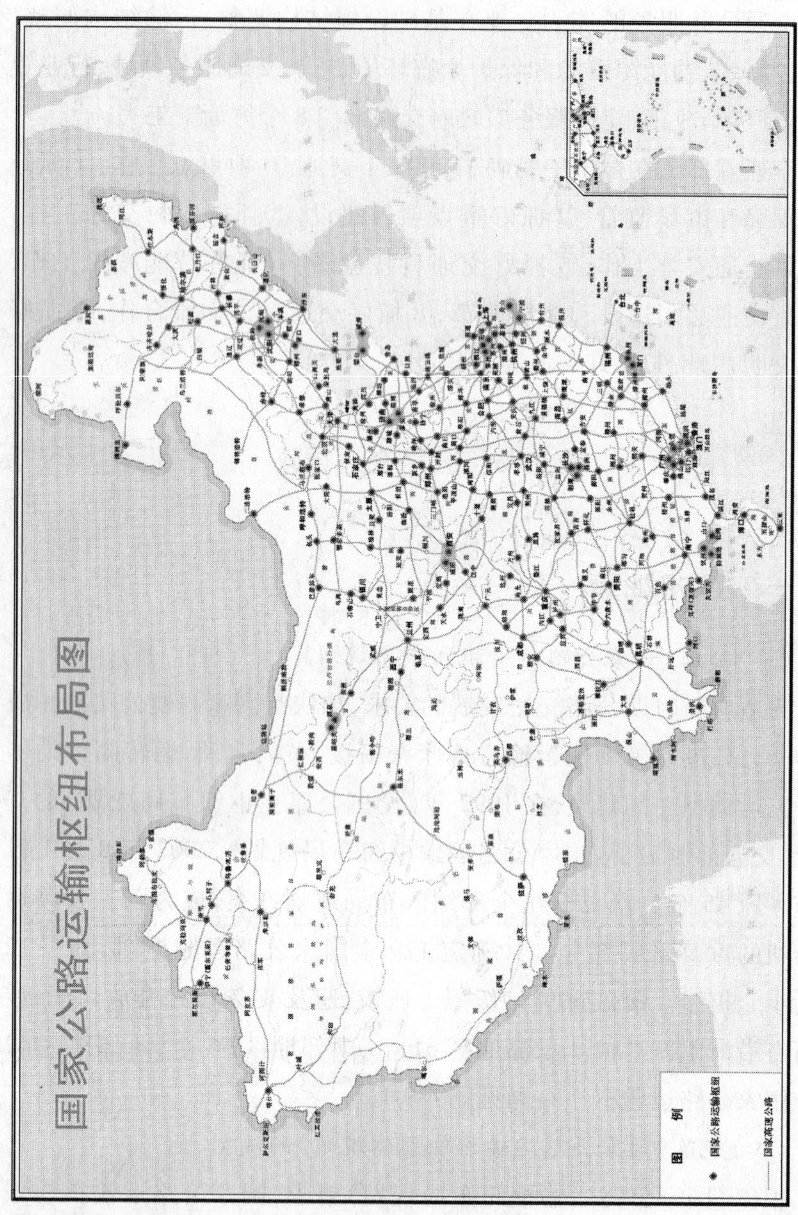

图 4-9-1　国家公路运输枢纽布局图

的重要组成部分,经批准后应及时纳入城市总体规划。为确保规划质量,2007年7月9日,交通部发出《关于印发〈公路运输枢纽总体规划编制办法〉的通知》,明确了《国家公路运输枢纽总体规划》的审批程序和要求。

(三)印发《更好地为公众服务——“十一五”公路养护管理事业发展纲要》

“十一五”时期,公共需求发生深刻变化,公路养护管理事业面临前所未有的挑战。为了适应新的更高的要求,使公路养护管理事业切实转入全面协调可持续发展的轨道,更好地为公众服务,2006年9月5日,交通部印发《更好地为公众服务——“十一五”公路养护管理事业发展纲要》。纲要分8个部分:①站在新的历史起点上;②准确把握“十一五”养护管理事业发展方向;③维护畅通安全、和谐高效的公路基础设施网络;④构建并完善以人为本、用户至上的公共服务体系;⑤建设并完善科学合理、精简高效的体制平台;⑥培育并完善公平规范、竞争有序的养护工程市场;⑦建立并完善稳定可靠、保障有力的支持系统;⑧塑造并展现服务人民、奉献社会的行业风貌。

二、公路建设与养护行政

(一)公布、实施《公路建设监督管理办法》

为促进公路事业持续、快速、健康发展,加强公路建设监督管理,维护公路建设市场秩序,交通部重新制定了《公路建设监督管理办法》,2006年6月8日交通部令第6号公布,自8月1日起施行。2000年8月28日公布的《公路建设监督管理办法》同时废止。新办法分为总则、监督部门的职责与权限、建设程序的监督管理、建设市场的监督管理、质量与安全的监督管理、建设资金的监督管理、社会监督、罚则、附则共9章。与2000年的办法相比,总体格局没有大的变化。新办法进一步明确了交通部和地方政府交通主管部门的职责;特别增加了企业投资项目的管理程序;突出强调了设计的严肃性和验收程序的规范性；对建设市场的管理也提出了新的要求。在罚则中，对不同违规行为的处罚标准作出更加明确的规定。

(二)公路建设市场管理

1. 建设公路建设市场信用体系

(1)印发《关于建立公路建设市场信用体系的指导意见》。为加强公路建设市场管理，规范公路建设从业单位和从业人员行为，维护统一开放、竞争有序的市场秩序，促进公路建设又好又快发展，2006 年 12 月 5 日，交通部印发《关于建立公路建设市场信用体系的指导意见》。确定公路建设市场信用体系建设的总体目标是：用 5 年左右的时间，建立起比较完善的公路建设市场信用体系，使我国公路建设管理水平和建设市场的规范化程度迈上一个新台阶。公路建设市场信用体系建设的主要内容包括信用信息征集、信用评价、建立信用信息平台、信用奖惩机制。该意见还提出了加强组织领导，明确职责分工；完善规章制度，严格依法行政；强化舆论引导，倡导信用理念；典型引路，稳步推进 4 项保障措施。

(2)公布全国公路建设从业单位和人员主要信用信息。对信用信息定期进行发布，是公路建设市场信用体系建设工作的重要内容。为加快构建"褒奖诚信，惩戒失信"的公路建设市场秩序，交通部汇总整理了《2005～2006 年全国公路建设从业单位和人员主要信用信息》，内容主要包括：省级交通主管部门作出的通报批评和表彰、各级交通主管部门作出的行政处罚决定，以及各级法院、检察、审计等相关部门认定的违法、违规行为。2007 年 5 月 9 日，交通部正式公布上述信息。

2. 开展公路建设市场督查活动

为进一步加强对公路建设市场的监管，根据《公路建设市场管理办法》和《公路工程质量监督规定》等法规，交通部 2006 年 4 月 21 日和 2007 年 4 月 9 日分别发出通知，开展 2006 年和 2007 年公路建设市场执法督查活动。

2006 年督查以"履约诚信"为主要内容，通过督查，达到加强市场监管,规范市场秩序,提高工程耐久性,提升行业管理水平的目标。2007年督查以“工程质量”为核心,以“诚信履约”为导向,通过督查,进一步规范市场秩序,提高工程耐久性,提升行业管理水平,促进公路建设市场健康发展。

2006年督查项目重点是国道主干线、西部开发通道、特大桥梁建设项目,2007年督查项目重点是国家高速公路网建设项目、国道主干线、西部开发通道、特大桥梁以及特长隧道建设项目。2006年督查的主要内容是地方交通主管部门市场监管情况;从业单位的依法建设和履约情况;2007年督查的主要内容是地方交通主管部门市场监管情况;各参建单位对工程质量管理和落实建设新理念情况;从业单位的履约诚信情况。

督查活动的组织形式分为全面督查、专项督查、省市互查和省市自查。

(三)公路养护管理

1. 修订《公路桥梁养护管理工作制度》

为适应公路桥梁养护发展需要,规范和加强公路桥梁养护管理工作,进一步提高公路桥梁养护水平和公共服务能力,交通部对1991年颁布的《公路桥梁养护管理工作制度》进行了修订,2007年6月29日发出通知,要求遵照执行修订后的《公路桥梁养护管理工作制度》,1991年颁布的《公路桥梁养护管理工作制度》同时废止。

本次修订以适应桥梁养护形势需要为目的,以明确责任主体,强化监管责任,完善管理制度为重点。修订后的《公路桥梁养护管理工作制度》,由原先的4章30条增加到9章50条,对总则、桥梁养护工程师制度、桥梁检查与评定及技术档案管理等内容作了修改和完善,增加了管理责任划分、桥梁养护工程管理、应急处置、监督检查等章节。

2. 召开全国公路养护管理工作会议

2006年5月11～13日,全国公路养护管理工作会议在山东济南召开。李盛霖部长、冯正霖副部长出席会议并讲话。会议回顾和总结了"十五"期间在公路养护管理工作方面取得的成绩,交流全国各地方的先进经验,归纳存在的问题。同时,确定"十一五"期间做好公路养护管理工作的发展的方向和目标。

会议提出的"十一五"公路养护管理工作的总体目标是:维护一个安全畅通的公路网络;构建一个以人为本的公路服务体系;建立一个科学高效的公路管理体制;培育一个规范有序的公路养护工程市场;建设一个先进高效的公路管理信息平台;培养一支拼搏奉献的公路管养职工队伍。为实现上述总体目标,要求要着重抓好公路正常养护;切实强化桥隧设施的养护监管;进一步加大依法治路工作力度;积极推进收费公路管理体制改革;稳步推进公路养护运行机制改革;加快公路管理信息化建设;继续做好公路规费征收工作;着力提高公路服务水平努力提高职工队伍素质等项工作。

(四)公路建设、养护工程管理

1. 规范公路工程施工和施工监理招标投标管理

2006年上半年,交通部连续发布并实施《公路工程施工招标投标管理办法》(交通部令2006年第7号)、《公路工程施工监理招标投标管理办法》(交通部令2006年第5号)和《公路工程施工招标资格预审办法》等规章和文件,同时废止前几年发布的相应规定。新发布的规定,对工作程序作出更加明确的表述,同时,强化了对招标投标环节的监督,规范管理过程,强调权利和责任对等。

2. 开展公路工程项目设计施工总承包试点工作

设计施工总承包是将工程项目的设计和施工合并招标,由中标人对工程的设计和施工实行总承包的一种工程项目管理模式,也是一些发达国家工程项目管理的成功经验。推广实施这一管理模式,能够促进设计与施工单位的紧密结合,充分挖掘设计、施工协作潜力,有效解决设计与施工脱节问题,有利于资源的优化和配置,更好地保证设计与施工质量,有效控制工程造价。同时,对推进公路工程勘察设计和施工企业间的战略重组,培育具有国际竞争力的大型建设企业,实施“走出去”发展战略具有重要意义。

为深化公路建设管理体制改革,进一步提高设计和施工质量,节约资源,控制工程造价,探索适合我国国情的公路工程设计施工总承包管理模式,2006年12月14日,交通部发出通知,决定在广东、河北、福建、陕西省4省和北京市先行开展公路工程设计施工总承包试点工作。通知明确了在公路工程项目设计施工总承包试点工作中需要研究解决的主要问题,提出试点项目选择和试点工作的要求;要求各试点省(市)交通主管部门要按照“积极稳妥、循序渐进、突出重点、注重实效”的原则,有领导、有组织、有选择、有计划地做好试点工作,注重探索总结实施过程中的具体做法和成功经验,为在全国推广实施打下基础。

3. 公路路网结构改造工程项目管理

(1)印发《公路路网结构改造工程项目管理办法(试行)》。为加强公路路网结构改造工程管理,规范工作程序,提高资金使用效益,根据《公路养护工程管理办法》等相关规定,交通部制订了《公路路网结构改造工程项目管理办法(试行)》,2006年8月3日印发执行。此试行办法包括总则、前期工作及计划管理、工程管理、监督检查和有关责任、附则共5章,对纳入车辆购置税支出预算的公路路网结构改造工程项目的各个环节的管理作出明确规定,是针对特定工程项目所制定的专门管理办法,是推进依法行政、规范管理行为的具体体现。

(2)印发《干线公路灾害防治工程试点工作方案》。为贯彻落实2006年全国交通工作会议精神,做好干线公路灾害防治工程试点工作。交通部组织制定了《干线公路灾害防治工程试点工作方案》,2006年8月23日印发。方案明确了干线公路灾害防治工程试点工作的工作目标与主要任务、工作步骤和工作要求。与方案同时印发的还有《干线公路灾害防治试点工程技术指南(试行)》。

4. 公路建设技术标准和规范

(1)召开公路工程标准规范工作创新座谈会。伴随着我国公路桥梁建设的快速发展,公路工程技术标准和规范工作不断推进,标准规范体系不断完善,内容不断丰富,强有力地支撑了工程建设和行业发展。2006年5月19日,交通部在北京召开公路工程标准规范工作创新座谈会。冯正霖副部长出席会议并作重要讲话,强调要从建设创新型行业的角度审视标准规范工作,高度重视标准的制订、修订工作,重视标准规范的体系创新和技术创新。还特别强调了培养规范标准编制人才的重要性。

(2)发布《公路路线设计规范》等多项公路工程标准、规范。2006年和2007年,交通部发布的公路工程标准、规范主要有:《公路路线设计规范》(JTG D20—2006)、《公路交通安全设施设计规范》(JTG D81—2006)、《公路交通安全设施设计技术细则》(JTG/T D81—2006)、《公路交通安全设施施工技术规范》(JTG F71—2006)、《高速公路交通工程及沿线设施设计通用规范》(JTG D80—2006)、《公路工程施工监理规范》(JTG G10—2006)、《公路工程土工合成材料试验规程》(JTG E50—2006)、《公路工程土工合成材料试验规程》(JTG E50—2006)、《公路勘测规范》(JTG C10—2007)、《公路勘测细则》(JTG/T C10—2007)和《公路涵洞设计细则》(JTG/T D65—04—2007)等。另外,还修订了《公路工程基本建设项目设计文件编制办法》。

(五)开展以桥梁为重点的交通基础设施安全隐患排查治理专项行动

2007年8月13日,湖南省湘西自治州凤凰县在建的沱江大桥发生坍塌事故,造成人员严重伤亡。党中央、国务院高度重视,温家宝总理作出重要批示,要求地方和有关部门尽快组织各方面做好抢救和善后工作,查明原因,严肃处理。

为坚决贯彻落实中央领导同志的重要批示精神,严防垮桥事件的再次发生,交通部决定,集中一段时间,在全国进一步深入开展以桥梁为重点的交通基础设施安全隐患排查治理专项行动。8月18日,交通部发出《关于开展以桥梁为重点的交通基础设施安全隐患排查治理专项行动的通知》,就此项行动进行详细部署。要求各级交通主管部门按照交通部的统一部署和要求,制定符合本地实际的具体工作方案,并对安全隐患排查治理行动进行全面部署。重点检查包括5类:①长大隧道和跨江跨海特大桥梁;②大跨径圬工砌体桥梁;③地质、地形条件复杂的桥梁和隧道;④交通繁忙特别是超限超载车辆行驶较为集中的桥梁;⑤高路堤、深路堑、地质复杂路段的桥梁和在建公路工程。一查基本建设程序;二查勘察设计;三查项目管理;四查工程实体质量;五查工程原材料;六查施工工艺。对以桥梁为重点的交通基础设施安全隐患排查工作从2007年8月中旬开始,到10月中旬结束,用两个月的时间,对桥梁等交通基础设施的安全隐患全面进行排查。排查工作采取省内自查、省际互查、专家抽查、领导督查相结合的方式进行。

各地于9月10日前完成了自查工作。为检查自查情况,总结和交流各地安全隐患排查治理的工作经验,查找工作中存在的问题,交通部决定组织各省级交通主管部门和部专家委员会有关专家开展省际互查工作。为保证这项工作顺利进行,27日,交通部发出《关于印发〈以桥梁为重点的交通基础设施安全隐患排查治理专项行动省际互查工作方案〉的通知》;要求认真做好各项准备工作,检查单位主动与被检单位联系,确定具体检查时间,尽快开展互查工作。相关专家所在单位提供必要条件,支持专家开展检查工作。

(六)进一步规范公路养路费征收管理工作

2006年12月22日,针对目前养路费征收管理工作中存在的问题,国务院办公厅发出关通知,在燃油税正式实施前进一步加强和规范公路养路费征收管理。为贯彻落实国务院的通知,2007年1月5日,交通部召开全国公路养路费征收管理电视电话会议,要求按照国办通知切实做好公路养路费征管工作。3月8日,交通部发出《关于进一步规范公路养路费征收管理工作的通知》,深刻领会国办通知精神,切实加强养路费征收管理工作的领导和组织;严格执行新的缴费时间;统一滞纳金计征办法;规范养路费征收标准;统一养路费减免及征收行为;统一养路费征收计量核定办法;统一并规范缴(免)费凭证管理;统一调驻车辆缴费管理;加强养路费使用监管,确保专款专用。

(七)农村公路建设和养护管理

1. 召开全国农村公路建设电视电话会议

(1)2006年全国农村公路建设电视电话会议。2005年12月,温家宝总理、黄菊副总理分别对我国农村公路建设作出重要批示。温家宝总理指出,加快农村公路建设,是改善农村基础设施的一项重大任务,要按照国务院通过的《农村公路建设规划》的总体要求,完善政策措施,抓好落实。黄菊副总理指出,这几年农村公路建设加大投入,取得很大进展,广大农民群众得到了实惠。要求交通部总结经验,继续抓好农村公路规划、建设、管护,为建设社会主义新农村作出新的贡献。2006年2月6日,交通部召开2006年全国农村公路建设电视电话会议。翁孟勇副部长传达了温家宝总理、黄菊副总理关于农村公路建设的重要批示,湖北、山西两省和贵州省遵义市分别介绍了农村公路建设的主要做法和经验。李盛霖部长和冯正霖副部长在会上讲话。

会议全面分析了新时期农村公路建设面临的新形势,要求以全新的视角,充分认识和准确把握新时期农村公路建设的4个新变化,即党中央、国务院明确提出的农村公路建设的新要求、农村公路建设的新任务、农村公路建设进入建管养并重的新阶段、农村公路建设发展的新内涵,作为全行业推进农村公路建设的重要思想基础。确定了"十一五"农村公路建设的主要目标:加快推进"通达"工程和"通畅"工程建设,基本实现全国所有具备条件的乡镇、建制村通公路,95%的乡镇和80%的建制村通沥青路或水泥路,县乡公路要达到180万公里,5年增加30多万公里,新改建农村公路120万公里。2006年,国家将进一步增加对农村公路建设的投资,规划新改建农村公路18万公里,其中沥青、水泥路约13万公里,同时加快革命老区、民族地区、边疆地区、贫困地区以及粮食主产区农村公路建设,加强农村渡口、渡船改造,大力发展农村客运。会议还提出了加强农村公路建设和管理工作的 5 条要求:精心组织,科学管理,全面推进农村公路建设;合理把握标准,注重环境保护和节约用地;落实建设资金,加强资金监管;加强质量管理,确保工程质量;加强养护管理,大力发展农村客运,充分发挥农村公路效益。

(2)2007 年全国农村公路建设电视电话会议。2007 年 2 月 26 日,交通部召开 2007 年全国农村公路建设电视电话会议。黄先耀副部长主持会议并传达了曾培炎副总理对农村公路工作的重要指示。四川南充仪陇县人民政府、福建省交通厅等 4 个单位介绍了经验。李盛霖部长和冯正霖副部长在会上讲话。

会议强调,要修农民愿意修的路,修农民能够受益的路,让农村公路更好地发挥支农、扶农、惠农作用。从构建和谐社会、从建设现代农业、从做好“三个服务”的高度,把握对农村公路的新要求,努力实现农村公路发展新突破。要重点抓好 4 个方面的工作:①拓宽资金渠道,解决资金问题;②以质量和安全为核心,加强农村公路建设管理;③保护环境、节约资源,实现农村公路的可持续发展;④发挥行业优势,加强指导和服务。实现农村公路又好又快发展,要特别注重把握好 4 个关键环节:①既要尽力而为,又要量力而行;②既要统筹安排,又要突出重点;③既要充分调动群众积极性,又要尊重农民意愿,核心是实行民主决策;④既要加快建设,又要建管养运并重。并对做好 2007 年的工作提出了 8 个方面的要求:①建立部省工作协调机制和建设目标考评制度;②调整投资结构,加大农村公路投资力度;③加强农村公路规划和项目前期工作;④加强农村公路建设管理;⑤加强农村公路养护管理工作;⑥加快完善农村客运网络,研究制定减免农村客运车辆相关税费的政策,保证农村客运“开得通、留得住、有效益”;⑦加强农村公路统计工作;⑧加强农村公路的宣传工作。

2. 发布、贯彻实施《农村公路建设管理办法》

为加强农村公路建设管理,促进农村公路健康、持续发展,适应建设社会主义新农村需要,交通部根据《中华人民共和国公路法》,制定了《农村公路建设管理办法》,2006年1月27日交通部令2006年第3号公布,自3月1日起施行。

《农村公路建设管理办法》是交通部颁布的第一部规范农村公路建设管理的行政规章,为加强农村公路建设管理提供了依据。依据《中华人民共和国公路法》等法律法规和国务院有关文件,针对农村公路建设实际,借鉴了各地农村公路建设管理的成功经验,明确了农村公路建设的责任主体,确定了"政府投资为主、农村社区为辅、社会各界共同参与"的多渠道筹资机制,规范了农村公路建设管理的各项工作,对加快农村公路建设,促进农村公路健康持续发展,服务社会主义新农村建设具有十分重要的意义。

3. 与各省联手建设农村路

为贯彻落实《中共中央国务院关于推进社会主义新农村建设的若干意见》(2006年中央1号)文件的精神,交通部与各省协商,采用省部联合签署共建意见的方式落实任务,明确职责,全力推进新时期农村公路建设。省部共建的总原则是:"各司其职、统筹规划、分地支持、因地制宜、量力而行"。地方主要负责按照1号文件确定的目标,结合本地实际落实;交通部主要负责规划协调、资金补助、技术指导和质量监管。至2006年7月,交通部已经与陕西、青海、贵州、内蒙古等22个省(区)联合签署了《关于落实中央1号文件农村公路建设任务的意见》。

4. 农村公路管理养护体制改革

为贯彻落实2006年中央1号文件和《国务院办公厅关于印发农村公路管理养护体制改革方案的通知》(国办发〔2005〕49号)的精神,进一步加强和规范农村公路养护管理工作,2006年7月28日,交通部、国家发改委、财政部联合发出《关于进一步做好农村公路管理养护体制改革的通知》,要求各省级交通主管部门高度重视,抓紧研究制订改革实施方案;精心组织,积极开展示范点创建工作;深入研究,不断完善加强农村公路管理养护工作的政策措施;加强领导,密切配合,抓好组织实施。

2006年12月13日,交通部通报了农村公路管理养护体制改革进展情况:各省级交通主管部门按照国务院和交通部有关要求,积极开展试点工作,有力地推动了农村公路管理养护体制改革进程,取得了一定成效。但从总体上看,改革工作进展还不平衡,部分省份改革实施方案和示范点工作方案仍处于征求意见阶段,有的省份甚至还仅处于研究制订方案阶段,在一定程度上影响了全国农村公路管理养护体制改革进程。要求尚未出台改革实施方案和示范点工作方案的省级交通主管部门要按照以上国办和3部委通知要求,在省级人民政府的统一领导下,加大工作力度,积极协调有关部门,加快制定出台改革实施方案和示范点工作方案,确保农村公路管理养护体制改革的顺利进行。同时,各地要进一步加强和规范农村公路的管理和养护,确保农村公路完好畅通,更好地为建设社会主义新农村服务。

5. 印发《2007年农村公路工作若干意见》

为贯彻落实2007年中央1号文件和全国交通工作会议精神,进一步加大农村公路建设力度,加强农村公路养护和管理,更好地服务于社会主义新农村建设,2007年3月30日,交通部印发《2007年农村公路工作若干意见》,就做好2007年农村公路工作,提出落实建设资金,完成建设任务;加强监督管理,确保质量和安全;深化管养体制改革,加强农村公路养护;推进乡镇客运场站建设,发展农村公路运输;维护群众利益,促进农民增收;做好行业指导,加强舆论宣传等26条要求。

6. 开展公路养路费(农村公路养护资金)审计调查

为切实贯彻落实《国务院办公厅关于印发农村公路管理养护体制改革方案的通知》精神,2006年8~10月,部审计办会同各省(区、市)及计划单列市交通厅(局、委)对2004~2006年上半年公路养路费(农村公路养护资金)的征收(筹集)、管理及使用情况进行审计调查,并对贵州、广西、广东、湖南、河南、山东六省(区)进行重点调查。通过审计调查,发现了养路费及农村公路养护资金在征收(筹集)、管理和使用过程中存在一些问题。2007年2月17日,交通部发出通知,要求进一步加强和规范养路费征收工作；严格执行养路费管理使用规定，确保专款专用；切实加大农村公路养护资金的筹措力度；认真做好审计调查反映有关问题的整改工作。

三、道路运输行政

（一）召开2007年全国道路运输工作会议

2007年9月6日，交通部在甘肃兰州召开全国道路运输工作会议。这次会议是认真贯彻国务院《关于加快发展服务业的若干意见》，研究落实"优先发展运输业"要求的一次重要会议，也是继2001年10月24～26日在湖北武汉召开的全国道路运输工作会议以来，专门研究和部署道路运输工作的一次重要会议。李盛霖部长主持会议并讲话，冯正霖副部长作了题为《充分发挥道路运输业的比较优势 努力做好"三个服务"》的报告。会议提出了"路运并举，和谐发展"的发展理念，并就全面落实科学发展观、构建和谐社会、建立资源节约型和环境友好型社会，及充分发挥道路运输在综合运输体系中的比较优势，全面提升道路运输业发展水平，努力做好"三个服务"的重大战略部署，进行了深入细致的剖析和探讨。

围绕做好"三个服务"的目标与要求，会议肯定了近年来道路运输工作取得的六个方面成绩（六个能力显著增强）：我国道路运输业近年来取得了长足发展，步入了持续、快速、健康发展的轨道，服务国民经济能力、依法行政能力、行业可持续发展能力、服务"三农"能力、安全生产事故防控能力和公共服务能力显著增强。指出了当前存在的"六个不适应"：①运输发展政策还不能适应发挥道路运输比较优势的需要；②运输服务质量还不能适应多样化、多层次的运输需求，安全生产隐患依然存在；③运输能源消耗还不能适应建设环境友好型、资源节约型社会的要求；④运输市场秩序还不能适应社会主义市场经济体制的要求；⑤运输场站还不能适应现代物流和社会公众出行的需要，国家公路运输枢纽和农村客运场站建设需加快推进；⑥道路运输管理机构建设还不能适应建立公共服务型政府的要求。提出了“十一五”期间,道路运输工作的总体要求和主要任务:以科学发展观为指导,认真落实国务院关于加快发展服务业的战略部署,充分发挥道路运输业的比较优势,努力做好“三个服务”,着力提高“五个能力”,推进道路运输业实现“运输安全高效、服务文明诚信、节能减排主导、技术装备先进、市场规范有序、站运协调发展”的目标。具体任务是充分发挥道路运输机动灵活、通达度高、覆盖面广,运输组织多样化,运输装备品种多,运输服务产品齐全4个主要比较优势,着力提高运输供给、安全监管、农村道路运输发展、可持续发展和市场监管“五个能力”,培育和建立一个充满活力、诚信守法、服务优质的道路运输业。

(二)印发《道路运输企业信誉考核办法(试行)》

为进一步规范道路运输市场,引导运输企业的经营行为,2006年6月23日,交通部印发了《道路运输企业信誉考核办法(试行)》。分为总则、质量信誉等级、质量信誉考核、奖惩措施、附则共五章27条。这是交通部转变政府职能,积极发挥市场监管作用所采取的具体措施。建立运输企业信誉体系,对形成完善规范的运输市场必将产生积极的影响。

(三)公布、贯彻实施《道路运输从业人员管理规定》

为加强道路运输从业人员管理,提高道路运输从业人员综合素质,交通部制定了《道路运输从业人员管理规定》,2006年11月23日交通部令2006年第9号公布,自2007年3月1日起施行。2001年9月6日公布的《营业性道路运输驾驶员职业培训管理规定》(交通部2001年第7号令)同时废止。

该规定对道路运输从业人员的管理原则、管理范围、资格考试和认证程序、从业资格证件管理、从业人员经营行为、违章处罚等作了具体规范,是道路运输从业人员管理的一部纲领性、系统性规章。它的颁布实施,对于强化道路运输管理,推进道路运输从业队伍建设,全面提升道路运输从业人员综合素质,推动道路运输行政管理改革,培育一个安全和谐文明的道路运输市场，实现道路运输又好又快发展，具有重要意义。

（四）推进鲜活农产品流通“绿色通道”网络建设

1. 开通全国“五纵二横”鲜活农产品流通“绿色通道”网络

2006年1月12日，交通部发出《关于开通全国“五纵二横”鲜活农产品流通“绿色通道”网络的公告》，宣布全国“五纵二横”鲜活农产品流通“绿色通道”网络按期建成，并于2006年1月15日起全部开通。公告明确了绿色通道网络的路线走向，适用于“绿色通道”运输政策的鲜活农产品和运输车辆应符合的条件。要求整车合法运输鲜活农产品的车辆在“绿色通道”上行驶时，各级交通主管部门应按规定给予通行便利；鲜活农产品运输车辆的驾驶人员，应自觉遵守公路交通法律法规，不得超限超载或违法运输。

2. 完善“五纵二横”鲜活农产品流通绿色通道网络实现省际互通

2006年中央1号文件明确要求“2006年要完善全国鲜活农产品‘绿色通道’网络，实现省际互通”。2006年7月15日，交通部、公安部、农业部、商务部、发改委、财政部、国务院纠风办联合发出《关于进一步完善“五纵二横”鲜活农产品流通绿色通道网络实现省际互通的通知》，要求充分认识建立和完善全国鲜活农产品流通“绿色通道”网络的重要意义；加快推进高速公路“绿色通道”线路建设，提高网络运行效率，在确保“五纵二横”绿色通道网络正常运行的基础上，进一步加大工作力度，力争在2006年年底前，将与“五纵二横”绿色通道线路平行的已建成高速公路纳入网络；加强维护管理，保证网络畅通；加强交通安全管理，依法查处违法行为，确保鲜活农产品运输车辆的通行安全；确保线路连续，消除政策差别，实现省际互通；严厉打击伪造和假冒“绿色通道”通行证的行为；广泛宣传教育，加强源头管理；强化监督管理，建立长效机制。

3. 规范鲜活农产品流通绿色通道标识设置工作

交通部在对部分省（市）“绿色通道”的建设、运营情况进行调查时发现,“绿色通道”沿线标识存在样式不统一,位置不合理,数量少、密度低,不够醒目等问题,给运输车辆出行带来了不便,并在一定程度上影响了“绿色通道”建设效果。为统一、规范“绿色通道”标识设置工作,进一步方便鲜活农产品运输车辆出行,交通部制定了《鲜活农产品流通“绿色通道”标识设置暂行技术要求》。2007年1月25日,交通部发出通知,要求高度重视和加强“绿色通道”标识设置工作,认真排查,尽快开展增补撤换工作,加强组织领导,确保实施工作的顺利进行,并附发了《鲜活农产品流通“绿色通道”标识设置暂行技术要求》。

(五)建立油价和运价联动机制

2006年3月27日,交通部发出特急通知,要求各级交通主管部门抓紧建立运输价格与成品油价格联动机制,做好农村客运燃油补贴衔接工作。同时要求各地尽快调整出租车运价或加收燃油附加费。通知强调,各地交通部门要及时掌握运输企业和从业人员的思想动态,提早制定化解矛盾的工作方案和应急方案,防止群体性事件发生。

(六)道路运输车辆与驾驶员管理、机动车检测与维修专业技术人员管理

1. 道路运输车辆与驾驶员管理

(1)印发第一批《道路货运汽车及汽车列车推荐车型表》。为提升道路货运车辆整体技术水平,推进货运汽车及汽车列车车型的多轴化、重型化和厢式化,根据《货运汽车及汽车列车推荐车型工作规则》,交通部决定分批发布《道路货运汽车及汽车列车推荐车型表》。2006年4月23日,印发了第一批《道路货运汽车及汽车列车推荐车型表》。交通部要求各级交通主管部门和道路运输管理机构、公路管理机构对货运汽车及汽车列车推荐车型予以扶持,在费收管理、运政管理等方面给予一定的优惠。

(2)加强营运客车类型划分及等级评定管理工作。营运客车类型划分及等级评定工作开展以来,对提高道路客运行业车辆技术装备水平,保证运输安全,提高客运服务质量发挥了十分显著的作用,但在实

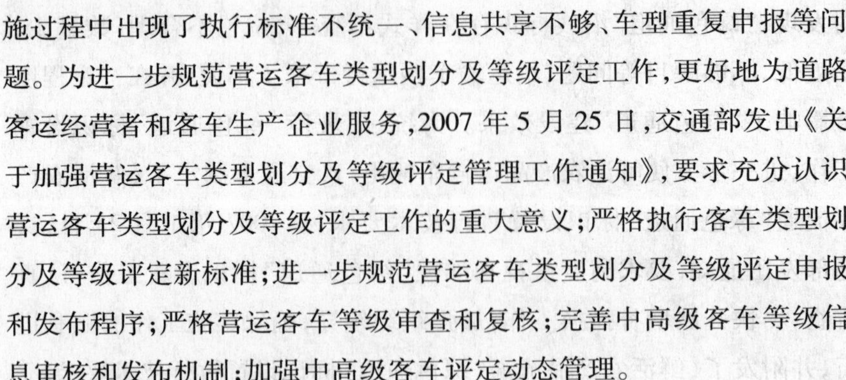

施过程中出现了执行标准不统一、信息共享不够、车型重复申报等问题。为进一步规范营运客车类型划分及等级评定工作,更好地为道路客运经营者和客车生产企业服务,2007年5月25日,交通部发出《关于加强营运客车类型划分及等级评定管理工作通知》,要求充分认识营运客车类型划分及等级评定工作的重大意义;严格执行客车类型划分及等级评定新标准;进一步规范营运客车类型划分及等级评定申报和发布程序;严格营运客车等级审查和复核;完善中高级客车等级信息审核和发布机制;加强中高级客车评定动态管理。

(3)贯彻国家标准《道路运输危险货物车辆标志》。2005年4月,国家质量监督检验检疫总局、国家标准化委员会修订发布了强制性国家标准《道路运输危险货物车辆标志》(GB 13392—2005),并于2005年8月1日起正式实施。为了规范和统一道路危险货物运输车辆的标志、标识,保障道路危险货物运输车辆安全运行,2006年5月11日,交通部、公安部、国家安全生产监督管理总局、发改委联合发出通知,要求认真贯彻《道路运输危险货物车辆标志》。要求有关部门密切配合,督促运输企业认真执行国家标准;加强对道路危险货物标志安装工作的指导和监督,保证标志的质量和安装符合技术要求;规范执法行为,促进道路危险货物车辆标志管理工作规范、有序。

(4)进一步加强道路运输车辆改装管理工作。为加强道路运输车辆技术管理,依法打击非法改装行为,根据《中华人民共和国道路运输条例》及《道路旅客运输及客运站管理规定》、《道路货物运输及站场管理规定》和《道路危险货物运输管理规定》等有关规定,2006年4月13日,交通部就进一步加强道路运输车辆改装管理工作发出通知,要求依法认定非法改装道路运输车辆;坚决防止非法改装车辆进入道路运输市场;规范已取得《道路运输证》车辆的改装行为;规范对非法改装道路运输车辆的执法行为;实施非法改装道路运输车辆黑名单制度;建立部门间协调配合机制,严厉打击非法改装企业。

(5)公布、施行机动车驾驶员培训管理规定。为规范机动车驾驶

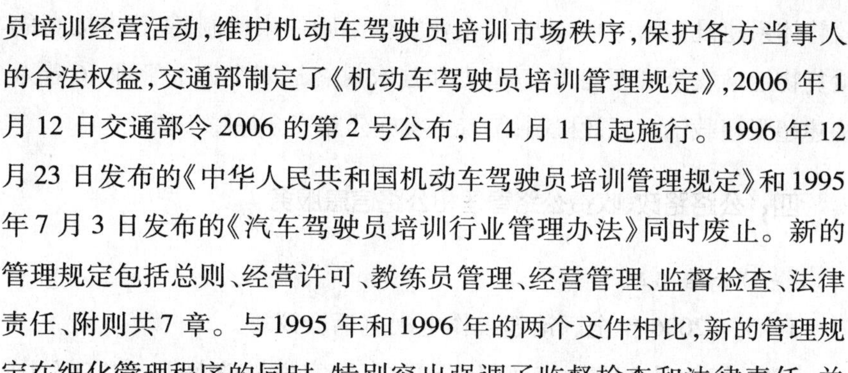

员培训经营活动,维护机动车驾驶员培训市场秩序,保护各方当事人的合法权益,交通部制定了《机动车驾驶员培训管理规定》,2006年1月12日交通部令2006的第2号公布,自4月1日起施行。1996年12月23日发布的《中华人民共和国机动车驾驶员培训管理规定》和1995年7月3日发布的《汽车驾驶员培训行业管理办法》同时废止。新的管理规定包括总则、经营许可、教练员管理、经营管理、监督检查、法律责任、附则共7章。与1995年和1996年的两个文件相比,新的管理规定在细化管理程序的同时,特别突出强调了监督检查和法律责任,并对不同违规行为作出明确的处罚规定。

2. 实施机动车检测维修人员职业水平评价制度

为了加强对机动车检测维修专业技术人员的管理,提高机动车检测维修专业技术人员的素质和业务水平,确保机动车维修质量,保障车辆安全运行,2006年5月19日,人事部、交通部联合发布了《机动车检测维修专业技术人员职业水平评价暂行规定》和《机动车检测维修专业技术人员职业水平考试实施办法》。

(七)道路运输安全管理

1. 开展公铁立交安全整治工作

2006年6月,为加强公路、铁路行车安全管理,保障人民群众生命财产安全,交通部与铁道部联合部署了公铁立交安全整治工作,对现有公铁立交上的安全隐患进行集中整治。为了切实落实国务院领导指示,进一步加强公铁立交安全整治工作,按期完成整治任务,2007年4月26日,两部再次共同发出通知,要求进一步做好公铁立交安全整治工作。

2. 着力保障道路运输安全的7项措施

2007年4月27～29日,公安部、交通部代表全国道路交通安全工作部际联席会议,在广西南宁召开全国创建“平安畅通县区”现场会。交通部冯正霖副部长在会上提出,道路运输安全管理要着力抓好7个方面的工作:①着力实施驾驶员素质教育工程;②着力加快营运驾驶员动态监管体系建设;③着力构建运输企业安全激励约束机制;④着力提高危险货物运输安全管理能力;⑤着力加强农村客运安全源头管理;⑥着力构建超限超载治理长效机制;⑦着力实施公路安全保障工程。

四、公路路政、收费公路管理和公路信息服务

(一)公路路政

1. 召开2006年全国治超工作电视电话会议

2006年2月28日,交通部、公安部、国家发展改革委、中宣部、国家质检总局、国家安全监管总局、国家工商总局、国务院法制办、国务院纠风办九部委联合在北京召开2006年全国治理车辆超限超载工作电视电话会议。主要任务是传达学习国务院领导重要批示精神,进一步贯彻落实国务院办公厅《关于加强车辆超限超载治理工作的通知》要求,总结过去两年治超经验,研究部署2006年工作,继续巩固和扩大治理成果,完善治超长效机制,推进治超工作有序深入健康开展。全国治超工作领导小组组长、交通部部长李盛霖在会上讲话。

会议总结了2004年6月以来治超工作的主要成效,分析了治超工作面临的形势,明确了下一步治超工作的主要任务:①治超成效主要表现在车辆超限得到有效控制;②交通安全形势明显好转;③车辆生产改装行为逐步规范;④公路设施得到有效保护;⑤治超工作环境大为改善5个方面。存在的5个方面突出问题是:①巩固成果压力大;②治超力度不平衡;③暴力抗法现象增多;④集中治理力度有所下降;⑤油价持续上涨影响了治超深入开展。2006年全国治超工作将转入"突出源头治理,强化执法力度,完善监控网络,建立长效机制"的新阶段。主要任务有5个方面:①坚持以建立健全治超长效机制为中心;②强化路面执法和源头监管两个力度;③着力提高依法治超、自主创新、联动治理三个能力;④完善治超工作机制、治超执法队伍、治超监控网络、经济调节机制四项建设;⑤力争实现立法、科学治超、舆论引导、服务、提高管理水平5个新突破。

2. 印发《2006年全国治超工作要点》

2006年是全国集中开展治超工作的第3年。为进一步贯彻落实国务院办公厅《关于加强车辆超限超载治理工作的通知》(国办发〔2005〕30号)精神,进一步巩固和扩大治理成果,加快治超长效机制建设,推进全国治超工作有序深入开展,2006年3月1日,交通部、公安部、发改委、中宣部、国家质检总局、国家安全监管总局、国家工商总局、国务院法制办、国务院纠风办九部委联合发出《关于印发〈2006年全国治超工作要点〉的通知》,要求结合本地实际,认真组织实施。

2006年全国治超工作要点包括下列几个方面:继续加强对治超工作的组织领导;依法治超,加大路面治超执法力度;进一步加强和规范车辆生产、改装及牌证管理;进一步加强源头监管;加快治超长效机制建设。

3. 统一国家高速公路网命名和编号

由于缺乏全国统一的命名和编号,国家高速公路网路线命名混乱、编号不统一、标志不清晰等现象普遍存在,一定程度上影响了国家高速公路网功能的充分发挥和服务水平的提高。统一国家高速公路网命名和编号,是公路行业做好“三个服务”的具体体现,是高速公路管理网络化和信息化发展的必然要求,是展现交通行业良好形象的重要载体。

2007年7月25日,交通部召开国家高速公路路线命名和编号实施工作电视电话会议,统一国家高速公路网命名和编号。交通部决定以京沪高速公路为示范工程,力争在年内完成所有已建成通车的国家高速公路沿线命名标志、指路标志、里程碑的规范设置和更换工作,完善其他公路上与国家高速公路相关的指路标志信息。同时,要求在建以及规划中的国家高速公路也要按照新的要求同步完成沿线命名标志、指路标志、里程碑的设置工作。

4. 中国公路“零公里”标志设置

交通部于2001年11月正式向北京市政府提出在天安门广场设

立中国公路"零公里"标志的动议,得到北京市政府大力支持。2006年9月24日,中国公路"零公里"标志正式安放在北京天安门广场正阳门前。26日,冯正霖副部长在交通部举行的新闻发布会上宣布,由交通部和北京市人民政府联合开展的中国公路"零公里"标志设置工作已经圆满完成。27日,中国公路"零公里"标志日正式向社会公众开放。中国干线公路起点从此有了象征性的标志。

首都北京是全国政治、经济、文化中心。在全国68条国道中,有11条是以北京为起点向全国辐射的,在国家规划的7条射线、9条纵线、18条横线、总长8.5万公里的高速公路网布局中,有7条是从北京向外辐射的。在天安门广场设立中国公路"零公里"标志,不仅将为中国公路网络提供一个标志性的起点,还对展示中国的开放形象、弘扬传统文化具有积极意义。

由清华大学美术学院专业人员共同设计完成的"零公里"标志,是从全国征集的1 024件设计方案中筛选出来的。该标志整体造型吸取了传统文化中天圆地方的概念,外方内圆。同时采取对称结构,符合所处中轴线的对称风格,用青铜合金整体铸造而成,显得庄重、大气。标志以中国古代表征方向的青龙、白虎、朱雀、玄武和篆字东西南北为主体图案,中间的零点采用阿拉伯数字"0"作为元点,围绕零点配以"中国公路零公里点"中英文全称,准确传达了标志含义。标志外环使用64个标志点代表着传统文化中的64个方位,而标志中的放射线背景喻示着中国公路网络四通八达。中国公路"零公里"标志见图4-9-2。

(二)规范和加强收费公路管理

为贯彻落实建设创新型交通行业工作会议精神以及《国务院办公厅关于转发发展改革委等部门关于加强固定资产投资调控从严控制新开项目意见的通知》(国办发〔2006〕44号)的要求,根据《收费公路管理条例》的有关规定,2006年11月27日,交通部发出《关于进一步规范收费公路管理工作的通知》,要求各地按照《收费公路管理条例》

图 4-9-2 中国公路“零公里”标志

的有关规定,进一步规范和加强收费公路管理。

通知要求各地交通主管部门抓紧研究本地区收费公路总量控制指标,严格控制收费公路建设规模和收费站点总量。各地任何新建的收费公路项目必须在国家和各省级政府批准的公路发展规划之内。按照《收费公路管理条例》的要求,东部地区新增、新建的二级公路一律不准收费。中、西部地区新建二级收费公路项目的审批必须从严。自通知发布之日起,凡在二级公路上进行路面改造和大中修的新建项目,一律不得批准设立为收费公路。对目前正在建设的收费公路项目,依照通知精神全面进行清理整顿,凡不符合规定的,立即整改。

通知要求,各地政府交通主管部门要切实本着“以人为本”的思想,更好地发挥收费公路通畅快捷的特点,方便百姓出行,严格把好收费站点的设置、审批关。对现有收费站点,通过撤并、调整,重新布局,确保总量不增并逐步减少。高速公路除两端出入口及省际交界处外,一律不得在主线上设站,其他收费公路同一主线两个收费站间距不得少于50公里。

针对各地收费公路转让中出现的问题,通知明确提出,在新办法出台之前,暂停收费公路收费权转让。各地要严格界定政府还贷性质收费公路和经营性收费公路,对此前非法设立的经营性收费公路,或没有依法按程序转让的以及人为改变政府还贷公路性质的，必须清理并限期纠正，对愈期未改正的，将按照《收费公路条例》规定实施严厉处罚。

通知要求各地交通主管部门必须严格依法对收费公路进一步加强监管，特别是要对车辆通行费收支情况提出更严格的监管措施。政府还贷公路的通行费收入，必须存入财政专户，严格实行收支两条线管理。除必要的管理、养护费用外，其余部分必须全部用于偿还贷款和有偿集资款，严禁挪作他用，严禁转交非财务机构管理，严禁账外设账和公款私存，严禁用于非公路行业的计划外投资。同时，对经营性收费公路，其车辆通行费的收支情况也要实施全过程监管。对违反上述规定的，要严肃处理。

（三）公路信息服务

1. 建立公路交通出行信息服务和交通部公路交通阻断信息报送制度

为更好地满足人民群众的出行需求，进一步提高公路交通应急保障和公共服务能力，交通部制定了印发《公路交通出行信息服务工作规定（试行）》（以下简称《工作规定（试行）》）和《交通部公路交通阻断信息报送制度（试行）》（以下简称《报送制度（试行）》），并于2006年8月29日同时印发。《工作规定（试行）》分为总则、信息的采集和管理、信息发布方式、监督和奖惩、附则5章，明确规定，当前主要采集的信息包括公路基础信息、公路气象信息、公路养护施工信息、突发事件信息4类。《报送制度（试行）》包括总则、报送的内容和方式、报送和时限和要求、附则4个部分，明确要求，基本情况、阻断原因、处置措施和统计数据等信息均应及时上报，其中，突发性事件应在1小时内上报。

2. 加强农村公路信息工作

2006年12月7日，交通部发出《关于加强农村公路信息工作的通知》，要求各省级交通主管部门要高度重视农村公路信息工作，完善工作制度,落实责任,专人负责,构建“畅通、快捷、高效”的农村公路信息网络和交流平台,推进农村公路建设和管理工作;要及时、准确报送相关信息;加强信息发布工作农村公路信息的主要内容包括:各省级政府及交通主管部门出台的政策、法规、制度,召开的重要会议及组织的重要活动;农村公路建设规划、筹资方式、组织实施等方面的情况;农村公路工作主要做法和典型经验;农村公路建设、渡口改造、渡改桥和场站建设等各项工作完成情况;农村公路养护管理情况以及其他重要信息。

第三节 水路交通行政

一、水运规划行政

(一)发布《全国沿海港口布局规划》

根据《中华人民共和国港口法》的要求,为了合理、有序开发和利用港口资源,完善国家综合运输网络,促进沿海港口向规模化、集约化、现代化方向发展,适应国家经济社会发展需要,交通部与国家发改委联合组织编制了《全国沿海港口布局规划》。2006年8月16日,温家宝总理主持召开国务院常务会议审议通过,11月20日正式发布。这是中国沿海港口空间分布规划,也是最高层面的港口规划。规划确定了港口发展方向和发展目标,综合部署未来港口设施布局及建设工作,标志着中国沿海港口建设与发展进入新的发展阶段。全国沿海港口布局见图4-9-3。

规划明确提出,打造五大港口群和八大运输系统:将全国沿海港口划分为环渤海、长三角、东南沿海、珠三角和西南沿海5个港口群,强化群体内综合性、大型港口主体作用,形成煤炭、石油、铁矿石、集装箱、粮食、商品汽车、陆岛滚装和旅客运输8个运输系统布局。

该规划是建设和管理港口的基本依据,也是政府实施宏观调控、

全国沿海港口(分区域)布局图

图例
★ 首都
省会
铁路
高速公路
环渤海地区
长江三角洲地区
东南沿海地区
珠江三角洲地区
西南沿海地区

图 4-9-3　全国沿海港口布局图

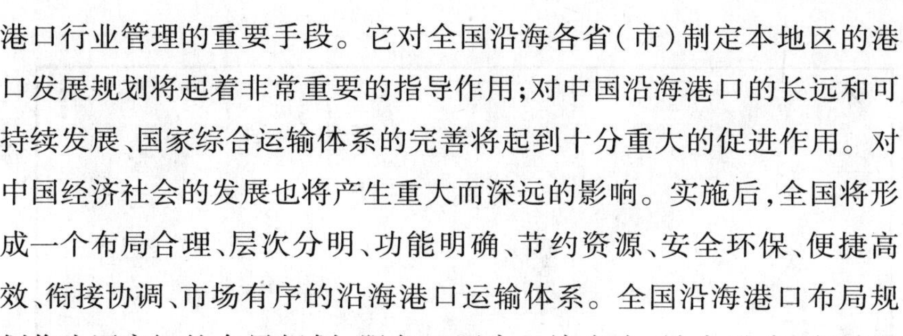

港口行业管理的重要手段。它对全国沿海各省(市)制定本地区的港口发展规划将起着非常重要的指导作用;对中国沿海港口的长远和可持续发展、国家综合运输体系的完善将起到十分重大的促进作用。对中国经济社会的发展也将产生重大而深远的影响。实施后,全国将形成一个布局合理、层次分明、功能明确、节约资源、安全环保、便捷高效、衔接协调、市场有序的沿海港口运输体系。全国沿海港口布局规划作为国家级的布局规划,服务于国家经济安全、社会进步、贸易发展、结构调整,体现了国家发展现代化港口和综合运输的意志。

(二)发布《全国内河航道与港口布局规划》

内河水运是综合运输体系和水资源综合利用的重要组成部分,是实现经济社会可持续发展的重要战略资源。积极倡导发展内河水运,符合建设资源节约型、环境友好型社会的要求。

为贯彻落实科学发展观,更好地指导内河水运健康发展,充分发挥内河水运占地少、运能大、能耗低、污染小的优势,完善综合运输体系,促进水资源综合开发利用,国家发改委与交通部共同制定《全国内河航道与港口布局规划》,2007年5月经国务院批准,2007年6月26日正式发布实施。规划重点是内河高等级航道和主要港口。规划的实施期限为2006～2020年。布局的1.9万公里内河高等级航道、28个主要港口遍及20个省(区、市),到2010年,我国内河航道通过能力将比2005年提高约40%,2020年将比2010年翻一番。

规划提出的布局方案是:在水资源较为丰富的长江水系、珠江水系、京杭运河与淮河水系、黑龙江和松辽水系及其他水系,形成长江干线、西江航运干线、京杭运河、长江三角洲高等级航道网、珠江三角洲高等级航道网、18条主要干支流高等级航道(两横一纵两网十八线、简称2－1－2－18)和28个主要港口布局。全国内河高等级航道与主要港口布局方案见图4-9-4。

(三)第一个国家级水上交通安全监管和救助系统布局规划

加强水上交通安全监管和救助系统建设,对提高安全管理水平,增强应

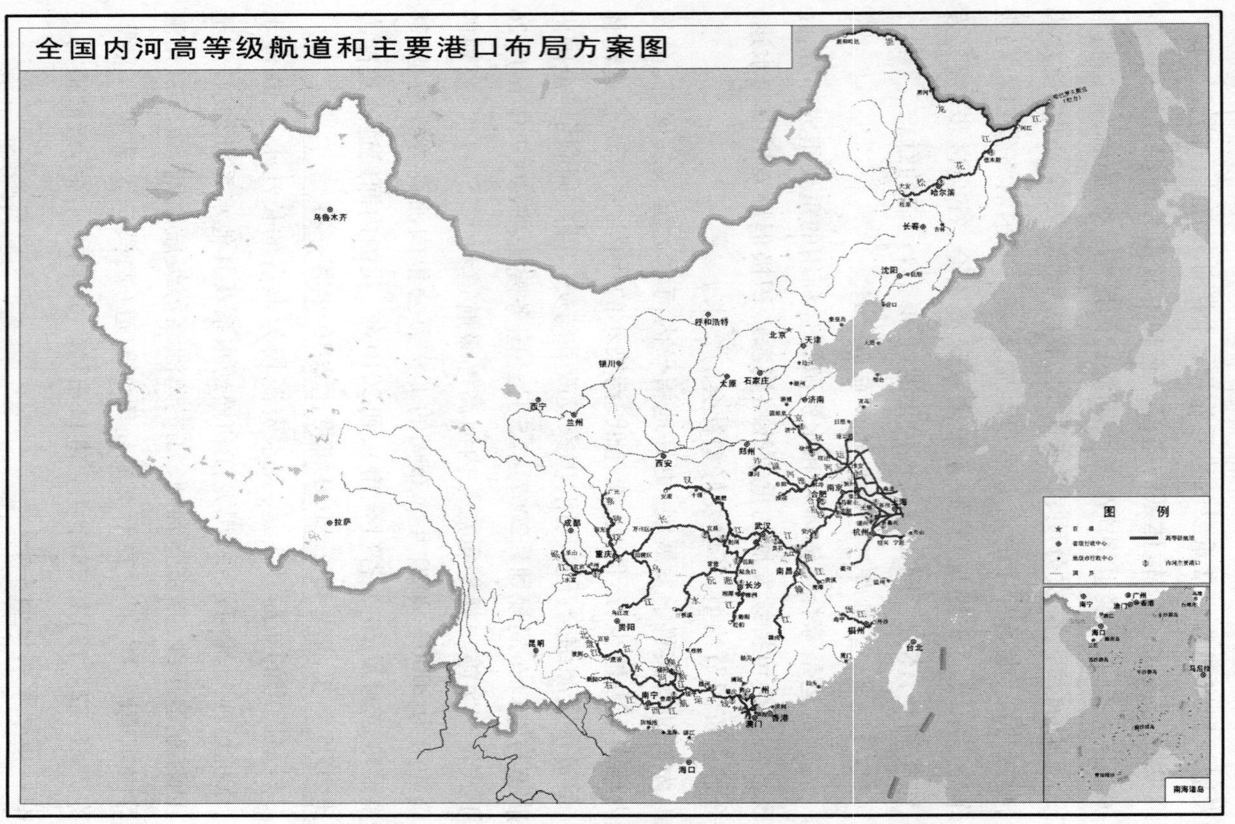

图 4-9-4 全国内河高等级航道与主要港口布局方案图

对水上突发事件的能力,切实保障人民群众的生命财产安全,促进经济发展,维护国家权益具有重要意义。

遵照2004年1月国务院关于进一步加强安全生产工作的决定,为实现到2020年水上交通安全状况根本好转的战略目标,国家发改委与交通部编制了《国家水上交通安全监管和救助系统布局规划》,并于2007年4月经国务院批准,6月28日正式发布实施。这是新中国成立后编制的第一个国家级水上交通安全监管和救助系统中长期规划,是全国突发性公共事件应急体系的组成部分。规划的地理范围是中央政府实施安全监管的水域,包括全部沿海水域(1.8万公里大陆海岸线,300万平方公路管辖海域面积)、长江干线(宜宾以下2 700公里)、珠江、黑龙江水系主要通航水域、额尔古纳河和澜沧江下游水域。规划的基础年为2005年,规划的水平年分为2010年和2020年。到2020年,水上监管和救助力量将有效覆盖我国管辖水域和搜救责任区,船舶溢油控制清除能力将由目前的不足200吨提高到1 000吨,人命救助有效率由目前的不足90%提高到93%以上。

(四)印发《“十一五”期长江黄金水道建设总体推进方案》

随着长江水运持续快速发展,“黄金水道”在西部大开发、中部崛起、东部率先实现现代化发展战略中的作用日益增强,地位越来越重要。积极发展水路运输,改善出海口航道,提高内河通航条件,建设长江黄金水道和长江三角洲高等级航道网,推进江海联运,已列入我国国民经济和社会发展第十一个五年规划纲要。长江黄金水道建设进入了重要的战略机遇期。

为贯彻落实2005年11月28日“合力建设黄金水道,促进长江经济发展”座谈会和2006年全国交通工作会议精神,落实相关工作,加快推进长江黄金水道建设,交通部与沿江七省二市共同制订了《“十一五”期长江黄金水道建设总体推进方案》,以指导“十一五”期的长江黄金水道建设工作。交通部于2006年11月21日印发。

该总体方案的总体目标是:到2020年,长江水运实现现代化,适应沿江经济社会发展需要，为沿江经济社会全面协调可持续发展提供高效、畅通和有竞争力的水运服务。长江水运的优势充分体现，长江黄金水道的作用充分发挥。

“十一五”的规划目标是：到2010年，长江干线航道条件明显改善，5万吨级海船乘潮直达南京，较大幅度地延长5 000吨级海船到武汉的通航期，利用航道自然水深，使3 000吨级海船季节性通航至湖南城陵矶。武汉以上航道更为通畅，三峡库区万吨级船队可直达重庆主城区港区，千吨级船舶直达云南水富。长江三角洲高等级航道网中主要航道通航1 000吨级船舶，京杭运河堵航问题明显缓解，通往上海国际航运中心的主要疏港通道更为顺畅；长江重要通航支流航运开发成效明显；长江主要港口的主要港区建设取得重大进展，机械化、规模化水平明显提高；长江水运的支持保障能力大幅度提高。基本实现船型标准化、系列化，长江干线货运船舶平均吨位提高到1 000吨以上，川江及三峡库区船型标准化率达到75%；京杭运河及长江三角洲水网主要航道船型标准化率达到80%。

（五）印发《全国内河船型标准化发展纲要》

为指导全国内河船型标准化工作，建立推进全国内河船型标准化的长效机制，实现2003年全国交通厅局长会议提出的全国内河运输船舶船型标准化目标，交通部组织编制了《全国内河船型标准化发展纲要》，2006年2月14日印发。

船型标准化是一项复杂的系统工程，推进内河船型标准化，是内河航运结构调整的重要内容。编制纲要对推动内河运输船舶技术进步，提高内河运输船舶技术水平，优化内河运输船舶结构，提高航道和船闸等通航设施利用率，减少船舶污染，保障水上交通运输安全，降低内河船舶运输成本，提高内河航运竞争力，促进内河航运可持续发展，具有十分重要的意义。

（六）召开水运工作会议

2007年7月5日，交通部在北京召开水运工作会议。曾培炎副总

理批示指出,水运是国民经济重要的基础性和服务性产业。改革开放以来,水运事业取得很大成绩。在新的形势下,要深入贯彻落实科学发展观,按照健全综合运输体系的要求,注重发挥水运占地少、污染小、成本低的优势,积极发展水路运输,加快推进我国水路交通现代化。

曾培炎副总理要求,发展水路交通要面向市场需求,加大政策支持,增强能力建设,加快结构调整,促进节能减排,大力发展内河航运,不断开拓海洋运输,为经济社会发展提供有效服务和有力保障。当前要针对存在的问题,强化监督管理,狠抓安全生产,排除事故隐患,确保人民生命财产安全和水运秩序正常。

李盛霖部长、翁孟勇副部长、徐祖远副部长、黄先耀副部长、驻部纪检组杨利民组长参加会议。李盛霖部长在会上就深刻理解胡锦涛总书记在中央党校发表的重要讲话和贯彻落实曾培炎副总理批示精神,加快推进我国水路交通现代化建设作了主题报告。表示,交通部门将继续全面贯彻落实党中央、国务院的战略部署,紧密结合交通工作实际,以科学发展观为统领,开拓创新,努力为国民经济和社会发展、为社会主义新农村建设、为人民群众安全便捷出行提供优质、高效的水运服务。

会议在回顾总结水运工作经验和分析水运发展面临形势的基础上,提出了2020年总体实现我国水路交通现代化的发展目标和发展思路,明确了“十一五”期间要突出抓好沿海港口结构调整和升级、以长江黄金水道为重点的内河航运建设、京杭运河扩能改造、现代海运船队建设和结构调整、内河船型标准化、安全保障能力建设6项工作以及进一步抓好规划的制定与实施、加大政策支持、加强水运市场监管、强化水上安全监管、完善水运法规标准和规范、加强科技创新和人才队伍建设六项保障措施。

国家发改委副主任毕井泉出席会议并在讲话中充分肯定了近年来我国水运发展的成就。他说,水运发展要坚持与其他运输方式协调发展,与海洋、水利、农业等行业加强协作,要注重节约使用土地、岸线等资源,抓好节能减排等工作。水运发展要处理好中央与地方的关系,处理好综合运输大通道、综合运输枢纽与水运通道、港口枢纽的关系,要全面推进水运基础设施建设,大力提高水路运输效率,加快技术进步,加强市场监管,继续深化投融资体制改革,建立长期稳定的建设资金渠道。

徐祖远副部长作大会总结,要求各级交通部门认真传达贯彻曾培炎副总理重要批示精神,组织干部职工认真学习和深刻领会李盛霖部长报告精神,统一思想认识,进一步理清本地区的水运发展思路,并将各项任务细化分解。积极主动加强与各有关部门的沟通协调,进一步建立和完善合作、联动机制。采取多种方式、多种形式宣传水路交通现代化的内容、特点,鼓舞行业士气,营造良好的发展环境。强调当前要扎实做好6个方面的工作:①强化监管、落实责任,切实做好安全工作。落实安全责任制,扎实开展防船舶碰撞、防泄漏专项整治工作。②积极应对气候变化,做好防汛抗旱和防抗台风工作,早准备、早检查、早安排、早落实。③保障暑运和重点物资运输,加强组织,确保安全,做好应急准备工作,保障经济稳定运行。④切实抓好节能减排措施的落实。⑤继续抓好长江黄金水道和京杭运河管理措施的落实。⑥做好最近出台政策法规的实施工作。

二、水运建设行政

(一)召开水运建设工作会议

2006年11月8~9日,全国水运建设工作会议在天津召开。这是新中国成立以来召开的第一次水运建设工作会议。徐祖远副部长出席会议并讲话。

会议确定"十一五"期间水运建设发展的主要任务是:继续加快沿海港口建设;大力推进以长江黄金水道为重点的内河水运建设;进一步加强水上安全和救助系统建设。为保障"十一五"水运建设发展目标顺利完成，要继续坚持“政府投资、业主筹资、多元融资、利用外资”的投融资体制，拓宽资金筹措渠道，加大对公用基础设施建设投资力度；落实《全国沿海港口布局规划》，以发展、完善五大运输系统为重点，加快建设大型专业化的公共码头；加快沿海深水航道和内河高等级航道建设，改善主要出海口航道及主要港口进出港航道的通航条件，适应船舶大型化发展需要，提高船舶航行安全保障能力；加快推动《航道法》的出台，同时抓紧制定《港口建设管理规定》、《航道建设管理规定》、《支持系统建设管理规定》以及相关的规章制度；严格建设市场准入管理，建立水运建设行业市场信用体系，深化建设管理体制改革，在试点基础上推行设计施工总承包制度，通过加强监管，真正建立公开、公正、公平的水运建设市场；加大科技攻关力度，进一步推进水运工程科技成果的开发和转化工作，着力解决关键技术问题，开展节能和环保新技术、新设备、新产品的开发和研究；加强质量管理，贯彻“建管养并重”的方针，针对内河建设工程质量的薄弱环节，开展好内河航运建设质量年和内河水运建设示范工程活动；建立长效管理机制，确保水运建设工程安全；加强建设项目监管，防治水运建设领域商业贿赂；开展文明示范工程活动，推进行业精神文明建设。

(二)施行《港口建设管理规定》和《航道建设管理规定》

为加强港口建设管理，规范港口建设市场秩序，保证港口工程质量，2007年4月24日交通部令2007年第5号公布《港口建设管理规定》，自6月1日起施行。规定分为总则、港口建设程序管理、港口建设市场管理、信息报送、法律责任共5章，对港口建设管理过程中的各个环节均作出明确规定。

为促进航道事业持续、健康发展，加强航道建设监督管理，维护航道建设市场秩序，2007年4月11日交通部令2007年第3号公布《航道建设管理规定》，自5月1日起施行。规定分为总则、建设程序管理、建设市场管理、政府投资项目的建设资金管理、工程信息及档案管理、法律责任、附则共8章，对航道建设管理过程中的各个环节均作出明确规定。

(三)推进长江黄金水道建设

1. 召开长江水运发展协调领导小组第一次会议

2006年11月21日,长江水运发展协调领导小组第一次会议在江苏南京召开,中共中央政治局常委、国务院副总理黄菊作了重要批示,要求沿江省(市)和有关部门站在我国现代化建设总体战略布局的高度,精心谋划长江黄金水道建设,狠抓各项措施的落实,切实把长江水运能力水平提升到新的高度。当前,要着力抓好4项工作:①统筹规划,突出长江水运建设重点,加大政策和资金支持力度;②充分利用长江黄金水道的优势,完善沿江产业布局;③加快水运结构调整和转变增长方式,不断提高长江水运生产力水平;④切实发挥好长江水运发展协调机制的作用,进一步加强部门、省市之间的合作,互相支持,形成合力,加快推进黄金水道建设,为沿江经济社会的全面、协调、可持续发展,为构建社会主义和谐社会作出更大的贡献。

交通部部长、长江水运发展协调领导小组组长李盛霖在讲话中指出,要认真贯彻落实黄菊副总理的重要批示精神,充分发挥部省市协调机制作用,加快推进长江黄金水道建设,促进沿江经济又好又快发展。

李盛霖部长强调,发展长江水运是一项长期任务,需要共同努力,分阶段、有重点地向前推进。当前,要重点做好7项工作:①拓宽渠道,多方筹集建设资金;②加大前期工作投入,做好项目前期工作;③加强研究,适时实施重点航段的整治和控导工程;④继续做好三峡船闸通航工作;⑤加快推进长江干线船型标准化工作;⑥进一步加强港口岸线和航道资源的保护,妥善处理好水运与水利、水电等发展的关系;⑦扎实推进水运科技创新。

会上,交通部与沿江七省二市共同签署了《"十一五"期长江黄金水道建设总体推进方案》,审议通过了《长江水运发展协调领导小组第一次会议纪要》。上海、江苏、安徽、江西、湖北、湖南、重庆、四川、云南七省二市主管交通工作的省市领导分别介绍了“十一五”建设长江黄金水道、发展地区经济的目标和保障措施。

2. 开展“十一五”长江黄金水道建设巡礼系列宣传主题活动

为配合长江黄金水道建设,交通部2007年6月19日发出《关于开展“十一五”长江黄金水道建设巡礼系列宣传主题活动的通知》。要求通过活动,展示黄金水道建设成就,发挥水运资源优势,探索科学发展之路,树立交通行业形象。2007年结合“国家公益年”开展大型公益接力宣传行动;2008年奥运会之年开展中外记者走长江大型采访活动;2009年、2010年对长江黄金水道“总体推进方案”和“十一五”规划建设成就进行宣传,对“十一五”宣传活动进行总结。

“接力行动”由长航局组织,2007年7月下旬在上海正式启动,以传递一支象征着七省二市合力建设长江黄金水道的接力瓶为视觉主线,从上海出发溯江而上,经七省二市到云南。长航局组织开展与七省二市“接力行动”互动的沿江水上宣传活动。“接力行动”在2007年长江水运发展协调领导小组办公室会议上进行总结,接力瓶由交通部收藏。

(四)建立内河水运建设项目动态管理系统和动态数据库

为全面掌握、了解、分析内河水运建设项目的动态情况,提高各级交通行政主管部门的科学决策、宏观调控和行业监管能力,确保内河水运快速健康有序发展,交通部2006年11月8日发出通知,决定建立内河水运建设项目动态管理系统和动态数据库。内河水运建设项目动态管理系统和动态数据库主要内容包括6个部分:①建设项目基本信息表;②相关单位基本情况表;③项目工程设计情况表;④项目资金计划情况表;⑤项目资金控制情况表;⑥项目工程形象进度完成情况表。

(五)收取港口设施保安费

2004年7月1日,国际海事组织《1974年国际海上人命安全公约》(SOLAS公约)海上保安修正案和《国际船舶和港口设施保安规则》(ISPS 规则)实施后,各港口投入了大量资金,配备港口保安设施、培训人员等,使经营和管理成本大大提高。为保证我国履约工作能够按照公约要求顺利开展下去,维护港口设施安全,保障我国经济和对外贸易的平稳发展,交通部、发改委于 2006 年 4 月 10 日联合发出通知,决定自 2006 年 6 月 1 日起收取港口设施保安费,执行期限暂定 3 年。

(六)水运工程管理

1. 召开全国水运工程技术创新会议

2007 年 7 月 7 日,交通部召开全国水运工程技术创新会议。徐祖远副部长在会上作了《立足"三个服务"强化技术创新,促进水运事业又好又快发展》的重要讲话,部署近期水运工程技术创新工作,提出立足"三个服务",强化技术创新,坚持"需求引导、科学统筹、重点突破、全面推进"的方针,使水运成为富有创新活力、具有创新动力和拥有创新实力的行业,加快推进水路交通现代化建设。会议明确了水运工程技术创新的重点任务,即构建三个体系:①技术创新的管理服务体系,②以企业为主体的创新体系,③技术创新的人才体系;突出两个重点:①重点建设水运行业技术研发中心,②水运科技信息资源共享服务平台;开发四大关键技术:①"资源节约型、环境友好型"的水运工程关键技术,②复杂自然条件下建设重大水运工程的关键技术,③信息化、智能化应用与提升的关键技术,④水运工程基础性与通用性关键技术。

2. 重新编制和发布《水运工程建设标准体系表》

为适应水运工程建设发展的需要,保持水运工程建设标准体系的科学性和合理性,交通部重新编制了《水运工程建设标准体系表》,2007 年 6 月 2 日,发布施行。2007 年 2 月 13 日,交通部颁布《水运工程建设标准管理办法》。

3. 建立水运工程有关专家和专家库管理制度

为加强对水运工程评标专家的管理,规范专家评标行为,健全评标专家库管理,保证评标的公正、公平,2006 年 7 月 6 日,发布《水运工程评标专家和评标专家库管理办法》。

为加强对水运工程设计和施工企业资质审查专家的管理,规范专家审查行为,健全专家库的管理,保证水运工程设计和施工企业资质审查的公正、公平和合理,2006 年 8 月 29 日,发布《水运工程设计和施工企业资质审查专家和专家库管理办法》。

4. 水运建设技术规范和标准

发布了《水运工程波浪观测和分析技术规程》(JTJ/T277—2006)、《港口水工建筑物检测与评估技术规范》(JTJ302—2006)、《集装箱码头计算机管理控制系统设计规范》(JTJ/T282—2006)、《疏浚与吹填工程质量检验标准》(JTJ324—2006)、《淤泥质海港适航水深应用技术规范》(JTJ/T325—2006)、《河港工程总体设计规范》(JTJ212—2006)和《〈港口工程荷载规范〉(JTJ215—98)局部修订(集装箱码头荷载部分)》等水运建设技术规范和标准。

三、水路运输行政

(一)加强港口引航管理

自 2006 年以来,各地人民政府根据国务院办公厅《关于深化中央直属和双重领导港口管理体制改革意见的通知》(国办发〔2001〕91 号)要求,积极推进引航管理体制改革,取得了较大的进展,为建立公平、公正的引航秩序提供了条件。为进一步加强我国港口引航管理,加快建立良好的港口公共服务环境,全面提升引航服务水平,2007 年 4 月 16 日,交通部印发《关于加强我国港口引航管理的通知》,要求各有关省(区、市)交通厅(局、委),上海市港口管理局,各港口所在地港口行政管理部门,各直属海事局,充分认识加强引航管理的重要性,切实加强组织领导;严把准入关,加强引航资质管理;实行科学管理,加强制度建设,全面提升引航服务水平;加强引航队伍规范化建设,全面提升引航队伍素质;切实加强引航安全管理工作;严格监管,规范引航行为。

（二）水运市场管理

1. 港口拖轮经营市场管理

随着港口业的快速发展和引航管理体制改革的逐步深化，各地要求从事拖轮经营的积极性很高。鉴于港口拖轮经营市场准入标准较低且不够具体，为防止拖轮经营市场出现无序竞争，促进港口业健康有序发展，各地港口行政管理部门要切实加强港口拖轮经营管理，实行总量控制、结构优化的管理方针。2007 年 6 月 22 日，交通部发出《关于加强港口拖轮经营市场管理的通知》，明确在新的市场准入标准出台之前，各地暂停审批新增港口拖轮经营企业。但仅有一家港口拖轮经营企业的港口，可择优批准新设立一家企业从事拖轮经营。

2. 班轮运输市场管理

（1）加强对班轮公会和运价协议组织监管。2007 年 3 月 27 日，交通部发出《关于加强对班轮公会和运价协议组织监管的公告》：为促进我国国际集装箱班轮运输市场健康发展，维护国际航运市场公平竞争秩序，保护承运人和托运人的合法权益，根据《中华人民共和国国际海运条例》及其实施细则等相关规定，对涉及中国航线的班轮公会和运价协议组织的相关事项予以公告。

①班轮公会、运价协议组织应遵守《中华人民共和国国际海运条例》和中国有关法律、法规和规章以及联合国《1974 年班轮公会行动守则公约》的相关规定，不得损害国际海运市场公平竞争秩序。②各相关班轮公会和运价协议组织应在 2007 年 4 月 15 日前指定派驻在中国境内的联络机构和代表人，在交通部指定的媒体上按要求公布联络机构并向交通部报备，同时知会中国境内的托运人或托运人组织。③班轮公会和运价协议组织应当与中国境内的托运人或托运人组织建立有效的协商机制，对调整收费项目、运价、附加费等有关事项进行充分有效的协商。④参与订立《中华人民共和国国际海运条例实施细则》第三条所列相关协议的国际班轮公司是协议报备义务人。⑤班轮公会和运价协议组织应在相关协议生效前不少于 15 天，将协议的主

要内容和执行的理由在交通部指定媒体上刊登公布。

(2)整顿和规范中日航线班轮运输市场秩序。随着改革开放的深入,我国国际海运事业得到快速发展,为对外贸易发展提供了安全、高效、便利的海上运输服务。但在国际海运市场竞争机制逐步完善的同时,也存在不规范的经营行为。一段时间以来,中日集装箱班轮运输市场反复出现不规范的价格竞争行为,甚至出现“零运价”、“负运价”,严重扰乱海运市场秩序,造成了不良影响,引起社会广泛关注。交通部对此高度重视,2006年9月29日,发布《关于整顿和规范中日航线班轮运输市场秩序的公告》,决定以中日班轮航线为重点,全面整顿和规范国际海运市场秩序,严肃查处违规经营行为。

3. 加强市场准入管理

为加强国内水路运输市场准入管理,提高国内航运业发展水平,保障运输安全,交通部于2001年2月24日颁布了《国内船舶运输经营资质管理规定》,并于4月1日起实施。针对实施以来出现的新情况,2006年3月8日,交通部就进一步加强国内船舶运输经营资质管理发出通知,要求建立航运企业经营资质动态管理制度;严禁船舶运输经营人接受船舶挂靠;加强企业申报材料的审核,确保材料的真实性。

为加强国内跨省水路客运、液货危险品运输市场准入管理,2006年11月16日,交通部发出通知,进一步明确并提高客船、液货危险品船市场准入条件;调整客船、液货危险品船以委托经营方式从事国内水路运输的相关规定;加强航运企业经营资质的监管。

4. 公告国内沿海跨省运输油船化学品船运力调控政策

2007年3月1日,交通部公布国内沿海跨省运输油船、化学品船运力情况和今后运力调控政策:自公告发布之日起,恢复国内沿海跨省运输油船、化学品船运力的审批,但新增的国内沿海跨省运输成品油船、化学品船运力应满足公告规定的条件。

5. 实施中资国际航运船舶特案免税登记政策

海运是国际贸易最主要的运输方式,我国外贸货物90%以上由海运完成。改革开放以来，中国海运业快速发展，船队规模不断扩大，有力地保障了中国对外贸易和国民经济发展。随着中国船队规模不断扩大，中资船舶在境外注册、悬挂外旗经营的比例也有所上升，占国际海运船队总吨位的50%左右。中资船舶在境外登记悬挂外旗经营的原因是多方面的，如境外融资造船和经营特殊航线的需要等，其形成也有一定的演变历史。由于国际航运企业参与国际竞争的需要，出于降低经营成本的考虑，一些在境外购买或建造的船舶选择在境外登记。中资船舶悬挂外旗经营，对中国航运健康发展和国家经济安全产生许多负面影响，不利于对船舶实施安全监管，容易出现低标准船舶和安全事故隐患，也不利于维护中国船员的合法权益。

为促进我国航运业健康发展，扩大国轮船队，加强船舶安全监管，维护我国船员权益，经国务院批准，在现有船舶登记等制度基础上，采取特案免税政策，鼓励中资外籍国际航运船舶转为中华人民共和国国籍，悬挂中华人民共和国国旗航行。2007年6月12日，交通部公布了根据国务院批准的特案免税政策和财政部确定的实施方案。对在2007年7月1日~2009年6月30日期间报关进口、办理船舶登记、符合规定条件的中资船舶，免征关税和进口环节增值税；特案免税登记船舶，原则上应继续从事国际航运，并依照《中华人民共和国国际海运条例》第二十三条的规定，办理营运船舶备案手续；根据国内运输需求和船舶安全技术状况，经交通部批准，可从事国内航运；中国船级社应依照有关规定，针对特案免税登记船舶的实际情况，办理相关进口勘验、法定检验、入级或转级手续，优先受理具有国际船级社协会正式成员船级的船舶。

实施特案免税政策，将进一步扩大国轮船队，有利于增强对中国国际海运的保障力，维护国家经济安全。

6. 开展2007年国内水路运输业及水路运输服务业核查工作

为实施对水路运输市场的有效监督管理，严格执行经营资质管理规定，维护水运市场秩序，打击非法经营，保护合法经营者利益，巩固

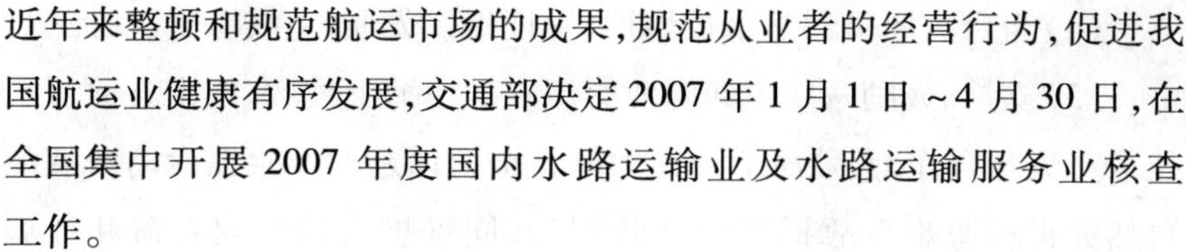

近年来整顿和规范航运市场的成果,规范从业者的经营行为,促进我国航运业健康有序发展,交通部决定2007年1月1日～4月30日,在全国集中开展2007年度国内水路运输业及水路运输服务业核查工作。

核查范围是已取得国内水路运输和水路运输服务业经营资格的经营人及其所经营的运输船舶。核查内容包括审核经营人在上一年度遵守国家水路运输法律、法规及交通主管部门的规章、规定的情况，重点审核有无超越经营范围和违章经营的行为，以及有无违反规定使用票据的情况；审核经营人的经营资质保持情况；审核运输船舶的经营资格和有无违规、违章行为及发生安全事故的情况，审核运输船舶有关证书是否相符、有效，有无篡改船龄和报废船舶继续从事营运的情况；了解经营人的生产经营情况，审核有关运输规费缴纳情况。

(三)宣布5项政策措施,促进台湾海峡两岸海上直航

为扩大两岸在交通运输领域的合作与交流,推进两岸“三通[①]”,2007年4月29日,交通部在第三届两岸经贸文化论坛上宣布了5项促进台湾海峡两岸海上直航的政策措施:

(1)鼓励台湾相关企业直接投资参与大陆码头、公路建设和经营。

(2)台湾相关航运和道路运输企业可以直接在大陆设立独资船务、集装箱运输服务、货物仓储、集装箱场站、国际船舶管理、无船承运、道路货运和汽车维修企业,以及合资国际船舶代理、道路客运公司。

(3)从事福建沿海与金门、马祖、澎湖海上直接通航的台湾客运公司可以在福建相关口岸设立办事机构,从事相关票务业务。对海峡两岸船公司从事福建沿海与金门、马祖、澎湖海上直接通航业务在大陆取得的运输收入免于收营业税和企业所得税。

①通邮、通商、通航。

(4)为台湾船员和潜水员培训、发证提供方便,免收考试、发证费。

(5)支持、鼓励两岸民间专业组织在两岸海上搜救、打捞方面开展技术交流与合作,大陆海上救助力量将全力以赴对发生在台湾海峡的自然灾害和海难事故提供紧急救援,共同维护台湾海峡人命和环境安全。

2007 年 5 月 15 日,福州与澎湖首次实现货运直航,从此,福建沿海地区与澎湖货运直航实现了常态化。

四、水路交通安全管理

(一)船舶安全管理和船舶运输安全管理

1. 发出紧急通知,加强水上交通安全工作

2006 年 3 月 16 日,针对农用船的非运输船舶非法载客现象比较严重,造成多起重特大沉船事故的问题,交通部、国家安全生产监督管理总局联合发出紧急通知,要求督促地方政府落实水上交通安全管理责任,严厉查处非法载客行为,切实加强乡镇船舶安全管理。

2. 公布《中华人民共和国船舶签证管理规则》

为规范船舶签证行为,保障水上交通安全,依据《中华人民共和国海上交通安全法》和《中华人民共和国内河交通安全管理条例》,交通部制定了《船舶签证管理规则》,2007 年 5 月 31 日交通部令第 7 号予以公布,自 10 月 1 日起施行。1993 年交通部发布的《船舶签证管理规则》(简称《93 规则》)同时废止。

本次修改的原则是在坚持船舶签证行政许可的前提下,按照行政许可的要求和船舶签证管理以及航运经济发展的要求,对《93 规则》进行大幅度修改,修订达 30 多个方面。概括起来,主要体现在明确船舶签证性质,准确定义船舶签证;明确规定需要办理船舶签证的各种情形,规范船舶签证的程序,提高规则的操作性,方便船舶和海事管理人员掌握;调整定期签证制度;新建船舶报告制度;船舶动态,提前安排监督管理工作;新建船舶年度签证制度;确定

电子签证的法律地位；建立船舶签证监督检查制度；明确船舶签证的责任8个方面。

3. 公布《老旧运输船舶管理规定》

为加强老旧运输船舶管理，优化水路运力结构，提高船舶技术水平，保障水路运输安全，促进水路运输事业健康发展，2006年7月5日交通部令2007年第8号公布《老旧运输船舶管理规定》，自8月1日起施行。2001年4月9日交通部公布的《老旧运输船舶管理规定》(交通部令2001年第2号)同时废止。

4. 公布《中华人民共和国高速客船安全管理规则》

为加强对高速客船的安全监督管理，维护水上交通秩序，保障人命财产安全，依据《中华人民共和国海上交通安全法》、《中华人民共和国内河交通安全管理条例》等有关法律和行政法规，交通部制定了《中华人民共和国高速客船安全管理规则》，2006年2月24日交通部令第4号发布，自6月1日起施行。交通部1996年12月24日发布的《高速客船安全管理规则》(交通部令1996年第13号)同时废止。与旧规则相比，新规则将行政主体由港务监督局调整为海事局，并对船舶适航的技术状态、船员的基本条件、船舶的安全保障条件等，作了更为细致且明确的规定。其核心是更好地保障乘客的安全。

5. 公布《中华人民共和国国际船舶保安规则》

为加强国际航行船舶保安管理，交通部制定了《中华人民共和国国际船舶保安规则》，2007年3月26日交通部令第2号予以公布，7月1日起施行。500总吨及以上的特种用途船自2008年7月1日起适用本规则。交通部2004年6月16日发布的《船舶保安规则》同时废止。

6. 组织港口设施保安演习

2007年10月31日，交通部与上海市人民政府在洋山港区举行了“中国政府履行SOLAS公约2007年港口设施保安演习”。交通部徐祖远副部长和上海市杨雄副市长为演习总指挥。

(二)防止船舶污染水域管理

1. 公布《中华人民共和国航运公司安全与防污染管理规定》

为提高航运公司安全与防污染管理水平,保障水上交通安全,防止船舶污染水域环境,交通部制定了《中华人民共和国航运公司安全与防污染管理规定》,2007 年 5 月 23 日交通部令第 6 号予以公布,自 2008 年 1 月 1 日起施行。

2. 发布《沿海海域船舶排污设备铅封管理规定》

为规范沿海船舶排污行为,限制船舶油类污染物的排放,保护水域环境,交通部 2007 年 4 月 10 日发布《沿海海域船舶排污设备铅封管理规定》,自 5 月 1 日起实施。规定指出,凡在相应海域航行的船舶均应遵守本规定,海事局负责船舶排污设备的铅封工作。禁止本规定适用的船舶向沿海海域排放油类污染物。船舶所产生的油类污染物须定期排放至岸上或水上移动接收设施。除机舱通岸接头(接收出口)管系外,船舶的油污水系统的排放阀以及能够替代该系统工作的其他系统与油污水管路直接相连的阀门应予以铅封。

3. 开展"两防"专项行动

2007 年 6 月 15 日,广东佛山南海裕航船务有限公司经营的"南桂机 035"轮从佛山高明开往顺德途中偏离主航道,触碰 325 国道九江大桥非通航孔的桥墩,造成九江大桥部分桥面坍塌,"南桂机 035"轮沉没。初步调查有 4 辆汽车坠入河中,造成 9 人失踪。事故发生后,国务院领导同志高度重视,立即作出重要指示,要求"抓紧修复,查明原因,严肃处理",并要求举一反三,对全国各地加强水上交通安全管理作出部署。

2007 年 6 月 17 日,交通部发出《关于开展防船舶碰撞防泄漏专项整治活动的通知》,指出:"近期各地连续发生多起重、特大船舶碰撞事故,6 月 15 日广东省又发生船舶撞桥事故,社会影响很大,并引起社会各界的广泛关注。为遏制重、特大水上交通事故的发生,为经济社会发展营造良好的水上交通氛围,按照国务院领导的批示要求和部 4 月

27日召开的全国交通安全工作电视电话会议精神,经研究,部决定开展防船舶碰撞、防泄漏(简称“两防”)整治行动并制定了《防船舶碰撞、防泄漏专项整治活动方案》”。“两防”专项行动整治的重点水域包括沿海和内河主要港口水域及进出港口的主要航道,内河和沿海的通航密集区、交通管制区、水上水下施工作业区,主要通航水域的桥区、坝区和船闸区。重点整治的船舶为客船(含客滚船、客渡船)、油船、危险品船、化学品船和砂石料运输船。

该通知要求各航运企业要在8月15日前对本单位船舶的航行安全设备、通信设备以及应急设备等进行一次全面仔细的安全检查,并对本单位安全管理体系的运行情况作一次严格检查,对通航环境、重点船舶、航运企业进行全面检查,同时对水上建筑物采取防碰撞措施,防止事故发生。

(三)召开全国水上交通安全专项整治工作交流电视电话会

为了继续深化水上交通安全专项整治,加强水上交通安全工作,2006年3月1日,交通部、国防科工委、农业部、国家安全监管总局联合召开全国水上交通安全专项整治工作交流电视电话会。此次会议主要是交流渡口、渡船安全管理专项整治、低质量船舶专项整治工作经验,部署水上交通安全工作。

交通部副部长徐祖远主持会议并讲话,指出:贯彻落实国务院领导关于深化水上交通安全专项整治的批示精神,交通部联合有关部门分别开展了渡口渡船安全管理、低质量船舶治理、船舶载运危险货物安全3项专项整治,都取得了明显成效。为继续深化水上交通安全专项整治,各专项整治领导小组办公室依法进一步督促地方政府落实安全管理责任;高度重视水上交通安全专项整治工作;各地区、各单位按照统一部署,切实落实专项整治工作;加大经费投入;加强协调配合,形成水上交通安全管理合力;创新手段,逐步建立水上交通安全长效管理机制。

国防科工委副主任金壮龙就“规范船舶生产秩序,保持船舶工业健康发展”发表了讲话；农业部副部长范小建对不断提高渔业行政管理部门驾驭安全生产工作能力提出了具体意见；国家安监总局副局长梁嘉琨指出，各单位、各部门要积极配合，形成水上交通专项整治工作的合力，推动水上交通安全状况和全国安全生产状况稳定好转。四川省交通厅、浙江省交通厅、江苏省交通厅、温州市人民政府、上海海事局分别就本地区水上交通安全专项整治工作进行了汇报交流。

(四)公布《中华人民共和国内河交通事故调查处理规定》

为加强内河交通安全管理,规范内河交通事故调查处理行为,根据《中华人民共和国内河交通安全管理条例》,制定了《中华人民共和国内河交通事故调查处理规定》,2006 年 12 月 4 日交通部令第 12 号发布,自 2007 年 1 月 1 日起施行。交通部 1993 年 3 月 24 日发布的《内河交通事故调查处理规则》同时废止。

与旧规则相比,新规定的总则部分,除了将实施监督机关由港航监督机关改为海事局之外,特别规定,内河交通事故的调查处理,应当遵守相关法律、行政法规的规定。特大事故的具体标准和调查处理按照国务院有关规定执行。规定要求事故方更加详细地报告相关内容,同时,对海事部门接收报告的行为也作出相应规定;进一步明确了部海事局和地方海事机构的管辖权限;对事故的调查过程应该注意的各个环节都提出具体要求。删去了原规定中处理事故过程中的调解过程,强调处理事故必须依法、依规。总的看,明显地强化了依法行政的要求。

(五)印发《注册验船师制度暂行规定》

为了加强船舶检验专业技术人员管理,更好地推行职业资格制度,提高船舶检验专业技术人员素质,保证船舶检验质量,防止水域环境污染,人事部、交通部、农业部联合制定了《注册验船师制度暂行规定》,2006 年 1 月 26 日印发,3 月 1 日起施行。此暂行规定分为总则、考试、注册、执业、权利和义务、附则共 6 章共 43 条。

(六)加强海事行政执法工作

1.公布《中华人民共和国海事行政许可条件规定》

为依法实施海事行政许可,维护海事行政许可各方当事人的合法权益,根据《中华人民共和国行政许可法》和有关海事管理的法律、行政法规以及中华人民共和国缔结或者加入的有关国际海事公约,交通部制定了《中华人民共和国海事行政许可条件规定》,2006年1月9日公布,自4月1日起施行。共分总则、海事行政许可条件、附则3章,其重点内容在第2章,具体规定了各项海事行政许可应该具备的条件。

2.全国海事工作会议提出“三个一[①]”理念

2007年9月19~20日,全国海事工作会议在四川成都召开,会议提出落实“三个一”理念的要求,不断加强海事自身建设。

在会议专题发言中,交通部海事局专门就在全国海事系统开展“行政执法一面旗”建设作了说明。自1998年水监体制改革以来,全国一体化海事监管体制基本形成。2005年全国海事工作会议提出“全国海事一家人,水上监管一盘棋”,前者强调海事队伍的整体性,后者强调海事目标任务的统一性。通过“两个一”建设的实践,围绕做好“三个服务”,2007年,交通部海事局进一步提出了“行政执法一面旗”的理念。“一面旗”建设强调海事行政执法的先进性,体现海事执法的水平、质量、效率、作风,要求坚持依法行政,强化规范化管理,加快自身建设步伐,它是“两个一”建设的根本落脚点。

会议提出,要充分认识海事工作的“整体性”特征,切实把握“统一性”的目标,正确面对“先进性”的定位,把握4个重点,即严格海事执法、加强队伍建设、提高工作透明度、规范海事管理,认真践行“三个一”的理念,加快海事自身建设步伐,确保海事执法水平走在国家经济类执法队伍的前列。

①全国海事一家人、水上监管一盘棋、行政执法一面旗。

（七）加强重点时段水上交通安全监管工作

近年来，交通部加强对水上交通安全规律的研究，确定了渤海湾水域、琼州海峡、舟山水域、西南山区河流和长江干线“四区一线”重点监管水域和客滚船、客（渡）船、高速客船、旅游船和危险化学品运输船“四客一危”重点监管船舶，落实重点监管措施，确保了水上交通安全形势的基本稳定。为进一步加强水上交通安全工作，2006 年 9 月 12 日，交通部发出《关于加强重点时段水上交通安全监管工作的通知》，要求针对不同季节特点，加强“四季三节”重点时段的监管工作，即加强春季防雾、夏季防台、秋季防火、冬季防风，“黄金周”防止发生群死群伤事故的相关工作。

（八）建立应急联动机制

1. 建立海（水）上搜救通信应急联动机制

近年来，随着我国经济的发展和海洋战略的实施，航行于我国沿海和内河水域的船舶不断增多，水上应急突发事件明显增加。为更好地维护国家和人民群众生命财产的安全，经交通部和信息产业部协商，决定充分发挥沿海及内河水域现代电信网络作用，在各海（水）上搜救、海事部门、通信管理部门、基础电信运营企业之间建立海（水）上搜救通信应急联动机制，以提高水上搜救能力。2006 年 6 月 7 日，交通部和信息产业部联合发出《关于建立海（水）上搜救通信应急联动机制的通知》，对相关事宜作了安排。

2. 建立灾难救助联动机制

为了应对应急救助工作中的意外事故，保障海上搜救从业人员的安全，交通部与民政部在进行充分沟通协调的基础上，联合下发了《民政部交通部关于建立灾难救助联动机制的通知》。

3. 海上医疗援助联动机制

随着我国海洋战略的实施及加入 WTO 后的新形势，航行于我国沿海的船舶不断增加，海上伤病事故明显增多，对海上搜寻救助提出了新的要求。同时，为了更好地履行国际公约，保证我国搜救责任区内海上航行、作业人员及我国远洋航行船员生命安全。2002年5月31日,交通部与卫生部联合下发了《关于建立海上医疗援助联动机制的通知》,对确保海上伤病人员能够得到及时、有效的医疗援助起到了很好的作用。

4.签署共同做好海上搜救气象服务的协议

2006年10月13日,交通部、中国气象局共同签署了《交通部、中国气象局关于共同做好海上搜救气象服务的协议》,以加强两部门间的协调配合,进一步做好海上突发事件的预警、预防和海上险情的处置工作。该协议明确了交通部、中国气象局将加强海上搜救和气象服务信息资源共享工作;共同加快气象观测系统的建设;共同完善海洋气象信息分发系统,应用多种信息传输方式,使气象预报产品在第一时间到达各级海上搜救机构及广大船员、渔民和海上作业人员等用户手中;双方将共同制定针对台风、冬季季风的海上预警应急预案;共同探讨海上搜救工作中的气象服务业务能力建设,逐步提高气象预报业对海上搜救的服务水平。协议的签署对提高海上搜救能力和运输服务水平具有重要意义,标志着海上搜救气象保障工作进入了新的工作阶段。

5.设立海(水)上搜救奖励专项资金

为鼓励社会搜救力量参与海(水)上搜救行动,国家决定设立海(水)上搜救奖励专项资金。交通部根据《国家突发公共事件总体应急预案》等有关法规,积极与财政部协调沟通共同制定《海(水)上搜救奖励专项资金管理暂行办法》,并联合下发《关于印发〈海(水)上搜救奖励专项资金管理暂行办法〉的通知》。该通知的实施极大地促进了社会力量参与力度,完善了国家海上搜救部际联席会议制度的内涵。

(九)建立沿海陆岛空中救援网络

交通部救捞体制改革后,在香港特区政府飞行服务队和军队、民航等单位的支持帮助下,交通部救助飞行队发展建设的步伐明显加快，立体救助覆盖范围逐步扩大，救助遇险人员逐年增多。特别是为了加强对海岛周边作业人员的救助，提高救助飞行队的综合应急救援能力，交通部着手建设沿海陆岛空中救援网络，其中渤海湾陆岛空中救援网络2007年春运前建成，收效显著，形成了陆岛结合、船机协同的联动机制，最大程度地发挥救助直升机的作用，为渤海湾地区海上运输和海洋资源开发提供了有力的安全保障。

（十）启动交通部专业救捞队伍"专业化建设"工作

为了落实党的十六届六中全会关于"建设精干实用的专业应急救援队伍"的要求，实现部党组为救捞系统提出的总体工作目标，交通部印发了《交通部救捞系统专业化建设指导意见》，从2008至2010年，开展具有中国救捞特色的专业人才队伍、装备和技术专项建设工作。

五、《中华人民共和国船员条例》公布

我国是世界公认的航运大国和船员大国，已连续9次当选为国际海事组织（IMO）A类理事国。2006年底，全国在运输船舶上从事船员工作的约155万人（其中从事海上运输的50多万人），居世界第一位。船员对顺利完成运输任务，保障水上交通安全，防止船舶污染环境，促进国民经济发展和对外交往发挥着重要作用。船员工作比较艰苦、风险大，职业素质要求高。因此，许多国家都通过立法加强对船员的管理和保护船员的权益，国际海事组织和国际劳工组织也制定了相应的公约。目前，我国船员业务素质很不适应航运大国的需要，已成为影响水上交通安全最主要因素。根据交通部的统计，85%以上的水上交通事故是由船员操作不当等人为原因造成。同时，船员的合法权益又得不到有效保护，有的船员受伤、患病得不到及时、有效的救治，在船员中介服务市场常常受到"黑中介"的盘剥。为了解决这些问题，国务院制定并公布了条例。为了加强船员管理，提高船员素质，维护船员的合法权益，保障水上交通安全，保护水域环境，交通部制定了《中华人民共和国船员条例》，2007年3月28日经国务院第172次常务会议

通过,4月14日中华人民共和国国务院令第494号予以公布,自9月1日起施行。这是我国第一部针对船员管理的法规性文件,填补了船员管理制度体系的空白。

第四节 交通综合行政

一、交通法制工作

(一)公布、施行新的《交通法规制定程序规定》

为规范交通法规制定程序和交通立法行为,保证交通立法质量,根据《中华人民共和国立法法》、《行政法规制定程序条例》和《规章制定程序条例》,交通部制定了新的《交通法规制定程序规定》,2006年11月24日交通部令第11号发布,自2007年1月1日起施行。旧的《交通法规制定程序规定》(交通部令1992年第38号)同时废止。新规定使交通立法工作的透明度和公众参与程度不断提高,更加先进、合法、合理、直观地体现了目前的交通立法工作程序和交通立法这些年的实际进步。

(二)提出交通法制工作要重点加强6个方面的工作

2007年8月18~19日,交通部在辽宁大连召开全国交通法制工作座谈会,黄先耀副部长到会讲话,要求认清形势,统一思想,进一步增强做好新时期交通法制工作的使命感和责任感。交通法制工作要把握规律性,赋予时代性,体现前瞻性。交通法制建设必须适应贯彻落实科学发展观的要求,必须适应构建和谐社会的要求,必须适应贯彻依法治国方略、全面推进依法行政的要求,必须适应深化行政管理体制改革的要求,必须适应做好“三个服务”、推进交通事业又好又快发展的要求。要重点加强6个方面的工作:①继续加快交通立法步伐,不断提高交通立法质量;②进一步提高交通行政执法队伍的整体素质;③加强交通执法文化研究;④加强交通法制建设的行业指导;⑤

加强对交通法制工作的领导;⑥加强法律基础工作研究。

(三)加快交通立法步伐,废止33件交通规章

从2004年10月在江苏苏州召开交通法制工作座谈会到2007年8月在辽宁大连召开全国交通法制工作座谈会,全国交通法制工作取得了明显成效。交通立法步伐明显加快,3年共出台3个交通行政法规、39件规章,在"十五"期间集中清理的基础上,交通部再次开展法规清理工作。2006年11月24日,交通部令2006年第10号公布废止33件交通规章。

(四)推行行政执法责任制

为贯彻落实《全面推进依法行政实施纲要》和《国务院办公厅关于推行行政执法若干意见》,2007年4月2日,交通部发布《关于推行交通行政执法责任制之实施意见》,要求结合行业实际推动建立行政执法责任制。指出,建立责任制的主要任务是确认交通行政执法主体;梳理交通行政执法依据;分解交通行政执法职权;细化交通行政执法工作流程;确认交通行政执法责任。

(五)发布《全国交通系统法制宣传教育第五个五年计划》

为了进一步贯彻落实依法治国基本方略,继续深入开展法制宣传教育,保障《中央宣传部、司法部关于在公民中开展法制宣传教育的第五个五年规划》在全国交通系统顺利实施,2007年3月29日,交通部发出通知,印发《全国交通系统法制宣传教育第五个五年计划》,要求结合实际情况,切实抓好落实,努力抓出成效。此规划明确了全国交通系统"五五"普法的目标、主要任务和分3个阶段推进工作的安排。

二、交通信息化建设

(一)编制《公路水路交通信息化"十一五"发展规划》

为贯彻落实《国民经济和社会发展第十一个五年规划纲要》中关于积极推进信息化的精神和中共中央办公厅、国务院办公厅印发的《2006~2020年国家信息化发展战略》的总体要求,更好地指导"十一

五”期间交通行业信息化的发展,满足建设创新型交通行业的需要,大力推进公路水路交通信息化建设,以信息化带动和提升交通行业的科学决策和行政管理水平、交通运输系统的运行效率、安全性能和公共服务能力,促进公路水路交通又快又好发展,编制了《公路水路交通信息化“十一五”发展规划》,2006年5月18日印发。

(二)制定《公路水路交通信息化标准建设方案(2007～2010年)》

为进一步加强交通信息化标准工作,规范行业信息化建设,促进交通信息资源开发利用及信息系统互联互通,提高交通信息化建设效率,实现交通信息化健康有序发展交通部制定了《公路水路交通信息化标准建设方案(2007～2010年)》,2007年8月7日印发。方案提出,力争在“十一五”末,初步建立一个适应交通信息化发展需要的信息化标准体系,为交通信息化健康有序发展提供有力的保障。

(三)印发《公路水路交通信息资源目录体系总体框架》

为指导交通信息资源目录体系的规划与建设,2006年12月26日,交通部印发了《公路水路交通信息资源目录体系总体框架》。建立交通信息资源目录体系,将便于各级管理者掌握信息资源的分布状况,实现对信息资源建设的统一规划,避免重复建设,并逐步建立交通信息资源共享长效机制,推动交通信息资源整合,为交通信息资源的综合开发利用奠定基础。

(四)开展交通电子政务检查工作

根据国家信息化领导小组《关于开展全国电子政务检查工作的通知》要求,为全面了解今年来交通电子政务建设和应用情况,总结经验,发现不足,促进交通电子政务健康、有序发展,2007年3月19日,交通部发出通知,决定在2007年3～6月间开展一次交通电子政务检查工作。检查的目的,主要是了解掌握各单位对于国家及部有关电子政务方针政策和部署的贯彻落实情况。重点从推进电子政务的组织领导、建设与应用、实际效果、资金保障与社会化程度等方面开展检查。

（五）印发《交通行业现行及正在制修订的信息标准目录》

为进一步推动交通信息化建设，充分发挥标准在信息化建设中的重要作用，促进交通信息资源的整合利用，加强应用系统的互联互通，交通部根据交通行业信息标准的制定情况，组织编制了《交通行业现行及正在制修订的信息标准目录》，并于2007年4月4日印发。

（六）加强和规范交通运输行业卫星定位应用系统建设

随着交通运输事业的发展和交通信息化应用水平的不断提高，卫星定位应用系统在公路水路交通运输生产和管理中正在发挥着越来越重要的作用。为进一步加强和规范交通运输行业卫星定位应用系统的建设，促进卫星定位技术的广泛应用，保障交通运输业的健康发展，2006年11月2日，交通部发出通知，对加强和规范公路水路交通运输行业卫星定位应用系统建设提出指导意见。

三、交通人事行政

（一）印发《2007～2011年交通部部属单位领导班子建设规划纲要》

2007年7月27日，中共交通部党组印发《2007～2011年交通部部属单位领导班子建设规划纲要》，要求部属各单位遵照执行。纲要分为部属单位领导班子建设面临的形势、指导思想及工作目标、主要措施3个部分。要求经过5年的努力，部属领导班子建设要在5个方面取得成效：①思想政治建设明显增强；②结构和整体功能明显改善；③领导科学发展能力明显提高；④集体领导作用明显增强；⑤作风建设得到明显加强。纲要主要有3个方面特点：①改善领导班子结构方面，更加突出了班子配备的科学性和合理性；②在发挥班子集体领导作用方面，更加注重了班子决策、运行的科学化和规范化建设；③在干部选拔任用、管理、培养等方面，机制更加科学。

（二）召开干部人事工作会议，实行部属单位领导干部职务任期制

2007年8月23～24日，交通部干部人事工作会议在交通部管理

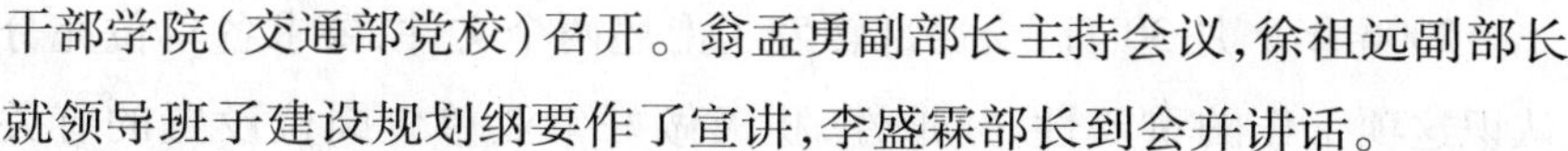

干部学院(交通部党校)召开。翁孟勇副部长主持会议,徐祖远副部长就领导班子建设规划纲要作了宣讲,李盛霖部长到会并讲话。

会议回顾总结过去5年来交通部干部人事工作取得的成绩和经验、分析面临的新形势和新任务后,明确提出,交通部干部人事工作要围绕做好“三个服务”主线,推进体制机制和人事制度改革,抓好领导干部、公务员、专业技术人才和技能人才三支队伍建设,做到“四个适应”,即适应深化干部人事制度改革,适应政府职能、工作作风和工作方法转变,适应交通行业转型,适应交通行业从业人员全面发展。在建立领导干部落实科学发展观实绩考察办法、提高领导班子整体素质、推进干部能上能下、提高公共管理和公共服务能力、培养以两院院士为代表的具有较强影响力的交通行业高层次专业技术人才5个方面实现突破。

会议确定了今后一段时期交通部干部人事工作的总体要求是,坚持树立正确的选人用人导向,坚持确立科学的选人用人标准,坚持完善行之有效的选人用人措施,坚持营造和谐而又风清气正的工作氛围,坚持遵循干部人事工作的科学性和规律性。强调要在落实大力加强领导班子和领导干部队伍建设、认真抓好公务员队伍建设、培养和造就高素质人才队伍、深化管理体制和人事制度改革、切实搞好组织人事部门的自身建设5项重点工作上下功夫。

会上正式印发了《交通部部属单位领导干部职务任期制实施办法(试行)》,2004年发布的《交通部部属单位党政领导干部任期制办法(试行)》同时作废。

(三)组织实施《事业单位岗位设置管理试行办法》

《中共中央国务院关于进一步加强人才工作的决定》和《国务院办公厅转发人事部关于在事业单位试行人员聘用制度意见的通知》要求,在事业单位推行聘用制度和岗位管理制度。2006年7月4日和9月2日,人事部印发《事业单位岗位设置管理试行办法》和《(事业单位岗位设置管理试行办法)实施意见》。

2006年9月30日，交通部转发了上述两个文件，要求各单位充分认识这项工作的重要性、紧迫性，积极做好事业单位岗位设置的有关工作。为进一步加强交通行业事业单位的管理，维护行业利益，为交通事业单位提供积极有效的服务，征得人事部同意，交通部决定组织有关单位开展交通行业特有专业事业单位岗位设置管理指导意见的研究。

(四)印发《交通部公务员行为规范》

为深入贯彻落实胡锦涛总书记关于树立社会主义荣辱观的重要论述，进一步规范交通部公务员的行为，建设一支"有理想、负责任、能力强、形象好"的公务员队伍，在交通部机关形成"爱学习、勤实践、重修养、严自律"的良好风尚，切实提高公共行政效能和公共服务质量，交通部2006年9月21日印发了《交通部公务员行为规范》。

(五)推进交通行业职业资格工作

2007年7月19～20日，交通部在黑龙江哈尔滨召开全国交通行业职业资格工作会议。这是建立和实施职业资格制度以来，交通行业首次召开的工作会议。这次会议的主要任务是，贯彻落实全国交通工作会议精神，总结交通行业职业资格工作，分析交通行业职业资格工作面临的形势，部署当前和"十一五"期的交通行业职业资格工作，努力做好"三个服务"，促进交通事业又好又快发展。李盛霖部长、冯正霖副部长出席会议并讲话。

李盛霖部长在讲话中指出，要深刻认识开展交通行业职业资格工作的重要性和紧迫性，加快建立和实行行业职业资格制度。强调做好交通行业职业资格工作是交通行业转变对从业人员的管理方式、适应社会主义市场经济体制的迫切需要；是交通行业与国际接轨、主动适应经济全球化的迫切需要；是交通行业加强对从业人员监管、做好"三个服务"的迫切需要。交通行业各级单位和部门要高度重视，加强领导；要统筹兼顾，分步实施；要大力推进，注重实效，把职业资格制度建设好、管理好、使用好，促进交通事业又好又快发展。

冯正霖副部长对交通行业职业资格建设情况进行了简要总结,并就下一步做好交通行业职业资格工作进行了全面部署。提出“十一五”交通行业职业资格制度建设的具体目标是:加快建立交通职业资格制度体系和职业资格标准体系;加快建立交通行业职业资格考试(鉴定)网络和职业资格培训网络;加快建设交通行业职业资格工作组织管理系统和信息化系统;加快形成交通行业职业资格工作管理、运行机制和与有关制度相衔接的机制。下一步的工作要求:一是要抓紧建立健全交通行业从业人员职业资格制度体系,加快行政许可类、水平评价类和特有职业技能鉴定的制度建设,稳步推进交通行业职业资格的国际互认工作。二是要积极推进交通行业职业资格制度与从业准入制度、继续教育制度、企业人事制度及企业资质信用制度的衔接。三是要扎实做好基础工作,不断提高交通行业职业资格工作质量。李盛霖部长在职业资格工作会议上讲话指出,要不断提高对职业资格工作重要性和紧迫性的认识;加快建立和实施交通行业职业资格制度。

四、交通财务行政

(一)印发《交通财务“十一五”重点工作规划纲要》

《交通财务“十一五”重点工作规划纲要》提出了交通财务“十一五”工作的具体目标,即“健全一个体制①,强化两个机制②,夯实三个基础③,完善四个体系④”,明确了交通财务“十一五”10项重点工作任务及实现工作目标的保障措施。

(二)印发《关于加强“十一五”交通财会人员队伍建设的指导意见》

《关于加强“十一五”交通财会人员队伍建设的指导意见》提出了

①交通行业财务管理体制。

②资金保障机制和资源优化配置机制。

③财会队伍建设、财会信息化建设和会计基础工作。

④财会理论体系、制度法规体系、国有资产管理体系和资金监管理体系。

“建设一支政治合格、业务精通、作风优良、清正廉洁的交通财会队伍，为实现交通“十一五”发展目标和各项财会重点工作任务，提供有力的财会人才支撑”的总体目标，明确了“十一五”交通财会人员队伍建设的5项重点工作任务：①制定交通行业财会人员岗位规范指导意见；②建立健全财会队伍建设机制；③组织实施“十百千万”交通财会人才工程；④建立以交通财会主管部门为主导，以交通企事业单位为主体，以交通会计学会、高等院校和科研院所为依托，充分利用社会资源的交通财会队伍培训体系；⑤加强交通财会学术研究和交流。

(三)为交通行业发展搭建融资平台

与国家开发银行签署《“十一五”期间支持交通基础设施建设和交通科技创新开展开发性金融合作协议》，为交通行业的发展搭建了融资平台。

(四)组织开展行政事业单位资产清查

为加强行政事业单位国有资产监督管理，规范行政事业单位资产清查工作，2006年12月13日，财政部发出《财政部关于开展全国行政事业单位资产清查工作的通知》。2007年1月16日，交通部发出通知，决定组织部属单位和部管社团开展行政事业单位资产清查工作，并印发了结合交通实际制定的《交通部行政事业单位和部管社团资产清查工作方案》，要求各单位抓紧制定本单位的具体实施方案，认真组织开展本单位及所属单位的资产清查工作，以确保工作结果真实、可靠，有关数据准确无误，确保账账、账实相符。2007年4月16日，转发《财政部关于印发〈行政事业单位资产核实暂行办法〉的通知》，要求在资产清查工作中，执行企业财务和会计制度的事业单位，以及事业单位兴办的具有法人资格的企业，按规定处理资产清查损失(盘盈)事项。2007年7月31日，为切实做好行政事业单位资产清查核实工作，交通部转发《财政部关于中央级行政事业单位资产核实工作有关问题的通知》，并明确了资产核实审批权限和资产核实有关工作安排，要求一并遵照执行。

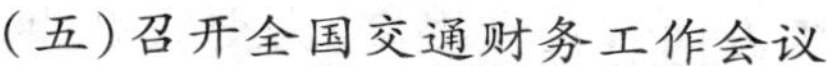

(五)召开全国交通财务工作会议

召开2006年全国交通财务工作会议。2006年3月28～29日全国交通财务工作会议在吉林长春召开。冯正霖副部长到会并讲话。

会议回顾了“十五”交通财务工作取得的成绩。“十五”期间,广大交通财务工作者锐意改革,开拓进取,在筹资理财方面作了大量卓有成效的工作,为交通事业的持续快速健康发展作出了重要贡献。交通资金保障能力不断增强,5年里全社会累计完成交通建设投资21 957亿元,年均增长18.7%,超过建国以来51年完成投资的总和,是“九五”期间完成投资的1.92倍。交通财务监督力度不断加大,有力促进了交通行业党风廉政建设工作的开展,为构建具有交通特色的惩防腐败体系发挥了应有的作用。交通行业财会管理不断强化,营造了和谐的理财环境,搭建了沟通交流的平台,体现了服务交通企事业单位的职能,为发挥行业整体优势、促进共同发展奠定了基础。财务管理体制改革不断推进,交通国有资产管理改革不断深化,交通财会队伍整体素质不断提高。

会议分析了“十一五”交通财务工作面临的形势和任务。“十一五”是我国全面建设小康社会的关键时期,交通行业筹融资任务艰巨,经济体制改革影响巨大,适应新经济环境要求更高,加强廉政建设要求监管更严。交通财务工作者站在新的历史起点上,要清醒把握交通财会工作面临的形势,发挥优势,以奋发有为的精神状态,迎接新挑战。要正确认识交通发展的难得机遇期,趁势而上,明确财会工作方向,服务新任务。要牢固树立交通财会工作责任意识,知难而进,全面开创“十一五”交通财会工作新局面。“十一五”交通财会工作总体目标是:建立和完善与社会主义市场经济体制相适应、有利于促进交通事业发展的财会管理体制;形成规范的、有交通行业特色的财务管理与会计核算体系;打造一支高素质、高水平的交通行业财会队伍,努力实现管理模式规范化、财会方法科学化、财会队伍人才化、管理手段现代化;努力实现交通行业整体资源配置最优化,整体效益最大化,使交通财会工作在效率、质量和能力等方面有较大提高，为交通事业又快又好地发展提供优质、高效的资金保障和财会服务。“十一五”交通财务重点工作是：健全交通行业财务管理体制；强化资金保障机制和资源优化配置机制；夯实交通财会队伍素质基础、交通财会网络系统基础和交通行业财会管理工作；完善理论支撑体系、制度法规体系、国有资产管理体系和资金监管体系。

会议部署了2006年交通财务工作要点。2006年是实施交通发展“十一五”规划的开局之年，开好头、起好步至关重要。2006年的财务工作要重点抓好多渠道筹集资金，增强资金保障能力；要加大财会监督力度，确保资金安全使用；要总结推广交通行业开源节流、增收节支经验，推进资源节约型行业建设；要强化国有资产管理，防止国有资产流失；要做好财务改革工作，适应财政管理体制和交通体制改革的需要；要重视立法和制度建设，完善交通财会制度；要加强财会队伍建设，提高财会人员素质；要加强行业财务管理，提高服务水平。

会议还介绍了《“十一五”交通财务重点工作规划纲要》；四川省交通厅等6家单位代表在会上进行了财务工作经验交流；并对港口建设费征管先进单位和个人进行了表彰。

（六）召开2007年全国交通财务工作座谈会

2007年5月23～24日，2007年全国交通财务工作座谈会在辽宁大连召开。冯正霖副部长到会并讲话。这次座谈会是贯彻落实全国财政工作会议和全国交通工作会议精神的一次重要会议。主要目的就是围绕做好“三个服务”，研究如何进一步增强资金保障能力、提高财会监管水平，服务交通行业又好又快的发展。会议提出，围绕“三个服务”，做好新时期交通财务管理工作，重点要在强化服务意识、增强服务能力、突出服务重点、创新服务方式、提高服务水平5个方面下功夫、花力气、见成效。2007年交通财务管理要抓好的5个重点工作是：加强交通财务行业管理，不断夯实财会管理基础工作；加大融资创新工作力度，不断增强资金保障能力；努力创新监管手段和措施，不断提高财会监管水平;吃透政策和把握实际相结合,不断适应财税改革;加强经济活动分析,总结推广增收节支先进经验。

(七)成立交通部财会专家咨询委员会

为发挥交通行业财会专家在政策研究、决策咨询中的作用,2007年3月16日,交通部发出通知,决定成立交通部财会专家咨询委员会。交通部财会专家咨询委员会为部非常设议事协调机构。主要职责是:对交通行业财会政策和重大改革事项涉及的财会问题开展政策研究;为公路、水路交通运输发展及改革涉及的重大财会问题提供决策咨询;对交通行业财会管理工作提供意见和建议。

(八)印发《交通预算项目绩效考评管理试点办法》

为加强交通预算项目的管理,提高资金的使用效益,促进交通事业又好又快发展,交通部部根据财政部有关预算支出绩效考评的规定,结合交通行业的实际情况,制定了《交通预算项目绩效考评管理试点办法》,2007年7月9日印发。交通部要求,交通系统各单位要结合本地区、本单位的实际情况,制定实施细则,并选择部分项目进行试点,在总结经验的基础上逐步推开。

五、交通审计行政

(一)召开2007年全国交通审计工作座谈会

2007年全国交通审计工作座谈会于1月18~19日在安徽合肥召开。黄先耀副部长出席会议并作重要讲话,安徽省副省长黄海嵩出席会议并致辞。会议总结了2006年交通审计工作,交流了经验,研究部署了2007年交通审计工作任务。

会议指出,交通内部审计要围绕做好“三个服务”,充分发挥好监督与服务作用。内部审计既是综合经济监督部门,又是经济健康运行的保障部门,具有监督和服务的两重性。内部审计工作要按照“三个服务”的要求,紧紧围绕调整结构、转变方式、注重创新、强化管理4个方面的工作,继续发扬成绩,发挥自身优势,不断推进创新,不断加强管理,不断提高解决问题的能力和水平,坚定不移地为实现交通又好又快发展保驾护航、多作贡献。内部审计要为调整结构服务,要为转变方式服务,要为注重创新服务,要为强化管理服务。

会议要求,交通内部审计要着力在抓落实、见成效上下功夫。①各单位要高度重视和主动加强内部审计,为内部审计工作的开展创造良好的环境。②各级交通审计机构要认真履行职责,在搞好"三个服务"中更好地发挥内部审计的积极作用。③广大审计人员要不断提高自身素质,为开创交通审计工作新局面作出新的贡献。④要进一步加强行业管理,积极有效地开展行业内审指导工作。

会议部署了2007年交通审计工作。会议要求,交通审计工作要紧紧围绕部党组提出的做好"三个服务"的要求,切实贯彻执行《审计法》、《交通行业内部审计工作规定》,继续坚持"全面审计,突出重点"的工作方针,进一步强化资金安全和资金使用效益监管,进一步推进审计创新,进一步提升审计成果质量,为实现交通又好又快发展作出新的贡献。要重点做好8项重点工作,即:①重点抓好建设资金和建设项目审计;②进一步深化经济责任审计;③继续加强财务收支审计;④积极开展经济效益审计;⑤积极探索管理审计;⑥认真抓好后续审计;⑦有效开展专项审计调查;⑧加强行业管理,抓好行业内审指导工作。

(二)发布实施《交通建设项目委托审计管理办法》

《交通建设项目委托审计管理办法》于2007年3月12日经第3次部务会议审议通过,2007年4月11日以第4号交通部令发布,自2007年6月1日起施行。该办法由两部分组成,第一部分是条文,共27条;第二部分是附件,共2张表格。它明确了委托审计的业务范围、委托审计管理的主要内容、受托人的资质条件、委托审计的程序与方式、委托审计的质量监管、委托审计的纪律要求以及违反此办法相关规定的处罚措施等。以部令形式颁布实施此办法,为委托审计管理工作提供了法律依据,有效解决了过去委托审计随意性较大、社会审计组织资质标准不统一、人情委托、地方保护等问题,对规范操作程序、提升审计质量、防范审计风险、强化审计廉政建设起到了积极作用。

六、交通科技、教育行政

(一)交通科技工作

1.学习贯彻全国科学技术大会精神

2006年1月8~11日,党中央、国务院召开了全国科学技术大会,胡锦涛总书记发表了《坚持走中国特色自主创新道路　为建设创新型国家而努力奋斗》的重要讲话。温家宝总理作了《认真实施科技发展规划纲要　开创我国科技发展的新局面》的重要讲话。为学习贯彻全国科学技术大会精神,积极推进创新型交通行业的建设,2006年1月18日,交通部发出《关于深入学习贯彻全国科学技术大会精神的意见》。

2.编制完成《公路水路交通“十一五”科技发展规划》

2006年2月,交通部编制完成《公路水路交通“十一五”科技发展规划》。此规划提出了未来5年交通科技发展的指导方针、发展目标、重点任务和保障措施,是“十一五”期间中国交通科技发展的纲领性文件。它的实施,对于充分发挥科技的支撑和引领作用,不断增强自主创新能力,推动公路水路交通又快又好地发展将起到积极作用。

3.印发《“十一五”西部交通科技发展规划》

加快交通基础设施建设是实施西部大开发的重要条件。为落实西部大开发战略,推动西部交通科技进步与创新,促进西部公路水路交通又快又好发展,交通部编制完成《“十一五”西部交通科技发展规划》,2006年4月5日印发执行。规划确定了“十一五”西部交通科技发展的指导思想、目标任务、研发重点和保障措施等,指导西部交通科技工作,促进公路水路交通又快又好的发展。

4.加强软科学研究项目管理

2007年3月15日,为加强软科学研究项目的管理,促进软科学项目管理的科学化、规范化和制度化,充分发挥交通软科学研究对科学决策的支撑作用,交通部印发《交通部软科学研究项目管理实施细则》。

5. 加强交通行业重点实验室建设

为加快交通科技创新体系建设,增强行业自主创新能力,形成高水平的科研基地,"十一五"期间,针对应用基础研究和重大关键技术研究,交通部拟在公路工程、水路工程、运输工程、交通安全、决策支持、环保节能和智能交通 7 个领域,认定 24 个重点实验室。2006 年 9 月 22 日,交通部印发《"十一五"交通行业重点实验室认定指南》,要求结合实际,按照此提出的研究方向,做好交通行业重点实验室的培育工作。

6. 制定《交通标准化工作规则》

交通标准化是交通科学技术工作的重要组成部分,交通标准是交通科技成果和技术进步的重要体现,科技成果可形成标准的应及时制定标准,标准制定应纳入标准化管理程序。为了加强交通标准化的管理工作,规范交通标准化各参与方的行为,明确交通标准化工作程序,促进交通技术进步,交通部制定了《交通标准化工作规则》。2006 年 12 月 21 日印发执行。

(二)印发《"十一五"交通教育与培训发展规划》

《"十一五"交通教育与培训发展规划》是"十一五"公路水路交通发展规划的重要组成部分,交通部于2006 年2 月22 日印发,旨在明确交通教育与培训工作的指导思想、发展目标和主要任务,指导未来 5 年交通行业人力资源支持保障体系的建设,推动交通教育与培训工作的开展,实现未来交通事业发展的各项目标。规划提出建立交通行业管理干部培训平台,交通专业技术和创新人才培养平台、技能型、应用型人才培养平台的任务。

七、交通精神文明建设

(一)印发、实施《全国交通行业十一五时期精神文明建设工作指导意见》和《交通文化建设实施纲要》

2006 年 7 月 14 日,交通部印发《全国交通行业十一五时期精神文明建设工作指导意见》和《交通文化建设实施纲要》,按照全面贯彻落实科学发展观,学习实践社会主义荣辱观,推进创新型行业与和谐行业建设,实现交通事业又快又好发展的要求,对全国交通行业“十一五”时期精神文明建设和交通文化建设工作作出部署,明确了指导思想、主要目标、主要原则、主要任务、创建新载体和保障新机制,对于做好“十一五”行业精神文明建设和加强交通文化建设具有十分重要的指导作用。

(二)召开全国交通行业精神文明建设工作会议

2006年6月26日,交通部在湖北武汉召开全国交通行业精神文明建设工作会议。交通部党组书记、部长李盛霖到会并讲话。交通部党组成员、部领导翁孟勇、金道铭、徐祖远、黄先耀参加会议。大会对2005年交通行业精神文明创建工作先进单位和先进个人进行了表彰,与会领导向先进代表颁发了奖牌。

会议指出,以“学树创”为载体,明确思路,突出重点,扎实推进行业精神文明建设再上新台阶,是“十一五”时期的主要任务。“学先进”,就是学习包起帆、许振超、陈刚毅等先进典型,激励广大交通干部职工见贤思齐,积极向上;“树新风”,就是努力实践社会主义荣辱观,树立执政为民、求真务实、公正执法、清正廉洁的新政风,树立敬业奉献、诚实守信、文明服务、开拓创新、团结和谐的新行风;“创一流”,就是站在新的历史起点上,追求更高的标准,创建一流的队伍、一流的业绩、一流的行业。“学先进”是重要基础,通过“学先进”,产生强大的精神动力;“树新风”是基本内容,通过“树新风”,提升行业的社会形象;“创一流”是目标要求,通过“创一流”,推进交通事业又快又好发展。“学”、“树”、“创”三者是一个相互联系、相互促进的辩证统一体。“学先进,树新风,创一流”活动,是“三学四建一创”活动的继承和发展,是对多年来交通行业文明创建活动的经验总结,是新时期交通行业“两个文明”建设的有机结合,是交通部党组对加强行业精神文明建设工作提出的新要求、新举措。开展“学树创”活动,对于全面贯彻落实科学发展观、学习实践社会主义荣辱观,建设创新型行业,完成“十一五”奋斗目标，实现交通事业又快又好发展，具有十分重要的意义。为了扎扎实实地开展“学树创”活动，把学习实践社会主义荣辱观的要求落到实处，“十一五”期间，要做好以下8项主要工作：

（1）加强科学理论学习，增强实践社会主义荣辱观的自觉性，在全行业形成人人身体力行社会主义荣辱观的良好局面。

（2）提高行业服务质量和效率，广泛开展服务礼仪宣传和实践活动，精心打造一批新的知名服务品牌。

（3）健全交通诚信体系，重点解决群众反映强烈、社会危害严重的突出问题，进一步提高交通行业的公信力和信誉度。

（4）以交通行政机关、交通执法及服务窗口为重点领域，加强行业风气建设，树立行业良好形象。

（5）紧紧围绕建设创新型行业的战略目标，加强交通文化建设，努力增强行业软实力。

（6）加强思想政治工作，大力推进和谐行业建设。

（7）培养宣传先进典型，注重发挥示范导向作用，对为实现交通事业又快又好发展作出突出贡献的创新先进典型要给予重奖。

（8）拓展群众性文明创建活动，推动社会主义荣辱观学习实践活动深入持久地开展下去，进一步提高行业文明程度。

（三）印发《全国交通行业精神文明建设表彰规定》

为进一步加强全国交通行业精神文明建设，扎实推进“学先进、树新风、创一流”活动广泛开展，规范交通行业精神文明建设评比表彰工作，提高行业精神文明建设表彰管理工作的科学化、规范化、制度化水平，交通部对现行《全国交通系统创建文明行业实施办法》进行修订，形成了《全国交通行业精神文明建设表彰规定》，2007年7月6日印发执行。

八、党风、行风和廉政建设

（一）推进治理交通建设领域商业贿赂工作

2006年2月28日中央办公厅、国务院办公厅印发了《关于开展治

理商业贿赂专项工作的意见》,对治理商业贿赂工作作出全面部署。交通部党组提出,在开展治理商业贿赂专项工作中,要继续坚持"四个不准",即:不准利用职权或职务影响打招呼、写条子,违规干预和插手建设工程招标投标、建设物资设备、材料采购等市场经济活动;不准接受与其行使职权有关系的单位、个人的现金、有价证券和支付凭证;不准违反规定兼任建设公司等经济实体法人代表、工程项目法人代表和公司领导;不准配偶、子女、亲属以及身边工作人员,利用领导干部职务的影响牟取私利。违反上述规定,一定从严处理。部机关干部首先要带头严格执行部党组提出的领导干部"四个不准"的规定。

2007年3月17日,交通部召开电视电话会议,部署治理商业贿赂工作。3月20日,印发《开展治理交通建设领域商业贿赂专项工作的实施方案》。4月11日,印发《治理交通建设领域商业贿赂自查自纠实施意见》。12月8日发出通知,决定针对交通建设领域工程转包和违法分包问题集中开展治理。

2007年7月11日,交通部召开电视电话会议,推进治理治理建设领域商业贿赂专项工作。会议指出,经过全国交通系统的共同努力,治理交通建设领域商业贿赂专项工作进展顺利。一是自查自纠工作初见成效;二是查处了一批商业贿赂案件;三是防治商业贿赂的长效机制初步建立。2007年治理建设领域商业贿赂工作,要继续加强领导,紧密结合实际,从制度规范抓起,从源头治理抓起,从行业诚信体系建设抓起,从严查违纪违法案件抓起,力求取得实实在在的成效。

(二)召开全国交通系统纠风工作会议

2006年全国交通系统纠风工作会议于4月5日在安徽合肥召开。会议传达了2006年全国纠风工作会议精神,部署了2006年全国交通系统纠风工作任务。中纪委驻部纪检组金道铭组长在会上讲话。会议认为,治理纠正损害群众利益的不正之风是实现交通又快又好发展的重要保障。进一步巩固治理公路"三乱"工作成果和解决交通基础设施建设中损害群众利益的突出问题，是2006年交通系统纠风工作突出的两项重点。

2007年全国交通系统纠风工作会议于4月19日在山西太原召开。会议传达了2007年全国纠风工作会议精神，听取了交通系统纠风工作报告。中纪委驻交通部纪检组杨利民组长到会并讲话。会议认为，坚持不懈地开展纠风工作，为推进交通事业又好又快发展提供了重要保证，要进一步提高认识，推动交通系统纠风工作深入开展。2007年的纠风工作，一要突出工作重点，务求取得实效。巩固治理公路“三乱”所取得的成绩，纠正违规减免车辆通行费工作，重点解决好农村公路建设中损害群众利益的问题；二要深化源头治理，建立长效机制；三要加强督促检查，保证工作落实；四要加强组织领导，明确工作责任。

（三）印发《关于取消公路基本无“三乱”地区资格的暂行办法》

2006年1月27日，全国31个省（区、市）实现了公路基本无“三乱”目标。为进一步巩固治理成果，建立长效机制，促进依法行政，国务院纠风办、交通部、公安部、农业部、国家林业局联合制定了《关于取消公路基本无“三乱”地区资格的暂行办法》，并于2006年12月20日发出《关于印发〈关于取消公路基本无“三乱”地区资格的暂行办法〉的通知》。对已经取得相应称号，由于情况的反复，决定取消其称号，并就此制定专门的办法，这在我们国家还是比较罕见的。这充分说明国家对治理公路“三乱”的决心，也从另一个侧面证明，治理公路“三乱”的工作，确实任重而道远。

（四）集中开展违规减免车辆通行费专项清理整顿工作

国家审计署在2006年收费公路审计调查中发现，有一些地方擅自扩大范围，违规减免“特权车”和“人情车”车辆通行费，少数地方还以减免通行费作为交易，谋取小团体利益，严重扰乱收费秩序。2006年12月8日，交通部决定在全国范围内集中开展违规减免“特权车”、“人情车”车辆通行费的专项清理整顿工作，以进一步规范收费公路车辆通行费收费秩序,维护公众利益和社会公平。

2007年5月30日,监察部、国务院纠风办、交通部联合发出《关于进一步开展清理违规减免特权车人情车车辆通行费工作的通知》,要求各省(区、市),全面清理各地、各部门出台的与《中华人民共和国公路法》、《收费公路管理条例》等法律法规规定相抵触的文件,查处违法违纪行为,力争在2007年底前全面杜绝违规减免车辆通行费现象。

(五)召开全国交通系统廉政工作会议

2006年全国交通系统廉政工作会议于1月16日在北京召开。会议传达了胡锦涛总书记的重要讲话和中央纪委六次全会精神,总结部署了交通系统党风廉政建设和反腐败工作。李盛霖部长到会讲话,驻部纪检组组长金道铭作工作报告。副部长翁孟勇、冯正霖、徐祖远、黄先耀出席会议,中纪委、监察部专门派人参加了会议。

会议指出,多年来,部党组坚持以交通发展为中心,始终把党风廉政建设和反腐败工作放在重要位置,取得了4个方面的经验:①始终注意按照党中央、国务院和中央纪委的要求,统一全行业各级领导干部思想;②始终注意交通基础设施建设领域的廉政工作,不断加大源头治理力度;③始终注重解决损害群众利益的突出问题,巩固治理公路“三乱”工作成果;④始终注重队伍建设,领导干部廉政从政意识不断加强。在党中央、国务院坚强有力的领导下,交通部党组和地方交通部门各级党组织反腐倡廉的态度是坚决的,旗帜是鲜明的,交通系统广大纪检监察干部工作是积极主动的,措施是有力的,成效是明显的。要求科学判断形势,不断增强做好交通系统反腐倡廉工作的责任感和紧迫感,始终旗帜鲜明、毫不动摇、坚持不懈、持之以恒地把反腐倡廉工作抓紧抓好。要认真学习贯彻党章,推进党风廉政建设;进一步坚定理想信念,加强道德修养,筑牢拒腐防变的思想道德防线;进一步发展党内民主、强化制约监督,形成预防腐败的有效机制;进一步加强制度建设,逐步铲除腐败赖以滋生的土壤和条件;进一步严明党的纪律,正确处理惩治和预防的关系。

会议明确了交通系统2006年反腐倡廉工作的总体要求:以邓小平理论和"三个代表"重要思想为指导,深入贯彻落实党的十六届五中全会及中央纪委六次全会精神,全面落实科学发展观,努力构建社会主义和谐社会。坚持反腐倡廉战略方针,以改革和制度建设为重点,全面推进惩治和预防腐败体系建设,继续深入贯彻落实中央领导同志关于加强交通行业廉政工作的重要批示,继续加强基础设施建设领域廉政工作,继续加大防治力度,举全行业之力,建设廉政交通。各级纪委要全面履行党章赋予的职责,围绕中心,服务大局,突出重点,狠抓落实,为推进交通事业又快又好发展提供坚强的政治保证。要求要牢固树立围绕中心、服务大局的指导思想;坚持改革统揽、注重预防;积极推进建设廉政交通,不断提高反腐倡廉工作能力。认真学习贯彻党章,坚决维护党的纪律特,别是政治纪律;加大防治工作力度,深化交通基础设施建设领域的廉政工作;大力加强政风行风建设,切实解决损害群众利益的突出问题;坚持制度创新,强化对权力运行的制约监督;加强宣传教育,促进领导干部廉洁从政;坚持从严治党,坚决查处违纪案件,不断开创反腐倡廉工作的新局面。

2007年全国交通系统廉政工作会议于1月15~16日在北京召开。李盛霖部长到会讲话。驻部纪检组组长杨利民①代表部党组作了工作报告。冯正霖、徐祖远、黄先耀副部长出席会议。

会议指出,做好"三个服务",必须全面加强领导干部作风建设,在思想作风、学风、工作作风、领导作风、生活作风5个方面下工夫,力求抓紧、抓实、抓出成效,为交通又好又快发展提供有力保障。要求加大从源头上防治腐败的工作力度。要结合交通的实际,着力抓好领导干部和执法人员这两支队伍建设,着力抓好交通建设和运输这两个市场

①2006年9月杨利民同志开始接替担任中央纪委驻交通部纪检组组长、交通部党组成员;金道铭同志调任山西省委常委、省纪委书记。

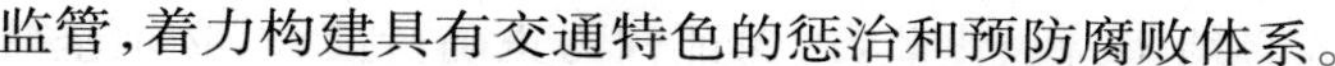

监管,着力构建具有交通特色的惩治和预防腐败体系。

会议回顾总结了2006年交通系统党风廉政工作和反腐败工作取得的7个方面的成绩:①认真治理商业贿赂,交通建设市场秩序不断规范;②着力源头治理,交通基础设施建设领域廉政工作不断深化;③切实维护群众利益,纠风工作成果不断巩固;④完善工作机制,对权力运行的制约和监督不断加强;⑤深化反腐倡廉宣传教育,领导干部廉洁从政意识不断增强;⑥坚决贯彻从严治党方针,查办案件工作力度不断加大;⑦认真开展主题实践活动,纪检监察干部队伍素质不断提高。部署了2007年交通系统反腐倡廉工作重点要做好的8项工作:①学习贯彻胡锦涛总书记的重要讲话精神,全面加强新形势下领导干部作风建设,促进各级领导干部树立8个方面的良好风气;②围绕做好“三个服务”,加强监督检查;③拓展源头治理工作领域,深化交通基础设施建设廉政工作;④进一步加大办案工作力度,严肃查处违纪违法案件;⑤坚持纠建并举,认真解决损害群众利益的突出问题;⑥以树立社会主义核心价值体系为廉政教育的重点,进一步提高领导干部廉洁从政意识;⑦突出工作重点,加强对权力运行的制约监督;⑧加强纪检监察队伍建设,提高反腐倡廉工作能力。

(六)召开全国交通系统基础设施建设廉政工作经验交流会

2007年9月4日,全国交通系统基础设施建设廉政工作经验交流会在河北廊坊召开。党组书记、部长李盛霖在会上讲话。冯正霖副部长,驻部纪检组杨利民组长出席会议。河北省交通厅等8个单位在会上介绍了廉政建设典型经验。杨利民组长在会上宣读了交通部《关于学习推广河北省高速公路建设“十公开”等廉政建设典型经验的意见》。

会议总结了近年来交通基础设施领域廉政建设的主要经验(“六个坚持”):①加强交通基础设施建设领域廉政建设,必须坚持以人为本,维护好人民群众的根本利益;②必须坚持公开透明,做到阳光操作;③必须坚持制度建设,规范权力运行;④必须坚持科学管理,提升行业管理水平；⑤必须坚持强化监督，保证权力正确行使；⑥必须坚持改革创新，从源头上解决腐败问题。要求扎实有效地深化交通基础设施领域廉政建设：各级交通部门要深入学习贯彻胡锦涛总书记6月25日在中央党校省部级干部进修班重要讲话的精神，认真学习借鉴河北"十公开"等廉政建设典型经验，进一步加大从源头上防治腐败工作力度；进一步加强制度建设，抓好制度落实；进一步强化监督检查，确保权力规范运行和正确行使；进一步深化改革，积极探索解决深层次问题；进一步加大办案力度，充分发挥查办案件的治本作用；进一步加强组织领导，充分发挥先进典型的示范引导作用。并对领导干部廉洁自律提出要求（"六个必须"）：①党员干部必须对党忠诚，决不能动摇信念；②党员干部必须牢记宗旨，决不能滥用职权；③党员干部必须严以律己，决不能拒绝监督；④党员干部必须谨慎交友，决不能徇情枉法；⑤党员干部必须学习法纪，决不能弃守防线；⑥党员干部必须学会算账，决不能心存侥幸。

（七）加强农村公路建设廉政工作

为进一步加强农村公路建设廉政工作，充分发挥廉政工作在农村公路建设中的服务和保证作用，从源头上预防腐败现象的发生，促进农村公路建设实现又好又快发展，2007年1月11日，交通部下发《关于加强农村公路建设廉政工作的意见》，提出农村公路建设廉政工作的总体要求是：要以邓小平理论和"三个代表"重要思想为指导，以科学发展观为统领，坚持标本兼治、综合治理、惩防并举、注重预防的方针，按照建立健全教育、制度、监督并重的惩治和预防腐败体系的总要求，以加强对重点环节的监督，维护农民群众切身利益为重点，着力在加强教育、完善制度、强化监督上下工夫，努力构筑拒腐防变的思想防线，健全公开透明的工作机制和科学有效的监督机制，切实提高监督实效，坚持预防与惩处相结合，坚决查处农村公路建设中违规违纪行为，全面落实廉政工作责任制，形成工作合力。并对加强对农村公路建设重点环节的监管；切实抓好各项廉政制度的落实；加强对农村公

路建设廉政工作的组织领导这3方面工作提出了要求。

九、交通安全工作

(一)大力推进平安建设,提升交通安全监管水平

2006年6月23日,交通部印发了《关于在交通系统开展平安建设的意见》,提出平安建设的主要目标和任务:①不断完善水上交通安全长效管理机制,全面落实水上交通安全管理责任制,提高水上交通安全管理水平,预防和减少严重危害人民群众生命财产安全的重特大水上交通事故和工程安全事故。不断完善公路安全防护设施,提高公路行车安全水平。②从源头上预防和减少矛盾纠纷,努力化解不和谐因素,防止严重危害交通行业稳定的重大群体性事件的发生。③维护港航治安秩序,解决突出治安问题,防止严重危害群众安全感和重大治安问题的发生。《关于在交通系统开展平安建设意见》提出的15项措施是:①建立健全水上交通安全长效管理机制。②继续深化交通安全专项整治。③完善交通行业安全生产管理法律法规体系。④加强交通监管,规范执法行为。⑤稳步推进“三关一监督[①]”道路运输安全精细化管理。⑥深入实施公路安全保障工程。⑦积极推进船舶更新。⑧加强驾驶员、船员和施工人员的培训、考试和发证管理。⑨加大投入,提高水上安全监管水平。⑩加快应急反应体系建设。⑪深入开展安全创建活动。⑫继续深化港口设施和国际航行船舶保安工作的开展。⑬维护港航治安稳定。⑭加大交通基础设施建设力度,方便群众出行。⑮维护群众权益,努力促进行业和谐稳定。

为进一步推进平安建设工作,交通部提出了2007年平安建设的重点:①深入开展“水上交通安全惠民工程”,为人民群众提供安全便捷的运输条件。②深入推动公路平安畅通县区的创建工作,将公路安

---

①三关:严把道路运输市场准入关,严把车辆技术状况关,严把营运驾驶员从业资质关;一监督:搞好客运站安全监督。

全保障工程向县乡公路延伸。③大力加强法规制度建设,打造交通行业工程安全监督责任链。④进一步完善应急机制,不断提高交通应急能力和管理工作水平。⑤以治安防控和供应链安全体系为载体,进一步增强治安保障能力。

(二)加强交通建设工程安全生产监管

1. 发布、施行《公路水运工程安全生产监督管理办法》

为加强公路水运工程安全生产监督管理工作,保障人身及财产安全,交通部根据《中华人民共和国安全生产法》、《建设工程安全生产管理条例》和《安全生产许可证条例》,制定《公路水运工程安全生产监督管理办法》,2007 年 2 月 14 日交通部令 2007 年第 1 号发布,自 3 月 1 日起施行。

2. 加强交通建设工程施工安全监管

2006 年 7 月 14 日,交通部发出紧急通知指出,"近期一些地区连续发生爆炸事故,山体滑坡、泥石流等自然灾害,引起全社会广泛关注,党中央、国务院领导同志对此高度重视,多次作出重要批示,要求有关方面立即采取紧急救援措施,尽最大努力减少人员伤亡,同时要求各地各部门引以为戒,高度重视,落实责任,迅速行动,强化措施,广泛宣传,标本兼治,切实加强安全生产监督管理"。为认真贯彻落实《国务院办公厅关于进一步做好防雷减灾工作的通知》(国办发明电〔2006〕28 号)和《国务院办公厅关于切实加强民用爆炸物品安全管理的紧急通知》(国办发明电〔2006〕30 号)精神,切实做好交通建设工程安全生产监管工作,要求进一步加强对安全生产工作极端重要性的认识;在职责范围内切实加强民用爆炸物品安全监管工作;认真抓好汛期工程安全生产工作。

3. 建立交通行业建设工程安全生产事故统计制度

为全面掌握交通行业建设工程安全生产动态,科学判断建设工程安全生产形势,满足交通行业建设工程安全监督管理需要,2006 年 12 月 4 日,交通部印发了已经国家统计局备案的《交通行业建设工程安

全生产事故统计制度》，于2007年1月1日正式实施。

4.发布《交通建设工程重大生产安全事故应急预案》

为规范交通建设工程重大生产安全事故应急处置和救援管理工作，提高交通行业快速反应能力，及时、有效地应对重大事故，最大限度减少人员伤亡和财产损失，交通部2006年12月12日发布《交通建设工程重大生产安全事故应急预案》，明确了各级交通主管部门和项目建设、施工、监理单位的应急管理职责；对重大事故发生后的应急响应工作作出规定，明确了事故报告原则、报告程序、报告内容、报告方式等。要求交通建设工程安全生产要坚持预防与应急相结合，以预防为主，提高预测预防水平。各级交通主管部门要与属地有关部门密切协作，建立协调联动机制。

(三)开展交通建设安全专项整治工作

根据国务院安全生产委员会办公室《建筑施工安全专项整治工作方案》(安委办函〔2006〕26号)的要求，2006年4月30日，交通部发出通知，决定2006年开展交通建设安全专项整治工作。为保证这项工作的顺利实施，制定、印发了《交通建设安全专项整治工作实施方案》。8月16日，为进一步落实国务院安委会办公室的有关要求，深化交通建设安全专项整治工作，交通部再次发出通知，总结专项整治第一阶段工作情况并对第二阶段工作提出要求。

(四)督促落实交通行业建设安全生产隐患排查治理专项行动

2007年5月12日，国务院办公厅发出《关于在重点行业和领域开展安全生产隐患排查治理专项行动的通知》，同时，国务院安委办相继出台的4个内部明电，提出了若干指导意见。为督促落实交通行业建设安全生产隐患排查治理专项行动，使其达到预期目标，切实取得实效，6月22日，交通部发出通知，要求认清形势，高度重视，切实将隐患排查治理专项行动落到实处；结合交通建设安全专项整治，开展好隐患排查治理专项行动；突出重点、明确目标，保障隐患排查治理专项行动取得实效；加强督查，严格执法，确保交通行业安全形势稳定。

（五）进一步加强水路公路危险化学品运输管理

为进一步加强危险化学品安全管理，保障运输安全，2006 年 1 月 23 日，交通部、公安部、安全监管总局联合发出通知，要求进一步加强对运输单位和从业人员的管理；进一步加强对危险化学品运输船舶、车辆的监督检查；进一步加强对危险化学品生产、储存企业的监督检查；进一步落实危险化学品包装要求；进一步加强宣传和舆论监督；进一步加强协调配合；进一步加强事故应急工作。

十、交通节能工作

（一）召开道路运输行业节能工作座谈会

2007 年 3 月 22 日，交通部能源管理办公室在北京召开道路运输行业节能工作座谈会，部节能工作协调小组副组长黄先耀副部长主持会议并讲话。黄先耀副部长介绍了道路运输行业面临的节能形势、部开展节能工作的情况、存在的问题及下一步工作打算。会议代表围绕道路运输企业节能工作经验和存在的问题，交通主管部门开展节能工作采取的政策措施、实施情况和存在的问题发了言；会议听取了对部及交通主管部门加强节能工作的意见和建议，并研究讨论了《道路运输企业节能示范活动工作方案》。

（二）印发《2007 年全国交通行业节能工作要点》

2007 年 3 月 29 日，交通部印发《2007 年全国交通行业节能工作要点》，指出，2007 年是交通行业努力建设资源节约型、环境友好型行业，切实转变交通经济增长方式的关键一年。全国交通行业节能工作指导思想是：以邓小平理论和“三个代表”重要思想为指导，以科学发展观为统领，落实资源节约基本国策，贯彻《国务院关于加强节能工作的决定》和交通部节能工作指导意见，以提高能源利用效率为核心，以提高运输效率、强化管理为重点，认真贯彻 2007 年全国交通工作会议精神，在全行业进一步树立节能意识，调动全行业开展节能的自觉性，以能源的高效利用促进交通事业又好又快发展。这一指导思想，从切实加强规划指导;强化运输管理,提高运输效率;开展节能示范活动;切实加强节能基础工作;各级交通主管部门带头节能;保障措施6个方面明确了2007年节能工作的主要任务。

(三)进一步加强交通行业节能工作

2007年4月27日,国务院召开了全国节能减排工作电视电话会议,动员、部署节能减排工作。为贯彻国务院关于加强节能减排工作精神,根据《交通行业全面贯彻落实国务院关于加强节能工作的决定的指导意见》,结合《2007年全国交通行业节能工作要点》,2007年5月18日,交通部下发《关于进一步加强交通行业节能减排工作的意见》,要求统一思想,提高认识,进一步增强做好交通节能减排工作的紧迫感和责任感,结合交通行业专业性、技术性较强的特点,从履行行业管理职能着手,围绕规划、推动、政策、督查、服务5个重点,从强化行业管理、创新发展模式、改进基础设施、推进结构调整、依靠科技进步、提高队伍素质6个方面采取措施。同时,该意见还提出了2007年的具体工作任务。

2007年6月7日,交通部发出通知,决定在交通行业开展节能示范活动。节能示范活动的目的是在交通行业全面推广交通企业(单位)在节能方面取得的成功经验,推进管理创新、技术创新,全面提高交通行业节能降耗水平,努力实现“十一五”节能减排总目标。

2007年6月14日,为促进节能技术进步,发挥节能产品和技术的示范作用,规范节能产品市场,引导交通运输行业推广使用优质高效节能产品及技术,交通部公布了“十一五”第一批全国重点推广在用车船节能产品(技术)目录。

2007年12月25日,交通部印发《关于港口节能减排工作的指导意见》,共16条。

十一、交通外事行政

(一)2006年的交通外事工作

2006年交通部对外交流不断扩大,合作领域不断拓宽,开创了对外交流合作新的局面。

1. 不断深化与周边国家多双边合作

签署了加快制订上海合作组织成员国政府间国际道路运输便利化协定谅解备忘录。首次召开了中日韩海上运输及物流部长会议,会议发表了联合声明和行动计划。完成了中国—东盟海运协定的谈判工作,举办了第二届中国—东盟海事磋商会议。全面完成了大湄公河次区域便利运输协定20个附件和议定书的谈判工作。澜沧江—湄公河国际航运合作顺利开展。积极参与亚洲公路网、欧亚公路运输通道连接、东北亚物流系统、中亚区域经济合作、大湄公河次区域经济合作等多边合作。成功举办了中俄边境地区运输合作研讨会和航海院校夏令营中俄国家年活动。

2. 进一步扩大与发达国家的交通合作

举办了中美商贸联委会运输工作组第二次会议,商定了中美交通合作行动计划,参与了首次中美经济战略对话。与西班牙、意大利、希腊等重要欧盟国家签订了交通合作文件,完成了与欧盟交通合作备忘录的制订工作。

3. 更加密切与发展中国家的交通合作

加强与印度尼西亚、马来西亚、巴基斯坦、塔吉克斯坦等国家建立交通部间的合作关系,签署合作文件,组织和参与交通领域各种双边合作活动,为我国交通企业在上述国家承揽公路、桥梁、港口等项目创造了有利条件。我国政府援建的中吉乌公路吉境内部分路段、昆曼公路老挝境内路段顺利完工。塔乌公路顺利开工、巴基斯坦喀喇昆仑公路改扩建工程已签署商务合同。马来西亚槟城大桥、巴基斯坦瓜达尔港一期工程等项目建设取得新进展。

4. 积极参与多边国际合作

在多边国际合作中,积极参与了国际海事组织、国际劳工组织、联合国亚太经社会、亚太经合组织、世界贸易组织等多边国际合作,承办了国际航标协会第十六届大会。积极参与了海上安全和保安、防止船舶造成海洋污染、保护海员权利、国际公路运输合作及运输服务贸易市场开放等方面国际规则的制订和修正。参加了2006年国际劳工组织第94届大会,积极推动了《2006年海事劳工公约》的通过。通过多种形式与马六甲沿岸各国充分协商,就开展实质性合作、维护海上运输通道安全畅通达成了共识。

(二)2007年交通外事行政的主要任务

2007年全国交通工作会议要求继续扩大对外合作交流,布置的2007年交通外事行政主要任务如下:

1.深化与周边国家的合作交流

落实中国—东盟交通合作项目,签订中国—东盟海运协定;全部完成大湄公河次区域六国便利运输协定附件和议定书的签署工作并组织实施,推动上海合作组织成员国政府间国际道路运输便利化协定的制订;推动中巴、中吉乌、塔乌和中蒙俄等重要国际公路运输通道的建设,加快中俄重点界河桥建设,加强中日韩海上运输与物流领域的合作。

2.扩大与发达国家的合作交流

进一步落实中美海运协定、交通科技合作谅解备忘录和中美商贸联委会运输工作组第二次会议行动计划项目,与欧盟委员会签订交通合作谅解备忘录。

3.促进与发展中国家的合作交流

落实中非合作论坛北京峰会成果,争取在中非合作基金的框架下组织培训项目。

4.积极参与多边合作交流

继续做好与马六甲海峡沿岸国在能力建设、信息交流和人员培训方面的合作;进一步加大参与国际海事组织工作的力度,积极参与和影响海运业国际规则的制订和修正;全面开展关于批准和履行《2006年国际海事劳工公约》的研究;继续推动亚太经合组织成员间运输领域的自由化和便利化。积极实施“走出去”战略,为交通企业开拓海外市场创造条件。

十二、交通公安行政

(一) 深入推进服务型公安机关建设

1. 开展长江水上联合执法,合力建设“黄金水道”

交通部认真贯彻“合力建设黄金水道,促进长江经济发展”座谈会精神,要求交通公安机关努力创新工作思路,切实推进长江干线联合执法,发挥交通执法整体合力,为合力建设“黄金水道”保驾护航。按照这一要求,长江航运公安机关在试点基础上逐步扩大参与联合执法的实施范围,健全与长江沿江省市公安机关的协调机制,对危害水上交通安全、水上交通肇事逃逸、使用伪造证件等违法犯罪活动进行重点打击,整治水上治安秩序,合力建设“黄金水道”。2006 年春运期间,交通部组织开展“2006 年长江干线联合执法保春运平安行动”,正式拉开交通公安与海事、航道、通信等部门资源整合、统一管理、联合行动的序幕。

2. 维护重点物资交通运输安全畅通

根据中央关于加强宏观调控、保障煤电油运的部署,交通部指示交通公安部门加强煤电油运安全保卫工作。北方重点港口公安机关按照要求,以保电煤运输安全为重点,开展打击危害电煤运输安全专项行动,建立快速优先“绿色通道”机制,强化监管和疏导,保证北煤南运在港口运输环节的安全畅通。

(二)全力推进交通公安“三基”工程建设

2006 年是公安机关“基层基础建设年”。交通公安机关按照“警力要下沉、保障要有力、班子要加强、素质要提高、管理要规范”的要求,以“三所三队①”为重点,全面推开了“三基②”工程建设。交通部高度重视此项工作,2007 年决定对交通公安“三基”工程建设领导小组进行调整,由徐祖远副部长担任领导小组组长,交通部公安局和体改法规司、人事

①三所:派出所,看守所,车管所;三队:刑警队,交警队,巡警队。

②抓基层,打基础,苦练基本功。

劳动司、综合规划司、财务司、水运司、海事局等有关领导同志任成员，交通公安“三基”工程建设纳入部重要日程。2007 年 9 月交通部、公安部联合在天津召开全国交通公安“三基”工程建设推进会，总结了交通公安“三基”工程建设情况，对深入抓好“三基”工作提出了要求。交通部徐祖远副部长和公安部刘金国副部长出席会议并讲话。

2006 年以来，交通公安机关按照相关部署，围绕目标，坚持“力量往基层使、工作往实里干”的方向，狠抓落实，发挥职能作用，维护港航政治治安稳定，打击违法犯罪，密切警民关系，创建和谐交通，为促进交通水运事业又好又快发展起到了推动和促进作用。具体是：①充实基层一线实力。交通公安基层一线警力与总警力比例提高到 82%，派出所警力与总警力比例提高到 44%。②加大警务保障力度。共筹集资金近 8 亿元用于警务保障，新建和改扩建办公用房 3.3 万平方米，改造和解决无房、危房派出所 23 个，设置警务室 189 个，长江“所趸合一”的水上警备码头开始第一批建造；新增警务用车 271 辆，船艇 87 艘，配备了一批单警装备和警务技术设备，交通公安硬件建设取得了可喜的成果。③加快信息化建设。交通公安机关全部完成了公安网的接入工作，派出所接入比例达到 64.9%，自主研发和引进公安应用软件 96 个，微机配置和应用水平不断适应警务需要。④加强正规化建设。确定 9 个正规化建设示范单位，2007 年 8 月，制定《交通公安机关正规化建设达标考核办法(试行)》，建立起交通公安机关正规化建设达标考核长效机制。⑤开展苦练基本功。组织全警开展了“三考①”工作，建设和改造训练基地 18 个，举办各类培训班 669 个，共有 5 203 名民警参加了 15 天以上的集中培训，占民警总数的 68.9%。

(三)深入进行“平安交通”建设

1. 加强交通系统社会治安综合治理工作

2006 年 2 月，为认真贯彻全国社会治安综合治理工作会议精神，

①基本法律知识考试，执法办案卷宗考评，信访工作考查。

交通部下发了《关于切实做好2007年度全国交通系统社会治安综合治理工作的意见》，部署交通系统开展社会治安综合治理工作和“平安交通”创建工作。2006～2007年，交通部按照中央综治委和国家禁毒委、“扫黄打非”领导小组部署，在全国交通系统开展交通系统禁毒人民战争、查缉封堵非法出版物行动、加强流动人口管理等专项工作，有效提升了交通系统治安综合治安工作的水平。

2. 继续部署开展打击水运领域物流犯罪

2006年7月25日，交通部召开交通公安严厉打击水运物流犯罪工作部署会议，研究当前水运物流犯罪的新动向、新手段和新特点，部署深入开展打击水运物流犯罪的工作措施，组织开展打击物流犯罪专项行动，并明确了命案必破、物流案必破、危害水上交通安全案必破“三个必破”的工作要求，推动交通公安机关打击水运物流犯罪行动的深入开展。

3. 保卫三峡大坝蓄水期和船闸完建期安全

长江三峡大坝建设进入156米蓄水和船闸完建期后，安全工作更加突出。交通部部署交通公安机关特别是长航公安机关认真贯彻《长江三峡船闸安全保卫会议纪要》，将三峡156米蓄水和船闸完建期的治安消防工作作为中心任务，制订《三峡两坝船闸及水域防恐反恐预案》、《三峡船闸闸室船舶火灾灭火救援应急预案》等5个应急预案，并在三峡船闸、葛洲坝船闸闸室和坝区水域针对不同种类船舶开展船舶火灾救助演练和处置恐怖事件、突发性事件演练，有效地提升处置突发事件的能力。

4. 构建港口与水运治安防控体系

2007年1月，交通部召开港口治安防控工作座谈会，明确加强港口治安防控工作的工作方向和基本任务，并提出按照构建“平安港口”目标要求，建好警防、民防、技防“三张网络”，完善信息研判、警务运行、长效管理“三种机制”，突出防控水运物流犯罪、保障重点物资运输安全、保障重点建设工程安全“三个重点”，与“三基”工程建设、保安履约工

作、平安交通建设“三个结合”,进一步推动港口治安防控体系建设。经过努力,港口治安防控网和长江干线水域治安防控网为主体的治安防控体系初步建立,防控成效逐步显现,促进和支持了港口的发展。

2007 年 12 月 28 日,交通部下发了《关于港口治安防控体系建设的指导意见》。

后 记

2008年是全国贯彻落实党的十七大精神的开局之年,是改革开放30周年,是北京奥运之年,也是政府换届实施机构改革的重要一年。历史将证明,2008年无论是对我国经济社会全面进步还是对交通事业又好又快发展,都将成为具有特殊意义的一年。交通行业一定会在党中央、国务院的正确领导下,在部党组的带领下,齐心协力、与时俱进、开拓创新,共创更加美好的未来!